土壤侵蚀研究方法

主　编　刘宝元

副主编　李世清　符素华　魏　欣

科学出版社

北　京

内 容 简 介

本书介绍了土壤侵蚀研究所需要的基本方法，包括土壤侵蚀速率的测量、模拟实验、侵蚀模型、调查与制图、仪器与设备等，并且介绍了每种方法的作用、用法和常见问题与错误。了解这些方法有助于开展土壤侵蚀研究。

本书可作为水土保持与荒漠化防治专业的教材，可供农业工程学、水利科学与工程、地理科学、环境学和生态学等学科与行业的专业人员及管理人员参考使用。

图书在版编目 (CIP) 数据

土壤侵蚀研究方法 / 刘宝元主编. -- 北京 ： 科学出版社，2025. 6.
ISBN 978-7-03-080559-1

Ⅰ．S157-3

中国国家版本馆 CIP 数据核字第 2024P76S26 号

责任编辑：杨帅英　赵晶雪 / 责任校对：郝甜甜
责任印制：徐晓晨 / 封面设计：无极书装

科 学 出 版 社 出版
北京东黄城根北街 16 号
邮政编码：100717
http://www.sciencep.com
北京建宏印刷有限公司印刷
科学出版社发行　各地新华书店经销
*
2025 年 6 月第 一 版　开本：787×1092 16
2025 年 6 月第一次印刷　印张：37 3/4
字数：900 000
定价：498.00 元
(如有印装质量问题，我社负责调换)

前　言

　　一门科学必须要有独立的研究对象、专门的研究方法和自己的理论体系，可见研究方法对一门科学具有重要意义。土壤侵蚀也不例外，1882 年德国土壤学家沃伦（Ewald Wollny）建立的径流小区监测方法标志着土壤侵蚀独立于地貌学、土壤学等而成为一门独立的科学。土壤侵蚀的研究方法主要有土壤侵蚀现象观察、速率监测、过程模拟、影响因子定量分析、模型构建、调查与制图等。

　　首先，土壤侵蚀速率的确定是最重要的研究内容。正如 1938 年著名水利学家张含英先生所言："盖一切学理之推求，方案之建议，必以数值为准，而数值之来，则根据实地之经验及试验之结果，并参以归纳演绎而求之"。但数据的缺乏和方法的不标准导致人们对土壤侵蚀危害和控制投入的必要性有很大的争论和分歧。生态学者和环境学者认为土壤侵蚀是全球性环境问题，对国家安全和人类文明构成威胁。土壤侵蚀使表土流失，导致作物产量减少、土壤的碳储存和碳循环能力下降、养分和水分明显减少。而有些土壤科学家认为，通过适量施肥可以在一定程度上缓解土壤流失带来的影响。

　　然后，如果区域土壤侵蚀研究调查不准确，可能会误导水土保持生产实践。例如，青藏高原长期被认为是主要受冻融侵蚀影响的地区，水蚀调查很少，因此低估了水土流失面积，水土保持工作开展也相对较少，进而导致出现生态问题。多年来，东北黑土区被认为坡度 5°以下的地区不存在水土流失问题，因此对水土保持工作不够重视，导致黑土退化。同时，侵蚀沟的调查多集中于古代侵蚀沟，这对当前的治理工作非常不利。正如苏联水土保持专家科兹缅科所言，如果把古代侵蚀和现代侵蚀混为一谈，将会使农业生产陷入绝境。

　　最后，方法不理性地追新求异，或执行不能持之以恒，不能正确对待传统经典方法和新技术的关系，会耽误数据的获取，使数据不连续，时间系列短缺，致使数据分析困难，不能很好指导生产实践。

　　本书旨在系统讲述土壤侵蚀主要的研究方法，以及各种方法的使用场景、作用和意义，可供水土保持、农业工程、水利、地理科学、环境学和生态学的专业人员和管理人员使用，也可作为相关专业学生的教材，或选择其部分作为教学内容。

　　本书包括 7 个部分共 14 章，各章节及撰写人员如下。第 1 部分为土壤侵蚀监测，其中第 1 章绪论由刘宝元撰写；第 2 章径流小区土壤侵蚀监测由刘宝元、刘刚、符素华和刘瑛娜撰写；第 3 章小流域径流泥沙监测由符素华、刘宝元和刘刚撰写；第 4 章区域水土流失调查由谢云、刘宝元、章文波、符素华、魏欣、王志强和张科利撰写。第 2 部分为实验研究，其中第 5 章人工模拟降雨试验方法由刘宝元、路炳军和符素华撰写；第 6 章人工模拟径流试验由张光辉撰写。第 3 部分为水力侵蚀模型，即第 7 章中国土壤侵蚀模型——CSLE，由刘宝元、谢云、梁音、张科利、符素华、章文波和魏欣撰写。第 4 部分为野外调查研究，其中第 8 章土壤侵蚀示踪技术由杨明义、魏欣、刘普灵、张风宝、田均良、张加琼、张科利、于悦、刘亮、倪玲珊和方怒放撰写；第 9 章地面覆盖度监测由张晓萍、章文波、穆西晗、吕渡、何亮、李锐和刘宝元撰写；第 10 章土壤侵蚀影响生产力试验与调查由刘宝元、高晓飞、王志强和谢云撰写；第 11 章暴雨土壤侵蚀调查由刘宝元、王春梅、焦菊英、谢云、符素华和董丽霞撰写。第 5 部分，即第 12 章，为风力侵蚀监测，由程宏和邹学勇撰写；第 6 部分，即第 13 章，为土壤侵蚀监测现代仪器与技术，由郭明航、展晓云、史海静、胡亚鲜、王春梅、董丽霞和刘宝元撰写。第 7 部分，即第 14 章，为土壤侵蚀研究统计方法，由李世清撰写。

本书的出版得益于多方面的支持与帮助。首先，感谢黄土高原土壤侵蚀与旱地农业国家重点实验室给予的鼎力支持、积极鼓励与有力推动；其次，感谢水利部水土保持监测中心从实际出发，对监测方法提出了具体要求，极大地增强了本书的实用性；同时，也要向我们团队的每一位成员致以谢意，包括在中国科学院水利部水土保持研究所和北京师范大学共事过的同事和学生们；此外，感谢所有同行和朋友给予的各种支持和帮助。

由于作者水平有限，难免存在疏漏和不妥之处，恳请读者批评指正。

作 者
2024 年 5 月

目　　录

第1章 绪 论

土壤侵蚀是指风和水等外营力对土壤的消损过程（刘宝元等，2018）。美国科学家 L. D. Meyer 把土壤侵蚀的研究内容概括为 5 个方面：涉及的原理、出现的过程、预测的方法、相关的数据和控制的措施。

上述内容所采用的研究方法主要有实地观察、定位监测、核素示踪、模拟实验、模型构建与应用、调查与制图、数理统计分析与推理等。

1.1 小区小流域定位监测

定量测量土壤侵蚀速率是土壤侵蚀研究最重要的一步。土壤侵蚀定量测量主要有两种方法：径流小区法和核素示踪法，高程测量法精度太低不能作为科学测量的一种方法。径流小区又称径流侵蚀小区，也可称为土壤侵蚀实验小区，是最基础、最经典且最重要的研究方法之一。德国科学家 Ewald Wollny 于 1882 年和 1883 年进行实验和观测（Baver，1938），他用边长 80cm 的方形小区研究了土壤类型、坡度和坡向对土壤侵蚀的影响，同时也研究了不同作物和种植密度对降雨的拦截作用。美国土壤学家 Baver（1938）认为 Ewald Wollny 这项研究是土壤侵蚀定量研究的先驱工作。30 多年后，美国采用了这种方法并加以改进，最终 Miller、Benette 等学者利用 6 英尺①宽，72.6 英尺长，即 1/100 英亩②的小区，测量、计算和对比土壤侵蚀速率（Meyer，1984）。后来，Wischmeier 和 Smith（1978）定义了单位小区（unit plot），我国将其翻译成标准小区。标准小区和降雨侵蚀力的提出对土壤侵蚀研究起到了巨大的推动作用，使得不同气候条件和农田管理措施的资料可以进行对比和统一分析。另外，标准小区也是测量土壤可蚀性的小区。

小区监测土壤侵蚀的精度从侵蚀厚度的角度来说可以到纳米级，其精度小于土壤形成速率就可以满足土壤侵蚀研究和水土保持实践的需求。而土壤形成速率为 0.025～0.08mm/a，即 25～80μm/a，也就是说，小区监测精度在小于 25μm 时就能满足水土保持生产实践的需要。径流小区是土壤侵蚀研究科学而经典的方法，按大小可划分为微型小区、典型小区和大型小区。在美国最常用的小区面积为 1/100 英亩，约 40.5m²。其面积在中国为 100 m²，因为中国最早在甘肃省天水建设径流小区时参考美国小区长度，取整数 20m，由于农作物不是行播且比较稀疏，需要更宽一点的小区才有代表性，所以选择了 5m 宽。这两种小区是典型小区，用于测量不同坡度、不同作物、不同水土保持措施

---

① 1 英尺=0.3048m。
② 1 英亩=0.404856hm²。

的土壤流失速率，也是测量土壤可蚀性的小区。另外两种小区分别是微型小区和大型小区。微型小区多用于人工模拟降雨实验，以及雨滴击溅侵蚀、土壤可蚀性、秸秆覆盖或砾石覆盖等研究，有时也称其为土盘。大型小区有时也称为径流场，用于浅沟切沟侵蚀观测、坡面汇流影响、水土保持措施配置效益、梯田工程措施效益等。具有代表性的微型小区是 Ewald Wollny（1882 年）的小区，大小为 80cm×80cm（Baver，1938）；具有代表性的大型小区是 Sampson A. W. 于 1912 年在犹他（Utah）州，建设的两个 10 英亩（约 4hm^2）的小区（Sampson and Weyl，1918），以及 1963 年在陕西子洲团山沟建设的 9 号径流场，面积为 1.72hm^2。根据前人研究成果，我们可以将小区坡长<10m 的作为微型小区，10～100m 和>100m 的分别作为典型小区和大型小区。

小流域监测也是土壤侵蚀研究的范畴，一般来说，水文测量的小河站仍然比较大，而且其目的和土壤侵蚀研究不同。土壤侵蚀研究一般采用对比小流域的方法，即选取一个经过治理的小流域与一个未经治理的小流域进行对比，如一个植被覆盖良好而另一个植被状况不佳，或者一个以梯田为主而另一个梯田稀少等。小流域的面积在中国一般为 0.2～200km^2，因为子洲县岔巴沟流域内的小支沟——团山沟是 0.18km^2，岔巴沟是 198km^2。在水土保持领域，通常将面积小于 50km^2 的区域视为小流域治理的范畴。而在美国的土壤保持工作中，小汇水区也被称为小流域。在水文学领域，面积小于 1000km^2 的区域通常被称作小流域。此外，美国国家环境保护局（EPA）（2003）认为，面积为 200km^2 的流域以及 100km^2 左右的子流域，是进行流域管理规划较为理想的规模。

1.2 核素示踪方法在土壤侵蚀研究中的作用

土壤侵蚀研究中的核素示踪方法，特别是 ^{137}Cs 示踪方法主要有两个重要的作用：第一，该方法能快速地定量评估多年平均土壤侵蚀量，该数值是真实的侵蚀量，而其他方法一般是用土壤流失量来近似估算；第二，该方法能揭示土壤侵蚀的空间分布，这是径流小区方法难以做到的，因为径流小区只能通过不同坡长的变化来间接反映，几乎无法全面展现土壤侵蚀的空间分布特征。然而，核素示踪方法的精度受到多种因素的制约，因此必须经过径流小区的验证和校正。

1.3 模拟实验的用途及其与野外监测的关系

模拟实验主要包括人工模拟降雨实验和人工模拟径流实验，同时也包括雨滴击溅实验、土壤抗冲性实验等。人工模拟实验有室内和野外两种，室内模拟实验的优点是容易控制，如坡度的调节、流量的大小、含沙水流的形成等。野外模拟实验的优点是土壤、植被等更接近自然状况。然而，无论是哪种模拟实验，其最大的缺陷是规模小，和实际有很大差别。因此，模拟实验的用途是研究基本规律，如随着坡度的增加土壤侵蚀的变化规律、植被覆盖度对土壤侵蚀的影响等。由于模拟实验条件与现实情况有很大的相似性，所以发现的规律也适用于实际。虽然野外监测结果反映真实的情况，但获取数据的速度极为缓慢，理论上讲，要全面监测从一年一遇到百年一遇暴雨引发的侵蚀情况，需要 100 年。而通常情况下，至少需要一个包含丰水年和枯水年的完整周期，即大约 20 年或更长时间来收集足够的数据。模拟实验则可以快速获取不同暴雨条件下的侵蚀结果，所以可以利用模拟实验得出规律，结合野外实际监测数据确定其实际大小并校正计算公式。

1.4　模型的构建与应用

无论从水土保持的生产实践出发，还是从土壤侵蚀研究的本质需求来看，科学且精确地测量土壤侵蚀速率都是首要且必须解决的问题，我们必须掌握不同坡度、各种土地利用方式下的土壤侵蚀速率。然而，无论从时间还是财力、物力来说，测量是有限的，即便有无限的财力、物力和时间，也不能在每一寸土地上都进行测量或者都建成径流小区。因此，用有限的测量满足无限的需求就必须借助模型，这就是构建模型的原因和必要性。此外，模型能预测不同土地利用方式、不同水土保持措施在不同自然背景条件下的土壤侵蚀速率，这是水土保持规划和生态建设所需要的。

1.5　区域土壤侵蚀调查与制图

土壤侵蚀调查的目的是了解现状，即评估在目前的土地利用和管理条件下，土壤侵蚀的程度如何，是否超过容许土壤流失速率。若超出该速率，则意味着土地面临退化风险；反之，若未超出，则土地可保持持续利用状态。区域调查旨在全面了解土壤侵蚀的面积、强度和分布。所谓土壤侵蚀的面积是该区域内土壤侵蚀速率超过容许土壤流失速率的区域范围。区域调查通常涵盖不同级别的地理单元，如一个规划治理区（如几平方公里到几百平方公里或更大）、某个行政区如县、省、国家、大洲甚至全球）、某个流域（如黄河、无定河甚至一个小流域）。将调查结果以某种形式绘制在地图上称为制图。土壤侵蚀制图可表达的内容有侵蚀模数等值线、强度分级和水土流失面积百分比等。不同尺度和范围的制图，其表达方式和反映的内容不同，因此应用也不同。打印出的地图有一个重要的组成部分是比例尺，电子地图可以带有比例尺，但被大大弱化了。比例尺可以放大和缩小，虽然放大能看得更清楚些，但基本信息不会变。遥感影像的分辨率与地图比例尺之间存在一定关联，但这种关系并非严格的数学对应，因为不同的应用背景和解读方式可能导致理解和判断上的差异。一般而言，地图比例尺越大，其所能展现的细节越多，遥感影像的分辨率也就越高。以 1∶10000 的专题地图为例，通常认为其分辨率为 20 m。这是因为地图上可辨识的最小图斑通常为 2 mm×2 mm，即小于 2 mm 的对象在地图上无法清晰显示。由于 1∶10000 的比例尺意味着图上 1 mm 代表实地 10 m，因此 2 mm 的图斑对应实地 20 m，故该比例尺下的地图分辨率可视为 20 m。同理，1∶50000 的地图分辨率则为 100 m。然而，当我们将这种思路反向应用于遥感影像时，可能会产生一些误解。例如，20 m 分辨率的遥感影像对应的比例尺是 1∶20 万，这看似与之前的逻辑不符，因为比例尺相差了 20 倍。但实际上，这里所考虑的是人的肉眼在影像上能辨识的最小物体尺寸。若设定肉眼能辨识的最小物体为 0.1 mm，且该影像的地面分辨率为 20 m，则 0.1 mm 与 20 m 的比例正好是 1∶20 万。因此，虽然遥感影像的分辨率与地图比例尺之间存在一定的关联，但在具体应用中需要结合实际情况和需求进行灵活理解和判断。

1.6　新技术与数理统计

其他科学技术的发展可以在方法论上给本学科带来解决问题的新途径，使得本学科有新的突破。例如，径流小区的出现，人工降雨机的使用，^{137}Cs 示踪方法的应用，自动采样器的研制，遥感（RS）、地理信息系统（GIS）和全球定位系统（GPS）技术的应用，径流泥沙自动监测仪器的发明等，都将对土壤侵蚀研究起到推动作用。然而，很多新的技术若要被广泛认同和推广一般需要较长时间。更值得注意的是，新技术经常被误用，并且人们一味追新求异，忽视了传统方法的重要性，可能导致科学在一定时期内出现退步。如果既要及时应用新技术又要保持传统方法，就需要有组织地进行研判。例如，建设一个试验站和实验室时，需要多方人员在中立和谐的氛围中认真讨论、分析、辩论；休会期间查阅资料，复会后继续讨论；并确保有专家学者、行政领导、当地居民、技术人员等多方人员的参与。

数理统计方法是建立逻辑思维、得出正确结论最有效的途径。在数理统计的基础上讨论问题很容易形成一致意见，否则会陷入无休止的争论中。应用数学方法，特别是数理统计方法，能够得出一些具有规律性的结论，并将人类获得的知识推广应用于生产实践。例如，研究坡度对土壤侵蚀的影响时，如果不建立数学公式，就只能停留在经验层面，无法上升到科学高度，也不能指导水土保持规划和措施的实施。再如，一个典型调查可以发现一些问题，但其准确性无法量化，而利用数理统计方法得出的结论即使存在一定误差，也能明确知道误差的范围。因此，在专业教育中，必须包含适当或者足够的数理统计内容。

1.7　野外工作的重要性

科学的精髓在于格物致知，即通过接触事物来获得知识。土壤侵蚀是在自然背景下受到人为影响的结果，与自然因素密不可分。水土保持是一项实践性极强的工作，脱离实践，土壤侵蚀研究便无从谈起。野外考察能够让我们发现问题、理解过程、获取知识并激发灵感，也使我们灵活运用书本知识。通过野外考察，我们不仅能真正领悟前人的思想和精髓，还能发现他们的不足之处，从而使研究更有意义，推动科学的进步与发展。

参 考 文 献

刘宝元, 杨扬, 陆绍娟. 2018. 几个常用土壤侵蚀术语辨析及其生产实践意义. 中国水土保持科学, 16(1): 9-16.

Baver L D. 1938. Ewald Wollny: A pioneer in soil and water conservation research. Soil Science Society of American Proceeding, 3: 330-333.

EPA. 2003. Watershed analysis and management(WAM)guide for states and communities. Washington D. C.: U.S. Environmental Protection Agency.

Meyer L D. 1984. Evolution of the universal soil loss equation. Journal of Soil and Water Conservation, 39(2): 99-104.

Sampson A W, Weyl L H. 1918. Range preservation and its relation to erosion control on western grazing lands. Washington D. C.: U.S. Department of Agriculture.

Wischmeier W H, Smith D D. 1978. Predicting rainfall erosion losses: A guide to conservation planning. Washington D. C.: U.S. Department of Agriculture.

第 2 章　径流小区土壤侵蚀监测

径流小区是监测和研究土壤侵蚀最主要且最重要的手段。布设径流小区时，目的需明确，并且监测小区应具有对比性，地点的选择需考虑代表性、观测与管理的安全性与方便性。

2.1　监　测　内　容

径流小区的监测包括降水、径流、泥沙、覆盖度和土壤水分 5 项必测内容。此外，可根据实际需要监测作物产量和养分流失（水质）等。在监测过程中，记录表、计算表以及后期的整理表对于确保监测工作的顺利进行具有极其重要的意义，表 2-1 是径流小区监测常用的记录表和计算表。记录表和计算表的左侧最好保持一致，便于结果的录入和计算，从而减少错误。

表 2-1　径流小区监测记录表和计算表清单

记录表	计算表
径流小区记录表-1 径流小区田间管理	径流小区计算表-1 降水过程摘录
径流小区记录表-2 日降水量	径流小区计算表-2 径流小区径流泥沙
径流小区记录表-3 径流小区径流泥沙采样记录	径流小区计算表-3 径流小区植被郁闭度/覆盖度
径流小区记录表-4 径流小区植被郁闭度/覆盖度	径流小区计算表-4 径流小区土壤水分
径流小区记录表-5 径流小区土壤水分	径流小区计算表-5 径流小区作物测产
径流小区记录表-6 径流小区作物测产	

2.2　监　测　设　施

径流小区监测设施主要包括径流小区和相关仪器设备。监测方式主要分为传统人工监测、半自动监测和全自动监测。

2.2.1　径　流　小　区

径流小区按面积大小可分为微型小区、典型小区、大型小区（集水区或径流场）；按不同试验目的可分为裸地小区（标准小区或土壤可蚀性小区）、坡长小区、坡度小区和水土保持措施小区等。

微型小区的长宽一般为 1 米到几米，多用于人工降雨试验，研究雨滴击溅侵蚀、砾石覆盖作用、化学物质对土壤侵蚀的影响等特定的土壤侵蚀基本规律。典型小区是最常用的野外小区，主要用于评价水土保持措施效益。其一般为宽 2~5m、长 20m 左右，宽一般按作物播种株行距/垄距、乔灌株行距等的整倍数来确定。一般稀疏作物或植物宽度较大，密植作物或植物宽度较小，垄作情况至少需要两垄的宽度，面积一般为 1/100 英亩或 1/100hm^2，长度根据宽度和面积进行计算。例如，美国多数小区长 72.6 英尺，宽 6 英尺，面积为 1/100 英亩；中国多数小区长 20m，宽 5m，面积为 1/100hm^2（100m^2）。坡长小区也属于典型小区，但坡长一般为 5m、10m、15m、20m、30m 和 60m 等，也有更短的（如 1m）和更长的（如 300m）。大型小区用于研究林地、梯田、不同地形组合、浅沟等特殊情况的侵蚀规律。长、宽和面积根据具体情况设计，宽度多在 10m 以上。很多情况下，选择自然集水区并使用适当人为分流/导流设施，面积一般为几百到几万平方米。

单个径流小区要求坡面横向平整，坡度和土壤条件均一。布设多个径流小区时，应尽量集中，便于观测和管理。径流小区应有标识牌、边墙、隔离带、汇流槽等设施。此外，还要有安全防洪和排水设施。

径流小区标识牌应包含小区的基本信息，能反映小区观测目的，且用词应规范，如土地利用类型按土地利用分类标准填写。一般的小区标识牌应包含以下信息：小区编号、坡度、坡向、坡长或小区面积、土壤类型、土地利用类型和工程措施类型。如果是耕地小区，应增加耕作措施类型；如果是比较覆盖度的坡面径流小区，应增加设计盖度信息。小区标识牌一般放置在小区汇流槽前方的汇流挡板外墙上。

边墙是为了将径流小区内外的径流分开，一般使用水泥板、金属板或塑料板。板材厚度以结实或便于安装为原则，水泥板一般厚 5 cm 为宜，且顶部为向外倾斜的刀刃状；金属板一般厚 2 mm 为宜；塑料板一般厚 2cm。边墙应互相连（搭）接紧密，不能漏水；埋深牢靠，一般 20cm 左右；地表出露不小于 20 cm。

径流小区之间要有隔离带，设置在每个径流小区的两侧和顶部，一般宽度为 1.0~2.0 m。隔离带内的地表处理（如土地利用类型、耕作方式等）应与径流小区内完全一致。如果隔离带两侧均为径流小区，则隔离带左侧应与其左侧径流小区的地表处理一致，右侧应与其右侧径流小区的地表处理一致。如果小区为乔木等高大植物，隔离带应加宽，以小区之间互不影响为原则。

汇流槽位于径流小区下沿（底端），汇集径流和泥沙并通过导流管导入集流设备[分水箱和集流池（桶）]，一般由混凝土或砌砖砂浆抹面制成，长度与径流小区宽度一致，宽度一般为 20~30 cm，不能太宽，避免接纳过多降水；上槽缘应与小区坡底同高且水平，下槽缘和小区边墙等高；槽身由两端向中心倾斜，倾斜度以不产生泥沙沉积为准（一般比降为 1：25），槽身表面光滑，应不拦挂泥沙。以长 20 m、宽 5 m 小区为例，汇流槽宽 20 cm，槽深在小区两侧为 10 cm、中间为 20 cm，槽底从两侧向中间的坡降为 4%。

安全防洪和排水设施主要包括径流小区上方排洪渠、分水箱和集流桶（池）下方的排水设施，用以保证径流小区的安全运行和下游的排水畅通。

2.2.2 降雨监测设备

降雨监测设备应安装在距离径流小区 500m 范围内，其建设与配置应按《降水量观测规范》（SL 21—2015）的规定进行，至少各有一台传统雨量器（测定降水总量）和自记雨量计（监测降雨过程）。

1. 降雨监测设备观测场地环境

降雨监测设备观测场地环境应符合下列规定。

（1）避开强风区，其周围应空旷、平坦，不受突变地形、树木和建筑物以及烟尘的影响。如果不能完全避开建筑物、树木等障碍物，则要求雨量器（计）与障碍物边缘的距离，至少为障碍物顶部与仪器口高差的 1 倍。

（2）山区观测场不宜设在陡坡上、峡谷内和风口处，要选择相对平坦的场地，承雨器口至山顶的仰角应在 30°～45°。

（3）难以找到符合上述要求的观测场时，可选择杆式雨量器（计），根据当地雨季常年盛行风向，设置在障碍物的侧风区，杆位与障碍物边缘的距离至少为障碍物高度的 1.5 倍。需要注意的是，在多风的高山、出山口、近海岸地区，不宜设置杆式雨量器（计）。

2. 降雨监测设备分类与安装

降雨监测设备按传感原理分为雨量器（图 2-1）、虹吸式自记雨量计（少量为浮子式）（图 2-2）、翻斗式数字雨量计（单翻斗与多翻斗）（图 2-3）等，还有采用新技术的光学雨量计、雷达雨量计和称重式雨量计。降雨监测按记录周期可分为日记和长期自记。

本书主要介绍常用的雨量器、虹吸式自记雨量计和翻斗式数字雨量计三种。雨量器观测一次降水量和一日降水量；虹吸式自记雨量计观测一次降雨过程，通过人工摘录整

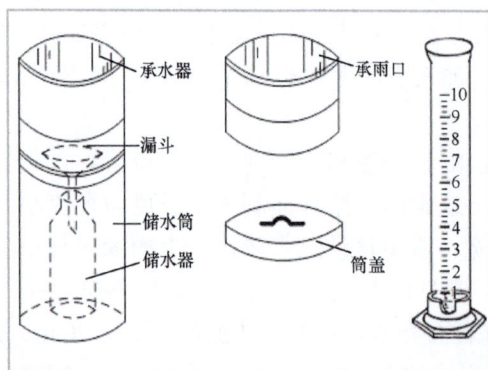

图 2-1　雨量器

（右图来源：https://baike.baidu.com/item/%E9%9B%A8%E9%87%8F%E7%AD%92/8920359）

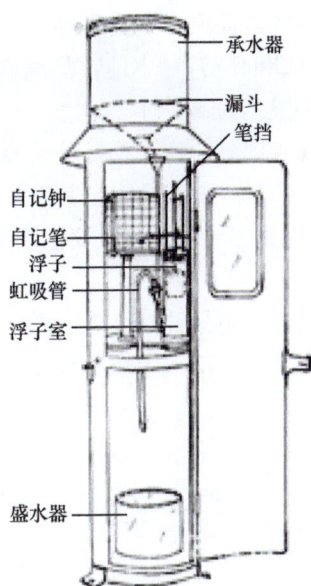

图 2-2　虹吸式自记雨量计

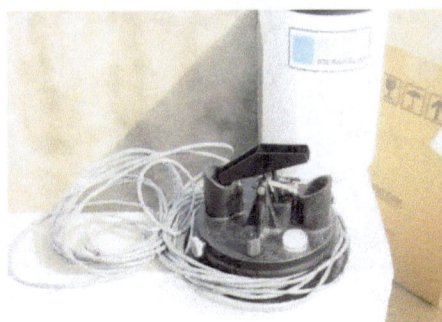

承水器
漏斗
笔挡
自记钟
自记笔
浮子
虹吸管
浮子室
盛水器

图 2-3　翻斗式数字雨量计

理计算次雨量、日雨量和时段降雨强度；翻斗式数字雨量计观测一次降雨过程，人为选定数据采集时间间隔，如 1min、2min、5min、10min、15min、30min、60min 等，记录该时间内收集的雨量，最终计算次雨量、日雨量和时段降雨强度，也可采用自动气象站代替单独的翻斗式数字雨量计。

降雨监测设备的安装高度以承雨器口在水平状态下至观测场地面的距离计算，雨量器的安装高度为 0.7 m；虹吸式自记雨量计的安装高度为仪器自身高度；翻斗式数字雨量计的安装高度为 0.7 m；杆式雨量器（计）的安装高度不超过 4m。

其他安装要求如下。

（1）雨量器和虹吸式自记雨量计：安装前应检查确认仪器各部分完好无损，暂时不用的仪器备件应妥善保管。首先，修筑埋入土中的圆形木柱或混凝土基柱，基柱埋入土中的深度应能保证仪器安置牢固，在暴风雨中不发生抖动或倾斜，基柱顶部应平整；其次，用特制的带圆环的铁架套住雨量器或虹吸式自记雨量计，承雨口必须水平，铁架脚

9

用螺钉或螺栓固定在基柱上，以保证仪器安装位置不变，且仪器不受风等外力影响，并便于观测时替换雨量筒。对于有筒门的仪器外壳，其朝向应背对本地常见风向。此外，可加装三根钢丝拉紧仪器，绳脚与仪器底座的距离一般为拉高的 1/2。

（2）翻斗式数字雨量计：安装前应检查确认仪器各部分完好无损，传感器、显示记录器可以正常工作，方能投入安装。首先，制作支架，保证雨量计固定其上并水平放置后，承雨器口距离地面高度 0.7m；其次，将支架固定在混凝土基柱上。仪器安装完毕后，应用水平尺复核，检查承雨器口是否水平。

为了观测降雨过程，虹吸式自记雨量计和翻斗式数字雨量计可任选一种，但二者都有一定的测量误差，或运行时可能发生故障。因此，建议无论采用哪种雨量计，都要配备雨量器（图 2-1），以便校正和佐证日雨量的观测。

2.2.3 径流泥沙人工监测设备

径流小区的径流泥沙人工监测设备一般由导流管、分水箱和集流桶（池）组成（图 2-4）。

图 2-4 径流泥沙人工监测设备

导流管：指汇流槽与集流设备或集流设备之间的连接管，以输导收集的径流和泥沙。导流管由镀锌铁板、金属管或聚氯乙烯（PVC）管制成，长度根据实际需要确定，一般为 30~50cm。其上部开口与汇流槽紧密连接，下部通向集流桶（池）或分水箱。为保证流水畅通，导流管安装时应有一定的坡度，一般为 5°左右。管径的大小根据最大流量确定，一般 100m² 的小区管径为 110mm。

分水箱：在径流小区产流量大、集流桶（池）容积有限，或因安置区狭小不能增多和增大集流桶（池）等情况下，往往使用一级或多级分流的设备，即分水箱。分水箱一般容积较小，由镀锌铁板或薄钢板制成圆柱体或长方体，并设若干分流孔，顶部加设盖板。分水箱一般由进水孔（管）、过滤网、箱体、分流孔和排水孔五部分组成。过滤网的作用是防止杂草堵塞分流孔。进入分水箱的径流，经过滤和混合后，由多个位于同一水平面且大小相同的分流孔同时排出，其中中间的一个孔连接导流管，流入下一级分水箱或者集流桶（池），导流管设计直径要比分流孔大，以保证对排出水流无阻挡。多个分水箱相连时，形成多级分流。分流孔一般等量分布在导流管两侧，必须大小一致，排列均匀，并在同一水平面上。分水箱应水平放置，保证分流均匀。分水箱多为 5 孔、7 孔、9 孔和 11 孔等奇数孔分流，分流孔宜布设在分水箱一侧，易于水平安装；不宜在四周布设。另外，排水孔应密封不漏水。

集流桶（池）：用以收集导流管输送下来的全部径流和泥沙，是集流设备的最末端，由桶体及其进水孔和排水孔组成。集流桶（池）可用镀锌铁板或钢板制成，集流池用砖（石）砌成，底部装有排泄阀门（或孔口），顶部加设盖板。集流桶（池）要求水平放置，保证能够均匀测量水深，排水孔应密封不漏水。

设计分水箱和集流桶（池）的规格时，要根据本地暴雨重现期、设计标准及在设计标准条件下小区内形成的径流总量确定，以设计重现期降雨条件下产流不溢流为准。如果产流量大，需经一级或多级分流，并确定合适的分流孔数。为了便于搅拌泥沙使采样均匀，建议分水箱和集流桶（池）的规格以适宜人工操作为原则，高度一般为 1m，直径为 1m 以下。

2.2.4　径流小区半自动监测设备

径流小区半自动监测主要是指径流可进行自动监测，浑水样采集可通过设备自动进行，但含沙量需人工测量。目前径流监测的主要设备有 H-测流槽（图 2-5）和翻斗流量计（图 2-6）两类。泥沙采样设备主要有 Coshocton 采样轮（图 2-7）、BNU 竖轮采样器（图 2-8）、德国-UGT 采样器（图 2-9）以及张氏分流采样器（图 2-10）等。这类设备可能的组合包括 H-测流槽+Coshocton 采样轮、H-测流槽+BNU 竖轮采样器、翻斗流量计+Coshocton 采样轮（图 2-7）、翻斗流量计+BNU 竖轮采样器（图 2-11）、翻斗流量计+德国-UGT 采样器一体化以及翻斗流量计+张氏分流采样器一体化等。

图 2-5　小型 H-测流槽图

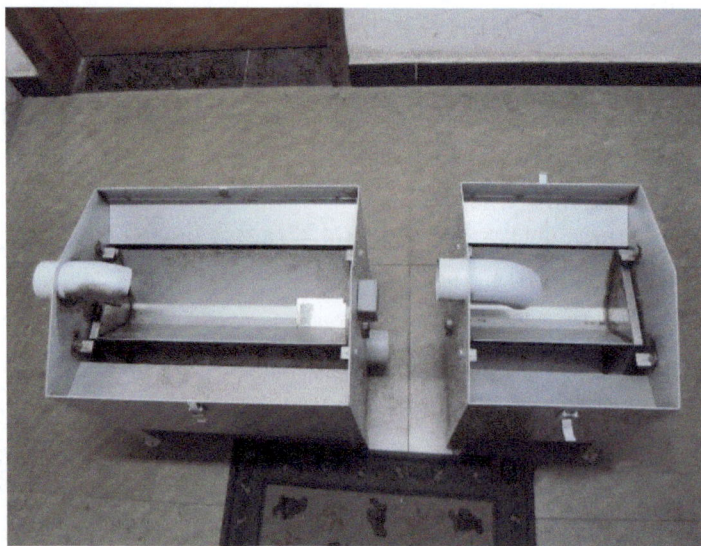

图 2-6　翻斗流量计

图 2-7　Coshocton 采样轮

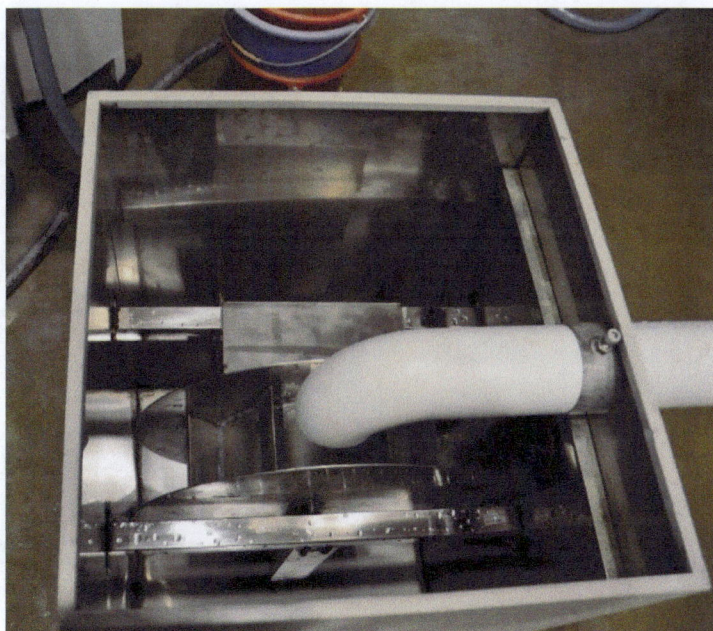

图 2-8　BNU 竖轮采样器

图 2-9　德国-UGT 采样器

2.2.5　径流小区自动监测设备

　　径流小区自动监测是指径流和泥沙均可通过仪器自动进行，仅需人工下载设备记录的数据。这类设备有浊度仪、雷氏流量含沙量测量一体仪监测设备（图 2-12）。

图 2-10　张氏分流采样器

图 2-11　BNU 竖轮采样器+翻斗流量计

图 2-12　雷氏流量含沙量测量一体仪

2.3　径流小区田间操作与管护

2.3.1　基　本　要　求

径流小区田间操作需满足以下要求。

（1）标准小区：标准小区是其他小区监测结果的对比基础，也是监测土壤可蚀性因子的坡面径流小区。其应符合以下要求：保持连续裸露休闲状态，至少提前 2 年清除耕作植物，或作物残茬完全腐烂；每年按季节和当地翻耕习惯人工翻地，深度 15～20 cm，然后耙平；全年没有明显植物生长或结皮形成，可按当地习惯中耕以破除结皮，经常锄草保持植被覆盖度小于 5%。

（2）耕地小区：耕地小区应根据当地耕作习惯种植作物，进行田间管理，如苗床准备、播种、中耕除草等。小区内作物的种植方式、密度、株行距及其植株空间组合、施肥量及施肥时间、田间管理等应与当地传统种植习惯一致。除间作和套种外，小区内应保持作物种类和种植密度相同，避免出现小区左边种玉米，右边种辣椒这种类似的情况；避免出现小区坡下种玉米、坡上为裸地等作物类型不一致的现象；避免出现小区内坡上部地表盖度高、坡下部地表盖度低的现象。

（3）人工水保林小区：人工水保林小区的地表日常管理应与当地传统种植习惯一致，如野外鱼鳞坑侧柏林没有地表除草的习惯，径流小区中也不应进行地表除草管理。

（4）经果林小区：经果林小区的地表日常管理也应与当地传统种植习惯一致，如果大田中种植脐橙时进行地表除草，则径流小区中也应进行地表除草管理；如果大田不进行地表除草，则径流小区中也不需要进行地表除草管理。

（5）其他林灌草小区：其他林灌草小区主要是为了观测林灌草覆盖对土壤侵蚀的影响，林灌草的郁闭度、覆盖度和地表盖度受自然立地条件、人为破坏、放牧、围封等影响。小区设计应代表郁闭度、覆盖度和地表盖度的差异，最好设置在未扰动的自然坡面上。如果要用集中小区模拟监测，实际观测对象要有代表性，即每一种盖度下林灌草的生长情况与大田类似。如果观测过度放牧的影响，则小区内也应采用放牧的方式实现盖度的差异；如果观测人为砍伐对林灌草引起的差异，则小区内也应采用与大田同样的砍伐方式进行盖度管理。

2.3.2 田间操作记录

田间管理主要指翻地、播种、中耕、喷洒农药、收获等农事活动，同时包括对径流小区实施的各项维护工作。田间管理能够改变土壤状况和地表盖度，影响小区产流产沙。因此，在观测年份的起止日期内，观测人员应将每个小区的所有田间操作详细记录在径流小区田间管理记录表（径流小区记录表-1）中。

径流小区记录表-1_____站径流小区田间管理

观测年：   第　页，共　页

小区号	月	日	田间操作	工具	土壤耕作深度/cm	记录人	审核人	备注

填表说明：

【观测年】填写当年，用数字表示，如"2003"。

【第　页，共　页】填写该表记录到第几页，年度观测结束以后补充填写共几页。

【小区号】填写数字，如果田间操作完全相同，且小区顺序排列，则可以填写一行，如"1~10"表示1~10号小区。

【月】【日】填写田间操作的具体日期，用阿拉伯数字表示。

【田间操作】填写田间操作的具体名称，如"播种大豆""中耕""铲地""撒药"等。

【工具】填写实施田间操作的工具名称。

【土壤耕作深度】填写数字，整数，单位为cm。

【记录人】填写观测数据记录人的姓名。

【审核人】填写观测数据审核人的姓名。

【备注】填写异常情况等。

2.3.3 田间管护

坡面径流小区应禁止人畜进入，且应保证分水箱和集流桶（池）水平放置。此外，每年汛期开始前以及每次采样结束后，需对坡面径流小区以及设施设备进行检查，检查内容包括以下几点。

（1）坡面径流小区内土地利用类型单一，如果为耕地，除间作、套种和带状耕作外，应保持作物种类单一。

（2）除草后的作物残茬或植被枯落物应及时拿出小区，不要堆放在小区内。

（3）小区进行翻耕处理时，要注意汇流槽上边缘与坡面土壤齐平，坡面土壤不能低于或高于汇流槽上边缘，否则会造成径流受阻发生泥沙沉积或产生更多泥沙，导致测量误差。

（4）小区进行翻耕管理时，应关注天气预报，对比小区保证在雨前或雨后同时翻耕，避免出现对比小区无法对比的现象。例如，下雨前，两个对比小区中的一个刚翻耕完，另一个没有翻耕，则可能出现产流产沙规律与小区设计规律不符的情况。

（5）裸地或耕地小区内坡度均一，不能在小区内堆放土、秸秆干草或其他杂物。若因长期的土壤侵蚀或耕作出现小区内坡度明显不一致的现象，应进行填土和表土翻耕，使得小区坡度均一。

（6）对比小区应尽量保证其他条件相同。例如，研究坡度对土壤侵蚀影响的径流小区组，应保证土地利用类型相同、地表覆盖相似，田间管理时间上同步。径流小区四周避免高大乔灌木影响，如果发现四周乔灌木枝叶在小区周边形成 45°夹角范围内的遮挡，应对乔灌木进行修枝处理。

（7）小区间隔离带内的地表处理（如土地利用类型、耕作方式等）应与径流小区内完全一致。

（8）小区内土壤含水量观测设备的布置不得明显影响小区内作物种植和日常管理。

（9）禁止人畜进入小区，检查边墙是否损毁、歪斜、漏水等，出现问题应及时修补。小区边墙应高于土壤表面 20cm 左右，保证小区内径流都从汇流槽内流出。

（10）暴雨后及时检查水土保持设施是否有损坏，如有损坏，应及时修整。

（11）每次降雨后，应检查汇流槽及其内的导流管和滤网是否有明显堵塞现象，如有应及时清理，以免影响径流收集和观测。导流管如果没有出现堵塞，汇流槽也没有溢流风险，且只有少量的泥沙淤积，就不需要每次清理汇流槽。

（12）每次降雨产流后，应及时检查各个连通设备以及分水箱和集流桶（池）是否有漏水现象；自动监测设备是否有淤堵或设备中是否大量存水/沙，及时排放浑水和清理设备，保证下次降雨的正常观测。

2.4　降雨观测

降雨观测内容包括日雨量、次雨量和降雨过程等。

2.4.1　雨量器

1. 观测时间

每天早 8:00 进行雨量观测。

2. 观测步骤

（1）入杯。取出储水筒内的储水器，用量雨杯测记降水量。

（2）读数。读取量雨杯刻度时，首先捏住杯口使量雨杯自由下垂以保证液面水平，然后使视线与水面凹面最低处平齐，读取量雨杯的刻度，并记录，再校对读数一次。降水量很大时，可分数次量取，并分别记在备用纸上，然后累加得其总量并记录。

（3）计算日雨量。为减少蒸发损失，建议降水停止后及时观测降水量，一日累加值为（当日 8:00 至次日 7:59）日雨量。

（4）填表。日雨量记录填写在径流小区降水量记录表（径流小区记录表-2）中。

径流小区记录表-2＿＿＿＿＿＿＿＿站日降水量

观测年：　　雨量站：　　经度：　°　′　″E　　纬度：　°　′　″N　　　　　第　页，共　页

月	日	降水量/mm	是否产流	观测人	审核人	备注

填表说明：该表填写日雨量观测结果。

【观测年】填写当年，用数字表示，如"2003"。

【雨量站】填写所在雨量站的名称。每个雨量器对应一个记录表。

【经度】【纬度】填写雨量站所在经度、纬度，用阿拉伯数字表示。

【第　页，共　页】填写该表记录到第几页，年度观测结束以后补充填写共几页。

【月】【日】填写观测降雨的具体日期，用阿拉伯数字表示。

【降水量】填写本日降水量，单位为 mm，保留 1 位小数。

【是否产流】填写径流小区是否产流，如产流则填写"是"，未产流则填写"否"。

【观测人】填写观测数据记录人的姓名。

【审核人】填写观测数据审核人的姓名。

【备注】填写仪器运行异常状况及观测误差原因等。

3. 注意事项

（1）每日观测时，检查雨量器承水口是否在水平状态，漏斗内是否有杂物堵塞，雨量器是否受碰撞变形，漏斗有无裂纹，储水筒是否漏水。

（2）遇到暴雨时应加测，防止降水溢出储水瓶。如果已经溢流，应同时更换储水筒，并量测筒内降水量。

（3）每次观测后，储水筒和储水瓶内不可有积水。如果 8:00 雨未停，迅速更换储水瓶。

（4）如果一日内有多次降雨，所有次雨量累计为日雨量。

（5）当遇到特大暴雨，无法进行正常观测工作时，应尽可能及时进行暴雨调查，调查估算值应记入降水量观测记录表的备注栏，并加以文字说明。

2.4.2　虹吸式自记雨量计

1. 观测时间

每日 8:00 准时观测，更换自记纸或调整记录笔位置。有降水之日应在 20:00 巡视仪器运行情况，遇暴雨时适当增加巡视次数，以便及时发现和排除故障，防止漏记降雨过程。

2. 观测步骤

（1）每日 8:00，观测对准北京时间开始记录时，应先顺时针后逆时针方向旋转自记钟筒，以避免钟筒的输出齿轮和钟筒支撑杆上固定齿轮的配合产生间隙，给走时带来误差。对着记录笔尖所在位置，在记录纸零线上画一条短垂线，作为检查自记钟快慢的时间记号。

（2）用笔挡将自记笔拨离纸面，更换记录纸。给笔尖加墨水，拨回笔挡对时，对准记录笔开始记录时间，画时间记号。有降雨之日，应在 20:00 巡视仪器时，标记 20:00 记录笔尖所在位置的时间记号。

（3）检查虹吸作用：慢慢注入一定量清水，使其发生人工虹吸，检查注入量与记录量之差是否在 ±0.05mm 以内，虹吸历时是否小于 14s，虹吸作用是否正常，检查或调整合格后才能进行观测。

（4）自然虹吸水量观测：观测时，若有自然虹吸水量，应更换储水器，然后用量雨杯测量储水器内降水，并记录在日降水量记录表中。若遇到暴雨，估计降水有可能溢出储水器时，应及时使用备用储水器更换测记。

（5）更换记录纸：替换装在钟筒上的记录纸时，其底边必须与钟筒下缘对齐，纸面平整，纸头纸尾的纵横坐标衔接。连续无雨或降水量小于 5mm 时，一般不换纸，可在 8:00 观测时，向承雨器中注入清水，使笔尖升高至整毫米处开始记录，但每张记录纸连续使用日数一般不超过 5 天，并应在各日记录线的末端注明日期。每月 1 日必须换纸，以便按月装订。降水量记录发生自然虹吸之日，应换纸。8:00 换纸时，若遇大雨，可等到雨小或雨停时换纸。若记录笔尖已到达记录纸末端，雨强还是很大，则应拨开笔挡，转动钟筒，并转动笔尖越过压纸条，将笔尖对准纵坐标线继续记录，待雨强小时再换纸。

3. 雨量记录检查

虹吸式雨量计的雨量记录线应累积记录到 10mm 时即发生虹吸（允许误差 ±0.05mm），虹吸终止点恰好落到记录纸的零线上，虹吸线与纵坐标线平行，记录线粗细适当、清晰、连续光滑无跳动现象，无雨时必须呈水平线。若检查出不正常的记录线或时间误差，应分析查找故障原因，并排除。

4. 注意事项

（1）要定期检查雨量器承水口是否在水平状态，漏斗内是否有杂物堵塞。

（2）降雨过程中巡视仪器时，如果发现虹吸不正常，在 10 mm 处出现平头或波动线，就将笔尖拨离纸面，用手握住笔架部件向下压，迫使仪器发生虹吸。虹吸终止后，使笔尖对准时间和零线的交点继续记录，待雨停后再对仪器进行检查和调整。

（3）经常用乙醇洗涤自记笔尖，使墨水保持流畅。

（4）自记纸应平放在干燥清洁的橱柜中进行保存，不应使用潮湿、脏污或纸边发霉的记录纸。

（5）量雨杯和备用储水器应保持干燥清洁。

2.4.3 翻斗式数字雨量计

翻斗式数字雨量计配有专门的数据采集器，可人为设定数据采集时间间隔，如1min、2min、5min、10min、15min、30min、60min等，根据选定时间间隔记录该段时间内的累积雨量。监测人员定期从数据采集器下载数据，然后摘录降雨过程、次雨量和日雨量等。

1. 观测步骤

（1）完成安装和检查的仪器，在正式投入使用前，清除以前存储的试验数据，对固态存储器进行必要的设置和初始化。设置的内容有站号、日期、时钟、仪器分辨率、采样间隔、通信方式、通信波特率等，应根据现场情况进行选择。其中，数据采集器记录雨量时间间隔设为1～2min为宜，最长不超过5min，否则会影响降雨过程资料的精度。该时间间隔设定还要考虑数据采集器的存储容量：采集间隔越小，所需容量越大，下载数据的时间间隔就越短。此外，对时误差应小于60s。

（2）仪器经过1个自记周期，读取降水量数据后，均要重新对仪器进行功能检查。复核初始化设置是否正确，清除已被读出的数据，重新开始下一个自记周期的运行。

（3）数据下载时间间隔：根据数据采集器存储量而定，一般每10天、1～3个月一次。

2. 注意事项

（1）要定期检查雨量器承水口是否在水平状态，漏斗内是否有杂物堵塞。保持翻斗内壁清洁无油污，翻斗内如果有脏污，可用水冲洗，禁止用手或其他物体抹拭。

（2）计数翻斗与计量翻斗在无雨时应保持同倾于一侧，以便有雨时，计数翻斗与计量翻斗同时启动，第一斗即送出脉冲信号。

（3）要保持基点长期不变，调节翻斗容量的两对调节定位螺钉的锁紧螺帽应拧紧。观测检查时，如果发现任何一个螺帽有松动现象，应注意检查仪器基点是否正确。

（4）定期检查干电池或蓄电池电压，如电压低于允许值，应检查原因，更换电池或者零部件以保证仪器正常工作。

2.4.4 降雨过程摘录与计算

降雨过程资料整理一般应包括日雨量、降雨过程摘录、每次产流降雨起止时间、历时、雨量、平均雨强、最大30min雨强以及降雨侵蚀力、每年产流雨量和降雨侵蚀力等。

1. 次降雨判断

次降雨应为连续不断的一个降雨事件。由于降雨有间歇情形，以间歇6h作为划分标准，即降雨过程中如果间歇时间连续超过6h，则视为两次降雨事件。

2. 摘录雨量标准

符合下列条件之一时需要摘录雨量：①次雨量大于或等于 12 mm 的降雨；②次雨量小于 12 mm 但是产流的降雨；③15min 内雨量超过 6 mm 的短历时、小雨量、大雨强的降雨。

3. 降雨过程摘录要求

虹吸式自记雨量计的记录纸换下当天摘录，将雨强相等（自记纸显示为斜率相等）一段的平均雨强称为断点雨强，按断点雨强变化分段摘录；在翻斗式数字雨量计的数据采集器下载数据后当天摘录，摘录断点时间不超过 5min，摘录数据时段雨量为零值连续超过 3h，只保留第一个和最后一个，中间为 0 的雨量值所在行删除。

4. 填表

摘录与计算结果填写在降水过程摘录计算表（径流小区计算表-1）中。

径流小区计算表-1＿＿＿＿＿＿站降雨过程摘录

观测年:　　　雨量站:　　　摘录人:　　　计算人:　　　审核人:　　　第 页, 共 页

降雨次序	月	日	时	分	累积雨量/mm	累积历时/min	雨量/mm	历时/min	雨强/(mm/h)	I_{30}/(mm/h)	降雨侵蚀力/[MJ·mm/(hm²·h)]	降水次序	月	日	时	分	累积雨量/mm	累积历时/min	雨量/mm	历时/min	雨强/(mm/h)	I_{30}/(mm/h)	降雨侵蚀力/[MJ·mm/(hm²·h)]

填表说明：

【观测年】填写当年，用数字表示，如"2003"。

【摘录人】【计算人】【审核人】分别填写相应人员的姓名。

【第 页, 共 页】填写该表记录到第几页，年度观测结束以后补充填写共几页。

【降水次序】填写按摘录雨量标准确定的降雨事件发生次序。

【月】【日】【时】【分】填写时段降雨的起始或截止时刻，用整数表示。

【累积雨量】填写一次降雨开始时刻到当前时刻的累积雨量，单位为 mm，保留 1 位小数。

【累积历时】填写一次降雨开始时刻到当前时刻的累积时间，单位为 min，整数。

【雨量】填写上一时刻到当前时刻的累积雨量，单位为 mm，保留 1 位小数。

【历时】填写上一时刻到当前时刻的时间，单位为 min，整数。

【雨强】填写上一时刻到当前时刻的降雨强度，单位为 mm/h，保留 1 位小数。

【I_{30}】填写本次降雨的最大 30min 雨强，单位为 mm/h，保留 1 位小数。

【降雨侵蚀力】填写本次降雨的降雨侵蚀力，单位为 MJ·mm/（hm²·h），保留 1 位小数。

5. 摘录与计算内容

（1）累积雨量：一次降雨开始时刻累积到摘录时刻的总雨量。

（2）累积历时：摘录时刻减去开始降雨时刻的时间长度。

（3）时段降雨：一个时段内的总降水量。

（4）时段雨强：一个固定时段内的雨量除以该时段的时间长度，单位为 mm/h。

（5）最大 30min 雨强（I_{30}）：指一次降雨过程中，以记录时间间隔为滑动步长，依次计算每个连续 30 min 的总雨量，然后将该总雨量乘以 2 即为该 30 min 内的时段雨强，其中最大的一个值为该次降雨的 I_{30}。

（6）次降雨侵蚀力：采用式（2-1）～式（2-3）计算：

$$E = \sum_{i=1}^{n} (e_i \cdot P_i) \tag{2-1}$$

$$e_i = 0.29\left(1 - 0.72e^{-0.082I_i}\right) \tag{2-2}$$

$$R_{次} = E \cdot I_{30} \tag{2-3}$$

式中，$R_{次}$ 为次降雨侵蚀力，MJ·mm/（hm²·h）；I_{30} 为一次降雨过程中最大 30min 雨强，mm/h；E 为一次降雨的总动能，MJ/hm²；i=1，2，…，n，为一次降雨过程按断点雨强分为 n 个时段；P_i 为第 i 时段的雨量，mm；e_i 为每一时段的单位降雨动能，MJ·mm/（hm²·h）；I_i 为第 i 时段的断点雨强，mm/h。

考虑到人工摘录降雨过程比较烦琐，且易出错，以及人工计算最大 30min 雨强和降雨侵蚀力难度较大，目前已有针对不同观测方法及降雨记录格式的降雨过程摘录程序和降雨侵蚀力计算软件，可选择使用。

2.5 径流和泥沙监测

2.5.1 径 流 取 样

径流取样方式可分为人工取样和自动取样，本部分仅介绍人工取样的基本步骤。

1. 准备工作

取样前，准备好取样瓶（500～1000 mL）、米尺、扳手、搅拌工具、全剖面采样器、取样勺（或舀子）、取样桶（10 L 左右）、笔、记录表等，带至小区。

2. 取样步骤

1）填表头

首先对照径流小区径流泥沙采样记录表（径流小区记录表-3）填写观测日期、取样时间和观测人等信息。

2）检查小区

汇流槽、导流管、分水箱、集流桶（池）等是否有异常现象，若有情况，做好相应的记录，填在记录表的备注列。对照径流小区径流泥沙采样记录表填好小区号。

3）测量桶内径流深

打开桶盖，将米尺垂直放入桶中至桶底，读取水面所在刻度值，填入记录表中。每个分水箱和集流桶（池），应在不同位置各测量 3 次水深，单位为 cm，保留 1 位小数。

径流小区记录表-3　　　　　　站径流小区径流泥沙采样记录

观测日期：　年 月 日 时　取样开始时间：　取样结束时间：　观测人：　审核人：　第 页, 共 页

小区号	一级分水箱							二级分水箱							集流桶（池）							备注
	水深/cm			采样瓶号	采样体积/mL	泥沙盒号	盒+沙重/g	水深/cm			采样瓶号	采样体积/mL	泥沙盒号	盒+沙重/g	水深/cm			采样瓶号	采样体积/mL	泥沙盒号	盒+沙重/g	
	1	2	3					1	2	3					1	2	3					

填表说明：

【观测日期】填写径流泥沙采样的日期和时间。

【取样开始时间】【取样结束时间】填写本次取样开始和结束的时间。

【观测人】【审核人】分别填写相应人员的姓名。

【第　页, 共　页】取样时填写第几页，取样完毕填写共几页。

【小区号】填写小区编号。

【采样瓶号】填写采样瓶瓶身上用以区分样瓶的编码。

【采样体积】根据样瓶体积确定，回室内查表或者量算。

【泥沙盒号】标注于泥沙盒上，用以区分盒的号码。

【盒+沙重】填写烘干后，用天平称量的重量值，保留 1 位小数。

【备注】填写采样时的特殊情况，主要包括汇流槽、导流管、分流孔堵塞情况，小区周围挡墙或者挡板是否有径流进入或者进出，分水箱或者集流桶（池）是否漏水等特殊情况。

4）采集泥沙样

采集泥沙样的关键是保证样品均匀，即取出的泥沙样品与分水箱或集流桶（池）中的含沙量一致。每个分水箱、集流桶（池）内各取 2~3 个重复样。取样方法分为搅拌舀水取样、全剖面采样器取样和分层取样。

（1）搅拌舀水取样：用搅拌工具人工搅拌分水箱或集流桶（池）中的浑水，使水与泥沙充分混合达到均匀，用勺子取部分浑水样，将一次舀出的样品全部装入取样瓶中，在表中记录采样瓶号，用于测量含沙量。由于不易将泥沙搅拌均匀，尤其当粗泥沙多或泥沙含量大时，该方法往往严重低估含沙量。建议产流量过少，即桶内浑水的深度小于 30cm 时，采用该方法。

（2）全剖面采样器取样：用全剖面采样器（图 2-13）采集分水箱或集流桶（池）内从上到下的全剖面浑水柱，一般情况下，推荐使用该方法，具体使用方法为：①采样前首先搅拌桶内浑水。如果泥沙较多，底部有淤泥时，其往往会被上层水压实成为死泥，采样前应将其搅拌成泥浆并尽量弄平。②然后将全剖面采样器微倾斜插入桶内，使采样器底盘沿桶底缓慢移动，使其像铲子一样插入淤泥底下，不能钩一堆泥沙，也不能将泥沙压在采样器底盘下面。③把采样器竖直。整体摆动采样器若干下（10 cm 左右摆幅），使采样器底盘上的泥沙平整、均匀。④然后插入采样管，并轻轻旋转几下，除去采样管壁底部和底盘之间的沙粒，避免漏水。⑤盖上塞子，旋转确保盖紧，略停一会使采样器

内的泥沙沉淀，封堵采样管与底盘之间的缝隙，提起管子时不漏水。⑥提起采样器至水面处摆动若干下，确保采样管底盘外部无泥沙。⑦将采样管移至取样桶底部，以免浑水溅出，拔下管塞，使管内泥沙样品全部注入取样桶，摆动采样器确保底盘没有泥沙。⑧连续采集三次，在小桶内进行二次搅拌，用勺子在小桶内取样。

图 2-13　全剖面采样器示意图

（3）分层取样：当桶内泥沙过多，难以使用搅拌舀水取样或全剖面采样器采样时，可采取分层取样方法处理。首先，测量桶内的浑水水深，以计算浑水径流量。其次，将桶内上层清水虹吸掉，搅拌均匀，使底层粗沙与上层细沙充分混合，呈泥浆状，测量其厚度。最后，用环刀取泥沙样，测定环刀内单位体积含沙量，一般重复 3 次。根据单位体积含沙量和泥浆厚度计算得到桶内的干泥沙重量，除以浑水径流总量可以得到浑水含沙量。

5）清洗集流设备

放水前，先从分水箱或集流桶（池）内取出一桶水备用，用于冲洗桶，然后打开分水箱或集流桶（池）底阀，一边搅动，一边放出浑水，最后用清水将其冲洗干净，拧紧底阀，保证不漏水，盖好桶盖。每次产流后，应及时检查分水箱的分流孔，发现有淤泥、枯落物等时应及时清理，不能影响出水。

6）特殊情况处理

产流后汇流槽内有少许沉积泥沙，可以不清理，几次产流后，汇流槽内泥沙将自动达到平衡，其泥沙量将不再增加。如果汇流槽泥沙淤积较多，并影响导流管或出流口出现死水，说明小区建设有问题，补救方法是尽快改建汇流槽；可以将泥沙全部取出称重，测定含水量、干土重，纳入泥沙总量计算，取出后的泥沙扔掉，不得放回小区内；可以将汇流槽的泥沙铲出放到第一个分水箱内，搅拌均匀后再进行浑水样的采集，测定采集样品的含沙量。

一次降雨形成的产流，无论取样几次，都算一次产流。因白天和晚上降雨导致两次降雨形成的径流，若晚上未能取样，则第二天按一次径流处理，对应的降雨按一次降雨处理，不再划分。

2.5.2　样品室内处理

小区取样完毕，将样品带回室内测定含沙量，并计算径流小区径流泥沙采样记录表（径流小区记录表-3）中的内容。

一般可采用烘干法测定含沙量，也可采用过滤法或置换法。本书主要介绍烘干法（如果采用其他方法，可参考其他资料），按照以下步骤处理。

（1）采样体积：查径流取样瓶体积表，记录相应采样瓶对应的采样体积。如果采样时取样瓶未装满，用量筒量取清水加满取样瓶，采样瓶体积减去加入的清水体积即为本样品的体积。

（2）沉淀或过滤：将取样瓶中的浑水倒入烘干泥沙盒（容积 1200～1500 mL）中，用清水冲洗取样瓶，使瓶中泥沙全部进入泥沙盒，同时在径流泥沙采样记录表（径流小区记录表-3）中记录相应的泥沙盒号。静置泥沙盒直至泥沙沉淀，然后倒掉泥沙盒上部的清水，注意不要倒掉泥沙，或用虹吸管将上层清水吸掉。如果自然沉淀时间过长，且不测水质，可滴明矾溶液 1～2 滴，加速沉淀。

（3）烘干：把泥沙盒放入烘箱，在 105℃下烘干至恒重，一般为 8～12h。关闭烘箱电源后，冷却半小时。

（4）称重：取出泥沙盒，用电子天平（精度 0.01g 以上）依次称重，在径流泥沙采样记录表（径流小区记录表-3）中记录相应的"盒+沙重"，单位为 g，保留 2 位小数。

（5）整理：将取样瓶、泥沙盒清洗干净并妥善存放。

为提高取样和室内烘干泥沙的工作效率，建议预先编制"取样瓶体积表"和"泥沙盒质量表"。预先为取样瓶编号，用清水测量其体积，然后列表；预先为泥沙盒编号，测量空盒重量，然后列表。

_____站取样瓶体积表

观测年：　　　　　　　　　　　　　　　　　　　　　　　　　　　第　　页，共　　页

取样瓶号	体积/mL	取样瓶号	体积/mL	取样瓶号	体积/mL	取样瓶号	体积/mL	取样瓶号	体积/mL

_____站泥沙盒重量表

观测年：第　页，共　页

泥沙盒号	重量/g	泥沙盒号	重量/g	泥沙盒号	重量/g	泥沙盒号	重量/g	泥沙盒号	重量/g

2.5.3　径流量和土壤流失量计算

径流观测结束应及时整理数据，当径流系数大于 0.6 时，及时查清原因，并备注在记录表中。首先将径流小区径流泥沙采样记录表（径流小区记录表-3）录入径流小区径流泥沙计算表（径流小区计算表-2）的左侧，其表头与径流小区记录表-3 一致。然后在该表右侧计算以下内容。

径流小区计算表-2_____年_____站径流小区径流泥沙

观测日期：计算人：　　　　　审核人：第　页，共　页

小区号	一级分水箱					二级分水箱					集流桶（池）					总径流量/m³	小区面积/m²	径流深/mm	泥沙总量/kg	土壤流失量/(t/hm²)	备注
	平均水深/cm	盒重/g	烘干泥沙重/g	含沙量/(g/L)	平均含沙量/(g/L)	径流量/m³	孔数	平均水深/cm	盒重/g	烘干泥沙重/g	含沙量/(g/L)	平均含沙量/(g/L)	径流量/m³	孔数	平均水深/cm	盒重/g	烘干泥沙重/g	含沙量/(g/L)	平均含沙量/(g/L)	径流量/m³						

填表说明：

【观测日期】【计算人】【审核人】【第　页，共　页】【小区号】按照径流小区记录表-3 的要求填写。

【平均水深】等于三个水深的算术平均值，单位为 cm，保留 1 位小数。

【盒重】查阅泥沙烘干盒重表填写，单位为 g，保留 2 位小数。

【烘干泥沙重】等于盒+沙重减去盒重，单位为 g，保留 2 位小数。

【含沙量】等于烘干泥沙重除以采样体积，单位为 g/L，保留 2 位小数。

【平均含沙量】等于两个含沙量的算术平均值，单位为 g/L，保留 2 位小数。

【径流量】等于平均水深乘以桶底面积，单位为 m³，保留 2 位小数。

【孔数】根据径流小区基本情况填写。

【总径流量】参看总径流量计算公式并进行计算，单位为 m³，保留 3 位小数。

【小区面积】根据径流小区基本情况表填写，单位为 m²，保留整数。

【径流深】等于总径流量除以小区面积，单位为 mm，保留 1 位小数。

【泥沙总量】参看泥沙总量计算公式并进行计算，单位为 kg，保留 1 位小数。

【土壤流失量】等于泥沙总量除以小区面积，单位为 t/hm²，保留 3 位小数。

【备注】填写采样时的特殊情况，主要包括汇流槽、导流管、分流孔堵塞情况，小区周围挡墙或者挡板是否有径流流入或者流出，分水箱或者集流桶（池）是否漏水等特殊情况。

（1）平均水深：等于三个水深的算术平均值，单位为 cm，保留 1 位小数。

（2）盒重：查阅泥沙烘干盒重表，并填写相应的泥沙盒重，单位为 g，保留 2 位小数。

（3）烘干泥沙重：等于盒+沙重减去盒重，单位为 g，保留 2 位小数。

（4）含沙量：等于烘干泥沙重除以采样体积，单位为 g/L，保留 2 位小数。

（5）平均含沙量：等于两个含沙量的算术平均值。

（6）分水箱或集流桶（池）内径流量：等于平均水深（cm）乘以桶底面积（cm^2）/1000000，所计算的径流量单位为 m^3，保留 3 位小数。

（7）孔数：根据径流小区基本情况填写。

（8）总径流量根据式（2-4）计算：

$$总径流量（m^3）=一级分水箱径流量（m^3）$$
$$+二级分水箱径流量（m^3）×一级分流孔数 \qquad (2\text{-}4)$$
$$+集流桶（池）径流量（m^3）×一级分流孔数×二级分流孔数$$

（9）小区面积：根据径流小区基本情况填写，单位为 m^2，保留整数。

（10）径流深：等于总径流量除以小区面积，单位为 mm，保留 1 位小数。

（11）泥沙总量根据式（2-5）计算：

$$泥沙总量（kg）=一级分水箱径流量（m^3）×一级分水箱含沙量（g/L）$$
$$+二级分水箱径流量（m^3）×二级分水箱含沙量（g/L）$$
$$×一级分流孔数+集流桶（池）径流量（m^3）×集流桶（池）含沙量（g/L） \qquad (2\text{-}5)$$
$$×一级分流孔数×二级分流孔数$$

（12）土壤流失量：

$$土壤流失量（t/hm^2）=\frac{10×泥沙总量（kg）}{小区面积（m^2）} \qquad (2\text{-}6)$$

如果分水箱和集流桶（池）都没有加盖，降雨只影响总径流量，不影响泥沙总量和土壤流失量计算。实际总径流量应从上述计算的总径流量中扣除本次降水量，具体计算方法如下。

只有一级分水箱收集到径流时：

$$实际径流量（m^3）=总径流量（m^3）-\frac{本次雨量（mm）}{1000}×一级分水箱底面积（m^2） \quad (2\text{-}7)$$

只有一、二级分水箱收集到径流时：

$$实际径流量（m^3）=总径流量（m^3）-雨深（mm）×一级面积（m^2）$$
$$-雨深（mm）×二级面积（m^2）×一级孔数 \qquad (2\text{-}8)$$

一、二级分水箱和集流桶（池）都收集到径流时：

$$实际径流量（m^3）=总径流量（m^3）-雨深（mm）×一级面积（m^2）$$
$$-雨深（mm）×二级面积（m^2）×一级孔数 \qquad (2\text{-}9)$$
$$-雨深（mm）×集流面积（m^2）×一级孔数×二级孔数$$

2.6　覆盖度观测

覆盖度包括林冠（乔木）郁闭度、灌草覆盖度（盖度）、枯枝落叶盖度、生物结皮盖度和砾石覆盖度五部分（径流小区记录表-4 和径流小区计算表-3）。林冠（乔木）郁闭度采用目估法、照相测量法以及无人机观测法等进行观测；其他四类覆盖度可采用目估法、针刺法、照相测量法和无人机观测法等进行观测，建议用针刺法或照相测量法，这两种方法简单、快捷，并且精度较高。

目估法和照相测量法一般从小区坡上、坡中和坡下选择 3 个点分别进行观测，并求取平均值。如果小区植被差异较大，可选择多点，然后取平均值。针刺法是在小区对角线上拉两条线，一般每 10cm 一个测点，用有植被覆盖的测点数除以总测点数得到植被覆盖度。照相测量法参见第 9 章。

径流小区记录表-4_____站径流小区植被郁闭度/覆盖度

观测日期：　年　月　日　　　　　观测人：　　　　　审核人：　　　　　第　页，共　页

小区号	测次	测点	照片编号		针刺法覆盖度/%					植被平均高度/cm	备注
			郁闭度	覆盖度	林冠（乔木）	灌草	枯枝落叶	生物结皮	砾石		

填表说明：

【观测日期】【观测人】【审核人】【第　页，共　页】按照径流小区记录表-3 的要求填写。

【小区号】填写被测小区编号。

【测次】填写观测季节开始至今测量到第几次，如第二次测量，则填写"2"。

【测点】一般一个小区分为上、中、下 3 个测点，如果选多个点，则依次编号。

【照片编号】【郁闭度】【覆盖度】填写数码相机所拍摄的郁闭度和覆盖度对应照片编号的后四位。

【针刺法覆盖度】分别记录各种覆盖度的统计结果，单位为%，保留整数。

【植被平均高度】乔木林地只记录乔木高度，灌木林地只记录灌木高度，单位为cm，保留 1 位小数。

【备注】填写特殊情况。

径流小区计算表-3_____站径流小区植被郁闭度/覆盖度

观测日期：　年　月　日　　　　　观测人：　　　　　审核人：　　　　　第　页，共　页

小区号	测次	测点	照片编号		照相测量法/%		针刺法覆盖度/%					植被平均高度/cm	备注
			郁闭度	覆盖度	郁闭度	覆盖度	林冠（乔木）	灌草	枯枝落叶	生物结皮	砾石		

填表说明：

【观测日期】【观测人】【审核人】【第　页，共　页】【小区号】【测次】【测点】【照片编号】【郁闭度】【覆盖度】【针刺法覆盖度】【植被平均高度】按照径流小区记录表-4 的要求分别填写。

【照相测量法】【郁闭度】【覆盖度】填写软件计算结果，单位为%，保留整数。

【备注】填写特殊情况。

用测高仪测量植被平均高度，在小区选择 3 个点，每个点选择 1～3 株植被测量高度取其平均值。小区覆盖度每半个月观测一次。

2.7　土壤水分观测

土壤水分对产流、汇流和土壤侵蚀有重要影响，所以小区监测中应将其作为必测项进

行观测。土壤水分测量方法包括烘干法和 TDR（时域反射技术）等速测法。通常推荐用 TDR 等速测法测量，观测深度一般为 0～20 cm；也可以分层测量，如 0～10cm、10～20cm 和 20～30cm 等。因为 TDR 等速测法对小区扰动小，测量精度可以用烘干法校正。如果没有 TDR，则用烘干法测量，每半个月测量一次。

若用 TDR 进行土壤含水量的监测，在初次使用 TDR 前，应对 TDR 测量的含水量进行校准，建立含水量修订公式。每个小区只选 1 个代表点，并在该点附近测量 3 个重复值，结果记录在径流小区记录表-5-1。如果选用烘干法，将采集的小区保护带 0～20cm 的混合样放入三个铝盒，室内处理首先称量铝盒+湿土重，然后将铝盒放于烘箱，在 105℃下，烘干 8～12h 至恒重；最后称量铝盒+干土重，结果填写在径流小区记录表-5-2。

径流小区记录表-5-1＿＿＿＿＿＿＿＿站径流小区土壤水分（TDR 等速测法）

观测日期：　年　月　日　　　　　　观测人：　　　　　　审核人：　　　　　　第　页，共　页

小区号	测次	测点	测量深度/cm	水分 1	水分 2	水分 3	备注

填表说明：

【观测日期】【观测人】【审核人】【第　页，共　页】按照径流小区记录表-3 的要求填写。

【小区号】填写被测小区编号。

【测次】填写观测季节开始至今测量到第几次，如第二次测量，则填写"2"。

【测点】一般选 1 个点，如果选多个点，依次编号。

【测量深度】填写 TDR 观测的土壤深度，即探针长度，单位为 cm，保留整数。

【水分 1】【水分 2】【水分 3】填写速测仪测量出的读数，即体积含量，单位为%，保留 1 位小数。

【备注】填写特殊情况。

径流小区记录表-5-2＿＿＿＿＿＿＿＿站径流小区土壤水分（烘干法）

观测日期：　年　月　日　　　　　　观测人：　　　　　　审核人：　　　　　　第　页，共　页

小区号	测次	测点	土样深度/cm	铝盒号			铝盒+湿土重/g			铝盒+干土重/g			备注
				1	2	3	1	2	3	1	2	3	

填表说明：

【观测日期】【观测人】【审核人】【第　页，共　页】【小区号】【测次】【测点】填写同径流小区记录表-5-2。

【土样深度】填写采集土样的深度，单位为 cm，保留整数。

【铝盒号】填写土壤水分盒上标注的编码。

【1】【2】【3】表示三个重复样。

【铝盒+湿土重】用电子天平称量，单位为 g，保留 2 位小数。

【铝盒+干土重】烘干完毕后，用电子天平称量，单位为 g，保留 2 位小数。

【备注】填写特殊情况。

将径流小区记录表-5-1 或径流小区记录表-5-2 中的土壤水分数据录入径流小区土壤水分计算表（径流小区计算表-4-1 或径流小区计算表-4-2），其左侧部分与记录表一致，采用如下方法计算。

径流小区计算表-4-1_____站径流小区土壤水分（TDR 等速测法）

观测日期： 年 月 日　　　　　　计算人：　　　　　　　观测人：　　　　　　　　第 页，共 页

小区号	测次	测点	测量深度/cm	水分 1/%	水分 2/%	水分 3/%	小区平均水分/%	备注

填表说明：

【观测日期】【计算人】【观测人】【第 页，共 页】【小区号】【测次】【测点】【测量深度】【水分 1】【水分 2】【水分 3】按照径流小区记录表-5-1 的要求分别填写。

【小区平均水分】填写测点水分的算术平均值，即体积含水量，单位为%，保留 1 位小数。

径流小区计算表-4-2_____站径流小区土壤水分（烘干法）

观测日期： 年 月 日　　　　　　计算人：　　　　　　　观测人：　　　　　　　　第 页，共 页

小区号	测次	测点	土样深度/cm	铝盒号			铝盒+湿土重/g			铝盒+干土重/g			铝盒重/g			含水量/%			小区平均含水量/%	备注
				1	2	3	1	2	3	1	2	3	1	2	3	1	2	3		

填表说明：

【观测日期】【计算人】【观测人】【第 页，共 页】【小区号】【测次】【测点】【土样深度】【铝盒号】【1】【2】【3】【铝盒号+湿土重】【铝盒号+干土重】按照径流小区记录表-5-2 的要求分别填写。

【铝盒重】查阅土壤水分盒重表填写，单位为 g，保留 2 位小数。

【含水量】填写每个土样公式的计算结果，即质量含水量，单位为%，保留 1 位小数。

【小区平均含水量】填写 3 个土样含水量的算术平均值，单位为%，保留 1 位小数。

TDR 等速测法：计算测点水分 1、水分 2 和水分 3 三个读数的算术平均值，即体积含水量。

烘干法：查阅土壤水分盒重表，利用下式分别计算三个土样的质量含水量，然后取其算术平均值作为小区平均含水量：

$$含水量（\%）=\frac{（铝盒+湿土重）-（铝盒+干土重）}{（铝盒+干土重）-铝盒重}\times100\% \qquad (2\text{-}10)$$

2.8 作 物 测 产

2.8.1 野 外 采 样

（1）观察：观察径流小区作物成熟状况，确定测产日期。

（2）准备：准备好记录表、卷尺、刀具、样本袋等表格和工具。

（3）填表头：测量前，先填写好记录表表头（径流小区记录表-5），包括观测日期、观测人、审核人等信息。

（4）定测点：在每个小区的上部、中部和下部选择三个测点。如果小区长度大于 20m，分别在坡上、坡中和坡下均匀地定三个点；如果小区长度小于 10 m，只在坡中定一个点；

如果小区长度为 10～20 m，在小区中线上下 5 m 处各定 1 个点。

（5）定样方：每点的取样范围建议行播作物取 2～3 行，每行间隔 2～3 m，或按采集株数确定长度，要保持每行长度一致。样方面积一般为 1～4 m²，视作物种类而定，密植作物采样范围小。撒播作物可直接取一定面积样方，所取样方边界应距离小区边埂 0.5～1 m，防止作物边界效应。

（6）采样本：记录样方长和宽，然后采集样方内所有植株，装入样本袋或用绳捆好，贴好标签。

2.8.2　室内样品处理

（1）数株数：查数每个样本的作物株数。

（2）称鲜重：称量样本的鲜重，并记录（径流小区记录表-6）。

（3）称干重：将样本置于晾晒场晒干至恒重，称量样本干重并记录，然后进行秸秆和籽粒分离，称量籽粒干重并记录（径流小区记录表-6）。

径流小区记录表-6＿＿＿＿＿＿＿站径流小区作物测产

测产年：　　　　　　　　观测人：　　　　　审核人：　　　　　　第　页，共　页

小区号	月	日	测点	样方长/m	样方宽/m	样方面积/m²	样本株数	样本鲜重/g	样本干重/g	籽粒干重/g	备注

填表说明：

【测产年】【观测人】【审核人】【第　页，共　页】【小区号】按照径流小区记录表-3 的要求填写。

【月】【日】填写野外观测的具体某一天。

【测点】填写坡上、坡中或坡下。

【样方长】填写行播作物取样行长度或每行取样株数所在的行长，单位为 m，保留整数。

【样方宽】填写行播作物取样行数乘以行距，或直接测量取样距离，单位为 m，保留整数。

【样方面积】填写撒播作物取样确定的样方面积，行播作物为样方长乘以样方宽，单位为 m²，保留 1 位小数。

【样本株数】填写室内数出的每株作物的株数。

【样本鲜重】填写野外采集的样本称量的鲜重，单位为 g，保留整数。

【样本干重】填写样本晒干后称量的重量，单位为 g，保留整数。

【籽粒干重】填写样本晒干后称量的重量，单位为 g，保留整数。

【备注】填写采样时的特殊情况。

2.8.3　产 量 计 算

将径流小区作物测产记录表（径流小区记录表-6）数据录入径流小区作物测产计算表（径流小区计算表-5）左侧，其表头与径流小区记录表-6 一致，该表右侧是作物测产计算表，采用如下方法进行产量计算。

（1）密度：样本株数除以样方面积。

（2）秸秆产量：样本干重减去籽粒干重后除以样方面积。

（3）粮食产量：籽粒干重除以样方面积。

（4）平均密度：测点密度的算术平均值。

（5）平均秸秆产量：测点秸秆产量的算术平均值。

（6）平均粮食产量：测点粮食产量的算术平均值。

（7）收获指数：平均粮食产量除以平均秸秆产量和平均粮食产量的和。

径流小区计算表-5 _____站径流小区作物测产

测产年：　　　　　　　　　　计算人：　　　　　　　　　观测人：　　　　　　　第　页，共　页

小区号	测点	密度/（株/m²）	秸秆产量/（kg/hm²）	粮食产量/（kg/hm²）	平均密度/（株/m²）	平均秸秆产量/（kg/hm²）	平均粮食产量/（kg/hm²）	收获指数	备注

填表说明：将作物测产记录表录入电脑后，增加 10 列，形成作物测产计算表，新增加的为计算续表。

【测产年】【计算人】【观测人】【第　页，共　页】【小区号】【测点】按照径流小区记录表-6 的要求填写。

【密度】保留整数。

【秸秆产量】保留整数。

【粮食产量】保留整数。

【平均密度】填写撒播作物取样时确定的样方面积，保留 1 位小数。

【平均秸秆产量】保留整数。

【平均粮食产量】保留整数。

【收获指数】保留 2 位小数。

【备注】填写采样时的特殊情况。

2.9　资料整理

径流小区监测资料整编包括两部分内容：一是资料说明；二是径流小区监测资料整编。

2.9.1　资料说明

资料说明用文字和表格形式表达，主要介绍径流小区所属站点自然概况、径流小区布设与监测内容、观测项目与方法、资料整编情况和基本图件等。

1）自然概况

简要介绍径流小区所属站点行政区、地理位置（纬度和经度）、所属流域、地形地貌和气候特征、主要土壤和植被类型、其他资源状况等。

2）径流小区布设与监测内容

简要介绍径流小区布设目的、数量、位置、集流（分流）设施设备、降水观测仪器类型与数量、与径流小区的相对位置，以及其他监测项目等，并填写径流小区基本信息（表 2-2）。

3）观测项目与方法

简要介绍各个观测项目的具体指标及其观测方法。

表 2-2　径流小区基本信息

小区编号	建立年份	设置目的	观测项目	分流级别	分流孔数目	分流孔高度/m	分水箱横截面积/m²	小区未加盖水泥板面积/m²	集流桶（池）横截面积/m²	小区特征												水土保持措施			
										水平投影坡长/m	水平投影宽度/m	小区面积/m²	坡度/(°)	坡向	坡位	土壤类型	土层厚度/cm	有机质含量/%	基岩种类	植被种类	植被覆盖度/%	工程措施		生物措施	
																						类型	规格	种类	苗木规格	苗木数量

填表人：　　　　校对人：　　　　　　　　　审核人：　　　　填表日期：　年　月　日

4）资料整编情况

简要介绍整编资料的起止时间、整编表主要指标或项目的计算方法、数据格式等。

5）基本图件

（1）站点位置图：包括站点所属省行政边界，省内市、县（区）位置，以及站点位置等。

（2）径流小区布设图（或示意图）：以小流域地形图或小流域部分地形图为原图，标绘径流小区和雨量点位置。

（3）径流小区和集流（分流）设施设备设计图（或示意图）：绘制径流小区、汇流槽、导水管、分水箱和集流桶（池）等的形状、安装和组合图，见图 2-14 和图 2-15。

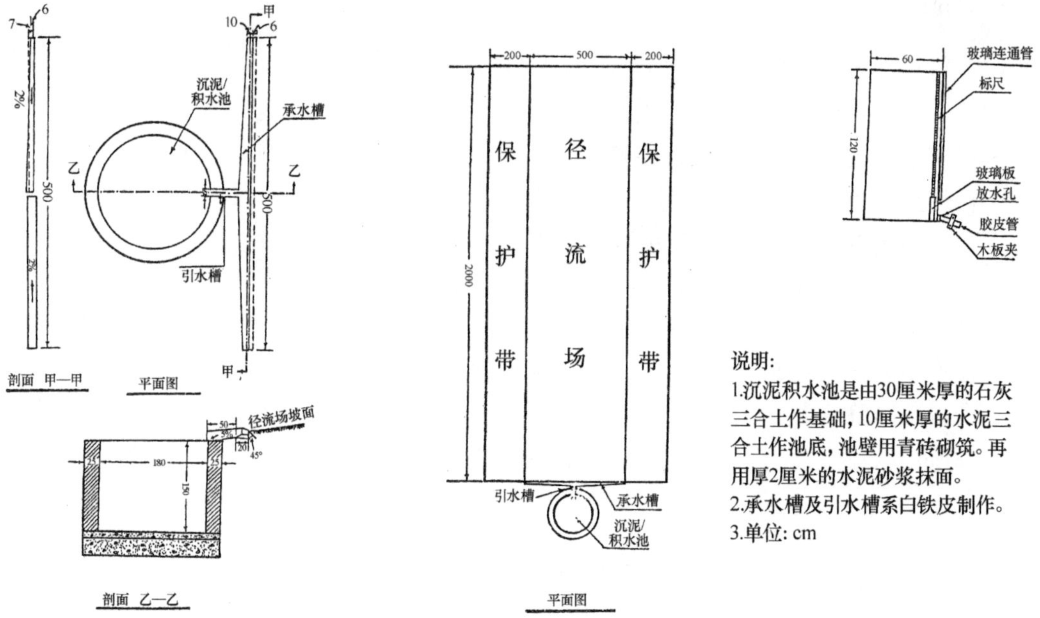

图 2-14　径流小区及集流设备图（示例）

来源：黄河中游水土保持委员会.1965.黄河中游水土保持径流测验资料（1945—1963）.图 2-15 来源同.

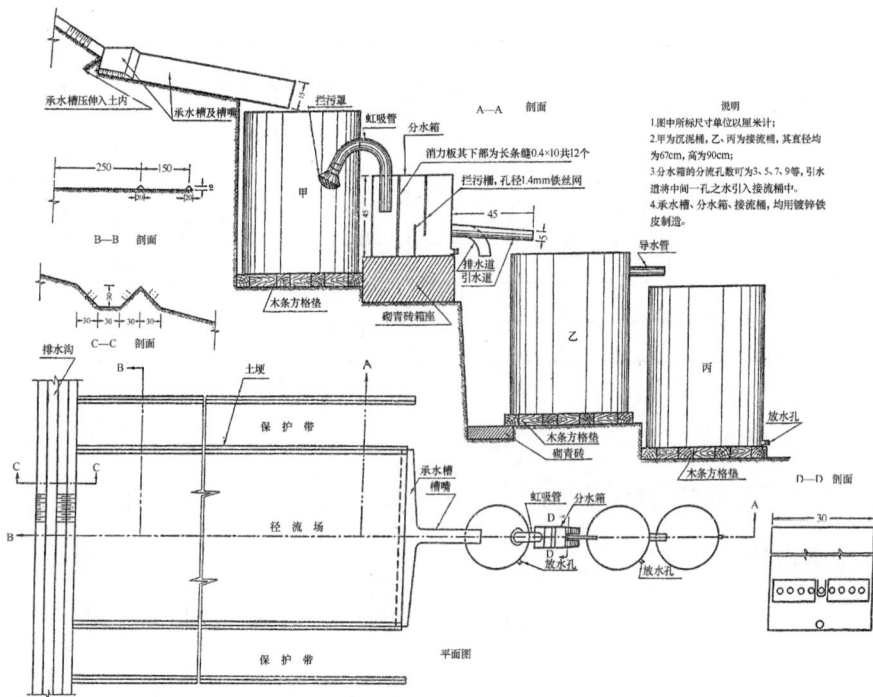

图 2-15　集流设备图（示例）

2.9.2　径流小区监测资料整编

1. 整编表清单

径流小区整编表包括以下几项。

径流小区整编表-1：逐日降水量；

径流小区整编表-2：降水过程摘录；

径流小区整编表-3-1：径流小区基本情况（农地）；

径流小区整编表-3-2：径流小区基本情况（林地）；

径流小区整编表-3-3：径流小区基本情况（灌草地）；

径流小区整编表-4：径流小区田间管理；

径流小区整编表-5：径流小区逐次径流泥沙；

径流小区整编表-6：径流小区逐年径流泥沙；

径流小区整编表-7：径流小区土壤含水量和植被覆盖度。

2. 填表说明

（1）径流小区整编表-1：逐日降水量。根据径流小区日降水量记录表（径流小区记录表-2）整理，次降雨和次降雨侵蚀力等指标根据降水过程摘录计算表（径流小区计算表-1）整理。

径流小区整编表-1____年_____逐日降水量

日	1 月	2 月	3 月	4 月	5 月	6 月	7 月	8 月	9 月	10 月	11 月	12 月	日
1 2 3 ⋮ 30 31													1 2 3 ⋮ 30 31
降水量													降水量
降水日数													降水日数
最大日量													最大日量
年统计	降水量		日数		最大日降水量		日期		最大月降水量		月份		
	最大次雨量		历时		最大 I_{30}		日期		最大降雨侵蚀力		日期		
	初雪日期				终雪日期								
备注	降水量：mm；历时：min；I_{30}：mm/h；最大降雨侵蚀力：MJ·mm/（hm²·h）												

填表说明：日降水量填写时，横向为月份，纵向为日，对应某月某日。

【降水量】填写对应每个月的降水总量，单位为 mm，保留 1 位小数。

【降水日数】填写对应每个月的降水日数。

【最大日量】填写每个月最大日雨量。

【年统计】填写年降水总量。

【降水量】填写年总降水量，为各月降水量的和。

【最大日降水量】【日期】填写一年内发生的最大日降水量值，及其对应的日期。

【最大月降水量】【月份】填写一年内发生的最大月总降水量值，及其对应的月份。

【最大次雨量】【历时】摘自降水过程摘录计算表。

【最大 I_{30}】摘自降水过程摘录计算表。

【最大降雨侵蚀力】摘自降水过程摘录计算表。

（2）径流小区整编表-2：降水过程摘录。与径流小区计算表-1 相同，直接整编。

径流小区整编表-2____年_____降水过程摘录

降水次序	月	日	时	分	累积雨量/mm	累积历时/min	时段降雨 雨量/mm	历时/min	雨强/（mm/h）	I_{30}/（mm/h）	降雨侵蚀力/[MJ·mm/（hm²·h）]	降水次序	月	日	时	分	累积雨量/mm	累积历时/min	时段降雨 雨量/mm	历时/min	雨强/（mm/h）	I_{30}/（mm/h）	降雨侵蚀力/[MJ·mm/（hm²·h）]

填表说明：该表内容根据径流小区计算表-1 整编，相关项目的填写方式以该表为准。表题填写：XX 年 XX 站 XX 号雨量站降水过程摘录。

【降水次序】填写降雨发生的次序，不包括未达雨量摘录标准的降雨。

【月】【日】【时】【分】填写一次雨的断点时刻，用整数表示。

【累积雨量】填写一次降雨开始时刻到当前时刻的累积雨量，单位为 mm，保留 1 位小数。

【累积历时】填写一次降雨开始时刻到当前时刻的累积时间，单位为 min，保留整数。

【雨量】填写上一时刻到当前时刻的累积雨量，单位为 mm，保留 1 位小数。

【历时】填写上一时刻到当前时刻的时间，单位为 min，保留整数。

【雨强】填写上一时刻到当前时刻的降雨强度，单位为 mm/h，保留 1 位小数。

【I_{30}】填写本次降雨的最大 30min 雨强，单位为 mm/h，保留 1 位小数。

【降雨侵蚀力】填写本次降雨的降雨侵蚀力，单位为 MJ·mm/（hm²·h），保留 1 位小数。

（3）径流小区整编表-3：径流小区基本情况。按不同土地利用类型分为三个表，即径流小区整编表-3-1：径流小区基本情况（农地）、径流小区整编表-3-2：径流小区基本情况（林地）、径流小区整编表-3-3 径流小区基本情况（灌草地），根据径流小区土地利用措施进行填写。

径流小区整编表-3-1＿＿＿＿＿＿站径流小区基本情况（农地）

小区号	试验目的	坡度/(°)	坡长/m	坡宽/m	面积/m²	坡向/(°)	坡位	土壤类型	土层厚度/cm	水土保持措施	整地方法	作物	播种方法	施肥纯量/(kg/hm²)	垄距/cm	株距×行距/cm	密度/(株/hm²)	播种日期	中耕时间	收割日期	产量/(kg/hm²) 粮食	秸秆	测流设备	备注

填表说明：

【小区号】填写小区编号。

【试验目的】描述径流小区的试验目的，如"坡长小区""坡度小区""措施小区"等。

【坡度】填写小区坡面坡度，单位为°，保留1位小数。

【坡长】填写小区坡面投影坡长，单位为m，保留1位小数。

【坡宽】填写小区坡面宽度，单位为m，保留1位小数。

【面积】填写小区坡面面积，单位为m²，保留1位小数。

【坡向】填写小区坡向，单位为°，保留整数。

【坡位】填写小区坡位，如"坡脚"。

【土壤类型】填写小区土壤类型，一般至少填写到土属一类。

【土层厚度】填写小区土层厚度，单位为cm，保留整数。

【水土保持措施】填写径流小区水土保持措施的名称。

【整地方法】填写小区播种前实施的整地方法。

【作物】填写小区播种的作物名称。

【播种方法】填写机械播种时的机械名称及方式。

【施肥纯量】填写N、P、K施肥总量，备注栏里填写N、P、K施肥比例。

【垄距】填写起垄耕作时的垄距，如不起垄，则不填。

【株距×行距】填写行播作物的株距和行距，撒播作物不填。

【密度】填写单位面积上农作物的株数。

【播种日期】【中耕时间】【收割日期】填写田间操作的时间。

【产量】填写收获后的秸秆产量和粮食产量。

【测流设备】填写测流设备的主要名称及分流级别。

【备注】填写特殊情况。

径流小区整编表-3-2＿＿＿＿＿＿站径流小区基本情况（林地）

小区号	试验目的	坡度/(°)	坡长/m	坡宽/m	面积/m²	坡向/(°)	坡位	土壤类型	土层厚度/cm	水土保持措施	树种	造林方法	株距/cm×行距/cm	树龄/年	平均树高/m	平均胸径/m	平均树冠直径/m	郁闭度	林下植被类型	林下植被主要种类	覆盖度/%	林下植被平均高度/m	测流设备

填表说明：

【树种】填写小区播种的树木名称。

【造林方法】填写播种造林的具体方法，如穴播、条播、撒播等。

【株距×行距】填写树木的株距和行距。

【树龄】填写树木的年龄，单位为年，保留整数。

【平均树高】填写树木的平均树高，单位为m，保留1位小数。

【平均胸径】填写树木的平均胸径，单位为m，保留1位小数。

【平均树冠直径】填写树木的平均树冠直径，单位为m，保留1位小数。

【郁闭度】填写乔木的郁闭度，保留1位小数。

【林下植被类型】填写林下植被类型，如灌木、草。

【林下植被主要种类】填写主要的三种林下植被种类。

【覆盖度】填写林下植被的盖度，单位为%，保留整数。

【林下植被平均高度】填写林下植被的平均高度，单位为m，保留1位小数。

径流小区整编表-3-3_____站径流小区基本情况（灌草地）

小区号	试验目的	坡度/（°）	坡长/m	坡宽/m	面积/m²	坡向/（°）	坡位	土壤类型	土层厚度/cm	灌草种类	播种日期	播种方法	收割时间	生物量/（kg/hm²）	牧草产量/（kg/hm²）	覆盖度/%	平均高度/cm	测流设备

填表说明：

【灌草种类】填写小区播种的灌草名称。

【播种日期】【收割时间】填写小区内灌草播种与收割的时间，如非人工种植或不收割，则填"无"。

【牧草产量】填写收割后的牧草产量，如不收割，则填"无"。

（4）径流小区整编表-4：径流小区田间管理。根据径流小区田间管理记录表（径流小区记录表-1）填写。

径流小区整编表-4_____站径流小区田间管理

小区号	试验目的	日期	田间操作	工具	土壤耕作深度/cm	备注	小区号	试验目的	日期	田间操作	工具	土壤耕作深度/cm	备注

（5）径流小区整编表-5：径流小区逐次径流泥沙。根据降水过程摘录计算表（径流小区计算表-1）、径流小区径流泥沙计算表（径流小区计算表-2）、径流小区植被郁闭度/覆盖度计算表（径流小区计算表-3）、径流小区土壤水分（TDR 等速测法）计算表（径流小区计算表-4-1）或径流小区土壤水分（烘干法）计算表（径流小区计算表-4-2）整理。

径流小区整编表-5_____站径流小区逐次径流泥沙

小区号	降雨起		降雨止		历时/min	雨量/mm	平均雨强/（mm/h）	I_{30}/（mm/h）	降雨侵蚀力/［MJ·mm/（hm²·h）］	径流深/mm	径流系数	含沙量/（g/L）	土壤流失量/（t/hm²）	雨前土壤含水量/%	雨后土壤含水量/%	植被覆盖度/%	平均高度/m	备注
	月：日	时：分	日	时：分														

填表说明：

【雨前土壤含水量】填写距离本次产流最近时间观测的土壤含水量，保留 1 位小数。

【雨后土壤含水量】填写产流后加测一次的土壤含水量，保留 1 位小数。

【植被覆盖度】填写产流后加测一次的植被覆盖度，该植被覆盖度采用相片覆盖度，经计算后填写，保留整数。

【平均高度】填写产流后加测一次的植被高度，保留整数。

（6）径流小区整编表-6：径流小区逐年径流泥沙。整编每个径流小区逐年降水及其产流产沙情况，主要项目说明如下。

降水量是年降水总量，如有非观测期，应在"备注"栏注明观测的起止日期；降雨侵蚀力是每年观测期内所有大于或等于 12 mm 降雨的降雨侵蚀力之和；径流深是每年逐次的径流深之和；径流系数是每年逐次径流深之和与该年总降水量之和的比值；土壤流失量是每年逐次土壤侵蚀量之和。

径流小区整编表-6_____站径流小区逐年径流泥沙

小区号	坡度/（°）	坡长/m	坡宽/m	土壤类型	水土保持措施	降水量/mm	降雨侵蚀力/［MJ·mm/（hm²·h）］	径流深/mm	径流系数	土壤流失量/（t/hm²）	备注

填表说明：

【小区号】【坡度】【坡长】【坡宽】【土壤类型】【水土保持措施】摘录自径流小区整编表-3：径流小区基本情况。

【降水量】填写年降水总量，单位为 mm，保留 1 位小数。

【降雨侵蚀力】填写大于或等于 10mm 降雨的降雨侵蚀力之和，单位为 MJ·mm/（hm²·h），保留 1 位小数。

【径流深】单位为 mm，保留 1 位小数。

【径流系数】保留 2 位小数。

【土壤流失量】单位为 t/hm²，保留 3 位小数。

（7）径流小区整编表-7：径流小区土壤含水量和植被覆盖度。该表记录了每个径流小区各次测量的植被覆盖度和 0～20 cm 土壤含水量。根据径流小区植被郁闭度/覆盖度计算表（径流小区计算表-3）、径流小区土壤水分（TDR 等速测法）计算表（径流小区计算表-4-1）或径流小区土壤水分（烘干法）计算表（径流小区计算表-4-2）整理。

径流小区整编表-7_____站径流小区土壤含水量和植被覆盖度

小区号	测次	年	月	日	土壤深度/cm	土壤含水量/%	两测次间降水/mm	植被覆盖度/%	植被平均高度/m	备注	小区号	测次	年	月	日	土壤深度/cm	土壤含水量/%	两测次间降水/mm	植被覆盖度/%	植被平均高度/m	备注

填表说明：相关指标填写方法以径流小区计算表-3、径流小区计算表-4-1 和径流小区计算表-4-2 为准。

【备注】填写土壤含水量测量是 TDR 等速测法，还是烘干法；植被覆盖度测量是目估法，还是照相测量法。

2.10　径流小区设备的选择与监测常见问题

2.10.1　径流小区设备的选择

根据经费预算和监测要求，人工监测最便宜但费劳动力；全自动监测最省劳动力但经费需求最大，且不能测水质；半自动监测处于两者中间。此外，如果要测水质，需进行人工采样或半自动采样。如果经费少，推荐采用人工采样，人工监测时必须用全剖面采样器进行浑水样采集；如果有足够经费，推荐使用全自动监测设备；如果经费适中或需要测水质，建议采用半自动监测，宜采用 BNU 竖轮采样器+翻斗流量计的组合设备。

2.10.2　径流小区监测常见问题

1. 径流小区设计

（1）分水箱/集流桶（池）设计尺寸过大，不便于浑水样采集（图 2-16）。

图 2-16　分水箱/集流桶（池）过大（直径约 3m，高 2m）

（2）分水箱/集流桶（池）设计尺寸过小，不能收集全部径流样（图 2-17）。

（3）缺少汇流槽，不便于进行径流汇集，出现明显泥沙淤积（图 2-18）。

（4）分水箱分流孔/槽不在同一水平线上（图 2-19）。

图 2-17　集流桶（池）过小 [径流小区面积 100m^2，裸地，无分水箱，只有集流桶（池），桶直径约 1m，高约 0.7m]

图 2-18　缺少汇流槽

图 2-19　分流孔不在同一水平线上

（5）分水箱分流孔/槽大小不一致（图2-20）。

图2-20 分流孔大小不一

（6）分流管不牢固，分流时容易冲掉。

（7）分流孔与分流管连接管设计有问题，小区分水箱与集流桶（池）之间的连接管管径太细，水流小时，水流阻力太大，通过连接管的水流会比其他分流孔小；水流大时（满管出流），通过连接管水流的水压大，导致流量比其他分流孔大，出现分流不均的情况（图2-21）。

图2-21 分流管管径小，有高差，会分流不均

（8）径流小区无保护带、保护带宽度不够或保护带与径流小区内处理不一致（图 2-22）。

图 2-22　保护带为水泥板，与径流小区内部处理不一致

（9）步道上的径流流入小区。

（10）汇流槽面积过大，槽底无坡降（图 2-23）。

图 2-23　汇流槽过大

2. 径流小区管理

（1）径流小区标识牌内容名称不规范（图 2-24）。

（2）径流小区标识牌内容不规范，放置在小区内部（图 2-25）。

（3）径流小区围挡有裂缝且漏水（图 2-26）。

（4）汇流槽遮雨板过宽，部分挡住小区内的土壤（图 2-27）。

图 2-24　标识牌内容名称不规范（农耕不是措施名称）

图 2-25　径流小区标识牌植物品种错误且放置在径流小区内

图 2-26　径流小区边墙有大裂缝

图 2-27　汇流槽遮雨板过宽

（5）汇流槽内泥沙淤积严重，影响出流。

（6）导流管入口有泥沙淤积，影响汇流（图 2-28）。

图 2-28 导流管入口有泥沙淤积

（7）标准小区管理不规范，植被覆盖度高（图 2-29）。

（8）常规小区内坡面不均一，内部出现堆土（图 2-30）。

（9）径流小区内地表有明显的干草、作物残茬（图 2-31）。

（10）径流小区内经果林和水保林管理与大田不符，如水保林去除地表杂草（图 2-32）。

图 2-29 裸地不裸

图 2-30　径流小区内出现堆土

图 2-31　径流小区内出现明显干草

（11）径流小区内梯田地埂破坏明显（图 2-33）。

（12）汇流槽坡上土壤表面低于汇流槽上边缘，水流汇集在汇流槽前部，不能正常出流（图 2-34）。

图 2-32　水保林管理与大田不符

图 2-33　径流小区内梯田地埂损毁明显

（13）径流小区内坡上及坡下地表覆盖差异明显（图 2-35）。

（14）径流小区内坡上和坡下地表翻耕处理不一致（图 2-36）。

图 2-34 土壤表面低于汇流槽上边缘

图 2-35 径流小区坡上及坡下地表覆盖差异明显

（15）径流小区受两侧乔木影响（图 2-37）。

（16）导流管漏水（图 2-38）。

（17）集流桶排水阀门漏水（图 2-39）。

（18）缺少降雨过程资料。

图 2-36　径流小区坡上及坡下地表翻耕处理不一致

图 2-37　未设置保护带被旁边径流小区的植物干扰

3. 径流小区观测

（1）设备内残余径流没有及时放出，影响下次观测。

（2）1 人采样可能会导致采不到均匀的浑水样。

（3）PVC 管作为搅拌工具不合适，因为其太小太细，泥沙难以搅拌均匀。

图 2-38　导流管漏水

图 2-39　集流桶排水阀门漏水

第3章　小流域径流泥沙监测

流域是所有地表径流都能汇入同一出口或断面的区域，包括该区域内的所有物质，如林草植被、土壤、水和建筑等。从流域管理和流域治理的角度来看，流域还包括该区域内人们的文化、习惯和生态理念等（Brooks et al.，1996）。美国国家环境保护局指出小于 212 km^2 是进行流域评价和管理的适宜尺度（EPA，2003），中国小流域治理的尺度一般指 50 km^2 以下（水利部，2013），有关研究认为 200 km^2 以下的流域为小流域（如岔巴沟），水文学中认为 1000 km^2 以下为适宜尺度。

流域是完整、独立、自成系统的水文单元，具备完整的侵蚀输沙系统，是我国水土流失治理、水资源管理的重要单元。在长期水土流失防治的实践中，以小流域为单元进行的水土保持综合治理模式成为我国水土保持工作的重要途径（钱正英，1992）。因此，进行小流域控制站径流泥沙监测可以厘清小流域的产流产沙规律，摸清水土保持措施的综合水土保持效益，为小流域水土保持综合治理和规划提供数据支持。

3.1　监 测 内 容

小流域控制站监测的内容一般包括降雨、径流、泥沙和流域土壤侵蚀影响因子，也可以根据需要设立其他监测内容，如土壤水分、水质等，然后对观测结果进行记录和计算（表 3-1）。

表 3-1　小流域监测记录表和计算表清单

记录表	计算表
小流域记录表-1　逐日降水量	小流域计算表-1　降水过程摘录
小流域记录表-2　日常检查与维护	小流域计算表-2　径流泥沙
小流域记录表-3　径流泥沙监测	小流域计算表-3　逐日径流泥沙
小流域记录表-4　水蚀野外调查	小流域计算表-4　逐次洪水径流泥沙
小流域记录表-5　土壤含水量	小流域计算表-5　土壤含水量

3.2　监测设施与设备

3.2.1　降雨观测设备

小流域雨量站布设时需考虑流域面积、地形及站点所在地的降雨特征，主要遵循的原则是使用最少的雨量站获取最具有代表性的数据。雨量站的布设密度一般为山区大于平原区，当流域面积小于 5 km² 时，密度应达到 1 个/km²。随着流域面积增加，站点密度逐渐减小。流域面积与雨量站数量见表 3-2。

雨量站布设位置应均匀且具有代表性，一般 1 个雨量站布设在流域中心，2 个雨量站分别布设在流域的上游和下游，3 个以上雨量站根据地形或者雨量站控制面积确定。

流域内应至少配备若干个雨量筒，以及若干个翻斗式数字雨量计，以便相互校核。

表 3-2　流域面积与雨量站数量表

项目	<0.2 km²	0.2～0.5 km²	0.5～2 km²	2～5 km²	5～10 km²	10～20 km²	20～50 km²	50～100 km²
雨量站数	1	1～3	2～4	3～5	4～6	5～7	6～8	7～9

3.2.2　水位与流量观测设备

小流域径流观测设施主要包括量水堰/槽、水尺或自记水位计等。堰/槽类型可根据流域控制面积、沟/河道比降和含沙量大小确定。含沙量大的小流域推荐使用量水槽，不用量水堰，因为量水堰易造成淤积，增加清淤工作量且降低观测精度。小流域控制站的流量一般通过水尺或自记水位计读取水位，利用流量公式计算流域出口断面流量和径流总量。

1. 量水堰/槽

1）H-量水槽

H-量水槽一般适用于流域面积≤0.2 km²，且流量较小（<3.2m³/s）的情况。根据 H-量水槽的形状和规格，可分为小型 H-量水槽、中型 H-量水槽和大型 H-量水槽三种类型，其形状如图 3-1 所示。

使用者应根据设计流量选择小型 H-量水槽、中型 H-量水槽和大型 H-量水槽测量流量（表 3-3）。各个型号的 H-量水槽对应的尺寸分别见表 3-4～表 3-6。

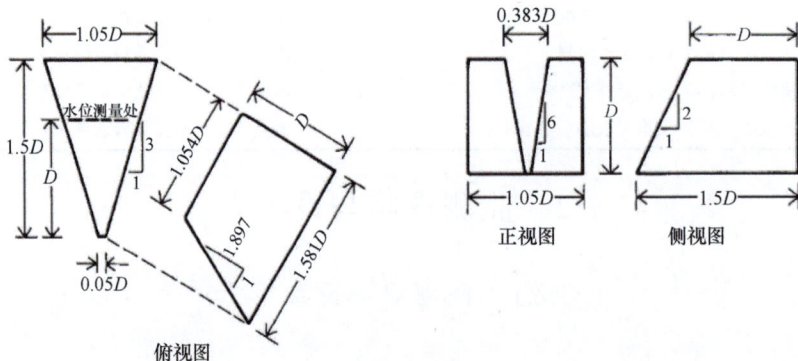

(a)小型H-量水槽

(b)中型H-量水槽

(c)大型H-量水槽

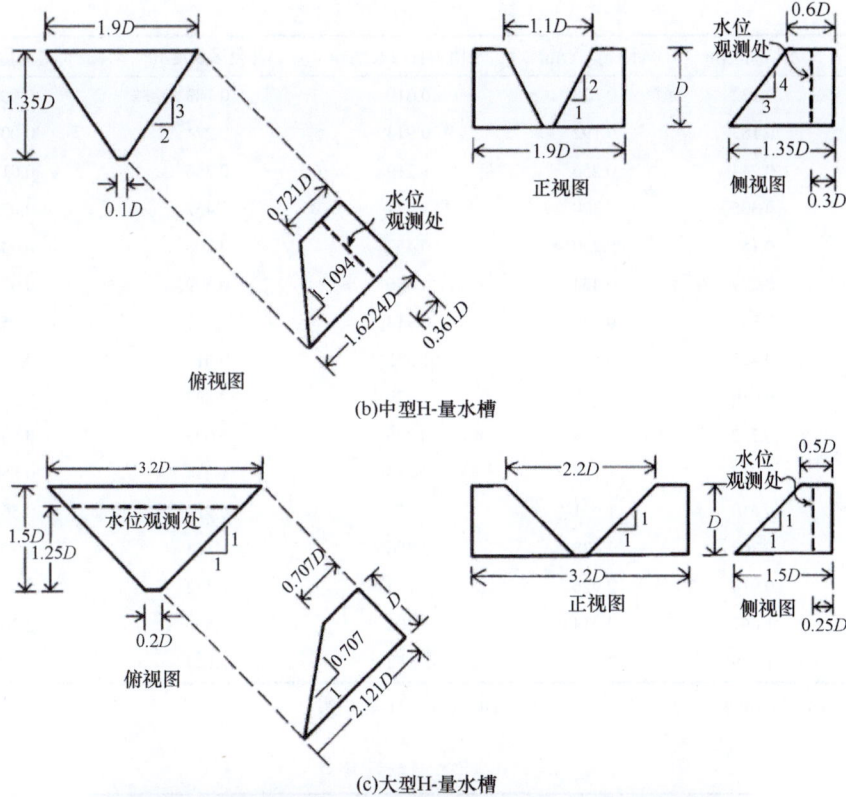

(d)中型H-量水槽实物图

图 3-1　H-量水槽断面形状

进行 H-量水槽安装时，要求行进段坡降为 0～0.02，水槽观测段坡降为 0。同时，为防止小流量时的泥沙淤积，可在水槽行进段内垂直于水流方向（过水断面）设置一个有坡降（1∶8）的槽底，如图 3-2 所示。

表 3-3 H-量水槽测流范围及主要尺寸

类型	水槽高度/m	水槽宽度/m	水槽顺直段长度/m	测量区长度/m	最大测流量/（m³/s）
HS	0.122	0.128	0.610	0.183	0.002
HS	0.183	0.192	0.914	0.274	0.007
HS	0.244	0.256	1.219	0.366	0.013
HS	0.305	0.320	1.524	0.457	0.023
H	0.152	0.290	0.457	0.206	0.008
H	0.229	0.434	0.686	0.309	0.028
H	0.305	0.579	0.914	0.411	0.057
H	0.457	0.869	1.372	0.617	0.142
H	0.610	1.158	1.829	0.823	0.311
H	0.762	1.448	2.286	1.029	0.538
H	0.914	1.737	2.743	1.234	0.850
HL	0.610	1.951	1.829	0.914	0.566
HL	0.762	2.438	2.286	1.143	0.991
HL	0.914	2.926	2.743	1.372	1.557
HL	1.067	3.414	3.200	1.600	2.265
HL	1.219	3.901	3.658	1.829	3.115

注：HS 为小型 H-量水槽；H 为中型 H-量水槽；HL 为大型 H-量水槽。

表 3-4 小型 H-量水槽尺寸 （单位：cm）

高 D	0.05D	0.383D	1.05D	1.054D	1.5D	1.581D	A
12.20	0.61	4.67	12.80	12.85	18.29	19.28	60.98
15.24	0.76	5.84	16.01	16.07	22.87	24.10	76.22
18.29	0.91	7.01	19.21	19.28	27.44	28.92	91.46
24.39	1.22	9.34	25.61	25.71	36.59	38.56	121.95
30.49	1.52	11.68	32.01	32.13	45.73	48.20	152.44

注：A 为水槽顺直段长度。

表 3-5 中型 H-量水槽尺寸 （单位：cm）

高 D	0.1D	0.3D	0.6D	0.721D	1.05D	1.1D	1.1262D	1.35D	1.6224D	1.9D	A
15.24	1.52	4.57	9.15	10.99	16.01	16.77	17.17	20.58	24.73	28.96	76.22
22.87	2.29	6.86	13.72	16.49	24.01	25.15	25.75	30.87	37.10	43.45	114.33
30.49	3.05	9.15	18.29	21.98	32.01	33.54	34.34	41.16	49.46	57.93	152.44
45.73	4.57	13.72	27.44	32.97	48.02	50.30	51.50	61.74	74.20	86.89	137.20
60.98	6.10	18.29	36.59	43.96	64.02	67.07	68.67	82.32	98.93	115.85	182.93
76.22	7.62	22.87	45.73	54.95	80.03	83.84	85.84	102.90	123.66	144.82	228.66
91.46	9.15	27.44	54.88	65.95	96.04	100.61	103.00	123.48	148.39	173.78	274.39
137.20	13.72	41.16	82.32	98.92	144.05	150.91	154.51	185.21	222.59	260.67	411.59

注：A 为水槽顺直段长度。

表 3-6　大型 H-量水槽尺寸　　　　　　　（单位：cm）

高 D	0.2D	0.5D	0.707D	1.25D	1.5D	1.768D	2.121D	2.2D	3.2D	A
60.98	12.20	30.49	43.11	76.23	91.47	107.81	129.34	134.16	195.14	182.94
76.22	15.24	38.11	53.89	95.28	114.33	134.76	161.66	167.68	243.90	228.66
91.46	18.29	45.73	64.66	114.33	137.19	161.70	193.99	201.21	292.67	274.38
106.71	21.34	53.36	75.44	133.39	160.07	188.66	226.33	234.76	341.47	320.13
121.95	24.39	60.98	86.22	152.44	182.93	215.61	258.66	268.29	390.24	365.85

注：A 为水槽顺直段长度。

图 3-2　过水断面上坡降设置示意图

2）巴歇尔量水槽

　　巴歇尔量水槽是测量明渠流量的辅助设备（图 3-3），通过测量槽内水位，再根据相应量水槽水位–流量关系，计算出流量。其由进口收缩段、短直喉道和出口扩散段三部分组成（图 3-4）。收缩段的槽底向下游倾斜，扩散段槽底的倾斜方向与喉道槽底相反。

　　《水工建筑物与堰槽测流规范》（SL 537—2011）给出了 13 种标准和 8 种大型巴歇尔量水槽的自由流流量公式、适用范围表及其相应尺寸，可根据流域流量变化范围选择使用，不必再进行水位–流量关系率定。巴歇尔量水槽各个型号的测流范围如表 3-7 所示，巴歇尔量水槽的尺寸如表 3-8 所示。

图 3-3　巴歇尔量水槽

(a)立面

(b)平面

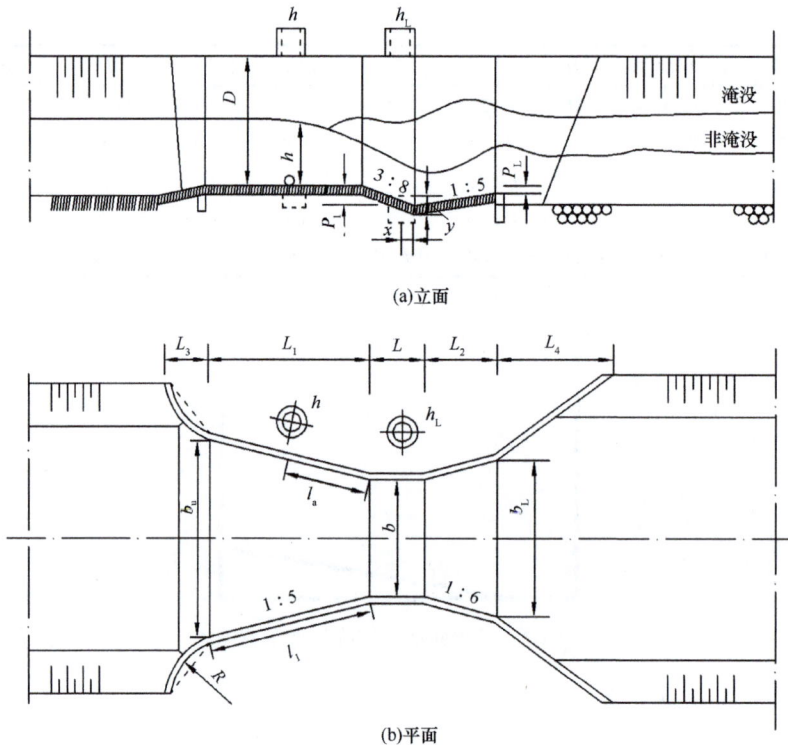

图 3-4　巴歇尔量水槽结构图

b 为喉宽；L 为喉长；x、y 为进水口位置坐标；P_1 为槽底高；b_u 为进口宽；L_1 为进口长；l_1 为翼墙斜长；l_a 为测井至槽底距离；b_L 为出口宽；L_2 为出口长；P_L 为槽底至逆坡顶高差；h、h_L 为两侧实测水位值；D 为翼墙高

表 3-7　巴歇尔量水槽的测流范围

类别	序号	喉道宽度 b/m	水位范围 h/m		流量范围 Q/（L/s）		临界淹没度/%
			最小	最大	最小	最大	
小型	1	0.025*	0.019	0.184	0.13	4.38	0.5
	2	0.051*	0.025	0.184	0.40	8.75	0.5
	3	0.076*	0.031	0.457	0.82	52.56	0.5
	4	0.152	0.03	045	1.50	111.0	0.6
	5	0.229*	0.031	0.61	2.63	251.3	0.6
标准型	6	0.25	0.03	0.60	3.0	250	0.6
	7	0.30	0.03	0.75	3.5	400	0.6
	8	0.45	0.03	0.75	4.5	630	0.6
	9	0.60	0.05	0.75	12.5	850	0.6
	10	0.75	0.06	0.75	25.0	1100	0.6
	11	0.90	0.06	0.75	30.0	1250	0.6
	12	1.00	0.06	0.80	30.0	1500	0.7
	13	1.20	0.06	0.80	35.0	2000	0.7
	14	1.50	0.06	0.80	45.0	2500	0.7
	15	1.80	0.08	0.80	80.0	3000	0.7
	16	2.10	0.08	0.80	95.0	3600	0.7
	17	2.40	0.08	0.80	100.0	4000	0.7

续表

类别	序号	喉道宽度 b/m	水位范围 h/m		流量范围 Q/（L/s）		临界淹没度/%
			最小	最大	最小	最大	
大型	18	3.05	0.09	1.07	160.0	8280	0.8
	19	3.66	0.09	1.37	190.0	14680	0.8
	20	4.57	0.09	1.67	230.0	25040	0.8
	21	6.10	0.09	1.83	310.0	37970	0.8
	22	7.62	0.09	1.83	380.0	47160	0.8
	23	9.14	0.09	1.83	460.0	56330	0.8
	24	12.19	0.09	1.83	600.0	74700	0.8
	25	15.24	0.09	1.83	750.0	93040	0.8
特大型	26	18	0.2	1.83	3.21	109.8	0.65
	27	23	0.2	2.24	3.91	186.7	0.65

* 资料来源于 Durable M D D，du Québec D L. 2007. Sampling Guide for Environmental Analysis：Booklet 7 – Flow Measurement Methods in Open Channels；其余来源于《水工建筑物与堰槽测流规范》（SL 537—2011）。

表 3-8　巴歇尔量水槽的尺寸　　　　　　　　　（单位：m）

序号	喉道					进口段				出口段			翼墙高 D
	喉宽 b	喉长 L	下游进水口位置坐标		槽底高 P_1	进口宽 b_u	进口长 L_1	翼墙斜长 l_1	测井至槽底距离 l_a	出口宽 b_L	出口长 L_2	槽底至逆坡顶高差 P_L	
			x	y									
1	0.025*	0.076	0.008	0.013	0.029	0.168	0.356	0.363	0.242	0.093	0.203	0.019	0.229
2	0.051*	0.114	0.016	0.025	0.043	0.214	0.406	0.414	0.276	0.135	0.257	0.022	0.254
3	0.076*	0.152	0.025	0.038	0.057	0.259	0.457	0.467	0.311	0.178	0.309	0.025	0.457
4	0.152	0.305	0.050	0.075	0.115	0.40	0.610	0.620	0.415	0.39	0.61	0.080	0.60
5	0.229*	0.305	0.051	0.076	0.114	0.575	0.864	0.880	0.587	0.381	0.457	0.076	0.305
6	0.250	0.600	0.050	0.075	0.230	0.78	1.325	1.350	0.900	0.55	0.92	0.080	0.80
7	0.300	0.600	0.050	0.075	0.230	0.84	1.350	1.380	0.920	0.60	0.92	0.080	0.95
8	0.450	0.600	0.050	0.075	0.230	1.02	1.425	1.450	0.967	0.75	0.92	0.080	0.95
9	0.600	0.600	0.050	0.075	0.230	1.20	1.500	1.530	1.020	0.90	0.92	0.080	0.95
10	0.750	0.600	0.050	0.075	0.230	1.38	1.575	1.610	1.074	1.05	0.92	0.080	0.95
11	0.900	0.600	0.050	0.075	0.230	1.56	1.650	1.680	1.121	1.20	0.92	0.080	0.95
12	1.000	0.600	0.050	0.075	0.230	1.68	1.705	1.730	1.161	1.30	0.92	0.080	1.00
13	1.200	0.600	0.050	0.075	0.230	1.92	1.800	1.840	1.227	1.50	0.92	0.080	1.00
14	1.500	0.600	0.050	0.075	0.230	2.28	1.950	1.993	1.329	1.80	0.92	0.080	1.00
15	1.800	0.600	0.050	0.075	0.230	2.64	2.100	2.140	1.427	2.10	0.92	0.080	1.00
16	2.100	0.600	0.050	0.075	0.230	3.00	2.250	2.300	1.534	2.40	0.92	0.080	1.00
17	2.400	0.600	0.050	0.075	0.230	3.36	2.400	2.453	1.636	2.70	0.92	0.080	1.00
18	3.050	0.910	0.305	0.230	0.343	4.76	4.270	—	1.830	3.66	1.83	0.152	1.22
19	3.660	0.910	0.305	0.230	0.343	5.61	4.880	—	2.030	4.47	2.44	0.152	1.52

续表

序号	喉道					进口段				出口段			翼墙高 D
	喉宽 b	喉长 L	下游进水口位置坐标		槽底高 P_1	进口宽 b_u	进口长 L_1	翼墙斜长 l_1	测井至槽底距离 l_a	出口宽 b_L	出口长 L_2	槽底至逆坡顶高差 P_L	
			x	y									
20	4.570	1.220	0.305	0.230	0.457	7.62	7.620	—	2.340	5.59	3.05	0.029	1.83
21	6.100	1.830	0.305	0.230	0.686	9.14	7.620	—	2.840	7.32	3.66	0.305	2.13
22	7.620	1.830	0.305	0.230	0.686	10.67	7.620	—	3.450	8.94	3.96	0.305	2.13
23	9.140	1.830	0.305	0.230	0.686	12.31	7.930	—	3.860	10.57	4.27	0.305	2.13
24	12.190	1.830	0.305	0.230	0.686	15.48	8.230	—	4.880	13.82	4.88	0.305	2.13
25	15.240	1.830	0.305	0.230	0.686	18.53	8.230	—	5.890	17.27	6.10	0.305	2.13
26	18	2.0	0.31	0.230	0.750	22.08	10.2	6.93	10.4	20.4	7.2	0.31	2.4
27	23	2.5	0.31	0.230	0.940	22.08	12.7	8.63	12.95	26.06	9.2	0.31	2.8

* 资料来源于 Durable M D D, dc Québec D L. 2007. Sampling Guide for Environmental Analysis: Booklet 7 – Flow Measurement Methods in Open Channels; 其余来源于《水工建筑物与堰槽测流规范》(SL 537—2011)。

巴歇尔量水槽安装时应注意以下事项。

(1) 进口收缩段和行近河槽及出口扩散段与下游河槽相连接处,均应建垂直翼墙(L_3 和 L_4),其夹角可做成45°,也可做成半径为 $2h_{max}$ 的圆弧形。

(2) 进口收缩段(L_1) 要求底部严格水平。

(3) 喉道段底坡向下游倾斜,坡度为3∶8。

(4) 出口底面向上游倾斜,呈1∶6的逆坡。

(5) 进口收缩段上游应有长度不小于5倍河宽的行近河槽。

(6) 设计的喉宽(b) 一般宜为行近河槽宽的 1/3~1/2。在有泥沙输移的情况下,槽底宜与进口收缩段齐平。如果只允许在自由流状态下运行,可适当增高进口的底部高程。

3) 三角形量水槽

三角形量水槽是适合高含沙水流测量的建筑物(图3-5),过水断面为三角形,测流变幅大。20世纪50年代,黄河水利委员会(简称黄委会)西峰水保站在杨家沟、董庄沟使用了三角形量水槽进行流量观测,并经水利科学研究所进行室内模型率定,得出了水深与流量的关系(熊运阜和加生荣,1996)。后刘静等(1994)又在室内率定了3种沟道比降、2个夹角的三角形量水槽的水深–流量关系。因此,目前有7种规格的三角形量水槽可直接应用,相应的参数如表3-9所示。

4) 量水堰

量水堰一般适用于流域面积较大、流量较大且含沙量小的情况。根据堰顶厚度对过堰水流的影响,分为薄壁堰、实用堰和宽顶堰等(图3-6)。其中,薄壁堰适用测量小流量,按堰断面形状又可细分为矩形薄壁堰(图3-7)、三角形薄壁堰(图3-8)和梯形薄壁堰等。

图 3-5　三角形量水槽

表 3-9　三角形量水槽测流范围

编号	量水槽底坡/%	三角形夹角/(°)	槽深/m	槽长/m	过水能力/（m³/s）	糙率控制
1	2	112	2.5	25	46.8	水泥砂浆抹面*
2	2	112	1.2	20	7.1	水泥砂浆抹面*
3	7	90	0.8	10	2.79	水泥砂浆抹面**
4	7	60	0.8	10	1.26	水泥砂浆抹面**
5	4	90	0.8	10	2.55	水泥砂浆抹面**
6	4	60	0.8	10	1.23	水泥砂浆抹面**
7	1	90	0.8	10	2.00	水泥砂浆抹面**
8	1	60	0.8	10	1.15	水泥砂浆抹面**

* 参考熊运阜和加生荣（1996）；**参考刘静等（1994b）。

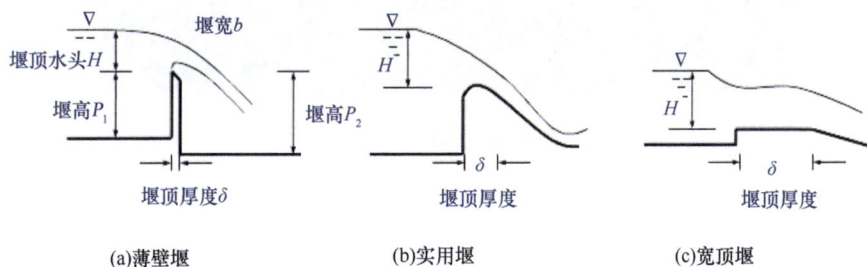

(a)薄壁堰　　　　　(b)实用堰　　　　　(c)宽顶堰

图 3-6　不同类型量水堰示意图［资料来源：《水工建筑物与堰槽测流规范》（SL 537—2011）］

$\frac{\delta}{H} < 0.67$ 为薄壁堰；$0.67 \leqslant \frac{\delta}{H} < 2.5$ 为实用堰；$2.5 \leqslant \frac{\delta}{H} < 10$ 为宽顶堰；$\frac{\delta}{H} \geqslant 10$ 为明渠水流

　　具体各类堰槽基本性能、适用条件和设计规范等参见《水工建筑物与堰槽测流规范》
（SL 537—2011）。

图 3-7   矩形薄壁堰

图 3-8   三角形薄壁堰

2. 水位观测设备

水位观测可采用水尺或自记水位计，尽量采用自记水位计。目前已有的自记水位计有浮子水位计、压力水位计、雷达水位计、超声波水位计、激光水位计和电子水尺等。其中，雷达水位计和超声波水位计较为常用。

浮子水位计是自记水位计中最基本也是最先发展的仪器，目前已在地表水、地下水及工农业用水等各个领域中使用。浮子水位计由浮子、重锤、测量盘和钢丝绳等组成，其主要利用杠杆原理是让浮子随水位变化而上下浮动，继而带动与浮子连接的钢丝绳、挂轮、转动轴及测量盘转动，以达到与重锤的力学平衡。其显著优点是精度高、性能稳定、感应方式简单可靠，易于维护修理，且价格低廉；缺点是必须修建测井，增加了建设投资。

压力水位计根据压力与水深之间的关系，通过压力传感器测量水位，该类设备分为气泡式压力水位计和电测型压力水位计两类。气泡式压力水位计通过向引压管中不断输气，用可自动调节的压力天平将水压力转换成机械转角量，从而带动传感设备。电测型压力水位计将固态压阻器件作为传感器，可直接将水压力转变成电压模量或频率量输出，用导线传输至岸上进行处理和记录。压力水位计都是通过支架将感应元件安装于最低水位以下，其设施要求相对较低，但气泡式压力水位计需在设备维护的基础上对气路进行维护，并进行额外的校准工作。

雷达水位计通过测算天线发射出的雷达脉冲从发射、反射再到接收所需的时间，并结合雷达波长来计算水位。雷达水位计通过支架将设备安装于岸上，维护相对比较方便，但要求安装时仪器设备与被测水面呈垂直状态，仪器与水面之间不能有遮挡，雷达发射口与岸边的距离须大于雷达反射面的波束半径。

超声波水位计由超声波换能器向水面发射高频脉冲信号，脉冲信号在传播介质中传播后接触到水面并被反射，随后被换能器接收。利用脉冲信号发射与接收时间差及脉冲信号在传播介质的传播速度可以计算出水位。根据不同传播介质，超声波水位计可分为液介质超声波水位计和气介质超声波水位计两类。液介质超声波水位计通过支架将感应元件安装于水面以下，设施要求相对比较低但维护困难；气介质超声波水位计通过支架将设备安装于岸上。因为仪器设备均位于岸上，其维护相较于液介质超声波水位计更方便。

激光水位计通过从激光传感器发射出来的一束激光经反射板反射回到传感器后，两束激光的相位差计算得到实际水位。激光水位计通过支架将反射板安装于水面上方，维护时需对反射板进行维护。

电子水尺利用水的微弱导电性原理，自下而上逐个探测感应元件的导电性，导电性突然变大的感应元件则为电子水尺与水面接触位置。电子水尺直接将设备安装于支架、河道护岸或堤防处，可以倾斜安装。

各个水位计观测原理不同其影响因子也不同，表 3-10 就不同水位计从机械磨损影响、传感器姿态影响、漂移误差等 24 项进行分析得出各个水位计的主要影响因子（黄慧慧和秦红，2017）。用户在使用时需要根据使用地点及条件合理选择仪器。

3.2.3　泥沙观测设备

小流域泥沙观测包括悬移质泥沙观测和推移质泥沙观测。悬移质泥沙观测目前主要有采样法和自动监测两种。采样法有人工采样与自动采样两种。人工采样一般为一点法，在径流过程中按一定时间间隔用采样勺或取样器采样后装入采样瓶带回室内（图 3-9），回室内后利用烘干法或速测仪等测量含沙量。采样瓶体积一般为 500～1000 mL。

表3-10　自记水位计影响因素汇总表（黄慧慧和秦红，2017）

序号	影响因素	浮子水位计	气泡式压力水位计	雷达水位计	液介质超声波水位计	气介质超声波水位计	激光水位计	电子水尺
1	机械磨损影响	有	有	无	无	无	无	无
2	传感器姿态影响	无	无	有	有	有	无	无
3	漂移误差	无	有	有	有	有	无	无
4	输出迟滞影响	无	无	无	无	无	无	有
5	暴雨影响	无	无	无	无	有	显著	有
6	浮生雾霾影响	无	无	无	无	有	显著	无
7	气温变化影响	无	无	无	无	显著	无	无
8	水体冰冻影响	有	无	有	无	有	有	显著
9	水体污染影响	无	无	无	显著	无	无	显著
10	水生生物影响	有	无	有	有	有	无	显著
11	水面漂浮物影响	无	无	有	有	有	显著	显著
12	水温变化影响	无	有	无	显著	无	无	无
13	水体盐度变化影响	无	显著	无	显著	无	无	无
14	水体含沙量变化影响	无	显著	无	有	无	无	有
15	泥沙淤塞影响	显著	显著	无	显著	无	无	无
16	水流条件影响	有	有	有	有	有	无	有
17	水位突变影响	显著	有	有	有	有	无	无
18	雷电影响	无	无	有	有	有	有	显著
19	电磁干扰影响	无	有	有	有	有	无	有
20	船只撞击影响	有	无	无	无	无	有	有
21	人为破坏影响	有	有	有	有	有	有	有
22	非固定尺长误差影响	无	无	有	无	无	无	无
23	温湿度影响	无	无	无	无	无	无	有
24	垃圾影响	无	有	无	有	无	无	有
25	误差影响因子总数	8	13	8	18	12	8	15

自动采样常用美国生产的 ISCO 自动采样器（图 3-10），即在径流过程中自动按一定时间间隔取样。该仪器内装有 24 个采样瓶，根据采样需求，可以对该采样器的采样体积、时间间隔、一个采样瓶中的采样次数和一次采样的采样瓶数等进行设定。

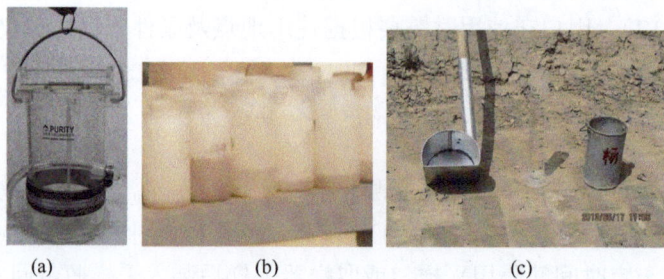

(a)　　　　　　　　　(b)　　　　　　　　　(c)

图 3-9　人工采样的取样器（a）、采样瓶（b）、采样勺（c）

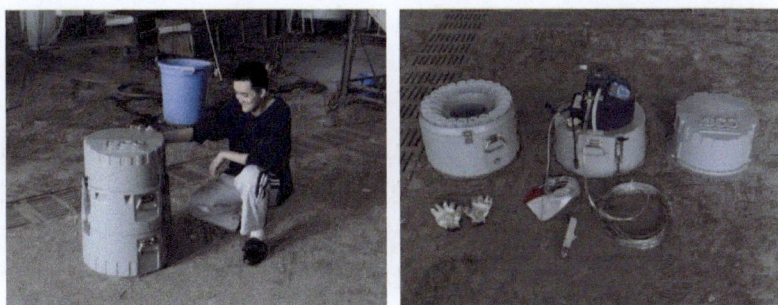

图 3-10　ISCO 自动采样器

自动监测目前主要是利用光学、比重计等原理直接监测含沙量。

推移质泥沙观测一般不作为小流域土壤侵蚀监测的重点，可以不监测，如果要监测，可参考《河流推移质泥沙及床沙测验规程》（SL 43—1992）和《水土保持监测理论与方法》（郭索彦，2010）。

3.2.4　设施设备日常检查与维护

控制站日常检查维护的主要内容包括仪器设备的运行状况、量水堰/槽是否漏水、测井进水口和堰口是否有杂物堵塞、堰前河床或沟道是否淤积导致堰流发生变化等。如果出现上述情况，及时进行处理并记录在小流域记录表-2 中。如果有淤积，需记录清淤量。

3.3　监测与计算

3.3.1　降 雨 观 测

流域降雨观测、计算与资料整理和径流小区相同，具体操作参见第 2 章的 2.1～2.4 节。但需要注意的是，每个雨量计应对应一个记录表和计算表。

3.3.2　径流和泥沙监测

小流域径流由暴雨径流和基流组成。暴雨径流（洪水）也称直接径流、快速径流，包括河道径流、地表径流。基流（常流水）由地下径流构成。

小流域径流泥沙监测分为洪水监测和常流水观测。洪水径流历时短，水位陡涨陡落，含沙量高，必须监测，监测时间间隔短。常流水水位较低且变化缓慢，含沙量低，有些小流域甚至无常流水，监测时间间隔较长或不监测。

本书只介绍人工取样及其记录与计算方法。自动监测设备需根据设备数据记录格式进行相应的整理。

1. 水位监测与悬移质泥沙取样

1）洪水水位监测与取样

（1）观察：降雨时注意观察，无"常流水"流域的量水堰开始产流时即进行监测。在流域径流泥沙记录表-3填写产流开始时间。有"常流水"流域当水位开始上涨时即进行监测。需要特别注意的是，应每日收听或从互联网查询站点所在地天气预报，当预报有中雨、大雨和暴雨时，提前准备和检查设施与设备。

（2）水位监测：产流开始或水位起涨后，按采样间隔记录水位，至水位回落到基流或产流结束。

（3）采样点：用取样器或采样桶取样，注意均匀取样。断面只设一个采样点，垂直方向上取样器入水深的0.6处，水平方向上在水流宽度的中间。

（4）采样时间间隔：一次洪水过程以24瓶浑水样作为一大组，4瓶分为一组，共6组。洪水涨起开始记录时间，并开始采样，记录取样瓶号。第1组1～4瓶每间隔15min采样，第2组5～8瓶每间隔30min采样，第3组9～12瓶每间隔1h采样，第4组13～16瓶每间隔2h采样，第5组17～20瓶每间隔4h采样，第6组21～24瓶每间隔8h采样，共历时63h，约2天半（表3-11）。实际的最终采样总数视洪水涨落历时而定。在北方，小流域一次洪水过程历时一般小于63h，采样数量也少于24瓶。在南方，如果一次洪水过程历时大于63h，再加测一组浑水样。其原因是如果超过63h，一般由多次降雨过程叠加而成，相当于测量多次洪水过程。直至洪水停止，或水位接近常流水水位为止，此后按照常流水观测进行。

表 3-11　洪水过程泥沙采样间隔

采样瓶分组	采样间隔/min（h）	采样间隔与15min的倍数
第1组1～4瓶	15（0.25）	1
第2组5～8瓶	30（0.5）	2
第3组9～12瓶	60（1）	4
第4组13～16瓶	120（2）	8
第5组17～20瓶	240（4）	16
第6组21～24瓶	480（8）	32
其余自定	480（8）	32

2）常流水水位监测与取样

常流水水位监测参照《水位观测标准》（GB/T 50138—2010），当水位平稳时，每天8:00观测一次。稳定封冻期没有冰塞现象且水位平稳时，可每2～5天观测一次，月初月末两天必须观测。水位变化缓慢时，每天8:00、20:00观测两次，枯水期20:00观测确有困难的站，可提前至其他时间观测。

泥沙取样每5～10天一次，径流泥沙采样记录表与洪水过程记录表相同（小流域记录表-3）。

2. 室内样品处理

在室内样品处理中，本书只介绍烘干法。

（1）静置：产流结束后，将采样瓶带回室内，采用沉淀法进行沙水分离，将浑水倒入烘干盒中，静置至上部为清水，倒掉清水。

（2）泥沙烘干：将烘干盒和泥沙置于烘箱中，105℃烘干8～12h后至恒重。

（3）称量记录：烘干完毕后，将各个烘干盒泥沙称重记录至小流域径流泥沙记录表（小流域记录表-3），烘干后的泥沙分别装入样品袋保存，样品袋需有标签，记录堰号、采样时间、采样瓶号等信息。

小流域记录表-3_____流域径流泥沙监测

监测年：　　　　小流域：　　　　观测人：　　　　审核人：　　　　　　　　第　页，共　页

序号	月	日	时	分	水尺读数/cm	取样瓶号	采样体积/mL	泥沙盒号	盒+干沙重/g	盒重/g	备注

填表说明：

【监测年】填写径流监测的年份，整数，如"2003"。

【小流域】填写小流域名称。

【序号】填写观测季节第几次径流，整数，如填写5，表示第5次径流。

【月】【日】【时】【分】填写取样时的具体时刻，整数，其中时采用24小时制。

【水尺读数】填写径流堰水尺读数，单位为cm，保留1位小数。

【取样瓶号】填写取样瓶上标注的号码。

【采样体积】查阅取样瓶体积表或者量算填写，单位为mL，保留整数。

【泥沙盒号】填写烘干泥沙盒标注的号码。

【盒+干沙重】填写烘干后，用天平称量的重量值，单位为g，保留2位小数。

【盒重】查阅泥沙烘干盒重量表填写，单位为g，保留2位小数。

【备注】填写特殊情况。

3.3.3　径流量与产沙量计算

1. 流量计算

对于各种量水设备，首先需根据实测水位进行流量计算，流量计算因量水堰/槽类型不同而存在差异，下面将分别介绍。

1）H-量水槽流量计算公式

H-量水槽流量计算可利用式（3-1）：

$$\lg Q = A + B\lg h + C\left(\lg h\right)^2 \tag{3-1}$$

式中，Q为流量，m^3/s；h为水深，m；A、B、C为参数，见表3-12。

2）巴歇尔量水槽流量计算公式

各种型号的巴歇尔量水槽流量计算公式及测流范围如表3-13所示。

3）三角形量水槽流量计算公式

现有型号的三角形量水槽流量计算公式如表 3-14 所示。

4）量水堰流量计算公式

量水堰因断面形状不同，相应的流量计算公式也不同，本书主要介绍三角形薄壁堰、矩形薄壁堰和梯形薄壁堰的计算公式。

表 3-12　H-量水槽流量计算公式中参数取值（Bos，1989）

类型	水槽深度 D/m	参数		
		A	B	C
小型	0.122	−0.4361	2.5151	0.1379
	0.183	−0.4430	2.4908	0.1657
	0.244	−0.4410	2.4571	0.1762
	0.305	−0.4382	2.4193	0.1790
中型	0.152	0.0372	2.6629	0.1954
	0.229	0.0351	2.6434	0.2243
	0.305	0.0206	2.5902	0.2281
	0.457	0.0238	2.5473	0.2540
	0.610	0.0237	2.4918	0.2605
	0.762	0.0268	2.4402	0.2600
	0.914	0.0329	2.3977	0.2588
	1.370	0.0588	2.3032	0.2547
大型	1.067	0.3081	2.3935	0.2911
	1.219	0.3160	2.3466	0.2794

表 3-13　巴歇尔量水槽流量计算公式及测流范围

序号	喉道宽 b/m	自由流流量计算公式	水头范围 h/m		流量范围 Q/（m³/s）		非淹没限 h_U/h	淹没流量修正系数 K_Q
			最小	最大	最小	最大		
1	0.025*	$0.0604h^{1.55}$	0.015	0.21	0.00009	0.0054	0.5	—
2	0.051*	$0.1207h^{1.55}$	0.015	0.24	0.00018	0.0132	0.5	—
3	0.076*	$0.1765h^{1.55}$	0.031	0.457	0.0082	0.053	0.5	—
4	0.152	$0.381h^{1.580}$	0.03	0.45	0.0015	0.10	0.7	—
5	0.229*	$0.5354h^{1.53}$	0.031	0.610	0.0026	0.2513	0.6	—
6	0.250	$0.56h^{1.513}$	0.03	0.6	0.003	0.25	0.7	—
7	0.300	$0.679h^{1.521}$	0.03	0.75	0.0035	0.40	0.7	—
8	0.450	$1.039h^{1.537}$	0.03	0.75	0.0045	0.63	0.7	—
9	0.600	$1.403h^{1.548}$	0.05	0.75	0.0125	0.85	0.7	—
10	0.750	$1.772h^{1.557}$	0.06	0.75	0.025	1.10	0.7	—
11	0.900	$2.147h^{1.566}$	0.06	0.75	0.03	1.25	0.7	—

续表

序号	喉道宽 b/m	自由流流量计算公式	水头范围 h/m		流量范围 Q/（m³/s）		非淹没限 h_L/h	淹没流量修正系数 K_Q
			最小	最大	最小	最大		
12	1.000	$2.397h^{1.569}$	0.06	0.8	0.03	1.50	0.7	—
13	1.200	$2.904h^{1.577}$	0.06	0.8	0.035	2.00	0.7	—
14	1.500	$3.668h^{1.584}$	0.06	0.8	0.045	2.50	0.7	—
15	1.800	$4.440h^{1.583}$	0.08	0.8	0.08	3.00	0.7	—
16	2.100	$5.222h^{1.599}$	0.08	0.8	0.095	3.60	0.7	—
17	2.400	$6.004h^{1.606}$	0.08	0.8	0.1	4.00	0.7	—
18	3.050	$7.463h^{1.6}$	0.09	1.07	0.16	8.28	0.8	1.0
19	3.660	$8.859h^{1.6}$	0.09	1.37	0.19	14.68	0.8	1.2
20	4.570	$10.96h^{1.6}$	0.09	1.67	0.23	25.04	0.8	1.5
21	6.100	$14.45h^{1.6}$	0.09	1.83	0.31	37.97	0.8	2.0
22	7.620	$17.94h^{1.6}$	0.09	1.83	0.38	47.16	0.8	2.5
23	9.140	$21.44h^{1.6}$	0.09	1.83	0.46	56.33	0.8	3.0
24	12.190	$28.43h^{1.6}$	0.09	1.83	0.6	74.7	0.8	4.0
25	15.240	$35.41h^{1.6}$	0.09	1.83	0.75	93.04	0.8	5.0
26	18	$42.106h^{1.6}$	0.2	1.83	3.21	109.8	0.65	—
27	23	$51.375h^{1.6}$	0.2	2.24	3.91	186.7	0.65	—

注：h 和 h_L 分别为上游水头和下游水头，m。

* 资料来源于 Durable M D D，de Québec D L. 2007. Sampling Guide for Environmental Analysis：Booklet 7 – Flow Measurement Methods in Open Channels；其他公式均来源于《水工建筑物与堰槽测流规范》（SL 537—2011）。

表 3-14　三角形量水槽流量计算公式

编号	量水槽底坡/%	三角形夹角/（°）	流量计算公式
1	2	112	$\dfrac{1182}{88+220h^{(2/3-h/10)}}h^{8/3}$
2	7	90	$2.0966h^{2.300}$
3	7	60	$1.4945h^{2.1571}$
4	4	90	$1.9146h^{2.3166}$
5	4	60	$2.0966h^{2.300}$
6	1	90	$1.4905h^{2.3857}$
7	1	60	$1.3927h^{2.3784}$

（1）三角形薄壁堰。三角形薄壁堰形状如图 3-11 所示，《水工建筑物与堰槽测流规范》（SL 537—2011）中推荐的流量计算公式为

$$Q = C_D \frac{8}{15} \tan \frac{\theta}{2} \sqrt{2g} h_e^{5/2} \qquad (3\text{-}2)$$

式中，Q 为流量，m³/s；θ 为三角形薄壁堰堰口角，°；h_e 为有效水头，m；C_D 为流量系数，取值因堰口角 θ 不同而有所差异：当 θ 为直角时，C_D 取值根据图 3-12 查取，需知道实测水头与堰顶高度的比值（h/P）和堰顶高度与行近河槽宽度的比值（P/B）；当 θ 变

化范围为 20°～120°（直角除外）时，C_D 取值参考图 3-13。此时，忽略 h/P 和 P/B 对 C_D 参数的影响。

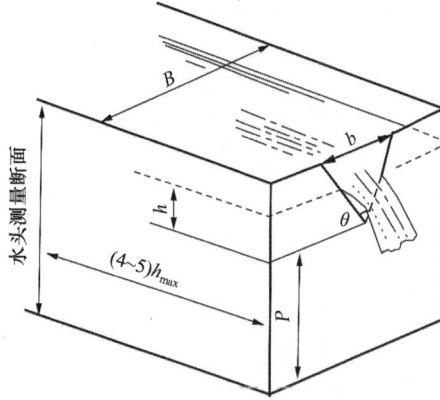

图 3-11　三角形薄壁堰示意图

b 为堰口宽度

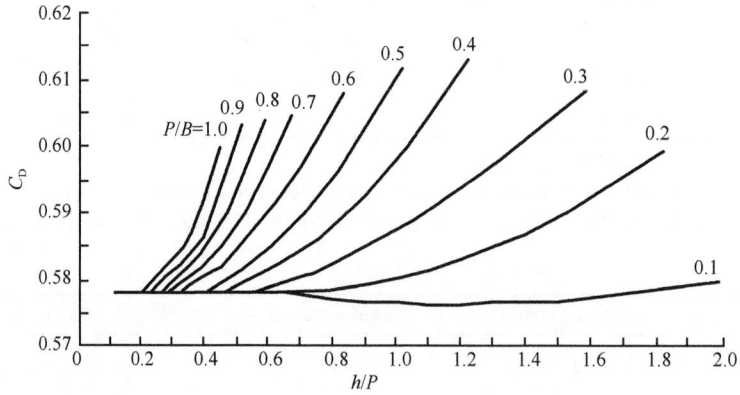

图 3-12　堰口角为直角时 C_D 的取值

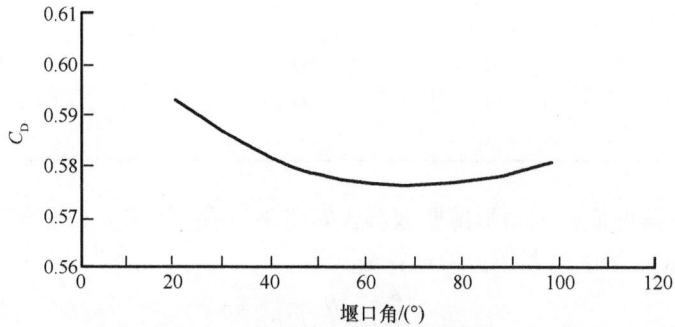

图 3-13　C_D 与堰口角的关系

不计行近流速，以及 h/P 和 P/B 的影响

　　式（3-2）的应用范围：当 θ 为直角时，h/P 和 P/B 应限制在如图 3-12 所示的范围内

应用，对于 θ 的其他值，$P/B \leqslant 0.35$，h/P 在 $0.1\sim1.5$；$h>0.06m$；$P>0.09m$。常用三角形薄壁堰测流范围列于表 3-15。

（2）矩形薄壁堰。矩形薄壁堰形状如图 3-14 所示。根据《水工建筑物与堰槽测流规范》（SL 537—2011），矩形薄壁堰流量计算公式为

$$Q = C_D \frac{2}{3} b_e \sqrt{2g} h_e^{3/2} \qquad (3-3)$$

式中，Q 为流量，m^3/s；b_e 为有效宽度，m；h_e 为有效水头，m；C_D 为流量系数，取值根据堰口宽度与行进河槽宽度的比值（b/B）而不同，具体取值查看表 3-16。

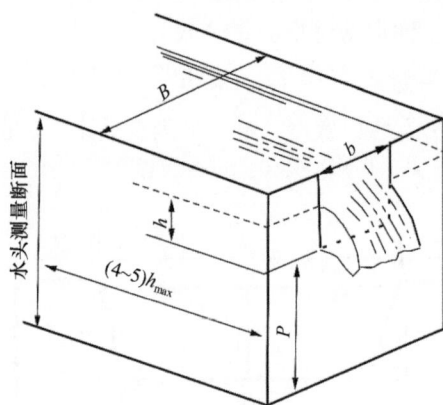

图 3-14 矩形薄壁堰示意图

表 3-15 常用三角形薄壁堰测流范围

堰口角	行进河槽宽度 B/m	水头范围/m	流量范围/ （m³/s）
90°	>10	0.06～0.38	0.001～0.123
90°	0.6	0.07～0.20	0.002～0.025
90°	0.8	0.07～0.26	0.002～0.048
60°	0.45	0.04～0.12	0.0003～0.0043
53.8°	>1.0	0.06～0.38	0.0006～0.0620
28.4°	>1.0	0.06～0.38	0.00033～0.0313

表 3-16 矩形薄壁堰 C_D 取值

b/B	C_D	b/B	C_D
1.0	$0.602+0.075h/P$	0.6	$0.593+0.018h/P$
0.9	$0.598+0.064h/P$	0.4	$0.591+0.0058h/P$
0.8	$0.596+0.045h/P$	0.2	$0.589-0.0018h/P$
0.7	$0.594+0.030h/P$	0.0	$0.587-0.0023h/P$

式（3-3）的应用范围：$h/P<2.5$，$P>0.10m$，$b>0.15m$，$h>0.03m$。常用矩形薄壁堰测流范围列于表 3-17。

表 3-17　常用矩形薄壁堰测流范围

	液位范围/m	流量范围/（m³/s）
$B×b=0.9×0.36$	$0.03\sim0.27$	$0.0035\sim0.0917$
$B×b=1.2×0.48$	$0.03\sim0.312$	$0.0047\sim0.150$
$B×b=2.0×2.0$	$0.03\sim0.50$	$0.02\sim1.433$
$b>0.15$, $b/B>0.15$, $P>0.1$	$0.03\sim2.5P$	>0.0013

（3）梯形薄壁堰。梯形薄壁堰的形状如图 3-15 所示。根据《水工建筑物与堰槽测流规范》（SL 537—2011），梯形薄壁堰流量公式为

$$Q = C_D bh_e^{3/2} \qquad (3-4)$$

式中，Q 为流量，m³/s；b 为堰口宽度，m；h_e 为有效水头，m；C_D 为流量系数，可采用 1.86。

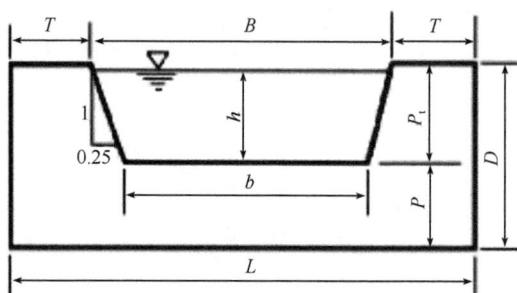

图 3-15　梯形薄壁堰示意图

式（3-4）的应用范围为：$0.25\text{m}\leqslant b\leqslant1.5\text{m}$、$0.083\text{m}\leqslant h\leqslant0.50\text{m}$ 和 $0.083\text{m}\leqslant P\leqslant0.5\text{m}$。更为详细的薄壁堰测流规范可参见《水工建筑物与堰槽测流规范》（SL 537—2011）。

2. 径流泥沙过程计算

将观测数据录入流域径流泥沙计算表（小流域计算表-2）左侧，其表头与小流域记录表-3 一致。

小流域计算表-2＿＿＿＿＿＿＿＿流域径流泥沙

小流域：　　　　　径流序号：　　　　计算人：　　　　　审核人：　　　　　第　页，共　页

序号	月	日	时	分	水尺读数/cm	取样瓶号	采样体积/mL	泥沙盒号	盒+干沙重/g	盒重/g	备注

该表右侧为计算的各项指标，计算后填写小流域计算表-2 续。

（1）水位：水尺读数减去零水位读数，零水位读数为开始产流或者停流时的水位高度。

（2）含沙量：盒+干沙重减去盒重后除以采样体积。

小流域计算表-2＿＿＿＿＿＿＿流域径流泥沙（续）

小流域：　　　　　径流序号：　　　　　计算人：　　　　　审核人：　　　　　第　页，共　页

序号	水位/cm	含沙量/（g/L）	流量/（m³/s）	采样间隔/min	时段径流量/m³	时段产沙量/t	备注

填表说明：

【水位】单位为 cm，保留 1 位小数。

【含沙量】单位为 g/L，保留 2 位小数。

【流量】单位为 m³/s，保留 3 位小数。

【采样间隔】填写两次采样时刻之差，规定记录在这两行记录的第二行。

【时段径流量】采用公式计算，保留 3 位小数。

【时段产沙量】采用公式计算，保留 3 位小数。

【备注】填写采样时的特殊情况。

（3）流量：根据堰槽类型及其流量公式计算。

（4）采样间隔：两次采样时间之差。

（5）时段径流量：按照下式计算。

$$V = \frac{Q_i + Q_{i+1}}{2} \cdot \Delta t$$

式中，V 为时段径流量，m³；Q_i 和 Q_{i+1} 分别为第 i 时刻和第 $i+1$ 时刻的流量，m³/s；Δt 为两次观测之间的采样间隔，s。

（6）时段产沙量：按式（3-5）计算。

$$A = \frac{\Delta t \cdot (Q_i C_i + Q_{i+1} C_{i+1})}{2000} \tag{3-5}$$

式中，A 为时段产沙量，t；Q_i 和 Q_{i+1} 分别为第 i 时刻和第 $i+1$ 时刻的流量，m³/s；C_i 和 C_{i+1} 分别为第 i 时刻和第 $i+1$ 时刻的含沙量，g/L；Δt 为两次观测之间的采样间隔，s。

3. 逐日径流泥沙计算

逐日径流泥沙分两种情况计算。

（1）非洪水径流：即常流水观测，根据水位和径流泥沙取样间隔按算术平均计算，填写小流域计算表-3。

径流总量：平均流量乘以一日的时间。

产沙总量：平均含沙量乘以径流总量。

日平均流量：若一日观测两次，取两次的平均值；若一日观测一次，取当日的观测值；如果不是每日观测，取相邻两次观测值的平均值。

日平均含沙量：若一日观测两次，取两次的平均值；若一日观测一次，取当日的观测值；如果不是每日观测，取相邻两次观测值的平均值。

产沙模数：产沙总量除以流域面积。

小流域计算表-3_____流域逐日径流泥沙

流域名称：　　　　监测年：　　　　计算人：　　　　　　审核人：　　　　　　第　页，共　页

年	月	日	径流总量/m³	产沙总量/t	日平均流量/（m³/s）	日平均含沙量/(g/L)	产沙模数/ (t/hm²)	备注

填表说明：

【年】【月】【日】填写当天的日期，用阿拉伯数字表示。

【径流总量】单位为 m³，保留 2 位小数。

【产沙总量】单位为 t，保留 2 位小数。

【日平均流量】单位为 m³/s，保留 2 位小数。

【日平均含沙量】单位 g/L，保留 2 位小数。

【产沙模数】等于产沙总量除以流域面积，保留 3 位小数。

【备注】填写采样时的特殊情况。

（2）洪水径流：根据洪水过程观测和取样计算逐日径流泥沙，填写小流域计算表-3。

径流总量：当日各时段径流量之和。

产沙总量：当日各时段产沙量之和。

日平均流量：当日各时段径流量之和（或径流总量）除以日长（86400s）。

日平均含沙量：产沙总量除以径流总量。

产沙模数：产沙总量除以流域面积。

4. 逐次洪水径流泥沙计算

逐次洪水径流泥沙计算根据降水过程摘录小流域计算表（小流域计算表-1）和小流域径流泥沙计算表（小流域计算表-2）计算，主要方法和指标如下，计算结果填写在小流域计算表-4。

小流域计算表-4_____流域逐次洪水径流泥沙

流域名称：　　　　监测年：　　　　计算人：　　　　　审核人：　　　　　　第　页，共　页

径流次序	降雨起			降雨止			历时/min	雨量/mm	平均雨强/（mm/h）	I_{30}/(mm/h)	降雨侵蚀力/〔MJ·mm/（hm²·h）〕	产流起			产流止			产流历时/min	洪峰流量/（m³/s）	径流深/mm	径流系数	含沙量/（g/L）	产沙模数/(t/hm²)	备注
	月	日	时	分	日	时	分						日	时	分	日	时	分							

填表说明：

【径流次序】填写数字，按照当年径流次序依次填写。

【产流起】【产流止】直接摘自洪水径流泥沙过程表。

【产流历时】填写产流开始至结束经历的时间，单位为 min，保留整数。

【洪峰流量】填写洪水径流泥沙过程表中的最大流量，单位为 m³/s，保留 3 位小数。

【径流深】单位为 mm，保留 2 位小数。

【径流系数】保留 2 位小数。

【含沙量】单位为 g/L，保留 2 位小数。

【产沙模数】采用公式计算，保留 3 位小数。

【备注】填写采样时的特殊情况。

降雨指标（1～13 列）摘自降水过程摘录小流域计算表（小流域计算表-1）。当流域内有多个雨量站时，以最靠近流域中心的雨量站为代表站。若选择的雨量站发生故障，则选择另一个较近的雨量站，并备注。

径流深：本次洪水各时段径流量之和除以流域面积。

径流系数：径流深除以降水量。

含沙量：本次洪水各时段产沙量之和除以各时段径流量之和。

产沙模数：各时段产沙量之和除以流域面积。

3.3.4 径流过程分割

径流过程分割分为两种：一是分割降雨径流与基流，即地下水形成的径流（图 3-16）。二是洪水尚未退尽又出现第二次洪水，分割两次洪水过程（图 3-17）。

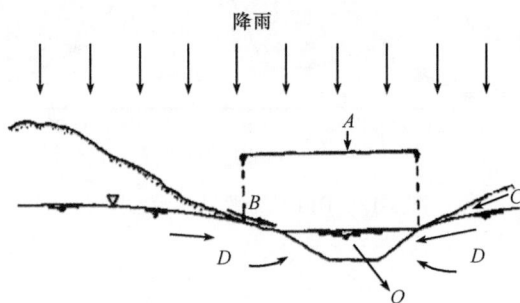

图 3-16 降雨形成径流示意图

A 表示直接落入河道的降雨；*B* 表示地表径流；*C* 表示壤中流；*D* 表示地下径流；*Q* 表示总径流量

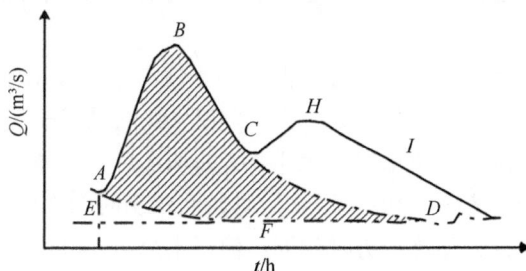

图 3-17 两次洪水过程示意图

A、*C* 表示两次洪峰起涨点；*B*、*H* 表示两次洪峰；*AF*、*CD* 表示退水曲线；*ABCDF* 阴影表示分割后的第一次洪水过程；
E 表示第一次洪水起涨点对应的流量；*I* 表示落水段

1. 基流分割

基流分割有多种方法，具体可查阅有关水文计算手册或文献资料。本书推荐英国水文研究所提出的基流指数（base flow index，BFI）法（Gustard et al.，1992），具体步骤如下。

（1）将全年每 5 日分为一段，如果不足 5 日，独立成段。

（2）在每个 5 日段内求最小日流量。

（3）将每个 5 日段的最小日流量乘以基流指数 0.9 倍（或参考附近水文站拟定的基流指数）后，与其左右两侧 5 日段的最小日流量进行比较，如果乘积小于两侧相邻最小日流量，则该段最小流量为拐点，以此判断每段最小日流量是否为拐点。

（4）连接所有拐点，其下包围面积即为基流量。将相邻拐点流量用内插法即可求出每日基流量（图 3-18）。

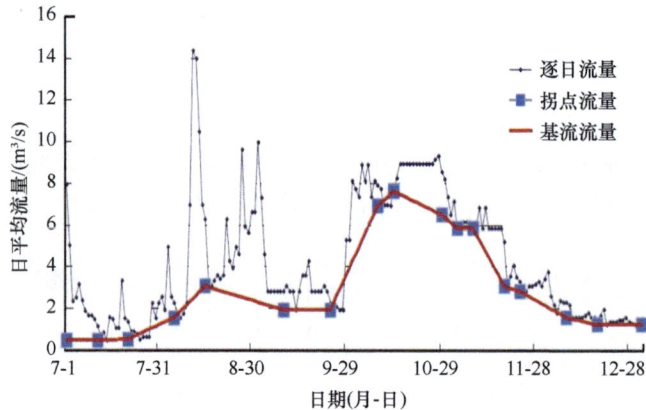

图 3-18 BFI 法分割基流示意图

2. 洪水过程分割

洪水过程分割一般采用退水曲线方法。退水曲线需要用长序列观测获得的完整洪水涨退过程记录，通过外包线法确定。如果缺乏这样的观测资料，可用如下简易方法。

（1）确定每次洪水过程涨水历时（起涨点到洪峰的历时）和涨水总径流量（起涨点到洪峰的总径流量）。

（2）从洪峰时刻开始将退水过程分为两个退水段：第一段退水历时等于涨水历时，退水径流总量等于 2/3 的涨水总径流量；第二段退水历时从第一段退水点开始，历时也等于涨水历时，退水径流减少总量等于余下 1/3 的涨水总径流量。

该简化处理方法表示（图 3-19）：退水历时是涨水历时的 2 倍，退水过程分为两段，第一段退水较快，与第二段相比，历时相同，但退水总量是其 2 倍。经过 2 倍涨水历时的退水，水位回落到起涨点。

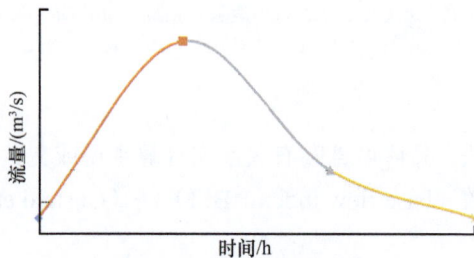

图 3-19 洪水涨退分割示意图

3.3.5　土　壤　水　分

1. 监测

（1）监测频率：每 15 天观测一次土壤水分，径流发生后加测一次。

（2）监测点：取样地点在有代表性的固定地段，一般在阴坡和阳坡进行布点和不同土地利用类型进行布点。布点数量根据实际情况确定，如人员和设备充足，可适当增加布点数量，一般每个小流域不低于 4 个水分监测点，每个点 3 次重复。

（3）监测方法：土壤水分测量优先采用时域反射技术（TDR）法或频域反射仪（FDR）速测仪法，在无 TDR 等仪器的情况下，采用烘干法。采用 TDR 监测时，直接将测量结果读出填写在记录表（小流域记录表-5-1）。采用烘干法监测时，每次测量完后回室内进行处理。土壤水分观测深度一般为 0～20 cm；也可以分层测量，如 0～10cm、10～20cm 和 20～30cm 等。根据观测方法选择相应表格进行填写（小流域记录表-5-2）。

小流域记录表-5-1＿＿＿＿＿＿＿＿＿流域土壤含水量（TDR 法）

观测日期：　　　　　计算人：　　　　　　审核人：　　　　　　　　　　　第 页，共 页

测点	测次	土壤深度/cm	含水量1/%	含水量2/%	含水量 3/%	测点平均含水量/%	备注

填表说明：

【测点】以编号形式表示。

【土壤深度】填写水分测量深度，如 0～10cm、10～20cm、20～30cm。

【含水量】填写 TDR 水分读数。

【备注】填写采样时的特殊情况。

小流域记录表-5-2＿＿＿＿＿＿＿＿＿流域土壤含水量（烘干法）

观测日期：　　　　　计算人：　　　　　　审核人：　　　　　　　　　　　第 页，共 页

测点	测次	土样深度/cm	铝盒号			铝盒+湿土重/g			铝盒+干土重/g			铝盒重/g			含水量/%			平均含水量/%	备注
			1	2	3	1	2	3	1	2	3	1	2	3	1	2	3		

填表说明：

【测点】以编号形式表示。

【铝盒+湿土重】采用天平称量，保留 2 位小数。

【铝盒+干土重】采用天平称量，保留 2 位小数。

【备注】填写采样时的特殊情况。

2. 计算

采用 TDR 法观测土壤含水量：各测点平均含水量为 3 个重复土壤水分量的算术平

均值，填写在流域土壤含水量计算表（小流域计算表-5-1）。

小流域计算表-5-1_____流域土壤含水量（TDR 法）

观测日期： 　　　　计算人： 　　　　审核人： 　　　　第　页，共　页

测点	测次	土壤深度/cm	含水量 1/%	含水量 2/%	含水量 3/%	测点平均含水量/%	备注

填表说明：

【测点平均含水量】填写三个含水量的算术平均值，保留 1 位小数。

【备注】填写采样时的特殊情况。

采用烘干法观测土壤含水量：各测点平均含水量为 3 个重复土壤含水量的算术平均值，填写在流域土壤含水量计算表（小流域计算表-5-2）。

小流域计算表-5-2_____流域土壤含水量（烘干法）

观测日期： 　　　　计算人： 　　　　审核人： 　　　　第　页，共　页

测点	测次	土样深度/cm	铝盒号			铝盒+湿土重/g			铝盒+干土重/g			铝盒重/g			含水量/%			平均含水量/%	备注
			1	2	3	1	2	3	1	2	3	1	2	3	1	2	3		

填表说明：

【铝盒+湿土重】【铝盒+干土重】【铝盒重】保留 2 位小数。

【含水量】填写水分重量占干土重的百分比，保留 1 位小数。

【平均含水量】填写各土样深度 3 次重复含水量的算术平均值，保留 1 位小数。

【备注】填写采样时的特殊情况。

3.3.6 水 质 监 测

水质监测是小流域监测的一项重要内容，有条件的监测站或有需要的监测站，可以开展这项工作。样品采集建议用人工采样或冷藏式 ISCO 自动采样器采样。

3.3.7 下垫面条件野外调查

土壤侵蚀因子调查是小流域监测的重要内容之一，没有这部分调查，小流域径流泥沙监测结果的应用价值将非常有限，主要调查内容是土地利用类型和水土保持措施类型及其分布，通过每年调查，弄清其变化导致的产流产沙变化；调查步骤包括制作野外调查底图、实地野外调查绘图和填表（小流域记录表-5）、调查图和调查表整理录入，最终与其他监测成果表汇编，作为监测数据分析的基本背景。土壤侵蚀因子调查详细过程与要求参考第 4 章相关内容。

小流域记录表-4＿＿＿＿＿＿流域水蚀野外调查

调查时间：　年　月　日　　　调查人：　　　审核人：　　　　　　　　　　第　页，共　页

地块编号	土地利用		植物措施				工程措施				农耕措施		照片编号	备注
	类型	代码	类型	代码	郁闭度	覆盖度/%	类型	代码	建设时间	质量	类型	代码		

3.4　资　料　整　编

小流域控制站监测资料整编包括资料说明和整编表两部分内容。

3.4.1　资　料　说　明

资料说明用文字和表格表述，主要介绍小流域自然概况、土地利用与水土保持情况、观测目的与站点布设、观测项目与方法、资料整编情况和基本图件等。

1. 自然概况

简要介绍小流域所属行政区、地理位置（纬度和经度）、流域面积、所属大江大河流域或支流、地形和气候特征、主要土壤和植被类型、社会经济活动等，并填写小流域基本信息表（表3-18）。

2. 土地利用与水土保持情况

简要介绍小流域内土地利用现状（包括土地利用类型、分布、经营特点及存在问题等）、水土保持措施类型与分布等，如有拦蓄工程（如水库、骨干塘堰等），应描述建设年代、数量、设计库容以及拦蓄或淤积情况等。

3. 观测目的与站点布设

简要介绍小流域设站目的、主要监测设施情况（包括量水建筑物位置、类型、主要参数、流量计算公式等）以及降水观测仪器数量、类型和分布等。

4. 观测项目与方法

简要介绍各项具体指标及其观测方法。

5. 资料整编情况

简要介绍整编资料的起止年、整编表主要指标或项目的计算方法、流量计算公式、数据格式等。

表 3-18　小流域基本信息表

地理位置：＿＿＿＿＿省＿＿＿＿＿县（市、区）＿＿＿＿＿乡＿＿＿＿＿村

地理坐标：东经＿＿＿＿＿北纬＿＿＿＿＿

（1）自然情况							
气候特征	年平均温度/℃	年最高温度/℃	年最低温度/℃	≥10℃积温/℃	无霜期/天	年均降水量/mm	年蒸发量/mm
流域特征	平均海拔/m	最高海拔/m	最低海拔/m	流域面积/km²	流域长度/km	沟壑密度/（km/km²）	流域形状系数	主沟道纵比降/%
坡度分级/%	坡名	平坡	缓坡	中等坡	斜坡	陡坡	急坡	急陡坡
	坡度	<3°	3°～5°	5°～8°	8°～15°	15°～25°	25°～35°	>35°
土壤与土壤侵蚀状况	主要土壤类型			平均土层厚度/cm	流域平均输沙模数/［t/（km²·a）］	土壤侵蚀模数/［t/（km²·a）］	流域综合治理度/%
（2）土地利用结构/hm²							
	耕地	园地	林地	牧草地	其他农用地	荒地	其他	
（3）社会经济状况							
	流域内人口数/人	流域内劳动力人口/人	平均粮食单产/（kg/hm²）	人均粮食/（kg/人）	农村生产总值/万元	人均基本农田/hm²	人均纯收入/元	

填报人：　　　　　　　　　核查人：　　　　　　　　　资料来源：

6. 基本图件

小流域观测布设图：以小流域地形图为原图，标绘量水堰（槽）和雨量站位置。

小流域调查表：即水蚀野外调查记录表（小流域记录表-5）。

还有小流域 1：1 万地形图和小流域调查图。

3.4.2　整　编　表

1. 整编表清单

小流域整编表-1：逐日降水量；

小流域整编表-2：降水过程摘录；

小流域整编表-3：流域控制站逐日平均流量；

小流域整编表-4：流域控制站逐日平均含沙量；

小流域整编表-5：流域逐日产沙模数；

小流域整编表-6：流域径流泥沙过程；

小流域整编表-7：流域逐次洪水径流泥沙；

小流域整编表-8：流域年径流泥沙；

小流域整编表-9：流域土壤含水量。

2. 填表说明

（1）小流域整编表-1：逐日降水量。根据小流域逐日降水量记录表（小流域记录表-1）整理，次降雨和次降雨侵蚀力等指标根据小流域降水过程摘录计算表（小流域计算表-1）整理。

（2）小流域整编表-2：降水过程摘录。与小流域计算表-1 相同，直接整编。

（3）小流域整编表-3：流域控制站逐日平均流量。根据小流域逐日径流泥沙计算表（小流域计算表-3）整理。

小流域整编表- 1____年_____逐日降水量

日	1 月	2 月	3 月	4 月	5 月	6 月	7 月	8 月	9 月	10 月	11 月	12 月	日	
1 2 3 … 30 31													1 2 3 … 30 31	
降水量													降水量	
降水日数													降水日数	
最大日量													最大日量	
年统计	降水量		日数		最大日降水量			日期		最大月降水量			月份	
	最大次雨量		历时		最大 I_{30}			日期		最大降雨侵蚀力			日期	
	初雪日期				终雪日期									
备注	降水量：mm；历时：min；I_{30}：mm/h；最大降雨侵蚀力：MJ·mm/（hm²·h）													

小流域整编表-2____年_____降水过程摘录

降水次序	月	日	时	分	累积雨量/mm	累积历时/min	时段降雨			I_{30}/（mm/h）	降雨侵蚀力/[MJ·mm/（hm²·h）]	降水次序	月	日	时	分	累积雨量/mm	累积历时/min	时段降雨			I_{30}/（mm/h）	降雨侵蚀力/[MJ·mm/（hm²·h）]
							雨量/mm	历时/min	雨强/（mm/h）										雨量/mm	历时/min	雨强/（mm/h）		

填表说明：该表内容根据小流域计算表-1 整编，相关项目的填写方式以小流域计算表-1 为准。表头填写：XX 年 XX 站 XX 号雨量站降水过程摘录。本表只摘录达到雨量标准的降雨。

【降水次序】填写降水发生的次序。

【月】【日】【时】【分】用整数表示，指一次降雨的断点时刻。

【累积雨量】填写一次降雨开始时刻到当前时刻的累积雨量，保留 1 位小数。

【累积历时】填写一次降雨开始时刻到当前时刻的累积时间，保留整数。

【雨量】填写上一时刻到当前时刻的累积雨量，保留 1 位小数。

【历时】填写上一时刻到当前时刻的时间，保留整数。

【雨强】填写上一时刻到当前时刻的降雨强度，保留 1 位小数。

【I_{30}】填写本次降雨的最大 30min 雨强，保留 1 位小数。

【降雨侵蚀力】填写本次降雨的降雨侵蚀力，保留 1 位小数。

小流域整编表-3＿＿年＿＿＿＿＿＿流域控制站逐日平均流量

日	1月	2月	3月	4月	5月	6月	7月	8月	9月	10月	11月	12月	日
1 2 3 ⋮ 30 31													1 2 3 ⋮ 30 31
平均													平均
最大													最大
日期													日期
最小													最小
日期													日期
年统计	最大流量		日期		最小流量		日期		平均				年统计
	径流量				径流模数				径流深				
备注													

（4）小流域整编表-4：流域控制站逐日平均含沙量。根据小流域逐日径流泥沙计算表（小流域计算表-3）整理。

（5）小流域整编表-5：流域逐日产沙模数。根据小流域逐日径流泥沙计算表（小流域计算表-3）整理。

（6）小流域整编表-6：流域径流泥沙过程。根据小流域径流泥沙计算表（小流域计算表-2）整理。

（7）小流域整编表-7：流域逐次洪水径流泥沙。与小流域逐次洪水径流泥沙计算表（小流域计算表-4）一致，直接填写。

小流域整编表-4＿＿年＿＿＿＿＿＿流域控制站逐日平均含沙量

日	1月	2月	3月	4月	5月	6月	7月	8月	9月	10月	11月	12月	日
1 2 3 ⋮ 30 31													1 2 3 ⋮ 30 31
平均													平均
最大													最大
日期													日期
最小													最小
日期													日期
年统计	最大含沙量		日期		最小含沙量		日期		平均含沙量				年统计
备注	含沙量：g/L												

小流域整编表-5_____年_____流域逐日产沙模数

日	1月	2月	3月	4月	5月	6月	7月	8月	9月	10月	11月	12月	日
1 2 3 · : · 30 31													1 2 3 · : · 30 31
平均													平均
最大													最大
日期													日期
年统计	最大产沙模数		日期		最小含沙量			日期		平均			年统计
备注	产沙模数：t/hm²												

小流域整编表-6_____流域径流泥沙过程

降水次序	径流次序	月	日	时	分	水位/cm	流量/(m³/s)	含沙量/(g/L)	时段/min	累积径流深/mm	累积产沙/(t/hm²)	降水次序	径流次序	月	日	时	分	水位/cm	流量/(m³/s)	含沙量/(g/L)	时段/min	累积径流深/mm	累积产沙/(t/hm²)

小流域整编表-7_____流域逐次洪水径流泥沙

径流次序	降雨起				降雨止				历时/min	雨量/mm	平均雨强/(mm/h)	I_{30}/(mm/h)	降雨侵蚀力/[MJ·mm/(hm²·h)]	产流起				产流止				产流历时/min	洪峰流量/(m³s)	径流深/mm	径流系数	含沙量/(g/L)	产沙模数/(t/hm²)	备注
	月	日	时	分	日	时	分							日	时	分	日	时	分								

（8）小流域整编表-8：流域年径流泥沙。记录每个小流域逐年降水及其产生的径流、泥沙观测成果，主要项目说明如下。

降水量是年降水总量，如有非观测期，应在"备注"栏注明观测的起止日期。

降雨侵蚀力是每年观测期内所有的降雨侵蚀力之和。

径流系数是每年逐次径流深之和与该年总降水量之和的比值。

产沙模数是每年每次产沙模数之和。

小流域整编表-8_____流域年径流泥沙

年份	流域名称	流域面积/km²	降水量/mm	降雨侵蚀力/[MJ·mm/(hm²·h)]	径流深/mm	径流系数	产沙模数/(t/hm²)	备注

填表说明：

【流域面积】填写监测流域的面积，保留2位小数。

【降水量】单位为mm，保留1位小数。

【降雨侵蚀力】单位为MJ·mm/（hm²·h），保留1位小数。

【径流深】单位为mm，填写浑水径流深，保留1位小数。

【径流系数】填写浑水径流系数，保留2位小数。

【产沙模数】单位为t/hm²，保留3位小数。

（9）小流域整编表-9：流域土壤含水量。根据小流域降水过程摘录计算表（小流域计算表-1）、小流域土壤含水量（TDR 法）计算表（小流域计算表-5-1）、小流域土壤含水量（烘干法）计算表（小流域计算表-5-2）整理。

小流域整编表-9_____流域土壤含水量

测点	测次	月	日	土样深度/cm	重量含水量/%	体积含水量/%	两测次间降水/mm	测点	测次	月	日	土样深度/cm	重量含水量/%	体积含水量/%	两测次间降水/mm

参 考 文 献

郭索彦. 2010. 水土保持监测理论与方法. 北京: 中国水利水电出版社.

黄慧慧, 秦红. 2017. 自记式水位观测仪器概述. 黑龙江水利科技, 45(11): 185-189.

刘静, 李建, 李国萍, 等. 1994a. 小流域地表径流测量中影响三角槽测流的因素及最优三角槽. 干旱区资源与环境, 8(1): 122-126.

刘静, 杨胜利, 李健, 等. 1994b. 三角槽测流方法及经验公式. 内蒙古农牧学院学报, (1): 118-122.

钱正英. 1992. 把小流域治理引向商品经济大道. 中国水土保持, (12): 5-9, 67.

水利部. 2013. 小流域划分及编码规范(SL 653—2013). 北京: 中国水利水电出版社.

熊运阜, 加生荣. 1996. 三角槽在高含沙水流测验中的应用. 人民黄河, (3): 18-20, 30.

Bos M G. 1989. Discharge measurement structures. International Institute for Land Reclamation and Improvement.

Brooks K N, Follitt P F, Gregersen H M, et al. 1996. Hydrology And the Management of Watersheds. Ames: Iowa State University Press.

EPA. 2003. Watershed Analysis and Management(WAM)-Guide for States and Communities. Watershed Analysis and Management Project.

Gustard A, Bullock A, Dixon J M. 1992. Low flow estimation in the United Kingdom.

第4章 区域水土流失调查

区域水土流失调查是指对较大空间范围的土壤侵蚀状况进行调查和评价，包括水力侵蚀和风力侵蚀的面积、强度、分布和变化趋势，以及水土保持措施现状、变化与效益等。这里所说的"区域"可以是自然区域，如面积 $1\times10^3\sim1\times10^6\text{km}^2$ 的中流域或大流域、西北黄土高原区、东北黑土区等自然地理单元；也可以是县、市、省、国家等行政区域。由于区域水土流失调查空间范围大，不可能直接测量，因此只能依靠计算。本章只介绍水力侵蚀调查。

4.1 概　　述

4.1.1 区域水土流失调查目的与意义

区域水土流失调查有 3 个目的：一是获得区域内水土流失现状，包括强度、面积和分布；二是获得水土流失预防和治理情况；三是分析水土流失造成的危害，包括对土地资源造成的破坏、侵蚀泥沙导致的河湖库塘的淤积，以及对水域造成的面源污染。

水土流失调查结果是进行区域水土保持规划的基本依据：通过比较不同时期水土流失和水土保持措施状况，可以掌握水土流失动态变化，明确影响因素，评价水土流失防治效益。《中华人民共和国水土保持法》明确规定了区域水土流失调查的目的和意义。例如，第四条，"国家在水土流失重点预防区和重点治理区，实行地方各级人民政府水土保持目标责任制和考核奖惩制度"。第十一条，"国务院水行政主管部门应当定期组织全国水土流失调查并公告调查结果。省、自治区、直辖市人民政府水行政主管部门负责本行政区域的水土流失调查并公告调查结果，公告前应当将调查结果报国务院水行政主管部门备案"。第十二条，"县级以上人民政府应当依据水土流失调查结果划定并公告水土流失重点预防区和重点治理区。对水土流失潜在危险较大的区域，应当划定为水土流失重点预防区；对水土流失严重的区域，应当划定为水土流失重点治理区"。第四十条，"国务院水行政主管部门应当完善全国水土保持监测网络，对全国水土流失进行动态监测"。第四十二条，"国务院水行政主管部门和省、自治区、直辖市人民政府水行政主管部门应当根据水土保持监测情况，定期对下列事项进行公告：（一）水土流失类型、面积、强度、分布状况和变化趋势；（二）水土流失造成的危害；（三）水土流失预防和治理情况"。

综上，区域水土流失调查是各级行政主管部门制定水土保持目标责任制和奖惩制度的基本依据，是区域水土保持规划的基本依据，因此要求各级行政主管部门定期调查并公告。

4.1.2 数据获取与分析方法

根据发生发展过程和侵蚀形态，土壤水蚀分为细沟间侵蚀、细沟侵蚀、浅沟侵蚀和切沟侵蚀（刘宝元等，2018）。区域水土流失调查应包括上述所有内容，但由于侵蚀形态和成因的差异，片蚀（即细沟间侵蚀和细沟侵蚀）和沟蚀的调查与评价方法完全不同。目前的区域水土流失调查主要针对片蚀，本章所指区域水土流失调查主要针对片蚀。

水土流失是多种因素综合作用的结果，包括降水、土壤、地形、植被等自然因素，以及土地利用与管理、水土保持措施等人为因素，由此决定了区域范围内的水土流失具有空间和时间的多尺度特征。从空间尺度来看，坡顶到坡脚的一个坡面、若干坡面和沟道组合而成的小流域以及多个小流域组合而成的大、中流域和区域等，会因各种影响因素的差异导致侵蚀或沉积，进而形成完全不同的水土流失特征。从时间尺度来看，不同降雨事件、不同季节以及不同降水年景（丰水年、平水年和枯水年）等都会导致水土流失特征的差异。因此，区域水土流失调查必须考虑上述综合因素的影响，以及水土流失的多尺度特征。例如，为规划和布设水土保持措施，需要进行多年平均土壤侵蚀状况的区域调查；为了解一次降雨造成的土壤侵蚀及其危害，需要进行大雨强的次暴雨调查；为评估水土流失治理工程，需要进行治理前后工程所在地的土壤侵蚀与水土保持调查等。区域水土流失调查的核心目标是为了在大尺度范围内规划和布设水土保持措施，从这个意义上说，应对区域自然因素在较长时期的综合影响，以及人类活动导致的人为或加速侵蚀进行评价。获取数据时要考虑影响因素的多样性、空间尺度的多样性、时间尺度的多年平均特征、人类活动造成的加速侵蚀。

区域水土流失调查数据获取是指收集影响土壤侵蚀因素的相关资料，主要包括降水、土壤、地形、土地利用与覆盖和水土保持措施等。其中，降水、土壤和地形主要反映自然因素的影响，土地利用与覆盖兼具自然因素与人为因素的影响，水土保持措施主要反映人为因素的影响。降水主要是收集气象站点的降雨资料，包括时段（如 15min 或 60min 间隔）、日、月、年等不同时间分辨率的降雨资料。土壤主要是收集不同比例尺的土壤类型分布图，及各土壤类型的理化性质。地形主要是收集不同比例尺地形图或不同空间分辨率的数字高程模型（digital elevation model，DEM）。土地利用与覆盖主要是基于不同空间分辨率遥感影像反演的土地利用图和植被覆盖图，分别反映人类利用土地和不同植被覆盖对土壤侵蚀的影响。水土保持措施反映人类对土壤侵蚀的防治作用，其空间分布尺度较小，一般基于实地调查或统计资料获得。空间尺度因调查区域范围而有很大变化，获取调查区域数据的空间和时间精度在很大程度上取决于其范围大小和所投入时间。一般而言，高密度、大比例尺、高时空分辨率、实地调查的数据精度高，但花费的时间长、人力大、成本高、数据获得难度大。因此，目前区域水土流失调查数据的获取往往兼顾数据精度和成本，采用组合方法：时空异质性小的要素，数据精度相对较粗；时空异质性大的要素，数据精度相对较高。实际调查过程中往往针对具体调查区域情况确定数据获取方法。总体而言，数据精度越高越好。

区域水土流失调查数据分析是指对所收集的资料进行综合分析，评价水土流失现状或变化，主要包括土壤侵蚀强度、面积及其空间分布。目前从区域尺度上对水土流失危害和水土保持效益的评价还较少，主要针对水土流失状况和变化进行评价。土壤侵蚀强度和面积的评价方法有两种：一是对影响土壤侵蚀的各个因素进行打分或等级判断，称为指标法；二是利用土壤侵蚀模型计算土壤侵蚀模数，再根据侵蚀模数判断侵蚀强度等级，称为模型法。指标法实质上可以看作简化的模型法。

4.1.3　区域水土流失调查分类

根据数据获取和分析方法及其发展历程，将目前的区域水土流失调查分为三类：抽样调查方法、遥感调查方法和网格计算方法（刘宝元，2007）。抽样调查方法是在区域范围内通过抽样设计获得抽样单元，实地到抽样单元内调查水土流失影响因素，分析其水土流失状况，再利用地统计学方法估计区域水土流失状况。遥感调查方法是在全区域范围内，主要借助遥感影像提取水土流失影响因素的相关信息，并辅以其他信息分析区域水土流失状况。网格计算方法是在区域范围内，收集各种不同类型和来源的水土流失影响因素的相关资料，在地理信息系统（GIS）软件的支持下，将区域划分网格进行空间运算，网格大小取决于收集资料的精度。三种方法相比，抽样调查方法得到的数据最为准确，但由抽样单元估算全区时会有统计误差，遥感调查方法和网格计算方法虽然获得了覆盖全区的数据，但数据精度较粗，会有计算误差。

抽样调查方法最早始于 20 世纪 50 年代在美国开展的水土保持需求调查，随后不断完善，在 70 年代改称为全国资源调查（national resources inventory，NRI），包含水力侵蚀和风力侵蚀调查。1977~1997 年，每 5 年开展一次调查，从 21 世纪开始，每年开展一次调查工作，每 5 年发布一次调查结果（Goebel，1998）。20 世纪 80~90 年代，先后几次在英格兰和威尔士对农地土壤侵蚀状况进行实地抽样调查，调查范围从几十到几百平方公里（Evans，2005）。2010~2012 年，在中国开展的第一次全国水利普查中，土壤侵蚀调查采用了实地抽样调查的方法（刘宝元等，2013）。

随着遥感技术的不断发展和普及，抽样调查也开始应用遥感数据提高工作效率。美国和英国的抽样调查中，开始将航片作为重要的参考依据。大范围利用卫星遥感数据开展区域土壤侵蚀调查始于我国。1985~2000 年，我国先后开展了三次全国土壤侵蚀遥感调查（郭索彦和李智广，2009）。采用一定空间分辨率的遥感影像，在 GIS 技术的支持下，利用人机交互判读方法，通过分析地形、土地利用类型、植被覆盖等因子，确定土壤侵蚀类型及其强度与分布。

21 世纪开始，不仅卫星遥感数据多源，而且时间分辨率和空间分辨率大大提高，其他各类观测数据也更加容易获得，尤其是计算机和网络技术的飞速发展，使得海量数据的处理与融合成为可能，由此促进了各个国家或地区用土壤侵蚀模型定量评价区域土壤侵蚀的网格计算方法，如澳大利亚和欧盟等。采用的土壤侵蚀模型主要是经验模型——通用土壤流失方程（universal soil loss equation，USLE）（Wischmeier and Smith，1965，1978）。在 GIS 软件的支持下，首先通过收集降水、土壤、地形、土地利用与覆盖和水土保持措施等资料，获得 USLE 各个模型因子的栅格图层，然后对各个图层按一定网格进行空间运算。网格大小取决于收集资料的最高空间精度。

4.2 国内外区域水土流失调查方法简介

以上三种区域水土流失调查方法各有特点，本节分别以不同国家或地区的具体方法为例，详细介绍。

4.2.1 美国土壤侵蚀抽样调查

1. 背景与发展历程

美国土壤侵蚀调查最早可追溯至 1934 年（Nusser and Goebel，1997；Goebel，1998），由美国内政部（U.S. Department of the Interior）土壤侵蚀局（Soil Erosion Service，SES）组织全国 115 位土壤侵蚀专家，进行了为期 2 个月的实地调查，调查面积为 768.93 万 km^2，包括水蚀和风蚀调查。1935 年，调查完成 6 个月后颁布了美国水土保持法，并在农业部设立了水土保持局，替代内政部的土壤侵蚀局（Harlow，1994）。

为满足水土保持措施立项需求，1942 年开始对各种统计数据进行综合分析，于 1945 年发布报告 "Soil and Water Conservation Needs Estimates for the United States by States"，成为全国水土保持项目和优先领域设立的基础。该项成果又称为 "1945 保护需求调查（1945 Conservation Needs Inventory）（Goebel，1998；Harlow，1994）。1956 年 4 月 10 日，美国农业部部长签发 1396 号备忘录（Harlow，1994），由农业部水土保持局牵头，协同其他 7 个局/机构（农业保护项目局、农业可持续发展和保护局、农业市场局、农业研究局、联邦派出机构、农户管理局和林业局），实施全国水土保持需求调查，旨在评价水土保持措施实施的重要性和紧迫性，以维护和提高农业生产力。调查范围为非联邦土地，首次采用抽样方法，由爱荷华州立大学统计实验室和康奈尔大学 Biometric 机构合作进行抽样设计。以县为单位划分面积为 0.16～2.59 km^2（40～640 英亩）的网格作为基本抽样单元（primary sample unit，PSU），采用 1%～8% 的抽样密度抽取 PSU 进行实地调查（Nusser and Goebel，1997；Harlow，1994）。调查内容包括土壤类型、土地利用类型分布与面积（Goebel，1998）。1965 年再次开展全国水土保持需求调查，旨在更新 1958 年成果。本次调查增加了第二阶段抽样（Harlow，1994）：第一阶段依然按 1%～8%的抽样密度抽取 PSU，其中灌区抽样密度高达 32%；第二阶段是在被抽取的 PSU 内，再随机确定采样点（point）。调查内容也与 1958 年相同，由此可以评价 1958～1967 年土地利用和水土保持措施的变化（Goebel，1998）。这种二阶段抽样方法一直沿用至今。

1972 年，美国国会通过的乡村发展法第 302 条规定：农业部组织实施土地调查和监测，包括土壤侵蚀、泥沙危害、土地利用变化和趋势以及水土等相关资源不合理利用导致的环境退化等。农业部部长授权水土保持局负责，每 5～10 年进行一次资源调查（Harlow，1994）。1973 年 7 月 30 日，农业部水土保持局成立土地调查与监测处负责此项工作。1977 年组织实施了全国资源调查（NRI），沿用了 1967 年的抽样方法，在全国抽取了 70000 个 PSU。此次调查开创了两个先河：一是首次采用 USLE 和土壤风蚀方程（wind erosion equation，WEQ）对土壤侵蚀进行定量评价；二是首次同时对抽样单元 PSU 和采样点进行数据采集。因此，本次调查最初被称为 1977 侵蚀调查，后改称为 1977 全国资源调查（Nusser and Goebel，1997；Harlow，1994），并被作为延续至今的 NRI 的起点。NRI 调查目标是弄清非联邦辖区的土地利用变化，以及农地的水土流失变化。采样点数据主要调查农地土壤侵蚀因子，如果采样点为非农地，则不调查侵蚀因子。NRI 从 1977 年开始每隔 5 年，即分别在 1982 年、1987 年、1992 年和 1997 年进行。受经费影响，每次调查的抽样单元和采样点数量有所不同（Goebel，1998）。1982 年规模最大，全国共有 321000 个 PSU 和 800000 个采样点。1987 年减少到 108000 个 PSU。1992 年和 1997 年均恢复到 1982 年的规模。为了评价 1982～1997 年间土壤侵蚀的变化，1997 年的调查中，采用遥感影像和相关资料分析与补充了 1987 年未调查的抽样单元数据。由于 1982 年以后的调查方法和数据采集内容一致，与 1977 年有所差异，因此动态变化分析均从 1982 年开始，1982 年被认为是土壤侵蚀动态监测与评价的起始年（Goebel，1998）。

除上述全国性调查外，20 世纪 90 年代还进行了几次小规模专题调查，如 1996 年的土壤侵蚀研究调查、1998～1999 年的 5 年间隔调查转为每年连续的技术方法专题调查，以及随后的修订通用土壤流失方程（revised universal soil loss equation，RUSLE）替代 USLE 的专题调查等。

鉴于调查经费和人员缩减，以及对资源变化进行连续动态评估需求的日益增强，经过 1998～1999 年连续调查方法的专题研究，2000 年开始，将 5 年一次的调查转为每年连续调查，基本方法如下：以形成的全国 15 年序列的 300000 个 PSU 和 800000 个采样点数据库为基础，抽取其中约 42000 个 PSU 及其采样点作为核心单元，每年都进行调查，核心单元以外每年随机抽取约 30000 个 PSU 及其采样点作为轮换单元调查，经过 5～8 年，所有核心单元以外的调查单元都轮流调查一次。每年核心单元加上轮换单元共调查约 72000 个 PSU 及其采样点，主要采用航片解译。遇到无当年航片或航片不清时，辅以实地调查。2000 年调查了分布在 50 个州的 42000 个核心 PSU；2001 年调查了 73000 个 PSU，包括与上一年相同的 42000 个核心 PSU 和 31000 个轮换 PSU；2002 年调查了 51000 个 PSU，包括 21000 个核心 PSU 和 30000 个轮换 PSU；2003 年调查了 73000 个 PSU，包括 42000 个核心 PSU 和 31000 个轮换 PSU；2004 年因经费限制，只调查了 42000 个核心 PSU，2005 年只调查了 31000 个轮换 PSU，这两年的调查构成了 2004～2005 年 73000 个 PSU 数据库；2006 年和 2007 年与 2004～2005 年一样，每年分别调查 42000 个核心 PSU 和 31000 个轮换 PSU，构成了 2006～2007 年的 73000 个 PSU 数据库；2008～2012 年每年的调查单元数量均保持 73000 个 PSU，包括 42000 个核心 PSU 和 31000 个轮换 PSU。分别于 2007 年、2010 年、2012 年和 2017 年发布了调查报告。

此外，从 2003 年开始，NRI 增加了人工牧草地和天然牧草地的调查。在每年的核心和轮换样点中，至少抽取 2 个采样点为草地的调查单元进行草地类型、覆盖和侵蚀因子调查。2003 年调查了轮换单元中的 618 个 PSU；2004 年调查了 2369 个 PSU，其中 966 个为轮换单元，1403 个为核心单元；2005 年调查了 2311 个 PSU，其中 987 个为轮换单元，1324 个为核心单元；2006 年调查了 1933 个 PSU，其中 905 个为轮换单元，1028 个为核心单元；2007 年调查了 1319 个 PSU，其中 1292 个为轮换单元，27 个为核心单元；2008 年调查了 1400 个 PSU。2010 年发布了 2003～2006 年的天然牧草地调查结果，2018 年分别发布了 2004～2010 年、2011～2015 年天然牧草地调查结果，以及 2013～2016 年人工牧草地的调查结果。

总结美国国家资源调查的发展历史发现其具有以下特点：①持续时间长，经历了三个阶段：1977 年以前的方法探索阶段，1977～1997 年每隔 5 年的动态调查，2000 年至今的每年动态调查；②动态调查过程中，方法和内容一致规范，确保了现状与变化的掌握；③调查始于土壤侵蚀与水土保持需求，发展至今依然是重要内容，但涉及范围更加广泛，应用领域进一步扩大；④形成的长序列调查成果已经成为政府进行自然资源保护立法、立项和财政预算的重要依据。以下主要围绕土壤水力侵蚀调查，介绍抽样设计、数据采集、数据处理、土壤侵蚀评价、条件保障与质量控制、成果发布等，以期为我国土壤侵蚀调查提供参考。

2. 抽样设计

抽样设计采用分层两阶段不等概空间抽样方法（Goebel，1998）。分层是指在全国划分不同的层次，包括三种类型（USDA-NRCS，1997）：一是在中西部的 34 个州，直接采用公共土地系统（public land system，PLS），分为县（county）、镇（township）、片区（section）三级（图 4-1）。每个县为边长 38.6km（24 英里①）的正方形网格，面积 1490km^2（576 平方英里），包括 16 个边长 9.7km（6 英里）正方形网格的镇，面积 94km^2（36 平方英里）。每个镇分为三层，每层长 9.7km（6 英里）、宽 3.2km（2 英里），包括 24 个边长 1.6km（1 英里），面积 2.6km^2（1 平方英里）的正方形片区（section）。将每个片区再等分为 4 个边长 0.8km（0.5 英里）的正方形网格，每个网格面积 0.64km^2（0.25 平方英里），即 PSU。二是路易斯安那州和缅因州西北部，直接划分边长 0.5km 的正方形网格为 PSU，面积为 0.25km^2。三是东北部 13 个州，按 20″（纬度）×30″（经度）划分网格作为 PSU，面积变化于 0.39～0.46 km^2。两阶段是指分为两个阶段抽样：第一阶段抽取 PSU，第二阶段在抽取的 PSU 内随机确定采样点。不等概是指在分层基础上抽取 PSU 时，采用不同的抽样密度。以 PLS 为例，第一阶段抽取 PSU 时，在每一层包含的 48 个 PSU 中随机抽 1～4 个 PSU，则抽样密度为 1/48～4/48（2%～8%）。全国主体抽样密度为 4%，即每层抽 2 个 PSU。第二阶段是在抽取的 PSU 内随机确定 1～3 个采样点，全国主体为 3 个采样点。由于抽取的 PSU 为一定面积的空间范围，故称为空间抽样。按

---

① 1 英里=1.609344km。

1982 年的 321000 个 PSU 和 800000 个采样点的最大规模计算，全美约 3100 个县，平均每县约 104 个 PSU 和 258 个样点，其中连片大陆 48 个州，平均每个州有 6688 个 PSU 和 16667 个样点。

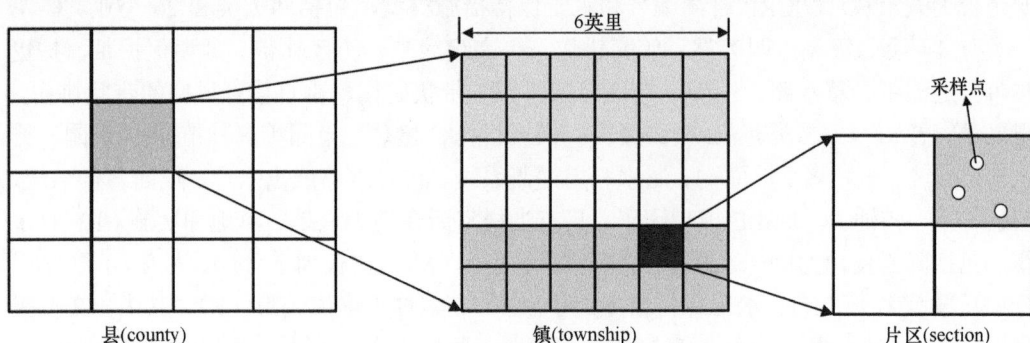

图 4-1 抽样设计示意图

3. 数据采集

1）数据采集内容

数据采集内容包括三个方面：县级基础数据、抽样单元数据和样点数据（USDA-NRCS，2000）。

县级基础数据用于数据处理与汇总时的质量控制，具体包括：①土地面积、水域面积、联邦土地面积、交通用地面积和建设用地面积等统计数据；②行政区划图，如国界、州界、县界（比例尺为 1∶10 万），土地资源分区图、1∶25 万全国二级水文单元图以及 1∶200 万全国联邦土地和大型水域水系图等地图数据；③高分辨率航空遥感影像数据。

抽样单元数据包括：①基本信息，包括 PSU 所在州、县名称和代码，以及调查人、调查日期和调查底图数据来源等。②基础数据，包括 PSU 面积、所在土地资源区面积、所在 4 级水文单元代码（8 位）等。③调查数据，包括 PSU 范围内 4 种土地利用类型的图斑边界和面积。4 种土地利用类型是建设用地（城镇和农村居民点）、农地、交通用地、水域和河流，不是这 4 种类型不调查。上图的水域面积≥0.16km²，河流宽度≥200m。1982 年的 30 多万个 PSU 数据均为实地调查；1987 年 10.8 万个 PSU 数据，75%为实地调查，其余 25%为高分辨率航片影像解译；1992 年 30 多万个 PSU 数据，利用遥感解译的增加到 75%；1997 年以后几乎全部采用遥感影像解译，仅对个别无影像或影像不清晰的单元进行实地核查。1997 年以前是黑白航片，现在全部为高分辨率彩色航片。

样点数据主要收集样点所在地块的土壤侵蚀模型因子和水土保持措施信息：①土地覆盖/利用类型。覆盖是指自然状况下的地表情况，利用是指人类对土地的利用，具体包括农地、草地、林地、裸地、建设用地、交通用地、水域七大类别的 15 个二级类和 69 个三级类。例如，农地分为园地、行播密植作物、密植作物、人工草地和其他农地 5 类；行播密植作物又按作物分为玉米、高粱、大豆、棉花、花生、烟草、甘蔗、马铃薯、其他蔬菜、芥菜、其他行播作物、向日葵 12 类。如果是农地、草地、林地和实施水土保持项目（conservation reserve program，CRP）的地块，要调查本年度以前连续 3 年的土地利用类型；如果是园地、行播密植作物和密植作物类型，且为二熟制，要调查该地块的第二种作物类型；如果是林地，要进一步调查属于 22 个次一级类型中的哪种，并说明是否为人工林。②CRP 合同编号和水土保持措施类型，包括两大类和 26 个亚类。第一类有 14 个二级类：四旁林、等高耕作、等高缓冲带、防风林带、地埂保护带、护堤林带、过滤带、草水路、沙障、等高带状耕作、带状耕作、垂直盛行风向的带状耕作、阻风带、梯田；第二类有 12 个二级类：横坡耕作、起垄、果园等高种植/其他果园、排水沟、截坡、植物篱、坡面沟、尾水利用灌溉系统、衬底水路或出水口、坡面蓄排系统、植树种草、涝池。③USLE 模型因子。只有当样点所在地为农地、草地和实施 CRP 时采集，包括降雨侵蚀力因子（R）、土壤可蚀性因子（K）、坡长因子（L）、坡度因子（S）、管理与覆盖因子（C）、水土保持措施因子（P）和容许土壤流失量（T）。其中，R 在采集 PSU 数据时完成，K 和 T 直接调用土壤普查数据库中不同土壤类型的值。因此，水蚀因子样点调查只有两个：一是所在地块的坡长和坡度；二是根据调查的土地覆盖/利用类型和水土保持措施类型，查表确定 C 和 P。④WEQ 模型因子。同样只有农地、草地和实施 CRP 的地块采集，且在风蚀发生季节调查，包括风蚀气候因子（C）、土壤可蚀性因子（K）、微地形起伏糙度因子（I）、盛行风向无防护农田距离（L）和植被覆盖度（V）。C 在采集 PSU 数据时完成，如果 C 值为 0，则不调查其余 WEQ 因子；K 直接调用土壤普查数据库不同土壤类型的 K 值；I 值根据样点所在坡面坡度和沿盛行风向的坡长查表；L 指沿盛行风向穿过样点的无防护林带的距离；V 是根据实际覆盖度和标准覆盖度曲线关系得到的标准小粒谷物覆盖度。

2）数据采集手段

美国 NRI 历经 70 余年，经历了信息技术的迅猛发展，使数据采集手段不断向自动化方向发展，可概括为三个阶段：①人工调查阶段。1987 年以前主要依靠人工实地测量、绘图和填表分别获得 PSU 和样点数据，调查的纸质成果再统一录入计算机处理。②计算机辅助调查阶段。1992 年开始在调查过程中就有计算机辅助处理，调查人员每调查完一个 PSU，将纸质成果输入后，可直接传输给爱荷华州立大学统计实验室的数据分析中心进行实时处理，不仅大大提高了数据采集效率，更保证了数据质量。③便携式数据采集阶段。1995 年和 1996 年的专题调查中，开始使用便携式数字仪（personal digital assistants，PDA）。调查人员随身携带 PDA，将调查结果直接输入和存储。1997 年的调查全面使用 PDA，如果是以往采集过的 PSU 和样点，可直接从数据分析中心下载其信息，进行现场复核、修改和确认，然后将更新结果传输给中心（Nusser et al.，1998）。迄今为止，PDA 已经开发了三代：Apple Newton Message Pad（PDA）130 型、2000 型和 2100 型。

4. 数据处理

数据处理是在 GIS 软件支持下，将所有采集的数据转化为样点数据，计算每个样点的权重，即该样点代表的土地利用面积或土壤侵蚀模数，然后进行不同空间尺度的汇总统计（Fuller et al.，1998；USDA-NRCS，1989）。上述过程划分为四个步骤：划分县级水文单元和统计面积、建立样点数据库并计算样点权重、分级汇总统计和数据质量控制。

1）划分县级水文单元和统计面积

利用全国 GIS 数据库统计全国土地面积、联邦土地面积和大型水域/河流面积，将这三种面积作为不同空间尺度汇总数据的质量控制标准，然后划分县级水文单元。县级水文单元是汇总统计数据的最小空间单元，划分方法如下：将全国 1∶10 万县界行政区图层与 1∶20 万二级水文单元（hydrological unit，HU）图层叠加，用县界裁切水文单元图，得到的最小空间单元即县级水文单元（hydrological unit combined counties，HUCC）。如果县内某 HUCC 的面积小于 24km²，或某 HUCC 内的样点数少于 6 个，则与本县相邻的 HUCC 合并，最终全国约有 4900 个 HUCC。统计每个 HUCC 的面积、联邦土地面积、大型水域/河流面积、交通用地面积，然后汇总为全国面积，确保与第一步的统计结果一致。

2）建立样点数据库并计算样点权重

样点权重是指该点所代表的某种土地利用或土壤侵蚀模数，用样点权重分级汇总统计。首先依据土地利用/土地覆盖类型将 PSU 数据转换为样点数据，然后以抽样所在的层为单位，计算层内的样点权重，具体方法如下（USDA-NRCS，1997）。

（1）如果 PSU 和样点数据都有某种土地利用类型，样点权重计算公式为

$$W_k = 48\left[\sum_{i=1}^{n}\left(A_{\mathrm{PSU}_{i,k}}\big/N_{\mathrm{PSU}_{i,k}}\right)\right] \tag{4-1}$$

式中，W_k 为某抽样层第 k 类土地利用/土地覆盖类型的样点权重；n 为某个抽样层抽取进行实地调查的 PSU 个数，取决于抽样密度，当抽样密度为 2% 时，$n=1$，为 4% 时，$n=2$，为 6% 时，$n=3$；$A_{\mathrm{PSU}_{i,k}}$ 为某抽样层第 i 个 PSU 内第 k 类土地利用/土地覆盖类型的面积；$N_{\mathrm{PSU}_{i,k}}$ 为某个抽样层第 i 个 PSU 内第 k 类土地利用/土地覆盖类型的样点个数；48 为抽样层总的 PSU 个数。

（2）如果 PSU 内没有某种土地利用/土地覆盖类型，而样点数据有该种类型，样点权重计算公式如式（4-2）。这是因为 PSU 只调查 4 种类型，样点数据调查的类型更为详细。

$$W_k = 48\left[\sum_{i=1}^{n}\left(A_{\mathrm{PSU}_i} - A_{\mathrm{PSU}_{i,k}}\right)\big/N_{\mathrm{PSU}_{i,k}}\right] \tag{4-2}$$

式中，A_{PSU_i} 为某抽样层内第 i 个 PSU 的总面积，一般为 0.65km²，少数为 0.16km²、0.46km² 或 2.59km²。

（3）如果 PSU 有某种土地利用/土地覆盖类型，但样点数据没有该类型，需要建立假设点（pseudo point）代表该类型样点，样点权重计算公式为

$$W_k = 48 \left(\sum_{i=1}^{n} A_{\text{PSU}_{i,k}} \right) \qquad (4\text{-}3)$$

举例如下：某县抽样密度为 2%，则每个抽样层有 1 个 PSU，$n = 1$。某抽样层 PSU 和样点调查结果如下：PSU 面积 0.65km²，包括 0.22km² 建设用地、0.02km² 农地，以及 0.41km² 未列入 4 种调查类型的其他用地。该 PSU 内有 3 个样点，2 个点为农地，1 个点为建设用地。根据式（4-1）～（4-3）计算 3 个样点的权重如下。

1 个建设用地样点属于 PSU 和样点均有该类型的情况，该点权重为

$$W_k = \left[\sum_{i=1}^{n} \left(A_{\text{PSU}_{i,k}} \big/ N_{\text{PSU}_{i,k}} \right) \right] \times 48 = 0.22/1 \times 48 = 10.56 \text{ km}^2$$

2 个农地样点属于 PSU 无该类型，样点有该类型的情况，每点权重为

$$W_k = \left[\sum_{i=1}^{n} \left(A_{\text{PSU}_i} - A_{\text{PSU}_{i,k}} \right) \big/ N_{\text{PSU}_{i,k}} \right] \times 48 = (0.65 - 0.22 - 0.02)/2 \times 48 = 9.84 \text{ km}^2$$

PSU 中有 0.02km² 农地，但样点无该种类型，要建立代表农地的假设点，该点权重为

$$W_k = \left(\sum_{i=1}^{n} A_{\text{PSU}_{i,k}} \right) \times 48 = 0.02 \times 48 = 0.96 \text{ km}^2$$

由于不同时期调查的 PSU 和采样点数量不一致，为了进行动态变化分析，需要确保样点数据在空间和时间上均具有连续性，为此建立了两类假设点：一类是将每个 HUCC 内所有土地利用/土地覆盖类型均转换为点数据，具体方法是：对于每个 HUCC 内的联邦土地、大型水域或河流、交通用地，选择其中心点为点图层。另一类是对某些年份如 1987 年未调查的点，通过前后调查年份的信息对比、影像解译和其他资料分析等，补充该点未调查年份信息。以 1992 年为例，全国共建立 1064849 个点记录，各州点数变化很大：大部分州为 20000～35000 个，最少的 Delaware 州和 Rhode 岛只有 1806 个和 2146 个，最多的得克萨斯（Texas）州和堪萨斯（Kansas）州达到 76338 个和 57874 个。东北地区共有 149475 个点，中西部地区共有 366462 个点，南部地区共有 347619 个点，西部地区共有 201293 个点。这些点中实际调查的有 863185 个，假设点有 201664 个。实际点中，80881 个是联邦土地点，占总点数的 9.4%；221381 个是林地，占总点数的 25.6%；232729 个是农地，占总点数的 27.0%。假设点中，176878 个是 PSU 数据的假设点，即前述第（3）种情况；24786 个是为保证空间或时间连续建立的假设点。

为了保证样点权重的数据质量，要求评价区域的某种土地利用类型所有样点权重之和与该区域该土地利用类型的统计面积一致，具体质量控制指标包括：一是 HUCC 尺度和县级尺度的土地面积、联邦土地面积和大型水域或河流面积；二是州级尺度实施 CRP 土地、农地、草地、林地、牧场、小型水域或河流和建设用地面积。

5. 土壤侵蚀评价

只有农地、草地和实施 CRP 的地块进行土壤侵蚀评价，分为四个步骤。

1）计算样点土壤侵蚀模数

基于 PSU 数据中的降雨侵蚀力因子 R、风蚀气候因子 C 以及样点采集模型因子数据，利用 USLE 和 WEQ 分别计算水蚀模数和风蚀模数。以水蚀为例，t 年某农地点 j 位于 h 抽样层的 PSU_i 内，则该点土壤水蚀模数为

$$A_{thij} = R_{thij} \cdot K_{thij} \cdot L_{thij} \cdot S_{thij} \cdot C_{thij} \cdot P_{thij} \tag{4-4}$$

式中，A_{thij} 为 h 抽样层第 i 个 PSU 内第 j 个样点所在地块，在 t 年耕作管理和水土保持措施下的农地平均土壤水蚀模数。

2）计算区域加权平均土壤侵蚀模数

选择某个评价区域，如 HUCC、县、州等，根据样点权重通过加权平均计算对应区域的平均土壤侵蚀模数。例如，t 年某区域有 h 个抽样层、i 个 PSU 和 j 个农地点，农地样点权重为 W_{thij}，则该区域农地加权平均土壤水蚀模数为

$$A_t = \sum_h \sum_i \sum_j \left(A_{thij} \cdot W_{thij} \right) \bigg/ \sum_h \sum_i \sum_j W_{thij} \tag{4-5}$$

式中，A_t 为 t 年某区域的农地平均土壤水蚀模数，t/（km²·a）。举例如下（表 4-1）：某 HUCC 内有 13 个农地样点，各个样点代表的土壤水蚀模数权重和面积权重见表 4-1 的第 2 列和第 3 列，两列相乘得到各个样点代表的土壤流失总量（表 4-1 的第 4 列），将 13 个样点的土壤流失总量求和为 336531t/a，再除以这 13 个样点代表的面积权重之和 204km²，即为该 HUCC 加权后的土壤水蚀模数权重为 1649.7t/（km²·a）。

表 4-1　某 HUCC 农地样点的土壤水蚀模数权重和面积权重及土壤流失总量

样点编号	土壤水蚀模数权重/［t/（km²·a）］	面积权重/km²	土壤流失总量/（t/a）
1	895.8	12	10750
2	1119.8	10	11198
3	2709.8	16	43357
4	1903.6	14	26650
5	1522.9	13	19798
6	2261.9	24	54286
7	1366.1	19	25956
8	671.9	10	6719
9	895.8	16	14333
10	2060.3	14	28844
11	2530.6	13	32898
12	1881.2	24	45149
13	873.4	19	16595
合计/加权平均	1649.7	204	336531

注：最后一行的 1649.7t/（km²·a）为加权平均；204km² 和 336531 t/a 为合计。

3）土壤侵蚀强度和危险性评价

土壤侵蚀强度分级采用容许土壤流失量 T 值的倍数，分为 6 级：$\leqslant T$、$T\sim 2T$、$2T\sim 3T$、$3T\sim 4T$、$4T\sim 5T$、$>5T$。T 值根据不同土壤类型确定，主体为 200t/（$km^2\cdot a$）。根据区域加权平均土壤水蚀模数计算结果，分别统计农地、草地和实施 CRP 地块的土壤侵蚀强度分级面积和水蚀面积（表 4-2）。

表 4-2 非联邦土地不同土地类型的土壤侵蚀强度分级面积和水蚀面积 （单位：$10^3 hm^2$）

土地利用/土地覆盖类型	年份	微度	轻度	中度	强烈	极强烈	剧烈	水蚀面积
		$\leqslant T$	$T\sim 2T$	$2T\sim 3T$	$3T\sim 4T$	$4T\sim 5T$	$>5T$	
耕地	1982	131806.1	20448.2	6965.6	3600.3	2219.3	5096.1	38329.5
	1987	130360.9	18552.7	6285.7	3161.2	1906.6	4137.4	34043.6
	1992	127235.8	15951.0	5122.6	2470.3	1305.5	2539.1	27388.5
	1997	128081.7	14968.6	4558.8	1972.1	1000.6	1768.9	24269.0
	2002	125127.7	14372.9	4475.6	2065.7	1001.9	1871.2	23787.3
	2007	123164.5	13420.1	4160.7	1835.8	947.1	1821.1	22184.8
	2012	123291.2	13387.7	4443.2	2026.6	1087.3	2310.1	23255.1
	2015	124429.4	13508.2	4539.0	2148.5	1182.4	2584.3	23962.4
实施 CRP 土地	1982	—	—	—	—	—	—	—
	1987	4864.6	360.7	150.6	71.3	32.7	95.6	710.9
	1992	13509.7	162.7	41.9	10.6	15.9	30.7	261.8
	1997	13105.8	74.9	33.9	2.1	10.8	4.2	125.8
	2002	12634.7	71.0	15.3	4.2	3.2	11.3	104.9
	2007	13050.5	98.9	20.4	5.5	3.5	5.7	134.1
	2012	9583.5	80.1	20.6	2.3	1.9	4.0	108.9
	2015	7169.7	51.3	21.0	2.1	2.8	3.1	80.3
人工草地	1982	49592.9	1936.2	647.4	343.5	153.9	379.0	3459.9
	1987	48405.1	1689.2	573.7	284.6	132.7	355.2	3035.4
	1992	47776.4	1597.4	564.9	272.8	122.4	301.4	2858.9
	1997	46297.8	1449.8	426.0	201.7	80.0	200.9	2358.4
	2002	46262.8	1246.2	350.6	151.3	65.7	177.5	1991.4
	2007	46586.9	1201.9	378.2	150.2	73.8	163.4	1967.4
	2012	47449.8	1226.8	380.0	150.1	74.0	152.4	1983.4
	2015	47323.8	1182.5	379.0	149.3	76.7	139.8	1927.3

此外，针对农地进行了土壤侵蚀危险性评价，采用的评价指数称为侵蚀危险性指数（erodibility index，EI），计算公式为

$$EI = R \cdot K \cdot L \cdot S / T \qquad (4\text{-}6)$$

式中，EI 无量纲；T 为容许土壤流失量，t/（$km^2\cdot a$）。该指数表示裸地（对应于农地的整地和播种期）土壤流失量相对容许土壤流失量的比值，比值越大，表示侵蚀危险程度越高。按指数大小将侵蚀危险性分为 6 级：<2、$2\sim 5$、$5\sim 8$、$8\sim 10$、$10\sim 15$、$\geqslant 15$。

其中，指数≥8 的农地称为高侵蚀地（highly erodible land，HEL），应优先治理。

4）误差估计

由于采用抽样方法用样本估计值代表总体特征，因此对统计结果给出了误差估计。假设统计指标，如面积、水蚀模数等服从正态分布，取 95%置信度，置信区间上限和下限分别为样本均值加减 1.96 倍的样本标准差，变差系数即误差幅度用 1.96 倍的样本标准差与样本估计值百分比表示（USDA-NRCS，2000）。当评价区域空间尺度较小时，由于样本数量少，误差幅度较大。以误差幅度小于 20%作为质量控制标准，按主体 4%的抽样密度，适宜评价的最小区域空间尺度为 1×10^3～1×10^4km²，相当于几个县的面积。因此，目前的评价区域一般选择土地资源大区、水土保持局管理区、二级水文单元区和水资源委员会二级分区。如果评价县及其以下区域的土壤侵蚀状况误差较大，需要通过增加 PSU 的抽样密度提高精度。

6. 条件保障与质量控制

1）组织实施

相关调查一直由农业部水土保持局组织实施，1994 年水土保持局改名为自然资源保护局（Natural Resources Conservation Service，NRCS）。1982 年以前，调查人员主要是水土保持局在各州分支机构的工作人员，包括全职和临时聘用人员，最多时达几千人。由于调查为临时性工作且工作量大，不仅影响了分支机构的日常工作，还使成果发布迟缓。另外，要求增加抽样密度提高评价的空间精度，减少调查工作量和花费的时间、费用等呼声越来越高，迫切需要寻求一种高效、长期、可持续的组织形式。因此，1987 年开始由受过专门培训的专职人员负责长期调查。1988 年，水土保持局资源调查处（Resources Inventory Division，RID）责成一个工作组提出新的组织方案，旨在减少分支机构的调查任务，获得年度经费支持，采用新技术减少调查人员，改善数据质量。1989 年提交了题为"Streamlining the National Resources Inventory Process"的报告（USDA-NRCS，1995），提出的主要建议包括：①只采集与调查目标相关的必要信息；②在有限财政预算内实施连续调查；③调查由经过严格培训的州或片区专职队伍承担，以减少分支机构的工作负担，减少培训费用，提高调查效率，保证调查数据的一致性和精度；④利用遥感和 GIS 等新技术，实现高效数据采集、录入和管理，降低人工成本；⑤与州和联邦其他机构合作共享数据。上述建议全部采纳，并在 1992 年的调查中由 RID 具体负责实施。各州都有专门经费，设立了州资源调查员的固定职位，由 RID 负责制定州级调查计划，选拔州级专职调查员，指导调查工作，监督州级调查员培训及其岗位职责的履行情况。通过规范调查数据，1992 年的调查结果与农业、林业、地质调查、鱼类和野外生物管理局等的数据库实现了兼容。1997 年在全国成立了 21 个数据采集与合作片区（inventory collection and coordination sites，ICCS），加强了对数据采集过程中的监督和管理，其基本职责包括对辖区调查员进行培训、提供技术和设备支持、进行调查数据质量控制。21 个片区范围包括一个州到几个州，既有合署办公，又有分区办公，这种管理方式一直延续到现在。

2）质量控制

数据质量控制贯穿于整个调查过程中，包括调查前的人员培训、调查过程中的技术咨询和指导，以及对调查数据的质量审核。调查前的培训分为两个层次：一是国家级培训，由国家技术中心（National Technical Center，NTC）负责分片区（包括几个州）进行，培训对象为州级资源调查技术骨干；二是州级培训，由州级资源调查技术骨干对数据采集人员进行培训。例如，1991 年夏季在全国分 4 个片区进行培训，历时一周，包括室内和野外。培训老师包括调查、制图和 GIS 等各领域的专家。1991 年下半年，由各州调查技术骨干培训辖区调查人员，培训材料由 NTC 培训机构提供。

数据审核由州或片区机构负责，并就调查人员提出的相关问题，随时与国家级技术支撑单位或专家沟通。1996年开发了计算机辅助调查信息系统（Computer Assisted Survey Information Collection，CASIC），用于 1997 年的调查（USDA-NRCS，2000），一直使用至今。数据质量控制采用该系统，有专门的审核模块供专门的数据质量审核人员运行。数据质量审核人员由州或片区机构任命，审核步骤包括：州或片区机构按 4%密度抽查拟审核的 PSU，将抽查的 PSU 信息发给审核人员，审核人员登录 CASIC 进行审核。完成一个 PSU 的审核约需 1h。各州或片区可根据情况选择不同的审核抽样密度，当遇到调查人员经验不足时，应提高审核抽样密度。数据质量控制贯穿调查过程始终，分为开始、中期和后期三个阶段，开始阶段审核的抽样密度高于后两个阶段。经过州和片区审核后的数据提交至全国技术支撑单位，再进行数据质量审核。

3）技术支撑

国家级技术支撑单位一直是爱荷华州立大学的统计实验室。早在 1938 年该实验室就与美国农业部合作设计农业调查方法和分析数据。1956 年的首次抽样设计由该单位和康奈尔大学 Biometric 机构共同合作完成，随后至今的历次调查均由其单独提供技术支撑，开发了一系列调查与数据分析软件，主要包括抽样设计、数据质量审核、数据处理和分析、最终成果形成。数据审核、处理和分析的主要内容有：①利用土壤普查数据库采集抽样单元样点的土壤信息；②审核 PSU 和样点调查数据的有效性、完整性和一致性；③利用地统计学方法插补未调查数据；④建立样点数据库并计算样点权重；⑤计算土壤流失总量、流失速率、不同侵蚀强度面积等，评估侵蚀现状；⑥分析土壤侵蚀动态变化；⑦更新和完善数据库。

7. 成果发布

调查成果采用报告和图表形式发布，评价州、大区和全国尺度的土壤侵蚀现状与动态。截至目前的最新成果是 2018 年发布的 2015 年的调查结果，以下简要介绍。

1982～2015 年，农地土壤侵蚀模数由 1737t/km^2 减少到 1142t/km^2，其中水蚀模数由 944t/km^2 减少到 670t/km^2，风蚀模数由 793t/km^2 减少到 472t/km^2（图 4-2）。土壤流失量

相应由 1982 年的 29.5 亿 t 减少到 2015 年的 16.9 亿 t。其中，水蚀总量由 1982 年的 16 亿 t 减少到 2015 年的 9.9 亿 t，风蚀由 1982 年的 13.5 亿 t 减少到 2015 年的 7 亿 t。农地土壤侵蚀主要发生在中部地区，侵蚀强度明显减弱。

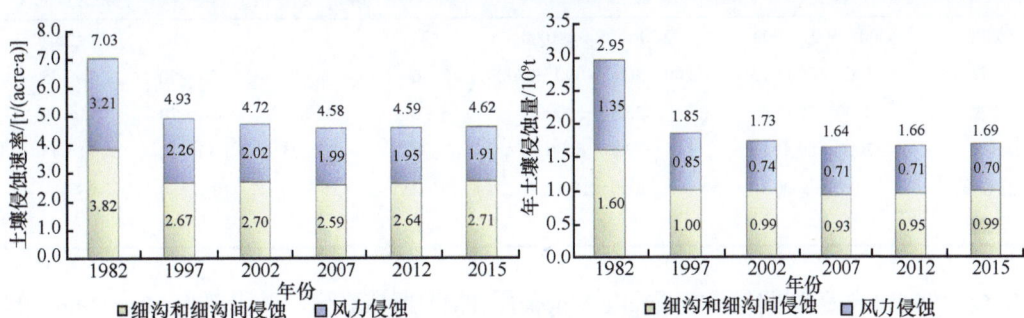

图 4-2　1982～2015 年农地土壤侵蚀模数和土壤流失量变化

4.2.2　中国土壤侵蚀遥感调查

我国从 20 世纪 80 年代开始，利用遥感与计算机相结合的技术，先后进行了三次土壤侵蚀遥感调查（郭索彦和李智广，2009），不仅全面查清了不同时期全国水力和风力侵蚀面积及其空间分布，而且为全国水土保持生态建设规划提供了重要依据。

土壤侵蚀遥感调查的基本过程包括：①统一购置遥感信息源和相关资料；②按照相应技术标准与实施方案进行遥感影像解译；③采用规定的标准判读土壤侵蚀强度；④汇总省、流域、全国等不同区域水土流失面积。数据质量控制包括技术培训、贯穿于各个过程的数据质量检查、解译结果野外复核、调查后的成果验收等。

1. 第一次全国土壤侵蚀遥感调查

第一次全国土壤侵蚀遥感调查于 1985 年进行，遥感信息源为美国陆地资源卫星多光谱扫描仪（Multi Spectral Scanner，MSS）假彩色图像，分辨率为 79m×79m，采用人工目视解译、手工勾绘成图等方法。制图比例尺全国为 1∶50 万，各流域（片）制图比例尺不小于 1∶50 万，全国拼成后缩成 1∶250 万。要求的最小图斑面积≥3.5mm× 3.5mm，最短流水线≥3.5mm。土壤侵蚀强度按照 1986 年 4 月水利部遥感中心发布的《应用遥感技术调查全国土壤侵蚀现状与编制全国土壤侵蚀图技术工作细则》划分的土壤侵蚀分类分级标准进行判断（表 4-3）。强度判别标准包括土壤侵蚀模数、坡度和植被覆盖度，由于遥感影像难以判断侵蚀模数，实际判别过程中，依据的是坡度和植被覆盖度。调查成果由国务院于 1991 年发布（周为峰和吴炳方，2005），全国水土流失面积 367 万 km²，其中水力侵蚀面积 179 万 km²，风力侵蚀面积 188 万 km²。

2. 第二次和第三次全国土壤侵蚀遥感调查

第二次全国土壤侵蚀遥感调查于 1999 年进行（曾大林和李智广，2000），采用美国

表4-3　三次土壤侵蚀遥感调查采用的土壤水力侵蚀强度分级标准

强度	侵蚀模数分级		水蚀指标分级			
	土壤侵蚀模数/[t/（km²·a）]		坡度/（°）		植被覆盖度/%	
	第一次	第二、第三次	第一次	第二、第三次	第一次	第二、第三次
微度	<200、500、1000	<200、500、1000	<3	<5	>90	>75
轻度	200、500、1000～2500	200、500、1000～2500	3～5	5～8	70～90	60～75
中度	2500～7000	2500～5000	5～8	8～15	50～70	45～60
强度	7000～8000	5000～8000	8～15	15～25	30～50	30～45
极强度	8000～15000	8000～15000	15～25	25～35	10～30	<30
剧烈	>15000	>15000	>25	>35	<10	

1995～1996年专题制图仪（Thematic Mapper，TM）遥感影像，分辨率为30m×30m，利用GIS软件，采用人机交互勾绘图斑，并统计其面积的全数字化作业方式。与第一次全国土壤侵蚀遥感调查相比，既省去手工勾绘量算图斑面积这一耗费人力、花费时间的工作环节，加快了调查速度，提高了精度，又建立了可查询的数据库，保证了数据、图斑和影像的一致性，为后续应用奠定了基础。

调查采用的工作底图为1∶10万，各省（自治区、直辖市）完成数字图后上交，经省级数字图接边和全国数据集成，形成全国1∶10万数字图。成图最小图斑≥6×6个像元，条状地物图斑短边长度≥4个像元。土壤侵蚀强度分级依据《土壤侵蚀分类分级标准》（SL 190—1996，2007年更新为LS190–2007）判断（表4-3）。质量控制标准主要是图斑正确率和土壤侵蚀强度判读正确率，前者要求随机抽查的图斑数量不少于图幅总图斑数量的5%，图斑定位偏差<0.6mm（相当于TM的2个像元），后者要求正确率>90%。调查成果由国务院于2002年发布（水利部，2002），全国水土流失面积356万km²，其中水力侵蚀面积165万km²，风力侵蚀面积191万km²；在水力侵蚀和风力侵蚀面积中，水蚀风蚀交错区面积26万km²。

第三次全国土壤侵蚀遥感调查于2001年进行（曾大林和李智广，2000），资料和方法与第二次全国土壤侵蚀遥感调查相同，判别土壤侵蚀强度的标准也一致（表4-3），只是采用的TM影像的年代不同，本次采用的是2000年的TM遥感影像。由于坡度和植被覆盖度变化很小，第三次全国土壤侵蚀遥感调查结果与第二次十分接近。

4.2.3　网格计算方法

网格计算是在区域范围内收集与土壤侵蚀模型参数相关的资料，通过空间插值生成覆盖全区域的网格数据，最终利用土壤侵蚀模型评价土壤侵蚀状况。网格大小即空间分辨率取决于收集资料的精度。该方法以澳大利亚（Lu et al.，2001）和欧洲各国（Grimm et al.，2002；Panagos et al.，2015）的研究为代表。

1997～2001年，澳大利亚开展了国家土地与水资源调查（the national land and water resources audit），旨在了解全国土地和水资源现状及其变化，为经济可持续发展、资源管理和可持续利用提供决策依据。该调查分 7 个专题实施，第五个专题是农业生产力与可持续能力，包含土壤侵蚀调查。土壤侵蚀调查采用网格计算方法：依据不同数据源精度，在全国范围内划分网格，利用土壤侵蚀模型计算土壤侵蚀模数。采用的模型是 RUSLE，但受资料限制，对模型参数进行了简化处理：降雨侵蚀力因子采用全国 120 个雨量站 20 年日雨量计算，插值生成 0.050°×0.050°（经度×纬度，下同）网格；土壤可蚀性因子基于全国土壤类型图的土壤属性计算，插值生成 0.00250°×0.00250°网格；坡度和坡长因子采用全国数字高程模型（DEM）计算，分辨率为 0.00250°×0.00250°；管理与覆盖因子采用美国国家海洋和大气管理局（National Oceanic and Atmospheric Administration，NOAA）气象卫星的先进甚高分辨率辐射仪（advanced very high resolution radiometer，AVHRR）影像的 13 年归一化植被指数（NDVI）计算，插值生成 0.010°×0.010° 网格；因无资料，水土保持措施因子取值为 1，不考虑其影响。此外，调查还采用了 1997 年分辨率为 1km 的全国土地利用图。在 GIS 软件的支持下，以月为单位计算各月土壤侵蚀速率，然后累加得到全年土壤侵蚀模数，分辨率为 0.00250°×0.0250°。虽然实现了无缝隙计算，但仍存在两个问题：一是受数据源空间精度限制，估算误差大。地形因子 0.0025°的空间分辨率会使坡度平滑，失去了采用模型的意义。二是没有考虑水土保持措施的影响，属于危险性评价，而非实际现状评价。

Stocking 和 Elwell 进行津巴布韦土壤侵蚀强度制图时，基于 1:1000000 地图，将全国划分为面积 184km² 的网格系统（Morgan，2006）。根据土壤侵蚀影响因素综合评价，将每个网格的土壤侵蚀强度用 1（很低）～7（很高）级表示。所考虑的土壤侵蚀影响因素包括降雨侵蚀力、土壤类型决定的土壤可蚀性、坡度、植被覆盖度和人类活动强度（用人口密度及其类型表示）。给出每种影响因素的权重赋值（表 4-4），加和后依据土壤侵蚀强度分级（表 4-5）判断强度级别。

表 4-4　不同土壤侵蚀影响因子的权重赋值

分级	权重	降雨侵蚀力 / [J·mm/ (m²·h)]	土壤可蚀性	降水量/mm，覆盖度/%	坡度/(°)	人类活动
低	1	<5000	正铁铝土 疏松岩性土	>1000, 70～100	0～2	大型商业住宅和国家公园或保护区
中低	2	5000～7000	准铁铝土	800～1000, 50～80	2～4	大型商业农场
中	3	7000～9000	硅铝土	600～800, 30～60	4～6	低密度居民点, <5 人/km²
中高	4	9000～11000	硅铝变性土 石质土	400～600, 10～40	6～8	中密度居民点, 5～30 人/km²
高	5	>11000	非钙质性土 苏打土	<400, 0～20	>8	高密度居民点, >30 人/km²

表 4-5　土壤侵蚀强度分级

	很低	低	中低	中	中高	高	很高
综合得分	9～10	11～12	13～14	15～16	17～18	19～20	21

20 世纪 90 年代到 21 世纪初，欧盟委员会联合研究中心欧洲土壤局网络实施了土壤

侵蚀危险性评价项目，旨在识别土壤侵蚀易发生区域，为欧盟国家和地区制定土壤保护和退化防治政策提供信息（Grimm et al.，2002）。先后在整个欧洲、欧洲内不同区域或国家采用不同方法进行了侵蚀危险性评价，评价方法概括为专家法和模型法。模型法采用 USLE 模型计算土壤侵蚀模数，评价潜在危险性和实际危险性。前者是指气候、地形和土壤条件决定的土壤流失量，不考虑植被覆盖与水土保持措施作用。后者增加了当前植被覆盖的影响。降雨侵蚀力利用欧洲大陆 578 个气象站 1989~1998 年日雨量资料计算各月和年度值，插值为空间分辨率 1km 的网格。土壤可蚀性采用欧洲 1∶1000000 土壤地理数据库中的每种土壤类型表土机械组成和有机质含量计算其因子值，每个图斑包括一种或多种土壤类型，通过面积加权平均得到图斑因子值；坡度和坡长因子采用分辨率 1km 的 DEM 计算；管理与覆盖因子采用 NOAA（AVHRR）的 NDVI 计算；水土保持措施因子取值为 1，不考虑其影响。专家法用因子分级打分法评价，考虑的因子包括：①坡度，分为 8 级；②土壤，分为理化性质、结皮和土壤可蚀性 3 个指标；③气候，分为降水量、≥40mm 日雨量的频率和降雨侵蚀力 3 个指标。不同土地利用类型按照上述因子的侵蚀敏感性打分，利用层次分析法得到侵蚀危险性等级。随后利用欧盟数据库，采用 RUSLE 计算欧洲的土壤侵蚀模数（Panagos et al.，2015）。

4.3　中国土壤侵蚀抽样调查

2010 年按照《国务院关于开展第一次全国水利普查的通知》（国发〔2010〕4 号），我国于 2010~2012 年开展第一次全国水利普查，包括河流湖泊基本情况普查、水利工程基本情况普查、经济社会用水情况普查、河流湖泊治理和保护情况普查、水土保持情况普查、水利行业能力建设情况普查，以及灌区和地下水取水井两个专项普查。水土保持情况普查是第一次全国水利普查的重要内容之一，包括土壤侵蚀、沟道侵蚀和水土保持措施普查（国务院第一次全国水利普查领导小组办公室，2010）。土壤侵蚀普查又分为水力侵蚀普查、风力侵蚀普查和冻融侵蚀普查。土壤水力侵蚀普查旨在全面查清全国土壤水蚀现状，掌握土壤水蚀面积、强度及其分布。本次普查为科学评价水土保持效益及生态服务价值提供基础数据，以及为国家水土保持生态建设提供决策依据。

4.3.1　技术路线与方法

1. 总体技术路线

针对土壤侵蚀影响因素复杂、表现特征具有多尺度性的特点，设计了全面覆盖与抽样调查相结合，利用土壤侵蚀模型定量评价的技术路线和方法。首先采用分层不等概系统空间抽样方法确定面积 1~3km² 的野外调查单元，在全国范围内收集降水、土壤和植被覆盖等基础数据；其次进行野外调查，实地获得调查单元水土保持措施信息与空间分布，在地理信息系统（GIS）技术的支持下，对基础数据和调查数据进行处理，利用土壤侵蚀模型计算调查单元土壤流失量，依据水利部颁布的《土壤侵蚀分类分级标准》（SL 190—2007）判断土壤侵蚀强度；最后采用地统计学方法，汇总分析县（自治县、区）、省（自治区、直辖市）和全国不同级别区域土壤水蚀强度，评价全国土壤水蚀面积、强度和分布（图4-3）。

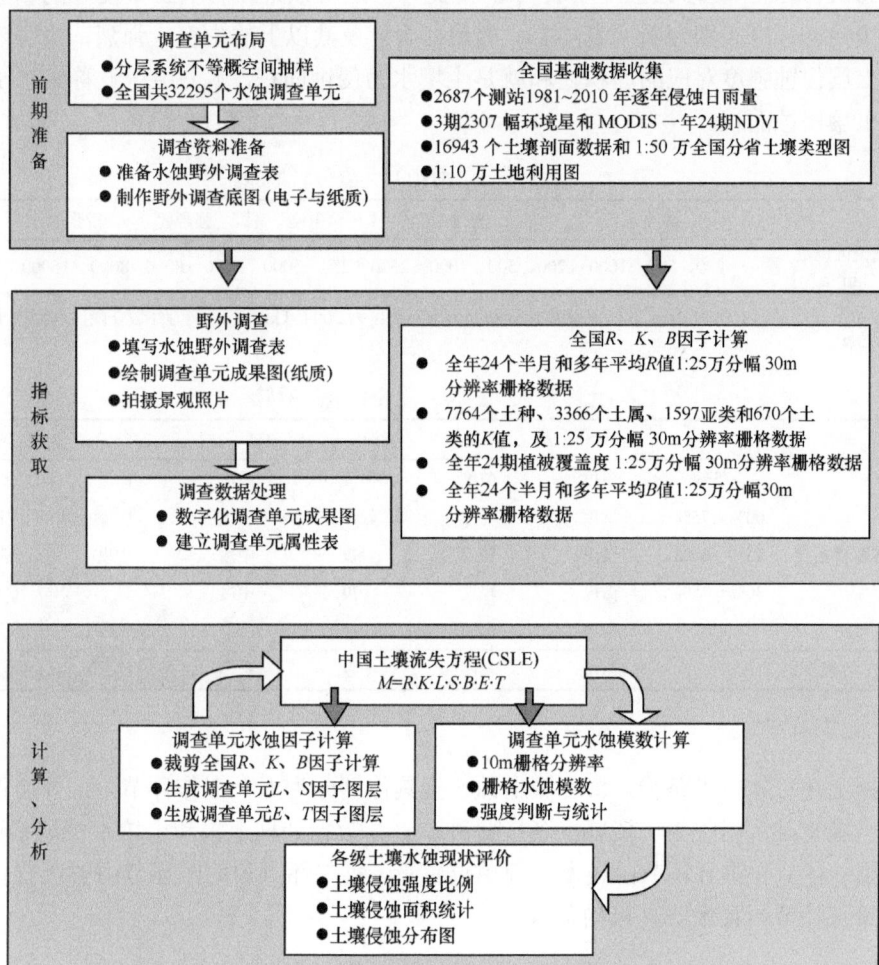

图4-3 全国水力侵蚀普查技术路线图

2. 土壤侵蚀模型

采用中国土壤流失方程（Chinese soil loss equation，CSLE）计算土壤侵蚀模数（Liu et al.，2002）：

$$M = R \cdot K \cdot L \cdot S \cdot B \cdot E \cdot T \qquad (4\text{-}7)$$

式中，M 为土壤水蚀模数，$t/(hm^2 \cdot a)$；R 为降雨侵蚀力因子，$MJ \cdot mm/(hm^2 \cdot h \cdot a)$；$K$ 为土壤可蚀性因子，$t \cdot hm^2 \cdot h/(hm^2 \cdot MJ \cdot mm)$；$L$ 和 S 分别为坡长和坡度因子，无量纲；

B 为植被覆盖与生物措施因子，无量纲；E 为工程措施因子，无量纲；T 为耕作措施因子，无量纲。各个因子的计算公式详见后面阐述。

3. 土壤侵蚀强度判断

利用模型计算得到土壤侵蚀模数，依据水利部颁布的《土壤侵蚀分类分级标准》（SL 190—2007）判断土壤水蚀强度（表 4-6）。此外，还可以采用影响土壤侵蚀的相关指标进行土壤侵蚀强度级别判断（表 4-7）。轻度（含）及其以上的中度、强烈、极强烈和剧烈五级土壤侵蚀强度对应的面积之和就是土壤水力侵蚀面积，本书中统一称为水土流失面积或土壤侵蚀面积。

表 4-6 土壤侵蚀（面蚀）强度分级标准

	微度	轻度	中度	强烈	极强烈	剧烈
土壤侵蚀模数 / [t/ (km²·a)]	<200、500、1000*	200、500、1000~2500	250~5000	5000~8000	8000~15000	>15000

* 西北黄土高原区为 1000 t/ (km²·a)；东北黑土区和北方土石山区为 200 t/ (km²·a)；南方红壤丘陵区和西南土石山区为 500 t/ (km²·a)。

表 4-7 土壤侵蚀（面蚀）强度分级指标与标准

		<5°	5°~8°	8°~15°	15°~25°	25°~35°	>35°
非耕地林草覆盖度	>75%	微度	微度	微度	微度	微度	微度
	60%~75%	微度	轻度	轻度	轻度	中度	中度
	45%~60%	微度	轻度	轻度	中度	中度	强烈
	30%~45%	微度	轻度	中度	中度	强烈	极强烈
	<30%	微度	中度	中度	强烈	极强烈	剧烈
坡耕地		微度	轻度	中度	强烈	极强烈	剧烈

4. 组织实施

根据上述总体技术路线，将土壤水蚀普查具体划分为五个工作环节：野外调查单元布局与全国基础资料收集、资料准备、野外调查、数据处理上报和土壤水蚀现状评价。其中，第一环节和第五环节由技术支撑单位负责，第二环节和第四环节由省级普查机构负责，第三环节由县级普查机构负责。

4.3.2 抽样设计

采用分层不等概系统空间抽样方法确定野外调查单元。野外调查单元是指实地调查水土保持措施类型及其分布的空间范围，平原区取 1km×1km 的网格，丘陵区和山区取面积为 0.2~3km² 的小流域。分层是指全国统一按网格大小划分为 4 层（图 4-4）：第一层网格为 40km×40km，代表县级区域；第二层网格在第一层的基础上划分为 4 个 10km×10km 的网格，代表乡（镇）级区域；第三层网格在第二层的基础上划分为 4 个 5km×5km 的网格，称为控制区；第四层网格在第三层的基础上划分为 25 个 1km×1km 的网格，称为基本抽样调查单元。在每个第三层的 5km×5km 网格内，抽取位于中心的

1km×1km 网格，即每 25 个网格抽取 1 个，抽样密度为 1/25=4%。由于 1：1 万地形图基本与 1km² 网格对应，确定中心网格的中心经纬度后，依据该经纬度计算 1：1 万地形图图幅编号，然后在该图幅的中心位置处勾画野外调查单元：如果是山丘区，选择与地形图中心网格相连的面积 0.2～3km² 的小流域；如果是平原区，选择地形图中心网格。

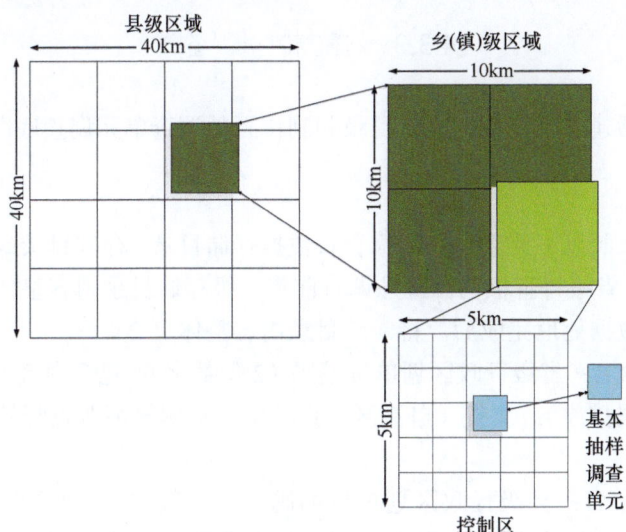

图 4-4　野外调查单元抽样设计

全国 4 层网格的划分采用高斯–克吕格投影分带方法，共分为 22 个 3 度带（24～45带）。在每一带内，Y 轴方向以中央经线为基准向两侧划分网格，X 轴方向以赤道为基准向两侧划分网格。依据全国 1：400 万土地利用图，在冰川、永久雪地、沙漠、戈壁、沼泽、大型湖泊、水库等区域不布设野外调查单元。这些区域的面积为 187.6 km²，实际布设野外调查单元的面积为 774.6 万 km²。

针对土壤侵蚀的主导外营力，依据全国第二次土壤侵蚀遥感调查成果，并考虑县界完整性，将全国分为 3 种主要侵蚀类型区：水力侵蚀区、风力侵蚀区、冻融侵蚀区。由于时间紧、任务重，考虑到不同侵蚀类型的空间异质性差异，在水力侵蚀区，以 4%抽样密度为基础，横纵方向间隔抽样，以县为单位，主体按 1%密度抽样。如果是平原区、城区和人类活动少的深山区，抽样密度减少到 0.25%或 0.0625%。在风力侵蚀区，以 1%抽样密度为基础，横纵方向间隔抽样，以县为单位，主体按 0.25%密度抽样，均采用 1km×1km 网格为风蚀野外调查单元。此外，在新疆维吾尔自治区北部，按 0.25%密度布设了水蚀野外调查单元。在冻融侵蚀区，以 0.25%抽样密度为基础，横纵方向间隔抽样，以县为单位，主体按 0.0625%密度抽样，均采用 1km×1km 网格为冻融侵蚀野外调查单元。此外，在西藏自治区“一江两河”流域，按 0.25%密度布设了水蚀野外调查单元。三种侵蚀类型区有交错分布，形成了水力和风力复合侵蚀区、水力和冻融复合侵蚀区、风力和冻融复合侵蚀区、水力风力冻融复合侵蚀区，这些区域中部分调查单元会有两种或三种侵蚀类型的实地调查。

全国共布设 34550 个野外调查单元，其中水蚀野外调查单元 30234 个，风蚀野外调查单元 952 个，冻融侵蚀野外调查单元 290 个，水力和风力复合侵蚀野外调查单元 1707 个，水力和冻融复合侵蚀野外调查单元 997 个，风力和冻融复合侵蚀野外调查单元 360 个，水力风力冻融复合侵蚀野外调查单元 10 个。与水力侵蚀野外调查单元相关的共计 32948 个。

4.3.3　资　料　准　备

资料准备包括建立普查数据存储目录和制作野外调查单元调查底图。

1. 建立普查数据存储目录

在计算机上按照以下要求建立四级普查数据存储目录，存储目录或文件名称如果有字母，一律小写。省级普查机构在野外调查前将二级存储目录内容整体下发县级普查机构，在野外调查数据处理完成后，将一级目录内容整体上交。

一级目录。命名：省级行政区划单位编码（2 位数字），包含内容：①二级目录（按县级行政区划编码排序）；②省（自治区、直辖市）土壤侵蚀普查野外调查单元分布地形图图幅号。

二级目录。命名：县级行政区划单位编码（6 位数字），包含内容：①三级目录（按野外调查单元编码排序）；②县级土壤侵蚀普查野外调查单元分布地形图图幅号；③SPOT 影像图。

三级目录。命名：县级编码+野外调查单元编号（10 位数字）。野外调查单元编号是指县级行政区划辖区内调查单元顺序编号，4 位数字。按辖区内先南后北、先西后东顺序从 0001 号开始，包含四级目录。

四级目录。命名：2 个子目录分别命名为"basic"与"shp"，包含内容（表 4-8）：basic 文件夹和 shp 文件夹，每个文件夹下有若干个文件。

表 4-8　四级目录文件夹及文件名称

文件夹	文件名称	文件内容	文件格式
basic	dt1	A4 大小，数字化地形图后制作的调查底图，标有野外调查单元边界、等高线、经纬度、图名、比例尺、制图人等	jpg
	dt2	A4 大小，用扫描地形图配准经纬度坐标、套合野外调查单元边界后制作的调查底图，除地形图信息外，还有图名、比例尺、制图人等	jpg
	spotdt	A4 大小，标有野外调查单元边界、经纬度、图名、比例尺等的 SPOT 卫星影像图	jpg
	qht	扫描的野外调查成果清绘图，标有调查单元边界、地块边界、等高线、地块编号、照片编号等	jpg
	水蚀野外调查表	调查前空白、调查后填写的水蚀野外调查表	xls
	1~20	野外调查照片	jpg
shp	bjx	野外调查单元边界线状文件（矢量文件）	shp 格式
	bjxp	野外调查单元边界线状文件（定义投影后）	shp 格式
	bjmp	野外调查单元边界面状文件（定义投影后）	shp 格式
	dgx	野外调查单元等高线线状文件（矢量文件）	shp 格式

续表

文件夹	文件名称	文件内容	文件格式
	dgxp	野外调查单元等高线线状文件（定义投影后）	shp 格式
	dkx	野外调查单元地块边界线状文件（矢量文件）	shp 格式
shp	dkxp	野外调查单元地块边界线状文件（定义投影后）	shp 格式
	dkmp	含野外调查单元边界及其范围内地块边界的面状文件（定义投影后）	shp 格式
	gl	野外调查单元重要参考地物如道路、河流的线状文件（矢量文件）	shp 格式

需要注意的是，带有 bjx、dgx 字头的文件由省级普查机构在县级普查机构野外调查前生成，其余均在野外调查后的数据处理阶段生成。

2. 制作野外调查单元调查底图

抽样方法给出了抽样野外调查单元所在控制区网格的中心经纬度，利用该经纬度可计算出 1∶10000 地形图的图幅编号。1∶10000 地形图保管于省级行政区划的测绘部门，将野外调查单元信息提供给各省（自治区、直辖市）普查机构，内容包括所在的市、县名称和代码，以及全国统一的调查单元编号和对应的 1∶10000 地形图图幅变化。各省（自治区、直辖市）依据图幅编号购置 1∶10000 地形图后，选择具体的调查单元范围，进行调查单元边界和等高线数字化。将数字化结果制作成野外调查底图，下发给县级普查人员进行实地调查。

1）确定野外调查单元

确定水蚀野外调查单元具体位置和范围的方法如下：找到地形图的中心方里网格，用 HB 铅笔勾绘野外调查单元边界。如果网格属于大川、大河、塬面、平原等地势较为平坦、等高线稀疏的区域，直接勾绘 1km×1km 网格边界；如果网格中平原（水域）面积≥20%，也直接勾绘 1km×1km 网格边界；如果网格属于丘陵区和山区，选择面积 0.2～3km^2 的小流域。小流域应在中心方里网格内，或与该网格有关联。勾绘小流域边界时，首先要保证小流域边界与等高线垂直相交，沿脊线延伸，在沟口处闭合。如果分辨不清是脊线还是谷底线，可垂直该线画一条直线，分析与该直线相交的等高线高程变化：如果从该线向两侧高程逐渐降低，则为脊线，反之为谷底线。如果小流域出口处为较宽的河谷，调查单元应包括宽谷（如河流阶地等）部分，具体方法是：小流域左、右岸的边界直接延伸到宽谷中心，与宽谷中心线构成闭合调查单元。

2）制作野外调查底图

野外调查底图基于地理信息系统软件制作，将 1∶10000 地形图上勾绘的调查单元边界、道路、等高线数字化后，配上经纬度、比例尺、图名、制图人等，输出为 PDF 格式，命名为"dt1.pdf"。制作过程及制作完成的电子数据都要保存在存储目录中。

野外调查底图格式：①幅面。A4，左边距 2.5cm，右边距 2cm；上边距 2.5cm，下边距 2cm；根据纵向流域，选择左侧或顶部为装订位置。其基本原则是，填图的流域范围占幅面比例尽量大，减小空隙和其他信息所占比例。②标题。宋体 18 磅，居中，分两行。第一行为省（自治区、直辖市）、市（区）、县名，第二行为"×××号野外调查单元"。③等高线高程标注。只标注计曲线的高程。计曲线是指 1∶10000 地形图上每隔 5 条基本等高线（首曲线）而加粗的等高线。高程标注在等高线上，10 磅字体。如果等高线过密，每隔固定间隔（整倍数）标注计曲线高程。④经纬度标注。经度只标注在底部，纬度只标注在左侧或右侧；采用"度–分–秒"格式，用 8 磅"Arial narrow"字体。标注的经纬度"秒"为偶数，采用偶数间隔，如 2″、4″等。⑤指北针。只有在上方非北时标注，格式为 ESRI North 2，大小为 60。⑥比例尺。一律调整为整千倍数，如 1∶6000、1∶7000、1∶8000 等，以便野外量算。比例尺条总长 5cm，含 5 个间隔，每个间隔 1cm，黑白相间分开，字体为宋体，字号为 10 磅。⑦制图人等信息栏。"制图人"为常规宋体 10 磅，后加"："，紧接长度为 20 格的下划线"＿"；然后添加 2 个空格填写"制图日期"及下划线，格式同前。另起一行（按一次"Enter"键），填写"填图人"等信息，格式同前。以此类推，填写"复核人"等信息。⑧调查底图保存与打印。在 GIS 软件输出底图时保存为 PDF 格式和 jpg 格式，然后打印。转成图片格式会出现变形，导致比例尺改变，建议保存为 PDF 格式。

野外调查底图地理坐标为 WGS1984。以前发行的纸质地形图多采用北京 1954 坐标（20 世纪 80 年代以前）和西安 1980 坐标（20 世纪 80 年代以后）。据此，数字化的调查单元边界和等高线图均附有相应的地理坐标，可通过查阅纸质地形图下方说明获得坐标信息。野外调查时需要利用 GPS 导航和定位，绘制地块边界线，而 GPS 采用的地理坐标是 WGS1984。如果调查底图的地理坐标与 GPS 的地理坐标不统一，就会严重影响调查精度。为此要求野外调查底图统一采用 WGS1984 地理坐标，需要在 GIS 软件中将采用北京 1954 坐标或西安 1980 坐标数字化的调查底图转换为 WGS1984 坐标。自 2010 年以后，我国要求地图统一采用 CGCS2000 坐标，与 WGS1984 坐标略有差别，但差别很小，不用转换，可直接采用。

野外调查底图中北京 1954 坐标转为 WGS1984 坐标。以 ArcMap 为例，该软件带有将北京 1954 坐标转换为 WGS1984 坐标的 4 个参数表（表 4-9），根据调查单元位置，选择其中之一即可实现转换。例如，某调查单元位于江西省，在 Geographic transformation（optional）选项选择 Beijing_1954_To_WGS_1984_3。

表 4-9　北京 1954 坐标转换为 WGS1984 坐标的参数选择表

Geographic Transformation（optional）选项	地区
Beijing_1954_To_WGS_1984_1	内蒙古自治区、陕西省、山西省、宁夏回族自治区、甘肃省、四川省、重庆市
Beijing_1954_To_WGS_1984_2	黑龙江省、吉林省、辽宁省、北京市、天津市、河北省、河南省、山东省、江苏省、安徽省、上海市
Beijing_1954_To_WGS_1984_3	浙江省、福建省、江西省、湖北省、湖南省、广东省、广西壮族自治区、海南省、贵州省、云南省、香港特别行政区、澳门特别行政区、台湾省
Beijing_1954_To_WGS_1984_4	青海省、新疆维吾尔自治区、西藏自治区

野外调查底图中西安 1980 坐标转为 WGS1984 坐标。以 ArcMap 为例，该软件未提供将西安 1980 坐标转换为 WGS1984 坐标的参数。通过选择典型标志点的两种地理坐标，利用三参数估计方法，估计我国不同地区西安 1980 坐标转为 WGS1984 坐标的参数（表 4-10）。根据调查单元位置，查表获得三参数后，在 ArcMap 软件中自

表 4-10 西安 1980 坐标转换为 WGS1984 坐标的三参数

区域	dx 纬线方向	dy 经线方向	dz 高度方向	地区
东北	−96.507	−61.407	−10.131	黑龙江省、吉林省、辽宁省
华北	−99.705	−50.779	−3.569	北京市、天津市、河北省、内蒙古自治区呼和浩特市（不含）以东
华中	−106.667	−58.251	−4.547	山东省、河南省、江苏省、安徽省、湖北省
华南	−117.538	−49.793	13.868	上海市、浙江省、福建省、江西省、湖南省、广东省、广西壮族自治区、海南省、香港特别行政区、澳门特别行政区、台湾省
西南	−112.027	−33.684	3.298	重庆市、四川省、贵州省、云南省
西北	−107.614	−45.582	8.4	内蒙古自治区呼和浩特市（含）以西、山西省、陕西省、宁夏回族自治区、甘肃省兰州市（含）以东
西部	−91.946	−22.064	29.773	甘肃省兰州市（不含）以西、青海省、西藏自治区、新疆维吾尔自治区

定义西安 1980 坐标转换为 WGS1984 坐标文件，分别输入 dx、dy 和 dz 三参数后，即可实现转换。

4.3.4 野外调查

野外调查由县级普查机构负责完成，包括准备野外调查用品，实地到野外调查单元勾绘调查图，填写水蚀野外调查表，拍摄景观照片，室内清绘调查成果草图，将填写的水蚀野外调查表录入计算机，将拍摄的景观照片导入计算机，最终将纸质调查成果和电子数据提交至省级普查机构。

1. 准备野外调查用品

按表 4-11 准备野外调查所需用品，同时要携带以下纸质材料，供调查中使用：水蚀野外调查表及填表说明、人工目估植被郁闭度/覆盖度（黑白）参考图、土地利用分类表、水土保持措施分类表、轮作制度区划及分类表。

表 4-11 野外调查所需用品清单

名称	用途	要求
手持 GPS 及数据线	定位和导航	小巧，存储点的操作简单
数码相机及数据线	景观拍照	小巧，分辨率高于 300 万像素
电池	为 GPS 和数码相机供电	容量越大越好
夹板	辅助野外调查图勾绘和水蚀野外调查表填写	A4 幅面
铅笔、橡皮	勾绘调查图、填写水蚀野外调查表	HB 铅笔 2 支
签字笔	清绘调查图	红色、黑色各 2 支
摄影背心	装各种野外调查用品	口袋多

2. 勾绘调查图与填写水蚀野外调查表

调查人员可利用 1：10000 地形图、GPS 导航或者询问当地人等方法，到达野外调查单元。

到达后的基本工作步骤如下：首先拍摄标识照片，显示野外调查单元内任一位置的经纬度及该调查单元野外调查底图；然后寻找勾绘地块边界的起始位置，依次勾绘地块边界；每勾绘完一个地块边界后，及时在水蚀野外调查表填写该地块的信息，并拍摄该地块的景观照片。此外，注意拍摄一些典型水土保持措施的近景照片和反映调查单元特征的远景照片。

地块是指土地利用类型相同、水土保持措施相同、郁闭度/覆盖度相同（相差不超过10%）的空间连续范围。郁闭度是指乔木在单位面积内其冠层垂直投影面积所占百分比，覆盖度是指灌木或草本植物在单位面积内其垂直投影面积所占百分比。土地利用类型依据野外调查单元土地利用现状分类（附录 1）中的二级分类区分，水土保持措施依据野外调查单元水土保持措施分类（附录 2）中的二级或三级分类区分。

图 4-5 为某一野外调查单元的地块分布及其编号。调查单元内共有 6 个地块：1 号地块和 4 号地块都是旱地，且都有梯田，土地利用类型和水土保持措施类型相同，但空间上不连续；3 号地块和 5 号地块都无水土保持措施，但土地利用类型不同，一个是旱地，一个是人工草地；5 号地块和 6 号地块都是人工草地，都无水土保持措施，但覆盖度不同，分别为 20%和 60%（表 4-12）。需要注意的是，对于林地、灌木林和草地，当郁闭度/覆盖度的差异小于或等于 10%时，认为其郁闭度/覆盖度相同；对于耕地，当种植不同作物、水土保持措施类型相同或都无水土保持措施，且空间连续时，属于一个地块。

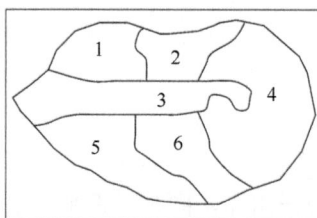

图 4-5 某一野外调查单元的地块分布及其编号

表 4-12 野外调查单元地块信息示例*

地块编号	土地利用编码	土地利用类型	郁闭度/%	覆盖度/%	水土保持措施
1	013	旱地			梯田 0201
2	031	有林地	20	30	无
3	013	旱地			无
4	013	旱地			梯田 0201
5	042	人工草地	0	20	无
6	042	人工草地	0	60	无

*此表只选择野外调查表的部分内容。

1）勾绘调查图

采用遥感影像勾绘、现场目估勾绘、GPS 定位勾绘中的一种方法，在调查底图上勾绘地块边界，或根据实际情况结合使用各种方法。无论采用哪种调查底图勾绘地块，回到室内后都需要重新清绘。如果没有遥感影像图或遥感影像图不清楚，利用野外调查单元底图的等高线特征、地貌特征，或地形图上的标志性地物，通过实地目估，在调查底图 dt1 上勾绘地块边界。

2）填写水蚀野外调查表

完成一个地块边界的勾绘后，立刻将该地块信息填写在水蚀野外调查表中，填写时务必仔细阅读填表说明。土地利用类型参考附录 1 填写到二级类，水土保持措施参考附录 2 填写到三级类。如果调查单元内的水土保持措施及代码在分类表中没有列出，填写该类型在当地的名称，代码为"99"，同时拍摄反映其基本特征的近景照片，在表中另起一行，描述该水土保持措施的基本规格、特征、用途等。耕地、林地、草地、园地等的郁闭度/覆盖度判断采用目估法，参考附录 3。

3）拍摄景观照片

景观照片既是重要的影像档案，也是检验调查质量的重要依据，主要包括四种类型（图 4-6）：①标识照片，是到达野外调查单元拍的第一张照片，将 GPS 放在调查底图上

(a)标识照片

(b)地块照片

(c)典型水土保持措施照片

(d)宏观远景照片

图 4-6　调查单元景观照片

表号：P502 表
制表机关：国务院第一次全国水利普查领导小组办公室
批准机关：国家统计局
文　　号：国统制〔20__〕____号
有效期至：20___年___月___日

全国水利普查　　　　　　水蚀野外调查表
National Census For Water　　　2011 年

1. 行政区：1.1 名称：省（自治区、直辖市）_____地区（市、州、盟）_____县（区、市、旗） 1.2 代码：□□□□□□												
2. 野外调查单元基本信息：2.1 编号_____　　2.2 位置描述_____　　2.3 经度□□□°□□′□□″ 2.4 纬度□□□°□□′□□″												
3. 地块 编号	4. 土地利用		5. 生物措施				6. 工程措施				7. 耕作措施		8. 备注
	4.1 类型	4.2 代码	5.1 类型	5.2 代码	5.3 郁闭度/%	覆盖度/%	6.1 类型	6.2 代码	6.3 建设时间	6.4 质量	7.1 类型	7.2 代码	

（第　页／共　页）

填表人：　　　联系电话：　　　填表日期：201___年___月___日　　（填表单位公章）
复核人：　　　联系电话：　　　填表日期：201___年___月___日
审查人：　　　联系电话：　　　填表日期：201___年___月___日

填表说明：

1. 填表要求

（1）本表按野外调查单元填写，每个野外调查单元填写一份。

（2）本表由县级普查机构普查员负责填写。

（3）普查表必须用钢笔或签字笔（中性笔）填写。需要用文字表述的，必须用汉字工整、清晰地填写；需要填写数字的，一律用阿拉伯数字表示。填写代码时，每个方格中只填一位代码数字；填写数据时，应按给定单位和规定保留位数；表中各项指标是指 2011 年地块的现状。

（4）填表人、复核人、审查人须在表下方相应位置签名，填写时间，并加盖单位公章。

（5）某野外调查单元地块数量如一页不够填写，可续表填写。

2. 指标解释及填表说明

【1.行政区】填写普查地所在的行政区名称和全国统一规定的行政区代码。

【2.野外调查单元基本信息】填写野外调查单元的编号和位置描述。

【2.1 编号】填写野外调查底图上的野外调查单元编号。

【2.2 位置描述】选用野外调查单元内部或邻近一个显著地标名称（如村名）填写。

【2.3 经度】填写野外调查单元中心点的经度，单位为度、分、秒，保留整数位。

【2.4 纬度】填写野外调查单元中心点的纬度，单位为度、分、秒，保留整数位。

【3.地块编号】地块是指野外调查单元内，土地利用类型相同、郁闭度/覆盖度相同、水土保持措施相同、空间连续的范围。按照野外调查顺序填写编号：第一个调查地块编号为"1"，第二个调查地块编号为"2"，以此类推，不得重复。表中地块编号要与现场勾绘的野外调查图上的地块编号一致。

【4.土地利用】按照野外调查单元土地利用现状分类填写，见附录1。

【4.1 类型】按照野外调查单元土地利用现状分类，填写到二级类名称。其中，园地、林地和草地如果是单一种类，在"8.备注栏"填写具体的林种或草种名称，如"柑橘""刺槐林""柠条""苜蓿"分别表示单一种类的园地、林地、灌木林和草地。如果是混交种类，按优势种最多填写三种种类。

【4.2 代码】按照野外调查单元土地利用现状分类，填写到相应二级类的代码。

【5.生物措施】按野外调查单元水土保持措施分类填写。水土保持措施分类参照《水土保持综合治理 技术规范 坡耕地治理技术》（GB/T 16453.1—2008）、《水土保持综合治理 技术规范 荒地治理技术》（GB/T 16453.2—2008）等编写，见附录2。

【5.1 类型】按野外调查单元水土保持措施分类填写到二级类或三级类。如果是"草水路（草皮泄水道）""农田防护林"等条带型措施，在备注栏中填写其长度；如果属于"其他措施"，则填写当地名称，并另起一行详细填写其规格、用途等。

【5.2 代码】按野外调查单元水土保持措施分类填写【5.1类型】对应的二级或三级代码。如果属于"其他措施"，代码填写"99"；如果无生物措施，代码填写"0"。

【5.3 郁闭度】郁闭度是指乔木在单位面积内其冠层垂直投影面积所占百分比，单位为%，保留整数位。

【5.3 覆盖度】覆盖度是指灌木或草本植物在单位面积内其垂直投影面积所占百分比，单位为%，保留整数位。郁闭度和覆盖度采用人工目视判别，依据植被郁闭度和覆盖度参考图片确定，见附录3。

乔木林填写格式为：在"郁闭度"栏填写郁闭度，如"60"，在"覆盖度"栏填写其下灌木和草地的覆盖度，如"50"，表示乔木林郁闭度为60%，其下灌木和草地覆盖度为50%。需要注意的是，覆盖度包括覆盖在地表的枯枝落叶。

灌木林（和草地）填写格式为：在郁闭度栏填写"0"，在"覆盖度"栏填写覆盖度，如"60"，表示灌木林（和草地）覆盖度为60%。需要注意的是，覆盖度包括覆盖在地表的枯枝落叶。

农地填写格式为：在"5.1类型"栏填写"无"，在"5.2代码"栏填写"0"，在"5.3郁闭度/覆盖度"栏均填写"0"，在"8. 备注"栏填写"作物名称+覆盖度"，如"玉米60"，表示玉米地，覆盖度为60%。如果是套种或间种，填写"作物1名称+作物2名称+覆盖度"；如果是几种作物地相连，填写面积最大的三种作物，每种作物的填写格式为"作物名称+覆盖度"。

【6.工程措施】按野外调查单元水土保持措施分类填写，见附录2。

【6.1 类型】按野外调查单元水土保持措施分类填写到二级类或三级类。如果是"坡面小型蓄排工程"，仅填写到二级类名称；如果是"路旁、沟底小型蓄引工程""沟头防护""谷坊""淤地坝""引洪漫地""引水拉沙造地""沙障固沙"等措施，在"8.备注"栏中填写调查地块内包含的工程个数；如果属于"其他措施"，填写当地名称，并另起一行详细填写其规格、用途等；如果无工程措施，填写"无"。

【6.2 代码】按野外调查单元水土保持措施分类填写【6.1类型】对应的二级或三级类代码。如果属于"其他措施"，代码填写"99"；如果无工程措施，代码填写"0"。

【6.3 建设时间】填写工程措施建成完工的年份，如果具体年份不详，可填写建设的年代。

【6.4 质量】填写目前工程措施的好坏程度，分为"好""中""差"三级，按照标准选择填写。水平沟、鱼鳞坑、大型果树坑、谷坊、淤地坝、沟头防护、坡面小型蓄排工程等淤积型措施按其淤积程度划分，淤积程度在25%以下认定其质量为"好"，淤积程度在25%～50%认定其质量为"中"，淤积程度在50%以上认定其质量为"差"。

梯田、窄梯田、水平阶等有较高土埂的措施，按其土埂冲垮破坏程度划分质量等级。土埂保持完好，破坏程度在25%以下认定其质量为"好"，土埂破坏程度在25%～50%认定其质量为"中"，土埂破坏程度在50%以上认定其质量为"差"。

【7.耕作措施】按野外调查单元水土保持措施分类填写，见附录2。

【7.1 类型】按野外调查单元水土保持措施分类填写到二级类或三级类。如果属于"其他措施"，填写当地名称，并另起一行详细填写其规格、用途等；如果无耕作措施，填写"无"。

【7.2 代码】按野外调查单元水土保持措施分类填写【7.1类型】对应的二级或三级类代码。如果属于"其他措施"，代码填写"99"；如果无耕作措施，代码填写"0"；如果有多种耕作措施，续行填写。

【8.备注】填写前述各项中要求在该栏填写的内容，如园地、林地、草地的种类名称，农地的作物名称与覆盖度等。

3. 审核关系

主要进行普查指标完整性审核及普查数据有效性、逻辑性、相关性审核。各指标项不得为空，"经度"中"°"范围为72°～136°、"′"范围为0′～59′、"″"范围为0″～59″，"纬度"中"°"范围为16°～54°、"′"范围为0′～59′，"″"范围为0″～59″。

拍摄，需清晰显示调查单元编号和在 GPS 上显示经纬度。②地块照片，每个地块一张近景照片，反映地块的全貌或主体部分。③典型水土保持措施照片，清晰反映水土保持措施特征的近景或特写照片。④宏观远景照片，反映调查单元的宏观概况，每个调查单元不同角度拍摄 3~5 张。

每拍摄一张照片应及时标注在调查底图上：名称采用照相机自动编号，如果编号过长，取后 4 位；名称方向与照相方向一致；名称位置标在被照位置处。

4.3.5 数据处理

1. 数据整理录入

调查完后及时进行数据整理与录入，包括清绘野外调查成果草图、将水蚀野外调查表的信息录入计算机、数据审核与提交。

1）清绘野外调查成果草图

野外勾绘完后的图称为调查成果草图，清绘后的图称为调查成果清绘图。清绘内容包括用红色签字笔清楚地描绘调查单元边界线和地块边界线；用黑色签字笔清楚地标注每个地块的编号，并检查是否与水蚀野外调查表记录的地块编号一致；用黑色签字笔清楚地标注照片编号。

2）将水蚀野外调查表的信息录入计算机

在四级目录的 basic 文件夹下，打开"水蚀野外调查表.xls"，准确录入水蚀野外调查信息。需要注意的是，参考野外调查成果图，保证录入的地块信息与成果图一致；所有"其他措施"的描述都放在备注栏；有两种以上（含）措施时，名称和代码填在同一栏内；确认信息无误后保存，不得改变文件名称。

3）数据审核与提交

野外调查数据经过县级、省级和国家级审核通过后提交省级，包括纸质成果和电子成果。纸质成果是按调查单元编号排列的调查成果清绘图与水蚀野外调查表。电子成果是将县级目录系统整体拷贝上交省级普查机构，包括四级目录 basic 文件夹内已经填写的"水蚀野外调查表.xls"和景观照片。

2. 数字化野外调查成果清绘图

1）清绘图扫描

省级普查机构将县级普查机构提交的调查成果清绘图按以下要求扫描：①A4 幅面整幅扫描；②扫描按上北下南方向放置清绘图，4 个角点经纬度要清晰；③扫描分辨率为 300dpi，颜色模式设为 RGB；④扫描结果保存为 jpg 格式，文件名为"qht.jpg"，存储在四级目录的"basic"目录下。

2）地块边界数字化

基于 GIS 软件，对扫描的清绘图进行数字化，包括：①利用调查成果清绘图上 4 个标有经纬度的角点对扫描图进行配准；②数字化地块边界，保存为线状文件，文件名为"dkx.shp"，存储在四级目录 shp 文件夹下；③将数字化的地块边界线状文件"dkx.shp"与资料准备阶段已经生成的调查单元边界线状文件"bjx.shp"进行编辑粘贴后，转化为地块边界的面状文件"dkm.shp"，表示调查单元内的地块以多边形的矢量形式存储。

3）添加地块属性表字段并赋值

打开已生成的"dkm.shp"文件属性表，添加属性字段，将调查表内容逐个地块录入。属性表的字段顺序与水蚀野外调查表表头 3～8 项一致，包括以下内容。

（1）DKBH（地块编号），短整型。

（2）TDLYMC（土地利用名称），文本型，长度为 20 个字符。

（3）TDLYDM（土地利用代码），文本型，长度为 20 个字符。

（4）BMC（生物措施名称），文本型，长度为 20 个字符。

（5）BDM（生物措施代码），文本型，长度为 20 个字符。

（6）YBD（郁闭度），百分数，保留一位小数，浮点型。

（7）FGD（覆盖度），百分数，保留一位小数，浮点型。

（8）EMC（工程措施名称），文本型，长度为 20 个字符。

（9）EDM（工程措施代码），文本型，长度为 20 个字符。

（10）EJSSJ（工程措施建设时间），文本型，长度为 20 个字符，可选项。

（11）EZL（工程措施质量），文本型，长度为 20 个字符，可选项。

（12）TMC（耕作措施名称），文本型，长度为 20 个字符。

（13）TDM（耕作措施代码），文本型，长度为 20 个字符。

（14）BZ（备注），文本型，长度可根据内容适当增加，如 200 个字符以内。

（15）DCSJ（调查时间），文本型，长度为 20 个字符。

（16）BYZZ（生物措施因子值），浮点型。

（17）EYZZ（工程措施因子值），浮点型。

（18）TYZZ（耕作措施因子值），浮点型。

字段建立后，先将"DKBH"顺序赋值，如 1，2，…，然后将水蚀野外调查表中的每一地块信息（表头 4.1～8 项）拷贝到"dkmp.shp"文件属性表的对应字段下。确认所有地块信息输入准确无误后，按水蚀野外调查表表头前面的信息，给 DCSJ（调查时间）赋值，所有地块输入相同的野外调查时间，格式为 20080630，表示 2008 年 6 月 30 日进行的野外调查。BYZZ（生物措施因子值）、EYZZ（工程措施因子值）、TYZZ（耕作措施因子值）三个字段不用赋值，未来计算时利用前面各项的地块信息自动赋值。

4）建立调查单元等高线属性表

由于野外调查底图制作阶段对等高线文件处理方法不同，建立等高线属性表时也有差别，包括以下几种情况：①采用 GIS 软件数字化后的"dgx.shp"图层，标注高程后，已经有了等高线属性表，需要检查对应的等高线字段名是否为"DGX"（等高线），如果是，则不需处理；如果不是，则改为"DGX"。②采用 R2V 软件数字化建立的"dgx.shp"图层，需在 ArcMap 软件中添加"dgx.shp"图层，依据前述字段建立方法，添加"DGX"字段，将原高程所在列的数据拷贝到"DGX"字段下。③如果是电子地形图，且文件属性表中没有"DGX"字段时，也需添加"DGX"字段，且将高程数据拷贝至"DGX"字段下，或将对应高程数据的字段名称改为"DGX"。

5）定义坐标与投影

由于直接将扫描的调查成果清绘图进行数字化，需要在 GIS 软件中重新将"dkm.shp"图层定义为 WGS1984 坐标。空间图层计算需要采用平面坐标，即将所有计算图层的地理坐标转换为投影坐标。我国大比例尺（大于或等于 1∶50 万）地图一般采用高斯–克吕格投影，是等角横切椭圆柱投影。国外则多采用通用横轴墨卡托投影（universal transverse mercator，UTM），是等角横轴割圆柱投影。二者均属于横轴墨卡托投影的变种。目前国外软件或进口仪器配套软件多支持 UTM 投影，因此本书采用 UTM 投影。ArcMap 软件有直接将 WGS1984 坐标转为 UTM 投影的功能，但需要选择不同的分度带（UTM ZONE），选择方法如下：①位于北半球地区选择最后字母为"N"的带。②根据公式计算，带数=（经度整数位/6）的整数部分+31。例如，我国某调查单元经度范围 115°35′20″E～115°36′00″E，带数=115/6+31≈50，选择 50N，即 WGS 1984 UTM ZONE 50N。③可直接根据调查单元经度范围查表 4-13 找到对应的分度带。

表 4-13　不同经度范围 WGS1984 坐标转换为 UTM 投影坐标对应的分度带

经度范围（东经）	中央经线经度（东经）	分度带
72°～78°	75°	43 N
78°～84°	81°	44 N
84°～90°	87°	45 N
90°～96°	93°	46 N
96°～102°	99°	47 N
102°～108°	105°	48 N
108°～114°	111°	49 N
114°～120°	117°	50 N
120°～126°	123°	51 N
126°～132°	129°	52 N
132°～138°	135°	53 N

3. 数据质量审核

要对整理后的数据进行质量审核，包括 3 部分内容：①文件完整性。利用软件全面审核所有调查单元的数据存储目录和必需的文件是否完整。②抽查一定数量的调查单元，进行人工审核，包括纸质调查成果清绘图、水蚀野外调查表及其对应的电子版"qht.jpg""水蚀野外调查表.xls"，以及以 dgxp、dkmp 命名文件的属性表。确认以 bjmp、dkmp 命名的文件图层属性为面状，投影坐标为 UTM。③填写审核意见。如果上述三方面有一项不符合标准，则审核不予通过，需要进行修改并重新审核。

4.3.6　土壤侵蚀因子计算

土壤侵蚀因子是指模型中的 7 个因子，即降雨侵蚀力因子（R）、土壤可蚀性因子（K）、坡长因子（L）、坡度因子（S）、植被覆盖与生物措施因子（B）、工程措施因子（E）和耕作措施因子（T）。根据计算各个因子需要资料的空间精度差异，分为两个尺度计算：一是覆盖全国范围的大尺度，包括 R、K、用于计算 B 的全年 24 个半月植被覆盖度（FVC）；二是仅覆盖调查单元范围的小尺度，包括所有 7 个因子，其中 R、K 和 FVC 直接用调查单元边界裁切覆盖全国范围的对应图层，B、E、T 则是利用调查单元的地块属性表计算或直接赋值。

1. 降雨侵蚀力因子计算

降雨侵蚀力（R）是指降雨导致土壤侵蚀的潜在能力，用一次降雨总动能与该次降雨最大 30min 雨强 I_{30} 的乘积 EI_{30} 表示，反映雨滴降落产生的动能打击土壤导致土壤颗粒分离的能力，以及降雨产生的径流对土壤颗粒的分离及输移被分离土壤颗粒的能力。如果降雨过程资料难以获得，可用常规降雨资料估算。常规降雨资料的时间分辨率越高，估算精度越高，多用日雨量估算模型计算（Xie et al.，2016）。由于降水一般有 20 多年涵盖丰水年、平水年、枯水年降水量的周期变化，收集的逐日降水量资料序列长度应至少在 20 年（Wischmeier and Smith，1978）。

1）降雨资料收集与 R 计算方法

本次普查 31 个省（自治区、直辖市）共上报了 2218 个测站 1981~2010 年共 30 年的逐日降水资料。经审核，有 87 个为无效站，有效站数量为 2131 个，占实际上报数量的 96.1%，最终采用有效水文站和气象站共计 2678 个站点 1981~2010 年逐日雨量资料，包括 2032 个水文站和 646 个气象站观测的资料。其中，日雨量大于或等于 10mm 的侵蚀性日雨量参与计算。上报资料有效性按中国气象局《地面气象观测规范》中规定的日、月、年缺测标准判断。日缺测率表示日缺测情况，计算公式为

$$LR_d = \frac{L_d}{D} \times 100\% \qquad (4\text{-}8)$$

式中，LR_d 为日缺测率，%；L_d 为 1981~2010 年内缺测的总日数；D 为 1981~2010 年内的总天数。用月缺测率表示月缺测情况，计算公式为

$$LR_m = \frac{L_m}{30} \times 100\% \qquad (4\text{-}9)$$

式中，LR_m 为月缺测率，%；L_m 为 1981～2010 年内缺测的月份。根据《地面气象观测规范》，当月缺测天数大于或等于 7 天时，该月缺测。年缺测情况根据《地面气象观测规范》规定：缺失月份大于或等于 1 个月时，该年缺测。

降雨侵蚀力因子计算包括三项内容：多年平均降雨侵蚀力、多年平均 24 个半月降雨侵蚀力、多年平均 24 个半月降雨侵蚀力占多年平均降雨侵蚀力比例，作为计算植被覆盖与生物措施因子（B）的权重系数。

$$\overline{R} = \sum_{k=1}^{24} \overline{R}_{半月k} \tag{4-10}$$

$$\overline{R}_{半月k} = \frac{1}{N}\sum_{i=1}^{N}\sum_{j=0}^{m}(\alpha \cdot P_{i,j,k}^{1.7265}) \tag{4-11}$$

$$\overline{WR}_{半月k} = \frac{\overline{R}_{半月k}}{\overline{R}} \tag{4-12}$$

式中，$\overline{R}$ 为多年平均降雨侵蚀力，MJ·mm/（hm²·h·a）；k=1，2，…，24，是指将一年划分为 24 个半月；$\overline{R}_{半月k}$ 为多年平均第 k 个半月的降雨侵蚀力，MJ·mm/(hm²·h)；i=1,2,…，N,指降雨资料的时间序列，一般采用气候上规定的 3 个连续完整年代的 30 年序列长度；j=0，…，m，指第 i 年第 k 个半月内侵蚀性降雨日的数量（侵蚀性降雨日指日雨量大于或等于 10mm）；$P_{i,j,k}$ 为第 i 年第 k 个半月第 j 个侵蚀性日雨量，mm，如果某年某个半月内没有侵蚀性日雨量，即 j=0，则令 $P_{i,j,k}$=0；α 为参数，暖季（5～9 月）α=0.3937，冷季（10～12 月，1～4 月)α=0.3101；$\overline{WR}_{半月k}$ 为多年平均第 k 个半月的降雨侵蚀力 $\overline{R}_{半月k}$ 占多年平均降雨侵蚀力 $\overline{R}$ 的比例。

2）降雨侵蚀力因子（R）栅格图层

对 2678 个站点计算的各站多年平均 24 个半月降雨侵蚀力、多年平均降雨侵蚀力、多年平均 24 个半月降雨侵蚀力占多年平均降雨侵蚀力比例，通过空间插值生成了相应的栅格图，按全国 1∶25 万图幅存放，分辨率为 30m×30m，具体过程包括：①2678 个站点日雨量经过数据导入模块，生成站点多年平均 24 个半月降雨侵蚀力数据文件；②利用克里金插值方法进行空间插值，栅格负值取 0，生成全国多年平均 24 个半月降雨侵蚀力栅格数据，空间分辨率为 0.01°；③将全国多年平均 24 个半月降雨侵蚀力栅格数据进行相加运算，得到全国多年平均降雨侵蚀力栅格数据；④将全国多年平均 24 个半月降雨侵蚀力栅格数据与多年平均降雨侵蚀力栅格数据进行除法运算，得到多年平均 24 个半月降雨侵蚀力占多年平均降雨侵蚀力比例的栅格数据；⑤利用数据裁剪功能，将全国多年平均 24 个半月降雨侵蚀力比例和多年平均降雨侵蚀力栅格数据进行裁剪和重采样，生成全国 1∶25 万地形图标准分幅的多年平均 24 个半月降雨侵蚀力比例和多年平均降雨侵蚀力栅格图，空间分辨率为 30m。

2. 土壤可蚀性因子计算

土壤可蚀性因子（K）是指土壤是否容易遭受侵蚀的能力，值越大，表示越容易遭受侵蚀。一般采用两种方式获得 K 值：一是以 USLE 定义的标准小区为基础，K 值被定义为标准小区单位降雨侵蚀力导致的土壤流失量。标准小区是指坡度为 5.14°、水平投影坡长为 22.13m、顺坡耕作的连续清耕无覆盖的裸地小区（Wischmeier and Smith，1978），计算公式为

$$K = \frac{A}{R} \tag{4-13}$$

式中，K 为土壤可蚀性因子，t·hm²·h/（hm²·MJ·mm）；A 为标准小区的年土壤流失量，t/hm²；R 为年降雨侵蚀力，MJ·mm/（hm²·h·a）。如果径流小区的坡度或坡长不是按土壤可蚀性因子定义的坡度或坡长，应采用坡度或坡长公式修订，但小区管理需严格按照顺坡、连续清耕，即当地方式整地，保持植被覆盖度小于 5%、无结皮，修订公式为

$$K = \frac{A}{RLS} \tag{4-14}$$

式中，L 和 S 分别为坡长因子和坡度因子，具体计算公式参见下一部分内容。

二是如果没有标准小区观测的土壤可蚀性值，可根据土壤理化性质计算。Wischmeier 和 Smith（1978）的计算公式为

$$K = \left[2.1 \times 10^{-4}(12-\mathrm{OM})M^{1.14} + 3.25 \times (s-2) + 2.5 \times (p-3)\right]/759 \tag{4-15}$$

式中，K 为土壤可蚀性因子，759 为单位转换系数，将 K 由原来的美制单位转换为国际单位制，t·hm²·h/（hm²·MJ·mm）；$M=N_1$（100–N_2）或者 $M=N_1$（N_3+N_4）；N_1 为粒径在 0.002～0.1mm 的土壤颗粒含量百分比，%；N_2 为粒径<0.002mm 的土壤黏粒含量百分比，%；N_3 为粒径在 0.002～0.05mm 的土壤粉砂含量百分比，%；N_4 为粒径在 0.05～2mm 的土壤颗粒含量百分比，%；OM 为土壤有机质含量，%；s 为土壤结构等级；p 为土壤渗透等级。该公式要求土壤粉粒含量不应超过 70%，有机质含量不应超过 4%。如果不满足上述条件，可采用 Williams 等（1984）提出的公式计算：

$$K = \left[0.2 + 0.3\mathrm{e}^{-0.0256\mathrm{SAN}(1-\mathrm{SIL}/100)}\right] \times \left(\frac{\mathrm{SIL}}{\mathrm{CLA}+\mathrm{SIL}}\right)^{0.3}\left(1.0 - \frac{0.25C}{C+\mathrm{e}^{3.72-2.95C}}\right)$$
$$\times \left(1.0 - \frac{0.7\mathrm{SN1}}{\mathrm{SN1}+\mathrm{e}^{-5.51+22.9\mathrm{SN1}}}\right)/7.59 \tag{4-16}$$

式中，SAN 为砂粒（0.05～2mm）含量百分比，%；SIL 为粉粒（0.002～0.05 mm）含量百分比，%；CLA 为黏粒（<0.002mm）含量百分比，%；C 为土壤有机碳含量，%；SN1=1–SAN/100。

本次普查由中国科学院南京土壤研究所收集 31 个省（自治区、直辖市）第二次土壤普查土种志和土壤类型图资料，细化整理了全国 16493 个土壤剖面数据；通过采集分

析土壤样品和查阅文献,更新了 1065 个土壤数据;通过扫描和数字化各省(自治区、直辖市)土壤类型图,得到全国分省 1:50 万土壤类型矢量图及其属性表。最终计算了 7764 个 K 值,并通过面积加权归并得出 3366 个土属、1597 亚类和 670 个土类的 K 值。以此为基础结合全国分省 1:50 万土壤类型矢量图,插值生成全国 1:25 万地形图分幅 30m×30m 分辨率的栅格图,共计 763 幅。

1)土壤资料收集与处理

收集的资料包括土壤属性数据和土壤类型图数据,来源于全国第二次土壤普查成果。由农业部、全国土壤普查办公室组织领导,历时 16 年(1979~1994 年),共完成了 2444 个县、312 个国营农(牧、林)场和 44 个林业区的土壤普查。各省(自治区、直辖市)编制了土种志,全国土壤普查办公室编写了《中国土种志》(共六卷)。每个土种都有理化性状统计表和典型剖面性状表,并按剖面层次列出了机械组成、有机质含量、氮磷钾全量及有效量、pH、阳离子交换量(CEC)和盐基饱和度等主要理化性质。此次普查共收集了 31 个省(自治区、直辖市)的土种志资料。依据土壤普查结果,各省(自治区、直辖市)和全国编制了土壤类型图,收集了 31 个省(自治区、直辖市)土壤类型图,包括:20 个省区 1:50 万土壤图;北京、天津、上海、重庆、宁夏、黑龙江和甘肃(其中黑龙江和甘肃为分县市的土壤图)1:20 万土壤图;广东、西藏、新疆、青海和内蒙古 1:100 万土壤图。所有纸质图均扫描为 TIFF 格式的电子图,以此为底图进行数字化,得到各省(自治区、直辖市)土壤类型矢量图,并进行数据整理,包括接边处理、属性赋值、拓扑关系检查等。

计算 K 值是以土种属性为基础,属性指标包括表层土壤有机质含量(%)、机械组成[粗砂(0.2~2mm)、细砂(0.02~0.2mm)、粉砂(0.002~0.02mm)和黏粒(<0.002mm),%]含量、土壤渗透等级和土壤结构等级。因此,需要将收集的各省土种志土壤分类分级体系细化到土种,然后以土种为单位输入对应的土壤理化指标,具体处理过程包括:①土壤分类分级体系细化。对于土壤类型图属性表划分到土属的条目,根据土种志资料找到该土属对应的土种,列在土属条目下。对于属性表划分到亚类的条目,先找到该亚类对应的土属,再找到各土属对应的土种。对于属性表划分到土类的条目,分别找出对应的亚类、土属和土种。②分布面积处理。对于土壤类型图属性表是土属的条目,需输入其对应土种的分布面积;对于土壤类型图属性表是亚类的条目,需输入其对应的土属和土种分布面积;对于土壤类型图属性表是土类的条目,需输入其对应的亚类、土属和土种分布面积。③土壤有机质和机械组成处理。由于我国土壤粒径分级采用国际制,需要转换为美国制,采用函数拟合或三次样条插值方法进行转换。④土壤渗透等级处理。利用转换为美国制的土壤粒径分级,查表 4-14 获得土壤质地;然后根据土壤质地查表 4-14 获得土壤渗透等级。⑤土壤结构等级处理。利用土种志记录的结构描述,查表 4-15 判断土壤结构等级。最终共细化整理和收集了全国 16493 个土壤剖面数据,其中有 7764 个土种表层属性数据进行 K 值计算。

表 4-14 美国制土壤质地分类标准

| 质地分类 | 质地名称 | 各粒级含量/% | | | 土壤渗透等级 | 饱和导水率/（mm/h） |
		黏粒（<0.002mm）	粉砂粒（0.002～0.05mm）	砂粒（0.05～2mm）		
砂土类	砂土	0～10	0～15	85～100	1	>60.96
	壤砂土	0～15	0～30	70～90	2	20.32～60.96
	粉砂土	0～12	80～100	0～20	2	20.32～60.96
壤土类	砂壤土	0～20	0～50	43～100	2	20.32～60.96
	壤土	8～28	28～50	23～52	3	5.08～20.32
	粉壤土	0～28	50～88	0～50	3	5.08～20.32
黏壤土类	砂黏壤土	20～35	0～28	45～80	4	2.04～5.08
	黏壤土	28～40	15～53	20～45	4	2.04～5.08
	粉砂黏壤土	28～40	40～72	0～20	5	1.02～2.04
黏土类	砂黏土	35～55	0～20	45～65	5	1.02～2.04
	粉砂黏土	40～60	40～60	0～20	6	<1.02
	黏土	40～100	0～40	0～45	6	<1.02

表 4-15 土壤结构等级查对表

结构		大小/mm	土壤结构等级	备注
立体结构	块状结构	>20	4	不耐水
团块状结构	大团块状结构	10～20	4	
	中团块状结构	1～10	3	较耐水
	小团块状结构	0.25～1	2	
核状结构	大核状结构	10～20	4	
	中核状结构	7～10	3	很耐水
	小核状结构	5～7	3	
粒状结构	大粒状结构	3～5	3	
	中粒状结构	1～3	2	很耐水
	小粒状结构	0.5～1	1	
棱柱状结构	柱状结构	30～50	4	不耐水
	棱状结构	30～50	4	不耐水
板状结构	板状结构	3～5	4	不耐水
	片状结构	1～3	4	不耐水
	薄片状结构	<1	4	不耐水

2）计算结果归并与修订

计算出的土种 K 值要分别与土属、亚类和土类归并，归并原则如下：①土属 K 值。根据该土属下各土种的分布面积，计算各土种 K 值的加权平均值，即为土属 K 值；如果无土种分布面积，直接取土种 K 值的算术平均值。②亚类 K 值。先按上述方法得到该亚类下的各土属 K 值，然后按各土属分布面积，计算各土属 K 值的加权平均值，即为亚类 K 值；如果无土属分布面积，直接取土属 K 值的算术平均值。③土类 K 值。先按上述方法得到该土类下的各亚类 K 值，再按各亚类分布面积计算各亚类 K 值的加权平均值，即为土类 K 值；如果无亚类分布面积，计算各亚类 K 值的算术平均值。

针对东北地区黑土黏粒含量高和青藏高原土壤有机质含量高的特点，分别进行了优化处理。

黑土区极细砂粒转换模型。基于已有研究结果，建立了用黑土砂粒含量推算黑土极细砂粒含量的计算公式（4-17）：

$$f_{vfs} = 0.9803 f_{sand} - 0.1933 \qquad R^2 = 0.977，P<0.01，n=89 \qquad (4\text{-}17)$$

式中，f_{vfs} 为极细砂粒（0.05~0.1 mm）含量，%；f_{sand} 为砂粒含量，%。

高有机质条件下的 K 值转换模型。当有机质含量高时，用式（4-15）计算会出现负值，应采用式（4-16），但需要建立二者之间的转换关系。针对我国高有机质土壤主要分布在西藏、青海和四川西部的情况，利用该地区实测土壤理化性质数据和式（4-15）、式（4-16）计算 K 值，然后通过回归分析建立将式（4-16）计算结果（$K_{Williams}$）转换为式（4-15）计算结果（$K_{Wischmeier}$）的转换模型，修正出现的负值情况：

$$K_{Williams} = 0.02 K_{Wischmeier} + 0.25 \qquad R = 0.43，n = 611 \qquad (4\text{-}18)$$

3）土壤可蚀性因子栅格图层

将计算得到的各省（自治区、直辖市）K 值与分省土壤类型图的属性表进行链接，得到分省 K 值图。由于前期整理土壤属性过程中已经包括土壤类型图属性的 ID 字段，在实际操作中直接通过 ID 字段将 K 值属性表与土壤类型图属性表进行链接，即可将 K 值赋到全国土壤类型图，得到全国 K 值矢量图。然后用 1∶25 万地形分幅网格图切割全国 K 值矢量图，转换成栅格数据。转换过程中先将矢量图的 K 值字段乘以 100000 变成整型数据后，以整型方式输出栅格数据，可以有效减小数据量。为了解决分幅接边问题，首先对分幅图设置 300m 的缓冲区，再利用带有缓冲范围的分幅单元切割全国 K 值矢量图并进行格式转换，得到无缝拼接的分幅 K 值栅格图，将完成分幅后的矢量文件转换为 30m×30m 分辨率的栅格数据。

3. 坡长因子和坡度因子计算

坡长因子（L）和坡度因子（S）采用各省（自治区、直辖市）上报的野外调查单元等高线矢量数据（dgxp.shp）计算，数据存储在四级目录 shp 文件夹下。将野外调查单元地形图等高线数字化的矢量文件（dgxp.shp）插值，生成 10m×10m 分辨率的 DEM，再通过流向和栅格坡长提取坡度和坡长，然后根据坡度因子和坡长因子公式，生成野外调查单元坡度因子和坡长因子栅格文件。其中，坡长提取方法与目前 GIS 软件提供的方法不同，开发了计算地形因子的计算机软件（符素华等，2015）。运行该软件时需要设定不同的参数：①坡度阈值，是指坡度大于该值时，坡度因子均按该坡度计算，默认坡度阈值是 30°。②坡长阈值，是指坡长大于该值时，坡长因子均按该坡长计算。地形比较破碎，坡长较短的区域，如黄土高原区，阈值取 100m；坡长较长的区域，如东北黑土漫岗区，阈值取 300m。③汇流面积阈值，是指基于 DEM 提取的沟道与地形图上一致时的值，值越大表示沟道密度越低，一般取 1000～10000m²。④去短枝阈值，是指要去掉的短沟道长度，根据需求设置，默认 120m。⑤中断因子，是指大坡度变化到小坡度时，会出现沉积，坡长中断。缓坡是指坡度小于 3°，默认的中断因子值为 0.7；陡坡是指坡度大于或等于 3°，默认的中断因子值为 0.5。

坡长因子采用 Wischmeier 和 Smith（1965）、Foster 和 Wischmeier（1974）提出的分段计算坡长因子的公式（坡长法）：

$$L_i = \frac{\lambda_i^{m+1} - \lambda_{i-1}^{m+1}}{(\lambda_i - \lambda_{i-1}) \cdot 22.13^m} \tag{4-19}$$

式中，L_i 为第 i 段坡长因子，无量纲；λ_i 和 λ_{i-1} 分别为第 i 个和第 $i-1$ 个坡段的坡长，m；m 为坡长指数，随坡度而变。

$$m = \begin{cases} 0.2 & \theta \leqslant 1° \\ 0.3 & 1° < \theta \leqslant 3° \\ 0.4 & 3° < \theta \leqslant 5° \\ 0.5 & \theta > 5° \end{cases}$$

坡度因子的计算公式如式（4-20）所示，其中大于或等于 10°的公式采用中国坡度较大农地的小区观测资料得到（Liu et al.，1994）。

$$S = \begin{cases} 10.8\sin\theta + 0.03 & \theta < 5° \\ 16.8\sin\theta - 0.5 & 5° \leqslant \theta < 10° \\ 21.9\sin\theta - 0.96 & \theta \geqslant 10° \end{cases} \tag{4-20}$$

式中，S 为坡度因子，无量纲；θ 为坡度值，°。

4. 植被覆盖与生物措施因子计算

1）计算方法

植被覆盖与生物措施因子（B）反映植被覆盖对土壤侵蚀的影响，计算时分为以下几种情形考虑：①乔木林。对应土地利用类型为园地和林地中的乔木类型，要从乔木冠层覆盖和林下覆盖两个方面同时考虑对土壤侵蚀的影响。林下覆盖包括灌草植被、枯枝落叶、地衣苔藓等。②灌木林和草。对应土地利用类型为灌木或草本园地、茶园、灌木林地和草地，仅需考虑一层植被覆盖对土壤侵蚀的影响。③农作物。对应土地利用类型为耕地，其 B 取值为 1，各类不同耕作制度下的农作物覆盖对土壤侵蚀的影响在耕作措施因子中反映。④其他各类土地利用类型，根据经验和类比方法取值。

园地、林地和草地 B 的计算公式为

$$B = \sum_{i=1}^{24} \mathrm{SLR}_i \cdot \mathrm{WR}_i \tag{4-21}$$

式中，WR_i 为第 i 个半月降雨侵蚀力占全年降雨侵蚀力的比例，取值范围为 0～1；SLR_i 为第 i 个半月园地、林地和草地的土壤流失比例，无量纲，取值范围为 0～1，计算公式如式（4-22）～式（4-24）所示。

茶园和灌木林地 SLR_i 的计算公式：

$$SLR_i = \frac{1}{1.17647 + 0.86242 \times 1.05905^{100FVC}} \tag{4-22}$$

果园、其他园地、有林地和其他林地 SLR_i 的计算公式：

$$SLR_i = 0.44468 \times \exp(-3.20096 \times GD) - 0.04099 \times \exp(FVC - FVC \times GD) + 0.025 \tag{4-23}$$

草地 SLR_i 的计算公式：

$$SLR_i = \frac{1}{1.25 + 0.78845 \times 1.05968^{100FVC}} \tag{4-24}$$

式中，FVC 为 NDVI 计算的植被覆盖度，取值范围为 0～1；GD 为乔木林的林下覆盖度，取值范围为 0～1，包括除乔木林冠层以外的所有植被（灌木、草本和枯落物）构成的林下覆盖度，按实地调查或经验取值。

其他各类土地利用或土地覆盖类型的 B 值按照表 4-16 直接取值。

表 4-16　非园地、林地、草地的 B 值赋值表

土地利用一级类型	土地利用二级类型	代码	B 值	说明
耕地	水田	11	1	水土保持效益通过 T 反映
	水浇地	12	1	水土保持效益通过 T 反映
	旱地	13	1	水土保持效益通过 T 反映
建设用地	城镇建设用地	51	0.01	相当于 80%的植被覆盖度
	农村建设用地	52	0.025	相当于 60%的植被覆盖度
	采矿用地	53	1	相当于无植被覆盖
	其他建设用地	54	0.01	相当于 80%的植被覆盖度
交通运输用地	农村道路	61	1	相当于无植被覆盖
	其他交通用地	62	0.01	相当于 80%的植被覆盖度
水域及水利设施用地		7	0	强制为 0，使得侵蚀量等于 0
其他土地		8	0	"裸土地"字符则赋值为 1，否则赋值为 0（非调查重点，强制使得侵蚀量为 0，强制 B=0 且易实现）

注："其他土地"包括沼泽地、盐碱地、沙地、垃圾场、养殖场、未知地等。

2）计算步骤

利用式（4-21）～式（4-24）计算园地、林地和草地 B 值时，需要解决以下几个问题：①公式中的乔木林冠层植被覆盖度 FVC 和林下覆盖度 GD，都需要一年 24 个半月的值，反映植被覆盖度变化。而野外调查只有一次，需要利用遥感数据反演 24 个半月的植被覆盖度。②遥感数据无法反演乔木林的林下覆盖度，要探讨如何获得 24 个半月林下覆盖度。③调查单元面积很小，基于遥感数据反演的 24 个半月植被覆盖度空间分

辨率不能太低。④如果仅反演调查单元范围内 24 个半月的植被覆盖度，不仅计算效率低，且会增加计算误差。为解决上述问题，形成以下计算调查单元范围内所有地块 B 值的基本步骤。

（1）基于遥感数据反演全区植被覆盖度。用高空间分辨率和高时间分辨率遥感数据融合的方法，反演整个调查区域（如本次普查范围为全国）全年 24 个半月的植被覆盖度，空间分辨率为 30m。全国范围由于面积大、数量多，以 1 : 25 万地形图分幅方式保存 24 个植被覆盖度栅格文件。

（2）典型乔木植被类型林下覆盖度曲线定位观测与修正。在全国范围内选择不同地区典型植被类型，通过一年 24 个半月的定位定期观测，获得这些典型植被类型林下覆盖度季节变化曲线。假设这些曲线随季节变化的趋势固定，但曲线高低即覆盖度高低会随降水多少上下整体移动，于是利用调查单元野外调查时刻的某种植被类型林下覆盖度，除以对应时刻该植被类型林下覆盖度曲线对应的值，得到利用调查的林下覆盖度修正林下覆盖度曲线的修订系数。该修订系数乘以该曲线 24 个半月对应的值，即为修正后调查年的该植被类型的 24 个半月林下覆盖度，如果修正后的值大于 100，则取 100，这就是在地块属性表中列出调查时间的原因。

（3）调查单元遥感植被覆盖度。用调查单元边界裁切全区植被覆盖度图层，获得调查单元全年 24 个半月遥感植被覆盖度。以调查单元边界面文件（bjmpa）裁剪该 1 : 25 万分幅 30m×30m 分辨率的 24 个植被覆盖度栅格文件，并重采样成 10m×10m 分辨率，得到调查单元 24 个半月的植被覆盖度栅格文件，存储在相应 4 级目录"raster"内。

（4）调查单元 B 值计算。根据省级普查机构提交的地块面文件（dkmp.shp）的属性表数据，结合已获得的调查单元 24 个半月遥感植被覆盖度，计算调查单元所有地块的 B 值，赋值给属性表中的 B 因子字段（BYZZ），最终为所有调查单元生成 1 个 B 因子栅格文件，空间分辨率 10m×10m，命名为"B"，存储在相应 4 级目录"raster"内。B 值的计算方法如下：首先根据地块土地利用类型，选择 B 的计算方法：如果土地利用类型为耕地、居民点及工矿用地、交通运输用地、水域及其设施用地或其他土地类型，直接查表赋值。如果土地利用类型为园地、林地或草地，采用式（4-21）计算该地块的 B 值。其中，乔木园地、有林地和其他林地，采用式（4-22）进行计算，利用（3）的结果和 24 个半月降雨侵蚀力比例计算 B 值。林下覆盖度根据地块所在位置选择最近的相同植被类型的林下覆盖度曲线，用调查的林下覆盖度修正该曲线后，得到其 24 个半月林下覆盖度。灌木林地和草地采用式（4-23）进行计算，利用（3）的结果和 24 个半月降雨侵蚀力比例计算 B 值。

3）基于遥感数据反演全区植被覆盖度

如前所述，计算 B 值需要全年 24 个半月植被覆盖度，且空间分辨率不低于 30m。然而，同时具有高时间分辨率和高空间分辨率的遥感数据几乎没有，或需要定制，处理费用很高，为此采用融合计算方法。同时，收集全年 4 个季度各 1 期 30m 分辨率遥感数据，如 TM 或环境一号卫星（HJ-1），以及全年 24 个半月 250 m 中分辨率成像光谱仪

（MODIS）遥感数据，利用融合方法，得到全区一年 24 个半月 30 m 空间分辨率的植被覆盖度。其具体过程如下。

（1）遥感数据收集。一年 4 个季度各 1 期 30 m 或更高空间分辨率遥感数据，能计算 NDVI；一年 24 个半月 250 m 空间分辨率 MODIS 植被指数产品 MOD13Q1。其中，TM 产品尽可能接近调查年，MODIS 产品为调查年之前 3~5 年的数据。

（2）TM 影像预处理和 NDVI 计算。TM 影像预处理包括：①采用地面控制点对影像进行几何精纠正；②对影像进行大气纠正，减少或消除大气对影像的干扰，以得到地表反射率影像；③云量检查和去除。利用预处理后的影像数据计算 NDVI：

$$NDVI = \frac{NIR - R}{NIR + R} \tag{4-25}$$

式中，NDVI 为归一化植被指数；NIR 为近红外波段的反射率；R 为可见光红波波段的反射率。

（3）MODIS 影像 NDVI 产品预处理。预处理包括：①植被指数数据层 NDVI 导出。②投影转换。MODIS 影像产品的投影方式为桑逊投影，转换为阿伯斯（Albers）投影，全国的标准纬线为 25°N 与 47°N，中央经线为 105°E，省级行政区可根据所处地理位置，确定相应的中央经线和标准纬线。③空值确认和去除。MODIS-NDVI 产品的有效范围是 –2000~10000，–3000 是填充值；根据 MOD13Q1 产品导出的植被指数质量标识层（VI_Quality）和数据可靠性（Pixel reliability），在标识有云或质量不佳的区域范围内，选择 3~5 年内相同半月时段的 MODIS-NDVI，进行最大值合成法处理。

（4）不同地类 MODIS 的 NDVI 纯像元提取与 24 个半月 NDVI 序列生成。将土地利用栅格数据与 MODIS-NDVI 数据叠加，判断某种土地利用类型下，MODIS 像元所覆盖的 30 m×30 m 分辨率的像元类别在该 MODIS 像元内所占百分比。假设 MODIS 像元中包含 N 个 30 m×30 m 分辨率像元；N 个 30 m×30 m 分辨率像元中包含土地利用类型为 T_a、T_b、T_c 的像元分别有 N_a、N_b、N_c 个，则各种土地利用类型在 1 个 MODIS 像元中所占百分比为 N_a/N、N_b/N、N_c/N。若 N_a/N>90%，及任何一种土地利用类型面积比例大于 90%，则认为该 MODIS 像元为 1 个纯像元。按式（4-26）分别生成各个类别 24 个半月 NDVI 序列：

$$V_M(t) = \frac{1}{3 \times N} \sum_{y=k}^{k+2} \sum_{n=1}^{N} NDVI(t, y, n) \tag{4-26}$$

式中，$V_M(t)$ 为某类别 t 时相（一年中第几期，所代表的儒略日为 DOY=16×t–7）多年 NDVI 的平均值；t 为时相；N 为某一类别纯像元的个数；y 为数据的年份；k 为监测年前三年的起始年，如监测年为 2018 年，k 值为 2015；NDVI(t, y, n) 为第 y 年 t 时相某类别第 n 个纯像元的 NDVI 值。

MODIS 分类产品 MOD12Q1 土地利用和土地覆盖采用的是国际地圈–生物圈计划（IGBP）五大分类体系，其植被功能型（PFT）产品包含的地物类别分别为常绿针叶林、常绿阔叶林、落叶针叶林、落叶阔叶林、灌丛、草地、谷类作物、阔叶作物、城镇、水体等。我国常用土地利用/土地覆盖数据有 1：10 万土地利用图，此外还有第二次全国土地调查的土地利用现状分类体系（GB-2007）。不同土地分类体系的对应关系见表 4-17。

表 4-17　不同土地分类体系对应关系

1：10 万土地利用图分类	MOD12Q1 IGBP	GB-2007
有林地、疏林地、其他林地	常绿针叶林、常绿阔叶林、落叶针叶林、落叶阔叶林	林地
灌木林地	灌丛	灌木林地
高、中、低覆盖度草地	草地	草地
水田、旱地	谷类作物、阔叶作物	耕地
水域	积雪和水	水域
城镇用地、农村居民点用地、公交建设用地	建筑用地	建筑用地
未利用土地	裸地和荒漠	未利用土地

（5）24 个半月 30 m 分辨率 NDVI 产品生成。利用式（4-27）的连续纠正法，融合 MODIS 的 250 m 空间分辨率的 24 个半月 NDVI 和 TM 的 30 m 空间分辨率 NDVI 数据：

$$V_H(t_i) = V_M(t_i) + \frac{\sum_{j=1}^{n}\left\{\omega(t_i,t_j)\left[V_T(t_j)-V_M(t_j)\right]\right\}}{\sum_{j=1}^{n}\omega(t_i,t_j)} \tag{4-27}$$

式中，$V_H(t_i)$ 为某一高分辨率像元的 NDVI 融合值；$V_M(t_i)$ 为此高分辨率像元对应地类 MODIS 多年平均值序列；$V_T(t_j)$ 为此像元对应某时间 TM 或环境系列卫星等高分辨率的 NDVI 数据，总计有 n 景；t_i 为 MODIS-NDVI 数据获取时的儒略日（DOY=16×时相–7）；t_j 为高分辨率 NDVI 数据获取时对应的儒略日；$\omega(t_i,t_j)$ 为 t_j 时的高分辨率 NDVI 的权重，表达为

$$\omega(t_i,t_j) = \frac{1}{|t_i - t_j|} \tag{4-28}$$

（6）将 NDVI 转换为 FVC。利用式（4-29），将融合的 24 个半月 30 m 空间分辨率的 NDVI 转换为相应的 FVC：

$$FVC = \left(\frac{NDVI - NDVI_{min}}{NDVI_{max} - NDVI_{min}}\right)^k \tag{4-29}$$

式中，FVC 为植被覆盖度；NDVI 为像元 NDVI 值；$NDVI_{max}$、$NDVI_{min}$ 分别为纯植被和纯土壤象元的最大和最小 NDVI 值；k 为非线性系数，也可取 1，用线性关系转换。

本次普查采用 2009 年 4 期 HJ-1 卫星和 2005～2009 年的每年 24 个半月遥感数据，以及全国 1：10 万土地利用图，生成了全国 1：25 万地形图分幅存储的全年 24 个半月 FVC；基于野外调查单元地块图，裁切上述 24 个半月 FVC，并重采样为 10m 空间分辨率；进一步按照调查单元各个地块的土地利用类型选择不同的 B 值计算方法，得到调查

单元 10m 空间分辨率的 *B* 因子图层。

5. 工程措施因子计算

工程措施因子（*E*）是指采取某种工程措施的土壤流失量与同等条件下无工程措施的土壤流失量之比，无量纲参数，反映了水土保持工程措施的作用，一般利用小区资料获得。我国各地区水土保持工程措施效益监测与实验数据较多，通过广泛收集全国范围内水土保持工程措施监测资料及前人发表的研究成果，按统一标准校正后，得到我国主要工程措施因子赋值表（表 4-18）。

表 4-18　主要工程措施因子赋值表

工程措施名称	*E* 值
土坎水平梯田	0.026～0.084
石坎水平梯田	0.023～0.121
坡式梯田	0.414
隔坡梯田	0.347
窄梯田	0.081
软埝	0.414
山区坡地水田	0.01
地埂植物带	0.347
水平阶（反坡梯田）	0.151
水平沟	0.335
鱼鳞坑	0.249
大型果树坑	0.160
竹节沟、截水沟、排水沟	0.8

根据野外调查单元地块矢量数据（dkmp.shp）属性表对应的水土保持工程措施类型，在表 4-18 中查找对应类型，为属性表的 EYZZ 字段赋值，然后将其转换为 *E* 值的栅格文件，空间分辨率 10m×10m，存储在 4 级目录"raster"内。

6. 耕作措施因子计算

耕作措施因子（*T*）是指采取某种耕作措施的土壤流失量与同等条件下传统耕作土壤流失量之比，传统耕作一般指顺坡平作或垄作。该因子也是无量纲参数，反映了水土保持耕作措施的作用，一般利用小区资料获得。耕作措施因子包括两方面：一是为水土保持采取的各种田间管理，二是不同作物覆盖度差异及其随季节变化对水土流失产生的影响，由种植制度决定，统称为轮作因子。

我国各地区水土保持耕作措施效益监测与实验数据较多，通过广泛收集全国范围内水土保持耕作措施监测资料及前人发表的研究成果，按统一标准校正后，得到田间管理措施因子赋值表（郭乾坤等，2013）（表 4-19）。

首先收集全国各种农作物种植小区水土保持监测资料及前人发表的研究成果，按统一标准校正后，得到这些农作物的水土流失比率，然后依据中国耕作制度区划，以及各

表 4-19　主要田间管理措施因子赋值表

耕作措施	T 值
等高耕作	0.431
等高沟垄种植	0.425
垄作区田	0.152
掏钵（穴状）种植	0.499
抗旱丰产沟	0.213
休闲地水平犁沟	0.425
中耕培垄	0.499
草田轮作	0.225
横坡带状间作	0.225
休闲地（绿肥）	0.225
留茬少耕	0.212
免耕	0.136
地膜覆盖	0.5
砂田	0.2
斜起垄	0.7

种农作物在各个种植区的生长季，结合生长季降雨侵蚀力占年降雨侵蚀力的比例，计算不同种植制度分区的作物轮作因子值（Guo et al.，2015）（表 4-20）。根据调查单元所在区域，通过查表赋值。

表 4-20　不同轮作区的轮作因子赋值表

一级区	一级区名	二级区	二级区名	T 值
01	青藏高原喜凉作物一熟轮歇区	11	藏东南川西河谷地喜凉作物一熟区	0.272
		12	海北甘南高原喜凉作物一熟轮歇区	0.272
02	北部中高原半干旱喜凉作物一熟区	21	后山坝上晋北高原山地半干旱喜凉作物一熟区	0.488
		22	陇中青东宁中南黄土丘陵半干旱喜凉作物一熟区	0.488
03	北部低高原易旱喜温一熟区	31	辽吉西蒙东南晋北半干旱喜温作物一熟区	0.417
		32	黄土高原东部易旱喜温作物一熟区	0.417
		33	晋东半湿润易旱作物一熟填闲区	0.417
		34	渭北陇东半湿润易旱冬麦一熟填闲区	0.417
04	东北平原丘陵半湿润喜温作物一熟区	41	大小兴安岭山麓岗地喜凉作物一熟区	0.331
		42	三江平原长白山地温凉作物一熟区	0.331
		43	松嫩平原喜温作物一熟区	0.331
		44	辽河平原丘陵温暖作物一熟填闲区	0.331
05	西北干旱灌溉一熟兼二熟区	51	河套河西灌溉一熟填闲区	0.279
		52	北疆灌溉一熟填闲区	0.281
		53	南疆东疆绿洲二熟一熟区	0.281

一级区	一级区名	二级区	二级区名	T 值
06	黄淮海平原丘陵水浇地二熟旱地二熟一熟区	61	燕山太行山前平原水浇地套复二熟旱地一熟区	0.397
		62	黑龙港缺水低平原水浇地二熟旱地一熟区	0.426
		63	鲁西北豫北低平原水浇地粮棉二熟一熟区	0.391
		64	山东丘陵水浇地二熟旱坡地花生棉花一熟区	0.425
		65	黄淮平原南阳盆地旱地水浇地二熟区	0.413
		66	汾渭谷地水浇地二熟旱地一熟二熟区	0.378
		67	豫西丘陵山地旱地坡地一熟水浇地二熟区	0.392
07	西南中高原山地旱地二熟一熟水田二熟区	71	秦巴山区旱地二熟一熟兼水田二熟区	0.403
		72	川鄂湘黔低高原山地水田旱地二熟一熟区	0.396
		73	贵州高原水田旱地二熟一熟区	0.410
		74	云南高原水田旱地二熟一熟区	0.425
		75	滇黔边境高原山地河谷旱地一熟二熟区	0.429
08	江淮平原丘陵麦稻二熟区	81	江淮平原麦稻两熟兼早三熟区	0.392
		82	鄂豫皖丘陵平原水田旱地两熟兼早三熟区	0.372
09	四川盆地水旱二熟兼三熟区	91	盆西成都平原水田麦稻两熟区	0.422
		92	盆东丘陵低山水田旱地两熟三熟区	0.411
10	长江中下游平原丘陵水田三熟二熟区	101	沿江平原丘陵水田旱三熟二熟区	0.338
		102	两湖平原丘陵水田中三熟二熟区	0.312
11	东南丘陵山地水田旱地二熟三熟区	111	浙闽丘陵山地水田旱地三熟二熟区	0.354
		112	南岭丘陵山地水田旱地二熟三熟区	0.338
		113	滇南山地旱地水田二熟三熟区	0.395
12	华南丘陵沿海平原晚三熟热三熟区	121	华南低丘平原晚三熟区	0.466
		122	华南沿海西双版纳台南二熟三熟与热作区	0.459

注: 全国轮作区分区详见《中国耕作制度 70 年》附录 3 "中国耕作制度区划县(市)名录"(中国农业出版社, 2005)。

根据野外调查单元地块矢量数据(dkmp.shp)属性表, 首先判断地块是否为耕地, 然后利用调查单元位置判断所属轮作区, 查表 4-20 得到所在区轮作因子值; 再根据地块田间管理措施类型, 查表 4-19 得到对应类型的田间管理措施因子值, 将该值与轮作因子值相乘, 即为耕作措施因子值, 赋值给属性表的 TYZZ 字段。如果属性表的耕作措施因子值为空, 则默认其值为 1, TYZZ 字段直接按轮作因子值赋值。最后将属性表中的 TYZZ 转换为耕作措施因子值的栅格文件, 空间分辨率 10m×10m, 存储在 4 级目录 "raster" 内。

4.3.7　全国土壤侵蚀强度评价

1. 野外调查单元土壤水蚀模数计算和强度判断

(1)调查单元土壤水蚀模数。对每个调查单元 7 个模型因子图层进行乘积运算, 得到每个调查单元 10m×10m 空间分辨率土壤水蚀模数栅格图层。将调查单元所有栅格的土壤水蚀模数进行平均得到调查单元平均土壤水蚀模数。

（2）地块土壤水蚀模数。用调查单元地块边界图层（dkmp.shp）与调查单元土壤水蚀模数栅格图层套合，计算调查单元内每个地块所有栅格平均土壤水蚀模数，得到调查单元所有地块土壤水蚀模数。

（3）土地利用类型土壤水蚀模数。将调查单元内土地利用类型相同地块的土壤水蚀模数根据地块面积进行加权平均，得到调查单元不同土地利用类型的土壤水蚀模数。将全县所有调查单元某种土地利用类型水蚀模数根据该种土地利用类型面积进行加权平均，得到该县该种土地利用类型土壤水蚀模数。

2. 土壤水蚀面积和强度空间插值与汇总统计

土壤水蚀面积和强度采用地统计学方法进行插值和汇总：首先，以省级行政区为单位，用全省调查单元计算结果，按各种土地利用类型对各个土壤侵蚀强度级别进行空间插值；其次，用县级行政区边界进行裁切，统计县级行政区土壤水蚀各强度级别面积，轻度以上强度为水蚀面积；然后，由县级水蚀各强度面积和水蚀面积，分别汇总为省级水蚀各强度面积和水蚀面积；最后，通过县级、省级行政区的面积进行平衡计算，得到区域水蚀各强度级别面积和水蚀面积。其具体计算步骤如下。

（1）计算每个野外调查单元各级土壤侵蚀强度比例。依据水利部颁布的《土壤侵蚀分类分级标准》（SL 190—2007），判断调查单元每个栅格的土壤侵蚀强度，然后计算各强度级别的栅格数量占该调查单元总栅格数量的比例，即为各侵蚀强度级别比例，轻度以上各级别面积比例之和即为土壤水蚀面积比例。

（2）全省空间插值。对全省所有野外调查单元水蚀面积比例和各强度级别面积比例进行空间插值，得到全省水蚀面积比例和各强度级别面积比例栅格图层。

（3）计算县级行政区水蚀面积比例和土壤水蚀各强度级别面积比例。利用县级行政区边界裁切省级行政区水蚀面积比例和各强度级别面积比例栅格图层，对各县级行政区水蚀面积比例和各强度级别面积比例栅格进行平均后，得到县级行政区水蚀面积比例和各强度级别面积比例。在此过程中，通过平衡计算确保轻度以上各级别比例之和等于水蚀面积比例，水蚀面积比例与微度侵蚀比例之和等于1。

（4）计算县级行政区水蚀面积和土壤水蚀各强度级别面积。将计算得到的县级行政区水蚀面积比例和各强度级别面积比例乘以县级行政区总面积，得到其水蚀面积和各强度级别面积。

（5）计算市（地）级行政区水蚀面积和土壤水蚀各强度级别面积及其比例。将市（地）级辖区内所有县级行政区的水蚀面积和各强度级别面积分别累加，得到市（地）级水蚀面积和各强度级别面积，将其分别除以市（地）级行政区总面积，得到相应的水蚀面积比例和各强度级别面积比例。

（6）计算全省水蚀面积和土壤水蚀各强度级别面积及其比例。将省级行政区内所有栅格水蚀面积和各强度级别面积分别累加，得到全省水蚀面积和各强度级别面积，将其除以省级行政区总面积，得到全省水蚀面积比例和各强度级别面积比例。

上述汇总统计过程中，各县、市、省级行政区水蚀面积和各强度级别面积及其比例通过平衡确保相符。

3. 结果分析与评价

根据水利部 2013 年公布的普查结果，全国水力侵蚀总面积 129.32 万 km²，占国土总面积的 13.65%（表 4-21）。其中，轻度、中度、强烈、极强烈和剧烈侵蚀的面积分别为 66.76 万 km²、35.14 万 km²、16.87 万 km²、7.63 万 km² 和 2.92 万 km²，所占比例分别为 51.62%、27.18%、13.04%、5.90% 和 2.26%。水力侵蚀强度等级构成中，轻度侵蚀面积最大，中度侵蚀面积次之，两项合计占 78.8%；中度以上面积占 21.2%。

全国各省（自治区、直辖市）都存在不同程度的水力侵蚀。侵蚀面积较大的四川、云南、内蒙古、新疆、甘肃、黑龙江、陕西、山西、西藏和贵州 10 个省（自治区），侵蚀面积占全国侵蚀总面积的 63.51%，位居前 3 位的四川、云南和内蒙古 3 个省（自治区）的侵蚀面积占全国侵蚀总面积的 25.24%，而水力侵蚀面积最小的 10 个省（自治区、

表 4-21　全国各省（自治区、直辖市）水力侵蚀强度分级面积及比例

| 省（自治区、直辖市） | 侵蚀总面积/km² | 各级强度面积及比例 | | | | | | | | | |
| | | 轻度 | | 中度 | | 强烈 | | 极强烈 | | 剧烈 | |
		面积/km²	比例/%	面积/km²	比例/%	面积/km²	比例/%	面积/km²	比例/%	面积/km²	比例/%
北京	3202	1746	54.53	1031	32.20	341	10.65	70	2.19	14	0.43
天津	236	108	45.76	60	25.43	59	25.00	6	2.54	3	1.27
河北	42135	22397	53.15	13087	31.06	4565	10.84	1464	3.47	622	1.48
山西	70283	26707	38.00	24172	34.39	14069	20.02	4277	6.09	1058	1.50
内蒙古	102398	68480	66.88	20300	19.82	10118	9.88	2923	2.86	577	0.56
辽宁	43988	21975	49.96	12005	27.29	6456	14.68	2769	6.29	783	1.78
吉林	34744	17297	49.78	9044	26.03	4342	12.50	2777	7.99	1284	3.70
黑龙江	73251	36161	49.37	18343	25.04	11657	15.91	5459	7.45	1631	2.23
上海	4	2	50.00	2	50.00	0	0.00	0	0.00	0	0.00
江苏	3177	2068	65.08	595	18.73	367	11.55	133	4.19	14	0.45
浙江	9907	6929	69.94	2060	20.80	582	5.88	177	1.78	159	1.60
安徽	13899	6925	49.82	4207	30.27	1953	14.05	660	4.75	154	1.11
福建	12181	6655	54.64	3215	26.40	1615	13.26	428	3.50	268	2.20
江西	26497	14896	56.22	7558	28.52	3158	11.92	776	2.93	109	0.41
山东	27253	14926	54.77	6634	24.34	3542	13.00	1727	6.33	424	1.56
河南	23464	10180	43.39	7444	31.72	4028	17.17	1444	6.15	368	1.57
湖北	36903	20732	56.18	10272	27.83	3637	9.86	1573	4.26	689	1.87
湖南	32288	19615	60.75	8687	26.90	2515	7.79	1019	3.16	452	1.40
广东	21305	8886	41.71	6925	32.50	3535	16.59	1629	7.65	330	1.55
广西	50537	22633	44.79	14395	28.48	7371	14.59	4804	9.50	1334	2.64

续表

省（自治区、直辖市）	侵蚀总面积/km²	各级强度面积及比例									
		轻度		中度		强烈		极强烈		剧烈	
		面积/km²	比例/%	面积/km²	比例/%	面积/km²	比例/%	面积/km²	比例/%	面积/km²	比例/%
海南	2116	1171	55.34	666	31.47	190	8.98	45	2.13	44	2.08
重庆	31363	10644	33.94	9520	30.35	5189	16.54	4356	13.89	1654	5.28
四川	114420	48480	42.37	35854	31.34	15573	13.61	9748	8.52	4765	4.16
贵州	55269	27700	50.12	16356	29.59	6012	10.88	2960	5.36	2241	4.05
云南	109588	44876	40.95	34764	31.72	15860	14.47	8963	8.18	5125	4.68
西藏	61602	28650	46.51	23637	38.37	5929	9.63	2084	3.38	1302	2.11
陕西	70807	48221	68.10	2124	3.00	14679	20.73	4569	6.45	1214	1.72
甘肃	76112	30263	39.76	25455	33.45	12866	16.90	5407	7.10	2121	2.79
青海	42805	26563	62.06	10003	23.37	3858	9.01	2184	5.09	202	0.47
宁夏	13891	6816	49.07	4281	30.82	2065	14.86	526	3.79	203	1.46
新疆	87621	64895	74.06	18752	21.40	2556	2.92	1320	1.51	98	0.11
合计	1293246	667597	51.62	351448	27.18	168687	13.04	76272	5.90	29242	2.26

直辖市）仅占 6.18%（图 4-7）。从水力侵蚀面积占辖区总面积比例来看，超过 25%的有 7 个省（自治区、直辖市），包括山西、重庆、陕西、贵州、辽宁、云南和宁夏等，主要集中在西北黄土高原区和西南地区。低于全国平均水平 13.65%的有 12 个省（自治区、直辖市），包括广东、安徽、福建、浙江、内蒙古、海南、青海、新疆、西藏、江苏、天津和上海，主要集中在东南沿海区、西北干旱区和青藏高寒区（图 4-8）。

从地形来看，全国土壤水力侵蚀主要发生在二级阶梯上；从气候来看，主要集中在半湿润和半干旱地区，即湿润向干旱、温暖向高寒气候的过渡区。根据水土流失面积占国土面积比例将全国土壤水力侵蚀分为四个区域：一是侵蚀最为严重的黄土高原地区，位于其中的山西省水蚀面积占其总面积的 44%，居全国第一；陕西省水蚀面积也达到 31.4%，居全国第三，其中陕北的榆林和延安水蚀面积占其总面积的 40%以上；甘肃省黄土高原主体（庆阳、天水和平凉）水蚀面积占其总面积的 37.1%；宁夏回族自治区

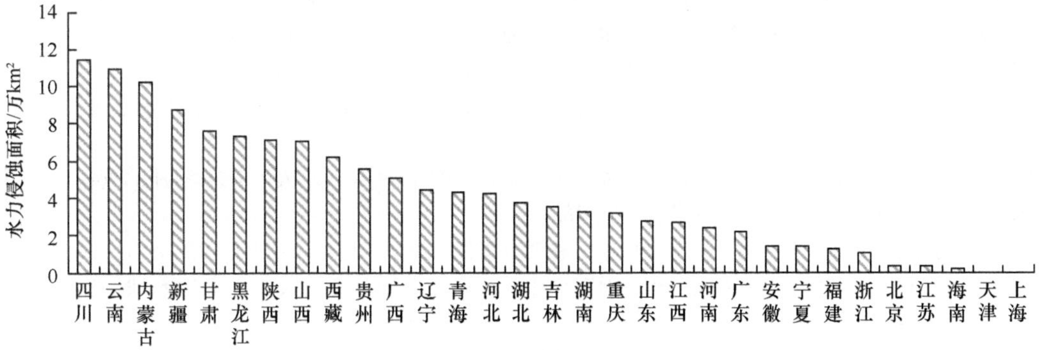

图 4-7　各省（自治区、直辖市）水力侵蚀面积排序

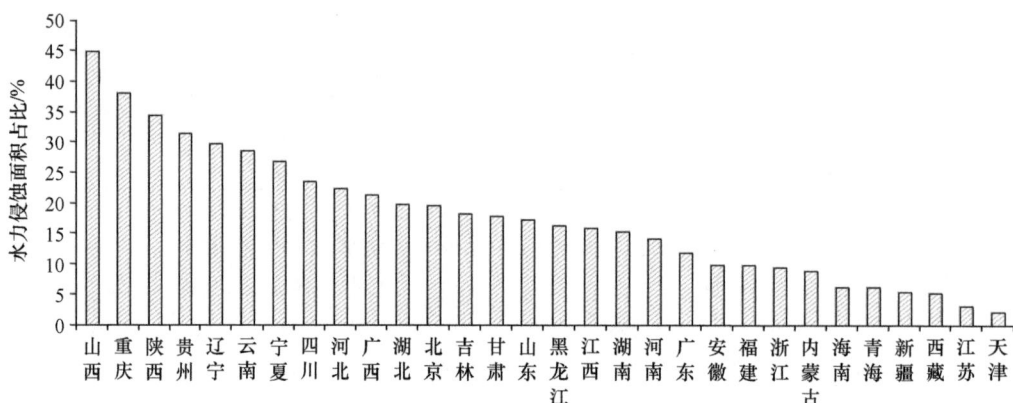

图 4-8　各省（自治区、直辖市）水力侵蚀面积占其总面积比例排序

黄土高原主体（西吉、海原、原州、彭阳和同心）水蚀面积占其总面积的 36.4%。二是侵蚀比较严重的西南紫色土和石灰岩地区，以及东北黑土漫岗区。西南地区的重庆、云南、贵州、广西和四川等省（自治区、直辖市）的水蚀面积分别占其总面积的 35.3%、27.6%、26.4% 和 25.1%，东北地区的辽宁省和吉林省水蚀面积分别占其总面积的 30.1% 和 24%，黑龙江省漫岗区（不含大小兴安岭和三江平原区）的哈尔滨市、绥化市、齐齐哈尔市和黑河市的部分县（市）等的水蚀面积占其总面积的 27.2%。三是侵蚀中等的中部地区，主要包括北方土石山区和南方红壤丘陵区的长江中下游地区，如河北、北京、山东、河南、湖北、湖南、江西等省（直辖市）的水蚀面积占其总面积的比例变化于 13.5%～20%。四是侵蚀较轻的江南丘陵区、青藏高寒区和西北干旱区，包括广东、安徽、浙江、福建、海南、青海、西藏、新疆、江苏等省（自治区），水蚀面积占其总面积的比例变化于 1.6%～11.8%。

参 考 文 献

符素华, 刘宝元, 周贵云, 等. 2015. 坡长坡度因子计算工具. 中国水土保持科学, (5): 105-110.
郭乾坤, 刘宝元, 朱少波, 等. 2013. 中国主要水土保持耕作措施因子. 中国水土保持, (10): 22-26.
郭索彦, 李智广. 2009. 我国水土保持监测的发展历程和成就. 中国水土保持科学, 7(5): 19-24.
国务院第一次全国水利普查领导小组办公室. 2010. 水土保持情况普查. 北京: 中国水利水电出版社.
刘宝元, 郭索彦, 李智广, 等. 2013a. 中国水力侵蚀抽样调查. 中国水土保持, (10): 26-34.
刘宝元, 刘瑛娜, 张科利, 等. 2013b. 中国水土保持措施分类. 水土保持学报, 27(2): 80-84.
刘宝元, 杨扬, 陆绍娟. 2018. 几个常用土壤侵蚀术语辨析及其生产实践意义. 中国水土保持科学, 16(1): 9-16.
刘宝元. 2007. 水土保持专家刘宝元先生论: 水土流失监测的概念、种类与方法. 水土保持通报, 27(4): 封 2.
水利部. 2002. 全国水土流失公告. 北京: 水利部.
曾大林, 李智广. 2000. 第二次全国土壤侵蚀遥感调查工作的做法与思考. 中国水土保持, (1): 28-31.
中华人民共和国水利部, 中华人民共和国国家统计局. 2013. 第一次全国水利普查公报. 北京: 中国水利水电出版社.
周为峰, 吴炳方. 2005. 土壤侵蚀调查中的遥感应用综述. 遥感技术与应用, 20(5): 81-86.

Evans R. 2005. Monitoring water erosion in lowland England and Wales: a personal view of its history and outcomes. Catena, 64: 142-161.

Foster G R, Wischmeier W H. 1974. Evaluating irregular slopes for soil loss prediction. Transactions of the American Society of Agricultural Engineers, 17: 305-309.

Fuller W A, Dodd K W, Wang J Y. 1998. Estimation for the 1997 national resources inventory. http:/ /www. Nrcs. Usda. gov/wps/portal/nrcs/main/national/technical/nra/nri/.

Goebel J J. 1998. The national resources inventory and its role in US agriculture//Proceedings of Agricultural Statistics 2000. Washington D. C.: USDA: 181-192.

Grimm M, Jones R, Montanarella L. 2002. Soil erosion risk in Europe. European Commission, Joint Research Center, Institute for Environment and Sustainability, European Soil Bureau.

Guo Q K, Liu B Y, Xie Y, et al. 2015. Estimation of USLE crop and management factor values for crop rotation systems in China. Journal of Integrative Agriculture, 14(9): 1877-1888.

Harlow J T. 1994. History of natural resources conservation service national resources inventories. Washington D.C.: USDA.

Liu B Y, Nearing M A, Risse L M. 1994. Slope gradient effects on soil loss for steep slopes. Transaction of the American Society of Agricultural Engineers, 37(6): 1835-1840.

Liu B Y, Zhang K L, Xie Y. 2002. An empirical soil loss equation// Proceedings-Process of Soil Erosion and Its Environment Effect, 12th International Soil Conservation Organization Conference. Beijing: Tsinghua University Press: 21-25.

Lu H, Gallant J, Prosser I P, et al. 2001. Prediction of sheet and rill erosion over the Australian continent, incorporating monthly soil loss distribution. CSIRO Land and Water Technical Report.

Morgan R P C. 2006. Soil Erosion and Conservation. Blackwell Publishing.

Nusser S M, Goebel J J. 1997. The national resources inventory: a long-term multi-resource monitoring programme. Environmental and Ecological Statistics, 4(3): 181-204.

Nusser S M, Kienzler J M, Fuller W A. 1998. Geostatistical estimation data for the 1997 national resources inventory. http://www.nrcs.usda.gov/wps/portal/nrcs/main/national/technical/nra/nri/.

Panagos P B, Poesen J, Ballabio C, et al. 2015. The new assessment of soil loss by water erosion in Europe. Environmental Science and Policy, 54: 438-447.

U.S. Department of Agriculture. 2018. Summary report: 2015 national resources inventory. Washington D.C.: Natural Resources Conservation Service, Center for Survey Statistics and Methodology, Iowa State University.

USDA-NRCS. 1995. Resources inventory business area analysis. Washington D.C.: USDA.

USDA-NRCS. 1997. Instructions for collecting 1997 national resources inventory data. Washington D.C.: USDA.

USDA-NRCS. 2000a. 1997 national resources inventory: a guide for users of 1997 NRI data files(CD-ROM version 1). Washington D.C.: USDA.

USDA-NRCS. 2000b. National resources inventory analog to digital imagery transition report. Washington D.C.: USDA.

USDA-NRCS. 1989. Streamlining the national resources inventory process. Washington D.C.: USDA.

Williams J, Jorres C A, Dyke P T. 1984. A modeling approach to determining the relationship between erosion and soil productivity. Transactions of the American Society of Agricultural Engineers, 27: 129-144.

Wischmeier W H, Smith D D. 1965. Predicting rainfall erosion losses from cropland east of the Rocky Mountains: guide for selection of practices for soil and water conservation. Washington D.C.: USDA.

Wischmeier W H, Smith D D. 1978. Predicting rainfall erosion losses: a guide to conservation planning. Washington D.C.: USDA.

Xie Y, Yin S Q, Liu B Y, et al. 2016. Models for estimating daily rainfall erosivity in China. Journal of Hydrology, 535: 547-558.

第 5 章　人工模拟降雨试验方法

5.1　人工模拟降雨的作用

野外径流小区观测是坡面径流和土壤侵蚀研究中获取资料的主要途径，但每年产生径流和土壤侵蚀的降雨事件次数有限，因此要获得理想的数据资料需要较长时间。径流和泥沙过程的数据获取比较困难，限制了对径流形成和土壤侵蚀机理的研究。再者，野外径流小区的管理与维护需要大量的人力与物力。为了弥补野外径流小区观测的不足，20世纪 30年代以来，科学家广泛地将人工模拟降雨技术应用在入渗、径流和土壤侵蚀研究领域。

与天然降雨观测相比，人工模拟降雨试验有以下优点：①获取数据快，效率高，节约大量的人力、物力、财力，研究人员可以在较短的时间内，设计不同的对照试验进行观测，获取数据；②可以进行入渗、径流和侵蚀过程观测，在人工模拟降雨过程中，研究人员可以根据降雨历时，灵活设计入渗、径流和含沙量取样时间间隔，得到过程数据；③易于进行控制对照试验，揭示规律，相对于天然径流小区，人工模拟降雨试验能更好地对观测小区进行控制，研究单因子对径流和侵蚀的影响；④便于进行试验过程观察，为试验数据的解释提供证据。

尽管人工模拟降雨有很多优点，但要将其试验结果应用于野外情况，应要求人工模拟降雨的降雨特性（如雨滴大小、降雨动能和降雨强度等）与天然降雨有很好的相似性。此外，试验区的面积也需要有代表性，否则很难将人工模拟降雨结果进行应用推广。

5.2　天然降雨特性

为了让人工模拟降雨装置能更好地应用于土壤入渗、产流和土壤侵蚀研究，人工模拟降雨的降雨特性需与天然降雨有很好的相似性。国内外对天然降雨开展了比较多的研究，可为人工模拟降雨特性设计和人工模拟降雨机设备选择提供基础。降雨特性主要包括降雨量、降雨强度、雨滴大小及分布、雨滴终点速度、降雨动能等。

5.2.1　次　降　雨　量

次降雨量是指一次降雨开始到结束的总雨量。次降雨的历时可长可短，有时短至几分钟，有时可持续数日。根据气象站的实测资料，观测到的次降雨事件中，15分钟降雨量可达 198.1mm，日降雨可达 1870mm（表 5-1）。

根据《降水量等级》（GB/T 28592—2012），降雨划分为微量降雨、小雨、中雨、大雨、暴雨、大暴雨和特大暴雨 7 个等级（表 5-2）。引起侵蚀的最小降雨量为 12.7mm（Wischmeier and Smith，1965）。

表 5-1　不同降雨历时观测最大降雨量（Shelton，2009）

历时	总量/mm	位置	日期
1min	38.1	墨西哥瓜德罗普岛巴洛特	1970 年 11 月 26 日
8min	124.5	德国巴伐利亚州富森	1920 年 5 月 20 日
15min	198.1	牙买加钟角	1916 年 5 月 12 日
42min	304.5	美国密苏里州霍尔特	1947 年 6 月 22 日
165min	558.8	美国得克萨斯州的达尼斯	1935 年 5 月 31 日
1 天	1870	留日汪岛锡拉奥	1952 年 3 月 15 日

表 5-2　不同时段的降雨量等级划分表

等级	时段降雨量/mm	
	12h 内降雨量	24h 内降雨量
微量降雨	<0.1	<0.1
小雨	0.1~4.9	0.1~9.9
中雨	5.0~14.9	10.0~24.9
大雨	15.0~29.9	25.0~49.9
暴雨	30.0~69.9	50.0~99.9
大暴雨	70.0~139.9	100.0~249.9
特大暴雨	≥140.0	≥250.0

资料来源：《降水量等级》（GB/T 28592—2012）。

5.2.2　降雨强度

降雨强度的变化范围很大，每小时降雨可以从 1mm 左右变化到数百毫米，如郑州 2021 年 7 月 20 日测到的最大 1h 降雨强度为 201.9mm/h。研究发现（Hudson，1995；Xie et al.，2002），只有降雨强度达到一定程度后，才能产生侵蚀。Hudson（1995）提出的侵蚀性降雨强度标准是 25mm/h，Xie 等（2002）发现，最大 5min、15min、30min 和 60min 的侵蚀性降雨强度标准依次降低，分别为 30.1mm/h、20.6mm/h、13.3mm/h 和 8.5mm/h。

5.2.3　雨滴大小分布

天然降雨由大小不同的雨滴组成，雨滴直径可以小到接近 0mm，也可以大到 7mm 左右（图 5-1）。大部分学者认为雨滴大小可以用 Best（1950）提出的公式来模拟（江忠善等，1983；吴光艳等，2011；乔勇虎等，2017）。

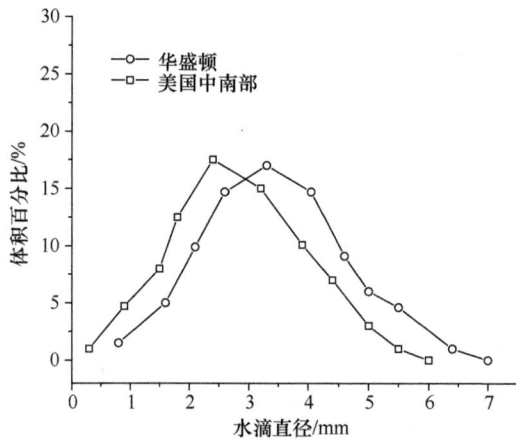

图 5-1　雨滴大小分布（降雨强度 150mm/h）（Bubenzer，1979a，1979b）

雨滴直径的中值大小与降雨类型和降雨强度有关（图 5-2）（McCool，1979；江忠善等，1983；乔勇虎等，2017）。短历时暴雨比普通暴雨类型有更大的降雨雨滴中值直径，如天水同样在 1mm/min 雨强条件下，短历时暴雨比普通暴雨雨滴中值直径偏大 27%（江忠善等，1983）。雨滴直径一般随降雨强度快速增加，到 50mm/h 后缓慢增加（Laws and Parsons，1943；江忠善等，1983；乔勇虎等，2017），其与降雨强度之间存在幂函数或对数函数关系（表 5-3）。此外，也有学者发现雨滴直径先随降雨强度增加，达到最大值后又随降雨强度的增加而减小（图 5-2）（Hudson，1963）。

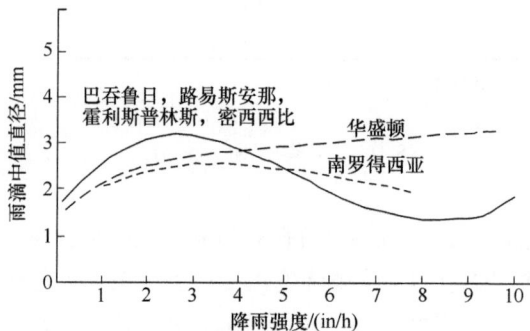

图 5-2　降雨雨滴中值直径随降雨强度的变化（Carter et al.，1974）

5.2.4　雨滴终点速度

雨滴降落速度一般随雨滴直径和降落高度的增加而加快。雨滴终点速度是指雨滴重力与空气阻力相等时，雨滴下落呈匀速运动时达到的最大速度。其是决定降雨动能的关键因子，是降雨特征的重要指标。Laws（1941）为了研究天然降雨终点速度的影响因素做了大量的试验，分析了雨滴在静止空气中的降落速度，发现雨滴降落速度是雨滴大小与降落高度的函数（表 5-4）。当雨滴直径为 2.0 mm，降落高度为 6 m 时，降落速度为

表 5-3　降雨雨滴中值粒径与降雨强度的关系

序号	公式	观测地点	资料来源
1	$D_{50}=2.35+0.87\lg I$	天水	江忠善等（1983）
2	$D_{50}=2.47+0.92\lg I$	西峰	江忠善等（1983）
3	$D_{50}=2.77+1.15\lg I$	绥德	江忠善等（1983）
4	$D_{50}=2.68+1.24\lg I$	离石	江忠善等（1983）
5	$D_{50}=2.58+1.03\lg I$	四站	江忠善等（1983）
6	$D_{50}=6.11I^{0.31}$	沈阳	尚佰晓等（2008）
7	$D_{50}=0.38I^{0.18}$	西峰	乔勇虎等（2017）
8	$D_{50}=1.91I^{0.182}$	—	Laws 和 Parsons（1943）
9	$D_{50}=2.76+11.4e^{-0.44I}-13.16^{-0.5I}$	—	Multchler 和 McGregor（1979）

注：D_{50} 为雨滴中值直径，mm；I 为降雨强度，mm/min。

表 5-4　雨滴在静止空气中的降落速度（Laws，1941）（单位：m/s）

水滴直径	降落高度							
	1.0m	2.0m	3.0m	4.0m	5.0m	6.0m	8.0m	20.0m
1.5mm	3.64	4.50	4.99	5.25	5.39	5.47	5.51	5.51
2.0mm	3.83	4.92	5.55	5.91	6.15	6.30	6.53	6.58
2.5mm	3.98	5.19	5.89	6.34	6.67	6.92	7.22	7.41
3.0mm	4.09	5.37	6.14	6.68	7.08	7.37	7.75	8.06
3.5mm	4.15	5.52	6.35	6.95	7.40	7.73	8.15	8.52
4.0mm	4.21	5.63	6.52	7.17	7.65	8.00	8.46	8.86
4.5mm	4.24	5.72	6.66	7.36	7.85	8.21	8.70	9.10
5.0mm	4.27	5.79	6.77	7.50	8.00	8.36	8.86	9.25
5.5mm	4.29	5.85	6.86	7.61	8.11	8.47	8.97	9.30
6.0mm	4.31	5.90	6.94	7.69	8.30	8.55	9.01	9.30

注：20m 处获得的是雨滴终点降落速度。

6.3 m/s；而雨滴直径为 5.0 mm，降落高度为 6 m 时，降落速度为 8.36 m/s。因此，不同的雨滴获得终点速度所需要的降落高度不同。由于雨滴降落速度随降落高度逐渐变化（图 5-3），从实用角度来看，Laws 将 95%终点速度的降落高度作为达到终点速度的实用标准（表 5-5）。

根据 Laws（1941）的研究结果，由于空气紊动产生摩擦阻力，雨滴达到终点速度所需的降落高度要小于雨滴在静止空气中达到终点速度所需的降落高度。我国乔勇虎等（2017）利用激光雨滴谱探测仪 HSC-OTT Persivel32 测量了不同雨滴直径的终点速度，测得的最大雨滴终点速度为 4.5m/s，绝大多数雨滴终点速度集中在 1.5～3.5m/s，对应的雨滴直径大小为 0.44～2.12mm。雨滴终点速度随降雨强度的变化较小，仅最大雨滴终点速度随降雨强度增大而增大。

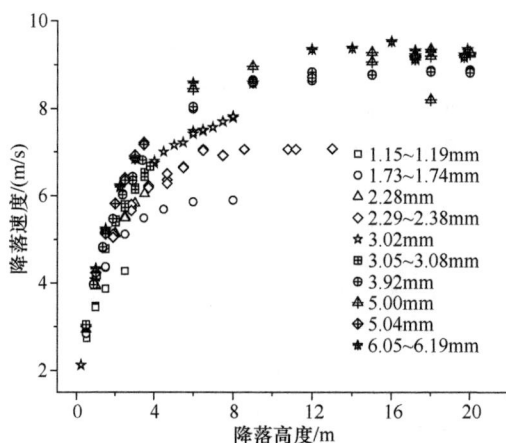

图 5-3 雨滴降落速度随降落高度的变化（Laws，1941）

表 5-5 不同雨滴获得终点速度需要的降落高度（Laws，1941）

	雨滴直径/mm					
	1	2	3	4	5	6
降落高度/m	2.2	5.0	7.2	7.8	7.6	7.2

5.2.5 降雨动能

降雨动能是影响土壤侵蚀的重要因素，其计算与雨滴大小和终点速度有关。上面的分析已表明，雨滴大小和终点速度均与降雨强度有关，因此不同学者建立了降雨动能与降雨强度的函数关系，将降雨动能表达成降雨强度的对数函数、幂函数、指数函数或线性函数关系（Wischmeier and Smith，1958；江忠善等，1983；吴光艳等，2011；乔勇虎等，2017）。目前广泛应用的降雨动能计算公式是 Wischmeier 和 Smith（1958）提出的公式：

$$e_k = 0.29(1 - 0.72e^{-0.05i}) \tag{5-1}$$

式中，e_k 为降雨动能，MJ/（hm^2·mm）；i 为降雨强度，mm/h。

5.3 人工模拟降雨特性

5.3.1 人工模拟降雨的设计要求

理想的人工模拟降雨装置不仅应制造和运行费用低，更重要的是，需要较好地模拟天然降雨最重要的特性。对于水土保持研究来说，需要较好地模拟降雨雨滴大小分布、雨滴终点速度和降雨强度，否则人工模拟降雨得到的水土流失规律将与天然降雨存在较大的差异。因此，为了模拟天然降雨的特性，人工模拟降雨装置应有以下特点（Meyer，1979）。

（1）雨滴大小分布与天然降雨相似。

（2）雨滴终点速度和天然降雨的终点速度接近。

（3）降雨强度能满足水土保持研究的需要。

（4）降雨均匀，能在研究区域内提供均匀的降雨雨滴大小和降雨强度。

（5）降雨能连续地供给整个研究区域。

（6）大多数雨滴都是垂直下落。

（7）对于模拟范围内的任意降雨强度，能进行任何降雨历时的降雨。

（8）在高温和中等风速的天气下，野外运行也能具有满意的降雨特性。

（9）方便移动。

（10）拥有足够大的下垫面面积。

以上要求可能随人工模拟降雨装置的不同而发生变化，但任何人工模拟降雨装置，都应在雨滴大小、雨滴终点速度等方面满足需求（Meyer，1979）。

1. 雨滴大小

天然降雨由无数大小不同的雨滴组成，雨滴直径在 0～7mm 变化，且一般来说，雨滴直径先随降雨强度增加而增大，增大到一定程度后保持不变。

针管式人工模拟降雨机产生的雨滴直径范围较窄，且常常只有一种雨滴直径。喷咀式人工模拟降雨机能产生较宽的雨滴直径，雨滴直径大小随喷咀孔径的增大而增大，随水压的增大而减小。通常喷头水平摆动，接近喷头处雨滴直径较小，离喷头越远雨滴直径越大。

2. 雨滴终点速度

雨滴终点速度依赖雨滴大小而在 0～9m/s 变化。针管式人工模拟降雨机雨滴的终点速度取决于雨滴大小和降雨机的高度。雨滴直径越大，高度越高，终点速度也越大。上喷式和侧喷式人工模拟降雨机的终点速度取决于雨滴的喷洒高度。下喷式人工模拟降雨机的雨滴终点速度与喷头处的流速和喷头高度有关。当下喷式人工模拟降雨机的喷头处产生的雨滴初始速度大于其终点雨滴速度时，雨滴在下落过程中做减速运动，并逼近其雨滴终点速度。当下喷式人工模拟降雨机的喷头处产生的雨滴初始速度小于其雨滴终点速度时，雨滴在下落过程中做加速运动，逼近其雨滴终点速度。

3. 降雨强度

天然降雨的降雨强度变化范围为每小时 0mm 到数百毫米。通常小降雨强度不是水土保持研究的范围，而太大的降雨强度也仅得到有限的关注。10～100mm/h 的降雨强度较为普遍，也是水土保持研究关注的重点。

针管式人工模拟降雨机的降雨强度受流量和针管的间距影响。喷咀式人工模拟降雨机降雨强度的变化受喷头孔径大小、喷头上的水压和喷头间距等影响。

5.3.2　人工模拟降雨与天然降雨的差异

不同人工模拟降雨装置产生的雨滴分布可能会与天然降雨存在差异，使用前需仔细评价人工模拟降雨机的性能。例如，Meyer 和 Harmon（1979）比较了 Veejet8070、Veejet80100 和 Veejet80150 在喷头高度为3m，压力为41N/m^{2}时的雨滴大小分布（图5-4），并与两种强度的天然降雨雨滴分布进行了比较，发现 Veejet 80100 的雨滴分布与小雨强时的天然降雨雨滴分布相似性更好；Veejet 80150 的雨滴分布与天然降雨大雨强的更为相似；Veejet 8070 的雨滴分布与天然降雨则差异较大。此外，当降雨强度大于 30mm/h 时，Veejet 80150 的降雨动能与密西西比北部的天然降雨接近，Veejet8070 的降雨动能远低于天然降雨动能（图5-5）。

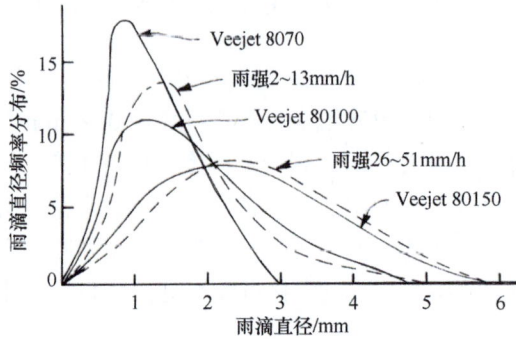

图 5-4　不同喷头的雨滴分布与天然降雨的雨滴分布比较（Meyer and Harmon，1979）

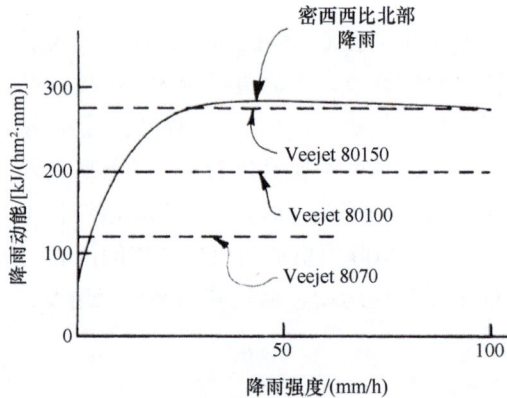

图 5-5　不同喷头降雨动能的差异（Meyer and Harmon，1979）

5.3.3　人工模拟降雨试验结果的校正与应用

1. 降雨强度的校正

同一台模拟降雨装置在不同情况或不同时间使用时，其设计雨强与实际雨强可能存在差异，因此需要将径流和土壤侵蚀的测量结果校正到设计雨强下进行比较。

当降雨强度较大时，研究人员可以假定实测雨强与设计雨强之间的偏差不大，因此对入渗的影响很小，可将设计雨强减去实际入渗量，就得到校正后的径流量。

为了校正土壤流失量的测定值，研究人员需要知道降雨强度对土壤侵蚀的影响。一些研究成果显示，土壤流失量与降雨强度的二次方接近正比关系，因此一般可用式（5-2）得到校正后的土壤流失量：

$$校正土壤流失量 = \left(\frac{设计雨强}{实测雨强}\right)^2 \times 实测土壤流失量 \tag{5-2}$$

2. 人工模拟降雨结果的应用

使用人工模拟降雨得到的研究成果是在一场或一系列模拟暴雨条件下，对比不同因素（如耕作方法）所导致的侵蚀速率的相对大小。我们真正的研究目的是想知道天然降雨下的侵蚀情况。为了将模拟试验结果应用于天然降雨条件，我们需获得至少一组与模拟降雨条件相匹配的天然降雨年侵蚀量的长期观测值。可以假设该地面处理天然降雨与模拟降雨侵蚀量的比值也适用于其模拟试验条件，以此估算出其他条件下的年侵蚀量。

5.4　人工模拟降雨设备发展历程

早在 20 世纪 30 年代初，就有人使用喷壶作为雨滴发生器来进行模拟降雨试验，这是最早、最简单的人工模拟降雨器。随后人们使用一些结构简单的喷管形式作为降雨器。较早应用人工模拟降雨方法研究土壤侵蚀的学者中，较有名的是 Duley 和 Hayes（1932）、Hendzinksen（1934）和 Zingg（1940），他们采用的试验小区大小分别为 1.5m×0.8 m、3.2m ×0.99m 和 2.44m×1.22m（陈文亮和王占礼，1990）。到 20 世纪 40 年代末 50 年代初，随着对天然降雨各种特性的研究更加深入以及模拟降雨方法的广泛应用，人工模拟降雨装置的研制受到了重视，不同类型的降雨装置不断地被研制出来。1979 年，Bubenzer 按照雨滴形成方式总结了水土保持研究中常用的 63 种人工降雨模拟机（Bubenzer，1979b）。1958 年，Meyer 和 McCune 研制了槽式人工模拟降雨机，随后被广泛应用于美国农业部（USDA）及其他与土壤侵蚀相关的科学研究工作，特别在美国国家土壤侵蚀实验室的相关实验中得到了广泛使用，其降雨动能和雨滴大小分布与天然降雨有很好的相似性。Foster 等（1979）对 Meyer 和 McCune 的槽式人工模拟降雨机做了部分改进，改进以后的模拟降雨机性能更好，运行更为稳定，是美国国家土壤侵蚀实验室装备中主要的人工降雨设施。

我国从 20 世纪 50 年代后期起，就开始研制引进模拟降雨的装置，并将人工模拟降雨的方法用于土壤侵蚀和径流观测等方面的试验研究工作。较早进行这项工作的有黄河水利科学研究院和中国科学院水利部水土保持研究所，其使用了侧喷式模拟降雨装置。还有中国科学院地理科学与资源研究所、铁道科学研究院西南研究所（现为中国铁道科学研究院西南院）等单位，使用了针管桁架式的模拟降雨装置。科学技术的发展，一方面为人工模拟降雨装置的研制和改进创造了有利的条件，另一方面对模拟天然降雨特性方面的精度要求也越来越高，特别是模拟降雨动能方面的要求更为突出。近年来，人工模拟降雨装置日臻完善，由简单到复杂，从小型到大型，从手工操作到由电子计算机控制的模拟装置等，不断地涌现出来，尤其是对降雨喷头的研制更为重视。

5.5 常见人工模拟降雨设备类型

自 20 世纪 30 年代人工模拟降雨装置应用于土壤侵蚀研究以来，人工模拟降雨装置被进行了大量研发和改造。人工模拟降雨装置分类众多，常见的是根据喷头类型和降雨喷洒方向进行分类。

人工模拟降雨装置根据喷头类型主要分为以下 4 种。

（1）管网式：管网式人工模拟降雨装置是在平行的网管上钻取小孔，通过施压使水流通过小孔实现降雨，其雨滴粒径由孔径决定，灵活性较差，不便于控制。苏联的布雷京率先进行此类模拟降雨装置的研究，但由于当时研究领域尚处于空白阶段，对于人工模拟降雨雨滴的动能、降雨均匀度及雨滴落地终点速度都无从标定，故装置仍存在较多缺陷。国内学者徐向舟等（2006）制作了一套管网式人工模拟降雨装置，有效降雨均匀度达到了 80%以上，其降雨面积为 875m^2（25m×35m），同时雨滴粒径在 3mm 以内，降雨高度为 5m，雨强可根据试验要求在 1.2～4.0mm/min 选择，且降雨稳定，便于控制。

（2）针管式：针管式人工模拟降雨装置发展较晚，其降雨系统由进水管、雨盒、分流筒、分流管和针头等组成，水滴通过针头末端滴落。最初，以 1984 年日本大起理化株式会研制的装置为代表，其模拟降雨装置落差 2m，偏差≤20%，均匀度良好，属当时较为先进的模拟降雨装置。现阶段，以针管式圆模拟降雨装置为代表进行研究，数据显示当降雨高度为 1.6m 时，该装置的降雨覆盖面积为 19m^2，降雨强度为 0～15mm/h，雨滴粒径为 0～10mm，降雨均匀度大于 90%，但降雨强度范围太小。

（3）悬线式：悬线式人工模拟降雨装置的特征与针管式人工模拟降雨装置相类似，其特点在于雨滴在悬线终端以初速度为零离开，便于调控人工模拟降雨的动能。但由于初速度为零，当降雨高度较低时，雨滴落地终点速度很难达到 9m/s 的要求，运用并不广泛。因此，目前国内外关于此类模拟降雨装置的研究成果较少。

（4）喷咀式：喷咀式人工模拟降雨装置将喷孔或者喷嘴作为出雨装置。早期由于水压很难精确调控，该类降雨装置易产生雨滴直径不均匀的情况，但其装置易调控，施工方便。

人工模拟降雨装置根据降水喷洒方向分为以下 2 种类型。

（1）侧喷式：水流经碎流板遮挡以后呈一定角度向上喷射，到最大高度后呈自由落体运动降落地表，雨滴的运动轨迹呈抛物线形式。因为是自由落体运动，所以需要的高度比较高。

（2）下喷式：为了降低降雨机的高度，很多降雨机采用了下喷的形式产生降雨，由于雨滴离开降雨器时有一定的初速度，所以比较容易达到终点速度，相应地降低了降雨机的高度。

截至目前，喷咀式人工模拟降雨装置应用最广泛，其雨滴特性与天然降雨较为相似，常用于高精度人工模拟降雨研究。管网式人工模拟降雨装置造价相对较低，可用于野外大规模降雨模拟，悬线式人工模拟降雨装置运用较少。

2010 年，北京师范大学在此基础上改进了槽式下喷摆动式人工模拟降雨装置，建成了人工模拟降雨大厅，同时研制了供水、供电、安装、运输等完善、配套的野外人工模拟降雨机设备。

5.6　室内人工降雨

5.6.1　实　验　设　计

室内实验主要用于研究因素对土壤侵蚀的影响规律，一般规模（长、宽）较小，实验设计应有较强的可比性和对实际情况的代表性，一般最少需要重复两次。两次实验结果相差较大时应增加实验重复次数，实验顺序和位置应随机安排。

5.6.2　设备组成及运行方法

以北京师范大学房山综合实验基地人工模拟降雨大厅 5 喷头槽式下喷人工模拟降雨机为例，说明设备组成及运行方法。

室内人工模拟降雨系统主要包括降雨机主机、悬挂系统、供水系统、供电系统、中控系统等。其设备运行方法如下。

1. 设备安装

室内人工模拟降雨机固定在可升降的"口"形钢梁上，设备一次性安装到位。如果需检修和调节，使用遥控器将降雨机降落至地面，检修结束后再升起降雨机即可（图 5-6）。降雨机机箱处要比水箱处略高（建议 10cm），以保证喷在降雨机内部的水能回流到水箱里。

图 5-6　室内人工模拟降雨机安装

2. 地面水箱注水

实验前，应将地面水箱注满水，确保水量能满足实验用水。目前地面水箱总容量为4t，能够满足大部分实验要求。如果不能保证实验用水，请采用其他方法弥补水量不足。一般用去离子水进行降雨实验，在实验要求不严格时，也可直接用自来水进行实验。

3. 地面水泵控制

地面水泵采用变频水泵（图5-7），可以做到无人值守。实验前打开水泵电源，实验结束后，切断电源。此水泵会根据降雨机机载水箱水位自动供水，无须额外人为操作。

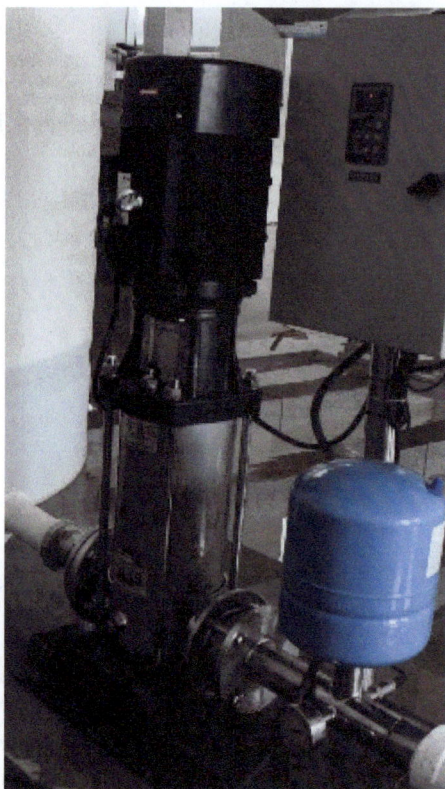

图5-7 水泵

4. 启动降雨机

打开控制室供电箱和降雨机电源开关，给降雨机供电，启动人工模拟降雨控制软件。

5. 启动降雨机水泵

点击软件水泵按钮打开水泵开关，此时降雨机水泵开始供水，喷头开始静止性喷水；调整喷头附近的阀门来调节喷头水压，喷头要求水压在 0.04～0.05MPa，才能使雨滴大小、动能接近天然降雨雨滴。

6. 开始降雨

启动降雨控制程序，进行雨强、降雨历时及采样报警后即可启动整场降雨，详细设置及使用方法参见人工模拟降雨控制软件操作手册。

7. 结束降雨

场次降雨结束后，系统自动控制降雨停止，关闭地面水泵电源等。

5.7　野外人工模拟降雨

5.7.1　试验设计

在野外进行人工模拟降雨试验时，试验小区应具有能代表拟评价的措施和条件。人工模拟降雨试验小区与天然径流小区一样，小区的上部边界和两侧边界必须用隔板隔开，常用的材料为金属板或塑料板。金属板应埋进地里足够深度，在降雨过程中能保持稳定；地面露出的高度能防止地表径流流进或流出小区。径流小区下端需用汇流槽，便于径流和泥沙的收集和取样。降雨面积应大于小区面积，使得小区内外的侧渗保持平衡。

在天然降雨条件下，前期土壤湿度变化范围较大。进行模拟降雨时，首先要在比较干燥的土壤上进行模拟降雨，然后再降落到较湿的土壤，即分别进行干运行和湿运行试验，这样便于数据的比较分析。因为初始土壤湿度很难达到完全相同，但首次降雨后所有小区的土壤湿度都会接近，因此数据具有可比性。

一年内农作物和其他土地利用状况变化常常很大，作物生长状况和耕作情况影响着全年不同时期的土壤情况和地面覆盖，进而影响水文过程和土壤侵蚀。对于这种变化比较明显的情况，研究人员应设法在年内不同时间或有代表的时段进行试验，以较好地确定和天然降雨情况下水文与土壤侵蚀的对比关系。

5.7.2　设备组成及运行方法

以北京师范大学 3 喷头槽式下喷人工模拟降雨机为例，说明设备组成及运行方法。野外人工模拟降雨系统主要包括降雨机主机、支架系统、供水系统、供电系统以及运输设备等。其设备安装及运行方法如下。

1. 安装降雨机支架

（1）框架安装：将两根竖支撑杆分别固定在上横梁的两侧，保持两根支撑杆在同一平面，与上横梁垂直，并用扣件扣紧（图 5-8）；至少制作两个框架。

（2）吊绳安装：放开绞盘（图 5-9）上的钢丝绳，搭入竖支撑杆上的滑轮，打开上横梁滑轮开口，将钢丝绳穿入，锁闭滑轮，然后将钢丝绳挂钩钩在绞盘处，适当拉紧绞盘。

图 5-8　框架安装

图 5-9　吊绳安装

（3）固定安装：将两个框架扶起竖立（图 5-10），保持竖直状态，间距 1.5m，用横连杆将搭好的框架连接固定，每侧两根。

图 5-10　竖支撑杆安装

（4）继续树立其他框架，并用横连杆连接固定。

（5）斜支撑杆安装：将斜支撑杆固定在竖支撑杆上（图 5-11），位置在两根横连杆之间。垫盘须埋入地里固定。最终，连接人工降雨机的支架搭好。

图 5-11　斜支撑杆安装

（6）拆卸：先通过绞盘将降雨机降落到地面，解开挂钩，挂钩固定在竖杆上。将降雨机搬走，解开横连杆，放倒支架，将横梁上的滑轮扣打开，取下钢丝绳，利用绞盘将钢丝绳绞紧固定在竖支撑杆上。

2. 安装软体水箱

（1）打开水箱袋，将垫布平铺在水箱放置区域，用水箱支架将水箱固定在垫布上（图 5-12）。

图 5-12　软体水箱

（2）地面水箱注水。实验前，请将地面水箱注满水，确保水量能满足实验用水。现地面水箱总容量为 $3m^3$，能够满足大部分实验要求。如果不能保证实验用水，请采用其他方法弥补水量不足。

（3）水路连接。将地面水箱水泵置于地面水箱中，水面应高于水泵高度；将水泵放入水箱中，通过水管和水管分接器相连；分别用水带将水管分接器和降雨机上水箱的快接接头相连。

3. 降雨机主机线路连接

（1）用数据线将两台降雨机机箱相连接。
（2）用长数据线将降雨机和控制器（笔记本电脑）连在一起。
（3）将水泵的电源线插头插在机箱处的插孔。
（4）将降雨机的电源线、控制器的电源线和地面水泵的电源线牢固地插在插座上。
（5）插座与发电机或其他供电系统连接。发电机操作按照发电机使用手册进行。

4. 启动地面水箱水泵

给地面水箱水泵供电（图 5-13），水泵开始给降雨机机载水箱供水。

5. 启动降雨机

给降雨机供电。启动控制器（笔记本电脑）（图 5-14），并启动人工模拟降雨计算机控制软件，选择有线或无线控制模式。

6. 启动降雨机水泵

如果使用计算机控制，点击左下方水泵按钮，详细使用方法参见计算机控制软件说明书。

图 5-13　发电机

图 5-14　控制器

7. 校验降雨水压

喷头要求水压为 0.04～0.05MPa，才能使雨滴大小、动能接近天然降雨雨滴，所以要调整喷头附近的阀门，使压力表读数为 0.04～0.05MPa（图 5-15）。

8. 降雨机升起

手摇绞盘挂起降雨机，降雨机喷水窗口离地面 2.5m 左右（图 5-16）。降雨机机箱处要比水箱处略高，以保证喷在降雨机内部的水能回流到水箱里。

图 5-15 水压表

图 5-16 降雨机

9. 启动降雨

启动地面水箱水泵和降雨机电源，以及控制器软件，按照计算机控制软件说明书设置好降雨强度、降雨历时后启动降雨。

10. 结束试验

关闭地面水箱水泵电源和降雨机电源。如果长久不再使用，则释放降雨机水箱中的存水。拆卸支架，将降雨机及附属设备放置到货车车厢里，便于运输（图 5-17）。

图 5-17　运输车

参 考 文 献

陈文亮, 王占礼. 1990. 国内外人工模拟降雨装置综述. 水土保持学报, 4(1): 61-65.

江忠善, 宋文经, 李秀英. 1983. 黄土地区天然降雨雨滴特性研究. 中国水土保持, (3): 34-38.

宁婷, 马晓勇, 刘树敏. 2020. 2000—2016年山西境内黄河流域侵蚀性降雨特征分析. 干旱区研究, 37(6): 1513-1518.

乔勇虎, 郭东静, 陈锡云. 2017. 泾河南小河沟流域自然降雨特性. 水土保持学报, 31(5): 133-138, 144.

尚佰晓, 王瑄. 陶伟. 等. 2008. 沈阳市天然降雨雨滴特征研究[J]. 水土保持研究, 15(6): 139-141.

吴光艳, 吴发启, 尹武君, 等. 2011. 陕西杨凌天然降雨雨滴特性研究. 水土保持研究, 18(1): 48-51.

徐向舟, 张红武, 董占地, 等. 2006. SX2002管网式降雨模拟装置的试验研究. 中国水土保持, (4): 8-10.

Best A C. 1950. The size distribution of raindrops. Quarterly Journal of the Royal Meterological Society, 76 (16): 16-36.

Bubenzer G D. 1979a. Rainfall characteristics important for simulation. Tucson: Proceedings of the Rainfall Simulator Workshop.

Bubenzer G D. 1979b. Inventory of rainfall simulators. Tucson: Proceedings of the Rainfall Simulator Workshop.

Carter C E, Greer J D, Braud H J, et al. 1974. Rain-drop characteristic in South Central United States. Transactions of the ASAE, 17: 1033-1037.

Duley F L, Hayes O E. 1932. The effect of the degree of slope on runoff and soil erosion. Journal of Agricultural Research, 45(6): 349-359.

Foster G R, Eppert F P, Meyer L D. 1979. A programmable rainfall simulator for field plots. Tucson: Proceedings of the Rainfall Simulator Workshop.

Hendzinksen B H. 1934. The choking of pore space in the soil ant its relation to runoff and erosion. Eos, Transactions American Geophysical Union, 15(2): 500-505.

Hudson N. 1995. Soil Conservation. 3rd Edition. Ames: Iowa State University Press.

Hudson N W. 1963. Raindrop size distribution in high intensity storms. Rhodesian Journal of Agricultural Research, 1: 6-11.

Laws J O. 1941. Measurement of the fall velocity of waterdrops and raindrops. Eos, Transactions American Geophysical Union, 22: 709-721.

Laws J O, Parsons D A. 1943. The relation of raindrop-size to intensity. Eos, Transactions American Geophysical Union, 24(2): 452-460.

McCool D K. 1979. Regional difference in rainfall characteristics and their influence on rainfall simulator design. Tucson: Proceedings of the Rainfall Simulator Workshop.

Meyer L D. 1979. Method for attaining desired rainfall characteristics. Tucson: Proceedings of the Rainfall Simulator Workshop.

Meyer L D, Harmon W C. 1979. Multiple-intensity rainfall simulator for erosion research on row sideslopes. Transactions of the ASAE, 22: 100-103.

Meyer L D, McCune D L. 1958. Rainfall simulator for runoff plots. Agricultural Engineering, 39(10): 644-648.

Multchler C K, McGregor K C. 1979. Geographical difference in rainfall. Tucson: Proceedings of the Rainfall Simulator Workshop.

Shelton M L. 2009. Hydroclimatology: Perspectives and Applications. Cambridge: Cambridge University Press.

Wischmeier W H, Smith D D. 1958. Rainfall energy and its relationship to soil loss. Eos, Transactions American Geophysical Union, 39(2): 285-291.

Wischmeier W H, Smith D D. 1965. Predicting rainfall-erosion losses from cropland east of the Rocky Mountains: guide fosr selection of practices for soil and water conservation. Washington D.C.: USDA.

Xie Y, Liu B Y, Nearing M A. 2002. Practical thresholds for separating erosive and non-erosive storms. Transactions of the ASAE, 45(6): 1843-1847.

Zingg A W. 1940. Degree and length of land slope as it affects soil loss in runoff. Agricultural Engineering, 21(2): 59-64.

第6章 人工模拟径流试验

与人工模拟降雨试验类似，可以利用变坡试验水槽，在控制条件下开展人工模拟径流试验，系统研究坡面径流水动力学特性、含沙量对坡面径流水动力学特性的影响及其动力机制、土壤分离能力及坡面径流挟沙力等相关内容，为揭示土壤侵蚀水动力学机理奠定试验基础。

6.1 人工模拟径流系统的组成与用途

自 20 世纪 80 年代，试验水槽已经成为研究坡面径流水动力学特性、土壤侵蚀的重要手段，与人工模拟降雨试验相互配套，成为揭示土壤侵蚀动力学机制的有效途径。虽然受特定试验目的影响，人工模拟径流试验存在一定的差异，试验水槽系统的组成、规格和用途有所差异，但仍然具有一定的共性。

6.1.1 人工模拟径流系统组成

人工模拟径流试验的目的是在控制条件下，深入系统研究与坡面径流密切相关的土壤侵蚀过程和机理，因此如何高效、准确控制坡面径流水动力学特性是人工模拟径流试验的关键。为了达到这个核心技术要求，人工模拟径流系统一般由供水设备、流量控制与测定设备、变坡试验水槽、坡面径流水动力学特性测定设备、加沙设施和沉沙池等部分组成（图 6-1）。

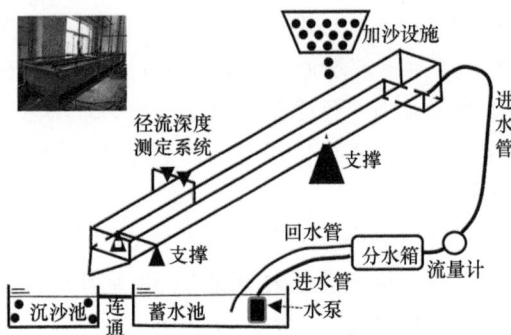

图 6-1 人工模拟径流试验系统组成示意图

供水设备由蓄水池、潜水泵、进水管、分水箱和回水管组成。人工模拟径流试验需水量大，且蓄水池的大小变化范围很大，需要根据试验对流量的需求确定，可以是不漏水的水泥池，可以是相互连通的蓄水桶，还可以是体积较大的小水库。潜水泵的扬程和流量也需要根据试验对最大流量的需求来确定，其供水流量会随着变坡试验水槽高度的升高而相对减小，因此需要依据试验最大坡度确定合理的潜水泵规格。试验时利用潜水泵将水流输入分水箱，经过分水箱分流的水流，通过进水管从水槽上端的消能池底部进入水槽。从底部进入消能池的目的是消除水流的紊动性。当水流蓄满消能池后，水流以溢流形式较为平稳地进入水槽。也可以利用具有一定高度的水塔供水，从水塔放水，经过水管进入水槽顶端的消能池，蓄满后以溢流形式进入水槽。为了消除水塔内水位下降导致流量的减小，需要在水塔和水槽之间安装一个恒定水位的分流装置，这样水塔直接给分流装置供水，保证分流装置内水位恒定，从而可以保证供水流量不会随着试验时间的延长而减小。无论是哪种供水形式，进入水槽中的水流会沿着水槽流动，最后流出水槽。对于不含沙的试验，水流可以直接流进蓄水池，进行循环使用，继续试验。而对于含沙水流的相关试验，径流应先流进沉沙池，将大部分泥沙沉积在沉沙池内。经过泥沙沉积后的清水通过连通管流回蓄水池，循环使用。

流量控制主要由分水箱完成，分水箱上需要安装若干个直径较小的回水管，每个回水管上安装有阀门，打开、关闭或调整阀门大小，即可调节各个回水管内的回水流量。分水箱和流量计之间的进水管上需要安装控制阀门，用于调节进入水槽流量的大小。和分水箱相互连接的各个阀门相互影响，因此调节流量时需要足够的耐心。流量测定可以用流量计测定，也可以在水槽下端直接收集径流测定。流量计可以选择数字型流量计，但目前很多数字型流量计都比较敏感，试验过程中会出现明显的波动，因此需要系统率定，根据流量计类型和型号确定有效的率定时间和流量变化范围。当试验流量较小时，可以直接在水槽出水口收集径流，当5次测量结果的平均值与设计流量的误差小于2%时，即可开始试验。当然，潜水泵的出水流量受电压的影响比较明显，只有当试验场地的工作电压比较稳定时，才可以获得较为稳定的流量。

变坡试验水槽是人工模拟径流试验的重要组成部分，是开展相关试验的重要设施。为了获得不同的侵蚀动力，需要根据试验设计调整水槽坡度。同时，由于土壤侵蚀与水土保持的相关研究需要在相对较大的坡度范围内进行，所以水槽坡度的调整范围也要比较大，一般在0°～30°变化。水槽前端通过可以旋转的横轴安装在支架上，而支架又固定在地面上，从而保证水槽位置固定且横轴处高度恒定。水槽后端高度可调，为水槽提供不同的坡度。水槽后端高度的升高可以通过不同的方法实现，常见的有手动式滑轮、遥控型电子滑轮或液压升降系统。

对坡面径流水动力学特性可以进行相对准确的测量，同时在试验过程中坡面径流水动力学特性相对稳定，是变坡试验水槽最大的优点，也是开展人工模拟径流试验的核心目的。除了流量和坡度两个最基本的水动力学参数以外，水深、流速、含沙量和水温是通常需要测定的水动力学参数。在已知流量、坡度、水深、流速以及水温的条件下，可计算得到径流流态（雷诺数、弗劳德数）、水流阻力、水流剪切力、水流功率和单位水流功率等与土壤侵蚀过程密切相关的水动力学参数（张光辉等，2002）。

为了研究输沙对坡面径流水动力学特性的影响（Zhang et al., 2010b）以及测定坡面径流挟沙力（Zhang et al.，2009a），通常采用人工加沙的方法，调整坡面径流的含沙量或输沙率，因此人工模拟径流试验需要一套加沙设备与技术。如果是进行含沙径流的相关试验，试验过程中会产生大量泥沙，因输沙过程耗能，所以径流的水动力学特性必然会随着输沙率或含沙量的增大而发生变化，因此需要在水槽出水口建设沉沙池，将大部分泥沙沉积在沉沙池内，避免含沙量对坡面径流水动力学特性产生影响。此外，试验结束后需要及时清理沉沙池内的泥沙。虽然大部分泥沙可以在沉沙池内沉积，但总会有部分颗粒较小的悬浮泥沙通过沉沙池和蓄水池间的连通管进入蓄水池内，为了避免泥沙积累对坡面径流水动力学特性的影响，需要在试验进行一段时间后清洗全部蓄水池。

6.1.2　变坡试验水槽的类型与规格

变坡试验水槽是人工模拟径流试验的基础，揭示土壤侵蚀过程水动力学机理是人工模拟径流试验的核心目的。与野外径流小区相比，人工模拟径流试验具有试验设施易安装、试验动力条件和边界条件可控、试验数据质量有保证、可重复操作等优点，但其也具有无法充分反映野外土壤、植被以及土地利用等下垫面及其时间变化等真实情况，试验结果偏高等缺点。

根据变坡试验水槽下垫面处理，可将人工模拟径流试验分为侵蚀动床和侵蚀定床两大类。对于侵蚀动床，根据试验目的水槽内总是装填一定厚度的土壤，以及受径流冲刷导致土壤侵蚀形态特征的演变，试验过程中下垫面条件会不断发生变化，具有典型的时空变异特征。例如，快速湿润导致土壤物理结皮的形成与发育、地表随机糙率时空变异、细沟形成及其网络系统发育等，引起变坡试验水槽内径流汇聚过程和产沙过程具有强烈的时空动态变化，即使采用恒定流量开展人工模拟径流试验也是如此。同时，径流沿程入渗也是影响侵蚀动床试验结果的一个重要因素，径流沿着水槽从上到下流动，无论流速大小，总会向土壤内入渗，径流流量沿程逐渐减小，而流量是影响坡面径流其他水动力学特性的关键因素，从而增加了坡面径流水动力学特性测定的难度和不确定性。无法准确测定坡面径流水动力学特性，则无法解释土壤侵蚀水动力学机理，也就失去了开展人工模拟径流试验的根本意义。

所谓的侵蚀定床是指在试验过程中下垫面条件保持稳定状态。为了模拟野外条件下下垫面糙率，同时保证在试验过程中下垫面条件保持稳定，一般会在试验前，将试验土壤或试验用沙粘在水槽底部和边壁上。由于水槽底部没有渗漏，也不能侵蚀，从而保证径流到达试验段后含沙量为零，试验过程中坡面径流侵蚀动力稳定，具备测定研究坡面径流水动力学特性和土壤分离能力等相关内容的试验条件。同时，下垫面稳定为水深的准确测定提供了便利条件，进一步为计算水流流速、水流剪切力、水流功率和单位水流功率等综合性水动力学参数，以及分析土壤侵蚀过程水动力学机理奠定基础（张光辉，2017）。对于含沙径流和挟沙力等相关试验，因水槽下垫面稳定，不会被侵蚀，所以只要水槽内不出现泥沙沉积，含沙量或输沙率就等于试验设计值，为分析输沙对坡面径流水动力学特性的影响以及测定挟沙力创造了良好的试验条件（Zhang et al.，2009a，2009b，

2010b）。因此，如果没有特殊说明，那么一般意义上的人工模拟径流试验都是指侵蚀定床。

变坡试验水槽的规格主要指其长度和宽度，长度变化幅度很大，主要和试验目的密切相关。人工模拟径流试验的核心是为了揭示坡面径流影响土壤侵蚀过程的动力学机理，为了保证水槽内径流水动力学特性相对稳定，水槽需要具有足够的长度。目前常见的实验水槽长度在 0.5～23 m 变化。例如，比利时鲁汶大学 Govers 和 Poesen 研究小组用于测定土壤分离能力的水槽长仅为 2 m、宽为 0.098 m。北京师范大学房山综合实验基地的试验水槽长 5 m、宽 0.4 m，安装在中国科学院水利部水土保持研究所安塞水土保持综合试验站的试验水槽长 4 m、宽 0.4 m，而中国科学院水利部水土保持研究所人工模拟径流大厅内的变坡试验水槽长度为 23 m、宽度可调，最大宽度为 2 m（图 6-2）。为了保证试验过程中径流相对稳定，试验水槽顶端一般设计有消能池，试验时水流由消能池以溢流形式进入水槽，初速度基本为零，在重力作用下开始加速，逐渐达到稳定。加速区的长度随着流量、坡度和下垫面糙率的变化而有所差异，但一般条件下加速区长度都大于 2 m。经过加速区后径流速度达到稳定，因而加速区以下是测定径流水动力学参数（如水深、流速等）的最佳区域。水深测定需要若干个断面，而径流流速测定则需要一定长度的测流区，如采用最常见的染色法测定流速，受人眼反应时间和染色剂扩散的双重影响。测流区的长度不宜过短，也不能太长，过短则人眼反应产生的误差比较大，而太长则染色剂扩散范围很大，很难判断染色水流的中心位置，因此当采用染色法测定径流流速时，测流区长度以 2 m 左右为宜（罗榕婷等，2010），加上加速区长度和消能池长度，那么变坡试验水槽的长度以不小于 4.5 m 为宜。

鲁汶大学　　　　　北京师范大学房山综合实验基地和　　中国科学院水利部，
　　　　　　　　　安塞水土保持综合试验站　　　　　水土保持研究所

图 6-2　典型单位人工模拟径流试验系统
L 为长度；W 为宽度

变坡试验水槽的宽度变化幅度比较大，一般介于 0.05～2 m。为了保证径流在水槽内流动畅通，缩小过水断面上水动力学特性的变化梯度，水槽宽度不宜太小。一般而言，对于人工模拟径流试验，径流的宽深比不应小于 10，否则水槽边壁效应比较明显，显著影响坡面径流水动力学特性横向分布，增大相关试验结果的不确定性。

6.1.3　流量与坡度设置

对于人工模拟径流试验而言，流量和坡度设置至关重要，流量大小的设置与研究目的密切相关。对于坡面薄层径流水动力学特性、输沙的潜在影响及挟沙力试验而言，控制流量设置的核心是水深，而水深又随着坡度的增大而减小，随着下垫面糙率的增大而增大。因此，需要根据最小试验坡度和最大下垫面糙率组合，确定水深不能超出坡面薄层径流的范畴（一般不超过 1 cm）。而对于坡面股流（细沟径流）水动力学特性、输沙的潜在影响及挟沙力试验而言，流量的设置原理与薄层径流一致，但水深上限可以在几厘米，甚至超过 10 cm。

变坡试验水槽坡度的设置与试验目的密切相关，也与拟研究区的地形条件有关。对于欧美等国家和地区而言，水土流失主要发生在坡度较缓的耕地上，因而欧美等国家和地区相关试验的坡度上限比较小，一般不超过 10°。而在地形陡峻的中国，水土流失主要发生在坡度较大的陡坡上，因此为了获得更为普适的试验结果，人工模拟径流试验的坡度范围会比较大，通常会接近 25°，甚至更高。在其他参考文献中经常看到缓坡和陡坡的概念，但缓坡和陡坡是个相对概念，没有严格的界限。试验设计过程中，为了获得更为普适的研究结果，在试验允许的条件下，应尽量扩大人工模拟径流试验的坡度范围。

流量和坡度是影响坡面径流其他水动力学参数的关键因素，也是野外条件下最易测定的水动力学参数，所以人工模拟径流试验需要设置基本参数，根据流量和坡度的不同组合得到不同的侵蚀动力，如径流剪切力。某些情况下，需要研究流量和坡度对其他变量的影响，如流速、阻力特征、挟沙力，那么这时就需要根据研究区实际的降雨产流过程以及地形条件，确定合理的流量和坡度范围与等级。然而，在另外一些条件下，关注的重点并不是流量和坡度绝对值的大小，而是它们组合后得到的侵蚀动力大小，如细沟侵蚀阻力特征研究，这时的核心问题就是要获得较大范围的侵蚀动力，如径流剪切力。

人工模拟径流试验主要开展坡面径流水动力学特性、输沙对坡面径流水动力学特性的影响及其动力机制、土壤分离过程及其水动力学机理、坡面径流挟沙力以及土壤抗冲性等相关研究。坡面径流水动力学特性主要包括径流流态（雷诺数、弗劳德数）、流速、阻力特征（谢才系数、曼宁系数、达西-韦斯巴赫阻力系数）以及水流剪切力、水流功率及单位水流功率等综合性水动力学参数（张光辉，2001）。径流输沙是个耗能过程，因此输沙率（单位时间通过某个断面的泥沙量）或含沙量（单位体积浑水中所含泥沙的重量百分数）会直接影响坡面径流水动力学特性，但影响的大小与径流流态、流量以及泥沙特性（如组成、粒径、比重、形状等）密切相关（Zhang et al.，2010b）。土壤分离能力是指在特定水动力条件下清水可以分离土壤的最大值，受坡面径流水动力学特性和土壤属性的影响，与土壤分离速率之间具有一定的区别和联系（余新晓等，2019）。因为输沙会耗能，所以只有当含沙量为 0 时径流的分离速率最大，即土壤分离（Zhang et al.，2009b），因此测定土壤分离能力时需要采用侵蚀定床，且土样长度（或面积）必须足够小（张光辉，2017）。坡面径流挟沙力是特定水动力条件下坡面径流可以输移泥沙的最大通量，受径流水动力学特性和泥沙特性的共同影响。在野外条件下，受降水、地形、土壤、植被、土地利用、地表结皮和侵蚀过程等因素的综合影响，坡面径流挟沙力具有强烈的时空变异特征，因此在野外条件下直接测定坡面径流挟沙力非常困难，而人工模拟径流试验是测定坡面径流挟沙力的有效方法，应广泛推广使用（张光辉，2018）。土壤抗冲性反映了土壤抵抗径流冲刷的性能，可用抗冲槽测定，测定结果与径流流量、土壤性质及植被根系特性密切相关（刘国彬，1997；李强等，2013）。

6.2 流 速 测 量

流速是坡面径流最基本的水动力学特性，受降水特性、地形条件、土壤属性、植被特征、土地利用方式、砾石覆盖与出露、生物结皮生长发育等多种因素的综合影响，具有强烈的时空变异特征。流速是表征坡面径流水动力学特性的常用参数，也是计算径流阻力特征、径流剪切力等综合性水动力学参数的基础，因此在人工模拟径流试验中需要直接测定坡面径流流速。虽然近年来发展了很多流速测定方法，但由于坡面径流中含有泥沙，大部分基于光学、电学原理研发的流速测定方法，无法满足坡面径流流速测定。常见的流速测定方法包括流量法、染色法和盐溶液电导法。

6.2.1 流 量 法

流量法是人工模拟径流试验中常用的测定流速的方法，特别是侵蚀定床。该方法的计算原理非常简单，就是流量连续方程。对于常见的断面呈矩形的变坡试验水槽，在已知流量、水槽宽度和水深的条件下，可以直接计算得到流速：

$$V = \frac{Q}{A} = \frac{Q}{WH} = \frac{q}{H} \tag{6-1}$$

式中，V 为平均流速，m/s；Q 为流量，m^3/s；A 为过水断面面积，m^2；W 为水槽宽度，m；H 为水深，m；q 为单宽流量，m^2/s。为了获得较为准确的流速，流量和水深的测定都需要重复多次，取其平均值进行计算。采用该方法的基本条件是，水深测定的精度可控，而水深测定精度与测定设备、下垫面条件、流量和坡度范围、径流紊动性、断面选择、断面上测点布设数量及测定重复次数的因素有关，详见后文 6.2.4 节。

6.2.2 染 色 法

染色法是室内外测定坡面径流流速的传统方法。测定流速时，在选定的测流区上断面加入染色剂（如高锰酸钾等），观测染色径流流经测流区，并记录染色径流前锋或浓度最大位置离开测流区下断面所用时间，用测流区长度除以染色径流流经测流区所用时间，即可得到径流表面最大流速。虽然坡面径流属于典型的薄层水流，深度很小，但其流速随深度仍呈幂函数分布（图6-3），要得到径流平均流速还需进行修正：

$$V = \alpha V_{\max} \tag{6-2}$$

式中，V 为平均流速，m/s；α 为流速修正系数；$V_{\max}$ 为径流表面最大流速，m/s。确定合理的流速修正系数是正确使用染色法测定流速的基础，对流速修正系数影响最显著的因素是径流流态，径流紊动性越强，径流上下交换越剧烈，则流速梯度越小，流速修正系数越大。霍顿根据理论推导认为，对于宽度无限的光滑坡面的径流而言，层流的流速修正系数为 0.67，过度流的流速修正系数为 0.70，而紊流的流速修正系数为 0.80。判断径流流态的参数为雷诺数，其是径流单宽流量和径流运动黏滞系数的函数，而径流运动黏滞系数又随着温度的变化而变化。随着液体温度升高，水分子的热运动随之加强，则液体运动黏滞系数降低。因此，为了确定径流流态，试验过程中需要监测径流温度。利用实测温度计算径流运动黏滞系数，则利用径流单宽流量计算得到径流雷诺数，最后选取适合的流速修正系数，得到平均流速。对于含沙量为 0 或含沙量很低的径流，利用染色法即可得到无限宽径流的流速。

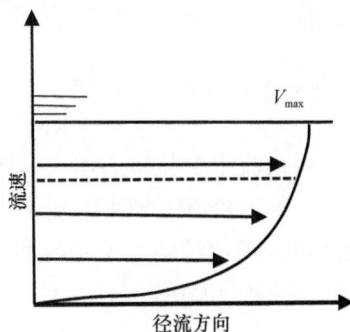

图 6-3　流速分布示意图

对于具有一定宽度的变坡试验水槽，由于受到水槽边壁影响，流速在横断面上的分布也不均匀，一般而言，水槽中部流速最大，紧贴水槽边壁的位置流速很小，甚至接近 0。为了更为精准地测定径流流速，染色法测定径流流速时需要在横断面上布设多个测点，测点数目可以按照水槽宽度确定，测点数目越多，则测定结果越准确。将多个测点测定的结果进行平均，得到径流平均流速。

前文已经论述，采用染色法测定径流流速时，测流区长度是影响流速测定结果的重要因素，不宜过长，也不宜过短。在侵蚀定床上，测流区长度以 2 m 左右为宜（罗榕婷等，2010）。但在侵蚀动床上，下垫面阻力较大，径流流速较小，因此测流区长度应适当缩短，以 1 m 左右为宜。换言之，测流区长度需要根据下垫面阻力大小适当调整，下垫面阻力越大，径流流速越小，则测流区长度应越短。除测流区长度以外，测流区布设的位置也非常重要，径流从消能池内以溢流形式流出，在重力作用下加速，加速区内径流流速不稳定，因此测流区的上断面必须设置在加速区以下，否则测定的径流流速偏小。

坡度是影响坡面径流流速的重要因素，在流量一定的条件下，随着坡度增大，径流流速增大，那么水深必然会减小。随着水深的减小，下垫面对坡面径流流速梯度的影响就会相对增大，图 6-3 中的流速梯度会向左边拉长，结果是随着坡度的增大，染色法流速修正系数降低。

对于含沙径流而言，除径流流态影响流速修正系数以外，输沙率或含沙量也是影响流速修正系数的重要因素。随着输沙率或含沙量的增大，泥沙颗粒启动消耗的能量增大，同时泥沙颗粒间相互碰撞的概率增大，碰撞过程也会消耗径流能量。另外，随着输沙率增大，径流运动黏滞系数呈幂函数增大，不同径流层之间的相对运动需要消耗更多的能量。因此，随着输沙率的增大，径流紊动性下降，径流流速修正系数降低，可以用式（6-3）进行调整（Zhang et al.，2010a）：

$$\alpha = -0.551 - 0.141 \lg S + 0.279 \lg Re - 0.056 \lg(Q_s + 0.001) \tag{6-3}$$

式中，S 为坡度；Re 为雷诺数；Q_s 为输沙率，kg/（m·s）。

当然在野外条件下或侵蚀动床上，无论是局地坡度，还是径流流态和输沙率，都具有明显的时空变化特征，从而导致染色法流速修正系数的选择较为复杂，需要在更为宽泛的条件下进行系统研究。

6.2.3　盐溶液电导法

径流是个典型的导电体，随着径流中含盐量的增大，导电性能增强。因此，可以利用安装在不同位置的两个电导仪，测定径流电导率的变化，即可得到含盐径流流过两个电导仪的时刻，用电导仪间距除以径流流经两点所用时间，即可估算出径流流速（Luk and Merz，1992）。当然这种方法测定的流速，与电导仪安装的位置以及施放进径流中盐的类型和浓度都有关系。

根据电解质传递、弥散过程以及物质连续方程，在没有降水和入渗（即典型的侵蚀定床）的条件下，假定电解质进入径流是个脉冲过程，根据水槽的边界条件和初始条件，则电解质浓度时空变化的解析解为（Lei et al.，2005）

$$C'(x,t) = C(x,t)/C_0 = \frac{x}{2t\sqrt{\pi D_H t}} e^{-\frac{(x-Vt)^2}{4D_H t}} \tag{6-4}$$

式中，$C'(x, t)$ 为某一位置、某一时刻的电解质浓度，是 $C(x, t)$ 与初始浓度 C_0 的比值；x 为水槽长度；t 为时间；D_H 为水动力弥散系数；V 为流速。依据式（6-4），如果可以测定得到水槽内不同位置含盐浓度的时间变化，即可通过拟合式（6-4），获得径流流速 V（图 6-4）。

自研发以来，盐溶液电导法取得了很大的进步，在不同下垫面（如砾石覆盖、秸秆覆盖、冻土表面等）条件下得到了广泛应用。但采用盐溶液电导法测定坡面径流流速时，需要电力条件，因而在野外条件下受到一定的限制。同时，电导仪探头必须接触到径流，否则无法测定得到电解质浓度的时空变化，也就没有办法测定径流流速。

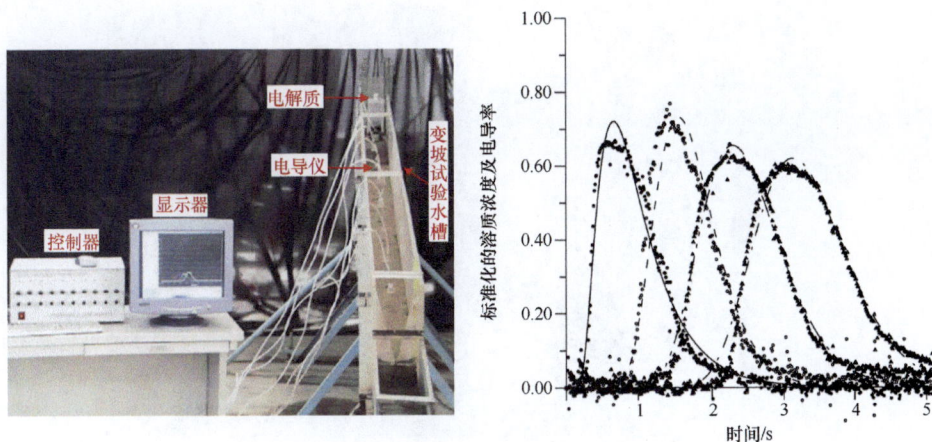

图 6-4 电解质测定径流流速示意图
左图为设备，右图为电解质浓度变化

6.2.4 水 深 测 量

水深是坡面径流重要的水动力学参数，也是计算其他综合性水动力学参数的基础，因此在人工模拟径流试验中需要准确测量水深。对于侵蚀动床，由于在试验过程中下垫面形态特征会不停地发生变化，对水深的准确测定比较困难，因此测定水深时大部分都是在侵蚀定床上进行。水深测量的主要方法有直尺、水位测针和超声波三种方法。

1. 直尺

使用直尺测定水深非常简单，经常在相关研究中使用。测量时，在测量断面直接用直尺测定不同位置的水深，将多个断面和多个位置的测定结果平均，即可得到水深。该方法简单易行，但精度有限，测定误差较大。当径流为深度变化于毫米到厘米的坡面薄层水流时，测定的结果相对较为准确，但当径流为典型的坡面薄层水流时，因直尺的刻度也为毫米级，测定误差就会比较大。因此，当研究坡面薄层径流时，不建议采用钢卷尺或直尺直接测定水深。

2. 水位测针

目前有很多种水位计，其测量精度存在一定差异。人工模拟径流试验中常采用数字型水位测针（图 6-5）测定水深。水位测针包括一个尖细的测针、高度调节系统、显示窗口以及刻度尺几个部分。

试验时将测针安装在可以沿水槽上下移动的横架上，测针在横断面的位置可以调整，测定时按照设计的断面和断面位置，在没有径流时多次测定各个断面及不同位置的高度，有了径流以后，再次在同样的断面和位置，多次测定径流表面的高度，无径流和有径流的高度差即为该断面、该位置的水深。该测针的精度比较高，可以达到亚毫米级。测量时旋转测针高度调节旋钮，当测针顶端靠近径流表面时，要非常缓慢地调整测针高

图 6-5 用水位测针测定水深示意图

度。采用测针测定水深时，准确判断测针是否与径流表面接触非常重要，因此要十分谨慎。当流量较大、坡度较陡或者下垫面糙率较大时，水面稳定性较弱，某个位置的水深会出现明显的波动，甚至出现较为明显的滚波，影响水深测定的精度。因此，水深的测定一定要持续一定的时间，采集多次数据进行平均，才可以获得较为可靠的水深。

3. 超声波

超声波方向性好、穿透能力强，易于获得集中声能，速度不随声波频率的变化而改变，在既定均匀介质中速度恒定，可以准确测定距离。该方法将超声波传感器安装在测定断面以上（图 6-6），测定水深时，超声波传感器根据到水槽底部或径流表面的距离输出一个电压，同时被数据采集器存储，利用式（6-5）即可计算得到超声波传感器距离水槽底部或径流表面的高度（朱良君等，2013）：

$$H = R_{min} + \frac{R_{max} - R_{min}}{2000} V_0 \qquad (6\text{-}5)$$

式中，H 为高度，mm；R_{min} 和 R_{max} 分别为最小量程和最大量程，每次测定时设置为常数，mm；V_0 为传感器输出电压，mV，介于 0～2000。

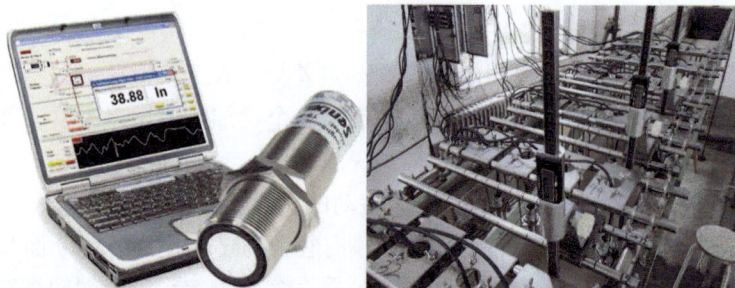

图 6-6 超声波测定水深示意图

利用超声波系统测定水深时，需要将超声波传感器安装在水槽的横断面上，为了测定断面不同位置处的水深,安装时应快速调整传感器的位置。没有径流时,在断面固定位置处测定水槽底部距离传感器的高度,有径流流动时,再次测定径流表面距离传感器的高度,两次测定的高度差即为水深。

超声波系统测定水深的精度与很多因素有关,主要包括传感器类型、数据采集器、测量时间、数据采集时间间隔、量程以及数据过滤方式等(朱良君等,2013)。对于美国 Senix 公司生产的 TSPC-30S2-232 型超声波传感器,量程介于 4.5~61 cm,高度测量精度为 0.1%。数据采集器可以连接传感器的数量以及可以采集数据的数量、间隔时间及存储能力,与数据采集器的类型有关,如由美国 Campbell 科技公司生产的 PC400 数据采集器,可以同时连接 16 个超声波传感器。可以对原始测量值采用最接近值过滤或稳定性过滤,再进行滑动平均或盒式平均。数据采集时间间隔变化幅度很大,介于 5 ms~2.78 h。一般而言,测量时间对水深的测定结果影响不大,而数据过滤方式对测定结果具有显著影响,因此需要根据具体情况选择合适的数据过滤方式,通常情况下稳定性过滤精度更高,可以优先使用(朱良君等,2013)。

在人工模拟径流试验中,水深测定具有重要意义,因此需要根据实际情况,对不同测定方法进行系统比较或率定,选择较为理想、可靠、实用的水深测定方法(胡国芳等,2015)。

6.3 下垫面糙率

下垫面糙率是影响坡面径流水动力学特性的重要因素,是坡面径流阻力的主要来源,也是人工模拟径流试验过程中需要精准测量的参数之一。与土壤侵蚀过程和机理密切相关的是局地的随机糙率,即一定范围内高程变化的标准差。下垫面糙率测定方法可以分为接触式和非接触式两大类(朱良君和张光辉,2013),本书重点介绍测针法、激光扫描法和摄影测量法。

6.3.1 测 针 法

测针法测定地表糙率利用自制的糙率仪完成,一般由若干个等距离分布的可以上下垂直运动的测针组成,测定时将糙率仪放在测定点,用数字照相机记录测针顶端的相对高度(图 6-7),然后利用相关软件进行数据处理,计算得到每根针相对于参考基准面的高度,再计算出各测点高度的标准差,即为随机糙率(张光辉和刘国彬,2001)。测针法是一种常见的相对粗略的糙率测定方法,误差大小与糙率仪的长度、测针数量与间距、测针重量以及地表松软程度有关。一般而言,为了便于携带,糙率仪长度不会超过 1 m,测针间距接近 1 cm,测针不易弯曲且重量较轻,不宜对地表引起扰动或不会直接插入土壤,影响测量结果。为了获得较为精准的测定结果,测定时需要做多次重复,取其平均值。

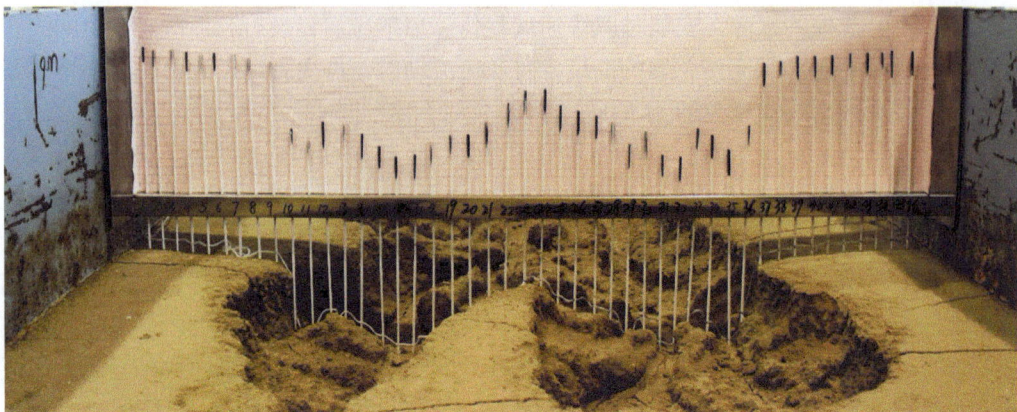

图 6-7　测针法测定下垫面糙率示意图

6.3.2　激光扫描法

激光扫描法是目前应用较多的测定下垫面糙率的方法，测定时用激光扫描系统对着选定的区域，缓慢扫描即可得到地表各个像元的相对高度，进一步计算即可得到下垫面糙率。下垫面糙率测定可以采用手持式激光扫描仪，也可以利用三维激光扫描仪，对于人工模拟径流试验而言，水槽宽度有限，可以优先采用手持式激光扫描仪测定下垫面糙率。本书以加拿大 CREAFORM 公司的 Go！SCAN 50 手持式激光扫描仪为例（图 6-8）说明糙率测定过程。

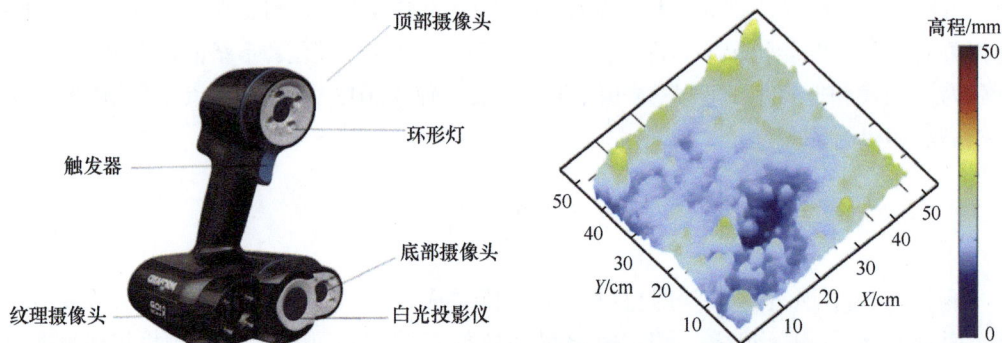

图 6-8　手持激光扫描仪（左）及其扫描的三维图像（右）

Go！SCAN 50 利用激光测距原理，测量时 LED 灯将白光投射到下垫面，两个同步反射镜快速有序地旋转，将激光脉冲发射体发射的窄束激光脉冲依次有序地扫过被测区域，记录激光脉冲发射体从发出到被下垫面反射回来所需时间，从而确定被测区域的距离。扫描仪控制模块可以测量每束脉冲激光的角度，精确计算出激光点在下垫面上的三维坐标。测量过程中可以多个角度地进行扫描，系统可以全自动拼接，在获取下垫面三维数据的同时，迅速测定下垫面被测区域的纹理信息，得到真实的物体外形。

为了避免太阳光对扫描仪发射的白光产生干扰，扫描最好避开阳光直射，保证仪器能够更准确地识别下垫面特征，更易拼接图像。当下垫面颜色比较单一、特征点不是很明显时，为了便于系统拼接图像，测量过程中可以在下垫面或周围设置仪器专用的定位点，智能混合定位功能可以将定位点和几何信息相联系，识别下垫面特征。同时，如果进行多次扫描需要准确定位。扫描仪扫描的原始图和初始高程坐标系是相对的，以扫描时初始发射的第一束光作为 Z 轴，因此每次扫描的坐标系都在变动，只有将每一次扫描的数据放在同一坐标系时，才可以将不同次扫描的结果进行比较，分析下垫面糙率的时间变化。为了达到这一目的，应在测定样方旁边，设置固定高度、位置不变的控制点，才可以将不同次扫描结果校准到同一坐标系，进行后续分析与对比分析。

扫描过程包括扫描仪连接、扫描仪校准、参数调整和下垫面扫描几个步骤。连接扫描仪时将电源连接到 USB 电缆，将 USB 电缆插入计算机的 USB 端口，而另一端直接连接扫描仪。由于扫描仪在运输过程中可能产生轻微振动，每次使用前都需使用校准板校准，依次重合校准板上的 10 个范围点，完成扫描仪校准。然后根据研究目标调整扫描参数，因下垫面糙率表征了局地微地形变化情况，尺度常在厘米甚至毫米级，因此扫描仪分辨率的选择要高（如 0.5 mm×0.5 mm）。校准完扫描仪后即可开始下垫面糙率扫描，扫描过程中要尽量保持扫描仪与下垫面平行，且与下垫面间的距离控制在 20 cm 左右。为了便于图形拼接，可从特征明显、定位点多的局部开始扫描，扫描过程中实时监测电脑上的图像，保证各个区域都被扫描。为了保证扫描精度，可以从多个角度进行扫描。

将扫描结果输入 Geomagic Qualify 软件，设置坐标系，一般 X 轴和等高线平行，而 Y 轴与等高线垂直，Z 轴与下垫面垂直，将样方左下角控制点顶端高度设置为 0，因 Z 轴与下垫面垂直，所以不需要去趋势化处理。拆剪图像让边界刚好为测定样方，再自动去噪，对周边像元高程进行内插，填补空洞，生成点云数据，再在 ArcGIS 软件中生成数字高程模型（DEM）（图 6-8），DEM 的分辨率或网格大小，需要根据研究目标具体确定。有了 DEM 以后即可计算得到样方高程标准差，即为下垫面糙率（Zhang and Xie，2019）。

6.3.3　摄像测量法

随着数码相机及图像处理技术的飞速发展，摄像测量法被广泛用于下垫面糙率测定，且该方法需要的设备简单、便于携带，同时测量精度可以达到亚毫米级，是目前非常流行的下垫面糙率测定方法。与激光扫描法比较类似，摄像测量法测定下垫面糙率，也需要在选定的样方内进行，样方的位置和大小需要根据研究目标确定，但为了保证测量精度，样方不宜过大，通常选择 50 cm×50 cm 的样方即可满足要求，为了提高测量精度，可以设置多个样方重复测定，取其平均值。

测定下垫面糙率前，制作一个稳定的、不变形的矩形样方框，将其准确地放置在测定位置，以样方框内外四个角的 8 个点作为控制点，并依次编号，可以将 1 号控制点作为基准点，设置其三维坐标为（0，0，0），另外 7 个控制点的三维坐标可以根据事前测定各点距 1 号点的距离以及各点的高度确定（Zhu et al.，2020）（图 6-9）。利用焦距约为 50 mm 的数码相机，设置其分辨率为 6000×4000。为了避免照片模糊或出现斑点影响测量结果，选择高速快门（如 0.005 s）和低 ISO 敏感度（如 ISO-100），在距下垫面约 1.5 m 的高度从样方框不同角度拍照，两种相邻照片的重叠率需要达到 50%~60%，同时每张照片需要包括 4 个以上的控制点（测量前随机布设在样方内）。对于每个样方，大约可以拍摄 40 张照片，随后选择 20 张高质量照片用于后期数据分析。与激光扫描法类似，光照对测量结果具有一定的影响，因此需要在光照强度比较稳定的条件下进行拍照，或者阴天拍照（Zhu et al.，2020）。将选择好的 20 张照片，首先输入 Agisoft PhotoScan 软件，生成三维密集点云数据；其次输入 ArcGIS 软件，生成 DEM，DEM 的分辨率可以根据研究目的适当调整；然后根据样方框内角四个点的坐标，拆剪 DEM 边界，保证其外边界刚好与样方内框齐平；最后计算得到样方高程标准差，即为下垫面糙率。

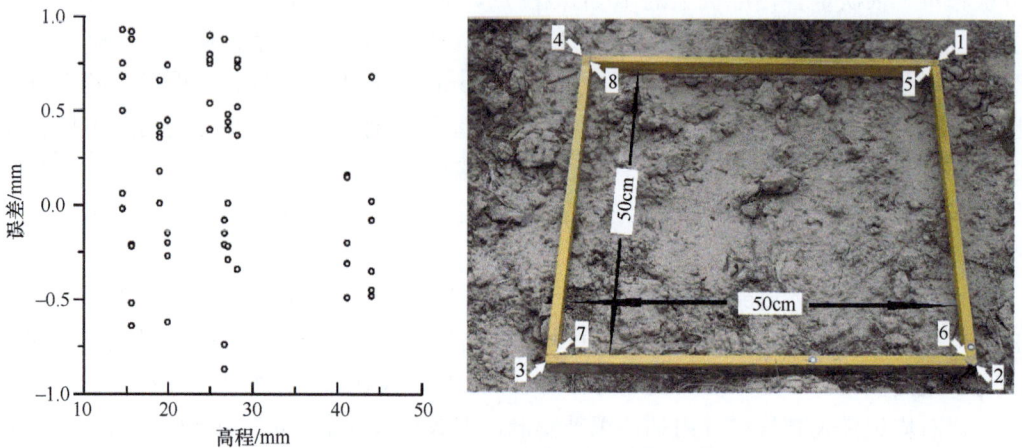

图 6-9　摄像测量高程误差及样方布设示意图

右图中数字为控制点编号

6.4　人工加沙方法

在自然界，绝大多数坡面径流是含沙径流，只是含沙量或输沙率因降雨特性、地形条件、土壤属性、植被状况及土地利用类型的不同而有所差异。前文已提及，输沙过程是个耗能过程，自然会对坡面径流水动力学特性产生重要影响，同时输沙过程又受控于坡面径流挟沙力，无论是研究输沙对坡面径流水动力学的影响及其动力机制、土壤分离速率对输沙率的响应与机制，还是测定坡面径流挟沙力，都需要利用人工模拟径流试验，结合人工加沙方法，在不同含沙量或输沙率条件下开展相关试验。

6.4.1　泥浆泵法

泥浆泵法是采用泥浆泵，将已经搅拌均匀的含沙径流，通过进水管输入变坡试验水槽，开展输沙量或含沙率对坡面径流水动力学特性影响的相关研究。该方法的核心是含沙径流的准备，一般可以采用含沙径流搅拌器来完成。对于一定容积的圆形蓄水桶或蓄水池，在径流体积已知的条件下，可根据试验对含沙量的要求，按照泥沙重量/（径流体积+泥沙体积）×100%进行计算，即可得到径流含沙量。配置含沙径流时，根据径流体积和设计的含沙量，将一定重量的泥沙缓慢倒入含沙径流搅拌器内（图6-10），安装在蓄水桶或蓄水池中的大型扇叶，在电动马达的驱动下旋转，即可将泥沙和径流搅拌均匀。图6-10是中国科学院水利部水土保持研究所黄土高原土壤侵蚀与旱地农业国家重点实验室人工模拟降雨大厅内的含沙径流搅拌器，蓄水桶半径为0.6m、高为1.2m、容积为1.36m^3，可以搅拌均匀的最大含沙量为500kg/m^3。

图6-10 含沙径流搅拌器示意图

由于该方法是通过水管将含沙径流输送到变坡试验水槽，同时为了调整流量，需要安装分流箱和阀门组，如果含沙量太大，则可能在分流箱或水管弯曲处出现泥沙沉积，所以含沙量的上限受到一定的限制，或许仅能用于含沙径流水动力学特性研究，无法开展坡面径流挟沙力研究，至少在陡坡条件下无法测定坡面径流挟沙力。

6.4.2 双 水 槽 法

双水槽法是20世纪80年代开始使用、研究输沙对坡面径流水动力学特性影响和坡面径流挟沙力的一种方法。该方法是在研究含沙径流水动力学特性或挟沙力水槽的上方再连接另外一个水槽。下端的水槽多为侵蚀定床，上方的水槽全部是侵蚀动床。对上方的水槽进行人工模拟降雨，产流后含沙径流则会流出上方水槽，进入下方的第二个水槽，因为上方水槽的坡度明显大于下方水槽，因此可能会在下方水槽内出现局地泥沙沉积。当上方来水来沙比较稳定时，下方水槽内的沉积断面不断上移，最终趋向于稳定，出现既无泥沙沉积又无土壤分离的临时性稳定状态，此时对应的输沙率即为该坡度和流量条件下的径流挟沙力。

该方法的原理比较明确，理论基础比较清楚，但问题在于要保证进入第二个水槽内的径流和泥沙相对稳定。众所周知，对于侵蚀动床而言，在降雨过程中下垫面侵蚀在不停地发生变化，导致坡面水文过程和土壤侵蚀过程都会发生相应的响应，从而可能导致进入第二个水槽内的径流和泥沙出现明显的波动，从而对测定含沙径流水动力学特性以及挟沙力产生较大影响。

6.4.3 加沙漏斗法

加沙漏斗法是在变坡试验水槽的上方，安装一个储存实验泥沙的漏斗，试验过程中通过漏斗向水槽供给泥沙的一种人工加沙方法。漏斗的大小应根据试验对泥沙的需求大小确定，但因漏斗是在水槽上方安装，从试验安全角度考虑，漏斗的容积不宜过大，能满足一次试验供沙即可。

漏斗向水槽内加沙的方法略有差别，20 世纪 90 年代，欧美学者在研究坡面径流挟沙力时，将供沙漏斗的四个角用弹簧连接在固定的支架或装置上，在供沙漏斗的侧面安装一个振动器，在漏斗底部开挖不同数量和大小的圆孔，供沙速率是振动器振动的强度和圆孔数量及大小的函数，通过试验前率定，即可为变坡试验水槽提供一定数量的泥沙（Li and Abrahams，1999）。当然，这种供沙方法的误差比较大，真实的输沙量需要在水槽出口处，通过采集径流泥沙样确定。利用该方法供沙时，泥沙组成比较均匀，同时泥沙的含水量要相对较低，否则很容易出现堵塞问题。

自控型供沙漏斗是在漏斗底部安装一组可以旋转的扇叶，扇叶在步进电机的带动下可以旋转，旋转的过程中就将部分泥沙带出漏斗，自动掉进水槽内。供沙速率是扇叶大小、数量以及旋转速度的函数，在给定扇叶大小和数量的条件下，供沙速率仅与扇叶旋转速度有关。而扇叶旋转速度由步进电机旋转速度控制，可以通过手持式控制器进行调节。试验前对步进电机旋转速度和输沙率进行率定，建立相对稳定的拟合函数，即可根据试验对输沙率的要求，设置合理的步进电机转速，获得需要的供沙速率。当扇叶与漏斗底部间隙相对比较均匀时，该供沙设备供给的输沙率比较稳定和可靠（张光辉等，2001）。

无论是何种供沙漏斗，泥沙进入水槽后，很容易在漏斗下面形成"土坝"或"泥坝"，影响坡面径流的正常流动，进一步影响坡面径流水动力学特性。因此，试验过程中需要根据具体的情况，用细小的铁棍横向搅动泥沙，让其快速启动并随径流流动，当然这种搅动会对坡面径流水动力学特性及其输沙功能产生影响，影响大小与坡面径流的流量、水槽坡度、下垫面糙率、泥沙组成、输沙率大小等因素密切相关，需要进一步量化，从而尽量减少横向扰动对试验结果的潜在影响。

6.4.4 圆筒式输沙器

圆筒式输沙器由供沙漏斗、输沙量控制器、外壁圆筒、螺纹形旋转轴和电动马达几个主要部件组成（图 6-11）。供沙时，将试验沙装入供沙漏斗，从漏斗内流进外壁圆筒下方的泥沙，环绕在螺纹形旋转轴的周围，随着螺纹形旋转轴的旋转，试验沙被自动向上输送，从外壁圆筒的上端出口流出，进入变坡试验水槽。理论上讲，该设备的供沙速率由实验沙粒径大小、外壁圆筒直径、螺纹形旋转轴大小及其旋转速度、输沙器出口高度等因素控制，当其他因素都一定的情况下，输沙率由输沙量控制器进行控制。试验时可以根据不同的供沙需求，调整输沙量控制器的开口大小，从而得到不同的供沙速率。当然，为了便于试验，需要事先率定输沙率与输沙量控制器开口大小间的函数关系，根据试验对输沙量的要求，调整输沙量控制器开口大小，获得不同的供沙速率（Liu et al.，2020）。

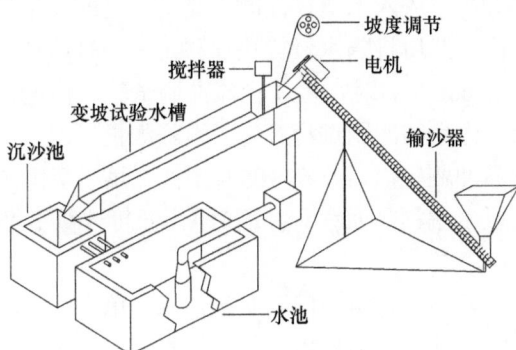

图 6-11　圆筒式输沙器示意图

6.4.5　带式供沙机

带式供沙机是将供试泥沙通过履带输入变坡试验水槽的上部，供沙速率由履带转速和履带宽度控制，履带转速越快、宽度越宽，则供沙速率越大（张光辉，2001）。如果率定得比较可靠、比较系统，则该方法可以较为准确地控制供沙速率。但该方法的机械传动装置较为复杂，占据空间大，设备造价比较昂贵。同时，履带供沙速率会随着坡度的增大而减小，到一定坡度以后就会供沙失败，因此这里不再对该方法进行详细叙述。

6.5　土壤分离能力

土壤分离能力是含沙量为 0 时径流分离土壤的潜在能力，侵蚀定床是测定土壤分离能力的基本设施，同时也是研究土壤分离过程水动力学机理、输沙对土壤分离速率的潜在影响及其动力机制的有效途径。

6.5.1　土壤分离能力测定过程

为了保证径流的含沙量（或输沙率）为 0，只能在侵蚀定床条件下，利用小型土样环采集土样，经过径流冲刷测定土壤分离能力（张光辉，2017）。根据试验目的不同，可以采用扰动土，也可以采用原状土进行试验，前者偏重对土壤分离过程水动力学机理分析，而后者偏重土壤分离能力时空变异及其影响机制研究，但扰动土和原状土之间的土壤分离能力差异显著（Zhang et al., 2003）。

根据试验目的装填或采集原状土壤样品，使土样饱和，然后排水 8 h 左右，使得土壤含水量接近田间持水量，消除土壤含水量对测定结果的影响，同时测定多余部分土壤样品的含水量，取平均值作为土壤初始含水量。试验开始前，首先将变坡试验水槽的流量和坡度调整到设计值，等径流稳定以后测定不同试验条件下的径流温度、水深、流速等水动力学参数。其次将土壤样品放入变坡试验水槽下端的样品室内，尽量保证土壤样品表面高度与水槽底部齐平。放入土壤样品时，要用一定的设备将径流隔开，避免没有计时前径流冲刷土壤样品。然后将隔水设施快速移走，同时用秒表计时，当土壤样品来水方向的冲刷深度达到 2 cm 左右时，停止径流冲刷试验，快速将土壤样品从样品室内取出，再开始下一个土壤样品的冲刷过程。为了消除测量误差，一般都需要进行多个样品的重复测定。土壤样品冲刷完以后，在 105℃ 条件下烘干至恒定重量，以冲刷前后土壤样品干重的变化量除以土壤样品面积和冲刷时间，即可计算土壤分离能力[单位为 kg/($m^2 \cdot s$)]（张光辉，2017）。

土壤分离能力测定过程中，有两个问题必须注意：第一，不能或无法用径流小区或侵蚀动床的侵蚀量、流失量反推土壤分离能力，主要原因是输沙过程会导致坡面径流的侵蚀动力下降，同时无法确定土壤侵蚀过程到底是由土壤分离过程控制，还是由泥沙输移过程控制（余新晓等，2019）。第二，土壤分离能力的大小只是个相对值，对于特定的土壤而言，试验时设计的流量大、坡度陡，测定的土壤分离能力自然就大。因此，简单比较土壤分离能力大小，并没有直接的物理意义，也不是土壤分离过程研究的根本目标。以径流剪切力为横坐标，以实测土壤分离能力为纵坐标，进行线性函数拟合，则拟合直线的斜率为细沟可蚀性，而拟合直线在横坐标上的截距为土壤临界剪切力。无论是细沟可蚀性，还是土壤临界剪切力，都是表征土壤侵蚀阻力的特征参数，仅与土壤属性密切相关，而与试验的动力条件（即流量和坡度）无关。比较不同土壤、不同土地利用类型条件下土壤侵蚀阻力的时空变化并确定其影响因素，是测定土壤分离能力、研究土壤分离过程的根本目的。

6.5.2 影响土壤分离能力测定的因素

影响土壤分离能力的因素多种多样，既有侵蚀动力方面的因素，又有土壤侵蚀阻力方面的因素，仅从土壤分离能力测定方面而言，主要受以下几个因素的影响（张光辉，2017）。

（1）土样环面积或长度是计算土壤分离能力的基本参数，也是影响土壤分离能力测定的重要因素。理论上讲，只有当土样在径流流动方向的长度接近 0 时，径流含沙量才接近 0，才能消除输沙对坡面径流水动力学特性的影响，准确测定土壤分离能力。但实际上，无论是采用圆形的土样环刀，还是采用矩形的土样环刀，土样环刀总有边壁，而土样环比边壁对径流的影响，随着采样环刀长度的减小而增大，因此从试验的角度而言，存在一个最佳土样环刀长度，此时土样环刀边壁对土壤分离速率的影响最小，也是最适宜测定土壤分离能力的土样环刀长度（张光辉，2017）。目前，在国际上研究土壤分离过程最多的两个研究组中，比利时鲁汶大学研究团队采用长度为 37 cm 的矩形采样环刀，而北京师范大学相关的研究小组采用直径为 9.8 cm 的圆形采样环刀，这种差异导致不同研究小组的研究结果缺乏可比性，也会影响对土壤分离过程及其动力机制的认知。因此，需要开展更为系统的实验研究，确定测定土壤分离能力最佳的土样环刀长度，规范试验标准。

（2）初始土壤含水量是计算土壤分离能力的基础，也是影响土壤分离能力的关键因素。径流分离土壤过程实质上是径流对土壤的一个剪切过程，与径流剪切力和土壤抗蚀性能密切相关。当坡面径流侵蚀动力一定的条件下，土壤分离能力就是土壤属性的函数。随着初始土壤含水量增大，土壤内摩擦力会减小，从而导致土壤更容易被径流分离。在天然降雨条件下，无论是超渗产流还是蓄满产流，产生地表径流且径流向下坡流动，具有一定的侵蚀动力时，下垫面表层土壤多处于接近饱和状态，土壤抗蚀性能明显下降。因此，采用人工模拟径流试验测定土壤分离能力时，初始土壤含水量也应接近饱和状态。但当土壤含水量超过田间持水量时，重力水会在重力作用下向下运动，土样无法保持多余的重力水。对于多个土样而言，后面冲刷的土样排水更多，土壤含水量会偏低，测定的土壤分离能力就会偏低。因此，为了消除初始土壤含水量对土壤分离能力的潜在影响，建议在试验前对土壤样品进行饱和，然后排水 8 h 左右，使得土样初始含水量接近田间持水量，从而消除初始土壤含水量对土壤分离能力测定结果的影响。

（3）径流冲刷时间也是计算土壤分离能力的基本参数。随着径流冲刷时间的延长，部分土壤总会被径流分离并输送出土壤样品环刀，土样表面开始下切，特别是在土样上端的来水方向更明显。随着土样冲刷深度的增大，土样内会形成局部的小旋涡，消耗大量径流能量，使得土壤分离速率随着径流冲刷时间呈显著的幂函数减小（张光辉，2002）。目前比较流行的方法是，当土样冲刷一定深度后（如 2 cm），人工规定结束试验，但问题是这样一个临界土样冲刷深度是经验性的，缺乏理论基础支持。因此，需要继续开展土样冲刷深度对土壤分离能力的影响与机制研究，确定最佳测定土壤分离能力的径流冲刷时间或土样冲刷深度。

6.5.3　输沙对土壤分离过程的影响及动力机制

输沙会影响坡面径流水动力学特性，降低坡面径流侵蚀动力，从而抑制土壤分离过程。研究输沙对土壤分离过程的影响及其机制，是目前探索土壤侵蚀机理与过程的重点内容。究竟输沙会不会影响土壤分离过程，当前存在着不同的学术观点，有部分学者认为土壤分离和泥沙输移间没有关系，是相对独立的两个过程；也有学者认为土壤分离和泥沙输移都是随机过程，可以用概率分布函数进行模拟；但大多数学者认为，在径流能量一定的条件下，用于泥沙输移的能量增大，自然用于土壤分离的能量就会减少，则土壤分离速率随着输沙率的增大呈线性减小。

　　人工模拟径流试验是探究输沙对土壤分离过程的影响与动力机制的有效试验方法，利用变坡试验水槽，并结合人工加沙方法，在不同流量和坡度组合条件下，设计不同的输沙率，变化范围介于零输沙率（清水）和挟沙力之间。在不同的供沙率条件下，测定土壤分离速率。理论上讲，当输沙率为 0 时，测定结果应为土壤分离能力，当输沙率接近挟沙力时，土壤分离速率接近 0。然后将不同输沙率条件下测定的土壤分离速率进行线性拟合，拟合直线在纵坐标上的截距即为拟合的土壤分离能力，可与实测土壤分离能力进行比较。而拟合直线在横坐标上的截距，即为拟合的径流挟沙力，与实测径流挟沙力相比较，当拟合值与实测值比较接近时，证明输沙率为 0 时，土壤分离速率最大且为土壤分离能力，而当输沙率接近挟沙力时，土壤分离速率最小，接近 0。在证明了这两个极端条件存在的前提下，以实测的土壤分离能力和挟沙力，按照式（6-6）计算不同输沙率条件下的土壤分离速率：

$$D_r = D_c \left(1 - \frac{q_s}{T_c} \right) \tag{6-6}$$

式中，D_r 为土壤分离速率，kg/（m²·s）；D_c 为土壤分离能力，kg/（m²·s）；q_s 为输沙率，kg/（m²·s）；T_c 为挟沙力，kg/（m²·s）。然后比较计算的土壤分离速率与实测土壤分离能力间的接近程度，判断土壤分离与泥沙输移的相互关系（Zhang et al.，2009b）。

6.6　坡面径流挟沙力

　　被雨滴击溅和径流冲刷驱动的土壤分离过程产生的松散泥沙，由坡面径流从坡上向坡下、从坡面向沟道输移。径流是泥沙输移的载体，因而径流水动力学特性是影响泥沙输移的核心因素。同时，泥沙输移过程也受泥沙特性的显著影响，如泥沙粒径及其组成、比重、团聚体含量及其稳定性、泥沙形状等。当然，泥沙输移过程还受地形条件、土地利用方式等诸多因素的影响。而坡面径流挟沙力表征径流输移泥沙的潜力，是充分供沙条件下具有特定水动力学特性的径流可以输移泥沙的最大通量，其是控制泥沙输移过程的关键参数，是分析、量化、模拟泥沙输移过程的基础。而目前关于坡面径流挟沙力的研究还相对比较滞后，需要加强相关研究。

6.6.1　影响径流挟沙力的主要因素

　　如上文所述，影响径流挟沙力的因素多种多样，涉及坡面径流水动力学特性、泥沙特性、地形条件、土地利用方式等多个因素。坡面径流水动力学特性主要包括径流流态、流量、深度、流速、阻力特征、径流剪切力、径流功率等，而最关键的因素就是径流流量或深度。水深取决于降雨特性和土壤入渗性能，而径流流量又是水深和集流面积的函数。径流流速是流量或深度、坡度和下垫面糙率的函数。因此，降水特性、地形条件和下垫面糙率的时空变化，必然会引起坡面径流水动力学特性的时空变化，进一步影响坡面径流挟沙力（张光辉，2018）。下垫面条件，如土壤颗粒组成、物理结皮形成与发育、砾石覆盖与出露、生物结皮类型与盖度、植被类型与群落结构等多个因素，会同时影响坡面径流水动力学特性和泥沙特性，因而影响坡面径流挟沙力。影响挟沙力的主要地形因子是坡度和坡长，随着坡度的增加，径流流速增加，随着坡长的增加，径流汇水面积增大，无论是流速增大还是汇水面积增加，都会增大坡面径流的侵蚀动力和坡面径流挟沙力。土地利用方式会从多个方面影响径流挟沙力，其显著影响坡面水文过程、下垫面糙率和土壤侵蚀强度，无论是植被截留导致的径流减小、糙率增大阻碍径流流动，还是土地利用方式调整驱动的土壤侵蚀强度变化，都会引起坡面径流挟沙力的响应。影响径流挟沙力的众多因素，都具有强烈的时空变异特征，从而导致在野外条件下坡面径流挟沙力也具有强烈的时空变异特征，使得在野外条件下很难测定坡面径流挟沙力。因此，需要在控制条件下，利用人工模拟径流试验，在侵蚀定床上测定坡面径流挟沙力。

6.6.2　研究径流挟沙力的主要方法

研究坡面径流挟沙力的方法大体上可以分为河流挟沙力公式修正法、推理法、测定法和模型模拟法四大类（张光辉，2018）。河流挟沙力公式修正法是基于应用较为广泛的河流挟沙力方程，利用少量坡面径流挟沙力实测数据，对其进行修正的方法。该方法在 20 世纪 80～90 年代比较流行，尤其在欧美国家和地区。比较著名的例子是水蚀预报计划（water erosion prediction project，WEPP）模型中挟沙力方程的构建过程，其就是在 80～90 年代对坡面径流挟沙力实测数据的基础上，对河流挟沙力方程–亚林（Yalin）公式的修正和简化。该方法的优点是可以充分吸收、借鉴河流动力学较为丰富的研究成果，快速构建坡面径流挟沙力方程；但缺点是河流径流属于典型的明渠水流，深度较大。同时，河流比降一般较小，变化在千分之几，而土壤侵蚀主要发生在陡坡上，坡度可以达到百分之几十。水深和坡度的差异，会导致基于河流挟沙力方程修正构建的坡面径流挟沙力方程模拟误差较大，在陡坡上很难使用（Zhang et al.，2008）。

推理法是假定含沙量随着坡长的增大会快速增大并趋向于稳定值，而这个稳定值就是该流量与坡度条件下的挟沙力。因此，试验过程中通过监测含沙量随坡长的变化趋势，利用指数函数进行拟合，即可得到坡面径流挟沙力（雷廷武等，2009）。这种试验必须在侵蚀动床上进行，但侵蚀动床的径流流量和下垫面特征，都可能会因为径流沿程入渗和径流冲刷而发生改变，进一步影响坡面径流挟沙力。同时，土壤侵蚀过程可能受控于土壤分离过程，换言之，土壤分离过程并没有提供足够的侵蚀泥沙供给径流输移，那么含沙量沿着坡长的变化趋势，并不能代表坡面径流挟沙力。因此，该方法从理论上看比较容易，但实际测定时还是比较困难。

测定法是利用变坡试验水槽，结合人工加沙方法，直接测定坡面径流挟沙力。当采用不同的方法加沙时，变坡试验水槽的下垫面处理方法可能有所差异。当采用双水槽法加沙时，变坡测定挟沙力的水槽应是侵蚀动床，而采用加沙漏斗或圆筒式输沙器等方法加沙时，变坡试验水槽必须是侵蚀定床。无论是哪种方法和哪种下垫面条件，试验过程必须严格控制试验的各个环节，同时做多次重复，才可以获得比较稳定的试验结果（张光辉，2018）。

模型模拟法是利用经过事先率定的分布式次降雨土壤侵蚀过程模型，在保持模型结构和其他过程相关算法不变的条件下，仅仅改变模型中坡面径流挟沙力方程，将模拟的流域产沙过程与实测产沙过程进行比较分析，从而优选适合于本区域的坡面径流挟沙力方程。但是这种方法必须要有率定效果良好的分布式次降雨土壤侵蚀过程模型以及次降雨产流产沙过程资料。分布式次降雨土壤侵蚀过程模型需要输入大量参数，同时需要测定这些参数的时空变化特征，同时对次降雨产流产沙过程的监测也需要大量设备和人力，因此，理论上讲，这种方法具有一定优势，但实施起来比较费时费力。

6.6.3　测定径流挟沙力时需要注意的关键问题

在控制条件下，直接测定坡面径流挟沙力，可能是研究径流输沙过程及其动力学机理行之有效的方法。试验过程中，可能有许多问题需要注意，但这里仅对其中几个关键问题加以说明。

当采用侵蚀定床，无论采用何种加沙方法，特别是利用加沙漏斗和圆筒式输沙器为水槽加沙时，输入水槽内的泥沙会快速堆积，或者形成泥浆，显著影响水槽内坡面径流水动力学特性，进而影响径流挟沙力。目前的处理是利用细小的铁棒横向地将堆积的泥沙摊开，尽量避免对坡面径流挟沙力的影响，但事实上肯定还是存在影响，究竟影响的大小和程度与什么因素有关，以及如何有效消除，得到更为准确的坡面径流挟沙力，是需要继续研究的技术问题。

利用侵蚀定床、结合人工加沙方法测定坡面径流挟沙力时，如何判断径流输沙达到了挟沙力，仍然是一个亟待解决的技术问题。为了保证坡面径流达到了挟沙力，有学者采用了二沙源供沙方式，试验时主要沙源由自控型供沙漏斗提供，但在水槽下端又挖出一个宽度约 20 cm 的方洞，试验前将试验用沙装填在方洞内。根据土壤侵蚀原理，当主沙源供给的输沙率已经达到挟沙力时，输沙径流流过第二个沙源时，不会继续发生侵蚀；如果输沙率在主沙源尚没有达到挟沙力，则输沙径流会继续侵蚀第二个沙源，从而保证在水槽出口测定的输沙率达到坡面径流挟沙力（Zhang et al.，2009a）。但问题是，第二沙源究竟对坡面径流水动力学特性及挟沙力有无影响？影响有多大？第二沙源开口的规格到底怎样比较合理？这些问题都需要继续研究。

如果采用双水槽法测定坡面径流挟沙力，那么一方面必须保证上方来水来沙稳定，另一方面下方的水槽内必须出现明显的泥沙沉积，并且达到冲淤平衡的相对稳定状态。只有在这种理想状态下，才可以获得相对比较准确的坡面径流挟沙力，否则测定的结果误差会非常大，没有实际意义。

参 考 文 献

胡国芳, 张光辉, 朱良君. 2015. 3 种坡面流水深测量方法比较. 水土保持通报, 35(3): 152-156.
雷廷武, 张晴雯, 闫丽娟. 2009. 细沟侵蚀物理模型. 北京: 科学出版社.

李强, 刘国彬, 许明祥, 等. 2013. 黄土丘陵区撂荒地土壤抗冲性及相关理化性质. 农业工程学报, 29(10): 153-159.

刘国彬. 1997. 黄土高原土壤抗冲性研究及有关问题. 水土保持研究, (S1): 91-101.

罗榕婷, 张光辉, 沈瑞昌, 等. 2010. 染色法测量坡面流流速的最佳测流区长度研究. 水文, 30(3): 5-9.

余新晓, 张光辉, 史志华, 等. 2019. 水土保持学导论. 北京: 科学出版社.

张光辉. 2001. 坡面水蚀过程水动力学研究进展. 水科学进展, 12(3): 395-402.

张光辉. 2002. 冲刷时间对土壤分离速率定量影响的实验模拟. 水土保持学报, (2): 1-4.

张光辉. 2017. 土壤分离能力测定的不确定性分析. 水土保持学报, 31(2): 1-6.

张光辉. 2018. 对坡面径流挟沙力研究的几点认识. 水科学进展, 29(2): 151-158.

张光辉, 刘宝元, 张科利. 2002. 坡面径流分离土壤的水动力学实验研究. 土壤学报, 39(6): 882-886.

张光辉, 刘国彬. 2001. 黄土丘陵区小流域土壤表面特性变化规律研究. 地理科学, 21(2): 118-122.

张光辉, 卫海燕, 刘宝元. 2001. 自控型供沙漏斗的研制. 水土保持通报, 21(1): 63-65.

朱良君, 张光辉, 胡国芳, 等. 2013. 坡面流超声波水深测量系统研究. 水土保持学报, 27(1): 235-239.

朱良君, 张光辉. 2013. 地表微地形测量及定量化方法研究综述. 中国水土保持科学, 11(5): 114-122.

Lei T W, Xia W S, Zhao J, et al. 2005. Method for measuring velocity of shallow water flow for soil erosion with an electrolyte tracer. Journal of Hydrology, 301: 139-145.

Li G, Abrahams A D. 1999. Controls of sediment transport capacity in laminar interrill flow on stone-covered surfaces. Water Resource Research, 35: 305-310.

Liu C G, Li Z B, Fu S H, et al. 2020. Influence of soil aggregate characteristics on the sediment transport capacity of overland flow. Geoderma, 369: e114338.

Luk S H, Merz W. 1992. Use of the salt tracing technique to determine the velocity of overland flow. Soil Technology, 5(4): 289-301.

Zhang G H, Liu B Y, Liu G B, et al. 2003. Detachment of undisturbed soil by shallow flow. Soil Science Society of America Journal, 67: 713-719.

Zhang G H, Liu B Y, Zhang X C. 2008. Applicability of WEPP sediment transport capacity equation to steep slopes. Transactions of the American Society of Agricultural and Biological Engineers, 51(5): 1675-1681.

Zhang G H, Liu Y M, Han Y F, et al. 2009a. Sediment transport and soil detachment on steep slopes: Ⅰ. Transport capacity estimation. Soil Science Society of America Journal, 73(4): 1291-1297.

Zhang G H, Liu Y M, Han Y F, et al. 2009b. Sediment transport and soil detachment on steep slopes: Ⅱ. Sediment feedback relationship. Soil Science Society of America Journal, 73(4): 1298-1304.

Zhang G H, Luo R T, Cao Y, et al. 2010a. Correction factor to dye-measured flow velocity under varying water and sediment discharges and slopes. Journal of Hydrology, 389: 205-213.

Zhang G H, Shen R C, Luo R T, et al. 2010b. Effects of sediment load on hydraulics of overland flow on steep slopes. Earth Surface Processes and Landforms, 35: 1811-1819.

Zhang G H, Xie Z F. 2019. Soil surface roughness decay under different topographic conditions. Soil and Tillage Research, 187: 92-101.

Zhu P Z, Zhang G H, Wang H X, et al. 2020. Land surface roughness affected by vegetation restoration age and types on the Loess Plateau of China. Geoderma, 366: e114240.

第7章 中国土壤侵蚀模型——CSLE

中国土壤流失方程（CSLE）是考虑我国水土流失和水土保持特点研发的，适合于我国坡面侵蚀评价的模型，主要用于评价多年平均土壤侵蚀模数，模型基本形式为

$$A = RKLSBET \tag{7-1}$$

式中，A 为土壤侵蚀模数，t/（hm²·a）；R 为降雨侵蚀力因子，MJ·mm/（hm²·h·a）；K 为土壤可蚀性因子，t·hm²·h/（hm²·MJ·mm）；L 为坡长因子，无量纲；S 为坡度因子，无量纲；B 为植被覆盖与生物措施因子，无量纲；E 为工程措施因子，无量纲；T 为耕作措施因子，无量纲。

7.1 降雨侵蚀力因子

降雨侵蚀力（R）是定量描述降雨及其径流导致土壤侵蚀的潜在能力，将 EI_{30} 定义为降雨侵蚀力因子。降雨动能主要反映了雨滴对土壤颗粒的分离作用，最大 30min 雨强 I_{30} 主要反映了降雨产生径流对土壤颗粒的输移作用。多年平均降雨侵蚀力基于 24 个半月降雨侵蚀力计算得到，计算公式如式（7-2）所示：

$$R = \sum_{k=1}^{24} \bar{R}_{半月k} \tag{7-2}$$

式中，k 取 1，2，…，24，指将一年划分为 24 个半月；$\bar{R}_{半月k}$ 为第 k 个半月的降雨侵蚀力，MJ·mm/（hm²·h）。

有降雨过程资料时，可以在计算次降雨侵蚀力的基础上，计算半月降雨侵蚀力，半月降雨侵蚀力的计算公式如式（7-3）～式（7-6）所示：

$$\bar{R}_{半月k} = \frac{1}{N} \sum_{i=1}^{N} \sum_{j=0}^{m} R_{次j} \tag{7-3}$$

$$R_{次j} = EI_{30} \tag{7-4}$$

$$E = \sum_{r=1}^{q} (e_r \cdot P_r) \tag{7-5}$$

$$e_r = 0.29 \left[1 - 0.72 \exp(-0.082 i_r) \right] \tag{7-6}$$

式中，N 为年数；j 取 0，1，…，m；m 为第 i 年第 k 个半月内侵蚀性降雨日的数量（侵蚀性降雨日指日雨量大于或等于 10 mm）；$R_{次j}$ 为次 EI_{30}，MJ·mm/（hm²·h）；I_{30} 为一次降雨的最大 30min 雨强，mm/h；E 为一次降雨总动能，MJ/hm²；r=1，2，…，q，为一

次降雨过程按雨强分为 q 段，每一段内的雨强相同，段间雨强不同；P_r 为每一段的雨量，mm；e_r 为每一段的单位雨量动能，MJ/（hm²·mm）。

无降雨过程资料时，可以根据日降水量计算半月降雨侵蚀力，半月降雨侵蚀力公式如式（7-7）所示：

$$\overline{R}_{半月k} = \frac{1}{N}\sum_{i=1}^{N}\sum_{j=0}^{m}(\alpha \cdot P_{i,j,k}^{1.7265}) \tag{7-7}$$

式中，k 取 1，2，…，24，指将一年划分为 24 个半月；$\overline{R}_{半月k}$ 为第 k 个半月的降雨侵蚀力，MJ·mm/（hm²·h）；i 取 1，2，…，N；N 指 1986~2015 年的时间序列；j 取 0，1，…，m；m 为第 i 年第 k 个半月内侵蚀性降雨日的数量（侵蚀性降雨日指日雨量大于或等于 10 mm）；$P_{i,j,k}$ 为第 i 年第 k 个半月第 j 个侵蚀性降水量，mm，如果某年某个半月内没有侵蚀性降水量，即 $j=0$，则令 $P_{i,0,k}=0$；α 为参数，暖季（5~9 月）α 取 0.3937，冷季（10~12 月，1~4 月）α 取 0.3101。

7.2　土壤可蚀性因子

土壤可蚀性因子（K）是指标准小区（unit plot）单位降雨侵蚀力因子的平均土壤流失量，单位为 t·hm²·h/（hm²·MJ·mm）。标准小区是指水平投影坡长 22.13m（72.6 英尺），坡度 9%（约 5.15°），保持连续裸露休闲状态的小区（Wischmeier and Smith，1965，1978）。土壤可蚀性因子反映了土壤对降雨侵蚀的抵抗能力。通常有实测或经验公式计算两种方式获取土壤可蚀性因子值。

如果有标准径流小区资料，可直接采用其观测资料计算土壤可蚀性因子 K，计算公式为

$$K = A/R \tag{7-8}$$

式中，A 为坡长 22.13 m，坡度 9%，清耕休闲径流小区观测的多年平均（一般需要 12 年以上连续观测，南方地区观测年限可适当减少）土壤侵蚀模数，t/（hm²·a）；R 为与小区土壤侵蚀观测对应的多年平均降雨侵蚀力，MJ·mm/（hm²·h·a）。

如无标准径流小区的观测资料，则可以采用经验公式进行计算，但是一般仍需要利用实测资料对经验公式的计算结果进行修订，目前常用的经验公式有以下几种。

1. 诺谟公式

Wischmeier 等（1971）将基于人工降雨数据得出的土壤可蚀性与土壤理化性质的回归方程（Wischmeier and Mannering，1969）进一步简化为诺谟图的形式，选用粉粒与极细砂粒含量之和、砂粒含量、有机质含量、土壤结构等级和入渗等级等指标，给出如式（7-9）所示的估算公式（Wischmeier and Smith，1978）：

$$K = \left[2.1\times10^{-4}(12-\mathrm{OM})M^{1.14} + 3.25\times(s-2) + 2.5\times(p-3)\right]/759 \tag{7-9}$$

式中，K 为土壤可蚀性因子，$t \cdot hm^2 \cdot h/(hm^2 \cdot MJ \cdot mm)$；$M$=修订的粉粒含量（0.002～0.1 mm）×（100–黏粒含量），或 M=修订的粉粒含量（0.002～0.1 mm）×（砂粒含量+粉粒含量）；OM 为有机质含量；s 为土壤结构等级；p 为土壤渗透等级。该公式只适用于粉粒与极细砂含量之和小于 70%的土壤。如果超过 70%，公式中的 M 与土壤的砂粒含量有关，但尚无合适的公式表示（Wischmeier and Smith，1978）。黏粒、粉粒和砂粒含量均为美国制分类：<0.002mm 为黏粒，0.002～0.05mm 为粉粒，0.05～2mm 为砂粒。

2. EPIC 公式

Williams 等（1984）在土壤侵蚀生产力模型（EPIC）中提出只利用有机质含量和土壤粒级组成估算土壤可蚀性的公式：

$$K = \left[0.2 + 0.3e^{-0.0256SAN(1-SIL/100)} \right] \times \left(\frac{SIL}{CLA + SIL} \right)^{0.3} \left(1.0 - \frac{0.25C}{C + e^{3.72-2.95C}} \right)$$
$$\times \left(1.0 - \frac{0.7SN1}{SN1 + e^{(-5.51+22.9SN1)}} \right) / 7.59 \tag{7-10}$$

式中，K 为土壤可蚀性因子，$t \cdot hm^2 \cdot h/(hm^2 \cdot MJ \cdot mm)$；SAN、SIL 和 CLA 分别为砂粒（0.05～2mm）、粉粒（0.002～0.05mm）和黏粒（<0.002mm）的含量百分比；SN1=1–SAN/100；C 为土壤有机碳含量，土壤有机质含量乘以 0.58 即为土壤有机碳含量。

3. 几何平均粒径计算公式

为了解决不适宜采用诺模图估算的土壤 K 值，以及土壤理化性质不易获取的困难，Shirazi 和 Boersma（1984）基于已发表的世界范围内 255 种土壤可蚀性值，提出如式（7-11）所示的估算公式：

$$K = 0.0034 + 0.0405 \exp\left[-\frac{1}{2} \left(\frac{\lg D_g + 1.659}{0.7101} \right)^2 \right] \tag{7-11}$$

$$D_g = \exp\left(0.01 \sum f_i \ln m_i \right)$$

式中，K 为土壤可蚀性因子，$t \cdot hm^2 \cdot h/(hm^2 \cdot MJ \cdot mm)$；$D_g$ 为几何平均粒径，mm；f_i 为第 i 级土壤粒级含量；m_i 为第 i 级土壤粒级上下限的算术平均值。他们利用美国 138 种土壤可蚀性值，也得出了类似的如式（7-12）所示的关系式：

$$K = 0.0017 + 0.0494 \exp\left[-\frac{1}{2} \left(\frac{\lg D_g + 1.675}{0.6986} \right)^2 \right] \tag{7-12}$$

上述式（7-11）和式（7-12）的优点是只需要土壤质地资料，且适用于任何质地分级系统，但计算精度小于直接观测或前面利用多种理化性质的估算公式，应用时应进行率定。

7.3 坡长因子和坡度因子

地形因子是坡度因子（S）和坡长因子（L）的统称。坡度因子是指降雨、土壤、坡长、地表状况等条件一致时，某坡度下的坡面土壤流失量与坡度为 5.14°时的坡面土壤流失量的比值（Wischmeier and Smith, 1965），其值的大小反映了土壤流失量与坡度之间的定量关系。坡长因子是指其他条件一致的情况下，某种坡长的坡面土壤流失量与 22.13m 坡长坡面土壤流失量的比值（Wischmeier and Smith, 1965），其值的大小反映了土壤流失量与坡长的定量关系，坡长是指水平投影坡长。

根据目前研究成果，坡度因子公式在不同的坡度范围下不同，应选用对应的公式计算：10°以下的坡度选用 McCool 等（1987）的公式［式（7-13）和式（7-14）］；10°以上的坡度选用 Liu 等（1994）的公式［式（7-15）］。

$$S = 10.8\sin\theta + 0.03 \qquad \theta < 5° \qquad (7\text{-}13)$$

$$S = 16.8\sin\theta - 0.5 \qquad 5° \leqslant \theta < 10° \qquad (7\text{-}14)$$

$$S = 21.91\sin\theta - 0.96 \qquad \theta \geqslant 10° \qquad (7\text{-}15)$$

式中，S 为坡度因子；θ 为坡度，°。需要注意的是，Liu 等（1994）采用陡坡农地观测资料建立了陡坡情况下的坡度因子公式［式（7-15）］，采用的最大坡度为 30°，因此该公式只适用于 10°~30°，大于 30°的坡度依然采用 30°的结果，将 30°称为坡度阈值。

单一坡面下的坡长因子计算表达式为

$$L = \left(\lambda/22.13\right)^{m} \qquad (7\text{-}16)$$

式中，L 为坡长因子，无量纲；λ 为坡长，m；m 为坡长因子指数。

$$m = \begin{cases} 0.2 & \theta \leqslant 1° \\ 0.3 & 1° < \theta \leqslant 3° \\ 0.4 & 3° < \theta \leqslant 5° \\ 0.5 & \theta > 5° \end{cases} \qquad (7\text{-}17)$$

需要注意的是，由式（7-16）计算得到的是一面坡的平均坡长因子值，并不能反映一面坡各个部位对土壤侵蚀影响的空间差异。事实上，自坡上到坡下，由于汇流的影响，坡面上各个部位的流量存在差异，会引起侵蚀量的差异，为了表达同一坡面各个部位侵蚀的差异，可以将一面坡分成几个坡段，每一坡段的坡长因子计算公式为

$$L_i = \frac{\lambda_i^{m+1} - \lambda_{i-1}^{m+1}}{\left(\lambda_i - \lambda_{i-1}\right) \cdot 22.13^m} \qquad (7\text{-}18)$$

式中，λ_i、λ_{i-1} 为第 i 个和第 $i-1$ 个坡段的坡长，m；m 为坡长因子指数，随坡度而变，按式（7-17）计算。

7.4 植被覆盖与生物措施因子

我国习惯上将水土保持措施划分为工程措施、生物措施和耕作措施。在 CSLE 中，

植被覆盖与生物措施因子（B）不包括作物轮作和管理的影响，只针对林地、草地、枯枝落叶、结皮、地衣苔藓等地表覆盖的影响，将作物轮作和管理的影响放到耕作措施因子中。因此，本模型的植被覆盖与生物措施因子是指采取某种植被与生物措施的坡面土壤流失量与同等条件下裸露坡面土壤流失量之比，无量纲，取值范围为0~1。在裸露情况下，B 为1；采取某种植被覆盖与生物措施未导致土壤流失时，B 为0，B 越小表示该措施的保土效益越好。由于植被类型多样，覆盖状况有别，B 的大小与植被类型和覆盖度有密切关系。当土地利用类型为园地、林地（包括灌木林地）和草地时，B 值由植被类型和覆盖度决定，取值多小于 1。当土地利用类型为农地时，B 值为 1，其覆盖作用体现在耕作措施因子中。

精确的 B 值利用径流小区测定，指在相同坡度和坡长情况下，实施植被覆盖与生物措施时径流小区年土壤流失量与裸露径流小区年土壤流失量的比值。观测资料年限越长，得到的因子值就越稳定。有些规模较大的植被覆盖与生物措施如较大的乔木林地和园地，往往无法采用水平投影坡长 20m 左右、宽几米、面积 100m^2 左右的典型径流小区观测，需要在面积足够大、能体现这些水土保持措施特征的大型径流场观测，面积一般在 1000~10000m^2。一般采用两种方式测量 B 值，具体介绍如下。

7.4.1 植被覆盖随季节变化情况下的观测与计算

选择适合当地气候的植被覆盖与生物措施，确保实施生物措施和对照的裸露径流小区其他条件均一致，B 的计算公式为

$$B = \frac{1}{n}\sum_{i=1}^{n}\left(\frac{\sum\limits_{j=1}^{k}A_{ij}}{\sum\limits_{j=1}^{k}A_{0ij}}\right) \tag{7-19}$$

式中，A_{ij} 为实施生物措施小区 i 年 j 次降雨产生的土壤流失量，t/hm^2；A_{0ij} 为对照裸地径流小区 i 年 j 次降雨产生的土壤流失量，t/hm^2；$i=1, 2, \cdots, n$，为观测年数，$j=1, 2, \cdots,$ k，为某年发生侵蚀的降雨次数。

如果两个小区的坡度和坡长不同，需要进行坡度和坡长修订，此时，B 的计算公式为

$$B = \frac{1}{n}\sum_{i=1}^{n}\left(\frac{\sum\limits_{j=1}^{k}A_{ij}}{\sum\limits_{j=1}^{k}A_{0ij}} \cdot \frac{L}{L_B} \cdot \frac{S}{S_B}\right) \tag{7-20}$$

式中，L 和 S 分别为裸地径流小区的坡长因子和坡度因子，如果裸地径流小区按标准小区的水平投影坡长（22.13m）和坡度（5.14°）修建，则 L 和 S 值为 1；L_B 和 S_B 分别为实施生物措施径流小区的坡长因子和坡度因子。坡度因子和坡长因子的计算公式详见

7.3 节。

该方法针对径流小区生物措施的植被覆盖变化与降雨季节变化相对应，反映符合当地降雨和植物生长季节变化的配合情况。

7.4.2　控制植被覆盖不随季节变化情况下的观测与计算

我国由于径流小区布设标准以及管理方式的差异，能应用于 B 研究的径流小区资料十分有限，而通过新建径流小区测定各种 B 值十分费时费力，且我国地域辽阔，植物种类多样，植被覆盖的空间变异较大，不可能全部测定各种植被组合或覆盖变化与降雨季节变化组合的各类情况。因此，可将某种植被类型的植被覆盖度设计为不同的水平，确保观测季节内各水平下的植被覆盖度不发生变化，从而建立该种植被土壤流失量与裸地土壤流失量比值与植被覆盖度之间的函数关系。由于该比值是控制降雨期内植被覆盖不发生变化，并非定义的 B 值，称为土壤流失比例（SLR），即某种植被覆盖下的土壤流失量与相同条件下的裸地土壤流失量的比值。其 B 值等于生长季内各覆盖度下的土壤流失比例与对应时段降雨侵蚀力比率的加权平均，计算公式为

$$B = \frac{1}{n}\sum_{i=1}^{n}\left[\frac{\sum_{j=1}^{k}(R_{ij}\cdot \mathrm{SLR}_{ij})}{\sum_{j=1}^{k}R_{ij}}\right] = \frac{1}{n}\sum_{i=1}^{n}\left[\frac{\sum_{j=1}^{k}(R_{ij}\cdot A_{ij}/A_{0ij})}{\sum_{j=1}^{k}R_{ij}}\right] \tag{7-21}$$

式中，R_{ij} 为 i 年 j 次降雨侵蚀力；SLR_{ij} 为 i 年 j 次降雨的土壤流失比例。

该方法可根据当地生物措施特点，选择不同的植被类型，建立各种单一植被类型在不同覆盖度下的土壤流失比例，用于类似植被的 B 值估算。

由于植被高度对土壤侵蚀抑制作用的差异，不同高度组合如乔木林与灌木林、乔木林与草地等的组合作用也应采用类似方法观测，但目前我国对这种组合的生物措施类型观测较少。

此外，园地 B 值的观测和计算与该方法类似，应增加当地园地管理措施，考虑园地下面草地是否清除，布设观测小区。

7.5　工程措施因子

工程措施因子（E）是指采取某种工程措施条件下，坡面土壤流失量与其他条件相同但未实施工程措施坡面土壤流失量的比值，用 E 表示，无量纲，取值范围为 0～1。其反映了工程措施对土壤流失的影响，值越小表明该措施的保土效益越大。当未采取工程措施时，E 取值为 1；当采取工程措施后无土壤侵蚀发生时，E 取值为 0。如果采取多项工程措施时，E 值应是各类工程措施因子值之积。

工程措施因子值利用径流小区观测资料获得，指在相同坡度、坡长和管理情况下，实施措施的径流小区年土壤流失量与未实施措施的径流小区年土壤流失量的比值。观测

资料年限越长，得到的因子值就越稳定。利用径流小区观测和计算工程措施因子时，应注意以下问题。

（1）确保两个对比小区除实施措施和与未实施措施的差别外，其他条件均一致，此时，E 的计算公式为

$$E = \frac{\sum\limits_{i=1}^{n} A_{Ei}}{\sum\limits_{i=1}^{n} A_i} \tag{7-22}$$

式中，A_{Ei} 为实施工程措施小区的年土壤流失总量，t/hm^2；A_i 为未实施工程措施小区的年土壤流失总量，t/hm^2；$i=1$，2，$\cdots$，n，为观测年数。

（2）如果两个小区的坡度、坡长或管理条件不同，需要利用坡度因子、坡长因子或相应的植被覆盖与生物措施因子、耕作措施因子值进行修订，此时 E 的计算公式为

$$E = \frac{\sum\limits_{i=1}^{n} A_{Ei}}{\sum\limits_{i=1}^{n} A_i} \cdot \frac{L}{L_E} \cdot \frac{S}{S_E} \cdot \frac{B}{B_E} \cdot \frac{T}{T_E} \tag{7-23}$$

式中，A_{Ei} 为实施工程措施小区的年土壤流失总量，t/hm^2；A_i 为未实施工程措施小区的年土壤流失总量，t/hm^2；L、S、B、T 分别为未实施工程措施小区对应的坡长因子、坡度因子、植被覆盖与生物措施因子和耕作措施因子，如果是标准小区，则各项值均为 1。L_E、S_E、B_E、T_E 分别为实施工程措施小区对应的坡长因子、坡度因子、植被覆盖与生物措施因子和耕作措施因子。坡度因子和坡长因子的计算公式详见 7.3 节。如果两个对比小区均为园地，一个实施了鱼鳞坑措施，另一个无措施，坡度、坡长与实施鱼鳞坑措施的小区一致，但种植的果树和管理方式与之不同，此时只保留式（7-23）右边的第一项和第四项，即无须进行坡长因子、坡度因子和耕作措施因子的订正，只进行植被覆盖与生物措施因子修订，分别采用两个小区对应的园地 B 值。

（3）有些规模较大的工程措施如梯田、水平阶等，往往无法采用坡长 20m 左右、宽几米、面积 $100m^2$ 左右的典型径流小区观测，需要在面积足够大、能体现梯田或水平阶水土保持特征的大型径流场观测，面积一般在 $1000 \sim 10000m^2$。

7.6 耕作措施因子

耕作措施因子（T）是指采取某种耕作措施的坡面土壤流失量与同等条件下无耕作措施的坡面土壤流失量之比，无量纲，取值范围为 0～1。在未采取耕作措施的顺坡种植时，T 为 1；采取某种耕作措施未导致土壤流失时，T 为 0，T 越小表示该耕作措施的保土效益越好。只有当土地利用类型为农地时，考虑该因子，其对应的 B 值为 1；当土地利用类型为园地、林地和草地时，T 值为 1。

耕作措施因子值的测定与工程措施因子类似，利用径流小区观测资料获得，指在相

同坡度、坡长和管理情况下，实施耕作措施的径流小区年土壤流失量与未实施耕作措施径流小区年土壤流失量的比值。观测资料年限越长，得到的因子值就越稳定，具体计算方法如下。

（1）确保两个小区除实施措施和未实施措施的差别外，其他条件均一致，此时 T 的计算公式为

$$T = \frac{\sum\limits_{i=1}^{n} A_{Ti}}{\sum\limits_{i=1}^{n} A_i} \qquad (7\text{-}24)$$

式中，A_{Ti} 为实施耕作措施小区的年土壤流失总量，t/hm^2，如果测定作物轮作措施因子值，即反映作物覆盖组合的影响；A_i 为按传统方式管理的裸地小区的年土壤流失总量，如果测定作物其他耕作措施因子值，A_i 为传统耕作小区的年土壤流失总量，t/hm^2。传统耕作根据当地作物或种植习惯不同，一般有三种：顺坡行播或平播、撒播、顺坡垄作。

（2）如果两个小区的坡度和坡长不同，需要进行坡度和坡长修订，此时 T 的计算公式为

$$T = \frac{\sum\limits_{i=1}^{n} A_{Ti}}{\sum\limits_{i=1}^{n} A_i} \cdot \frac{L}{L_T} \cdot \frac{S}{S_T} \qquad (7\text{-}25)$$

式中，A_{Ti} 为实施耕作措施小区的年土壤流失总量，t/hm^2；A_i 为传统耕作小区的年土壤流失总量，t/hm^2；L 和 S 分别为实施传统耕作对应的坡长因子和坡度因子，如果是标准小区，则 L 和 S 均为 1；L_T 和 S_T 分别为实施耕作措施小区对应的坡长因子和坡度因子。坡长因子和坡度因子的计算公式详见 7.3 节。如果计算免耕大豆的耕作措施因子，在东北地区对比小区的传统耕作方式是顺坡垄作，其他地区是行播。如果两个小区的坡度和坡长一致，则只保留式（7-25）右边的第一项；如果两个小区的坡度和坡长不同，需要保留式（7-25）后面的订正项。

（3）有些规模较大的耕作措施如等高耕作、等高垄作、等高带状耕作等，往往无法采用坡长 20m 左右、宽几米、面积 $100m^2$ 左右的典型径流小区观测，需要在面积足够大、能体现这些水土保持措施特征的大型径流场观测，面积一般在 $1000\sim10000m^2$。

（4）由于耕作措施还包括作物覆盖的影响，测定某种耕作措施时，应注意作物种类、轮作及其田间管理的一致性，否则不同作物的覆盖、种植过程对地面扰动不同等，会导致测定的耕作措施因子不能反映实际情况。如果要测定免耕措施因子，两个对比小区必须是相同作物，不能是两种不同的作物，即玉米免耕与玉米传统耕作对比。如果要测定某种轮作措施因子，应是轮作措施小区与裸地小区对比，但要注意裸地小区地面扰动次数与方式应与轮作小区一致，至少不种植作物。

（5）我国种植制度多样，应在不同地区根据耕作制度特点和传统耕作特点，布设各类耕作措施小区测定当地耕作措施因子，目前这方面的研究还很薄弱。

7.7 CSLE 应用问与答

（1）为什么需要计算多年平均土壤流失量？水土保持措施规划时，主要回答水土保持措施的长期水土保持效益，能否将土壤流失量控制在容许土壤流失量之下；发现多年平均降雨条件下的水土保持效益，反映由土地利用类型或工程措施变化而导致的土壤侵蚀变化。

（2）为什么需要计算年（不同频率年）土壤流失量？发现土壤侵蚀量的年际变化，主要受降雨年际变化的影响。此处的土壤侵蚀变化主要受降雨的年际变化影响而非水土保持措施或土地利用类型变化的影响。

（3）为什么需要计算次（不同频率次）土壤流失量？在水土保持规划设计时，评价不同频率次降雨条件下的水土保持效益。

（4）利用遥感影像资料和坡面土壤侵蚀模型评价区域土壤侵蚀存在什么问题？主要有以下四个方面的问题。①通过遥感影像资料仅能获取绿色覆盖度，不能获取林下覆盖度和枯落物的覆盖度，因此对种植松树的这类"远看绿油油，近看水土流"的区域无法准确评价出其土壤侵蚀量；地表枯落物覆盖较多时，也无法准确提取出其覆盖度值。②土壤侵蚀模型中的植被覆盖与生物措施因子值是多年平均值，需要一年 24 个半月的覆盖度和郁闭度来得到植被覆盖与生物措施因子值，但目前很多地方都仅利用了一期的影像，甚至影像的时相也不对（为春季或冬季），计算出的覆盖度特别低，计算出错误的生物措施因子值。③通过遥感影像很难解译出土地利用的耕作措施类型。④遥感影像不能解译出所有的工程措施，依赖影像的分辨率，只能解译出部分工程措施。

参 考 文 献

Liu B Y, Nearing M A, Risse L M. 1994. Slop gradient effects on soil loss for slops. Transactions of the ASAE, 37(6): 1835-1840.

McCool D K, Brown L C, Foster G R, et al. 1987. Revised slope steepness factor for the universal soil loss equation. Transactions of the ASAE, 30(5): 1387-1396.

Shirazi M A, Boersma L. 1984. A unifying quantitative analysis of soil texture. Soil Science Society of America Journal, 48: 142-147.

Williams J R, Jones C A, Dyke P T. 1984. A modeling approach to determining the relationship between erosion and soil productivity. Transactions of the ASAE, 27: 129-144.

Wischmeier W H, Johnson C B, Cross B V. 1971. A soil erodibility nomograph for farmland and construction sites. Journal of Soil and Water Conservation, 26(5): 189-193.

Wischmeier W H, Mannering J V. 1969. Relation of soil properties to its erodibility. Soil Science Society of American Journal, 33(1): 131-137.

Wischmeier W H, Smith D D. 1965. Predicting rainfall-erosion losses from cropland east of the Rocky Mountains. Washington D.C.: USDA.

Wischmeier W H, Smith D D. 1978. Predicting rainfall erosion losses: a guide to conservation planning. Washington D.C.: USDA.

第 8 章 土壤侵蚀示踪技术

8.1 能谱分析方法

8.1.1 放射性衰变

1896 年，法国物理学家 Becquerel 在研究物质的荧光现象时发现原子核具有放射性，原子核的放射性是原子核不稳定性质的综合反映，在原子核自发地从不稳定状态向稳定状态转变的过程中，要以放出不同粒子的方式释放能量，我们把这种自发转变过程称为原子核放射性衰变（王永芬，1986）。1899 年，Rutherford 等利用在垂直于射线方向加磁场的方法，研究发现这些不同的粒子分别是 α、β 和 γ 粒子，根据释放的不同粒子而分为 α、β 和 γ 粒子放射性衰变。不同类型的衰变具有不同的特点，其中 α 射线电离作用最大，贯穿能力最小；β 射线电离作用较大，贯穿能力居中；γ 射线电离作用最小，贯穿能力最大。衰变过程往往涉及不同类型的衰变，即 α、β 和 γ 衰变等的组合，如在 α、β 衰变过程中几乎都伴随着 γ 射线的放出。通过研究发现，天然放射性核素自发地放射出 α、β、γ 射线，而人工放射性核素放出 α、β、γ 的同时还释放正电子和中子等（复旦大学等，1997）。

放射原子核的衰变随着时间的增加是遵循一定规律的，该衰变是一种统计过程，即使对同一种核素的许多原子核来说，衰变也不是同时发生的，而是有先有后，但总的趋势仍然是所有原子核的数量随着时间的推移在逐渐减少，原子核的性质也随之发生变化（王永芬，1986）。

若在时刻 $t \rightarrow t+\mathrm{d}t$ 之间，原子核的衰变数为 $\mathrm{d}N$，在 t 时刻尚未衰变的原子核数为 $N(t)$，则

$$-\mathrm{d}N = \lambda N(t)\mathrm{d}t \qquad (8\text{-}1)$$

当 $t=0$ 时，$N(t) = N_0$，得出：

$$N(t) = N_0 \mathrm{e}^{-\lambda t} \qquad (8\text{-}2)$$

式中，$N(t)$ 为 t 时刻衰变前的原子核数；N_0 为衰变前的原子核数；λ 为原子核的衰变常数；$\mathrm{d}t$ 为时间间隔。

从式（8-2）中可知，放射性原子核的衰变遵循指数规律，图 8-1 中的曲线是 ^{222}Rn 衰变曲线。^{222}Rn 的半衰期为 3.82 天，在经历 5 个半衰期后样品中的 ^{222}Rn 含量几乎保持不变，基本达到平衡。由于 ^{222}Rn 是 ^{210}Pb 的母体，为了达到衰变平衡，在探测样品中 ^{210}Pb 核素之前，样品要密封保存至少 20 天，即 ^{222}Rn 的 5 个半衰期以上。

表征放射性衰变的物理量主要有衰变常数、半衰期以及放射性活度。而放射性衰变的单位目前使用的是国际单位制 Bq（贝可）。

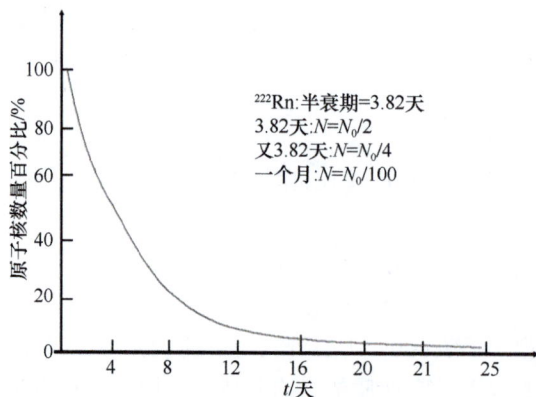

图 8-1　^{222}Rn 衰变曲线

1. 衰变常数

衰变常数 λ 代表的是一个核素在单位时间内发生衰变的概率大小，是衡量原子核衰变快慢或稳定性的重要物理量，它是核素的一个特征量，与外界环境无关。

$$\lambda = \frac{-\mathrm{d}N / \mathrm{d}t}{N(t)} \tag{8-3}$$

式中，λ 为原子核的衰变常数；$N(t)$ 为 t 时刻衰变前的原子核数；$\mathrm{d}t$ 为时间间隔。

2. 半衰期

放射性核素的半衰期是原子核数衰减到原来数目的一半时所需的时间，并用 $T_{1/2}$ 表示。半衰期是标志放射性核素稳定性的简单且适用的物理量，$T_{1/2}$ 越大，核素衰变越慢。表 8-1 给出了应用于土壤侵蚀研究的常见核素的半衰期。

表 8-1　核素示踪技术中常见核素的半衰期

核素	半衰期
^{222}Rn	3.82 天
^{7}Be	53.29 天
^{210}Pb	22.30 年
^{137}Cs	30.07 年

3. 放射性活度

放射性活度是度量物质放射性强度的量，指在单位时间内，一定量的某种放射性核素发生的核衰变数。由式（8-4）可得出：

$$\frac{\mathrm{d}N}{\mathrm{d}t} = -\lambda N_0 \mathrm{e}^{-\lambda t} \tag{8-4}$$

通常称 $\left|\dfrac{\mathrm{d}N}{\mathrm{d}t}\right|$ 为放射性活度，又称放射性强度，用 I 表示：

$$I = \left|\frac{\mathrm{d}N}{\mathrm{d}t}\right| = \lambda N_0 \mathrm{e}^{-\lambda t} = I_0 \mathrm{e}^{-\lambda t} \tag{8-5}$$

式中，I 为放射性活度；N_0 为衰变前的原子核数；λ 为原子核的衰变常数。

从定义上看，放射性活度并非指某种放射性核素所含的原子核数量，而是指一定量该种放射性核素在单位时间内发生的核衰变数。

放射性活度的单位最早用居里（Curie）来表示，符号为 Ci[①]。1975 年，第 15 届国际计量大会通过决议，规定放射性活度采用如下的国际单位专用名称：Becquerel（贝可勒尔，简称贝可），符号为 Bq，$1\mathrm{Bq}= 1\ \mathrm{s}^{-1}$。

4. 探测原理

目前，放射性核技术在世界土壤侵蚀研究中的应用解决了传统土壤侵蚀研究方法的许多问题，而被用来示踪区域土壤流失的核素包括 $^{59}\mathrm{Fe}$、$^{46}\mathrm{Sc}$、$^{198}\mathrm{Au}$、$^{34}\mathrm{Cs}$、$^{51}\mathrm{Cr}$ 等，其中应用最广泛的核素包括 $^{137}\mathrm{Cs}$、$^{210}\mathrm{Pb}$、$^{7}\mathrm{Be}$ 等。这些核素在衰变过程中均产生了 γ 粒子放射性衰变，释放 γ 射线，放射性核技术的原理正是根据探测不同环境样品中核素衰变释放能量的差异进行土壤侵蚀示踪研究（Zapata，2002）。

放射性核素种类的识别及含量的测定是核素示踪技术的关键步骤之一。放射性核素进行 β 或 α 衰变后生成的子核，一般处于激发态，即不稳定状态，激发态的子核要通过 γ 跃迁而退激达到稳定状态，在退激过程中发射 γ 射线或电子。对于土壤侵蚀放射性核素示踪技术中应用最广泛的核素 $^{137}\mathrm{Cs}$ 而言，$^{137}\mathrm{Cs}$ 原子核通过 β^{-} 衰变，生成的子核处于激发态，在衰变过程中，发射 γ 射线的绝对强度是 85%，发射内转换电子的绝对强度为 9.6%。由 $^{137}\mathrm{Cs}$ 衰变纲图（图 8-2）可见，$^{137}\mathrm{Cs}$ 发射的 γ 射线能量为 661.66keV，是 $^{137}\mathrm{Cs}$ 的特征能谱值，也是其标识峰（吴学超和冯正永，1988）。原子核能级是分离的，所以 γ 跃迁放出 γ 光子的能量是单一的，根据能量守恒定律，$^{137}\mathrm{Cs}$ 核素的 γ 光子的能量 E_{r} 与跃迁前后能级的能量 E_{i}、E_{f} 有如式（8-6）所示的关系：

$$E_{\mathrm{r}} = E_{\mathrm{i}} - E_{\mathrm{f}} \tag{8-6}$$

式中，E_{r} 为 γ 光子的能量；E_{i} 为 γ 光子跃迁前能级的能量；E_{f} 为 γ 光子跃迁后能级的能量。

因此，E_{r} 反映了原子核能级的性质，根据 E_{r} 的值即可确定核素的类型。E_{r} 称为核素的特征 γ 射线，是核素的特征值之一。通过探测核素特征 γ 射线发出的量即可求出该核素的活度。

8.1.2　γ 射线探测方法

有很多种方法可以探测出环境样品中待测核素因 γ 粒子放射性衰变而释放的能量，

---

① 1 居里（Ci）=3.7×10^{10} 次核衰变/秒；1 毫居（mCi）=3.7×10^{7} 次核衰变/秒；1 微居（μCi）=3.7×10^{4} 次核衰变/秒；1 贝克（Bq）=1 次核衰变/秒；1 居里（Ci）=3.7×10^{10} 贝克（Bq）。

而其中性价比最高的是高分辨率、低本底①的高纯锗（HPGe）探测器，这种探测器以极高的能量分辨率、较高的效率和优异的温度特点被大家广泛使用（奚大顺，1987）。

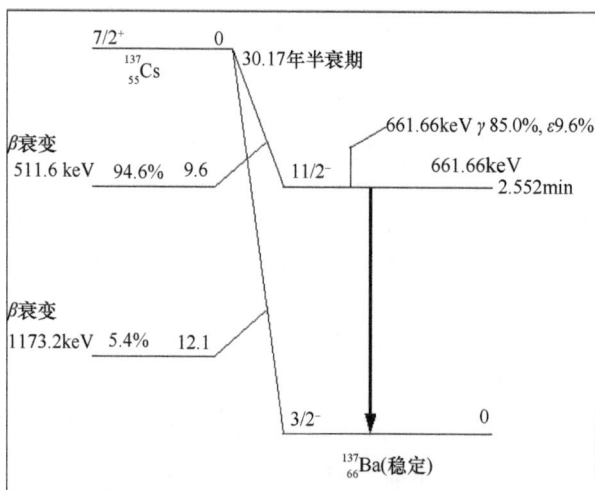

图 8-2 ^{137}Cs 衰变纲图

94.6% 和 5.4% 表示从对应能级发生 β 衰变的概率。94.6% 概率下的 β 衰变会带来 511.6 keV 的能量释放，而 5.4% 概率下的 β 衰变会带来 1173.2 keV 的能量释放。9.6 和 12.1 是两个转变能级的自旋和奇偶性，$7/2^+$ 表示自旋为 7/2，奇数核奇偶性。661.66 keV 表示衰变过程中释放的 γ 射线的能量。γ85.0% 表示 661.66 keV γ 射线的放射概率为 85.0%；ε9.6% 表示在能级之间发生电子俘获（ε）的概率为 9.6%。2.552 min 表示 ^{137}Cs 的衰变子核处于该能级的寿命，即 2.552 min 后它会进一步衰变到稳定的 $^{137}_{56}$Ba 状态

高纯锗探测器主要由前置放大器、放大器、脉冲幅度分析器、高压电源等部件组成，同时探测器还需要连接谱仪对其输出的谱数据进行分析处理。高纯锗探测器与谱仪的主要工作原理为：样品中的放射性核素释放出的 γ 光子，与探测器相互作用后，转换为与入射光子能量成正比的电压信号，这些来自探测器的信号经放大器放大后，进入多道分析（MCA）器，经模数转换器（ADC）将模拟信号转换成数字信号后，不同信号表现为不同的计数幅度分布，因为电压脉冲幅度正比于入射的 γ 射线能量，此幅度分布是计数随能量的分布，称为能谱，通过专用计算机软件即可将峰的计数信息转换成核素比活度（Bq/kg）。高纯锗 γ 谱仪主要组成部件及工作原理见图 8-3。

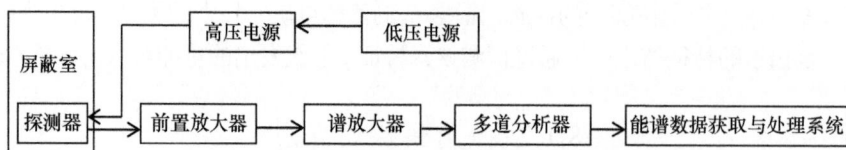

图 8-3   高纯锗 γ 谱仪主要组成部件及工作原理

---

① 低本底指探测器在测量时具有极低的本底辐射水平。

1. 仪器部件及原理

1）探测器

高纯锗探测器可分为平面型和同轴型两大类，平面型探测器的灵敏体积较小，主要用于测量较低能量的 γ 射线，能量范围为 3 keV～1 MeV。当测量较高能量的 γ 射线能谱时，则需要灵敏体积较大、分辨率较高的同轴型探测器。由于高纯锗晶体有 P 型和 N 型两种型号，因此同轴型探测器也分为两种结构，即 N^+PP^+ 结构的 N 型探测器和 P^+NN^+ 结构的 P 型探测器，同时为了测量较少样品量，还有一种井型探测器，其采用的 P 型高纯锗晶体。井型探测器外部封装成 "井" 形，待测样品可直接放入 "井" 内，造成接近 4π 立体角的计数条件。各类探测器的主要指标见表 8-2（ORTEC 公司）。

表 8-2 常用探测器类型的几何形状和探测范围（ORTEC 公司）

探测器类型	几何形状	探测范围
HPGe	P 型 同轴闭端	40 keV～10MeV
HPGe	P 型 平面型	3～600 keV
HPGe	N 型 同轴闭端	3 keV～10MeV
HPGe	井型 同轴井	10 keV～10MeV

2）前置放大器

前置放大器的作用是将探测器的电荷信号转变成电压脉冲信号并加以放大。把探测器的输出脉冲适当放大，并按其大小予以分选，便可记录到一个脉冲高度分布。探测仪器要求具有完善的放大装置、存储大的分析器以及稳定性较好的模拟数字转换器。探测器通常安装的是电荷灵敏前置放大器，是探测器晶体与高纯锗探测器后端用来处理脉冲的分析器装置的桥梁，其将探测器产生的电荷整合并且放大形成一个脉冲。由于前置放大器的位置邻近晶体，同样需要低温、减少噪声影响。

3）主放大器

主放大器的作用是接收前置放大器的单个脉冲再适当放大，放大器内配备堆积拒绝电路，用于检测并拒绝堆积脉冲，使得被 ADC 转换的只是峰值不受堆积干扰的信号脉冲，从而改善了高计数率下的能量分辨率，缩短相应时间而防止脉冲之间的叠加。为了补偿被拒绝脉冲和放大器产生的死时间，放大器还提供死时间逻辑输出，以便于在定量能谱分析测量中，进行活时间校正。环境土壤样品中的核素计数率普遍小于 100 个/s，因此选择条件是主放大器在此范围内性能最优。

4）能谱数据获取与处理系统

能谱数据获取与处理系统由 ADC 智能获取接口和计算机组成。探测器到 ADC 进行模–数转换，智能获取接口对 ADC 的每个复换码进行实时处理、显示、数据压缩，并每隔一定时间将已压缩的数据由接口传送至计算机，进行谱显示的更新，每个谱的长度、宽度、停机方式和条件以及起、停都由计算机独立控制。在测量过程中，计算机可以停机或处理其他数据。

5）探测器屏蔽室

一般选用低放射性的铅或钢铁作为屏蔽物质，壁厚 10～15 cm Pb（厘米铅当量），内腔大小一般为 40 cm×40 cm×50 cm 至 80 cm×80 cm×100 cm（或内腔容积近似的圆柱形）。内壁从外向里依次衬有适当厚度的镉、铜、有机玻璃或汞，如 0.8～1.6 mm 镉、0.2～0.4 mm 铜等。

2. 高纯锗（HPGe）探测器性能的测试指标

1）半高宽度（FWHM）

半高宽度（FWHM）是指在仅由单峰构成的分布曲线上峰最大值的 50% 位置处，两点之间以能量或道数为单位的距离，FWHM 越小说明精度越高。

2）能量分辨率

能量分辨率表示对能量相近的射线进行分辨的能力，可用全能峰的半高宽度来表示。分辨率与射线能量密切相关。对于能量高纯锗 γ 谱仪，常用对 ^{60}Co 的 1.33MeV 全能峰的半高宽度表示。

3）峰康比

峰康比指单峰中心道最大计数与康普顿平台内平均计数之比，其意义在于说明了若一个峰落在另一个谱线的康普顿平台上，该峰是否能清晰地表现出来，即存在高能强峰时探测低能弱峰的能力。峰康比越大，峰越便于观察和分析。

4）探测效率

探测效率指在一定探测条件下，测到的粒子数与在同一时间间隔内辐射源发射出的该种粒子总数的比值。这个指标关系到测量中所花费时间和所必需的最低源强[①]。

3. 其他辅助设备

土壤样品中核素的测量过程除了探测器、谱仪、屏蔽室等不可缺少的主要设备外，仍然需要很多其他辅助设备，实验才能顺利进行，如测量容器、标准源等。

1）测量容器

根据土壤样品的多少及探测器的形状、大小来选用不同尺寸和形状的样品盒。最常用的两种样品盒是环形样品盒和圆柱形样品盒。由于环形样品盒能将探头全部罩住，增

---

① 最低源强是指为获得可接受的探测效率和信号质量，所需的辐射源的最小强度。源强通常是指单位时间内发射的粒子数量。

加了接触面积，因此在相同探测时间内环形样品盒会比圆柱形样品盒具有更高的探测效率，但是其形状复杂，不宜加工，所以试验过程中采用的是圆柱形样品盒。

（1）环形样品盒（马林杯）：常用尺寸有两种，容积分别为 660 mL 和 1000 mL，材料为丙烯腈–丁二烯–苯乙烯（ABS）或聚丁酸酯，密度约为（1.1±0.1）g/cm^3，660 mL 环形样品盒的形状与尺寸如图 8-4 所示。

（2）圆柱形样品盒：常用尺寸为 φ75 mm×75 mm、φ75 mm×50 mm、φ75 mm×25 mm，形状与尺寸如图 8-5 所示，材料为聚乙烯。

2）γ 标准源和 γ 放射性标准溶液

适用于谱仪能量和效率刻度的核素通常是 ^{241}Am、^{133}Ba、^{109}Cd、^{57}Co、^{139}Ce、^{51}Cr、^{137}Cs、^{54}Mn、^{65}Zn、^{60}Co、^{88}Y、^{152}Eu、^{182}Ta 等，标准溶液或标准源的总不确定度应小于 5%（3σ[①]）[GB/T 16145—2022《环境及生物样品中放射性核素的 γ 能谱分析方法》]。

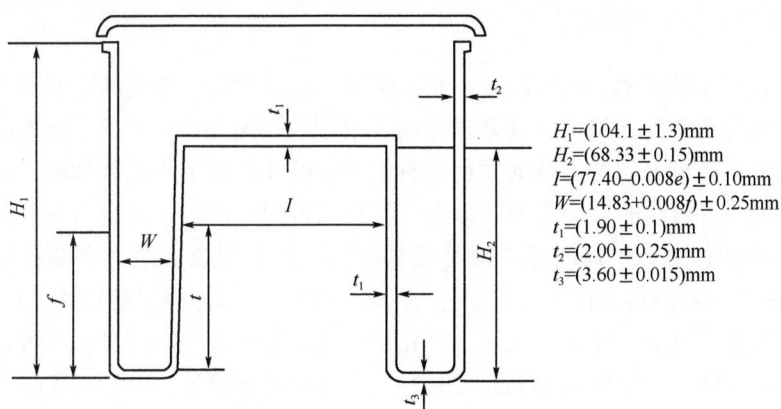

H_1=(104.1±1.3)mm
H_2=(68.33±0.15)mm
I=(77.40–0.008e)±0.10mm
W=(14.83+0.008f)±0.25mm
t_1=(1.90±0.1)mm
t_2=(2.00±0.25)mm
t_3=(3.60±0.015)mm

图 8-4　环形样品盒（660 mL）形状与尺寸

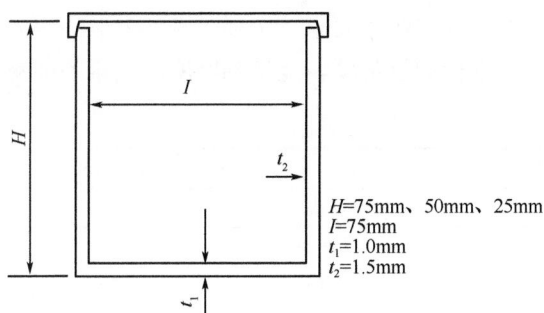

H=75mm、50mm、25mm
I=75mm
t_1=1.0mm
t_2=1.5mm

图 8-5　圆柱形样品盒形状与尺寸

---

① 3σ 表示在统计学中 99.73%的数据点应落在均值±3 个标准差的范围内。

8.1.3　能谱分析方法精度比较

本节主要讲述所选仪器类型及性能、仪器能量刻度结果、仪器效率刻度结果、峰面积获取方法精度比较、样品测量结果精度比较。

1. 能量刻度

为了根据射线的能量来确定峰位道址或者反过来根据峰位道址确定射线的能量都需要预先对谱仪进行能量刻度，其方法是在谱仪确定的条件下，借助若干用作标准的、适用的产生单峰的放射性核素测出对应能量的道址，而后计算能量和峰位道址的关系。有了这样的关系，那么测得的峰位道址就可确定某个 γ 射线的能量。为了准确地进行能量刻度和确定未知能量，需注意以下几个问题：①放射源的能量必须是精确已知的；②定准峰位；③考虑非线性；④确保谱仪的稳定性较好。每当测量条件（如高压、放大倍数等）有较大变化时，应重新进行刻度。

1）能量刻度 γ 标准源的选择

利用含有已知能量的 γ 标准源对 γ 能谱仪进行能量刻度。能量刻度应至少包括四个刻度点，即包含四个孤立峰，并且要求在能量范围内均匀分布。对此 γ 标准源由三种形式组成：①由多种核素混合而成的发射多种能量 γ 射线的单个点源或体源；②由单一核素发射多种能量 γ 射线的单个点源或体源；③由只发射一两种 γ 射线的单一核素组成的一套多个点源或体源。γ 标准源不论是哪种组成，其基本要求是半衰期较长，在 $3 \sim$ 1000keV（所选仪器能量范围）内发射能量分布较均匀。国际原子能机构（IAEA）推荐的一组标准源是 ^{241}Am、^{57}Co、^{139}Ce、^{203}Hg、^{137}Cs、^{54}Mn、^{22}Na、^{60}Co、^{88}Y，基本可满足 $3 \sim 1800$keV 的能区刻度（Zapata，2002）。当自制混合源时，应根据探测器的效率和选用核素的 γ 射线的发射概率估算混合源中各个核素应加的量，以使一次测量的混合 γ 刻度谱中被选用的有关 γ 射线的全能峰面积几乎能同时达到一定的统计性要求。

根据以上能量刻度对 γ 标准源的要求，选择由表 8-3 中所列多种核素混合而成的标准 γ 体源对试验所用仪器进行能量刻度。能量刻度所用核素的能量如表 8-3 所示。

表 8-3　能量刻度所用核素的能量

核素	γ 射线能量/keV	
	峰值 1	峰值 2
^{238}U	63.29	92.59
^{226}Ra	351.92	609.32
^{232}Th	583.20	911.07
^{137}Cs	661.66	—
^{60}Co	1173.20	1332.50
^{40}K	1460.75	—

2）能量曲线的确定

将谱仪系统调至合适的工作状态并待稳定后，将 γ 标准源置于探测器适当位置，并在保证不发生严重堆积效应的条件下（总计数率＜1000 个/s）获取一个至少包含四个孤立峰，面积统计性又符合要求的混合 γ 谱。记录刻度源的特征射线能量和相应全能峰峰位道址，计算出能量刻度曲线，如果非线性超过 0.5%就不应做样品分析。

按图解法可把峰位定在峰上最高计数的一道或选择在半高宽度的中间位置，但在峰所占道数较少、峰不对称、本底变化不规则或统计误差较大等情况下，这样定出来的峰位并不是很准确。而能量测定的准确度取决于峰位测定的精确度，为了更准确地进行能量测定，需在确定峰位之前进行峰平滑，其方法是可在直角坐标纸上作图或对数据做最小二乘直线或抛物线拟和，也可根据探测软件进行平滑处理（复旦大学等，1997）。谱经过平滑之后即可确定峰位，拟合能量曲线。

（1）谱数据平滑。主要包括多项式最小二乘拟和平滑法和滑动平均法。多项式最小二乘拟和平滑法是最常用的方法，即在谱上设置一个"窗"，窗内共有 $N_0=2m+1$ 个点，其谱形用一个 n 阶多项式表示，然后做最小二乘法拟合，达到平滑目的，同时还可以对窗的数据进行微分。平滑后的计数和各阶导数可用式（8-7）表示：

$$S_i = \frac{1}{N} \sum_{-m}^{m} C_i O_i \tag{8-7}$$

式中，S_i 为平滑后第 i 道计数（$p=0$）或第 i 道的第 p 阶微分后的数值（用 n 次多项式拟合）；N 为规范化常数；C_i 为变换系数；m 为变换宽度，由 N_0 确定，$N_0=2m+1$；O_i 为第 i 道未平滑的计数。

对于一般平滑来说，$N_0=2m+1$ 的值不能太大或太小，可近似取峰半高宽度（以道为单位）；而多项式阶数 n 一般不应大于 4，比较适当的一种选择是：$N_0<6$ 时，取 $n=2$；当 $N_0 \geqslant 9$ 时，取 $n=4$。当平滑后谱的统计性仍不能令人满意时，可以将平滑后的谱再次平滑。

对于 γ 谱仪也可使用滑动平均法来完成峰平滑，3 点和 5 点滑动平均公式分别为

$$S_i = (O_{i-1} + 2O_i + O_{i+1})/4 \tag{8-8}$$

$$S_i = (O_{i-2} + 4O_{i-1} + 6O_i + 4O_{i+1} + O_{i+2})/16 \tag{8-9}$$

式中，S_i 为平滑后峰计数；O_i 为平滑前峰计数。

（2）寻峰与峰位确定。峰在经过平滑后，要确定峰位。寻找 γ 谱中的峰有多种方法，如对称零面积褶积变换法、协方差法、简单的比较法以及导数法等，也可以利用高斯峰形函数做曲线拟合，由拟合的最佳峰形函数的有关参数确定峰位。通常使用一阶、二阶、三阶导数，其是利用实验谱光滑的不同阶导数的分布特点（峰值附近的一阶导数分布由正变负，三阶导数由负变正，峰的二阶导数为负）加上一定的判据寻找峰。一阶导数法主要用于寻找孤立的单峰。二、三阶导数法主要用于分辨重峰。N_0 为 5 点时，3 次多项式的光滑一阶导数找峰公式和其三阶导数找峰公式分别如式（8-10）和式（8-11）所示：

$$Y_i' = (Y_{i-2} - 8Y_{i-1} + 8Y_{i+1} - Y_{i+2})/12 \qquad (8\text{-}10)$$

$$Y_i'' = (-Y_{i-2} + 2Y_{i-1} - 2Y_{i+1} - Y_{i+2})/2 \qquad (8\text{-}11)$$

还可使用一阶导数公式三次重复变换谱数据，或者使用最简单的未光滑的一阶差分公式 [式（8-12）] 中三次重复变换谱数据达到分辨重峰的目的：

$$Y_i' = (Y_{i+1} - Y_{i-1})/2 \qquad (8\text{-}12)$$

式中，Y_i 为第 i 道平滑之后的峰计数。

当满足式（8-13）时，即可判定找到的是假峰或无意义的峰：

$$\sigma_{A_s} < \frac{A_s/W}{(N_s/W)^{1/2}} \qquad (8\text{-}13)$$

式中，σ_{A_s} 为规定的灵敏度常数；A_s 为净峰面积；N_s 为峰内总计数；W 为峰宽度。

（3）能量曲线。在一系列峰位 P 和能量 E 对应点（P_j，E_j）（j=1，2，…，N）确定后，能量刻度曲线可利用下列三种方法之一确定。

第一，假定峰位和能量之间的关系满足下列多项式，即

$$E = a_0 + a_1 P^1 + a_2 P^2 + \cdots + a_n P^n \qquad (8\text{-}14)$$

式中，E 为能量；P 为峰位；a 为系数。

利用式（8-14）对已知的数据做最小二乘法拟合，确定系数 a_0，a_1，…，a_n。一般情况下，取二次或一次多项式做拟合即可。

第二，假定峰位和能量之间的关系是逐段线性的，即

$$E = E_j + \frac{P - P_j}{P_j + 1 - P_j}(E_j + 1 - E_j) \qquad (8\text{-}15)$$

式中，$P_1 < P_2 < \cdots < P_N$；$P_j < P < P_{j+1}$。对于任何一个峰位置，先确定它在哪个区间，再用插入法根据式（8-15）求出对应的能量。

第三，试验要求不太精确时可用目测法确定一组峰位和对应的能量，在直角坐标纸上作图并对数据进行拟合。

2. 效率刻度

要确定核素的比活度，必须进行探测器的效率刻度计算，才能建立比活度和峰面积的关系。探测效率的刻度即在给定测量条件下，建立 γ 射线能量与其全能峰效率关系曲线，或者确定一些具体核素刻度系数。效率刻度的方法主要包括直接比较法和对比法。

直接比较法通常是用已知活度的标准源，与待测样品在同样测试条件下进行计数强度测量，然后通过比较确定待测样品活度。由于样品的组成、几何形状、大小等因素条件不同会得到不同的探测结果，因此直接比较法适用于与标准样品具有相同介质组成和几何大小的待测样品。该方法的优点是得到的效率刻度的准确度较高，但是直接比较法需要根据探测核素的不同而制备许多标准源，工作量大，且有些核素半衰期较短，如用于示踪次降雨过程的核素 ^{7}Be 半衰期仅为 53 天，无法制成标准源，这时就需要利用直

接比较法得到能量和探测效率的关系。探测环境样品时，由于其标准源制备的限制，无法通过直接比较法得到某一核素的探测效率，而采用和探测样品介质、几何形状相同的多个不同核素组成的标准源拟合出效率随能量变化的曲线，这种方法称为对比法，即通过实验模拟建立 γ 谱仪探测效率与放射源能量之间的函数关系。

1）效率刻度对比法

（1）效率刻度源。原则上必须选定（或自己制备）与待测样品的几何形状和大小完全相同、基质一样或类似、质量密度相等、核素含量和能量均准确知道以及源容器材料和样品盒材料相同的 γ 刻度源。刻度源的活度总不确定度应 $<7\%$（3σ，即 3 个标准差），且具备良好的均匀性和稳定性，源活度一般为被测样品的 $10\sim30$ 倍。

（2）效率刻度谱的获取。将谱仪系统调至合适工作状态，并待稳定后将刻度源置于与样品测量时几何条件完全相同的位置上获取刻度 γ 谱，并使 γ 谱中用于刻度的最小净峰面积计数统计误差小于 0.5%（2σ，即 2 个标准差），必要时重复测量 $2\sim3$ 次。

（3）峰面积分析和效率计算。采用与样品谱相同的谱分析方法或程序，计算刻度 γ 谱中各 γ 射线净全能峰面积计数率，然后按式（8-16）计算 γ 射线能量 E 的探测效率 $\varepsilon(E)$：

$$\varepsilon(E) = \frac{a_{\mathrm{s}}}{P_0 A_0 \mathrm{e}^{-\lambda \Delta t}} = \frac{a_{\mathrm{s}}}{R} \qquad (8\text{-}16)$$

式中，$\varepsilon(E)$ 为探测效率，%；E 为能量，MeV；a_{s} 为 t 时刻测量的相应 γ 射线能量为 E 时的净峰面积计数率，s^{-1}；A_0 为 t_0 时刻刻度源相应核素的活度，Bq；P_0 为 γ 射线的发射概率；λ 为核素的衰变常数，s^{-1}；Δt 为刻度源衰变时间，即源制备时刻 t_0 至测量时刻 t 的时间间隔，s；R 为 t 时刻该 γ 射线的发射率，s^{-1}。

2）效率曲线拟合

在一组全能峰效率 $\varepsilon(E)$ 和相应能量 E 实验点确定后，效率曲线利用式（8-16）做加权最小二乘法拟合，求出待定参数 a_0，a_1，$\cdots$，a_{N-1} 后，对任意 γ 能量的全能峰效率再由式（8-17）求得：

$$\lg \varepsilon(E) = \sum_{i=1}^{N-1} a_i (\lg E)^i \qquad (8\text{-}17)$$

式中，$\varepsilon(E)$ 为探测效率，%；E 为能量，MeV；a_i 为参数。

然后按式（8-17）拟合得到一条相对效率曲线，按式（8-16）计算出所选定的单能 γ 射线为 E_0 的全能峰效率 $\varepsilon(E_0)$，按式（8-18）计算出各 γ 射线的全能峰效率 $\varepsilon_{\mathrm{q}}(E)$：

$$\varepsilon_{\mathrm{q}}(E) = \varepsilon_{\mathrm{r}}(E) \frac{\varepsilon(E_0)}{\varepsilon_{\mathrm{r}}(E_0)} \qquad (8\text{-}18)$$

式中，$\varepsilon_{\mathrm{r}}(E_0)$ 为相对全能峰效率，当 γ 能量为 E_0 时，由相对效率曲线内插求得；$\varepsilon_{\mathrm{q}}(E)$ 为 γ 射线的全能峰效率。

3）效率刻度直接比较法

直接比较法是通过某种已知活度的核素标准源在与待测样品相同探测条件下比值相同计算得来，计算公式如式（8-19）所示：

$$A_X = \frac{A_S n_X}{n_s} \tag{8-19}$$

式中，n_s/A_S 为探测效率，代入式（8-19），得到式（8-20）：

$$A_X = n_X / \varepsilon_\gamma \tag{8-20}$$

式中，A_X 为待测样品中该核素活度；A_S 为某种核素标准源活度；n_s 为标准源 γ 射线峰面积计数率；n_X 为待测样品 γ 射线峰面积计数率；ε_γ 为该核素的衰变探测效率，该核素在其 γ 能谱上某一固定谱段中的探测效率，与 γ 射线的发射强度无关，完全由测量条件决定。

以计算土壤样品中 ^{137}Cs 核素活度为例，使用 001 号样品和 2$^{\#137}$Cs 标准源的计算方法如下：在几何条件完全相同的条件下，对 001 号样品和 2$^{\#}$标准源进行活时间测量 27000s，2$^{\#}$标准源活度为 2648.61 Bq，峰面积为 627277，计数率为 23.23 个/s；001 号样品峰面积为 404，计数率为 0.015 个/s，根据式（8-19）和式（8-20），计算得到探测效率为 0.0088，从而得到 001 待测样品的活度为：A_{001}=0.015/0.0088≈1.7 Bq。

4）效率刻度中的注意事项

当标准源的装样质量密度与待测样品的质量密度不一致而且差别较大时，则分析的刻度谱峰面积应做 γ 射线相对自吸收校正。

当自己制备刻度源时，使用的基质中固有的放射性核素（通常是天然放射性核素）与加入的标准源溶液或标准物质的 γ 能量一样或相近，应考虑它们对刻度谱峰面积的影响。一般可以利用制作刻度源的基质单独制作一个"空白"本底源，并在同样条件下获取其本底 γ 谱，然后从刻度谱峰面积中或者直接从刻度谱中扣除本底。

8.2　^{137}Cs 示踪技术

8.2.1　原　　理

放射性核素在土壤侵蚀中的应用是从 20 世纪 60 年代初 Menzel 研究土壤侵蚀和放射性核素沉降运移的关系后逐步发展起来的（Menzel，1960）。核素示踪法的基本原理是：随着降雨或尘埃沉降到地面的放射性核素被土壤颗粒强烈吸附，难以被水淋溶，其再分布主要伴随土壤颗粒运移而发生，侵蚀或堆积地块的核素赋存量与相应的土壤侵蚀量或堆积量可通过与未经历土壤侵蚀和沉积的背景值核素赋存量建立数学模型加以计算，这样通过测定核素在地表水平断面和垂直剖面的赋存量和空间分布形态，就可以测定不同部位的土壤侵蚀（堆积）速率。目前，主要的示踪核素包括 ^{137}Cs、^{210}Pb$_{ex}$、^{226}Ra、

^{232}Th、^{32}Si、^{90}Sr 等。其中，应用最广泛的是 ^{137}Cs（Brown et al.，1981；Campbell et al.，1987；de Jong et al.，1983；He and Walling，1997；Lowrance et al.，1988；Pennock and de Jong，1987；Ritchie et al.，1974），主要因为 ^{137}Cs 具有其他核素没有的几个优势：首先，^{137}Cs 是大气核试验产生的人工放射性核素，自然界原本不存在，没有自然本底的干扰；其次，^{137}Cs 随大气环流运动在全球广为分布，应用地域几乎没有限制；然后，^{137}Cs 化学性质稳定，与土壤颗粒强烈吸附，通常状况下，被植物吸收和淋溶损失的量很少，可忽略不计，某一地区 ^{137}Cs 量的减少只与衰变和伴随土壤颗粒侵蚀流失有关；最后，^{137}Cs 在土壤中的含量比较适中，便于样品采集和测定。

自 20 世纪 60 年代被研究者认识到其示踪价值以来，^{137}Cs 示踪法研究经历了以下三个阶段。

第一阶段：个体探索阶段（20世纪60年代至80年代初期）。这个时期内科学家意识到可以利用^{137}Cs 等放射性核素作为土壤侵蚀研究示踪剂的可能性，建立了土壤侵蚀量与^{137}Cs 流失量之间的初步定量关系，并开展了相关研究。Menzel（1960）首次运用 ^{90}Sr 测定土壤流失量，开创了现代核示踪技术的先河，他发现了 Georgia 和 Wisconsin 的土壤流失试验场中^{90}Sr 沉降物流失与测定的土壤流失有关。而随后的其他研究也同样证实了土壤侵蚀是影响核素^{137}Cs 和^{90}Sr 在小流域内迁移的主要因素（Dahlman and Auerbach，1968；Frere and Roberts，1963；Graham，1963）。Rogowski 和 Tamura（1965）在田纳西州（Tennessee）的种草试验场中发现土壤流失量与^{137}Cs 流失量之间呈对数关系。1974 年，Ritchie 等发现从流域中不同土地类型流失的^{137}Cs 与使用 USLE 计算的土壤流失量之间有非常好的对数关系，而后通过与其他研究结果比较，认为通过确定土壤流失的^{137}Cs 百分比，能够可靠地测得土壤侵蚀速率，确立了通过测定^{137}Cs 沉降量流失百分比计算土壤流失量的方法。通过 Ritchie 等"先驱性"的工作，^{137}Cs 示踪法应用取得了长足进步，查明了^{137}Cs 区域沉降与剖面分布特征、理化性质及迁移途径，建立了^{137}Cs 流失量与土壤侵蚀量的关系模型（McHenry et al.，1973a，1973b；Ritchie et al.，1972，1974）。在此时期，^{137}Cs 示踪技术理论体系基本成熟，与其他核素示踪法相比，^{137}Cs 示踪法显示出巨大的应用和开发潜力，并得到学术界公认，在地球科学各相关领域中产生了积极和广泛的影响。

第二阶段：群体深入研究阶段（20 世纪 80 年代初期至 1993 年）。这一阶段是侵蚀泥沙 ^{137}Cs 示踪法技术快速发展的时期，按照研究者关注的研究地区与合作关系，美国科学家 Ritchie 将这一时期从事 ^{137}Cs 示踪研究的主要科学家分为四个研究群体：澳大利亚群体（Campbell et al.，1987；Elliott et al.，1990；Loughran et al.，1988）、加拿大群体（de Jong et al.，1983；Kachanoski，1993；Pennock and de Jong，1987）、英中群体（Walling and Quine，1990；Zhang et al.，1990）、美国群体（Ritchie et al.，1974；Ritchie and McHenry，1990）。该阶段主要开展了不同土地利用类型的土壤侵蚀速率、小流域侵蚀和沉积速率、再分布与流域泥沙平衡的核示踪研究，并且一些研究者注意到流域净土壤流失量在湖泊沉积研究中的重要性，^{137}Cs 示踪法为湖泊沉积研究提供了更好的计算流域土壤侵蚀速率和泥沙输移比的途径。计算模型也从经验模型逐步过渡到理论模型，提出了土壤侵蚀

速率的 ^{137}Cs 质量平衡模型。同时，研究者也明确了 ^{137}Cs 示踪技术应用的基本假设和限制（Ritchie and McHenry，1990；Walling and Quine，1990）。

第三阶段：国际组织推广应用阶段（1993 年以来）。国际原子能机构（IAEA）和联合国粮食及农业组织（FAO）资助立项研究，在全世界推广应用 ^{137}Cs 示踪技术，先后组织实施了多个研究计划，推动了这一技术，特别是在发展中国家的广泛应用和进一步发展。国际 ^{137}Cs 示踪技术在不同年代的研究内容和侧重点不同，20 世纪 90 年代以来，IAEA 与 FAO 共同实施了 CRP 计划，先后三次资助世界 11 个国家利用以 ^{137}Cs 为主的放射性同位素进行侵蚀泥沙示踪研究。例如，1995～1998 年资助的"运用 ^{137}Cs 和相关技术评估土壤侵蚀，为土壤保护、持续农业生产和环境保护服务"，1996～2000 年资助的"运用环境同位素和其他方法研究淤积问题为水土保持服务"（Pennock and Zapata，1995），2001～2006 年的"利用核素示踪方法评价土壤侵蚀的影响，为大坝持久运行服务"，极大地推动了国际 ^{137}Cs 示踪技术研究，尤其是提高了发展中国家的研究水平。我国土壤侵蚀的 ^{137}Cs 示踪技术也正是在这个时期发展起来的（张信宝等，1988，1989，1992；白占国等，1997b；濮励杰等，1998；杨明义等，1999；杨浩等，2000），并形成了自己的研究特点，在国际上产生了较大影响。在此阶段，^{137}Cs 示踪侵蚀泥沙研究取得了突破性进展，此间提出了著名的用于农耕地土壤侵蚀量计算的质量平衡模型（mass balance model）和非农耕地土壤侵蚀量计算模型（Walling and He，1999a）。

然而，近年来有学者认为 ^{137}Cs 示踪应用的基本假设并不成立（Parsons and Foster，2011；Zhang，2014），尤其是假设之一的"^{137}Cs 在空间分布上具有一致性"，因为 ^{137}Cs 无论是在背景值还是采样地都表现出较大的空间变异性，如在背景值采样点，变异系数（CV）达到 20%（Sutherland，1996；Bernard et al.，1998；Basher，2000；Fornes et al.，2005；Mabit et al.，2009）。这些研究的出现，使人们对核素示踪技术产生较大怀疑，但是目前有关 ^{137}Cs 空间变异性的研究并不多。Kirchner（2013）提出可用 ^{137}Cs 重复采样方法和统计方法将土壤侵蚀引起的空间变异性从 ^{137}Cs 全部的空间变异性区分开来。而 Zhang（2014）提出 ^{137}Cs 空间变异性包括系统变异和随机变异，系统变异真正代表了土壤的再分布，是由土壤侵蚀和沉积引起的，而随机变异部分是由植被覆盖、残差覆盖、土壤属性、入渗速率和微地形等随机差异引起的，随机变异可通过增加采样点数量来解决。这些研究者的结论均是通过增大采样量来换取更大精度，但 ^{137}Cs 能否准确示踪土壤侵蚀却并未被明确证实，主要原因是缺乏与 ^{137}Cs 采样数据在时间和地点上完全符合的验证资料。目前只有少数几年的农耕地径流小区土壤流失监测数据（Porto et al.，2003a；Porto and Walling，2012）和较少的林地小流域产沙观测数据（Porto et al.，2001，2003b，2004，2009；Wakiyama et al.，2010）表明与 ^{137}Cs 示踪估算的土壤流失量一致。然而，这些实际观测数据在时间和空间上并不完全匹配。虽然 ^{137}Cs 示踪技术使用至今已有 40 余年，但仍需要大量不同环境下的观测数据来证实该技术的可靠性，促使该技术获取更多的认可，挖掘出更多的应用潜力（Porto and Walling，2012）。

8.2.2　采样方法

1. 采样准备

1）室内准备

野外调查采样之前需做好充足的室内工作，首先确定研究区域内合适的典型小流域，收集研究区域已有资料，如地形图、DEM、遥感影像、地方资料、流域土地利用方式和历史信息等。

2）研究地点基本状况调查

任何成功的取样都需要首先对研究区进行详尽的实地勘查。野外勘查的主要目的是：①确定是否有合适的背景值采样点存在；②评价扰动点侵蚀或沉积的类型和数量；③得到研究区地貌、土壤和农业生产等相关信息（Zapata，2002）。野外踏勘实施前首先要编写背景信息，背景信息的编写可提供研究区的一般情况，背景资料可以使用已有研究文献和地方政府部门报告，包括土地利用类型和土壤、地貌调查。主要查明研究区自1950 年以来典型的土地管理实践和土地利用变化情况、研究区地貌形态特征和主要土壤种类，认识坡面发育过程，建立地貌形态对坡面径流和泥沙再分布的影响模式，同时评价典型土壤剖面。土壤性质的描述按国家土壤分类系统标准进行，对于研究区侵蚀地块而言，除土壤类型外，重要的土壤性质还包括土壤结构、土壤剖面分层特征和障碍层出现深度。

2. 背景值采样方法

背景值采样点的正确选择对 ^{137}Cs 示踪技术的成功运用具有决定意义，是运用 ^{137}Cs 研究土壤侵蚀的中心工作。综合不同研究者的观点（Sutherland，1996；Bunzl et al.，1997，2000；Schuller et al.，1997；Lettner et al.，2000；Golosov et al.，1999；Pennock and Corre，2001；Zapata，2002），背景值采样点的选择一般应遵循以下标准：理想的背景值采样点应既无土壤流失也无泥沙沉积，其面积浓度代表放射性核素大气输入量及其随时间的衰变，最好是没有地表径流影响的水平地点；自 20 世纪 50 年代以来一直有植被覆盖，且不同季节之间覆盖变化不大；尽可能靠近研究区侵蚀地块采样地点；同一研究区域内有多个可以相互验证的背景值采样点；测定结果与国家或全球水平（Agudo，1998）放射性核素沉降数据较一致。自然保护区、公园、墓地等植被良好，无扰动或轻微扰动地点常被选作背景值采样点。在找不到完全满足上述标准的背景值采样点的研究地区，研究者应尽可能选择最符合上述条件的地点。Walling 和 He（2000）提出的 ^{137}Cs 面积浓度全球分布模型，考虑了影响 ^{137}Cs 大气沉降的主要因子，其计算结果对确定研究区 ^{137}Cs 背景值也有一定帮助。

背景值采样点的个数建议为 9 个或 16 个，根据需要可调整采样点个数，采样间距为 2～5m，3 个、4 个、9 个、16 个采样点的采样方式如图 8-6 所示。总样深度 22.5cm，第一层 15cm，第二层 7.5cm，两层分开装样。分层样一个，30cm 深，每间隔 7.5cm 一层，即分为 0～7.5cm、7.5～15cm、15～22.5cm、22.5～30cm。

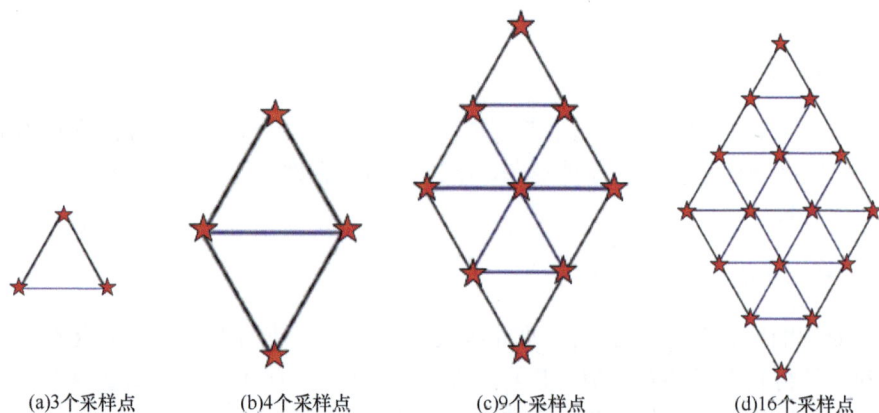

(a)3个采样点　　(b)4个采样点　　(c)9个采样点　　(d)16个采样点

图 8-6　采样点方式示意图

3. 普通采样点布设方案

研究小流域土壤侵蚀强度空间分布规律需要在流域内设置多个采样点，采集土壤全样和分层样，需要考虑采样点分布的空间代表性和人工、时间、费用等方面的因素。最常用的坡面采样点布设方案有两种：网格法和地形剖面线法。网格法是将取样范围划分成大小相等的网格，在每一个网格中取一个土样。而地形剖面线法是每个坡面布设 2～3 条剖面线，剖面线间隔按地块宽度设定，在剖面线上按一定间距布设取样点。

4. 样品主要类型

^{137}Cs 采集的试验样品主要包括土壤全样和土壤分层样。

1）土壤全样

土壤全样是指在一定面积上采集的包含所有 ^{137}Cs 核素的土壤样品。由于 ^{137}Cs 是大气沉降核素，一般分布于地表土层 20 cm 左右，侵蚀地块的赋存深度略小，堆积地块的赋存深度则较大。土壤全样样品采集过程中，特别需要注意的是保证所有含 ^{137}Cs 的土壤均被采集，也就是保证采样深度要大于采样点 ^{137}Cs 的赋存深度。采样时，清除采样点覆盖的杂草或作物秸秆等，用内径 8 cm、高 15 cm 的根钻垂直坡面取剖面样，取样深度一般为 30cm，即分两次取样，将取得的土样放入样品袋，做好标签，封好袋口。采样时，特别注意分次钻取时防止钻孔周围的表土掉入钻孔中。在坡面上取样时，由于坡脚处可能出现一定堆积，坡脚处样点的采样深度一般要适当加大到 45 cm 或更深。

2）土壤分层样

土壤分层样是分层采集的土壤全样，多数情况下与全样配合采集，采样工具一致。不同采样地点的分层样深度不同，耕地内分层样深度为 30～45 cm，沉积区内分层样深度为 60～100 cm。在采集过程中将土心按与地面平行方向分割成 5～7cm 厚的小份，分别测定各自的 ^{137}Cs 比活度。分层样各份样品中 ^{137}Cs 面积活度累计值与该地点全样面积活度是一样的。采集分层样主要是测定不同层位土壤 ^{137}Cs 比活度，反映 ^{137}Cs 在土壤剖面中的分布形态，对于判断背景值样点是否可靠及同一区域其他全样采集深度是否超过 ^{137}Cs 赋存极限非常重要。由于分层样可以反映 ^{137}Cs 剖面分布形态，因此可用于判断堆积地点的土壤堆积厚度，从而计算该地点的堆积量。

8.2.3　测试方法

1. 样品制备与保存

采集的土壤样品经风干、研磨、过筛（2.0 mm）、称重、装样后进入实验室分析阶段。

1）风干（烘干）

将采集到的样品摊平，在自然状态下风干（一般需经过 5～7 天），风干时注意将原样品编号与对应样品放在一起，以免样品之间混淆。

2）研磨

经过风干的土壤样品，平摊在铺有橡胶垫的实验台上，去除掺杂的草根和石块，用木制滚筒反复碾压，直至黏结的土块彻底粉碎为止。用于测定放射性核素的土壤样品的研磨并不是将土壤样品中所有较大颗粒彻底粉碎，而是将原来黏结在一起的土壤团块分散，满足测定放射性核素比活度的需要。

3）过筛

经过研磨的样品，过孔径 2 mm 筛，筛上大于 2 mm 部分和筛下小于 2 mm 部分，分别集中在一起，待称重。

4）称重和标记

用天平分别称重样品大于 2 mm 和小于 2 mm 部分，分别记录总重量、大于 2 mm 和小于 2 mm 部分的重量，取 400 g 左右粒径小于 2 mm 样品装入标准样品盒中，用记号笔编号标记后密封，准备测定其中放射性核素比活度。

5）样品的存放

由于测试仪器的限制，测试周期较长，大部分样品要存放一段时间。^{137}Cs 测试样品一般来说存放于干燥、通风、无阳光直射的室温环境即可；样品袋或样品盒存放时要保持密封，防止样品吸湿结块，影响测试；样品要做好编号和标签，防止混淆。

2. 样品测试方法

仪器在经过能量标定和效率标定后，可以对样品进行测试。由于样品中放射性核素处于不断衰变的过程，考虑到环境样品中所含放射性核素比活度较低，为使能谱仪计数达到国家规定的针对土壤样品核素探测标准，即误差小于 20%，应保证每个样品测试时间不少于 27000 s。在测定过程中，样品中各类放射性核素不同能级 γ 射线均可被多道分析器所记录，呈连续多峰谱线，如图 8-7 所示。最终确定样品中放射性核素的比活度，对样品探测的核素特征峰所对应的峰面积进行分析计算。

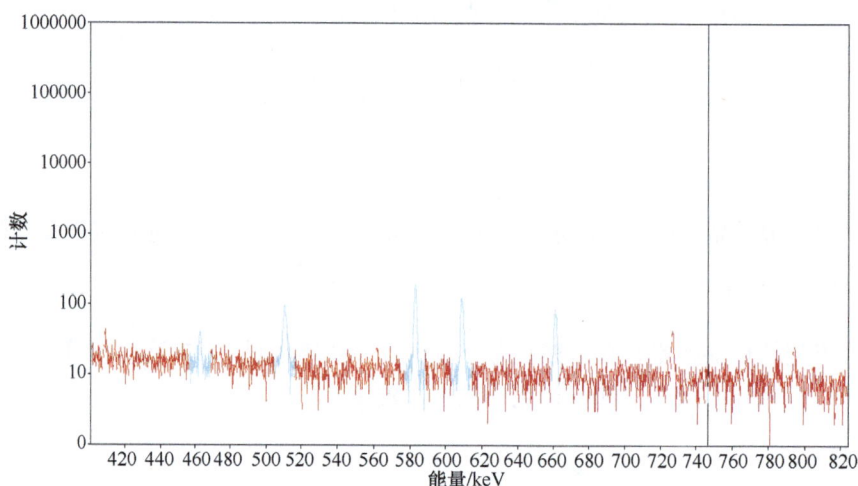

图 8-7　典型土壤样品 γ 射线谱

1）样品峰面积计算方法

在能谱分析中，γ 射线强度几乎都是根据其能谱上特征峰的面积来确定的，准确地确定峰面积显然十分重要。所谓峰面积是指构成这个峰的所有脉冲计数，峰面积也可以是指与峰内的脉冲数成比例的一个数。

确定峰面积的方法有很多，原则上可分为计数相加法和函数拟合法两类。计数相加法主要包括总峰面积（TPA）法和 Covell 方法，即把峰内测到的各道计数按一定公式直接相加，这种方法比较简单，适用于确定单峰面积，即分辨不受其他干扰的峰，可按选定谱段内各道净计数之和直接计算峰面积，如 ^{137}Cs、^{7}Be 等示踪核素。而函数拟合法根据拟合函数和方法的不同，主要包括 Wasson 方法、Sterlinski 方法、Quittner 方法、Wasson-Sterlinski 方法，以及 Sterlinski-Quittner 方法等（复旦大学等，1997）。其中，总峰面积法是广泛使用的方法。

（1）总峰面积法。该方法是把属于峰内所有脉冲计数相加，本底按直线的变化趋势扣除。具体计算方法是确定峰的左右边界道，一般选在峰两侧的峰谷位置，或者选在本底直线与峰底相切的位置，如图 8-8 所示，峰低能端边界道数为 l，高能端边界道数为 h，则峰所占道数为 $h–l+1$。峰面积的计算公式如式（8-21）所示：

$$A_{ag} = \sum_{i=l}^{h} C_i \tag{8-21}$$

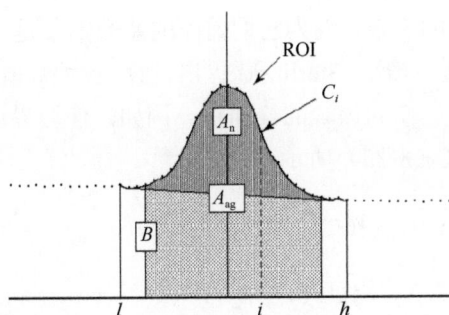

图 8-8 峰示意图

ROI 表示感兴趣区域，即在能谱中围绕特定峰的能量范围，用于计算峰面积的区域。A_n 表示净峰面积，即扣除背景后的实际峰面积，通常用于量化峰的强度，与待测核素的比活度或浓度有关。A_{ag} 表示总峰面积，即整个峰的面积，包括背景部分和净峰面积。B 表示本底峰面积，是在峰两侧背景区域的平均值，用于估算在 ROI 内的背景水平。C_i 表示在 ROI 中的某个位置的计数值（如第 i 个道的计数），常用来表示谱线中的计数随位置的变化情况

式中，A_{ag} 为总峰面积；C_i 为第 i 道峰的计数；l 为峰低能端边界道数；h 为峰高能端边界道数。

为了得到峰内净计数需要计算本底面积，由于假设峰是落在一个本底为直线分布的斜坡上，因此本底面积按照梯形面积计算，如式（8-22）所示：

$$B_b = \frac{B_l + B_h}{2} \times W \tag{8-22}$$

式中，B_b 为本底峰面积；B_l 为峰低能端本底计数；B_h 为峰高能端本底计数；W 为峰宽。

此时可以通过峰内各道计数减去本底计数，即可得到峰内净计数，即净峰面积值。

（2）Covell 方法。Covell 建议在峰的前后沿上对称地选取边界道，并以直线连接峰曲线上相应于边界道的两点，把此直线以下的面积作为本底扣除，则所求峰面积为

$$N = T - B = \sum_{i=-n}^{n} y_i - (n + \frac{1}{2})(y_{-n} + y_n) \tag{8-23}$$

式中，N 为峰内净计数，即峰面积；T 为峰内各道计数的总和；B 为本底峰面积；y_i 为峰内第 i 道的计数；i 为峰中心道；$-n$、n 为左右边界道；y_{-n} 为左边界道计数；y_n 为右边界道计数。

（3）Wasson 方法。Wasson 方法是在以上两种方法的基础上提出的一种较理想的方法，该方法仍把峰的边界道对称地选取在峰地前后沿上，但本底基线选择较低，同总峰面积法中的选择方法相同。峰面积计算公式如式（8-24）所示：

$$N = T - B = \sum_{i=-n}^{n} y_i - (n + \frac{1}{2})(b_{-n} + b_n) \tag{8-24}$$

式中，N 为峰内净计数，即峰面积；T 为峰内各道计数的总和；B 为本底峰面积；y_i 为峰内第 i 道的计数；i 为峰中心道；$-n$，n 为左右边界道；b_{-n} 为左边界道对应于总峰面积法中本底基线上的计数；b_n 为右边界道对应于总峰面积法中本底基线上的计数。

（4）Sterlinski 方法。从式（8-23）可看出，两个边界道计数（y_{-n}，y_n）对方差的贡

献要远大于其他各道计数的贡献，因为它们前面的系数因子是$(n-1/2)^2$，而其他各道计数前因子是1。为了改进这一情况，Sterlinski提出，可取各种数值的边界道，分别按Covell方法计算峰面积，然后相加作为该峰的峰面积。例如，使边界道从$l=1$算起，依次增加1，一直算到n，计算如式（8-25）所示：

$$l=1, N_1 = y_0 - (1-\frac{1}{2})(y_{-1}+y_1)$$

$$l=2, N_2 = y_0 + (y_{-1}+y_1) - (2-\frac{1}{2})(y_{-2}+y_2)$$

$$l=3, N_3 = y_0 + \sum_{i=1}^{3}(y_{-i}+y_i) - (3-\frac{1}{2})(y_{-3}+y_3) \qquad （8-25）$$

$$l=n, N_n = y_0 + \sum_{i=1}^{n}(y_{-i}+y_i) - (n-\frac{1}{2})(y_{-n}+y_n)$$

$$N = \sum_{i=1}^{n} N_l$$

（5）Quittner方法。为了较准确地扣除本底，某些情况下希望使用非直线的本底基线。Quittner方法中，本底谱用三次多项式来描述，即

$$b_i = a_0 + a_1(i-L) + a_2(i-L)^2 + a_3(i-L)^3 \qquad （8-26）$$

式中，b_i为第i道上本底计数；L为距离中心为l_L的左侧参考道；a为待定系数。

除L外，再找一个距峰中心为l_R的右侧参考道R，找出在L和R两道上的背景值P_L和P_R，并求出本底谱在这两道的斜率q_L和q_R。利用式（8-26）和它的导数公式，将在L和R道上的背景值P_L和P_R以及导数值q_L和q_R代入，得到关于$a_0 \sim a_3$的一组方程式并从中解出$a_0 \sim a_3$，把它们代入式（8-26）得到：

$$b_i = P_L + q_L(i-L) + \left[\frac{-(2q_L+q_R)}{l_L+l_R} - \frac{3(P_L+P_R)}{(l_L+l_R)^2}\right](i-L)^2 + \left[\frac{q_L+q_R}{l_L+l_R} - \frac{2(P_L-P_R)}{(l_L+l_R)^3}\right](i-L)^3$$

则峰面积为

$$N = \sum_{i=i_1}^{i_2}(y_i - b_i) \qquad （8-27）$$

式中，i_1、i_2为计算峰面积的边界道址；y_i为第i道上的计数。

Quittner方法中采用的本底扣除是非线性扣除法，计算的峰面积可能比总峰面积法、Wasson方法等更准确些。

2）峰边界选择方法分析

从峰面积计算方法中可以看出，峰宽的确定对正确计算峰面积有决定性影响，同时直接影响核素比活度的计算结果。因为根据样品特性的不同，探测器产生的峰型也各不相同，如低能端的平均本底高于高能端的平均背景值、峰型有尾翼等情况，因此没有一个直接且固定的方法可以计算一个峰的宽度，需要根据峰型特点选择峰宽。而不同的处

理软件有不同的计算方法,有的也可以通过同一信息得到不同的结果,根据仪器手册与现有研究可知,常用方法有自动寻峰法、手动寻峰法、确定能量峰宽法等(复旦大学等,1997)。

(1)自动寻峰法。自动寻峰法是仪器根据峰库中核素对应的 FWHM 值,寻找相应的范围,一般是三倍核素库中的 FWHM 匹配值,如 ^{137}Cs 核素库中的 FWHM 为 8.7 道宽,自动寻峰法确定的峰宽为 52 道左右,即向低能、高能各扩展 3 倍 FWHM 道数,该方法比较固定,但当样品内核素强度较弱,产生的峰为弱峰时,无法自动寻找到峰。

(2)能量范围确定法。根据能量范围确定峰宽的方法是目前土壤侵蚀核素示踪研究中最常用的方法之一,该方法是英国埃克赛特大学实验室经过多次试验研究得到的一种比较精确的、具有经验性地计算峰宽的方法。该方法的原理是根据不同核素的能量范围来确定峰宽,不同核素具有不同的能量,而不同能量在谱仪中所对应的道址不同,根据其固有的能量范围确定峰的道数(仪器必须事先进行能量刻度)。而不同核素其能量范围也不同,中高能核素的能量范围一般选择在 8.5keV 内,如 ^{137}Cs、^{7}Be 等,一般峰宽为 39~40 道左右;低能核素的选择范围是 5.5keV,如 ^{210}Pb,峰宽为 20 道左右(Zapata,2002)。表 8-4 中列出土壤侵蚀研究中常见核素的能量范围。

该方法的优点在于操作简单,尤其针对初次试验者,这种方法可在短时间内计算出结果,且结果比较精确。但是当仪器产生能量刻度漂移时,这种方法得到的结果误差较大。

表 8-4　常见核素的能量范围

核素	能量/keV	范围/keV
^{210}Pb	46.52	42.0~47.5
^{226}Ra	185.99	181.0~188.5
^{214}Pb	351.99	346.0~354.5
^{7}Be	477.56	472.0~480.5
^{137}Cs	661.66	656.0~664.5

(3)3 倍 FMHW 方法。根据 3 倍 FMHW 选取高能端、低能端的边界道,这是计算峰面积的常选方法,通过寻峰方法,找到峰位中心,从中心开始计数,分别向低能端和高能端计算 3 倍 FMHW 道计数。当仪器没有能量标定和效率标定时,可以手动确定 3 倍 FMHW 道数。该方法与仪器自动寻峰的区别是在峰型较差时,无法自动寻峰,只能手动完成。

(4)五点平均法。从峰中心道向低能端和高能端各扩展 3 倍 FMHW 的道数,计算此范围内每一道与前两道、后两道计数的五点平均值,作为此道新的计数,如图 8-9 所示。五点平均法的计算如式(8-28)所示:

$$C_i' = \frac{\sum_{i=c-2}^{c+2} C_i}{5}$$

（8-28）

式中，C_i'为五点平均后第i道峰的计数；C_i为原始第i道峰的计数；c为所选中心道。

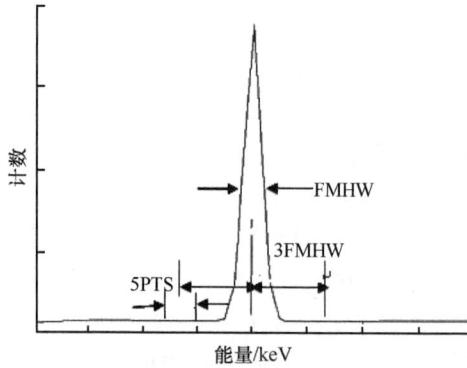

图 8-9 单峰示意图
PTS 表示点数（points），下同

根据五点平均平滑后，计数从峰中心开始逐渐向两端减少，从低能端选择一个计数最小的道，即谷底的一道，当作低能端的边界道，高能端采用同样办法。得到此峰的本底边界道后可根据式（8-28）计算背景值，得出净峰面积。如表 8-5 所示，土壤样品中 ^{137}Cs 的一个测量峰的 FMHW 为 7.986 道，中心为 3100 道，本底峰宽计算选择低能端与高能端各 3 倍 FMHW 道数，即 3076～3124，五点平均后计算结果如表 8-5 所示，低能端与高能端最小值分别选择在 3086 道和 3112 道，五点平均分别为 9.8 和 10.4。峰宽范围选择 3086～3112，共 27 道。五点平均法的优点是比较灵活且精度较高，根据仪器产生峰的不同而选择峰宽，避免因固定的选择时，能量刻度漂移、峰不对称、有尾翼等情况而产生的问题。

表 8-5 五点平均法计算结果

道数	计数	五点平均
3077	14	9
3078	9	11
3079	16	13
3080	16	12
3081	10	12.2
3082	9	11.2
3083	10	9
3084	11	9.2
3085	5	10.2
3086	11	9.8
3087	14	10.6
3088	8	11.6
3089	15	12.2
3090	10	11.8
3091	14	12.8

续表

道数	计数	五点平均
3092	12	13.6
3093	13	19
3094	19	25.2
3095	37	36.6
3096	45	47.6
3097	69	61.4
3098	68	72
3099	88	79.6
3100	90	80.6
3101	83	78.4
3102	74	71.4
3103	57	59.2
3104	53	48
3105	29	36.6
3106	27	28.8
3107	17	21
3108	18	16.8
3109	14	13.2
3110	8	12.4
3111	9	11.6
3112	13	10.4
3113	14	12
3114	8	14.4
3115	16	14.8
3116	21	15.4
3117	15	18.4
3118	17	18.4
3119	23	16.8
3120	16	16
3121	13	15.4
3122	11	13
3123	14	11.2
3124	11	8.6
3125	7	6.4

　　五点平均法适合峰是独立的，且左右没有其他相近的峰的影响，此时可以选择五点平均法。如果两测量峰相邻，计数互相影响，如图 8-10 所示的峰，此时应选三点平均法，即从峰中心向低能端和高能端各扩展 2 倍 FMHW 的道数，计算此范围内每一道与前一道、后一道计数的三点平均值，作为此道新的计数，公式如式（8-29）所示：

$$C_i' = \frac{\sum\limits_{i=c-1}^{c+1} C_i}{3} \tag{8-29}$$

式中，C_i' 为三点平均后第 i 道峰的计数；C_i 为原始第 i 道峰的计数；c 为所选中心道。

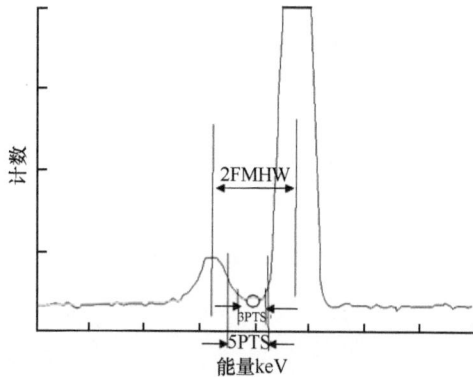

图 8-10   双峰示意图

应用于土壤侵蚀研究的环境核素中，如 ^{137}Cs、^{7}Be、^{210}Pb 核素产生的峰型因为周围没有其他核素的干扰而比较独立，可使用五点平均法。而当核素 ^{226}Rn 因其能量为 186 keV，而附近有能量为185 keV 的峰干扰时，需要使用三点平均法计算峰宽。

8.2.4   样品活度计算方法

测量核素活度的常用方法是通过测定一定时间内 γ 射线全吸收峰的净面积。根据该 γ 射线的发射概率和全吸收峰的探测效率，可以计算出该核素的活度值。然后，将活度值除以样品的质量，便可求得核素的比活度。根据谱仪刻度的具体情况，选用下面任意一种方法计算采样时刻样品中核素比活度 A。

1. 活度计算

1）相对比较测量法

活度相对比较测量法的计算公式为

$$A = C_e \frac{A_s F_1}{F_2 T m e^{-\lambda \Delta t}} \tag{8-30}$$

其中：

$$C_e = \frac{A'}{a_s} \tag{8-31}$$

$$F_1 = e^{-\lambda t} \tag{8-32}$$

式中，A 为核素比活度，Bq/kg；C_e 为刻度系数；A' 为刻度源核素活度，Bq；a_s 为选择的一个或几个加权的（一般按发射概率加权）特征全能峰净面积计数率，s^{-1}；A_s 为从测量样品开始到结束时所获得的核素特征峰净面积（计数）；F_2 为样品相对于刻度源 γ 的自吸收校正系数，如果样品密度和刻度源的密度相同或相近，F_2 则为 1；T 为样品测量活时间，s；m 为测量样品的质量，kg；Δt 为核素衰变时间，即从采样时刻到样品测量时刻之间的时间间隔，s；λ 为放射性核素的衰变常数，s^{-1}；F_1 为样品测量期间的衰变校正因子，如果被分析的核素半衰期与样品测量的时间相比大于 100，F_1 则为 1。

2）刻度效率曲线法

刻度效率曲线法的计算公式为

$$A = \frac{A_s F_1 F_3}{F_2 \varepsilon PT m e^{-\lambda \Delta t}} \tag{8-33}$$

式中，F_3 为相加修正系数，当发射单能 γ 射线核，或估计被分析 γ 射线的相应修正系数不大时，$F_3 = 1$，否则应设法估算 F_3；ε 为相应能量 γ 射线的全能峰探测效率；P 为相应能量 γ 射线的发射概率。

2. 样品自吸收校正方法

当分析样品的基质组成和刻度用的 γ 源基质组成不一样，造成装样质量密度与刻度源的质量密度差别很大时，它们之间的 γ 射线自吸收差别就不能忽略，应对分析结果或峰面积进行校正。通常不必求出绝对自吸收校正因子，只要求出分析样品相对于刻度源的自吸收校正系数即可。

样品相对标准源自吸收校正因子的计算公式如式（8-34）所示：

$$f_1 = e^{\frac{\mu \cdot (m_s - m_B) L}{V}} \tag{8-34}$$

式中，f_1 为样品相对标准源自吸收校正因子；μ 为标准源 γ 射线质量衰减系数（μ 值因 γ 射线能量不同而不同），土壤源对 477.59 keV 和 661.66 keV 的 μ 值分别为 0.088 和 0.077；m_s 为待测样品质量，g；m_B 为标准源质量，g；V 为标准源或待测样品体积，cm^3；L 为平均有效长度，对于 Φ70 mm×65 mm 体源，$L = 2.775$ cm。例如，计算待测样品中核素 ^{7}Be 的 477.59 keV 的自吸收校正因子，若 $m_s = 400$ g，则 $f_1 = 1.103$。

3. 判断限与探测下限

1）判断限

土壤中放射性核素的比活度通常很低，土壤中放射性核素的 γ 能谱分析是在很强的随机涨落的干扰存在情况下的弱放射性测量。判断限（A_c）只作为样品中"有"该核素的判据，不能作为"无"该核素的判据。谱仪系统和测量过程中将某核素的比活度判断限定义为

$$A_c = \frac{K'_\alpha \sigma_0}{\varepsilon P m} \tag{8-35}$$

式中，K'_α 为与第一类错误判断概率 α（预先给定）有关的一个常数；σ_0 为样品净计数率（通常为净峰面积）的标准偏差；ε 为 γ 射线全能峰探测效率；P 为 γ 射线的发射概率；m 为被分析样品的质量（或体积）。

通常取 K'_α 为 1.645（发生第一类错误概率为 5%，置信度为 95%），σ_0 选用峰区内本底计数率标准差 $\sqrt{n_b/t}$ 的 $\sqrt{2}$ 倍，这时式（8-35）简化为

$$A_c = \frac{2.33}{\varepsilon Pm}\sqrt{n_b/t} \tag{8-36}$$

式中，t 为测量时间（本底和样品测量时间相同）；n_b 为 t 时间内测量的选用峰区内的本底计数率，包括探测器及其周围环境中核素引起的干扰峰计数率（如果存在的话）和样品中其他高能 γ 发射体的连续谱的贡献。

2）探测下限

γ 能谱的探测下限（LLD）是在给定置信度情况下该系统可以有把握探测到的最低活度。本研究将谱仪系统和测量过程中对某核素的比活度探测下限定义为

$$\text{LLD} \approx (K_\alpha + K_\beta)S_0 \tag{8-37}$$

式中，K_α 为预选的错误判断放射性存在的风险概率 α 相应的标准正态变量的上限百分位数值；K_β 为与探测放射性存在的预选置信度 $1-\beta$ 相应的值；S_0 为净样品放射性的标准偏差。

如果 α 和 β 值在同一水平上，则 $K_\alpha = K_\beta$，即

$$\text{LLD} \approx 2KS_0 \tag{8-38}$$

如果总样品放射性与本底接近，则可进一步简化为

$$\text{LLD} \approx 2\sqrt{2}KS_{\text{本底}} = \frac{2.83K}{t_b}\sqrt{N_b} \tag{8-39}$$

式中，t_b 为本底谱测量时间；N_b 为本底谱中相应于某一全能峰的本底计数。

将最小探测下限转换为比活度后的算法简化为

$$A_D = 2A_C = \frac{4.66}{\varepsilon Pm}\sqrt{n_b/t} \tag{8-40}$$

式中，A_D 为最小探测比活度；A_C 为临界比活度，是用于判断信号显著性的阈值；4.66 为统计因子，通常对应于 95% 或 99.7% 的置信度，用于将背景计数与信号显著分离。

它表示对某核素最小可探测比活度，置信度为 95%，发生第一、第二类错误概率为 5%（相应 $K_\alpha = K_\beta = 1.645$）。

8.2.5　土壤侵蚀/沉积量计算方法

1. 土壤侵蚀计算模型

Martz 和 de Jong（1991）曾指出，^{137}Cs 示踪技术测定的是每一个定点的净土壤流失

量而不是其他方法所估算的一定面积内的总土壤流失量，因此可提供更为真实的侵蚀与泥沙运移信息。而如果将采样点土壤中的 ^{137}Cs 含量与土壤侵蚀速率联系起来，则需要建立相关的模型。由于 ^{137}Cs 在农耕地和沉积剖面中分布模式不同，因而利用 ^{137}Cs 示踪农耕地和沉积区的模型也不相同。农耕地作为重要的侵蚀产沙区，定量研究其侵蚀速率具有重要的指导意义。目前，利用 ^{137}Cs 示踪技术研究农耕地侵蚀速率的模型最多，总体可分为经验模型和理论模型两种。

1）经验模型

经验模型的建立是利用 ^{137}Cs 测算侵蚀速率，提出的时间相对较早，其基本表达式为

$$Y = \alpha X^{\beta} \tag{8-41}$$

式中，Y 为年土壤侵蚀流失量，t/（hm^2·a）；X 为土壤中 ^{137}Cs 流失百分比，%；α 和 β 为待定系数。

1974 年，美国 Ritchie 等根据通用土壤流失方程（USLE）对土壤流失率和 ^{137}Cs 迁移量进行回归，首先建立了土壤 ^{137}Cs 流失量与土壤侵蚀量之间的定量关系模型：

$$Y_1 = 4.04 X_1^{0.53} \tag{8-42}$$

式中，Y_1 为 ^{137}Cs 的流失量，nCi/m^2[①]；X_1 为平均土壤流失率，t/（hm^2·a）。

Ritchie 和 McHenry（1975）利用 20 世纪 60 年代到 70 年代早期的径流小区与小流域土壤侵蚀数据得到式（8-43）：

$$Y_1 = 0.88 X_1^{1.18} \tag{8-43}$$

式中，Y_1 为 ^{137}Cs 的流失量，nCi/m^2；X_1 为平均土壤流失率，t/（hm^2·a）。

Elliott 等（1990）、Loughran 和 Campbell（1995）利用澳大利亚新南威尔士州长期观测的径流小区数据得到农耕地的公式：

$$Y_2 = 80.6(1.07^{X_2}) \quad r=0.85 \tag{8-44}$$

式中，X_2 为 ^{137}Cs 的流失量百分比；Y_2 为 ^{137}Cs 的流失量百分比。

经验模型针对性强，适用于研究区域的侵蚀状况，结构简单，并被许多研究者广泛采用，但是其具有以下几点不足：①用于推导此类经验公式的土壤侵蚀速率，一般仅代表侵蚀小区的平均净土壤损失量，与用于估算土壤侵蚀率的采样点 ^{137}Cs 损失测定值并不直接对应。②研究区内不同采样点土壤 ^{137}Cs 损失率反映的是 ^{137}Cs 沉降以来整个时段的土壤侵蚀率，而研究者测定的往往只是较短时期内侵蚀小区的平均土壤侵蚀量。③此类模型的建立不仅采用了耕作土壤的测定结果，也采用了非耕作土壤的测定结果，因此对于耕作土壤而言，土壤侵蚀的估算值因翻耕作用而偏低，对于非耕作土壤而言则偏高。④由于土壤的空间变异较大，不同经验模型亦具有较强的空间对应关系，加之 α、β 系数取值在不同研究地区间存在较大的随意性，使得此类模型难以有效应用，已经逐渐被

---

① 1 nCi/m^2=37 Bq/m^2。

各种理论模型所取代。

2）理论模型

理论模型是建立在对 ^{137}Cs 沉降、再分配与土壤流失物理过程认识的基础上的一种模型。常见的有比例模型、重量模型、幂函数模型和质量平衡模型，其中以质量平衡模型研究最深入，应用最广泛。

A. 比例模型

比例模型是一种较为简单的理论模型，并被许多研究者用于耕作土壤的侵蚀估算（Mitchell et al.，1980；de Jong et al.，1983；Fredericks and Perrens，1988；Martz and de Jong，1987；Vanden and Gulinck，1987；Walling and Quine，1990）。该模型的假设前提为：^{137}Cs 的沉降在研究区域内是均匀的，并且经翻耕混合后在耕作层中均匀分布，层间 ^{137}Cs 含量无差异；自 ^{137}Cs 沉降开始后，土壤侵蚀流失量与土壤剖面的 ^{137}Cs 含量流失率成比例。

该模型可表示为

$$Y_3 = 10\frac{BdX_3}{100T}$$ （8-45）

式中，Y_3 为土壤侵蚀流失量，kg/m^2；B 为土壤容重，kg/m^3；d 为耕作层深度，m；T 为自 ^{137}Cs 沉降开始以来经历的时间，年；X_3 为 ^{137}Cs 含量对比背景值减少的比例。

考虑到不同地区的情况，不同研究者对式（8-45）进行了不同的修改，但其基本形式是一致的。由式（8-45）可知，该模型的各个参数和变量值的确定是相当容易的，因而其使用相当方便。但该模型存在的不足是：在计算表层土壤发生侵蚀的同时，并未考虑侵蚀发生前耕作层以下土壤的补充，即因耕地翻耕而使 ^{137}Cs 浓度降低，由此可知，该模型过低地估算耕作土壤的流失量；没有考虑 ^{137}Cs 的年沉降分量变化对估算土壤侵蚀量的影响。

B. 重量模型

Brown 等（1981）和 Lowrance 等（1988）采用重量法估算土壤侵蚀量。其计算公式如式（8-46）所示：

$$Y_3 = 10\frac{A_{ref} - A}{C_s T}$$ （8-46）

式中，Y_3 为土壤侵蚀流失量，kg/m^2；C_s 为侵蚀区域土壤当前 ^{137}Cs 平均含量，Bq/kg；A 为侵蚀区土壤的 ^{137}Cs 总量，Bq/m^2；A_{ref} 为背景值采样点土壤中 ^{137}Cs 总量，Bq/m^2；T 为自 ^{137}Cs 沉降开始以来经历的时间，年。

该模型的使用具有以下不足：①由于该模型是为了估算特定侵蚀地区的平均土壤侵蚀速率而建立的，其关键的一步是通过足够的侵蚀小区实验来确定 C_s，因此 C_s 具有相当程度的不确定性。②模型在计算表层土壤发生侵蚀的同时，同比例模型一样，并未考虑侵蚀发生前耕作层以下土壤的补充而导致的侵蚀发生后耕作层中 ^{137}Cs 浓度降低。因此，该模型则有可能过低估算耕作土壤的流失量。③模型没有考虑 ^{137}Cs 的年沉降分量变化对估算土壤侵蚀量的影响。

C. 质量平衡模型

质量平衡模型是目前应用范围较广的一种理论模型。该模型是建立在对土壤侵蚀机理进行理论分析的基础上，同时考虑 ^{137}Cs 在沉降期间沉降分量的年际变化对估算土壤侵蚀速率的影响。因此，应用质量平衡模型估算的土壤侵蚀速率相对准确、可靠。质量平衡模型的理论基础是，农耕地每年流失一定厚度含 ^{137}Cs 的耕作土壤，每年的犁耕又将同样厚度的不含 ^{137}Cs 的犁底层土壤翻起，补偿流失的耕作土，犁耕层深度保持不变。农耕地每年 ^{137}Cs 总活度的变动量为当年 ^{137}Cs 沉降量和随耕作流失的 ^{137}Cs 量以及 ^{137}Cs 衰变量的差值。Kachanoski 和 de Jong（1984）根据农耕地 ^{137}Cs 流失的物理模式，首次建立了根据 ^{137}Cs 流失量计算农耕地土壤流失量的理论模型，该模型是所有质量平衡模型的基础模型，其形式如式（8-47）所示：

$$S_t = (S_{t-1} + F_t - E_t)k \quad t=1,\ 2,\ 3,\ \cdots,\ N \qquad (8\text{-}47)$$

式中，S_t 为在第 t 年末土壤剖面中 ^{137}Cs 的总含量，Bq/m^2；F_t 为在第 t 年 ^{137}Cs 的沉降量，Bq/m^2；E_t 为在第 t 年从土壤剖面中流失的 ^{137}Cs 含量，Bq/m^2；N 为 M–1954，M 代表采样年份；k=0.9773，为 ^{137}Cs 的衰变系数。

质量平衡模型自 Kachanoski 和 de Jong（1984）首次提出后，不同研究者出于对模型应用及精确度的考虑，在此基础上进行了深入的研究，并提出了不同形式的质量平衡模型。Fredericks 和 Perrens（1988）修正的质量平衡模型主要考虑了侵蚀速率的变化，其目的是使模型更适合澳大利亚的土壤侵蚀状况。Quine（1989，1995）、Walling 和 Quine（1993）、He 和 Walling（1997）进一步修正了模型，主要考虑了土壤翻耕前流失掉的那部分 ^{137}Cs 沉降量。Zhang 等（1990）和 Kachanoski（1993）根据 1963 年的 ^{137}Cs 沉降量最大而提出简化的质量平衡模型。Zhang 等（1989）研究发现 ^{137}Cs 沉降主要发生于 1954 年至 20 世纪 70 年代，1963 年 ^{137}Cs 沉降量最大，而且位于沉降年份的中间位置，因此假定 ^{137}Cs 全部沉降于 1963 年，提出了质量平衡简化模型（模型 1），目前应用较为广泛，其表达式为

$$A(t) = A_{\text{ref}} \left(1 - \frac{h}{H}\right)^{t-1963} \qquad (8\text{-}48)$$

式中，$A(t)$ 为单位面积土壤的 ^{137}Cs 总量，Bq/m^2；A_{ref} 为背景值采样点土壤中 ^{137}Cs 总量，Bq/m^2；H 为耕作层深度，cm；h 为土壤流失厚度，cm；t 为采样年代。

该模型简化了计算过程，使质量平衡模型的计算变得更加简单，且计算结果较为精确，但模型使用上仍具有以下不足。

（1）模型没有考虑 ^{137}Cs 的年沉降分量变化对估算土壤侵蚀量的影响。

（2）模型是对式（8-48）计算方法的一种简化：

$$A = A_{1954} \cdot K^{t-1954}\left(1-\frac{h}{H}\right)^{t-1954} + A_{1955} \cdot K^{t-1955}\left(1-\frac{h}{H}\right)^{t-1955}$$
$$+ \cdots + A_{1970} \cdot K^{t-1970}\left(1-\frac{h}{H}\right)^{t-1970} \tag{8-49}$$

式中，A 为单位面积土壤的 ^{137}Cs 总量，Bq/m^2；A_{1954} 为 1954 年的 ^{137}Cs 沉降分量，Bq/m^2；H 为耕作层深度，cm；h 为土壤流失厚度，cm；t 为采样年代。

^{137}Cs 沉降期是从 1954 年起至 20 世纪 80 年代沉降量几乎探测不到为止，想获得任何地区任意一年 ^{137}Cs 的沉降分量并不容易，因此考虑到 1963 年既是 ^{137}Cs 沉降量最大年又是 ^{137}Cs 沉降的中间年份，所以在式（8-48）中把土壤中的 ^{137}Cs 完全假定是 1963 年输入的。根据式（8-49）可知，如果将简化后的沉降年份分别选择在 1954 年、1963 年和 1970 年，计算得来的土壤流失厚度 h 之间的关系是 $h_{1954} < h_{1963} < h_{1970}$，因此当 1963 年的 ^{137}Cs 沉降量为整个沉降过程的中值，且沉降规律呈标准正态分布时，简化到 1963 年的沉降量等于整个过程的总沉降量。但是北半球的 ^{137}Cs 逐年沉降通量并不是呈正态分布，1963 年前的沉降量之和明显大于 1963 年后的各年沉降量之和。因此，计算结果会过高估计实际土壤流失量。

Walling 和 Quine（1990，1993）、He 和 Walling（1997）考虑了土壤翻耕之前因降雨导致的 ^{137}Cs 活度较高的表层土的侵蚀损失、侵蚀迁移土壤的颗粒粒径分布与原土壤的差异以及不同粒径的土壤颗粒的 ^{137}Cs 含量和移动性的差异，提出了如式（8-50）所示的改进的侵蚀估算模型（模型 2）：

$$\frac{\mathrm{d}A(t)}{\mathrm{d}t} = (1-\Gamma)I(t) - \left(\lambda + P\frac{R}{d_m}\right)A(t) \tag{8-50}$$

其中：

$$\Gamma = P\gamma(1-\mathrm{e}^{-R/H_a}) \tag{8-51}$$

式中，$A(t)$ 为单位面积土壤的 ^{137}Cs 含量，Bq/m^2；t 为 ^{137}Cs 沉降开始到采样时的年份，年；$I(t)$ 为在 t 时的 ^{137}Cs 沉降量，Bq/m^2；Γ 为新沉降的 ^{137}Cs 在混入耕作层之前的损失率，可计算求得；P 为颗粒校正因子，即运动泥沙与原始土壤中 ^{137}Cs 活度之比，一般大于 1.0，因为 ^{137}Cs 易吸附在易迁移且粒径较小的土壤颗粒表面；γ 为在耕作活动之前耕作土壤上的 ^{137}Cs 年沉降量易受到侵蚀的比例，其值由耕作时间和当地的降雨时间分布确定；d_m 为耕作层土壤累积质量深度，kg/m^2；R 为年侵蚀速率，kg/（m$^2\cdot$a）；H_a 为 ^{137}Cs 在整个土壤剖面的初始分布累积质量深度，kg/m^2；$\lambda = 0.9773$，为 ^{137}Cs 的衰变常数。

该模型虽然考虑了诸多影响土壤侵蚀的因素，但仍有一定的局限性：该模型上述重要假设的可行性有待商榷；该模型并未考虑耕作活动对土壤中不同粒径颗粒的移动性的影响。

综上所述，在质量平衡模型中，无论是哪种形式，都是基于求得耕层土壤的年侵蚀率，在各个模型中，由于对 ^{137}Cs 年流失率的规定不同以及所考虑的影响因素不同，所以应用这些模型计算出的土壤侵蚀速率也就有所差异。

上述模型都是基于 ^{137}Cs 在土壤中的含量和水蚀的关系，但是在农耕地土壤中，^{137}Cs 随土壤颗粒发生再分布的原因有两点：一是水力侵蚀，二是耕作，土壤在坡面上的翻耕会导致土壤颗粒的运移，从而使 ^{137}Cs 在坡面上发生再分布现象。Walling 和 He（1993）在建立模型的基础上，考虑了耕作和降雨侵蚀的因素，将模型进一步改进，即提出了以下模型（模型 3）。

顺坡方向单位等高线长度耕作输移的土壤量 F_Q 可以表达为

$$F_Q = \phi \sin \beta \tag{8-52}$$

式中，F_Q 为顺坡方向单位等高线长度耕作输移的土壤量，kg/（m·a）；β 为坡面坡度，°；ϕ 为耕作常数，kg/（m·a）。

单位面积净耕作运移土壤量 R_t 可以由式（8-53）表述：

$$R_t = (F_{Q,\text{out}} - F_{Q,\text{in}})/L_i = \phi(\sin \beta_i - \sin \beta_{i-1})/L_i = R_{t,\text{out}} - R_{t,\text{in}} \tag{8-53}$$

式中，R_t 为单位面积净耕作运移土壤量，kg/（m²·a）；L_i 为第 i 块小区域的坡长，m；$R_{t,\text{out}} = \phi \sin \beta_i / L_i$，为流出计算坡面的土壤流失量，kg/（m²·a）；$R_{t,\text{in}} = \phi \sin \beta_{i-1}/L_i$，为进入计算坡面的土壤沉积量，kg/（m²·a）。

耕作常数 ϕ 可由坡顶（水力侵蚀可以忽略且没有耕作输移进入土壤）第 1 个小区域的耕作量来估测：

$$\phi = \frac{R_{t,\text{out},1} L_1}{\sin \beta_1} = \frac{R_1 L_1}{\sin \beta_1} \tag{8-54}$$

R_1 可由第 1 个小区域中土壤中的 ^{137}Cs 含量按照式（8-55）来计算：

$$A_1(t) = A_1(t_0) e^{-(R_1/d + \lambda)} + \int_{t_0}^{t} I(t') e^{-(R_1/d + \lambda)(t - t')} dt' \tag{8-55}$$

式中，d 为耕作层深度，表示为累计质量深度，kg/m²；t' 为 t_0 至采样年 t 中的某一年。

对于某个遭受了水力侵蚀的点 R_w，其土壤中 ^{137}Cs 含量随时间 t 的变化可以表述为

$$\frac{dA(t)}{dt} = (1 - \Gamma)I(t) + R_{t,\text{in}} C_{t,\text{in}}(t) - R_{t,\text{out}} C_{t,\text{out}}(t) - R_w C_{w,\text{out}}(t) - \lambda A(t) \tag{8-56}$$

式中，$C_{t,\text{in}}$ 为由于耕作而输移进来的土壤中的 ^{137}Cs 量，Bq/kg；$C_{t,\text{out}}$ 为由于耕作而输移出去的土壤中的 ^{137}Cs 量，Bq/kg；$C_{w,\text{out}}$ 为径流输移出去的土壤中的 ^{137}Cs 含量，Bq/kg；R_w 为坡面上某点的土壤侵蚀速率，kg/（m²·a）。

那么在该点，净土壤侵蚀速率就可表达为

$$R = R_{t,\text{out}} - R_{t,\text{in}} + R_w \tag{8-57}$$

而对于某个遭受了水力沉积的点 R'_w，其土壤中 ^{137}Cs 含量随时间 t 的变化可以表述为

$$\frac{dA(t)}{dt} = I(t) + R_{t,\text{in}} C_{t,\text{in}}(t) - R_{t,\text{out}} C_{t,\text{out}}(t) + R'_w C_{w,\text{in}}(t) - \lambda A(t) \tag{8-58}$$

式中，$C_{w,\text{in}}$ 为径流输移进来的土壤中的 ^{137}Cs 含量，Bq/kg；R'_w 为坡面上某点的土壤沉积速率，kg/（m²·a）。

因此，耕作层土壤中 ^{137}Cs 的浓度就可以用式（8-59）和式（8-60）来表述：

$$\text{净侵蚀点}\quad C_{\mathrm{s}}(t') = \frac{A(t')}{d} \tag{8-59}$$

$$\text{净沉积点}\quad C_{\mathrm{s}}(t') = \frac{1}{d}\left[A(t') - \frac{|R|}{d}\int_{t_0}^{t-1} A(t'')\mathrm{e}^{-\lambda t''}\mathrm{d}t'' \right] \tag{8-60}$$

式中，$|R|$（$R<0$）为沉积速率。

而 C_{s}、$C_{t,\mathrm{in}}$ 和 $C_{t,\mathrm{out}}$ 则有如下关系：

$$C_{t,\mathrm{in}}(t') = C_{t,\mathrm{out}}(t') = C_{\mathrm{s}}(t')$$
$$C_{\mathrm{w,out}}(t') = PC_{\mathrm{s}}(t') + \frac{I(t')}{R_{\mathrm{w}}}P\gamma(1-\mathrm{e}^{-R_{\mathrm{w}}/H_{\mathrm{a}}}) \tag{8-61}$$

而由径流导致的沉积点，其土壤中 ^{137}Cs 的浓度则应由式（8-62）表达：

$$C_{\mathrm{w,in}}(t') = \frac{1}{\int_S R\mathrm{d}S}\int_S P'C_{\mathrm{w,out}}(t')R\mathrm{d}S \tag{8-62}$$

式中，P' 为颗粒校正因子，即沉积泥沙与运动泥沙中的 ^{137}Cs 活度之比，一般小于 1.0；S 为坡面的上坡贡献面积，m^2。

该模型首次考虑了耕作和径流对土壤中 ^{137}Cs 含量的影响，并对此进行了详尽的描述，但该模型的不足之处是只适合于研究在径流线方向上相互影响的断面上各个点的侵蚀速率，而不适合受不同方向输移泥沙影响的沉积点。

通过以上对各种 ^{137}Cs 农耕地土壤侵蚀模型的研究分析表明，^{137}Cs 示踪技术能够有效地应用于过去较长时期（大约 40 年）的农耕地土壤净流失量的定量估算。在各种土壤侵蚀定量估算模型中，质量平衡模型最为可靠。其模型的建立是在对侵蚀机理的理论分析的基础上，综合考虑了影响土壤侵蚀的诸多因素，因此模型估算结果更为准确且符合实际情况。由于土壤侵蚀影响因素较多，现有的质量平衡模型仍有待进一步加以完善。其中，比例模型由于没有考虑翻耕对 ^{137}Cs 含量的影响而误差较大；质量平衡模型 1 虽然方法简便，但是年沉降量的简化计算会对侵蚀量的计算产生一定影响；质量平衡模型 2 和质量平衡模型 3 考虑了年沉降 ^{137}Cs 富集率，以及耕作侵蚀等因素对土壤侵蚀的影响，但是将年沉降分量笼统地分为北半球与南半球，建立在假定同一半球其 ^{137}Cs 的年沉降分量是一致的基础上，因此不同研究区的 ^{137}Cs 输入量有待进一步改进。

2. 沉积区泥沙沉积率计算模型

由于沉降物记载着过去时期的环境变化历史，能评价和预测区域环境质量，为区域的开发与治理提供基础资料，所以沉积率的研究受到人们的重视。

20 世纪 70 年代，美国（Ritchie et al.，1970）、瑞士（Krishnaswami et al.，1971）、以色列（Stiller and Assaf，1973）等国的科学家研究得出结论：从大气沉降的放射性核素 ^{137}Cs 在沉降物中的分布与 ^{137}Cs 沉降的时间分布有关，这样就能用 ^{137}Cs 判断沉积剖面的地质年代。叶崇开（1991）在研究鄱阳湖的近代沉积率时认为：由于 ^{137}Cs 的沉降在 1963 年达到峰值，故可以逐层测出沉积物垂直深度 ^{137}Cs 最大峰值层，该层即为 1963 年的沉降物层位，从而得到 1963 年以来的沉积厚度和平均年沉降速率。Wan 和 Santschi（1987）用同样的原理测定了瑞士格赖芬湖近代沉积速率，同时许多科学家建立了各种 ^{137}Cs 沉积模型。Lowrance 等（1988）用定量的方法描述沉积率，在估算农林系统的土壤沉积时提出：

$$总沉积(t) = \frac{(C-Z)A_c}{W_d} \cdot \frac{t}{10^3 \text{kg}} \cdot \frac{104\text{m}^2}{\text{hm}^2} \qquad (8\text{-}63)$$

式中，A_c 为沉积区面积，hm^2；C 为沉积区当前 ^{137}Cs 的平均活度，Bq/m^2；Z 为林区当前 ^{137}Cs 的平均活度（背景值），Bq/m^2；W_d 为沉积区的质量活度，Bq/kg。

Lowrance 给出的每年沉积量 S_c，可由式（8-64）计算得出：

$$S_c = \frac{C-Z}{(N-1954)W_d} \times 10^3 \qquad (8\text{-}64)$$

式中，S_c 为年沉积量，t/km^2；N 为采样年份。

Brown 等（1981）在研究农林地侵蚀率时，也提出一个计算沉积率的公式：

$$(1-E)(X \times B - D \times B) = C \times A_c - X \times A_c \qquad (8\text{-}65)$$

式中，A_c 为沉积区面积，hm^2；B 为侵蚀区面积，hm^2；C 为沉积区当前 ^{137}Cs 的平均活度，pci/cm^2[①]；D 为侵蚀区当前 ^{137}Cs 的平均活度，pci/cm^2；E 为沉积物移出所研究流域的迁移率；X 为未发生再分布之前整个流域的平均 ^{137}Cs 活度，Pci/cm^2。

X 求出后，可以计算 ^{137}Cs 的积累量：

$$沉积率 = \frac{土壤容重 \times {}^{137}\text{Cs}的重量浓度}{{}^{137}\text{Cs}的积累量} \qquad (8\text{-}66)$$

Smith 和 Ellis（1982）提出利用 ^{137}Cs 计算沉积率的公式，如式（8-67）所示：

$$A^{137}\text{Cs}(t) = F^{137}\text{Cs} \times e^{-\lambda t} / W_{(t)} \qquad (8\text{-}67)$$

式中，$A^{137}\text{Cs}(t)$ 为 ^{137}Cs 的沉降量，dpm；$F^{137}\text{Cs}$ 为沉积物中 ^{137}Cs 量，$\text{dpm}/(\text{cm}^2 \cdot \text{a})$[②]；$\lambda=0.9773$，为 ^{137}Cs 的衰变常数；$W_{(t)}$ 为沉积物累积率，$\text{g}/(\text{cm}^2 \cdot \text{a})$。

8.3 ^{210}Pb 在土壤侵蚀中的应用

8.3.1 ^{210}Pb 的时空分布

^{210}Pb 是自然环境中存在的天然放射性核素，物理半衰期为 22.3 年。土壤中 ^{210}Pb 的一部分是由 ^{238}U 经衰变产生，即天然 $^{238}\text{U} \rightarrow \cdots {}^{226}\text{Ra} \rightarrow {}^{222}\text{Rn} \rightarrow \cdots {}^{210}\text{Pb} \rightarrow {}^{210}\text{Bi} \rightarrow {}^{210}\text{Po} \rightarrow \cdots$

---

① 1 pci/cm² =370 Bq/m²。

② 1 dpm/（cm²·a）=$1 \times 10^4 \times \dfrac{1}{60} \approx 166.67$ Bq/m²。

^{206}Pb（稳定元素）。所以它们主要来自成土母质，^{238}U 衰变产物 ^{222}Rn 会从土壤中逃逸到大气中，^{222}Rn 在大气中继续衰变，其衰变产物（包括 ^{210}Pb）将在大气中滞留 4～40 天，然后随降雨或尘埃到达地面，成为土壤中 ^{210}Pb 的大气来源。为区别于土壤中原有的 ^{210}Pb，将沉降部分标为 ^{210}Pb$_{ex}$。^{210}Pb 能和土壤颗粒紧密结合，且有较长的半衰期，在土壤侵蚀研究中，^{210}Pb 主要作为一种记时器应用在沉积速率的测定上。在土壤剖面中，^{210}Pb 的量主要集中在土壤剖面 100～400mm（Wallbrink and Murray，1996；Moore and Poet，1976；Olsen et al.，1985），其中 50% 以上的量集中在表层 5mm 以上（Wallbrink and Murray，1996）；随着土壤剖面深度的增加，^{210}Pb$_{ex}$ 的值呈指数减少趋势，当达到一定的深度时，^{210}Pb 的值为一个常数，说明土壤中 ^{226}Ra 衰变成的 ^{210}Pb 成为土壤中 ^{210}Pb 的主要来源（Nozaki et al.，1985）。Sbrignadello 等（1994）在南极的雪样和土样中也发现了相同的规律，并且他们还发现土粒越细，越易富集 ^{210}Pb。由于 ^{210}Pb 半衰期较长，可以示踪近 100 年来的年均土壤侵蚀速率。

8.3.2　采 样 方 法

^{210}Pb 的采样方法与 ^{137}Cs 相同，目前涉及 ^{210}Pb 示踪土壤侵蚀的研究中，大多数都是与 ^{137}Cs 相结合进行，单独使用 ^{210}Pb 单核素示踪的研究相对较少，采样过程和 ^{137}Cs 一样，采集的样品可同时测定 ^{137}Cs 和 ^{210}Pb。值得注意的是，选择背景值采样点时，一般认为 ^{210}Pb 需要在超过 100 年未经历侵蚀、沉积及人为剧烈扰动的平坦地上采集。具体的采样方法参照本书的 8.2.2 节。

8.3.3　^{210}Pb 的样品处理与测量

将采集的土壤样品自然风干，研磨后过 1mm 塑料筛子，剔除杂物如草根、石块等，装入特制样品盒内。由于 ^{210}Pb$_{ex}$ 是 ^{222}Rn 的衰变产物，而 ^{222}Rn 会从土壤中逃逸到大气中，因此在土壤样品测量前必须密封样品盒。因为 ^{222}Rn 的半衰期为 2.825 天，因此样品密闭于塑料盒内 20 天后才能达到平衡。

^{210}Pb$_{ex}$ 用 γ 能谱仪进行测定。样品的 ^{210}Pb$_{ex}$ 活度为 ^{210}Pb 总活度和 ^{226}Ra 活度的差值。^{210}Pb 总活度根据 46.5keV 谱峰面积计算。^{226}Ra 活度根据 ^{214}Pb 的谱峰面积（351.9keV）求算，半衰期极短的 ^{214}Pb 是 ^{226}Ra 的衰变产物。

8.3.4　应用 ^{210}Pb 测定泥沙沉积率

自从 Goldberg（1963）提出天然放射性核素 ^{210}Pb 可作为百年内发生的地质事件的时钟，^{210}Pb$_{ex}$ 就被广泛应用在沉积时间的研究上。它的一个主要优点是：作为一种示踪核素，对于一个研究区域，其每年的大气沉降量可在未扰动的土壤中测得。Anderson 等（1987）在研究安大略（Ontario）西北部湖区沉积物时提出公式：

$$\frac{\partial \rho A}{\partial t} = \frac{\partial}{\partial Z} \times \frac{D_B \partial \rho A}{\partial Z} - \frac{S \partial \rho A}{\partial Z} - \lambda \rho A \tag{8-68}$$

式中，A 为 $^{210}Pb_{ex}$ 的浓度，dpm/g；t 为时间；Z 为深度；ρ 为沉积物的密度，g/cm^3；D_B 为沉积物混合速率，cm^2/s；S 为沉积速率，cm/s；λ 为 ^{210}Pb 的衰变常数。

Anderson 等（1987）发现沉积速率与 $^{210}Pb_{ex}$ 的量呈对数线性关系。他们认为运用 ^{210}Pb 记时需要有两点假设：^{210}Pb 沉降速率是固定的；除了物理或生物扰动外，沉积物中 ^{210}Pb 没有发生后期沉积移动。Robbins 等（1978）和 Olsen 等（1981）在各自的研究中也提出同样的分布关系式。

用 $^{210}Pb_{ex}$ 方法计算沉积速率最常用的模式有：①恒定初始浓度（CIC）模式（Robbins et al.，1975）；②恒定供给速率（CRS）模式（Appleby et al.，1979；Appleby and Oldfield，1988）；③恒定 $^{210}Pb_{ex}$ 量和恒定沉积速率（CFS）模式（Smith and Walton，1979）。

CRS 模式的表达式为

$$A(x) = A(0)e^{-\lambda t} \tag{8-69}$$

式中，$A(x)$ 为在 x 深度以下 ^{210}Pb 的活性，dpm/g；$A(0)$ 为表层沉积物以下所有 $^{210}Pb_{ex}$ 的活性，dpm/g；λ 为 ^{210}Pb 的衰变常数；t 为时间。其中，$t=x/S$，x 为深度，cm；S 为沉积速率，cm/a。

Appleby 等（1979）运用 CRS 模式测定了芬兰的层质湖沉积物，发现时间–深度曲线和应用 CRS 模式预测曲线有很好的拟合性，Smith 和 Hamilton（1985）在研究 Tali Karng 湖沉积物时也发现应用 CRS 模式有同样好的拟合性。

CIC 模式的表达式为

$$C = C_0 e^{-\lambda Z / S} \tag{8-70}$$

式中，C、C_0 分别为某一层及表层沉积物中 $^{210}Pb_{ex}$ 的浓度，dpm/g；Z 为深度，cm；S 为沉积速率，cm/a；λ 为 ^{210}Pb 的衰变常数。

万国江等（1986）运用此法测定瑞士格赖芬湖的近代沉积速率时发现，该方法比其他方法的测定值要小。

Krishnaswami 等（1971）在考虑大气沉降的 $^{210}Pb_{ex}$ 和 ^{226}Ra 衰变的 ^{210}Pb 的关系的基础上，提出了 CIC 模式的变形公式是

$$A(t) = (p/w)e^{-\lambda t} + A' \tag{8-71}$$

式中，λ 为 ^{210}Pb 的衰变常数；A' 为 $^{210}Pb_{ex}$ 的活度，pci/g；$A(t)$ 为 t 年 $^{210}Pb_{ex}$ 的活度，pci/g；p 为沉积物–水界面处 $^{210}Pb_{ex}$ 的量，pci/（cm^2·g）；w 为沉积物累积速率，g/（cm^2·a）；t 为时间，年。

叶崇开（1991）运用式（8-71）测定了鄱阳湖的近代沉积速率，也发现此值比应用 ^{137}Cs 法测得的值要小。

CFS 模式的表达式为

$$A(m) = (p/w)e^{-\lambda m / w} \tag{8-72}$$

式中，$A(m)$ 为某一深度以上沉积物累积质量中 $^{210}Pb_{ex}$ 的量，dpm/g；p 为沉淀物–水界

面处 $^{210}Pb_{ex}$ 的量，dpm/（cm^2·g）；w 为沉积物累积速率，g/（cm^2·a）；λ 为 ^{210}Pb 的衰变常数；m 为质量深度，g/cm^2。

Wasson 等（1987）在研究巴林贾克（Burrinjuck）水库的沉积物时，就这三种模式在研究中的优缺点做了比较。他认为：CIC 模式曲线反映了相当大的 ^{210}Pb 分散情况，但是它反映的沉积速率要比实际小；CFS 模式适合于小区域的研究，并且能很好地估计年代，但不能反映 20 世纪 40 年代以来不断降低的沉积率；CRS 模式相对来说应用范围广，但是其估测的年代总要比沉积物的基本年龄要大，这一不足限制了该模式的发展，但如果能知道每层沉积物的沉积速率，CRS 模式的缺点就会被克服。

8.3.5　应用 ^{210}Pb 测定土壤侵蚀速率

$^{210}Pb_{ex}$ 示踪土壤侵蚀时，也基于以下三个假设：①局地 ^{210}Pb 的大气输入量一致且已知或者通过参照点可以测得；②核素能快速、有效地固定在土壤颗粒上，只通过泥沙运移、土壤混合、侵蚀使核素重新分布，而没有其他过程造成流失；③土壤流失（或沉积）量能通过核素的流失量来推算，即可以建立两者之间的关系模型。其中，建立核素流失量与土壤流失（或沉积）量之间的关系模型是 $^{210}Pb_{ex}$ 示踪土壤侵蚀的关键。

Walling 等（1999）考虑了新沉降的 $^{210}Pb_{ex}$ 富集于土壤表层，给出了农耕地 $^{210}Pb_{ex}$ 稳定态年质量平衡模型：

$$I = A\lambda + Ah/H_0 + I\Gamma \tag{8-73}$$

式中，I 为 $^{210}Pb_{ex}$ 年沉降通量，mBq/（cm^2·a）；A 为 $^{210}Pb_{ex}$ 面积浓度，mBq/cm^2；λ 为 ^{210}Pb 的衰变常数；h 为年均土壤流失厚度，cm；H_0 为犁耕厚度，cm；Γ 为沉降通量的当年流失比例。此式表明：当土壤中 $^{210}Pb_{ex}$ 分布处于稳定态时，$^{210}Pb_{ex}$ 年沉降通量（I）等于耕层土壤中 $^{210}Pb_{ex}$ 放射性衰变损失量（$A\lambda$）、耕层土壤中非当年沉降的 $^{210}Pb_{ex}$ 流失量，及当年沉降的 $^{210}Pb_{ex}$ 流失量之和。此模型虽然比较完善，但 Γ 值却很难获得。

在国内，张信宝等（2003）首次研究中国和英国的土壤剖面中 $^{210}Pb_{ex}$ 深度分布，并假设某一农耕地每年只在邻近耕作时发生一次侵蚀，将当年沉降的 $^{210}Pb_{ex}$ 流失量表述为

$$I\Gamma = C'h\gamma \tag{8-74}$$

式中，C' 为表土层中在一年内新沉降 $^{210}Pb_{ex}$ 的浓度，mBq/g；γ 为土壤容重，g/cm^3。综合式（8-73）、式（8-74），推导出如式（8-75）所示的农耕地侵蚀速率的稳定态计算模型：

$$h = (H_0 - AH_0\lambda)/(A + H_0C'\gamma) \tag{8-75}$$

此模型由于还未在实际研究中得到深入应用，因此其信度还有待进一步验证。另外，张信宝等（2003）也推导出非农耕地土壤中 $^{210}Pb_{ex}$ 稳定态分布的质量平衡模型，用以计算土壤侵蚀速率。其表达式如式（8-76）所示：

$$I = A \times \lambda + C_x \times h \times \gamma$$
$$I = \lambda A_{ref} \tag{8-76}$$

式中，C_x 为土壤中 $^{210}Pb_{ex}$ 的浓度，mBq/g；A_{ref} 为 $^{210}Pb_{ex}$ 的本底值，mBq/cm^2。由于 $^{210}Pb_{ex}$

示踪非农耕地土壤侵蚀的计算模型研究较少，因此该模型还有待进一步考虑。

由于 $^{210}Pb_{ex}$ 的物理、化学性质及 $^{210}Pb_{ex}$ 在土壤中的行为特征，其成为研究土壤侵蚀的良好示踪剂，因此具有较广的应用前景。今后的研究中，进一步完善 $^{210}Pb_{ex}$ 流失量与土壤流失量之间的定量关系模型是 $^{210}Pb_{ex}$ 示踪土壤侵蚀的关键。

8.3.6　^{210}Pb 方法的优缺点及存在问题

由于 $^{210}Pb_{ex}$ 有较长的半衰期，所以对于沉积物断代其是一种有效手段，且精度较高。但是，利用 $^{210}Pb_{ex}$ 法测定 $^{210}Pb_{ex}$ 含量是一项很复杂的工作。$^{210}Pb_{ex}$ 样品处理过程复杂，要求精度高，而且测量时间很长，这样在工作中就存在费时的问题。虽然就 $^{210}Pb_{ex}$ 提出了许多定量化模式，并且这些模式被广泛应用，但这些模式本身还存在许多问题，如要求不同的假设等。然而，随着科技的发展，这种新兴的示踪方法一定会有更广的发展前景。

8.4　^7Be 在土壤侵蚀中的应用

8.4.1　^7Be 示踪土壤侵蚀的原理

^7Be 是宇宙射线轰击大气氮原子、氧原子而产生的天然放射性核素，半衰期较短，为 53.3 天（Azahra et al.，2003；朱厚玲等，2003）。^7Be 的产生主要受太阳黑子活动周期、纬度和高度的影响。随着高度的增加，^7Be 形成量增大，在天空中 15～20km 处达到最大，约有 70% 的 ^7Be 产生在平流层，30% 产生在对流层顶部（Graham et al.，2003；Azahra et al.，2004；Jeffrey et al.，2004）。^7Be 产生后很快形成 BeO 或 Be（HO）$_2$，被吸附在亚微米尺度的气溶胶（粒子直径一般为 0.3～0.4μm）上随大气运动，一方面通过衰变损失，另一方面通过连续性干湿沉降降落到地表（Jeffrey et al.，2004；Rodenas and Gomez，1997）。^7Be 沉降通量随纬度的变化而变化，中高纬度地区高于低纬度地区，同一纬度降雨多的地区沉降通量大（Lal and Peters，1967）。^7Be 主要通过湿沉降到达地表，与降水量存在着显著的正相关关系，干沉降所占比例较小。^7Be 沉降到地表被土壤强烈吸附，随土壤颗粒运动发生机械性迁移，具有环境微粒示踪价值。

利用 ^7Be 示踪技术研究土壤侵蚀主要有以下几个方面的依据。

（1）^7Be 来源的连续性即 ^7Be 通过连续干湿沉降到达地表。

（2）沉降到地表的 ^7Be 能被土壤颗粒紧密吸附，一般环境条件下，可交换态含量极少，只随土壤颗粒的机械迁移而运动，具有环境微粒示踪价值。

（3）较短的半衰期为研究短期内或次降雨过程土壤侵蚀提供了便利，同时弥补了 ^{137}Cs、^{210}Pb 等核素只能示踪中长期土壤侵蚀平均速率的不足。

（4）土壤中低本底放射性核素测量技术具有可行性。

（5）土壤中本身不含有 ^7Be，^7Be 通过连续性干湿沉降到达地表，分布在地表土壤最表层（0～20mm），能十分敏感地反映地表土壤侵蚀-沉积信息。

（6）^7Be 在地表土壤剖面中随深度增加呈指数递减的垂直分布特征，为建立定量计算土壤侵蚀速率的模型及定量区分坡面侵蚀过程提供理论依据。

^7Be 的连续来源、能被土壤强烈吸附和在土壤剖面中的分布特征及较短的半衰期等特征，使其能够示踪短期内（季节性）或次降雨过程中的土壤侵蚀。^7Be 示踪技术应用于土壤侵蚀研究的原理与 ^{137}Cs 等其他核素示踪技术是相似的。在野外采集特定点的表层土壤，测定其 ^7Be 含量，然后与参考点（背景值采样点）^7Be 含量进行比较，来确定土壤侵蚀过程造成的土壤侵蚀强度的空间分布及侵蚀速率的大小。与基准值相比，采样点土壤 ^7Be 总比活度小，说明该采样点发生了侵蚀；土壤 ^7Be 总比活度大，说明该采样点出现了沉积。以 ^7Be 在土壤剖面中的分布特征和 ^7Be 示踪土壤侵蚀定量模型为基础，采样点土壤中 ^7Be 损失或增加为依据，定量计算土壤侵蚀-沉积速率，描述土壤侵蚀空间分布、侵蚀泥沙来源及侵蚀过程。

8.4.2　^7Be 样品采集与处理

根据 ^7Be 示踪土壤侵蚀的原理和模型计算的需求，采集两类样品：一是背景值采样点的分层样品，二是研究坡面上的全样。

1. 背景值采样点的分层采集

^7Be 背景值是计算 ^7Be 示踪土壤侵蚀的基础，背景值采样点的选择一般要遵循以下几点原则。

（1）背景值采样点在某一时段内（大约 5 个月）既无侵蚀又无沉积的发生，且在无明显扰动的平坦地上，最好是农耕地，这是最重要的一点。

（2）由于降水量空间分布存在差异性，而 ^7Be 主要以湿沉降的方式降落，因此背景值采样点应在研究坡面附近，采样范围不能过大。

（3）植被对 ^7Be 的截留和吸收作用很强，同时植物根系会导致部分 ^7Be 入渗过深，所以背景值采样点应无植被覆盖或植被覆盖很小。

（4）最好是在某一时段无扰动的平坦耕地上，撂荒地或草地上除植物截留吸收外，由于地表变硬或出现结皮，雨水入渗较难，且容易产生径流，雨水中 ^7Be 不能被土壤完全吸附，部分会随径流流失。

（5）研究区土壤物理性质和化学性质与背景值采样点应具有一致性，尤其是有机质含量和黏粒含量。

为了定量化 ^7Be 在土壤剖面中的分布，背景值采样点样品需要采取分层样，一般情况下将 0～20mm 的土分为 5～10 层。分层采样是在定面积的铁框上利用钢刷分层刷取土壤，由于分层很薄，很难直接控制分层厚度，相关人员因此研发了不同的取样仪器，以便准确分层。在没有相关仪器的情况下，主要采用质量控制深度，就是采集定面积上 0～20mm 的样品全样，将样品称重，用此重量除以设定的分层数，就能得到每层样品的质量，在用铁刷刷取土壤的过程中，每层以质量进行控制，这样得到的每层深度相对比较可靠，误差也比较小。分层采样对采样的方法和技术要求比较高。每个分层的样品量需要大于 400g，采样过程中需要在多个点进行分层取样，将相同层的样品量进行混合，得到每层的样品。

2. 坡面全样采集

对于研究坡面需要采集 ^{7}Be 全样，采样深度一般为 0～20mm，在有明显沉积点的区域采集深度需要增加，具体因情况而定。一般情况下需根据坡面的宽度和长度以及采样的密度，按照网格法进行采样，同时围绕网格节点在一定半径的圆圈内采集 3～5 个点，然后混合，得到该网格点的全样。由于仪器测量的需要，每个土壤样品需要大于 400g。

3. 样品处理

^{7}Be 的分层样和全样采集后，带回实验室风干，然后研磨，过 1mm 或者 2 mm 的筛子，去除杂物如草根、石块等，然后装入特制的塑料盒中待测。

8.4.3 土壤样品中 ^{7}Be 的测定

^{7}Be 的测定仪器是由美国 ORTEC 公司生产的 8192 道 γ 能谱分析系统，其主要工作原理为：样品中的放射性核素释放出的 γ 射线，与探测器相互作用后，转换为与入射射线成正比的电压信号，这些来自探测器的信号经放大器放大后，进入多道分析器，经模数转换器将模拟信号转化为数字信号后，不同信号表现出不同的计数幅度分布，此幅度分布是计数随能量的分布，称为能谱，然后通过专门的数据处理软件进行处理。γ 能谱仪的主要部件及工作原理见图 8-3（王晓燕，2003）。

测样之前必须对高纯锗谱仪系统进行能量刻度和效率刻度。对能量进行刻度是基于谱仪系统中多道分析器的线性放大原理，即道数的高低对应着能量的大小，道数与能量之间的关系是线性的。确定此线性关系，一般至少需要两个已知能量的坐标点，即在能量和道数的坐标系中标定出两点，进而确定通过该两点的直线，这个步骤就称为高纯锗谱仪系统的能量刻度。进行能量刻度之后，系统分析软件会保存此结果，把初步测量得到的道数转换成能量，进而得到射线的信息。一般而言，完成系统的能量刻度之后，在外部实验条件没有发生非常大的变化以及采集的能谱没有异常失真时，不需要重复进行刻度。

效率刻度基于谱仪探测系统在相同的探测环境情况下，对特定能量射线的探测效率是相同的。对于高纯锗谱仪系统而言，不同能量范围的射线，其被探测的效率是不一样的，因此需要做不同能量区间的探测效率刻度。在对未知源进行检测的过程中，谱仪获取了该源的特征能量射线计数后，根据效率刻度获得的效率值，可以转换成该核素的活度，效率刻度和能量刻度一样，外部条件无大的变化，一般不需要重复进行校正。由于 ^{7}Be 半衰期短（53.3 天），无法制成标准源，只有通过对比法求得 ^{7}Be 的探测效率。所谓对比法就是通过试验模拟建立γ能谱仪探测效率和放射源能量之间的函数关系。即通过 ^{210}Pb、^{137}Cs、^{226}Ra、^{238}U、^{234}U、^{40}K、^{230}Th、^{232}Th、^{228}Ra、^{210}Po 等核素的标准源得到谱仪的探测效率曲线，然后根据曲线拟合方程，求得 ^7Be 的探测效率。

γ能谱仪测定的 ^7Be 放射性强度在 477.6keV 能谱峰下以峰面积的形式显示，需将峰面积转换为 ^7Be 比活度。计算峰面积之前，必须确定峰宽，峰宽可利用自动寻峰法和手动寻峰法确定，一般情况下如果能够自动寻到峰，就直接利用自动寻峰法，如果自动寻找不到峰，则利用手动寻峰法，手动寻峰以距其最近自动寻峰的峰宽及峰边界为标准。

8.4.4　土壤中 ^7Be 活度的计算

峰面积的计算方法比较多，如总峰面积法、Covell 方法、Wasson 方法、Quitter 方法等（Zapata，2003），其中总峰面积法应用比较广泛，本研究过程中使用总峰面积法进行计算。总峰面积法就是把属于峰内的所有脉冲计数相加，本底按直线的变化趋势扣除。该方法首先要确定峰的左右边界道，一般选在峰两侧的峰谷位置，或者选择在本底直线与峰底相切的位置，峰所占的道数为高能端边界道数减去低能端边界道数再加 1。峰面积的计算公式如式（8-21）所示。

式（8-21）求出的是整个峰的总面积，包括本底面积和净面积，为了得到净面积需要计算本底值面积，本底值面积按照梯形面积计算，计算公式如式（8-22）所示，

通过峰面积减去本底峰面积，就可得到净峰面积 A_n。利用式（8-77）将净峰面积转化为 ^7Be 活度：

$$I_0 = \frac{A_n}{(P \times T)} \tag{8-77}$$

式中，I_0 为未校正前样品 ^7Be 的活度，Bq；A_n 为样品测量的净峰面积，为峰面积减去本底峰面积；T 为测量时间，s；P 为测量系统对 ^7Be 的探测效率。

这里强调一点，由于 ^7Be 半衰期较短，衰变快，每一个样品中的 ^7Be 含量都需基于衰变公式校正到采样时的含量。

8.4.5　^7Be 示踪估算土壤侵蚀速率模型

^7Be 示踪估算土壤侵蚀速率模型是利用 ^7Be 示踪技术定量化描述坡面土壤侵蚀过程和结果的基础。现有模型有白占国模型、Walling 模型、杨明义质量平衡模型、Wilson 质量平衡模型及 Walling 季节尺度模型。

1. 白占国模型

白占国等（1998）根据质量守恒定律，考虑了 ^7Be 沉降量、侵蚀输出、沉积输入、下渗作用和放射性衰变，假定 ^7Be 在表土的下渗作用是扩散过程，得出了垂直深度上 ^7Be 比活度与时间的表达式。

白占国等（1997）认为表层土的 ^7Be 含量一方面是大气直接散落 $[F_{in(d)}]$，另一方

面来自较高部位被侵蚀土粒（或水流）的输入 $[F_{in(a)}]$；同时，还由被侵蚀土粒（或水流）挟带输出 $[F_{out(e)}]$。因此，表土界面层中的 ^7Be 净输入量 F_{in} 可表达为

$$F_{in} = F_{in(d)} + F_{in(a)} - F_{out(e)} \qquad (8\text{-}78)$$

由表土界面层向下，一方面，渗透混合作用使土粒中 ^7Be 比活度逐渐降低；另一方面，因 ^7Be 衰变期较短，其容易衰变而不易赋存，更使土壤中 ^7Be 比活度随深度急剧下降。假定 ^7Be 在表土的下渗作用是扩散过程，则在垂直深度为 Z 的土层中，^7Be 的比活度 C 随时间 t 的变化关系是

$$\frac{\partial}{\partial Z}\left(D\frac{\partial}{\partial Z}\rho C\right) - P\left(\frac{\partial}{\partial Z}\rho C\right) - \lambda\rho C = \frac{\partial}{\partial t}\rho C \qquad (8\text{-}79)$$

式中，D 为混合系数，cm^2/a；t 为混合时间，年；ρ 为原位土壤容重，g/cm^3；P 为土壤侵蚀速率（正）或沉积速率（负），$g/(cm^2 \cdot a)$；λ 为 ^7Be 的衰变常数。

该模型假设在特定的季节和地形单元 ^7Be 的活度保持稳态，即 $\frac{\partial C}{\partial t} = 0$，则 D、P 和 ρ 在时间和深度均认为是常数，并在边界条件不同时，关系式也不同。

当 $Z = 0$ 时：

$$C_{(Z)} = C_0 \qquad (8\text{-}80)$$

当 $Z = \infty$ 时：

$$C_{(Z)} = 0 \qquad (8\text{-}81)$$

式中，$C_{(Z)}$ 为垂直深度 Z 处 ^7Be 质量比活度，Bq/kg。

则扩散方程的解为

$$C_{(Z)} = C_0 e^{aZ} \qquad (8\text{-}82)$$

其中：

$$a = \frac{P - (P^2 + 4D\lambda)^{\frac{1}{2}}}{2D} \qquad (8\text{-}83)$$

如果该点未发生侵蚀或沉积，而边界混合渗透作用占主导地位，即 $P=0$，则有

$$D = \frac{\lambda}{a^2} \qquad (8\text{-}84)$$

$$a = -\left(\frac{\lambda}{D}\right)^{\frac{1}{2}} \qquad (8\text{-}85)$$

$$C_{(Z)} = C_0 \cdot e^{-Z \cdot \left(\frac{\lambda}{D}\right)^{\frac{1}{2}}} \qquad (8\text{-}86)$$

由式（8-86）可得

$$P = Da - \frac{\lambda}{a} \qquad (8\text{-}87)$$

由式（8-87）可知，当 $P>0$ 时，说明该点发生沉积；当 $P<0$ 时，说明该点发生

侵蚀。

白占国模型反映的是一定时间（或一个季节）内平均土壤侵蚀速率，在应用该模型时，各个采样点都必须分层采样，才能求得模型中的相关参数，这在实际应用过程中存在一定的困难，因此目前的应用相对较少。

2. Walling 模型

Walling 等（1999a）等基于 ^{7}Be 在土壤剖面中的分布特征，建立了 ^{7}Be 示踪土壤侵蚀速率估算的定量模型。该模型假设 ^{7}Be 在表层土壤剖面中呈指数型分布：

$$C_{Be}(x) = C_{Be}(0)e^{-x/h_0} \tag{8-88}$$

式中，x 为质量深度，kg/m^2；$C_{Be}(x)$ 为 x 处的 ^{7}Be 初始活度，Bq/kg；$C_{Be}(0)$ 为地表（即 $x=0$）的 ^{7}Be 初始活度，Bq/kg；h_0 为张弛质量深度，kg/m^2。

研究区土壤中 ^{7}Be 的基准值（背景值）A_{ref}（Bq/m^2）采用无侵蚀无沉积平坦地面上土壤 ^{7}Be 总比活度：

$$A_{ref} = \int_0^\infty C_{Be}(x)dx = C_{Be}(0)h_0 \tag{8-89}$$

在初始分布形式下，深度 x 以下 ^{7}Be 的总活度 $A_{Be}(x)$（Bq/m^2）可用式（8-90）表示：

$$A_{Be}(x) = \int_x^\infty C_{Be}(x)dx = C_{Be}(0)h_0 e^{-x/h_0} = A_{ref}e^{-x/h_0} \tag{8-90}$$

张弛质量深度 h_0 是描述土壤中 ^{7}Be 初始深度分布形状的，在式（8-90）中当 $x=h_0$ 时，可以得出：

$$A_{Be}(h_0) = 0.368A_{ref} \tag{8-91}$$

式（8-91）说明从地表到 h_0 深度，^{7}Be 面积活度占总面积活度的 63.2%，因此 h_0 越大，说明 ^{7}Be 进入土壤的深度越深。

在侵蚀区域，该模型假设侵蚀作用使表层一定厚度的整个薄层土壤损失掉。设 h（kg/m^2）为土壤侵蚀的质量厚度，且 $h=R_{Be}$，土壤侵蚀速率 R_{Be}（kg/m^2）可由式（8-92）求得：

$$R_{Be} = h = h_0 \ln \frac{A_{ref}}{A_{Be}} \tag{8-92}$$

对于沉积样点，^{7}Be 总活度高于基准值，说明该点发生了净沉积。土壤沉积速率 R'_{Be}（kg/m^2）的大小与该点 ^{7}Be 活度高于基准值的幅度和沉积土壤的 ^{7}Be 浓度 $C_{Be,d}$（Bq/m^2）有关。因此，土壤沉积速率 R'_{Be} 可用式（8-93）表示：

$$R'_{Be} = (A_{Be} - A_{ref})/C_{Be,d} \tag{8-93}$$

假设沉积土壤 ^{7}Be 的浓度 $C_{Be,d}$ 反映来自上坡位贡献面积 S 的沉积物的 ^{7}Be 平均质量浓度 $C_{Be,e}$（Bq/kg），则有

$$C_{\mathrm{Be,d}} = \frac{1}{\int\limits_{S} R_{\mathrm{Be}} \mathrm{d}S} \int_{S} C_{\mathrm{Be,e}} R_{\mathrm{Be}} \mathrm{d}S \tag{8-94}$$

来自特定侵蚀点的沉积土壤的 ^{7}Be 浓度可由该点的 ^{7}Be 初始分布浓度和侵蚀速率求得，如式（8-95）所示：

$$C_{\mathrm{Be,e}} = A_{\mathrm{ref}}(1 - \mathrm{e}^{-R_{\mathrm{Be}}/h_0})/R_{\mathrm{Be}} \tag{8-95}$$

Walling 模型只适用于估算历次特定侵蚀事件的侵蚀速率。模型假设侵蚀事件时间间隔大约 5 个月（即 3 个 ^{7}Be 半衰期，以保证上次侵蚀时的 ^{7}Be 衰变完），而且这 5 个月内的沉降作用（主要指降雨）并未造成显著侵蚀，以便侵蚀坡面 ^{7}Be 的分布比较均匀。

3. 杨明义质量平衡模型

Yang 等（2006）基于 Walling 模型，考虑了 ^{7}Be 在土壤剖面中的分布特征，从随泥沙流失 ^{7}Be 的总量入手，提出了用于定量研究土壤侵蚀过程演变的质量平衡模型，计算公式如式（8-96）所示：

$$S_{\mathrm{p}} \times \int_{0}^{h_1} a\mathrm{e}^{bh} \mathrm{d}h = W \tag{8-96}$$

式中，S_{p} 为小区面积，m^2；h_1 为侵蚀的平均质量深度（片蚀速率），$\mathrm{kg/m}^2$；a 和 b 为背景值采样点土壤剖面中 ^{7}Be 随深度增加而减少的指数函数的系数；h 为质量深度，$\mathrm{kg/m}^2$；W 为侵蚀过程中随泥沙流失的 ^{7}Be 量，Bq。

W 可由式（8-97）计算：

$$W = \sum_{i=1}^{n} C_i \times m_i \tag{8-97}$$

式中，C_i 为第 i 个泥沙样中 ^{7}Be 比活度，$\mathrm{Bq/kg}$；m_i 为第 i 个泥沙样的质量，kg；n 为收集泥沙样的个数。

杨明义等（2003）提出的质量平衡模型是从 Walling 模型中演化出来的，只是从不同的角度入手考虑问题，这个模型需知道随泥沙流失的 ^{7}Be 量，同时还没有考虑雨水中 ^{7}Be 的输入量，在实际的野外大面积应用比较困难，但是利用这个模型，结合人工模拟降雨，来定量研究土壤侵蚀过程的动态演变是其他模型无法代替的。

杨明义质量平衡模型是基于坡面流失 ^{7}Be 和泥沙挟带 ^{7}Be 量平衡的原理计算出细沟间侵蚀速率，结合观测的侵蚀总量，计算细沟间侵蚀贡献率。然而，该模型并未考虑细沟发育对细沟间侵蚀的影响，计算结果误差较大，因此，Zhang 等（2014）在研究中利用摄影技术测定了细沟面积的变化，考虑了细沟面积变化对利用 ^{7}Be 估算次降雨过程细沟间侵蚀量的影响，提出了如式（8-98）所示的考虑细沟面积变化的质量平衡模型：

$$S_i \times \int_{0}^{r_i} C(0)\mathrm{e}^{-x/h_0} \mathrm{d}x + (S_{\mathrm{p}} - S_i)\int_{0}^{r_c} C(0)\,\mathrm{e}^{-x/h_0} \mathrm{d}x = \sum_{i=1}^{n} C_{\mathrm{Be,e},i} \times W_i \tag{8-98}$$

式中，S_i 为小区中细沟间面积，m^2；r_i 为累积细沟间侵蚀速率，$\mathrm{kg/m}^2$；r_c 为坡面 ^{7}Be 的最大分布深度，$\mathrm{kg/m}^2$，是一个常数，通常取 1cm 深的土壤质量深度；$C(0)$ 为土壤初始质量活度（$x=0$），Bq/kg；h_0 为张弛质量深度，kg/m²；S_p 为小区的面积，m²；$C_{Be,e,i}$ 为第 i 个泥沙样中 ^{7}Be 的质量活度，Bq/kg；W_i 为第 i 个样品的泥沙质量；n 为泥沙样的个数。式（8-98）通过化简得到计算 r_i 的公式，如式（8-99）所示：

$$r_i = -h_0 \ln \left[1 + (S_p - S_i)(1 - e^{-r_c/h_0})/S_i - \sum_{i=1}^{n} C_{Be,e,i} W_i / A_{ref} S_i \right] \qquad (8\text{-}99)$$

r_i 所指示的是小区细沟面积内的累积平均细沟侵蚀速率，但在细沟出现之前，细沟间侵蚀应发生于整个坡面，包含后来发育细沟的部位。因此，式（8-99）中假设细沟发育部位的细沟间侵蚀速率与未发育细沟部位的细沟间侵蚀速率相同，则在第 i 段时间内，发生的细沟间侵蚀 $E_{i,j}$ 可以表示为

$$E_{i,j} = S_{i-1}(r_i - r_{r-1}) \qquad (8\text{-}100)$$

该段时间内发生的细沟侵蚀 $E_{r,i}$（kg）可以通过式（8-101）估算：

$$E_{r,i} = W_i - E_{S,i} \qquad (8\text{-}101)$$

$$E_{S,i} = (h_{s,i} - h_{s,i-1}) D S_p$$

式中，$h_{s,i}$ 和 $h_{s,i-1}$ 分别为第 i 段和第 $i-1$ 段时间结束时的土壤流失累积厚度，m；D 为表层容重，kg/m³；S_p 为小区面积，m²。

4. Wilson 质量平衡模型

Wilson 等（2006）认为在研究过程中寻到理想中的背景值采样点比较困难，尝试通过降雨前后采样点 ^{7}Be 含量变化及雨水、泥沙中 ^{7}Be 含量的质量平衡来计算次降雨或短期降雨的土壤侵蚀速率。因此，依据 Kachanoski 和 de Jong（1984）、Fredericks 和 Perrans（1988）及 Walling 等（1999a，2009）的 ^{137}Cs 质量平衡模型提出了 ^{7}Be 质量平衡模型，这个模型和杨明义等（2003）提出的质量平衡模型有本质的区别。杨明义等（2003）提出的质量平衡模型考虑了 ^{7}Be 在坡面表层土壤中的垂直分布特征及随泥沙流失的 ^{7}Be 总量，但没有明确降雨输入 ^{7}Be 的量对侵蚀结果的影响，只是用于人工模拟降雨条件下；相反，Wilson 等（2006）提出的质量平衡模型没有考虑到 ^{7}Be 在表层土壤剖面中的分布特征，却考虑了侵蚀前后侵蚀点 ^{7}Be 含量的差异、泥沙中 ^{7}Be 的含量、降雨输入 ^{7}Be 的量及降雨输入 ^{7}Be 在地表土壤剖面中的分布情况。Wilson 等（2006）提出的质量平衡模型计算公式如式（8-102）所示：

$$E = (A_0 - A_1 + D)/C \qquad (8\text{-}102)$$

式中，E 为计算的土壤侵蚀速率，kg/m²；A_0 为降雨前研究区 ^{7}Be 面积浓度，Bq/m²；A_1 为降雨后研究区 ^{7}Be 面积浓度，Bq/m²；D 为降雨过程中 ^{7}Be 沉降量，Bq/m²；C 为侵蚀泥沙中 ^{7}Be 的平均浓度，Bq/kg。

5. Walling 季节尺度模型

Walling 等（2009）依据以前的模型，提出了一个长时间尺度模型估算土壤侵蚀速率。^{7}Be 质量守恒模型如下：

$$A(t)=A(t-1)\exp(-\lambda)+F(t)-A_{\text{loss}}(t) \tag{8-103}$$

式中，λ 为衰变系数；$A(t)$ 为 t 时间内 ^{7}Be 的面积比活度，Bq/m^2；$A(t-1)$ 为 $t-1$ 时间内 ^{7}Be 的面积比活度，Bq/m^2；$F(t)$ 为该地区 t 时间内沉降输入的 ^{7}Be 量，Bq/m^2；$A_{\text{loss}}(t)$ 为 t 时间内发生侵蚀而流失掉的 ^{7}Be 量，Bq/m^2，$A_{\text{loss}}(t)$ 将会反映土壤发生侵蚀的量。

由此得出：

$$A_{\text{loss}}(t) = [A(t-1)\exp(-\lambda) + F(t)] \cdot \{1 - \exp[-R(t)/h_0(t)]\} \tag{8-104}$$

在式（8-104）中，假定侵蚀速率 $R(t)$ 与相对降雨侵蚀力 $E_{\text{r}}(t)$ 是成比例的：

$$R(t) = E_{\text{r}}(t) \cdot C \tag{8-105}$$

式中，C 为常数，在一定区域内是稳定的。

同样估算沉积速率 $A'(t)$，依据质量平衡得出：

$$A'(t) = A(t-1)\exp(-\lambda) + F(t) - A_{\text{gain}}(t) \tag{8-106}$$

式中，$A_{\text{gain}}(t)$ 为在采样点 t 时间内从坡上侵蚀下来发生沉积而增加的 ^{7}Be 面积比活度，Bq/m^2。

$$C_{\text{e}}(t) = A_{\text{loss}}(t) / R(t) \tag{8-107}$$

式中，$C_{\text{e}}(t)$ 为单位侵蚀力下的侵蚀量。

$C_{\text{d}}(t)$ 可以反映在整个坡面所发生的侵蚀量，作为 $C_{\text{e}}(t)$ 的加权平均值。

$$C_{\text{d}}(t) = \sum_{n=1}^{p}[C_{\text{e}}(t)R(t)] / \sum_{n=1}^{p}R(t) \tag{8-108}$$

$$A_{\text{gain}}(t) = C \cdot E_{\text{r}}(t) \cdot C_{\text{d}}(t) \tag{8-109}$$

此模型主要是为了研究大的时间尺度上土壤的再分布情况，可以更好地弥补以前模型的不足，能估算整个雨季坡耕地的土壤侵蚀速率。

6. 估算细沟间侵蚀贡献率的线性模型

Zhang 等（2014）在分析泥沙中 ^{7}Be 含量变化特征的基础上，提出了估算次降雨过程坡面细沟间侵蚀贡献率的线性模型，表达式为

$$Y = 100C_{\text{Be,e}} / C(0) \tag{8-110}$$

式中，Y 为细沟间侵蚀贡献率；$C(0)$ 为土壤初始质量活度（$x=0$），Bq/kg；$C_{\text{Be,e}}$ 为泥沙样中 ^{7}Be 的质量活度，Bq/kg，可以为次降雨侵蚀过程中单个泥沙中 ^{7}Be 的质量活度，也可以为一次降雨所有泥沙平均 ^{7}Be 的质量活度。从实用角度来说，线性模型最为简单，仅需要两个参数，而且在野外都易于获取。另外，线性模型不需要知道总侵蚀量，只需知道泥沙中 ^{7}Be 浓度。在应用过程中，采集一些沉积区的沉积泥沙，通过估算就可以知道该部分泥沙来自地表的比例，这可能在研究坡耕地侵蚀导致养分流失、生产力下降等方面的效应评价具有重要意义。

另外，Shi 等（2013）依据 Walling 模型，在背景值中引入植被参数，即将植被吸附

的 ^7Be 量从 ^7Be 背景值中减掉，将 ^7Be 示踪技术拓展到有植被覆盖坡面土壤侵蚀的研究中，但在参数引入过程中仅仅考虑了植被对 ^7Be 总量的影响，而忽略了植被覆盖对 ^7Be 在土壤剖面中分布特征的影响，从理论上说存在瑕疵，但结果总体趋势相符。Yang 等（2013）也通过在 Walling 模型中引入粒度，校正了风蚀的分选性，将 ^7Be 示踪技术引入风蚀研究中。以上两个模型只是对相关参数的引入和修订，在此不具体描述。

上述模型各具特色，具有不同的应用范围和尺度，但这些模型都是用来估算裸露坡面的土壤侵蚀速率，不能直接用于研究有植被覆盖坡面的土壤侵蚀问题。

8.4.6　^7Be 示踪技术在研究土壤侵蚀中的应用

近些年来，^7Be 在土壤侵蚀研究中的应用越来越多，白占国等（1998）首先研究喀斯特地区 ^7Be 的季节性变化，探讨了应用 ^7Be 示踪技术研究土壤侵蚀的可能性，并提出了相应的定量模型。Walling 等（1999a）利用 ^7Be 示踪技术解决犁耕作用对 ^{137}Cs 示踪技术测算土壤侵蚀速率的影响，以及利用 ^7Be 示踪技术对一次降雨侵蚀事件中侵蚀与沉积的空间分布特征进行研究。Blake 等（2009）利用 ^7Be 示踪技术研究了坡面侵蚀速率、侵蚀方式和沉积物的再分布特征，以及细小沉积物在河道中的沉积运移过程等问题。丁晋利等（2005）利用 ^7Be 示踪技术研究了侵蚀性降雨前后坡面土壤侵蚀空间分布特征。Wilson 等（2006）提出了 ^7Be 的质量平衡模型，并计算短期内连续降雨条件下小区内土壤侵蚀速率，与实测资料相比较发现，质量平衡模型能够很好地量化短期内的土壤侵蚀且可克服选择理想背景采样点的困难。Paulina 等（2006）则利用 ^7Be 示踪技术研究森林采伐后次降雨侵蚀使得坡面土壤再分布的情况，得到土壤侵蚀速率为 $0.39\pm0.08\ kg/m^2$，同时用侵蚀针测法得到的侵蚀速率为 $0.32\pm0.06\ kg/m^2$，二者比较接近。Sepulveda 等（2008）利用 ^7Be 研究了极端降雨事件下（27 天降雨 400mm）覆盖物焚烧后坡地土壤侵蚀状况，发现利用 ^7Be 示踪技术计算短期内极端降雨事件下的土壤侵蚀速率是对利用 ^{137}Cs 示踪技术研究中长期土壤侵蚀速率的有益补充。Palinkas 等（2005）利用 ^7Be 示踪技术研究次降雨和季节性河口三角洲地带沉积量的变化。Walling 等（2009）建立了季节尺度的 ^7Be 估算多次降雨的模型，并进行了验证。Zhang 等（2014）利用 ^7Be 定量化研究了次降雨过程中细沟间侵蚀的贡献率，并对相关模型进行了改进，提出了简单的线性模型。Yang 等（2006）、Zhang 等（2018）将 ^7Be 示踪技术引入坡面风蚀的研究，并建立了相关的转化模型。

在单独利用 ^7Be 研究土壤侵蚀速率的同时，研究者把 ^7Be 与其他核素相结合研究土壤侵蚀及泥沙来源，取得了一些成果。Burch 等（1988）利用不同放射性核素渗透深度的差异，通过沉积土壤中的 ^{137}Cs 和 ^7Be 活度说明土壤剖面中沉积土壤的最初来源，推断了可能发生的侵蚀过程。Wallbrink 和 Murray（1993）采用 ^7Be 和 ^{137}Cs 以及其他放射性元素复合示踪研究不同侵蚀方式在土壤侵蚀作用中的相对贡献，结果证明，^7Be 用于示踪浅层表土来源是非常有用的。Whiting 等（2001）利用 ^7Be、^{137}Cs 和 $^{210}Pb_{ex}$ 复合示踪定量研究了农耕地坡面土壤侵蚀过程，定量区分次降雨侵蚀片蚀和细沟侵蚀量的差异。杨明义等（2003）和 Yang 等（2006）利用 ^{7}Be 和 ^{137}Cs 复合示踪研究次降雨下坡面不同侵蚀方式（片蚀和细沟侵蚀）随时间推移的发生、发展，定量区分了片蚀和细沟侵蚀的演变过程，证明了 ^{7}Be 和 ^{137}Cs 复合示踪研究土壤侵蚀过程的可行性。李立青（2003）利用 ^{7}Be 和 ^{137}Cs 复合示踪研究了坡耕地土壤侵蚀产沙的空间分布特征。

8.5　稀土元素（REE）示踪技术

8.5.1　REE 示踪土壤侵蚀的优点

用于土壤侵蚀研究的示踪元素，应具有较好的和土壤结合的能力、难溶于水、不易被植物吸收以及对生态环境无害等基本特征，以保证其在土壤侵蚀过程中对泥沙的示踪作用。此外，从方法的分析精度及实验成本和推广应用前景等方面综合考虑，示踪元素还应具有土壤背景值低，示踪元素施加量少且易于识别、探测等特征。

镧系的 REE 包括 La、Ce、Pr、Nd、Sm、Eu、Gd、Tb、Dy、Ho、Er、Tm、Yb、Lu 共 15 种元素，化学性质极其相似，大多具有基本相同的表生地球化学行为，在黄土高原土壤中含量甚低。仪器中子活化分析（INAA）对大多数 REE 分析灵敏度高，且分析方法简便。土壤侵蚀研究中，选用 REE 为示踪元素，尚可克服因不同元素间化学性质的差异而产生的实验误差，因此选用 REE 作为示踪物质能够满足上述要求。

另外，考虑到市售氧化稀土（分析级）的市场价格及土壤中的背景含量，选用的稀土元素有 La、Ce、Nd、Sm、Eu、Dy、Yb 等。

8.5.2　REE 施放量的计算方法

示踪元素施放量的计算包括两个方面：①根据研究内容及要求，对被研究侵蚀区进行类型划分；②根据①所确定的不同侵蚀类型区进行施放量的计算。

1. 不同侵蚀单元（地貌、类别）的划分

类型区的划分要根据研究工作的需要，对被研究的区域面积按不同地貌单元、侵蚀类型以及侵蚀部位进行分类划分，其目的：一是确定示踪元素数量，二是可以确定每一个示踪元素所代表的面积，不同示踪元素施放面积是施放量计算的基础。同时，划分类型的过程中，必须注意两个问题：①在满足研究工作需要的前提下，尽量减少分类数，以降低投资；②各个类型区之间的面积比不宜太大，否则将会导致投资大幅度上升。

2. REE 施放量的计算

施放量的计算公式按施放浓度方程式计算：

$$C_j = K \cdot B_j \cdot 10^{-3} / R_j \tag{8-111}$$

式中，C_j 为第 j 种示踪元素的施放浓度；B_j 为第 j 种示踪元素的土壤背景值；R_j 为第 j

种示踪元素施放部位相对侵蚀量的最小期望值；K 为考虑到其他因素的综合保证系数。

上述施放浓度计算公式在实际操作中有诸多不便之处，主要是 K 值的确定及 R_j 的选择较为困难。为了便于实际应用，假定将任一给定的流域面积（径流小区等）划分为 m 个不同的侵蚀类型区，其中第 i 个侵蚀类型区示踪元素的总施放量可按式（8-159）计算：

$$Q_j = K \cdot B_j \cdot W_j \cdot 10^{-6} / R_j \qquad (8\text{-}112)$$

式中，Q_j 为第 j 种示踪元素的总施放量；W_j 为第 j 种示踪元素所代表的总土方量，kg。

为了灵活应用式（8-112），对其各个因子进行说明。

（1）$K \cdot B_j$：表示示踪元素的施放量，首先必须保证侵蚀泥沙中该元素的分析结果在统计学上的显著性，侵蚀泥沙中示踪元素的浓度应与其土壤背景值差异显著，本研究令侵蚀泥沙中第 j 种示踪元素的浓度等于 K 倍的背景值。实际上，该值可根据不同示踪元素的探测灵敏度选择不同的值，太小影响分析精度，太大使投资金额增加。

（2）W_j：其值应等于第 i 个侵蚀类型区的面积×施放深度×被研究区的土壤容重，单位为 kg。

如果令试验类型区示踪载体的总重量为 W_i，则

$$W_i = \sum_{j=1}^{n} W_j$$

（3）R_j：第 i 个侵蚀类型区次降雨的相对侵蚀率，无量纲，为经验估计值：

$$\sum_{j=1}^{n} R_j = 1$$

若一次降雨的总侵蚀量为 E_r，第 i 个侵蚀类型区的估计侵蚀量则为

$$E_r = \sum_{j=1}^{n} E_i \cdot R_j$$

（4）10^{-6}：mg～kg 的换算系数。

对上述各量进行说明之后，再从另一个角度理解式（8-112），设一次降雨的总侵蚀量为 E_r，第 i 个侵蚀类型区的侵蚀量为 E_i，其他物理量定义不变，那么在满足测量统计条件下的第 j 种示踪元素的总施放量应为：一次降雨第 i 个侵蚀类型区的单位侵蚀泥沙中示踪元素对总侵蚀量中该元素的最小贡献乘以第 j 种示踪元素的总载体重量：

$$Q_j = \frac{K \cdot B_j \cdot E_i}{E_r} \cdot W_j \cdot 10^{-6} = \frac{K \cdot B_j \cdot E_i}{E_i \cdot R_j} \cdot W_j \cdot 10^{-6} = \frac{K \cdot B_j \cdot W_i \cdot 10^{-6}}{R_j}$$

通过式（8-112）计算的施放量为该元素的纯量，市售氧化稀土的浓度一般在 85%～99.99%。因此，实际的氧化稀土施放量应对公式（8-112）的计算结果做两次修正，一是浓度修正，二是氧化物修正，方能满足研究需要。此结果与式（8-112）一致。

3. 实用举例

试验小区面积为 6.5 m×2 m=13 m^2，坡度为 15°，沿坡长自上而下均匀分为 A、B、

C 三段，分别以 Eu、Sm、Ce 为示踪元素，施放方法采用段面施放法。

首先由 A、B、C 三段算出每个段面的面积；沿小区自上至下最小 5 cm，最大 20 cm 的施放深度计算得出：W_1=293.8 kg，W_2=593.8 kg，W_3=706.2 kg；各段相对侵蚀率 R_1=0.1，R_2=0.4，R_3=0.5；土壤背景值 Eu=1.4 mg/g，Sm=7.5 mg/g，Ce=72 mg/kg；土壤容重约等于 1。为了确保分析精度，系数 K 在本研究中修正为 Eu=3、Sm=2、Ce=1，将上述各量代入公式得 Q_{Eu}=0.0123 kg，Q_{Sm}=0.0223 kg，Q_{Ce}=0.1017 kg。

最后进行浓度和氧化物修正，市售上述三种单一氧化稀土的各项修正系数如表 8-6。

表 8-6　稀土氧化物与元素转换系数表

稀土氧化物	浓度/%	转换系数
Eu_2O_3	99.99	0.864
Sm_2O_3	96.00	0.862
Ce_2O_3	99.00	0.854

修正后的施放量应为：Q_1=12.34g/（0.9999×0.864）≈14.28 g

Q_2=22.27g/（0.9600×0.862）≈26.91 g

Q_3=101.69g/（0.9900×0.854）≈120.28 g

8.5.3　REE 的施放方法

在不同类型区示踪元素的施放量确定后，施放方法就是从技术上保证示踪元素必须能够代表示踪载体的运移规律。理论上说，如果能够保证示踪元素均匀地分布于被示踪的土体中，并且随侵蚀泥沙一起运移，就能完全保证研究结果的可靠性。但是在实际操作过程中，要做到这一点十分困难，特别是对于野外面积较大的试验研究，要使全部示踪元素在被研究区域面积内的不同浓度上均匀分布，其工作量之大显而易见。为了解决这个矛盾，我们在段面施放法的基础上，提出了条带法和点穴法。

1. 不同施放方法及其适用性

1）段面施放法

将示踪元素和被示踪土体全部均匀混合后施放于其代表的类型区上，厚度依施放深度值确定。该方法的优点是结果可靠、准确度与精度高；缺点是工作量大、野外难操作。该方法适用于室内模拟试验。

2）条带法

假设在小区的每一个不同类型区总能找出一条有限宽度的带，其土壤侵蚀强度等于或接近类型区的平均侵蚀强度，这样我们就可以将该条带作为此类型区的示踪部位，将示踪元素均匀布设于此条带中即可。研究试验结果证明：条带法的精度和段面施放法一样令人满意，能够取代段面施放法用于较大区域范围的土壤侵蚀研究。该方法的优点是野外布设工作量较小、精度高、可行性强；缺点是能否用于小流域泥沙来源研究尚不完全清楚，还有待进行试验证明。

3）点穴法

点穴法处理和条带法一样，如果能在一个类型区找到一个或多个能代表该类型区平均侵蚀强度的点，即找到了最佳布设部位。这样可大大降低野外工作量，使 REE 示踪法研究小流域泥沙来源简单化。通过室内外试验证明，该方法施放虽然简单，但由于点的定位选择较为复杂，所选点穴难以很好地满足上述代表区平均侵蚀强度要求而使其可靠性降低。但试验也证明，点穴法确实能计算不同点穴面积上的侵蚀量，这样可在选定的流域面积上，利用网格法布设多个标记穴位，求得每个点穴面积上的侵蚀量，再用插值法计算整个流域不同地貌单元的侵蚀量变化趋势与分布。

2. 野外布设的几个注意事项

（1）为使 REE 能和土壤颗粒均匀紧密地结合在一起，示踪载体必须风干后过筛。
（2）示踪元素与载体的混合过程采用稀释法，逐步稀释至逼近施放浓度。
（3）严格防止在操作过程中的交叉污染。
（4）利用条带法和点穴法在野外布设时，先利用铁皮在被施放部位圈起土墙和周围隔离，按照布设深度挖出其中土壤，然后用标记载体替换原条带（点穴）中的土壤，注意表层标记载体需要洒水固定。

3. 几个应注意的问题

1）不同类型区的相对侵蚀率

在实际研究工作中，科学工作者更关心的不是总侵蚀量 E_r，而是各个不同类型区的相对侵蚀率（即 R_j），在小区布设完成之后，欲求每次降雨的侵蚀量分布，只要求得各个类型区的 R_j 值即可。

各个不同类型区的侵蚀量 E_i ×该区施放浓度（C_j）=侵蚀泥沙总量（E_r）×侵蚀泥沙中第 j 种示踪元素的浓度（V_j），那么由 R_j 的定义可知：

$$R_j = \frac{E_i}{E_r} = \frac{V_j}{C_j} \qquad (8\text{-}113)$$

式中，施放浓度 C_j 为已知量，侵蚀泥沙中各个示踪元素浓度 V_j 由测量获得。

如果为条带法，令 L 为第 i 个侵蚀类型区的长度，S_o 为条带宽度，则

$$R_j = \frac{V_j \cdot L}{C_j \cdot S_o} \qquad (8\text{-}114)$$

2）示踪元素配置的经济性

利用 REE 示踪法研究土壤侵蚀的过程中，在类型区划分和示踪元素确定后，有一个问题必须引起足够的重视，就是示踪元素与类型区的优化配置问题，注意同一元素布

设于不同类型区将导致投资的大幅度变化。

8.5.4　样　品　采　集

试验收集的过程样及水样，首先经过滤使泥水分离，分离后的泥沙样品处理方法与上述土壤样品相同。分离后的水样定容后在坩埚内加热蒸发，蒸发后的残留盐分全部收集，粉碎过筛制靶备用。

为研究全坡长小区各坡段内被径流剥离后在坡面输移和沉积的模式，每次降雨径流侵蚀后，在每个 REE 施放条带的上方和下方各处分别用环刀采集坡面表层土样，分析土样的 REE 含量。

8.5.5　分析方法及分析质量控制、分析精度计算

1. 分析方法与分析质量控制

（1）所有样品 REE 的含量测定采用电感耦合等离子体质谱仪（ICP-MS）测定。

（2）分析质量控制：为了保证分析精度，对每批分析样品重复测量 3 次，最终各个目标元素结果相对标准偏差（RSD）≤5%。

2. 分析结果及精度计算

获得各个样品内示踪元素的浓度后，各个类型区的相对侵蚀率 R_j 可按式（8-115）计算：

$$R_j = \frac{\text{侵蚀泥沙中第} j \text{种示踪元素的浓度}}{\text{该元素的施放浓度}} \tag{8-115}$$

以计算侵蚀量与理论值的比较结果来表示 REE 示踪法的计算精度，其值在实际应用中以式（8-116）计算：

$$\sigma = \left(1 - \frac{\sum\limits_{j=1}^{n} W_j}{W_{\mathrm{e}}} \right) \times 100\% \tag{8-116}$$

式中，W_j 为第 i 个侵蚀类型区的计算侵蚀量；W_{e} 为示踪小区的总侵蚀量。

8.5.6　各个类型区土壤侵蚀量计算

稀土元素布设后，各个类型区的侵蚀量 E_i 可由式（8-117）计算得出：

$$E_i = \frac{E_{\mathrm{r}} \times V_j}{C_j} \tag{8-117}$$

式中，E_r 为侵蚀泥沙总量；V_j 为侵蚀泥沙中第 j 种示踪元素的浓度；C_j 为该区施放浓度。

8.6 复合指纹

8.6.1 复合指纹识别沉积物来源的原理与技术框架

指纹识别法，尤其是复合指纹识别法利用沉积物质及其源区土壤的物理、化学、生物性质特征，采用统计分析方法结合模型模拟判定存在明显差异的不同源区对沉积物质的相对贡献。指纹识别法从沉积物入手，基于沉积物既是土壤侵蚀的产物，又是地球化学元素、养分、污染物等迁移的载体，其来源与数量可直接反映沉积物的源地特征这一事实，追溯沉积物来源。与传统方法相比，该方法具有研究的时空尺度灵活、结果丰富详尽、操作简便等优势，为定量判别泥沙等沉积物来源、养分与污染物迁移、沉积物沉积历史及相关的气候变化状况等提供了优选手段（Viparelli et al.，2013；Warren et al.，2003；Zhang et al.，2019）。此外，该方法避免了对复杂的沉积物侵蚀、搬运、沉积过程的研究，直接通过对沉积物和源地土壤的性质分析追踪沉积物来源，降低了因对复杂的侵蚀过程认识不清造成的不确定性。

复合指纹识别法的基本假设是沉积物中某些相对稳定且由可探测的物理、化学、生物等性质组成的指纹因子组合（最佳指纹因子组合），可综合判定有明显差异的源区土壤侵蚀来源（Koiter et al.，2013）。该方法主要通过源地分类、指纹因子组筛选和贡献率估算三个步骤实现。源地划分的正确性与合理性是获得准确源地贡献的基础，因此需要使用准确且具有实际意义的划分。源地分类的基本原则是各源地之间指纹因子的含量存在显著差异，而源地内部样品之间的变异程度较小。可见，土壤性质产生明显变化的原因就是源地分类的物理基础，如土壤类型、地貌类型、土地利用类型、侵蚀类型、改变土壤发育特征的环境因素等。前人研究发现，土壤类型、地貌类型等与地质特征相关的因素，是土壤性质发生明显变化的主要原因，尤其是土壤类型，成土母质的差异是导致土壤各类性质明显不同的关键因素之一，是源地分类的有力依据（Haddadchi et al.，2013）。当上述与地质特征相关的因素相对稳定时，土地利用类型也是源地分类的重要依据（Zhang et al.，2017）。在实际研究中，尤其是复杂环境条件下，研究者们往往综合考虑上述因素划分源地（Pulley et al.，2017）。源地分类可通过基于实地调查的人为判定和聚类分析实现。人为判定是依据野外调查采样时的实际情况，结合室内测试判定源区样品采集的土地利用类型、土壤类型、地貌部位等。聚类分析可将所有源区样品聚类成不同的源地组，聚类时需考虑源地划分的实际意义。为得到较准确的源地分类结果，二者往往需要结合使用（Pulley et al.，2017；Walling and Woodward，1995）。

在源地分类的基础上，进行指纹因子组的筛选。指纹因子组的筛选是为了从众多的潜在指纹因子中辨别出源地判别力较好的指纹因子组。源地判别力较好的指纹因子组既可以是人为添加的示踪剂（如 REE、磁粉），也可以使土壤本身具备物理、化学、生物等属性（Laceby et al.，2017；陈方鑫等，2016；Reiffarth et al.，2016）；但是入选最佳指纹因子组合的所有指纹因子都必须同时具备诊断性和保守性两个特征。诊断性表明指纹因子对不同的源地具有区分能力，要求因子在不同源地之间存在显著的特征差异。保守性代表指纹因子的稳定性，要求因子的性质在侵蚀、搬运、沉积过程中不发生改变或发生可预测的改变。保守性是影响指纹因子有效性的关键方面，保守性较差的因子即使其诊断性良好通常也不可入选最终的有效指纹因子组。因为保守性差的指纹因子在随泥沙迁移过程中可能已经发生不可预测的变化，进而对贡献的估算造成不可预期的影响。最佳指纹因子组合筛选通常包含 3 个步骤：①使用 Kruskal-Wallis H 检验筛选各源地之间存在显著差异的潜在指纹因子；②使用逐步判别分析（stepwise discriminant analysis）基于 Wilks's Lambda 分布进一步检验通过 Kruskal-Wallis H 检验的因子；③通过多种方法进一步确认指纹因子的保守性，如源地样品和沉积样品之间指纹因子的浓度和分布一致性检验、因子的组间（源地之间）和组内（源地内部）变异性分析等。当上述三个步骤不能确定最终的最佳指纹因子组合时，可增加多元判别分析（multivariate discriminant analysis）确认最佳指纹因子组合（图 8-11）。此外，部分研究者也采用 t 检验、Tukey 检验、Mann-Whitney U 检验、Wilcoxon 秩和检验等（Carter et al.，2003；Hancock and Revill，2013；Juracek and Ziegler，2009；Motha et al.，2003）。

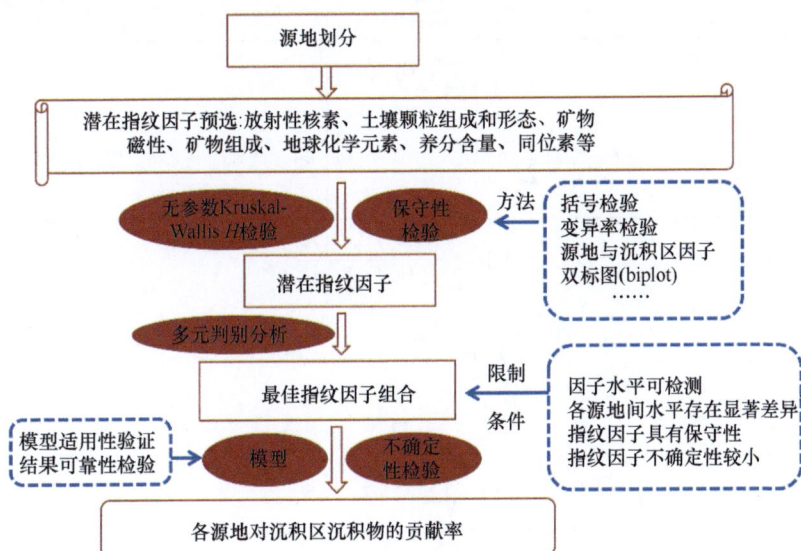

图 8-11　指纹识别泥沙来源流程图

最后，基于筛选得到的最佳指纹因子组合，选用适宜的模型估算各源地对沉积物的相对贡献。目前使用的贡献估算模型主要包括多元混合模型、蒙特卡罗模型、贝叶斯模型、广义似然不确定估计（generalized likelihood uncertainty estimation，GLUE）模型等（Behrooz et al.，2019；Huangfu et al.，2020；Hughes et al.，2009；Walling，2013）（表 8-7）。对于各类模型，尤其是运用较广泛的多元混合模型，还存在多种多样的修订模型（Gellis and Walling，2013；Walling et al.，1999）（表 8-8）。模型通常以求解超定方程的方式获得泥沙的源地贡献。其求解方式也由简单的基于嵌入式静态工具的规划求解发展为结合最小二乘法、遗传算法、蒙特卡罗随机抽样、拉丁超立方体抽样等算法的动态模拟。规划求解是依据最佳指纹因子组的最小二乘之和最小求得多元线性方程的最优数值解。该方法简单易操作，可使用 Excel 运算，但该方法获得的是静态解，有时难以得到最优解。基于各种算法的动态模拟能提高获得模型最优解的可靠性（杜鹏飞等，2020）。

值得注意的是，选择模型时，由于模型对指纹因子具有依赖性，而指纹因子又对具体的研究区域具有依赖性，因而影响指纹因子的因素最终会影响模型结果。可见，具体的研究中不仅要选用适宜的模型，也需要检验并确定模型的适用性，以保证获得结果的可靠性。由于复合指纹识别的结果难以通过其他观测试验或有效数据积累进行验证，因此常使用拟合优度（goodness-of-fit，GOF）表示结果的可接受度。当 GOF>0.8 时，认为结果可接受（Manjoro et al.，2017）。考虑到模型对指纹因子具有依赖性，具体的研究中常常还需要验证模型的适用性，如人工混样法（Gaspar et al.，2019；Haddadchi et al.，2014）。

表 8-7　常用的源地贡献估算模型

模型类型	模型结构	文献来源
多元混合模型	$\sum_{i=1}^{n}\left(C_i - \sum_{j=1}^{m} X_j S_{ji} \Big/ C_i\right)^2$	Walling et al.，1999
蒙特卡罗模型	$\sum_{i=1}^{n}\dfrac{\sum_{j=1}^{m}\left(\dfrac{\sum_{l=1}^{t} X_j S_{klji}}{t} - C_i\right)^2}{C_i}$	Hughes et al.，2009
贝叶斯模型	$P\left(f_q \mid \text{data}\right) = \dfrac{L\left(\text{data} \mid f_q\right) \times P\left(f_q\right)}{\sum L\left(\text{data} \mid f_q\right) \times P\left(f_q\right)}$, $L\left(x \mid \mu_f, \sigma_f\right) = \prod_{k=1}^{n}\prod_{f=1}^{n}\left\{\dfrac{1}{\sigma_f\sqrt{2\pi}} \times \exp\left[-\dfrac{(X_{kf} - \mu_f)^2}{2\sigma_f}\right]\right\}$, 其中，$\mu_f = \sum_{j=1}^{m} X_j S_{ji}$ $\sigma_f = \sqrt{\sum_{j=1}^{m} X_j^2\, S_{ji}^2}$	Nosrati et al.，2018
广义似然不确定估计（GLUE）模型	$\text{NS} = 1 - \dfrac{\sum (C_o - C_j)}{\sum (C_o - C_{om})} = 1 - \dfrac{\sigma_s^2}{\sigma_o^2}$ $C_{sed} = C_{sou} \times P$	Behrooz et al.，2019

注：多元混合模型中，C_i 为沉积物中指纹因子 i 的浓度；X_j 为源地 j 的相对产沙率；S_{ji} 为源地 j 中指纹因子 i 的平均浓度；m 为泥沙潜在源地数；n 为指纹因子数。蒙特卡罗模型中，l 为总次数为 t 的蒙特卡罗迭代中的第 l 次迭代；S_{klji} 为第 l 次蒙特卡罗迭代中泥沙样品 k 的指纹因子 i 在源地 j 中的含量。贝叶斯模型中，$P\left(f_q \mid \text{data}\right)$ 为各源地贡献的后验概率分布；$P\left(f_q\right)$ 为基于已知数据的先验概率分布；$L\left(\text{data} \mid f_q\right)$ 为根据 data 得到 f_q 的概率；f_q 为向量 q 给出的源地贡献率；μ_f 和 σ_f 分别为源地 j 中指纹因子 i 的均值和标准差；X_{kf} 为第 k 个泥沙样品的第 i 个指纹因子。GLUE 模型中，纳什（NS）系数为模型选用的似然函数；C_o 和 C_{om} 分别为源地 j 中指纹因子 i 的实测含量及其均值；C_j 为模型模拟的源地 j 中指纹因子 i 的含量；σ_s 为第 s 个模型的标准差，即第 s 个参数组合的模型运算标准差；σ_o 为指纹因子实测含量的标准差；C_{sed} 为泥沙样品指纹因子 n 维的源地贡献列向量；P 为 m 维的源地贡献列向量（即抽样数据组）；C_{sou} 为源地指纹因子的平均含量矩阵（$m \times n$），矩阵每行代表源地 j 中指纹因子 i 的平均含量。

依据相对误差计算：

$$\text{GOF} = \frac{1}{n}\left[1 - \sqrt{\sum_{i=1}^{n}\left(1 - \frac{\sum_{j=1}^{m}X_j S_{ji}}{C_i}\right)^2}\right] \tag{8-118}$$

依据绝对误差计算：

$$\text{GOF} = 1 - \frac{1}{n}\sum_{i=1}^{n}\left(1 - \frac{\sum_{j=1}^{m}X_j S_{ji}}{C_i}\right) \tag{8-119}$$

表 8-8　常用混合模型

模型研究	模型结构	文献来源
Collins	$\sum_{i=1}^{n}\left(C_i - \sum_{j=1}^{m}X_j S_{ji}O_j Z_j SV_{ji}/C_i\right)^2 W_i$	Collins et al.，2010
Landwehr	$\frac{1}{n}\sum_{i=1}^{n}\frac{\left|C_i - \sum_{j=1}^{m}X_j S_{ji}\right|}{\sqrt{\sum_{j=1}^{m}X_j^2\left(\text{VAR}_{ji}/n_i\right)}}$	Gellis et al.，2009
Hughes	$\sum_{i=1}^{n}\left(\frac{\sum_{l=1}^{1000}\sum_{j=1}^{m}X_{j,i,k,l}}{1000} - C_i / C_i\right)^2$	Hughes et al.，2009
Motha	$\sqrt{\sum_{i=1}^{n}\left(C_i - \sum_{j=1}^{m}X_j S_{ji}\right)^2 / n}$	Motha et al.，2003
Walden	$\sum_{i=1}^{n}\left(\sum_{j=1}^{m}X_j S_{ji} - C_i\right)^2$	Walden et al.，1997
Slattery	$\sum_{i=1}^{n}\left(\sum_{j=1}^{m}X_j S_{ji} - C_i\right)^2$	Slattery et al.，2000

注：C_i 为沉积物中指纹因子 i 的浓度；X_j 为源地 j 的相对产沙率；O_j 为源地 j 的粒度校正因子；Z_j 为源地 j 的有机质校正因子；SV_{ji} 为源地 j 中指纹因子 i 的源内变异权重因子；W_i 为指纹因子的判别权重；l 为蒙特卡罗迭代次数；S_{ji} 为源地 j 中指纹因子 i 的平均浓度；VAR_{ji} 为源地 j 指纹因子 i 的方差；m 为泥沙潜在源地数；n 为指纹因子数。

8.6.2　样品采集方法

在利用复合指纹法判别沉积物来源的研究中，样品一般包括源区样品和沉积样品两类。源区样品应包括能对沉积区产生影响的全部潜在区域。对于风力侵蚀和水力侵蚀，侵蚀搬运物质主要来源于表层，因而通常采集表层样品。采样深度主要为表层 0.5～

5 cm，采集的具体深度主要取决于对侵蚀输移物质的代表性，在侵蚀较弱的区域可以采集较小厚度的表土，而在侵蚀强烈的区域则需采集稍厚的表土。此外，当下层土壤对侵蚀有贡献时（如管道侵蚀、沟壁滑塌、崩落），也需采集相应的土壤样品。总之，源区样品采集区域及深度的选取以包括所有可能的侵蚀物质来源地为原则。对于沉积区域，如果是淤地坝、水库、池塘、湖泊、谷坊等的沉积物，可以按照沉积旋回采集全剖面分层样。对于河流、洪水过程等的采样，可以利用点样、时间过程样、自动采样器方法采集悬移质样品，也可以收集河床或洪积区的沉积物。点样采集可以在采样点采集大量的含沙水，带回实验室分离水和泥沙，也可以就地使用便携式离心过滤系统直接提取泥沙（Haddadchi et al.，2013）（表 8-9）。同时，对于沉积区样品，尤其是淤地坝等拦截的一段时期内的样品，可依据沉积样品中的 ^{137}Cs、^{210}Pb 辅助建立沉积年代序列（Zhao et al.，2017）。

表 8-9　不同种类沉积区样品采集方法（Haddadchi et al.，2013）

	迟滞分析	样品的区域代表性	采样量对测试需求的满足	采样时长	反应洪水过程的瞬时效应
点样	×	×	√	×（短）	√
时间过程样	×	√	√	√（长）	×
自动采样	√	√	√	×	×
河床/洪积区沉积物	√	√	√	×	×
淤地坝、水库、池塘等沉积物	×	√	√	×	×

√表示该采集方法具备或满足某项指标或条件；×表示该采集方法不具备或不满足某项指标或条件。

8.6.3　样品测试

指纹因子筛选步骤表明，可作为沉积物来源判别的指纹因子必须是可测试的稳定因子，在源区之间具有显著差异，具有相对较低的不确定性（Collins et al.，2017）。在从单因子指纹识别逐渐发展到复合指纹识别的过程中，指纹因子库日趋丰富，常用的指纹因子包括土壤的物理、化学和生物性质，核素和同位素、地球化学元素、稀土元素等。土壤/沉积物的颜色、形态、粒径、磁性，矿物类别，常量、微量和痕量地球化学元素（包括稀土元素），稳定同位素，特定化合物稳定同位素，放射性核素，有机质含量，类脂物、烷烃等生物标志物，环境 DNA 等均可用作指纹因子。此外，一些经过运算后的指标也可作为指纹因子，如地球化学元素之间的比值、化学蚀变指数（chemical index of alteration）等（Evrard et al.，2019；Haddadchi et al.，2014；Mabit et al.，2018；Liu and Yang，2013；史玮玥等，2019；唐强等，2013）。值得注意的是，由于研究区域存在差异，源区和沉积区土壤/沉积物的理化性质也不同，因而最佳指纹因子组合通常也不同（Haddadchi et al.，2013）。列入潜在指纹因子测试列表的因子需要根据区域的环境情况具体确定。

由上述可知，指纹因子的种类繁多，对于各类指纹因子，其测试均采用常规的测试分析方法。例如，多种地球化学元素的测定可以使用电感耦合等离子体质谱法、电感耦合等离子体发射光谱法，磁化率可以使用磁化率仪（如 MS2 双频磁化率仪）测定，放射性核素使用伽马能谱仪等测定，颗粒粒径使用激光粒度仪测定，有机质含量利用重铬酸钾氧化–外加热法测定，全氮含量使用全自动凯氏定氮仪等测定。

需要注意的是，指纹因子测试分析与常规的测试分析相比，其测试指纹因子的颗粒粒径范围可能有所不同。土壤颗粒粒径是影响指纹因子源地判别力的关键因素之一，直接影响源地分类的准确性，进而影响泥沙的源地贡献估算。然而，土壤颗粒在侵蚀、搬运、沉积过程中的分选作用导致部分指纹因子在某些粒径范围内出现富集或损耗，引发指纹因子的含量、分布等特征发生变化，从而影响指纹因子对源地的正确分类。对于某些粒径范围的颗粒，源地土壤和沉积泥沙中的指纹因子含量及分布完全不同，并不适宜作为指纹因子载体颗粒判定泥沙等沉积物的来源。以有机质为例，在分选作用的影响下，有机质会选择性地吸附在细颗粒中（张兴昌和邵明安，2001）。因此，当土壤中的细颗粒因分选作用发生聚集性沉积时，有机质也会随之发生富集。此时，倘若采用人工混样法将源地土壤混合成"沉积物"，该"沉积物"与经分选形成的泥沙虽由相同的颗粒组成，有机质含量却可能相差甚远（Gaspar et al.，2019）。

对于指纹因子适宜载体颗粒粒径范围的选取，现有研究几乎尝试了所有的土壤粒径范围，包括<2000 μm、<1000 μm、<500 μm、<250 μm、<125 μm、<63 μm、<10 μm 以及某些特定的粒径范围（如 10～63 μm、125～250 μm）（Blake et al.，2009；Laceby et al.，2017）。研究认为采用范围狭窄且较细的颗粒（如<63 μm 或<10 μm）作为指纹因子载体可以降低结果的不确定性（Collins et al.，2017）。例如，上述各粒径范围中<63 μm（黏粒和粉粒）的颗粒最常用，若选用该粒径范围，则在土壤样品各指纹因子的测试中都需尽量筛分到<63 μm。之所以说尽量筛分到该粒径范围，一是因为部分指纹因子的测试不适宜采用上述指定的粒径范围，如土壤或沉积物平均粒径的测试应包括 0～2 mm 的颗粒；二是因为指纹因子筛选中采用的颗粒粒径范围还与具体的研究密切相关。若土壤较粗（如沙质土壤），土壤中某一粒径范围的细颗粒含量很少，一方面很难筛分获得足够的细颗粒用于测试，更重要的是该粒径范围的颗粒并不能很好地代表土壤的主要组分及指纹因子在土壤主体组分中的分布。可见，虽然前人研究建议的范围狭窄且较细的颗粒在大多研究中适用，但测试粒径范围的选择也需要结合具体的研究确定。

8.6.4 应 用 案 例

指纹识别法自 20 世纪 90 年代运用于沉积物来源识别以来，主要用于研究水力搬运沉积物来源，其研究已经十分深入。前人通过对水力搬运沉积物的研究，不仅在各个时间和空间尺度定量区分了不同源地的贡献，还利用指纹识别技术反演了小流域侵蚀环境演变历史、河流输沙变化过程，分析了相关的影响因素等（Chen et al.，2017；Collins and Walling，2002；Gellis and Walling，2013；Koiter et al.，2013；Zhang et al.，2017）。近年来，指纹识别技术被应用于研究风积物来源（Cholami et al.，2017；Liu B et al.，2016；Zhang et al.，2019），但对风积物来源的研究还十分薄弱，对地形地貌、土壤类型、土地利用类型、侵蚀营力等环境均较复杂的研究比较欠缺。这里以黄土高原水蚀风蚀交错带片状风沙土覆盖的黄土丘陵区（片沙覆盖区）沉积物来源为例，说明复合指纹识别沉积物来源的应用。

黄土高原与毛乌素沙地的过渡带存在一个特殊区域，其地形由黄土丘陵向沙地/沙丘过渡，土壤由黄土向风沙土过渡，植被由干草原向荒漠草原过渡。该区域环境脆弱，对气候变化和人为活动响应敏感。前人对该区域中风沙土和黄土交错分布区沉积物的来源鲜有研究。有的学者认为片状分布的风沙土是气候变化过程中沙漠边缘进退变化造成的，也有学者认为是本地的沉积物不断分选搬运形成的非均质性空间沉积。前人研究表明，黄土高原的物质来源于青藏高原东南部。青藏高原东南部的沉积物在西北季风的作用下不断向东南搬运，粗细不同的颗粒在分选作用下，沉积在不同的距离范围内，因此不断分选、搬运和沉积的沉积物堆积形成了毛乌素沙地和黄土高原（Nie et al.，2015）。基于上述争议，本研究假设黄土丘陵区的黄土高原和毛乌素沙地均为片沙覆盖区的沉积物源地。通过设置包括毛乌素沙地在内的半固定沙丘、固定沙丘和黄土丘陵的样线采集源区样品，在片沙覆盖黄土丘陵区采集沉积区样品。对于源区，半固定沙丘、固定沙丘的每个断面均包括 2 个完整的沙丘地形（迎风坡脚至背风坡丘间地），黄土丘陵包含 1 个完整的西北—东南的丘陵（西北坡坡脚经丘顶到东南坡坡脚）。对于沉积区，片沙覆盖的黄土丘陵也包含 1 个完整的西北～东南的丘陵。所有源区和沉积区样线均设 3 个重复，按照地形地貌、地表沉积物类型等变化采集表层（0～5 cm）土壤样品。

采用马尔文激光粒度仪测定颗粒粒径，MS2 双频磁化率仪测定高频磁化率（χ_{hf}）和低频磁化率（χ_{lf}），并计算频率磁化率（χ_{fd}），采用 ICP-MS 测定 Mo、Cu、Pb、Zn、Ag、Ni、Co、Mn、Fe、As、U、Th、Sr、Cd、Sb、Bi、V、Ca、P、La、Cr、Mg、Ba、Ti、Al、Na、K、W、Zr、Ce、Sn、Y、Nb、Ta、Be、Sc、Li、S、Rb、Hf、In、Re、Se、Te、Tl 45 种地球化学元素。

基于源地分类（风沙土源区、黄土源区）采用 Kruskal-Wallis H 检验、多元判别分析和保守性检验从上述测试的指纹因子中筛选得到最佳指纹因子组合（表 8-10），可100%正确判别片沙覆盖黄土丘陵区沉积物的源地。依据最佳指纹因子组合，使用多元混合模型估算泥沙来源。结果发现，总体上毛乌素沙地对片沙覆盖黄土坡面沉积物的贡献率为 56.2%±0.4%，黄土的贡献率为 43.8%±0.4%（图 8-12）。拟合优度（GOF）介于 75.4%～97.4%，平均为 88.6%。片沙覆盖黄土坡面的物质来源存在明显的空间变异，粒度可以作为物质来源的初步判别指标（图 8-13）。通过统计分析风沙土源区（毛乌素沙地的半固定沙丘和固定沙丘）和黄土源区（无风沙土覆盖的黄土丘陵）的粒径分布范围，认为平均粒径 < 75 μm 的颗粒是黄土，> 200 μm 的颗粒是风沙土，介于二者之间的是混合物（图 8-13）。依据粒径将沉积物重新分组，结果显示，片沙覆盖黄土坡面的黄土主要来源于黄土高原区域（90.5%±0.5%），风沙土主要来源于毛乌素沙地（95.0%±0.5%），毛乌素沙地对混合物的贡献（61.1%±0.1%）大于黄土高原区域（表 8-11）。

表 8-10　基于多元判别分析结果的最佳指纹因子组合

步骤	指纹因子	累积正确判别率/%	单因子正确判别率/%
1	Zn	92.9	91.7
2	Ti	94.2	93.6
3	As	94.2	93.6
4	Ni	94.2	94.9
5	Li	94.9	94.9
6	M	100	100

注：M 表示平均粒径（Φ）。

图 8-12　采样半固定沙丘（a）、固定沙丘（b）、片沙覆盖丘陵区（c）、黄土丘陵区（d）断面实景照片

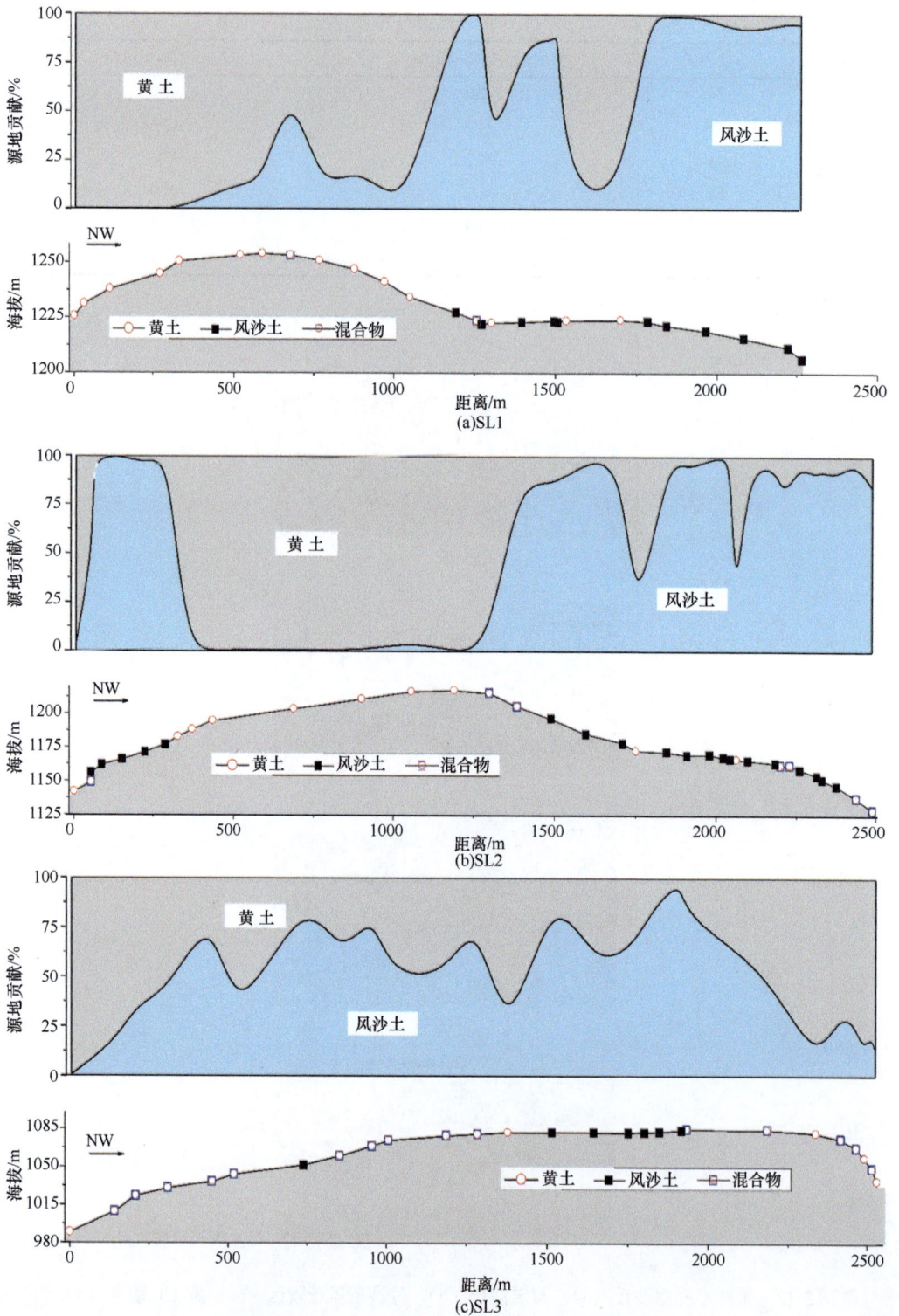

图 8-13 代表性片沙覆盖丘陵（SL1～SL3）沉积物来源的分布

表 8-11　风沙土和黄土对片沙覆盖区域沉积物的贡献

沉积物类型	沉积物的平均粒径（Φ）	源地对沉积物的贡献/%	
		黄土源区	风沙土源区
黄土	4.43	90.5±0.5	9.5±0.5
混合物	2.79	38.9±0.1	61.1±0.1
风沙土	1.99	5.0±0.5	95.0±0.5

8.7　土壤磁化率示踪技术

8.7.1　土壤磁性特征及影响因素

1. 土壤磁性特征

磁化率技术是一种相对新型的地环境学研究手段，源自古地磁学（palaeomagnetism）和环境磁学（environmental magnetism）。磁化率技术具有快速、简单、无破坏性和测量结果数字化显示，且成本低廉等优点，目前已经被广泛应用于地理学、土壤学及环境学等不同的研究领域。

磁性是物质的基本属性之一，但自然界中有些物质磁性表现强烈，有些物质则表现微弱。物质磁性强弱取决于其基本组成和晶体结构，以及磁性物质的含量多少。磁性物质分为磁铁质、顺磁质和抗磁质，它们表现出来的磁性称为铁磁性、顺磁性和抗磁性。磁铁质含量越高，物质的磁性越强，否则相反。Weiss（1907）提出，物质可以被无限细分成无数个小单元，称为磁畴（domain）。一般物质每个磁畴里的磁力线方向不同，磁性会相互抵消，物质对外表现为无磁性或弱磁性。就物质组成而言，土壤包含矿物质、有机质、土壤水和土壤气体。土壤的磁性是不同组成物质磁性贡献的综合体现。土壤中几乎没有磁性最强的磁铁质物质，磁性较强的铁的氧化物等含量也很低，以岩石矿物为主。所以土壤磁性很弱，只有借助仪器才能被感知到。当给土壤外加一个磁场时，土壤物质各个磁畴里的磁性方向会趋于一致，从而表现出磁性（图 8-14）。土壤磁性强弱可以用磁化率来量化与表达，磁化率指土壤磁化强度与外加磁场磁化强度的比值，常用的磁化率有体积磁化率和质量磁化率，计算公式如式（8-120）和式（8-121）所示：

$$\kappa = \frac{J}{H} \tag{8-120}$$

$$\chi = \frac{\kappa}{\rho} \tag{8-121}$$

式中，κ 为土壤体积磁化率，是土壤磁性的一个常用指标；J 和 H 为土壤的磁化强度和外加磁场强度，单位分别为特斯拉（T）和安培/米（A/m），由于特斯拉和安培/米的因次都是 $L^{1/2}M^{1/2}T^{-1}$，分子和分母约分后，磁化率就变成无量纲的因子；χ 为质量磁化率；ρ 为物质密度，对于多孔介质的土壤，应换为容重 d。由于土壤磁化率很小，为了方便使用，常通过缩小单位来方便表达。土壤磁化率可以直接用磁化率仪测得，当用国际制表达式时，土壤磁化率单位为 $10^{-8}m^3/kg$。

关于土壤磁化率的相关研究发现，土壤磁化率大小与土壤黏粒含量高低密切相关，黏粒含量越高，土壤磁化率也相应越高，而且土壤磁化率普遍存在表层增强现象。而土壤中黏粒含量多少及其在剖面中的分布与成土环境及发育过程密切相关，也就是说土壤磁化率及其随深度变化规律受制于成土环境及发育过程。对于不同类型的土壤而言，在没有人类活动干扰的前提下，其应具有相应的磁化率剖面。

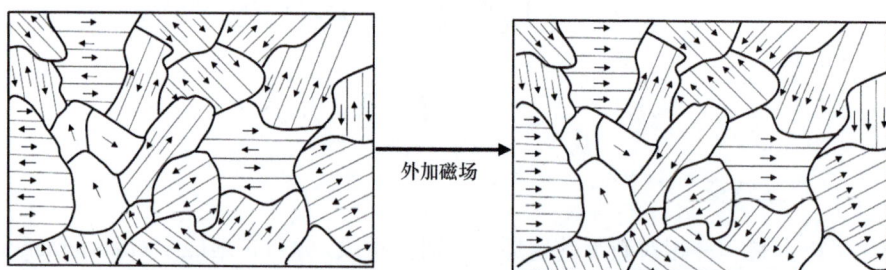

图 8-14　物质磁畴及外加磁场磁化示意图（Thompson and Oldfield，1986）

目前，土壤磁性应用研究仍处于发展和完善阶段，研究对象主要有两类：一类为天然土壤类型。利用土壤磁化率的表层增强特征，分析不同尺度、不同坡面位置、不同土地利用类型等条件下土壤磁化率的差异，并分析其变异机制。利用天然土壤磁性研究土壤侵蚀适用于大尺度和长历时。在不同的自然地理环境下，经过漫长的成土过程，不同类型的土壤形成了各自的地带性特征，而对于弱磁性母质发育的土壤而言，表层土壤的磁化率明显高于亚表层。随着土壤深度的增加磁化率逐渐减小，母质层土壤磁化率最低，表层增强性规律在温带地区的土壤中极为明显，而在干旱地区和低温地区不明显（Le Borgne，1955；Mullins，1977；卢升高，2003）。另一类为利用人工磁性物质来进行环境示踪。例如，利用工业粉煤灰、磁性塑料珠、灼烧后的土壤等，通过与土壤充分混合并根据研究目的人工撒布。降雨发生时，磁性物质随土壤颗粒运移，示踪土壤侵蚀过程及强度。选择合适的人工磁性物质标记土壤，待土壤发生侵蚀或堆积后，测定人工磁性物质的位置及浓度，从而示踪土壤颗粒的移动过程，阐述土壤再分配规律（Hussain et al.，1998；Jones and Olson，2009；Liu et al.，2018；Olson et al.，2004；Ventura et al.，2002）。然而，实验之前的准备工作，如选择和制作示踪剂，并将人工磁性物质与土壤混合等，对人力和物源要求较高，容易存在不确定性（Jones and Olson，2009）。尽管磁性示踪技术目前仍存在一些不足，但由于测试方便和不存在衰变问题，未来磁性示踪技术在土壤侵蚀研究中具有光明的发展前景。

2. 土壤磁性的影响因素

土壤磁性的形成与发展受诸多因素共同影响，根据作用机制的不同归纳为自然因素和人为因素。自然因素包括成土母质、成土环境和成土过程。大量的磁测资料表明，土壤磁性是成土因素和成土过程的综合反映（卢升高，2003）。成土母质作为土壤磁性的"本底值"，是土壤磁性的决定性因素，母岩的磁性与其发育土壤的磁性有显著的相关性。气候与土壤磁性的关系复杂，不同地区的水热条件存在一定差异，影响土壤中铁、钴、镍等的氧化物的氧化还原、淋溶淀积等过程，从而改变土壤磁性，但土壤的多种成土环境密切相关、相互影响，水热作用也很难排除母质、地形等因素的影响。土壤的机械组成直接影响土壤磁性的高低，黏粒的磁化率最高，因为直径极小的超顺磁性颗粒分布于土壤黏粒组，超顺磁性颗粒具有强磁性，是土壤中磁性的主要来源。随着土壤粒径的增加，磁化率逐渐降低。

人为因素包含多种特殊的人类活动，如长期的不合理耕作导致土壤在坡面及小流域尺度的再分配，严重影响土壤肥力和生产力，同时也会改变土壤磁性强弱及剖面分布特征。人类工业生产过程中的磁性废料及污染物是磁性载体，这一过程不但改变了物质的磁性，还会影响环境物质的赋存方式。在自然界固有循环规律的作用下，磁性物质在各圈层运移、沉积，土壤磁性随之改变。另外，环境污染和森林大火是导致土壤磁性改变的人为因素，土壤的重金属污染往往伴随土壤磁性的升高，高温灼烧将改变土壤物质的磁性大小，发生过山火的地区表层土壤磁化率明显高于其他地区。

3. 土壤磁性研究回顾

土壤磁学是环境磁学的重要分支，环境磁学源自古地磁学，涉及磁学、地理学和环境科学等多个领域，研究对象广泛，包括岩石、土壤、沉积物、大气颗粒等多种磁性载体，通过对环境物质磁性特征进行提取，探索不同时空分辨率的环境过程、作用机制及环境问题，试图解决人类活动与环境相互作用的难题（卢升高，2003）。Thompson 和 Oldfield 分别为爱丁堡大学和利物浦大学的教授，他们以几十年的研究成果为基础，撰写了第一本环境磁学专著 *Environmental Magnetism*，书中系统介绍了这门学科的基础知识，对环境磁学的发展和推广影响深远。20 世纪 90 年代中期，Verosub 和 Roberts（1995）综述了这门学科的过去、现在，并对未来的发展提出展望。随后，实验手段成为研究环境磁学的主流方法，相关文献大量产出。进入 21 世纪，环境磁学稳步发展，在国际上涌现出一些经典的著作（Evans and Heller，2003），同时也受到我国学者的重视，将磁性应用于相关环境问题的研究日益增多（卢升高，2003；鲍玉海等，2007）。磁化率技术已经在与环境相关的研究领域得到广泛应用，如黄土–古土壤与全球变化（Maher and Thompson，1991）、土壤发生与分类（de Jong，2002）、土壤侵蚀与沉积过程（Dearing et al.，1986）、流域泥沙来源追踪（Walling et al.，1979）、湖相和海相沉积与环境演化、环境污染（Dankoub et al.，2012；Hay et al.，1997；Hoffmann et al.，1999；Jordanova et al.，2008；Petrovský et al.，2000；Jordanova，2017）、生物磁性以及考古学等。

20 世纪中期，第五届国际土壤大会第一次介绍了土壤磁性（Henin and Le Borgne，1954），随后，针对土壤磁性原理的研究越来越多。Le Borgne（1955）首次利用地球磁学的磁性测量技术丰富了土壤学的研究方法，虽然该技术很早便开始应用，但直至 20 世纪 70 年代土壤磁学才得以全面发展。Mullins（1977）介绍了环境磁学的相关知识，并系统地总结了土壤磁性矿物颗粒的性质及其发生理论，为土壤磁性研究奠定了坚实的基础。

近 20 年来，土壤磁性在地学上的应用稳步发展。学者们成功利用土壤磁性和特定的磁测技术示踪湖相、河相悬浮沉积物的运移（Oldfield et al.，1979）和沉积物的物质来源（Thompson and Morton，1979）。另外，有一部分研究通过整合磁测技术探索坡面表层土壤侵蚀和沉积物再分配，认为磁化率是示踪坡面表层土壤再分配和沉积物运移的有效手段（de Jong et al.，1998；Dearing et al.，1986；Hussain et al.，1998）。磁化率技术逐渐被普遍接受，它是一种经济实惠、简单快捷，且对样品无损坏的土壤侵蚀研究方法，而传统方法和 ^{137}Cs 示踪不具有以上优势。该技术能够帮助研究者全面理解坡面侵蚀和沉积过程，从而预测并有效预防土壤侵蚀。

土壤磁性与成土过程、成土环境密切相关，探究土壤磁性发生原理，将这一指标应用到古环境演变研究中，成果斐然。磁学与气候表面上看并没有什么联系，是两个相对独立的概念。然而，50 多年前，Shackleton 和 Opdyke（1973）巧妙地将二者联系到一起，估算了地层的磁性，通过氧同位素值进行断代。这项早期研究的成功带领着后期的研究者开启了磁性地层学的大门。Kukla 等（1988）、Heller 和 Liu（1982）利用磁化率指标判断中国更新世时期的气候，利用磁化率法得出的结果与深海沉积物的氧同位素测得的结果十分接近。Kukla 等（1990）选取中国黄土高原区过去 2.5Ma 的古土壤沉积物，测定其低频磁化率用于断代，在较长时间尺度上，其结果与天文学上的氧同位素深度海洋年代学结果是一致的。一系列的研究表明，磁化率技术可被广泛应用于古气候与第四纪环境演变领域的多种磁性载体（如土壤、岩石等）上。

Heller 和 Liu（1982）发现黄土–古土壤的磁化率极大，并认为土壤磁化率指标能够指示古气候变化，这一论断的提出是土壤磁性在古环境演变应用的开端。此后，大量研究成果描述了原位土壤的磁性特征，分析各个气候时期（冰期或间冰期）形成的典型土层及剖面的磁性分异（方小敏等，1998）。这些研究结果表明，土壤磁性指标能够记录古土壤形成过程中的环境信息，指示成土过程中的第四纪古环境（Heller and Liu，1982；Kukla et al.，1990；Maher，1998；Maher and Thompson，1991；鸟居雅之等，1999；刘秀铭等，1993）、气候变化（Kukla et al.，1988；安芷生等，1990）和环境演变（Dearing et al.，1996；刘青松和邓成龙，2009）。近年来，随着生态文明建设的提出，人们逐渐重视环境污染，利用土壤磁性参数指示环境污染的研究更是层出不穷，如基于污染物磁性与重金属元素相关关系的建立，为土壤污染的环境监测提供依据和指导（Ayoubi et al.，2014；Beckwith et al.，1986；Dankoub et al.，2012；Hay et al.，1997；Jordanova et al.，2008；Karimi et al.，2011）。

土壤磁性是土壤的本质属性之一，研究者将这一属性应用在土壤诊断分类和发生分类中（de Jong，2002；Jordanova et al.，2014），探究土壤的磁性差异，总结特定土类的共性，为后来的土壤分类提供依据。在全球范围内，土壤磁化率指标的测量主要集中在温带地区，其中，俄罗斯、欧洲和中国的温带地区的土壤磁性研究数据尤为丰富（Hanesch and Scholger，2005；朱日祥等，2001）。20 世纪 80 年代，我国学者开始对热带和亚热带地区的土壤磁性进行野外和室内磁测（卢升高等，1999；吴次芳和陆景冈，1987；俞劲炎和詹硕仁，1981；俞劲炎等，1986）。总体而言，我国土壤磁测研究在以下两个层面展开：第一，不同土壤类型的磁性，包括红壤、水稻土、盐碱土等（俞劲炎和詹硕仁，1981）；第二，区域性土壤的磁性，如浙江、宁夏、河北、辽宁等省（自治区）的土壤磁性特征及变化规律（卢升高，1999）。

Walling 等（1979）通过磁化率指标确定悬浮沉积物的泥沙来源，将其应用在单次洪水事件中，他认为这是一种简单、高效并无损的测量输沙量的方法，并且能够细致地调查沉积物来源。此后，土壤磁化率测定法被应用于确定土壤侵蚀沉积物和泥沙来源的研究中（Caitcheon，1993，1998；Dearing et al.，1981；Eriksson and Sandgren，1999；Guzmán et al.，2010，2013；Oldfield，1991）。澳大利亚学者提出利用环境矿物磁性示踪泥沙来源，建立矿物磁性参数之间的线性关系，在河流汇合处及下游河段确定支流泥沙来源，并利用此关系反映相关支流对干流二维混合泥沙的补给程度（Caitcheon，1993）。

在坡面尺度，利用土壤磁化率揭示土壤再分配规律的成果颇丰，根据土壤中磁性物质的来源，分为天然土壤磁性研究和人工磁性物质示踪两部分。天然土壤磁性研究以自然土壤坡面为研究对象，采集土壤样本带回室内测定其磁化率，或者在野外原位测定磁化率，分析坡面磁化率分异特征和坡面再分配规律（de Jong，2002；de Jong et al.，2000；Dearing et al.，1986；胡国庆等，2010；马玉增等，2008）；人工磁性物质示踪研究是在自然土壤中施加人工磁性物质，如工业粉煤灰、磁性塑料珠、灼烧过的土壤等，这些人工磁性示踪剂间接反映土壤颗粒在坡面上的侵蚀和沉积过程（Gennadiev et al.，2002，2010；Hu et al.，2011；Olson et al.，2013；Ventura et al.，2002；胡国庆等，2010）。然而，现阶段利用土壤磁性指标揭示土壤再分配规律的研究还停留在定性阶段，定量估算土壤侵蚀量和侵蚀速率的研究不多，没有建立土壤磁化率与土壤侵蚀速率的定量关系，且均在特定几个研究区域进行，缺少对中国地区的研究成果。

8.7.2　土壤磁化率技术应用原理

1. 基本假设

磁性与质量、颜色、密度等物理参数一样，是物质的基本属性之一（Thompson and Oldfield，1986）。常用的磁性参数包括磁化率（magnetic susceptibility）、饱和等温剩磁（saturation isothermal remanent magnetization）、剩余矫顽力（remanent coercivity）及其他磁性参数的比值参数。这些磁性参数可以揭示供试样品（包括自然界中岩石、土壤、大气颗粒物及沉积物）磁性矿物颗粒的含量、粒径及种类等信息。其中，磁化率是磁学研究中最常用的磁性参数之一（刘青松和邓成龙，2009）。

土壤磁性主要来自土壤中的磁性矿物，由于磁性颗粒大小不同，磁性特征存在较大的差异。为了区别不同磁性大小对应的磁性矿物粒度，引入磁畴（domain）的概念。一般可将亚铁磁性矿物的磁畴分为多畴（multi-domain，MD）（d 为 1～2μm）、假单畴（psuedo single domain，PSD）（0.04μm<d<1μm）、稳定单畴（stable single domain，SSD）

（0.02μm<d<0.04μm）和超顺磁性颗粒（superparamagnetic grain，SP）（d<0.02μm）。Dearing（1994）通过总结前人对磁畴与磁性矿物粒度的研究结果，绘制了磁学特征随晶粒大小的变化关系图（图 8-15）。土壤黏粒级的颗粒中通常包含有许多大小不同的磁性颗粒，磁畴在解释磁性矿物的形成及其与环境的关系方面十分有用。

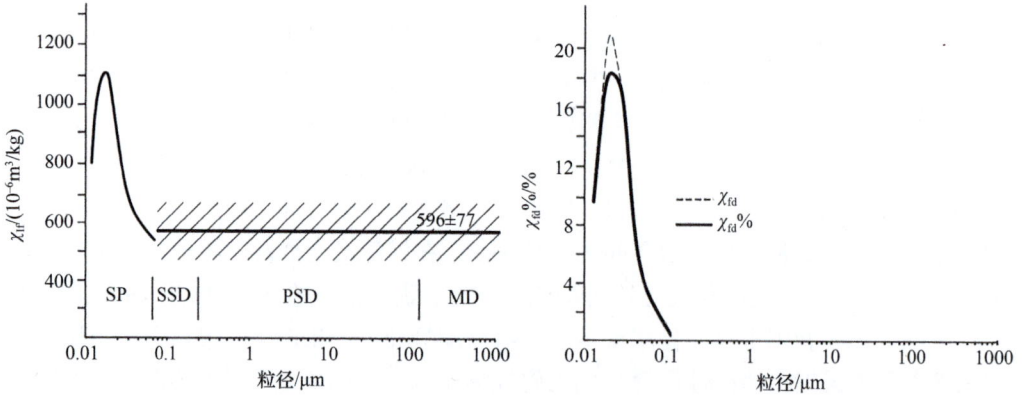

图 8-15　磁化率（χ_{lf} 和 χ_{fd}%）与磁性物质粒径的关系（Dearing，1994）

土壤磁性的主导因子是成土母质，成土母质的磁性大小决定了所发育土壤的磁性，温带地区的成土母质为弱磁性物质，因此土壤剖面的磁性分布特征为表层磁性大于底层，即表层增强现象。在土壤剖面上，表层土壤的磁化率最高，随着土层深度的增加，磁化率逐渐降低，至母质层时不再降低，磁化率趋于平稳。表层增强现象在自然界中普遍存在，是自然"土壤化过程"的表现，温带地区最为明显，极端低温和干旱条件下则不明显，而在热带地区和亚热带地区，由强磁性火成岩发育的土壤剖面中，表层磁性往往小于母质层。

2. 应用原理

自然界中，所有物质均具有磁性，不同物质的磁化率差异很大，主要取决于其所含磁性矿物的属性，按磁性强弱可分为铁磁性矿物（ferromagnetic mineral）、亚铁磁性矿物（ferrimagnetic mineral）、反铁磁性矿物（antiferromagnetic mineral）、顺磁性矿物（paramagnetic mineral）和抗磁性矿物（diamagnetic mineral）（Dearing，1994；卢升高，2003）。铁磁性矿物的磁矩严格按一个方向排列，表现出极强的磁性，即使含量很少，也能够大幅度提高物质磁性。然而，铁磁性矿物在土壤中几乎不存在；亚铁磁性矿物是土壤中最重要的磁性矿物，其磁性比铁磁性矿物小很多，磁矩按两个完全相反的方向排列，反平行的磁矩大小不同，相互抵消后仍显示磁性；反铁磁性矿物的磁矩也呈现两个相反方向，但磁矩恰好相互抵消，净磁化强度为零；顺磁性矿物在自然界中比较常见，表现为弱的正磁性，许多矿物和大多数岩石均具有顺磁性；抗磁性矿物在土壤中的含量极少，如纯石英、多数金属和水等，其性质与顺磁性矿物相反，在施加外磁场时呈现弱的负磁性，若无外磁场作用，磁化强度随即消失。通常而言，环境物质中的磁性矿物包括亚铁磁性矿物与反铁磁性矿物两类。亚铁磁性矿物主要是磁铁矿（Fe_3O_4）和磁赤铁矿（γFe_2O_3）；反铁磁性矿物主要是赤铁矿（αFe_2O_3）和针铁矿 $[\alpha FeO(OH)]$（Thompson and Oldfield，1986）（表 8-12）。

表 8-12 常见物质及矿物的磁化率（Dearing，1994）

矿物磁性类型	代表性物质	分子式	含铁量/%	质量磁化率/$(10^{-6}\,m^3/kg)$
铁磁性	铁	αFe	100	276000
亚铁磁性	磁铁矿	Fe_3O_4	72	596 ± 77
	磁赤铁矿	γFe_2O_3	70	$286\sim371$、410、440
反铁磁性	赤铁矿	αFe_2O_3	70	$0.49\sim0.65$、$0.58\sim0.78$、$1.19\sim1.69$
	针铁矿	$\alpha FeO(OH)$	63	0.35、0.38、0.7、<1.26
顺磁性（20℃）	橄榄石	$4[(Mg，Fe)_2SiO_4]$	<55	$0.01\sim1.3$
	黑云母	Mg、Fe、Al、复杂硅酸盐	31	$0.05\sim0.95$
	黄铁矿	FeS_2	47	0.3
	纤铁矿	$\gamma FeO(OH)$	63	0.69、$0.5\sim0.75$
抗磁性	方解石	$CaCO_3$	—	−0.0048
	塑料	—	—	−0.005
	石英	SiO_2	—	−0.0058
	有机质	—	—	−0.009
	水	H_2O	—	−0.009
	食盐	NaCl	—	−0.009
	高岭石	$Al_2Si_2O_5(OH)_4$	—	−0.019

作为最常用的磁性指标之一，磁化率反映物质被磁化的难易程度，是物质磁性强弱的常用指标和直接量度（Evans and Heller，2003；卢升高，2003；俞劲炎和卢升高，1991）。在外加磁场作用下，物质受到感应而产生磁化强度，二者的比值为体积磁化率，无量纲，低频率外加磁场下得到的体积磁化率为低频体积磁化率，同样，高频率外加磁场下的体积磁化率为高频体积磁化率。体积磁化率与物质密度（或容重）的比值为质量磁化率，代表各种磁性矿物的代数和，与体积磁化率对应，由外加磁场强度决定获得低频质量磁化率或高频质量磁化率。低频质量磁化率代表样品的总体磁性，由于土壤的磁性多源于亚铁磁性颗粒，低频质量磁化率也反映土壤中亚铁磁性矿物的含量。频率磁化率为低频质量磁化率和高频质量磁化率的相对差值，高频质量磁化率对土壤黏粒中的超顺磁性颗粒并不敏感，因此频率磁化率反映样品中超顺磁性颗粒的存在和含量。

土壤磁化率技术是一项具有很大应用潜力的新型分析技术，其优越性体现在以下方面。第一，该技术操作简便，不仅能够在室内测量，也支持野外原位测量，仅需要进行短期培训即可开展室内外工作，且具有较高的精度；第二，与其他方法相比，磁化率技术所需的时间、经济成本大大降低，测定一个样品的磁化率值只需 10s 左右，可以快速地分析大批量样品；第三，土壤磁性源自成土母质，它能够反映万年尺度的环境变化和土壤侵蚀，且具有较高的时间分辨率；第四，经过磁化率测定的样品没有任何物理和化学损伤，能够继续测定其他理化性质；第五，磁化率技术可以应用到各种环境载体上，如岩石、土壤、沉积物、大气颗粒等；第六，它是其他环境分析方法的有益补充（Dearing，1994）。

8.7.3　野外采样及注意事项

1. 基本要求

土壤是地球表面能够生长绿色植物的疏松表层。土壤的物理，化学性质是其基本属性，代表其经历的成土过程和成土环境，土壤磁性是重要的土壤物理性质之一，它是连续分布的面状数据。然而，研究中获取面状连续样本是不现实的，往往通过野外采集点上的土壤样本测定土壤的物理化学指标，以代表面上的土壤性质。

采样分析就是以点代面，样品的代表性直接关系到分析结果的正确与否和整体调查报告的学术价值。无论研究对象空间尺度的大小和时间尺度的长短如何，用于土壤磁性分析的土壤样品必须具有代表性，样品的各项性质应能最大限度地反映所代表的区域或地块的实际情况。土壤性质具有空间异质性，尤其是受人为因素的影响，土壤磁性在空间尺度上的变异性很大。采集土壤样品时，应充分考虑研究区域土壤磁性变化的控制因素，在水平和垂直两个方向上合理布设采样点。布点的原则为尽可能地反映主导因素的变化类型，第一个层面是每个变化类型至少一个样点，第二个层面是考虑每个类型中样点的数量（张科利等，2014）。不同类型的土壤表现出不同的土壤磁性特征，应根据研究对象所属的土壤类型设计采样方案。土壤磁性在时间尺度上的异质性受自然因素和人为因素共同影响，自然因素中只有长时间尺度的成土过程和气候变化影响土壤磁性，而人类活动则能够在短时间内改变土壤磁性。

2. 采集步骤

1）分散土样采集步骤

第一步：选择具有代表性的采样点。

第二步：根据采样目的选择土钻类型。

第三步：利用土钻采集土壤剖面样品，可以采集连续的土柱，也可以分别采集不同深度土壤；若进行全剖面采样，则应自下而上采集土壤样本。

第四步：划分不同土壤深度的土壤样品，用布袋或塑料袋分层盛装。若只测定土壤磁化率一个指标，需 50g 样品，若还要测定其他土壤性质，一般采集 2～2.5kg 样品。

第五步：按照采样点和采样深度编号并分装，带回室内等待处理。

2）原状土样采集步骤

在土壤磁化率示踪研究中，最普遍的采样方法是传统的大量采集土样，在实验室处理后装盒测量磁化率。然而，预处理的过程十分烦琐，耗费大量的时间和人力。为了节省时间和精力，Liu L 等（2016）根据巴廷顿（Bartington）磁化率仪 MS2B 双频率传感器的尺寸设计了一种改进的原状土壤样本采样器和配套的聚氯乙烯（PVC）样品盒（图8-16）。具体采样步骤如下。

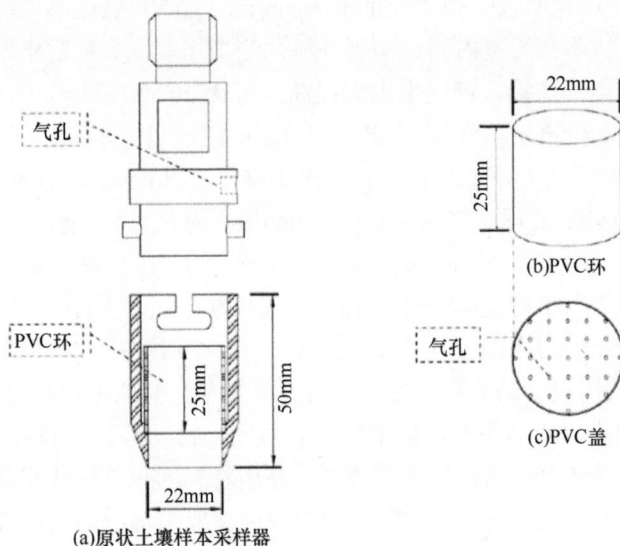

图8-16　用于测定磁化率的原状土壤样本采样器及配套的PVC取样盒简图

第一步：选择具有代表性的采样点。

第二步：确定土壤剖面采样间隔。

第三步：利用改进的原状土壤样本采样器采集土壤样品，若采样间隔大于3cm，则需要使用半圆凿钻将中间的土壤取出，再采集下一个土样。

第四步：划分不同土壤深度的土壤样品，每个土壤样品单独取样，直接采集原状土至高2.5 cm，直径2.2 cm，体积为9.5 cm^{3}的圆柱形取样筒内，上下加装带孔透气的塑料盖，盖子与土样间用薄纸隔开。

第五步：按照采样点和采样深度编号并分装，带回室内等待处理。

3. 注意事项

第一，选择采样点时，剔除历史时期内长期积水的区域，渍水条件使土壤中铁氧化物发生氧化还原反应，从而改变土壤磁性；第二，尽量避免土壤接触磁性物质；第三，采集的土样应及时风干/烘干。

8.7.4　室内测定及计算

1. 仪器介绍

1）磁化率仪

磁化率仪是测定物质磁化率最直接的手段。早期的磁化率仪功能简单，精度不高，只能在室内测量磁化率，不能应用于野外原位磁化率的测定，如浙江农业大学、沈阳农业大学和北京地质仪器厂研制的 WCL-1 型土壤磁化率仪，中国地质调查局南京地质调查中心的 HKB-1 型磁化率仪，捷克产的 Kappabridge KLY2 磁化率仪等。随着科学技术的发展，磁化率仪从单一的室内测量向野外原位测量拓展，多种磁化率仪都兼具这两种功能，并且能够与电脑连接，精度也大大提高，可达 10^{-6} 数量级（图 8-17）。目前应用最广泛的是英国 Bartington 公司生产的 MS 磁化率仪（图 8-18），包括室内测量探头（MS2B）和野外测量探头（MS2D、MS2E、MS2F 等）。Lecoanet 等（1999）比较了 MS2D、MS2F 和捷克 Geofyzika 公司生产的 KT-5 Kappameter 磁化率仪，他们分别能够测量 6cm、1cm 和 2cm 的表土磁化率。另外，捷克 AGICO 公司生产的 MFK 系列卡帕桥磁化率仪已经生产至第五代，在测量岩石样本的磁化率方面表现突出。21 世纪初，欧洲MAGPROXIII 成功研发了用于野外测定的便携式磁化率仪 SM-30 和土壤剖面磁化率仪SM-400，SM-30 占用很小的体积，便于野外工作携带，其精度可达 10^{-7} 数量级，能够测量多种类型环境载体的磁化率，如植物（农作物、树叶等）、新鲜的人工露头、土壤剖面等。磁化率仪 SM-400 同样属于袖珍型，使用特制的土壤钻头采集 30~50cm 的土柱，利用计算机控制钻孔中的测井装置，能够快速获取土壤剖面的连续磁化率，并及时绘出磁化率变化曲线（张凤宝等，2005）。

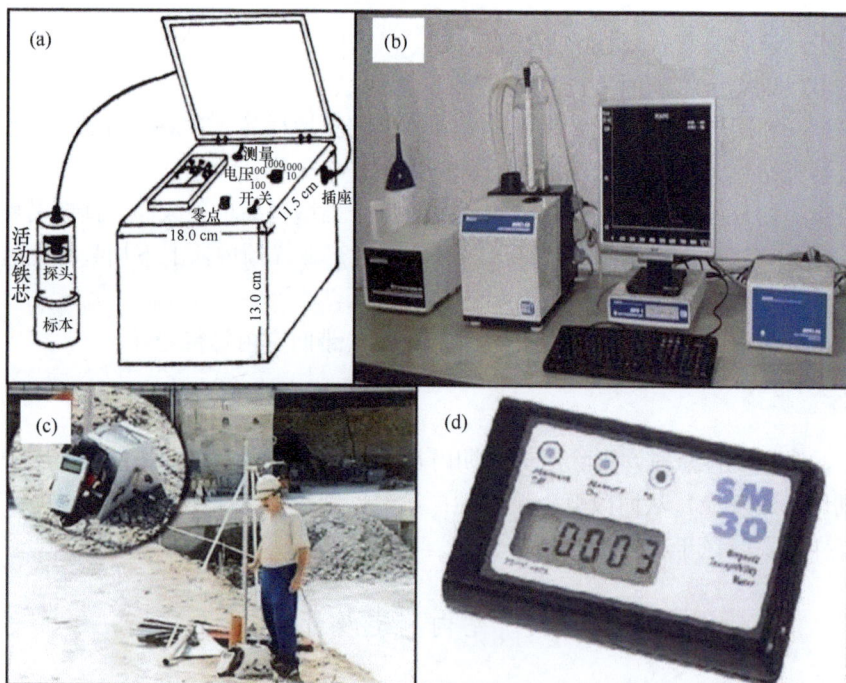

图 8-17　磁化率仪
（a）WCL-1 型磁化率仪；（b）MFK1 磁化率仪；（c）SM-400 磁化率仪；（d）SM-30 磁化率仪

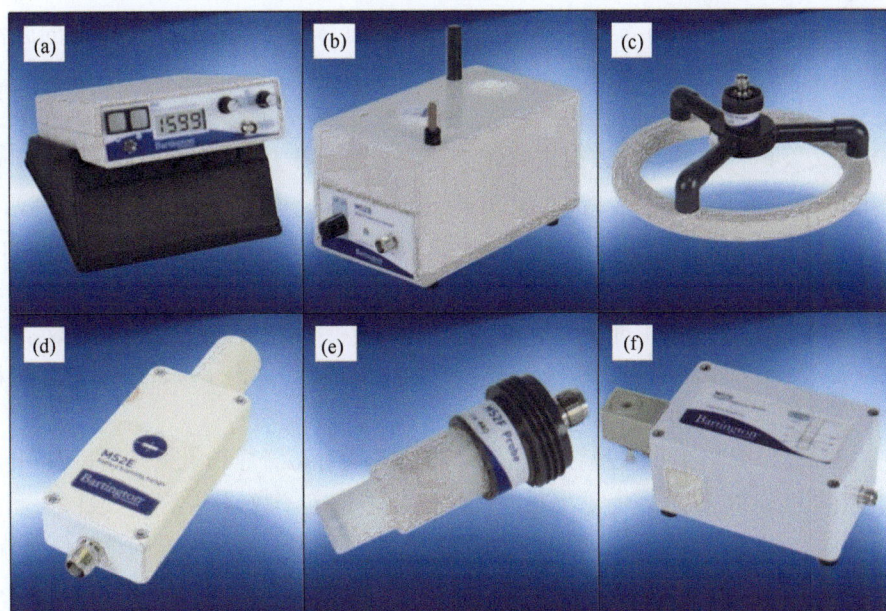

图 8-18　Bartington 磁化率仪及常用探头
（a）MS2 磁化率仪；（b）MS2B 测量探头；（c）MS2D 测量探头；（d）MS2E 测量探头；
（e）MS2F 测量探头；（f）MS2G 测量探头

2）MS2 磁化率仪

MS2 磁化率仪如图 8-19 所示。

（1）M 键（measure）：测量按钮。测量样品磁化率，按下后屏幕出现"："，标志开始测量，约 10s 后，发出"嘀"声，标志测量结束，屏幕显示样品磁化率。

（2）Z 键（zero）：置零按钮。如果仪器不稳定或磁化率存在偏差，建议归零后重新测量。

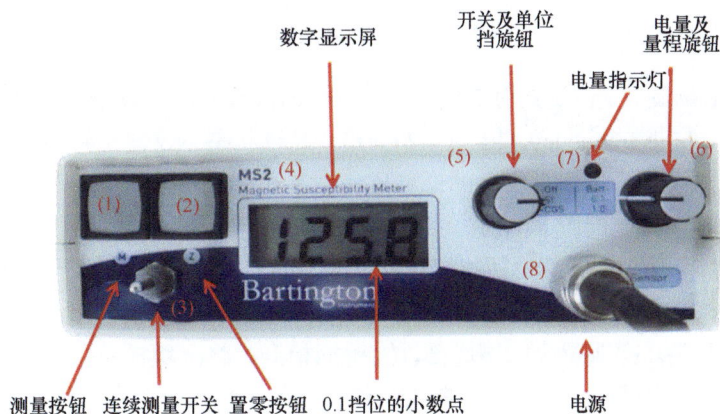

图 8-19　MS2 磁化率仪控制面板

（3）连续测量开关。该开关有 2 个挡位：肘节位于垂直中心时为基本模式（常用）；

肘节位于偏左位置时，为连续测量模式，可以快速连续地多次测量一个样品的磁化率。

（4）数字显示屏。MS2 磁化率仪与 MS2B 测量探头连通时，屏幕显示数字，否则无数字。

（5）开关及单位挡旋钮。该旋钮有 3 个挡位，顺时针方向依次为关机、SI 挡（国际制）和 CGS 挡（高斯制）。为了方便计算和国际交流，一般使用 SI 挡（国际制）。

（6）电量及量程旋钮。该旋钮有 3 个挡位，顺时针方向依次为 BATT 挡、0.1 挡和 1.0 挡。其中，0.1 挡位测得的磁化率较精确（一般适用于体积磁化率小于 100 的样品），小数点后保留一位，测量时间较长，大约 10 s；1.0 挡位测得的磁化率为整数，测量时间短，为 1～2s（一般适用于体积磁化率大于 100 的样品）。为了保证较高的数据精度，通常土壤样品的测定使用 0.1 挡。

（7）电量指示灯。电量及量程旋钮旋至 BATT 挡时，绿灯为电量充足，但不能代表电池为满电状态；红/橙色为电量不足，此时仪器不稳定，数据不准确，应停止测量。

（8）电源。连接 MS2 磁化率仪和 MS2B 测量探头的数据线无方向性，两个端口一样，可与 MS2 磁化率仪和 MS2B 测量探头的任意一端连接。

MS2B 为室内测量探头，如图 8-20 所示。

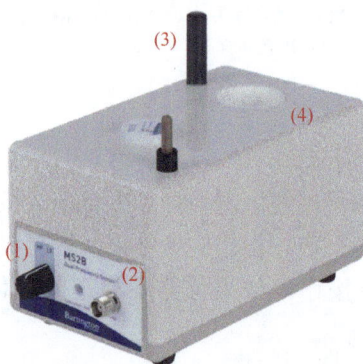

图 8-20　MS2B 测量探头示意图

（1）外加磁场旋钮。该旋钮有 2 个挡位，一个为低频（low frequency，lf）（0.47 kHz），另一个为高频（high frequency，hf）（4.7 kHz）。高频状态下仪器不易稳定，需相应地增加预热时间，建议先测量一批样品的低频磁化率，再转为高频，仪器更容易稳定。

（2）电源连接口。同图 8-19 的（8）。

（3）探头抬升手柄。黑色手柄能够带动探头垂直地上下抬升，放样品时，抬起手柄，放置好样品再按下手柄。

（4）测量探头。探头位于凹槽底部，随手柄抬升，将土壤样品盒水平放置其上，放下手柄，使样品盒全部置于凹槽内。探头为磁化率仪的核心部件，十分脆弱，切忌震动。

2. 试样预处理

分散土：用于测量磁化率的土壤样品严禁高温烘干，预处理时尽量不接触金属工具。

一般而言，风干或 35℃烘干（烘干时间视样品初始含水量而定，达到风干土水平即可，以黑土为例，烘干约 15 h），过 2 mm 尼龙土壤筛。

原状土：Liu L 等（2016）根据 Bartington 磁化率仪 MS2B 的尺寸设计了一种改进的原状土壤样本采样器和配套的 PVC 样品盒。这种采样器直接采集原状土壤样品，省去研磨和过筛等步骤，风干（或低温烘干）后直接测定磁化率。

3. 测试步骤

第一步：土壤样品预处理。

第二步：测量空样品盒质量。

第三步：风干土装填（适用分散土）。将过 2mm 筛的土样装满标准样品盒，务必保证土样充满样品盒，这是计算土壤装填容重（ρ，g/cm^3）的重要步骤。

第四步：测量土样和样品盒的总质量。

第五步：连接仪器，并确认连续测量开关处于基本模式（非连续测量模式），电量及量程旋钮处于 0.1 挡。测量低频磁化率时外加磁场旋钮调至低频挡，测量高频磁化率时外加磁场旋钮调至高频挡，同一批土样，最好先测定低频磁化率，再测定高频磁化率。

第六步：预热磁化率仪。旋转开关及单位挡旋钮至 SI 挡开机，此时仪器不稳定，首先按置零旋钮归零，再按测量旋钮测量空气值（范围为–1.0～0），测量多个空气值以预热仪器。

第七步：测定磁化率。为了持续监测仪器是否稳定，严格控制数据质量，测量每个样品的前和后，分别测量空气值，即按照"空气—样品 1—空气—样品 2—空气……"的顺序操作。若一个样品前和后的空气值差值过大，则认为数据不可信，将仪器归零后，重复上述操作。若土样值的前后 2 次空气值测量出现巨大差异，这种情况主要来自仪器电量不足（电源指示灯显示红色或橙色）。此时，请及时终止测量，待仪器充足电后，再继续测量。

第八步：测量结束。旋转开关及单位挡旋钮至 off 关闭仪器。

第九步：数据质量检查。首先，通常情况下，同一个土样的低频体积/质量磁化率≥高频体积/质量磁化率。如果出现高频磁化率大于低频磁化率的情况，说明存在明显测量误差或错误，请重新测定该样品的磁化率，或检查是否存在数据记录错误的情况。其次，计算低频质量磁化率、高频质量磁化率和频率磁化率，根据土壤特性和采样原则，检查数据是否符合预判，筛选异常数据，必要时重复上述步骤。

第十步：妥善放置和保管磁化率仪。

4. 结果计算

体积磁化率为测量值，指在外加磁场中物质受到感应而产生磁化强度，质量磁化率和频率磁化率均为计算值，具体计算公式如式（8-122）～式（8-124）所示：

$$\kappa = \frac{M}{H} \tag{8-122}$$

$$\chi = \frac{\kappa}{\rho} \tag{8-123}$$

$$\chi_{fd}\% = \frac{\chi_{lf} - \chi_{hf}}{\chi_{lf}} \times 100\% \tag{8-124}$$

式中，M 为磁化强度，T；H 为外加磁场强度，A/m；κ 为体积磁化率；ρ 为土壤装填容重，g/cm³；χ 为质量磁化率，10^{-8}m³/kg；χ_{lf} 为低频质量磁化率，10^{-8}m³/kg；χ_{hf} 为高频质量磁化率，10^{-8}m³/kg；$\chi_{fd}\%$ 为频率磁化率，%。

8.7.5　磁化率技术在东北黑土区应用实践

1. 坡面土壤磁化率与侵蚀强度的空间尺度匹配

以东北黑土区为例，在人工林地和耕地各选择一条顺坡方向的采样线，等间距布设采样点，根据坡面特性划分坡顶、坡肩、坡背和坡底，自坡上至坡下采集土壤样品。为了解土壤磁化率的剖面变异特征，采用内径为 3 cm、长度为 100 cm 的半圆凿钻进行剖面取样。每个样点的剖面取样深度为 100 cm，取样间隔为 10 cm，测定磁化率。

研究区域的土壤磁化率 χ_{lf} 的变化范围是 $6.1 \times 10^{-8} \sim 4.22 \times 10^{-7}$m³/kg，均值为 1.64×10^{-7}m³/kg。土壤磁化率 χ_{lf} 与频率磁化率 $\chi_{fd}\%$ 随土壤深度呈现相似的变化特征（图 8-21）。耕地和人工林地的 χ_{lf} 在表土层（尤其是 0～30 cm 深度）中随土层深度的减小而升高 [图 8-21（a）和图 8-21（b）]。频率磁化率可作为指示土壤成土作用强度和成土环境影响的代用指标（Dearing，1994；Maher and Taylor，1988），其测量结果表明，

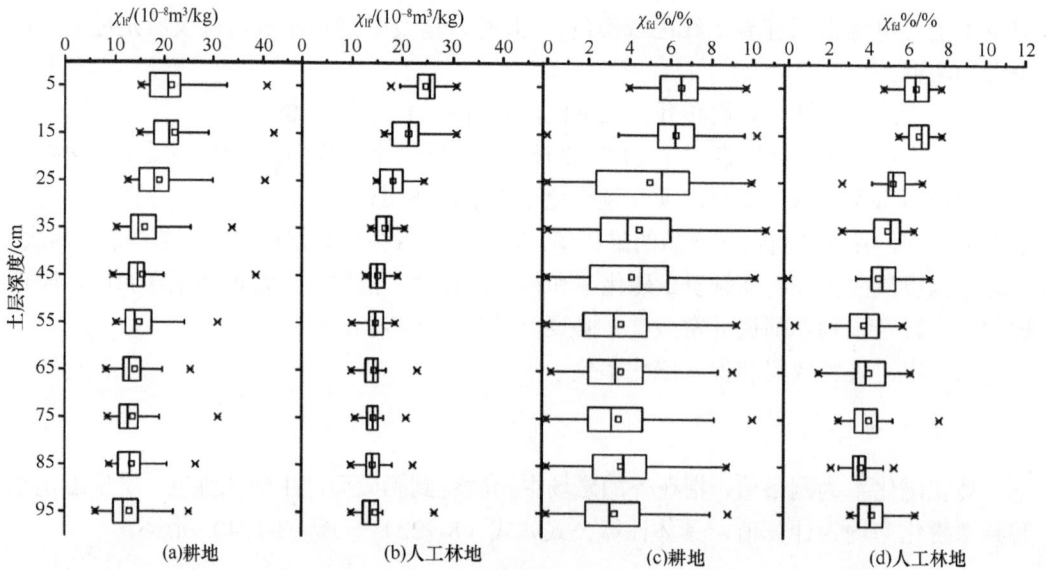

图 8-21　耕地与人工林地的土壤磁化率参数（χ_{lf} 和 $\chi_{fd}\%$）随土层深度变化的箱线图

气候和地形因素对土壤磁化率的分布影响明显。对比两种土地利用类型的土壤磁化率，耕地的 χ_{lf} 与 χ_{fd}% 随土层深度的变异性均高于人工林地，说明近 60 年的耕种历史已显著地改变了土壤 0～100cm 剖面深度的土壤亚铁磁性物质的分布状态。

图 8-22 和图 8-23 显示耕地与人工林地的 χ_{lf} 和 χ_{fd}% 在坡面上的变异情况。耕地 χ_{lf} 的空间变异程度高，而人工林地 χ_{lf} 变异相对平稳。在耕地坡面上，坡顶的 χ_{lf} 相对较低，而坡背与坡底的 χ_{lf} 相对较高；χ_{fd}% 显示了相似的坡面分布特征（图 8-23）。研究区土壤中超顺磁性颗粒含量是 χ_{lf} 的主要贡献者，控制着 χ_{lf} 剖面分布情况。由水蚀导致的耕地土壤再分配造成了现有的 χ_{lf} 剖面分布。坡顶与坡肩部位的 χ_{lf} 数值越低说明土壤流失量越小；而坡背与坡底部位的 χ_{lf} 数值越高说明土壤堆积量越大。其中，χ_{lf} 数值最高值出现在耕地坡背上部（坡中部），造成这一现象的原因很可能是受农田中存在用于通行农业机械的土质道路的影响。因为被压实的土质道路路面开辟于 2002 年，该道路很可能吸附了从农机上掉落的铁屑（具有 χ_{lf} 数值高的特征）。这些混在表土中的铁屑容易随地表径流堆积于顺坡向下的位置，即耕地坡背上部。

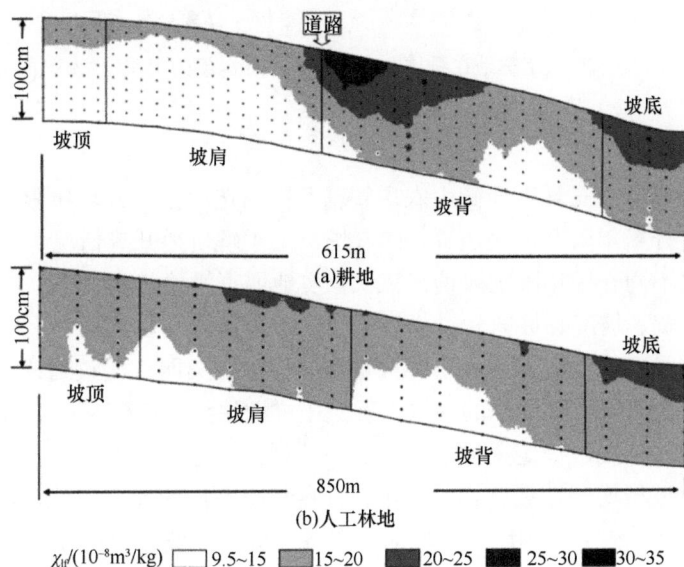

图 8-22 耕地与人工林地在顺坡方向 0～100 cm 深度的土壤 χ_{lf} 剖面分布

由人工林地坡面 χ_{lf} 分布可知，χ_{lf} 的整个剖面分布相对一致，仅在坡肩和坡底一些部位有所不同（图 8-22）。人工林地坡面的 χ_{lf} 数值变化范围为 2%～6%。对比耕地坡面，人工林地坡面几乎不存在土壤流失，整个 χ_{lf} 剖面呈现高度均一性。对比人工林地与耕地土壤磁化率指标 χ_{lf} 与 χ_{fd}%，两种土地利用类型存在明显差异。这充分说明土地利用类型的改变影响着坡面土壤亚铁磁性矿物的再分配，尤其是土壤超顺磁性颗粒；也说明了东北黑土区的农业活动对土壤侵蚀与堆积过程产生强烈影响。因此，在本研究排水良好的坡面土壤条件下，可以尝试利用磁化率指标 χ_{lf} 与 χ_{fd}% 估算土壤侵蚀量与堆积量。

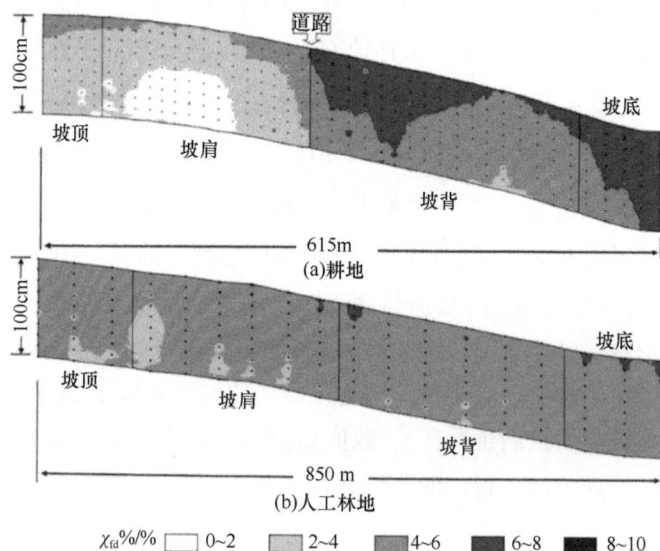

图 8-23　耕地与人工林地在顺坡方向 0～100 cm 深度的土壤 χ_{fd}% 剖面分布

2. 坡面土壤磁化率与侵蚀强度的时间尺度匹配

在黑龙江省农垦九三管理局鹤山农场管辖范围内选取不同开垦年限的耕地。第一，翻阅农场志确定开垦年限及地块边界，向农场员工了解耕地开垦情况、开垦年限和开垦范围，选取多块不同开垦年限的耕地；第二，实地调查耕地基本信息，包括耕地地块面积、坡长、耕地宽、坡度、坡向和耕作措施等，评价该耕地是否适合采样；第三，访谈当地年龄较大的员工及居民，确认耕地开垦年限信息；第四，比较确认后的耕地信息，选取开垦年限、坡度、坡长适中的地块，确定采样地块经纬度信息；第五，根据采样地块的特征，布设采样线，确定采样间隔，布设采样点。

本研究选取坡型均一、坡度相差不多、开垦年限不同的 4 个耕地坡面（110 年、60年、30 年和 20 年）和 1 个林地参考坡面。在各个坡面顺坡方向设计一条样线，等间距布设若干采样点。对于每个采样点而言，采集 0～50 cm 剖面样，每 10 cm 采一个样，每个采样点 3 个重复。每个土壤样品单独取样，直接采集原状土至高 2.5 cm，直径 2.2 cm，体积为 9.5 cm³ 的圆柱形取样筒内，上下加装带孔透气塑料盖，盖子与土样间用薄纸隔开，按照开垦年限、采样点和采样深度编号分装，带回室内待处理（Liu L et al.，2016）。将土壤样品带回实验室，取下土壤样品塑料盒的上盖，分批次放入烘箱内，设置 35℃烘干 15h，取出后称重，每个土样重约 15g，再计算土样净重量。土壤称重后再测定土壤磁化率。

根据土壤坡面侵蚀规律的先验知识，坡上和坡中位置通常代表土壤侵蚀区，而坡下位置为土壤沉积区。不同坡位的土壤磁化率具有一定程度的差异，坡上和坡中 χ_{lf} 较低，坡下部位 χ_{lf} 较高，并且这种趋势随开垦年限的增加而越发明显（图 8-24）。然而，天然林地 χ_{lf} 的坡面分布规律比耕地复杂许多。

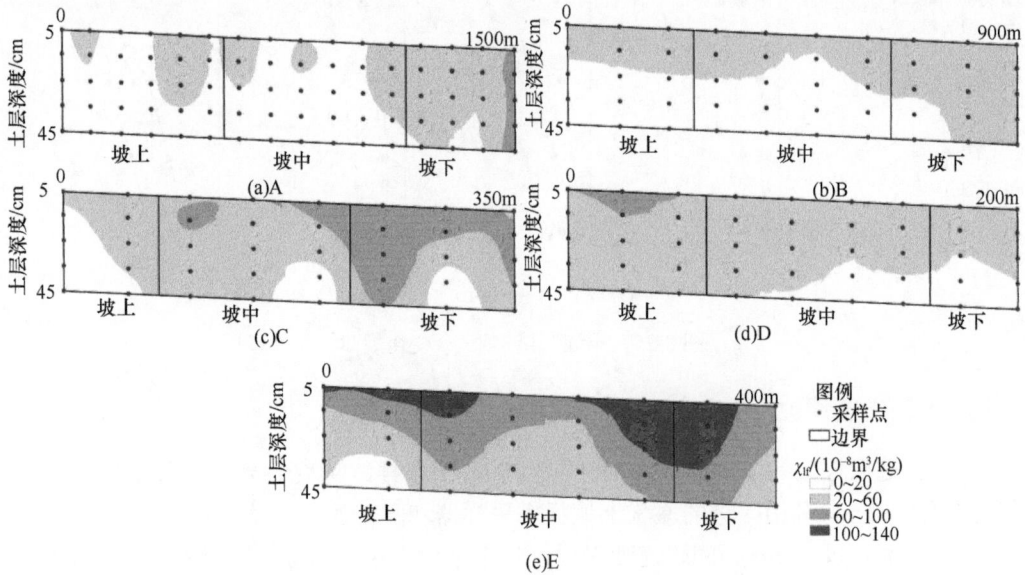

图 8-24   不同开垦年限耕地剖面 χ_{lf}（0～50cm）分布规律

图中右上角的数字表示坡面长度。A 表示 110 年；B 表示 60 年；C 表示 30 年；D 表示 20 年；E 表示 0 年。下同

在一个完整的坡面上，不论耕地或天然林地，χ_{lf} 均遵循自坡上至坡下逐渐增加的规律（Ventura et al.，2002）（图 8-25）。坡上的 χ_{lf} 与坡中相似，坡下 χ_{lf} 高于其他两个坡位。然而，耕地和林地的 χ_{lf} 间存在明显的差异。开垦年限 20 年和 30 年的坡面与参考林地坡面 χ_{lf} 的差异较小，表层（0～20cm）土壤 χ_{lf} 的平均值为 $7.24 \times 10^{-7} \mathrm{m}^3/\mathrm{kg}$。开垦年限 110 年和 60 年的坡面与参考林地坡面 χ_{lf} 的差异较大，表层（0～20cm）土壤 χ_{lf} 的平均值为 $4.74 \times 10^{-7} \mathrm{m}^3/\mathrm{kg}$。数据表明，开垦年限是影响坡面土壤再分配的主要因素。与坡上和坡中两个侵蚀坡位相比，位于沉积区的坡下 χ_{lf} 在除样线 D 以外的所有坡耕地上均较高（图 8-25）。在侵蚀区域，即坡上和坡中位置，χ_{lf} 较小；在沉积区域，即坡下位置，χ_{lf} 较大。

耕地开垦年限与土壤磁化率的变化存在一定相关关系。不同开垦年限的耕地坡面再分配规律一致，但再分配程度与开垦年限呈正相关。不同开垦年限的土壤磁化率表层增强性存在明显差异，随开垦年限的增加逐渐增大。坡面上，耕地和林地的土壤磁化率均由坡上至坡下逐渐增加，此规律在耕地坡面更明显，且开垦年限越长坡面异质性越明显，坡上表层磁化率小于坡下，说明坡上土壤被侵蚀。开垦 110 年的耕地坡面坡上和坡中的土壤侵蚀量为开垦 30 年耕地的近两倍，而土壤侵蚀速率为开垦 20 年耕地的 1/20。

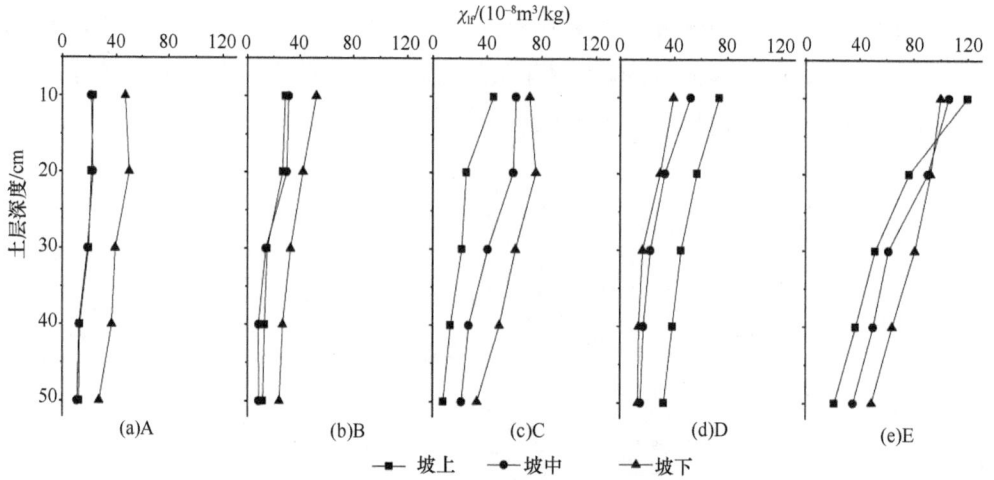

图 8-25　不同开垦年限 χ_{lf} 变化规律

3. 坡面土壤侵蚀及泥沙沉积的空间识别技术

本研究选取坡上的 4 条样线，样线间隔 60 m，每条样线从坡上至坡下布设若干样点，样点间隔约 60 m。利用改进的原状土壤样本采样器和配套的 PVC 样品盒采集 0~60 cm 剖面土壤样品，以 3 cm 为间隔连续采样，每个采样点 3 个重复。土壤剖面样品单独且连续取样，直接采集原状土至高 2.5 cm，直径 2.2 cm，体积 9.5 cm³ 的圆柱形取样筒内，按照样线编号、样点编号和采样深度分装，带回室内待处理。在耕地边的林带中选取参考样点，该点平行于耕地坡上位置，无侵蚀和沉积作用，地势平坦，生长高大乔木和灌木。采样深度为 0~120 cm，垂直采样间隔 3 cm，3 个重复，具体土钻型号和采样方法与坡面采样相同。设置 35℃烘干 15h，取出后称重，再计算土样净重量，最后利用 MS2 磁化率仪测定土壤磁化率。

耕作均一化（tillage-homogenization，T-H）模型利用磁化率数据实现土壤侵蚀评价的定量化。其模拟周期性持续耕作后发生土壤侵蚀的情景，土壤表层减少的土层厚度即侵蚀深度。本研究的步长为 1 cm，即假设侵蚀深度为 1 cm 的整数倍，计算该情景下的土壤磁化率。表层土壤每向下侵蚀 1 cm，耕层相对下降 1 cm，但耕层深度不变，仍为 20 cm（图 8-26）。本研究中，采样耕地每年春天用大型机械翻地起垄，耕层厚度约为 20 cm。土壤磁化率模拟值为耕层 20 cm 时的土壤磁化率平均值：

当 d=0 时

$$\chi_d = \frac{\sum_{i=1}^{20} \chi_i}{20} \qquad (8\text{-}125)$$

否则

$$\chi_d = \frac{19\chi_{d-1} + \chi_{d+20}}{20} \qquad (8\text{-}126)$$

式中，χ_d 为侵蚀后土壤磁化率的模拟值，10^{-8} m³/kg；d 为侵蚀总厚度，cm；i 为土壤侵蚀步长，cm；χ_{d-1} 为下一个侵蚀表面的耕层土壤磁化率，10^{-8} m³/kg；χ_{d+20} 为每侵蚀 1 cm 后耕层底部 1 cm 的土壤磁化率，10^{-8} m³/kg。本研究 i 的取值为 1 cm，因此，得到每侵蚀 1 cm 后的模拟土壤磁化率（图 8-26）。

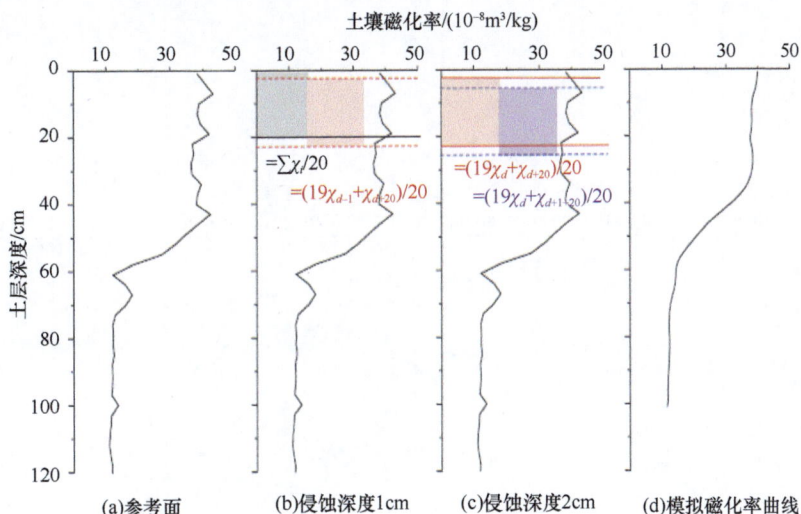

图 8-26　T-H 模型原理示意图

以 1 号样线为例，如图 8-27 所示，红色曲线表示剖面上各采样点的 χ_{lf} 随土壤深度的变化，黑色虚线表示坡面耕层的平均 χ_{lf}，点 101～107 趋势相同，属于侵蚀点，用蓝色斜线表示，坡面表层 χ_{lf} 大于参考点。随着土壤深度的增加，坡面土壤底层磁化率逐渐降低，两条线存在交点，交点对应的土壤深度即该点的侵蚀深度。

以 1 号样线为例，如图 8-28 所示，红色曲线代表坡面采样点土壤磁化率剖面，黑色虚线代表参考点表层 0～20 cm 平均 χ_{lf}，点 108～114 趋势相同，属于沉积点，用橙色斜线表示，坡面表层 χ_{lf} 大于参考剖面，随着土壤深度的增加，坡面 χ_{lf} 逐渐减小，两条线存在交点，交点对应的土壤深度即该点的沉积厚度。

4. 坡面土壤侵蚀估算模型及应用

美国学者 Dan（2001）认为磁化率可以用来估算土壤流失量，首次提出了利用耕地土壤剖面特征估算土壤流失量的耕作均一化模型。该模型的前提假设为耕作使土壤磁性在耕层呈现均一化，参考未侵蚀区域的土壤剖面磁化率特征，计算耕层范围的磁化率模拟值，建立表层土壤磁化率与侵蚀深度之间的关系，确定点上的土壤侵蚀深度。假设耕作层土壤性质均匀，土壤磁化率在耕层数值一致，侵蚀发生后，耕作层表层被侵蚀，出现部分缺失。因此，下一个耕作周期形成新的耕作层，耕层厚度不变，范围向土壤底层扩展，磁化率随之变化。

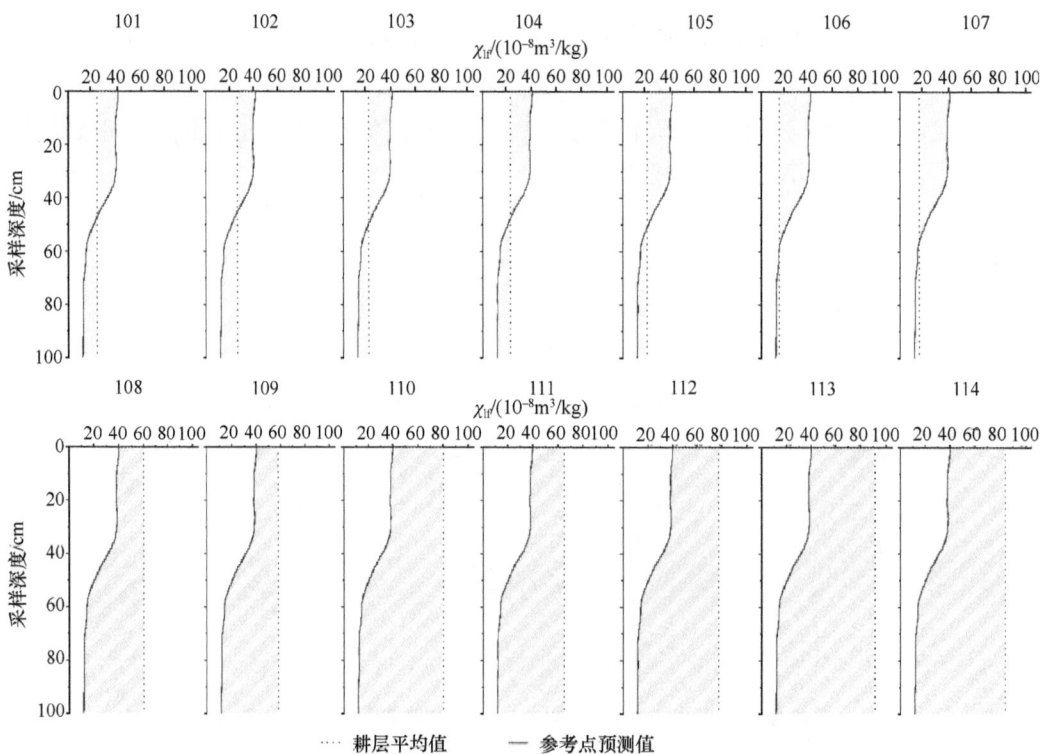

图 8-27　坡面土壤侵蚀深度变化

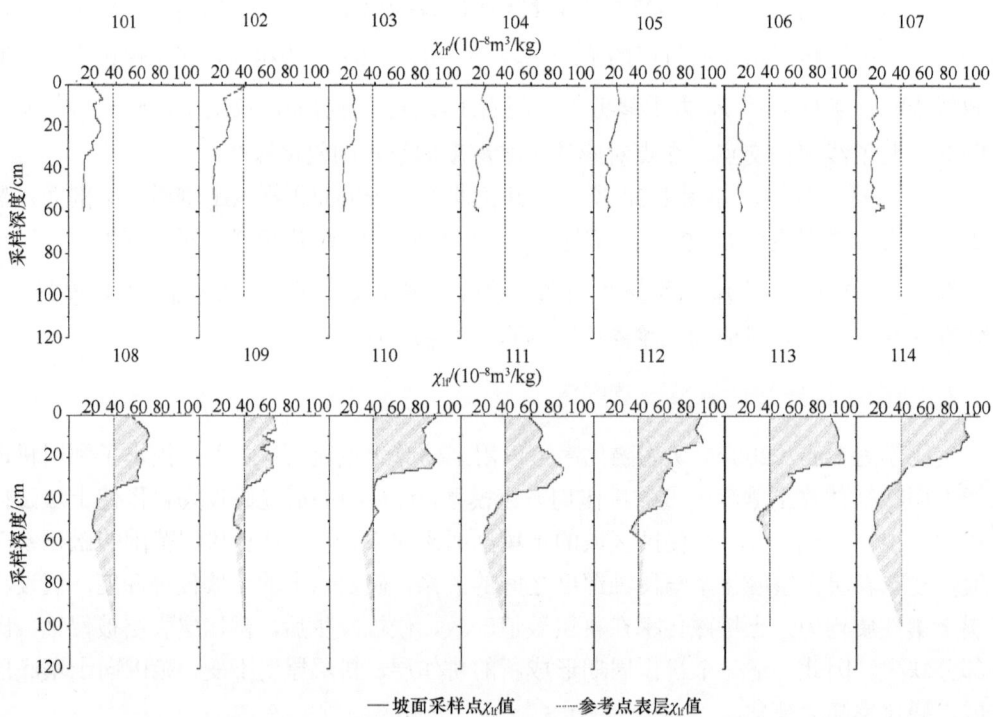

图 8-28　坡面土壤沉积厚度变化

在坡面侵蚀深度和沉积厚度的基础上，估算坡面侵蚀量、沉积量和侵蚀速率，具体过程如式（8-127）和式（8-128）所示：

$$M = \frac{\sum_{i=1}^{28} s_i d_i \rho_i}{100} \qquad (8\text{-}127)$$

$$A = 10^6 \frac{M_{\text{ero}} + M_{\text{depo}}}{ST} \qquad (8\text{-}128)$$

式中，M 为多年净侵蚀量，t；M_{ero} 为多年土壤侵蚀量，t；M_{depo} 为多年土壤沉积量，t；A 为侵蚀速率，t/（km²·a）；s 为一个采样点所代表的面积，m²；d 为土壤侵蚀深度/沉积厚度，cm；ρ 为土壤容重，g/cm³；S 为坡面总面积，m²；T 为坡面与参考点的相对开垦年限，年。

结果表明，整个坡面上有侵蚀点 28 个，平均侵蚀深度为 44.5 cm，年平均侵蚀深度为 1.1 cm/a；整个坡面上有沉积点 16 个，平均沉积厚度为 35.5 cm，年平均沉积厚度为 0.9 cm/a。坡面侵蚀量为 53880.2 t，若不考虑坡面沉积，侵蚀速率为 13363.2 t/（km²·a），坡面沉积量为 24541.3 t，净侵蚀量为 29338.4 t，坡面与参考点的相对开垦年限为 40 年，因此，坡面侵蚀速率为 4630.5 t/（km²·a），相当于每年侵蚀表土 3～4 mm。

8.7.6 磁化率技术应用展望

土壤磁化率技术已经被广泛应用于第四纪环境辨识、沉积环境反演和土壤分类及污染调查等多个领域。其在土壤侵蚀调查研究方面的应用时间较短，但相继在全球不同地区取得了很多成功的案例，技术方法也逐步成熟。作为土壤侵蚀研究新的技术手段，土壤磁化率技术具有广阔的应用前景，特别是在估算大尺度、长历时水土流失强度及分布规律方面。

1. 土壤磁化率技术的优点及难点

与其他示踪技术相比，利用土壤磁化率示踪技术开展区域土壤侵蚀调查时不用添加示踪剂，也可以通过添加磁性示踪剂开展室内土壤侵蚀实验，节约时间和经济成本。同时，土壤磁化率样品采集、保存和处理相对简单。测试仪器属于小型普通设备，操作简单，单个样品测试时间短暂，只需几秒钟，这些特点都是核素示踪技术无法比拟的。另外，理论上讲，土壤磁化率技术不存在类似于核素的半衰期问题，即不存在研究期限的限制问题。只要针对研究目的，确定合理的参照面，就能应用于百年尺度或千年尺度上的水土流失研究。应用土壤磁化率技术调查水土流失和研究土壤侵蚀过程时的难点在于合理的参考面的确定。所谓参考面就是没有发生侵蚀或者沉积的剖面，通过采样测定得到自然状况下，土壤磁化率在深度上的变化，绘制自然条件下土壤磁化率剖面。一般可以选择研究区邻近的林地或草地作为参考点，天然林草地最好，如果没有天然林草地，需要了解人工林草地的演变过程。

2. 土壤磁化率技术的不足及缺陷

尽管土壤磁化率示踪技术具有设备廉价、测试简便等优点，但也存在明显的不足。首先，若要顺利使用土壤磁化率技术示踪水土流失，必须知道研究时段的确切时间。也就是说，通过采样测定只能得到土壤厚度变化，但仅仅依靠磁化率是不能确定这个厚度变化所经历的时间。不知道时间，就不能确定侵蚀强度，也就失去了调查的意义。因此，利用土壤磁化率示踪土壤侵蚀时，必须通过其他手段确定时间尺度。例如，通过梳理历史资料确定开垦时间，或借助核素示踪技术先断代定年，再来计算已知时间段的水土流失强度及变化。由于土壤磁化率示踪技术必须借助其他手段确定时间，其适用范围受到了一定的限制。东北黑土区在我国开垦历史相对较短，而且很多地块的开垦历程都可以通过历史记录资料来还原。因此，磁化率技术适用于东北黑土区。另外，在目前研究水平下，土壤磁化率示踪技术的估算精度仍需要不断提高。虽然土壤磁化率示踪技术能够预测长时间尺度的土壤侵蚀强度变化趋势，但开展坡面土壤侵蚀工作时仍存在很大的不确定性。

3. 土壤磁化率技术的未来应用

土壤磁化率技术在土壤侵蚀调查和研究方面具有一些明显的优势，只要应用合理，可以解决目前其他方法无法应对的问题。

长时段水土流失强度确定。小区观测是土壤侵蚀研究的重要手段，但在世界范围内长系列的小区实测资料很少，即使可以通过模型计算，也需要成系列的资料来进行验证。核素示踪存在衰变，^{137}Cs 测定范围在 50 年左右，^{210}Pb 在 100 年左右，而磁化率应用时间跨度更长。因此，磁化率示踪技术弥补了现有土壤侵蚀观测和研究手段的不足。

水土流失空间变异规律研究。由于土壤磁化率测定简便，费用低廉，可以在大尺度空间上密集采样，测定土壤磁化率变化，进而确定区域水土流失程度及其变化规律。如果采用核素技术，一方面测试时间很长，另一方面费用很高，很难应用在大尺度空间。如果采用小区监测，高额的建设和维护成本也不现实。

沉积泥沙反演土壤侵蚀。在一定的封闭空间内，沉积泥沙和坡面侵蚀之间存在一定的对应关系，侵蚀强度越大，沉积速率越快，沉积层厚度越大。可以根据沉积层随时间的变化规律评价该封闭空间（小流域或洼地）水土流失强度及变化过程，其中的关键技术就是断代定年。由于核素示踪存在一定的半衰期，不能涵盖整个沉积剖面的完整时间序列，而土壤磁化率不存在时间限制。不同的磁化率变化剖面都记载着不同的沉积过程，可以根据沉积层磁化率变化来反演区域水土流失过程。如果借助核素定年验证或订正，估算结果会更高。

8.8　物质光谱分析

光谱示踪法是将光谱特征作为指纹示踪因子，借助物质光谱数据进行整理和特征提取，建立定量预测模型，通过对比源地样品和流域出口样品的光谱特征，对侵蚀泥沙来源进行分析的方法。相比传统的地球化学元素示踪法，光谱示踪法具有信息量大、分析成本低、分析速度快和对样品无损等优点，土壤样品仅需简单风干过筛就可直接测定。

8.8.1 原 理

常用的光谱范围包括紫外、可见光、近红外和中红外，其相应的波长及光谱特征见表 8-13。紫外可见光谱仅受分子中生色团和助色团影响，通常只与电子结构中 π 电子相联系的部分有关，当紫外可见光与物质分子作用时，发生电子能级间的跃迁，同时伴随分子振动和转动能级的变化，产生紫外可见光谱，该光谱能反映与有机物共轭体系大小及与共轭体系有关的结构信息。红外光谱示踪侵蚀泥沙来源的原理在于物质在红外光谱范围会产生特征吸收峰，这些吸收峰主要是由物质分子的振动所产生的，具有分子组成的特征性，不同土壤有其特异的吸收光谱，并且谱带的位置、形状、强度和数量均与土壤中化合物组成及其状态有关。近红外光谱主要是由物质的合频与倍频吸收所产生，反映的是与含氢基团如 C-H、N-H、S-H 和 O-H 等相关的样品组成、结构和性质信息，该光谱吸收信号弱，吸收峰相互重叠，使其谱图难以识别。相比近红外光谱，中红外光谱是化合物在中红外波段产生的基频吸收，其吸收特征明显，携带的信息量大，谱图相对容易解析。

表 8-13 常用光谱的波长范围及光谱特征（陆婉珍，2007）

光谱	波长/nm	光谱特征
紫外	190～380	离域 π 电子跃迁，如芳环特征等
可见光	380～780	电子跃迁，如颜色测量
近红外	780～2500	分子振动产生的倍频和合频谱带
中红外	2500～25000	分子振动产生的基频谱带

红外光谱通常分为两种：透射光谱和反射光谱。透射光谱是入射光经样品吸收后，透过样品被检测器收集到的光谱。透射光谱一般用于均匀非分散的透明溶液或固体样品，符合比尔–朗伯定律。采集土壤样品的透射光谱通常采用压片法，将土壤样品与溴化钾（KBr）混合，充分研磨，压制成薄片，在光谱仪上测量透射光谱。由于透射光谱的测量需要对样品进行预处理，制片时间长，制片难度大，压片的密度和厚度难以控制，且土壤透光率低，入射光基本被吸收或散射，因此透射光谱通常仅用于定性分析（杜昌文，2012）。反射光谱通常包括镜面反射光谱、衰减全反射（ATR）光谱和漫反射光谱。镜面反射是入射光以某一入射角照射在样品表面发生的反射，入射角等于反射角。衰减全反射是入射光从光密介质（ATR 晶体，如金刚石、蓝宝石等）进入光疏介质（样品），当入射角 θ 大于临界角 θ_c 时，光在 ATR 晶体内表面发生全反射，同时在晶体外表面产生驻波，也称为隐失波；当样品与 ATR 晶体接触时，在反射点隐失波会传入样品，若样品组分对隐失波有吸收，反射光能量就会损失，此反射光谱就会负载有关样品的信息

（褚小立，2011）。漫反射光谱是样品对入射光经多次反射、折射、衍射和吸收，最终返回样品表面形成的光谱，其携带了样品的组成和结构等信息。

8.8.2　采样方法

采集的样品包括侵蚀沉积样和其潜在源样，根据不同土地利用类型（或不同地质条件）划分潜在源样。采集源样时通常选取有代表性且易遭受侵蚀的表层土壤（0～5 cm）；根据研究区域的面积将采样范围划分为一定大小的网格（一般 5 m×5 m 或 10 m×10 m），每个源样由网格内采集的子样均匀混合而成。源样采集数量按照实际情况和实验目的来确定。

8.8.3　测试方法及模型

1. 红外光谱的测定

将采集的样品剔除残根落叶等杂物后自然风干。为避免样品粒径对光谱测量的影响，所有样品测量前均需过 63 μm 筛（Verheyen et al.，2014）。以中红外漫反射光谱采集为例，将过筛后的样品放入样品杯，轻轻震动样品杯使样品压实，用刮板将样品表面刮平，将装好样的样品杯置于进样器，推动进样器到光源正好布于样品的位置，开始测量。测量时将空白样作为背景进行校正，根据实际情况每间隔一定数量样品需重新扫描空白样进行校正，每个样品重复测量 2～3 次取平均值待后续分析。

2. 光谱预处理

采集到的光谱信息中不仅包含与目标物质相关的信息，如样品的组成、结构和性质等相关信息外，还包括一些非目标因素，如光谱仪器、测量环境和人为操作等因素所产生的无关信息和噪声信号，如基线漂移、样品背景、光散射等。这些噪声信号会对图谱的识别和信息的提取造成一定程度的干扰，从而影响模型的建立及模型预测的准确性。因此，需要对测量光谱进行相关预处理，旨在减弱或消除无关信息和噪声对结果的干扰，提高光谱数据的信噪比，净化图谱信息，提升所建预测模型的质量。常用的光谱预处理方法包括均值中心化、平滑算法、基线校正、光谱求导和变量标准化等。

3. 基于红外光谱的参考样品判别

不同类型源样基于红外光谱的判别是红外光谱示踪法的前提，也是其关键步骤。在进行中红外光谱分析时，由于中红外波段的 $2360\sim2325$ cm^{-1} 为 CO_2 的分子振动范围（Tiecher et al.，2017），为避免 CO_2 的干扰，需去除 $2400\sim2300$ cm^{-1} 波数范围的数据后用于后续分析。

传统的指纹示踪方法通常利用 Kruskal-Wallis H 检验和基于 Wilks' Lambda 最小化的逐步判别法进行复合指纹因子的筛选（Collins et al.，2017），该方法只能判别离散变量的数据集（如元素浓度、比率），而且往往需要大量的样本，同时要求样本数远大于变量数。然而，利用红外光谱进行示踪的情况正好相反，红外光谱示踪法的变量数远远大于样本数，因此在判别分析前要利用多元统计方法对数据进行统计分析。首先，对光谱数据进行主成分分析（PCA），目的是在保留原始信息的同时对数据进行降维。然后将PCA 的得分作为输入变量对不同来源的样本进行线性判别分析（LDA）。

4. 光谱示踪模型建立

样本的光谱往往挟带着大量的物质信息，这些信息反映出与物质有关的物理、化学和生物特性。由于背景噪声的影响，加上某些波段不同特征吸收峰相互叠加重合，难以对谱图进行直接识别。利用化学计量法对原始光谱进行分析整理，提取特征数据，重建光谱矩阵，建立多元变量模型，以此对未知样本的相关组分进行预测。新建的光谱尽可能多地包含物质原有的组成、结构和性质，同时将噪声降到最小（袁洪福和陆婉珍，1998）。常用的化学计量法包括主成分回归（PCR）法、多元线性回归（MLR）法、偏最小二乘回归（PLSR）法和支持向量机（SVM）法等。其中，PLSR 法应用最为广泛。该方法能解决自变量的多重相关性，并且能在样本个数小于变量个数的条件下进行建模。与 PCR 法不同的是，PLSR 法不仅对自变量矩阵进行了分解，对因变量矩阵也做了分解，且在分解的同时考虑了两个矩阵间的相互关系，从而提高了模型的预测能力。建立模型质量的好坏常用以下几个统计指标来评价，如决定系数（R^2）、均方根误差（RMSE）和相对分析误差（RPD）等。当 R^2 越接近 1，RPD 越大，建模集均方根误差（RMSEC）和验证集均方根误差（RMSEV）两者差别越小且值越接近 0 时，其模型预测精度越高。

8.8.4　应用案例及注意事项

1. 光谱示踪法的应用

Poulenard 等（2009）初次尝试在法国阿尔卑斯一个 990 hm^2 的小流域，使用中红外漫反射光谱对不同时期的河流悬浮沉积物来源进行定量分析。首先将主要沉积物来源分为两大类：表土（topsoil）和河道泥沙（river channel sediment）。为了定量研究，这两种主要的沉积物来源又分别分为两个子类：耕作表土（cultivated topsoil）和牧草表土（pasturland topsoil），河床泥沙（riverbed sediment）和河岸侵蚀泥沙（riverbank erosion sediment），基于中红外漫反射光谱的判别分析能将这四种源样区分开来。将这些源样配制成一系列不同比例的混合样，用于模型的建立，利用 PLSR 法建模定量研究每种源样对河流悬浮泥沙的贡献。结果表明，模型有很好的预测性能和精度（$R^2_{表土}$=0.964, $R^2_{河道泥沙}$=0.959），预测值均位于 95%置信区间内，并计算出河岸侵蚀泥沙为河流悬浮泥沙的主要来源。Ni 等（2019）利用中红外光谱法对黄土高原丘陵沟壑区 9 个小流域淤地坝的沉积泥沙来源进行了示踪，将潜在源样主要分为两大类：表土土壤（topsoil）和沟道土壤（channel soil），其中表土土壤又分为两个子类：农地土壤（cropland soil）和退耕地土壤（fallow land soil），利用中红外光谱法成功判别了潜在源样（图 8-29）。在此基础上配制混合样用于模型的建立，具体配制比例如图 8-30 所示。分别应用经过不同预处理的光谱建立模型，结果表明，经标准正态变量（SNV）预处理后建立的模型表现最优（建模集 R^2=0.983，验证集 R^2=0.971，RPD=5.988），计算得到表土为该流域的主要侵蚀源。

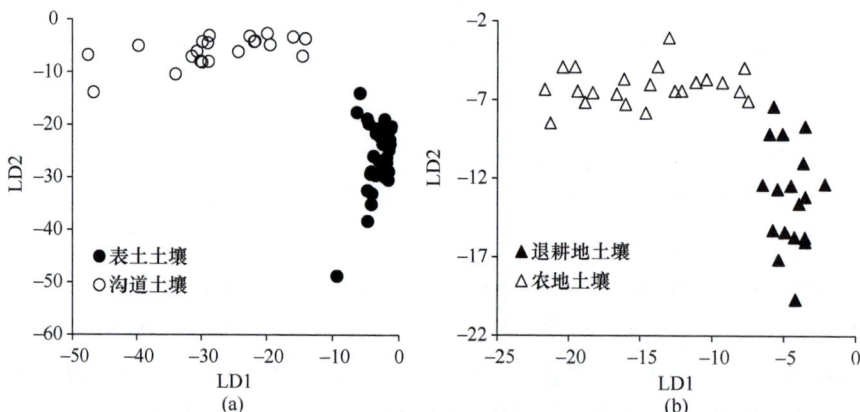

图 8-29　研究区小流域源样线性判别图

（a）表土土壤 vs. 沟道土壤；（b）农地土壤 vs. 退耕地土壤。LD1 和 LD2 表示线性判别式

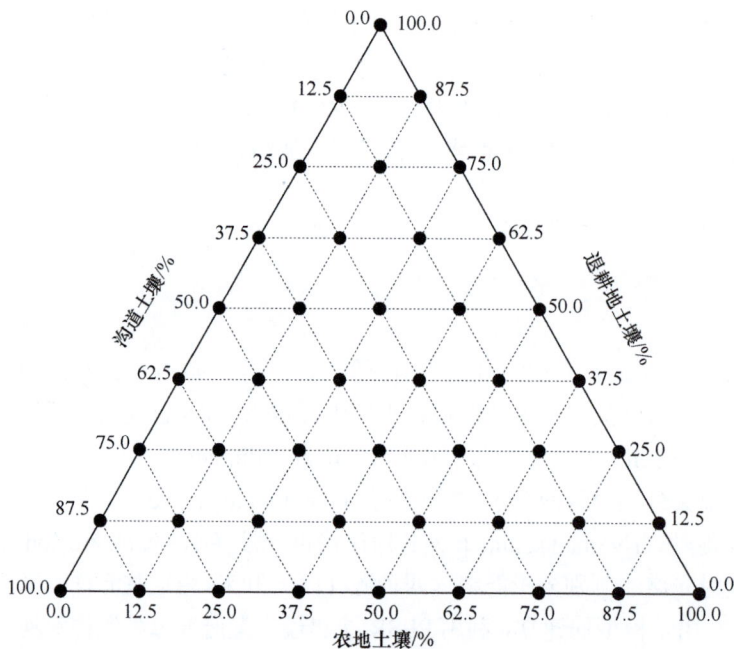

图 8-30　用于建立 PLSR 模型的混合样配制比例三角图

2. 注意事项

红外光谱示踪法较传统示踪法有着明显的优势，但在应用中需注意以下几个问题。

（1）应用该方法的前提是源样光谱在整个侵蚀运移过程中须具有保存性，且不同类型源样能用基于红外光谱的判别方法正确区分。

（2）同一研究内容的光谱数据采集应在相同实验条件下利用同种型号的光谱仪进行。

（3）根据样本的性质和分析目的选择合适的光谱范围、光谱测量方法和建模方法。

（4）增加建模集样本数量可以提高其代表性和模型的预测能力及精度。

参 考 文 献

安芷生, Poter S, Kukla G, 等. 1990. 最近 13 万年黄土高原季风变迁的磁化率证据. 科学通报, (7): 529-532.

白占国, 万国江, 王长生, 等. 1997a. 黔中岩溶山区表土层中 ^{7}Be 的分布特征及其侵蚀示踪研究. 自然科学进展, (1): 68-76.

白占国, 万国江，Santschi P H. 1998. 宇宙线散落核素 ^{7}Be 在山区表土层中的分布特征及侵蚀示踪原理. 土壤学报, (2): 266-275.

白占国, 万曦, 万国江, 等. 1997b. 岩溶山区表土中 ^{7}Be、^{137}Cs、^{226}Ra 和 ^{228}Ra 的地球化学相分配及其侵蚀示踪意义. 环境科学学报, 17(4): 407-411.

鲍玉海, 贾松伟, 贺秀斌. 2007. 土壤侵蚀磁性示踪技术. 水土保持研究, (6): 5-9.

陈方鑫, 张含玉, 方怒放, 等. 2016. 利用两种指纹因子判别小流域泥沙来源. 水科学进展, 27(6): 867-875.

褚小立. 2011. 化学计量学方法与分子光谱分析技术. 北京: 化学工业出版社.

丁晋利, 郑粉莉, 张信宝, 等. 2005. 利用 ^{7}Be 研究侵蚀性降雨前后坡面土壤侵蚀空间分布特征. 水土保持通报, (2): 16-19.

董元杰, 马玉增, 陈为峰, 等. 2007. 一种新型土壤侵蚀磁性示踪剂的研制. 水土保持学报, (5): 46-49.

董元杰, 史衍玺. 2006. 粉煤灰作土壤侵蚀的磁示踪剂研究初报. 土壤学报, (1): 155-159.

董元杰, 史衍玺, 孔凡美, 等. 2009. 基于磁测的坡面土壤侵蚀空间分布特征研究. 土壤学报, 46(1): 144-148.

杜昌文. 2012. 土壤红外光声光谱原理及应用. 北京: 科学出版社.

方小敏, 李吉均, 戴雪荣, 等. 1998. 末次间冰期 5e 亚阶段夏季风快速变化的环境岩石磁学研究. 科学通报, (21): 2330-2332.

复旦大学, 清华大学, 北京大学. 1997. 原子核物理实验方法. 北京: 原子能出版社.

胡国庆, 董元杰, 邱现奎, 等. 2010. 鲁中山区小流域坡面土壤侵蚀的磁性示踪法研究. 水土保持学报, 24 (5): 169-173.

李立青. 2003. ^{7}Be 和 ^{137}Cs 复合示踪坡耕地土壤侵蚀产沙的空间分布特征. 杨凌: 西北农林科技大学.

刘亮. 2016. 磁化率技术在土壤侵蚀研究中的应用探索. 北京: 北京师范大学.

刘青松, 邓成龙. 2009. 磁化率及其环境意义. 地球物理学报, 52(4): 1041-1048.

刘孝义, 周桂琴, 梁宝昌. 1982. 我国东北地区几种主要土壤磁化率. 沈阳农学院学报, (1): 7-13.

刘秀铭, 刘东生, John S. 1993. 中国黄土磁性矿物特征及其古气候意义. 第四纪研究, 13(3): 281-287.

卢升高. 1999. 红壤与红壤性水稻土中磁性矿物特性的比较研究. 科技通报, (6): 409-413.

卢升高. 2003. 中国土壤磁性与环境. 北京: 高等教育出版社.

卢升高, 董瑞斌, 俞劲炎, 等. 1999. 中国东部红土的磁性及其环境意义. 地球物理学报, (6): 764-771.

陆婉珍. 2007. 现代近红外光谱分析技术. 2 版. 北京: 中国石化出版社.

马玉增, 董元杰, 史衍玺, 等. 2008. 坡面侵蚀土壤化学性质对磁化率影响机理的研究. 水土保持学报, 22(2): 51-53, 97.

鸟居雅之, 福间浩司, 苏黎, 等. 1999. 黄土-古土壤磁化率述评. 海洋地质与第四纪地质, (3): 86-99.

濮励杰, 包浩生, 彭补拙, 等. 1998. ^{137}Cs 应用于我国西部风蚀地区土地退化的初步研究: 以新疆库尔勒地区为例. 土壤学报, (4): 441-449.

史玮玥, 岳荣, 方怒放. 2019. 黄土高原地区泥沙来源复合指纹示踪研究进展. 水土保持通报, 39(3): 276-285.

唐强, 贺秀斌, 鲍玉海, 等. 2013. 泥沙来源"指纹"示踪技术研究综述. 中国水土保持科学, 11(3): 109-117.

万国江, Santschi P H, Sturm M, 等. 1986. 放射性核素和纹理计年对比研究瑞士格莱芬湖近代沉积速率. 地球化学, (3): 259-270.

王晓燕. 2003. 燕沟流域侵蚀强度演变特征研究. 杨凌: 西北农林科技大学.

王永芬. 1986. 原子核物理学基础（下册）. 北京: 清华大学出版社.

吴次芳, 陆景冈. 1987. 土壤磁化率在红壤野外调查中的初步应用. 土壤通报, (3): 125-127.

吴学超, 冯正永. 1988. 核物理实验数据处理. 北京: 原子能出版社.

奚大顺. 1987. 放射性物探仪器. 北京: 原子能出版社.

杨浩, 杜明远, 赵其国, 等. 2000. 利用 ^{137}Cs 示踪农业耕作土壤侵蚀速率的定量模型. 土壤学报, (3): 296-305.

杨明义, 刘普灵, 田均良. 2003. 黄土高原农耕地坡面侵蚀过程的 ^{7}Be 示踪试验研究. 水土保持学报, (3): 28-30, 104.

杨明义, 田均良, 刘普灵. 1999. 应用 ^{137}Cs 研究小流域泥沙来源. 土壤侵蚀与水土保持学报, (3): 49-53.

叶崇开. 1991. ^{137}Cs 法和 ^{210}Pb 法对比研究鄱阳湖近代沉积速率. 沉积学报, (1): 106-114.

俞劲炎, 卢升高. 1991. 土壤磁学. 南昌: 江西科学技术出版社.

俞劲炎, 詹硕仁. 1981. 我国主要土类土壤磁化率的初步研究. 土壤通报, (1): 35-38.

俞劲炎, 詹硕仁, 吴劳生, 等. 1986. 亚热带和热带土壤的磁化率. 土壤学报, (1): 50-56.

袁洪福, 陆婉珍. 1998. 现代光谱分析中常用的化学计量学方法. 现代科学仪器, (5): 6-9.

张风宝, 杨明义, 赵晓光, 等. 2005. 磁性示踪在土壤侵蚀研究中的应用进展. 地球科学进展, (7): 751-756.

张科利, 王志强, 高晓飞, 等. 2014. 土壤地理综合实践教程. 北京: 科学出版社.

张信宝, 李少龙, 王成华, 等. 1989. 黄土高原小流域泥沙来源的 ^{137}Cs 法研究. 科学通报, 34: 210-213.

张信宝, 李少龙, 王成华. 1988. ^{137}Cs 法测算梁峁坡农耕地土壤侵蚀量的初探. 水土保持通报, (5): 18-22,29.

张信宝, Walling D E, 冯明义, 等. 2003. ^{210}Pb$_{ex}$ 在土壤中的深度分布和通过 ^{210}Pb$_{ex}$ 法求算土壤侵蚀速率模型. 科学通报, 48(5): 502-506.

张信宝, 汪阳春, 李少龙. 1992. 蒋家沟流域土壤侵蚀及泥石流细粒物质来源的 ^{137}Cs 法初步研究. 中国水土保持, (2): 32-35,66.

张兴昌, 邵明安. 2001. 侵蚀泥沙、有机质和全氮富集规律研究. 应用生态学报, 12(4): 541-544.

朱厚玲, 汤洁, 郑向东. 2003. 天然放射性核素铍-7 和铅-210 在大气示踪研究中的应用. 气象科技, (3): 131-135.

朱日祥, 石采东, Suchy V, 等. 2001. 捷克黄土的磁学性质及古气候意义. 中国科学(D 辑:地球科学), (2): 146-154.

Agudo E G. 1998. Global distribution of ^{137}Cs inputs for soil erosion and sedimentation studies//Use of ^{137}Cs in the Study of Soil Erosion and Sedimentation. Vienna: International Atomic Energy Agency: 117-121.

Anderson R F, Schiff S L, Hesslein R H. 1987. Determining sediment accumulation and mixing rates using ^{210}Pb, ^{137}Cs and tracers: problems due to postdepositional mobility or coring artifacts. Canadian Journal of Fish and Aquatic Sciences, 44: 231-250.

Appleby P G, Oldfield F, Thompson R, et al. 1979. ^{210}Pb dating of annually laminated lake sediments from Finland. Nature, 280: 53-55.

Appleby P G, Oldfield F. 1988. The calculation of lead-210 dates assuming a constant rate of supply of unsupported ^{210}Pb to the sediment. Catena, 5: l-8.

Ayoubi S, Ahmadi M, Abdi M R, et al. 2012. Relationships of ^{137}Cs inventory with magnetic measures of calcareous soils of hilly region in Iran. Journal of Environmental Radioactivity, 112: 45-51.

Ayoubi S, Amiri S, Tajik S. 2014. Lithogenic and anthropogenic impacts on soil surface magnetic susceptibility in an arid region of Central Iran. Archives of Agronomy and Soil Science, 60(10): 1467-1483.

Azahra M, Camacho-García A, González-Gómez C, et al. 2003. Seasonal ^{7}Be concentrations in near-surface air of Granada (Spain) in the period 1993-2001. Applied Radiation and Isotopes, 59: 159-164.

Azahra M, Gonzalez-Gomez C, Lopez-Penalver J J. 2004. The seasonal variations of ^{7}Be and ^{210}Pb concentrations in air. Radiation Physics and Chemistry, 71: 789-790.

Basher L R. 2000. Surface erosion assessment using ^{137}Cs: examples from New Zealand. Acta Geologica Hispanica, 35: 219-228.

Beckwith P R, Ellis J B, Revitt D M, et al. 1986. Heavy metal and magnetic relationships for urban source sediments. Physics of the Earth and Planetary Interiors, 42(1): 67-75.

Behrooz R D, Gholami H, Telfer M W, et al. 2019. Using GLUE to pull apart the provenance of atmospheric dust. Aeolian Research, 37: 1-13.

Bernard C, Mabit L, Wicherek S, et al. 1998. Long-term soil redistribution in a small French watershed as estimated from Cesium-137 data. Journal of Environmental Quality, 27(5): 1178-1183.

Blake W H, Wallbrink P J, Wilkinson S N, et al. 2009. Deriving hillslope sediment budgets in wildfire-affected forests using fallout radionuclide tracers. Geomorphology, 104: 105-116.

Blake W H, Walling D E, He Q. 2002. Using cosmogenic Beryllium-7 as a tracer in sediment budget investigation. Geografiska Annaler Series A-Physical Geography, 84: 89-102.

Brosinsky A, Foerster S, Segl K, et al. 2014a. Spectral fingerprinting: Sediment source discrimination and contribution modelling of artificial mixtures based on VNIR-SWIR spectral properties. Journal of Soils and Sediments, 14(12): 1949-1964.

Brosinsky A, Foerster S, Segl K, et al. 2014b. Spectral fingerprinting: characterizing suspended sediment sources by the use of VNIR-SWIR spectral information. Journal of Soils and Sediments, 14(12): 1965-1981.

Brown R B, Cutshall N H, Kling G F. 1981. Agricultural erosion indicated by ^{137}Cs redistribution: I. Levels and distribution of ^{137}Cs activity in soils. Soil Science Society of America Journal, 45: 1184-1190.

Bunzl K, Schimmack W, Belli M, et al. 1997. Sequential extraction of fallout radiocesium from the soil: small scale and large scale spatial variability. Journal of Radioanalytical and Nuclear Chemistry, 226: 47-53.

Bunzl K, Schimmack W, Zelles L, et al. 2000. Spatial variability of the vertical migration of fallout ^{137}Cs in the soil of a pasture, and consequences for long-term predictions. Radiation and Environmental Biophysics, 39(3): 197-205.

Burch D J, Barling R D, Banes C J. 1988. Detection and prediction of sediment sources in catchments: use Be-7 and Cs-137. Hydrology and Water Resources Symposium: 146-150.

Caitcheon G G. 1993. Sediment source tracing using environmental magnetism: a new approach with examples from Australia. Hydrological Processes, 7(4): 349-358.

Caitcheon G G. 1998. The significance of various sediment magnetic mineral fractions for tracing sediment sources in Killimicat Creek. Catena, 32(2): 131-142.

Campbell B L, Airey P L, Calf G E. 1987. Use of isotopic techniques in hydrological and erosion-sedimentation studies in tropical and temperate zones of the Asian-Pacific region// Gardiner V. International Geomorphology, Part 1. London: Wiley: 751-766.

Carter J, Owens P N, Walling D E, et al. 2003. Fingerprinting suspended sediment sources in a large urban river system. Science of the Total Environment, 314-316: 513-534.

273

Chen F X, Fang N F, Wang Y X, et al. 2017. Biomarkers in sedimentary sequences: indicators to track sediment sources over decadal timescales. Geomorphology, 278: 1-11.

Cholami H, Tefer M W, Blake W H, et al. 2017. Aeolian sediment fingerprinting using a Bayesian mixing model. Earth Surface Processes and Landforms, 42: 2365-2376.

Collins A L, Pulley S, Foster I D L, et al. 2017. Sediment source fingerprinting as an aid to catchment management: a review of the current state of knowledge and a methodological decision-tree for end-users. Journal of Environmental Management, 194: 86-108.

Collins A L, Walling D E, Webb L, et al. 2010. Apportioning catchment scale sediment sources using a modified composite fingerprinting technique incorporating property weightings and prior information. Geoderma, 155: 249-261.

Collins A L, Walling D E. 2002. Selecting fingerprint properties for discriminating potential suspended sediment sources in river basins. Journal of Hydrology, 261(1-4): 218-244.

Dahlman R C, Auerbach S I. 1968. Preliminary estimation of erosion and radiocesium redistribution in a fescue meadow. Oak Ridge National Laboratory.

Dan R. 2001. Use of mineral magnetic measurements to investigate soil erosion and sediment delivery in a small agricultural catchment in limestone terrain. Catena, 46(1): 15-34.

Dan R. 2004. Particle-size and analytical considerations in the mineral-magnetic interpretation of soil loss from cultivated landscapes. Catena, 57(2): 189-207.

Dan R. 2007. A comparison of mineral-magnetic and distributed RUSLE modeling in the assessment of soil loss on a Southeastern U.S. cropland. Catena, 69(2): 170-180.

Dankoub Z, Ayoubi S, Khademi H, et al. 2012. Spatial distribution of magnetic properties and selected heavy metals in calcareous soils as affected by land use in the Isfahan region, Central Iran. Pedosphere, 22(1): 33-47.

de Jong E, Begg C B M, Kachanoski R G. 1983. Estimates of soil erosion and deposition from some Saskatchewan soils. Canadian Journal of Soil Science, 63: 607-617.

de Jong E, Nestor P A, Pennock D J. 1998. The use of magnetic susceptibility to measure long-term soil redistribution. Catena, 32(1): 23-35.

de Jong E, Pennock D J, Nestor P A. 2000. Magnetic susceptibility of soils in different slope positions in Saskatchewan, Canada. Catena, 40(3): 291-305.

de Jong E. 2002. Magnetic susceptibility of gleysolic and chernozemic soils in Saskatchewan. Canadian Journal of Soil Science, 82(2): 191-199.

Dearing J A, Dann R J L, Hay K, et al. 1996. Frequency-dependent susceptibility measurements of environmental materials. Geophysical Journal International, 124: 228-240.

Dearing J A, Elner J K, Happey-Wood C M. 1981. Recent sediment flux and erosional processes in a Welsh upland lake-catchment based on magnetic susceptibility measurements. Quaternary Research, 16(3): 356-372.

Dearing J A, Maher B A, Oldfield F. 1985. Geomorphological Linkages between Soils and Sediments: The Role of Magnetic Measurements. London: Allen and Unwin.

Dearing J A, Morton R I, Price T W, et al. 1986. Tracing movements of topsoil by magnetic measurements: two case studies. Physics of the Earth and Planetary Interiors, 42(1-2): 93-104.

Dearing J A. 1994. Environmental Magnetic Susceptibility-Using the Bartington MS2 System. Kenilworth: Chi Publishers.

Elliott G L, Campbell B L, Loughran R J. 1990. Correlation of erosion measurement and soil Caesium-137 content. Journal of Applied Radiation and Isotopes, 41: 713-717.

Eriksson M G, Sandgren P. 1999. Mineral magnetic analyses of sediment cores recording recent soil erosion history in central Tanzania. Palaeogeography, Palaeoclimatology, Palaeoecology, 152(3): 365-383.

Evans M E, Heller F. 2003. Environmental Magnetism: Principles and Applications of Enviromagnetics. Amsterdam: Academic Press.

Evrard O, Laceby J P, Ficetola G F, et al. 2019. Environmental DNA provides information on sediment sources: a study in catchments affected by Fukushima radioactive fallout. Science of Total Environment, 665:873-881.

Fornes W L, Whiting P J, Wilson C G, et al. 2005. Caesium-137 derived erosion rates in an agricultural setting: the effects of model assumptions and management practices. Earth Surface Processes and Landforms, 30: 1181-1189.

Fredericks D J, Perrans S J. 1988. Estimating erosion using caesium-137: II. Estimating rates of soil loss//Bordas M P, Walling D E. Sediment Budgets. International Association of Hydrological Sciences: 233-240.

Frere M H, Roberts H J. 1963. The loss of strontium90 from small cultivated watersheds. Soil Science Society of America Proceedings, 27: 82-83.

Gaspar L, Blake W H, Smith H G, et al. 2019. Testing the sensitivity of a multivariate mixing model using geochemical fingerprints with artificial mixtures. Geoderma, 337: 498-510.

Gellis A C, Hupp C R, Pavich M J, et al. 2009. Sources, transport, and storage of sediment in the Chesapeake Bay Watershed. Reston: U.S. Geological Survey.

Gellis A C, Walling D E. 2013. Sediment source fingerprinting (tracing) and sediment budgets as tools in targeting river and watershed restoration programs//Simon A, Bennett S J, Castro J M. Stream Restoration in Dynamic Fluvial Systems: Scientific Approaches, Analyses, and Tools. Washington: American Geophysical Union: 263-291.

Gennadiev A N, Olson K R, Chernyanskii S S, et al. 2002. Quantitative assessment of soil erosion and accumulation processes with the help of a technogenic magnetic tracer. Eurasian Soil Science, 35(1): 17-29.

Gennadiev A N, Zhidkin A P, Olson K R, et al. 2010. Soil erosion under different land uses: assessment by the magnetic tracer method. Eurasian Soil Science, 43(9): 1047-1054.

Goldberg E D. 1963. Radioactive dating. Vienna: International Atomic Energy Agency.

Golosov V N, Panin A V, Markelov M V. 1999. Chernobyl Cs-137 redistribution in the small basin of the Lokna river, Central Russia. Physics and Chemistry of the Earth, Part A: Solid Earth and Geodesy, 24(10): 881-885.

Graham E R. 1963. Factors affecting Sr-85 and I-131 removal by runoff water. Water and Sewage Works, 110: 407-410.

Graham I, Ditchburn R, Barry B. 2003. Atmospheric deposition of ^{7}Be and ^{10}Be in New Zealand rain 1996-98. Geochimica et Cosmochimica Acta, 67(3): 361-373.

Guzmán G, Barrón V, Gómez J A. 2010. Evaluation of magnetic iron oxides as sediment tracers in water erosion experiments. Catena, 82(2): 126-133.

Guzmán G, Quinton J N, Nearing M A, et al. 2013. Sediment tracers in water erosion studies: current approaches and challenges. Journal of Soils and Sediments, 13(4): 816-833.

Haddadchi A, Olley J, Laceby P. 2014. Accuracy of mixing models in predicting sediment source contributions. Science of the Total Environment, 497-498: 139-152.

Haddadchi A, Ryder D S, Evrard O, et al. 2013. Sediment fingerprinting in fluvial systems: review of tracers, sediment sources and mixing models. International Journal of Sediment Research, 28: 560-578.

Hancock G J, Revill A T. 2013. Erosion source discrimination in a rural Australian catchment using compound-specific isotope analysis (CSIA). Hydrological Processes, 27: 923-932.

Hanesch M, Scholger R. 2005. The influence of soil type on the magnetic susceptibility measured throughout soil profiles. Geophysical Journal International, 161(1): 50-56.

Hay K L, Dearing J A, Baban S M J, et al. 1997. A preliminary attempt to identify atmospherically-derived pollution particles in English topsoils from magnetic susceptibility measurements. Physics and Chemistry of the Earth, 22: 207-210.

He Q, Walling D E. 1997. The distribution of fallout ^{137}Cs and ^{210}Pb in undisturbed and cultivated soils.

Applied Radiation and Isotopes, 48: 677-690.

Heller F, Liu T S. 1982. Magnetostratigraphic dating of loess deposits in China. Nature, 300: 431-433.

Henin S, Le Borgne E. 1954. On the magnetic properties of soils and their pedological interpretation. 5th International Congress of Soil Science.

Hoffmann V, Knab M, Appel E. 1999. Magnetic susceptibility mapping of roadside pollution. Journal of Geochemical Exploration, 66(1): 313-326.

Hu G Q, Dong Y J, Wang X K, et al. 2011. Laboratory testing of magnetic tracers for soil erosion measurement. Pedosphere, 21(3): 328-338.

Huangfu Y C, Essington M E, Hawkins S A, et al. 2020. Testing the sediment fingerprinting technique using the SIAR model with artificial sediment mixtures. Journal of Soil and Sediments, 20: 1771-1781.

Hughes A O, Olley J M, Croke J C, et al. 2009. Sediment source changes over the last 250 years in a dry-tropical catchment, central Queensland, Australia. Geomorphology, 104(3-4): 262-275.

Hussain I, Olson K R, Jones R L. 1998. Erosion patterns on cultivated and uncultivated hillslopes determined by soil fly ash contents. Soil Science, 163(9): 726-738.

Hutchinson S M. 1995. Use of magnetic and radiometric measurements to investigate erosion and sedimentation in a British upland catchment. Earth Surface Processes and Landforms, 20(4): 293-314.

Jeffrey S G, Nancy A M, Mary M C. 2004. Natural radionuclides in fine aerosols in the Pittsburgh area. Atmospheric Environment, 38: 3191-3200.

Jones R L, Olson K R. 2009. Fly ash use as a time marker in sedimentation studies. Soil Science Society of America Journal, 54(3): 855-859.

Jordanova D, Jordanova N, Petrov P. 2014. Pattern of cumulative soil erosion and redistribution pinpointed through magnetic signature of chernozem soils. Catena, 120(1): 46-56.

Jordanova N, Jordanova D, Tsacheva T. 2008. Application of magnetometry for delineation of anthropogenic pollution in areas covered by various soil types. Geoderma, 144(3-4): 557-571.

Jordanova N, Petrovský E, Kapicka A, et al. 2017. Application of magnetic methods for assessment of soil restoration in the vicinity of metallurgical copper-processing plant in Bulgaria. Environmental Monitoring and Assessment, 189(4): 158.

Jordanova N. 2017. Soil Magnetism-Applications in Pedology, Environmental Science and Agriculture. London: Elsevier.

Juracek K E, Ziegler A C. 2009. Estimation of sediment sources using selected chemical tracers in the Perry lake basin, Kansas, USA. International Journal of Sediment Research, 24: 108-125.

Kachanoski R G, de Jong E. 1984. Predicting the temporal relationship between soil Cesium-137 and erosion rate. Journal of Environmental Quality, 13(2): 301-304.

Kachanoski R G. 1993. Estimating soil loss from changes in soil Cesium-137. Canadian Journal of Soil Science, 73: 515-526.

Karchegani P M, Ayoubi S, Lu S G, et al. 2011. Use of magnetic measures to assess soil redistribution following deforestation in hilly region. Journal of Applied Geophysics, 75(2): 227-236.

Karimi R, Ayoubi S, Jalalian A, et al. 2011. Relationships between magnetic susceptibility and heavy metals in urban topsoils in the arid region of Isfahan, Central Iran. Journal of Applied Geophysics, 74(1): 1-7.

Kirchner G. 2013. Establishing reference inventories of ^{137}Cs for soil erosion studies: methodological aspects. Geoderma, 211-212: 107-115.

Koiter A J, Owens P N, Petticrew E L, et al. 2013. The behavioural characteristics of sediment properties and their implications for sediment fingerprinting as an approach for identifying sediment sources in river basins. Earth Science Reviews, 125: 24-42.

Krishnaswami L K, Lal D, Martin J M, et al. 1971. Geochronology of lake sediments. Earth and Planetary Science Letters, 11: 407-414.

Kukla G, An Z S, Melice J L, et al. 1990. Magnetic susceptibility record of Chinese Loess. Transactions of the Royal Society of Edinburgh: Earth Sciences, 81(6): 263-288.

Kukla G, Heller F, Liu X M, et al. 1988. Pleistocene climates in China dated by magnetic susceptibility. Geology, 16(9): 811-814.

Laceby J P, Evrard O, Smith H G, et al. 2017. The challenges and op-portunities of addressing particle size effects in sediment sourcefingerprinting: a review. Earth Science Review, 169: 85-103.

Lal D, Peters B. 1967. Cosmic-ray produced radioactivity on the earth. Handbuch Der Physik, 46(2): 551-612.

Le Borgne E. 1955. Susceptiblité magnétique anormale du sol superficiel. Annales De Geophysique, 11: 399-419.

Legout C, Poulenard J, Nemery J, et al. 2013. Quantifying suspended sediment sources during runoff events in headwater catchments using spectrocolorimetry. Journal of Soils and Sediments, 13(8): 1478-1492.

Lettner H, Bossew P, Hubmer A K. 2000. Spatial variability of fallout Caesium-137 in Austrian Alpine regions. Journal of Environmental Radioactivity, 47(1): 71-82.

Liu B L, Niu Q H, Qu J J, et al. 2016. Quantifying the provenance of aeolian sediments using multiple composite fingerprints. Aeolian Research, 22: 117-122.

Liu L, Huang M, Zhang K, et al. 2018. Preliminary experiments to assess the effectiveness of magnetite powder as an erosion tracer on the Loess Plateau. Geoderma, 310: 249-256.

Liu L, Zhang K, Zhang Z, et al. 2015. Identifying soil redistribution patterns by magnetic susceptibility on the black soil farmland in Northeast China. Catena, 129: 103-111.

Liu L, Zhang K, Zhang Z. 2016. An improved core sampling technique for soil magnetic susceptibility determination. Geoderma, 277: 35-40.

Liu Z, Yang X P. 2013. Geochemical-geomorphologic evidence for the provenance of aeolian sands and sedimentary environments in the Hunsandake Sandy Land, Eastern Inner Mongolia, China. Acta Geological Sinica, 87(3): 871-884.

Loughran R J, Campbell B L. 1995. The identification of catchment sediment sources//Foster I D L. Wediment and Water Quality in River Catchments. Chichester: John Wiley and Sons: 189-205.

Loughran R J, Elliott G L, Campbell B L, et al. 1988. Estimation of soil erosion from Caesium-137 measurements in a small, cultivated catchment in Australia. International Journal of Radiation Applications and Instrumentation, 39(11): 1153-1157.

Lowrance R, McIntyre S, Lance C. 1988. Erosion and deposition in a field/forest system estimated using Cesium-137 activity. Journal of Soil and Water Conservation, 43: 195-199.

Mabit L, Gibbs M, Mbaye M, et al. 2018. Novel application of compound specific stable isotope (CSSI) techniques to investigate on-site sediment origins across arable fields. Geoderma, 316: 19-26.

Mabit L, Klik A, Benmansour M, et al. 2009. Assessment of erosion and deposition rates within an Austrian agricultural watershed by combining ^{137}Cs, $^{210}Pb_{ex}$, and conventional measurements. Geoderma, 150: 231-239.

Maher B A, Taylor R M. 1988. Formation of ultrafine-grained magnetite in soils. Nature, 336: 368-370.

Maher B A, Thompson R. 1991. Mineral magnetic record of the Chinese loess and paleosols. Geology, 19(1): 3-6.

Maher B A. 1998. Magnetic properties of modern soils and quaternary loessic paleosols: paleoclimatic implications. Palaeogeography, Palaeoclimatology, Palaeoecology, 137: 25-54.

Manjoro M, Rowntree K, Kakembo V, et al. 2017. Use of sediment source fingerprinting to assess the role of subsurface erosion in the supply of fine sediment in a degraded catchment in the Eastern Cape, South Africa. Journal of Environmental Management, 194: 27-41.

Martínez-Carreras N, Krein A, Gallart F, et al. 2010a. Assessment of different colour parameters for discriminating potential suspended sediment sources and provenance: a multi-scale study in Luxembourg. Geomorphology, 118: 118-129.

Martínez-Carreras N, Krein A, Udelhoven T, et al. 2010b. A rapid spectral-reflectance-based fingerprinting approach for documenting suspended sediment sources during storm runoff events. Journal of Soils and

Sediments, 10(3): 400-413.

Martz L W, de Jong E. 1987. Using Cesium-137 to assess the variability of net soil erosion and its association with topography in a Canadian prairie landscape. Catena, 14: 439-451.

Martz L W, de Jong E. 1991. Using Cesium-137 and landform classification to develop a net soil erosion budget for a small Canadian prairie watershed. Catena, 18: 289-308.

McHenry J R, Ritchie J C, Gill A C. 1973a. Nitrogen, phosphorus, and other chemicals in sediments from reservoirs in North Mississippi. Mississippi Water Resources Conference Proceedings: 1-13.

McHenry J R, Ritchie J C, Gill A C. 1973b. Accumulation of fallout Cesium-137 in soils and sediments in selected watersheds. Water Resources Research, 9: 676-686.

Menzel R G. 1960. Transport of strontium-90 in runoff. Science, 131: 499-500.

Mitchell J K, Bubenzer G D, McHenry J R, et al. 1980. Soil loss estimation from fallout Cesium-137 measurements//Assessment of Erosion. London: Wiley: 393-401.

Moore H E, Poet S E. 1976. ^{210}Pb fluxes determined from ^{210}Pb and ^{226}Ra soil profiles. Journal of Geophysical Research, 81(6): 1056-1058.

Motha J A, Wallbrink P J, Hairsine P B, et al. 2003. Determining the sources of suspended sediment in a forested catchment in Southeastern Australia. Water Resources Research, 39(3): 1056-1070.

Mullins C E. 1977. Magnetic susceptibility of the soil and its significance in soil science: a review. European Journal of Soil Science, 28(2): 223-246.

Murry A S, Johnston A, Marrtin P. 1993. Transport of naturally occurring radionuclides by a seasonal tropical river, Northern Australia. Journal of Hydrology, 150: 19-39.

Ni L S, Fang N F, Shi Z H, et al. 2019. Mid-infrared spectroscopy tracing of channel erosion in highly erosive catchments on the Chinese Loess Plateau. Science of the Total Environment, 687: 309-318.

Nie J S, Stevens T, Rittner M, et al. 2015. Loess Plateau storage of Northeastern Tibetan Plateau-derived Yellow River sediment. Nature Communication, 6: 8511.

Nosrati K, Collins A L, Madakan M. 2018. Fingerprinting sub-basin spatial sediment sources using different multivariate statistical techniques and the Modified MixSIR model- Science Direct. Catena, 164:32-43.

Nozaki Y, DeMaster D J, Lewis D M, et al. 1985. Atmospheric ^{210}Pb fluxes determined soil profile. Journal of Geophysical Research, 90: 10487-10495.

Oldfield F, Rummery T A, Thompson R, et al. 1979. Identification of suspended sediment sources by means of magnetic measurements: some preliminary results. Water Resources Research, 15(2): 211-218.

Oldfield F. 1991. Environmental magnetism: a personal perspective. Quaternary Science Reviews, 10(1): 73-85.

Olsen C R, Larsen I L, Lowry P D, et al. 1985. Atmospheric fluxes and marsh-soil inventories of ^{7}Be and ^{210}Pb. Journal of Geophysical Research, 90: 10487-10495.

Olsen C R, Simpson H J, Peng T H, et al. 1981. Sediment mixing and accumulation rate effects on radionuclide depth profiles in Hudson estuary sediments. Journal of Geophysical Research, 86: 11020-11028.

Olson K R, Gennadiyev A N, Jones R L, et al. 2002. Erosion patterns on cultivated and reforested hillslopes in Moscow Region, Russia. Soil Science Society of America Journal, 66(1): 193-201.

Olson K R, Gennadiyev A N, Zhidkin A P, et al. 2013. Use of magnetic tracer and radio-Cesium methods to determine past cropland soil erosion amounts and rates. Catena, 104: 103-110.

Olson K R, Jones R L, Lang J M. 2004. Assessment of soil disturbance using magnetic susceptibility and fly ash contents on a Mississippian Mound in Illinois. Soil Science, 169(10): 737-744.

Palinkas C M, Nittrouer C A, Wheatcroft R A, et al. 2005. The use of ^{7}Be to identify event and seasonal sedimentation near the Po River delta, Adriatic Sea. Marine Geology, 222-223: 95-112.

Parsons A J, Foster I D L. 2011. What can we learn about soil erosion from the use of ^{137}Cs? Earth Science Reviews, 108: 101-113.

Parsons A J, Wainwright J, Abrahams A D. 1993. Tracing sediment movement in interrill overland flow on a semi-arid grassland hillslope using magnetic susceptibility. Earth Surface Processes and Landforms, 18(8): 721-732.

Paulina S, Andrès R, Walling D E, et al. 2006. Use of Beryllium-7 to document soil redistribution following forest harvest operations. Journal of Environmental Quality, 35:1756-1763.

Pennock D J, Corre M D. 2001. Development and application of landform segmentation procedures. Soil and Tillage Research, 58: 151-162.

Pennock D J, de Jong E. 1987. The influence of slope curvature on soil erosion and deposition in hummock terrain. Soil Science, 144: 209-217.

Pennock D J, Zapata F. 1995. Report of the FAO/IAEA Consultants Meeting on the Use of Isotopes in Studies of Soil Erosion. Vienna: IAEA.

Petrovský E, Kapička A, Jordanova N, et al. 2000. Low-field magnetic susceptibility: a proxy method of estimating increased pollution of different environmental systems. Environmental Geology, 39(3): 312-318.

Porto P, Walling D E, Callegari G, et al. 2009. Using Caesium-137 and unsupported Lead-210 measurements to explore the relationship between sediment mobilisation, sediment delivery, and sediment yield for a Calabrian catchment. Marine and Freshwater Research, 60: 680-689.

Porto P, Walling D E, Callegari G. 2004. Validating the use of Caesium-137 measurements to estimate erosion rates in three small catchments in Southern Italy. IAHS Publication, 288: 75-83.

Porto P, Walling D E, Ferro V, et al. 2003b. Validating erosion rate estimates provided by Caesium-137 measurements for two small forested catchments in Calabria, Southern Italy. Land Degradation and Development, 14: 389-408.

Porto P, Walling D E, Ferro V. 2001. Validating the use of Caesium-137 measurements to estimate soil erosion rates in a small drainage basin in Calabria, Southern Italy. Journal of Hydrology, 248: 93-108.

Porto P, Walling D E, Tamburino V, et al. 2003a. Relating Caesium-137 and soil loss from cultivated land. Catena, 53: 303-326.

Porto P, Walling D E. 2012. Using plot experiments to test the validity of mass balance models employed to estimate soil redistribution rates from ^{137}Cs and $^{210}Pb_{ex}$ measurements. Applied Radiation and Isotopes, 70: 2451-2459.

Poulenard J, Legout C, Némery J, et al. 2012. Tracing sediment sources during floods using diffuse reflectance infrared fourier transform spectrometry (DRIFTS): a case study in a highly erosive mountainous catchment (Southern French Alps). Journal of Hydrology, 414-415: 452-462.

Poulenard J, Perrette Y, Fanget B, et al. 2009. Infrared spectroscopy tracing of sediment sources in a small rural watershed (French Alps). Science of the Total Environment, 407(8): 2808-2819.

Pulley S, Foster I, Collins A L. 2017. The impact of catchment source group classification on the accuracy of sediment fingerprinting outputs. Journal of Environmental Management, 194: 16-26.

Quine T A. 1989. Use of a simple model to estimate rates of soil erosion from Caesium-137 data. Journal of Water Resources, 8: 54-81.

Quine T A. 1995. Estimation of erosion rates from Caesium-137 data: the calibration question//Foster I D L, Gurnell A M, Webb B W. Sediment and Water Quality in River Catchments. London: Wiley: 307-329.

Rahimi M R, Ayoubi S, Abdi M R. 2013. Magnetic susceptibility and Cs-137 inventory variability as influenced by land use change and slope positions in a hilly, semiarid region of West-Central Iran. Journal of Applied Geophysics, 89: 68-75.

Reiffarth D G, Petticrew E L, Wens P N, et al. 2016. Sources of variability in fatty acid (FA) biomarkers in the application ofcompound-specicstable isotopes (CSSIs) to soil and sedimentngerprinting and tracing: a review. Science of the Total Environment, 565: 8-27.

Ritchie J C, Clebsch E E C, Rudolph, W K. 1970. Distribution of fallout and natural gamma radionuclides in litter, humus, and surface mineral soils under natural vegetation in the Great Smoky Mountains, North Carolina-Tennessee. Health Physics, 18(5): 479-491.

Ritchie J C, Hawks P H, McHenry J R. 1972. Thorium, uranium, and potassium in the Upper Cretaceous, Paleocene, and Eocene sediments of the Little Tallahatchie River Watershed in Northern Mississippi. Southeastern Geology, 14: 221-232.

Ritchie J C, McHenry J R, Gill A C. 1974. Fallout Cs-137 in the soils and sediments of three small watersheds. Ecology, 55(4): 887-890.

Ritchie J C, McHenry J R. 1975. Fallout Cs-137: a tool in conservation research. Journal of Soil and Water Conservation, 30(6): 283-286.

Ritchie J C, McHenry J R. 1990. Application of radioactive fallout Cesium-137 for measuring soil erosion and sediment accumulation rates and patterns: a review. Journal of Environmental Quality, 19: 215-233.

Robbins J A, Edgington D N, Kemp A L. 1978. Comparative ^{210}Pb, ^{137}Cs and pollen geochronologies of sediment from lakes Ontario and Eric. Quaternary Research, 10: 256-278.

Rodenas C, Gomez J. 1997. ^{7}Be concentration in air, rain water and soil in Cantabria (Spain). Applied Radiation and Isotopes, 48(4): 545-548.

Rogowski A S, Tamura T. 1965. Movement of ^{137}Cs by runoff, erosion and infiltration on the alluvial Captina silt loam. Health Physics, 11: 1333-1340.

Sbrignadello G S, Degotto G A, Battiston G R. 1994. Distribution of ^{210}Pb and ^{137}Cs in snow and soil samples from Antarctic. International Journal of Environmental Analytical Chemistry, 55: 235-242.

Schuller P, Ellies A, Handl J. 1997. Influence of climatic conditions and soil properties on ^{137}Cs vertical distribution in selected Chilean soils. Zeitschrift fuer Pflanzenernaehrung und Bodenkunde, 160(4): 423-426.

Schuller P, Iroumé A, Walling D E. 2006. Use of Beryllium-7 to document soil redistribution following forest harvest operations. Journal of Environmental Quality, 35: 1756-1763.

Sepulveda A, Schuller P, Walling D E, et al. 2008. Use of ^{7}Be to document soil erosion associated with a short period of extreme rainfall. Journal of Environmental Radioactivity, 99: 35-49.

Shackleton N J, Opdyke N D. 1973. Oxygen isotope and paleomangetic stratigraphy of equatorial Pacific core V28-238: oxygen isotope temperatures and ice volume on a 105 and 106 year scale. Quaternary Research, 3(1): 39-55.

Shi Z L, Wen A B, Ju L, et al. 2013. A modified model for estimating soil redistribution on grassland by using ^{7}Be measurements. Plant and Soil, 362: 279-286.

Slattery M C, Walden J, Burt T P. 2000. Fingerprinting suspended sediment sources using mineral magnetic measurements: a quantitative approach//Foster I D L. Tracers in Geomorphology. Chichester: John Wiley and Sons: 309-322.

Smith J D, Hamilton T F. 1985. Modeling of ^{210}Pb behavior in the catchment and sediment of lake Tali Karng, Victoria and estimation of recent sedimentation rates. Australian Journal of Marine and Freshwater Research, 36: 15-22.

Smith J N, Ellis K M. 1982. Transport mechanism for Pb-210, Cs-137 and Pu fallout radionuclides through fluvial-marine systems. Geochimica et Cosmochimica Acta, 46(6): 941-954.

Smith J N, Walton A. 1979. Sediment accumulation rates and geochronologies measured in the Saguenay Fjord using the Pb-210 dating method. Geochimica et Cosmochimica Acta, 44: 225-240.

Stiller M, Assaf G. 1973. Sedimentation and transport of particles in Lake Kinneret traced by ^{137}Cs. International Association of Hydrological Sciences Publication, 109: 383-396.

Sutherland R A. 1996. Caesium-137 soil sampling and inventory variability in reference locations: a literature survey. Hydrological Processes, 10: 43-53.

Thompson R, Morton D J. 1979. Magnetic susceptibility and particle-size distribution in recent sediments of the Loch Lomond drainage basin, Scotland. Journal of Sedimentary Research, 49(3): 801-811.

Thompson R, Oldfield F. 1986. Environmental Magnetism. London: Allen and Unwin.

Tiecher T, Caner L, Minella J P G, et al. 2015. Combining visible-based-color parameters and geochemical tracers to improve sediment source discrimination and apportionment. The Science of the Total

Environment, 527-528: 135-149.

Tiecher T, Caner L, Minella J P G, et al. 2016. Tracing sediment sources in a subtropical rural catchment of Southern Brazil by using geochemical tracers and near-infrared spectroscopy. Soil and Tillage Research, 155: 478-491.

Tiecher T, Caner L, Minella J P G, et al. 2017. Tracing sediment sources using mid-infrared spectroscopy in arvorezinha catchment, Southern Brazil. Land Degradation and Development, 28(5): 1603-1614.

Vanden B I, Gulinck H. 1987. Fallout ^{137}Cs as a tracer for soil mobility in the landscape framework of Belgian loamy region. Pedologie, 37: 5-20.

Ventura E J, Nearing M A, Norton L D. 2001. Developing a magnetic tracer to study soil erosion. Catena, 43(4): 277-291.

Ventura E, Nearing M A, Amore E, et al. 2002. The study of detachment and deposition on a hillslope using a magnetic tracer. Catena, 48(3): 149-161.

Verheyen D, Diels J, Kissi E, et al. 2014. The use of visible and near-infrared reflectance measurements for identifying the source of suspended sediment in rivers and comparison with geochemical fingerprinting. Journal of Soils and Sediments, 14(11): 1869-1885.

Verosub K L, Roberts A P. 1995. Environmental magnetism: past, present, and future. Journal of Geophysical Research: Atmospheres, 100: 411-413.

Viparelli E, Lauer J W, Belmont P, et al. 2013. A numerical model to develop long-term sediment budgets using isotopic sediment fingerprints. Computational Geosciences, 53: 114-122.

Wakiyama Y, Onda Y, Mizugaki S, et al. 2010. Soil erosion rates on forested mountain hillslopes estimated using ^{137}Cs and ^{210}Pb$_{ex}$. Geoderma, 159: 39-52.

Walden J, Slattery M C, Burt T P. 1997. Use of mineral magnetic measurements to fingerprint suspended sediment sources: approaches and techniques for data analysis. Journal of Hydrology, 202: 353-372.

Wallbrink P J, Murray A S. 1993. Use of fallout radionuclides as indicators of erosion processes. Hydrological Processes, 7: 297-304.

Wallbrink P J, Murray A S. 1996. Determining soil loss using the inventory ratio of excess Lead-210 to Cesium-137. Soil Science Society of America Journal, 60: 1201-1208.

Walling D E, He Q P, Blake W. 1999a. Use of Be-7 and Cs-137 measurement to document short and medium-term rates of water-induced soil erosion on agricultural land. Water Resources Research, 35(2): 3865-3874.

Walling D E, He Q. 1993. Towards improved interpretation of ^{137}Cs profiles in lake sediments// McManus J, Duck R W. Geomorphology and Sedimentology of Lakes and Reservoirs. Chichester: John Wiley and Sons: 31-53.

Walling D E, He Q. 1998. Use of fallout ^{137}Cs measurements for validating and calibrating soil erosion and sediment delivery models//Modelling Soil Erosion, Sediment Transport and Closely Related Hydrological Processes. International Association of Hydrological Sciences Publication, 249: 267-279.

Walling D E, He Q. 1999a. Improved models for estimating soil erosion rates from Cesium-137 measurements. Journal of Environmental Quality, 28: 611-622.

Walling D E, He Q. 1999b. Use fallout Lead-210 measurements to estimate soil erosion on cultivated land. Soil Science Society of America Journal, 63: 1404-1412.

Walling D E, He Q. 2000. The global distribution of bomb-derived ^{137}Cs reference inventories//Final Report on IAEA Technical Contract 10361/RO-R1. Exeter: University of Exeter.

Walling D E, Owens P N, Leeks G J L. 1999b. Fingerprinting suspended sediment sources in the catchment of the River Ouse, Yorkshire, UK. Hydrological Processes, 13(7): 955-975.

Walling D E, Peart M R, Oldfield F, et al. 1979. Suspended sediment sources identified by magnetic measurements. Nature, 281(5727): 110-113.

Walling D E, Quine T A. 1990. Calibration of Caesium-137 measurements to provide quantitative erosion rate data. Land Degradation and Rehabilitation, 2(3): 161-175.

Walling D E, Quine T A. 1993. Use of Caesium-137 as a tracer of erosion and sedimentation: handbook for the application of the Caesium-137 technique. Exeter: University of Exeter.

Walling D E, Schuller P, Zhang Y, et al. 2009. Extending the timescale for using Beryllium-7 measurements to document soil redistribution by erosion. Water Resources Research, 45: 244-256.

Walling D E, Woodward J C. 1995. Tracing sources of suspended sediment in river basins: a case study of the River Culm, Devon, UK. Marine and Freshwater Research, 46: 327-336.

Walling D E. 2013. The evolution of sediment source fingerprinting investigations in fluvial systems. Journal of Soils & Sediments, 13(10):1658-1675.

Wan G, Santschi P H. 1987. Prediction of radionuclide inventory for sediments in Lake Greifensee, Switzerland. Scientia Geographica Sinica, 7: 358-363.

Warren N, Allan I J, Carter J E, et al. 2003. Pesticides and other micro-organic contaminants in freshwater sedimentary environments: a review. Applied Geochemistry, 18: 159-194.

Wasson R J, Clark R L, Nanninga P M, et al. 1987. ^{210}Pb as a chronometer and tracer, Burrinjuck reservoir, Australia. Earth Surface Processes and Landforms, 12: 399-414.

Weiss P. 1907. L'hypothèse du champ moléculaire et la propriété ferromagnétique. Journal de Physique Théorique et Appliquée, 6(1): 661-690.

Whiting P J, Bonniwell E C, Matisoff G. 2001. Depth and areal extent of sheet and rill erosion based on radionuclides in soils and suspended sediment. Geology, 29(12): 1131-1134.

Wilson C G, Matisoff G, Whiting P J. 2006. Short-term erosion rates from a ^{7}Be inventory balance. Earth Surface Processes and Landforms, 28: 967-977.

Yang H, Du M, Chang Q, et al. 1998. Quantitative model for estimating soil erosion rates using ^{137}Cs. Pedosphere, 8(3): 211-220.

Yang H, Du M, Zhao Q, et al. 2000. A quantitative model for estimating mean annual soil loss in cultivated land using ^{137}Cs measurements. Soil Science and Plant Nutrition, 46(1): 69-79.

Yang M Y, Walling D E, Sun X J, et al. 2013. A wind tunnel experiment to explore the feasibility of using Beryllium-7 measurements to estimate soil loss by wind erosion. Geochimica et Cosmochimica Acta, 114: 81-93.

Yang M Y, Walling D E, Tian J L, et al. 2006. Partitioning the contributions of sheet and rill erosion using Beryllium-7 and Cesium-137. Soil Science Society of America Journal, 70: 1579-1590.

Yu Y, Zhang K, Liu L, et al. 2019. Estimating long-term erosion and sedimentation rate on farmland using magnetic susceptibility in Northeast China. Soil and Tillage Research, 187: 41-49.

Yu Y, Zhang K, Liu L. 2017. Evaluation of the influence of cultivation period on soil redistribution in Northeastern China using magnetic susceptibility. Soil and Tillage Research, 174: 14-23.

Zapata F. 2002. Handbook for the Assessment of Soil Erosion and Sedimentation Using Environmental Radioactivity. Dordrecht: Kluwer Academic Publishers.

Zapata F. 2003. The use of environmental radionuclides as tracers in soil erosion and sedimentation investigations, recent advances and future development. Soil and Tillage Research, 69: 3-13.

Zhang F B, Yang M Y, Walling D E, et al. 2014. Using ^{7}Be measurements to estimate the relative contributions of interrill and rill erosion. Geomorphology, 206: 392-402.

Zhang J Q, Yang M Y, Deng X X, et al. 2018. Beryllium-7 measurements of wind erosion on sloping fields in the wind-water erosion crisscross region on the Chinese Loess Plateau. The Science of the Total Environment, 615: 240-252.

Zhang J Q, Yang M Y, Zhang F B, et al. 2017. Fingerprinting sediment sources after an extreme rainstorm event in a small catchment on the Loess Plateau, China. Land Degradation and Development, 28: 2527-2539.

Zhang J Q, Yang M Y, Zhang F B, et al. 2019. Fingerprinting sediment sources in the water-wind erosion crisscross region on the Chinese Loess Plateau. Geoderma, 337: 649-663.

Zhang X B, Higgitt D L, Walling D E. 1990. A preliminary assessment of the potential for using

Caesium-137 to estimate rates of soil erosion in the Loess Plateau of China. Hydrological Sciences Journal, 35: 267-276.

Zhang X B, Li S, Wang C, et al. 1989. Use of Caesium-137 measurements to investigate erosion and sediment sources in a small drainage basin in the Loess Plateau of China. Hydrological Processes, 3: 317-323.

Zhang X C. 2014. New insights on using fallout radionuclides to estimate soil redistribution rates. Soil Science Society of America Journal, 79: 1-8.

Zhang X, Walling D E, He Q. 1999. Simplified mass balance models for assessing soil erosion rates on cultivated land using Caesium-137 measurements. Hydrologic Science, 44(1): 33-46.

Zhao T Y, Yang M Y, Walling D E, et al. 2017. Using check dam deposits to investigate recent changes in sediment yield in the Loess Plateau, China. Global and Planetary Change, 152: 88-98.

第9章　地面覆盖度监测

地面覆盖度对土壤侵蚀起着至关重要的作用。地面覆盖度是指单位水平面积内地面覆盖物垂直投影面积所占的百分比。地面覆盖物包括林冠覆盖、灌草地上覆盖、地面枯枝落叶覆盖、苔藓地衣等生物结皮覆盖和砾石覆盖等。地面覆盖度的监测直接影响着土壤侵蚀评价是否准确，是土壤侵蚀研究方法的重要组成部分。在水土保持研究中，地面覆盖可以保护地表土壤免受雨滴击溅，减弱径流冲刷，从而减少土壤侵蚀。季节性变化是植被覆盖最本质的特征之一，植被覆盖度受气候、水文、土壤、地形等自然因素的影响，人为因素的影响也很大。因此，需要监测获取不同植被类型的覆盖度季节变化曲线，监测频次与植被生长的快慢有关，一般需要半个月监测一次。监测样方的选择，应该以能代表调查地块的植被平均水平和特征为原则，林地植被调查样方一般为 20 m×20 m，灌丛样方为 10 m×10 m，草地样方为 1 m×1 m。果园和行播作物按株行距的整倍数来设置，砾石和生物结皮等地面覆盖度由空间分布情况来决定。如果为径流小区，按上中下三个横断面进行监测。

地面覆盖度的测量方法主要有目估法、穿刺法、地面照相测量法、无人机照相测量法和遥感影像估算法。

9.1　目　　估　　法

目估法是根据经验来估计地面覆盖度，该方法受实施者的经验影响很大。在小盖度如 20%以内和大盖度如 80%以上，不同测量者的观测差异较小，但在中盖度时，如 30%~70%，不同测量者估计的差异很大。可以通过两种方法来提高精度，一是由多人同时估计，然后求平均值；二是加强前期培训，可以先在室内熟悉不同盖度下的郁闭度/覆盖度值。野外目估时，参照郁闭度/覆盖度参考图（见本书附录 3），有助于提高野外目估精度。

9.2　穿　　刺　　法

穿刺法是利用一定长度的测绳，等间距布设观测点，在每个观测点上用小于雨滴直径的测针（如竹签、塑料杆、笔芯等）垂直向下穿刺，碰到覆盖物即有覆盖，没有碰见覆盖物即无覆盖，然后统计有覆盖物的观测点个数占总观测点个数的百分比，即为覆盖度。观测点数量至少在 30 个，测绳的长短视地表覆盖物类型而定。测绳布设方法为"十"形、"Z"形、"*"形或多断面（如径流小区的上、中、下断面）。根据调查结果填写表 9-1。

表 9-1　野外植被覆盖度调查表

测点	扰动地面	物理结皮	生物结皮	枯落物	砾石	<0.5m 绿枝叶	<0.5m 干枝叶	0.5~2m 绿枝叶	0.5~2m 干枝叶	>2m 绿枝叶	>2m 干枝叶
1											
2											
3											
4											
5			·								
6											
7											
8											
9											
10											

填表说明如下。

（1）扰动地面：被蚁巢、耕作等扰动过的表面松散土壤。

（2）物理结皮：指由降雨打击、分离表层土壤，导致细颗粒封堵土壤孔隙而形成的一层致密层。

（3）生物结皮：指地面上苔藓、地衣、藻类、蕨类等隐花植物与其下很薄的土层复合形成的复杂聚合体。

（4）枯落物：指枯死的植被残体，包括掉落的树枝、树叶或倒下的树干。

（5）砾石：通常指直径大于 2 mm 的矿物颗粒。

（6）绿枝叶：指附着在植物上的具有叶绿素可以进行光合作用的枝和叶。

（7）干枝叶：指附着植物上，但是没有叶绿素不能进行光合作用的枝和叶，包括衰老（活着）的植被以及死亡的植被。

（8）<0.5 m 指高度在 0.5m 以下，以草本植物为主；0.5~2m 指高度在 0.5~2m，以灌木为主；>2m 指高度大于 2m，以乔木为主。

9.3　地面照相测量法

随着摄影技术特别是数码摄影技术的发展，近年来利用照相法测量植被覆盖度逐渐成为被人们认可的一种方法，并成为遥感等现代测量可靠的辅助和检验手段（张云霞等，2007）。水平地和坡地上的垂直照相试验显示，照相测量法得到的植被覆盖度是可行的（路炳军等，2007）。

9.3.1　垂直照相设备

地面照相测量法测量植被覆盖度的一个基本要求是必须垂直照相测量植被覆盖度，必须使相机上升到距离地表一定高度。手持照相机高度不够时，通过手持长杆挑起带遥控器的照相机垂直拍摄地面，这种方法费力且照相机很不稳定，必须采用更加方便的设备进行测量。

1. 便携式植被覆盖度摄影测量仪

为了测量植被覆盖度，我们早在 1999 年就设计了野外垂直照相装置，由碳素钢材质的钓鱼竿改装制作成可伸缩套管，安装在一个三脚架上，套杆顶端垂掉下一个长方形铝盒。经过对该照相装置的多年应用实践，总结经验并不断改进，最终形成了新的便携式植被覆盖度摄影测量仪（图 9-1）。长杆由 4~6 根 1m 长的铝合金材质的圆杆通过螺母连接而成，长杆末端悬挂一个皮质的方盒，带遥控器的数码相机置于盒中，镜头水平朝下；三脚支架的 3 个支腿下端都装有锲钉和小踏板，方便在地表固定，有效增强支架的稳定性；设计一根牵拉线，一端固定在长杆末端的卡环上，另一端固定在插入三脚支架的立柱上，使得长杆不颤动，保持相机的稳定。

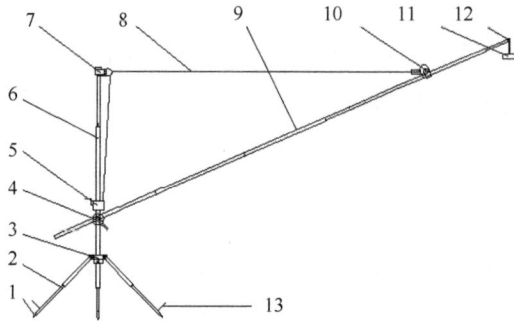

图 9-1 便携式植被覆盖度摄影测量仪

1—支腿锲钉；2—可调支腿；3—支腿座盘；4—长杆锁紧器；5—紧线器；6—立柱；7—拉线导环；8—牵拉线；9—长杆；10—长杆卡环；11—照相机盒；12—长杆端母；13—踏板

相机距地表高度可通过长杆采用的圆杆根数、三脚支架的支腿长度与角度以及立柱长度三个方面进行调节，最大高度可达 6~7m。由铝合金材质的圆杆连接组成的长杆轻巧有力不易发生抖动，通过牵拉线将长杆拉直绷紧，使得照相机盒稳定不易颤动，野外照相时能够抵抗 4 级左右风力，有效提高了拍摄质量。三脚支架的 3 个支腿可独立调节长度和相互角度，方便在斜坡地表进行垂直拍摄，适用范围更广。便携式植被覆盖度摄影测量仪可针对耕地、草地、灌木林地、大部分园地以及较低矮的有林地进行垂直照相测量植被覆盖度。

利用便携式植被覆盖度摄影测量仪进行垂直照相时，首先需要对数码相机进行设置：①设置相机的操作模式为遥控延迟操作模式，这样可以方便操作人员在按下遥控器时，有时间离开相机拍摄范围，保证成像质量；②设置相机的焦距，目前数码相机一般为变焦相机，为获取较大的覆盖范围，摄影时一般采用相机最小的焦距；③设置相机照相的分辨率为最低分辨率模式或次低分辨率模式。目前市场主流相机的总像素数达到了千万级，最低分辨率模式的像素一般也在 30 万以上，而垂直照相的覆盖范围较小，低分辨率模式下图像包含的植被覆盖信息已能满足要求，而且能够减少拍摄成像时的虚化现象，拍摄更多的图像，图像处理计算时也能加快照片的处理速度。

2. 自拍杆

自拍杆是方便易用的"自拍神器"，市面上大部分手机都能在自拍杆上固定，可通过蓝牙进行配对或专用连接线控制手机拍照。自拍杆具有极大的便携性，可使用手机结合自拍杆对低矮植被如草地等进行垂直照相测量植被覆盖度。

9.3.2 地面照相测量法的实施步骤

针对便携式植被覆盖度摄影测量仪或自拍杆介绍地面照相测量法的实施步骤。

1. 选择测量样地

正式进行地面照相测量植被覆盖度前，需要确定野外样地的类型、数量和位置；掌握调查区域的土地利用结构特征，按耕地、草地、林地、园地等不同植被类型选择调查样地。

2. 照相

针对耕地、草地、灌木林地或茶园等，采用垂直向下的照相法测量植被覆盖度。对于郁闭度，采用垂直向上的照相法测量，相机镜头水平朝上。对于每个样地，拍摄3～5次。拍摄时需要等相机稳定时再进行拍摄，拍摄后原地查看照片，如果图像不清晰，立即重拍。拍摄时将相机镜头摆正，镜头调成垂直向下后进行拍摄，拍摄后及时查看是否是垂直照相，否则立即重拍。

在采用地面照相测量法测量植被覆盖度时，同时目估测量植被覆盖度作为参考，并测量记录植被高度，填写地面照相测量法测量植被覆盖度记录表（表9-2）。

表9-2 地面照相测量法测量植被覆盖度记录表

_____省（自治区、直辖市） _____地区（市、州、盟） _____县（区、市、旗）调查人员：_____调查日期：_____

地块编号	经度	纬度	植被类型	照相时间	相机距地表高度/m	目估植被覆盖度%	照相编号					植被高度/m					
							1	2	3	4	……	1	2	3	4	5	……

9.3.3 照片预处理及植被覆盖度计算

1. 照片导入及编码

完成一次周期观测后，回到室内立即整理观测数据，将地面照相测量法测量植被覆盖度记录表以及获取的植被覆盖度照片输入电脑，并对获取的植被图像文件进行统一编码命名。

2. 照片质量检查

照片质量检查主要包括三个方面：一是检查照片是否模糊、发虚（图9-2），这种现象可能是由拍摄过程中相机的晃动引起，建议在拍摄过程中将相机的焦距设置为最低，可减小晃动的影响。此类照片不能用于植被覆盖度计算。

照片编号：XXX1108300102   照片编号：XXX1005271010

图9-2 模糊数码图像样例

二是检查图像是否为非垂直拍摄（图9-3），若不是垂直拍摄将对植被覆盖度的测量结果造成很大干扰，使得测量结果偏大，在计算时要将该类图像剔除。

三是若由拍摄位置和拍摄高度等造成的被拍摄范围很小，则植被覆盖度的计算值不能反映真实情况，误差大，建议剔除（图9-4）。

3. 植被覆盖度自动计算

采用植被覆盖度自动计算系统（PCOVER）（计算机软件著作权登记号：2008SR12421）对获取的数码植被图像进行处理，通过模型自动计算植被覆盖度。植被覆盖度自动计算系统是专为便携式植被覆盖度摄影测量仪所开发的配套软件，目的是对其获取的植被图像进行处理，并通过模型自动计算植被覆盖度。

利用植被覆盖度自动计算系统计算植被覆盖度的流程如下。

（1）图像自动剪切，剔除图像边缘变形较大的部分。方法是以原图像中心为准，经过图像边缘剔除，只保留原图像宽的2/3，原图像高的8/9，面积为原图像的59%（图9-5）。

照片编号：XXX1007090102　　　　　　照片编号：XXX1107120502

图 9-3　非垂直拍摄图像样例

照片编号：XXX1007271204　　　　　　照片编号：XXX1107120104

图 9-4　拍摄高度和位置原因造成的误差较大图像样例

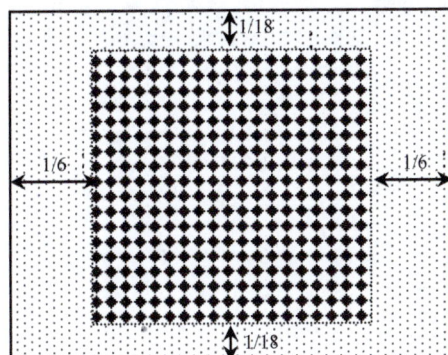

图 9-5　图像边缘剔除

图中 1/6 是指相对原图像宽的比例，1/18 指相对原图像高的比例，中间部分为开窗剪切后的保留部分

（2）自动计算植被覆盖度。该模块除了自动计算植被覆盖度外，还包括结果图像的滤波、对计算的图像植被覆盖度进行中心投影误差校正，以及最终图像植被覆盖度的自动记录和保存等，计算界面如图9-6所示。

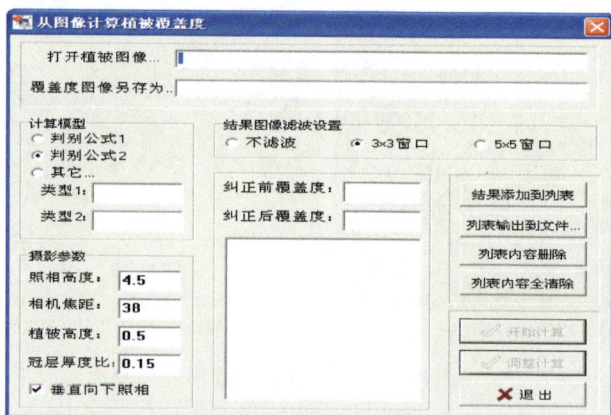

图9-6　自动计算植被覆盖度对话框的结果

植被覆盖度自动计算系统中的植被覆盖度判读模型是根据植被图像的真彩色特征以及不同颜色空间的色调（H）、亮度（L）、饱和度（S）颜色分量图像，采用逐步判别法建立的。针对植被向上和向下拍摄时的不同颜色特征，植被覆盖度自动计算系统设置了不同的计算模型，如果是非林地植被，选择采用默认的"判别公式2"，如果为林地植被，选择采用"判别公式1"。判别公式2可以很好地识别裸土信息，判别公式1可以更好地识别林地植被的枝干等信息（图9-7），结果图像是黑白二值图像。

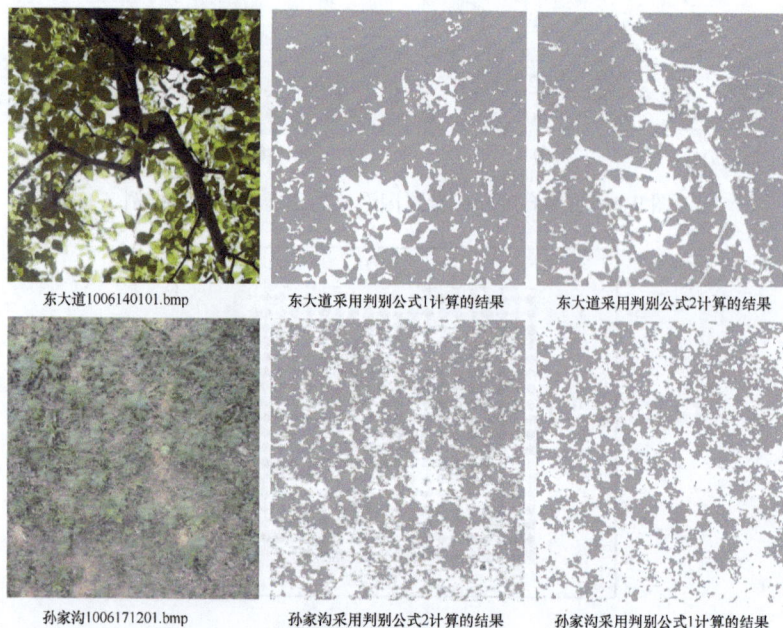

| 东大道1006140101.bmp | 东大道采用判别公式1计算的结果 | 东大道采用判别公式2计算的结果 |
| 孙家沟1006171201.bmp | 孙家沟采用判别公式2计算的结果 | 孙家沟采用判别公式1计算的结果 |

图9-7　不同计算模型计算植被覆盖度的差异

9.4　无人机照相测量法

植被覆盖度（FVC）的地面测量方法仅能提供米级至几十米的小样地尺度观测，很难实现百米至公里级尺度的植被覆盖情况制图（Baret et al.，2006；Mu et al.，2015）。无人机（unmanned aerial vehicle，UAV）技术的发展，使得大面积植被场景的高效精细观测成为可能，弥补了从地面测量尺度到卫星遥感影像尺度的数据缺失（Aasen et al.，2018；Colomina and Molina，2014；Whitehead et al.，2014）。通常农林遥感中使用的无人机可分为固定翼和多旋翼两种类型，可在几米至几百米的高度上执行测量任务，得到厘米级甚至毫米级分辨率的遥感影像（Watts et al.，2012）。考虑到数码相机价格便宜、易于部署、分辨率高，其逐渐成为无人机最常搭载的传感器类型。无人机与数码相机的组合，目前已成为基于无人机进行 FVC 测量的主流方案（Hu et al.，2019；Li et al.，2018），本节所介绍的算法均基于这一组合。

针对无人机在低高度（< 20 m）获取的数码影像，FVC 估算算法与地面照相测量法一致。其核心原理是图像分割，方法主要包括：①阈值法，如采用色彩空间的某个通道［如国际照明委员会（CIE）于 1976 年制定的，用亮度 L^*、红绿空间 a^*、黄蓝空间 b^* 表示的 CIE L*a*b* 颜色空间中的 a* 通道］（Liu et al.，2012；Song et al.，2015）；②植被指数法，如过绿植被指数（Excess Green（ExG）= 2×G–R–B，G 表示绿波段，R 表示红波段，B 表示蓝波段）（Liu and Pattey，2010；Meyer and Neto，2008）；③聚类法，如 K 均值（K-means）聚类、均值漂移（MeanShift）算法、支持向量机（SVM）、深度神经网络（DNN）等（Jay et al.，2019；Khan et al.，2018；Sadeghi-Tehran et al.，2017）。这些算法对于处理低高度的无人机数码影像十分有效，能够实现对 FVC 的精确估算。Chen 等（2019）采用基于绿红植被指数（GRVI）的阈值分割法处理无人机在 15 m 高度获取的影像，对 FVC 进行了高精度制图并用于指导作物水灌溉。Hu 等（2019）评估了分辨率对于 FVC 估算的影像的影响，结论表明像元分辨率为叶片宽度的 10% 时才能消除绝大部分误差。

对于无人机近景遥感（几十米至几百米）获取的数码影像，上述图像分割算法被证明并不能直接使用，这是因为影像中混合像元（mixed pixel）的存在干扰了图像分割的精度（Hu et al.，2019；Li et al.，2018）。混合像元是指一个像元内包含两种或更多种地物类型（Somers et al.，2011）。图像分割算法将混合像元错误地归为某一特定类别，造成估算结果的不稳定与误差。然而，目前很少利用无人机图像处理方法解决混合像元问题。相关研究表明，忽略混合像元效应的 FVC 估算相对误差可达 50%～200%（Hu et al.，2019；Torres-Sánchez et al.，2014）。因此，解决混合像元问题是解决无人机精准测量 FVC 的必经之路。

目前有两种方案可以解决混合像元问题。一种是从图像分割的角度，绕开对混合像元的直接处理，仅通过对纯像元的计算来校正混合像元的影响，获得区域尺度的 FVC，代表性算法是半高斯拟合（half-Gaussian fitting，HAGFVC）法（Li et al.，2018）；另一种是从混合像元分解的角度出发，直接针对混合像元进行处理，获得每个像元的

FVC，代表性算法是色彩混合分析（colour mixture analysis，CMA）法（Li et al.，2017）。两种算法有效地提高了 FVC 的估算效率与精度，被证明适合农作物覆盖区的大面积 FVC 制图。除农田场景外，森林也是一种主要的植被覆盖类型。在森林地区，通常上层树木与下层灌草的色彩极为接近，因此基于色彩的分割方法基本失效，亟待发展一种适用于森林地区冠层覆盖度估算的方法。机器学习方法也是进行图像分割的重要方法。本节还将介绍一种结合三维信息的自监督超像元卷积神经网络（self-supervised superpixel-wise convolutional neural network，3S-CNN）算法，用于森林地区冠层覆盖度的估算。

9.4.1　HAGFVC 算法原理与流程

高斯（正态）分布概率密度函数在统计学中是一种十分常见且重要的连续概率分布，常用于表征自然界中某个随机变量的分布形式。高斯混合模型（Gaussian mixture model，GMM）是两个或多个高斯密度函数的混合，能够平滑地近似任意形状的密度分布，常被用于语音、图像等信号识别方面。以图像聚类为例，GMM 中的每一个高斯模型可被视为一种类别，该类别的定义可由高斯分布概率密度函数的参数界定。

HAGFVC 算法的基本假设是，在 CIE L*a*b*色彩空间的 a*通道中，植被与土壤组合影像的直方图可以通过高斯混合模型进行表征。当空间分辨率极高时，影像被认为完全由纯像元构成（包括纯植被和纯土壤像元），a*直方图通过清晰可分的二组分高斯混合模型图进行表征；随着分辨率的降低，影像中的混合像元逐渐增多，a*直方图需要采用难以分解的三组分高斯混合模型进行表征（图 9-8）。需要注意的是，影像中混合像元比例的增加，必然伴随着纯像元比例的减少，体现在直方图上就是高斯模型的"峰"变陡，高斯混合模型的"谷"部逐渐被填充，造成混合模型可分性降低。算法假定构成高斯混合模型

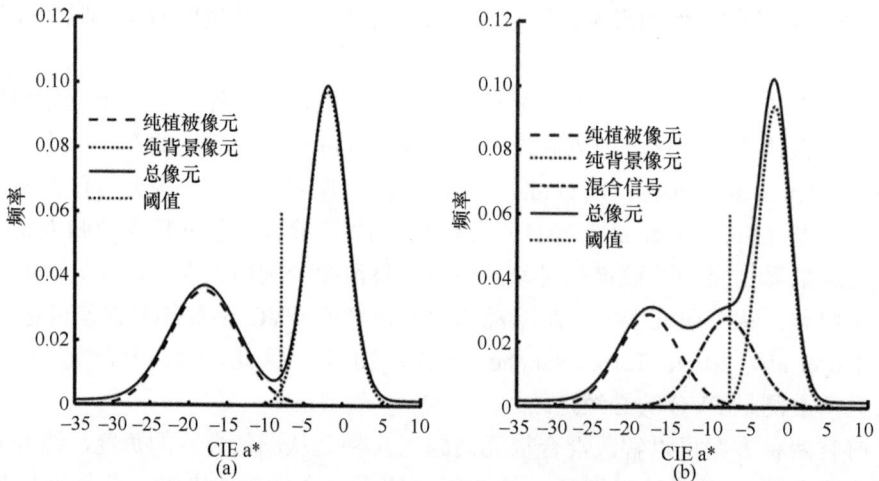

图 9-8　无混合像元时的高斯混合模型示意图（a）和有混合像元时的混合高斯模型示意图（b）

的两个单一高斯模型的均值不随分辨率变化，而标准差随分辨率降低而逐渐减小。因此，远离谷部的均值一侧仍属于纯像元，并通过拟合纯像元一侧的直方图估算高斯模型参数（图 9-9），依据错分误差相等原则，计算分割阈值。该算法计算出同一场景的分割阈值随分辨率变化并不明显，对于 FVC 具有优良的多尺度估算性能。

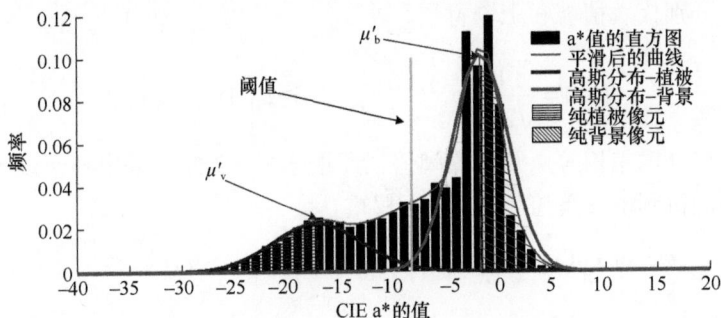

图 9-9　HAGFVC 算法解高斯混合模型示意图

直方图来源于无人机 19m 高度的照片。μ'_b 和 μ'_v 分别为土壤和植被类纯像元组分的均值

HAGFVC 算法具体的执行流程如下（图 9-10）。

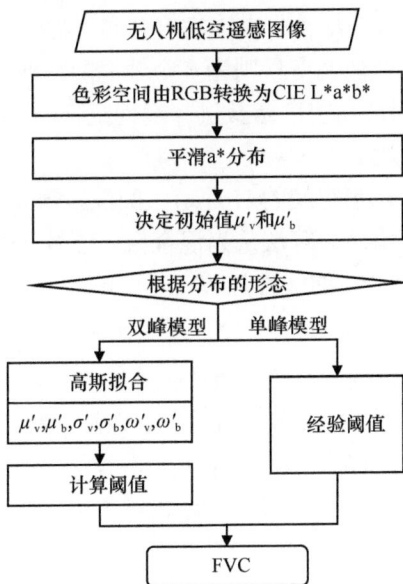

图 9-10　HAGFVC 算法执行流程图

（1）色彩空间转换。将原始无人机影像由 RGB 色彩空间转换为 CIE L*a*b*色彩空间。

（2）直方图曲线平滑。采用高斯核函数进行曲线的多尺度平滑，由于直方图曲线并非连续平滑，需要通过平滑算法进行处理。

（3）初始均值估计。通过曲线的一阶导与二阶导进行计算，判定初始均值（μ'_{vini}，μ'_{bini}）。

（4）判定直方图分布类型为单峰或双峰。如果直方图为双峰模式，则通过经验阈值判定纯植被和纯土壤像元。

（5）半高斯拟合，重新估计两类纯像元组分的权重（ω_b'、ω_v'）、均值（μ_b'、μ_v'）和标准差（σ_b'、σ_v'）。拟合方式可由式（9-1）得到，其中 μ 和 σ 分别为均值和标准差，下标 v 和 b 分别代表植被和土壤背景。

$$h(x) = \frac{1}{\sqrt{2\pi}\sigma} e^{-\frac{1}{2}\left(\frac{x-\mu}{\sigma}\right)^2} \qquad x \geqslant \mu_b \; \text{且} \; x \leqslant \mu_v \qquad (9\text{-}1)$$

（6）基于错分误差相等原则计算阈值，即根据式（9-2），采用补余误差函数（erfc）对图像进行分割得到植被覆盖度，以 ω 为权重。

$$\omega_v \cdot \text{erfc}\left[\left(x - \mu_v\right)/\sqrt{2}\sigma_v\right] = \omega_b \cdot \text{erfc}\left[\left(\mu_b - x\right)/\sqrt{2}\sigma_b\right] \qquad (9\text{-}2)$$

9.4.2　CMA 算法原理与流程

前面的 HAGFVC 算法采用的高斯混合模型，指的是多个高斯分布概率密度函数的线性组合，每一类别由一个高斯密度函数定义。而在 CMA 算法中，我们假设一种类别是一个独立随机变量，该随机变量符合高斯密度分布，某个类别的一个观测值即为随机变量的一个样本值，那么混合像元变量则为多个独立随机变量的加和。需要注意的是，HAGFVC 中采用的是直接对高斯密度函数进行线性组合，而 CMA 中采用的是随机变量的加和，二者存在本质的不同。

CMA 算法直接对 HSV 色彩空间的 H 通道中的混合像元采取分解处理的方式，将混合像元分解为纯植被和纯土壤。该算法认为混合像元信号（S_m）是纯植被信号（S_v）和纯土壤信号（S_b）根据 FVC（f）的线性加和。

$$S_m = f \cdot S_v + (1 - f) \cdot S_b \qquad (9\text{-}3)$$

自然界中，即使是纯净的地物，其光谱或色彩并非表现为一个固定的量，而是存在一定的变化范围，这就是所谓的端元光谱变异性。CMA 算法考虑了端元的色彩变异性，并用高斯函数进行模型化 [$p(S_v) = N(S_v; \mu_v, \sigma_v)$，$p(S_b) = N(S_b; \mu_b, \sigma_b)$]，即假设端元的色彩变异性符合高斯密度分布。该算法将 FVC（f）的求解转换为一个最大化条件概率问题。

$$f = \arg\max \, p\left(f \mid S_m\right) \qquad (9\text{-}4)$$

依据贝叶斯模型 [$P(A|B) = P(A) P(B|A) / P(B)$]，该最大化条件概率问题等价于

$$f = \arg\max \frac{p\left(S_m \mid f\right) p(f)}{p\left(S_m\right)} = \arg\max \, p\left(S_m \mid f\right) \qquad (9\text{-}5)$$

混合像元的条件概率分布可以通过动差生成函数（moment generating function，MGF）求解得到。

$$p\left(S_{\mathrm{m}}\,|\,f\right) = N\left[\,f\mu_{\mathrm{v}} + \left(1-f\right)\mu_{\mathrm{b}},\, f_2\sigma_{\mathrm{v}}^2 + \left(1-f\right)^2\sigma_{\mathrm{b}}^2\,\right] \tag{9-6}$$

由此可知，两个符合高斯分布的随机变量的加和依然符合高斯分布。式（9-6）中，未知量为两个均值（μ_{v}，μ_{b}）、两个标准差（σ_{v}，σ_{b}）和一个 FVC 值。由于无人机飞行具有高度灵活的特点，端元的均值和方差可以从同一架次的无人机低高度影像中提取出来，因此式（9-5）简化为估算使 $p\left(S_{\mathrm{m}}\,|\,f\right)$ 概率最大化的 f 的取值。

CMA 算法的具体执行流程如下（图 9-11）。

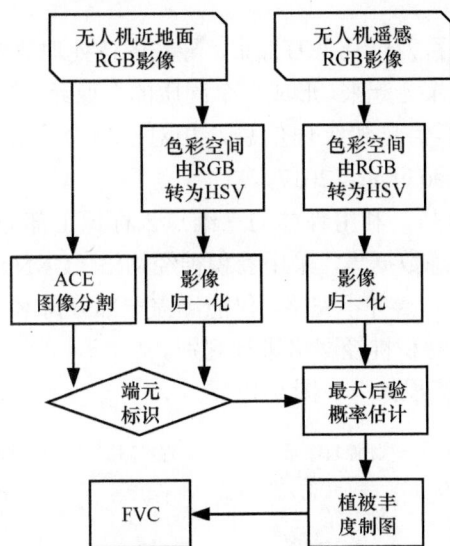

图 9-11　CMA 算法执行流程图

（1）色彩转换。将低空和高空两种无人机数码影像由 RGB 色彩空间转换为 HSV 色彩空间，基于 H 通道进行后续处理。

（2）影像归一化。为降低影像之间由光照条件差异引起的色彩变化，我们对所有 H 通道的影像进行色彩归一化。

（3）端元提取。利用地面图像分割算法［如自适应对比度增强（adaptive contrast enhancement，ACE）算法］处理低空数码影像。假设低空影像中不存在混合像元，通过图像分割可以定位纯植被和纯土壤像元。再基于 H 通道影像，获取两种端元的 H 通道直方图，进而用高斯函数拟合得到均值与方差，随机变量（植被或土壤）符合该高斯函数。

（4）混合色彩分解。对于高空影像中的每个像元，利用最大后验概率估计算法估算式（9-6）中的变量 f，即可得到 FVC。

9.4.3　3S-CNN 算法原理

除农田场景外，森林也是一种主要的植被覆盖类型。在森林地区，通常上层树木与下层灌草的色彩极为接近，因此基于色彩的分割方法基本失效，亟待发展一种适用于估算森林地区冠层覆盖度的方法。本节介绍一种结合三维信息的自监督超像元卷积神经网络（3S-CNN）算法。

该算法考虑到利用高度信息能够清楚地区分出上层树木与下层灌草，因此通过运动恢复结构（structure from motion，SfM）算法，直接基于无人机影像生成三维点云。SfM是一种从运动中实现三维重建的算法，即利用一系列的二维影像推算三维信息。SfM算法首先寻找影像之间的匹配点，然后通过匹配点之间的视差计算深度信息（Dandois and Ellis，2013）。

无人机影像通常有几百万至几千万像素，导致图像处理效率低下。超像元将相邻的一些具有相似特性的像元聚合起来，形成一个同质的大像元，大大降低了数据的处理量。而且超像元同时包含色彩信息和纹理信息，相对于单个像元来说，信息量大大提升（Achanta et al.，2012；Zhao et al.，2017）。

该算法的基本出发点是，利用森林的三维点云标记出部分树冠超像元和背景超像元，建立树冠与背景的训练数据集，采用卷积神经网络（CNN）训练并估算无标记部分的超像元类型。由于SfM点云并不完整，仅能涵盖一部分树木像元，因此对于点云无法涵盖的超像元，需要采用卷积神经网络进行判别。

3S-CNN算法的执行流程如下（图9-12）。

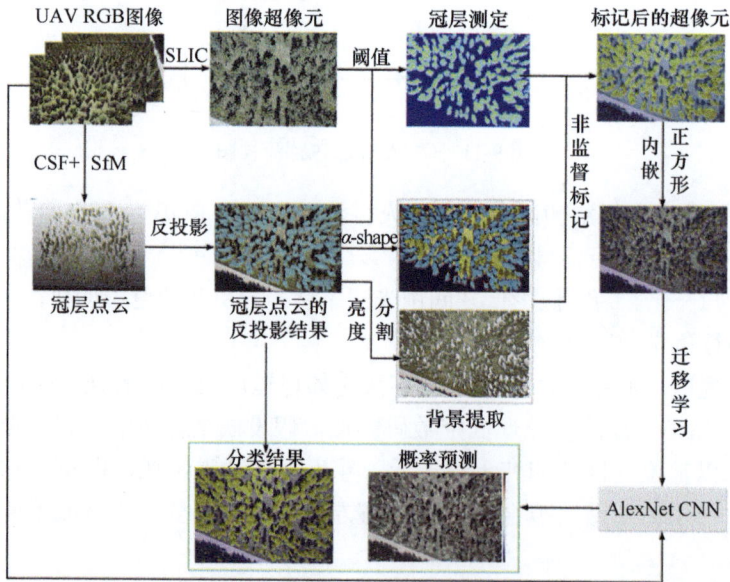

图9-12　3S-CNN算法执行流程图

（1）超像元分割和树冠三维点云生成。采用简单线性迭代聚类（simple linear iterative clustering，SLIC）算法对每幅影像进行超像元分割，得到近似大小的同质像元组。通过SfM算法生成森林的三维点云，利用基于曲率和统计学原理的地面滤波（curvature and statistical-based filtering，CSF）算法滤除下垫面信息，仅保留树冠点云。

（2）创建树冠超像元和背景超像元标记数据，并训练卷积神经网络。将树冠三维点云反投影到二维影像中，将含有树冠点云的超像元标记为树冠超像元；通过形态学处理的散点轮廓算法（α-shape）和图像分割的方法（亮度分割）将背景超像元标记出来。采用这两类标记数据，训练卷积神经网络（AlexNet CNN）。

（3）超像元分类并计算冠层覆盖度。利用训练好的卷积神经网络对正射影像中的超像元进行分类，统计各类别中树冠像元和背景像元的数据，计算冠层覆盖度。

该算法采用自监督模式，无须手工标记训练数据，大大降低了算法的使用复杂性与处理时间。通过三维信息、纹理信息、上下文信息的结合，该算法能够输出十分精确的冠层覆盖度估算结果，并且适用于各种复杂的森林条件。

9.5　遥感影像估算法

9.5.1　应用归一化植被指数计算植被覆盖度

遥感影像是获取区域大范围植被覆盖度的快速方法，最常用的方法是基于归一化植被指数（NDVI）计算植被覆盖度。NDVI 是多光谱遥感数据中近红外波段（R_{NIR}）与可见光波段（R_{red}）数值之差与这两个波段数值之和的比值，其比值在[–1, 1]范围内，即

$$NDVI = \frac{R_{NIR} - R_{red}}{R_{NIR} + R_{red}} \tag{9-7}$$

基于 NDVI，植被覆盖度计算公式为

$$FVC = \left(\frac{NDVI - NDVI_{min}}{NDVI_{max} - NDVI_{min}} \right)^{k} \tag{9-8}$$

式中，FVC 为植被覆盖度；NDVI 为像元 NDVI 值；$NDVI_{max}$、$NDVI_{min}$ 为研究区内 NDVI 的最大值、最小值；k 为非线性系数，通常用于修正线性假设与真实植被–土壤混合光谱响应之间的偏差。实际场景中，由于冠层结构、阴影效应等，植被与土壤的光谱混合，会呈现非线性关系。非线性系数 k，通过调整公式中的指数或权重，使估算更接近真实覆盖度。非线性修正，适用于高异质性区域，而在均匀植被区，则无须引入。其确定方法包括经验值、实测数据拟合或动态调整确定等。

9.5.2　多源数据融合计算植被覆盖度

计算 NDVI 时常采用的影像是 TM 或 MODIS 影像等。TM 影像的空间分辨率高（30m），但一年获取多期影像工作量很大；MODIS 影像的空间分辨率低（250m），易处理多期影像。因此，融合这两种影像数据源，既能获取较为满意的空间分辨率，又能处理多期连续数据，满足土壤侵蚀调查与评价。例如，第一次全国水利普查水土保持情况普查中，利用一年内 3~4 期 TM 影像计算的 NDVI 与一年 24 个半月 MODIS 影像的 NDVI 融合计算，得到一年 24 个半月 30 m 空间分辨率的 NDVI，由此计算植

被覆盖度。其具体计算过程如下。

1. MODIS 影像 NDVI 产品预处理

下载监测每年 24 个半月 MODIS 遥感数据的 NDVI 产品 MOD13Q1，并进行预处理，包括：①植被指数数据层导出 NDVI。②投影转换。MODIS 影像产品的投影方式为正弦曲线等面积伪圆柱投影（桑逊投影），转换为 Albers 投影，全国的标准纬线为 25°N 与 47°N，中央经线为 105°E（地方可根据所处地理位置，确定相应的中央经线和标准纬线）。③空值确认和去除。MODIS-NDVI 产品的有效范围是–2000~10000，–3000 是填充值；根据 MOD13Q1 产品导出的植被指数质量标识层（VI_Quality）和数据可靠性（pixel reliability），在标识有云或质量不佳的区域范围内，选择每年相同半月时段的 MODIS-NDVI，进行最大值合成法处理。

2. TM 影像预处理和 NDVI 计算

对 30 m 空间分辨率的 TM 影像进行预处理，包括：采用地面控制点对影像进行几何精纠正；对影像进行大气纠正，减少或消除大气对影像的干扰，以得到地表反射率影像；云量检查和去除。

利用预处理后的影像数据计算 NDVI：

$$NDVI = \frac{NIR - R}{NIR + R} \tag{9-9}$$

式中，NDVI 为归一化植被指数；NIR 为近红外波段的反射率；R 为可见光红波波段的反射率。

3. 不同地类 MODIS 的 NDVI 纯像元提取与 24 个半月 NDVI 序列生成

对从遥感影像解译而来的土地利用图进行矢量格式到栅格格式的转换，生成 30 m 空间分辨率的土地利用栅格数据，利用 30 m 空间分辨率土地利用栅格数据与 MODIS-NDVI 数据叠加，判断某种土地利用类型下，MODIS 像元所覆盖的 30 m×30 m 分辨率的像元类别在该 MODIS 像元内所占的百分比。假设 MODIS 像元中包含 N 个 30 m 分辨率像元；N 个 30 m×30 m 分辨率像元中包含土地利用类型为 T_a、T_b、T_c 的像元分别有 N_a、N_b、N_c 个，则各种土地利用类型在 1 个 MODIS 像元中所占百分比为 N_a/N、N_b/N、N_c/N。若 $N_a/N>90\%$（若任何一种土地利用类型面积比例大于 90%），则认为该 MODIS 像元为 1 个纯像元。按式（9-10）分别生成各个类别 24 个半月 NDVI 序列：

$$V_M(t) = \frac{1}{3N} \sum_{y=k}^{k+2} \sum_{n=1}^{N} NDVI(t, y, n) \tag{9-10}$$

式中，$V_M(t)$ 为某类别 t 时相（一年中第几期，所代表的儒略日为 DOY=16×t–7）多年 NDVI 的平均值；t 为时相；N 为某一类别纯像元的个数；y 为数据的年份；k 为监测年前三年的起始年，如监测年为 2018 年，k 值为 2015；NDVI（t, y, n）为第 y 年 t 时相某类别第 n 个纯像元的 NDVI 值。

4. 融合生成 24 个半月 30 m 分辨率 NDVI 产品

利用式（9-11）的连续纠正法，融合 MODIS 的 250 m 空间分辨率的 24 个半月 NDVI 和 TM 的 30 m 空间分辨率 NDVI 数据：

$$V_{\mathrm{H}}(t_i) = V_{\mathrm{M}}(t_i) + \frac{\sum_{j=1}^{n}\left\{\omega(t_i, t_j)\left[V_{\mathrm{T}}(t_j) - V_{\mathrm{M}}(t_j)\right]\right\}}{\sum_{j=1}^{n}\omega(t_i, t_j)} \tag{9-11}$$

式中，$V_{\mathrm{H}}(t_i)$ 为某一高分辨率像元的 NDVI 融合值；$V_{\mathrm{M}}(t_i)$ 为此高分辨率像元对应地类 MODIS 多年平均值序列；$V_{\mathrm{T}}(t_j)$ 为此像元对应某时间 TM 或环境系列卫星等高分辨率的 NDVI 数据，总计有 n 景；t_i 为 MODIS-NDVI 数据获取时的儒略日（DOY=16×时相−7）；t_j 为高分辨率 NDVI 数据获取时对应的儒略日；$\omega(t_i, t_j)$ 为 t_j 时的高分辨率 NDVI 的权重，表达为 $\omega(t_i, t_j) = \dfrac{1}{|t_i - t_j|}$。

5. 将 NDVI 转换为 FVC

利用式（9-8）将融合的 24 个半月 30 m 空间分辨率的 NDVI 转换为相应的 FVC。

6. 计算 3 年平均 24 个半月 FVC

利用上述方法依次计算监测年前三年的 24 个半月 30 m FVC，再将三年栅格数据进行平均值运算，即得到 3 年平均 24 个半月 FVC。

9.5.3　用光合植被和非光合植被计算地面盖度

地面覆盖不仅包含可进行光合作用的光合植被（photosynthetic vegetation，PV），还包括不进行光合作用的枯枝落叶等非光合植被（non-photosynthetic vegetation，NPV）。在区域尺度上，植被覆盖度常使用 NDVI 来计算。然而，NDVI 作为一种反映 PV 的遥感指数，无法反映枯枝落叶覆盖信息。本部分将介绍一种基于遥感像元三分模型的计算 PV、NPV 盖度的方法。

1. PV、NPV、裸土的高光谱反射曲线差异

不同物质在相同的光照下具有不同的波谱反射特性。图 9-13 展示了 PV、NPV、裸土（BS）的高光谱曲线。PV 吸收红光波段，反射近红外波段，因而在 630～670nm 波段处存在一个"吸收谷"，850～880nm 波段处存在一个"反射峰"，该特征与 NPV 和 BS 的反射特性具有很大差异，利用该特征能够将 PV 与其他组分区分出来。NPV 与 BS 在小于 2000nm 波段处的反射特征相似，但在 2000～2200nm 波段处的反射特性差异较大（如图 9-13 中虚线框所示），利用该特性能够区分 NPV 和 BS。PV、NPV、BS 的高光谱反射特性差异成为区分地面覆盖组分的关键。

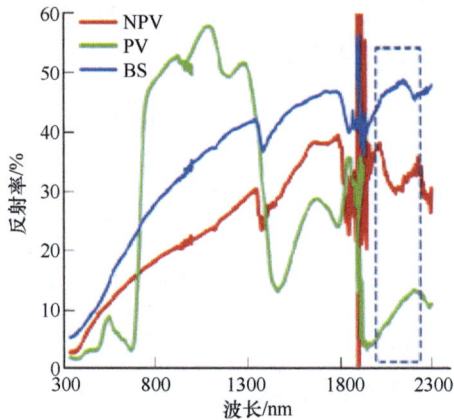

图 9-13　绿叶、枯落物及裸土的光谱曲线

根据上述特征，采用高光谱数据，可以分别构建反映 PV 和 NPV 盖度的 NDVI 和纤维素吸收指数（CAI），计算公式为

$$NDVI = \frac{R_{nir} - R_{red}}{R_{nir} + R_{red}} \qquad (9\text{-}12)$$

$$CAI = 0.5\left(R_{2000} + R_{2200}\right) - R_{2100} \qquad (9\text{-}13)$$

式中，R_{nir}、R_{red}、R_{2000}、R_{2100} 和 R_{2200} 分别为近红外、红波段、2000 nm、2100 nm 和 2200 nm 处的反射率，计算时分别取 671～691 nm、793～813 nm、2022～2032 nm、2102～2123 nm 和 2193～2213 nm 波段反射率的平均值。

2. 像元三分模型

遥感所获取的地面反射或发射光谱信号，是以像元为单位记录的。受单一成分物质的光谱、几何结构、在像元中的分布，以及大气传输过程和遥感本身混合效应的影响，图像中每个像元记录的，其实是所对应的不同土地覆盖类型光谱响应特征的综合（赵英时等，2003）。在一些应用场景中，研究者需要准确获取混合像元中各个地物的面积比例（即丰度或覆盖度）。光谱混合分析（spectral mixture analysis，SMA）是一种有效的提高遥感应用精度的技术，用于分解混合像元中各个地物的比例。该方法主要包括线性光谱混合模型（linear spectral mixture model，LSMM）和概率、几何光学、随机几何等非线性光谱混合模型（non-linear spectral mixture model，NLSMM）。有学者比较了 LSMM 和 NLSMM 两种模型估算的精度，结果表明，LSMM 模型可以很好地估算 PV 和 NPV 盖度（姬翠翠等，2016；郑国雄等，2016）。

以往基于 NDVI 建立的像元二分模型，是 LSMM 中最为简单的一种。其将混合像元分为 PV 和 BS 两组分进行绿色植被覆盖度的估算，该方法由于形式简单且具有一定的物理意义而被广泛应用（Jeong et al.，2011）。然而，像元二分模型也存在一定弊端，该模型仅把像元分解为 PV 和 BS 两种组分的比例，无法分解 NPV 的盖度。Guerschman 等（2009）基于 MODIS 多光谱数据，提出了短波红外指数（SWIR32），并构建了 NDVI 与 SWIR32 相结合的特征空间，进而提出了一个像元三分模型，用于反演 PV 与 NPV 盖度。该模型在澳大利亚稀疏草原的研究中，成功地估算了 PV 与 NPV 的盖度。

3. 基于像元三分模型估算 PV、NPV 盖度

光谱的线性混合理论认为，混合光谱 Y 可以表达成单个物质（端元像素）的光谱的线性组合，即

$$Y = a \cdot Y_a + b \cdot Y_b + c \cdot Y_c + \cdots + \varepsilon \qquad \varepsilon \sim N(0, \sigma^2) \qquad (9\text{-}14)$$

式中，Y 为某波段某混合像元的光谱反射率；a、b、c 为对应于该像元不同组分所占的分量值，又称丰度，限定其总和为 1；Y_a、Y_b、Y_c 为不同组分在该波段的反射率；ε 为残余误差值，即光谱的非模型化部分。

参考 Guerschman 等（2009）提出的以 PV、NPV、BS 光谱特征差异为基础的 SMA 方法，建立估算三组分比例的约束条件：

$$f_{PV} + f_{NPV} + f_{BS} = 1 \qquad (9\text{-}15)$$

$$NDVI_{PV} \cdot f_{PV} + NDVI_{NPV} \cdot f_{NPV} + NDVI_{BS} \cdot f_{BS} = NDVI_i \qquad (9\text{-}16)$$

$$SWIR32_{PV} \cdot f_{PV} + SWIR32_{NPV} \cdot f_{NPV} + SWIR32_{BS} \cdot f_{BS} = SWIR32_i \qquad (9\text{-}17)$$

式中，f_{PV}、f_{NPV}、f_{BS} 分别为混合像元 i 中 PV、NPV、BS 的占比，也是需要解出的盖度值；$NDVI_{PV}$、$NDVI_{NPV}$、$NDVI_{BS}$、$SWIR32_{PV}$、$SWIR32_{NPV}$、$SWIR32_{BS}$ 分别为纯 PV、NPV、BS 端元的 NDVI 和 SWIR32 值，这六项参数通常需要使用手持式光谱仪计算，根据吕渡（2022）、何亮（2024）在黄土高原的研究结果，其值分别为 0.84、0.31、0.11、0.45、0.76、1.05；$NDVI_i$、$SWIR32_i$ 分别为 MODIS 数据源中混合像元 i 的 NDVI、SWIR32 值。

参 考 文 献

何亮. 2024. 黄土高原非光合植被盖度反演及其在土壤侵蚀模型中的应用. 杨凌: 西北农林科技大学.

姬翠翠, 贾永红, 李晓松, 等. 2016. 线性/非线性光谱混合模型估算白刺灌丛植被覆盖度. 遥感学报, 20: 1402-1412.

路炳军, 刘洪鹄, 符素华, 等. 2007. 照相法结合数字图像技术计算植被覆盖度精度研究. 水土保持通报, 27(1): 78-80,85.

吕渡. 2022. 基于像元三分模型的黄土高原光合和非光合植被覆盖度估算. 北京: 中国科学院大学(中国科学院教育部水土保持与生态环境研究中心).

张云霞, 李晓兵, 张云飞. 2007. 基于数字相机、ASTER 和 MODIS 影像综合测量植被盖度. 植物生态学报, (5): 842-849.

赵英时, 等. 2003. 遥感应用分析原理与方法. 北京: 科学出版社.

郑国雄, 李晓松, 张凯选, 等. 2016. 浑善达克沙地光合/非光合植被及裸土光谱混合机理分析. 光谱学与光谱分析, 36: 1063-1068.

Aasen H, Honkavaara E, Lucieer A, et al. 2018. Quantitative remote sensing at ultra-high resolution with UAV spectroscopy: a review of sensor technology, measurement procedures, and data correction workflows. Remote Sensing, 10: 1091.

Achanta R, Shaji A, Smith K, et al. 2012. SLIC superpixels compared to state-of-the-art superpixel methods. IEEE Transactions on Pattern Analysis and Machine Intelligence, 34: 2274-2282.

Baret F, Morissette J T, Fernandes R, et al. 2006. Evaluation of the representativeness of networks of sites for the global validation and intercomparison of land biophysical products. Proposition of the CEOS-BELMANIP. IEEE Transactions on Geoscience and Remote Sensing, 44: 1794-1803.

Chen A, Orlov-Levin V, Meron M. 2019. Applying high-resolution visible-channel aerial imaging of crop canopy to precision irrigation management. Agricultural Water Management, 216: 196-205.

Colomina I, Molina P. 2014. Unmanned aerial systems for photogrammetry and remote sensing: a review. ISPRS Journal of Photogrammetry and Remote Sensing, 92: 79-97.

Dandois J P, Ellis E C. 2013. High spatial resolution three-dimensional mapping of vegetation spectral dynamics using computer vision. Remote Sensing of Environment, 136: 259-276.

Guerschman P J, Hill M J, Renzullo L J, et al. 2009. Estimating fractional cover of photosynthetic vegetation, non-photosynthetic vegetation and bare soil in the Australian tropical savanna region upscaling the EO-1 Hyperion and MODIS sensors. Remote Sensing of Environment, 113: 928-945.

Hu P, Guo W, Chapman S C, et al. 2019. Pixel size of aerial imagery constrains the applications of unmanned aerial vehicle in crop breeding. ISPRS Journal of Photogrammetry and Remote Sensing, 154: 1-9.

Jay S, Baret F, Dutartre D, et al. 2019. Exploiting the centimeter resolution of UAV multispectral imagery to improve remote-sensing estimates of canopy structure and biochemistry in sugar beet crops. Remote Sensing of Environment, 231: 110898.

Jeong S J, Ho C H, Gim H J, et al. 2011. Phenology shifts at start vs. end of growing season in temperate vegetation over the Northern Hemisphere for the period 1982–2008. Global Change Biology, 17: 2385-2399.

Khan Z, Rahimi-Eichi V, Haefele S, et al. 2018. Estimation of vegetation indices for high-throughput phenotyping of wheat using aerial imaging. Plant Methods, 14: 20.

Li L, Mu X, Macfarlane C, et al. 2018. A half-Gaussian fitting method for estimating fractional vegetation cover of corn crops using unmanned aerial vehicle images. Agricultural and Forest Meteorology, 262: 379-390.

Li L, Yan G, Mu X, et al. 2017. Estimation of fractional vegetation cover using mean-based spectral unmixing method. Fort Worth: 2017 IEEE International Geoscience and Remote Sensing Symposium (IGARSS): 3178-3180.

Liu J, Pattey E. 2010. Retrieval of leaf area index from top-of-canopy digital photography over agricultural crops. Agricultural and Forest Meteorology, 150: 1485-1490.

Liu Y, Mu X, Wang H, et al. 2012. A novel method for extracting green fractional vegetation cover from digital images. Journal of Vegetation Science, 23: 406-418.

Meyer G E, Neto J C. 2008. Verification of color vegetation indices for automated crop imaging applications. Computers and Electronics in Agriculture, 63: 282-293.

Mu X H, Hu M G, Song W J, et al. 2015. Evaluation of sampling methods for validation of remotely sensed fractional vegetation cover. Remote Sensing, 7: 16164-16182.

Sadeghi-Tehran P, Virlet N, Sabermanesh K, et al. 2017. Multi-feature machine learning model for automatic segmentation of green fractional vegetation cover for high-throughput field phenotyping. Plant Methods, 13: 103.

Somers B, Asner G P, Tits L, et al. 2011. Endmember variability in spectral mixture analysis: a review. Remote Sensing of Environment, 115(7): 1603-1616.

Song W, Mu X, Yan G, et al. 2015. Extracting the green fractional vegetation cover from digital images using a shadow-resistant algorithm (SHAR-LABFVC). Remote Sensing, 7: 10425-10443.

Torres-Sánchez J, Peña J M, de Castro A I, et al. 2014. Multi-temporal mapping of the vegetation fraction in early-season wheat fields using images from UAV. Computers and Electronics in Agriculture, 103:

104-113.

Watts A C, Ambrosia V G, Hinkley E A. 2012. Unmanned aircraft systems in remote sensing and scientific research: classification and considerations of use. Remote Sensing, 4: 1671-1692.

Whitehead K, Hugenholtz C H, Myshak S, et al. 2014. Remote sensing of the environment with small unmanned aircraft systems(UASs). Part 2: Scientific and commercial applications. Journal of Unmanned Vehicle Systems, 2: 86-102.

Zhao W, Jiao L, Ma W, et al. 2017. Superpixel-based multiple local CNN for panchromatic and multispectral image classification. IEEE Transactions on Geoscience and Remote Sensing, 55: 4141-4156.

第 10 章　土壤侵蚀影响生产力试验与调查

　　土壤侵蚀是一个缓慢发生的过程，受气候波动、作物种类和田间管理等因素影响，自然条件下观测土壤侵蚀对土地生产力的影响比较困难，因此经常采用间接的方法。Olson 等（1999）综合前人的相关研究，将研究方法归为三大类：①移去表土法和加表土法；②配对比较法；③计算机模型模拟法。Bakker 等（2004）将相关的研究方法细分为：①削土法，也称为移去表土法；②加土法；③剖面线调查法，也称为剖面线法；④对比小区法；⑤计算机模型模拟法。den Biggelaar 等（2003）则将相关研究方法总结为：①侵蚀程度法；②削土法和加土法；③表土深度法；④管理措施法；⑤脆磐深度法；⑥土壤普查法。

　　考虑到管理措施法与本书中侵蚀–土地生产力关系的研究方法相差较大，配对比较法和剖面线调查法较相似，侵蚀程度法和对比小区法有相似之处，本书综合了上述的分类法，将移去表土法和加表土法合并，在模拟侵蚀研究方法中增加了近年来出现的配土法，保留了剖面线调查法和对比小区法。以下对 4 种方法分别进行原理描述和典型应用案例分析。

10.1　移去表土法

10.1.1　原　　理

　　研究土壤侵蚀对土地生产力影响的最大难度是确定侵蚀深度。移去表土法的优点在于，移除了多少厚度的土壤就代表了多大的侵蚀深度。因此，该方法最为直观。但问题在于，自然的土壤侵蚀是逐渐发生的，土壤也在耕作过程中逐渐熟化。因此，移去表土法带来的最大问题是，突然移去土壤表土，使下层未经耕作的生土直接出露，会高估土壤侵蚀导致的土壤生产力降低的程度。但随着试验年限的加长，移去表土法的结果有望与实际情况逐渐接近，但这可能需要较长的试验年份（Bakker et al.，2004）。

　　该方法适合盆栽研究，也适合小区试验。小区试验时，可以采用机械或人工挖掘表土。不同侵蚀处理的小区，一般需要随机排列。需要注意的是，移去表土法营造的新的侵蚀剖面低于目前的地面，因此需要防止外来的径流流入小区内。

　　与移去表土法相对应的是加表土法，即在侵蚀土壤上添加表土，从而确定侵蚀深度与土壤生产力变化的关系。其原理与移去表土法相似，以加土厚度最大的剖面为对照，研究侵蚀深度与作物产量的关系。

10.1.2　应用案例

移去表土法是应用较早,也是较多的方法。根据 den Biggelaar 等(2003)的分析,移去表土法与加表土法占研究案例的30%左右,共 98 条试验记录,是应用较多的方法。

在现有文献中,移去表土法试验观测年限较长的有 16 年。Larney 等(2009)于 1990~2005 年,在加拿大农业和农业食品部 Lethbridge 研究和发展中心(49°43′ N,112°48′W)开展了土壤侵蚀对小麦产量影响的试验。该试验共设置移去 0 cm(对照)、5 cm、10 cm、15 cm 和 20 cm 表土的试验处理。每种处理设置 4 个施肥水平,每个施肥水平再设置 4 个重复,计 16 个小区,5 种处理下共计 80 个小区。与未侵蚀处理的小麦产量相比,移去 5 cm、10 cm、15 cm 和 20 cm 表土后,小麦产量分别降低了9.20%、16.48%、24.52% 和 26.82%。从作者公布的 13 年(1993~2003 年,2005~2006 年)的研究数据可以看出,历年产量有所不同(表 10-1)。侵蚀导致产量降低的情况有所不同,2001 年和 2003 年降低幅度较小,这两年因干旱等因素影响,各个经侵蚀处理土壤(包括未侵蚀土壤)的产量都很低,产量差异未体现出来。在其他年份,平均每侵蚀 10cm 土壤的产量损失都在 10%以上,有的甚至达到 30%以上。作者还分别分析了前 5 年和后 8 年的试验数据,总体上,未发现后 8 年产量降低幅度明显低于前 5 年的情况(图 10-1)。但对于未施肥的处理而言,后 8 年的侵蚀导致小麦产量降低的幅度似有变缓的趋势,尤其是灌溉田,这种变缓的趋势更加明显。

表 10-1　不同年份的小麦产量(Larney et al.,2009)　　(单位:Mg/hm²)

	1993	1994	1995	1996	1997	1998	1999	2000	2001	2002	2003	2005	2006	平均
产量	4.79	4.75	2.88	1.88	2.59	2.86	2.59	1.18	1.33	4.14	1.82	4.34	2.96	2.93

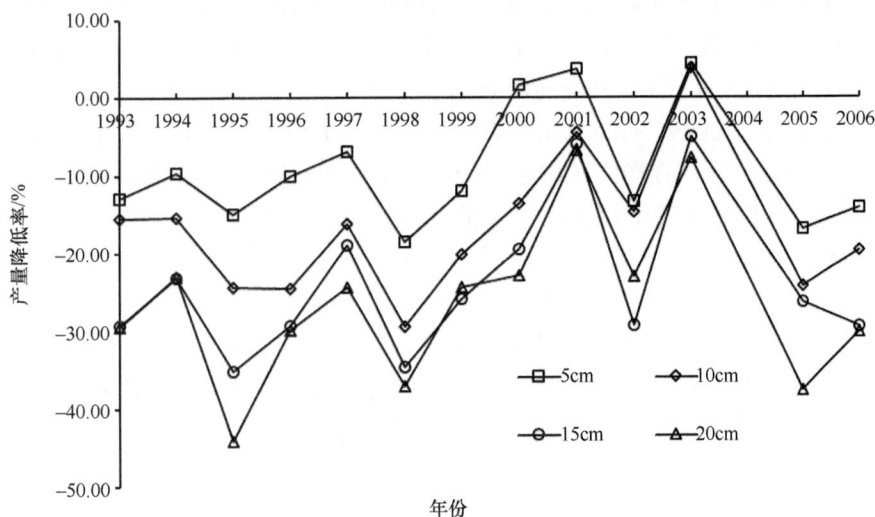

图 10-1　不同侵蚀处理情况下小麦产量降低情况 [据 Larney 等(2009)的数据计算、绘制]

关于该地区移去表土法对作物产量影响的年际变化，以及此前曾进行的补充施肥会产生的后续影响（legacy effects），Larney 等（2018）也进行了比较系统的研究。该研究选择了一块 1957 年进行模拟侵蚀处理的地块（移去表土法），对其中未侵蚀处理、中度侵蚀处理（移去表土 10～20cm）和严重侵蚀处理（移去表土>46cm）的三种地块进行试验观测。结果发现，经过近 60 多年的耕作，大部分中度侵蚀和严重侵蚀的未施肥小区，作物产量仍显著低于未侵蚀土壤。17 年（1993～2010 年，除 2000 年休耕）的平均实验数据显示，在 Expt80-85 地块（该地块的部分试验田曾在 1980～1985 年开展过补充施肥试验，此后未再施肥），中度侵蚀和严重侵蚀的小麦产量为未侵蚀土壤产量的 72.9%和 66.3%；在 Expt87-91（该地块的部分试验田曾在 1987～1991 年开展过补充施肥试验，此后未再施肥）地块，中度侵蚀和严重侵蚀的小麦产量为未侵蚀土壤产量的 80.9%和 64.3%。这表明即使经过多年耕种，侵蚀对产量的影响仍很明显。但也有少部分中度侵蚀和严重侵蚀的未施肥小区达到甚至超过未侵蚀处理的产量，这种情况主要集中在耕作 43 年（即 2000 年）以后。

在中国，开展移去表土法研究土壤侵蚀对作物产量影响的地区，主要有黄绵土区（贾锐鱼等，2004）、黑土区（张兴义等，2006；Sui et al.，2009；Zhou et al.，2015；Guo et al.，2021）、紫色土区（Zhao et al.，2012）和华北平原地区等。

10.2 配 土 法

10.2.1 原 理

考虑到移去表土法在短期试验中的缺陷，刘宝元等提出了配土法，并最早在黑龙江九三土壤侵蚀教育部野外科学观测研究站（位于黑龙江省嫩江市农垦九三管理局鹤山农场）开展了试验研究（高晓飞，2006）。配土法需要先确定一个侵蚀速率（cm/a）和一个翻耕深度（cm），并假设翻耕能将土壤均匀混合。然后，据此计算不同侵蚀深度的情况中，当前土壤剖面各深度土壤的残存比例，其计算原理已有相关描述（Wang et al.，2009；Gao et al.，2015）。但为方便操作，经常将每 10cm 厚度的土壤看作一个性质均一的整体（耕层 20cm 看作一个整体），这样就可以通过 Excel 表格或简单的编程实现各土层残存比例的计算。

该方法不仅适合盆栽试验也可用于小区试验。对于盆栽试验，Gao 等（2015）将各层土壤按 10cm/层（耕层是按照 20cm/层）取出，并根据容重确定体积与质量的关系，进行不同侵蚀深度的土壤配比。对于小区试验，Wang 等（2009）根据侵蚀深度，确定侵蚀后剖面的土壤组分，根据计算比例，确定保留当前剖面每层土壤剩余的比例，去除每层多余的土壤后，将剩余的属于侵蚀后的耕层土壤（20cm）进行充分搅拌，得到侵蚀后的耕层土壤（20cm）。小区试验中，因侵蚀后的剖面表层低于当前地表，需要进行外来水分的防护工作，小区周边要保证良好的排水。

10.2.2　应　用　案　例

目前配土法的应用案例尚少，主要是北京师范大学土壤侵蚀研究团队在黑龙江九三土壤侵蚀教育部野外科学观测研究站采用该方法开展的相关研究（Wang et al.，2009；Gao et al.，2015）。

Wang 等（2009）的研究是小区试验，设计的侵蚀步长为侵蚀 10cm、20cm、30cm、40cm、50cm、60cm 和 70cm，另外设置一个未侵蚀（侵蚀 0cm）的对比处理。该试验年限为 3 年（2005～2007 年），分为施肥实验和不施肥实验。研究结论认为，大豆产量随侵蚀深度的加深而呈现先快后慢的降低趋势。对照未侵蚀的大豆产量，7 种侵蚀设计的大豆产量降低比例为 28.8%、37.8%、43.5%、52.6%、53.1%、52.9%和 64.1%（施肥情况）和 32.6%、42.2%、53.0%、54.0%、65.8%、69.7%和 72.6%（不施肥情况）。从该研究提供的作物产量三年变化图中可以看出，在施肥情况下，侵蚀深度较深的处理，其作物产量与对照处理（侵蚀 0cm）有缩小的趋势。这种趋势是因为土壤经过耕作而熟化，抑或是由气候波动导致，尚待研究。从该研究还可以看出，40cm 黑土层侵蚀后，产量可能会处于一种低水平的相对稳定，直到更严重的侵蚀(>70cm)发生。对比 Sui 等（2009）和 Zhou 等（2015）在黑土区采用移去表土法开展的相似研究，发现配土法获得产量降低幅度确实小于移去表土法初期的产量降低幅度。

Gao 等（2015）的研究是采用盆栽方法，同时通过灌溉来降低水分胁迫可能带来的影响。研究设置了侵蚀 0cm（对照）、20cm、40cm、50cm 和 70cm 的 5 种处理。7 年（2004～2009 年，2011 年）的试验观测中，除个别年份（2006 年）外，都观测到大豆产量随侵蚀深度增加而降低的现象。研究发现，在常规施用化肥的情况下，每侵蚀 10cm 土壤，大豆地上生物量、产量和收获指数的降低率分别为 5.06%、5.97%和 1.77%，这与 Bakker 等（2004）估计的每侵蚀 10cm 土壤，作物产量降低 4.3%（平均值）相接近。

10.3　剖面线调查法

10.3.1　原　　理

侵蚀受地形的影响，不同地貌部位的侵蚀是不同的。剖面线调查法是沿坡面寻找土壤厚度不同的地貌部位，调查土壤厚度和作物产量，建立土壤厚度与作物产量的关系，从而得出侵蚀深度对作物产量的影响程度。

剖面线调查法需要选择土壤类型相同的区域；调查点不应受人类、动物或特殊因素影响，如不能选择道路边、隧道、水利工程和切沟等附近的地点作为调查点；作物种类和田间管理措施要尽量一致。

该方法可能存在的问题在于，不同地貌部位除了土壤厚度不同外，土壤水分和速效养分向坡下移动等因素也在起着一定的作用。

10.3.2 应 用 案 例

剖面线调查法开展起来相对方便，因此应用较多，比较典型的有 Verity 和 Anderson（1990）、Kosmas 等（2001），及 Duan 等（2016）的研究。

Verity 和 Anderson（1990）测量并收集了多个剖面线超过 56 个土壤厚度数据及作物测产资料，并根据土壤样品的 ^{137}Cs 活度来判断侵蚀程度。该研究将从坡顶到坡脚的距离归一化为 1，采样点距坡顶的长度除以坡长得到相应的因子值（s）。通过上述数据，得出土层厚度（cm）与 s 值的关系：土层厚度=$4.2+96s-45.5s^2$，$R=0.8$，$p=0.001$。由此公式计算得出，土壤最深的坡脚，土层厚度可达到 54.7cm 左右。春小麦产量与 s 值的方程为：产量=$1805.9-926.5s+7481.6s^2-5565.8s^3$，$R=0.77$，$p<0.001$。根据产量变化公式，产量最高点出现在土层厚度为 50cm 左右处。向坡脚方向的沉积区，土层厚度最大（54.7cm 左右），但小麦产量反而有所降低（图 10-2）。

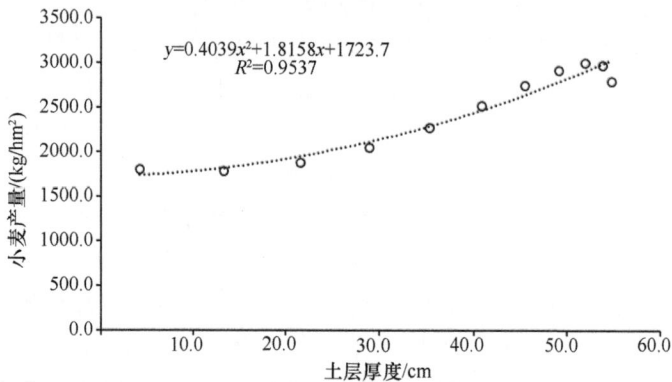

图 10-2 土层厚度与小麦产量的关系［据 Verity 和 Anderson（1990）的数据计算、绘制］

据此，计算出平均每侵蚀 10cm 土壤导致的春小麦产量降低约为最高产量的 8.9%。但这种降低随侵蚀深度的增加先快后慢。起始阶段，每侵蚀 10cm 土壤，产量降低约 19.5%。在土层厚度低于 30cm 后，产量降低速度变缓。当土层厚度低于 20cm 时，作物产量处于一种低水平的相对稳定，几乎不再有减少的变化趋势。

Kosmas 等（2001）沿坡面不同部位选择测产点，每个测产点取 3 个 1m² 的样方进行测产。研究发现，在研究的土壤深度范围（85cm）以内，小麦生物量与土壤深度呈对数关系：WB= $-1.1+0.48\ln SD$（$R=0.89$，$n=35$）。其中，WB 为小麦生物量（kg/m²）；SD 为土壤深度（cm）。另外，还发现 40cm 土壤深度是小麦生物量的一个重要分界，土层低于该分界之后，产量降低速率增加。依据该公式可以得出，平均每侵蚀 10cm 土壤，小麦生物量降低率从约 5.6%（80cm 土层厚度时）上升到约 10.3%（20cm 土层厚度时）。

国内，Duan 等（2016）曾在云南省一个干热谷地的小流域开展了土壤侵蚀对作物产量影响的研究。该研究在流域的不同部位设计了 44 个观测点，分别代表了未侵蚀（8

个）、轻微侵蚀（17 个）、中度侵蚀（9 个）、严重侵蚀（6 个）和堆积区（4 个）等侵蚀类型。样点选择遵循三个原则：土壤类型相同、不受人类活动及自然因素（切沟等）严重干扰，以及作物类型和田间管理措施相同。该研究确定了不同观测点的土层厚度，并进行了 2 年（2012～2013 年）的测产。研究结果认为，玉米产量（Mg/hm²）与侵蚀深度（cm）的关系为：产量= 10.21–0.13×侵蚀深度（侵蚀深度≤30cm），R^2=0.76，p<0.001。依据该公式计算得出，每侵蚀 10cm 土壤，玉米产量降低 12.73%左右。

Feng 等（2018）则在黑龙江省宾县的宾州河流域采集了不同黑土厚度的原位土壤进行栽培实验，土壤采集时采用 20cm 分层，使用表面积 1.12m²（1.4m×0.8m）、深度 70cm 的可移动铁槽装土。研究设置了 60cm、40cm、20cm、15cm、10cm、5cm 和 0cm 等几个黑土厚度土槽，黑土层下为不同深度的黏土层。研究发现，20cm 黑土厚度可能是维持土地生产力的最低值，黑土厚度低于 20cm 时，玉米产量迅速降低。黑土厚度为 15cm、10cm、5cm 和 0cm 时，玉米产量分别降低了 8.2%、15.8%、21.3%和 24.2%。但目前只公布了一年的研究数据，随着新构建剖面的土壤结构恢复，可能会有更接近实际情况的研究结果。

10.4 对比小区法

10.4.1 原　　理

与剖面线调查法不同的是，对比小区法要选择各个外因（包括地貌部位、管理措施、作物种类、坡度等）都相似、唯独侵蚀程度不同的土地，来进行土壤生产力比较。该方法能在较大程度上避免剖面线调查法中地貌部位差异引入的水分和速效养分向坡下移动等非侵蚀因素带来的干扰。Olsen 等（1994）认为该方法是最好的评价土壤侵蚀与土地生产力关系的方法。Bakker 等（2004）也认为该方法的研究结果可能最接近实际情况。

然而，该方法可能存在的问题是，在较小的区域内，要找到这样的对比地块比较困难。因此，Olsen 等（1994，1999）认为在一个耕作历史记录完整和开垦年份不同的开垦区域，寻找对比小区会比较容易。

采用对比小区法时，最常见的是选择三种（或多种）侵蚀程度的小区进行作物产量对比，其侵蚀程度一般包括：轻度（slight）侵蚀、中度（moderate）侵蚀和重度（severe）侵蚀。

10.4.2 应　用　案　例

对比小区法也有较多的应用，本章主要以 Battiston 等（1987）、Olsen 等（1999）、Arriaga 和 Lowery（2003）的研究为例，进行分析。

Battiston 等（1987）在加拿大的安大略省使用对比小区法开展了土壤侵蚀对作物产量影响的研究（1982～1983 年）。该研究在滑铁卢（Waterloo）、剑桥（Cambridge）

和圭尔夫（Guelph）地区选择了具有相似坡度的地块进行对比小区建设，选择的土壤具有相似的成土母质，作物种类、田间管理措施和施肥一致。选择的原则是尽量减少其他自然因素的影响，包括水分运动、地貌特征和土壤质地变化等。该研究 1982 年选择了 8 个观测点，1983 年选择了 9 个观测点（其中的 5 个与上一年观测点是重合的）。侵蚀程度分为未侵蚀、轻度侵蚀、中度侵蚀及重度侵蚀和沉积。其中，未侵蚀是指 Ap 层基本没有流失，耕层土壤没有与 B 层混合的情况；轻度侵蚀是 Ap 层保存较多，但耕层土壤有与 B 层混合的情况；中度侵蚀是 Ap 层基本已消失，B 层成为主要的耕作层；重度侵蚀是 B 层与 C 层混合，或者 C 层出露；沉积区是接受了侵蚀区的土壤的区域。

该研究于 1982 年分别在 8 个地点为每种侵蚀程度的地方设置 6 个观测小区，测产采样为 4 行×4m 玉米。1983 年，每个地点为每种侵蚀程度设置了 3 个小区，测产采样为 4 行×5m 玉米。但 1982 年有 1 个采样点在测产之前即被农民收获；1983 年有 2 个采样点管理措施不到位导致产量太差，无采样价值。因此，1982 年和 1983 年有效采样地点都是 7 个。结果显示，对于严重侵蚀的土壤，其玉米产量是未侵蚀土壤的 16%～80%，平均是 59%。根据 1983 年的测产结果（1982 年 6 个样点未公布轻度侵蚀和中度侵蚀的玉米产量），轻度侵蚀土壤的玉米产量为未侵蚀土壤的 75.9%～117.4%，平均约为 95.1%；中度侵蚀土壤的玉米产量为未侵蚀土壤的 56.9%～105.8%，平均约为 85.6%。研究建立了 4 个地点土壤侵蚀厚度（表层到 Ck 层的深度）与作物产量的关系方程，认为当土壤厚度低于未侵蚀土壤厚度的 50%时，玉米产量迅速降低，该转折点大约在土壤深度为 40cm。研究还探讨了导致侵蚀土壤上玉米产量降低的其他原因，如水分条件、苗床条件和养分胁迫等。

Olsen 等（1999）于 1984～1992 年，在美国中北部选择了 12 个地区开展土壤侵蚀对土地生产力的影响研究。土壤类型主要是软土（mollisol）和淋溶土（alfisol）。根据土壤下层是否有植物根系生长限制的坚硬层，分为有限制层和无限制层两类。其中的 9 个地区属于有限制层的，3 个地区为无限制层的。依据美国 Soil survey mannual（1993 年）的侵蚀程度标准来选择各个地区不同侵蚀程度的土壤，建设对比小区。小区所处的区域坡型一般为直型坡，具有相似的地貌部位，每种侵蚀程度设置 3 个重复小区。其中，10 个区域选择了三种侵蚀程度的土壤：轻度侵蚀、中度侵蚀和严重侵蚀；2 个区域选择了两种侵蚀程度的土壤：中度侵蚀和严重侵蚀。选择的测产作物为玉米，小区面积大约 100m²，并要求测产区周围至少有 3hm² 的玉米，最终测产面积约 22.8m²。施肥处理根据产量目标，测土施肥，无灌溉措施。

根据 Olsen 等公布的数据，有限制层的土壤中，轻度侵蚀、中度侵蚀和严重侵蚀的土层厚度平均为 92cm、73cm 和 46cm。与轻度侵蚀土壤的玉米产量相比，中度侵蚀的玉米产量降低了–2.2%～20.5%，大部分地区中度侵蚀土壤的玉米产量与轻度侵蚀的差异不大，平均降低了 5.9%。重度侵蚀土壤的玉米产量降低了 6.5%～31.8%，平均 15.1%，达到了显著水平（$p<0.05$）。无限制层的土壤中，侵蚀导致的作物产量减少很少，未达到显著水平。其中，在观测序列比较完整的夏普斯堡（Sharpsburg）地区，三种侵蚀程度的土壤上

玉米的产量分别为 5.9Mg/hm^2、5.6Mg/hm^2 和 5.8Mg/hm^2。与轻度侵蚀土壤上的玉米产量比较,中度侵蚀导致玉米产量降低了 5.1%,严重侵蚀仅导致玉米产量降低 1.7%。

Arriaga 和 Lowery(2003)曾于 1985~1999 年在美国威斯康星州西南部地区威斯康星大学麦迪逊分校(University of Wisconsin-Madison)的兰开斯特农业研究站(lancaster agricultural research station)(42°52′N,90°42′W)开展了土壤侵蚀对玉米产量的影响研究。该研究选择了三种不同侵蚀程度的地块建设了 13.7m×13.7m 的观测小区,每种侵蚀程度小区设置 3 个重复。小区每年施用氮肥、磷肥和钾肥弥补化学元素可能导致的胁迫,主要为了体现土壤物理属性带来的影响。

该地的土壤属于粉质壤土,土壤下有红色的黏土盘。轻度侵蚀小区的土壤厚度约为 95cm(距黏土盘深度),中度侵蚀小区的土壤厚度约为 74cm,严重侵蚀小区的土壤厚度约为 45cm。15 年的玉米平均产量分别为 10.7Mg/hm^2、10.3Mg/hm^2 和 10.3Mg/hm^2,差异不显著,先后共有 9 年的轻度侵蚀土壤的玉米产量高于其他侵蚀处理的产量。其中,在 1986 年、1987 年和 1996 年,轻度侵蚀土壤的玉米产量高于中度侵蚀和严重侵蚀土壤的玉米产量,达到了显著水平,其他 6 年的差异未达到显著水平。研究认为,土壤侵蚀有导致产量降低的趋势,即使在施肥的情况下,该趋势有时也是明显的。侵蚀导致的土壤供水能力降低是导致产量降低的主要原因。

对比 Verity 和 Anderson(1990)、Kosmas 等(2001)和 Zhao 等(2012)的研究,40cm 左右的土层是作物生长的一个重要临界点,我们推测 Arriaga 和 Lowery(2003)的严重侵蚀土壤(厚度 45cm)在施肥的情况下仍可以较好地维持作物生产,如果能设置更严重侵蚀情况的作物产量观测小区,可能会得到更明显的结果。

在对比小区法中,选择不同的侵蚀程度土壤来建设小区,是一个重要的技巧。如果选择的不同侵蚀程度的小区都有较深厚的土壤,并有施肥措施,侵蚀导致的产量变化应该不会很明显。

综上所述,四类试验方法虽然各自存在一定的缺陷和优势,但都能在一定程度上反映土壤侵蚀对土地生产力的影响。有条件的话,综合采用上述试验方法进行研究,可能会得出更接近实际情况的研究结论。值得注意的是:①土壤侵蚀对土地生产力的影响研究需要较长的试验观测年限,以应对气候波动可能带来的影响。②最好能设置施肥和不施肥的处理,以观测土壤本身的供肥能力。③对比小区法选择不同侵蚀程度的土壤时,一定要有明显的土层厚度差异。根据以往的研究结果,土层厚度较厚(>40cm)且有补充施肥的情况下,不容易得到土壤侵蚀导致产量降低的数据。然而,这并不表明土壤侵蚀对作物产量无影响,而是自然条件、作物种类及田间管理措施等因素掩盖了这种影响。

参 考 文 献

陈奇伯, 齐实, 孙立达, 等. 2001. 宁南黄土丘陵区坡耕地土壤侵蚀对土地生产力影响研究. 北京林业大学学报, 23(1): 34-37.

高晓飞. 2006. 东北黑土区土壤侵蚀对土地生产力的影响. 北京：北京师范大学.

贾锐鱼, 赵晓光, 杜翠萍. 2004. 黄土高原南部水土流失降低土壤生产力的评价. 西北林学院学报, 19(3): 77-81.

张兴义, 刘晓冰, 隋跃宇, 等. 2006. 人为剥离黑土层对大豆干物质积累及产量的影响. 大豆科学, 25(2): 123-126.

Arriaga F J, Lowery B. 2003. Corn production on an eroded soil: effects of total rainfall and soil water storage. Soil and Tillage Research, 71(1): 87-93.

Bakker M M, Govers G, Rounsevell M D A. 2004. The crop productivity-erosion relationship: an analysis based on experimental work. Catena, 57: 55-76.

Battiston L A, Miller M H, Shelton I J. 1987. Soil erosion and corn yield in Ontario. Ⅰ. Field evaluation. Canadian Journal of Soil Science, 67(4): 731-745.

den Biggelaar C, Lal R, Wiebe K, et al. 2003. The global impact of soil erosion on productivity: Ⅰ. Absolute and relative erosion-induced yield losses. Advanced in Agronomy, 81: 1-48.

Duan X W, Liu B, Gu Z J, et al. 2016. Quantifying soil erosion effects on soil productivity in the dry-hot valley, Southwestern China. Environmental Earth Sciences, 75: 1164.

Feng Z, Zheng F, Hu W, et al. 2018. Impacts of mollic epipedon thickness and overloaded sediment deposition on corn yield in the Chinese Mollisol region. Agriculture, Ecosystems and Environment, 257: 175-182.

Gao X, Xie Y, Liu G, et al. 2015. Effects of soil erosion on soybean yield as estimated by simulating gradually eroded soil profiles. Soil and Tillage Research, 145: 126-134.

Guo L, Yang Y, Zhao Y, et al. 2021. Reducing topsoil depth decreases the yield and nutrient uptake of maize and soybean grown in a glacial till. Land Degradation and Development, 32: 2849-2860.

Kosmas C, Gerontidis S, Marathianou M, et al. 2001. The effects of tillage displaced soil on soil properties and wheat biomass. Soil and Tillage Research, 58: 31-44.

Larney F J, Janzen H H, Olson B M, et al. 2009. Erosion-productivity-soil amendment relationships for wheat over 16 years. Soil and Tillage Research, 103: 73-83.

Larney F J, Li L, Janzen H H, et al. 2016. Soil quality attributes, soil resilience, and legacy effects following topsoil removal and one-time amendments. Canadian Journal of Soil Science, 96: 177-190.

Olson K R, Lal R, Norton L D. 1994. Evaluation of methods to study soil erosion-productivity relationships. Journal of Soil and Water Conservation, 49(6): 586-595.

Olson K, Mokma D, Lal R, et al. 1999. Erosion impacts on crop yield for selected soils of the North Central United States//Lal R. Soil Quality and Soil Erosion. Ankeny: Soil and Water Conservation Society: 259-283.

Sui Y, Liu X, Jin J, et al. 2009. Differentiating the early impacts of topsoil removal and soil amendments on crop performance/productivity of corn and soybean in eroded farmland of Chinese mollisols. Field Crops Research, 111: 276-283.

USDA, Soil Survey Division Staff. 1993. Soil Survey Manual. Washington D.C.: Soil Conservation Service: 17-24.

Verity G E, Anderson W. 1990. Soil erosion effects on soil quality and yield. Canadian Journal of Soil Science, 70: 471-484.

Wang Z Q, Liu B Y, Wang X Y, et al. 2009. Erosion effect on the productivity of black soil in Northeast China. Science in China Series D: Earth Sciences, 52: 1005-1021.

Zhao L, Jin J, Du S H, et al. 2012. A quantification of the effects of erosion on the productivity of purple Soils. Journal of Mountain Science, 9: 96-104.

Zhou K, Sui Y, Liu X, et al. 2015. Crop rotation with nine-year continuous cattle manure addition restores farmland productivity of artificially eroded mollisols in Northeast China. Field Crops Research, 171: 138-145.

第11章 暴雨土壤侵蚀调查

11.1 目的与意义

每场暴雨都是一次天然的大型土壤侵蚀降雨试验，是对水土保持措施和道路、桥梁等基础设施安全性的考验，也是很好的土壤侵蚀研究实验。通过暴雨水土保持调查，可以获得丰富的数据，研究土壤侵蚀规律，评估水土流失危害，确定水土保持设计标准，为水土保持规划和设计积累基础数据和经验。

11.2 调查范围与调查内容

11.2.1 调查范围

暴雨土壤侵蚀调查一般选择在暴雨及其以上强度的降雨后进行，或对造成严重侵蚀的短历时强降雨进行调查。调查对象为在暴雨中心附近选择的 2 个对比小流域。其中一个治理程度较高，另一个治理程度较低；或一个侵蚀较强，另一个侵蚀较弱。小流域面积一般以 0.2~3km² 为宜。

11.2.2 调查内容

暴雨土壤侵蚀主要调查以下内容。
（1）暴雨与洪水时空分布。
（2）土壤侵蚀及水土流失危害状况。
（3）水土保持效益与设施损坏情况。
（4）其他暴雨影响情况记录。

11.3 资料收集

收集的资料包括外业调查、数据处理和归因分析需要的各种基础资料，降雨水文资料，径流小区和小流域次暴雨实测资料，水文气象历史观测资料和与本次暴雨相关的实测资料。

11.3.1　基础资料

基础资料包括但不限于：调查县（区）的最新土地利用类型、人口数量与人口密度、土壤侵蚀类型和强度面积占比、人均耕地及收入情况、国家水土保持重点工程项目水土保持措施类型与分布等。小流域内的人口数量可利用流域内地块所属权统计或所在乡镇的平均人口密度计算。

11.3.2　降雨水文资料

降雨水文资料包括但不限于：①调查范围及周边气象站或水文站的降雨资料，具体包括暴雨起止日期之间的逐时或最大 60 min 降水量及逐日雨量资料、历史极端暴雨资料。②调查范围关注河流的水文资料，主要包括次暴雨逐日径流量和输沙率、次洪水水文要素摘录资料。

11.3.3　径流小区和小流域次暴雨实测资料

径流小区和小流域次暴雨实测资料包括：①调查区附近水土保持监测站次暴雨起止日期之间的逐日雨量、次降水过程摘录（表 11-1）或分钟降雨资料、径流小区逐次径流泥沙（表 11-2）、径流小区基本信息（表 11-3～表 11-5）；②小流域控制站次暴雨径流泥沙过程（表 11-6）和小流域控制站逐次洪水径流泥沙（悬移质）（表 11-7）。

表 11-1　×××站径流小区次降水过程摘录表

月	日	时	分	累积雨量/mm	累积历时/min

表 11-2　×××站径流小区逐次径流泥沙表

小区号	降雨起 月	日	时:分	降雨止 日	时:分	历时/min	雨量/mm	平均雨强/(mm/h)	I_{30}/(mm/h)	降雨侵蚀力/[MJ·mm/(hm²·h)]	径流深/mm	径流系数	含沙量/(g/L)	土壤侵蚀模数/(t/hm²)	雨前土壤含水量/%	雨后土壤含水量/%	植被覆盖度/%	平均高度/m	备注

表 11-3 ×××站径流小区基本信息表（农地）

小区号	试验目的	坡度/(°)	坡长/m	坡宽/m	面积/m²	坡向/(°)	坡位	土壤类型	土层厚度/cm	水土保持措施	整地方法	作物	播种方法	施肥纯量/(kg/hm²)	垄距/cm	株距×行距/cm	密度/(株/hm²)	播种日期	中耕时间	收割日期	产量/(kg/hm²) 粮食	产量/(kg/hm²) 秸秆	测流设备

表 11-4 ×××站径流小区基本信息表（林地）

小区号	试验目的	坡度/(°)	坡长/m	坡宽/m	面积/m²	坡向/(°)	坡位	土壤类型	土层厚度/cm	水土保持措施	树种	造林方法	株距×行距/cm	树龄/年	平均树高/cm	平均胸径/cm	平均树冠直径/cm	郁闭度	林下植被主要种类	林下植被覆盖度/%	林下植被平均高度/cm	测流设备

表 11-5 ×××站径流小区基本信息表（灌草地）

小区号	试验目的	坡度/(°)	坡长/m	坡宽/m	面积/m²	坡向/(°)	坡位	土壤类型	土层厚度/cm	灌草种类	播种日期	播种方法	收割时间	生物量/(kg/hm²)	牧草产量/(kg/hm²)	覆盖度/%	平均高度/cm	测流设备

表 11-6 ×××站小流域控制站次暴雨径流泥沙过程（悬移质）

降水次序	径流次序	月	日	时	分	水位/cm	流量/(m³/s)	含沙量/(g/L)	时段/min	累积径流深/mm	累积产沙/(t/hm²)

表 11-7　×××站小流域控制站逐次洪水径流泥沙（悬移质）

径流次序	降雨起				降雨止		历时 /min	雨量 /mm	平均雨强 /（mm/h）	I_{30} /（mm/h）	降雨侵蚀力 /[MJ·mm/(hm²·h)]	产流起			产流止			产流历时 /min	洪峰流量 /（m³/s）	径流深 /mm	径流系数	含沙量 /（g/L）	产沙模数 /（t/hm²）	备注
	月	日	时	分	时	分						日	时	分	日	时	分							

11.3.4　其　　他

其他资料包括调查范围及周边暴雨前后两期高分辨率（空间分辨率不低于 2m）卫星影像、次暴雨新闻报道及现场图片等。

11.4　外　业　调　查

外业调查包括五个基本步骤：前期准备、小流域无人机航摄、土地利用和水土保持措施解译与制图、分专项调查对象和路线设计与外业调查、调查数据处理。

11.4.1　前　期　准　备

1. 设备/工具

外业调查前准备以下设备/工具（包括但不限于）。

（1）笔记本电脑：需满足快速处理小流域无人机航拍资料的硬件要求，需安装无人机影像处理软件（Pix4Dmapper、大疆智图、Smart3D、Inpho 等）和 ArcGIS 软件（建议安装 ArcGIS 10.2 以上版本，用于要素解译与制图）。

（2）便携式彩色打印机：用于快速打印解译要素与制图结果。

（3）无人机：需携带全球导航卫星系统（GNSS）带差分定位，传感器可以是单镜头、五镜头、激光雷达等，用于小流域航摄。

（4）测量型 GNSS RTK 移动站 2 台：能接入网络 CORS 功能，用于典型地块实测，后续主要用于精度校验。如果野外无信号，其中一台作为基站。

（5）手持 GPS/手机定位软件：用于野外调查时点位记录，手机定位软件可使用奥维/新知地图等，视使用习惯决定用哪一种，但要求可以批量导出定位点文件。

（6）土壤容重环刀 9 个、塑料自封袋 50 个：用于土壤容重采样。

（7）钢卷尺（2～5m）：用于侵蚀沟深度、宽度等快速野外实测。

（8）皮卷尺 3 个（50m）：用于细沟和梯田坎等测量。

（9）罗盘/激光测距仪/手机软件：用于坡度、坡向等的快速测量，视使用习惯选择一种。

（10）对讲机：用于野外通信。

（11）相机：用于拍摄野外典型照片、工作照片等，典型照片要有比尺（如加放一把小尺子或 A4 纸/手机等作为参照）。

（12）文件板夹（书写板）、笔、文件夹/袋：方便野外书写和表格存放。

（13）可能随时补充的其他设备/工具。

2. 数据存储目录准备

为规范数据管理，便于后续数据交接和分析，统一建立数据存储目录。

一级目录名称：县名+小流域名称，其下按收集资料和调查内容含 9 个二级目录，各部分调查内容均放在相应的二级目录内（图 11-1）。

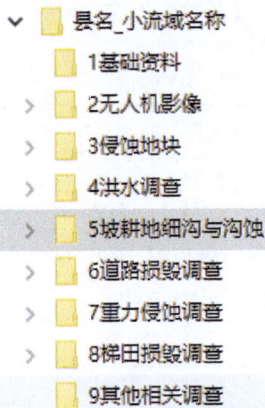

图 11-1　小流域暴雨调查资料存储目录

11.4.2　小流域无人机航摄与解译

1. 无人机航摄

将小流域边界缓冲至少 30m（固定翼飞机缓冲 100m）导入无人机，保证照片原始地面分辨率不低于 5cm，设计飞行航线，进行无人机航摄。

将无人机航摄原始照片存入"县名_小流域名称\2 无人机影像\无人机原始照片"目录下，用无人机处理软件得到小流域数字正射影像（DOM）和数字地面模型（DSM），存入"县名_小流域名称\2 无人机影像"目录，分别命名为"DOM.tiff"和"DSM.tiff"。在 ArcGIS 软件下制图得到含小流域边界的 jpg 格式的影像图，存入"县名_小流域名称\2 无人机影像"目录，命名为"县名_小流域名称_影像图.jpg"。

2. 土壤侵蚀地块边界确定（土地利用和水土保持措施解译）

土壤侵蚀地块指现场调查和分析的基本对象单元，具体指土地利用类型相同、水土保持措施相同、地面覆盖度/郁闭度相近（差异小于 20%）、空间上连续的范围。土地利用类型和水土保持措施分类参见附录 1 和附录 2，按二级类解译。

土壤侵蚀地块解译过程如下。

（1）在 ArcGIS 软件下根据影像解译"qsdk.shp"矢量文件，存入"县名_小流域名称\3 侵蚀地块\shp"目录下。

（2）打开"qsdk.shp"矢量文件的属性表，按照表 11-8 中的字段名称和数据类型添加属性表。

（3）目视解译/交互解译。根据土壤侵蚀地块定义和遥感影像特征，确定土壤侵蚀地块边界，并在属性表中填写相关信息。

（4）土地利用制图。在图层信息中显示土地利用信息，进行土地利用专题图的制作，并导出"土地利用.jpg"文件，存入"县名_小流域名称\3 侵蚀地块"目录下。

（5）水土保持工程措施制图。在图层信息中显示水土保持工程措施信息，并导出"工程措施.jpg"文件，存入"县名_小流域名称\3 侵蚀地块"目录下。

表 11-8 土壤侵蚀地块图字段属性表

项目	1 年份	2 县级行政区		3 地块编号	4 土地利用		5 生物措施		6 工程措施		7 耕作措施			8 备注
含义	年份	2.1 名称	2.2 代码	地块编号	4.1 类型	4.2 代码	5.1 类型	5.2 代码	6.1 类型	6.2 代码	7.1 类型	7.2 代码	7.3 轮作区代码	备注
代码	YEAR	COUNTY	COUNTYID	DKBH	TDLYMC	TDLYDM	BMC	BDM	EMC	EDM	TMC	TDM	LZDM	BZ
类型	短整型	TEXT	TEXT	长整型	TEXT	短整型	TEXT	短整型	TEXT	短整型	TEXT	短整型	短整型	TEXT
长度	—	20	20	—	20	—	20	—	20	—	20	—	—	50

填表说明：

【1 年份】填写调查年份，4 位。

【2 县级行政区】填写名称和代码，代码为 6 位。

【3 地块编号】地块是指土地利用类型相同、水土保持措施相同的连续空间范围。按照解译顺序填写编号：第一个地块编号为"1"，第二个地块编号为"2"，以此类推，不得重复。

【4 土地利用】按附录 1《野外调查单元土地利用现状分类》填写到二级类名称及其对应的代码。耕地无法区分水田、水浇地和旱地时归为旱地；园地无法区分果园、茶园或其他园地时归为果园；草地无法区分天然牧草地、人工牧草地和其他草地时，归为天然牧草地；建设用地和交通运输用地如果能区分为在建项目，在备注栏中标注"在建"。

【5 生物措施】按附录 2《野外调查单元水土保持措施分类》填写到二级类名称及其对应的代码。如果有需要，可填写到三级类。依据土地利用类别判断：如果是园地，名称填写"经果林"，代码填写"010107"；耕地中如果能识别农田防护林、草水路，则名称分别填写"农田防护林""草水路"，代码分别填写"010108""010203"，否则不填写；交通运输用地如果能识别四旁林，则填写名称"四旁林"，代码为"010109"，否则不填写；其他各种生物措施均针对林地和草地，如果是林地，首先判断是否人工种植，若是则填写造林，若否则再判断是否为生态恢复林，若为是则填写，若为否则不填写；如果是草地，先判断有无围栏封育，若有则填写封育，否则再判断是否为生态恢复草地，若为是则填写，若为否则不填写。轮牧针对西藏、青海、新疆、内蒙古等省（自治区）的草场，若有则填写，若无则不填写。

【6 工程措施】按附录 2《野外调查单元水土保持措施分类》填写梯田或水平阶及其代码，不限于只解译梯田和水平阶。工程措施一般解译到二级类，可根据需求解译到三级类。如果梯田的三级类名称分别为"土坎水平梯田""石坎水平梯田""坡式梯田""隔坡梯田""窄梯田""软埝"，代码分别为"020101""020102""020103""020104""020105""020106"；淤地坝三级类的名称分别为"小型淤地坝""中型淤地坝""大型淤地坝"，代码分别为"021201""021202""021203"。

【7 耕作措施】当土地利用类型为耕地时，按《全国轮作区名称及代码》填写所属轮作区的代码。

【8 备注】填写前述各项中需要说明的内容。

3. 土地利用统计

统计小流域内以下面积和比例：土地利用一级分类面积及占流域面积比例，确保各类面积之和等于小流域面积，面积比例之和为 100%；各类工程措施面积及占流域面积比例；梯田耕地和非梯田坡耕地面积及占流域耕地面积比例。统计结果输出为"小流域统计表.xls"，存入"县名_小流域名称\3 侵蚀地块"目录下。面积、比例和长度均保留 1 位小数。

11.4.3　小流域洪峰流量调查

1. 调查方法

小流域洪峰流量调查是通过调查洪水痕迹（以下简称洪痕）确定流量，具体步骤如下。

确定调查断面。调查断面满足以下条件：河/沟较顺直，顺直段长度一般是调查断面宽度的 5～10 倍，河床/沟床稳定，无壅水、回水、分流或较大支流汇入。

判断是否有明显的洪痕。根据洪水过后墙上和树上的水印、泥印，树干上挂的枯落物等判断洪痕，过水断面两侧均需要有明显的洪痕，记录洪痕高程。

确定过水断面时包括以下几点。

（1）定点：确定调查断面后，将顺直河段的中间部位定为过水断面，在奥维等工具软件上定点，截屏保存定点，并用 GPS 定位填写表 11-9。

（2）过水断面测量：利用激光测距仪测定过水断面尺寸，确定过水断面每一个转折点的位置，同时在表 11-9 中勾绘过水断面示意图（图 11-2），标明两点之间的相对高度和宽度。更精确的测量可采用差分 GPS 进行。

需要注意的是，为方便使用激光测距仪，建议带上白板和两根 1m 左右的可伸缩测杆。

（3）测量沟道比降。利用带有测量坡度功能的激光测距仪测量顺直段的沟道平均坡度，测量 3 次，取平均值，然后计算平均坡度的正切值，得到沟道比降。

（4）填写物质组成。根据河/沟床物质组成（表 11-10）填写表 11-9。如果河床有植被覆盖，应填写植被覆盖度；如果为砾石，应填写砾石覆盖度和平均直径，作为曼宁系数赋值的参考。

表 11-9　×××区/县洪水痕迹调查表

调查人：　　　　　　　　调查日期：　　　　　　　　调查流域名称：

1 编号	2 经度	3 纬度	4 断面示意图	5 沟道比降/（m/m）	6 物质组成	7 照片编号	8 备注

填表说明：

【1 编号】填写过水断面编号。

【2 经度】【3 纬度】填写过水断面中心的经纬度，单位为°，保留 6 位小数。

【4 断面示意图】勾绘过水断面尺寸示意图，标明高度和宽度，见图 11-2。

【5 沟道比降】　单位为 m/m。

【6 物质组成】填写沟道或河床物质组成，参考表 11-10 填写，如果河床有植被覆盖，应填写植被覆盖度；如果为砾石，应填写砾石覆盖度和平均直径。

【7 照片编号】填写过水断面洪痕、沟道状况、沟道全景等照片的编号。

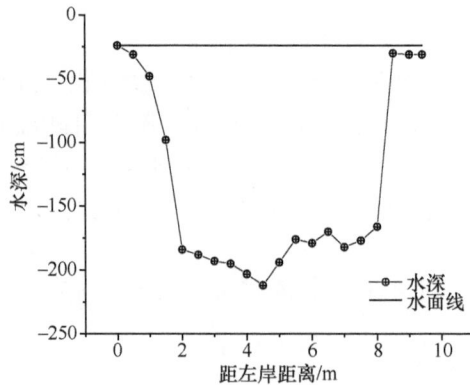

图 11-2　过水断面示意图

表 11-10　常见明渠水流河床物质组成及其对应的曼宁系数（Chow et al.，1988）

	物质组成	曼宁系数
混凝土		0.012
沟底及两侧都有砾石	混凝土	0.020
	浆砌石	0.023
	干砌石	0.033
自然河道	无草、潭的顺直河道	0.03
	有草和潭的河道	0.05
	有灌和树干的河道	0.100
洪积平地	草	0.035
	农作物	0.040
	稀疏灌丛和草	0.050
	密植灌丛	0.070
	密植有林地	0.100

（5）照片及编号。在每一个观测断面，拍摄标识照片，以及洪痕、沟道状况、沟道全景等照片，在表 11-9 填写相应的照片编号，用以进行后期资料的核实。

2. 调查数据整理与洪峰流量计算

建立文件夹"县名_小流域名称\4 洪水调查"，并分别建立"调查点.shp""野外记录表扫描件""照片"三个子目录，在"照片"目录下建立调查点子目录，如"调查点 1""调查点 2"等。回到室内后根据标识照片将各个调查点的照片导入相应的文件夹内，同时将 GPS 截屏照片放进文件夹内。

将过水断面的 GPS 定点在 ArcMap 软件中导出，形成"洪水调查.shp"文件。

将所有过水断面的资料录入 Excel 表格内，按式（11-1）～式（11-3）进行各个过水断面洪峰流量的计算，计算结果保存在"洪峰流量计算表.xlsx"中，并保存在"4 洪水调查"文件夹下。

$$Q = A \cdot V \tag{11-1}$$

$$V = \frac{1}{n} R^{2/3} J^{1/2} \quad\quad (11\text{-}2)$$

$$R = \frac{A}{P} \quad\quad (11\text{-}3)$$

式中，Q 为流量，m^3/s；A 为过水断面面积，m^2；n 为断面个数，n=1，2，3，…；V 为流速，m/s；R 为水力半径，m；J 为沟道比降，m/m；P 为湿周，m。

11.4.4　坡耕地细沟侵蚀调查

坡耕地细沟是指坡耕地上能被普通耕作过程消除的小侵蚀沟，多呈随机分布。其他松散或裸露地面上类似的沟也称细沟。细沟形成发育过程中造成的侵蚀称为细沟侵蚀。

（1）抽样方法：小流域上可能存在多块坡耕地，一般用抽样方法来调查细沟侵蚀，具体抽样方法为：在"qsdk.shp"矢量数据上提取所有坡耕地地块，按地块面积从小到大排序并编号。从小到大累加地块面积，在分位数 25%以上的地块内随机抽取 3～5 块坡耕地地块，进行细沟调查。

（2）野外调查方法：在抽取的 3～5 块耕地地块中间部位，沿坡上下选择 10m 宽的调查样带（图 11-3）进行细沟测量。样带长度即为坡长。细沟测量时从上到下测量若干断面。测量断面在坡面上均匀布设，数量一般不小于 7 条，间距根据坡长来定，断面平行于等高线。调查每个断面的所有细沟，如果没有细沟，测量指标均记为 0。具体调查指标包括：该断面到地块上边界（坡顶）的距离（m），如果上边界不平行于等高线，按平均距离记录；该断面每条细沟到样带左边界（面向坡上）的距离（m），每条细沟宽度（cm）和深度（cm），填写表 11-11。测量时最好在样带左右两侧从上到下拉两根皮卷尺，确保两侧皮卷尺在同一条等高线方向的刻度相等。将左侧皮卷尺作为 Y 轴，表示断面到分水岭的距离。再沿每个测量断面从左侧到右侧拉第三条卷尺，作为 X 轴。沿 X 轴卷尺

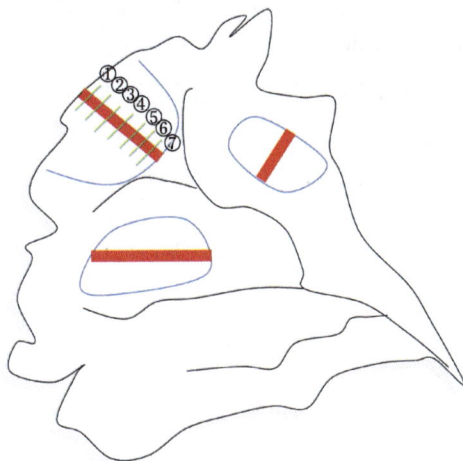

图 11-3　小流域内坡耕地中的细沟调查样带及断面

蓝色线为坡耕地边界；红色条带为细沟调查样带；绿色实线为断面，数字表示断面编号

读取每一条细沟到样带左边界的距离，然后用钢卷尺测量每一条细沟断面的深度和宽度。皮尺不够长时，一段测完往下移一次，直到全坡测完为止。需要注意的是，如果选择的地块有若干条浅沟，则样带左右边界为浅沟两侧的分水岭，样带宽度为浅沟间距。

表 11-11　×××区/县坡耕地细沟调查表

调查地块编号：　　　　　　经度：　　　　　　纬度：　　　　　　坡度（°）：

调查人：　　　　　　　　调查日期：　　　　　　调查流域名称：

1 到分水岭距离/m	2 细沟到断面左侧距离/m	3 细沟深/cm	4 细沟宽/cm

填表说明：一个调查地块填写一张表。

【调查地块编号】填写小流域抽样的调查地块编号。

【经度】【纬度】填写调查地块样带内或附近任一点经纬度，单位为°，保留 6 位小数。

【坡度】填写调查地块样带的平均坡度，单位为°，用罗盘或手机测量，保留 1 位小数。

【1 到分水岭距离】填写调查断面到地块坡顶分水岭或与其他地块分界的距离，如果上边界不平行于等高线，取平均距离，单位为 m，保留小数 1 位。一个调查断面到分水岭的距离可对应多条细沟。

【2 细沟到断面左侧距离】填写细沟中心到调查断面左侧的距离（面向上坡方向），单位为 m，用皮尺测量，保留 1 位小数。可在样带左右两侧从上到下拉两根皮尺作为坐标 X 轴，皮尺 30～50m 为宜。卷尺不够长时，一段测完往下移一次，直到全坡测完为止。将第三条卷尺沿测量断面到分水岭的距离作为每个测点的 Y 坐标。

【3 细沟深】填写细沟中间部位的深度，单位为 cm，用皮尺测量，保留 1 位小数。

【4 细沟宽】填写细沟宽度，单位为 cm，用皮尺测量，保留 1 位小数。

（3）室内数据处理：①调查结果录入。将野外填写完成的调查表扫描，存入"县名_小流域名称\5 坡耕地细沟与沟蚀"目录下，在该目录下建立文件名为"坡耕地细沟调查结果与计算.xls"文件，录入记录结果。②坡耕地细沟侵蚀模数计算。计算每个样带总的细沟体积后，乘以土壤容重，再除以样带面积得到每个样带的细沟侵蚀模数。所有调查样带细沟侵蚀模数的平均值即为调查流域坡耕地细沟侵蚀模数。容重可以在调查样带所在耕地采集表土环刀样品测定。

每个样带细沟体积和细沟侵蚀模数计算公式为

$$s_i = \sum_{j=1}^{n} \left(b_{ij} \times h_{ij} \right) \tag{11-4}$$

$$V = 10^{-4} \sum_{i=1}^{m} \left[\frac{1}{2} \left(s_{i-1} + s_i \right) \times L_i \right] \tag{11-5}$$

$$M = 10^{-4} \times V \times \rho / S \tag{11-6}$$

式中，s_i 为第 i 个断面的所有细沟截面积之和，cm^2；b_{ij} 和 h_{ij} 为第 i 个断面第 j 个细沟的宽度和深度，cm；V 为样带所有细沟总体积，m^3；L_i 为上一断面与下一断面之间的长度，m；M 为样带细沟侵蚀模数，t/hm^2；ρ 为土壤容重，t/m^3；S 为样带总面积，m^2。

11.4.5 浅沟和切沟调查

浅沟是指坡面上能被普通耕作工具横跨但不能被其完全消除的侵蚀沟。切沟是指普通耕作工具无法横跨的侵蚀沟。浅沟调查结果作为本次暴雨侵蚀量。所有切沟（新切沟和老切沟）一并作为多年侵蚀结果统一调查。此外，本次暴雨新发生的切沟称为新切沟，要单独调查和记录，新发生的切沟根据切沟边坡植物状况、生物结皮和土体新鲜程度来判断，包括切沟沟头前进、原切沟新的分岔或独立形成的新切沟，主要通过无人机影像解译和实际调查进行。

（1）遥感解译与调查设计：依据无人机影像解译的侵蚀沟、地形和道路，设计沟蚀调查行走的参考路线，设计方法如下：根据地形复杂程度，大致平行于等高线、每间隔 100～200 m 勾绘一条路线；在每条路线上标出 3～5 个点，提供所有点的编号和经纬度信息，输入手持 GPS 或标在图上，以便野外 GPS 导航定位，防止遗漏或者重复调查侵蚀沟。道路上的侵蚀沟不解译，作为道路侵蚀调查内容。在"县名_小流域名称\5 坡耕地细沟与沟蚀\shp"目录下，分别建立小流域边界面状图层，等高线（dgx）（基于 DEM）、公路（gl）和调查路线（wayline）线状图层，以及调查路线点（waypoint）点状图层，输出上述内容的图片为"沟蚀调查行走路线.jpg"，存入"县名_小流域名称\5 坡耕地细沟与沟蚀"目录下。将调查路线点的经纬度录入"调查路线点经纬度.xls"文件，存入"县名_小流域名称\5 坡耕地细沟与沟蚀"目录下，并将经纬度存入手持 GPS 作为导航点。

（2）野外调查方法：在野外按设计的行走路线顺序调查，一旦发现侵蚀沟，即开始调查该条沟：首先沿该条侵蚀沟走到沟头或者沟尾，然后从沟头或者沟尾开始测量，测量结束后返回行走路线，继续前行，遇到下一条沟再开始测量，重复上述步骤，直至本路线结束，再开始另一条路线。所有切沟沟头是指当前位置，即老沟头或沟头前进后的新沟头。新切沟包括切沟沟头前进、原切沟新的分岔或独立形成的新切沟。沟头前进作为独立的一条新切沟进行调查，仍然分上、中、下三个断面调查。

黄土高原沟间地、沟谷地分异明显时分别测量，如果难以行走，可以绕道，原则是测量每条侵蚀沟。每条浅沟或切沟的测量方法如下：从沟头或沟尾开始，记录沟头或沟尾的经纬度，然后依据沟头和沟尾之间的距离，等间距布设 3～5 个横断面，并依次测量各个横断面的宽度和深度。沟长≤50 m 时，测量 3 个断面；沟长>50 m，或沟长≤50 m 且深度或宽度变化较大时，测量 5 个断面，或者更多，但间距必须相等；如果沟长>200 m，适当加密断面。侵蚀沟横断面的测量指标包括 GPS 点信息、沟宽和沟深、土地利用类型和水土保持措施。测量时填写记录表（表 11-12），并且建议每条沟拍摄一张全景照片，至少 3 个断面照片。

表 11-12　×××区/县浅沟/切沟野外调查表

调查人：　　　　　　　　调查日期：　　　　　　　调查流域名称：

1 编号	2 断面编号	3 GPS 点号	4 宽度/cm		5 深度/cm	6 耕作方向		7 治沟措施			8 形成时间	9 照片编号	10 备注
			4.1 上宽	4.2 下宽		6.1 类型	6.2 代码	7.1 类型	7.2 代码	7.3 质量			

填表说明：

【1 编号】对调查浅沟和切沟按顺序编号，并说明沟的类型（浅沟还是切沟），如浅沟 001-1、浅沟 002-1、切沟 001-1、切沟 002-1 等。

【2 断面编号】对每一条调查的沟道断面按顺序进行编号，一条切沟一般 3～5 个编号。

【3 GPS 点号】对侵蚀沟断面定位后，记录手持 GPS 显示的点号。

【4 宽度】填写侵蚀沟的宽度。

【4.1 上宽】【4.2 下宽】浅沟只量上宽，切沟量上宽和下宽，单位为 cm，保留整数位。

【5 深度】填写沟沿所在平面到沟底的垂直距离，分别在左侧沟壁与最大深度中点、最大深度、右侧沟壁与最大深度中点处各取一个深度，合计三个深度，单位为 cm，保留整数位。

【6 耕作方向】只针对耕地，填写行播作物的行向，或起垄种植的垄向。

【6.1 类型】按表 11-13 查表填写。

【6.2 代码】按表 11-13 查表填写。

【7 治沟措施】只针对治沟措施，如石谷坊、土谷坊、柳谷坊、柳跌水、草水路、埝带等。

【7.1 类型】按表 11-14 查表填写。

【7.2 代码】按表 11-14 查表填写。对于表中没有出现的措施类型，填写当地名称，代码为 99；无措施时，类型填写无，代码填写 0，质量填写无。

【7.3 质量】填写目前治沟措施的好坏程度，分为"好""中""差"三级，按照标准选择填写。谷坊等淤积型工程措施按其淤积程度划分，淤积程度在 25%以下认定其质量为"好"，淤积程度在 25%～50%认定其质量为"中"，淤积程度在 50%以上认定其质量为"差"。草水路等生物措施，按照沟底土壤裸露程度划分，裸露程度在 25%以下认定其质量为"好"，裸露程度在 25%～50%认定其质量为"中"，裸露程度在 50%以上认定其质量为"差"。

【8 形成时间】填写老沟、沟头、分岔或新沟。老沟指暴雨前的切沟；沟头指老沟沟头上本次暴雨溯源侵蚀新增长的部分；分岔指老沟上新形成的切沟分岔；新沟指本次暴雨新形成的独立切沟。

【9 照片编号】填写每个断面拍照记录的照片编号或时间。

【10 备注】填写其他需要说明或细化的内容。

表 11-13　耕作方向类型表

一级分类		二级分类		含义描述
名称	代码	名称	代码	
起垄	01	顺坡起垄	0101	起垄，垄向与沟比降方向基本平行
		横坡起垄	0102	起垄，垄向与沟比降方向基本垂直
		斜坡起垄	0103	起垄，垄向与沟比降方向斜交
不起垄	02	顺坡平播	0201	不起垄，垄向与沟比降方向基本平行
		横坡平播	0202	不起垄，垄向与沟比降方向基本垂直
		斜坡平播	0203	不起垄，垄向与沟比降方向斜交
其他耕作	03			撒播、穴播等不成垄、不成行的耕作
不耕作	0			草地、林地、裸地等不耕作

表 11-14　治沟措施类型表

一级分类		二级分类		含义
名称	代码	名称	代码	
垡带	01			适合布设在深度小于 1m 的宽浅型侵蚀沟，从沟头开始，每隔 15～50m 横向用推土机在沟底推出宽 2.4m、深 0.35m 的砌垡沟槽，在砌垡沟槽内错缝摆放垡块、修复后的侵蚀沟作为排水通道。垡块上的植被不断生长，逐渐连片，形成沿沟上下的通道，即草水路。一般用在坡度小于 5°的坡面
草水路	02			为防止沿坡面的沟道冲刷而采用的种草护沟措施。草水路用于沟道改道或阶地沟道出口，沿坡面向下，处理径流进入水系或其他出口，可以利用天然的排水沟和草间水沟。一般用在坡度小于 5°的坡面
固沟林	03			主要设置在土壤侵蚀严重地区的宽大沟中，种植乔木林、灌木林及生长杂草，目的在于防止沟壑继续发展并涵养水分
跌水	04	柳跌水	0401	适用于集雨面积大的沟头，由沟头起在沟道内连续铺设柳条，厚度为 15cm，宽度为 150～300cm，跌水的边沿用直径为 10 cm 的柳条捆压住，并用直径 5cm 的杨、柳树干打桩入土，深度约为 50cm，将柳条捆钉牢
谷坊	05	柳谷坊	0501	多由柳桩打入沟底，织梢编篱，内填石块而成，统称柳谷坊。柳谷坊一般高 1.0m 左右
		编织袋谷坊	0502	用编织袋装土，于谷中叠起挡水墙，高 0.5m 左右，多用于浅沟当中
		土谷坊	0503	由填土夯实筑成，适宜于土质丘陵区。土谷坊一般高 3～5m，宽 1～2m，谷坊上多配植柳条，下侧打柳树桩等植物措施
		石谷坊	0504	由干砌、浆砌、笼装填塞石块建成，适宜于石质山区或土石山区。干砌石谷坊一般高 1.5m 左右，浆砌石谷坊一般高 3.5m 左右，笼装石谷坊一般高 1.0m 左右
消坡	06	消坡植树	0601	在下切深度大且宽的侵蚀沟，采用机械方法，将两侧沟壁的坡度减缓，在两侧坡面上植树、种草，植树时多配水平沟或者鱼鳞坑
小型蓄引工程	07			指用于沟道水土保持的截水沟、排水沟、蓄水池、沉沙池、水窖、涝池等小型蓄排、沟头防护工程
淤地坝	08			是指在沟壑中筑坝拦泥，巩固并抬高侵蚀基准面，减轻侵蚀，减少入河泥沙，变害为利，充分利用水沙资源的一项水土保持治沟工程措施，多分布于黄土高原地区
填埋	09	堆土填埋	0901	直接将侵蚀沟周围的土堆到沟中
		碎石填埋	0902	直接将砾石、石块等填至沟中
		秸秆填埋	0903	直接将作物秸秆采用不同方式填埋在沟中

　　测量时需注意：①如果能够判断切沟沟头前进或形成新切沟（包括一条切沟的新分岔），需单独调查。②测量时应区分浅沟和切沟，浅沟按矩形断面测量 1 个宽度（平均宽）和 3 个深度 [图 11-4（a）]。切沟按梯形断面测量上宽、下宽和 3 个深度 [图 11-4（b）]。如果能区分暴雨之前已经存在或此次暴雨新形成，在备注中注明"旧"或"新"。如果侵蚀沟出现分支，视作一条独立沟，交叉处采用同一 GPS 定位点号或经纬度，在备注说明是交叉点。如果 1 条沟出现浅沟和切沟交替，无论间距多大，从第 1 个跌水（>0.5m）往下到最后 1 条切沟沟尾均视为 1 条切沟。若有多条切沟沿坡上下交替出现，则将多条切沟视为 1 条切沟。

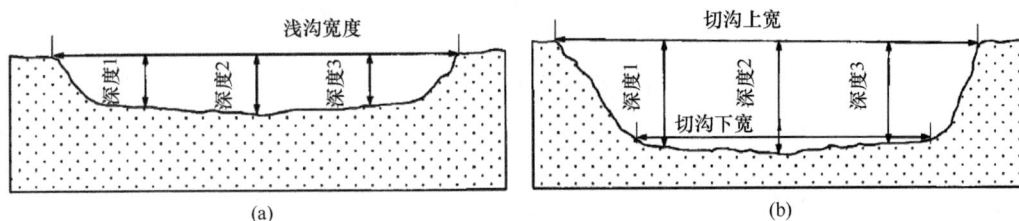

图 11-4　浅沟与切沟断面测量示意图

（3）室内数据处理包括以下步骤：①调查数据录入。野外调查结束后，扫描纸质记录表存入"县名_小流域名称\5 坡耕地细沟与沟蚀"目录下；拍摄的照片导入"县名_小流域名称\5 坡耕地细沟与沟蚀\沟蚀照片"目录下；在"县名_小流域名称\5 坡耕地细沟与沟蚀\shp"目录下建立"gsd.shp"点状矢量图层，在其属性表中定义各个字段，名称与沟蚀调查表一致，将记录表内容录入属性表。其中，经纬度是将 GPS 的数据导出。录入时务必确保 GPS 点号、经纬度和沟断面记录信息一致。②属性表输出。将"gsd.shp"文件利用 ArcGIS 中 Conversion Tools 里的 Table To Excel 工具，将属性表输出为"沟蚀调查结果与计算.xls"文件，存入"县名_小流域名称\5 坡耕地细沟与沟蚀"目录下。③制作沟蚀分布图。将"gsd.shp"点状矢量图层每条沟的断面点连成折线，另存为"gsx.shp"线状矢量图层，并输出"沟蚀分布图.jpg"文件，存入"县名_小流域名称\5 坡耕地细沟与沟蚀"目录下。④计算沟蚀量。在"县名_小流域名称\5 坡耕地细沟与沟蚀"目录下的"沟蚀调查结果与计算.xls"文件中，依据"gsx.shp"线状矢量图层数据计算出每条沟的长度和沟道总长度。将沟道总长度除以流域面积得到沟道密度，单位为 $\mathrm{km/km^2}$。土壤侵蚀模数和侵蚀量的计算方法如下。

依据断面数据分别计算每条沟的体积，累加为总量后乘以土壤容重，再除以调查流域面积得到浅沟/切沟侵蚀模数。

浅沟和切沟体积计算公式为

$$V = \sum_{i=1}^{n} V_i \tag{11-7}$$

$$V_i = \frac{1}{2}(A_i + A_{i+1}) \times L_i \tag{11-8}$$

式中，V_i 为两个断面之间的体积；A_i 为断面的横截面积；L_i 为两个断面之间的距离；V 为某条沟的体积。

其中，浅沟断面的横截面积按式（11-9）计算：

$$A_{\mathrm{eg}} = \frac{1}{3}(h_1 + h_2 + h_3) \times W \tag{11-9}$$

式中，h_1、h_2 和 h_3 为测量出的浅沟的三个深度；W 为浅沟的宽度。

切沟断面的横截面积按梯形公式［式（11-10）］近似计算：

$$A_{\mathrm{qg}} = \frac{1}{3}(h_1 + h_2 + h_3) \times \frac{1}{2}(W_1 + W_2) \tag{11-10}$$

式中，h_1、h_2 和 h_3 为测量出的切沟的三个深度；W_1 和 W_2 为切沟的上宽和下宽。

11.4.6　道路损毁调查

道路：一条道路指从起点开始至与其他道路交会或至终点处的整条路，一般仅对非硬化路面、宽 2m 以上的生产道路进行调查。

子路段：一个子路段指将道路按 100m 长分割后的每一段路。道路端点处不足 100m

的也可成为一个子路段。

横断面：垂直于道路行进方向的断面。调查时每个子路段起点处的道路横断面为第一个调查横断面（图 11-5），之后每隔 10m 布设一个调查横断面，道路端点处不足 10m 的舍掉。

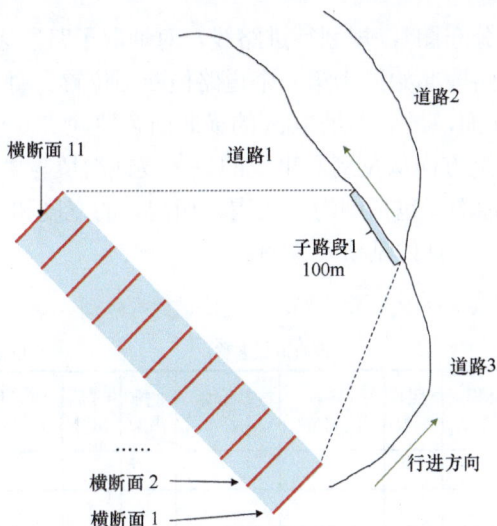

图 11-5　道路横断面示意图

1. 道路线文件解译及抽样

道路线文件数字化：基于"县名_小流域名称\2 无人机影像"目录下的"DOM.tiff"文件，在 ArcGIS 软件下调用"县名_小流域名称\6 道路损毁调查\GIS 数据库\GIS.gdb\道路"矢量数据，进行生产道路线状要素解译，要求解译的线为生产道路中间位置。对解译得到的道路线文件以 100m 为间距打断成多个子路段，为每个子路段赋"子路段编号"，格式为三位整型数字（001～999）。

"道路"属性表中给每个子路段中赋"两侧土地利用"字段属性值，如两侧土地利用不一致，则以高程高于道路的一侧或主要汇水区一侧为准，仅赋以下几种：①梯田耕地；②坡耕地；③林地；④草地；⑤其他。

子路段抽样：将"道路"属性表导出并在 Excel 中打开，统计道路总长度即各子路段总长，建立文件名为"县名_小流域名称_道路损毁抽样调查.xlsx"，存入"县名_小流域名称\6 道路损毁调查\表格"目录下，并对所有子路段进行随机抽样。抽样子路段数量不少于 30 个（小流域生产道路总长度小于 3km 时全样调查），按汇水区土地利用进行分类，每一类抽取相同比例数量的子路段。将"道路"属性表抽取的子路段在 ArcGIS 软件中给"是否调查"字段赋值为 1，其他子路段赋为 0，并将要调查的子路段从"道路"中导出，命名为"调查子路段"，存在"县名_小流域名称\6 道路损毁调查\GIS 数据库\GIS.gdb"中，将其转为.kmz/kml 文件，文件名为"调查子路段.kml"，存入"县名_小流域名称\6 道路损毁调查\kml"目录下，并导入手机定位软件（奥维等）或 GPS。

制作"调查子路段分布图"存入"县名_小流域名称\6道路损毁调查\GIS制图结果"目录，并标注子路段编号，底图为DOM/DSM，加上小流域边界与所有道路分布、调查子路段分布。

2. 道路损毁现场调查

依据"调查子路段分布图"，规划行进路线，对抽取子路段逐一调查，每隔10m调查一个道路横断面，子路段起始处为第一个道路横断面位置。每个标准子路段（100m）共需调查11个道路横断面，最后不足10m的横断面舍掉。

在每个横断面按行进方向从左到右出现的每条侵蚀沟填写"生产道路野外调查表"（表11-15）。其中，侵蚀沟（包括细沟、浅沟、切沟）的宽度和深度每行必填，其他列1个横断面只填1次即可，具体见填表说明。

表11-15 ×××区/县生产道路野外调查表

调查人：　　　调查日期：　　　调查流域名称：　　　位置描述：

1 子路段-断面编号	2 路面宽度/m	3 定位点号（起-始）	4 损毁等级	5 照片编号	6 侵蚀沟宽/m	7 侵蚀沟深/m	8 排洪渠	9 是否拐弯	10 坡度/（°）	11 土地利用	12 措施	13 路面状况	14 备注

填表说明：每个子路段的调查横断面出现的每条侵蚀沟填写一行。如果一个道路横断面出现多条侵蚀沟，则记录多行，并按面对行进方向从左到右的顺序依次记录。

【1 子路段-断面编号】子路段编号与道路矢量文件中的"子路段编号"字段一一对应；断面编号为每个子路段按10m为间隔的道路调查横断面编号，按行进顺序依次编号，起点处为1。

【2 路面宽度】填写生产道路路面的宽度，单位为m，保留2位小数。

【3 定位点号】填写奥维等软件或GPS点号，如（12，13）代表起点为12号点，终点为13号点。

【4 损毁等级】按表11-16判断对应的等级并填写代码如下：1 无细沟，不明显；2 出现细沟，轻度；3 出现浅沟，中度；4 出现切沟，强烈。有多种类型侵蚀沟出现时以最高等级为准。

【5 照片编号】填写照片编号。

【6 侵蚀沟宽】填写位于调查断面上的侵蚀沟的宽度，单位为m，保留2位小数。如果侵蚀沟上下宽度有较大差异，需现场综合判断，在较为平均的位置测量其沟宽。即使无明显侵蚀该断面也要填写，侵蚀宽为0。

【7 侵蚀沟深】填写位于调查断面上的侵蚀沟深度，单位为m，保留2位小数。即使无明显侵蚀该断面也要填写，侵蚀深为0。

【8 排洪渠】该调查断面沿行进方向10m内有排洪渠，记为1，否则为0。

【9 是否拐弯】该调查断面沿行进方向10m内存在道路拐弯，记为1，否则为0。

【10 坡度】填写该调查断面沿行进方向10m内坡度，现场测量，单位为°，保留2位小数。

【11 土地利用】填写该调查断面沿行进方向10m内道路汇水区坡面主要土地利用类型，仅赋以下几种：①梯田耕地；②坡耕地；③林地；④草地；⑤其他。

【12 措施】填写该调查断面沿行进方向10m内道路两侧汇水范围内主要水土保持措施，仅赋以下几种：①梯田；②鱼鳞坑；③淤地坝；④其他。

【13 路面状况】填写该调查断面沿行进方向10m内道路覆盖情况：①土；②石子；③土、石子混合；④草被覆盖；⑤其他。

【14 备注】填写一些现场特殊情况，如道路已整修，有侧方汇水，发生滑坡、泥石流阻断道路等。

需要注意的是，即使无明显侵蚀，对应横断面也要填写一行，侵蚀宽、深为 0。

道路容重测定：在抽样路段中选择 3～5 个不同挖填方的子路段，测量容重。如果有侵蚀沟发生，按侵蚀沟的深度分为上层（0～20cm）、中层和下层，分别用环刀取土样后装入塑料密封袋，带回实验室称重并计算，一般需要三个重复。如果没有侵蚀沟发生，则可以不采样，进行野外记录。上述步骤也可用自己熟悉的流程进行测量。

3. 道路调查数据整理入库

调查结果于调查当天入库，在 ArcGIS 软件下调用"县名_小流域名称\6 道路损毁调查\GIS 数据库\GIS.gdb\调查子路段"矢量数据，将调查点号导入 ArcGIS，按点号和距离将每个子路段分割为 10m 间隔的线段，据野外填写的"生产道路野外调查表"，为各道路分割后线段的各个字段赋值，字段名称与表格一致，定量的数值以上下两个断面的平均值为准，其中平均侵蚀深度利用道路横断面各侵蚀沟宽深乘积之和除以道路宽度计算。

表 11-16　生产道路侵蚀等级划分

道路侵蚀等级	侵蚀现象	侵蚀宽或深/cm	拖拉机通行性
1 不明显	无沟蚀	<2	无影响
2 轻度	出现细沟侵蚀	2～20	基本无影响
3 中度	出现浅沟侵蚀	20～50	较强颠簸，但可通行
4 强烈	出现切沟侵蚀	≥50	不可通行

整理"县名_小流域名称\6 道路损毁调查\表格\县名_小流域名称_生产道路容重表.xlsx"。

4. 道路调查数据汇交

（1）对上述所有操作中"县名_小流域名称\6 道路损毁调查\GIS 数据库\GIS.gdb\道路""调查子路段"矢量文件进行整理。

（2）"生产道路野外调查表"扫描版中，记录子路段数量与抽样子路段数量一致，存入"县名_小流域名称\6 道路损毁调查\调查记录扫描件"。

（3）对道路抽样统计和生产道路容重表生成电子版以"县名_小流域名称\6 道路损毁调查\表格\县名_小流域名称_道路抽样统计.xlsx"和"县名_小流域名称_生产道路容重表.xlsx"进行保存。

（4）野外定位点 kml 文件存入"县名_小流域名称\6 道路损毁调查\kml"文件夹中。

（5）所有填入调查表的照片编号对应照片存入"县名_小流域名称\6 道路损毁调查\照片"文件夹中。

11.4.7　重力侵蚀调查

重力侵蚀主要包括滑坡、崩塌、泥石流等。

重力侵蚀解译：基于"县名_小流域名称\2 无人机影像"目录下的"DOM.tiff"文件，

在ArcGIS软件下调用"县名_小流域名称\7重力侵蚀调查\GIS数据库\GIS.gdb\重力侵蚀"矢量数据，对小流域全范围进行重力侵蚀面状要素解译。圈定每处发生重力侵蚀的影响范围，并赋属性"类型"（①滑坡；②崩塌；③泥石流；④不确定）。

抽样与野外调查：将重力侵蚀发生位置进行随机抽样，抽取10%左右的发生位置（不少于10处，如不足10处，全部调查）进行野外调查，并拍摄照片，定性描述其类型、发生原因，填写表11-17。

重力侵蚀数据汇交：整理"县名_小流域名称\7重力侵蚀调查\GIS数据库\GIS.gdb\重力侵蚀"矢量文件并进行提交，并将调查结果定性描述文档放入一并提交。

表11-17 ×××区/县重力侵蚀野外调查表

调查人：　　　　　　调查日期：　　　　　　调查小流域名称：

1 重力侵蚀编号	2 定位点号	3 类型	4 现场描述	5 发生原因	6 备注

填表说明：每处重力侵蚀填写一行。

【1 重力侵蚀编号】填写重力侵蚀编号，与"重力侵蚀"矢量数据ID一致。

【2 定位点号】填写奥维等软件或GPS点号，如12，代表12号点。

【3 类型】填写重力侵蚀类型：①崩塌；②滑坡；③泥石流；④其他（并备注）。

【4 现场描述】填写现场成灾情况，如损毁了房屋、掩埋道路，以及影响范围大概有多大等。

【5 发生原因】填写现场分析的发生原因，如上方汇水大、坡度陡、上方植被覆盖度低、是原来的尾矿等原因。

【6 备注】填写一些现场特殊情况，如已经整修等。

11.4.8　梯田损毁调查

田块：一片连续的梯田，有上下汇水关系。

田坎：一条梯田的外边墙。

田埂：田面外沿高出田面的挡水埂，一般宽、高都在20cm左右。

1. 梯田损毁解译

梯田田块数字化：基于"县名_小流域名称\2无人机影像"目录下的"DOM.tiff"文件，在ArcGIS软件下调用"县名_小流域名称\8梯田损毁调查\GIS数据库\GIS.gdb\梯田田块"矢量数据，进行梯田田块面状要素解译，几个从上到下有汇水关系的梯田田面组成一个梯田田块，并赋编号。

梯田损毁线文件数字化：基于"县名_小流域名称\2无人机影像"目录下的"DOM.tiff"文件，在ArcGIS软件下调用"县名_小流域名称\8梯田损毁调查\GIS数据库\GIS.gdb\梯田田坎"矢量数据，进行梯田田坎线状要素解译，一条连续的田坎为一条线段，沿坎上沿数字化，并赋编号，编号格式如TXXNN，XX为田块编号，与"梯田田块"矢量文件中编号保持一致；NN为田坎编号，从上到下依次增大。例如，T2602代表第26个田块从上往下数第2条田坎。

对每条田坎赋"受损类型"字段值，包括如下几种：①切沟；②田坎垮塌；③滑坡；④泥石流；⑤很难判断。在目视解译中将每条田坎认为在受损处打断，将受损段的"是否受损"属性赋值为 1，否则为 0。

测量每条田坎上方田面宽度、田坎高度，分别赋属性"田面宽""田坎高"；田面宽是单条梯田宽度；田坎高为梯田坎上方田面和下方田面的高差。

解译主要土地利用类型包括耕地、园地、草地、林地、其他。

2. 梯田损毁实地抽样调查

随机抽取 5 块梯田，在每块梯田上、中、下坡位分别选取 1 条田坎（从上到下均匀分布），共计 15 条梯田田坎，制作梯田野外调查图，规划行进路线，进行实地调查。如果田块面积太大，可以增加调查田坎条数，总田坎数不足 15 条的全部调查。

将抽取的 15 条梯田田坎从"梯田田坎"矢量文件导出并命名为"调查田坎"，存入"县名_小流域名称\8 梯田损毁调查\GIS 数据库\GIS.gdb"，将其转为.kmz/kml 文件，导入手机定位软件（奥维等）或 GPS。

依据调查田坎.kmz/kml 文件定位信息和规划的行进路线，对抽取的梯田田坎逐个进行调查，填写表 11-18。每条梯田记录一行，共 15 行，具体填写方式详见"梯田损毁野

表 11-18　×××区/县梯田损毁野外调查表

调查人：　　　　　调查日期：　　　　　调查小流域名称：

1 田坎编号	2 定位点号	3 照片编号	4 田面宽/m	5 田坎高/m	6 有无田埂	7 田坎类型	8 田坎坡度/(°)	9 田面坡度/(°)	10 有无排水	11 土地利用	12 梯田类型	13 受损类型	14 损毁长度/m	15 备注

填表说明：每条梯田田坎填写一行。

【1 田坎编号】填写田坎编号，TXXNN，XX 为田块编号，NN 为田坎编号，从上到下依次增大，如 T2602。该项要求与"调查田坎"矢量文件中编号完全一致。

【2 定位点号】填写奥维等软件或 GPS 点号，如 12，代表 12 号点，在田坎中间位置定位。

【3 照片编号】填写照片编号。

【4 田面宽】填写田坎上方田面宽度，单位为 m，保留 2 位小数。

【5 田坎宽】填写田坎上下方田面高差，单位为 m，保留 2 位小数。

【6 有无田埂】有田埂记录为 1，否则为 0。

【7 田坎类型】填写田坎状况，包括：①植物田坎；②石质田坎；③土质田坎；④生物结皮田坎；⑤其他（并备注）。

【8 田坎坡度】填写田坎坡度，单位为°，保留 2 位小数。

【9 田面坡度】填写田面坡度，单位为°，保留 2 位小数。

【10 有无排水】有排水设施记录为 1，否则为 0。

【11 土地利用】填写田面主要土地利用类型，包括：①耕地；②园地；③草地；④林地；⑤其他。

【12 梯田类型】填写梯田类型，包括：①机修梯田；②老式水平梯田；③坡式梯田；④其他。

【13 受损类型】填写受损类型，包括：①田坎垮塌；②田坎侵蚀；③切沟冲毁梯田；④滑坡毁坏梯田；⑤泥石流毁坏梯田；⑥其他。

【14 损毁长度】填写受损部位田坎长度，单位为 m，保留 2 位小数。

【15 备注】填写一些现场特殊情况，如全部冲毁、已经整修、损毁原因等。

外调查表"填表说明。如果出现一条田坎有多处损毁，则将损毁长度累加，损毁类型等按损毁长度最大的类型进行填表。

3. 梯田损毁调查数据整理入库

调查结果于调查当天入库，在 ArcGIS 软件下调用"县名_小流域名称\8 梯田损毁调查\GIS 数据库\GIS.gdb\调查田坎"矢量数据，导出为"县名_小流域名称\8 梯田损毁调查\GIS 数据库\GIS.gdb\调查田坎_实地"，将调查点号导入 ArcGIS，按点号对应各条田坎，根据野外填写的"梯田损毁野外调查表"更新该矢量数据，赋属性值（如解译过程中已赋值则更新），字段名称与表格一致。

依据野外调查经验，对"县名_小流域名称\8 梯田损毁调查\GIS 数据库\GIS.gdb\梯田田坎"中所有梯田田坎及其损毁情况进行数据更新。

4. 梯田损毁调查数据汇交

（1）将上述所有操作中的"县名_小流域名称\8 梯田损毁调查\GIS 数据库\GIS.gdb"文件夹中"梯田田坎""梯田田块""调查田坎""调查田坎_实地"矢量文件进行整理。

（2）"梯田损毁野外调查表"扫描版中，数量与纸质记录一致，存入"县名_小流域名称\8 梯田损毁调查\调查记录扫描件"。

（3）野外定位点 kml 文件，存入"县名_小流域名称\8 梯田损毁调查\kml"。

（4）所有填入调查表的照片编号对应照片存入"县名_小流域名称\8 梯田损毁调查\照片"。

（5）将所有整理好的矢量文件、调查记录扫描件、野外定位点 kml 文件和照片提交，并将调查结果定性描述文档放入一并提交。

11.4.9　生物措施损毁调查

生物措施主要指植物篱、水保林、经济林等林草措施。选取 3～5 处有代表性的有林地和草地，调查以下内容，主要为描述性记录，不需测量。

（1）描述有无侵蚀现象，如细沟、浅沟、切沟；

（2）描述有无明显的径流痕迹和冲刷现象；

（3）描述植被郁闭度/覆盖度，其中覆盖度包括枯枝落叶、生物结皮、砾石覆盖等。

11.4.10　其他水土保持措施损毁调查

如果小流域内有鱼鳞坑、水平阶、水平沟、地埂、山坪塘、蓄水池、水窖、涝池、截排水沟等其他水土保持措施，可描述记录它们的规格、受损情况和保存完好情况。

11.4.11　其他影响调查

其他影响调查主要调查洪水对村庄、城市的淹没情况，包括水位、淤泥、人员伤亡、财产损失、农田淹没等破坏性事件。

11.5　数　据　分　析

1. 暴雨洪水

分析典型县区累积雨量和逐日雨量等值线图，以及最大日雨量、小时雨量等的暴雨频率及其空间分布，并和历史暴雨对比。

分析典型县区调查小流域径流、泥沙及洪峰流量，以及暴雨影响区水文站径流及输沙特征，并与历史观测资料比较。

2. 农田细沟侵蚀

基于抽样地块样带细沟侵蚀模数调查结果，根据坡耕地比例分析此次暴雨农田细沟侵蚀导致的小流域侵蚀模数。

3. 道路侵蚀

根据抽样结果乘以道路长度计算小流域道路侵蚀总量，同时计算道路平均侵蚀深度、道路侵蚀导致的小流域平均侵蚀模数等。

4. 梯田损毁

根据小流域抽样得到的梯田损毁率乘以梯田面积得到小流域梯田损毁总面积。

5. 其他

调查人员依据野外调查方法与规范进行调查数据整理。

11.6　野外调查注意事项

1. 一般要求

（1）野外工作时必须知道南北方向，行进过程中导航界面永远是北朝上，到达一个具体考察点先找到北，然后以北方一个远处的目标点为准，记住北的方向。

（2）路上不能睡觉，要对照奥维观测野外，标注重要地物。

（3）要做到"四到加一个为什么"：走到、看到、摸到、问到和最后问一个为什么？

（4）不能玩手机。

（5）在野外站停留一周以上时要熟悉环境，如医院在哪等。

（6）经常看天气预报，合理安排工作时间。

2. 工具

（1）工欲善其事，必先利其器，在野外遇到问题时要想办法解决。
（2）在野外要爱护自己的工具，钢卷尺、剖面刀等工具用完要清理干净再收起来。
（3）野外工作结束时要检查东西是否齐全再返回，防止东西丢失。
（4）手机不可以没电。
（5）穿戴合适的服装、袜子、鞋等。
（6）记录纸多用防水记事本，这是一种不怕雨淋的纸，沾上泥土可以用水清洗，但字迹不会被抹掉。
（7）土样内的标签要用防水记事本，或用小号自封袋保护。

3. 交流

（1）工作组员要多交流，多给其他人提供信息。
（2）出野外时，无论喜欢还是讨厌一个人，都要关心爱护他，因为他是这个团队的一员。

4. 记录与资料整理

（1）视频资料比照片资料更珍贵。
（2）野外照片原始文件名字不要改，拷出来再整理。
（3）写标签、做记录时不要担心浪费时间，不要催做记录的人。
（4）每天晚上回去整理白天的资料和数据。
（5）出野外一定要拿空白纸，提前准备好的记录表可能有不全面的地方。
（6）野外记录时不仅要有电子记录，还要有纸质记录，防止手机等电子设备损坏和丢失。
（7）野外定位时，不仅要在奥维上定点，还要在纸上记录经纬度。

5. 其他

野外工作时，应合理利用阳光，可以选择斜对、面对或背对阳光工作。

6. 特例——测雪深

（1）测量林带雪深的定位方法：经纬度定位有偏差时，如果用地面物体定位，下一场大雪就找不到了，可以找一个位置相对高点的地方，根据相对位置和经纬度定位。
（2）测量解冻深度时，先插一下钢尺或测量杆，拔出一段再插一下，明显感觉到地面极紧实则停止插入，测量深度。
（3）测雪深时要环顾周围的状况，排除异常值，测量土壤解冻深度时在两个土块中间的缝隙测的不是解冻的真实深度，粗糙度大于解冻深度，要把土块打碎再测。

（4）雪也是一种临时建筑材料，如果雪太深，可以将表面 20～30 cm 雪压实或踩实，形成一条道路或平台，便于测量 1～2m 深的雪。尺子不够长时，先挖走部分雪，测量时再加上被挖走的雪深。

（5）在垄沟测雪深时，要在中间测量，考虑阴阳坡的问题。

参 考 文 献

Chow V T, Maidment D R, Mays L W. 1988. Applied Hydrology. New York: McGraw-Hill.

第 12 章　风力侵蚀监测

风力侵蚀是在风力作用下地表土壤颗粒发生空间位移的过程。全世界 2/3 的国家和地区、1/4 的陆地面积和 9 亿多人口受到土壤风力侵蚀的影响，土壤风力侵蚀面积超过 3600 万 km^2（朱俊凤和朱震达，1999；王涛，2001），并且仍在不断扩展（朱震达，1985；朱震达和王涛，1990；董光荣等，1999）。如此严峻的土壤风力侵蚀态势，引起了联合国环境署等在内的众多国际组织和各国政府的广泛关注，并在 1977 年联合国荒漠化防治会议提出了这一问题。

我国是全世界土壤风力侵蚀危害最为严重的国家之一（陈渭南等，1994）。根据第一次全国水利普查，分布在我国北方地区的风力侵蚀面积高达 165.6 万 km^2（邹学勇等，2013）。风力侵蚀导致耕地肥力下降、草地产草量降低、重大基础设施损毁或寿命缩短等，严重阻碍了经济社会的可持续发展，并使贫困农村居民的生活质量难以随着社会发展而得到改善。据不完全统计（刘拓，2006），我国每年因土壤风力侵蚀导致的风沙灾害所造成的直接经济损失约 1281 亿元，其中土地资源、农牧业生产、生活设施、水利设施、人类健康、交通运输等方面分别损失 955.71 亿元、266.99 亿元、35.41 亿元、19.3 亿元、3.65 亿元、0.35 亿元。土壤风力侵蚀已经成为我国重要的生态环境问题（邹学勇等，2013）。因此，我国北方风蚀区启动了以防治土壤风力侵蚀为主的"三北"防护林、京津风沙源治理工程等一系列重大生态环境建设项目。

土壤风力侵蚀监测内容主要有气象要素（气温、风速风向、降水量、蒸发量等）、土壤要素（土壤颗粒机械组成、土壤容重、土壤水分、土壤养分、地表温度等）、地面覆盖（植被覆盖度、土壤结皮、砾石/土块覆盖）、土壤风蚀输沙率、土壤风力侵蚀厚度和风蚀量等。

12.1　气象要素

常规的气温、降雨和蒸发观测方法和频次按照《地面气象观测规范》的相关规定进行。本节重点介绍风速和风向监测。

由于土壤风力侵蚀研究的特殊性，按照《地面气象观测规范 风向和风速观测》（GB/T 35227—2017）的规定，监测数据难以满足风力侵蚀研究的需要，尤其是只有一个高度的风速监测数据。为了适应土壤风力侵蚀研究，风速风向数据监测通常采用梯度风速仪（图 12-1）。梯度风速仪通常监测 0.1 m、0.5 m、1.0 m、1.5 m、2.0 m、3.0 m 和 5.0 m 共 7 个高度的风速和 5.0 m 高度处的风向，每 10 min 自动记录 1 次，并在每天结

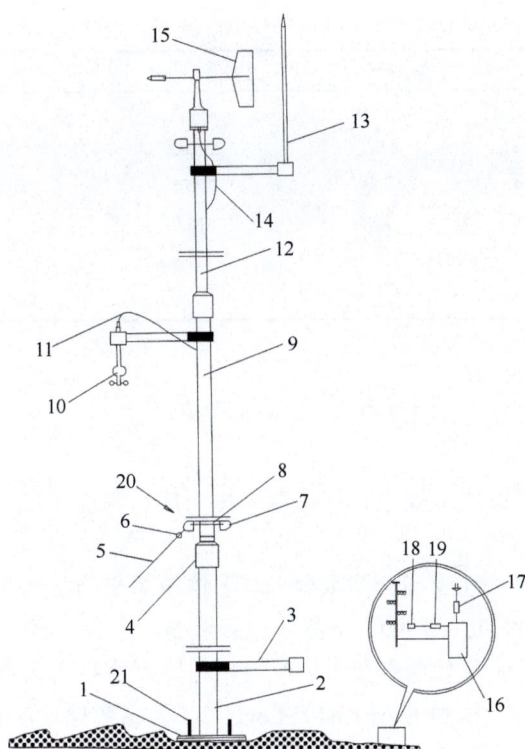

图 12-1　梯度风速仪结构示意图

1—底座；2、9、12—伸缩管；3—传感器支杆；4—锁紧器；5—钢丝绳；6—卸扣；7—拉线内环；8—拉线环；10—风速传感器；11—风速传感器传输线；13—避雷针；14—风向传感器传输线；15—风向传感器；16—风速测量控制存储器；17—交流电充电电路；18—太阳能板；19—太阳能充电电路；20—防风拉机构；21—插钎

束时，记录日最高、最低风速及其出现的时间和日平均风速等信息。风速以 0.1m/s 为单位、风向以度（°）为单位；风向以 16 个方位表示时，用 16 个方位代码或者英文缩写符号记录，静风的方位代码为 17，英文缩写符号为 C（表 12-1）。

表 12-1　风向方位及符号与角度的对照表

方位	风向方位	符号	中心角度/（°）	角度范围/（°）
北	1	N	0.0	11.25～348.76
北东北	2	NNE	22.5	11.26～33.75
北东	3	NE	45.0	33.76～56.25
东北东	4	ENE	67.5	56.26～78.75
东	5	E	90.0	78.76～101.25
东南东	6	ESE	112.5	101.26～123.75
南东	7	SE	135.0	123.76～146.25
南东南	8	SSE	157.5	146.26～168.75
南	9	S	180.0	168.76～191.25
南西南	10	SSW	202.5	191.26～213.75
南西	11	SW	225.0	213.76～236.25

方位	风向方位	符号	中心角度/(°)	角度范围/(°)
西南西	12	WSW	247.5	236.26~258.75
西	13	W	270.0	258.76~281.25
西北西	14	WNW	295.5	281.26~303.75
北西	15	NW	315.0	303.76~326.25
北西北	16	NNW	337.5	326.26~348.75
静风	17	C		

注：静风的风速<3m/s。

12.2 土 壤 要 素

风力侵蚀需要监测的土壤要素包括土壤机械组成、容重和水分。其中，土壤机械组成、容重按常规方法监测。

土壤风力侵蚀主要关注表层土壤水分。对于传统意义的土壤水分，按照《森林土壤含水量的测定》（LY/T 1213—1999）的规定进行测量。然而，该方法仅针对一个点，难以大范围进行监测。随着现代遥感技术的发展，利用遥感技术大范围、快速监测土壤水分成为可能。这里介绍一种利用 AMSR-E Level-2A 亮温数据反演表土湿度（邹学勇等，2013）的方法。一般地，遥感影像观测到的植被覆盖地表的微波辐射（Tb）包括三个部分：一是植被自身向上发射部分（与植被自身的衰减特性有关的 Tb^{veg}）；二是植被自身向下发射经土壤反射再经植被衰减后的部分；三是土壤发射经植被衰减的部分。其基本形式如式（12-1）所示：

$$Tb = Tb^{veg} + Tb^{veg}\left(1 - \frac{Tb^{soil}}{LST}\right)L_p + Tb^{soil}L_p \tag{12-1}$$

式中，Tb^{veg} 为植被辐射亮温；Tb^{soil} 为土壤的亮温；LST 为地表温度；L_p 为植被衰减因子。

依据式（12-1），计算土壤水分的流程可以归纳为：首先，使用冻融判别算法进行地表冻融状态的分类，在融土区域进行土壤水分的反演；其次，利用多通道算法计算地表温度；然后，利用微波植被指数和植被衰减因子之间的数学物理关系，结合地表温度实现植被影响校正，得到裸露土壤的辐射亮温；最后，基于已计算得到的裸露土壤在垂直及水平极化的辐射亮温，消除土壤表面粗糙度的影响并获取地表的土壤水分。

1. 冻土区域的判别

计算冻融指标（F）时，公式如式（12-2）所示：

$$F = 1.47Tb_{36.5V} + 91.69\frac{Tb_{18.7H}}{Tb_{36.5V}} - 226.77 \tag{12-2}$$

式中，$Tb_{36.5V}$ 为 36.5GHz 的 V 极化亮温；$Tb_{18.7H}$ 为 18.7GHz 的 H 极化亮温。

计算冻融指标（T）时，公式如式（12-3）所示：

$$T = 1.55\mathrm{Tb}_{36.5\mathrm{V}} + 86.33\frac{\mathrm{Tb}_{18.7\mathrm{H}}}{\mathrm{Tb}_{36.5\mathrm{V}}} - 242.41 \tag{12-3}$$

如果 $F > T$，则该地表判断为冻土，反之为融土。

2. 计算地表温度

当温度小于 279K 时，地表温度（LST）为

$$\mathrm{LST} = 0.63291\times\mathrm{Tb}_{89\mathrm{V}} - 1.93891\times\left(\mathrm{Tb}_{36.5\mathrm{V}} - \mathrm{Tb}_{23\mathrm{V}}\right) + 0.02922\times\left(\mathrm{Tb}_{36.5\mathrm{V}} - \mathrm{Tb}_{23\mathrm{V}}\right)^2$$
$$+ 0.52654\times\left(\mathrm{Tb}_{36.5\mathrm{V}} - \mathrm{Tb}_{18.7\mathrm{V}}\right) - 0.00835\times\left(\mathrm{Tb}_{36.5\mathrm{V}} - \mathrm{Tb}_{18.7\mathrm{V}}\right)^2 + 106.395 \tag{12-4}$$

当温度大于 279K 时，地表温度（LST）为

$$\mathrm{LST} = 0.50898\times\mathrm{Tb}_{89\mathrm{V}} - 0.31302\times\left(\mathrm{Tb}_{36.5\mathrm{V}} - \mathrm{Tb}_{23\mathrm{V}}\right) + 0.02095\times\left(\mathrm{Tb}_{36.5\mathrm{V}} - \mathrm{Tb}_{23\mathrm{V}}\right)^2$$
$$+ 0.87117\times\left(\mathrm{Tb}_{36.5\mathrm{V}} - \mathrm{Tb}_{18.7\mathrm{V}}\right) - 0.00576\times\left(\mathrm{Tb}_{36.5\mathrm{V}} - \mathrm{Tb}_{18.7\mathrm{V}}\right)^2 + 142.6452 \tag{12-5}$$

式中，Tb_{FP} 分别对应频率 F（F=18.7/23/36.5/89）和极化 P（P=V/H）通道的卫星观测亮温。

3. 植被辐射亮温

融土区域计算表土湿度因子时，应先去除植被影响：

$$\mathrm{Tb}^{\mathrm{veg}} = \mathrm{LST}\cdot(1-\omega)\cdot\left(1-L_{\mathrm{p}}\right) \tag{12-6}$$

假设植被温度与地表温度一致，那么由式（12-6）可知，求解 $\mathrm{Tb}^{\mathrm{veg}}$ 还需确定植被的单次散射反照率 ω 和植被衰减因子 L_{p}。微波植被指数与植被覆盖度、生物量、植被含水量、散射体大小特性及植被层的几何结构等有关。假定植被的单次散射反照率（ω）为 0，则植被衰减因子（L_{p}）可以利用微波植被指数中的参数（B）进行估算：

$$L_{\mathrm{p}}^2(f_1) = \left[\frac{B(f_1,f_2)}{b(f_1,f_2)}\right]^{f_1/(f_2-f_1)} \tag{12-7}$$

$$L_{\mathrm{p}}^2(f_2) = \left[\frac{B(f_1,f_2)}{b(f_1,f_2)}\right]^{f_2/(f_2-f_1)} \tag{12-8}$$

式中，$B(f_1,f_2) = (\mathrm{Tb}_{f_2\mathrm{V}} - \mathrm{Tb}_{f_2\mathrm{H}})/(\mathrm{Tb}_{f_1\mathrm{V}} - \mathrm{Tb}_{f_1\mathrm{H}})$；$\mathrm{Tb}_{f_2\mathrm{V}}$ 为微波频率 f_2 的卫星 V 极化亮温；$\mathrm{Tb}_{f_2\mathrm{H}}$ 为微波频率 f_2 的卫星 H 极化亮温；$\mathrm{Tb}_{f_1\mathrm{V}}$ 为微波频率 f_1 的卫星 V 极化亮温；$\mathrm{Tb}_{f_1\mathrm{H}}$ 为微波频率 f_1 的卫星 H 极化亮温；$b(f_1,f_2)$ 为经验参数。

4. 土壤水分

将上述地表温度（LST）、植被辐射亮温（$\mathrm{Tb}^{\mathrm{veg}}$）、植被衰减因子（$L_{\mathrm{p}}$）代入式（12-1），确定 10.65GHz 土壤的 V 极化亮温（$\mathrm{Tb}_{10.65\mathrm{V}}^{\mathrm{soil}}$）和 H 极化亮温（$\mathrm{Tb}_{10.65\mathrm{H}}^{\mathrm{soil}}$），进而计算土壤水分（SM）：

$$SM = 1.1866\left(2.3251\frac{Tb_{10.65V}^{soil}}{LST} + \frac{Tb_{10.65H}^{soil}}{LST}\right) - 5.1157\sqrt{2.3251\frac{Tb_{10.65V}^{soil}}{LST} + \frac{Tb_{10.65H}^{soil}}{LST}} + 5.3448 \quad (12\text{-}9)$$

12.3　地　面　覆　盖

地面覆盖监测主要涉及植被覆盖、枯枝落叶覆盖、土壤结皮、砾石/土块覆盖。

1. 植被覆盖

植被覆盖盖度的监测方法通常包括地面实地测量与遥感监测。地面实测数据精度高，但是只适用于小范围、短时间的植被调查；遥感监测作为一种现代观测技术，是大范围、长时间序列植被监测的唯一可行方法，但是受到遥感反演算法、土壤类型、地表湿度等众多因素的影响，导致以植被指数［包括归一化植被指数（NDVI）、增强型植被指数（EVI）、土壤调整植被指数（SAVI）等（方依，2019）］为基础而提取的植被覆盖度，需要地面实测数据予以订正。

2. 枯枝落叶覆盖

土壤风力侵蚀通常发生在冬春季节，绿色植被相对稀疏甚至没有，以枯枝落叶覆盖为主。此时 NDVI 难以反映地面覆盖状况（图 12-2）。即便是植被生长季节，也存在相当大比例的枯枝落叶（图 12-3）。因此，土壤风力侵蚀研究中地面覆盖度的监测，需要

图 12-2　冬春季节植被覆盖度示意图

图 12-3　植被生长季节枯萎植被

地面实际调查与遥感监测相互配合。对于生长季节的植被覆盖度，以遥感手段为主，辅以地面实际调查。对于非生长季节，也就是冬春季节，理想情形是结合大规模的地面实测数据，利用生长季节植被覆盖度，估算非生长季节植被覆盖度；还可以结合长时间序列的气温、降水等气象数据和生长季节植被覆盖度的定量关系，建立非生长季节植被覆盖度和气温、降水等气象数据的关系。

3. 土壤结皮

土壤结皮包括生物结皮和物理结皮，前者是由藻类、地衣、藓类、微生物及其他生物体通过菌丝体、假根等与土壤颗粒结合而形成的地表覆盖体（West，1990；Eldridge and Greene，1994；Belnap et al.，2001；Belnap and Lange，2001；Belnap，2010；李新荣等，2018）；后者是由降雨打击、分离表层土壤，导致细颗粒封堵土壤孔隙而形成的一层致密层。土壤结皮能够显著降低入渗，增加径流，降低气流直接作用在土壤颗粒与地表气流之间的物质和能量交换，进而增大临界启动风速和影响土壤风蚀强度（邹学勇等，2014）。

在土壤风力侵蚀研究中，土壤结皮监测涉及结皮性质（即区分生物结皮和物理结皮）、结皮厚度、结皮抗剪强度以及结皮覆盖度等指标。其中，结皮覆盖度监测采取目估法，估算监测区内所有结皮的总面积占整个监测区面积的百分比。结皮厚度利用游标卡尺测量监测区中心及其四周共计 5 处厚度的平均值，单位为 mm，同时记录每一处的结皮性质。对于结皮抗剪强度，在结皮厚度监测点利用微型十字板剪切仪予以测量（图 12-4）。考虑到检测区内仅有部分地表有结皮生成，或者全部无结皮，因此也需要对无结皮表土的抗剪强度进行监测。土壤风力侵蚀区的表层土壤颗粒大多比较松软，抗剪强度较小，因此需要采用小量程、高分辨率的十字板头进行测量。

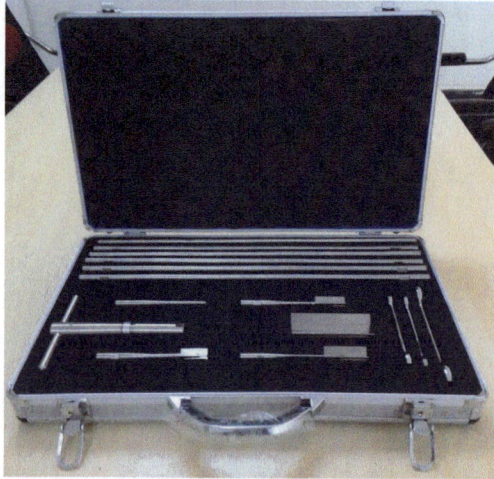

图 12-4 微型十字板剪切仪

4. 砾石/土块覆盖

砾石是指直径大于 2mm 的矿物颗粒。砾石监测涉及砾石覆盖度和砾石平均粒径以及不同粒径范围内的砾石平均粒径。砾石覆盖度是指砾石面积与监测区总面积的百分比；不同粒径范围的砾石指的是直径在 2～10 mm、10～50 mm、50～100 mm、≥100 mm 的砾石。风力侵蚀研究中的土块，特指耕地中的土块。土块覆盖度是指耕地在翻耕情况下土块面积与监测区总面积的百分比。除了土块总覆盖度外，还需要监测土块直径在 30～50 mm、50～100 mm 和 ≥100 mm 三种情形下的土块平均大小和土块覆盖度。

砾石和土块覆盖度均采用 0.5m×0.5m 的样方进行监测。根据砾石和土块的大小、覆盖度的具体情况，先用带有毫米刻度的尺子测量适当数量的砾石和土块，然后根据测量结果，目估各粒径砾石和土块的覆盖度（%）、全部砾石和土块的总覆盖度（%）。

12.4 土壤风蚀输沙率

地表土壤颗粒在风力作用下沿地面和近地表空间运动。单位时间内通过单位宽度的土壤颗粒为土壤风蚀输沙率 [g/（m·min）]；土壤风蚀颗粒物在搬运层内随高度的分布称为风沙流结构 [g/（cm^2·min）]。常用的观测设备包括 BSNE（big spring number eight）集沙仪（图 12-5）、全方位定点集沙仪（图 12-6）、八方位四层梯度集沙仪（图 12-7）、MWAC（modified Wilson and Cooke）集沙仪（图 12-8）、平口或阶梯式集沙仪（图 12-9）

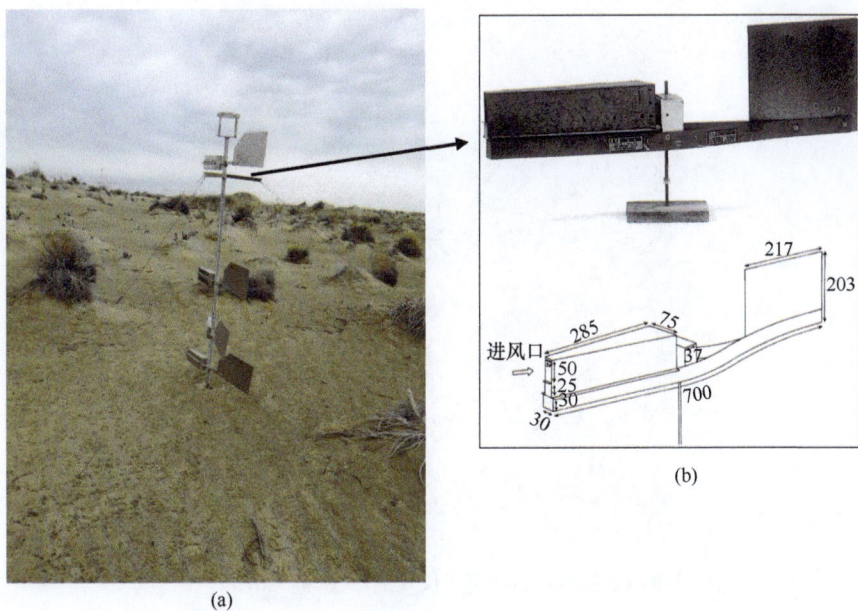

图 12-5　BSNE 集沙仪（杨兴华，2019）（a）和 BSNE 集沙仪结构示意图（Goossens et al.，2000）（b）

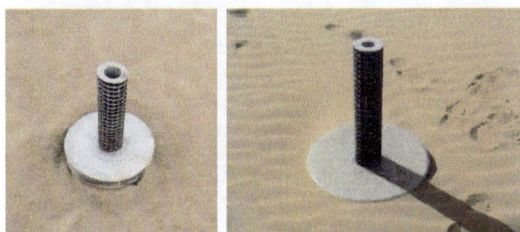

图 12-6　全方位定点集沙仪（汪海娇等，2020）

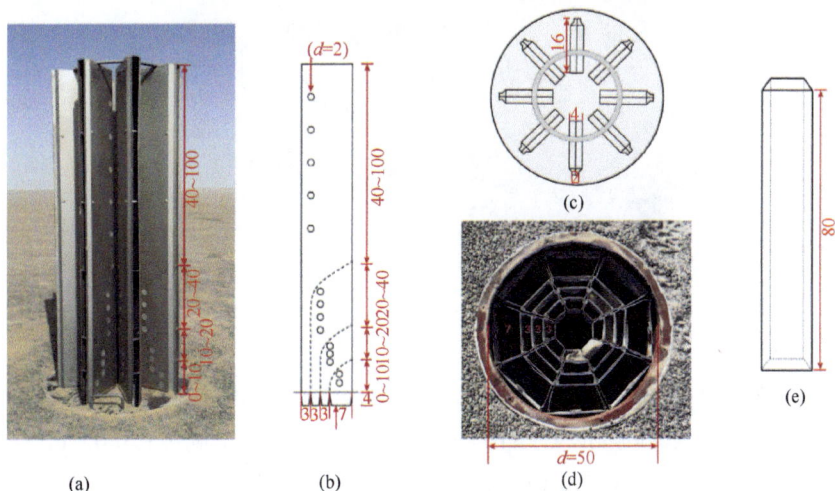

图 12-7　八方位四层梯度集沙仪（杨转玲等，2018）

各个数值的单位为 mm

343

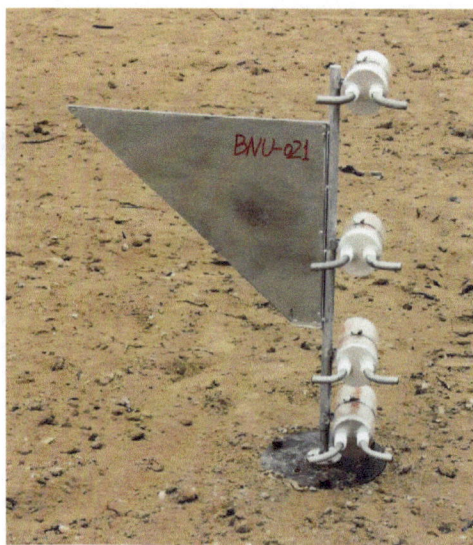

图 12-8　MWAC 集沙仪（王仁德等，2019）

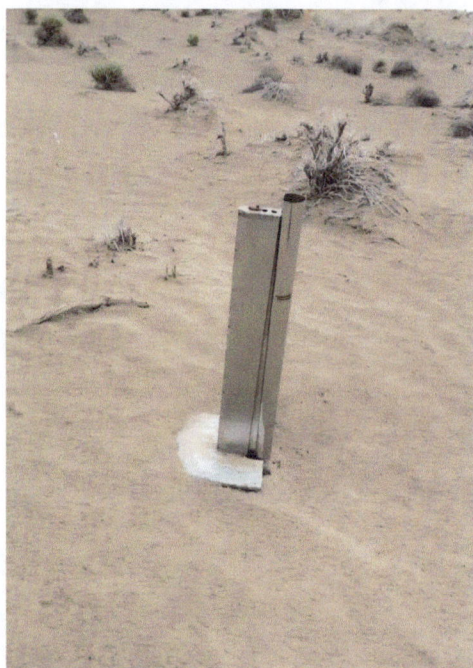

图 12-9　平口集沙仪（王仁德等，2018）

等。这些集沙仪都可以测量近地层不同高度的输沙率。其中，BSNE 集沙仪和 MWAC 集沙仪测量高度不连续。例如，BSNE 集沙仪通常会设置如下高度：0.05 m、0.10 m、0.20 m、0.50 m 和 1.00 m（Fryrear et al.，1991；Fryrear and Saleh，1993；Larney et al.，1995；Hagen，2004），或 0.07 m、0.27 m 和 0.47 m（Bouza et al.，2012），或 0.05 m、0.12 m、0.19 m、0.26 m、0.50 m、0.75 m 和 1.00 m（Sterk and Raats，1996），或 0.10 m、

0.20 m、0.50 m 和 1.00 m（Guo et al.，2019）。基于这些高度观测的输沙率，通过拟合的方法，得到输沙率随高度的函数 q（Z）。利用 q（Z）沿高度的积分，得到单宽输沙率。但在风力作用下，地表土壤颗粒的侵蚀、搬运和沉积使得集沙仪所在位置的地表高度发生变化，因此需要时刻关注和调整这些集沙仪的高度。在土壤风力侵蚀研究中，根据实际情况选择合适的集沙仪。

无论是哪种集沙仪，都存在集沙仪的效率问题（Fryrear and Stout，1989；Nickling and McKenna，1997；Rasmussen and Mikkelsen，1998；Dong et al.，2004；Shao et al.，1993；Goossens et al.，2000；Cornelis and Gabriels，2003；Cheng et al.，2018）。科学家对多数集沙仪的效率进行了率定（表 12-2），但是已有方法都严重高估了集沙仪的效率，同时集沙仪的效率随风速变化。集沙仪效率的存在，使得我们在分析和处理集沙仪收集的输沙率时，需要对监测期间的不同风速等级及其累计时间进行深入分析，在此基础上，确定真实的输沙率。

表 12-2　不同集沙仪的效率

集沙仪名称	集沙仪效率
BSNE	0.88～0.94（Fryrear，1986）、0.71～1.02（Fryrear and Stout，1989）、0.90±0.05（Shao et al.，1993）、1.01～1.08（Goossens et al.，2000）
the vertically integrating trap	1.02±0.05（Shao et al.，1993）、≥0.9（Nickling and McKenna，1997）
the Leach trap	0.85±0.05（Shao et al.，1993），并随风速呈现缓慢增加的趋势
the Aberdeen trap	约 0.7（Rasmussen and Mikkelsen，1998）
the MWAC sampler	0.42～0.56（Pollet，1995）、0.50～0.55（Bakkum，1994）、0.89～1.2（Goossens et al.，2000）
the Aarhus and Ames traps	约 0.5（Rasmussen and Mikkelsen，1998）
the wedge trap	约 0.8（Rasmussen and Mikkelsen，1998）
the ICE sampler	0.75±0.05（Cornelis and Gabriels，2003）
the WITSEG sampler	0.87～0.96（Dong et al.，2004）
the vertically gradient trap	0.12～0.32（this paper）and with an exponential increase with wind speed

输沙率监测频次需根据当地条件选择合适的监测时段，如半月、月、季，若遇到强风天气过程，需单独观测。这里的强风天气过程指的是观测场 5m 高度处的风速超过 8m/s 时的天气。

12.5　土壤风力侵蚀厚度和风蚀量

1. 土壤风力侵蚀厚度

土壤风力侵蚀厚度是指在一定时间内监测区因风力侵蚀导致原地面高程下降的幅度，即被风吹走的土壤厚度（mm）。当土壤风力侵蚀厚度为负值时，表示在该时间段内由风沙流沉积到地表的土壤物质厚度小于被风吹蚀的土壤物质厚度，即处于风蚀状态；反之，即处于风积状态。利用土壤风力侵蚀厚度与土壤容重，可以确定土壤风力侵蚀模数（t/km^2）。由此根据《土壤侵蚀分类分级标准》（SL 190—2007）（表 12-3）确定土壤风力侵蚀强度。一般采用插钎（桩）法（图 12-10）、风蚀桥法、高精度差分 GPS 定位监测法（图 12-11）和三维激光扫描仪法（图 12-12）测定土壤风力侵蚀厚度。通常情况下，每月测定一次土壤风力侵蚀厚度；对于风蚀强度较小的区域，可以调整到每 3 个月，甚至每 6 个月测量一次。

图 12-10　插钎（桩）法测量土壤风力侵蚀厚度

(a) 基站　　　　　　　　　　　　　　　　　　　(b) 流动站

图 12-11　高精度差分 GPS 定位监测法测量土壤风力侵蚀厚度（Zhang et al.，2011）

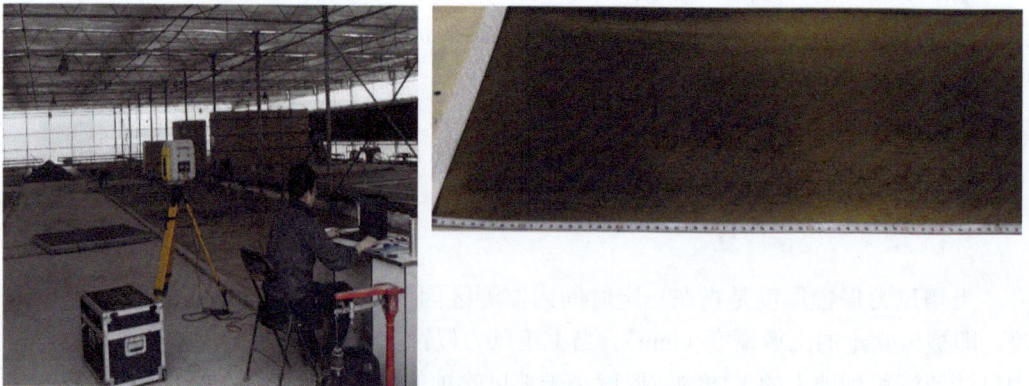

图 12-12　三维激光扫描仪法（杨会民，2018）

表 12-3 风力侵蚀强度分级标准   ［单位：t/（km²·a）］

级别	平均侵蚀模数
微度侵蚀	<200
轻度侵蚀	200～2500
中度侵蚀	2500～5000
强烈侵蚀	5000～8000
极强烈侵蚀	8000～15000
剧烈侵蚀	>15000

资料来源：《土壤侵蚀分类分级标准》（SL 190—2007）。

（1）插钎法：通常采用"品"形均匀布局，相邻两个插钎的距离为 10m。对于有沙丘或者其他地形起伏明显的区域，需要增加插钎数，以便监测结果能够表征地表蚀积状况。实际测量初期，必须对所有的插钎进行编号，并记录好初插时插钎露出地面的高度。为了减小人为误差，可以在插钎上设置一个孔径略大于插钎的金属片，使金属片能在插钎上移动（Gupta et al.，1981），从而提高测量精度。

（2）风蚀桥：按照《水土保持监测设施通用技术条件》（SL 342—2006），风蚀桥为宽 2cm、长 100cm、厚 2～3mm 的金属条，并标有 10cm 测控距的刻度，两端与直径为 5～8mm、长 50cm 的钢筋支柱焊接成直角相连，布设成与主风向垂直的单排或多排。风力侵蚀实际监测过程中，对于地面平坦的观测场，在监测场中心以及距离监测场中心的东、西、南、北四个方向 17m 位置处，各设置一个风蚀桥。对于有沙丘或者其他地形起伏明显的区域，在凸起地貌部位增加风蚀桥。由于每个风蚀桥需要设在其横梁上每间隔 10cm 处（即距离风蚀桥一端的 10cm，20cm，…，90cm），共计在 9 个不同位置处测量其距离地面的高度，然后取这 9 个高度的平均值作为该风蚀桥距离地面的高度，因此实际测量初期必须对所有的风蚀桥以及每一个测量位置进行编号，并记录好对应的风蚀桥以及每一个测量位置露出地面的高度。假设监测区内第 i 个风蚀桥连续两次监测时露出地面的高度差为 Δh_i（i=1，2，…，5），监测区内的土壤风力侵蚀厚度（h）可以表示为 $h =（\Delta h_1+\Delta h_2+\cdots+\Delta h_5）/5$。

（3）高精度差分 GPS 定位监测法或三维激光扫描仪法：是充分利用现代测量技术，测量土壤风力侵蚀厚度的方法。该方法需要在监测场内设置不少于 3 个控制点，控制点不随土壤风力侵蚀而发生变化。其中，高精度差分 GPS 定位监测法需要设置一个基站、多个流动站，通过流动站在监测区内不断移动，并根据实际情况采集一些点的坐标（包括经度、纬度和高程等信息）。对于平坦地表，相邻两个点的距离一般在 10m 左右；对于存在地形起伏的地区，需要增加测量点，相邻两个点的距离甚至可以在 0.5m。尽管现有的高精度差分 GPS 可以控制方圆 5km 方位，但是很少利用 GPS 测量这么大范围内的土壤风力侵蚀厚度。三维激光扫描仪法则通过电脑控制，人为设置扫描的精度后，启动三维激光扫描仪，完成区域扫描后，自动停止相应的扫描工作。相对于高精度差分 GPS 定位监测法，三维激光扫描仪法控制的范围要小得多，通常在方圆 50 m 范围内，而且离三维激光扫描仪越近，精度越高。此外，三维激光扫描仪的三个控制点（也称之为标靶），需要设置在监测区边缘的外部，并呈三角形分布，同时扫描仪距离监测区最近的边线不少于 5 m。无论是高精度差分 GPS 定位监测法，还是三维激光扫描仪法，都是利用连续两次监测数据，由各自配备的专门软件，计算连续两次监测数据相对地面的高差，即土壤风力侵蚀厚度。

此外，还可以利用野外存在的信息，直接提取土壤风力侵蚀厚度。例如，结合树根出露的高度（图 12-13）和树的种植时间，估算土壤风力侵蚀厚度（Dunne et al.，1978；Carrara and Carroll，1979）。

图 12-13 利用树根出露高度估算土壤风力侵蚀厚度

2. 土壤风力侵蚀量

确定土壤风力侵蚀量的方法很多，包括风蚀盘法、粒度对比分析法以及侵蚀模型预测法。

（1）风蚀盘法：风蚀盘一般为底板厚 3mm，面积为 30cm×30cm 的正方形不锈钢板，四周为 1.5mm 厚、3～5cm 高的金属板焊接而成的盛土盘，具体规格大小略有不同（妥德宝等，2002；何文清，2004；刘晓光，2006；王云超等，2006；赵沛义等，2008）。对于风力侵蚀较大的监测区，如流沙地表或翻耕耙平耕地等，四周的金属板高度为 5cm。

对于风力侵蚀较大的监测区，四周的金属板高度为 3cm；对于地面平坦的监测场，在监测场中心以及距离监测场中心的东、西、南、北四个方向 17m 位置处，各设置一个风蚀盘；对于有沙丘或者其他地形起伏明显的区域，在凸起地貌部位增加风蚀盘。

布设风蚀盘之前，需要称量装满土壤的风蚀盘质量，同时布设风蚀盘时，应使风蚀盘内的土壤表面与周围地面保持水平一致，并且没有缝隙。对于长期监测，监测时可按半月、月、季进行。每次监测时，轻轻取出风蚀盘，清除风蚀盘外部附着的土壤，称量风蚀盘质量。对于每个风蚀盘，布设风蚀盘时风蚀盘及其土壤的质量与风蚀盘取出时风蚀盘及其土壤的质量的差（ΔQ），即在监测时间内的土壤风力侵蚀量。当 ΔQ 为正值时，代表发生风蚀，反之为风积。监测区内的土壤风力侵蚀量为：$Q = S \cdot [（\Delta Q_1 + \Delta Q_2 + \Delta Q_3 + \Delta Q_4 + \Delta Q_5）/5]/S_1$，$\Delta Q_i$（$i$=1，2，…，5）为监测场内 5 个风蚀盘在布设风蚀盘时风蚀盘及其土壤的质量与风蚀盘取出时风蚀盘及其土壤的质量之差，S_1 为风蚀盘面积（m^2），S 为监测区面积。

（2）粒度对比分析法：其基本原理是土壤风力侵蚀过程反映了地表可蚀性颗粒的损失和原地表不可蚀性颗粒的聚集（戴海伦等，2011），可以从地表可蚀性颗粒和不可蚀性颗粒的比例变化确定土壤风力侵蚀量（董治宝和陈广庭，1997）。土壤风力侵蚀量 $Q = S \cdot (p_1/p_0-1) \cdot D \cdot \rho_s$，$D$ 为因土壤风力侵蚀导致表层土粗化的厚度，p_0 和 p_1 为表层土壤颗粒在土壤风力侵蚀前后不可蚀性颗粒的百分含量，ρ_s 为土壤容重。实际监测过程中，可以使用表层土和下层土的可蚀性颗粒和不可蚀性颗粒的相对比来估算土壤风力侵蚀量（董治宝和陈广庭，1997；李晓丽等，2006；周丹丹等，2008）。这里的表层土指的是 0～0.5cm 的表土样品，采集范围 20cm×20cm。尽管该方法在国内的研究不是很多（戴海伦等，2011），但是在内蒙古阴山北部四子王旗和巴音温都尔沙漠的监测结果（李晓丽等，2006；周丹丹等，2008），证实了该方法基本能够满足土壤风力侵蚀研究的需要（戴海伦等，2011），但研究应用还较少，仍需进一步验证。

（3）侵蚀模型预测法：已有文献中土壤风力侵蚀模型包括土壤风蚀方程（WEQ）（Woodruff and Siddoway，1965）、修正土壤风蚀方程（RWEQ）（Fryrear et al.，1998）、风蚀预报方程（WEPS）（Hagen et al.，1996）、Pasak 模型（Pasak，1970）、Bocharov 模型（Bocharov，1972）、得克萨斯侵蚀分析模型（Singh et al.，1997）以及北京师范大学的土壤风力侵蚀模型（邹学勇等，2013）等。科学家对已有的土壤风力侵蚀模型进行了详细评述（董治宝等，1999；邹学勇等，2014），这里仅简要介绍北京师范大学的土壤风力侵蚀模型（邹学勇等，2013），该模型包括耕地、草（灌）地、沙地（漠）风力侵蚀模型。

耕地风力侵蚀模型：

$$Q_{fa} = 0.018(1-W)\sum_{j=1}^{35} T_j \exp\left[-9.208 + \frac{0.018}{Z_0} + 1.955(0.893U_j)^{0.5}\right] \quad (12\text{-}10)$$

式中，Q_{fa} 为每半个月内耕地风力侵蚀模数，t/（$hm^2 \cdot a$）；W 为每半个月内表土湿度因子，介于 0～1；T_j 为每半个月内各风速等级的累计时间，min；Z_0 为地表粗糙度，cm；j 为风速等级序号，在 5～40 m/s 以 1 m/s 为间隔划分为 35 个等级，取值 1，2，…，35；U_j 为第 j 个风速等级的平均风速，m/s。

草（灌）地风力侵蚀模型：

$$Q_{fg} = 0.018(1-W)\sum_{j=1}^{35} T_j \exp\left(2.4869 - 0.0014V^2 - \frac{61.3935}{U_j}\right) \quad (12\text{-}11)$$

式中，Q_{fg} 为每半个月内草（灌）地风力侵蚀模数，t/（$hm^2 \cdot a$）；V 为植被覆盖度，%。

沙地（漠）风力侵蚀模型：

$$Q_{fs} = 0.018(1-W)\sum_{j=l}^{35} T_j \exp\left(6.1689 - 0.0743V - \frac{27.9613\ln 0.893U_j}{0.893U_j}\right) \quad (12\text{-}12)$$

式中，Q_{fs} 为每半个月内沙地（漠）风力侵蚀模数，t/（hm²·a）。

上述耕地、草（灌）地、沙地（漠）风力侵蚀模型中的植被覆盖度和表土湿度在前文中已经进行了详细描述，为了避免重复，这里不予以讨论，仅仅对地表粗糙度和风力因子进行说明。

对于地表粗糙度因子，需要在野外进行大量的实地调查。具体地，主要针对耕地、翻耕耙平耕地、翻耕未耙平耕地以及耕地中未翻耕和休耕地，分别按照表12-4～表12-6予以赋值。对于单一土地利用类型调查区域内的野外调查，需要选取 5 个调查点。其中，1 个调查点为中心，其余 4 个调查点分别位于中心调查点的正北、正东、正南、正西方向的 250m 处。对于分布有多种土地利用类型的调查区域，按土地利用类型分别调查，在每种土地利用类型地块上选取 5 个调查点。以其中 1 个调查点为中心，另外 4 个调查点分别位于中心调查点的正北、正东、正南、正西方向的 20 m 处。

表 12-4　翻耕耙平耕地的地表粗糙度　　（单位：cm）

翻耕状态	无垄，平整	有垄，不平整
耙齿痕迹明显且多≥5cm 土块	0.10	0.12
耙齿痕迹明显且多 3～5cm 土块	0.08	0.09
耙齿痕迹明显且多≤3cm 土块	0.06	0.07
耙齿痕迹不明显且多≤3cm 土块	0.04	0.05
无耙齿痕迹且多≤3cm 土块	0.02	0.03

表 12-5　翻耕未耙平耕地的地表粗糙度　　（单位：cm）

翻耕状态	未耙平
耙齿痕迹明显多≥10cm 土块	0.15
耙齿痕迹明显多 5～10cm 土块	0.13
耙齿痕迹明显有 5～10cm 土块	0.11
耙齿痕迹不明显多≤5cm 土块	0.09
无耙齿痕迹较多≤5cm 土块	0.07

表 12-6　留茬耕地的地表粗糙度　　（单位：cm）

植被覆盖度	留茬高度				
	≥40cm	30～40cm	20～30cm	10～20cm	≤10cm
≥15%	0.25	0.20	0.15	0.12	0.10
10%～15%	0.22	0.18	0.12	0.10	0.08
5%～10%	0.20	0.15	0.10	0.08	0.06
≤5%	0.15	0.12	0.08	0.06	0.04

对于风力因子的研究，源于气象站长期的观测数据。根据土壤风力侵蚀的特点，通常以每半个月为时间单位计算土壤风蚀模数或者风蚀量（邹学勇等，2013）。因此，风力因子也是按照半个月进行计算。每半个月内各风速等级对应的累计时间（T_j）和平均风速（U_j）的计算公式如式（12-13）和式（12-14）所示：

$$T_j = \frac{1}{N} \sum_{m=1}^{N} \sum_{i=1}^{L} \sum_{k=1}^{24} T_{jmik} \qquad (12\text{-}13)$$

$$U_j = \frac{1}{N} \sum_{m=1}^{N} \sum_{i=1}^{L} \sum_{k=1}^{24} U_{jmik} \qquad (12\text{-}14)$$

式中，T_{jmik} 为每个气象站点第 m 年某半月内第 i 天中的第 k 时刻的风速是否属于第 j 个风速等级，如果是，$T_{jmik}=1$，否则 $T_{jmik}=0$；U_{jmik} 为每个气象站点第 m 年某半月内第 i 天中的第 k 时刻的风速属于第 j 个风速等级的风速；j 为风速等级序号，在 5～40 m/s 以 1 m/s 为间隔划分为 35 个等级，取值 1，2，…，35；N 为风速资料收集的年份数量，如收集 25 年（1991～2015 年）的数据，N 取 25；m 为 1，2，…，N；L 为每半个月对应的天数，每月的上半月均取 15 天，下半月取值天数为 13 天、14 天、15 天或 16 天；$i=1, 2, …, L$；k 为一天 24 小时中的一个时刻，取值 0:00，01:00，…，23:00。

　　计算各风速等级累计时间和平均风速时，如果收集的是逐日 24 时的整点风速，直接累计计算（邹学勇等，2013）；如果收集的是逐日 4 次风速，需要先对逐日 4 次风速按照线性插值成逐日 24 次的风速（邹学勇等，2013），具体方法是：在逐日 4 次风速数据中，假设相邻两时刻 $t_{02:00}$ 和 $t_{08:00}$，对应的风速值为 $U_{02:00}$ 和 $U_{08:00}$。在时刻 $t_{02:00}$ 和 $t_{08:00}$ 之间依次插入 $t_{03:00}$、$t_{04:00}$、$t_{05:00}$、$t_{06:00}$、$t_{07:00}$ 时刻所对应的风速值 $U_{03:00}$、$U_{04:00}$、$U_{05:00}$、$U_{06:00}$、$U_{07:00}$。线性插值时，规定（$t_{02:00}$，$t_{08:00}$）和（$U_{02:00}$ 和 $U_{08:00}$）两个数据对在直线 $y=ax+b$ 上，斜率 $a=(U_{08:00}-U_{02:00})/6$，则 $U_{03:00}=(5U_{02:00}+U_{08:00})/6$，$U_{04:00}=(4U_{02:00}+2U_{08:00})/6$，$U_{05:00}=(3U_{02:00}+3U_{08:00})/6$，$U_{06:00}=(2U_{02:00}+4U_{08:00})/6$，$U_{07:00}=(U_{02:00}+5U_{08:00})/6$。

参 考 文 献

陈渭南, 董光荣, 董治宝. 1994. 中国北方土壤风蚀问题研究的进展与趋势. 地球科学进展, 9(5): 6-12.

戴海伦, 金复鑫, 张科利. 2011. 国内外风蚀监测方法回顾与评述. 地球科学进展, 26(4): 401-408.

董光荣, 吴波, 慈龙骏, 等. 1999. 我国荒漠化现状、成因与防治对策. 中国沙漠, (4): 22-36.

董治宝, 陈广庭. 1997. 内蒙古后山地区土壤风蚀问题初论. 土壤侵蚀与水土保持学报, (2): 84-90.

董治宝, 高尚玉, 董光荣. 1999. 土壤风蚀预报研究述评. 中国沙漠, 19(4): 312-317.

方依. 2019. 中国北方土壤风蚀区非生长季植被覆盖度估算. 北京: 北京师范大学.

何文清. 2004. 北方农牧交错带农用地风蚀影响因子与保护性农作制研究. 北京: 中国农业大学.

李晓丽, 申向东, 张雅静. 2006. 内蒙古阴山北部四子王旗土壤风蚀量的测试分析. 干旱区地理, (2): 292-296.

李新荣, 谭会娟, 回嵘, 等. 2018. 中国荒漠与沙地生物土壤结皮研究. 科学通报, 63(23): 2320-2334.

刘拓. 2006. 中国土地沙漠化经济损失评估. 中国沙漠, 26(1): 40-46.

刘晓光. 2007. 阴山北麓生态脆弱地区的农业系统优化模型研究: 以武川县为例. 北京: 中国农业大学.

妥德宝, 段玉, 赵沛义, 等. 2002. 带状留茬间作对防治干旱地区农田风蚀沙化的生态效应. 华北农学报, (4): 63-67.

汪海娇, 田丽慧, 张登山, 等. 2020. 青海湖东岸沙地风沙活动特征. 中国沙漠, 40(1): 49-56.

王仁德, 李庆, 常春平, 等. 2018. 新型平口式集沙仪对不同粒级颗粒的收集效率. 中国沙漠, 38(4): 734-738.

王仁德, 李庆, 常春平, 等. 2019. 土壤风蚀野外测量技术研究进展. 中国沙漠, 39(4):113-128.

王涛. 2001. 走向世界的中国沙漠化防治的研究与实践. 中国沙漠, 21(1): 1-3.

王云超, 张立峰, 侯大山, 等. 2006. 河北坝上农牧交错区不同下垫面土壤风蚀特征研究.中国农学通报, 22(8): 565-568.

杨会民. 2018. 半固定风沙土坡面风水复合侵蚀试验研究. 北京: 北京师范大学.

杨兴华. 2019. 塔克拉玛干沙漠地表起沙观测与起沙参数化方案改进. 南京: 南京信息工程大学.

杨转玲, 钱广强, 董治宝, 等. 2018. 库姆塔格沙漠北部三垄沙地区风沙运动特征. 中国沙漠, 38(1): 58-67.

赵彩霞. 2004. 阴山北麓农牧交错带防治风蚀沙化的恢复生态学研究. 北京: 中国农业大学.

赵举. 2002. 阴山北麓农牧交错带风蚀荒漠化治理的保持耕作模式研究. 北京: 中国农业大学.

赵沛义, 妥德宝, 郑大玮. 2008. 野外土壤风蚀定量观测方法的研究. 安徽农业科学, (29): 12810-12812.

周丹丹, 董建林, 高永, 等. 2008. 巴音温都尔沙漠表层土壤粒度特征及风蚀量估算.干旱区地理, 31(6): 933-939.

周健民, 沈仁芳. 2013. 土壤学大辞典. 北京: 科学出版社.

朱俊凤, 朱震达, 等. 1999. 中国沙漠化防治. 北京: 中国林业出版社.

朱震达. 1985. 中国北方沙漠化现状及发展趋势.中国沙漠, (3): 4-12.

朱震达, 王涛. 1990. 从若干典型地区的研究对近十余年来中国土地沙漠化演变趋势的分析. 地理学报, (4): 430-440.

邹维. 2009. 风力侵蚀监测方法探讨. 中国水土保持, (7): 42-43.

邹学勇, 程宏, 王周龙, 等. 2013. 第一次全国水利普查水土保持情况普查: 风力侵蚀强度计算分析与制图(研究报告). 北京: 中华人民共和国水利部水土保持监测中心: 61-88.

邹学勇, 张春来, 程宏, 等. 2014. 土壤风蚀模型中的影响因子分类与表达. 地球科学进展, 29(8): 875-889.

Belnap J. 2010. The potential roles of biological soil crusts in dry land hydrologic cycles. Hydrological Processes, 20(15): 3159-3178.

Belnap J, Büdel B, Lange O L. 2001. Biological soil crusts: characteristics and distribution //Belnap J, Lange O L. Biological Soil Crusts: Structure, Function, and Management. Berlin: Springer.

Belnap J, Lange O L. 2001. Structure and function of biological soil crusts: a synthesis //Belnap J, Lange O L. Biological Soil Crusts: Structure, Function, and Management. Berlin: Springer.

Bocharov A P. 1972. Priboryiikh primenenie vissledovanii vetrovoi e'rozii (in Russian). Alma-Ata: Kainar.

Bouza M E, Silenzi J C, Echeverria N E, et al. 2012. Analysis of erosive events for a soil in the Southwest of Buenos Aires Province, Argentina. Aeolian Research, 3: 427-435.

Carrara P E, Carroll T R. 1979. The determination of erosion rates from exposed tree in the Piceance Basin, Colorado. Earth Surface Processes and Landforms, 4: 307-317.

Cheng H, Fang Y, Sherman D J, et al. 2018. Sidewall effects and sand trap efficiency in a large wind tunnel. Earth Surface Processes and Landforms, 43: 1252-1258.

Cornelis W I M M, Gabriels D. 2003. A simple low-cost sand catcher for wind-tunnel simulation. Earth Surface Processes and Landforms, 28: 1033-1041.

Dong Z B, Sun H Y, Zhao A G, et al. 2004. WITSEG sampler: a segmented sand sampler for wind tunnel test. Geomorphology, 59: 119-129.

Dunne T, Dietrich W E, Brunengo M J. 1978. Recent and past erosion rates in semi-arid Kenya. Zeitschrift für Geomorphologie, 29: 130-140.

Eldridge D J, Greene R S B. 1994. Microbiotic soil crusts: a review of their roles in soil and ecological processes in the rangelands of Australia. Australian Journal of Soil Research, 32: 389-415.

Fryrear D W. 1986. A field dust sampler. Journal of Soil and Water Conservation, 41: 117-120.

Fryrear D W, Saleh A. 1993. Field wind erosion: vertical distribution. Soil Sci, 155: 294-300.

Fryrear D W, Saleh A, Bilbro J D, et al. 1998. Revised Wind Erosion Equation. Wind Erosion and Water Conservation Research Unit, USDA-ARS, Southern Plains Area Cropping Systems Research Laboratory.

Fryrear D W, Stout J E. 1989. Performance of a windblown-particle sampler. Transactions of the ASAE, 32(6): 2041-2045.

Fryrear D W, Stout J E, Hagen L J, et al. 1991. Wind erosion: field measurement and analysis. Transactions of the ASAE, 34: 155-160.

Goossens D, Offer Z Y, London G. 2000. Wind tunnel and field calibration of five sand samplers. Geomorphology, 35: 233-252.

Gupta J P, Aggarawal R K, Raikhy N P. 1981. Soil erosion by wind from bare sandy plains in Western Rajasthan, India. Journal of Arid Environments, 4: 15-20.

Hagen L J, Wagner L E, Tatarko J. 1996. Wind erosion prediction system (WEPS). Manhattan: USDA-ARS Wind Erosion Research Unit.

Hagen L J. 2004. Evaluation of the wind erosion prediction system (WEPS) erosion submodel on cropland fields. Environmental Modelling & Software, 19: 171-176.

Larney F J, Bullock M S, Mcginn S M, et al. 1995. Quantifying wind erosion on summer fallow in Southern Alberta. Journal of Soil and Water Conservation, 50: 91-95.

Nickling W G, McKenna N C. 1997. Wind tunnel evaluation of a wedge-shaped aeolian sediment sampler. Geomorphology, 18: 333-345.

Pasak V. 1970. Wind Erosion of Soil (in Czech with English Summary). Zbraslav: Vyskumny Ustav Melioraci.

Pollet I, Gabriels D, Cornelis W M. 1998. The catch efficiency of a windblown-sand collector: a wind tunnel study. Pedologie-Themata (Belgian Soil Science Society), 5: 75-79.

Rasmussen K R, Mikkelsen H E. 1998. On the efficiency of vertical array aeolian field traps. Sedimentology, 45: 789-800.

Shao Y, Mctainsh G H, Leys J F, et al. 1993. Efficiency of sediment samplers for wind erosion measurement. Australian Journal of Soil Research, 31: 519-532.

Singh U B, Gregory J M, Wilson G R. 1997. Texas erosion analysis model: theory and validation// Proceedings of Wind Erosion: An International Symposium/Workshop. Manhattan: USDA-ARS Wind Erosion Research Unit.

Sterk G, Raats P A C. 1996. Comparison of models describing the vertical distribution of wind-eroded sediment. Soil Science Society of America Journal, 60: 1914-1919.

West N E. 1990. Structure and function of microphytic soil crusts in wildland ecosystems of arid to semi-arid regions. Advances in Ecological Research, 20: 179-223.

Woodruff N P, Siddoway F H. 1965. A wind erosion equation. Soil Science Society of America Proceedings, 29: 602-608.

Zhang C L, Yang S, Pan X H, et al. 2011. Estimation of farmland soil wind erosion using RTK GPS measurements and the ^{137}Cs technique: a case study in Kangbao County, Hebei province, Northern China. Soil and Tillage Research, 112: 140-148.

第 13 章 土壤侵蚀监测现代仪器与技术

本章将介绍几种最新的土壤侵蚀实验仪器设备，这些设备主要用于监测土壤侵蚀过程中的关键环节，包括对降水量及其动能的时空分布、降雨过程中下垫面形态演化过程、坡面和沟道径流泥沙过程等，核心技术有粒子成像瞬态测量可视化技术、数字化摄影测量观测技术及径流泥沙实时自动监测技术。这些新技术、新仪器设备所衍生的土壤侵蚀研究新方法有望成为提升土壤侵蚀研究水平和生产实践的有力支点。

13.1 称重式雨量计

13.1.1 工作原理

称重式雨量计主要通过称重传感器测量舱中降雨的质量数据，经信号放大处理后将质量数据实时返回至单片机 STM32 中，从而经过自动换算获得降水量数据，并进行存储和远程无线传输。降水量计算公式如式（13-1）所示：

$$h = \frac{(G_h - G_0)}{\pi r^2 \rho} \times 10 \qquad (13\text{-}1)$$

式中，h 为降水量，mm；G_h 为当前测量舱质量，g；G_0 为初始测量舱质量，g；r 为测量舱半径，cm；ρ 为水的密度，g/cm³；10 为换算系数。其中，ρ 一般取 1 g/cm³，但是为了提高测量结果的准确度，ρ 取温度传感器测得的实时水温所对应的水的密度。

在降雨测量过程中，一般按时间划分测量间隔，每个间隔的降水量即为该时段的降雨强度，一次降雨过程中全部间隔降水量的总和即为次降水总量。

当一次降水过程中，降水量到达集雨桶设定的水位时，雨量计的排水电动阀自动打开并排掉降水，排完水后，关闭排水阀，继续盛接降水，测量降水量。

13.1.2 主要部件及其结构

该雨量计主要由 3 部分构成，即采集系统、称重系统、测控系统，具体包括不锈钢筒体、盛雨器、温度传感器、测量舱、称重传感器、测控系统等[图 13-1（a）]。仪器的设计高度为 40 cm，外壳防护等级 IP54，电气防护等级 IP65，可适应降雨监测的恶劣环境。设备机架选用优质不锈钢 304，并采取焊接和刚性连接，以增加其光滑性和密闭性[图 13-1（b）]。仪器由太阳能电池（12V/200Ah，光伏板 180 W）或交流电（AC）220V/50Hz 市电供电。此外，仪器的监测数据会实时传输至站点/数据管理云平台。

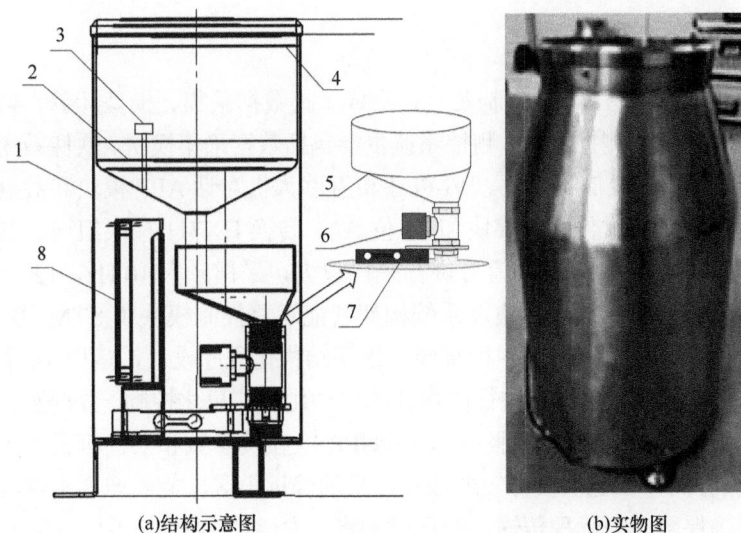

(a)结构示意图　　　　　　　　　(b)实物图

图 13-1　称重式雨量计结构示意图

1—筒体；2—盛雨器；3—温度传感器；4—滤网；5—测量舱；6—排样开关；7—称重传感器；8—测控系统

1. 采集系统

样品采集部分主要由滤网、温度传感器和盛雨器组成。孔径为 2 mm 的滤网安装在筒体最上端，防止杂物进入盛雨器而造成管路堵塞。pt100 温度传感器通过惠斯通电桥获取温度变化的电压信号，通过高精度运算放大器，输入控制系统，并进行 24 位模拟–数字（A/D）转换，将电压信号解析出降水温度，降水密度则由实测的水的温度对应的水的密度进行实时校正，以消除降水温度引起的误差，提高降水量计算结果的准确性。样品采集所使用的盛雨器尺寸和传统雨量筒一致，直径为 20 cm。

2. 称重系统

称重系统主要完成样品的测量，由导流管、测量舱、排样开关和称重传感器组成。导流管通径为 DN15，安装在盛雨器底端，紧贴测量舱的内壁，防止雨水流动对称重系统带来的扰动，同时把样品导入测量舱。测量舱容积为 1 L，口径为 10 cm，满舱时对应的降水量为 30 mm。排样开关为铜质结构的电动球阀，采用螺纹连接置于测量舱底部，由回转电路驱动其运转，单次运转时间 4 s，1 L 样品完全排出（从排样开关开始开启到排样完成后排样开关完全关闭）所需时间约 10 s。排样开关设计有两个状态：一是排样开关处于开启状态，执行排放样品的功能（开启动作执行时即可开始排样）；二是排样开关处于完全关闭状态，此时可视作测量舱舱体的底部共同构成测量舱。称重传感器选用 METTLER-TOLEDO 梁式传感器，其可实时将测量舱重量信号输出至可编程逻辑控制器（PLC）进口端，经处理后传输至数据处理系统。传感器量程为 5 kg，灵敏度为 1.8～2.2 mV/V，测量精度为 1/10000，零点输出≤±10%额定载荷（rated capacity，RC），工作温度为−20～65℃。此外，由于称重传感器处于长期压力状态而形成零基准点的漂移，为此需进行零点自动校正，使其测量更加精确。

3. 测控系统

称重式雨量计采用 STM32 控制芯片，形成了集数据采集、模型计算、数据处理、远程发送等功能为一体的测控系统。测控系统主要包括数据采集模块、软件系统构架智能运算控制模块、数据发送及储存模块、Wi-Fi 手机互联人机对话 APP 模块和数据通信扩展模块。数据采集模块由称重传感器模块和 24 位 A/D 转换 HX711 模块组成。其中，A/D 转换芯片对称重传感器毫伏级电压信号进行采样放大，采样频率 10 Hz，128 倍增益放大，使称重分辨率达到 0.01 g 以上。软件系统构架智能运算控制模块由 STM32F107VCT6 控制部件组成，是整个测控系统的中枢神经，采用结构化程序设计，运用 C 语言嵌入式开发系统编程，通过智能优化设计进行雨量计的自动化和信息化控制。数据发送及储存模块包含全球定位系统/通用分组无线服务（GPS/GPRS）模块参数和上位机云平台通信设置及本地 USB 数据存储。在通信信号较弱或无信号的偏远山区，需要增加中继器或直接使用卫星通道，以确保数据的远程传输，但是成本将大大增加。Wi-Fi 手机互联人机对话 APP 模块由安卓系统的手机 APP 通过 Wi-Fi 模式与系统相连，可进行参数、功能、显示等通信及操控。数据通信扩展模块根据实际需要可进行扩展，系统开放 RS485 通信端口可与各种模块如其他类型的雨量计进行对接。

4. 工作流程

仪器平时处于休眠状态，一旦盛雨器接到降雨信号，设备开始工作。仪器启动后，首先进行零点校正，然后将盛雨器收集的样品输入测量舱，由称重传感器称取样品质量，测控系统将质量值换算成降水量值，储存测量的数据并实时传输至站点/数据管理云平台。若此后测量舱中样品继续增加，直至其容积累计达到 1 L 时（测量舱最大量程），测控系统则得到指令打开排样开关进行排样，排样完毕后对测量舱进行称重，确保排样干净，从而进入下一个测量周期。测量时间间隔可设定为 1 min 测量一次（时间间隔可调，需要根据降雨大小考虑测量频率和测量精度间的平衡），以此类推，周而复始，直至 10 min 内称重传感器获取的样品质量增量＜0.01 g，则视为降雨结束，仪器进入休眠状态。称重式雨量计工作流程如图 13-2 所示。

13.1.3 精 度 检 测

1. 精确度检测

为了检测称重式雨量计测量的准确度，采用高精度蠕动泵提供单位时间内的水量，蠕动泵提供的流量变化范围为 0.0012～510 mL/min，流量调节分辨率为 0.0001 mL/min。现设定蠕动泵的流量为 0.83 mm/min，也就是说，相当于给称重式雨量计提供了一个稳定降雨强度的降雨过程，按设定的时间间隔测量桶内水的重量，就可以检测称重式雨量计的精确度。

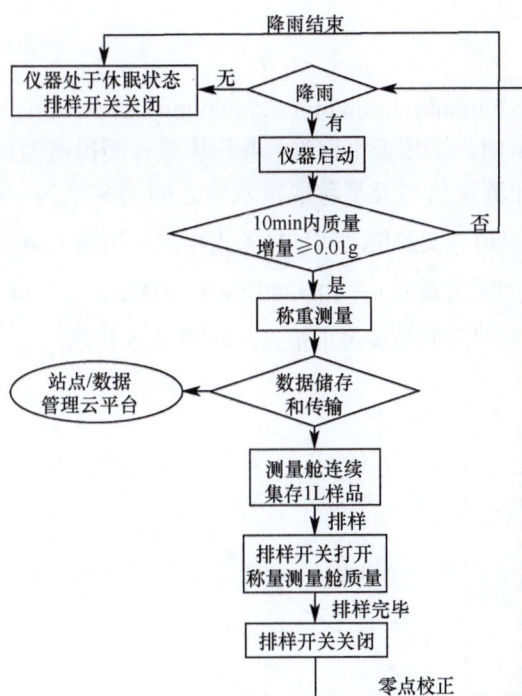

图 13-2　称重式雨量计工作流程

为蠕动泵提供 0.83 mm/min 的流量，按 60s 的时间间隔利用称重式雨量计重复测量 30 次，对测量结果的统计表明，称重式雨量计测量的平均雨强为 0.856 mm/min，测量的标准差为 $\delta=0.01673$ mm/min，说明此次观测的精度达到毫米级。通过科尔莫戈罗夫–斯米尔诺夫（Kolmogorov-Smirnov，K-S）检验，得出 Z 值为 0.761，p 值为 0.609（>0.05），因此称重式雨量计对标定雨强 0.83mm/min 的测量结果服从正态分布，测量数据的分布如图 13-3 所示。

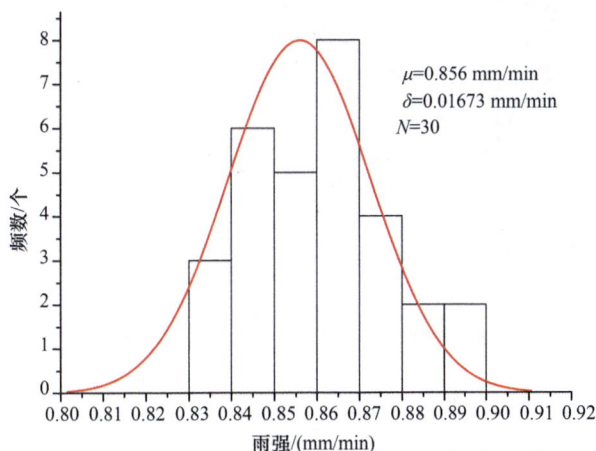

图 13-3　称重式雨量计对标定雨强的测量结果
μ—均值；δ—标准差；N—频数

2. 准确度检测

降雨强度设定为 0.5 mm/min、1 mm/min、1.5 mm/min、2 mm/min、2.5 mm/min、3 mm/min、3.5 mm/min、4 mm/min 时，采用天平称重，并用流量计测得蠕动泵对应流量注入称重式雨量计。称重式雨量计测量值与天平称取供水值之间的关系为 $y = 1.00313x + 0.00803$，$R^2 = 0.99941$，说明测量值与实测值之间呈显著正相关，如图 13-4 所示。称重式雨量计测量值与蠕动泵供水值之间的关系为 $y = 0.83389x + 0.11033$，$R^2 = 0.98792$，说明蠕动泵供水值与称重式雨量计测量结果之间呈显著正相关，如图 13-5 所示。

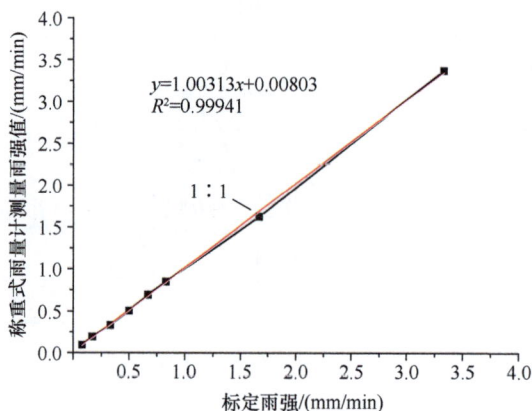

图 13-4　不同标定雨强与称重式雨量计测量结果之间的关系

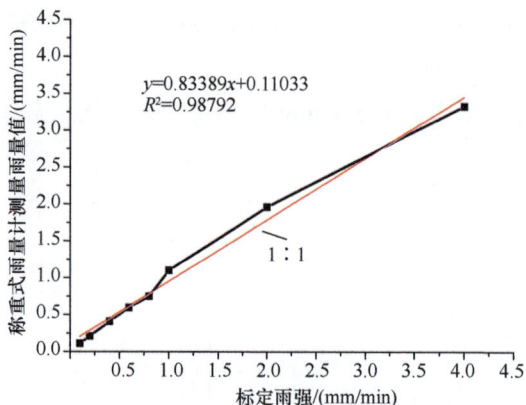

图 13-5　蠕动泵供水值与称重式雨量计测量结果之间的关系

13.1.4　主要性能与适用性

称重式雨量计的雨强测量范围为 0.01～8 mm/min，测量精度为 0.01 mm，集雨桶的进水孔径可达 13 mm，所以称重式雨量计具有雨强测量范围极宽、雨强测量精度高、无须定期进行清洗和人工维护、可以在野外长期工作等特点。以每次开始降雨测量前仪器启动时测量的盛水容器重量为基础背景值，测量时只测量单位时间内的盛水重量变化增加值，所以完全消除了称重传感器长期使用时出现的基础零点"漂移"现象，使得仪器在长期无人工清洗维护和标定的野外条件下，其测量结果仍可靠和准确。称重式雨量计的技术性能和技术指标如表 13-1 所示。

表 13-1　称重式雨量计的技术性能和技术指标

项目	野外自然降雨/实验室模拟降雨
用途	降雨（雪）量监测
采样收集器/mm	Φ200
离地高度/mm	700
降雨强度测量范围/（mm/min）	0.01～8
累计降水量（单次盛水容器排水一次）/mm	0.01～4320
分辨力/mm	0.001
精度/mm	±0.1
工作温度/℃	−20～60
相对湿度（RH）/%	0～100
电源	直流电（DC）12V（可充电锂电池），交流电（AC）220V 适配器
数据通信接口	USB+GPRS+U 盘
数据管理	数据管理云平台
防护等级	防盐雾，外壳防护等级 IP54，电气防护等级 IP65
加热型（选装）	24V/50W

13.2　雨滴物理特性测量系统

13.2.1　工作原理

利用电荷耦合器件（CCD）工业相机所具有的高帧率、高分辨率、可操控等性能对降落雨滴进行拍摄，采集不同降雨时刻的雨滴影像，确定其在特定时间序列上的空间位置和形状，进而计算雨滴直径和降落速度。

13.2.2　主要部件及结构

该系统主要由 4 个子系统组成，即投影系统、采集系统、采集控制系统和影像解译软件系统，具体包括 6 个工作单元，分别为大功率点光源、菲涅耳透镜、投影幕布、CCD 工业相机、相机同步控制器和影像采集控制计算机（图 13-6）。该系统可实现图像数据的实时采集、信息提取、存储和计算等功能。

1. 投影系统

投影系统主要负责为采集系统提供一个可靠、稳定、足够强度的平行光场。该系统

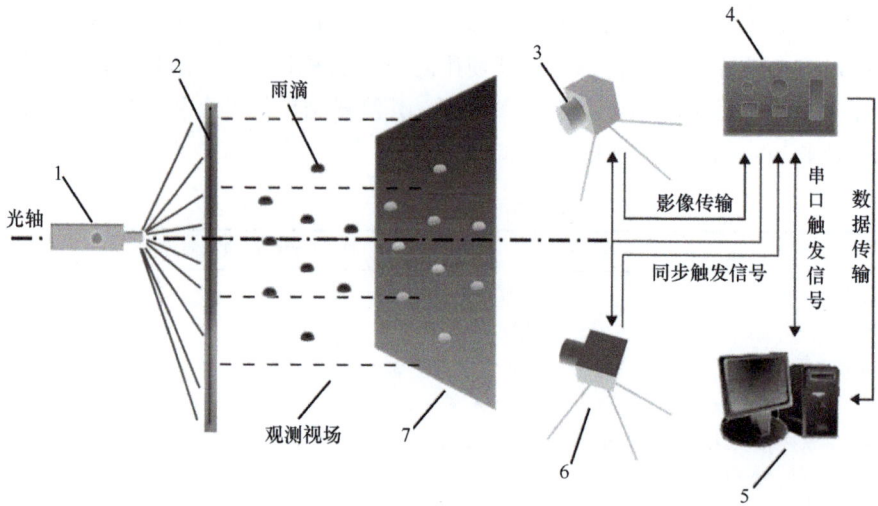

图 13-6 雨滴物理特性的粒子成像测量系统组成示意图
1—大功率点光源；2—菲涅耳透镜；3—投影幕布；4—高速拍摄相机；5—低速拍摄相机；6—相机同步控制器；7—影像采集控制计算机

由五大模块组成：飞利浦银战士卤素灯、焦距为 220 mm 的菲涅尔聚光镜、H7 陶瓷耐高温插座、四芯防水接头、光学投影外壳和相关配件。飞利浦银战士卤素灯能够产生一种色温为 4300 K 左右且光线指向性明显的白光，可视为点光源。菲涅尔聚光镜光学焦距为 220 mm，有效面积 230 mm×210 mm，纹距 0.45 mm，聚光倍数 800 倍，放大倍数为 4～5 倍，其接受点光源发出的光后滤波成高亮度、高平行度的面光源。

2. 采集系统

采集系统主要负责影像采集、触发信号接收、影像传输等。该系统组件包括：1 台德国 Basler acA1920-150 um 型相机、RJ45 千兆网口防水接头、四芯防水接头、投影幕布、直流电源、采集模块外壳和相关配件。其中，Basler acA1920-150 μm 型相机的分辨率为 1920 像素×1200 像素，相机焦距为 8 mm。投影幕布为灰白色，采用高透光性的 PVC 材质制成，厚度为 0.55 mm，可视角达 180°，增益系数为 2.0，光线可透性极强，足以保证画面的清晰度。投影幕布边缘布设一圈黑色的圆形标靶，一方面是为了检校相机，另一方面是为后期数字影像的校正提供标准。菲涅尔聚光镜和投影幕布之间形成了 200 mm×200 mm×200 mm 的观测视场，雨滴通过观测视场的瞬间会在投影幕布上成像，相机在投影幕布的背后进行拍摄。采集系统的命令和数据的传输均采用 USB 3.0 接口。

3. 采集控制系统

采集控制系统是整个系统设计的中枢，主要负责影像采集器的命令收发、管理、数据高效传输等。该系统主要由 USB 3.0 接口、触发板、四芯航空接头、串口转换装置、采集控制模块外壳及相关配件组成。USB 3.0 接口用于数字影像的高速传输、控制命令的通信管理以及主控机的关联。触发板负责相机的供电、串口同步信号命令收发、采集帧率控制等。在采集过程中，操作人员把数字影像采集模块和影像采集控制计算机进行相应的连接，配合光学投影系统和影像采集系统即可进行雨滴物理特性的观测。

4. 影像解译软件系统

雨滴影像解译系统主要利用计算机视觉识别技术完成雨滴影像的识别、提取、测量和计算等。该系统采用计算机视觉识别技术对原始雨滴影像进行数字影像校正、计算机图像深度处理等剔除绝大部分的背景噪声，进而勾画二值化的雨滴影像。在此基础上利用观测视场布设的定位标靶，将拍摄到的不同时刻的同一雨滴影像归一化到同一坐标系中，这样同一雨滴就会在影像空间中形成雨滴下落的直线轨迹，根据雨滴影像的几何形态和轨迹一致性便可辨识同名雨滴。利用获取的清晰的雨滴影像，采用几何平均直径算法和外轮廓线提取算法分别计算雨滴直径和降落速度。

13.2.3　参　数　计　算

1. 雨滴直径

描述雨滴直径时常用的特征参数为平均直径，包括周长变换平均直径、轨迹平均直径、体积平均直径、等圆平均直径以及几何平均直径。本研究中采用几何平均直径，相对于其他平均直径的算法而言，几何平均直径计算流程简单，在平面上充分利用了几何均值的特点，误差较小。几何平均直径的计算方法是通过在雨滴轮廓上寻找距离最远的两个点，把其连线作为雨滴最大直径，经该直径的中点做垂线，交于雨滴轮廓上两点，该两点之间的距离即为雨滴第二直径，最大直径和第二直径的几何均值为雨滴几何平均直径[图 13-7（a）]，即

$$D = \sqrt{D_1 D_2} \tag{13-2}$$

式中，D 为雨滴的几何平均直径，mm；D_1 为长轴的长度，mm；D_2 为短轴的长度，mm。

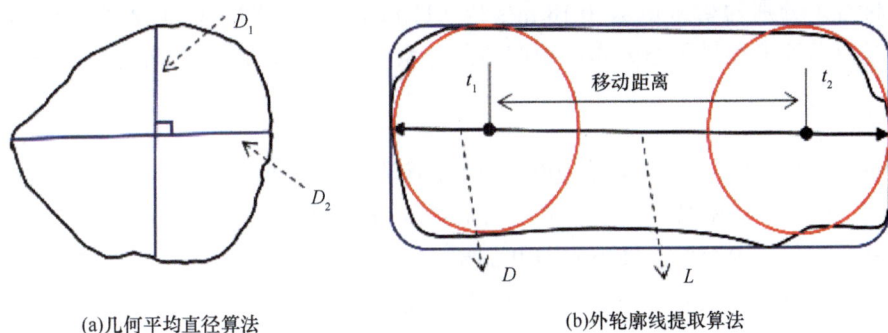

(a)几何平均直径算法　　　　　　　　(b)外轮廓线提取算法

图 13-7　雨滴直径和移动距离的算法示意图

D_1 和 D_2 分别为长轴和短轴的长度；t 为相机曝光时间；D 为雨滴的几何平均直径；L 为雨滴拖尾长度

2. 雨滴降落速度

同一雨滴影像间的相位差即为该雨滴的移动距离，用该距离除以相机的曝光时间就可得到雨滴降落速度。本研究中采用外轮廓线提取算法计算雨滴的移动距离，即通过提取雨滴轨迹的外包络线，进而形成一个闭包，该闭包的主轴为雨滴拖尾长度（L），该长度减去对应雨滴的直径即雨滴的移动距离。该算法的计算原理如图 13-7（b）所示，计算公式为

$$V(D) = \frac{10^{-3}(L-D)}{t_1 - t_2}$$ （13-3）

式中，V（D）为雨滴降落速度，m/s；L 为雨滴拖尾长度，mm；t_1 为慢拍相机的曝光时间，s；t_2 为快拍相机的曝光时间，s。

13.2.4 性能检测

为了检测雨滴物理特性测量系统的准确度和精度，我们进行了钢珠洒落实验。实验采用直径分别为 2.0 mm、2.5 mm 和 3.0 mm 的 3 种标准球形钢珠，分别在距离观测设备 1.70 m、2.45 m 和 4.00 m 高度（h）处以初速度为 0 洒落，每种规格的钢珠在不同高度上重复 3 次，观测钢珠在各种情形下的直径和下落速度。由于钢珠是以初速度为 0 洒落，视钢珠为自由落体，其在任一时刻的理论降落速度为

$$V = \sqrt{2gh}$$ （13-4）

式中，V 为钢珠理论降落速度，m/s；h 为降落高度，m；g 为重力加速度，m/s^2。

1. 精度检测

为了检测雨滴物理特性测量系统的观测精度，选取不同直径和降落高度的钢珠进行重复测量，检验测量结果是否符合正态分布。结果表明，不同大小钢珠的直径均值分别为 2.09 mm、2.59 mm 和 2.92 mm，标准差分别为 0.24 mm、0.09 mm 和 0.13 mm。对于在不同高度抛洒的钢珠，其测量的平均降落速度分别为 5.54 m/s、6.94 m/s 和 8.62 m/s，对应的标准差分别为 0.26 m/s、0.18 m/s 和 0.11 m/s（图 13-8）。总体而言，无论是钢珠直径还是降落速度均呈正态分布，说明该测量系统具有较高的测量精度（图 13-8）。

2. 准确度检测

将钢珠的实际直径、理论降落速度与粒子成像测量方法的结果进行对比分析（表 13-2），结果表明，钢珠直径相对误差波动范围为 1.32%～6.36%，均值为 3.71%；钢珠降落速度相对误差最大值为 9.65%，最小值为 0.28%，均值为 2.83%。另外，对钢珠样本进行了直径和降落速度相对误差频率分布分析，发现大部分钢珠样本直径和降落速度的相对误差较小，在 3555 个检测样本中，有 2756 个直径的相对误差在 10% 以下，占到样本总数的 78%，同时有 84% 的样本，其降落速度相对误差 <5%。以上结果表明，该测量方法对检验样本数据的预测准确度达到了较高水平。

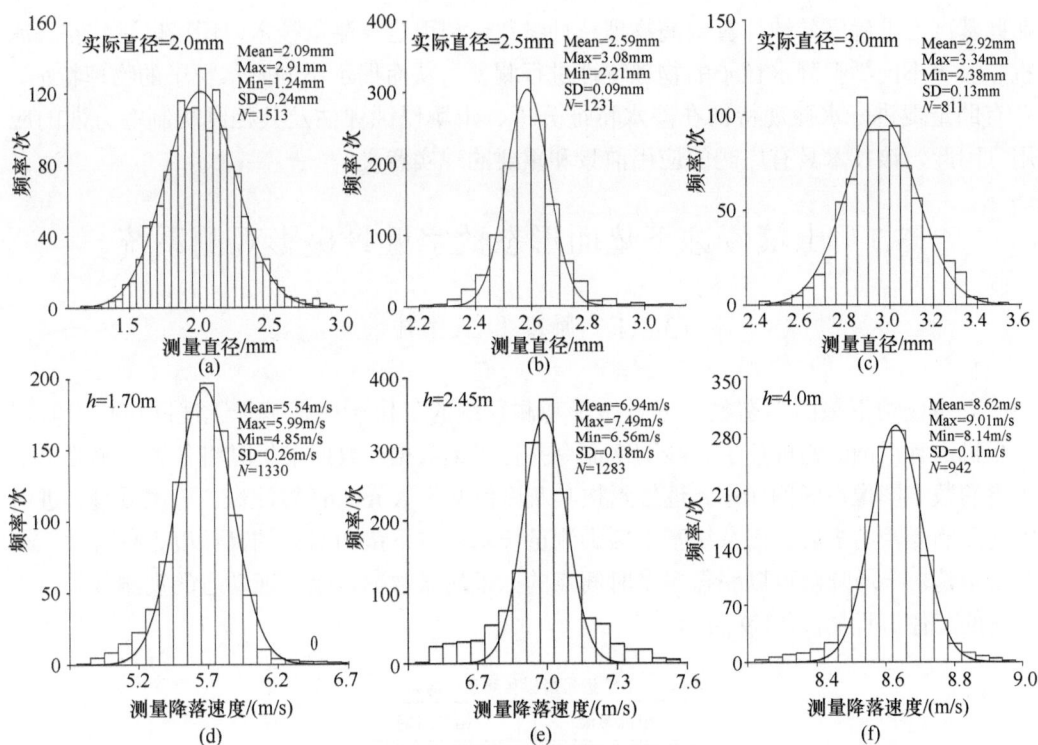

图 13-8　钢珠直径和降落速度的直方图

h 代表钢珠降落高度；Mean 代表均值；Max 代表最大值；Min 代表最小值；SD 代表标准差；N 代表样本数

表 13-2　实物观测与粒子成像测量结果对比

样本数	高度/m	直径			降落速度		
		真实值/mm	测量值/mm	相对误差/%	理论值/（m/s）	测量值/（m/s）	相对误差/%
500	1.70	2.0	2.03	1.32	5.77	5.22±0.15	9.65
498	2.45	2.0	2.12	6.09	7.00	7.02±0.17	0.35
515	4.00	2.0	2.13	6.36	8.85	8.57±0.15	3.26
512	1.70	2.5	2.57	2.68	5.77	5.72±0.09	0.90
507	2.45	2.5	2.59	3.72	7.00	7.02±0.05	0.28
212	4.00	2.5	2.63	5.20	8.85	8.66±0.01	2.22
318	1.70	3.0	2.90	3.33	5.77	5.69±0.01	1.43
278	2.45	3.0	2.93	2.35	7.00	6.67±0.01	4.76
215	4.00	3.0	2.93	2.36	8.85	8.63±0.01	2.53

13.2.5　主要性能与适用性

利用精密控制曝光时间的 CCD 工业相机对雨滴直径和降落速度进行同步观测的粒子成像测量方法，与传统测量方法相比具有观测仪器便携、操作简单、软件功能完整的特点，实现了软件硬件一体化，可以在不同的降雨强度下监测得到高清晰度的雨滴影像，在此基础上准确高效地计算雨滴物理特性参数。利用这一测量技术，还可以对雪花、冰雹、霰等不同类型降水粒子的物理特性进行测量，从而揭示不同降水粒子的物理特征，并有助于促进降水微观特征在降水特征分析、土壤侵蚀评估及其控制机制等方面的应用。因此，该技术具有广阔的应用前景和重要的现实意义。

13.3 土壤侵蚀下垫面形态数字近景摄影观测系统

13.3.1 原理和工作流程

土壤侵蚀下垫面形态数字近景摄影观测系统的工作原理是基于无线网络技术对若干相机进行组网。相机基于无线网络命令并行采集数据，数据采集时将各组传感器单次采集的数字影像按时间排序，逐像素按其灰度值基于 K-means 算法做二分类处理，进而实现雨滴噪声的去除。该系统基于摄影测量技术完成下垫面对象的高精度、高密度三维点云重建。一场降雨可以获得多个时间点的三维场景数据，以实现动态的观测效果。该系统的工作流程如图 13-9 所示。

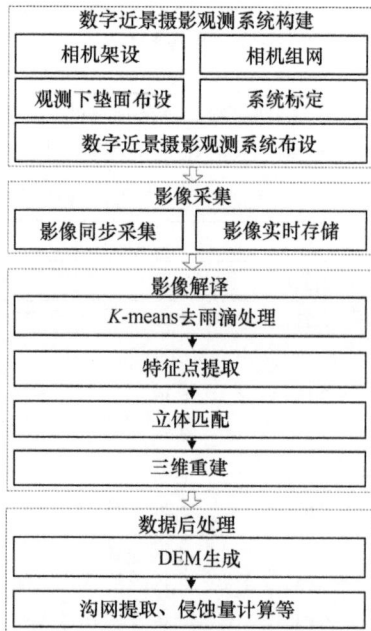

图 13-9 数字近景摄影观测系统总体技术流程图

13.3.2 系 统 组 成

数字近景摄影观测系统由影像采集、影像解算和影像传输三个功能子系统组成，且每个子系统由不同的软硬件单元组成（图 13-10）。该系统的各个功能子系统都在一台运行环境为 Windows 7 的高容量参与者干预比较结果（participant intervention comparison outcome，PICO）计算机控制下运行。并针对各个功能子系统开发了对应的软件系统，以 z-map 来命名，其包括相机工作状况诊断、影像采集、影像解算及数字高程模型（DEM）生成等功能界面（姜艳敏等，2019）。

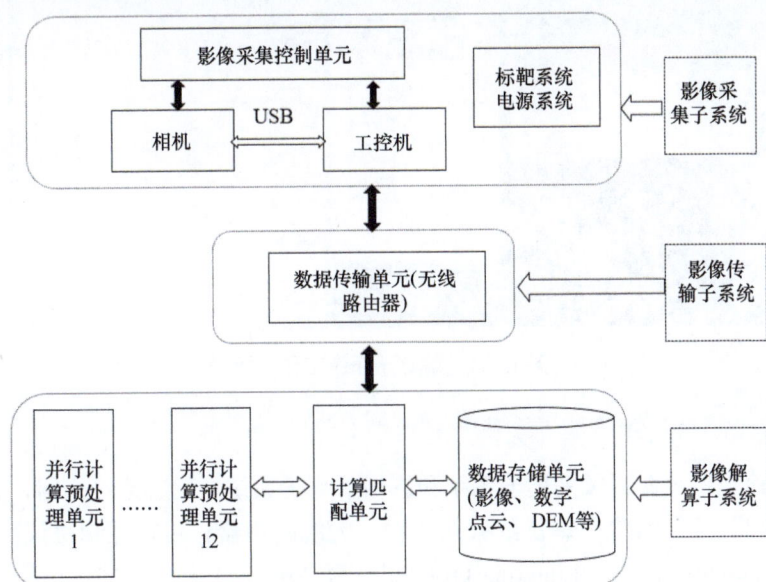

图 13-10　数字近景摄影观测系统的逻辑结构设计

1. 影像采集子系统

影像采集子系统负责土壤侵蚀下垫面数字影像的采集、触发信号的接收、雨滴去除等工作。该系统的硬件部分主要是由 12 台互补金属氧化物半导体（complementary metal-oxide- semiconductor，CMOS）相机和工控机组成的相机组、直流电源、标靶、防水转接件等部件构成。软件部分由总控制 PICO 计算机 z-map 软件的影像采集单元组成。影像采集信号触发后，12 台相机组并行采集下垫面数字影像的同时，通过工控机对各相机单次采集的多张数字影像，按同一位置像素单元灰度值的大小排序，依据其灰度值运用 K-means 算法逐像素进行聚类处理，去除雨滴在数字影像上所形成的噪声，获得去除雨滴后的下垫面的数字影像。

2. 影像解算子系统

影像解算子系统主要负责影像数字点云的匹配、三维重建、DEM 生成以及土壤侵蚀量计算等。由超高容量的匹配机来实现数据的存储、匹配、三维重建等解算工作，与影像采集子系统的软件部分一样，只需要通过设置数据解算后存放的路径即可完成影像数据的解算（图 13-11）。影像解算子系统的软件有三个模块：并行计算管理模块、点云匹配和编辑模块、DEM 生成和土壤侵蚀量计算模块。各个模块算法的研制过程中采用 Python 语言，并配合数值计算库 NumPy 来做原型的研发，之后再采用 C++语言重新实现各个模块的计算。这样的流程减少了调试过程中的时间消耗，又能保证最终执行代码的效率。

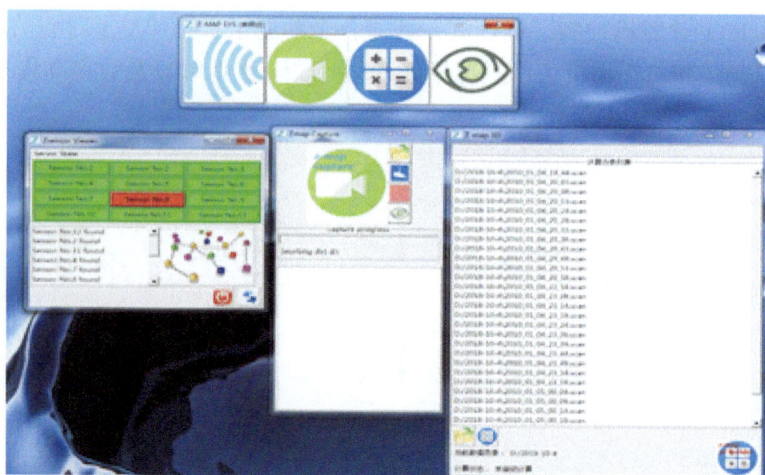

图 13-11　解算子系统工作界面

3. 测量控制与影像传输子系统

　　影像传输子系统在影像采集子系统和影像解算子系统之间起连接作用，主要负责控制命令的发出、信号接收、影像数据的传输。无线路由器、传输控制协议/互联网协议（transmission control protocol/internet protocol，TCP/IP）、千兆网硬件接口是影像传输子系统的主要硬件单元。各子系统之间通过无线路由器组成一个局域网络，控制和计算单元通过无线网络发布并发采集命令，影像采集子系统采集影像后并发作业，再通过影像传输子系统把采集到的影像传输给影像解算子系统。

13.3.3　影像采集器的标定

1. 影像采集器的选取与组建

　　借助无线路由器通过 TCP/IP 将若干组数字影像采集器进行组网，实现影像采集器的并发作业，获取同一时间节点下的土壤下垫面信息，每组数字影像采集器包括一个数码相机和一个工业控制级别的计算机。数字近景摄影观测系统采用的相机是索尼 CMOS 相机，相机分辨率为 3264 像素×2448 像素，配有 12mm 镜头，实用光圈为 f1.2，相机帧率为 15 帧/s。为保证更大的拍摄视角，本研究共选取了 12 台相机。12 台相机共同组建在一根距离地面高 18m 的钢筋板架上，且相机之间呈均匀排列，与地面土槽呈垂直方向布设。与每个相机配合开展工作的硬件单元是电源和工控机，电源负责给相机和工控机供电，工控机控制相机的影像采集、雨滴去除等工作。

2. 相机的标定

　　为获取实际空间物体表面某点的三维几何位置，需建立物体的三维空间坐标和对应的二维图像坐标之间的对应关系，影像采集器的几何成像模型决定了目标物体表面点的坐标与其在二维图像中像素坐标的对应关系（张黎等，2019），而相机的几何成像模型是由相机的一些参数来描述的，而且只有计算了这些参数才能够进行反算。这些参数包括拍摄各影像时相机的内、外方位元素和相对姿态，求解这些参数的过程就是相机的标定。相机的标定是获取三维空间信息的关键，最后通过标定的结果计算地物的坐标和几何尺寸。相机的参数包括内部参数、畸变参数和外部参数（王安然等，2019）。内部参数包括相机的焦距 f、图像主要点的 x 和 y 坐标（c_x，c_y）以及失真参数。畸变参数是由相机图像和实际图像之间的一定偏差和变形产生的，包括径向畸变系数（k_1、k_2 和 k_3）、切向畸变系数（p_1、p_2）和其他变换系数（b_1、b_2）。外部参数包括拍摄图像时相机的投影中心（x_0，y_0，z_0）和三个旋转角度（ψ，ω，κ）。

由于 12 个相机是固定在实验大厅的钢筋支架上，相机位置是不变的，因此 12 个相机的外部参数是固定的，只需要对相机的内部参数和畸变参数进行标定即可，最终求出相机的内部参数、外部参数和畸变参数。本研究以针孔模型为相机标定的理论基础，将棋盘格和控制点作为相机标定参照物，以 Microsoft Visual Studio 为开发平台，采用开源计算机视觉库（open source computer vision library，OpenCV）编译相机标定程序，求解相机的参数。相机内部参数依据张正友棋盘格标定算法获取（王谭等，2019）。首先将小网格长和宽均为 0.05m 的棋盘格面板平整地放置于标定试验场土槽平面[图 13-12（a）]；利用所有相机拍摄多幅相片，改变棋盘格面板的方位及倾斜度，再次拍摄多幅相片；将相片导入算法中求解内部参数；相机的外姿态通过在标定实验场内布设控制点来获取，选取 102 个小方块标志作为标定控制点，方块黑白相交中心作为相机识别的特征点，用红色记号笔对所有控制点编号，以便后期识别、提取控制点的坐标[图 13-12（b）]；将所有控制点均匀地布设于土槽表面；利用所有相机拍摄多幅相片，调整控制点的位置和距离，再次拍摄多幅相片；在相机内部参数已知的基础上，通过编制解算程序代码求解相机外部参数，从而可得到每个控制点的 x、y 和 z 坐标。

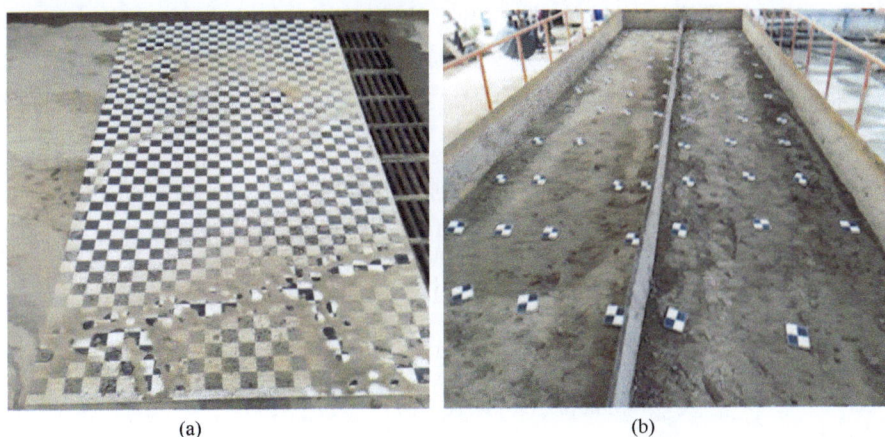

(a)　　　　　　　　　　　　　　(b)

图 13-12　数字近景摄影观测系统相机标定

(a) 棋盘格面板；(b) 控制点布设

经过标定算法及编译程序的迭代运算，得到各个参数的近似值，若近似值在一定的容许范围内收敛，则结束迭代运算，得到最终的参数值。试验中各个相机参数的标定结果如表 13-3 所示。

表 13-3 　各相机的标定参数

相机标号	焦距 f/mm	主点（c_x，c_y）/mm	畸变系数 k_1	畸变系数 k_2	畸变系数 k_3
1	9522.74	（32.0269，−25.6875）	−0.558095	0.375163	1.45847
2	9556.31	（26.2396，−13.8344）	−0.557842	−0.989929	27.17610
3	9599.97	（108.937，−123.078）	−0.539151	−1.127910	19.0356
4	9641.8	（−33.7449，−22.413）	−0.582485	1.085950	−6.52576
5	9637.72	（49.3018，23.1094）	−0.623164	3.02338	−36.9727
6	9546.84	（−93.4483，−79.2576）	−0.530216	−0.557424	8.23185
7	9577.84	（22.8014，−143.266）	−0.590964	1.09093	−11.8205
8	9564.88	（−14.3177，−29.7029）	−0.546152	−0.291101	7.73409
9	9629.67	（−85.1685，−152.822）	−0.566489	0.117823	3.64560
10	9663.17	（−99.9308，−268.477）	−0.639872	3.035670	−29.6518
11	9587.77	（58.1449，40.5246））	−0.625316	2.365350	−22.1371
12	9622.98	（48.8263，−147.122）	−0.619883	2.212600	−20.5993

13.3.4 　数字影像中雨滴的去除

雨滴的去除是获取坡面物点精确信息的前提和必要工作。降雨过程中，雨滴在空间的场分布近似于随机场，相机拍摄得到的影像混合了雨滴和下垫面对象的两类信息（Jiang et al.，2023）。在短暂的时间内，如几秒的时间，下垫面对象可以认为是一个稳定的空间对象，主要变化的是随机性很高的雨场数据。根据这一思路，对各组传感器单次采集的数字影像按时间排序，逐像素按其灰度值做二分类处理，并通过 K-means 算法去除雨滴在数字影像上所形成的噪声。K-means 算法是一种基于形心划分的聚类算法，其以数据到形心的距离作为目标函数，并以误差平方和准则函数作为聚类质量的度量函数，不断进行迭代计算求极值优化聚类结果（苏本跃等，2016）。其具体算法过程如下。

（1）像素数据集的构建。在数字近景摄影观测系统中，每台相机在每次拍摄的 5s 内收集 70 张原始照片。相机机位固定，由此单相机影像序列中的像素 $P_{\mathrm{ix}}(i,j)$ 构成序列：$P_{\mathrm{ix}}(i,j)^1, P_{\mathrm{ix}}(i,j)^2, \cdots, P_{\mathrm{ix}}(i,j)^n$，$n=1,2,\cdots,70$，一共有 3264×2448 个像素序列。确定的初始种子点为 C_0^0、C_1^0 和 C_2^0，其中上标 0 为迭代次数，下标 0、1、2 为类别（图 13-13）。

$$C_0^0 = \max\left\{ P_{\mathrm{ix}}(i,j)^1, P_{\mathrm{ix}}(i,j)^2, \cdots, P_{\mathrm{ix}}(i,j)^n \right\} \tag{13-5}$$

$$C_1^0 = \min\left\{ P_{\mathrm{ix}}(i,j)^1, P_{\mathrm{ix}}(i,j)^2, \cdots, P_{\mathrm{ix}}(i,j)^n \right\} \tag{13-6}$$

$$C_2^0 = \left[\max\left\{ P_{\mathrm{ix}}(i,j)^1, P_{\mathrm{ix}}(i,j)^2, \cdots, P_{\mathrm{ix}}(i,j)^n \right\} + \min\left\{ P_{\mathrm{ix}}(i,j)^1, P_{\mathrm{ix}}(i,j)^2, \cdots, P_{\mathrm{ix}}(i,j)^n \right\} \right] / 2$$

$$\tag{13-7}$$

式中，i、j 分别为像素的行数、列数；n 为迭代次数；$P_{ix}(i,j)$ 为像素；C_0^0 为影像上像素亮度比较暗的一类；C_1^0 为影像上比较亮的一类；C_2^0 为影像上处于暗和亮中间的一类。

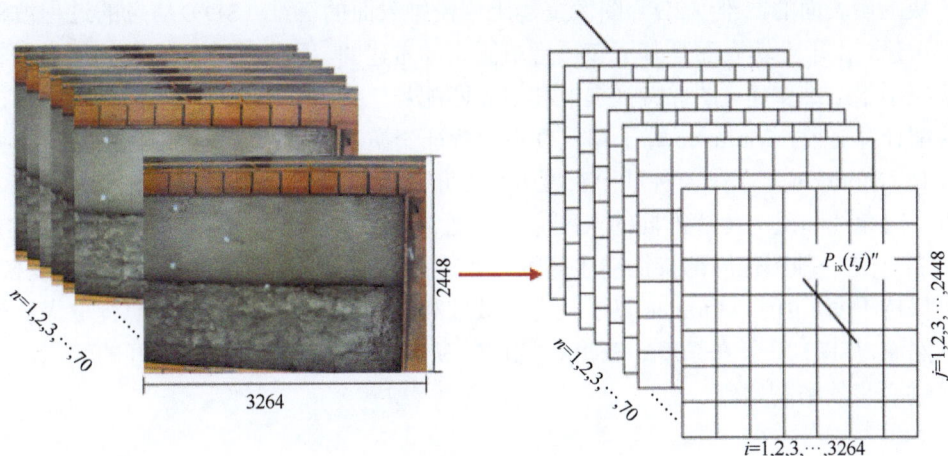

图 13-13　像素数据集的构建

（2）以像素的灰度距离聚类，并且构造选择集。

$$d_1 = \left| P_{ix}(i,j) - C_0^0 \right| \tag{13-8}$$

$$d_2 = \left| P_{ix}(i,j) - C_1^0 \right| \tag{13-9}$$

$$d_3 = \left| P_{ix}(i,j) - C_2^0 \right| \tag{13-10}$$

$$D_1 = \left\{ P_{ix} \middle| P_{ix} = \min\{d_1, d_2, d_3\} \right\} \tag{13-11}$$

式中，d_1 为像素和类别中心 C_0^0 的距离；d_2 为像素和类别中心 C_1^0 的距离；d_3 为像素和类别中心 C_2^0 的距离；D_1 为像素到类别中心距离的最小值。

（3）将三分类的选择集内元素聚合，平均得到新的类中心。

$$C_1^1 = \sum \{P_{ix}\}_1^1 \middle/ \left| \{P_{ix}\}_1^1 \right| \tag{13-12}$$

$$C_2^1 = \sum \{P_{ix}\}_2^1 \middle/ \left| \{P_{ix}\}_2^1 \right| \tag{13-13}$$

$$C_3^1 = \sum \{P_{ix}\}_3^1 \middle/ \left| \{P_{ix}\}_3^1 \right| \tag{13-14}$$

$$C_i^n = \sum \{P_{ix}\}_i^n \middle/ \left| \{P_{ix}\}_i^n \right| \tag{13-15}$$

式中，C_i^n 为对聚类后第 0 类的所有像素取和后再利用该类的像素总数进行平均，从而构造出下一次迭代的类中心。

（4）重复步骤（2）、步骤（3），直到 $\left| C_i^n - C_i^{n-1} \right| \leqslant 10^{-6}$，或者 $n \geqslant 2000$。

13.3.5　三　维　重　建

从土壤表面的二维（2D）图像重建土壤侵蚀表面的三维（3D）信息的过程被称为三维重建。由于土壤表面是基于多摄像机固定场重建的，因此将预先校准的摄像机参数直接应用于三维重建。图像特征提取和点云匹配是三维重建的第一步（图 13-14）。在点云匹配计算之前，Moravec 算子和尺度不变特征变换（SIFT）算子被用作两种提取特征的工具。Moravec 算子是一种基于灰度方差的角点检测算子，其计算图像中像素沿水平、垂直、对角线和反对角线方向的灰度方差，通常选择最小灰度方差值作为像素兴趣值。SIFT 算子是一种图像局部特征描述算子，即使在对图像进行缩放、旋转或仿射变换后，其也保持不变。由于 Moravec 算子具有高效性和快速性，其可以为特征点提取提供初始值。然而，SIFT 算子在精度、密度、抗旋转和抗亮度变化方面具有更好的性能，并且可以进一步致密初始值。

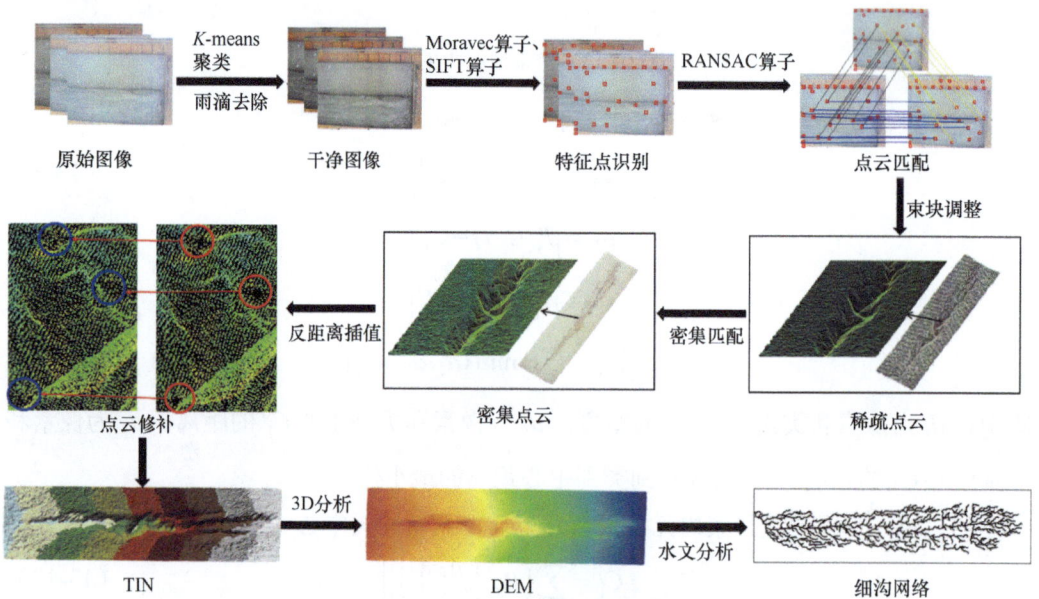

图 13-14　三维重建流程图

点云匹配是基于特征点及其描述符的相似性来匹配同源点的过程，匹配过程中采用了从粗到细的策略。我们首先使用图像的相关系数算法，基于 Moravec 算子获得的特征点粗略匹配一批同源点。对 SIFT 特征点进行匹配优化后，使用随机样本一致性（RANSAC）算法消除错误的匹配点。获得同源点后，通过分块调整在多幅图像中找到最佳的图像排列，从而获得图像的位置信息和同源点的空间坐标信息。分块平差是一种利用多条航路形成的区域进行整体平差的空中三角平差方法。由于重建的点云过于稀疏，基于半全局优化的多视图立体视觉（MVS）被用于重建密集点云（Hirschmuller, 2007）。

在实际降雨条件下，点云匹配遇到许多困难。当土壤侵蚀通道出现时，径流沿通道积聚，导致流道中径流汇集区域出现稀疏的点云。为了解决这个问题，使用反距离权重（IDW）插值（Watson，1985）来修复洪水泛滥或空置地区的稀疏点云。在建造 DEM 之前，使用 Cyclone 6.0.3 软件（Wu et al.，2018）通过目视检查来识别和去除坡床边缘的异常值和噪声点。DEM 是使用 ArcGIS 10.2 软件中的 3D 分析工具基于数字点云生成的（Jiang et al.，2022）。DEM 的地面样本距离（GSD）约为 1.5 mm。基于八向（D8）算法，使用 ArcGIS 10.2 软件中的水文分析工具，从 DEM 中提取不同时间点的细沟网络。

13.3.6　精度检测

1. 精度分析

精度是指多次测量同一对象的值的稳定程度，选用标准差来衡量。为检测数字近景摄影观测系统的测量精度，将具有标准尺寸的标尺均匀地布设于土槽表面，并在土槽表面的任意位置布设两个标靶以进行长度约束。采用数字近景摄影观测法，在相同的光照和纹理条件下重复拍照 60 次，单独对每次的照片集合进行匹配计算，测量每把标尺的尺寸，对 60 次测量的结果进行统计分析，并选取中误差作为衡量测量精度的指标，标准差计算公式如式（13-16）所示：

$$\theta = \sqrt{\frac{\sum_{g=1}^{q} (x_g - \bar{x})}{q-1}} \tag{13-16}$$

式中，θ 为标准差；x_g 为测量值；$\bar{x}$ 为平均值；g 为测量次数；q 为测量总数。

通过 SPSS 18 软件对标尺的 60 次测量结果进行统计分析后得到：标尺测量的平均长度为 309.2703 mm，测量的标准差为 1.7113 mm，说明此次观测的精度达到毫米级。经过 K-S 检验，得出该标尺尺寸测量结果的 Z 值为 0.392，p 值为 0.999（>0.05），由此可知，该标尺尺寸的测量结果服从正态分布，测量数据的分布如图 13-15 所示。

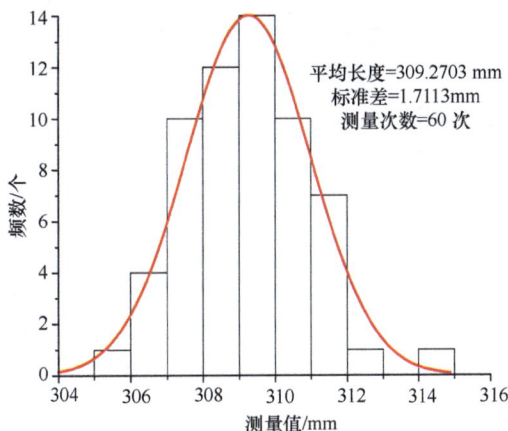

图 13-15　标尺测量数据分布

2. 准确度检测

1）凹槽尺寸观测法

准确度是测量值与实际值之间的偏差，以相对误差来衡量。在人工模拟降雨条件下，通过不同雨强（0 mm/h、30 mm/h、60 mm/h、90 mm/h、120 mm/h）、土槽坡度（0°、5°、10°、15°）共 20 种组合条件，采用数字近景摄影观测系统获取土槽坡面三个已知凹槽长、宽、深的尺寸，并计算其与实际值之间的相对误差，从而评估数字近景摄影观测系统对土壤侵蚀坡面几何尺寸的观测准确度。

（1）不降雨条件下的观测结果。在不降雨且坡度分别为 0°、5°、10°、15°的条件下对数字近景摄影观测系统的观测结果进行统计，结果见表 13-4。不降雨条件下，4 个不同坡度的测量值与实际值之间的平均相对误差分别为-0.4679%、0.0648%、-0.6747%、-0.6093%。数字近景摄影观测系统观测的最大相对误差和最小相对误差分别为 3.3652%和 0.00991%；对所有观测结果的相对误差进行频率分布分析（图 13-16），发现大部分观测的相对误差都较小且在 0%附近分布，相对误差为-0.5%~1%的约占 85%。以上结果表明，在不降雨的条件下，数字近景摄影观测系统对土壤侵蚀下垫面几何尺寸的观测是准确的。

表 13-4　不降雨，坡度分别为 0°、5°、10°和 15°条件下的观测结果

凹槽形体		实际值/mm	0°		5°		10°		15°	
			测量值/mm	相对误差/%	测量值/mm	相对误差/%	测量值/mm	相对误差/%	测量值/mm	相对误差/%
"V"形凹槽	长	2992	2993.241	0.04148	2995.409	0.11395	2993.941	0.06487	2992.449	0.01500
	宽	292	291.9316	-0.0234	292.0289	0.00991	292.9707	0.33242	292.3894	0.13336
	深	235	230.2148	-2.0363	234.8292	-0.0727	229.5818	-2.3056	228.7509	-2.6592
矩形凹槽1	长	1500	1502.122	0.14148	1502.559	0.17063	1498.815	-0.0790	1502.137	0.14246
	宽	298	294.9828	-1.0125	296.85	-0.3859	-295.8759	-0.7128	298.9183	0.30814
	深	448	446.5909	-0.3145	448.5063	0.11301	447.0898	-0.2032	444.525	-0.7757
矩形凹槽2	长	1997	1993.998	-0.1503	1998.188	0.05949	1996.017	-0.0492	1999.552	0.12778
	宽	797	799.5926	0.32529	800.0741	0.38571	798.9562	0.24544	796.8128	-0.0235
	深	96	94.86473	-1.1826	96.18157	0.18913	92.7694	-3.3652	93.3584	-2.7517
均值		—		-0.4679		0.0648		-0.6747		-0.6093

（2）同雨强不同坡度观测结果。对数字近景摄影观测系统在 60 mm/h 雨强，0°、5°、10°及 15°四个不同坡度条件下的观测准确度进行检测（表 13-5）。测量值与实际值两者之间的最大相对误差为 2.5562%，最高精度可达到 99.997%；四个不同坡度下的平均相对误差分别为 0.0050%、-0.2513%、-0.3539%、-0.3965%。对误差进行频率分布分析[图 13-17（a）]，发现大部分观测的相对误差都较小且在 0 附近分布，相对误差为-0.5%~1%的约占 85%。以上结果表明，数字近景摄影观测系统对土壤侵蚀坡面的几何尺寸的观测是准确的，且坡度对该系统的观测准确度无显著影响。

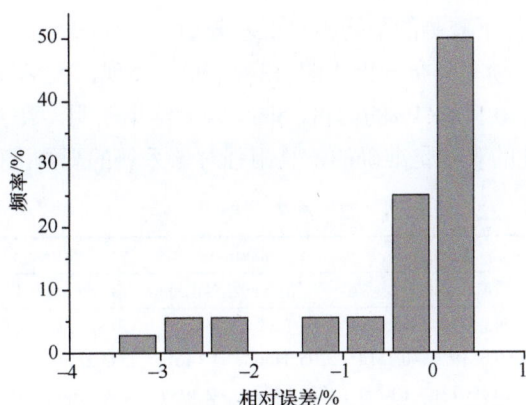

图 13-16　不降雨不同坡度条件下测量值与实际值相对误差分布图

表 13-5　同雨强不同坡度的观测结果

凹槽形体		实际值/mm	0°		5°		10°		15°	
			测量值/mm	相对误差/%	测量值/mm	相对误差/%	测量值/mm	相对误差/%	测量值/mm	相对误差/%
"V"形凹槽	长	2992	2992.096	0.0032	2993.838	0.0614	2991.53	−0.0157	2993.128	0.0377
	宽	292	292.6975	0.2389	293.4877	0.5095	295.3466	1.1461	293.2605	0.4317
	深	235	233.9265	−0.4568	230.5291	−1.9025	229.1393	−2.4939	228.9928	−2.5562
矩形凹槽 1	长	1500	1501.038	0.0692	1499.869	−0.0087	1503.803	0.2535	1499.369	−0.0421
	宽	298	300.0463	0.6867	297.1093	−0.2989	297.6041	−0.1329	299.9224	0.6451
	深	448	446.3202	−0.3749	446.6658	−0.2978	449.8381	0.4103	446.2465	−0.3914
矩形凹槽 2	长	1997	1996.669	−0.0166	1997.376	0.0188	1995.302	−0.0850	2000.131	0.1568
	宽	797	797.6305	0.0791	797.8344	0.1047	795.7755	−0.1536	799.9658	0.3721
	深	96	95.8238	−0.1835	95.5699	−0.4479	93.9708	−2.1138	93.8667	−2.2222
均值		—	—	0.0050	—	−0.2513	—	−0.3539	—	−0.3965

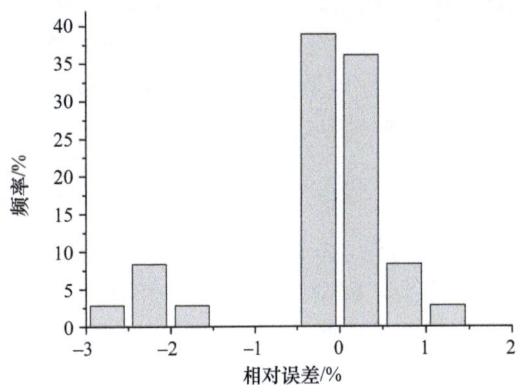

(a)雨强60mm/h，坡度为0°、5°、10°、15°　　(b)坡度10°，雨强为30mm/h、60mm/h、90mm/h、120mm/h

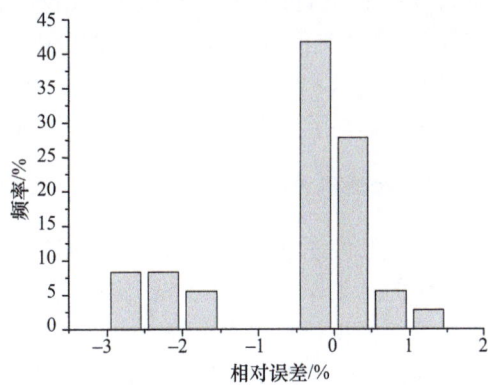

图 13-17　不同条件下测量值与实际值相对误差分布图

（3）同坡度不同雨强观测结果。对数字近景摄影观测系统在坡度为 10°，雨强为 30 mm/h、60 mm/h、90 mm/h、120 mm/h 条件下的观测准确度进行检测（表 13-6）。数字近景摄影观测系统的测量值与实际值两者之间的最大误差为–2.9683%，最高精度可达到

99.991%；不同雨强条件下观测的平均相对误差分别为–0.4958%、–0.3539%、–0.4751%、–0.6376%。对误差进行频率分布分析［图 13-6（b）］发现，大部分观测的相对误差在 0 附近分布，相对误差为–0.5%～1%的约占 75%。以上结果表明，数字近景摄影观测系统对土壤侵蚀坡面几何尺寸的观测是准确的，且雨强对该系统的观测准确度无显著影响。

表 13-6　同坡度不同雨强的观测结果

凹槽形体		实际值/mm	30mm/h		60mm/h		90mm/h		120mm/h	
			测量值/mm	相对误差/%	测量值/mm	相对误差/%	测量值/mm	相对误差/%	测量值/mm	相对误差/%
"V"形凹槽	长	2992	2993.577	0.0526	2991.53	–0.0157	2994.212	0.0739	2993.29	0.0431
	宽	292	290.6819	–0.4514	295.3466	1.1461	293.2113	0.4148	294.0649	0.7071
	深	235	230.7007	–1.8294	229.1393	–2.4939	230.5164	–1.9079	228.0472	–2.9586
矩形凹槽 1	长	1500	1498.913	–0.0724	1503.803	0.2535	1503.663	0.2442	1499.353	–0.0431
	宽	298	299.708	0.5732	297.6041	–0.1329	296.5358	–0.4913	296.8322	–0.3919
	深	448	447.5629	–0.0976	449.8381	0.4103	448.1674	0.0373	446.2318	–0.3947
矩形凹槽 2	长	1997	1993.983	–0.1511	1995.302	–0.085	1998.214	0.0608	1996.802	–0.0099
	宽	797	793.8827	–0.3911	795.7755	–0.1536	796.557	–0.055	799.2143	0.2778
	深	96	93.9883	–2.0955	93.97073	–2.1138	93.45407	–2.652	93.1504	–2.9683
均值		—	—	–0.4958	—	–0.3539	—	–0.4751	—	–0.6376

2）三维激光扫描法

采用激光扫描仪观测降雨前后侵蚀坡面的三维数字地形，计算观测所得到的土壤侵蚀量（表 13-7）。结果表明，数字近景摄影观测系统的土壤侵蚀量为 452180 cm³，三维激光扫描法观测的土壤侵蚀量为 407971.36 cm³，由此可得到数字近景摄影观测系统和三维激光扫描法相对于径流泥沙观测法的土壤侵蚀总量观测误差分别为 3.87%和 6.28%，数字近景摄影观测系统可以更加精确地量化侵蚀坡面的土壤侵蚀量。激光扫描仪由于受扫描视角的限制，测量时存在扫描盲区、漏测的问题；而数字近景摄影观测系统由于采用多影像采集器组网技术，增大了影像采集的视野范围，可采集到足够数量沟道底部、沟壁的数字影像，从而弥补了三维激光扫描法在沟道观测时存在数据缺失等缺陷。

3）径流泥沙观测法

采集径流泥沙全样是观测土壤流失量最为可靠的方法，本次检测中以径流泥沙观测法得到的结果作为实际值。采用数字近景摄影观测系统将降雨过程中不同时间点的数字影像进行体积计算得到土壤流失量结果，并与相同时间段收集的径流泥沙含量进行对比（表 13-8）。结果表明，两种观测方法的平均观测误差为–1.73%；从不同侵蚀阶段两种观测方法的相对误差来看，在降雨初期，两种观测方法相对误差比较大，在降雨历时达到 50 min 时，观测精度开始变高，说明此时正是坡面沟道快速发育的明显分界点，沟道快速发育前后两种观测方法观测的相对误差分别为 20.85%和 3.47%；随着降雨历时的延长，土壤坡面侵蚀沟发育形态的变化越来越明显，数字近景摄影观测系统的观测精度逐渐提高，观测精度最高可达 99.26%。

表 13-7　数字近景摄影观测系统与三维激光扫描法观测对比

项目	数字近景摄影观测系统	三维激光扫描法
观测面积/m²	10	10
土壤侵蚀量/cm³	452180.00	407971.36
相对误差/%	3.87	6.28
数字点云图		

表 13-8　不同时间点土壤流失量的观测结果

项目	降雨历时									均值
	5min	45min	50min	70min	90min	110min	130min	140min	150min	
径流泥沙/cm³	1635.30	15945.41	21156.33	62555.02	116617.61	200231.90	316922.87	379013.92	435322.51	—
摄影测量/cm³	1070	19270	21890	58930	102210	198760	338290	390240	452180	—
相对误差/%	−34.57	20.85	3.47	−5.79	−12.35	−0.74	6.74	2.96	3.87	−1.73
点云数量/万个	129.04	128.02	128.59	131.06	131.83	133.57	140.68	140.91	137.88	133.51
点云密度/（个/mm²）	0.129	0.128	0.129	0.132	0.132	0.134	0.141	0.141	0.138	0.134

DEM

数字点云的密度代表着数字点云表达坡面地表形态的准确程度，高密度的数字点云可以将坡面侵蚀沟的形态信息更加精确地表达出来。我们通过不同时间节点侵蚀坡面数字点云的数量和坡面观测面积计算了数字点云的密度。结果表明，数字点云的平均数量为 133.51 万个，平均点云密度为 0.134 个/mm^2。表 13-8 中列出了由不同时间节点侵蚀坡面的高密度数字点云转换生成的 DEM，其空间分辨率可达到 2 mm，能够准确表达侵蚀形态的空间变化。

13.3.7　主要性能与适用性

这种在连续降雨条件下对土壤侵蚀下垫面进行动态监测的数字近景摄影观测系统，耦合无线组网技术将影像采集、影像解算和影像传输 3 个功能子系统串联在一起，能够瞬时采集坡面数字影像，快速去除雨滴噪声，再通过点云匹配、三维重建、点云修补等手段，量化坡面产流产沙过程，并将不同时间节点的坡面侵蚀三维形态生动地展现出来。为土壤侵蚀过程中下垫面演化开辟了新的途径，提供了新的手段，可以精准刻画土壤侵蚀的发生、发展过程。其主要性能和适用性如下。

（1）解决了雨滴干扰的问题，实现了在连续降雨条件下对坡面土壤侵蚀发生发展过程的监测。对各组传感器单次采集的数字影像按时间排序，逐像素按其灰度值做二分类处理，并通过 K-means 算法去除雨滴在数字影像上所形成的噪声。

（2）实现了影像的同步采集，提高了系统的时间和空间精度。多个相机可以做到同步拍摄，系统影像采集的时间间隔取决于采集器相机的曝光时间和快门速度。该系统时间观测分辨率可达到分钟级别，空间分辨率达到 2.0 mm，解决了侵蚀观测中时空不一致的问题，为土壤侵蚀过程机理研究提供了新的方法和技术。

（3）观测结果较传统观测方法的准确度更高。与传统的径流泥沙采集法平行观测表明，数字近景摄影观测系统在坡面土壤侵蚀过程的不同阶段其准确度不同，随着降雨历时的延长，数字近景摄影观测系统的准确度逐渐增大，土壤流失量估算平均误差为 –1.73%，单次观测精度最高可达 99.26%。与激光扫描仪平行观测表明，数字近景摄影观测系统不仅克服了激光扫描仪不能在降雨过程中观测下垫面演化的缺陷，而且克服了激光扫描仪观测时沟道底部激光线不能投射到位而造成漏测的现象，实现了全覆盖的数字影像采集。

（4）观测结果可重复利用，包含的信息更丰富。数字影像一旦采集到，则记录下采集时刻下垫面的真实状态，不会因为实验的继续而丢失，这就大大提高了观测结果的可用性，可供后续的分析计算重复利用。数字近景摄影观测系统可清晰地观测到细沟侵蚀出现以后下垫面的形态变化，不仅能够从时间序列上观测土壤侵蚀量，而且可得到对应时间点上土壤侵蚀量的空间分布。如此，便可以区分土壤侵蚀量和土壤流失量的差异，也可精准表达侵蚀沟的发育过程、坡面不同部位的侵蚀程度、泥沙在坡面的沉积程度、土壤侵蚀的输移比等。因此，该技术具有广阔的应用前景和重要的现实意义。

13.4　径流泥沙实时自动监测仪

径流泥沙监测主要包括坡面径流小区径流量和土壤流失量、小流域径流量和产沙量。对于坡面径流小区，通过径流泥沙实时自动监测仪实时监测径流量和含沙量；对于小流域，该仪器通过监测若干时间间隔的含沙量，并结合其他方法测定的径流量来实现产沙量的计算。

13.4.1　工 作 原 理

基于定体积的体积–质量转换原理测量含沙量。相对于光电法、透射法等传统的监测方法，该方法可以完全消除泥沙颗粒大小对测量结果的影响。对于特定的径流泥沙样品，当所采集的样品体积一定时，其水、沙所占的体积比和质量比是一定的，即一定体积的径流泥沙样品的总质量等于该样品中泥沙的质量与水的质量之和，总体积等于泥沙的体积与水的体积之和，即

$$\begin{cases} G_{总} = V_{水} \times \rho_{水} + V_{沙} \times \rho_{沙} \\ V_{总} = V_{水} + V_{沙} \end{cases} \tag{13-17}$$

式中，$G_{总}$ 为径流泥沙样品的总质量，kg；$V_{总}$ 为径流泥沙样品的总体积，m³；$V_{水}$ 为径流泥沙测量样品中水的体积，m³；$V_{沙}$ 为径流泥沙测量样品中泥沙的体积，m³；$\rho_{水}$ 为径流泥沙测量样品中水的密度，kg/m³；$\rho_{沙}$ 为径流泥沙测量样品中泥沙的密度，kg/m³。

由式（13-17）可知，只要准确测量出径流泥沙样品的总质量（$G_{总}$）和总体积（$V_{总}$），便可计算出水的体积（$V_{水}$）和泥沙的体积（$V_{沙}$）。

根据含沙量的定义可得

$$S = \frac{V_{沙} \times \rho_{沙}}{V_{总}} \tag{13-18}$$

式中，S 为含沙量，kg/m³。

所以，样品含沙量的计算公式为

$$S = \frac{G_{总} - V_{总} \times \rho_{水}}{V_{总}} \times \frac{\rho_{沙}}{\rho_{沙} - \rho_{水}} \tag{13-19}$$

可见，只要测量出采样时间段内，径流泥沙的总质量和总体积，便可求解出径流泥沙样品中泥沙、水的体积，继而计算出含沙量。为了提高测量结果的准确度，土壤比重利用土壤比重计进行实时修正，水的密度则取实测时径流液密度所对应的水的密度。

径流量计算公式为

$$Q = \frac{V_{总}}{1000 \times \Delta t}$$

（13-20）

式中，Q 为径流泥沙样品的径流量，L/s；Δt 为采集径流泥沙样品所用的时间，s；1000 为单位换算系数。

13.4.2 主要部件及其结构

径流泥沙实时自动监测仪由三部分构成，即样品采集部分、样品测量部分和站点/数据管理云平台部分，其结构及逻辑关系如图 13-18 所示。

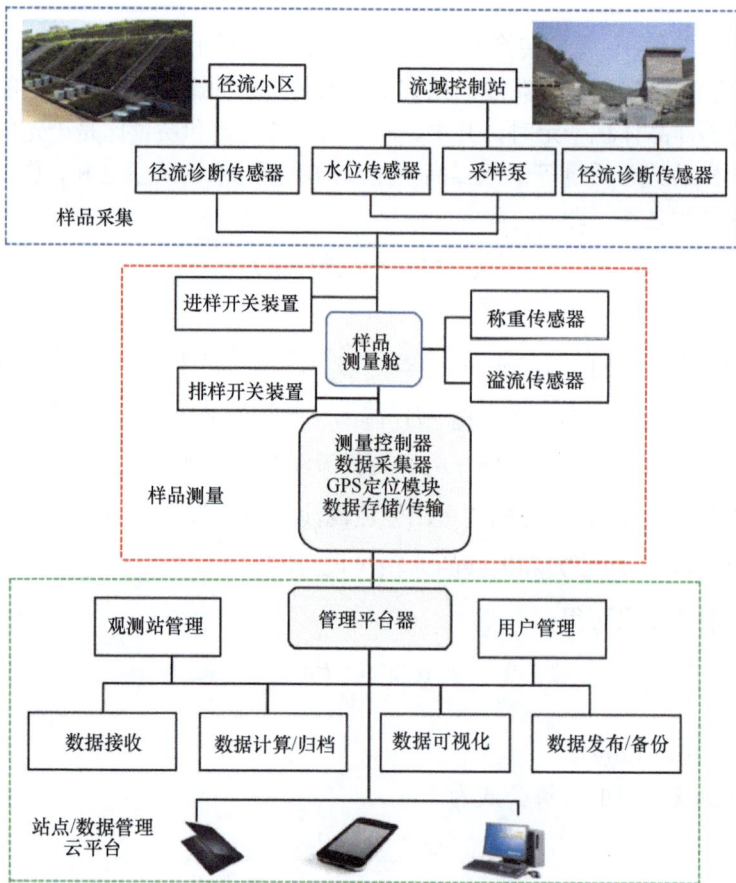

图 13-18 径流泥沙实时自动监测仪结构及逻辑关系示意图

1. 样品采集部分

样品采集部分的功能是完成实时含沙量测量样品的采集。实时测量样品采集首先是通过径流诊断传感器探测有无径流，若径流出现，则样品采集的相关部件开始工作。即利用导流管路连接进样开关装置，使径流导入样品测量舱，进而进行含沙量和径流量的测量。若径流诊断传感器未探测到径流，则样品采集的相关部件休眠。对于径流小区而言，所采集的样品是样品采集期间的全部径流。而对于流域控制站而言，所采集的样品是样品采集期间全部径流的一部分，因此在仪器构成上需要增加水位传感器和采样泵等功能部件。

2. 样品测量部分

样品测量部分主要是利用连接在样品测量舱上的溢流传感器、称重传感器、进/排样开关装置、测量控制器和数据采集器等功能部件完成对径流样品体积和质量的精确测量，随之将测量数据存储到监测仪的存储卡并通过无线网络（GSM）发送到站点/数据管理云平台，如图 13-19 所示。

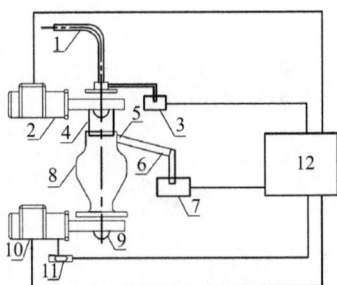

图 13-19　样品测量部分结构示意图

1—引流管；2—进样开关；3—径流诊断传感器；4—进样口；5—溢流口；6—溢流管；7—溢流传感器；8—测量舱；
9—排样口；10—排样开关；11—称重传感器；12—测控系统

3. 站点/数据管理云平台部分

站点/数据管理云平台是基于"互联网+"框架建立的适用于从一台监测设备到无数台监测设备的径流泥沙监测及其数据管理云平台。用户可自行布设专属的站点/数据管理云平台（私有平台），也可将监测设备连接到公共的站点/数据管理云平台（公有平台）。站点/数据管理云平台通过开发站点管理、用户管理、远程数据接收、数据计算与汇编、数据可视化等功能模块，为使用者提供便捷、安全、自主的监测站/数据管理。

13.4.3　准确度与精度检测

1. 准确度检测

为了检测径流泥沙实时自动监测仪的精度和准确度，进行了标准泥沙样品的测试试验。试验选用的是黄绵土，该土壤比重为 2.65 g/cm³，含水量为 10.94%。根据标定的测量舱体积配制不同浓度的标准泥沙样品，即 0 kg/m³、2 kg/m³、4 kg/m³、6 kg/m³、8 kg/m³、10 kg/m³、20 kg/m³、30 kg/m³、40 kg/m³、50 kg/m³、60 kg/m³、70 kg/m³、80 kg/m³、90 kg/m³、100 kg/m³、150 kg/m³、200 kg/m³、250 kg/m³、300 kg/m³、400 kg/m³、500 kg/m³，每个浓度样品重复测量 3 次。结果表明，含沙量测量值和实际值的回归

系数为 0.95，R^2 为 0.997（图 13-20）。相对于实际值，测量值偏小，可能是由配制标准泥沙样品时的人为误差造成的，抑或是土壤含水量测量过程中的误差造成的。此外，分析监测结果的相对误差表明，相对误差波动范围为 0.62%～14.00%，均值为 3.67%。其中，低含沙量样品（2～10 kg/m³）测量的相对误差为 7.00%，中含沙量样品（20～90 kg/m³）测量的相对误差为 3.10%，高含沙量样品（100～300 kg/m³）测量的相对误差为 2.61%[图 13-21（a）]。对相对误差进行频率分布分析[图 13-21（b）]发现，大部分样本的相对误差较小，相对误差<10%的样本占样本总数的 96.3%。以上结果表明，该监测仪对检验样本数据的预测准确度达到了较高水平，可准确地监测含沙量。

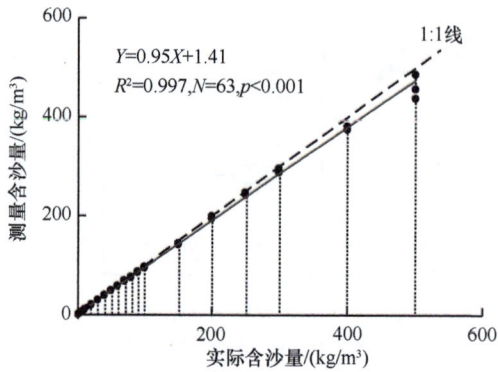

图 13-20　实际含沙量与测量含沙量的关系

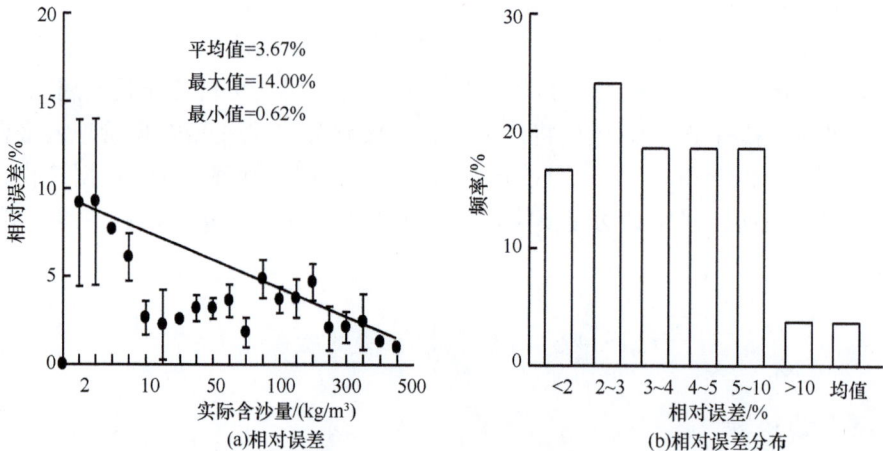

图 13-21　含沙量的相对误差

2. 精度检测

为了检测径流泥沙实时自动监测仪的精度，配制了含沙量为 30 kg/m³ 的标样进行 30 次重复测量。结果表明，测量的平均值为 30.41 kg/m³，测量的标准差为 0.596 kg/m³。该仪器精度检测频率分布如图 13-22 所示。

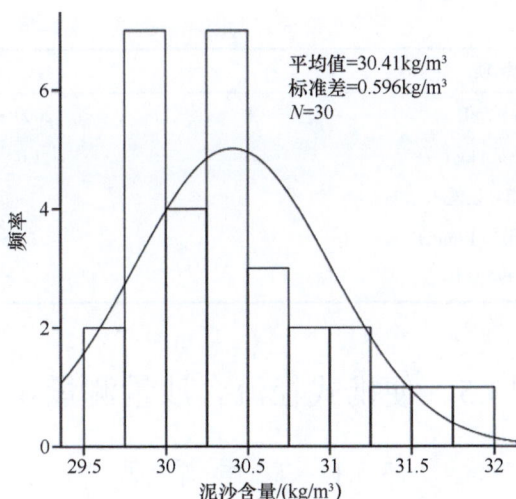

图 13-22　径流泥沙实时自动监测仪精度检测频率分布图

13.4.4　主要性能与适用性

径流泥沙实时自动监测仪在野外径流小区和小流域长期运行（图 13-23），在监测现场具有良好的环境适应性，主要体现在以下 4 个方面。

（1）适用性：适用于径流小区、流域控制站等不同场景径流泥沙的监测及其野外环境条件；不受径流泥沙过程历时长短的限制，不受泥沙颗粒粒径组成的限制和径流量、含沙量大小的限制。

（2）实时性：可实现径流一旦出现，便能感知并启动仪器开始测量，并将测量结果发送到管理平台，监测者或有效用户可及时查看监测结果和统计图表。

（3）自动化程度：可实现径流泥沙过程中径流量、含沙量的实时、连续、自动监测，并可集存径流过程的径流泥沙样品，为进一步分析径流泥沙的化学成分/生物组分提供完整的材料。

（4）信息化程度：基于有线或无线互联网进行监测站点、监测设备、监测用户和监测数据的集成管理、传输、再现等，提升了径流泥沙监测的信息化水平。

通过检测，该仪器的主要技术指标如表 13-9 所示。

图 13-23　安装在径流小区和流域控制站的径流泥沙实时自动监测仪

表 13-9　径流泥沙实时自动监测仪主要技术指标

技术指标项	技术指标值
测量舱容积/mL	2000～5000
含沙量测量范围/（kg/m³）	1.0～500
含沙量测量相对误差/%	≤5
径流量测量范围/（L/min）	0.2～30
径流量测量相对误差/‰	≤3

13.5　便携式径流含沙量测量仪

13.5.1　工 作 原 理

便携式径流含沙量测量仪的测量原理与径流泥沙实时自动监测仪相同，即对于特定的径流泥沙样品，当所采集的样品体积一定时，其水、沙所占的体积比和质量比是一定的，即一定体积的径流泥沙样品总质量等于该样品中泥沙的质量与水的质量之和，总体积等于泥沙的体积与水的体积之和，即

$$\begin{cases} G_{总} = V_{水} \times \rho_{水} + V_{沙} \times \rho_{沙} \\ V_{总} = V_{水} + V_{沙} \end{cases} \tag{13-21}$$

式中，$G_{总}$ 为径流泥沙样品的总质量，kg；$V_{总}$ 为径流泥沙样品的总体积，m³；$V_{水}$ 为径流泥沙测量样品中水的体积，m³；$V_{沙}$ 为径流泥沙测量样品中泥沙的体积，m³；$\rho_{水}$ 为径流泥沙测量样品中水的密度，kg/m³；$\rho_{沙}$ 为径流泥沙测量样品中泥沙的密度，kg/m³。

由式（13-21）可知，只要准确测量出径流泥沙样品的总质量（$G_{总}$）和总体积（$V_{总}$），便可计算出水的体积（$V_{水}$）和泥沙的体积（$V_{沙}$）。

根据含沙量的定义可得

$$S = \frac{V_{沙} \times \rho_{沙}}{V_{总}} \tag{13-22}$$

式中，S 为含沙量，kg/m³。

所以，样品含沙量的计算公式为

$$S = \frac{G_{总} - V_{总} \times \rho_{水}}{V_{总}} \times \frac{\rho_{沙}}{\rho_{沙} - \rho_{水}} \tag{13-23}$$

13.5.2　主要部件及结构

便携式径流含沙量测量仪由三部分构成，即定体积溢流采样模块、称重测量模块和控制模块，具体包括不锈钢箱体、采样瓶、温度传感器、称重传感器、显示屏等（图 13-24）。

仪器箱体尺寸长×宽×高=50 cm×40 cm×15 cm，箱体框架采用高强度铝型材，承重板为 5 mm 胶合板，具有结构坚固、外形美观、承重能力强的特点。所有铰轴采用不锈钢 304，防腐耐用，正常工作温度为–40～80℃。箱体左侧留有电源插孔和 USB 接口，底部安装调平底座，内部安有蓄电池（12V/30W）。此外，仪器测量数据可以在显示屏实时显示，同步保存在本地 U 盘，并实时传输至数据管理云平台，方便数据的后期查看和集成分析。该仪器的结构组成如图 13-24 所示。

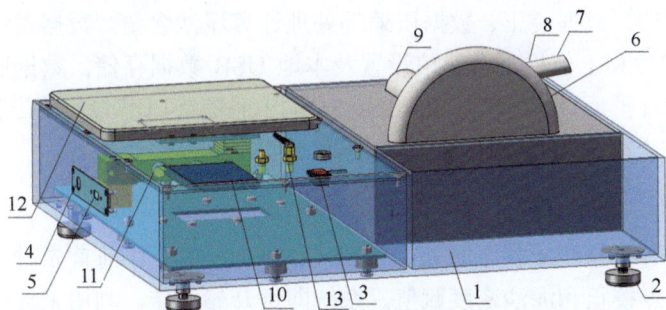

图 13-24　便携式径流含沙量测量仪结构组成示意图

1—不锈钢箱体；2—调平底座；3—电源开关；4—电源插孔；5—USB 接口；6—采样瓶；7—溢流管；8—温度传感器；9—进样口；10—显示屏；11—称重传感器；12—称重盘；13—GPRS

1. 定体积溢流采样模块

定体积溢流采样模块主要是完成泥沙样品的采集，即人工操作将泥沙样品采集到固定体积的采样瓶。该模块平时放置于箱体的采样瓶隔断内，采样时拿出。泥沙含量测量的关键是体积和质量的测量，而采样瓶独特的结构是实现体积精准控制的关键。采样瓶采用价格低廉的玻璃材质，形状为锥形、细颈设计，可以最大程度地降低液体表面张力对体积测量的影响。采样瓶的颈部附有一个超疏水角度 150°的溢流管，溢流口下缘所在的平面作为采样瓶体积测量的上限，确保径流到达溢流口下缘时，径流通过溢流管排出，使得样品液面在该下缘处保持稳定，进而实现样品体积的标定。采样瓶体积是在设备加工生产时确定的，可以根据实际需求制作以满足不同场合需求，本研究中采样瓶体积设计为 1.0 L。此外，为了体积标定的准确性，在采样瓶采样时将精度为 0.1°的 pt100 温度传感器置于径流液中，实时测量径流液温度进行采样瓶体积校正。

2. 称重测量模块

称重测量模块的功能是完成样品泥沙含量的测量，主要包括称重传感器、称重盘、显示屏和相关配件。利用称重传感器部件完成对样品质量的精确测量，随之将测量数据传输到中央处理器（CPU），通过运算处理后将泥沙含量显示在屏幕上，同时将数据存储到本地存储卡，也可通过 GPRS 发送到数据管理云平台。其中，称重传感器采用的是托利多 MT1041-5 kg 梁式传感器，量程为 5 kg，精度为 1/10000，灵敏度在 1.8～2.2 mV/V 波动，零点输出≤±10% RC，工作温度为–20～65℃。此外，每次测量前，需要对称重传感器进行零点校正，避免零点漂移带来的测量误差。

3. 控制模块

控制模块采用 STM32 控制芯片，融入自动化控制、印刷电路板（PCB）设计、移动互联 GPRS 等技术，实现了数据采集、计算、质量控制、远程发送、远程诊断、充电保护等功能。该模块主要包括数据采集模块、运算控制模块、数据发送及储存模块和数据通信扩展模块。数据采集模块由称重传感器部件和 A/D 转换部件组成。运算控制模块由 STM32F107VCT6 控制部件组成，实现仪器的自动化、信息化控制，如可以将采集到的数据进行滤波、数据校正、数据压缩等处理计算泥沙含量。数据发送及储存模块包含 GPRS 模块参数和上位机平台通信设置及本地 USB 数据存储。数据通信扩展模块根据实际需要可进行扩展，系统开放 RS485、SDI-12 通信接口可与各种传感器（如土壤水分传感器、盐度传感器等）进行连接，以采集数据。

4. 工作流程

便携式径流含沙量测量仪平时处于初始化状态，开启工作前首先对仪器进行调平操作，然后进行零点校正和泥沙密度赋值，系统即可开始工作。利用采样瓶进行采样，并将其放置于称重盘上，直至溢流产生，稳定 5s 后将样品进行称重测量和温度校正，获取泥沙含量数据。该数据可实时显示在显示屏上，亦可同时存储在本地 U 盘，或发送至数据管理云平台。该仪器工作流程如图 13-25 所示。

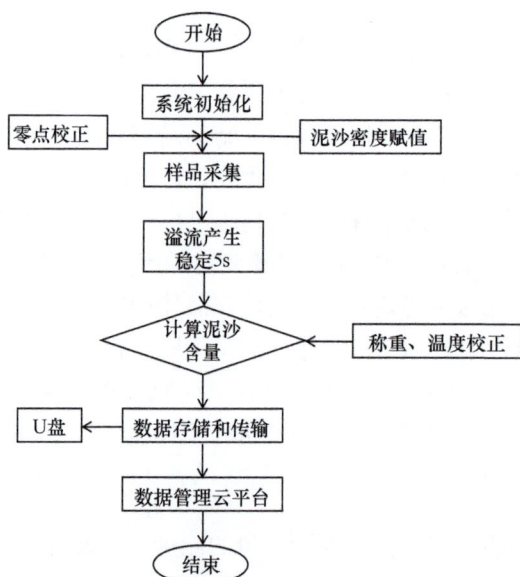

图 13-25　便携式径流含沙量测量仪工作流程

13.5.3　准确度与精度检测

1. 准确度检测

准确度的检测方法为配制不同含沙量的径流标准样，然后用便携式径流含沙量测量仪测量。径流标准样的制备方法是：按照设计的径流含沙量和采样瓶的体积，称取相应体积烘干土，将烘干土倒进采样瓶，然后向采样瓶注入清水，直至采样瓶的溢流口开始溢流，并等待溢流管无水滴坠落后开始测量。配置泥沙标准样的浓度为 1 kg/m³、2 kg/m³、5 kg/m³、10 kg/m³、50 kg/m³、100 kg/m³、200 kg/m³、300 kg/m³、400 kg/m³、500 kg/m³。测量结果表明，泥沙含量的测量值与配置的径流泥沙标准样的泥沙含量呈极显著的正相关关系，回归系数和 R^2 分别为 0.9902 和 0.9989（图 13-26）。由此可见，便携式径流含沙量测量仪对泥沙含量的测量非常可靠。

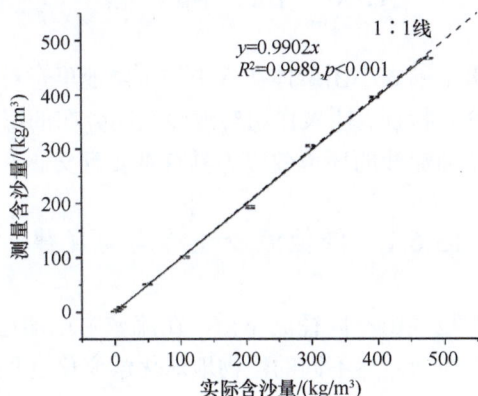

图 13-26　标准样品值与实测值相关性分析

2. 精度检测

采用与准确度检测中制备径流标准样相同的方法，制备了 30 个 30kg/m³ 的径流标准样品，利用便携式径流含沙量测量仪进行 30 次含沙量测量。对含沙量为 30kg/m³ 的径流标准样品的测量结果表明，便携式径流含沙量测量仪测量的平均含沙量为 29.16333g，测量的标准差为 0.14893g。通过 K-S 检验，得出 Z 值为 0.998，p 值为 0.272（>0.05），便携式径流含沙量测量仪对含沙量的测量结果如图 13-27 所示。

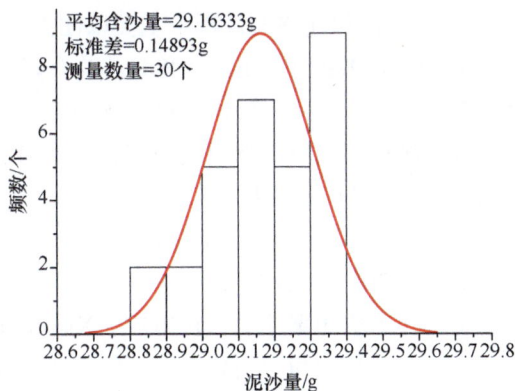

图 13-27　便携式径流含沙量测量仪对标准样品为 30kg/m³ 的测量结果

13.5.4　主要性能与适用性

便携式径流含沙量测量仪具有测量准确度和精度高的优势，携带方便，大大减少了测量的工作量，缩减了测量时间，可用于水土保持监测、野外考察、建设工程土壤流失监测、科研实验、江河水文监测等领域。

13.6　沉　降　管

沉降管主要用于测量不同大小团聚体在水中的沉降速度，对研究泥沙输移、坡面细沟侵蚀泥沙颗粒的空间分布特征、团聚作用对泥沙空间分布的影响、不同坡位泥沙颗粒的地球生物化学特征和侵蚀泥沙的环境效应等具有重要意义。

13.6.1　侵蚀泥沙迁移运动规律

侵蚀发生后，泥沙颗粒经由不同径流路径，在流域中运动迁移（Walling，1983），并在不同地形位置沉积，经历截然不同的生物地球化学变化过程（Billings et al.，2019；Dialynas et al.，2016；Hu et al.，2016）。然而，在侵蚀、迁移和沉积过程中，泥沙颗粒并非均质，而是具有一定的选择性，其在流域内的空间分布特征主要由颗粒的迁移距离决定（Basic et al.，2002；Kuhn，2013；Kuhn et al.，2009；Warrington et al.，2009）。有些泥沙颗粒经短暂迁移后便在下坡位沉积，而有些颗粒则经过较长迁移距离后在坡脚沉积区富集，亦有些颗粒随径流以悬浮态进入下游水体中（Starr et al.，2000）。除受地形和径流速度影响外，泥沙颗粒的迁移距离主要取决于颗粒的沉降速度（Dietrich，1982；Hu et al.，2013；Kinnell，2005，2001）。现今土壤侵蚀模型中，泥沙的沉降速度大多依赖土壤矿质土粒或机械组成，即通过粒径大小来估算，在反映泥沙运动规律方面存在片面性（Aksoy and Kavvas，2005；Beuselinck et al.，1999；Morgan et al.，1998；van Oost et al.，2004）。事实上，泥沙在侵蚀和迁移的过程中主要以团聚体形式运动（Beuselinck et al.，2000；Slattery and Burt，1997；Walling，1988），其沉降速度由团聚颗粒大小、形状、孔隙度和密度等因素共同决定（Dietrich，1982；Kinnell，2005，2001）。团聚过程可将沉降速度慢的细小矿质颗粒团聚成沉降速度较快的大团聚颗粒，从而缩减其迁移距离。因此，土壤团聚体的沉降速度比矿质颗粒更加准确地反映泥沙的侵蚀和迁移过程（Loch, 2001）。此外，对于传统的土壤团聚体分选方法，如湿筛法和干筛法（Cambardella and Elliott，1994；Christensen，2001），团聚体易因与筛网摩擦而破裂，造成大颗粒团聚体含量的减损，无法真实反映土壤团聚体的颗粒组成（Xiao et al.，2015）。因此，研究土壤侵蚀过程中泥沙颗粒的可迁移性和空间分布，不仅需要保持团聚体的完整性，还应了解团聚体沉降速度分布。

13.6.2　沉降管法设计原理

沉降管（柱）或吸管法作为一种传统方法，多被应用于分离水生环境中的固体颗粒（Droppo et al.，1997；Rex and Petticrew，2006；Wong and Piedrahita，2000）。然而，河流或海洋环境研究中所使用的沉降管（柱）或吸管大多较短且底端开口较小，无法用来分离较粗大的颗粒（如土壤或泥沙颗粒）。在 Puri（1934）研制的"Siltometer"基础上，Hairsine 和 McTainsh（1986）设计了一个名为"Griffith Tube"的上入式沉降管设备。该沉降管长 200 cm，土壤或泥沙颗粒从顶部投入后，在重力作用下顺着静止的直立水柱自上而下沉降，最后由沉降管底端逐个排出，分组收集。该设备后经 Kinnell 和 McLachlan（1988）对其顶端投放器进行改进，又由 Loch（2001）加配电机，用于自动控制直立管升降和底部样品收集器转动，其功能性和可操作性得到了较大改善。

沉降管法主要根据沉降距离（即沉降水柱长度）以及颗粒在水体中的沉降速度，参考斯托克斯定律（Stokes law）或其他相似定律，计算出不同颗粒的沉降时间间隔，完成分级。若所分级为泥沙样品，便可进一步根据 Starr 等（2000）所提出的概念模型，推测泥沙颗粒在流域内的可迁移性，进而评估其在陆地或水体中的沉积比例。必须说明的是，由沉降管法所分离出的土壤或泥沙颗粒，仅能反映颗粒的可迁移性，即颗粒自身沉降速度所允许其进行的最长迁移过程，而并非某次降雨过程中某颗粒具体的迁移距离或沉积位置。

与河流或海洋环境研究中所用的沉降柱或吸管法相比，这种沉降管设备主要有三个特点：①沉降管长度较长，可保证快速沉降的大颗粒团聚体有充分的时间实现沉降分离；②沉降管直径较大，可承载较大容积的混合液，有效避免各个颗粒之间的推挤或抱团现象，保证不规则形状团聚体的顺利沉降；③沉降管底端出口开阔，土壤颗粒可无阻碍排出，有效避免因细小出口所带来的土壤颗粒堆积或者团聚体破裂现象，更适用于研究侵蚀泥沙运动规律。

与传统的土壤颗粒分选方法相比，如湿筛法和干筛法（Cambardella and Elliott，1994；Christensen，2001），沉降管法主要依赖土壤颗粒自身在静止水柱中的不同沉降运动规律对其进行分离，最大程度地减少了因筛网摩擦而造成的团聚体破裂。此外，沉降管法利用颗粒沉降速度进行分离，综合考虑了颗粒大小、形状、孔隙度以及密度等因素对其运动规律的影响，有效克服了传统湿筛法和干筛法仅依靠颗粒尺寸大小进行分离的片面性，可最大程度地反映团聚过程对细小颗粒的沉降加速作用，从而更真实地反映团聚体的可迁移性，有效减小了单纯依据矿质土粒分析而带来的输沙量估算方面的误差。

13.6.3　沉降管主要部件

目前常用的沉降管设备主要由三部分组成（图 13-28）：①沉降管，用于支撑直立静置水柱，使得土壤颗粒在水体内自上而下沉降运动；②样品投放器，用于将土壤样品从沉降管顶端投入直立水柱内；③旋转水槽，按照特定时间间隔转动，并分组收集从沉降管底部排出的土壤颗粒。其具体设计尺寸还可参考 Hu 等（2013）以及胡亚鲜和 Kuhn（2017）的研究。

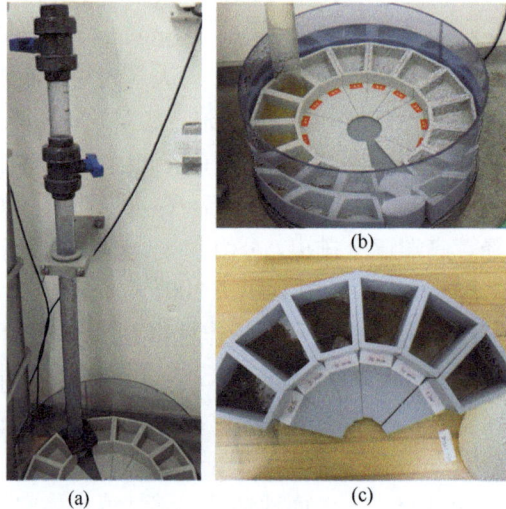

图 13-28　沉降管设备
（a）设备整体构造；（b）样品分选过程；（c）分选后颗粒

（1）沉降管用于支撑直立水柱，使土壤颗粒在水柱内自上而下进行沉降分离。为便于观察土壤或泥沙颗粒在水中的运动规律，沉降管多用透明聚氯乙烯（PVC）或有机玻璃制成［图 13-28（a）］。沉降管内径和高度可根据实际需要进行选择，一般建议内径不小于 5 cm，保证土壤颗粒自由运动，避免因管体过细造成颗粒拥堵和边界效应（Loch，2001）；高度一般在 50~180 cm，既要保证粗颗粒有充分的沉降时间，又要避免因沉降距离过长而导致细小颗粒沉降耗时太久。进行土壤颗粒沉降速度分离时，沉降管内直立水柱应始终处于充盈状态，通过关闭或开启沉降管底部活塞或活动开关，控制直立水柱与下方水槽水体的分离与连通。

（2）样品投放器用于将土壤或泥沙样品从顶端投至沉降管直立水柱中，其主要有两种样式：推杆型（图 13-29）和阀门型[图 13-28（a）]。推杆型样品投放器由一个约 30 cm 长的推杆穿过一个中空的容器，上下推送，实现样品投放。该推送杆两端分别配有可拆卸橡皮塞，用于密闭样品投放器腔体，实现沉降管内水柱直立不掉落。阀门型样品投放器是由两个球形或闸门阀门与一个中空短管组成，通过先后控制上下阀门的开合，实现空间密闭和样品投放。两种投放器均可有效投放样品，但推杆型样品投放器在推送样品时易产生初始加速度，而阀门型样品投放器则是通过转动阀门使投放器内样品自然掉落释放到水柱内，不会对样品施加初始速度。投放土壤样品重量取决于样品投放器容积大小，应避免颗粒过于密集、碰撞或抱团，影响其在水中的自由沉降。

（3）旋转水槽放置于沉降管下方[图 13-28（c）]，主要由圆形水槽和若干收集器组成（图 13-30），可通过旋转移动收集从沉降管底部排出的土壤颗粒。土壤颗粒经由沉降

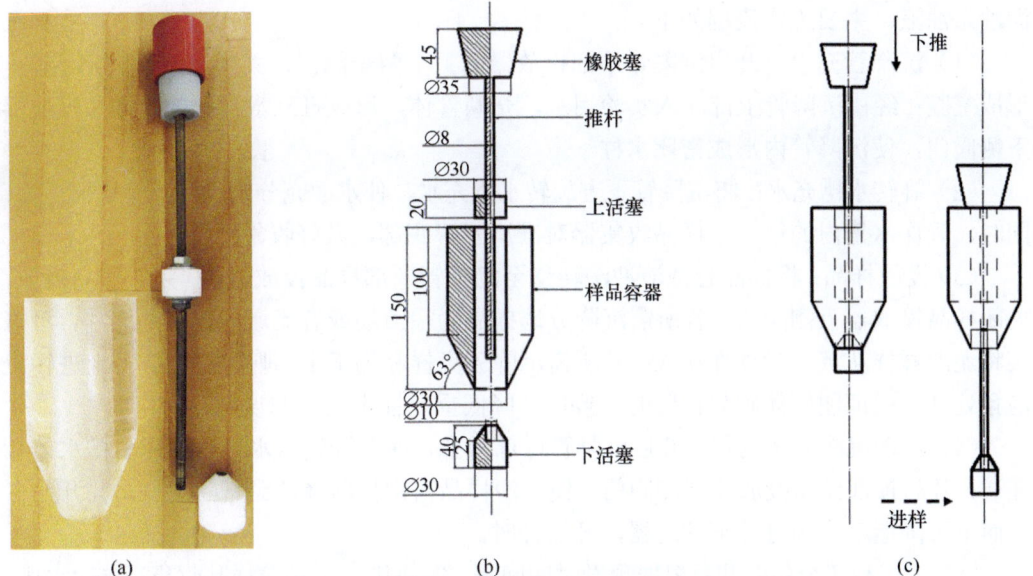

图 13-29 推杆型样品投放器设计尺寸（Hu et al.，2013）

图中数值的单位为 mm，∅ 表示直径

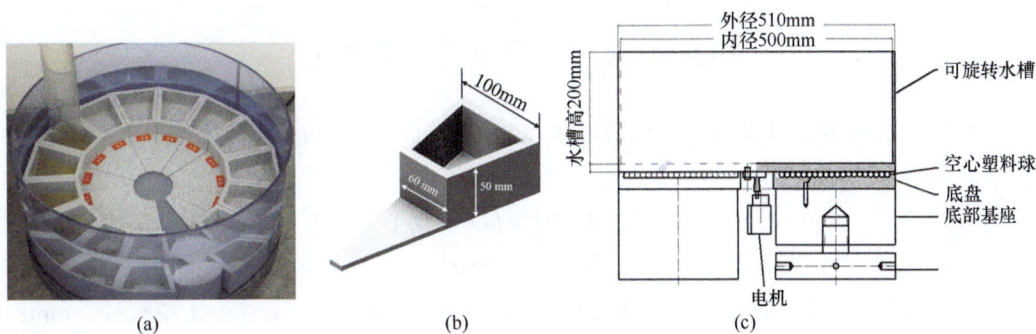

图 13-30 旋转水槽及样品收集器设计尺寸（Hu et al.，2013）

管水柱自上而下降落至沉降管底部并由开口处排出后，便可进入第一个样品收集器。经过指定时间后，转动水槽，使下一个收集器对准沉降管底部，继续收集下个速度级别的土壤或泥沙颗粒。以此类推，逐组完成土壤颗粒分组收集。在土壤颗粒沉降过程中，水槽内的水面必须充分没过沉降管底部，以保证当沉降管底部开启时，沉降管内的水柱可与下方水槽内的水体连通，形成真空状态，防止沉降管中的水柱在大气压作用下掉落。若有条件，可在旋转水槽底部转盘配备电动马达，与延时继电器相连，准确控制水槽旋转的时间点和间隔。若条件有限，也可手动旋转水槽，但必须均匀轻柔，防止因过快旋转造成水槽内水体波动，加速颗粒漂移，溢出样品收集器，污染水槽内水体。

13.6.4 沉降管法工作流程

以内径 5 cm、高 80 cm 的阀门型样品投放器所构成的沉降管为例，用于分离 300 g

泥沙悬浊液，主要工作流程如下。

（1）沉降管充水：开启沉降管顶部投放器的上下两个阀门，关闭沉降管底部活塞，形成空腔；经由沉降管上部注入实验用水，充满管体，形成直立水柱；关闭样品投放器下侧阀门，使沉降管内形成密闭水柱。

（2）旋转水槽充水：将沉降管下方旋转水槽充水，使水面充分淹没沉降管底部边缘；同时，确保水槽内的第一个样品收集器对准沉降管底部，做好收集准备。

（3）投放样品：将样品悬浊液冲洗转移至沉降管顶部样品投放器内，完成样品投放，关闭样品投放器上侧阀门。若所需沉降分选样品为径流场或者流域内收集的泥沙，可直接将泥沙鲜样从沉降管顶部注入；若所需沉降分离样品为干土，则建议先将干土进行浸泡预处理，保证团聚体破裂程度的一致性，降低重复样本之间的误差。

（4）启动沉降分离过程：开启沉降管底部活塞，使沉降管内水柱与旋转水槽水体相连通；开启顶部样品投放器下侧阀门，使泥沙样品自由掉落释放到直立水柱，并开始自上而下沉降运动；同时按下计时器，开始计时。

（5）沉降粒级分组收集：根据预设时间间隔，完成第一组颗粒样品收集；转动水槽，将第二个收集器置于沉降管底部，继续收集第二组颗粒；继而逐组完成所有粒级的样品收集；最终将悬浮于沉降管水柱中的细小颗粒统一收集，记为最小粒级。

13.6.5　沉降时间间隔计算方法

本书主要讲述如何依据斯托克斯定律计算颗粒沉降时间间隔，实现颗粒分级，具体计算公式如式（13-24）：

$$V = \frac{h}{t} = \frac{d^2 g (D_s - D_f)}{18\eta} \qquad (13\text{-}24)$$

式中，V 为沉降速度，m/s；h 为沉降距离，m；t 为沉降时间，s；d 为土壤粒径，mm；g 为重力加速度，约为 9.81 N/kg；η 为 20℃时的水体黏度，约为 1×10^{-3} Ns/m^2；D_s 为土壤颗粒平均密度，约为 2.65×10^3 kg/m^3；D_f 为水体密度，约为 1.0×10^3 kg/m^3。理论上，斯托克斯定律多用于计算粒径小于 0.07 mm 颗粒的运动规律（Rubey，1933），因此若土壤或泥沙结构较为粗糙，也可选取其他沉降速度计算公式（Ferguson and Church，2004；Rubey，1933）。

例如，若需将泥沙颗粒分为以下 6 组：≥500 μm、250～500 μm、125～250 μm、63～125 μm、32～63 μm、≤32 μm，可根据斯托克斯定律，结合实际沉降距离，计算出各组颗粒的沉降时间（表 13-10）。具体颗粒粒级设置也可视土壤或泥沙样品结构组成特点进行调整，即可将沉降时间间隔两次分割或者合并，便可更好地反映目标样品的团聚体沉降速度特征。为方便与现有土壤侵蚀模型中的沉降速度参数进行结合，并合理反映具有疏松空隙的团聚体尺寸特征，本设计中均使用"等效石英粒径"（equivalent quartz size）这一概念，用于表达与某一石英粒径具有相同沉降速度的土壤团聚体的粒径（Hu et al.，2013；Loch，2001）。

表 13-10　土壤颗粒沉降速度、沉降时间和泥沙空间分布

等效石英粒径	沉降速度/（m/s）	沉降时间/s	泥沙空间分布
≥500μm	≥0.23	≤4	
250～500μm	5.6×10^{-2}～0.23	4～14	
125～250μm	1.5×10^{-2}～5.6×10^{-2}	14～57	陆地沉积
63～125μm	3.0×10^{-3}～1.5×10^{-2}	57～224	
32～63μm	1.0×10^{-3}～3.0×10^{-3}	224～868	可能汇入下游水体
≤32μm	≤1.0×10^{-3}	≥868	汇入下游水体

注：沉降距离以 80 cm 为例；泥沙空间分布依照 Starr 等（2000）的概念模型定义。

13.6.6　沉降管在侵蚀泥沙迁移和空间分布研究中的应用

1）坡面细沟侵蚀泥沙颗粒的空间分布特征

在坡面侵蚀过程中，泥沙在不同坡位沉积，颗粒的沉降速度分布可直接反映泥沙在坡面的空间分布特征。例如，图 13-31 为丹麦日德兰半岛中部一个缓坡农田经细沟侵蚀后，自坡上至坡下，表层土壤颗粒的沉降速度分布状况。如图 13-31 所示，细沟长约 35 m，之后下坡位开始出现沉积，至 54 m 处为沉积扇。表土颗粒的等效石英粒径组成（即沉降速度组成）在经历侵蚀、迁移和沉积后表现为先粗骨化再逐渐细化的过程，精确反映出粗重颗粒优先沉积，而细小颗粒滞后沉积的过程。

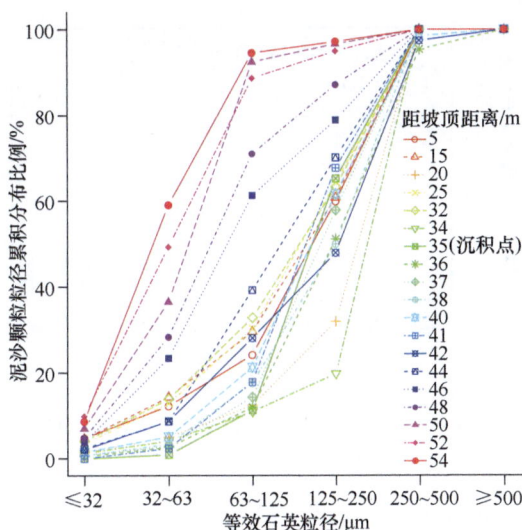

图 13-31　坡面不同位置泥沙颗粒粒径累积分布比例（Hu et al.，2016）

2）团聚作用对泥沙空间分布的影响

除了可以刻画侵蚀泥沙坡面迁移和沉积规律外，沉降速度分布还能有效体现团聚过

程在颗粒迁移运动中的作用。具体来说，团聚过程可将细小矿质颗粒汇聚成较大较重的团聚颗粒，从而使原本较慢的矿质颗粒加速其沉降速度，缩短其迁移距离，最终影响其在坡面的空间分布位置，从而改变现有侵蚀模型中对泥沙空间分布的假定。也就是说，在下坡位优先沉积的粗骨化颗粒既可以是团聚颗粒，也可以是粗砂，只要它们具有相似的沉降速度，便会在同一时间从径流层中掉落，在下坡位沉积（图13-32）。同理，相同质地的矿质颗粒，也会因其具体形态，即独立运动或与团聚体裹挟运动，而呈现不同的沉降特性（图13-32）。若仅仅依赖表土颗粒的矿质组成，而不考虑团聚过程对颗粒沉降速度和迁移规律的影响，则会对坡面侵蚀过程预测造成极大误差。由于沉降管法是利用泥沙颗粒的沉降速度来反映其运动规律，无其他限制条件，因此可适用于分析不同类型土壤在不同侵蚀程度下的泥沙运动规律，为重新认识养分元素在侵蚀—迁移—沉积过程中的生物地球化学过程提供了新的视角。

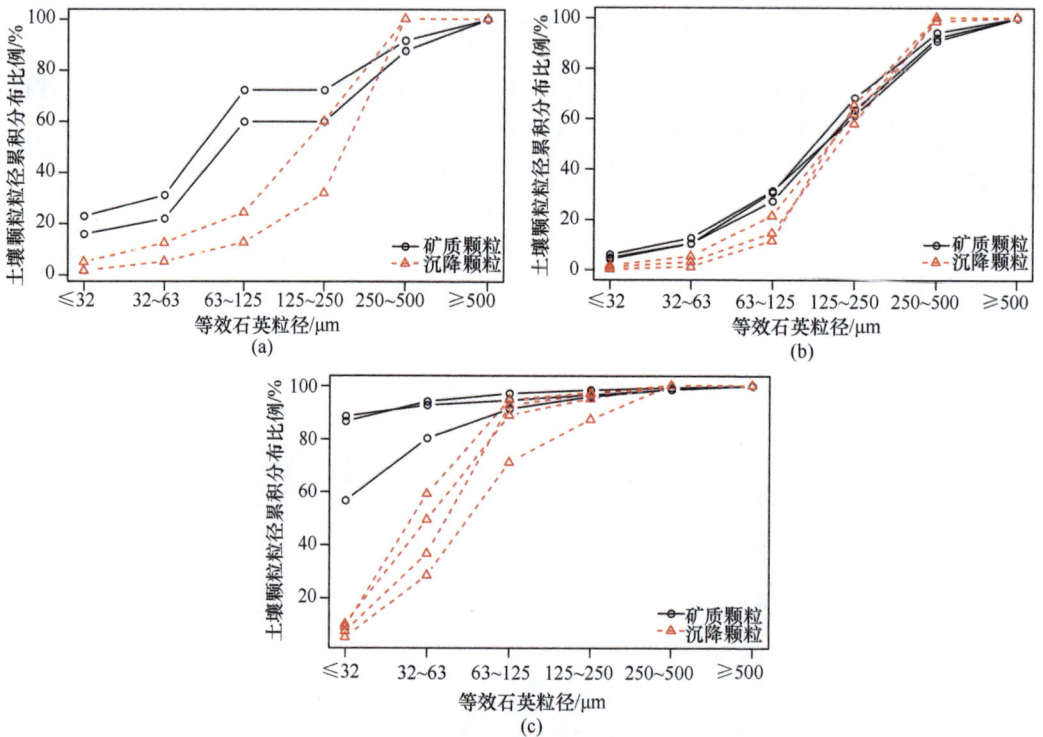

图 13-32　坡面不同位置矿质颗粒与团聚沉降颗粒对比（Hu et al.，2016）
(a) 坡肩；(b) 坡脚；(c) 坡尾

3）不同坡位泥沙颗粒的生物地球化学特征

坡面表土的空间异质性除受不同坡位的微环境影响外，也受各坡位沉积的泥沙颗粒自身生物地球化学特征的影响。如图13-33所示，因生物地球化学特性各异的泥沙颗粒在坡面不同位置富集，直接导致坡面侵蚀表土具有空间异质性特征。

4）侵蚀泥沙的环境效应

　　侵蚀泥沙空间分布特征主要由泥沙颗粒的沉降速度决定，其在不同位置沉积后，便经历截然不同的生物地球化学变化过程。如图 13-34 所示，对于坡面沉积泥沙、汇入下游水体泥沙以及中间过渡地带泥沙，其富含有机碳以及 CO_2 释放量占比截然不同，所带来的环境效应也不尽相同。

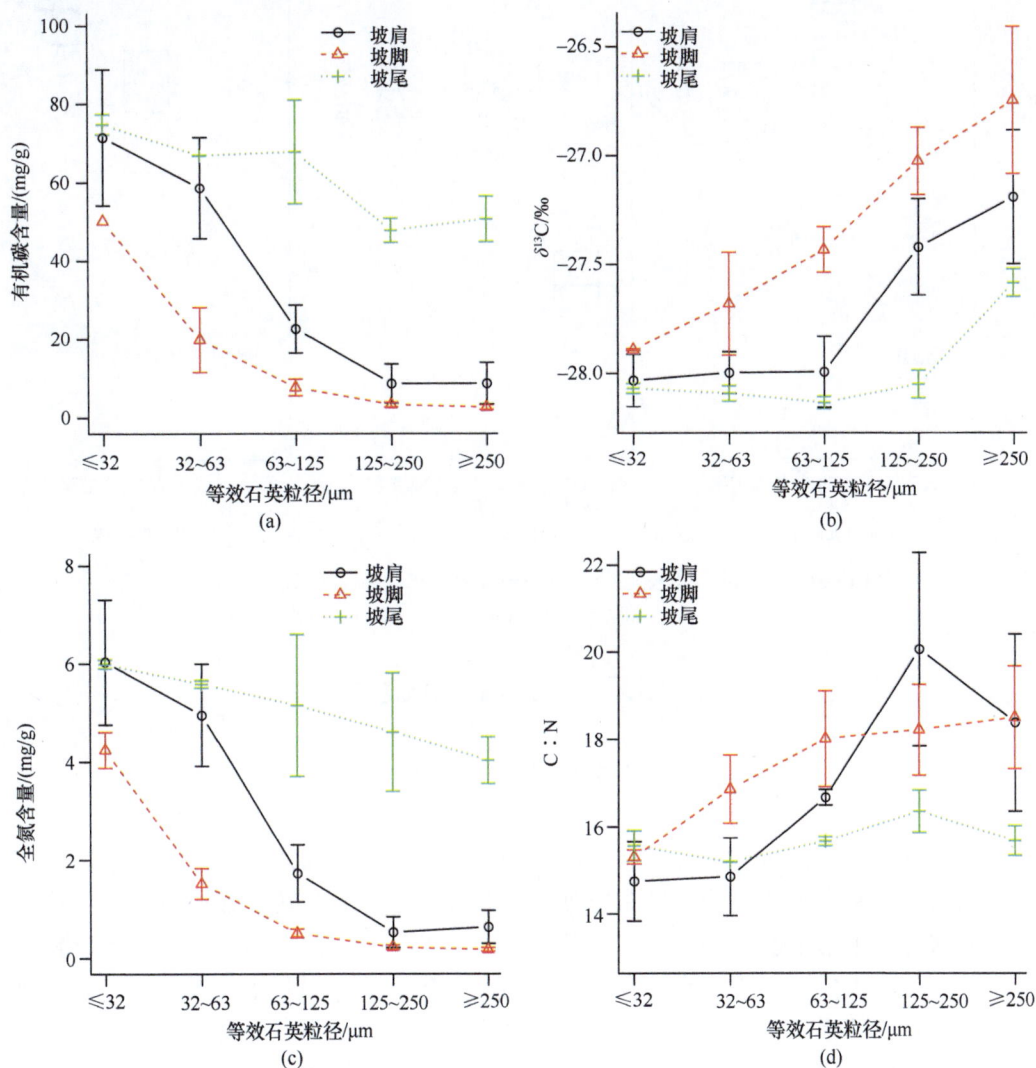

图 13-33　不同坡位泥沙颗粒的生物地球化学特征（Hu et al.，2016）

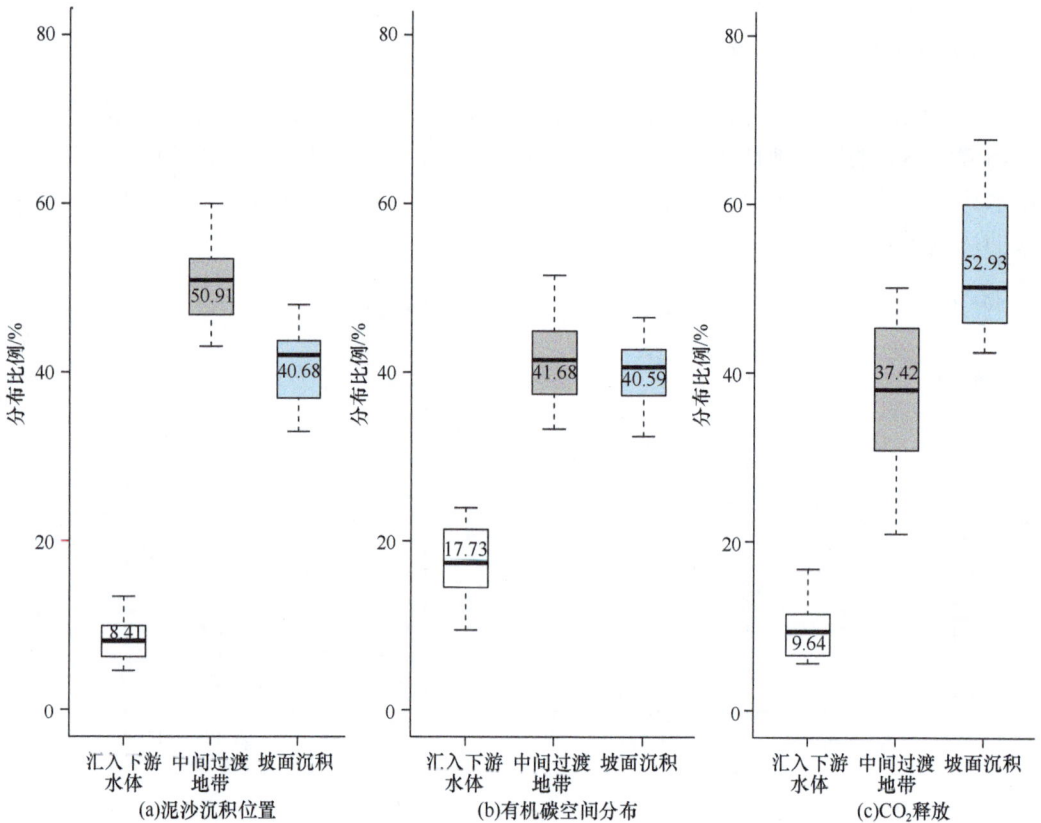

图 13-34 侵蚀泥沙的空间分布及环境效应占比（Hu and Kuhn，2014）
箱线图中的数值表示平均值

13.7 无人机航摄

13.7.1 概 述

无人机（UAV）航空摄影测量能够快速获取亚米级、厘米级甚至毫米级分辨率的遥感影像，具有方式灵活、携带方便、操作简单等特点，可快速掌握调查区内基本地表状况、地形地貌、水土流失现状等，同时其高精度的航摄数据可为水土保持规划、水土流失灾害调查、水土保持动态监测、生产建设项目水土保持评估、土壤侵蚀因子计算等提供数据基础，弥补了从地面测量尺度到卫星遥感影像尺度的数据缺失。通常水土保持研究中使用的无人机可分为固定翼和多旋翼两种类型。考虑到消费级数码相机价格便宜、易于部署、分辨率高，数码相机逐渐成为无人机最常搭载的传感器类型。

无人机在水土保持领域应用的基本流程包括外业航拍、内业处理和水土保持相关信息提取。其中，外业航拍和内业处理的基础理论在大部分数字摄影测量书籍中很容易找到，因此本书不再阐述，以下只介绍在水土保持领域中需要重点注意的几个问题。本书以特大暴雨土壤侵蚀调查、植被覆盖度提取和生产建设项目监测为例介绍水土保持相关信息的提取。

外业航拍：航拍之前需对调查区的范围、基本高程信息进行了解，获取较粗分辨率的数字高程模型（DEM）作为参考，以方便规划航线。航线的规划要考虑能覆盖整个目标调查区并建议有 100m 左右的缓冲，以避免坐标系统、边缘模糊等原因造成的覆盖不全，航线设计应考虑无人机续航时间、巡航速度等，同时要保证航向重叠率（50%～80%）和旁向重叠率（40%～70%）。选择合适的航拍时间，要求在白天进行且有充足的光线，以避免成图阴影过大影响航片质量，在我国大部分地区一般选择上午 10 时至下午 4 时。对于精度较高的航拍情景，需要布设地面控制点，以较准整体精度，控制点的布设需选取容易辨识的颜色（与调查区基本背景颜色形成反差，一般选用白底红色十字条标识），采用现代高精度测量手段（如 GNSS RTK、全站仪等）对控制点进行测量，作为后期校正基础。在一些航拍任务中，因调查区较难到达、要求定位精度不是太高，或有些型号无人机自带的定位系统可满足航拍要求，可不进行地面控制点布设。为了保证飞行安全和数据采集精度，无人机起飞前需进行校准，主要包括电调校准、水平校准和指南针校准等，不可在有强磁场区域进行校准。无人机航拍过程可通过自动飞控软件实现无人机自动飞行，也可手控飞行，在大部分情况下建议通过飞控软件自动飞行，在起飞、降落阶段及紧急情况下可结合手控飞行。

内业处理：内业处理一般借助无人机数据内业处理软件（如 Pix4Dmapper、Easy UAV、Agisoft Photoscan）等进行。无论选用哪种软件，均需提前剔除拍摄质量较差的航片，在处理过程中一般需要进行空三加密。无人机内业数据处理可获取高质量的数字正射影像（DOM）、数字地面模型（DSM）、三维模型、互动地图瓦片等成果数据。

13.7.2　特大暴雨水土保持无人机辅助调查

2019 年 8 月 10 日 06 时至 12 日 06 时，受 2019 年第 9 号台风"利奇马"影响，山东淄博、东营、潍坊等地出现大暴雨，局部地区发生特大暴雨。其中，临朐县暴雨中心降水量超过 576mm，达到 50 年一遇标准，造成了严重的水土流失灾害，水利部组织进行了"山东临朐'8•10'特大暴雨水土保持综合调查"，本次调查中无人机发挥了重要作用。下面主要介绍无人机在特大暴雨道路侵蚀调查和切沟侵蚀调查中的具体应用。

1. 道路侵蚀调查

在山东临朐"8•10"特大暴雨水土保持综合调查中，对于道路侵蚀调查，无人机航摄的主要用途为：①快速掌握小流域内整体生产道路分布情况；②对野外道路侵蚀调查进行精度校正。

无人机道路侵蚀调查基本流程如下。

（1）确定调查小流域：本次调查以暴雨中心曾家沟小流域为调查区，面积为 1.61km²。

（2）小流域全覆盖无人机航摄：航高为 300m，采用贴地飞行方式，同时保持与千寻系统的网络连接，获取精确的 WGS84 参考系下的影像位置信息。本次调查共获取照片 4000 余张。

（3）小流域影像数据处理及生产道路解译：要求当天内在 Pix4Dmapper 软件环境下进行数据处理得到小流域 DOM 与 DSM，影像水平分辨率约 8.35cm，基于该影像快速解译小流域道路分布。

（4）抽样：道路按 40%抽样比例进行抽样，抽样应考虑生产道路空间分布、土地利用类型、坡度等。

（5）抽样道路野外调查：通过逐条调查的方式记录道路侵蚀程度，并测量道路侵蚀沟长、宽、深等指标。

（6）典型路段无人机航飞及 GNSS RTK 野外实测：选取典型路段，每段约 100m，进行无人机航飞及 GNSS RTK 野外实测。航高为 30m，同样采用贴地飞行方式，同时保持与千寻系统的网络连接，获取精确的 WGS84 参考系下的影像位置信息。影像水平分辨率为 0.5～1.0cm，共获取了 8 段典型路段的影像数据，照片共 1642 张。

（7）抽样道路野外调查结果整理：对野外调查结果进行整理入库，通过长、宽、深指标计算侵蚀体积。

（8）抽样道路野外调查结果精度校正：基于在典型路段的 GNSS RTK 野外实测结果，验证无人机得到的道路侵蚀沟深度。本次调查的经验证明，在道路侵蚀沟宽深比约 1∶1 的情况下，无人机构建 DSM 的沟底深度存在 2cm 左右的偏差（无地面相片控制点，包括系统偏差和随机误差），影响较小；但从断面形态来看，更能表达道路断面的连续起伏状况，对沟道的刻画更加详尽（图 13-35）。因此，通过无人机航摄构建高精度（1cm）DSM，对于道路侵蚀量的估算更为精确，其侵蚀体积估算优于 GNSS RTK 野外实测和野外调查结果；基于典型路段无人机数据对野外调查侵蚀体积进行校正，并测定道路土壤容重，计算得到小流域道路侵蚀量。

2. 切沟侵蚀调查

在山东临朐"8•10"特大暴雨水土保持综合调查中，对于切沟侵蚀调查无人机也发挥了重要作用，主要体现在：①对小流域切沟整体发生位置与规律的快速认识；②对典型切沟的高精度无人机航摄。

切沟侵蚀野外调查工作主要在曾家沟小流域进行。野外数据采集包括典型小流域 8.35cm 精度摄影测量，沿梯田和道路进行切沟沟头位置和沟头前进长、宽、深的量测（新增的切沟分为上、中、下三部分，小于 20m 的切沟每个部分测量两组数据，大于 20m 的切沟每个部分测量三组数据，取各项平均值，测量工具为卷尺和皮尺），记录切沟上游土地利用情况，进行典型切沟无人机 2cm 精度摄影测量和 RTK 测量，建立典型切沟面积与体积换算经验公式。内业工作包括基于典型小流域无人机 DOM 数据解译切沟

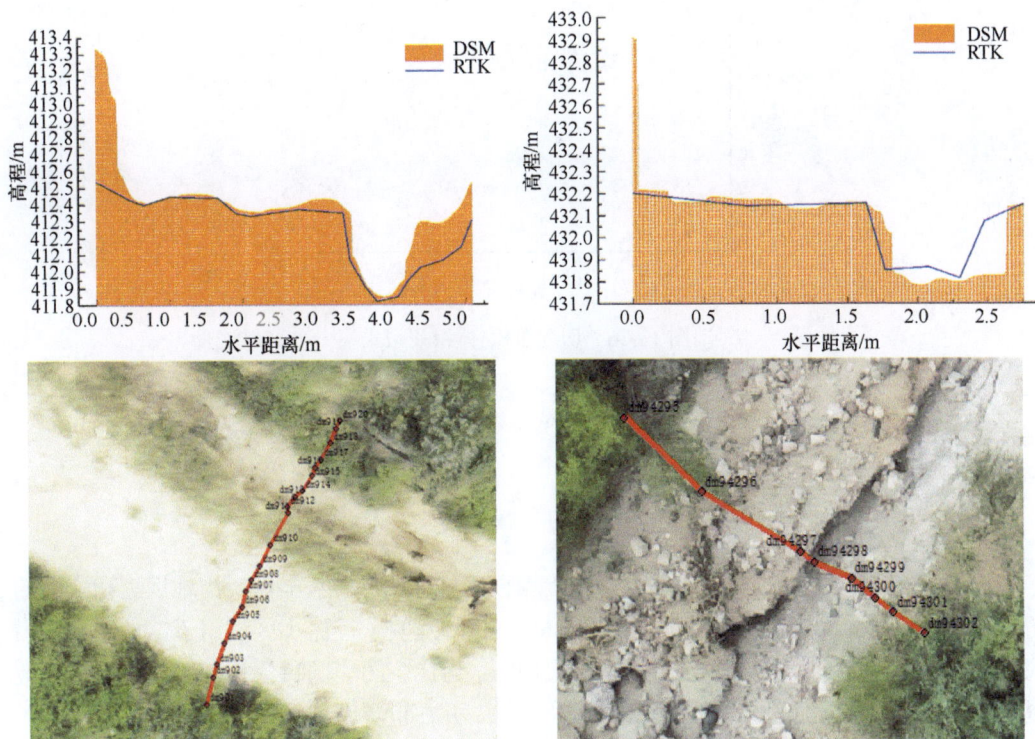

图 13-35　典型断面无人机构建 DSM 结果与 RTK 测量结果对照
实景图中的编号为野外现场测量点的编号

发生/发育位置，从而得到次暴雨过程中切沟发育位置与范围；在典型切沟基于更高分辨率无人机 DOM 和 DSM 数据，得到该地区切沟面积与体积换算经验公式；基于以上信息得到小流域切沟侵蚀量估算结果。

在本次暴雨中，切沟主要表现为道路切沟和坡面切沟。

（1）道路切沟侵蚀量估算：经调查，在曾家沟小流域的调查道路（共 4.3km）中，有 1.9km 发生了切沟侵蚀，占抽样道路长度的 43.5%，由此估算全流域道路切沟侵蚀量为 5047t，占道路总侵蚀量的 87%。道路切沟引起的小流域侵蚀模数为 3144t/km^2，引起的道路侵蚀模数为 16.8 万 t/km^2。

（2）坡面切沟侵蚀模数估算：根据无人机和 RTK 实测，曾家沟小流域在抽样的 0.16km^2 范围内发生切沟 22 处，由此产生的侵蚀量为 186t，小流域坡面切沟侵蚀模数为 1164 t/km^2。

对典型梯田切沟的长度、宽度、深度面积及体积等形态参数进行了测量（图 13-36），结果表明，梯田切沟长度在 3.37～18.56m，平均长度为 7.54m；宽度在 1.47～5.73m，平均宽度为 3.13m；深度在 0.20～0.90m，平均深度为 0.49m；切沟平面面积在 7.33～48.47 m^2，平均为 24.12m^2；切沟体积在 1.74～23.28m^3，平均为 7.64m^3。对切沟平面面积和切沟体积进行拟合，得到面积–体积关系式（图 13-36）。

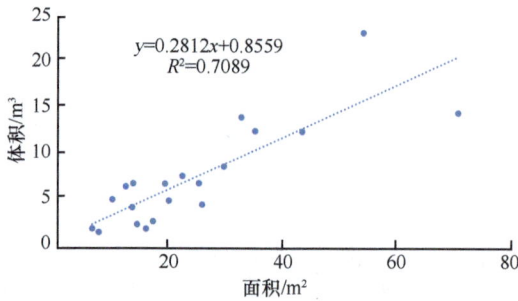

图 13-36　切沟面积–体积关系式

13.8　风　蚀　圈

13.8.1　概　　述

土壤侵蚀导致土地退化。科学测量是土壤侵蚀规律研究、水土保持措施规划和实施的重要依据。早在 1882 年，德国科学家 Ewald Wollny 发明了径流小区法用于定量测定水力侵蚀（Baver，1938）。20 世纪 10 年代，以 Miller 为代表的美国科学家开始应用并不断改进这一方法，使其成为水力侵蚀的标准测量方法，并在世界范围内得到广泛应用（Meyer，1984）。相比之下，风力侵蚀的定量研究进展缓慢，其田间测量方法一直未能有效解决。

目前，野外风力侵蚀观测仪器已比较成熟，最为常见的两种集沙仪是 Wilson 和 Cooke 于 1980 年发明的 MWAC 集沙仪（Wilson and Cooke，1980）和 Fryrear 于 1986 年研制的 BSNE 集沙仪（Fryrear，1986）。其中，BSNE 集沙仪尾端配置旋转轴，可随风向移动，使得集沙仪进沙口始终正对着风向。利用这一特性，Stout（1990）和 Fryrear 等（1991）于 20 世纪 90 年代初提出了一种田间测量风蚀的圆形方法。该方法是在一个圆形研究区的不同位置布设 BSNE 集沙仪，然后利用测定的风蚀通量与距离的关系推算该区的风蚀速率。这一方法随后被广泛应用于美国的主要风蚀区，用以验证和改进 WEQ、RWEQ 和 WEPS 等风蚀模型。另一种常用的田间方法则分别测量研究区上风向和下风向的风蚀通量，认为二者的差值是该区的风蚀量。此方法所采用的研究区多为方形，集沙仪如 BSNE 的位置由主导风向确定。然而，这两种方法的应用都存在一定的前提条件。首先，研究区必须存在一个稳定的非侵蚀性边界，这在许多地区，特别是降水量少、植被稀疏的地区往往无法实现。更为重要的一点是，风蚀过程中的风向需保持相对一致。这在现实情况下基本无法实现，因为大量观测结果表明风向无时无刻不在变化。此外，还存在一些间接的风蚀测量方法，如 Chepil（1960）通过小麦根系在风蚀前后的出露程度来估算风蚀量；Nield 和 Wiggs（2011）采用激光扫描仪来分析风蚀前后地表的相对高程变化，进而确定土壤风蚀速率；严平等（2003）和刘纪远等（2007）通过对比侵蚀区和非侵蚀区的 ^{137}Cs 土壤含量来预测土壤风蚀速率等。

截至目前，还没有产生一个公认的定量研究风力侵蚀的方法。不同学者运用不同的风力侵蚀研究方法在不同区域做了许多有益的工作，但研究成果却由于方法不同、时间尺度不同等难以直接进行对比分析。而与之形成鲜明对比的是，运用径流小区法以及基于该方法建立的水力侵蚀模型来研究水力侵蚀已经得到了广泛的认可。在这种背景下，本研究借鉴国内外运用集沙仪进行风力侵蚀定量研究的相关方法，在对相关方法进行改进的基础上，提出了一种科学准确的、能够被广泛应用的风力侵蚀野外定量观测方法——风蚀圈。

13.8.2　风蚀圈设计原理

根据流体（风沙流）的连续性原理和侵蚀–沉积风沙量守恒定律，按上下断面和进出测量区（风蚀圈）收集测定风沙通量，并与所测地面直接关联，计算单位面积侵蚀量或沉积量，从而更科学地计算风蚀模数。该方法兼顾了风向的不确定性和垂直方向上的分层。

13.8.3　风蚀圈的组成与安装

1. 风蚀圈的组成

风蚀圈包括一个圆形的测量区域和若干套集沙装置。圆形区域的半径根据地形和场地确定，一般面积为 1hm²，相应的半径为 56.42m。以圆心为中心点，分别沿着正北（N）、正东（E）、正南（S）、正西（W）、东北（NE）、东南（SE）、西北（NW）和西南（SW）方向，确定圆周与八个方向的交点。在 8 个交点，分别布设一套集沙装置。每套集沙装置由一根固定杆、5 个盒托、10 个集（采）沙盒组成。每个盒托上放置两个集（采）沙盒，集（采）沙盒背靠背安装，即分为两组，一组开口朝向圆心，另一组开口背离圆心，分别采集离开和进入测量区域的风蚀物质（图 13-37）。

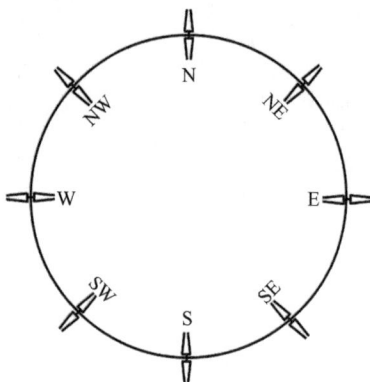

图 13-37　风蚀圈测量示意图

盒托将集（采）沙盒固定在固定杆上，采沙盒将采集到的风蚀物导入集沙盒中。采沙盒为梯形中空结构，其顶部为排气网，常用的是 200 目孔径的不锈钢纱网；底部为孔径 3mm 的过滤网，前端开口，后端封闭，采沙盒的侧壁下端设有卡槽。集沙盒为顶部开口的梯形中空盒状结构,其侧壁上端设有卡槽。采沙盒与集沙盒通过卡槽相互连接(图13-38)。

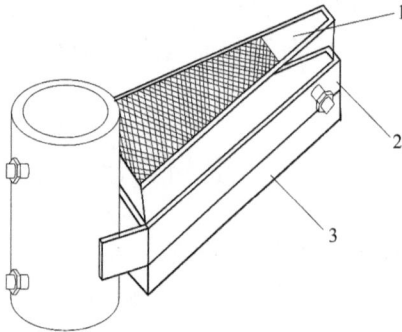

图 13-38　集(采)沙盒示意图
1—采沙盒; 2—集沙盒; 3—盒托

携沙风通过采沙盒 1 的前端进口进入其内部后速度减慢,沙粒透过过滤网沉积到集沙盒 2 中,气流则透过采沙盒 1 顶部的不锈钢纱网排出,大于过滤网的杂物留在采沙盒 2 内,从而完成一次风蚀过程的采集。每一套测量装置上安装有 10 个集(采)沙盒,分别通过盒托固定在固定杆的 0cm、15cm、30cm、70cm 和 150cm 高度上,可以根据实际需要调整组数及高度。每个盒托通过 2 个螺丝固定在固定杆的相应高度上,集(采)沙盒通过螺丝固定在盒托上。固定杆的长度一般为 2~2.5m,垂直埋入地下的部分长 0.5m 左右,可根据现场布设情况进行调整。

2. 风蚀圈的安装

在研究区根据实际情况确定圆心位置和圆形区域半径,在圆心位置利用测距仪和方向罗盘,分四组确定集沙装置的安装位置,分别为正北(N)和正南(S)、西北(NW)和东南(SE)、正西(W)和正东(E)、东北(NE)和西南(SW),保证每组两个方向的集沙装置和圆心三点在一条直线上。

集沙装置的 8 个安装位置确定好后,便开始安装集沙装置。安装过程主要包括 3 个步骤:埋栽固定杆、安装盒托和安装集(采)沙盒。

1)埋栽固定杆

固定杆可以通过埋入地下和纤绳固定等方式进行固定。纤绳固定方式是利用纤绳将固定杆固定,纤绳与固定杆连接处位于最高的采沙盒以上 15cm 处,三根纤绳互成 120° 角,纤绳与地面间的交角为 45°(图 13-39)。由于纤绳固定影响农业耕作的面积较大,因此本书重点介绍埋入地下固定方式。

采用埋入地下固定方式时,固定杆底部需配有一个铁盘[图 13-40(a)],铁盘和固定杆通过螺丝固定[图 13-40(b)]。铁盘的长、宽、厚分别为 40cm、40cm 和 1cm。铁盘中心一端有高 10cm 的空心圆柱,用于与固定杆的连接;另一端的空心圆柱长 40cm,用于埋入地下,使固定杆固定得更加牢固,以抵挡强风天气。

图 13-39　纤绳固定方式

(a)　　　　　　　　　　　　　　　　(b)

图 13-40　铁盘（a）和铁盘与固定杆连接（b）

固定杆安装流程包括挖坑、打钻、固定杆入坑、回填土壤四个步骤。首先，挖坑[（图 13-41（a）]，长、宽、深约为 45cm、45cm、40cm；其次，利用土钻等工具在挖好坑的中心打一个 40cm 深的圆钻[图 13-41（b）]，将铁盘长端垂直插入圆钻孔；然后利用铁夯等工具将铁盘与土壤紧紧结合[图 13-41（c）]；最后，利用水平仪等工具检查固定杆是否垂直，调节固定杆垂直后，开始掩埋，一边回填土壤，一边用铁夯夯实土壤[图 13-41（d）]，目的是使土壤更加紧实，固定杆固定效果更好。

2）安装盒托

根据设定的安装高度安装盒托，一般为距地表 0cm、15cm、30cm、70cm 和 150cm 高度，从 0cm 向上依次安装。安装时先把盒托放置在大概安装高度的位置，轻轻固定螺丝使盒托不沿固定杆滑动，然后慢慢移动盒托至精确的安装高度，并调节盒托的角度至设定方向。盒托角度调节时可将集（采）沙盒放入盒托，便于观察，角度调节完毕，将螺丝固定牢固，移除集（采）沙盒。然后依次安装 15cm、30cm、70cm 和 150cm 高度的盒托，安装过程中注意盒托的方向、上下盒托保持平行等。盒托安装完毕后，方便后续采样过程中集（采）沙盒拆卸和安装，给每个盒托编号，编号规则可参考地点_序号_方向_朝向_高度，如 Q_1_N_i_150（Q 为安装地点齐齐哈尔市的缩写；1 为齐齐哈尔的第一套风蚀圈；N 为位于风蚀圈北方向的集沙装置；i 为该集沙装置集沙盒开口背离风蚀圈圆心的方向，即收集的是进入该风蚀圈的沙子；150 是指位于安装高度 150cm 处的集沙盒）。为防止风吹日晒使编号不清晰，建议使用油漆记号笔。

(a)　　　　　　　　　　　　　(b)

(c)　　　　　　　　　　　　　(d)

图 13-41　埋栽固定杆流程
（a）挖坑；（b）打钻；（c）固定杆入坑；（d）回填土壤

3）安装集（采）沙盒

按照安装高度从低到高依次将集（采）沙盒放入盒托，注意检查采沙盒和集沙盒是否结合紧密，不留空隙。用螺丝将每个集沙盒与盒托固定，固定螺丝时，注意用另一只手按压采沙盒尾部，防止集（采）沙盒一端翘起。为方便后续样品的收集，对每个集（采）沙盒编号，编号规则与盒托保持一致，如 Q_1_N_i_150。由于集（采）沙盒带入室内后，需将采沙盒和集沙盒分开，集沙盒放入烘箱进行烘干处理，因此集沙盒和采沙盒务必进行编号，防止样品对应错误。集（采）沙盒安装完成之后，整体检查一遍集（采）沙盒的安装高度、进出口方向以及螺丝是否固定，至此风蚀圈的一套集沙装置安装完毕（图13-42）。

图 13-42　风蚀圈集沙装置

13.8.4　风蚀圈的维护与样品收集

1. 风蚀圈的维护

风蚀圈设备的定期维护，是科学准确获得数据的保证，主要维护事项包括以下几点。

（1）第一层集（采）沙盒进/出口高度是否与周围地面同高。

（2）进/出口附近（约 5m）和所测区域环境是否一致，进/出口附近的草、大土块等必须清理，它们就像足球场的守门员一样，我们不需要。

（3）每一层集（采）沙盒的高度是否符合规定，是否固定牢固。

（4）每一个集（采）沙盒中，集沙盒和采沙盒是否结合紧密，不留缝隙。

（5）集（采）沙盒螺丝是否固定，固定螺丝时用另一只手固定住集（采）沙盒，防止一端翘起。

（6）集（采）沙盒进/出口所指方向是否是规定的方向。

（7）集（采）沙盒的盒托和固定杆固定是否牢固。

（8）采沙盒的纱网有无破损和封堵，是否完好。

（9）采沙盒的纱网清洗过程中可使用毛刷和流动水配合清洗，若用抹布擦洗只是表面干净，实际纱网背部都被泥糊住。

（10）集（采）沙盒上的编号是否清晰，不清晰的要及时补编。

2. 样品收集

根据研究区气候条件、风蚀频发时段及实际需要，可设计采集不同时间尺度的采样频率，如次、月、季和年等。例如，我国北方春季和秋季风力较大，而夏季和冬季风力相对较弱，因此采样可安排冬季和夏季各采集一次风蚀样品，春季和秋季每个月各采集一次风蚀样品。内蒙古自治区鄂尔多斯市准格尔旗，春季为 3 月中旬至 6 月中旬，样品收集分别于 4 月 15 日、5 月 15 日和 6 月 15 日进行；夏季为 6 月中旬至 9 月中旬，于 9

月 15 日采样；秋季为 9 月中旬至 12 月中旬，分别于 10 月 15 日、11 月 15 日和 12 月
15 日各采样一次；冬季为 12 月中旬至次年 3 月中旬，于 3 月 15 日采样。例如，布设在
宁夏回族自治区吴忠市盐池县刘窑头小流域的试验装置，设计的风蚀物收集时间为 3 月
1 日、6 月 1 日、9 月 1 日、12 月 1 日，收集的沙样分别对应冬季（12 月、1 月、2 月）
风蚀物、春季（3 月、4 月、5 月）风蚀物、夏季（6 月、7 月、8 月）风蚀物、秋季（9
月、10 月、11 月）风蚀物。布设在东北黑土区吉林省公主岭市、吉林省通榆县、黑龙
江省齐齐哈尔市和嫩江市的风蚀圈装置，设计的风蚀物收集时间为 3 月底、6 月底、10
月中旬，收集的沙样分别对应冬季、春季和夏秋季。

采样时，需要将不同高度不同方向固定在盒托上面的集（采）沙盒卸下并带到室内，
在搬运过程中为防止集沙盒内的沙或者水和沙洒出且防止采沙盒的纱网破坏，设计如图
13-45 所示的箱子用于集（采）沙盒的搬运。收纳搬运箱需编号，分别为北（N）、东北（NE）、
东（E）、东南（SE）、南（S）、西南（SW）、西（W）、西北（NW）。在实验室内，将采
沙盒和集沙盒分离（各自均需标记编号），将集沙盒放入烘箱，经烘干处理后，将相应集
沙盒中的沙样用毛刷轻轻扫入提前标号、称重的自封袋中，采用千分之一天平进行称重。
毛刷有不同类型，建议结合使用钢丝刷和细头毛刷。样品处理完毕，将集（采）沙盒清洗
干净，按照高度和方向再放回相应的盒托上，使集（采）沙盒继续收集风沙（图 13-43）。

图 13-43　集（采）沙盒收纳搬运箱

13.8.5　风蚀速率计算

根据风蚀圈边界八方位（N、NE、E、SE、S、SW、W 和 NW）不同高度集（采）
沙盒收集的风沙的重量，进行风沙流通量廓线模拟。依据风沙流连续原理和侵蚀–沉积
风沙量守恒定律，以及上下断面集沙差异及风沙流通量廓线，来计算净风蚀量。基于风
蚀圈设备的风蚀速率的计算步骤如下。

1. 风沙流通量廓线模拟

选取幂函数（$q_h = ae^{bh}$）或指数函数（$q_h = ah^b$）进行风沙流通量廓线模拟，其中

h 为计算高度（m），q_h 为每一个计算高度对应的输沙量（g）。由于每个集沙盒的进沙高度是 5cm，计算高度取每层集沙盒的安装高度（H）与集沙盒进口高度的一半（即 2.5cm）之和。所以，第一层集沙盒（H=0 cm）对应的计算高度为 0.025 m，第二层集沙盒（H=15 cm）对应的计算高度为 0.175m，以此类推，计算高度 h 的计算公式如式（13-25）所示：

$$h = \frac{H}{100} + 0.025 \tag{13-25}$$

式中，h 为风沙流通量廓线模拟中参与计算的高度（计算高度），m；H 为集沙盒的安装高度，cm。

利用实测的 h=0.025m、0.175m、0.325m、0.725m 和 1.525m（H 分别为 0 cm、15 cm、30 cm、70 cm 和 150 cm）时的输沙量 q_h 拟合出相应的幂函数或指数函数方程，对比选择最优拟合方程得到风蚀圈各方向进沙口和出沙口的风沙流通量廓线（图 13-44）。

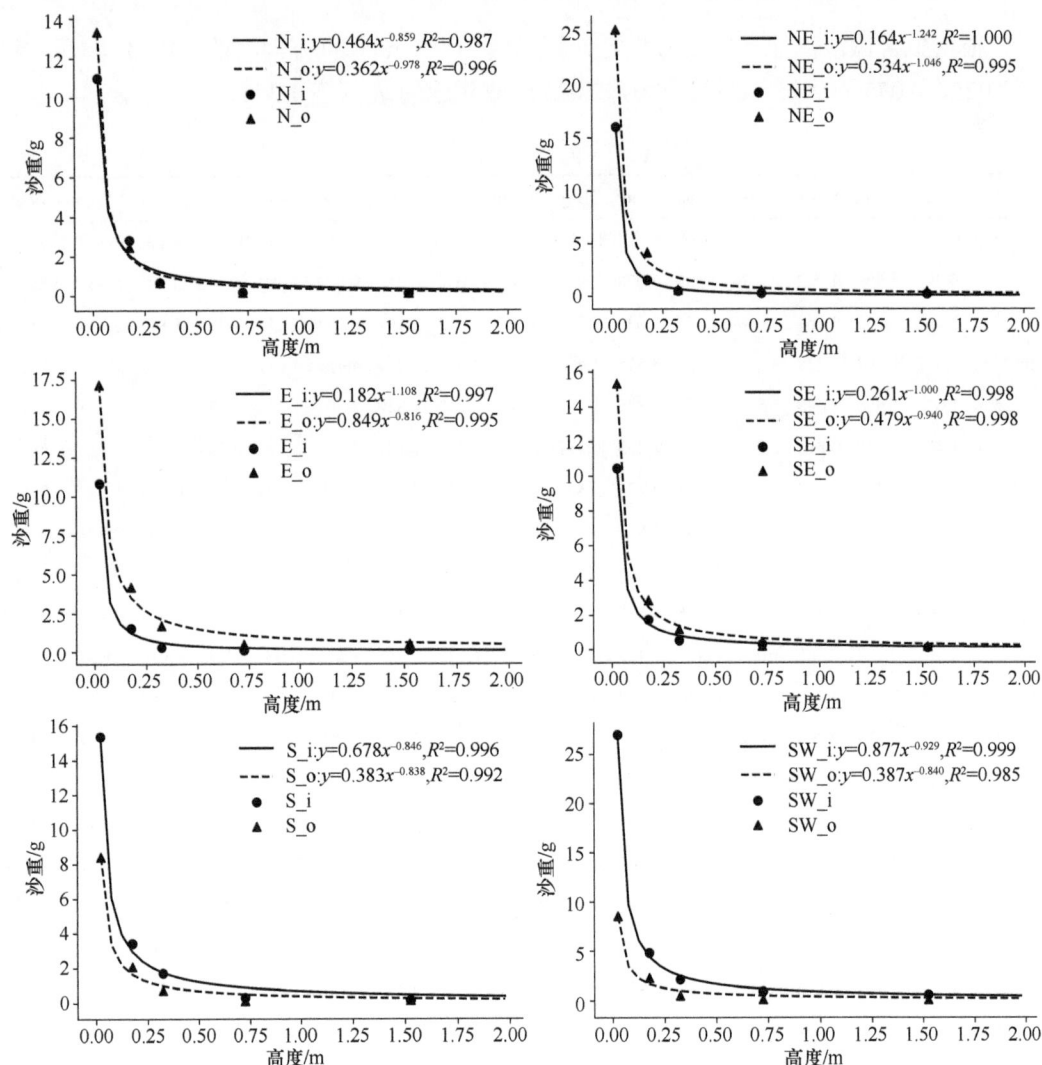

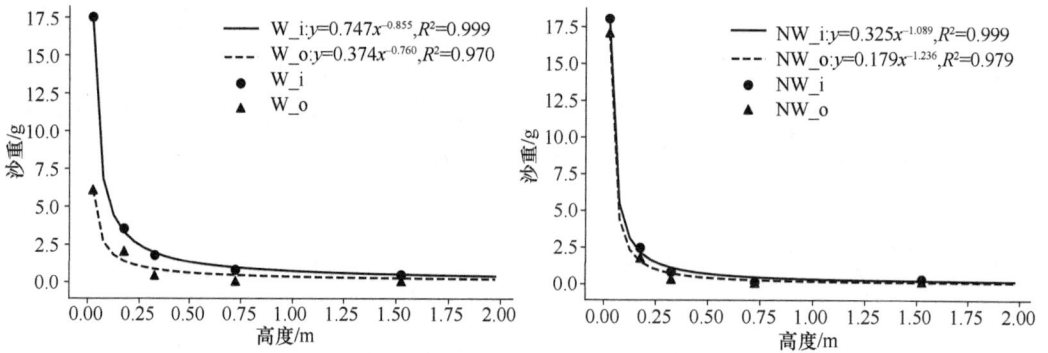

图 13-44　不同方位风沙流通量廓线

i 表示进沙口，o 表示出沙口

2. 各风沙廓线总输沙量

根据拟合风沙流通量廓线方程，计算断面 0～2 m 垂直方向上的输沙量，即计算 h=0.025，0.075，0.125，0.175，…，2.025 m 时对应的 q_h（表 13-11）。

表 13-11　各列集沙簇 0～2 m 输沙量　　　　　　　　　　　（单位：g）

h	N-in	N-out	NE-in	NE-out	E-in	E-out	SE-in	SE-out	S-in	S-out	SW-in	SW-out	W-in	W-out	NW-in	NW-out
0.025 m	11.023	13.356	16.023	25.297	10.836	17.210	10.457	15.360	15.394	8.441	26.993	8.563	17.520	6.170	18.080	17.097
0.075 m	4.291	4.559	4.092	8.018	3.208	7.023	3.486	5.468	6.074	3.361	9.729	3.404	6.846	2.676	5.465	4.396
0.125 m	2.767	2.765	2.169	4.699	1.821	4.630	2.091	3.382	3.942	2.191	6.053	2.216	4.423	1.815	3.133	2.338
0.175 m	2.072	1.990	1.428	3.305	1.255	3.518	1.494	2.465	2.965	1.652	4.429	1.671	3.317	1.405	2.172	1.542
0.225 m	1.670	1.556	1.045	2.541	0.950	2.866	1.162	1.946	2.397	1.339	3.507	1.353	2.675	1.161	1.652	1.131
0.275 m	1.406	1.279	0.815	2.060	0.760	2.433	0.951	1.612	2.022	1.131	2.910	1.143	2.253	0.997	1.328	0.882
0.325 m	1.218	1.086	0.662	1.730	0.632	2.123	0.804	1.377	1.756	0.984	2.492	0.994	1.953	0.878	1.107	0.718
0.375 m	1.077	0.944	0.554	1.489	0.539	1.889	0.697	1.204	1.555	0.872	2.182	0.881	1.728	0.787	0.947	0.601
0.425 m	0.967	0.835	0.474	1.307	0.469	1.706	0.615	1.070	1.399	0.786	1.942	0.793	1.553	0.716	0.826	0.515
0.475 m	0.879	0.749	0.413	1.163	0.415	1.558	0.550	0.964	1.273	0.716	1.752	0.722	1.412	0.658	0.732	0.449
0.525 m	0.807	0.679	0.365	1.048	0.371	1.436	0.498	0.877	1.170	0.658	1.596	0.664	1.296	0.610	0.656	0.397
0.575 m	0.746	0.621	0.326	0.953	0.336	1.333	0.455	0.805	1.083	0.610	1.467	0.615	1.199	0.569	0.595	0.354
0.625 m	0.695	0.573	0.294	0.873	0.306	1.245	0.418	0.745	1.009	0.569	1.358	0.574	1.117	0.534	0.543	0.320
0.675 m	0.650	0.531	0.267	0.805	0.281	1.170	0.387	0.693	0.946	0.533	1.264	0.538	1.045	0.504	0.499	0.291
0.725 m	0.611	0.495	0.244	0.747	0.260	1.103	0.361	0.648	0.890	0.502	1.183	0.506	0.983	0.477	0.462	0.266
0.775 m	0.577	0.464	0.225	0.697	0.241	1.045	0.337	0.608	0.841	0.475	1.112	0.479	0.929	0.453	0.430	0.245
0.825 m	0.547	0.436	0.208	0.653	0.225	0.993	0.317	0.574	0.798	0.451	1.049	0.454	0.881	0.432	0.401	0.227
0.875 m	0.520	0.412	0.193	0.614	0.211	0.946	0.299	0.543	0.759	0.429	0.993	0.432	0.837	0.413	0.376	0.211
0.925 m	0.496	0.390	0.180	0.579	0.198	0.905	0.283	0.515	0.724	0.409	0.943	0.413	0.798	0.396	0.354	0.197
0.975 m	0.474	0.371	0.169	0.548	0.187	0.867	0.268	0.490	0.693	0.392	0.898	0.395	0.763	0.381	0.335	0.185
1.025 m	0.454	0.353	0.159	0.520	0.177	0.832	0.255	0.468	0.664	0.376	0.857	0.379	0.731	0.367	0.317	0.173

续表

h	N-in	N-out	NE-in	NE-out	E-in	E-out	SE-in	SE-out	S-in	S-out	SW-in	SW-out	W-in	W-out	NW-in	NW-out
1.075 m	0.436	0.337	0.150	0.495	0.168	0.800	0.243	0.447	0.638	0.361	0.820	0.364	0.702	0.354	0.301	0.164
1.125 m	0.419	0.322	0.142	0.472	0.160	0.771	0.232	0.429	0.614	0.347	0.786	0.350	0.675	0.342	0.286	0.155
1.175 m	0.404	0.309	0.134	0.451	0.152	0.744	0.222	0.411	0.591	0.335	0.755	0.338	0.651	0.330	0.273	0.147
1.225 m	0.390	0.296	0.127	0.432	0.145	0.719	0.213	0.396	0.571	0.324	0.727	0.326	0.628	0.320	0.261	0.139
1.275 m	0.376	0.285	0.121	0.414	0.139	0.696	0.205	0.381	0.552	0.313	0.700	0.315	0.607	0.311	0.250	0.132
1.325 m	0.364	0.274	0.115	0.398	0.133	0.675	0.197	0.367	0.534	0.303	0.676	0.305	0.587	0.302	0.240	0.126
1.375 m	0.353	0.265	0.110	0.383	0.128	0.655	0.190	0.355	0.518	0.294	0.653	0.296	0.569	0.293	0.230	0.121
1.425 m	0.342	0.256	0.105	0.369	0.123	0.636	0.183	0.343	0.502	0.285	0.631	0.287	0.552	0.285	0.221	0.115
1.475 m	0.332	0.247	0.101	0.356	0.118	0.618	0.177	0.332	0.488	0.277	0.611	0.279	0.536	0.278	0.213	0.111
1.525 m	0.323	0.239	0.097	0.343	0.114	0.602	0.171	0.322	0.474	0.269	0.593	0.271	0.521	0.271	0.206	0.106
1.575 m	0.314	0.232	0.093	0.332	0.110	0.586	0.166	0.312	0.462	0.262	0.575	0.264	0.506	0.264	0.198	0.102
1.625 m	0.306	0.225	0.090	0.321	0.106	0.571	0.161	0.303	0.450	0.255	0.559	0.257	0.493	0.258	0.192	0.098
1.675 m	0.298	0.218	0.086	0.311	0.103	0.557	0.156	0.295	0.438	0.249	0.543	0.251	0.481	0.252	0.186	0.095
1.725 m	0.290	0.212	0.083	0.302	0.099	0.544	0.152	0.287	0.427	0.243	0.529	0.245	0.469	0.247	0.180	0.091
1.775 m	0.283	0.206	0.080	0.293	0.096	0.532	0.147	0.279	0.417	0.237	0.515	0.239	0.457	0.241	0.174	0.088
1.825 m	0.277	0.201	0.078	0.285	0.093	0.520	0.143	0.272	0.407	0.232	0.502	0.233	0.447	0.236	0.169	0.085
1.875 m	0.270	0.195	0.075	0.277	0.091	0.508	0.139	0.265	0.398	0.226	0.489	0.228	0.436	0.232	0.164	0.082
1.925 m	0.264	0.190	0.073	0.269	0.088	0.497	0.136	0.259	0.389	0.222	0.477	0.223	0.427	0.227	0.159	0.080
1.975 m	0.259	0.186	0.070	0.262	0.086	0.487	0.132	0.252	0.381	0.217	0.466	0.218	0.417	0.223	0.155	0.077
2.025 m	0.253	0.181	0.068	0.255	0.083	0.477	0.129	0.247	0.373	0.212	0.456	0.214	0.409	0.218	0.151	0.075

注：N、NE、E、SE、S、SW、W、NW 分别代表北、东北、东、东南、南、西南、西、西北 8 个方位；in 代表进沙口；out 代表出沙口。

3. 平均单宽输沙率计算

1）单宽输沙率

将断面 0~2m 高度的 41 个输沙量累加并计算每列垂直方向的输沙率，用 $Q_{D-O}=\sum_{h=0.025}^{2.025} q_h$ 表示总沙量，D 代表方位，O 代表进（in）或出（out），如 Q_{NW-in} 或 Q_{NW-out}，分别表示西北方向 0~2m 的垂直距离上进入（in）或出去（out）风蚀圈的总沙量，单位为 g。由于集沙仪进口宽 2cm，则垂直方向上单宽输沙率 U_{D-O}（表 13-12）为

$$U_{D-O}=\frac{Q_{D-O}}{20} \tag{13-26}$$

式中，U_{D-O} 为各方向进入或出去风蚀圈的集沙簇垂直方向的单宽输沙率，g/mm；Q_{D-O} 为各方向进入或出去风蚀圈的集沙簇垂直方向的总沙量，g。

表 13-12　不同方向进入和出去风蚀圈的 0～2m 断面垂直方向的单宽输沙率（单位：g/mm）

$D\text{-}O$	U	$D\text{-}O$	U
N-in	2.025	S-in	2.899
N-out	1.966	S-out	1.617
NE-in	1.615	SW-in	4.339
NE-out	3.333	SW-out	1.635
E-in	1.301	W-in	3.242
E-out	3.451	W-out	1.394
SE-in	1.484	NW-in	2.231
SE-out	2.418	NW-out	1.736

2）平均单宽输沙率

分别累加八个方向（N、NE、E、SE、S、SW、W、NW）进入（in）和出去（out）朝向的单宽输沙率，记为 U_{in} 和 U_{out}，则进入和出去的平均单宽输沙率为 $\bar{U}_{\text{in}} = \dfrac{U_{\text{in}}}{8}$ 和 $\bar{U}_{\text{out}} = \dfrac{U_{\text{out}}}{8}$，单位为 g/mm。

4. 风蚀速率计算

1）平均风蚀速率

净平均单宽输沙率 U（出去和进入的平均单宽输沙率差值 $\bar{U}_{\text{out}} - \bar{U}_{\text{in}}$）乘以风蚀圈的周长除以风蚀圈的总面积，则为单位面积上的风蚀速率 A：

$$A = \frac{2\pi r U}{\pi r^2}(\text{kg/m}^2) = \frac{2U}{r}(\text{kg/m}^2) = \frac{20U}{r}(\text{t/hm}^2) \tag{13-27}$$

由于各个方向进入和出去集沙簇背靠背安装，因此进入集沙簇和出去集沙簇所对应的监测区域半径分别为 $r+0.3$ 和 $r-0.3$。此外，不同土地利用方式和不同土壤类型等的风蚀圈集沙效率 E 不同，因此基于改进风蚀圈的风蚀速率 A_{new} 计算公式为

$$A_{\text{new}} = \left(\frac{20\bar{U}_{\text{out}}}{r-0.3} - \frac{20\bar{U}_{\text{in}}}{r+0.3}\right)\Big/E \tag{13-28}$$

式中，A_{new} 为基于改进风蚀圈的风蚀速率，t/hm²；$\bar{U}_{\text{in}}$ 和 $\bar{U}_{\text{out}}$ 分别为进入和出去的平均单宽输沙率，g/mm；r 为风蚀圈半径，m；E 为风蚀圈集沙效率，%。A_{new} 数值为正代表侵蚀，数值为负代表沉积。

2）各方向风蚀速率

各方向净单宽输沙率与所有方向的总净单宽输沙率的比值乘以平均风蚀速率即为各方向的风蚀速率：

$$A_{\text{new}-D} = \frac{U_{D-\text{out}} - U_{D-\text{in}}}{U_{\text{out}} - U_{\text{in}}} A_{\text{new}} \tag{13-29}$$

式中，$A_{\mathrm{new}-D}$ 为 D 方向的风蚀速率，t/hm^2。

参 考 文 献

姜艳敏, 郭明航, 赵军, 等. 2019. 土壤侵蚀形态演化数字摄影观测系统设计与实验. 农业机械学报, 50: 281-290.

刘纪远, 齐永青, 师华定, 等. 2007. 蒙古高原塔里亚特–锡林郭勒样带土壤风蚀速率的 ^{137}Cs 示踪分析. 科学通报, (23): 2785-2791.

苏本跃, 马金宇, 彭玉升, 等. 2016. 基于 K-means 聚类的 RGBD 点云去噪和精简算法. 系统仿真学报, 28: 2329-2334, 2341.

王安然, 郝向阳, 程传奇, 等. 2019. 一种利用多个小标定板的多相机外参数标定方法. 测绘与空间地理信息, 42: 222-225, 229.

王谭, 王磊磊, 张卫国, 等. 2019. 基于张正友标定法的红外靶标系统. 光学精密工程, 27: 1828-1835.

严平, 董光荣, 张信宝, 等. 2003. 青海共和盆地土壤风蚀的 ^{137}Cs 法研究(II): ^{137}Cs 背景值与风蚀速率测定. 中国沙漠, 23(4): 391-397.

张黎, 陈军, 刘春玲, 等. 2019. 基于二维图像的三维几何参数测量研究. 武汉纺织大学学报, 32: 66-71.

Aksoy H, Kavvas M L. 2005. A review of hillslope and watershed scale erosion and sediment transport models. Catena, 64: 247-271.

Basic F, Kisic I, Nestroy O, et al. 2002. Particle size distribution (texture) of eroded soil material. Journal of Agronomy and Crop Science, 188: 311-322.

Baver L D. 1938. Ewald Wollny: a pioneer in soil and water conservation research. Soil Science Society of American Proceeding, 3: 330-333.

Beuselinck L, Govers G, Steegen A, et al. 1999. Sediment transport by overland flow over an area of net deposition. Hydrological Processes, 13: 2769-2782.

Beuselinck L, Steegen A, Govers G, et al. 2000. Characteristics of sediment deposits formed by intense rainfall events in small catchments in the Belgian Loam Belt. Geomorphology, 32: 69-82.

Billings S A, Richter D D B, Ziegler S E, et al. 2019. Distinct contributions of eroding and depositional profiles to land-atmosphere CO_2 exchange in two contrasting forests. Frontiers in Earth Science, 7: 1-17.

Cambardella C A, Elliott E T. 1994. Carbon and nitrogen dynamics of soil organic matter fractions from cultivated grassland soils. Soil Science Society of America Journal, 58: 123-130.

Chepil W S. 1960. Conversion of relative field erodibility to annual soil loss by wind. Soil Science Society of America Journal, 24(2): 143-145.

Christensen B T. 2001. Physical fractionation of soil and structural and functional complexity in organic matter turnover. European Journal of Soil Science, 52: 345-353.

Dialynas Y G, Bastola S, Bras R L, et al. 2016. Topographic variability and the influence of soil erosion on the carbon cycle: the impact of erosion on carbon cycling. Global Biogeochemical Cycles, 30: 644-660.

Dietrich W E. 1982. Settling velocity of natural particles. Water Resources Research, 18: 1615-1626.

Droppo I G, Leppard G G, Flannigan D T, et al.1997. The freshwater floc: a functional relationship of water and organic and inorganic floc constituents affecting suspended sediment properties. Water Air and Soil Pollution, 99: 43-53.

Ferguson R I, Church M. 2004. A simple universal equation for grain settling velocity. Journal of Sedimentary Research, 74: 933-937.

Fryrear D W. 1986. A field dust sampler. Journal of Soil and Water Conservation, 41(2): 117-120.

Fryrear D W, Stout J E, Hagen L J, et al. 1991. Wind erosion: field measurement and analysis. Transactions of the ASAE, 34(1): 155-160.

Hairsine P, McTainsh G. 1986. The Griffith tube: a simple settling tube for the measurement of settling velocity of aggregates. Brisbane: School of Australian Environmental Studies, Griffith University.

Hu Y X, Berhe A A, Fogel M L, et al. 2016. Transport-distance specific SOC distribution: does it skew erosion induced C fluxes? Biogeochemistry, 128: 339-351.

Hu Y, Fister W, Rüegg H R, et al. 2013. The use of equivalent quartz size and settling tube apparatus to fractionate soil aggregates by settling velocity. British Society for Geomorphology Section-1.

Kinnell P I A, McLachlan C. 1988. An injection barrel for the top entry sedimentation tube, technical memorandum, 43/1988. CSIRO Division Soils.

Kinnell P I A. 2001. Particle travel distances and bed and sediment compositions associated with rain-impacted flows. Earth Surface Processes and Landforms, 26: 749-758.

Kinnell P I A. 2005. Raindrop-impact-induced erosion processes and prediction: a review. Hydrological Processes, 19: 2815-2844.

Kuhn N J, Hoffmann T, Schwanghart W, et al. 2009. Agricultural soil erosion and global carbon cycle: controversy over? Earth Surface Processes and Landforms, 34: 1033-1038.

Kuhn N J. 2013. Assessing lateral organic carbon movement in small agricultural catchments. Publikation zur Jahrestagung der Schweizerischen Geomorphologischen Gesellschaft. Ed: Graf C, 29: 151-164.

Loch R J. 2001. Settling velocity: a new approach to assessing soil and sediment properties. Computers and Electronics in Agriculture, 31: 305-316.

Meyer L D. 1984. Evolution of the universal soil loss equation. Journal of Soil and Water Conservation, 39(2): 99-104.

Morgan R P C, Quinton J N, Smith R E, et al. 1998. The European soil erosion model (EUROSEM): a dynamic approach for predicting sediment transport from fields and small catchments. Earth Surface Processes and Landforms, 23: 527-544.

Nield J M, Wiggs G F S. 2011. The application of terrestrial laser scanning to aeolian saltation cloud measurement and its response to changing surface moisture. Earth Surface Processes and Landforms, 36(2): 273-278.

Puri A N. 1934. A siltometer for studying size distribution of silts and sands. Punjab Irrigation Institute Research Publication, 2: 10.

Rex J F, Petticrew E L. 2006. Pacific salmon and sediment flocculation: nutrient cycling and intergravel habitat quality. IAHS Publication, 306: 442.

Rubey W W. 1933. Settling velocities of gravel, sand, and silt particles. American Journal of Science, 225: 325-338.

Slattery M C, Burt T P. 1997. Particle size characteristics of suspended sediment in hillslope runoff and stream flow. Earth Surface Processes and Landforms, 22: 705-719.

Stout J E. 1990. Wind erosion within a simple field. Transactions of the ASAE, 33(5): 1-1600.

van Oost K, Beuselinck L, Hairsine P B, et al. 2004. Spatial evaluation of a multi-class sediment transport and deposition model. Earth Surface Processes and Landforms, 29: 1027-1044.

Walling D E. 1983. The sediment delivery problem. Journal of Hydrology, 65: 209-237.

Walling D E. 1988. Erosion and sediment yield research: some recent perspectives. Journal of Hydrology, 100: 113-141.

Warrington D N, Mamedov A I, Bhardwaj A K, et al. 2009. Primary particle size distribution of eroded material affected by degree of aggregate slaking and seal development. European Journal of Soil Science, 60: 84-93.

Wilson S J, Cooke R U. 1980. Wind erosion//Kirkby M J, Morgan R P C. Soil Erosion. Chichester: John Wiley and Sons: 217-251.

Wong K B, Piedrahita R H. 2000. Settling velocity characterization of aquacultural solids. Aquacultural Engineering, 21: 233-246.

Xiao L, Hu Y, Greenwood P, et al. 2015. The use of a raindrop aggregate destruction device to evaluate sediment and soil organic carbon transport. Geographica Helvetica, 70: 167-174.

第14章 土壤侵蚀研究统计方法

14.1 总体特征描述及数据预整理

14.1.1 总体与样本

1. 总体与总体特征数

1）总体

在统计学上，把某一个问题所涉及对象的全体称为总体（population）。组成总体的每一个基本单位（或具体对象）称为总体单元或个体（unit）。若总体包含的总体单元数量是有限的，称为有限总体；若总体包含的总体单元数量是无限的，称为无限总体。总体由所研究的问题而定。对于大多数实际问题，总体中的单元（或个体）是一些实在的人或物，但人们所关注的并不是这些实在的人或物本身，而是其在某一方面的特性。为刻画总体单元在某一方面的特性而采用的名称称为总体指标（population index）。总体指标可分为数量指标和属性指标两种。总体单元在其数量指标上所观测到的数值称为指标值。

例如，研究某林区树木时，就要面对该林区树木的全体，每株树有一个或几个指标，如树高、胸径、树种或树是否病腐等特征。在该项研究中，全体树木是要讨论的总体，每一株树木都可看作总体单元，树木的树高、胸径是数量指标，树种、树是否病腐为属性指标。属性指标往往可以转化为数量指标。

在数理统计中，我们关心的是总体单元在某一个或某几个指标上的数量值及其变化规律，研究总体主要是研究这些指标的取值及规律。如果用变量 X 表示总体单元在某一个指标上的取值，那么 X 可能取哪些值，取这些不同值的规律是什么，即等价于从总体中随机地抽取一个单元，观察其可能是什么数值，且取不同值的可能性（概率）是多少。这样 X 就是一个随机变量，X 的概率分布即为总体在所研究指标上的变化规律，从而研究随机变量 X 就等价于研究总体，以下简称总体 X。

2）总体特征数

总体特征数（population characteristic number）是反映总体在某指标上数量变动规律的数字，也称总体数字特征。设总体为有限总体，包含 N 个单元，在某个指标上所有可能取值记作 $x_1, x_2, \cdots, x_N$，若随机地从总体中抽一个单元观察，其结果用 X 表示，则

$P\{X = x_i\} = \dfrac{1}{N}(i = 1, 2, \cdots, N)$。这里 X 的概率分布就是总体的分布，所以总体 X 的期望 $E(X)$ 与方差 $D(X)$ 为

$$E(X) = \sum_{i=1}^{N} x_i \frac{1}{N} = \frac{1}{N} \sum_{i=1}^{N} x_i = \mu \qquad (14\text{-}1)$$

$$D(X) = \sum_{i=1}^{N} [x_i - E(X)]^2 \frac{1}{N} = \frac{1}{N} \sum_{i=1}^{N} [x_i - E(X)]^2 = \sigma^2 \qquad (14\text{-}2)$$

下面给出的总体特征数都是与总体分布的期望和方差紧密联系的，或者就是总体分布的期望与方差。

（1）总体平均数：总体有限时，总体平均数定义为

$$\mu = \frac{1}{N} \sum_{i=1}^{N} x_i = E(X) \qquad (14\text{-}3)$$

实际上总体平均数就是总体的数学期望。总体无限时，总体平均数定义为

$$\mu = E(X) \qquad (14\text{-}4)$$

（2）总体总量：总体有限时，总体总量定义为

$$T = \sum_{i=1}^{N} x_i \qquad (14\text{-}5)$$

总体无限时，总体总量可能有限或趋于无穷。

（3）总体方差及标准差：总体有限时，总体方差定义为

$$\sigma^2 = \frac{1}{N} \sum_{i=1}^{N} (x_i - \mu)^2 = D(X) \qquad (14\text{-}6)$$

总体标准差定义为

$$\sigma = \sqrt{\sigma^2} = \sqrt{\frac{1}{N} \sum_{i=1}^{N} (x_i - \mu)^2} \qquad (14\text{-}7)$$

总体无限时，总体方差和标准差分别定义为

$$\begin{aligned} \sigma^2 &= D(X) \\ \sigma &= \sqrt{D(X)} \end{aligned} \qquad (14\text{-}8)$$

它们反映总体单元指标值的分散程度。

（4）总体 k 阶原点矩：总体有限时，总体 k 阶原点矩定义为

$$\mu_k = \frac{1}{N} \sum_{i=1}^{N} x_i^{k} = E(X^k) \qquad (14\text{-}9)$$

当 $k = 1$ 时，一阶原点矩就是总体平均数；当 $k = 2$ 时，二阶原点矩的平方根成为总体平方平均数。总体无限时，要求 $\mu_k = E(X^k)$ 必有限，否则没有意义。

（5）总体 k 阶中心矩：总体有限时，总体 k 阶中心矩定义为

$$\nu_k = \frac{1}{N}\sum_{i=1}^{N}(x_i-\mu)^k = E(X-\mu)^k \tag{14-10}$$

当 $k=2$ 时，二阶中心矩就是总体方差。总体无限时，要求 $\nu_k = E(X-\mu)^k$ 必有限，否则没有意义。

（6）总体极差：设 $x_{\max}$ 及 $x_{\min}$ 分别为总体单元的某指标的最大值与最小值，则总体极差定义为

$$r = x_{\max} - x_{\min} \tag{14-11}$$

总体极差反映各个总体单元在某指标上的变动幅度。

（7）总体变动（异）系数：总体变动系数定义为

$$\upsilon = \frac{\sigma}{\mu} \tag{14-12}$$

其反映总体在某指标上的相对变异程度，是单位为 1 的量。

（8）总体频率：总体频率是总体很重要的一个特征数，常用 p 来表示。像造林的成活率、种子的发芽率、产品的一级品率或次品率等，都表示总体中具有某种特点的单元数占总体单元数的比率，所以有时也称总体成数。设总体有 N 个单元，其中有 m 个单元具有某种特点，则总体频率定义为

$$p = \frac{m}{N} \tag{14-13}$$

若设总体中具有某特点的单元的指标值 x_i 取值为 1，不具有某特点的单元的指标值 x_i 取值为 0，则有 m 个 1 与（$N-m$）个 0，此刻有

$$\mu = \frac{1}{N}\sum_{i=1}^{N}x_i = \frac{1}{N}[1\times m + 0\times(N-m)] = \frac{m}{N} = p \tag{14-14}$$

2. 样本与统计量

1）样本

在全体总体单元中，按照预先设计的方法和要求抽出一部分单元，用于推断认识总体，所抽取的这一部分单元的全体称为一个样本或子样（sample），抽取样本的过程称为抽样，抽样采用的方法称为抽样法。抽样的方法很多，如等概率抽样与不等概率抽样、重复抽样与不重复抽样、分层抽样、整群抽样等（William，1977），都是按照一定的要求和方法随机地从总体中取得样本。如果等概率地从总体 X 中取得样本 $X_1,X_2,\cdots,X_n$，若 $X_i(i=1,2,\cdots,n)$ 相互独立，且与总体同分布，则称此样本 $X_1,X_2,\cdots,X_n$ 为简单随机样本。

一般采用重复抽样方法可构成简单随机样本，实际中，当总体无限，或抽取的样本容量 n 远远小于总体单元数时，不重复抽样方法得到的样本亦可近似看作简单随机样本。本书所指的样本都是简单随机样本。

样本常用 $X_1, X_2, \cdots, X_n$ 来表示，被抽作样本的总体单元称为样本单元，样本中含有样本单元的数目称为样本容量，常用 n 表示。在一次抽样中，容量为 n 的样本 $X_1, X_2, \cdots, X_n$ 实际上是一组具体的数据 $x_1, x_2, \cdots, x_n$，它是样本 $X_1, X_2, \cdots, X_n$ 的一组取值，称为样本实现。但是，对于不同的抽样，样本 $X_1, X_2, \cdots, X_n$ 可能取不同的值，所以一般提到容量为 n 的样本 $X_1, X_2, \cdots, X_n$ 时，事实上是一个 n 维随机向量，其中每一个分量 $X_1, X_2, \cdots, X_n$ 都是与总体 X 有关的随机变量。

2）统计量

样本是总体的代表和反映，是统计推断的依据。但是，对于不同的总体，甚至对于同一个总体，所关心的问题往往是不一样的，如有时只希望估计出总体的均值，有时则希望了解总体的分布。因此，根据研究问题的不同，必须对样本进行加工和处理，把样本中所包含的关于总体的所关心的信息集中起来，这便是针对不同的问题构造出样本的某种函数。利用这种函数进行统计推断，就不能含有任何未知总体参数。

定义 14-1 设 $X_1, X_2, \cdots, X_n$ 为总体的一个样本，$T_n = f(X_1, X_2, \cdots, X_n)$ 为样本的连续函数，如果 $T_n = f(X_1, X_2, \cdots, X_n)$ 中不含任何未知总体参数，则称 $T_n = f(X_1, X_2, \cdots, X_n)$ 为一个统计量（statistic），即统计量是不含未知总体参数的样本 $X_1, X_2, \cdots, X_n$ 的连续函数。

3）几个常用统计量

A. 样本均值、样本方差、样本矩

设 $X_1, X_2, \cdots, X_n$ 是来自总体 X 容量为 n 的样本，一些相关统计量如下。

（1）样本均值：

$$\bar{X} = \frac{1}{n}\sum_{i=1}^{n} X_i \qquad (14\text{-}15)$$

（2）样本方差：

$$S^2 = \frac{1}{n-1}\sum_{i=1}^{n}(X_i - \bar{X})^2 \qquad (14\text{-}16)$$

（3）样本标准差：

$$S = \sqrt{\frac{1}{n-1}\sum_{i=1}^{n}(X_i - \bar{X})^2} \qquad (14\text{-}17)$$

（4）样本 k 阶原点矩：

$$A_k = \frac{1}{n}\sum_{i=1}^{n} X_i^{k} \qquad (k=1, \ 2, \ \cdots) \qquad (14\text{-}18)$$

当 $k=1$ 时，一阶原点矩就是样本均值。

（5）样本 k 阶中心矩：

$$B_k = \frac{1}{n}\sum_{i=1}^{n}(X_i - \bar{X})^k \qquad (k = 1，2，\cdots) \qquad (14\text{-}19)$$

样本的二阶中心矩与样本方差之间有如式（14-20）所示的关系：

$$B_2 = \frac{n-1}{n}S^2 \qquad (14\text{-}20)$$

B. 次序统计量

定义 14-2　设 $X_1, X_2, \cdots, X_n$ 为样本，把样本按其实现由小到大依次排列成 $X_{(1)} \leqslant X_{(2)} \leqslant \cdots \leqslant X_{(n)}$，则称 $X_{(i)}$ 为样本的第 i 个次序统计量，特别称 $X_{(1)}$ 为最小次序统计量，$X_{(n)}$ 为最大次序统计量。

通过次序统计量可定义一些在实际上有重要意义的统计量。

（1）样本中位数：

$$M_e = \begin{cases} X_{\frac{n+1}{2}} & (n\text{为奇数}) \\ \dfrac{1}{2}\left(X_{\frac{n}{2}} + X_{\frac{n}{2}+1}\right) & (n\text{为偶数}) \end{cases} \qquad (14\text{-}21)$$

样本中位数即样本顺序统计量中位置在正中的那个，或位置最靠中的两个数值的平均。

（2）样本极值：$X_{(n)}$ 和 $X_{(1)}$ 分别称为样本的最大值和最小值。样本极值在某些关于灾害性现象与材料实验结果的统计分析中有用，如一定时期内一条河的最大流量、地震的最大震级、材料断裂强度、苗木受冻害的最低温度等，都是极值性的量。在数理统计中，有一个称为极值统计分析的专题专门处理这类问题，也可视为顺序统计量的统计分析的一部分。

（3）样本极差：

$$R = X_{(n)} - X_{(1)} = \max(X_1, X_2, \cdots, X_n) - \min(X_1, X_2, \cdots, X_n) \qquad (14\text{-}22)$$

极差可用于估计总体分布的数量变动的最大范围。

C. 样本频率

定义 14-3　设样本容量为 n，在 n 个单元中具有某种特点的单元数为 M，则

$$W = \frac{M}{n} \qquad (14\text{-}23)$$

称为样本频率或样本成数。

统计量是样本 $X_1, X_2, \cdots, X_n$ 的不含有任何未知参数的函数，因此统计量都是随机变量。当把样本的一个实现代入统计量时，得到的是统计量这一随机变量的一个取值。上面给出的样本统计量常常也被称为样本特征数。

14.1.2　总体的理论分布

1. 离散型随机变量的分布及其数字特征

定义 14-4　若随机变量的可能取值是有限个或无穷可列个，则称为离散型随机变量（discrete random variable）。

定义 14-5　设离散型随机变量的所有可能取值为 $x_1, x_2, \cdots, x_k$，且有

$$P\{X = x_k\} = p_k \qquad (k = 1, 2, \cdots, i, \cdots) \tag{14-24}$$

称式（14-24）为离散型随机变量的概率函数（probability function）。

概率函数满足如下两个基本性质：① $p_i \geqslant 0 (i \in N)$；② $\sum_{i=1}^{\infty} p_i = 1$。

显然，离散型随机变量的概率函数反映了离散型随机变量的所有可能取值及其取相应值的概率。通常离散型随机变量的概率函数也可以用列表的形式给出，称其为离散型随机变量的概率分布列，如表 14-1 所示。

表 14-1　离散型随机变量的概率分布

	x_1	x_2	$\cdots$	x_i	$\cdots$
$p_i = P\{X\}$	p_1	p_2	$\cdots$	p_i	$\cdots$

一个随机变量的分布确定后，有它的数字特征，利用平均值 μ 表示它的中心位置，利用方差 σ^2 表示它的分散程度或离中趋势。μ 亦称为随机变量的数学期望，用期望算子 E 可表示成 $\mu = E(X)$，它等于 X 所取各值与其概率相乘的连加值：

$$\mu = E(X) = \sum_{\text{一切}X\text{值}} x_i p_i \tag{14-25}$$

X 的方差可用方差算子 D 表示，即 $D(X) = \sigma^2$，它等于 X 所取的值与其均数 μ 之差的平方乘以其概率的连加值：

$$D(X) = \sum_{i=1}^{\infty} (x_i - \mu)^2 p_i = \sum_{i=1}^{\infty} x_i^2 p_i - \mu^2 = E(X^2) - [E(X)]^2 \tag{14-26}$$

期望值与方差概念广泛用于本书，重温期望算子 E 和方差算子 D 的运算性质，会加深对后续结果的理解，而且运算起来也很方便。

（1）若 c 为常数，则 $E(c) = c$，$D(c) = 0$。

（2）X 的均值为 μ，方差为 σ^2，则 $E(cX) = cE(X) = c\mu$，$D(cX) = c^2 D(X) = c^2 \sigma^2$。

（3）若 X_i 的均值为 μ_i，方差为 σ_i^2，则

$$E(X_1 \pm X_2) = E(X_1) \pm E(X_2) = \mu_1 \pm \mu_2$$

$$D(X_1 \pm X_2) = D(X_1) + D(X_2) \pm \text{Cov}(X_1, X_2) = \sigma_1^2 + \sigma_2^2 \pm 2\sigma_{12}$$

其中：

$$\text{Cov}(X_1, X_2) = E[(X_1 - \mu_1)(X_2 - \mu_2)] = \sigma_{12}$$

$\text{Cov}(X_1, X_2)$ 是 X_1 与 X_2 的协方差，它是刻画 X_1 和 X_2 相关变异程度的一个量。当 X_1 与 X_2 相互独立时，$\text{Cov}(X_1, X_2) = 0$。

（4）由于有

$$\begin{aligned}\text{Cov}(X_1, X_2) &= E[(X_1 - \mu_1)(X_2 - \mu_2)] \\ &= E(X_1 X_2 - \mu_2 X_1 - \mu_1 X_2 + \mu_1 \mu_2) \\ &= E(X_1 X_2) - \mu_1 \mu_2 \end{aligned}$$

故有

$$E(X_1 X_2) = \mu_1 \mu_2 + \text{Cov}(X_1, X_2)$$

特别是当 X_1 和 X_2 独立时，有

$$E(X_1 X_2) = E(X_1) E(X_2) = \mu_1 \mu_2$$
$$\text{Cov}(X, X) = D(X) = E(X^2) - \mu^2$$
$$E(X^2) = D(X) + \mu^2 = \sigma^2 + \mu^2$$

常用的离散型随机变量有 0-1 分布、二项分布和泊松分布等。

1）0-1 分布

0-1 分布所刻画的总体 X，其特点是只能出现非此即彼两种对立的结果（事件），如在一批产品中抽查一个产品的合格与否、在一块棉田中抽查一棵植株罹病与否、施用农药后抽查一只蚜虫死活与否等。设两个对立事件为 A 与 $\bar{A}$，在总体中任抽一个个体是 A 的概率为 p，非 A 的概率为 $q = 1 - p$，把 A 量化为 1，把 $\bar{A}$ 量化为 0，则 0-1 分布的概率分布表如表 14-2 所示。

表 14-2　0-1 分布的概率分布表

	0	1
$P(X)$	q	p

其均值和方差分别为

$$E(X) = 0 \times q + 1 \times p = p$$
$$D(X) = 0^2 \times q + 1^2 \times p - \mu^2 = p - p^2 = pq$$

2）二项分布（和分布）

在 0-1 总体中，随机抽 n 个个体时，有 $n+1$ 种情况，即 0 个 A（全部为 $\bar{A}$），一个 A 和 $n-1$ 个 $\bar{A}$，…，k 个 A 和 $n-k$ 个 $\bar{A}$，…，n 个 A（全部为 A）。抽到 k 个 A 和 $n-k$ 个 $\bar{A}$ 的概率为

$$P\{X = k\} = C_n^k p^k q^{n-k} \qquad (k = 0,1,2, \cdots, n) \tag{14-27}$$

概率函数为式（14-27）的总体变量 X 的分布称为二项分布，记为 $X \sim B(n, p)$，

这是因为 $p\{x=k\}$ 为 $(p+q)^n$ 展开式中按 p 的升幂排列的第 $k+1$ 项。二项分布 $B(n, p)$ 的概率分布表如表 14-3 所示。

表 14-3　二项分布 $B(n, p)$ 的概率分布表

	0	1	2	⋯	k	⋯	n
$P(X)$	q^n	$C_n^1 pq^{n-1}$	$C_n^2 p^2 q^{n-2}$	⋯	$C_n^k p^k q^{n-k}$	⋯	p^n

由于每次随机独立抽取 n 个个体，每个个体 x_i 均为 0-1 分布，故 $B(n, p)$ 的均值和方差分别为

$$E(X) = E(X_1 + X_2 + \cdots + X_n)$$
$$= E(X_1) + E(X_2) + \cdots + E(X_n)$$
$$= p + p + \cdots + p = np$$
$$D(X) = D(X_1 + X_2 + \cdots + X_n)$$
$$= D(X_1) + D(X_2) + \cdots + D(X_n)$$
$$= pq + pq + \cdots + pq = npq$$

3）泊松分布

在二项分布中，当 p 很小而 n 很大时，描述的是大量试验中的随机稀疏现象，如在一定时间内纺纱机的断头次数、某种昆虫在一定面积上的分布等。严格来讲，当 $n \to +\infty$，$p \to 0$，$np \to \lambda$ 时，二项分布 $B(n, p)$ 的极限分布称为泊松分布，记为 $X \sim P(\lambda)$，其概率函数为

$$P\{X=k\} = \frac{\lambda^k \mathrm{e}^{-\lambda}}{k!} \quad (k=0,1,2,\cdots) \tag{14-28}$$

泊松分布的概率分布表如表 14-4 所示。

表 14-4　泊松分布的概率分布表

	0	1	2	⋯	k	⋯
$P(X)$	$\mathrm{e}^{-\lambda}$	$\lambda \mathrm{e}^{-\lambda}$	$\dfrac{\lambda^2 \mathrm{e}^{-\lambda}}{2!}$	⋯	$\dfrac{\lambda^k \mathrm{e}^{-\lambda}}{k!}$	⋯

其均值和方差为

$$E(X) = \sum_{k=0}^{\infty} k \cdot P(X=k) = \sum_{k=0}^{\infty} k \cdot \frac{\lambda^k \mathrm{e}^{-\lambda}}{k!}$$
$$= \lambda \mathrm{e}^{-\lambda} \sum_{k=1}^{\infty} \frac{\lambda^{k-1}}{(k-1)!} = \lambda \mathrm{e}^{-\lambda} \sum_{k=0}^{\infty} \frac{\lambda^k}{k!} = \lambda \mathrm{e}^{-\lambda} \mathrm{e}^{\lambda} = \lambda$$

$$D(X) = E(X^2) - \mu^2 = \sum_{k=0}^{\infty} k^2 \cdot \frac{\lambda^k e^{-\lambda}}{k!} - \lambda^2 = \sum_{k=1}^{\infty} k \frac{\lambda^k e^{-\lambda}}{(k-1)!} - \lambda^2$$

$$= \lambda \sum_{k=1}^{\infty} (k-1) \frac{\lambda^{k-1} e^{-\lambda}}{(k-1)!} + \lambda \sum_{k=1}^{\infty} \frac{\lambda^{k-1} e^{-\lambda}}{(k-1)!} - \lambda^2$$

$$= \lambda \sum_{k=0}^{\infty} k \cdot \frac{\lambda^k e^{-\lambda}}{k!} + \lambda \sum_{k=0}^{\infty} \frac{\lambda^k e^{-\lambda}}{k!} - \lambda^2$$

$$= \lambda E(X) + \lambda \sum_{k=0}^{\infty} P\{X = k\} - \lambda^2 = \lambda^2 + \lambda - \lambda^2 = \lambda$$

2. 连续型随机变量的分布及其数字特征

定义 14-6 设 X 是随机变量，对任意的实数 $x \in R$，定义：

$$F(x) = P\{X \leqslant x\} \tag{14-29}$$

式中，$F(x)$ 为随机变量 X 的分布函数（distribution function）。

定义 14-7 设随机变量 X 的分布函数为 $F(x)$，如果存在非负的可积函数 $f(x)$，使得任意的 $x \in R$，有

$$F(x) = P\{X \leqslant x\} = \int_{-\infty}^{x} f(t)dt \tag{14-30}$$

成立，则称 X 为连续型随机变量（continous random variable）。$f(x)$ 为连续型随机变量 X 的概率密度函数（probability density function），简称密度函数。概率密度函数的几何解释如图 14-1 所示。

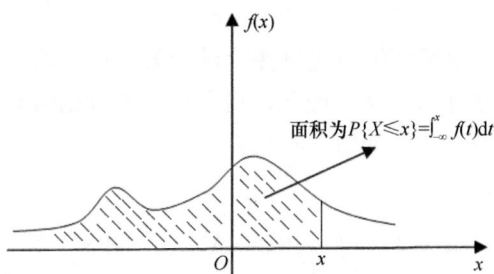

图 14-1 概率密度函数的几何解释

由此可以证明，连续型随机变量的分布函数是连续函数。

随机变量的概率密度函数具有如下两个基本性质：① $f(x) \geqslant 0$；② $\int_{-\infty}^{+\infty} f(x)dx = 1$。

对于这两条基本性质，从几何角度来看，概率密度函数的图像总在横坐标轴的上方；概率密度函数在整个实数范围内的广义积分值等于 1。概率密度函数还具有以下性质：③ 对任意给定的 $x_1 < x_2$，$P\{x_1 < X \leqslant x_2\} = \int_{x_1}^{x_2} f(x)dx$；④ 在 $f(x)$ 的连续点处，总有 $f(x) = F'(x)$；⑤ 连续型随机变量 X 取任一点 x_0 的概率始终为零，即 $P\{X = x_0\} = 0$。

性质①、②反映了概率密度函数的本质，也就是说，如果一个函数满足性质①、②，那么它一定是某个随机变量的概率密度。性质③表明，随机变量 X 在区间 $[x_1, x_2]$ 上的概率 $P\{x_1 < X \leqslant x_2\}$，就等于该区间上以曲线 $y = f(x)$ 为曲边的梯形的面积，见图 14-2。性质④反映了概率密度函数与概率分布函数的关系。

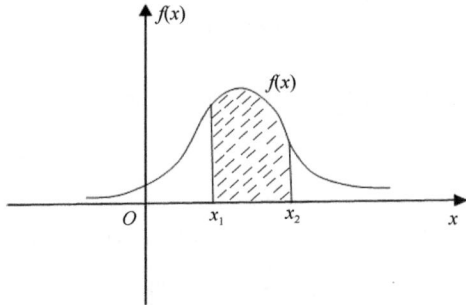

图 14-2　随机变量密度函数与概率的关系

性质⑤表明对任意连续型随机变量 X，其取任一孤立点 x_0 的概率始终为零。

实际上，对任意的 $x_0 \in R$，令 $\Delta x > 0$，则由事件 $\{X = x_0\} \subset \{x_0 - \Delta x < X \leqslant x_0\}$ 的关系，有

$$0 \leqslant P\{X = x_0\} \leqslant P\{x_0 - \Delta x < X \leqslant x_0\} = F(x_0) - F(x_0 - \Delta x)$$

由于 X 是连续型随机变量，其分布函数 $F(x)$ 是连续函数，当 $\Delta x \to 0$ 时，有

$$F(x_0) - F(x_0 - \Delta x) = 0$$

所以 $P\{X = x_0\} = 0$。

从上面的推理可知，对于连续型随机变量讨论某一点的概率是毫无意义的，只有讨论在某一区间取值的概率才有意义。因此，引入概率密度函数来描述连续型随机变量。由此，对于连续型随机变量 X，有如下的结果。

设任意的实数 $a < b$，有

$$P\{a \leqslant X \leqslant b\} = P\{a < X < b\} = P\{a \leqslant X < b\} = P\{a < X \leqslant b\} = \int_a^b f(x)\mathrm{d}x$$

连续型随机变量的期望算子和方差算子为一定积分：

$$\mu = E(X) = \int_{-\infty}^{+\infty} x f(x)\mathrm{d}x$$

$$\sigma^2 = D(X) = \int_{-\infty}^{+\infty} (x - \mu)^2 f(x)\mathrm{d}x = E(X^2) - [E(X)]^2$$

常用的连续型随机变量有均匀分布、指数分布、正态分布。

1）均匀分布

设连续型随机变量 X 的密度函数为

$$f(x)=\begin{cases} \dfrac{1}{b-a} & a\leqslant x\leqslant b \\ 0 & 其他 \end{cases} \tag{14-31}$$

其中，$a<b$ 为任意实数，称 X 在区间 $[a, b]$ 上服从均匀分布（uniform distribution），记作 $X\sim U(a,b)$。其均值和方差为

$$E(X)=\int_{-\infty}^{+\infty} xf(x)\mathrm{d}x=\int_a^b x\frac{1}{b-a}\mathrm{d}x=\frac{1}{b-a}\frac{x^2}{2}\Big|_a^b=\frac{a+b}{2}$$

$$E(X^2)=\int_{-\infty}^{+\infty} x^2 f(x)\mathrm{d}x=\int_a^b x^2\frac{1}{b-a}\mathrm{d}x=\frac{1}{b-a}\frac{x^3}{3}\Big|_a^b=\frac{1}{3}(b^2+ab+a^2)$$

$$D(X)=E(X^2)-[E(X)]^2=\frac{1}{3}(b^2+ab+a^2)-\left(\frac{a+b}{2}\right)^2=\frac{(b-a)^2}{12}$$

2）指数分布

若连续型随机变量 X 的概率密度函数为

$$f(x)=\begin{cases} \lambda\mathrm{e}^{-\lambda x} & (x\geqslant 0) \\ 0 & (x<0) \end{cases} \tag{14-32}$$

式中，$\lambda(>0)$ 为参数，称 X 服从参数为 λ 的指数分布（exponential distribution），记作 $X\sim e(\lambda)$。其均值和方差为

$$\begin{aligned} E(X)&=\int_{-\infty}^{+\infty} xf(x)\mathrm{d}x=\int_0^{+\infty}\lambda x\mathrm{e}^{-\lambda x}\mathrm{d}x\ (令t=\lambda x)\\ &=\frac{1}{\lambda}\int_0^{+\infty} t\mathrm{e}^{-t}\mathrm{d}t=\frac{1}{\lambda}\left(-t\mathrm{e}^{-t}\Big|_0^{+\infty}+\int_0^{+\infty}\mathrm{e}^{-t}\mathrm{d}t\right)\\ &=\frac{1}{\lambda}(-\mathrm{e}^{-t}\Big|_0^{+\infty})=\frac{1}{\lambda} \end{aligned}$$

$$\begin{aligned} E(X^2)&=\int_{-\infty}^{+\infty} x^2 f(x)\mathrm{d}x=\lambda\int_0^{+\infty} x^2\mathrm{e}^{-\lambda x}\mathrm{d}x\ (令t=\lambda x)\\ &=\frac{1}{\lambda^2}\int_0^{+\infty} t^2\mathrm{e}^{-t}\mathrm{d}t\\ &=\frac{1}{\lambda^2}\int_0^{+\infty}(-t^2)\mathrm{d}\mathrm{e}^{-t}=\frac{1}{\lambda^2}\left(-t^2\mathrm{e}^{-t}\Big|_0^{+\infty}+\int_0^{+\infty} 2t\mathrm{e}^{-t}\mathrm{d}t\right)\\ &=\frac{2}{\lambda^2}\int_0^{+\infty}(-t)\mathrm{d}\mathrm{e}^{-t}=\frac{2}{\lambda^2}[-t\mathrm{e}^{-t}\Big|_0^{+\infty}+\int_0^{+\infty}\mathrm{e}^{-t}\mathrm{d}t]\\ &=\frac{2}{\lambda^2}\left(-\mathrm{e}^{-t}\Big|_0^{+\infty}\right)=\frac{2}{\lambda^2} \end{aligned}$$

$$D(X)=E(X^2)-[E(X)]^2=\frac{2}{\lambda^2}-\frac{1}{\lambda^2}=\frac{1}{\lambda^2}$$

3）正态分布

正态分布是概率论中最重要的一个理论分布，也是自然界中最常见的一种分布。高斯（Gauss）曾用它成功刻画测量误差的分布，所以在许多著作中也有人把正态分布称为高斯分布。人类生产、社会和科学实践中有许多随机现象可以利用正态分布或近似地服从正态分布的随机变量来刻画，如测量误差、生物生长量、考试成绩的分布等。

定义 14-8　若连续型随机变量 X 的概率密度函数

$$f(x)=\frac{1}{\sigma\sqrt{2\pi}}e^{-\frac{(x-\mu)^2}{2\sigma^2}} \tag{14-33}$$

式中，$x\in R$，μ、$\sigma(>0)$ 为参数，则称随机变量 X 服从参数为 μ,σ^2 的正态分布，记作 $X\sim N(\mu,\sigma^2)$。

概率密度函数 $f(x)$ 的图像如图 14-3 所示，为对称型的单峰曲线，称为正态曲线。该曲线具有如下性质。

（1）$f(x)$ 关于 $x=\mu$ 为对称轴。

（2）$f(x)$ 在 $x=\mu$ 处达到最大，最大值为：$\max\limits_{x\in R}f(x)=\frac{1}{\sigma\sqrt{2\pi}}$。

（3）$f(x)$ 在 $x=\mu\pm\sigma$ 处为曲线的两个拐点，且以 x 轴为渐近线。

（4）参数 μ、σ^2 的几何意义在于：$x=\mu$ 为曲线的中心位置，σ^2 表示曲线的陡峭程度。σ^2 越大，曲线越平缓；σ^2 越小，曲线越陡峭。

显然，密度函数满足：①非负性，即 $f(x)\geqslant 0$；②规范性，即 $\int_{-\infty}^{+\infty}f(x)\mathrm{d}x=1$。

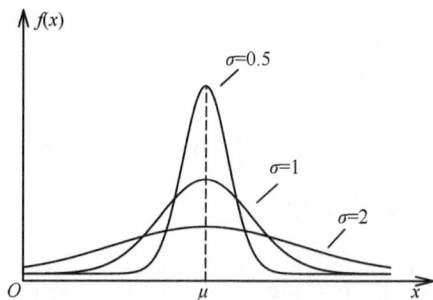

图 14-3　正态分布的概率密度函数曲线

事实上：

$$\int_{-\infty}^{+\infty}f(x)\mathrm{d}x=\int_{-\infty}^{+\infty}\frac{1}{\sigma\sqrt{2\pi}}e^{-\frac{(x-\mu)^2}{2\sigma^2}}\mathrm{d}x\quad(\diamondsuit\ t=\frac{x-\mu}{\sigma})$$

$$=\frac{1}{\sqrt{2\pi}}\int_{-\infty}^{+\infty}e^{-\frac{t^2}{2}}\mathrm{d}t$$

$$= \frac{2}{\sqrt{2\pi}} \int_0^{+\infty} e^{-\frac{t^2}{2}} dt \quad (\diamondsuit\, u = \frac{t^2}{2})$$

$$= \frac{1}{\sqrt{\pi}} \int_0^{+\infty} u^{-\frac{1}{2}} e^{-u} du$$

$$= \frac{1}{\sqrt{\pi}} \Gamma\left(\frac{1}{2}\right) = 1$$

正态分布随机变量 X 的分布函数为

$$F(x) = \int_{-\infty}^{x} \frac{1}{\sqrt{2\pi}\sigma} e^{-\frac{(t-\mu)^2}{2\sigma^2}} dt \qquad (14\text{-}34)$$

其图像如图 14-4 所示，是一条 "S" 形曲线。

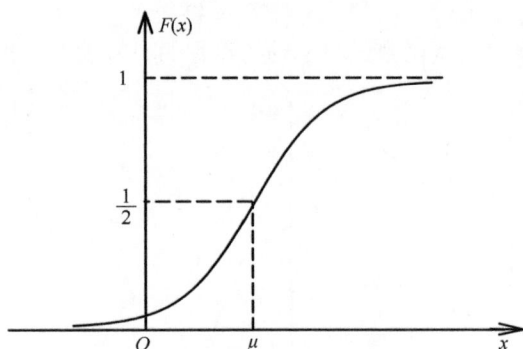

图 14-4　正态分布的概率分布曲线

正态分布的数学期望和方差为

$$E(X) = \int_{-\infty}^{+\infty} x f(x) dx = \int_{-\infty}^{+\infty} \frac{x}{\sqrt{2\pi}\sigma} e^{-\frac{(x-\mu)^2}{2\sigma^2}} dx \quad (\diamondsuit\, t = \frac{x-\mu}{\sigma})$$

$$= \frac{1}{\sqrt{2\pi}} \int_{-\infty}^{+\infty} (\sigma t + \mu) e^{-\frac{t^2}{2}} dt = \frac{\sigma}{\sqrt{2\pi}} \int_{-\infty}^{+\infty} t e^{-\frac{t^2}{2}} dt + \frac{\mu}{\sqrt{2\pi}} \int_{-\infty}^{+\infty} e^{\frac{-t^2}{2}} dt = \mu$$

$$D(X) = \int_{-\infty}^{+\infty} (x-\mu)^2 \frac{1}{\sqrt{2\pi}\sigma} e^{-\frac{(x-\mu)^2}{2\sigma^2}} dx \quad (\diamondsuit\, t = \frac{x-\mu}{\sigma})$$

$$= \int_{-\infty}^{+\infty} t^2 \sigma^2 \frac{1}{\sqrt{2\pi}\sigma} e^{-\frac{t^2}{2}} \sigma dt = \frac{\sigma^2}{\sqrt{2\pi}} \int_{-\infty}^{+\infty} t^2 e^{-\frac{t^2}{2}} dt$$

$$= \frac{\sigma^2}{\sqrt{2\pi}} \int_{-\infty}^{+\infty} (-t) d(e^{-\frac{t^2}{2}}) = \frac{\sigma^2}{\sqrt{2\pi}} \left[-t e^{-\frac{t^2}{2}} \Big|_{-\infty}^{+\infty} + \int_{-\infty}^{+\infty} e^{-\frac{t^2}{2}} dt \right]$$

$$= \frac{\sigma^2}{\sqrt{2\pi}} \left(0 + \sqrt{2\pi}\right) = \sigma^2$$

3. 标准正态分布

1）标准正态分布定义

定义 14-9 在正态分布的概率密度函数［式（14-33）］中，当 $\mu = 0$，$\sigma = 1$时，若随机变量 X 的概率密度函数为

$$\varphi(x) = \frac{1}{\sqrt{2\pi}} e^{-\frac{x^2}{2}} \quad (x \in R) \tag{14-35}$$

则称 X 服从标准正态分布（standard normal distribution），记作 $X \sim N(0,1)$。

对于标准正态分布变量 X，其分布函数为

$$\Phi(x) = \int_{-\infty}^{x} \frac{1}{\sqrt{2\pi}} e^{-\frac{t^2}{2}} dt \tag{14-36}$$

标准正态分布的概率密度函数是以 y 轴为对称的单峰曲线，图像如图 14-5 所示。

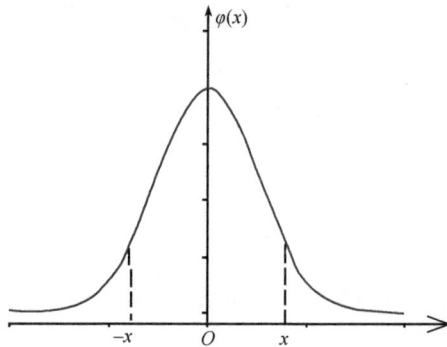

图 14-5 标准正态分布的概率密度函数曲线

标准正态分布的概率密度函数和分布函数依次满足关系：① $\varphi(-x) = \varphi(x)$；② $\Phi(-x) = 1 - \Phi(x)$。

标准正态分布的随机变量 X 的分布函数已通过数值积分计算，制成标准正态分布函数值表，见附表 6-1，以供查用。

【**例 14-1**】设 $X \sim N(0,1)$，计算 $P\{X \leqslant 0.8\}$、$P\{X > -0.4\}$、$P\{|X-1| \leqslant 2\}$ 的值。

解：由分布函数的定义和附表 6-1，有

$$P\{X \leqslant 0.8\} = \Phi(0.8) = 0.7881$$

$$P\{X > -0.4\} = 1 - P\{X \leqslant -0.4\} = 1 - \Phi(-0.4)$$
$$= \Phi(0.4) = 0.6554$$

$$P\{|X-1| \leqslant 2\} = P\{-2 \leqslant X-1 \leqslant 2\} = P\{-1 \leqslant X \leqslant 3\}$$
$$= \Phi(3) - \Phi(-1) = \Phi(3) + \Phi(1) - 1$$
$$= 0.9987 + 0.8413 - 1 = 0.84$$

显然，对于标准正态分布，有关概率的计算，直接查附表 6-1 即可。而对于一般正态分布，则要通过一个变换（标准化变换）转化为标准正态分布再进行计算。

定理 14-1　设 $X \sim N\left(\mu, \sigma^2\right)$，令 $Y = \dfrac{X - \mu}{\sigma}$，则 Y 也是一个随机变量，且 $Y \sim N(0,1)$。

证明：设随机变量 Y 的分布函数为 $F_Y(y)$，概率密度函数为 $f_Y(y)$。由分布函数的定义知

$$F_Y(y) = P\{Y \leqslant y\} = P\left\{\frac{X - \mu}{\sigma} \leqslant y\right\} = P\{X \leqslant \sigma y + \mu\}$$

$$= \int_{-\infty}^{\sigma y + \mu} \frac{1}{\sqrt{2\pi}\sigma} e^{-\frac{(x-\mu)^2}{2\sigma^2}} \mathrm{d}x \quad \left(\diamondsuit\, t = \frac{x - \mu}{\sigma}\right)$$

$$= \int_{-\infty}^{y} \frac{1}{\sqrt{2\pi}} e^{-\frac{t^2}{2}} \mathrm{d}t = \Phi(y)$$

由此可知，随机变量 Y 的概率密度函数为

$$f_Y(y) = F_Y'(y) = \frac{1}{\sqrt{2\pi}} e^{-\frac{y^2}{2}} \quad (-\infty < y < +\infty)$$

这恰好是标准正态分布的概率密度函数，所以 $Y \sim N(0,1)$。这里称变换 $Y = \dfrac{X - \mu}{\sigma}$ 为标准化变换。

由定理 14-1 可知，对于 $X \sim N\left(\mu, \sigma^2\right)$，$X$ 的分布函数为

$$F(x) = P\{X \leqslant x\} = P\left\{\frac{X - \mu}{\sigma} \leqslant \frac{x - \mu}{\sigma}\right\} = P\left\{Y \leqslant \frac{x - \mu}{\sigma}\right\} = \Phi\left(\frac{x - \mu}{\sigma}\right)$$

从而有

$$P\{x_1 < X \leqslant x_2\} = F(x_2) - F(x_1) = \Phi\left(\frac{x_2 - \mu}{\sigma}\right) - \Phi\left(\frac{x_1 - \mu}{\sigma}\right)$$

【例 14-2】设 $X \sim N(3,9)$，计算 $P\{X \leqslant 4.5\}$、$P\{X > 0\}$、$P\{|X - 3| > 6\}$ 的值。

解：根据定理 14-1 有

$$P\{X \leqslant 4.5\} = \Phi\left(\frac{4.5 - 3}{3}\right) = \Phi(0.5) = 0.6915$$

$$P\{X > 0\} = 1 - P\{X \leqslant 0\} = 1 - \Phi\left(\frac{0 - 3}{3}\right) = 1 - \Phi(-1) = \Phi(1) = 0.8413$$

$$P\{|X - 3| > 6\} = P\{X > 9\} + P\{X < -3\} = 1 - \Phi\left(\frac{9 - 3}{3}\right) + \Phi\left(\frac{-3 - 3}{3}\right)$$

$$= 1 - \Phi(2) + \Phi(-2) = 0.0455$$

【例 14-3】若 $X \sim N\left(\mu, \sigma^2\right)$，求 $P\{|X - \mu| < k\sigma\}$ 的值，此处 k 为常数。

解：$P\{|X - \mu| < k\sigma\} = P\{\mu - k\sigma < X < \mu + k\sigma\}$

$$= \Phi\left(\frac{\mu + k\sigma - \mu}{\sigma}\right) - \Phi\left(\frac{\mu - k\sigma - \mu}{\sigma}\right) = \Phi(k) - \Phi(-k)$$

$$= \Phi(k) - \left[1 - \Phi(k)\right] = 2\Phi(k) - 1$$

同理：

$$P\{|X - \mu| < \sigma\} = 2\Phi(1) - 1 = 0.6826$$

$$P\{|X - \mu| < 2\sigma\} = 2\Phi(2) - 1 = 0.9544$$

$$P\{|X - \mu| < 3\sigma\} = 2\Phi(3) - 1 = 0.9974$$

因此，服从正态分布 $N(\mu, \sigma^2)$ 的随机变量 X 落在区间 $[\mu - 3\sigma, \ \mu + 3\sigma]$ 之外的概率约 0.26%，还不到 3‰，这是一个小概率事件，在实际中认为它几乎不可能发生，这就是著名的"3σ"准则。它在实际中常用来作为质量控制的依据。

2）标准正态分布的分位数

为了应用方便，对于服从标准正态分布的随机变量，引入分位数的概念。

定义 14-10 设 $X \sim N(0,1)$，若实数 $u_{\frac{\alpha}{2}}$ 满足：

$$P\left\{|X| > u_{\frac{\alpha}{2}}\right\} = \alpha \qquad (0 < \alpha < 1)$$

则称 $u_{\frac{\alpha}{2}}$ 为标准正态分布的关于 α 双侧分位数。

标准正态分布的关于 α 双侧分位数 $u_{\frac{\alpha}{2}}$，可由附表 6-2 查得。

例如，$\alpha = 0.05$ 时，$u_{\frac{\alpha}{2}} = 1.96$；$\alpha = 0.01$ 时，$u_{\frac{\alpha}{2}} = 2.576$。

定义 14-11 设 $X \sim N(0,1)$，若有 u_α 满足

$$P\{X > u_\alpha\} = \alpha \qquad (0 < \alpha < 1)$$

则称 u_α 为标准正态分布的 α 上侧分位数。

设 $X \sim N(0,1)$，若有 $-u_\alpha$ 满足

$$P\{X < -u_\alpha\} = \alpha \qquad (0 < \alpha < 1)$$

则称 $-u_\alpha$ 为标准正态分布的 α 下侧分位数。分位数 $u_{\frac{\alpha}{2}}$、u_α、$-u_\alpha$ 的图像如图 14-6 所示。

【例 14-4】某汽车设计手册指出，人的身高服从正态分布 $N(\mu, \sigma^2)$，根据各个国家的统计资料，可获得各个国家、各个民族的 μ 和 σ^2。对于中国人 $\mu = 1.75$，$\sigma = 0.05$，问中国的公共汽车门至少需要多高，才能使上下车时需要低头的人不超过 0.5%？（单位：m）

解：设公共汽车的门高为 h，X 表示乘客的身高，则 $X \sim N(1.75, 0.05^2)$。根据题意得

$$P\{x > h\} \leqslant 0.5\%$$

$$P(X \leqslant h) \geqslant 99.5\%$$

$$P(X \leqslant h) = \Phi\left(\frac{h - 1.75}{0.05}\right) \geqslant 99.5\%$$

$$\frac{h - 1.75}{0.05} \geqslant 2.58$$

$$h \geqslant 1.879$$

所以，中国公共汽车的车门高度可设计为 1.879m。

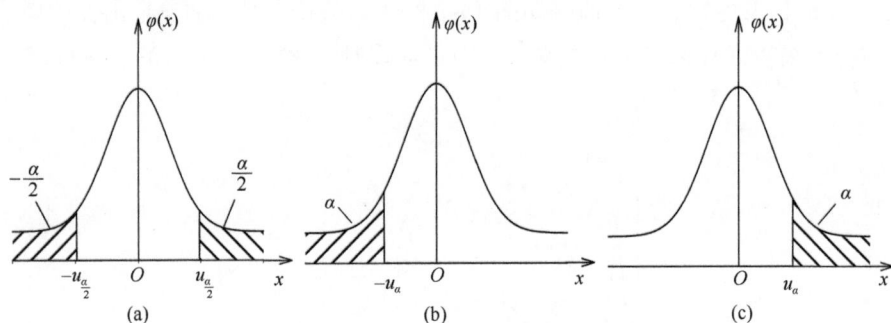

图 14-6　标准正态分布的分位数

（a）α 双侧分位数；（b）α 下侧分位数；（c）α 上侧分位数

14.1.3　抽　样　分　布

样本是按要求以一定的方法从总体中随机取得的，具有一定的概率分布。统计量 T_n 是样本的已知函数，其具有概率分布，且这个分布在原则上可由样本分布决定。统计量 T_n 的概率分布称为（该统计量的）抽样分布（sampling distribution）。本节要叙述一些常用的统计量分布，作为后续章节应用的基础。

1.χ^2 分布、t 分布和 F 分布

1）χ^2 分布

定义 14-12　设 $X_1, X_2, \cdots, X_n$ 相互独立，且同服从于 $N(0, 1)$ 分布的随机变量，则称随机变量

$$\chi^2 = \sum_{i=1}^{n} X_i^2 \tag{14-37}$$

服从参数为 n 的 χ^2 分布，记为 $\chi^2 \sim \chi^2(n)$（$n>0$）称为自由度，记作 $f = n$。

可以证明，服从自由度为 n 的 χ^2 分布的密度函数为

$$f(x) = \begin{cases} \dfrac{1}{2^{\frac{n}{2}} \Gamma\left(\dfrac{n}{2}\right)} x^{\frac{n}{2}-1} e^{-\frac{x}{2}} & (x \geqslant 0) \\[4mm] 0 & (x < 0) \end{cases}$$

式中，$\Gamma\left(\dfrac{n}{2}\right)$ 为 Γ 函数在 $n/2$ 处的值。

χ^2 分布的密度函数 $f(x)$ 满足：①$f(x) \geqslant 0$；②$\int_{-\infty}^{+\infty} f(x)\mathrm{d}x = 1$。

χ^2 分布的密度函数 $f(x)$ 曲线如图 14-7 所示。其特征是，随着自由度的增加，曲线的最高峰越来越低且越来越向右移动。当 $n \to \infty$ 时，χ^2 分布趋于正态分布。

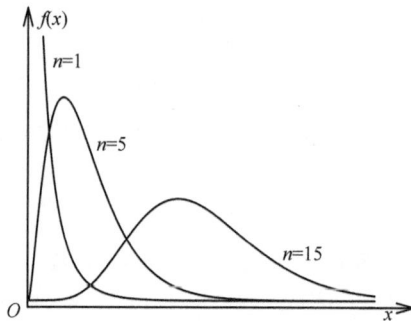

图 14-7　χ^2 分布的密度函数曲线

χ^2 分布具有以下性质，这些性质在数理统计中有着重要的作用。

性质 14-1　若 $X_1 \sim \chi^2 (n_1)$ 和 $X_2 \sim \chi^2 (n_2)$，且 X_1 和 X_2 相互独立，则 $X_1 + X_2 \sim \chi^2 (n_1 + n_2)$。

推论 14-1　若 $X_i \sim \chi^2 (n_i)$，$i = 1, 2, \cdots, k$，且相互独立，则 $\sum_{i=1}^{k} X_i \sim \chi^2 \sum_{i=1}^{k} n_i$。

推论 14-2　若 $X = X_1 + X_2$，已知 X_1 与 X_2 相互独立，且 $X \sim \chi^2 (n)$，$X_1 \sim \chi^2 (n_1)$ $(n > n_1)$，则 $X_2 \sim \chi^2 (n-n_1)$。

性质 14-2[科克伦（Cochran）定理]　设 $X_1, X_2, \cdots, X_n$ 相互独立且同服从 $N(0, 1)$，若

$$Q_1 + Q_2 + \cdots + Q_k = \sum_{i=1}^{n} X_i^2$$

式中，Q_i（$i = 1, 2, \cdots, k$）为秩是 n_i 的 $X_1, X_2, \cdots, X_n$ 的非负二次型，则 Q_i（$i = 1, 2, \cdots, k$）相互独立，且分别服从于自由度为 n_i 的 χ^2 分布的充要条件是

$$n_1 + n_2 + \cdots + n_k = n$$

定义 14-13　设 $X \sim \chi^2 (n)$，若对于给定的概率 $\alpha (0 < \alpha < 1)$，存在数 $\chi_\alpha^2(n)$，使得

$$P\{X > \chi_\alpha^2(n)\} = \alpha$$

成立，则称数 $\chi_\alpha^2(n)$ 为 χ^2 分布关于 α 的上侧分位数。

定义 14-14　设 $X \sim \chi^2(n)$，若对于给定的概率 $\alpha(0 < \alpha < 1)$，存在数 $\chi_{1-\alpha}^2(n)$，使得

$$P\{X < \chi_{1-\alpha}^2(n)\} = \alpha$$

成立，则称数 $\chi_{1-\alpha}^2(n)$ 为 χ^2 分布关于 α 的下侧分位数（图 14-8）。

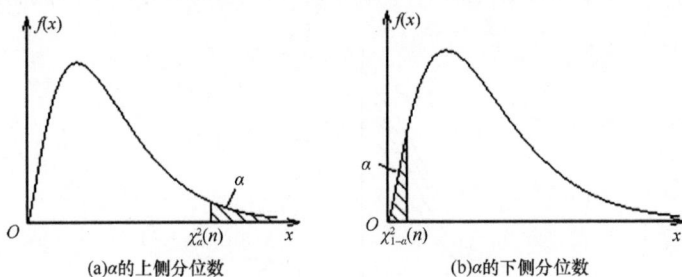

(a)α的上侧分位数　　　(b)α的下侧分位数

图 14-8　χ^2（n）分布的分位数图

容易看出，$\chi^2(n)$ 分布相应的 α 下侧分位数等于相应的 $1-\alpha$ 上侧分位数。利用附表 6-3 即可求出 χ^2 分布关于 α 的上侧分位数和 χ^2 分布关于 α 的下侧分位数。事实上，若以 $F(x)$ 记自由度为 n 的 χ^2 分布的分布函数，那么，必有

$$F\left[\chi_\alpha^2(n)\right] = 1 - \alpha$$

$$F\left[\chi_{1-\alpha}^2(n)\right] = \alpha$$

所以，要求 χ^2 分布关于 α 的上侧分位数和 χ^2 分布关于 α 的下侧分位数，只要利用附表 6-3 求 χ^2 分布的分布函数值的逆运算即可。

2）t 分布

定义 14-15　设 $X \sim N(0, 1)$，$Y \sim \chi^2(n)$，且 X 与 Y 相互独立，则称随机变量

$$T = \frac{X}{\sqrt{Y/n}} \tag{14-38}$$

服从自由度为 n 的学生氏分布，简称 t 分布，记作 $T \sim t(n)$。

t 分布的密度函数形式如下：

$$f(x) = \frac{\Gamma\left(\dfrac{n+1}{2}\right)}{\sqrt{n\pi}\,\Gamma\left(\dfrac{n}{2}\right)}\left(1 + \frac{x^2}{n}\right)^{-\frac{n+1}{2}} \qquad (-\infty < x < +\infty)$$

t 分布的密度函数满足：① $f(x) > 0$；② $\int_{-\infty}^{+\infty} f(x)\mathrm{d}x = 1$（证明略）。

t 分布的密度函数 $f(x)$ 的曲线如图 14-9 所示。其特征是曲线关于 y 轴对称，在 $x=0$

处取得最大值；随着自由度的增加，曲线的最高峰越来越向上。可以证明，当 $n \to \infty$ 时，t 分布的密度函数趋于标准正态分布的密度函数，即

$$f(x) \to \frac{1}{\sqrt{2\pi}} e^{-\frac{x^2}{2}}$$

所以，当自由度 n 充分大时，t 分布的密度函数曲线趋于 $N(0,1)$ 的密度函数曲线。但是当 n 较小时，t 分布与标准正态分布差异较大；当 $n=1$ 时，t 分布就是柯西分布。

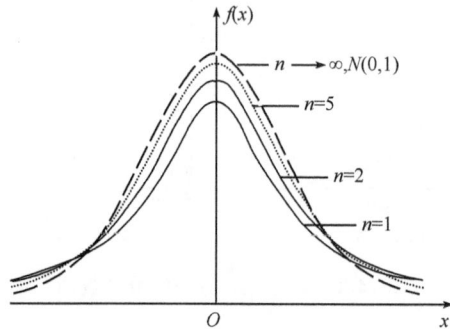

图 14-9 t 分布的密度函数

定义 14-16   设 $X \sim t(n)$，对于给定的概率 $\alpha(0 < \alpha < 1)$，若存在数 $t_{\frac{\alpha}{2}}(n)$，使得

$$P\{|X| > t_{\frac{\alpha}{2}}(n)\} = \alpha$$

成立，则数 $t_{\frac{\alpha}{2}}(n)$ 称为 t 分布的 α 双侧分位数，如图 14-10 所示。

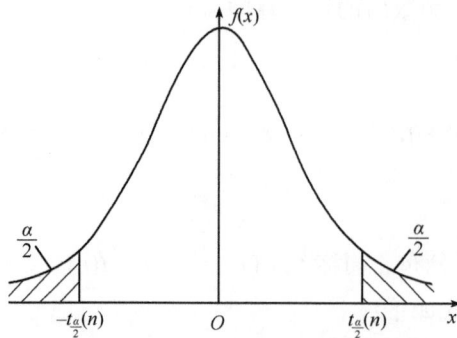

图 14-10 $t(n)$ 分布的 α 双侧分位数

定义 14-17   设 $X \sim t(n)$，对于给定的概率 $\alpha(0 < \alpha < 1)$，若存在数 $t_{\alpha}(n)$，使得

$$P\{X > t_{\alpha}(n)\} = \alpha$$

成立，则数 $t_{\alpha}(n)$ 称为 t 分布的 α 上侧分位数，如图 14-11（a）所示；若存在数 $t_{\alpha}(n)$，使得

$$P\{X < -t_{\alpha}(n)\} = \alpha$$

成立，则数 $-t_\alpha(n)$ 称为 t 分布的 α 下侧分位数，如图 14-11（b）所示。

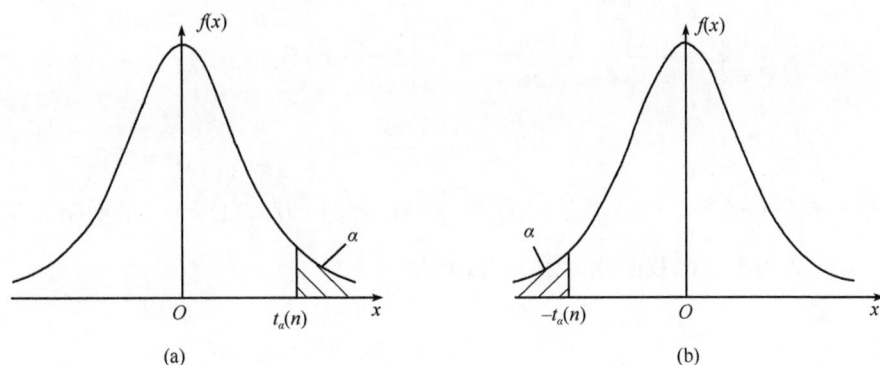

图 14-11　t（n）分布的 α 上侧分位数（a）、α 下侧分位数（b）

显然，有

$$P\left\{|X|>t_{\frac{\alpha}{2}}(n)\right\}=P\left\{X<-t_{\frac{\alpha}{2}}(n)\right\}+P\left\{X>t_{\frac{\alpha}{2}}(n)\right\}=\alpha$$

由 $t(n)$ 分布概率密度函数的对称性可得

$$P\left\{X>t_{\frac{\alpha}{2}}(n)\right\}=\frac{\alpha}{2}$$

$$P\left\{X<-t_{\frac{\alpha}{2}}(n)\right\}=\frac{\alpha}{2}$$

所以，t 分布关于 $\frac{\alpha}{2}$ 上侧分位数与 $\frac{\alpha}{2}$ 下侧分位数互为相反数，t 分布关于 α 上侧分位数等于 t 分布关于 2α 的双侧分位数，利用附表 6-4 就可以求出 t 分布关于 α 的双侧分位数和上（下）侧分位数。事实上，若以 $F(x)$ 记自由度为 n 的 t 分布的分布函数，那么必有

$$F\left[t_{\frac{\alpha}{2}}(n)\right]=1-\frac{\alpha}{2}$$

$$F\left[t_\alpha(n)\right]=1-\alpha$$

所以，要求 t 分布关于 α 的双侧分位数和 t 分布关于 α 的上侧分位数，只要利用附表 6-4 求 t 分布的分布函数值的逆运算即可。

3）F 分布

设 $X\sim\chi^2(n_1)$，$Y\sim\chi^2(n_2)$，且 X 与 Y 相互独立，则称随机变量

$$F=\frac{X/n_1}{Y/n_2} \tag{14-39}$$

服从第一自由度为 n_1，第二自由度为 n_2 的 F 分布，记为 $F\sim F(n_1,n_2)$。F 分布密度

函数的形式为

$$f(x) = \begin{cases} \dfrac{\Gamma\left(\dfrac{n_1+n_2}{2}\right)}{\Gamma\left(\dfrac{n_1}{2}\right)\Gamma\left(\dfrac{n_2}{2}\right)}\left(\dfrac{n_1}{n_2}\right)^{\frac{n_1}{2}} x^{\frac{n_1}{2}-1}\left(1+\dfrac{n_1}{n_2}x\right)^{-\frac{n_1+n_2}{2}} & x > 0 \\[4mm] 0 & x \leqslant 0 \end{cases}$$

显然，F 分布的密度函数满足：① $f(x) \geqslant 0$；② $\int_{-\infty}^{+\infty} f(x)\mathrm{d}x = 1$（证明略）。不同自由度下，$F$ 分布的密度函数曲线如图 14-12 所示。

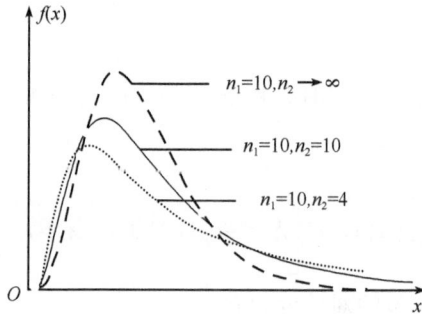

图 14-12　$F(n_1, n_2)$ 分布密度函数曲线

从 F 分布定义可得两个非常重要的性质：①若 $F \sim F(n_1, n_2)$，则 $\dfrac{1}{F} \sim F(n_2, n_1)$；②若 $T \sim t(n)$，则 $T^2 \sim F(1, n)$。

F 分布的分位数：设 $F \sim F(n_1, n_2)$，对于给定的概率 $\alpha(0 < \alpha < 1)$，若存在数 $F_\alpha(n_1, n_2)$，使得

$$P\{F > F_\alpha(n_1, n_2)\} = \alpha$$

成立，则称数 $F_\alpha(n_1, n_2)$ 为 F 分布关于 α 的上侧分位数，如图 14-13（a）所示；若存在数 $F_{1-\alpha}(n_1, n_2)$，使得

$$P\{F < F_{1-\alpha}(n_1, n_2)\} = \alpha$$

成立，则称数 $F_{1-\alpha}(n_1, n_2)$ 为 F 分布关于 α 的下侧分位数，如图 14-13（b）所示。

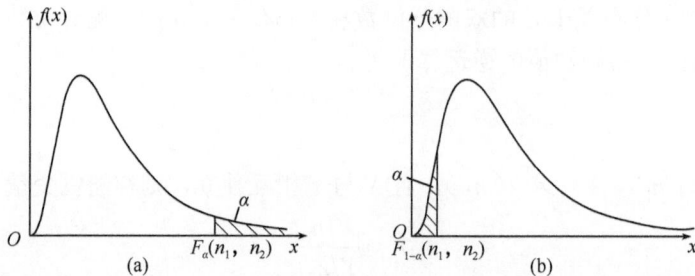

图 14-13　$F(n_1, n_2)$ 分布的 α 上侧分位数（a）、α 下侧分位数图（b）

对于 F 分布关于 α 的上侧分位数，利用附表 6-5～附表 6-8 即可求出。事实上，若以 $F(x)$ 记第一自由度为 n_1，第二自由度为 n_2 的 F 分布的分布函数，那么必有

$$F[F_\alpha(n_1,n_2)]=1-\alpha$$

$$F[F_{1-\alpha}(n_1,n_2)]=\alpha$$

所以，要求对于 F 分布关于 α 的上侧分位数，只要利用附表 6-5～附表 6-8 求 F 分布的分布函数值的逆运算即可。而对于 F 分布关于 α 的下侧分位数，则需要利用关系

$$F_{1-\alpha}(n_1,n_2)=\frac{1}{F_\alpha(n_2,n_1)}$$

来求出。事实上，设 $F\sim F(n_1,n_2)$，其 α 上侧分位数、α 下侧分位数分别为 $F_\alpha(n_1,n_2)$、$F_{1-\alpha}(n_1,n_2)$。由 F 分布的性质可得：$\dfrac{1}{F}\sim F(n_2,n_1)$，其 α 上侧分位数设为 $F_\alpha(n_2,n_1)$。又由于

$$P\{F<F_{1-\alpha}(n_1,n_2)\}=P\left\{\frac{1}{F}>\frac{1}{F_{1-\alpha}(n_1,n_2)}\right\}=\alpha$$

所以 $\dfrac{1}{F_{1-\alpha}(n_1,n_2)}=F_\alpha(n_2,n_1)$。

2. 正态总体的抽样分布

统计量集中总体中未知信息的能力通过其分布体现，这种体现正是从样本推断总体的方法所在。从正态总体 $X\sim N(\mu,\sigma^2)$ 中抽取随机样本 $X_1,X_2,\cdots,X_n$，由它产生了 $\bar X$、l_{XX}、S^2 等统计量，这些统计量的分布显然与总体分布有关。由于 X_1，X_2，$\cdots$，X_n 相互独立，均服从 $N(\mu,\sigma^2)$，且正态分布变量的线性组合仍服从正态分布，因而如下结果是显然的：

$$\sum X_i\sim N(n\mu,n\sigma^2)$$

$$\bar X\sim N\left(\mu,\frac{\sigma^2}{n}\right)$$

其均值和方差推导如下：

$$E\left(\sum_{i=1}^n X_i\right)=\sum_{i=1}^n E(X_i)=n\mu$$

$$E(\bar X)=E\left(\frac{1}{n}\sum_{i=1}^n X_i\right)=\frac{1}{n}E\left(\sum_{i=1}^n X_i\right)=\mu$$

$$D\left(\sum_{i=1}^n X_i\right)=\sum_{i=1}^n D(X_i)=n\sigma^2$$

$$D(\bar X)=D\left(\frac{1}{n}\sum_{i=1}^n X_i\right)=\frac{1}{n^2}D\left(\sum_{i=1}^n X_i\right)=\frac{n\sigma^2}{n^2}=\frac{\sigma^2}{n}$$

另外，由 χ^2 分布的定义可知，有

$$\sum_{i=1}^{n}\left(\frac{X_i-\mu}{\sigma}\right)^2 \sim \chi^2(n)$$

$\bar{X}$ 和 S^2 是同一正态总体样本的统计量，二者有如下关系：① $\bar{X}$ 与 S^2 独立；② $\bar{X} \sim$ $N(\mu,\frac{\sigma^2}{n})$，$\frac{l_{XX}}{\sigma^2} = \frac{(n-1)S^2}{\sigma^2} \sim \chi^2(n-1)$。其中，$n-1$ 为 χ^2 的自由度，亦为 l_{XX} 的自由度。

自由度是指 l_{XX} 中独立变量的个数，而 $l_{XX} = \sum_{i=1}^{n}(X_i-\bar{X})^2$，但 $\sum_{i=1}^{n}(X_i-\bar{X})=0$，故只有 $n-1$ 个是独立的，即其中 $n-1$ 个可独立取值，剩下一个若满足 $\sum(X_i-\bar{X})=0$ 就不能独立取值，故 l_{XX} 的自由度为 $n-1$。

由于 $\bar{X}$ 与 S^2 独立，且 $\frac{\bar{X}-\mu}{\sigma/\sqrt{n}} \sim N(0,1)$，$\frac{(n-1)S^2}{\sigma^2} \sim \chi^2(n-1)$，那么由 t 分布的定义可得到一个非常有用的抽样分布：

$$t = \frac{\bar{X}-\mu}{S/\sqrt{n}} = \frac{\bar{X}-\mu}{\sigma/\sqrt{n}} \bigg/ \sqrt{\frac{(n-1)S^2}{(n-1)\sigma^2}} \sim t\,(n-1)$$

这个分布可以推断已知的 μ_0 与 μ 的差异问题及 μ 的估计问题。

如果样本来自两个均值和方差都不同的正态总体，一个样本 X_1，X_2，…，X_{n_1} 来自 $X \sim N(\mu_1,\sigma_1^2)$，另一个样本 Y_1，Y_2，…，Y_{n_2} 来自 $Y \sim N(\mu_2,\sigma_2^2)$，其均值和方差分别为 $\bar{X}$ 与 $\bar{Y}$、S_1^2 与 S_2^2。由于两个样本是独立的，且 $\frac{(n_1-1)S_1^2}{\sigma_1^2} \sim \chi^2(n_1-1)$，$\frac{(n_2-1)S_2^2}{\sigma_2^2} \sim \chi^2(n_2-1)$，则由 F 分布的定义可推出抽样分布：

$$F = \frac{(n_1-1)S_1^2}{(n_1-1)\sigma_1^2} \bigg/ \frac{(n_2-1)S_2^2}{(n_2-1)\sigma_2^2} = \frac{S_1^2\sigma_2^2}{S_2^2\sigma_1^2} \sim F(n_1-1,n_2-1)$$

当 $\sigma_1^2 = \sigma_2^2$ 时，有

$$F = \frac{S_1^2}{S_2^2} \sim F(n_1-1,n_2-1)$$

这个统计量分布可以推断 σ_1^2 与 σ_2^2 的差异及 $\frac{\sigma_1^2}{\sigma_2^2}$ 的区间估计问题。另外，由于 X 与 Y 是独立的，则有

$$\bar{X}-\bar{Y} \sim N(\mu_1-\mu_2,\sigma_1^2/n_1+\sigma_2^2/n_2)$$

$$\frac{(n_1-1)S_1^2}{\sigma_1^2} + \frac{(n_2-1)S_2^2}{\sigma_2^2} \sim \chi^2(n_1+n_2-2)$$

故由 t 分布的定义有

$$t = \frac{\dfrac{(\bar{X} - \bar{Y}) - (\mu_1 - \mu_2)}{\sqrt{\dfrac{\sigma_1^2}{n_1} + \dfrac{\sigma_2^2}{n_2}}}}{\sqrt{\left(\dfrac{(n_1-1)S_1^2}{\sigma_1^2} + \dfrac{(n_2-1)S_2^2}{\sigma_2^2}\right)\Big/(n_1+n_2-2)}} \sim t(n_1 + n_2 - 2)$$

当 $\sigma_1^2 = \sigma_2^2 = \sigma^2$ 时，有抽样分布：

$$t = \frac{(\bar{X} - \bar{Y}) - (\mu_1 - \mu_2)}{\sqrt{\dfrac{(n_1-1)S_1^2 + (n_2-1)S_2^2}{n_1 + n_2 - 2}\left(\dfrac{1}{n_1} + \dfrac{1}{n_2}\right)}} \sim t(n_1 + n_2 - 2)$$

这个分布可以用来检验 μ_1 与 μ_2 的差异问题及对 $\mu_1 - \mu_2$ 进行估计的问题。

3. 其他总体的抽样分布

若 X 为任何分布的总体，$E(X) = \mu$，$D(X) = \sigma^2$（非 0 有限），X_1，X_2，$\cdots$，X_n 为其随机样本，其均值为 $\bar{X} = \dfrac{1}{n}\sum\limits_{i=1}^{n} X_i$，则有 $E(\bar{X}) = \mu$，$D(\bar{X}) = \dfrac{\sigma^2}{n}$，当 $n \to +\infty$ 时，$\bar{X}$ 渐近服从 $N\left(\mu, \dfrac{\sigma^2}{n}\right)$，记为 $\bar{X} \to N\left(\mu, \dfrac{\sigma^2}{n}\right)$。

例如，从 0-1 分布总体中抽取的随机样本 X_1，X_2，$\cdots$，X_n，它们的取值非 0 即 1，这时它们的均值分布如表 14-5 所示。

表 14-5　0-1 分布的均值分布

	0	1/n	2/n	$\cdots$	k/n	$\cdots$	n/n
$P(\bar{X})$	q^n	$C_n^1 pq^{n-1}$	$C_n^2 p^2 q^{n-2}$	$\cdots$	$C_n^k p^k q^{n-k}$	$\cdots$	p^n

由于 0-1 分布的均值为 p，方差为 pq，则其均值分布的均值和方差分别为：$E(\bar{X}) = p$，$V(\bar{X}) = \dfrac{pq}{n}$，当 n 充分大时，$\bar{X} \to N\left(p, \dfrac{pq}{n}\right)$。

14.1.4　数　据　变　换

很多数理统计方法对所用数据有一定的基本要求，因为这些方法赖以发展的数学模型是建立在某些内在假定的基础上的。因此，常常有必要在进行统计分析之前对观测数据做适当变换。根据数据变换的目的不同，可将常用方法分为类型变换、线性变换和分布变换三种类型（表 14-6）。

表 14-6 常用数据变换方法

变换种类	变换方法	变换目的
类型变换	归类	将定量变量转换为定性的类型变量
	求秩	将连续量或离散量转换成顺序量
线性变换	平移	在分布形式不变的条件下改变数据大小
	倍乘	改变数据大小和离散程度
	标准化	使均值为 0、标准差为 1
分布变换	正态化	使服从正态分布

类型变换包括归类和求秩两种。前者将定量的连续量、离散量或顺序量转换为定性的类型变量，后者把连续量或离散量转换为顺序量。此类转换只能将测量水平较高的变量转换为测量水平较低的变量，其结果当然会造成数据信息的损失。然而，在有些情况下，这种变换仍然是必要的。对具有连续意义的定量变量做归类变换时，首先根据所需获得的类别数将观测值范围分段，然后把落入各区段的观测值变换为对应的类别值。求秩是在对连续量或离散量排序的基础上将原始数据转换成各自的序号，这一序号称为秩（rank）。因为这种变换没有改变数据的大小次序，故又称保序变换（order-preserving transformation）。求秩时遇到的大小相同的观测值称为同分，对同分观测取其平均秩。

【例 14-5】对下列连续数据求秩。

25	28	23	26	29	22	28	31	30	32	21	27	24	20

按从小到大次序排列，第 9、第 10 个值同分，都等于 28，故取其平均值 9.5。求秩的结果如下。

数据	20	21	22	23	24	25	26	27	28	28	29	30	31	32
秩	1	2	3	4	5	6	7	8	9.5	9.5	11	12	13	14

线性变换是对观测数据做加减乘除运算。仅做加减的变换为平移，它只会改变数据大小。而将每个观测值乘以一个常数的倍乘变换不仅改变数据的大小，而且使以方差或标准差表示的离散程度发生相应的变化。此类变换中最重要的是数据标准化（data standardization）。标准化变换结果使数据均值为 0、标准差为 1。如果原始数据服从正态分布，那么经标准化变换后的数据即成为标准正态分布形式，这无论在计算有关概率还是进行多样本比较方面都具有重要意义。在一些多元分析如多元回归分析中，将数据标准化还有利于统一各变量的量级。数据标准化的方法是用每个观测值减去算数均值的差除以样本标准差：

$$x_i' = \frac{x_i - \overline{x}}{S} \qquad (i = 1, 2, \cdots, n)$$

式中，x_i 和 x_i' 分别为标准化前后样本中第 i 个观测值。

作为最常用的数据变换方法，正态化（normalization）的用途是将非正态分布数据转换成服从正态分布的数据，以利于进一步统计分析。应用数理统计中的许多重要方法都要求数据服从正态分布。例如，方差分析中最重要的假定之一就是数据的正态化。直接对不符合这种条件的数据进行方差分析有时会导致错误的结论。如果数据不符合这一要求，研究者可以有如下两种选择。

（1）做适当数据变换使数据正态化。

（2）改用其他对数据分布没有严格要求的方法，如利用非参数检验的方法代替相应的参数方法进行假设检验。

这里的第二种做法必然会降低统计方法的效率。非正态分布样本的分布形式多种多样，不可能找到适用于任何数据的统一的正态化方法。表 14-7 列举了一些针对不同情况的常用正态化变换手段。

表 14-7　常用正态化变换方法

正态化变换方法	适用对象
对数变换	服从对数正态分布
平方根变换	服从泊松分布
角变换	服从二项分布
Box-Cox 变换	任意分布
Hinkley 幂变换*	任意分布
Box-Tidwell 幂变换*	任意分布

*本书不详述。

对数变换（logarithmic transformation）的适用范围最小，只有当样本遵从对数正态分布时，才能利用它做正态化处理。然而，自然界中的许多变量由于不可能取负值而倾向于呈对数正态分布而不是正态分布，所以对数变换实际上是一种很常用的正态化变换方法。其计算十分简单，只要对所有观测值取对数即可得到变换后的样本：

$$x_i' = \ln x_i \qquad (i=1,2,\cdots,n)$$

平方根变换（square root transformation）对那些遵从泊松分布的计数数据，即离散型随机变量的正态化特别有效。其计算如下：

$$x_i' = \sqrt{x_i + 0.5} \qquad (i=1,2,\cdots,n)$$

研究者常用的一些衍生变量，如比例变量和百分变量一般服从离散的二项分布。角变换（angular transformation）专门用于将这类样本变换为正态分布数据：

$$x_i' = \arcsin\sqrt{x_i} \qquad (i=1,2,\cdots,n)$$

在对分布形式不十分清楚的非正态分布数据正态化方面，幂变换（power transformation）是十分有效的方法。很多情况下，只要取适当幂值，就可以将非正态分布数据正态化。表 14-7 中列举的最后三种方法实质上都是幂变换，其差别仅在于通过不同途径寻找最佳变换幂值。本书仅对 Box-Cox 变换进行介绍，其变换的形式为

$$x_i' = \begin{cases} \ln x_i & \lambda = 0 \\ \dfrac{x_i^\lambda - 1}{\lambda} & \lambda \neq 0 \end{cases} \qquad (i=1,2,\cdots,n)$$

根据 Box-Cox 变换，使以下对数似然函数（log likelihood function）L 取最大值的 λ 就是使该原始数据经幂变换后最接近正态分布的最佳值：

$$L = -\frac{v}{2}\ln S^{2'} + (\lambda - 1)\frac{v}{n}\sum \ln x_i$$

式中，v 和 n 分别为样本的自由度和样本量，对于一维数据，$v=n-1$ 如果变换涉及二维数据，则取 $v=n-2$，以此类推；$S^{2'}$ 为变换后数据的方差；x_i 为原始观测值。这里最佳 λ 的求解是一个典型的优化问题。

应当说明的是，并非任何分布形式都可以正态化。例如，当一组数据呈某种类型的双峰分布时，无论采用什么样的数据变换手段，都不可能将其分布形式正态化。

14.2 异常数据检验与缺失数据的插补

14.2.1 常用异常数据检验方法

一般情况下，从一个总体中抽样时，取值越接近分布中心，其出现的可能性就越大；相反，那些距分布中心远的取值出现的概率就较小。例如，从一个均值为 0、方差为 1 的标准正态分布总体中抽样时，取值落在 0 附近的可能性要远远大于在 6 左右的概率。一个样本中出现概率很小的值称为异常值（outlier）。无论异常值的出现属于偶然还是观测过程中某些失误造成的，其存在都会对统计分析结果产生不利影响。为了克服少数异常值带来的干扰，常常有必要在进行统计分析前检验并剔除样本中的异常值。常用的异常值检验方法有 t 检验、Grubbs 检验、Dixon 检验和 Walsh 检验等。

研究者可以在选定的可靠性概率条件下根据这些方法做出某个或某些观测值是否属于异常的判断。可以主观确定的这一最大允许错误率记为 α，用以表示某观测值并非异常，而检验结果却将它判断为异常的可能性，通常取 $\alpha=0.05$。这意味着如果检验结果认为某值是异常的，该结论不正确的概率不会大于 5%。由此可见，研究者可以通过改变 α 的值来调整检验方法的严格程度。假如宁可错误地剔除非异常数据也不愿意放过可能的异常值，那么应当选择大一些的 α 值；反之，如果要求尽量不做出错误剔除，那么可用较小的 α 值进行检验。除 Walsh 检验可以同时检验若干个可疑值外，以下介绍的方法都是针对一个可疑值进行的。如果研究者怀疑的观测值不止一个，就必须逐个加以检验并决定取舍。一般步骤是先将所有数据从小到大排列，以两端极值作为可疑值，然后分别加以检验。如果发现最大值或最小值是异常的，那么可以将其剔除并进一步检验次大值或次小值，直至剩余数据的最大值和最小值都不再异常为止。

Grubbs 检验和 t 检验适用于采自正态分布总体的样本。这两种检验的主要差别反映在它们的严格程度方面，相比之下，t 检验要比 Grubbs 检验严格。也就是说，如果取相同的 α 值，并用这两种方法检验同一个样本，t 检验方法剔除的异常值可能多于（至少等于）Grubbs 检验的结果。因此，研究者也可以根据特定的严格性要求在这两种方法中进行选择。

Grubbs 检验和 t 检验的检验值都等于可疑值与算术平均值之差的绝对值除以标准差，分别用 G_S 和 K_S 表示。但 Grubbs 检验使用的均值和标准差是全体数据的统计量，而 t 检验使用的是不包括可疑值在内数据的计算结果，分别用 $\tilde{x}$ 和 $\tilde{S}$ 表示不包括可疑值数据的均值和标准差。

$$G_S = \frac{|x_i - \bar{x}|}{S}$$

$$K_S = \frac{|x_i - \tilde{x}|}{\tilde{S}}$$

两种方法的检验值计算中都不应包括已被剔除的异常值。如果检验值大于相应临界值，即当

$$G_S > G_{\alpha[n]} \qquad （\text{Grubbs 检验}）$$

或

$$K_S > K_{\alpha[n]} \qquad （t \text{ 检验}）$$

时，可以判定该可疑值为异常值，这一判断的可靠性为 $1-\alpha$。这种方法检验的临界值 $G_{\alpha[n]}$ 和 $K_{\alpha[n]}$ 可以分别根据 α 和样本量 n（包括可疑值在内）从异常值 Grubbs 检验临界值表（附表 6-9）和异常值 t 检验临界值表（附表 6-10）中查到。

在很多情况下，研究者对总体是否为正态分布以及样本中是否存在异常值都没有把握。虽然数理统计方法分别提供了这两个方面的检验手段，但对它们的相互影响却很难判断。一方面，当样本来自非正态分布总体，如对数正态分布总体时，先进行异常值检验可能导致错误剔除，从而使剔除后样本趋近正态分布；另一方面，如果样本代表的背景总体确实属于正态分布，而研究者在异常值剔除之前先进行分布检验，那么样本中个别异常值的存在造成分布向一侧偏斜，从而可能得出总体不属于正态分布的错误结论。由此可见，究竟应当先用上述两种方法做异常值剔除还是先进行分布检验是一个很难回答的问题，研究者只能凭经验做出适当的选择。

Dixon 检验也适用于正态分布情形，但其检验值计算式因样本量不同而异，一般仅用于小样本量数据。此外，与 Grubbs 检验相比，Dixon 检验更加保守。采用 Dixon 检验时，首先根据样本量 n 和 α 值从异常值 Dixon 检验临界值与检验系数计算式表（附表 6-11）中查得 Dixon 系数 D_S 的计算式和相应的检验临界值 $D_{\alpha[n]}$。根据计算式求出检验系数后再与临界值比较，如果

$$D_S > D_{\alpha[n]}$$

则该可疑值异常。

Walsh 检验是一种非参数方法，可用于任意分布对象，使用时不需要临界值表。其与上述所有方法的重要差别在于这种检验一般只适用于大样本量数据。事实上，只有当以下关系成立时才有可能使用 Walsh 检验：

$$\text{Trunc}\sqrt{2n} > 1 + \frac{1}{\alpha}$$

式中，Trunc 函数代表取整运算。根据此式，当 α 取值为 0.05 时，样本量必须在 220 以上。另外，Walsh 检验不必像上述方法那样对可疑值进行逐个计算，它可以同时检验若干个可疑数据。如果研究者怀疑数据中最大的 r 个或者最小的 r 个数据为异常的话，首先计算

$$c = \text{Trunc}\sqrt{2n}$$

$$k = r + c$$

$$a = \frac{1 + \sqrt{\dfrac{c - \dfrac{1}{\alpha}}{\alpha(c-1)}}}{c - \dfrac{1}{\alpha} - 1}$$

如果可疑值为数据中的最小值，求

$$w = x_r - (1+a)x_{r+1} + ax_k$$

若可疑值为最大值，则计算

$$w = -x_{n+1-r} + (1+a)x_{n-r} - ax_{n+1-k}$$

将这 r 个可疑值判定为异常的条件是

$$w < 0$$

上述几种异常值检验方法及其适用范围和特点归纳在表 14-8 中。

表 14-8　常用的异常值检验方法及其适用范围和特点

检验方法	适用范围和特点
Grubbs 检验	正态分布样本，保守性适中
t 检验	正态分布样本，较严格
Dixon 检验	正态分布样本，小样本量，较保守
Walsh 检验	正态或非正态分布样本，大样本量

【例 14-6】用不同方法从以下一组观测值中剔除异常值。

−4.44	−1.41	−0.78	−0.78	0.55	0.64
1.05	1.05	1.72	5.91	9.30	20.49

解：（1）取 $\alpha=0.05$，用 t 检验方法分别对数据中的最小值、最大值进行检验，结果表明最小值非异常而最大值为异常。继而检验次大值和第三大值，直到发现倒数第四个观测值不是异常为止。检验结果列在下表中。异常值用 * 表示，非异常的检验结果在表中记为—。

可疑值	x_i	n	$\tilde{x}$	$\tilde{S}$	$\|x_i - \tilde{x}\|$	K_S	$K_{0.05[n]}$	异常值
x_1	−4.44	12	3.404	6.175	7.844	1.27	2.33	—
x_{12}	20.49	12	1.137	3.471	19.353	5.58	2.33	*
x_{11}	9.30	11	0.321	2.434	8.979	3.69	2.37	*
x_{10}	5.91	10	−0.267	1.769	5.877	3.32	2.43	*
x_9	1.72	9	−0.515	1.722	2.235	1.30	2.51	—

（2）以相同的方式用 Grubbs 检验得到的结果比 t 检验略保守，仅将 x_{11} 和 x_{12} 确定为异常值。

可疑值	x_i	n	$\bar{x}$	S	$\lvert x_i - \bar{x} \rvert$	G_S	$G_{0.05[n]}$	异常值
x_1	−4.44	12	2.750	6.297	7.190	1.14	2.29	—
x_{12}	20.49	12	2.750	6.297	17.740	2.82	2.29	*
x_{11}	9.30	11	1.137	3.471	8.163	2.35	2.23	*
x_{10}	5.61	10	0.321	2.434	5.289	2.17	2.18	—

（3）用 Dixon 检验发现的异常值与 t 检验完全一样。

可疑值	x_i	n	D_S	$D_{0.05[n]}$	异常值
x_1	−4.44	12	0.266	0.546	—
x_{12}	20.49	12	0.679	0.546	*
x_{11}	9.30	11	0.708	0.576	*
x_{10}	5.61	10	0.554	0.477	*
x_9	1.72	9	0.214	0.512	—

（4）用 Walsh 检验时，因样本量很小，α 值至少应取 0.34。在实际应用中，Walsh 检验不适用于检验样本量如此小的数据。此例仅用来表明如何做具体运算。先假定最大值和最小值为异常，故取

$$r = 1$$
$$c = \mathrm{Trunc}\sqrt{24} \approx 4$$
$$k = r + c = 1 + 4 = 5$$

$$a = \frac{1 + \sqrt{\dfrac{4 - \dfrac{1}{0.34}}{0.34(4-1)}}}{4 - \dfrac{1}{0.34} - 1} \approx 34.32$$

对最小值的检验值为

$$w = x_r - (1+a)x_{r+1} + ax_k = -4.44 - (1+34.32)(-1.41) + 34.32 \times 0.55 = 64.2372$$

相应的对最大值的检验值等于：

$$w = -x_{n+1-r} + (1+a)x_{n-r} - ax_{n+1-k} = -20.49 + (1+34.32) \times 9.30 - 34.32 \times 1.05 = 271.95$$

对最小值和最大值的计算 w 都大于 0，可见它们都不是异常值。用 Walsh 检验得到的结果与其他方法完全不同的主要原因是此案例样本量太小。

14.2.2　常用缺失数据的插补方法

数据缺失是影响统计数据质量的一个重要方面。缺失数据将导致统计推论中出现估计量偏差和估计方差增大，使统计数据的说服力降低。在不同领域，缺失数据产生的原

因不同。例如，进行农作物试验时，目标变量是农作物产量，控制变量有水分、肥料、温度等。试验中可能会出现意外情况，如种子没有发芽，或发芽后被鸟叼啄，造成某些产量数据缺失；在问卷调查中，无回答是造成数据缺失的重要原因。

插补方法是处理数据缺失的一类常用的技术方法。所谓插补（imputation）是指给每一个缺失数据补充一些替代值，这样可以得到完整的数据集，我们把这些替代值称为插补值。本节将介绍几种常用的插补方法。

1）均值插补

均值插补将变量的属性分为数值型和非数值型来分别进行处理。如果缺失值是数值型的，就使用该变量在其他所有对象中的平均值来填充该缺失值；如果缺失值是非数值型的，就根据统计学中的众数原理，利用该变量在其他所有对象中取值次数最多的值来补齐该缺失值。均值插补是一种简便、快速的处理缺失数据的方法，但这种方法会产生有偏估计，所以并不被推崇。

2）分层（聚类）均值插补

进行插补前，利用辅助变量或其他不存在缺失的变量，对总体进行分层（或聚类），使各层（每类）中的各个单元尽可能相似，然后在每一层（每一类）中，利用该层（该类）中该变量在其他所有对象中的平均值或众数来填充该缺失值，这种方法称为分层（聚类）均值插补。显然该方法比简单的均值插补更为精细。相应的分层方法或聚类方法可以参考专门的教材，这里不进行详述。

3）最近距离插补

最近距离插补是根据研究对象在辅助变量或其他不存在缺失的变量上的接近程度来选择赋值，即利用辅助变量定义一个样本间距离的函数，选择与缺失数据样本距离最近的1个样本值或几个样本的均值来代替缺失值。用于定义距离的函数有很多种类型，如果仅用1个辅助变量来设定距离函数，那么可以用辅助变量差值的绝对值表示距离；如果用2个辅助变量来设定距离函数，那么可以用欧氏距离来进行计算；如果用多个辅助变量来设定距离函数，那么常用的是马氏距离。

4）回归插补

回归插补是指基于完整的数据集建立回归方程，对于包含空值的对象，将已知属性值代入方程来估计未知属性值，以此估计值来进行填充。该方法很容易实现，常用的统计软件能够直接执行该方法。

5）热卡插补

热卡插补是指对于一个包含空值的对象，在完整数据中找到一个与它最相似的对象，然后用这个相似对象的值来进行填充。不同的问题可能会选用不同的标准对相似进行判定。"热卡"来自计算机程序和数据集需要通过打孔（打卡）进行记录的年代，指的是存储数据集的卡片还是"热"的。也就是说，对于缺失数据，用同一个数据集中的数据进行插补，而不是利用相似数据集进行某种计算后的数字进行插补。例如，最近距离插补如果采用的是当前数据集中"最近距离"的 1 个数据，则最近距离插补也属于热卡插补，但如果采用的是"最近距离"的几个样本均值来代替，则不属于热卡插补。

6）冷卡插补

冷卡插补是相对于热卡插补而言的，指的是插补值不是从当前数据集中挑选数据进行插补，而是从其他类似数据集中挑选合适数据进行补充的方法。

7）利用现代统计算法进行插补

如果已知数据集的分布特征，则可以利用某些现代统计算法，如期望最大化（expectation maximization，EM）算法，对缺失数据进行插补，常用的算法还包括贝叶斯算法，由于该方法涉及复杂的统计算法理论，本书不做详细介绍，感兴趣的读者可以参考相应的书籍。

14.3　假　设　检　验

本节主要介绍假设检验，其是统计推断的重要组成部分。参数假设检验是对总体分布中的未知参数提出某种假设，然后利用样本提供的信息对所提出的假设进行检验，根据检验的结果对所提出的假设做出拒绝或接受的判断。参数的假设检验将讨论一个正态总体参数的假设检验、两个正态总体参数的假设检验以及大样总体频率假设检验。

14.3.1　假设检验的基本概念

1. 统计假设

实际应用问题中，要经常对总体的分布类型、参数的性质做出结论性的判断。例如，某种有害金属在土壤中的含量在治理措施工艺改革后是否有所提高？一种活性炭改良土壤的效果与另一种活性炭的改良效果是否相同？这类问题的共同处理方法是先把一些结论当作某种假设，然后选取合适的统计量，再根据实测资料的具体值对假设进行检验，判断是否可以认为假设是成立的，从而得出有关结论，这就是假设检验问题。下面列举几个实际例子。

【例 14-7】为了观察后期叶面喷磷对小麦千粒重的影响，在 10 个点上试验的结果为 37.0g、37.0g、39.0g、38.0g、39.0g、41.0g、39.0g、42.0g、41.0g、38.0g，得 $\bar{x} = 38.3\text{g}$。一般大田小麦千粒重 X 服从正态分布 $N\left[36.0,(2.6)^2\right]$。假定方差不变，问后期叶面喷磷对小麦千粒重是否有影响？

在该例中，后期叶面喷磷对小麦千粒重是否有影响转化为由试验结果来判断假设 "$\mu = 36.0$" 是否成立的问题。

【例 14-8】为了解某镇现有耕地肥力情况，采集 20 块试验田的碱解氮含量，结果如下：21 mg/kg、26 mg/kg、25 mg/kg、24 mg/kg、16 mg/kg、17 mg/kg、25 mg/kg、36 mg/kg、25 mg/kg、25 mg/kg、25 mg/kg、20 mg/kg、34 mg/kg、22 mg/kg、24 mg/kg、17 mg/kg、18 mg/kg、32 mg/kg、31 mg/kg、30 mg/kg。问该镇土壤碱解氮含量 X 服从正态分布吗？

解：设土壤碱解氮含量 X 的分布函数为 $F(x)$，对于已知的正态分布 $N(\mu_0, \sigma_0^2)$（由于分布类型已知为正态分布，故当 μ_0、σ_0^2 未知时可以通过抽样予以估计），设其分布函数为 $F_0(x)$，若 X 服从 $N(\mu_0, \sigma_0^2)$，则必有 $F(x) = F_0(x)$。于是，碱解氮含量 X 是否服从正态分布 $N(\mu_0, \sigma_0^2)$ 就转化为由抽样结果来判断假设" $F(x) = F_0(x)$ "是否成立的问题。

上述两个实际例子所代表的问题是非常广泛的，它们的共同特点如下。

第一，总体分布的类型已知时，对分布的一个或几个未知参数的取值做出"假设"；总体分布的类型未知时，对总体分布函数的类型或某些特征提出某种"假设"。这种"假设"称为原假设或者零假设（null hypothesis），通常用 H_0 表示。当对某个问题提出了零假设 H_0 时，事实上同时也给出了另外一个"假设"，该假设被称为备择假设（alternative hypothesis）或者对立假设，用 H_1 表示。H_0 和 H_1 称为统计假设，简称假设，要回答上述实例中提出的问题，其结论就是要在 H_0 和 H_1 两者之间做出选择或判断。也就是说，零假设和备择假设一起完整地回答了所要探究的实际问题。

第二，希望通过已经获得的样本 $X_1, X_2, \cdots, X_n$ 来对 H_0 是否成立做出判断（或者决策）。即在原假设 H_0 成立的前提下，对所抽得的样本进行分析研究，如果导致理论上不合理的现象出现，就表明在 H_0 成立的假设不恰当，并由此拒绝 H_0 成立；如果没有导致理论上不合理的现象出现，就表明现有的证据没有充分的理由拒绝在 H_0 成立的假设，那只好暂时认为 H_0 成立。这种根据样本提供的信息对总体有关假设做出推断的过程称为统计假设检验，简称假设检验。

一般来说，假设检验依据问题的性质可分为参数检验和非参数检验两大类。如果总体分布类型已知，检验的目的是对总体的参数以及有关性质做出判断，则这种问题称为参数的假设检验（简称参数检验），例 14-7 就是参数检验。如果总体分布的类型不确知或完全未知，检验的目的是做出一般性论断（如分布属于某种类型、两个变量是独立的、两个分布是相同的等），则这种问题称为非参数的假设检验（简称非参数检验），例 14-8 是分布的正态性检验，属于非参数检验。

将例 14-7、例 14-8 中的零假设与备择假设列于表 14-9 中。

表 14-9　例 14-7 和例 14-8 的零假设与备择假设

实例	零假设 H_0	备择假设 H_1
例 14-7	$\mu = 36.0$	$\mu \neq 36.0$
例 14-8	$F(x) = F_0(x)$	$F(x) \neq F_0(x)$

2. 假设检验的基本原理

如何对零假设 H_0 做检验呢？在假设检验问题中要做出某种判断时，先从样本 $X_1, X_2, \cdots, X_n$ 出发，制定一个法则；由样本值 $x_1, x_2, \cdots, x_n$ 按照这个法则对零假设成立与否做出判断，这一法则就称为一个检验法则或检验法。

下面将通过例 14-7 来介绍假设检验的基本原理。

例 14-7 中，将后期叶面喷磷对小麦千粒重是否有影响归结为检验假设

$$H_0: \mu=36.0 \qquad H_1: \mu \neq 36.0$$

是否成立的问题。小麦千粒重均值 μ 是否为 36.0 不知，仅是假设它为 36.0。对于未知的 μ，我们已熟知它可以通过抽样来估计，并且样本均值 $\bar{X}$ 是它的最好估计量。由这些统计知识可知，如果由抽样得到的样本均值 $\bar{X}$ 与 36.0 差异较大，就应该否定 H_0，否则就没有理由不接受 H_0。怎样才算差异较大？如果 $\left|\bar{X}-36.0\right|>K$ 就认为差异较大，K 应由概率来确定。在 H_0 成立的条件下，根据给定的小概率 α 来确定 K 值，即由

$$P\left\{\left|\bar{X}-36.0\right|>K\right\}=\alpha$$

来确定 K 值。由于 H_0 成立，故总体 $X \sim N\left[36.0,(2.6)^2\right]$，从而 $\bar{X} \sim N\left[36.0,(2.6)^2/10\right]$。

因为

$$P\left\{\left|\bar{X}-36.0\right|>K\right\}=P\left\{\left|\frac{\bar{X}-36.0}{2.6/\sqrt{10}}\right|>\frac{\sqrt{10}}{2.6}K\right\}=\alpha$$

又由标准正态分布关于 α 的双侧分位数定义可知

$$P\left\{\left|\frac{\bar{X}-36.0}{2.6/\sqrt{10}}\right|>u_{\alpha/2}\right\}=\alpha$$

所以

$$\frac{\sqrt{10}}{2.6}K=u_{\alpha/2}$$

于是

$$K=\frac{2.6}{\sqrt{10}}u_{\alpha/2}$$

可见，当 $\left|\bar{X}-36.0\right|>\dfrac{2.6}{\sqrt{10}}u_{\alpha/2}$ 时，应否定 H_0。对于此例，若给定 $\alpha=0.05$，则 $u_{0.05/2}=1.96$。又计算得 $\bar{X}$ 的实现值 $\bar{x}=38.3$，由于 $\left|\bar{x}-36.0\right|=2.3>\dfrac{2.6}{\sqrt{10}}\times1.96 \approx 1.61$，故应拒绝 H_0，即认为后期叶面喷磷对小麦千粒重有影响。

在例 14-7 的上述分析中，若记

$$U = \frac{\bar{X} - 36.0}{2.6/\sqrt{10}}$$

则

$$P\left\{\left|\frac{\bar{X} - 36.0}{2.6/\sqrt{10}}\right| > u_{\alpha/2}\right\} = P\left\{|U| > u_{\alpha/2}\right\} = \alpha$$

是小概率，事件 $\left|\dfrac{\bar{X} - 36.0}{2.6/\sqrt{10}}\right| > u_{\alpha/2}$，亦即事件 $|U| > u_{\alpha/2}$ 是小概率事件，小概率事件在一次试验中几乎是不可能发生的，在这一次试验中，小概率事件发生，说明我们的假设是不合理的，所以拒绝 H_0。

上述对 H_0 做出判断的过程中，实际上运用了小概率原理（也称为实际推断原理）。这个原理是人们在实践中总结出来并广泛应用的，它是判断 H_0 假设"合理"或"不合理"的理论依据。所谓小概率原理是指"概率很小的事件在一次试验中几乎不可能发生"。什么样大小的概率才算小概率呢？一般来说，没有统一的规定，这需要依据具体的问题以及问题所涉及的领域而定。通常认为概率为 0.05 或 0.01 的事件为小概率事件，有时也把概率为 0.10 的事件当作小概率事件。小概率的标准在假设检验中又称为显著水平（level of significance），记为 α。

需要指出的是，小概率事件在一次试验中并非绝对不能发生，只不过是发生的概率很小，我们在实际统计推断中不能认为小概率事件在一次抽样（试验）中不会发生。所以建立在小概率原理基础上的带有概率性质的反证法所得出的结论有一定风险，即有可能犯错误。

3. 假设检验的两类错误

在例 14-7 中，由于

$$P\{|U| > 1.96\} = 0.05$$

故把 $\{|U| > 1.96\}$ 看作小概率事件，而得出了检验法：如果 $\bar{X}$ 的取值 $\bar{x}$ 使 U 的取值 U_0 落入 $\{|U| > 1.96\}$ 时，就拒绝 H_0。这里把使 $|U| > 1.96$ 成立的区域称为 H_0 的拒绝域（rejection region）或否定域；相应地，把使 $|U| \leqslant 1.96$ 成立的区域称为 H_0 的非拒绝域（no rejection region）。把 H_0 的拒绝域与 H_0 的非拒绝域分别记为 R 与 A，则有

$$R = (-\infty, 1.96) \bigcup (1.96, +\infty), \quad A = [-1.96, 1.96]$$

一般地，为检验一个假设所使用的统计量称为检验统计量。$U = \dfrac{\bar{X} - \mu_0}{\sigma/\sqrt{n}}$ 就是例 14-7 的检验统计量。在整个假设检验过程中，选择合适的检验统计量并确定其分布是最为重要的一个环节。若设所选取统计量为 Q，则 H_0 的拒绝域 R 就是 Q 取值集合中的一部

分，而 H_0 的非拒绝域 A 就是 R 的补集。如果由一次抽样得出的统计量的值 $Q_0 \in R$，则拒绝 H_0，否则，由于这时没有发生同假设 H_0 矛盾的情况，因而没有理由拒绝 H_0，或者接受 H_0。

由于样本的随机性，采用这种方法时犯错误是难免的，问题在于这种检验方法会犯什么性质的错误？犯这种错误的概率有多大？

事实上，可能发生以下两种类型的错误。

第一，客观上零假设 H_0 是正确的，而由于样本的随机性，做出了拒绝零假设的决策，因而犯了错误，在统计学上称为第一类错误，也称为"弃真"错误。显然，犯第一类错误的概率就是显著性水平 α，用概率公式可表示为

$$P\{Q \in R | H_0 \text{ 为真}\} = \alpha \tag{14-40}$$

第二，客观上零假设 H_0 不正确，意即备择假设 H_1 正确，同样由于样本的随机性，我们做出了接受 H_0 的错误决策，这类错误称为第二类错误，也称为"纳伪"错误。犯第二类错误的概率记为 β，用概率公式可表示为

$$P\{Q \in A | H_0 \text{ 不真}\} = \beta \tag{14-41}$$

犯两类错误的可能情况如表 14-10 所示。

表 14-10　犯两类错误的可能情况

真实情况	犯两类错误的可能情况	
	接受 H_0 （$Q \in A$）	否定 H_0 （$Q \in R$）
H_0 为真	判断正确	第一类错误
H_1 为真	第二类错误	判断正确

实际工作者希望做出的检验犯两类错误的概率尽可能都小，甚至不犯错误，但事实上这是不可能的。一般情形下，当样本容量 n 固定时，减少犯其中一个错误的概率，往往就会增加犯另一个错误的概率，它们之间的关系犹如区间估计问题中置信水平与置信区间长度的关系。实际问题处理中，通常的做法是按奈曼–皮尔逊（Neyman-Pearson）提出的原则，控制犯第一类错误的概率不超过某个预先指定的显著水平 $\alpha(0 < \alpha < 1)$，而使犯第二类错误的概率尽量小。具体实行这个原则时有许多困难，因而有时把这个原则简化成只要求犯第一类错误的概率等于 α，而不考虑犯第二类错误的概率，这类统计假设检验问题称为显著性检验问题。

4. 假设检验的一般步骤

由上述假设检验的基本原理可概括出一般情形下假设检验遵循的几个步骤。

（1）根据实际问题和已知信息提出零假设 H_0 和备择假设 H_1。在显著性检验中，零假设与备择假设的提出是很重要的，而这往往需要通过具体问题来决定。通常情况下，把没有充分理由或不能轻易否定的命题作为零假设。

（2）假定 H_0 成立的条件下，选取适当的检验统计量，并确定该统计量的分布。

（3）根据给定的显著性水平 α 和检验统计量的分布，确定 H_0 的拒绝域 R。

（4）由样本值计算统计量的值，根据上面确定的拒绝域 R，对 H_0 做出拒绝或接受的判断。

14.3.2　一个正态总体参数的假设检验

参数的假设检验是最常见的一类假设检验问题，而正态总体参数的假设检验又是最重要而且最常见的。本节主要讨论一个正态总体参数的检验方法。

1. 一个正态总体均值的假设检验

1）总体方差 σ^2 已知，检验总体均值 μ

设总体 $X \sim N(\mu,\sigma^2)$，方差 σ^2 已知，从总体 X 中抽取样本 $X_1,X_2,\cdots,X_n$，样本均值为 $\bar{X}$，检验总体均值 μ。这一检验问题以统计假设形式表达成下面三种常用模式（其中 μ_0 已知）。

（1）H_0: $\mu=\mu_0$, H_1: $\mu \neq \mu_0$；

（2）H_0: $\mu \geqslant \mu_0$, H_1: $\mu < \mu_0$；

（3）H_0: $\mu \leqslant \mu_0$, H_1: $\mu > \mu_0$。

下面就这三种假设分别讨论其检验方法与原理。

以 $\bar{X}$ 表示样本均值，由于总体 $X \sim N(\mu,\sigma^2)$，$X_1,X_2,\cdots,X_n$ 是抽自总体 X 的简单随机样本，所以有统计量为

$$U = \frac{\bar{X}-\mu}{\sigma/\sqrt{n}} \sim N(0,1) \tag{14-42}$$

A. 双侧检验（模式 I 的检验）（two-sided test）

模式 I：H_0: $\mu=\mu_0$, H_1: $\mu \neq \mu_0$。

如果 H_0 为真，由式（14-42）知

$$U = \frac{\bar{X}-\mu_0}{\sigma/\sqrt{n}} \sim N(0,1) \tag{14-43}$$

由标准正态分布双侧分位数定义可知，对于给定的概率 α，存在实数 $U_{\alpha/2}$，使得

$$P\{|U| \geqslant u_{\alpha/2}\} = \alpha$$

所以，模式 I 中 H_0 的显著水平为 α 的拒绝域为

$$R = \{(x_1,x_2,\cdots,x_n): |u| \geqslant u_{\alpha/2}\} \tag{14-44}$$

其概率意义如图 14-14 所示，其中 u 是检验统计量 U 的实现。

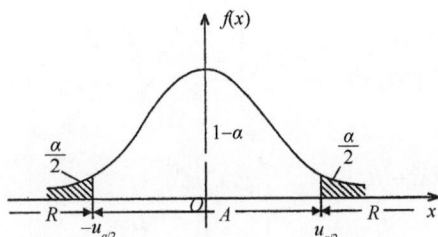

图 14-14 U 检验的双侧检验拒绝域

对于具体的样本实现 $x_1, x_2, \cdots, x_n$，计算出检验统计量 U 的实现 u。当 $(x_1, x_2, \cdots, x_n) \in R$，即 $|u| \geqslant u_{\alpha/2}$ 时，就拒绝 H_0，认为总体均值 μ 与 μ_0 之间有显著差异；当 $(x_1, x_2, \cdots, x_n) \in A$，即 $|u| < u_{\alpha/2}$ 时，则没有充分理由或证据拒绝 H_0，只能接受它，可以认为该总体均值 μ 与 μ_0 之间无显著差异。

显然，这种检验法犯第一类错误的概率为 α，通常取 $\alpha = 0.05$ 而做出拒绝 H_0 时，称 μ 与 μ_0 之间有显著差异，取 $\alpha = 0.01$ 而做出拒绝 H_0 时，称 μ 与 μ_0 之间有极显著差异。由图 14-14 可以看出，H_0 的拒绝域在横坐标轴的两侧，故称模式 I 的检验为双侧检验。由于检验中所构造的检验统计量 U 服从标准正态分布称为 U 统计量，所以该检验法也称为 U 检验。

例 14-7 即为 U 检验法中的双侧检验实例。

B. 单侧检验（模式 II 与模式 III 的检验）（one-sided test）

模式 II： $H_0: \mu \geqslant \mu_0$, $H_1: \mu < \mu_0$；

模式 III： $H_0: \mu \leqslant \mu_0$, $H_1: \mu > \mu_0$。

实践中，有时我们所关心的问题不是判断总体均值是否为某一个已知值 μ_0，而是判断总体均值是否超过（或低于）μ_0 的问题。若样本实现算得的样本平均数 $\bar{X}$ 的实现 $\bar{x}$ 小于所规定的标准 μ_0 时，则我们有理由相信总体均值 μ 也会小于 μ_0，这时统计假设可选为模式 II，即 $H_0: \mu \geqslant \mu_0$, $H_1: \mu < \mu_0$。

由式（14-42）和标准正态分布下侧分位数定义可知，对于给定的概率 α，存在实数 $-u_\alpha$，使得

$$P\left\{ \frac{\bar{X} - \mu}{\sigma / \sqrt{n}} \leqslant -u_\alpha \right\} = \alpha \tag{14-45}$$

其概率意义如图 14-15（a）所示。如果模式 II 的 $H_0: \mu \geqslant \mu_0$ 为真，则有

$$\frac{\bar{X} - \mu}{\sigma / \sqrt{n}} \leqslant \frac{\bar{X} - \mu_0}{\sigma / \sqrt{n}}$$

从而有

$$\left\{\frac{\bar{X}-\mu_0}{\sigma/\sqrt{n}} \leqslant -u_\alpha\right\} \subset \left\{\frac{\bar{X}-\mu}{\sigma/\sqrt{n}} \leqslant -u_\alpha\right\}$$

由概率的单调性知

$$P\left\{\frac{\bar{X}-\mu_0}{\sigma/\sqrt{n}} \leqslant -u_\alpha\right\} \leqslant P\left\{\frac{\bar{X}-\mu}{\sigma/\sqrt{n}} \leqslant -u_\alpha\right\} = \alpha$$

这表明在模式 II 中 H_0 成立的条件下, 事件 $\left\{\dfrac{\bar{X}-\mu_0}{\sigma/\sqrt{n}} \leqslant -u_\alpha\right\}$ 是一个概率比 α 更小的

小概率事件, 故模式 II 中 H_0: $\mu \geqslant \mu_0$ 的显著水平不超过 α 的拒绝域为

$$R = \{(x_1, x_2, \cdots, x_n): \ u \leqslant -u_\alpha\} \tag{14-46}$$

式中, $u = \dfrac{\bar{x}-\mu_0}{\sigma/\sqrt{n}}$ 为检验统计量 $U = \dfrac{\bar{X}-\mu_0}{\sigma/\sqrt{n}}$ 的实现。

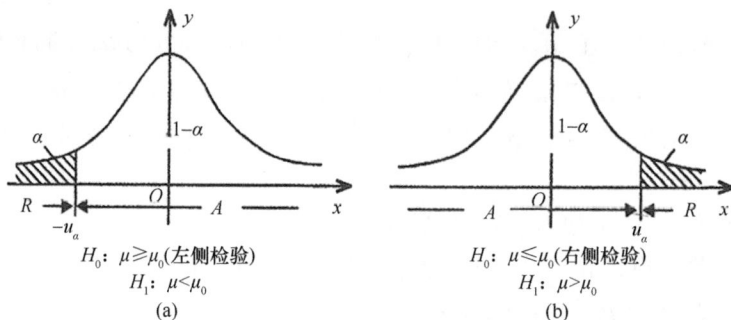

图 14-15 U 检验的单侧检验拒绝域

对于具体的样本实现 $x_1, x_2, \cdots, x_n$, 计算出检验统计量 U 的实现 u。当 $(x_1, x_2, \cdots, x_n) \in R$, 即当 $u \leqslant -u_\alpha$ 时, 则拒绝 H_0 而接受 H_1, 即认为总体均值在显著水平 α 下小于规定的标准 μ_0; 当 $(x_1, x_2, \cdots, x_n) \in A$, 即 $u > -u_\alpha$ 时, 则不能拒绝 H_0, 只能接受它, 即可以认为该总体均值超过了规定的标准 μ_0。由于 H_0 的拒绝域在左侧, 所以, 模式 II 的检验称为左侧检验。

类似地, 若由样本实现算得的样本平均数 $\bar{X}$ 的实现 $\bar{x}$ 大于所规定的标准 α 时, 则我们有理由相信总体均值 μ 也会大于 μ_0, 这时统计假设可选为模式 III, 即

$$H_0: \mu \leqslant \mu_0 \quad H_1: \mu > \mu_0$$

同理于上述讨论, 不难得知模式 III 的 H_0 的拒绝域为

$$R = \{(x_1, x_2, \cdots, x_n): \ u \geqslant u_\alpha\} \tag{14-47}$$

其概率意义如图 14-15 (b) 所示。

对于具体的样本实现 $x_1, x_2, \cdots, x_n$, 计算出检验统计量 U 的实现 u。当 $(x_1, x_2, \cdots, x_n) \in R$, 即当 $u \geqslant u_\alpha$ 时, 则拒绝 H_0 而接受 H_1; 当 $(x_1, x_2, \cdots, x_n) \in A$, 即 $u < u_\alpha$ 时, 则接受 H_0。

因为模式III的原假设 H_0：$\mu \leq \mu_0$ 的拒绝域在右侧，故称为右侧检验。左侧检验与右侧检验统称为单侧检验。

【例 14-9】 从某种含铜溶液的四次测定值算出含铜量的平均值 $\bar{x} = 8.30\%$，若测定总体 X（含铜量）服从正态分布 $N(\mu, 0.03^2)$，试在显著性水平 $\alpha = 0.05$ 下检验总体均值 μ 的假设 H_0：$\mu \geq 8.32\%$，H_1：$\mu < 8.32\%$。

解： 由于该检验为单侧检验 H_0：$\mu \geq 8.32\%$，H_1：$\mu < 8.32\%$，又 $\alpha = 0.05$，$u_{0.05} = u_{0.10/2} = 1.645$，由题意可知 $\bar{x} = 8.30\%$，$\mu_0 = 8.32\%$，$\sigma = 0.03$，$n = 4$，故

$$u = \frac{\bar{x} - \mu_0}{\sigma / \sqrt{n}} = \frac{8.3 - 8.32}{0.03 / \sqrt{4}} \approx -1.33$$

由于 $u \approx -1.33 > -1.645 = -u_{0.05}$，故在显著性水平 $\alpha = 0.05$ 下接受 H_0，即认为某种含铜溶液中的含铜量不低于 8.32%。

【例 14-10】 某小麦良种的千粒重服从 $N(33.5, 1.6^2)$，先从外地引入一高产品种，在 8 个小区种植，得到各个小区的千粒重为 35.6g、37.6g、33.4g、35.1g、32.7g、36.8g、35.9g、34.6g，问新引入品种的千粒重是否高于当地品种（$\alpha = 0.05$）？

解： 因为样本实现均值 $\bar{x} = 35.2$，大于 $\mu_0 = 33.5$，故应检验假设 H_0：$\mu \leq 33.5$，H_1：$\mu > 33.5$。

又因为 $\alpha = 0.05$，$u_{0.05} = 1.645$，所以

$$u = \frac{\bar{x} - \mu_0}{\sigma / \sqrt{n}} = \frac{35.2 - 33.5}{1.6 / \sqrt{8}} \approx 3.005 > 1.645$$

故应拒绝 H_0，即引入的新品种千粒重显著高于当地品种的千粒重。

2）总体方差 σ^2 未知，检验总体均值 μ

设总体 $X \sim N(\mu, \sigma^2)$，方差 σ^2 未知，从总体 X 中抽取样本 $X_1, X_2, \cdots, X_n$，样本均值与样本方差分别为 $\bar{X}$ 与 S^2，检验总体均值 μ，给出如下三种检验假设（其中 μ_0 已知）。

（1）H_0：$\mu = \mu_0$，H_1：$\mu \neq \mu_0$；

（2）H_0：$\mu \geq \mu_0$，H_1：$\mu < \mu_0$；

（3）H_0：$\mu \leq \mu_0$，H_1：$\mu > \mu_0$。

对于一个正态总体，方差 σ^2 未知，检验总体均值 μ 的原理类似于方差 σ^2 已知情形的讨论，这里不再赘述，只给出具体的检验方法。

以 $\bar{X}$ 与 S^2 分别表示样本均值与样本方差，由于总体 $X \sim N(\mu, \sigma^2)$，$X_1, X_2, \cdots, X_n$ 是抽自总体 X 的简单随机样本，可得统计量为

$$T = \frac{\bar{X} - \mu}{S / \sqrt{n}} \sim t(n-1) \tag{14-48}$$

A. 双侧检验（模式Ⅰ的检验）

模式Ⅰ：H_0：$\mu = \mu_0$，H_1：$\mu \neq \mu_0$。

如果 H_0 为真，则

$$T = \frac{\bar{X} - \mu_0}{S/\sqrt{n}} \sim t(n-1) \tag{14-49}$$

由 t 分布双侧分位数定义可知，对于给定的概率 α，存在实数 $t_{\alpha/2}(n-1)$，使得

$$P\left\{|T| \geqslant t_{\alpha/2}(n-1)\right\} = \alpha$$

所以，模式Ⅰ中 H_0 的显著水平为 α 的拒绝域为

$$R = \left\{(x_1, x_2, \cdots, x_n):|t| \geqslant t_{\alpha/2}(n-1)\right\} \tag{14-50}$$

其概率意义如图 14-16 所示，其中 t 是检验统计量 T 的实现。

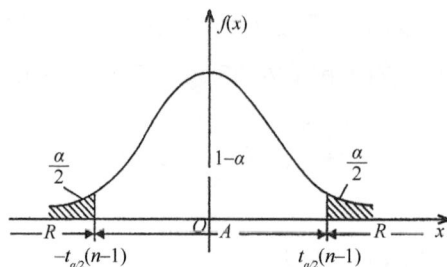

图 14-16 t 检验的双侧检验拒绝域

对于具体的样本实现 $x_1, x_2, \cdots, x_n$，计算出检验统计量 T 的实现 t。当 $(x_1, x_2, \cdots, x_n) \in R$，即 $|t| \geqslant t_{\alpha/2}(n-1)$ 时，就拒绝 H_0，认为总体均值 μ 与 μ_0 之间有显著差异；当 $(x_1, x_2, \cdots, x_n) \in A$，即 $|t| < t_{\alpha/2}(n-1)$ 时，则没有充分理由或证据拒绝 H_0，只能接受它，可以认为该总体均值 μ 与 μ_0 之间无显著差异。

【例 14-11】为了观察后期叶面喷磷对小麦千粒重的影响，在 10 个点上试验的结果为 37.0g、37.0g、39.0g、38.0g、39.0g、41.0g、39.0g、40.0g、41.0g、38.0g。一般大田小麦千粒重 X 服从正态分布 $N(36.0, \sigma^2)$，方差未知，问后期叶面喷磷对小麦千粒重是否有影响（$\alpha = 0.05$）？

解：依题意，提出统计假设 H_0：$\mu = 36.0$，H_1：$\mu \neq 36.0$，即检验小麦千粒重的平均值与 36g 有无显著差异。由于小麦千粒重总体服从正态分布，σ^2 未知，且抽样为重复抽样，所以满足总体均值 t 检验的应用条件。在 H_0 成立下，

$$T = \frac{\bar{X} - \mu_0}{S/\sqrt{n}}$$

的实现为

$$t = \frac{38.9 - 36.0}{1.45/\sqrt{10}} \approx 6.325$$

由于显著水平 $\alpha = 0.05$，自由度 $f = n-1 = 10-1 = 9$，查附表 6-4 可得 t 分布 α 双侧分位数 $t_{0.05/2}(9) = t_{0.025}(9) = 2.262$。因为 $|t| = 6.325 > 2.262 = t_{0.025}(9)$，故拒绝 H_0，即认为后期叶面喷磷对小麦千粒重有影响。

B. 单侧检验（模式 II 与模式 III 的检验）

模式 II：H_0：$\mu \geqslant \mu_0$，H_1：$\mu < \mu_0$；

模式 III：H_0：$\mu \leqslant \mu_0$，H_1：$\mu > \mu_0$。

对于模式 II，在 H_0 为真的情况下，用于检验 H_0 成立与否的检验统计量仍根据式（14-48）。

给定显著性水平 α，由自由度 $n-1$ 查 t 分布表，由于 t 分布表为双侧分位数表，而该检验为单侧检验，故对 α 查 t 分布表得临界值 $-t_\alpha(n-1)$，使得

$$P\{T < -t_\alpha(n-1)\} = \alpha$$

故 H_0 的拒绝域为 $R = (-\infty, -t_\alpha(n-1))$，如图 14-17（a）所示。

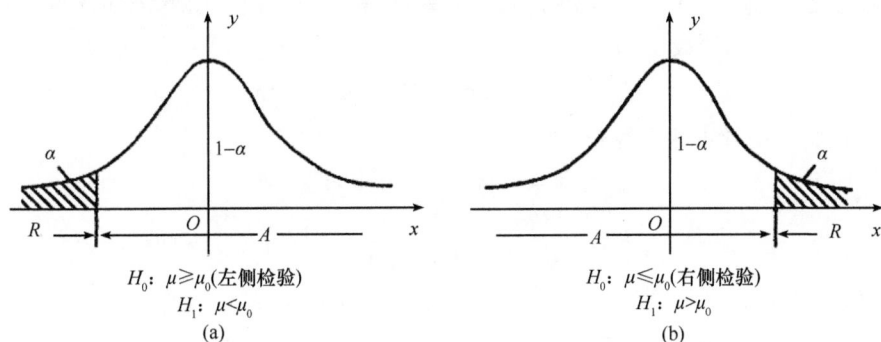

图 14-17　t 检验的单侧检验拒绝域

由样本值计算 T 的值 t，当 $t \leqslant -t_\alpha(n-1)$ 时，则拒绝 H_0；否则，没有充分理由或证据拒绝 H_0，只能接受它。

同理，对于模式 III，在 H_0 为真时，用于检验 H_0 成立与否的检验统计量及其分布仍根据式（14-48）。此时，H_0 的拒绝域为 $R = [t_\alpha(n-1), +\infty)$，如图 14-17（b）所示。

若统计量 T 的值 t 落入 R 内，则拒绝 H_0；否则，没有充分理由或证据拒绝 H_0，只能接受它。

【例 14-12】已知某野外试验地有效磷含量（mg/kg）服从均值为 5.2 mg/kg 的正态分布。现从施用活性炭的试验地中随机抽取 25 个样点进行测试，得出样本平均值和标准差分别为 $\bar{x} = 5.9$，$s = 1.2$，问施用活性炭是否提高了有效磷的平均含量（$\alpha = 0.05$）？

解：依题意，有效磷含量服从正态分布且总体方差 σ^2 未知，满足总体均值 t 检验的应用条件。由于 $\bar{x} = 5.9$ mg/kg，所以提出假设

$$H_0：\mu \leqslant 5.2；H_1：\mu > 5.2$$

进行右侧检验。由样本数据算得

$$t = \frac{\bar{x} - \mu_0}{s/\sqrt{n}} = \frac{5.9 - 5.2}{1.2/\sqrt{25}} \approx 2.92$$

根据 $\alpha = 0.05$，$f = n - 1 = 24$，查附表 6-4 得 $t_\alpha(n-1) = t_{0.05}(24) = 1.710$。由于 $t \approx 2.92 > 1.710 = t_{0.05}(24)$，即样本实现落在 H_0 的拒绝域内，因此拒绝 H_0，即认为施用活性炭显著提高了土壤中有效磷的平均含量。

【例 14-13】为防治某种害虫而将农药施入土壤中，但规定 3 年后土壤中残留农药如有 5ppm 以上浓度时，就认为有残效。今在施药区内分别随机抽取 10 个土样（施药 3 年后）进行分析，测得它们的浓度分别为 4.8ppm、3.2ppm、2.6ppm、6.0ppm、5.4ppm、7.6ppm、2.1ppm、2.5ppm、3.1ppm、3.5ppm。设浓度近似地服从正态分布，问是否有理由认为农药经过 3 年后仍有残效（$\alpha = 0.05$）？

解：依题意，土壤中残留农药的浓度服从正态分布且总体方差 σ^2 未知，满足总体均值 t 检验的应用条件。由于 $\bar{x} = 4.08$ ppm，土壤中残留农药的平均浓度有可能低于 5ppm，即无残效，所以提出假设

$$H_0：\mu \geqslant 5 \text{ ppm}；H_1：\mu < 5 \text{ ppm}$$

进行左侧检验。由样本数据算得

$$\bar{x} = 4.08 \quad s = 1.7956$$

$$t = \frac{\bar{x} - \mu_0}{s/\sqrt{n}} = \frac{4.08 - 5}{1.7956/\sqrt{10}} \approx -1.62$$

根据 $\alpha = 0.05$，$f = n - 1 = 9$，查附表 6-4 得 $-t_\alpha(n-1) = -t_{0.05}(9) = -1.833$。由于 $t \approx -1.62 > -t_{0.05}(9) = -1.833$，即样本没有落在 H_0 的拒绝域内，故不能拒绝原假设 H_0 而只能接受它，即不能认为该农药经 3 年后在土壤中没有残效。

对于以上三种假设检验问题，由于引入的检验统计量均为 T 统计量，故在总体方差 σ^2 未知的情况下，对正态总体均值的检验称为 t 检验法。

2. 一个正态总体方差的假设检验

设总体 $x \sim N(\mu, \sigma^2)$，μ 与 σ^2 均未知，$X_1, X_2, \cdots, X_n$ 是抽自总体 X 的简单随机样本，$x_1, x_2, \cdots, x_n$ 为样本的一个实现，σ_0^2 为一个已知常数，欲由样本判断 σ^2 与 σ_0^2 的关系，就是要检验的问题。

这一检验问题以统计假设形式表达，应用中常见的有下面三种模式：

$$\text{模式 I} \quad H_0：\sigma^2 = \sigma_0^2；H_1：\sigma^2 \neq \sigma_0^2$$

$$\text{模式 II} \quad H_0：\sigma^2 \geqslant \sigma_0^2；H_1：\sigma^2 < \sigma_0^2$$

模式Ⅲ　　　H_0：$\sigma^2 \leqslant \sigma_0^2$；$H_1$：$\sigma^2 > \sigma_0^2$

下面我们分别介绍这三种模式的检验方法与原理。

以 S^2 记为样本方差，由于总体 $x \sim N(\mu, \sigma^2)$，$X_1, X_2, \cdots, X_n$ 是抽自总体 X 的简单随机样本，所以，由 14.1.3 节抽样分布知

$$\chi^2 = \frac{(n-1)S^2}{\sigma^2} \sim \chi^2(n-1) \tag{14-51}$$

1）双侧检验（模式Ⅰ的检验）

模式Ⅰ：H_0：$\sigma^2 = \sigma_0^2$，H_1：$\sigma^2 \neq \sigma_0^2$。

如果 H_0 为真，则有

$$\chi^2 = \frac{(n-1)S^2}{\sigma_0^2} \sim \chi^2(n-1)$$

由 χ^2 分布的分位数定义可知，对于给定的 $\alpha(0 < \alpha < 1)$，可找到实数 $\chi^2_{\frac{\alpha}{2}}(n-1)$、

$\chi^2_{1-\frac{\alpha}{2}}(n-1)$ 使得

$$P[\{\chi^2 \leqslant \chi^2_{1-\alpha/2}(n-1)\} \cup \{\chi^2 \geqslant \chi^2_{\alpha/2}(n-1)\}] = \alpha$$

其概率意义如图 14-18 所示。所以，模式Ⅰ中 H_0 的拒绝域为

$$R = [(x_1, x_2, \cdots, x_n) \in R : \{\chi^2 \leqslant \chi^2_{1-\alpha/2}(n-1)\} \cup \{\chi^2 \geqslant \chi^2_{\alpha/2}(n-1)\}] \tag{14-52}$$

式中，$\chi^2 = (n-1)s^2/\sigma_0^2$，$s^2$ 为 S^2 的实现。

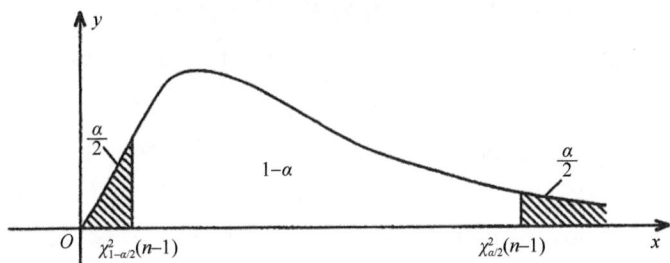

图 14-18　χ^2 检验的临界值

对于具体的样本实现 $x_1, x_2, \cdots, x_n$，计算出 S^2 的实现 s^2 与 $\chi^2 = (n-1)s^2/\sigma_0^2$。当 $(x_1, x_2, \cdots, x_n) \in R$，即 $\chi^2 \leqslant \chi^2_{1-\alpha/2}(n-1)$ 或 $\chi^2 \geqslant \chi^2_{\alpha/2}(n-1)$ 时，就拒绝 H_0，认为总体方差 σ^2 与 σ_0^2 之间有显著差异；当 $\chi^2_{1-\alpha/2}(n-1) < \chi^2 < \chi^2_{\alpha/2}(n-1)$ 时，则没有充分理由或证据拒绝 H_0，只能接受它，可以认为该总体均值 μ 与 μ_0 之间无显著差异。因为 H_0：$\sigma^2 = \sigma_0^2$ 的拒绝域 R 在坐标轴的两侧，所以称为双侧检验，又因为检验所用的检验统计量服从 χ^2 分布，所以该检验法又称为 χ^2 检验。

2）单侧检验（模式Ⅱ与模式Ⅲ的检验）

模式Ⅱ：H_0：$\sigma^2 \geqslant \sigma_0^2$，$H_1$：$\sigma^2 < \sigma_0^2$；

模式Ⅲ：H_0：$\sigma^2 \leqslant \sigma_0^2$，$H_1$：$\sigma^2 > \sigma_0^2$。

实践中，有时我们所关心的问题不是判断总体方差 σ^2 是否为某一个已知值 σ_0^2，而是判断总体方差是否超过（或低于）σ_0^2 的问题。若由样本实现算得的样本方差 S^2 的实现 s^2 小于所规定的标准 σ_0^2 时，则我们有理由相信总体方差 σ^2 也会小于 σ_0^2，这时统计假设可选为模式Ⅱ，即 H_0：$\sigma^2 \geqslant \sigma_0^2$，$H_1$：$\sigma^2 < \sigma_0^2$。类似于单侧 U 检验法的思想，H_0：$\sigma^2 \geqslant \sigma_0^2$ 的显著水平不超过 α 的拒绝域为

$$R = \{(x_1, x_2, \cdots, x_n) \in R: \chi^2 \leqslant \chi_{1-\alpha}^2(n-1)\} \tag{14-53}$$

式中，$\chi^2 = \dfrac{(n-1)s^2}{\sigma_0^2}$，$s^2$ 为 S^2 的实现；$\chi_{1-\alpha}^2(n-1)$ 为 χ^2 分布关于 α 的下侧分位数。

对于具体的样本实现 $x_1, x_2, \cdots, x_n$，计算出 S^2 的实现 s^2 与 $\chi^2 = (n-1)s^2/\sigma_0^2$。当 $(x_1, x_2, \cdots, x_n) \in R$，即 $\chi^2 \leqslant \chi_{1-\alpha}^2(n-1)$ 时，就拒绝 H_0 接受 H_1，认为总体方差 σ^2 小于 σ_0^2；当 $(x_1, x_2, \cdots, x_n) \in A$，即 $\chi^2 > \chi_{1-\alpha}^2(n-1)$ 时，则没有充分理由或证据拒绝 H_0，只能接受它。因为 H_0：$\sigma^2 \geqslant \sigma_0^2$ 的拒绝域 R 在坐标轴的左侧，故称为左侧检验。

同理，统计假设 H_0：$\sigma^2 \leqslant \sigma_0^2$，$H_1$：$\sigma^2 > \sigma_0^2$ 的拒绝域为

$$R = \{(x_1, x_2, \cdots, x_n) \in R: \chi^2 \geqslant \chi_{\alpha}^2(n-1)\} \tag{14-54}$$

$\chi_{\alpha}^2(n-1)$ 为 χ^2 分布关于 α 的下侧分位数，由于拒绝域 R 在坐标轴的右侧，故称为右侧检验。

【例14-14】从某个地区随机抽取8个县作为样本，测得土壤侵蚀模数为65.13t/（km²·a）、44.34t/（km²·a）、20.17t/（km²·a）、15.45t/（km²·a）、65.2t/（km²·a）、18.25t/（km²·a）、25.38 t/（km²·a）、23.36t/（km²·a），以往资料表明土壤侵蚀模数服从正态分布，方差 $\sigma_0^2 = 412$。在显著水平 $\alpha = 0.10$ 下检验该地区土壤侵蚀模数的方差是否与以往的方差 $\sigma_0^2 = 412$ 有显著差异？

解：本题是总体方差的双侧检验问题，建立统计假设 H_0：$\sigma^2 = 412$，H_1：$\sigma^2 \neq 412$。

由样本资料可算得 $s^2 = 430.98$，$\chi^2 = \dfrac{(n-1)s^2}{\sigma_0^2} = \dfrac{7 \times 430.98}{412} \approx 7.32$

对于显著水平 $\alpha = 0.10$，自由度 $f = n-1 = 8-1 = 7$，由附表6-3可分别查得 χ^2 分布 $\alpha/2 = 0.05$、$1-\alpha/2 = 0.95$ 上侧分位数 $\chi_{0.05}^2(7) = 14.067$、$\chi_{0.95}^2(7) = 2.167$，由于有 $\chi_{0.95}^2(7) = 2.167 < \chi^2 \approx 7.32 < \chi_{0.05}^2(7) = 14.067$，样本实现未落在 H_0 拒绝域，所以接受

H_0，即认为该地区土壤侵蚀模数的方差与以往的方差无显著差异。

【例 14-15】仍以例 14-14 的样本资料为例，如果以往土壤侵蚀模数的方差为 $\sigma_0^2 = 201$，试以显著水平 $\alpha = 0.05$，检验土壤侵蚀模数方差是否超过了 412？

解：显然，本例是关于总体方差的单侧检验问题，建立统计假设

$$H_0:\ \sigma^2 \leqslant \sigma_0^2 = 201\ ;\ H_1:\ \sigma^2 > \sigma_0^2 = 201$$

计算得

$$\chi^2 = \frac{(n-1)s^2}{\sigma_0^2} = \frac{7 \times 430.98}{201} \approx 15.01$$

对于 $\alpha = 0.05$，自由度 $f = n-1 = 8-1 = 7$，由附表 6-3 查得 χ^2 分布 α 上侧分位数 $\chi_{0.05}^2(7) = 14.067$。由于 $\chi^2 = 15.01 > 14.067 = \chi_{0.05}^2(7)$，样本实现落入 H_0 的拒绝域，故拒绝 H_0 而接受 H_1，即认为土壤侵蚀模数方差超过了 412。

14.3.3　两个正态总体参数的假设检验

在 14.3.2 节我们介绍了一个正态总体参数的假设检验方法，实践中还会遇到比较两个或多个正态总体参数之间差异性的问题。

1. 两个正态总体均值的差异性检验

设总体 $X \sim N(\mu_1, \sigma_1^2), Y \sim N(\mu_2, \sigma_2^2)$，$X_1, X_2, \cdots, X_{n_1}$ 和 $Y_1, Y_2, \cdots, Y_{n_2}$ 是抽自总体 X、Y 的简单随机样本，欲由样本判断两个总体均值 μ_1、μ_2 的关系。这种检验问题以统计假设形式表达成以下三种模式：

模式 I　　$H_0:\ \mu_1 = \mu_2,\ H_1:\ \mu_1 \neq \mu_2$

模式 II　　$H_0:\ \mu_1 \geqslant \mu_2,\ H_1:\ \mu_1 < \mu_2$

模式 III　　$H_0:\ \mu_1 \leqslant \mu_2,\ H_1:\ \mu_1 > \mu_2$

1）两个总体方差相等时

如果两个总体 $X \sim N(\mu_1, \sigma_1^2), Y \sim N(\mu_2, \sigma_2^2)$，且 $\sigma_1^2 = \sigma_2^2 = \sigma^2$ 未知。以 $\bar{X}$ 和 S_1^2 记来自总体 $X \sim N(\mu_1, \sigma_1^2)$ 的简单随机样本 $X_1, X_2, \cdots, X_{n_1}$ 的样本均值和样本方差；$\bar{Y}$ 和 S_2^2 记来自总体 $Y \sim N(\mu_2, \sigma_2^2)$ 的简单随机样本 $Y_1, Y_2, \cdots, Y_{n_2}$ 的样本均值和样本方差，两个样本相互独立。

$$T = \frac{(\bar{X} - \bar{Y}) - (\mu_1 - \mu_2)}{\sqrt{\dfrac{(n_1-1)S_1^2 + (n_2-1)S_2^2}{n_1 + n_2 - 2} \left(\dfrac{1}{n_1} + \dfrac{1}{n_2} \right)}} \sim t(n_1 + n_2 - 2) \tag{14-55}$$

A. 双侧检验

模式 I： H_0： $\mu_1 = \mu_2$， H_1： $\mu_1 \neq \mu_2$。

如果模式 I 中 H_0 为真，即 $\mu_1 - \mu_2 = 0$，则

$$T = \frac{\bar{X} - \bar{Y}}{\sqrt{\frac{(n_1-1)S_1^2 + (n_2-1)S_2^2}{n_1+n_2-2}\left(\frac{1}{n_1}+\frac{1}{n_2}\right)}} \sim t(n_1+n_2-2) \tag{14-56}$$

对于给定的显著水平 α 和自由度 $f = n_1 + n_2 - 2$，由附表 6-4 可查 t 分布关于 α 双侧分位数 $t_{\alpha/2}(n_1+n_2-2)$，使得

$$P\{|T| \geqslant t_{\alpha/2}(n_1+n_2-2)\} = \alpha$$

所以，模式 I 中原假设 H_0 的拒绝域为

$$R = \{(x_1, x_2, \cdots, x_n) \in R: |t| \geqslant t_{\alpha/2}(n_1+n_2-2)\}$$

其中，$t = \dfrac{\bar{x} - \bar{y}}{\sqrt{\dfrac{(n_1-1)s_1^2 + (n_2-1)s_2^2}{n_1+n_2-2}\left(\dfrac{1}{n_1}+\dfrac{1}{n_2}\right)}}$ 为 T 的实现。当 $|t| \geqslant t_{\alpha/2}(n_1+n_2-2)$ 时，则

拒绝 H_0；当 $|t| < t_{\alpha/2}(n_1+n_2-2)$ 时，则没有充分理由或证据拒绝 H_0，只能接受 H_0。

【例 14-16】用 A、B 两种方法测定某一大气飘尘样品中的锌含量（单位：mg/kg）抽测结果如下。

A： 14.7　14.8　15.2　15.6　15.3　15.0　16.2　15.8　15.1　15.2　15.9

B： 13.8　14.3　14.2　14.0　14.9　14.5　15.2　14.8　14.5　13.9　13.7　14.6

假设两个样本独立，锌含量服从正态分布且总体方差相等，试问两种方法测定的锌含量均值有无显著差异（ $\alpha = 0.01$ ）？

解：提出原假设 H_0，即两种方法测定的锌含量均值无显著差异，即 $\mu_1 = \mu_2$。依题意知，满足 t 检验的应用条件。

根据样本资料计算 $\bar{x} = 15.3455$， $s_1^2 = (0.47405)^2$， $\bar{y} = 14.3667$， $s_2^2 = (0.46775)^2$，

计算 T 的实现 $t = \dfrac{\bar{x} - \bar{y}}{\sqrt{\dfrac{(n_1-1)s_1^2 + (n_2-1)s_2^2}{n_1+n_2-2}\left(\dfrac{1}{n_1}+\dfrac{1}{n_2}\right)}} \approx 4.982$

根据 $\alpha = 0.01$， $f = n_1 + n_2 - 2 = 21$，查表得 $t_{\alpha/2}(21) = t_{0.005}(21) = 2.831$，由于 $|t| \approx 4.982 > t_{0.005}(21) = 2.831$，故拒绝 H_0，认为两种方法测定的锌含量均值有极显著差异。

B. 单侧检验

模式 II： H_0： $\mu_1 \geqslant \mu_2$， H_1： $\mu_1 < \mu_2$；

模式 III： H_0： $\mu_1 \leqslant \mu_2$， H_1： $\mu_1 > \mu_2$。

根据式（14-55），并参照一个总体均值单侧检验的推导，容易得到，给定显著水平 α 下，两个总体均值单侧检验的拒绝域。

模式 II 的 H_0：$\mu_1 \geqslant \mu_2$ 的拒绝域为

$$R = \{(x_1, x_2, \cdots, x_n) \in R: \ t \leqslant -t_\alpha(n_1 + n_2 - 2)\}$$

模式 III 的 H_0：$\mu_1 \leqslant \mu_2$ 的拒绝域为

$$R = \{(x_1, x_2, \cdots, x_n) \in R: \ t \geqslant t_\alpha(n_1 + n_2 - 2)\}$$

其中，$t = \dfrac{\bar{x} - \bar{y}}{\sqrt{\dfrac{(n_1 - 1)s_1^2 + (n_2 - 1)s_2^2}{n_1 + n_2 - 2}\left(\dfrac{1}{n_1} + \dfrac{1}{n_2}\right)}}$ 为 T 的实现，$t_\alpha(n_1 + n_2 - 2)$ 为 t 分布关于 α 的上侧分位数。

【例 14-17】仍以例 14-16 的数据为例，试问方法 A 测定的平均锌含量是否比方法 B 的高（$\alpha = 0.01$）？

解：由样本数据计算 $\bar{x} = 15.3455$，$s_1^2 = (0.47405)^2$，$\bar{y} = 14.3667$，$s_2^2 = (0.46775)^2$。因 $\bar{x} > \bar{y}$，我们更有理由相信 $\mu_1 > \mu_2$，因此，做统计假设 H_0：$\mu_1 \leqslant \mu_2$；H_1：$\mu_1 > \mu_2$。

由例 14-16 可知，T 的样本值为 $t \approx 4.982$，根据 $\alpha = 0.01$，$f = n_1 + n_2 - 2 = 21$，查附表 6-4 得 α 上侧分位数 $t_{0.01}(21) = 2.518$，由于 $t = 4.982 > t_{0.01}(21) = 2.518$，故拒绝 H_0，即认为方法 A 测定的平均锌含量比方法 B 的高。

2）两个总体方差不等时

如果两个总体 $X \sim N(\mu_1, \sigma_1^2), Y \sim N(\mu_2, \sigma_2^2)$，且 $\sigma_1^2 \neq \sigma_2^2$ 未知。以 $\bar{X}$ 和 S_1^2 记来自总体 $X \sim N(\mu_1, \sigma_1^2)$ 的简单随机样本 $X_1, X_2, \cdots, X_{n_1}$ 的样本均值和样本方差；$\bar{Y}$ 和 S_2^2 记来自总体 $Y \sim N(\mu_2, \sigma_2^2)$ 的简单随机样本 $Y_1, Y_2, \cdots, Y_{n_2}$ 的样本均值和样本方差，两个样本相互独立。这时，两个总体均值差异显著性检验称为贝伦斯–费希尔（Behrens-Fisher）问题，这一问题的解法尚未有公认满意的方法。但这种情况在实践中也较为重要，现给出一个常用的近似检验方法：

$$T = \frac{(\bar{X} - \bar{Y}) - (\mu_1 - \mu_2)}{\sqrt{\dfrac{S_1^2}{n_1} + \dfrac{S_2^2}{n_2}}} \overset{\text{近似}}{\sim} t(f) \tag{14-57}$$

其中，$f = \left[\dfrac{\left(\dfrac{S_1^2}{n_1} + \dfrac{S_2^2}{n_2}\right)^2}{\dfrac{\left(S_1^2/n_1\right)^2}{n_1 - 1} + \dfrac{(S_2^2/n_2)^2}{n_2 - 1}}\right]$，[ ] 表示取整运算。

A. 双侧检验

模式 I：H_0：$\mu_1 = \mu_2$，H_1：$\mu_1 \neq \mu_2$。

如果模式 I 中 H_0：$\mu_1 = \mu_2$ 为真，即 $\mu_1 - \mu_2 = 0$，则由式（14-57）得

$$T = \frac{\overline{X} - \overline{Y}}{\sqrt{\dfrac{S_1^2}{n_1} + \dfrac{S_2^2}{n_2}}} \overset{\text{近似}}{\sim} t(f) \tag{14-58}$$

于是，由式（14-57）和 t 分布双侧分位数定义可知，对于给定的概率 α，存在实数 $t_{\frac{\alpha}{2}}(f)$，使得

$$P\left\{ |T| \geqslant t_{\alpha/2}(f) \right\} = \alpha$$

所以，模式 I 中原假设 H_0 的拒绝域为

$$R = \{(x_1, x_2, \cdots, x_n) \in R \colon |t| \geqslant t_{\alpha/2}(f)\}$$

其中，$t = \dfrac{\overline{x} - \overline{y}}{\sqrt{\dfrac{s_1^2}{n_1} + \dfrac{s_2^2}{n_2}}}$ 为 T 的实现，$f = \left[\dfrac{\left(\dfrac{s_1^2}{n_1} + \dfrac{s_2^2}{n_2} \right)^2}{\dfrac{\left(s_1^2/n_1 \right)^2}{n_1 - 1} + \dfrac{\left(s_2^2/n_2 \right)^2}{n_2 - 1}} \right]$，[ ] 表示取整运算。

当 $|t| \geqslant t_{\alpha/2}(f)$ 时，则拒绝 H_0 而接受 H_1；当 $|t| < t_{\alpha/2}(f)$ 时，则接受 H_0。

B. 单侧检验

模式 II：H_0：$\mu_1 \geqslant \mu_2$，H_1：$\mu_1 < \mu_2$；

模式 III：H_0：$\mu_1 \leqslant \mu_2$，H_1：$\mu_1 > \mu_2$。

根据式（14-57），并参照一个总体均值单侧检验的推导，容易得到，给定显著水平 α 下，两个总体均值单侧检验的拒绝域。

模式 II 的 H_0：$\mu_1 \geqslant \mu_2$ 的拒绝域为

$$R = \{(x_1, x_2, \cdots, x_n) \in R \colon \ t \leqslant -t_\alpha(f)\}$$

模式 III 的 H_0：$\mu_1 \leqslant \mu_2$ 的拒绝域为

$$R = \{(x_1, x_2, \cdots, x_n) \in R \colon \ t \geqslant t_\alpha(f)\}$$

其中，$t = \dfrac{\overline{x} - \overline{y}}{\sqrt{\dfrac{s_1^2}{n_1} + \dfrac{s_2^2}{n_2}}}$ 为 T 的实现，$t_\alpha(f)$ 为 t 分布关于 α 的上侧分位数。

【例 14-18】测定 9 个样品黄褐土代换酸含量（cmol/kg），得 $\overline{x} = 0.07$，$s_1^2 = 0.0121$；测定 11 个样品黄褐土代换酸含量（cmol/kg），得 $\overline{y} = 1.39$，$s_2^2 = 2.2500$。试检验两种土壤代换酸含量的差异显著性。

解：这是两个总体均值差异显著性检验，提出假设 H_0：$\mu_1 = \mu_2$；H_1：$\mu_1 \neq \mu_2$。

由于两种土壤代换酸方差相差悬殊，我们有理由认为两个总体方差不相等，所以，采用总体方差不等的检验法。

$$t = \frac{\bar{x} - \bar{y}}{\sqrt{s_1^2 / n_1 + s_2^2 / n_2}} = \frac{0.07 - 1.39}{\sqrt{0.0121 / 9 + 2.2500 / 11}} \approx -2.91$$

$$f = \left[\frac{\left(s_1^2 / n_1 + s_2^2 / n_2 \right)^2}{\dfrac{\left(s_1^2 / n_1 \right)^2}{n_1 - 1} + \dfrac{\left(s_2^2 / n_2 \right)^2}{n_2 - 1}} \right] = \left[\frac{\left(0.0121 / 9 + 2.2500 / 11 \right)^2}{\dfrac{\left(0.0121 / 9 \right)^2}{9 - 1} + \dfrac{\left(2.2500 / 11 \right)^2}{11 - 1}} \right] = 10$$

因此，自由度 $f=10$，根据 $\alpha = 0.05$，查表得 α 双侧分位数 $t_{\alpha/2}(10) = t_{0.025}(10) = 2.23$，由于 $|t| \approx 2.91 > 2.23 = t_{0.025}(10)$，故拒绝 H_0，两种土壤代换酸含量有显著差异。

2. 两个正态总体方差的差异性检验

在生产和科研实践中，人们往往需要比较两个总体在同一指标上的稳定性，如同一小麦品种在两个不同地区的产量哪个更稳定等，这就形成了数理统计中两个总体方差的检验问题。

设总体 $X \sim N(\mu_1, \sigma_1^2), Y \sim N(\mu_2, \sigma_2^2)$，$X_1, X_2, \cdots, X_{n_1}$ 与 $Y_1, Y_2, \cdots, Y_{n_2}$ 是抽自总体 X、Y 的简单随机样本，欲由样本判断两个正态总体方差 σ_1^2、σ_2^2 的关系。这种检验问题以统计假设形式表达为以下三种模式：

$$\text{模式 I} \qquad H_0:\ \sigma_1^2 = \sigma_2^2,\quad H_1:\ \sigma_1^2 \neq \sigma_2^2$$

$$\text{模式 II} \qquad H_0:\ \sigma_1^2 \geqslant \sigma_2^2,\quad H_1:\ \sigma_1^2 < \sigma_2^2$$

$$\text{模式 III} \qquad H_0:\ \sigma_1^2 \leqslant \sigma_2^2,\quad H_1:\ \sigma_1^2 > \sigma_2^2$$

以 n_1、$\bar{X}$、S_1^2 和 n_2、$\bar{Y}$、S_2^2 分别表示来自 X 与 Y 总体的样本容量、样本均值和样本方差，可知

$$\frac{S_1^2 / S_2^2}{\sigma_1^2 / \sigma_2^2} \sim F(n_1 - 1, n_2 - 1) \qquad (14\text{-}59)$$

1）双侧检验

模式 I：$H_0:\ \sigma_1^2 = \sigma_2^2$，$H_1:\ \sigma_1^2 \neq \sigma_2^2$。

如果模式 I 中 $H_0:\ \sigma_1^2 = \sigma_2^2$ 为真，由式（14-59）可知

$$F = \frac{S_1^2}{S_2^2} \sim F(n_1 - 1, n_2 - 1)$$

由 F 分布分位数定义可知，对于给定的 $\alpha(0 < \alpha < 1)$，可找到实数 $F_{1-\frac{\alpha}{2}}(n_1 - 1, n_2 - 1)$ 和 $F_{\frac{\alpha}{2}}(n_1 - 1, n_2 - 1)$ 使得

$$P\left[\left\{ F \leqslant F_{1-\alpha/2}(n_1 - 1, n_2 - 1) \right\} + \left\{ F \geqslant F_{\alpha/2}(n_1 - 1, n_2 - 1) \right\} \right] = \alpha$$

其概率意义如图 14-19 所示。所以，模式 I 中原假设 H_0 的拒绝域为

$$R = \left[(x_1, x_2, \cdots, x_n) \in R: \{ F \leqslant F_{1-\alpha/2}(n_1-1, n_2-1) \} \cup \{ F \geqslant F_{\alpha/2}(n_1-1, n_2-1) \} \right]$$

其中，$F = s_1^2 / s_2^2$ 是由样本实现计算而得。对于具体的样本实现 $x_1, x_2, \cdots, x_n$，计算出 F 值，当 $(x_1, x_2, \cdots, x_n) \in R$，即有 $F \leqslant F_{1-\alpha/2}(n_1-1, n_2-1)$ 或 $F \geqslant F_{\alpha/2}(n_1-1, n_2-1)$ 时，就拒绝 H_0，认为两个总体方差 σ_1^2、σ_2^2 之间有显著差异；当 $(x_1, x_2, \cdots, x_n) \in A$，则没有充分理由或证据拒绝 H_0，只能接受它，可以认为两个总体方差之间 σ_1^2、σ_2^2 无显著差异。因为 H_0 的拒绝域 R 在横坐标轴的两侧，所以称模式 I 的检验为双侧检验。由于检验中所构造的检验统计量为 F，所以该检验法也称为 F 检验。

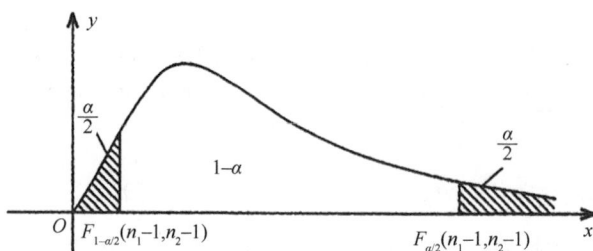

图 14-19　F 检验的双侧临界值

由于 $F = S_1^2 / S_2^2$ 中两个总体的先后顺序可以任意指定，在实践中，我们常约定样本方差较大的来自第一个总体，样本方差较小的来自第二个总体，这样就总有

$$F = S_1^2 / S_2^2 \geqslant 1$$

对于通常的显著水平 α，容易证明总有 $F_{1-\alpha/2}(n_1-1, n_2-1) < 1$，在上述约定条件下，考虑由样本计算得到的 F 值，只要和 $F_{\alpha/2}(n_1-1, n_2-1)$ 比较就可以。若有

$$F \geqslant F_{\alpha/2}(n_1-1, n_2-1)$$

则拒绝 H_0；否则，没有充分理由或证据拒绝 H_0，只能接受它。

【例 14-19】从甲、乙两种土壤中各测量 6 个样点，测得某种有机质的含量如表 14-11 所示。

表 14-11　有机质含量检测结果　　　　　　　　　　（单位：g/kg）

	有机质含量				
甲批样本	0.140	0.138	0.143	0.142	0.144	0.137
乙批样本	0.135	0.140	0.142	0.136	0.138	0.140

设两批土壤某种有机质含量均服从正态分布且两个样本相互独立，试检验这两批样本有机质含量的方差是否有显著差异（$\alpha = 0.05$）？

解：提出统计假设 H_0：$\sigma_1^2 = \sigma_2^2$，H_1：$\sigma_1^2 \neq \sigma_2^2$。

计算两样本方差分别为：$s_1^2 = 7.86 \times 10^{-6}$、$s_2^2 = 7.10 \times 10^{-6}$，以较大的甲批样本方差作为分子，计算 F 的样本值

$$F = s_1^2 / s_2^2 = 7.86 \times 10^{-6} / 7.10 \times 10^{-6} \approx 1.108$$

由 $\alpha = 0.05$，$f_1 = f_2 = 6 - 1 = 5$，$\alpha/2 = 0.025$，查附表 6-5 知，上侧分位数 $F_{0.025}(5,5) = 7.15$，因为 $F \approx 1.108 < 7.15 = F_{0.025}(5,5)$，故接受 H_0，即认为甲、乙两批样本有机质含量的方差无显著差异。

2）单侧检验

模式 II：H_0：$\sigma_1^2 \geqslant \sigma_2^2$，$H_1$：$\sigma_1^2 < \sigma_2^2$。

故模式 II 中 H_0：$\sigma_1^2 \geqslant \sigma_2^2$ 的显著水平不超过 α 的拒绝域为

$$R = \left\{ (x_1, x_2, \cdots, x_n) \in R \colon F \leqslant F_{1-\alpha}(n_1 - 1, n_2 - 1) \right\}$$

其中，$F = s_1^2 / s_2^2$ 为 S_1^2 / S_2^2 的实现，$F_{1-\alpha}(n_1 - 1, n_2 - 1)$ 为 F 分布关于 α 的下侧分位数。

对于具体的样本实现 $x_1, x_2, \cdots, x_n$，计算出 F 值，当 $(x_1, x_2, \cdots, x_n) \in R$，即有 $F \leqslant F_{1-\alpha}(n_1 - 1, n_2 - 1)$ 时，就拒绝 H_0，认为 $\sigma_1^2 < \sigma_2^2$；当 $(x_1, x_2, \cdots, x_n) \in A$ 时，则没有充分理由或证据拒绝 H_0，只能接受它，可以认为 $\sigma_1^2 \geqslant \sigma_2^2$。因为 H_0：$\sigma_1^2 \geqslant \sigma_2^2$ 的拒绝域 R 在坐标轴的左侧，故称为左侧检验。

模式 III：H_0：$\sigma_1^2 \leqslant \sigma_2^2$，$H_1$：$\sigma_1^2 > \sigma_2^2$。

同理可知，模式 III 中的 H_0：$\sigma_1^2 \leqslant \sigma_2^2$ 的拒绝域为

$$R = \left\{ (x_1, x_2, \cdots, x_n) \in R \colon F \geqslant F_{1-\alpha}(n_1 - 1, n_2 - 1) \right\}$$

由于拒绝域 R 在坐标轴的右侧，故称为右侧检验。

14.3.4　大样本下非正态总体均值的假设检验

本节讨论在大样本的情况下总体均值的假设检验问题。由于 0-1 分布是离散型分布中很重要的一类分布，应用广泛，所以对其参数检验进行了专门讨论。对于其他非正态总体的均值检验，当样本容量充分大时，根据中心极限定理可以把它们看作近似服从正态分布，从而可利用 U 检验法对其参数进行检验。

1. 一个总体频率的假设检验

设总体 X 的频率为 p，从总体 X 中抽取的简单随机样本的样本容量为 n，其中具有频率 p 所指代特点的样本单元数为 M（样本频数），则样本频率为 W，即 $W = M/n$。p_0 为一个已知常数，欲由样本判断 p 与 p_0 的关系。这种检验问题以统计假设形式表达可以形成以下三种模式：

$$模式 \text{I} \qquad H_0: \ p = p_0, \ H_1: p \neq p_0$$

$$模式 \text{II} \qquad H_0: \ p \geqslant p_0, \ H_1: p < p_0$$

$$模式 \text{III} \qquad H_0: \ p \leqslant p_0, \ H_1: \ p > p_0$$

当样本容量 n 较大时（一般在 30 以上），由前面讲过的抽样分布定理可得，样本频率近似服从正态分布，即

$$W = \frac{M}{n} \overset{n \to +\infty}{\sim} N\left[p, \frac{p(1-p)}{n} \right]$$

即有

$$U = \frac{W - p}{\sqrt{\dfrac{p(1-p)}{n}}} \overset{n \to +\infty}{\sim} N(0,1) \tag{14-60}$$

1）双侧检验

模式 I：$H_0: \ p = p_0, \ H_1: \ p \neq p_0$。

如果模式 I 中 $H_0: \ p = p_0$ 为真，由式（14-60）有

$$U = \frac{W - p_0}{\sqrt{\dfrac{p_0(1-p_0)}{n}}} \overset{n \to +\infty}{\sim} N(0,1)$$

所以，当 $n \to +\infty$ 时，由正态分布双侧分位数定义可知，对于给定的概率 $\alpha (0 < \alpha < 1)$，存在实数 $u_{\frac{\alpha}{2}}$，使得

$$P\left\{ |U| \geqslant u_{\frac{\alpha}{2}} \right\} = P\left\{ \left| \frac{W - p_0}{\sqrt{\dfrac{p_0(1-p_0)}{n}}} \right| \geqslant u_{\frac{\alpha}{2}} \right\} = \alpha$$

即当样本容量 n 充分大时，模式 I 中原假设 H_0 的拒绝域为

$$R = \left\{ (x_1, x_2, \cdots, x_n) \in R : |u| \geqslant u_{\frac{\alpha}{2}} \right\} \tag{14-61}$$

对于具体的样本实现 $x_1, x_2, \cdots, x_n$，计算出 U 的实现 $u = \dfrac{w - p_0}{\sqrt{\dfrac{p_0(1-p_0)}{n}}}$（$w$ 为 W 的实现）。当 $(x_1, x_2, \cdots, x_n) \in R$，即 $|u| \geqslant u_{\alpha/2}$ 时，就拒绝 H_0，认为总体频率 p 与 p_0 之间有显著差异；当 $(x_1, x_2, \cdots, x_n) \in A$，即 $|u| < u_{\alpha/2}$ 时，则没有充分理由或证据拒绝 H_0，只能接受它，可以认为该总体频率 p 与 p_0 之间无显著差异。

2）单侧检验

与总体均值的单侧检验完全类似，由式（14-60）可得总体频率的单侧检验方法和一般步骤。

（1）做统计假设 H_0：$p \geqslant p_0$（或 $p \leqslant p_0$），H_1：$p < p_0$（或 $p > p_0$）。

（2）计算检验统计量 U 的样本值 $u = \dfrac{w - p_0}{\sqrt{\dfrac{p_0(1 - p_0)}{n}}}$。

（3）做结论，根据 α，计算标准正态分布 α 上侧分位数 u_α。①对于统计假设 $H_0: p \geqslant p_0$，H_1：$p < p_0$，当 $u \leqslant -u_\alpha$ 时，则拒绝 H_0 而接受 H_1；当 $u > -u_\alpha$ 时，则没有充分理由或证据拒绝 H_0，只能接受 H_0。②对于统计假设 H_0：$p \leqslant p_0$，H_1：$p > p_0$，当 $u \geqslant u_\alpha$ 时，则拒绝 H_0 而接受 H_1；当 $u < u_\alpha$ 时，则没有充分理由或证据拒绝 H_0，只能接受 H_0。

【例 14-20】某研究者估计本地高氮区水稻纹枯病的发病率为 30%，现随机抽查了 200 株，其中感病株为 68 株，试问研究者的估计是否恰当（$\alpha = 0.05$）？

解：由题意可知，本例为总体频率的双侧检验问题，且满足大样本条件，故可使用 U 检验。提出原假设 H_0：该研究者的估计恰当，即 $p = p_0 = 0.30$。由样本资料计算出 U 的实现：

$$u = \frac{w - p_0}{\sqrt{\dfrac{p_0(1 - p_0)}{n}}} = \frac{68/200 - 0.30}{\sqrt{0.30 \times (1 - 0.30)/200}} \approx 1.234$$

根据显著水平 $\alpha = 0.05$，查得标准正态分布双侧分位数 $u_{0.05/2} = 1.96$，由于 $|u| \approx 1.234 < 1.96 = u_{\alpha/2}$，所以不能拒绝 H_0，即认为该研究者的估计是恰当的。

【例 14-21】林场和乡政府签订合同，造林成活率达 80% 以上时认为合格，在验收时以重复抽样方式在甲乡所造林中抽取 400 株，结果有 336 株成活，在乙乡所造林中抽取 300 株，结果有 221 株成活，问两乡造林成活率是否达到了要求（$\alpha = 0.05$）？

解：本题为总体频率的单侧检验问题。设甲、乙两乡的造林成活率分别为 p_1 和 p_2，分别检验如下。

（1）甲乡：$H_0: p \leqslant p_0 = 0.80$，$H_1: p > p_0 = 0.80$，计算得

$$u = \frac{w - p_0}{\sqrt{\dfrac{p_0(1 - p_0)}{n}}} = \frac{336/400 - 0.80}{\sqrt{0.80 \times (1 - 0.80)/400}} = 2.0$$

由显著水平 $\alpha = 0.05$，查得 $u_\alpha = u_{0.05} = 1.645$，由于 $u = 2.0 > 1.645 = u_\alpha$，所以拒绝 H_0，即认为甲乡造林成活率显著超过 0.80，达到了要求。

（2）乙乡：H_0：$p \geqslant p_0 = 0.80$，H_1：$p < p_0 = 0.80$，计算得

$$u = \frac{w - p_0}{\sqrt{\dfrac{p_0(1-p_0)}{n}}} = \frac{221/300 - 0.80}{\sqrt{0.80 \times (1-0.80)/300}} \approx -2.74$$

由显著水平 $\alpha = 0.05$，查得 $u_\alpha = u_{0.05} = 1.645$，由于 $u \approx -2.74 < -1.645 = -u_\alpha$，所以拒绝 H_0，即认为乙乡造林成活率显著低于 0.80，不符合要求。

2. 两个总体频率的假设检验

前文我们介绍了一个总体频率的假设检验方法，实践中还常常会遇到要比较两个总体频率之间的差异性问题。实践中，用得最多的还是大样本检验法，这里仅介绍大样本的 U 检验法。

设两个总体频率分别为 p_1、p_2，现从这两个总体中用重复抽样方式独立地取得两个样本，其样本容量和样本频率分别为 n_1、n_2 和 W_1、W_2，欲由样本判断 p_1、p_2 的关系。这种检验问题以统计假设形式表达为以下三种模式：

$$\text{模式 I} \qquad H_0: p_1 = p_2, \quad H_1: p_1 \neq p_2$$
$$\text{模式 II} \qquad H_0: p_1 \geqslant p_2, \quad H_1: p_1 < p_2$$
$$\text{模式 III} \qquad H_0: p_1 \leqslant p_2, \quad H_1: p_1 > p_2$$

则由抽样分布有关知识有

$$W_1 = \frac{M_1}{n_1} \overset{n_1 \to +\infty}{\sim} N\left[p_1, p_1(1-p_1)/n_1 \right]$$

$$W_2 = \frac{M_2}{n_2} \overset{n_2 \to +\infty}{\sim} N\left[p_2, p_2(1-p_2)/n_2 \right]$$

由于 W_1 与 W_2 的独立，利用正态分布的性质有

$$W_1 - W_2 \overset{n_1, n_2 \to +\infty}{\sim} N\left[p_1 - p_2, p_1(1-p_1)/n_1 + p_2(1-p_2)/n_2 \right]$$

从而有

$$U = \frac{(W_1 - W_2) - (p_1 - p_2)}{\sqrt{\dfrac{p_1(1-p_1)}{n_1} + \dfrac{p_2(1-p_2)}{n_2}}} \overset{n_1, n_2 \to +\infty}{\sim} N(0,1) \qquad （14-62）$$

1）双侧检验

模式 I：H_0：$p_1 = p_2$，H_1：$p_1 \neq p_2$。

如果模式 I 中 H_0：$p_1 = p_2$ 为真，即 $p_1 = p_2 = p$，由式（14-62）可知

$$U = \frac{W_1 - W_2}{\sqrt{p(1-p)\left(\dfrac{1}{n_1} + \dfrac{1}{n_2} \right)}} \overset{n_1, n_2 \to +\infty}{\sim} N(0,1) \qquad （14-63）$$

于是，当 n_1、n_2 充分大时，由正态分布双侧分位数定义可知，对于给定的概率 $\alpha(0 < \alpha < 1)$，存在实数 $u_{\alpha/2}$，使得

$$P\left\{|U| \geqslant u_{\frac{\alpha}{2}}\right\} = P\left\{\left|\frac{W_1 - W_2}{\sqrt{p(1-p)\left(\dfrac{1}{n_1} + \dfrac{1}{n_2}\right)}}\right| \geqslant u_{\frac{\alpha}{2}}\right\} = \alpha$$

所以，当样本容量 n_1、n_2 充分大时，模式 I 中原假设 H_0 的拒绝域为

$$R = \left\{(x_1, x_2, \cdots, x_n) \in R : |u| \geqslant u_{\frac{\alpha}{2}}\right\} \tag{14-64}$$

其中，$u = \dfrac{w_1 - w_2}{\sqrt{p(1-p)\left(\dfrac{1}{n_1} + \dfrac{1}{n_2}\right)}}$ 为 U 的实现，在计算 U 的实现 u 时，由于 p 未知，可

用样本频率 W_1、W_2 的实现 w_1、w_2 的加权均值 $\bar{w}$ 代替 p，其中 $\bar{w} = \dfrac{n_1 w_1 + n_2 w_2}{n_1 + n_2}$。当 $|u| \geqslant u_{\alpha/2}$

时，则拒绝 H_0 而接受 H_1；当 $|u| < u_{\alpha/2}$ 时，则没有充分理由或证据拒绝 H_0，只能接受它。

2）单侧检验

模式 II：H_0：$p_1 \geqslant p_2$，H_1：$p_1 < p_2$；

模式 III：H_0：$p_1 \leqslant p_2$，H_1：$p_1 > p_2$。

根据式（14-62），并参照一个 0-1 分布参数单侧检验的推导，容易得到给定显著水平 α 下，两个 0-1 分布参数（总体频率）单侧检验的拒绝域。

模式 II 的 H_0：$p_1 \geqslant p_2$ 的拒绝域为

$$R = \left\{(x_1, x_2, \cdots, x_n) \in R : \ u \leqslant -u_\alpha\right\}$$

模式 III 中 H_0：$p_1 \leqslant p_2$ 的拒绝域为

$$R = \left\{(x_1, x_2, \cdots, x_n) \in R : \ u \geqslant u_\alpha\right\}$$

其中，$u = \dfrac{w_1 - w_2}{\sqrt{p(1-p)\left(\dfrac{1}{n_1} + \dfrac{1}{n_2}\right)}}$ 为 U 的实现，在计算实现 u 时，由于 p 未知，可用

样本频率 W_1、W_2 的实现 w_1、w_2 的加权均值 $\bar{w}$ 代替 p，其中 $\bar{w} = \dfrac{n_1 w_1 + n_2 w_2}{n_1 + n_2}$。$u_\alpha$ 为标准

正态分布关于 α 的上侧分位数。

【例 14-22】用两种种衣剂处理油菜种子，然后在相同条件下进行发芽试验，从第一种种衣剂处理的种子中取 320 粒，有 307 粒发芽，从第二种种衣剂处理的种子中取 260 粒，有 239 粒发芽，试问这两种种衣剂对种子发芽率的作用是否有显著差异（$\alpha = 0.05$）？

解：由题意做统计假设 H_0: $p_1 = p_2$，H_1: $p_1 \neq p_2$。

根据样本资料可知，两种处理下种子的发芽率分别为

$$w_1 = \frac{307}{320} \approx 0.96$$

$$w_2 = \frac{239}{260} \approx 0.92$$

两种发芽率的样本加权平均数

$$\overline{w} = \frac{n_1 w_1 + n_2 w_2}{n_1 + n_2} = \frac{307 + 239}{320 + 260} \approx 0.94$$

故有

$$u = \frac{w_1 - w_2}{\sqrt{\overline{w}(1-\overline{w})\left(\dfrac{1}{n_1} + \dfrac{1}{n_2}\right)}} = \frac{0.96 - 0.92}{\sqrt{0.94(1-0.94)\left(\dfrac{1}{320} + \dfrac{1}{260}\right)}} = 2.017$$

根据显著水平 $\alpha = 0.05$，查得 $u_{0.05/2} = u_{0.025} = 1.96$。由于 $|u| = 2.017 > 1.96 = u_{0.025}$，故拒绝 H_0，即认为两种种衣剂对种子发芽率的作用有显著差异。

3. 一个总体均值的假设检验

前面我们介绍的总体均值的假设检验方法都有一个共同的条件，即总体服从正态分布或近似服从正态分布。在实践中，总体的分布常常是未知的，样本统计量的精确分布往往难以求得，这时只能由其极限分布对原假设进行检验。

假设总体在某个指标上的总体平均数是 μ，方差为 σ^2，$X_1, X_2, \cdots, X_n$ 是从总体中取得的简单随机样本，$x_1, x_2, \cdots, x_n$ 为样本的一个实现，μ_0 为一个已知常数，欲由样本判断 μ 与 μ_0 的关系。类似于正态总体均值的检验，以统计假设形式表达为以下三种模式：

模式 I H_0: $\mu = \mu_0$, H_1: $\mu \neq \mu_0$

模式 II H_0: $\mu \geqslant \mu_0$, H_1: $\mu < \mu_0$

模式 III H_0: $\mu \leqslant \mu_0$, H_1: $\mu > \mu_0$

以 $\overline{X}$、S^2 分别表示样本均值和样本方差，由抽样分布可知

$$U = \frac{\overline{X} - \mu}{\sigma/\sqrt{n}} \overset{n \to +\infty}{\sim} N(0,1) \tag{14-65}$$

若 σ^2 未知，样本容量充分大，可用样本方差 S^2 的实现近似代替它。下面以式（14-65）为基础研究非正态总体均值检验问题的方法与原理。

1）双侧检验

模式 I：H_0: $\mu = \mu_0$, H_1: $\mu \neq \mu_0$。

如果模式 I 中 H_0 为真，由式（14-65）可知，当样本容量 n 充分大时，近似地有

$$U = \frac{\overline{X} - \mu}{S / \sqrt{n}} \overset{n \to +\infty}{\sim} N(0,1) \tag{14-66}$$

所以，当样本容量 n 充分大时，模式 I 中原假设 H_0 的拒绝域为

$$R = \left\{ (x_1, x_2, \cdots, x_n) \in R : |u| \geqslant u_{\frac{\alpha}{2}} \right\} \tag{14-67}$$

式中，$u = \dfrac{\overline{x} - \mu_0}{s / \sqrt{n}}$ 为 $U = \dfrac{\overline{X} - \mu_0}{S / \sqrt{n}}$ 的实现。

2）单侧检验

关于非正态总体均值的单侧检验，其原理与正态总体均值完全类似，不同之处有以下两点。

（1）前者在样本容量充分大的条件下，构造的检验统计量 $U = \dfrac{\overline{X} - \mu_0}{S / \sqrt{n}}$ 近似服从标准正态分布，而后者的检验统计量 $T = \dfrac{\overline{X} - \mu_0}{S / \sqrt{n}}$ 服从自由度为 $n-1$ 的 t 分布。

（2）对给定的显著水平 α，前者的临界值 u_α 是由附表 6-2（双侧分位数表）查得的标准正态分布 α 上侧分位数，而后者的临界值 $t_\alpha(n-1)$ 是由附表 6-4（双侧分位数表）查得的 t 分布 α 上侧分位数。

下面分别直接给出非正态总体均值的单侧检验的原则与步骤（显著水平为 α）。

（1）做统计假设 $H_0: \mu \geqslant \mu_0 (或 \mu \leqslant \mu_0)$，$H_1: \mu < \mu_0 (或 \mu > \mu_0)$。

（2）计算检验统计量 U 的实现 $u = \dfrac{\overline{x} - \mu_0}{s / \sqrt{n}}$。

（3）做结论，根据 α，计算标准正态分布 α 上侧分位数 u_α。①对于统计假设 $H_0: \mu \geqslant \mu_0$，$H_1: \mu < \mu_0$，当 $\mu \leqslant -\mu_\alpha$ 时，则拒绝 H_0 而接受 H_1；当 $\mu > -\mu_\alpha$ 时，则没有充分理由或证据拒绝 H_0，只能接受它。②对于统计假设 $H_0: \mu \leqslant \mu_0$，$H_1: \mu > \mu_0$，当 $\mu \geqslant \mu_\alpha$ 时，则拒绝 H_0 而接受 H_1；当 $\mu < \mu_\alpha$ 时，则没有充分理由或证据拒绝 H_0，只能接受它。

【例 14-23】某地某种土壤中以往含铅的均值通常为 3.2mg/kg，现从此地土壤中随机选取 64 个样点进行检测，计算样本平均值、样本标准差分别为 $\overline{x}$ =4.6mg/kg, s=1.5mg/kg，能否认为此地土壤含铅量的均值就是 3.2mg/kg（$\alpha = 0.05$）？

解：由于不知道总体分布类型，且满足大样本条件，故可应用 U 检验，提出假设 H_0：$\mu = \mu_0 = 3.2$ mg/kg，H_1：$\mu \neq 3.2$ mg/kg。

由样本资料计算出检验统计量 U 的实现 u 为

$$u = \frac{\bar{x} - \mu_0}{s/\sqrt{n}} = \frac{4.6 - 3.2}{1.5/\sqrt{64}} \approx 7.47$$

根据显著水平 $\alpha = 0.05$，查得标准正态分布双侧分位数 $u_{\alpha/2} = u_{0.025} = 1.96$，由于 $|u| = 7.47 > 1.96 = u_{\alpha/2}$，故拒绝 H_0，即认为此地土壤含铅量的均值显著不等于 3.2mg/kg。

【例 14-24】某土壤试验站采用一种新的方案降低金属 Cu 含量，一定时间后从中测定 50 个样点，得到样本平均数和样本标准差分别为 $\bar{x}$ =13.2mg/kg，s=2.4mg/kg。采用新方案前根据经验得知，同样时间内 Cu 含量均值可达 18mg/kg，试问采用新方案后是否降低了 Cu 含量（$\alpha = 0.01$）？

解：依题意，可用单侧 U 检验。由于 $\bar{x} = 13.2 < 18$，故提出统计假设

H_0: $\mu \geq \mu_0 = 18$ mg/kg；H_1: $\mu < \mu_0 = 18$ mg/kg

由样本资料得

$$u = \frac{\bar{x} - \mu_0}{s/\sqrt{n}} = \frac{13.2 - 18}{2.4/\sqrt{50}} \approx -14.14$$

根据显著水平 $\alpha = 0.01$，查标准正态分布上侧分位数 $u_\alpha = u_{0.01} = 2.326$，由于 $u \approx -14.14 < -2.326 = -u_\alpha$，故拒绝 H_0，即认为新方案显著降低了 Cu 含量。

4. 两个总体均值的差异性检验

假设总体 X 的总体均值与方差分别为 μ_1、σ_1^2，总体 Y 的总体均值与方差分别为 μ_2、σ_2^2，$X_1, X_2, \cdots, X_{n_1}$ 和 $Y_1, Y_2, \cdots, Y_{n_2}$ 是抽自总体 X、Y 的简单随机样本，欲由样本判断两个总体均值 μ_1、μ_2 的关系。这种检验问题以统计假设形式表达为以下三种模式：

模式 I　H_0: $\mu_1 = \mu_2$, H_1: $\mu_1 \neq \mu_2$

模式 II　H_0: $\mu_1 \geq \mu_2$, H_1: $\mu_1 < \mu_2$

模式 III　H_0: $\mu_1 \leq \mu_2$, H_1: $\mu_1 > \mu_2$

以 n_1、$\bar{X}$、S_1^2 和 n_2、$\bar{Y}$、S_2^2 分别表示来自 X 与 Y 总体的样本容量、样本均值和样本方差。由抽样分布知

$$\bar{X} - \bar{Y} \overset{n_1, n_2 \to +\infty}{\sim} N\left(\mu_1 - \mu_2, \frac{\sigma_1^2}{n_1} + \frac{\sigma_2^2}{n_2}\right)$$

即有

$$U = \frac{(\bar{X} - \bar{Y}) - (\mu_1 - \mu_2)}{\sqrt{\frac{\sigma_1^2}{n_1} + \frac{\sigma_2^2}{n_2}}} \overset{n_1, n_2 \to \infty}{\sim} N(0,1) \tag{14-68}$$

若总体方差 σ_1^2、σ_2^2 未知，用样本方差 S_1^2、S_2^2 的实现 s_1^2、s_2^2 近似代替。

1）双侧检验

模式 I：$H_0: \mu_1 = \mu_2$，$H_1: \mu_1 \neq \mu_2$。

如果模式 I 中 $H_0: \mu_1 = \mu_2$ 为真，即 $\mu_1 - \mu_2 = 0$，由式（14-68）得

$$U = \frac{(\overline{X} - \overline{Y})}{\sqrt{\dfrac{S_1^2}{n_1} + \dfrac{S_2^2}{n_2}}} \overset{n_1, n_2 \to +\infty}{\sim} N(0,1) \tag{14-69}$$

于是，当 n_1、n_2 充分大时，由式（14-69）和标准正态分布双侧分位数定义可知，对于给定的概率 $\alpha(0 < \alpha < 1)$，存在实数 $u_{\alpha/2}$，使得

$$P\left\{ |U| \geqslant u_{\alpha/2} \right\} = P\left\{ \left| \frac{\overline{X} - \overline{Y}}{\sqrt{\dfrac{S_1^2}{n_1} + \dfrac{S_2^2}{n_2}}} \right| \geqslant u_{\alpha/2} \right\} = \alpha$$

所以，当样本容量 n_1、n_2 充分大时，模式 I 中原假设 H_0 的拒绝域为

$$R = \left\{ (x_1, x_2, \cdots, x_n) \in R: |u| \geqslant u_{\alpha/2} \right\}$$

其中，$u = \dfrac{\overline{x} - \overline{y}}{\sqrt{s_1^2/n_1 + s_2^2/n_2}}$ 为 U 的实现。当 $|u| \geqslant u_{\alpha/2}$ 时，则拒绝 H_0 而接受 H_1；当 $|u| < u_{\alpha/2}$ 时，则没有充分理由或证据拒绝 H_0，只能接受它。

2）单侧检验

模式 II：$H_0: \mu_1 \geqslant \mu_2$，$H_1: \mu_1 < \mu_2$；

模式 III：$H_0: \mu_1 \leqslant \mu_2$，$H_1: \mu_1 > \mu_2$。

根据式（14-68），并参照一个总体均值单侧检验的推导，容易得到给定显著水平 α 下，两个总体均值单侧检验的拒绝域。

模式 II 的 $H_0: \mu_1 \geqslant \mu_2$ 的拒绝域为

$$R = \{(x_1, x_2, \cdots, x_n) \in R: \ u \leqslant -u_\alpha\}$$

模式 III 的 $H_0: \mu_1 \leqslant \mu_2$ 的拒绝域为

$$R = \{(x_1, x_2, \cdots, x_n) \in R: \ u \geqslant u_\alpha\}$$

其中，$u = \dfrac{\overline{x} - \overline{y}}{\sqrt{s_1^2/n_1 + s_2^2/n_2}}$ 为 U 的实现，u_α 为标准正态分布关于 α 的上侧分位数。

【例 14-25】研究土壤地温对某种昆虫的影响时，在第一个深度地层调查了 120 个样点中此种昆虫的每卵块粒数，经计算得：$\overline{x} = 47.5$，$s_1 = 24.5$，第二个深度地层调查了 70

个样点，经计算得：$\overline{y}=72.8$，$s_2=44.2$，试检验两个世代每卵块的平均卵粒数有无差异（$\alpha=0.05$）。

解：由题意做统计假设 H_0：$\mu_1=\mu_2$，H_1：$\mu_1\neq\mu_2$。由于总体分布未知，n_1、n_2 足够大，故可用 U 检验，计算 U 的实现

$$u=\frac{\overline{x}-\overline{y}}{\sqrt{s_1^2/n_1+s_2^2/n_2}}=\frac{47.5-72.8}{\sqrt{24.5^2/120+44.2^2/70}}\approx-4.410$$

由 $\alpha=0.05$ 查表得 $u_{\alpha/2}=1.96$，因 $u=-4.410<-1.96=-u_{\alpha/2}$，故拒绝 H_0，可以认为两个世代每卵块的平均卵粒数之间差异显著。

【例 14-26】仍以例 14-25 的数据为依据，试检验第二个深度地层中卵块的平均粒数是否比第一个明显多（$\alpha=0.05$）？

解：做统计假设 H_0：$\mu_1\geqslant\mu_2$，H_1：$\mu_1<\mu_2$，由于总体分布未知，n_1、n_2 足够大，故可用 U 检验。上例已计算出 $u=-4.410$，根据 $\alpha=0.05$ 查表得 $u_\alpha=1.645$。由于 $u<-u_\alpha$，故拒绝 H_0，接受 H_1，即认为第二个深度地层中每卵块的平均卵粒数显著多于第一个深度地层。

14.3.5 假设检验问题的 p 值法

用 SAS、SPSS、R 等统计软件进行假设检验时，常常会见到 p 值，p 值是进行检验决策的一个依据。

1. p 值的起源

p 值是假设检验理论的创立者，由费歇尔[Fisher（1890—1962 年）]首先提出。

p 值即概率值，也被称为统计量精确置信水平（精确概率），或者说是，拒绝原假设的最低显著水平，p 值越低拒绝原假设的证据越充分。也就是说，只有在 p 值这个显著性水平下，我们才能拒绝原假设。

2. p 值的计算

一般地，用 $T=T(X_1,X_2,\cdots,X_n)$ 表示检验的统计量，当 H_0 为真时，可由样本数据计算出该统计量的值 C，根据检验统计量 T 的具体分布，可求出 p 值。具体地说，左侧检验的 p 值为检验统计量 T 小于样本统计量值 C 的概率，即 $p=P\{T<C\}$；右侧检验的 p 值为检验统计量 T 大于样本统计量值 C 的概率，即 $p=P\{T>C\}$；双侧检验的 p 值为检验统计量 T 落在样本统计量值 C 为端点的尾部区域内的概率的 2 倍，即 $p=2P\{T<C\}$（当 C 位于分布曲线的左侧时）或 $p=2P\{T>C\}$（当 C 位于分布曲线的右侧时）。若 $T=T(X_1,X_2,\cdots,X_n)$ 服从正态分布或 t 分布，因其分布曲线是关于纵轴对称的，故其 p 值可表示为 $p=P\{|T|>C\}$。

计算出 p 值后，将给定的显著性水平 α 与 p 值进行比较，就可做出检验的结论：如果 $p < \alpha$ 值，则在显著性水平 α 下拒绝原假设；如果 $p \geqslant \alpha$ 值，则在显著性水平 α 下接受原假设。

在实践中，当 $p = \alpha$ 值时，也即统计量的值 C 刚好等于临界值，为慎重起见，可增加样本容量，重新进行抽样检验。

3. 显著性假设检验问题利用 p 值进行决策的具体步骤

由上面的讨论可归纳出显著性假设检验问题利用 p 值进行决策的具体步骤如下。

（1）根据实际问题提出原假设 H_0 与备择假设 H_1。

（2）选取合适的检验统计量 T，并在原假设 H_0 成立的条件下确定 T 的分布。

（3）计算检验的 p 值。

（4）将 p 值与显著性水平 α 进行比较，从而对是否拒绝原假设 H_0 做出判断。

【例 14-27】对某块野外试验地进行重金属 Cr 含量调查，为确定是否平均含量不超过 3 mg/kg 的背景要求，现测定 20 个土样点，样本平均值为 2.91mg/kg，样本标准差为 0.129mg/kg。假定土壤 Cr 含量近似服从正态分布，试以此样本为依据做假设检验（$\alpha = 0.05$）。

解：（1）建立假设：H_0：$\mu \geqslant \mu_0 = 3$，H_1：$\mu < 3$。

（2）由于总体方差未知，采用 t 检验，检验统计量为

$$T = \frac{\overline{X} - \mu_0}{S / \sqrt{n}} \sim t(n-1)$$

（3）计算检验的 p 值：

$$t_0 = \frac{2.91 - 3}{0.129 / \sqrt{20}} \approx -3.1201$$

$$P\{T \leqslant t_0 | \mu = \mu_0\} = P\{T \leqslant -3.1201 | \mu = \mu_0\} = P\{T \geqslant 3.1201 | \mu = \mu_0\} = 0.0028$$

（4）因为 $p < 0.05$，故拒绝原假设，接受备择假设，即此块试验地 Cr 含量的均值没有超过背景要求。

事实上，p 值指的是当原假设为真时所得到的样本观察结果或更极端结果出现的概率。p 值越小，说明该事件发生的概率越小，如果出现了，根据小概率原理，我们拒绝原假设的理由越充分。

总之，p 值越小，表明结果越显著。但是检验的结果究竟是显著的、中度显著的还是高度显著的，需要我们自己根据 p 值的大小和实际问题来解决。

14.4　非参数假设检验基础

前面我们讨论了关于总体参数的假设检验问题，其中有些方法的应用条件要求总体服从正态分布或近似服从正态分布。但在许多实际问题中，总体的分布类型往往是未知

的，或知道很少，因此，需要引进其他一些统计方法，判定总体服从什么分布、试验所得数据是否符合某个理论、影响实验结果的两个因素是否关联等，这就是非参数检验。非参数检验方法比较多，我们将介绍其中常用的几种方法。

14.4.1 总体分布的拟合检验

一个总体服从什么分布是实践中经常关心的问题。由样本判断总体分布类型，这种检验称为分布拟合检验，又称拟合优度检验（testing goodness of fit）。这种检验也有不少方法，下面仅介绍较常用的 χ^2 检验法，也称 χ^2 拟合检验法。

假设总体 X 的分布函数 $F(X)$ 未知，$F_0(X)$ 为一个已知分布的分布函数，$F_0(X)$ 中可以含有未知参数，也可以不含未知参数。$X_1, X_2, \cdots, X_n$ 是从总体 X 中取得的简单随机样本，$x_1, x_2, \cdots, x_n$ 为样本的一个实现，欲由样本检验统计假设

$$H_0:\ F(x) = F_0(x),\ H_1:\ F(x) \neq F_0(x)$$

对于 H_0 的检验，通常采用皮尔逊（Pearson）的 χ^2 检验法，其基本思想是：把样本实现 $x_1, x_2, \cdots, x_n$ 分成 m 组，一般采用等距分组，$n=10m$，且每组样本数大于 5，否则与相邻组合并，以 $v_i\,(i=1,2,\cdots,m)$ 表示样本实现落入第 i 个小区间 $[t_{i-1}, t_i)\,(i=1,2,\cdots,m)$ 的实际频数。

由分布函数 $F_0(X)$ 可计算出 X 落入第 i 个小区间 $[t_{i-1}, t_i)$ 的概率 p_i：

$$p_i = P\{t_{i-1} \leqslant X < t_i\} = F_0(t_i) - F_0(t_{i-1}) \qquad (i=1,2,\cdots,m) \tag{14-70}$$

式中，$0 < p_i < 1$，$\sum\limits_{i=1}^{m} p_i = 1$，称 np_i 为样本落入第 i 个小区间的理论频数。

如果 H_0 为真，理论频数 np_i 与实际频数 v_i 应当很接近，即 $(v_i - np_i)^2$ 应很小，从而 $\sum\limits_{i=1}^{m} \dfrac{(v_i - np_i)^2}{np_i}$ 也应较小；若 $\sum\limits_{i=1}^{m} \dfrac{(v_i - np_i)^2}{np_i}$ 较大，则我们就有理由怀疑 H_0 的正确性，所以 $\sum\limits_{i=1}^{m} \dfrac{(v_i - np_i)^2}{np_i}$ 可用作检验统计假设 $H_0:\ F(x) = F_0(x)$，$H_1:\ F(x) \neq F_0(x)$ 的统计量。检验的原理依据皮尔逊定理。

下面不加证明地给出皮尔逊定理。

定理 14-2 当 H_0 成立且 m 充分大时，不论 $F_0(X)$ 为何种分布函数，都近似地有

$$\chi^2 = \sum_{i=1}^{m} \frac{(v_i - np_i)^2}{np_i} \overset{\text{近似}}{\sim} \chi^2(m-1) \tag{14-71}$$

式中，m 为分组数。

若 $F_0(X)$ 中含有 k 个未知参数，则首先用样本资料对各个未知参数进行估计，以估计值代替 $F_0(X)$ 中的未知参数，然后再根据式（14-70）计算各个小区间的概率 p_i、理

论频数 np_i $(i=1,2,\cdots,m)$，但这时式（14-71）应修正为

$$\chi^2 = \sum_{i=1}^{m} \frac{(v_i - np_i)^2}{np_i} \overset{\text{近似}}{\sim} \chi^2(m-k-1) \tag{14-72}$$

对于给定的显著水平 α，根据皮尔逊定理可知，原假设 H_0：$F(x)=F_0(x)$ 的拒绝域为 $\chi^2 \geqslant \chi^2_\alpha(f)$，其中 $\chi^2_\alpha(f)$ 为 χ^2 分布关于 α 的上侧分位数，自由度 $f=m-1$（m 为分组数），若 $F_0(X)$ 中含有 k 个需由样本估计的未知参数，则这时取 $f=m-k-1$。

由于皮尔逊定理是在极限意义下推导出来的，所以必须要求 n 充分大，同时还要求 np_i 不能太小，实践中，一般要求 $n \geqslant 50$，$np_i \geqslant 5(i=1,2,\cdots,m)$。在各个小区间的理论频数 np_i 中，若有的理论频数小于 5，应与相邻组合并，相应的实际频数 v_i 也随之合并，而此时 m 就是合并后新组的分组数。

【例 14-28】为了解某镇现有耕地的肥力状况，在全镇范围内采集了 200 块田的土壤耕层样品，分别测定了碱解氮含量。通过对数据的初步整理，得到了在不同氮含量范围内的田块资料表 14-12，试检验该镇土壤碱解氮含量是否服从正态分布（$\alpha=0.05$）？

表 14-12　试验数据资料

数据分组	田块数	数据分组	田块数
<14mm	3	26～30mm	59
14～18mm	14	30～34mm	31
18～22mm	22	34～38mm	15
22～26mm	52	>38mm	4

解：本题属于总体分布类型的假设检验问题，$n=200$，可用 χ^2 拟合检验法。

（1）提出原假设 H_0：碱解氮含量总体 X 服从正态分布，即 X 的分布函数 $F(x)=F_0(x)$，其中 $F_0(x)=\dfrac{1}{\sqrt{2\pi}\delta}\displaystyle\int_{-\infty}^{x} e^{-(t-\mu)^2/2\delta^2} dt$，$\mu$、$\delta^2$ 都是未知参数。

（2）分组并统计各组的实际频数 v_i。根据样本实现，把整个数轴分成 8 个区间，即 $(-\infty,14)$、$[14,18)$、$[18,22)$、$[22,26)$、$[26,30)$、$[30,34)$、$[34,38)$、$[38,+\infty)$，样本实现落在各组的实际频数 v_i 见表 14-12。

（3）估计分布函数 $F_0(x)$ 中的未知参数（$k=2$）。

根据样本的分组数据计算样本平均值和样本方差，分别作为 $F_0(x)$ 中 μ 和 δ^2 的估计值：

$$\bar{x} = \frac{1}{n}\sum_{i=1}^{8} x_i v_i = 26.46$$

$$s^2 = \frac{1}{n-1}\sum_{i=1}^{8}(x_i - \bar{x})^2 v_i = (5.75)^2$$

式中，x_i 为第 i 组的组中值；v_i 为第 i 组的实际频数。

（4）在 H_0 成立的条件下计算各组的理论频数 np_i。

$$p_1 = P(-\infty < X < 14) = \varPhi\left(\frac{14-26.46}{5.75}\right) = \varPhi(-2.167) = 0.0146$$

$$p_1 = P(14 < X < 18) = \varPhi\left(\frac{14-26.46}{5.75}\right) - \varPhi\left(\frac{18-26.46}{5.75}\right) = 0.0548$$

类似可计算其余 p_i，由 $n=200$ 可算得各组的理论频数 np_i $(i=1,2,\cdots,8)$，结果见表 14-13。由于第 1 组和第 8 组的理论频数均小于 5，故把第 1 组并入第 2 组，把第 8 组并入第 7 组，相应的实际频数 v_i 也按同样的方式进行合并，并组后剩 8-2=6 组，即此时 $m=6$。

表 14-13　分布检验计算表

氮含量分组	实际频数 v_i	各组上限 t_i	$u_i = \dfrac{t_i - \bar{x}}{s}$	理论概率 p_i	理论频数 np_i	$\dfrac{(v_i - np_i)^2}{np_i}$
$(-\infty, 14)$	3	14	−2.18	0.0146	2.9	0.6914
$[14, 18)$	14	18	−1.48	0.0548	11.0	
$[18, 22)$	22	22	−0.78	0.1483	29.7	1.9963
$[22, 26)$	52	26	−0.08	0.2504	50.1	0.0721
$[26, 30)$	59	30	0.62	0.2643	52.9	0.7034
$[30, 34)$	31	34	1.32	0.1742	34.8	0.4149
$[34, 38)$	15	38	2.02	0.0717	14.3	0.0086
$[38, +\infty)$	4	$+\infty$	$+\infty$	0.0217	4.3	
$\sum$	200			1.0000	200	3.89

（5）计算 χ^2 值、做结论。由并组后的 6 组理论频数及相应的实际频数（并组后的新组序号仍按前到后记为 $1,2,\cdots,6$）计算得

$$\chi^2 = \sum_{i=1}^{6} \frac{(v_i - np_i)^2}{np_i} \approx 3.89$$

根据 $\alpha = 0.05$，自由度 $f = m-k-1 = 6-2-1 = 3$，查表得 χ^2 分布关于 α 的上侧分位数 $\chi_{0.05}^2(3) = 7.815$。由于 $\chi^2 \approx 3.89 < 7.815 = \chi_{0.05}^2(3)$，故接受原假设 H_0，即可以认为该镇土壤碱解氮含量服从正态分布。

14.4.2　符合性检验

在科学实验中，人们常常根据实践经验或某种科学理论对所研究的问题提出科学的假设，那么这种假设是否反映了客观实际，需要利用实验数据进行检验。由样本检验试验测定的结果与某种理论推断或某种科学的理论假设是否相符合的问题，称为符合性检验，也称适合性检验。

类似于分布的假设检验方法，在总体分布符合某种理论的原假设 H_0 下，分别计算出各组理论频数 np_i，利用样本实现的各组实际频数 $v_i(i=1,2,\cdots,m)$，根据式（14-71）计算 χ^2 值，再根据给定的显著水平 α，自由度 $f=m-1$（m 为分组数）查 χ^2 分布上侧分位数 α 表得 $\chi_\alpha^2(f)$，若 $\chi^2 \geqslant \chi_\alpha^2(f)$，则拒绝 H_0，否则接受 H_0。

在分组数 $m=2$ 时，则自由度 $f=m-1=1$，由于用连续型的 χ^2 分布估计取离散数值的概率会出现较大的误差，这是需对 χ^2 值进行校正，即 χ^2 值的计算公式为

$$\chi^2 = \sum_{i=1}^{2} \frac{\left(|v_i - np_i| - 0.5\right)^2}{np_i} \tag{14-73}$$

当自由度大于或等于 2 时，一般不需作这种校正。

【例 14-29】孟德尔在著名的豌豆杂交实验中，用黄色圆粒豌豆种子与绿色皱粒豌豆种子杂交，第二代 F_2 的植株所结种子出现分离现象，第二代 F_2 的植株所结种子外形及株数数据见表 14-14，试问这种分离比率是否符合 $9:3:3:1$ 的比例关系（$\alpha=0.05$）？

表 14-14　试验数据

	黄色圆粒	黄色皱粒	绿色圆粒	绿色皱粒	合计
株数	315	101	108	32	556

解：原假设为 H_0：分离比率符合 $9:3:3:1$，H_1：分离比率不符合 $9:3:3:1$。

如果 H_0 为真，不同种子类型的理论频数应为

$$np_1 = 556 \times \frac{9}{16} = 312.75$$

$$np_2 = np_3 = 556 \times \frac{3}{16} = 104.25$$

$$np_4 = 556 \times \frac{1}{16} = 34.75$$

$$\chi^2 = \sum_{i=1}^{4} \frac{(v_i - np_i)^2}{np_i} = \frac{(315-312.75)^2}{312.75} + \frac{(101-104.25)^2}{104.25}$$
$$+ \frac{(108-104.25)^2}{104.25} + \frac{(32-34.75)^2}{34.75} \approx 0.470$$

根据 $\alpha=0.05$，自由度 $f=4-1=3$，查表得 χ^2 分布关于 α 的上侧分位数 $\chi_{0.05}^2(3)=7.815$。由于 $\chi^2 \approx 0.470 < 7.815 = \chi_{0.05}^2(3)$，故接受原假设 H_0，即可以认为 F_2 是按 $9:3:3:1$ 比率分离的。

【例 14-30】研究番茄的遗传性时，常假设子一代中红肉和黄肉的比率为 $3:1$，现在子一代随机抽得的 400 个番茄中，查得有 310 个是红肉，90 个是黄肉，问分离比率 $3:1$ 是否可信（$\alpha=0.05$）？

解：原假设为 H_0：分离比率符合 $3:1$，H_1：分离比率不符合 $3:1$。

如果 H_0 为真，子一代中红肉和黄肉的理论频数应为

$$np_1 = 400 \times \frac{3}{4} = 300 \qquad np_2 = 400 \times \frac{1}{4} = 100$$

$$\chi^2 = \sum_{i=1}^{2} \frac{\left(\left|v_i - np_i\right| - 0.5\right)^2}{np_i} = \frac{\left(\left|310 - 300\right| - 0.5\right)^2}{300} + \frac{\left(\left|90 - 100\right| - 0.5\right)^2}{100} \approx 1.203$$

根据 $\alpha = 0.05$，自由度 $f = 2 - 1 = 1$，查表得 χ^2 分布关于 α 的上侧分位数 $\chi^2_{0.05}(1) = 3.841$。由于 $\chi^2 \approx 1.203 < 3.841 = \chi^2_{0.05}(1)$，故接受原假设 H_0，即可以认为番茄一代中红肉和黄肉的比率确为 $3:1$。

14.4.3　独立性检验

在实际问题中，我们常常也需要了解总体单元在某个或某些非数量指标上的状态，如番茄肉的颜色、产品的产地及品质状况等，我们把这种取值只能使用语言或代号标明其属性而不能精确地量化的变量称为定性变量，换言之，定性变量只描述了总体单元在某指标上的属性。就总体的每个单元来说，在某个定性变量的任何一个状态（或几个定性变量的任何一个状态的组合）下总能做出"是"或"否"的回答。因此，对定性变量的观测结果往往是以计数数据的形式出现。

假设定性变量（总体的属性指标）A 有 r 个状态 $A_1, A_2, \cdots, A_r$，B 有 c 个状态 $B_1, B_2, \cdots, B_c$，现从研究总体中随机抽取 n 个对象进行观测，其中出现 A、B 状态组合 $\left(A_i, B_j\right)$ 的实际频数记为 n_{ij}，则样本实现可用表 14-15 以计数数据形式给出，这样的 $r \times c$ 表称为列联表（contingency table）。通过列联表可以检验 A、B 两个定性变量之间是独立的还是相互关联的，这种检验称为独立性检验或列联表检验。

表 14-15　$r \times c$ 列联表

变量 A	变量 B				合计
	B_1	B_2	$\cdots$	B_c	
A_1	$n_{11}(e_{11})$	$n_{12}(e_{12})$	$\cdots$	$n_{1c}(e_{1c})$	$n_{1\cdot}$
A_2	$n_{21}(e_{21})$	$n_{22}(e_{22})$	$\cdots$	$n_{2c}(e_{2c})$	$n_{2\cdot}$
$\vdots$	$\vdots$	$\vdots$		$\vdots$	$\vdots$
A_r	$n_{r1}(e_{r1})$	$n_{r2}(e_{r2})$	$\cdots$	$n_{rc}(e_{rc})$	$n_{r\cdot}$
合计	n_1	n_2	$\cdots$	n_c	n

注：$n_{i\cdot} = \sum_{j=1}^{c} n_{ij} (i = 1, 2, \cdots, r)$；$n_j = \sum_{i=1}^{r} n_{ij} (j = 1, 2, \cdots, c)$；$\sum_{i=1}^{r} n_{i\cdot} = \sum_{j=1}^{c} n_j = n$。

为了由样本来检验 A、B 两个变量是否独立，可把表 14-15 中的 A、B 视为离散型随机变量，其取"值"分别为 $A_1, A_2, \cdots, A_r$ 和 $B_1, B_2, \cdots, B_c$。以 p_{ij} 表示 A 取 A_i 及 B 取 B_j 的

概率，以 $p_{i.}$、$p_{.j}$ 分别表示 A 和 B 的边际概率，此时检验 A、B 是否独立的问题就归结为检验以下的原假设：

$$H_0:\ p_{ij} = p_{i.} \times p_{.j} \qquad (\text{对 } i=1,2,\cdots,r \text{、} j=1,2,\cdots,c \text{ 均成立}) \qquad (14\text{-}74)$$

根据样本资料，$r \times c$ 个组 (A_i, B_j) 的实际频数 n_{ij} 均已知，如果在 H_0 成立的条件下能求得其对应的理论概率 p_{ij}，就能求得相应的理论频数 $e_{ij} = np_{ij}$，这样我们就可用 χ^2 拟合检验法对 H_0 进行检验。实际中，$p_{i.}$ 和 $p_{.j}$ 是未知的，但只要样本容量 n 足够大，就可以用相应的观测频率 $\dfrac{n_{i.}}{n}$、$\dfrac{n_{.j}}{n}$ 分别作为概率 $p_{i.}$ 和 $p_{.j}$ 的估计值（$i=1,2,\cdots,r$；$j=1,2,\cdots,c$）。由此可知，在 H_0 成立的条件下，与实际频数 n_{ij} 相应的理论频数 e_{ij} 为

$$e_{ij} = np_{ij} = np_{i.} \times p_{.j} \approx n \times \frac{n_{i.}}{n} \times \frac{n_{.j}}{n} = \frac{n_{i.} \times n_{.j}}{n} \quad (i=1,2,\cdots,r;\ j=1,2,\cdots,c) \quad (14\text{-}75)$$

当样本实现为 $r \times c$ 列联表时，χ^2 值为

$$\chi^2 = \sum_{i=1}^{r} \sum_{j=1}^{c} \frac{(n_{ij} - e_{ij})^2}{e_{ij}} \sim \chi^2\big[(r-1)(c-1)\big] \qquad (14\text{-}76)$$

【例 14-31】通过调查在干旱条件下出现不同萎蔫程度的小麦株数，研究不同施钾量对小麦抗旱性的影响，结果如表 14-16 所示，试在显著水平 $\alpha = 0.05$ 下做独立性检验。

表 14-16　调查结果　　　　（单位：株）

施钾量	小麦株数			合计
	永久萎蔫	暂时萎蔫	不萎蔫	
30K$_2$O kg/hm^2	255（157.60）	341（284.68）	210（363.72）	806
60K$_2$O kg/hm^2	187（169.73）	305（306.58）	376（391.70）	868
90K$_2$O kg/hm^2	158（171.88）	302（310.46）	419（396.66）	879
120K$_2$O kg/hm^2	66（166.79）	255（301.28）	532（384.93）	853
合计	666	1203	1537	3406

解：H_0：干旱条件下小麦的萎蔫程度与施钾量无关。

在 H_0 成立下，根据样本实现估计各组的理论频数，由式（14-75）可知，$e_{11} = \dfrac{n_1 \times n_1}{n} = \dfrac{806 \times 666}{3406} \approx 157.60$，其余计算的理论频数列在表 14-16 相应的括号中。

根据式（14-76）计算 χ^2 的实现：

$$\chi^2 = \sum_{i=1}^{3} \sum_{j=1}^{2} \frac{(n_{ij} - e_{ij})^2}{e_{ij}} = \frac{(255-157.60)^2}{157.60} + \frac{(341-284.68)^2}{284.68} + \cdots + \frac{(532-384.93)^2}{384.93} \approx 265.51$$

根据 $\alpha = 0.05$，自由度 $f = (4-1)(3-1) = 6$，查表得 χ^2 分布关于 α 的上侧分位数

$\chi^2_{0.05}(6)=16.81$。由于 $\chi^2\approx265.51>\chi^2_{0.05}(6)=16.81$，故拒绝原假设 H_0，干旱条件下施钾量对小麦的萎蔫程度有极显著影响。

14.5 方 差 分 析

前面章节涉及的是一个正态总体和两个正态总体的有关特征参数的假设检验问题。然而，生产实际和科学研究中，往往涉及三个或三个以上正态总体的有关参数估计和均值比较问题，所用的统计方法称为方差分析（analysis of variance，ANOVA）。

14.5.1 方差分析的概念与基本思想

1. 问题的引入

先看下面的实例。

【例 14-32】为了比较三种饲料的增重效果，选取 24 头条件基本一致的小猪，每一头小猪只喂一种饲料，表 14-17 列出了每种饲料所喂养的小猪在试验期间的增重（kg），试分析饲料对小猪增重的差异显著性。

表 14-17 三头母猪的仔猪断奶时的体重

饲料号	小猪数量 r_i/头	观察值 x_{ij}/kg									$\bar{x}_i$./kg
1	8	24.0	22.5	24.0	20.0	22.0	23.0	22.0	22.5		22.5
2	7	19.0	19.5	20.0	23.5	19.0	21.0	16.5			19.8
3	9	16.0	16.0	15.0	20.5	14.0	17.5	14.5	15.5	19.0	16.5

这里，每种饲料下的平均增重代表了该种饲料下的增重水平，从表 14-17 中的数据可以看出，三种饲料下的平均增重值从大到小依次为第 1 种、第 2 种、第 3 种。然而，仅凭平均值的差异进行直观比较是不够的，因为同一种饲料下的增重值之间也有差异。如何进行三种饲料下的增重差异性检验，就是三个正态总体均值差异的检验问题。

抛开其实际背景，此问题可以归结为统计检验问题，即三个或三个以上总体的均值比较问题，其实质是判断这些样本是否来自同一总体。

对于三个或三个以上总体均值比较问题，能否使用两个正态总体均值差的两两 t 检验，通过两两比较来解决这类问题呢？对于例 14-32 的问题，如果在检验水平 α 下，借用两个总体均值比较问题的 t 检验，就需要进行 $C_3^2=3$ 次 t 检验。但因统计学的结论都是在一定的概率意义下接受或者拒绝的，存在犯错误的可能。若要用 3 次 t 检验来考察 4 种集装箱的抗压强度是否存在差异，按照 t 检验的思想，假设抗压强度相同，对于某一次比较，犯第一类（弃真）错误的概率为 α，那么连续 3 次的两两比较，犯第一类错误的概率就是 $1-(1-\alpha)^3$，如果取 $\alpha=0.05$，那么在连续 3 次 t 检验中，犯第一类错误的概率将上升为 0.1426。可以预见，如果总体个数越多，会导致连续多次 t 检验中，犯第一类错误的概率更大，远超事先给定的假设检验的显著水平。因此，多个均值比较时不宜采用 t 检验做两两比较。对于三个或三个以上比较来自不同部分的变异的统计推断，英国统计学家 Fisher 创立了方差分析的理论基础，将样本数据的总变异分解为由研究因素所造成的变异和由随机误差所造成的变异，通过比较这两种变异构造服从 F 分布的检验统计量，从而解决了多个总体均值的比较问题。

2. 方差分析中的术语

1）试验指标（testing indicators）

用于反映试验效果的试验对象特征称为试验指标。本节所提到的试验指标都是定量的。例如，例 14-32 中小猪体重是试验指标。试验指标是由试验分析的目的确定的，同一组试验对象，试验目的不同，试验指标不尽相同。

2）因素（factors）及其水平（level）

把影响一个试验指标变化的原因或条件称为因素，因素的不同等级称为水平。一般影响一个试验指标的因素有许多，有些已经被探明，也有一些并没有被探明，无论是否探明，影响试验指标的因素是客观存在的。试验因素通常用大写字母 A、B、C 等来表示，一个因素的不同水平使用表示该因素的字母加下标表示，如因素 A 的水平表示为 $A_1, A_2, A_3, \cdots$。一项试验中加以考虑并控制其变化的因素称为试验因素，如在比较几种施肥法对作物产量影响的试验中，除施肥法外，使其他影响作物产量的条件要素保持一致，施肥法作为控制变化的条件要素，则施肥法就是试验因素，不同施肥法就是施肥法的水平。按试验中所考虑因素个数可分为单因素试验和多因素试验。单因素试验是指在试验中仅考察一个因素的试验。例如，在小麦播种量试验中，播种量是试验因素，$8 \ \text{kg}/1000 \ \text{m}^2$、$12 \ \text{kg}/1000 \ \text{m}^2$、$16 \ \text{kg}/1000 \ \text{m}^2$ 等则是这一因素的不同水平。多因素试验是指在试验中考察两个或两个以上因素的试验。这类试验一般可用因素的数目来命名，如二因素试验、三因素试验等。

3）处理（treatment）

一个试验中，把所考察因素的不同水平的组合称为处理。因此，在单因素试验中，因素的每一个水平称为一个处理，试验因素有几个水平，就相应地有几个处理。在多因素试验中，每个因素可设置若干个水平，各因素不同水平的组合称为处理，处理的数目为各因素水平的乘积。例如，三因素试验中，A 因素为 a 水平，B 因素为 b 水平，C 因素为 c 水平，则处理数为 abc 个。

【例 14-33】如表 14-18 所示为棉花品种、播期、密度三因素试验的处理设计，其目的是了解不同类型棉花在不同播期和密度下的生产力。

4）交互作用

多因素试验时，除了解每个因素单独对试验指标是否有影响外，经常还需要考虑两个因素不同水平组合对试验指标是否有影响。单个因素对试验指标的影响称为主效应，两个因素的不同水平组合对试验指标的影响称为交互作用。因素 A 与因素 B 的交互作用以 $A \times B$ 表示，以表 14-19 为例说明交互作用。

表 14-18　棉花三因素试验处理设计

A 品种	B 播期	C 密度/（株/667 m²）	处理号
A_1 （陆地棉）	B_1（谷雨）	C_1（3500）	1
		C_2（7000）	2
		C_3（10500）	3
	B_2（立夏）	C_1（3500）	4
		C_2（7000）	5
		C_3（10500）	6
A_2 （草棉）	B_1（谷雨）	C_1（3500）	7
		C_2（7000）	8
		C_3（10500）	9
	B_2（立夏）	C_1（3500）	10
		C_2（7000）	11
		C_3（10500）	12

表 14-19　施肥对大豆亩产量的影响　　　　　　　　　　　（单位：kg）

氮肥	磷肥	
	P=0kg	P=4kg
N=0kg	200	225
N=6kg	215	280

从表 14-19 可以看出，施氮量为 0kg，同时施磷量也为 0kg 时，大豆亩产量为 200kg；若不施磷肥而仅施氮肥 6kg，大豆亩产量增加 15kg；若不施氮肥而仅施磷肥 4kg，大豆亩产量增加 25kg；若施氮 6kg，同时施磷 4kg 时，大豆亩产量增加 80kg。显然，氮肥和磷肥同时作用的效果 80kg 并不等于它们单独作用的效果之和 40kg。其差值 40kg 就是氮肥和磷肥联合搭配作用的效果，表明氮肥和磷肥之间存在着交互作用且具有相互促进的性质，使得大豆产量趋于增加。

5）随机误差（random error）

影响试验指标的原因通常有两类：一类为可控因素，即试验中所考虑且加以控制的因素不同水平对试验指标的影响，称其为处理效应或组间误差，一个因素的处理效应利用该因素的不同水平之间的差异来估计；另一类为试验中未考虑或者未控制的因素（通常作为试验环境，在一个严格控制的试验中，所有试验单元应保持一致，但往往由于不可控因素的影响而做不到一致）对试验指标的影响，这种因素又称为随机因素。我们将随机因素所造成的试验指标的变异称为随机误差，随机误差是指接受某个处理的试验单元的指标的观察值与其理论值之间的差异。在实际中，通过接受同一处理的不同试验单元的变异来估计。在任何一个试验中随机误差是不可避免的，只能通过严格控制试验条件等手段，减少随机误差，使处理效应能更好地被甄别出来。

3. 方差分析的基本思想

下面以例 14-32 来说明方差分析的基本思想。

由例 14-32 的试验可知，不同类型饲料所喂养小猪的重量存在差异，并且同一类型饲料的不同小猪间重量也会有所差异。对于这两种差异产生的原因，前者主要是由不同类型饲料所供给的营养元素带来的差异，这就是组间误差，又称为组间效应或处理效应；后者是除类型外的各种人为不可控的随机因素造成小猪重量上的差异，这就是随机误差。那么，如何判断不同类型饲料所喂养小猪的重量是否有差异？若有差异，哪一种饲料的效果最好？

Fisher 创立的方差分析是解决该类问题的有力工具，其直观想法是：对试验数据所显示的差异进行分解，区分出组间误差和随机误差，利用数理统计的相关原理建立适当的统计量，将组间误差与随机误差进行比较，如果组间误差比随机误差大得多，就认为试验数据的差异主要是由饲料类型不同所造成的，即不同类型的饲料喂养小猪的重量有显著差别，否则就认为试验数据的差异主要是由随机误差引起的，即不同类型的饲料喂养小猪的重量无显著差异。

本章仅讨论单因素随机试验数据与双因素随机试验数据的方差分析，分别称为单因素方差分析和双因素方差分析。

14.5.2　单因素方差分析

在生产实际或科学研究中，仅考虑一个可控因素对试验指标影响的试验称为单因素试验，分析单因素对试验指标影响的统计方法称为单因素方差分析。

假设可控因素为 A，试验指标为 X，因素 A 在试验中取 a 个不同的水平，即 $A_1, A_2, \cdots, A_a$，其中 A_i 为因素 A 的第 i 个水平，由于是单因素试验，水平 A_i 也是一个处理，对 A_i 重复观察 r_i 次 $(i = 1, 2, \cdots, a)$，每个处理的重复次数可相等也可不相等，总试验单元数为 $\sum\limits_{i=1}^{a} r_i = n$，且所有试验单元的环境条件是一致的。

1. 单因素试验的方差分析

1）数据结构

假设单因素试验经过实施得到如表 14-20 所示的数据资料，其中 X_{ij} 为因素 A 的第 i 个水平 A_i 的第 j 次观察值 $(i = 1, 2, \cdots, a;\ j = 1, 2, \cdots, r_i)$。表中对试验数据进行了初步处理，即对处理 A_i 所对应的试验数据求和 $(T_{i.})$、求平均 $(\overline{X}_{i.})$，对所有试验数据求总和 $(T_{..})$、总平均 $(\overline{X}_{..})$。

表 14-20　单因素试验数据资料表

因素 A	试验数据 X_{ij}				和 $T_{i.}$	平均 $\overline{X}_{i.}$
A_1	X_{11}	X_{12}	$\cdots$	X_{1r_1}	T_1	$\overline{X}_{1.}$
A_2	X_{21}	X_{22}	$\cdots$	X_{2r_2}	T_2	$\overline{X}_{2.}$
$\vdots$	$\vdots$	$\vdots$		$\vdots$	$\vdots$	$\vdots$
A_a	X_{a1}	X_{a2}	$\cdots$	X_{ar_a}	T_a	$\overline{X}_{a.}$
和					$T_{..}$	$\overline{X}_{..}$

$$T_{i.}=\sum_{j=1}^{r_i}X_{ij} \qquad \overline{X}_{i.}=\frac{T_{i.}}{r_i}$$

$$T_{..}=\sum_{i=1}^{a}\sum_{j=1}^{r_i}X_{ij} \qquad \overline{X}_{..}=\frac{T_{..}}{\sum_{i=1}^{a}r_i} \qquad (14\text{-}77)$$

2）统计模型

把试验数据 X_{ij} 纳入一定的统计模型是统计分析的前提。所谓统计模型是一个有关 X_{ij} 形成机理的数学表达式，其中包括与 X_{ij} 有关的参数及其前提、约束条件、随机变量的分布等，X_{ij} 必须满足这个统计模型才能进行方差分析。

X_{ij} 是 A_i 的第 j 次观察值，方差分析要求 X_{ij} 由 A_i 下相应试验指标的均值 μ_i 和第 j 次观察的随机误差 ε_{ij} 相加而成，即

$$X_{ij}=\mu_i+\varepsilon_{ij} \qquad (i=1,2,\cdots,a;\ j=1,2,\cdots,r_i) \qquad (14\text{-}78)$$

式（14-78）称为单因素等重复试验数据的方差分析的线性模型。其中，关于随机误差 ε_{ij} 有三个假定：独立性、正态性和方差同质性（方差齐性）。也就是说，ε_{ij} 是相互独立的正态随机变量，且各个 ε_{ij} 的方差都等于 σ^2，即 ε_{ij} 相互独立 $(i=1,2,\cdots,a;\ j=1,2,\cdots,r_i)$，且

$$\varepsilon_{ij}\sim N(0,\sigma^2) \qquad (14\text{-}79)$$

在上述模型和假定下，因素 A 的 a 个水平可认为是 a 个独立的总体 $X_1,X_2,\cdots,X_a$，每个水平下 r_i 个重复就是该总体的一个容量为 r_i 的样本，a 个总体都服从正态分布，且具有相同的方差，即

$$X_i\sim N(\mu_i,\sigma^2) \qquad (i=1,2,\cdots,a) \qquad (14\text{-}80)$$

式（14-80）为方差分析的基本假定。

假设总体 $X_1,X_2,\cdots,X_a$ 的总体均值分别为 $\mu_1,\mu_2,\cdots\mu_n$，令 $\mu=\frac{1}{a}\sum r_i\mu_i$，并称其为因素 A 的总体平均。把离差

$$\alpha_i=\mu_i-\mu \qquad (i=1,2,\cdots,a) \qquad (14\text{-}81)$$

称为因素 A 的主效应。这样 X_{ij} 就由三部分相加而成：

$$X_{ij} = \mu + \alpha_i + \varepsilon_{ij} \qquad (i = 1, 2, \cdots, a;\ j = 1, 2, \cdots, r_i) \qquad （14\text{-}82）$$

在实际分析中，上述假定常可以满足或基本满足。若试验数据 X_{ij} 不满足正态性，可根据其分布属性进行适当的数据转换，使其近似符合正态性要求。常用的变换有平方根变换、角度（弧度）反正弦变换、对数变换等，有兴趣的读者可以参阅有关文献，这里不再叙述。

单因素试验的目的有两个（相应单因素方差分析的目的也有两个）：一是对 $A_1, A_2, \cdots, A_a$ 效应比较寻优；二是对 A 的总体变量所服从的分布 $N(\mu, \sigma^2)$ 进行差异性检验和参数估计。两种试验目的对应两种统计模型，前者为固定效应模型假定，后者是随机效应模型假定。随机效应模型的统计处理思想和固定效应模型类似。本节我们仅讨论第一种情况，即方差分析的目的是在因素 A 的不同水平 $A_1, A_2, \cdots, A_a$ 中检验差异及比较寻优。

这时，式（14-81）中的 $\alpha_1, \alpha_2, \cdots, \alpha_a$ 反映了因素 A 的不同水平 $A_1, A_2, \cdots, A_a$ 对试验指标的平均作用，它们是常数，也就是说，μ_i 都是常数。因为这里单因素方差分析的目的是了解因素 A 的不同水平 $A_1, A_2, \cdots, A_a$ 对试验指标效应的大小比较，所以可以约定离差 α_i 的和等于零，即 $\sum\limits_{i=1}^{a} r_i \alpha_i = 0$，单因素方差分析的统计模型为

$$
\begin{cases}
X_{ij} = \mu + \alpha_i + \varepsilon_{ij} & (i = 1, 2, \cdots, a) \\
\sum\limits_{i=1}^{a} r_i \alpha_i = 0 & (j = 1, 2, \cdots, r_i) \\
\varepsilon_{ij} \text{相互独立，且均服从} N(0,\ \sigma^2) &
\end{cases}
\qquad （14\text{-}83）
$$

由式（14-83）可以看出，比较因素 A 的不同水平 $A_1, A_2, \cdots, A_a$ 对试验指标效应的大小，就转化为检验的统计假设

$$H_0:\ \alpha_1 = \alpha_2 = \cdots = \alpha_a = 0,\ H_1:\ \alpha_i \text{不全为} 0 \qquad （14\text{-}84）$$

如果 H_0 被拒绝，接着再检验统计假设（多重比较）

$$H_0:\ \alpha_i = \alpha_j,\ \ H_1:\ \alpha_i \neq \alpha_j\ (i, j = 1, 2, \cdots, a;\ i \neq j) \qquad （14\text{-}85）$$

3）离差平方和分解

对于单因素完全试验来说，Fisher 方差分析思想认为引起试验数据总变异的原因可以用如下 SS_T 来度量：

$$SS_T = \sum_{i=1}^{a} \sum_{j=1}^{r_i} \left(X_{ij} - \overline{X}_{..} \right)^2 = \sum_{i=1}^{a} \sum_{j=1}^{r_i} \left(\overline{X}_{i.} - \overline{X}_{..} + X_{ij} - \overline{X}_{i.} \right)^2$$

由于

$$\sum_{i=1}^{a} \sum_{j=1}^{r_i} \left(\overline{X}_{i.} - \overline{X}_{..} \right)\left(X_{ij} - \overline{X}_{i.} \right) = \sum_{i=1}^{a} \left[\left(\overline{X}_{i.} - \overline{X}_{..} \right) \sum_{j=1}^{r_i} \left(X_{ij} - \overline{X}_{i.} \right) \right] = 0$$

记 $SS_A = \sum_{i=1}^{a} \sum_{j=1}^{r_i} \left(\overline{X}_{i.} - \overline{X}_{..} \right)^2$，$SS_e = \sum_{i=1}^{a} \sum_{j=1}^{r_i} \left(X_{ij} - \overline{X}_{i.} \right)^2$，它们分别反映了由因素 A 引起的组间误差（处理效应）和随机误差（随机效应），于是，可将试验数据总变异分解为

$$SS_T = SS_A + SS_e \qquad (14\text{-}86)$$

式（14-86）称为离差平方和分解公式，SS_T 称为总离差平方和；SS_A 称为组间离差平方和，它在一定程度上反映了因素 A 的各个水平所构成的总体均值之间的差异程度；SS_e 称为组内离差平方和或误差平方和，它反映了试验误差大小的程度。

下面对离差平方和 SS_T、SS_A、SS_e 做更进一步的讨论。

令 SS_i 表示因素 A 的第 i 个水平内试验数据的离差平方和，于是有

$$SS_e = SS_1 + SS_2 + \cdots + SS_a \qquad (14\text{-}87)$$

事实上

$$
\begin{aligned}
SS_e &= \sum_{i=1}^{a} \sum_{j=1}^{r_i} \left(X_{ij} - \overline{X}_{i.} \right)^2 \\
&= \sum_{j=1}^{r_i} \left(X_{1j} - \overline{X}_{1.} \right)^2 + \sum_{j=1}^{r_i} \left(X_{2j} - \overline{X}_{2.} \right)^2 + \cdots + \sum_{j=1}^{r_i} \left(X_{aj} - \overline{X}_{a.} \right)^2 \qquad (14\text{-}88) \\
&= SS_1 + SS_2 + \cdots + SS_a
\end{aligned}
$$

由方差分析的基本假定和抽样分布定理知

$$\frac{SS_i}{\sigma^2} = \frac{(r_i-1)\dfrac{SS_i}{r_i-1}}{\sigma^2} = \frac{(r_i-1)S_i^2}{\sigma^2} \sim \chi^2(r_i-1) \qquad (i=1,2,\cdots,a)$$

式中，S_i^2（$i=1,2,\cdots,a$）为因素 A 的第 i 个水平的试验数据的方差。

由于因素 A 各个水平的试验数据相互独立，因此 SS_i（$i=1,2,\cdots,a$）相互独立，由 χ^2 分布的可加性知

$$\frac{SS_e}{\sigma^2} = \frac{SS_1}{\sigma^2} + \frac{SS_2}{\sigma^2} + \cdots + \frac{SS_a}{\sigma^2} \sim \chi^2 \left[\sum_{i=1}^{a} (r_i-1) \right] \qquad (14\text{-}89)$$

需要注意的是，无论统计假设式（14-84）中原假设 H_0 是否成立，对满足方差分析基本假定的试验数据，式（14-89）总是成立的。

如果统计假设式（14-84）的原假设 H_0 为真，则由抽样分布定理有

$$\overline{X}_{i.} \sim N\left(\mu, \frac{\sigma^2}{r_i} \right) \qquad (i=1,2,\cdots,a) \qquad (14\text{-}90)$$

从而，根据式（14-90），$\overline{X}_{1.}, \overline{X}_{2.}, \cdots, \overline{X}_{a.}$ 可看作来自正态总体 $N\left(\mu, \dfrac{\sigma^2}{r_i} \right)$ 的简单随机样本，于是有

$$\frac{SS_A}{\sigma^2}=\frac{\sum_{i=1}^{a}\sum_{j=1}^{r_i}\left(\overline{X_{i.}}-\overline{X_{..}}\right)^2}{\sigma^2}=\frac{r_i\sum_{i=1}^{a}\left(\overline{X_{i.}}-\overline{X_{..}}\right)^2}{\sigma^2}=\sum_{i=1}^{a}\left(\frac{\overline{X_{i.}}-\overline{X_{..}}}{\frac{\sigma}{\sqrt{r_i}}}\right)^2\sim\chi^2(a-1)$$

即

$$\frac{SS_A}{\sigma^2}\sim\chi^2(a-1) \tag{14-91}$$

同理，如果统计假设式（14-84）的原假设 H_0 为真，可得

$$\frac{SS_T}{\sigma^2}\sim\chi^2\left(\sum_{i=1}^{a}r_i-1\right) \tag{14-92}$$

记 $\frac{SS_T}{\sigma^2}$、$\frac{SS_A}{\sigma^2}$、$\frac{SS_e}{\sigma^2}$ 的自由度分别为 f_T、f_A、f_e，则由式（14-89）～式（14-91）可知，$f_T=\sum_{i=1}^{a}r_i-1$、$f_A=a-1$、$f_e=\sum_{i=1}^{a}r_i-a$，它们之间满足

$$f_T=f_A+f_e \tag{14-93}$$

式（14-93）称为自由度分解公式。在方差分析中，若将总离差平方和 SS_T 分解为组间离差平方和 SS_A 与组内离差平方和 SS_e 两部分之和，则组间离差平方和 SS_A 与组内离差平方和 SS_e 相互独立。一般地，若将总离差平方和分解为更多项的离差平方和之和，且总自由度 f_T 等于各项的自由度之和，则这些离差平方和组成的各个统计量都是相互独立的。

利用试验数据计算 SS_T、SS_A、SS_e 的公式如式（14-94）～式（14-96）所示：

$$SS_T=\sum_{i=1}^{a}\sum_{j=1}^{r_i}\left(x_{ij}-\overline{x_{..}}\right)^2=\sum_{i=1}^{a}\sum_{j=1}^{r_i}\left(x_{ij}^2-2x_{ij}\overline{x_{..}}+\overline{x_{..}}^2\right)=\sum_{i=1}^{a}\sum_{j=1}^{r_i}x_{ij}^2-\frac{T_{..}^2}{\sum_{i=1}^{a}r_i} \tag{14-94}$$

$$SS_A=\sum_{i=1}^{a}\sum_{j=1}^{r_i}\left(x_{i.}-\overline{x_{..}}\right)^2=\frac{1}{a}\sum_{i=1}^{a}T_{i.}^2-\frac{T^2}{ar} \tag{14-95}$$

$$SS_e=\sum_{i=1}^{a}\sum_{j=1}^{r_i}\left(x_{ij}-\overline{x_{i.}}\right)^2=\sum_{i=1}^{a}\sum_{j=1}^{r_i}x_{ij}^2-\frac{1}{a}\sum_{i=1}^{a}T_{i.}^2 \tag{14-96}$$

4）假设检验

如果 H_0 为真，由于有 $\frac{SS_A}{\sigma^2}\sim\chi^2(a-1)$，$\frac{SS_A}{\sigma^2}\sim\chi^2\left(\sum_{i=1}^{a}(r_i-1)\right)$，且 $\frac{SS_A}{\sigma^2}$ 与 $\frac{SS_e}{\sigma^2}$ 相互独立，于是有

$$F=\frac{\frac{SS_A}{\sigma^2}\Big/a-1}{\frac{SS_e}{\sigma^2}\Big/\sum_{i=1}^{a}(r_i-1)}=\frac{MS_A}{MS_e}\sim F\left[a-1,\sum_{i=1}^{a}(r_i-1)\right] \tag{14-97}$$

根据式（14-97）和 F 分布上侧分位数的定义，对于给定的显著水平 α，可找到实数 $F_\alpha\left[a-1,\sum\limits_{i=1}^{a}(r_i-1)\right]$，使得

$$P\left\{F>F_\alpha\left[a-1,a(r-1)\right]\right\}=\alpha$$

所以，当 $F>F_\alpha\left[a-1,a(r-1)\right]$ 时，就认为 F 比 1 大得多，从而否定 H_0，否则就接受 H_0。这种通过对组间均方差与组内均方差进行比较分析，而建立的判断试验因素对试验指标是否有显著影响的过程与方法，可归纳为下述方差分析（表 14-21）。

表 14-21　单因素完全随机试验方差分析表

变异来源	自由度 df	离差平方和 SS	均方差 MS	检验 F
处理间（A）	$a-1$	SS_A	MS_A	
误差（e）	$\sum\limits_{i=1}^{a}r_i-a$	SS_e	MS_e	$\dfrac{MS_A}{MS_e}$
总和	$\sum\limits_{i=1}^{a}r_i-1$	SS_T	MS_T	

单因素重复试验的方差分析的具体方法如下。

在显著水平 α 下，查表得到显著临界值（分位数）$F_\alpha\left[a-1,a(r-1)\right]$，由样本计算 F 的实现值 F_0。若 $F\leqslant F_\alpha\left[a-1,a(r-1)\right]$，则接受 H_0，否则拒绝 H_0 而接受 H_1，即认为因素 A 对试验结果的影响显著。

上述检验也可以利用统计软件由 p 值法实施；将试验数据代入 F 得到 F 的实现值 F_0，统计软件由下列公式提供 p 值：

$$p=P\left\{F>F_0\right\}$$

若 $p<\alpha$，则拒绝 H_0；若 $p\geqslant\alpha$，则不拒绝 H_0，可以选择接受 H_1。由 p 值法进行假设检验不需要查附表 6-5～附表 6-8 中的临界值（分位数）表。

下面以本节例 14-32 的试验数据说明方差分析的过程。

解：建立统计假设 H_0：不同种饲料对小猪增重无明显影响，H_1：不同种饲料对小猪增重有显著影响。

据式（14-94）～式（14-96）：

$$SS_T=24.0^2+22.5^2+\cdots+19.0^2-467^2/24\approx213.21$$

$$SS_A=\frac{180.0^2}{8}+\frac{138.5^2}{7}+\frac{148.5^2}{9}-\frac{467^2}{24}\approx153.53$$

$$SS_e=213.21-153.53=59.68$$

因此得出方差分析表 14-22。

$$r_0=\frac{24^2-\left(8^2+7^2+9^2\right)}{24(3-1)}\approx7.96$$

表 14-22　例 14-32 的方差分析

变异来源	df	SS	MS	F
饲料间	2	153.53	78.253	21.580**
误差	21	59.68	3.626	
总变异	23	213.21		

**表示差异极显著 $P<0.01$。

由于 $F_{0.01}$（2，21）=5.78，故 $F=21.580$ 为极显著，因而否定了 H_0，即饲料对小猪增重有极显著影响。

2. 多重比较（multiple comparison）

单因素方差分析中，如果否定了假设 H_0，表明 $\mu_1,\mu_2,\cdots,\mu_a$ 中至少两个有差异，但这并不表明在诸多水平中哪两个或几个均值差异显著，而一项试验又往往希望对此类问题有明确的回答，要解决这一问题，就需要对所有水平均值进行比较，即进行一系列两两显著性检验，也就是进行多重比较，比较的对子（即次数）有 $C_a^2 = \dfrac{a(a-1)}{2}$ 个。即检验假设：

$$H_0:\ \mu_i = \mu_j,\ \ H_1:\ \mu_i \neq \mu_j\ (i,j=1,2,\cdots,a;\ i \neq j)$$

多重比较有多种方法，下面介绍两种常用方法。

1）最小显著差数法

对于 a 个处理来说，要比较的均值差对子有 $a(a-1)/2$ 对。多重比较的最小显著差数（LSD）法的基本思想是在显著水平 α 下，对所有 $a(a-1)/2$ 个均值差对子确定一个达到显著的最小均值差数 LSD_α，若 $|\bar{x}_{i.}-\bar{x}_{j.}| \leqslant \mathrm{LSD}_\alpha$，接受 $H_0:\ \mu_i=\mu_j$，否则接受 $H_1:\ \mu_i \neq \mu_j$。

LSD_α 是运用两个均值比较的 t 检验来确定的。事实上，根据方差分析对数据的基本要求，可知

$$T=\frac{\overline{X}_{i.}-\overline{X}_{j.}}{\sqrt{\mathrm{MS}_e\left(\dfrac{1}{r_i}+\dfrac{1}{r_j}\right)}} \sim t\left(\sum_{i=1}^{a}(r_i-1)\right) \tag{14-98}$$

如果 $\overline{X}_{i.}-\overline{X}_{j.}$ 的实现 $\bar{x}_{i.}-\bar{x}_{j.}$ 满足 $|\bar{x}_{i.}-\bar{x}_{j.}| > t_{\frac{\alpha}{2}}[a(r-1)]\sqrt{\mathrm{MS}_e\left(\dfrac{1}{r_i}+\dfrac{1}{r_j}\right)}$，则拒绝假设 $H_0:\ \mu_i=\mu_j$，所以有

$$\mathrm{LSD}_\alpha = t_{\frac{\alpha}{2}}\left(\sum_{i=1}^{a}(r_i-1)\right)\sqrt{\mathrm{MS}_e\left(\dfrac{1}{r_i}+\dfrac{1}{r_j}\right)} \tag{14-99}$$

LSD 法是以两个正态总体均值差的 t 检验为基础的多重比较法，其 H_0 接受域仅是以样本均值差为中心的一个区间。当有 $a \geqslant 3$ 个处理时，比较的对子有 $a(a-1)/2$ 个，对

应的 H_0 接受域亦有 $a(a-1)/2$ 个，而 LSD 法只给出一个，显然有大的偏差，增大了弃真的机会。在重大试验的多重比较中，一般不用 LSD 法，仅当多个处理都和一个对照（CK）比较时才使用该方法。

2）最小显著极差法

当 $a \geqslant 3$ 个处理时，为了克服使用 LSD 法进行多重比较的缺点，提出了最小显著极差（LSR）法。LSR 法进行多重比较的基本思想是先将处理的样本均值由大到小排序，如例 14-32 的样本均值排序为 A_2, A_1, A_3, A_4；再考虑了 A_i 与 A_j 的相对位置，根据 A_i 与 A_j 的相对位置关系选择不同的 P，确定检验的临界值。在由大到小排序中，检验 A_i 与 A_j 的均值差异显著性，若 A_i 与 A_j 紧邻，使用 $p=2$ 的 LSR_α，其等于 LSD_α；若 A_i 与 A_j 间还排了一个处理，则比较时使用 $p=3$ 的 LSR_α；若 A_i 与 A_j 间排了两个处理，则使用 $p=4$ 的 LSR_α 等。这样得出的结果可基本保证弃真的概率为 α。LSR 法使用的检验统计量有 Duncan 于 1955 年提出的新复极差（SSR）法和 Tukey 于 1949 年提出的 q 法：

$$\mathrm{SSR} = \frac{\overline{X}_{i.} - \overline{X}_{j.}}{\sqrt{\mathrm{MS}_\mathrm{e}/r_0}} \sim \mathrm{SSR}\left(p, f_\mathrm{e}\right)$$

$$q = \frac{\overline{X}_{i.} - \overline{X}_{j.}}{\sqrt{\mathrm{MS}_\mathrm{e}/r_0}} \sim q\left(p, f_\mathrm{e}\right)$$

式中，p 为样本均值按大小排序中 A_i、A_j 及它们中间的处理个数，$r_0 = \dfrac{\left(\sum\limits_{i=1}^{a} r_i\right)^2 - \sum\limits_{i=1}^{a} r_i^2}{(a-1)\sum\limits_{i=1}^{a} r_i}$。

在显著水平 α 下，不同方法的 LSR_α 为

$$\mathrm{LSR}_\alpha = \mathrm{SSR}_\alpha \times \sqrt{\mathrm{MS}_\mathrm{e}/r_0}$$
$$\mathrm{LSR}_\alpha = q_\alpha \times \sqrt{\mathrm{MS}_\mathrm{e}/r_0} \tag{14-100}$$

如果 $\overline{X}_{i.} - \overline{X}_{j.}$ 的实现 $\bar{x}_{i.} - \bar{x}_{j.}$ 满足 $\left|\bar{x}_{i.} - \bar{x}_{j.}\right| > \mathrm{LSR}_\alpha$，则拒绝假设：$H_0$：$\mu_i = \mu_j$ $(i, j = 1, 2, \cdots, a;\ i \neq j)$。

一般来讲，在保护 H_0 方面，LSR 法比 LSD 法有效，即显著的少了，不显著的多了；q 法与 SSR 法比较，q 法更有效。在实际应用中，SSR 法宽严适中。

利用统计软件提供的相应 p 值也可以进行多重比较，从而可以不查附表 6-5～附表 6-8 中的分位数（临界值）表。若 $p < \alpha$，则拒绝 H_0，即认为相应的两个水平均值差异显著；若 $p \geqslant \alpha$，则不拒绝 H_0，可以选择接受 H_1，即认为相应的两个水平均值差异不显著。

下面针对例 14-32 同时用 SSR 法和 q 法进行多重比较：

$$S_\mathrm{e} = \sqrt{\frac{\mathrm{MS}_\mathrm{e}}{r_0}} = \sqrt{\frac{3.626}{7.96}} \approx 0.675$$

查附表6-14可知，f_e=21（以自由度为20对应的值作为近似），p=2时，$\text{SSR}_{0.05}=2.95$，$\text{SSR}_{0.01}=4.02$；p=3时，$\text{SSR}_{0.05}=3.10, \text{SSR}_{0.01}=4.22$，则有

p=2 时，$\text{LSR}_{0.05}=2.95S_e=1.99$，$\text{LSR}_{0.01}=4.02S_e=2.72$；

p=3 时，$\text{LSR}_{0.05}=3.10S_e=2.09$，$\text{LSR}_{0.01}=4.22S_e=2.85$。

查附表 4-13 可知，f_e=21（以自由度为 20 对应的值作为近似），p=2 时，$q_{0.05}=2.95$，$q_{0.01}=4.02$；p=3 时，$q_{0.05}=3.58$，$q_{0.01}=4.64$。

多重比较结果见表 14-23。

表 14-23　多重比较结果

饲料号	$\bar{x}_{i_L}$ / (kg/头)	SSR 法		q 法	
		$\bar{x}_{i_L}-16.5$	$\bar{x}_{i_L}-19.8$	$\bar{x}_{i_L}-16.5$	$\bar{x}_{i_L}-19.8$
1	22.5	6.0**	2.7*	6.0**	2.7*
2	19.8	3.3**		3.3**	
3	16.5				

*表示差异显著 $P<0.05$；**表示差异极显著 $P<0.01$。全书同。

两种多重比较方法所得结果相同，结果表明：三种饲料所喂养的小猪在试验期间的增重有显著的差异，但第一种与第二种的差异未达到极显著水平，而第三种与第一种及第二种的差异达到极显著水平。

14.5.3　两因素完全随机试验方差分析

生产实际或科学研究中，考虑两个可控因素对试验指标作用的试验称为双因素试验，分析双因素对试验指标作用的统计方法称为双因素方差分析。假设可控因素为 A、B，试验指标为 X，因素 A 在试验中取 a 个不同的水平，即 $A_1,A_2,\cdots,A_a$，其中 A_i 为因素 A 的第 i 个水平，因素 B 在试验中取 b 个不同的水平，即 $B_1,B_2,\cdots,B_b$，该试验的处理 A_iB_j 共有 ab 个。

双因素试验中，事先不知道交互作用对试验结果的影响是否显著，所以可以把两因素方差分析分为双因素有重复试验（能够检验交互作用的显著性）和双因素无重复试验（不能检验交互作用的显著性），如果每个处理都做两次或两次以上，则称为双因素有重复试验，双因素有重复试验按每个处理重复数是否相等又分为双因素等重复试验与双因素不等重复试验两种。本节主要讨论双因素等重复试验与双因素无重复试验的方差分析。三因素或三因素以上的方差分析与此类似。

1. 双因素等重复试验的方差分析

1）数据结构

假设双因素等重复试验经过实施得到表 14-24 的试验数据，其中 X_{ijk} 为处理 A_iB_j 的第 k 次观察值（$i=1,2,\cdots,a$；$j=1,2,\cdots,b$；$k=1,2,\cdots,r$）。

表 14-24 双因素等重复试验数据表（重复数 r）

A	B				$T_{i..}$	$\bar{x}_{i..}$
	B_1	B_2	$\cdots$	B_b		
A_1	x_{111}	x_{121}	$\cdots$	x_{1b1}	$T_{1..}$	$\bar{x}_{1..}$
	x_{112}	x_{122}	$\cdots$	x_{1b2}		
	$\vdots$	$\vdots$		$\cdots$		
	x_{11r}	x_{12r}	$\cdots$	x_{1br}		
	$T_{11.}$	$T_{12.}$	$\cdots$	$T_{1b.}$		
	$\bar{x}_{11.}$	$\bar{x}_{12.}$	$\cdots$	$\bar{x}_{1b.}$		
A_2	x_{211}	x_{121}	$\cdots$	x_{2b1}	$T_{2..}$	$\bar{x}_{2..}$
	x_{212}	x_{222}	$\cdots$	x_{2b2}		
	$\vdots$	$\vdots$		$\vdots$		
	x_{21r}	x_{22r}	$\cdots$	x_{2br}		
	$T_{21.}$	$T_{22.}$	$\cdots$	$T_{2b.}$		
	$\bar{x}_{21.}$	$\bar{x}_{22.}$	$\cdots$	$\bar{x}_{2b.}$		
$\vdots$	$\vdots$	$\vdots$		$\vdots$	$\vdots$	$\vdots$
A_a	x_{a11}	x_{a21}	$\cdots$	x_{ab1}	$T_{a..}$	$\bar{x}_{a..}$
	x_{a12}	x_{a22}	$\cdots$	x_{ab2}		
	$\vdots$	$\vdots$		$\vdots$		
	x_{a1r}	x_{a2r}	$\cdots$	x_{abr}		
	$T_{a1.}$	$T_{a2.}$	$\cdots$	$T_{ab.}$		
	$\bar{x}_{a1.}$	$\bar{x}_{22.}$	$\cdots$	$\bar{x}_{ab.}$		
$T_{.j.}$	$T_{.1.}$	$T_{.2.}$	$\cdots$	$T_{.b.}$	$T_{...}$	
$\bar{x}_{.j.}$	$\bar{x}_{.1.}$	$\bar{x}_{.2.}$	$\cdots$	$\bar{x}_{.b.}$		$\bar{x}$

T 的含义为求和，$\bar{x}$ 的含义为求平均。

在表 14-24 中，若 B 为区组因素，则称为单因素（A）随机区组试验。在数据分析中，双因素随机等重复试验等价于单因素随机区组等重复试验。利用表 14-24 的数据可以检验因素 A、B 各自是否对试验指标有显著影响，以及交互作用 $A\times B$ 是否对试验指标有显著影响。

2）统计模型

假设处理 A_iB_j（$i=1,2,\cdots,a$；$j=1,2,\cdots,b$）的第 k 次观察值 X_{ijk} 的理论值为 μ_{ij}，随机误差的方差为 σ^2，假定

$$X_{ijk} \sim N\left(\mu_{ij},\sigma^2\right) \quad (i=1,2,\cdots,a;\ j=1,2,\cdots,b;\ k=1,2,\cdots,r) \qquad (14\text{-}101)$$

且它们之间相互独立，即每个处理就是一个总体，先对 μ_{ij} 做一些形式变形。

令 $\mu = \dfrac{1}{ab}\displaystyle\sum_{i=1}^{a}\sum_{j=1}^{b}\mu_{ij}$ 称为总体均值；$\mu_{i.} = \dfrac{1}{b}\displaystyle\sum_{j=1}^{b}\mu_{ij}$ 称为因素 A 的水平 A_i 的均值；

$\mu_{.j} = \dfrac{1}{a}\sum\limits_{i=1}^{a}\mu_{ij}$ 称为因素 B 的水平 B_j 的均值；$\alpha_i = \mu_{i.} - \mu$ 称为因素 A_i 的主效应，反映了 A_i 对试验指标的影响；$\beta_j = \mu_{.j} - \mu$ 称为因素 B_j 的主效应，反映了 B_j 对试验指标的影响。

则有

$$
\begin{aligned}
\mu_{ij} &= \mu + (\mu_{i.} - \mu) + (\mu_{.j} - \mu) + (\mu_{ij} - \mu_{i.} - \mu_{.j} + \mu) \\
&= \mu + \alpha_i + \beta_j + (\alpha\beta)_{ij}
\end{aligned}
\tag{14-102}
$$

式中，$(\alpha\beta)_{ij} = \mu_{ij} - \mu_{i.} - \mu_{.j} + \mu$ 称为处理 A_iB_j 的交互作用，它是指处理 A_iB_j 的理论值中减去总体均值 μ、A_i 的主效应 α_i、B_j 的主效应 β_j 后的剩余部分，其值可能为正、为负或为 0。A_iB_j 的效应值用离差 $\mu_{ij} - \mu$ 表示，由 A_i 的主效应 α_i、B_j 的主效应 β_j 和 A_i 与 B_j 的交互效应 $(\alpha\beta)_{ij}$ 相加而成。

处理 A_iB_j 的观察值 X_{ijk} 是处理的理论值 μ_{ij} 与该次试验的随机误差 ε_{ijk} 之和，称为线性可加模型，表示为

$$
X_{ijk} = \mu_{ij} + \varepsilon_{ijk} = \mu + \alpha_i + \beta_i + (\alpha\beta)_{ij} + \varepsilon_{ijk}
\tag{14-103}
$$

式中，ε_{ijk} 为随机误差，ε_{ijk} 间相互独立（$i = 1,2,\cdots,a;\ j = 1,2,\cdots,b;\ k = 1,2,\cdots,r$），且

$$
\varepsilon_{ijk} \sim N(0, \sigma^2)
\tag{14-104}
$$

如果出现方差不同质，可对试验数据利用平方根、对数、反正弦等变换，使数据基本满足方差分析基本条件，再进行方差分析。

双因素完全随机等重复试验数据方差分析的统计模型为

$$
\begin{cases}
X_{ijk} = \mu + \alpha_i + \beta_j + (\alpha\beta)_{ij} + \varepsilon_{ijk} \\[2mm]
\sum\limits_{i=1}^{a}\alpha_i = \sum\limits_{j=1}^{b}\beta_i = 0 \\[2mm]
\sum\limits_{i=1}^{a}\sum\limits_{j=1}^{b}(\alpha\beta)_{ij} = \sum\limits_{i=1}^{a}(\alpha\beta)_{ij} = \sum\limits_{j=1}^{b}(\alpha\beta)_{ij} \\[2mm]
\varepsilon_{ijk} \text{相互独立，且均服从} N(0,\ \sigma^2)
\end{cases}
\tag{14-105}
$$

模型的原假设为

$$
\begin{cases}
H_{01}\text{：}\ \alpha_1 = \alpha_2 = \cdots = \alpha_a = 0 \\
H_{02}\text{：}\ \beta_1 = \beta_2 = \cdots = \beta_b = 0 \\
H_{03}\text{：}\ (\alpha\beta)_{11} = (\alpha\beta)_{12} = \cdots = (\alpha\beta)_{ab} = 0
\end{cases}
\tag{14-106}
$$

$$
\begin{cases}
T_{i..} = \sum\limits_{j=1}^{b}\sum\limits_{k=1}^{r}x_{ijk} \quad \bar{x}_{i..} = \dfrac{1}{br}T_{i..} \quad T_{.j.} = \sum\limits_{i=1}^{a}\sum\limits_{k=1}^{r}x_{ijk} \quad \bar{x}_{.j.} = \dfrac{1}{ar}T_{.j.} \\[3mm]
T_{ij.} = \sum\limits_{k=1}^{r}x_{ijk} \quad \bar{x}_{ij.} = \dfrac{1}{k}T_{ij.} \quad T_{...} = \sum\limits_{i=1}^{a}\sum\limits_{j=1}^{b}\sum\limits_{k=1}^{r}x_{ijk} \quad \bar{x}_{...} = \dfrac{1}{arr}T_{...}
\end{cases}
\tag{14-107}
$$

3）离差平方和分解

类似于单因素完全试验方差分析思想，双因素等重复试验数据总变异用 SS_T 来度量：

$$SS_T = \sum_{i=1}^{a}\sum_{j=1}^{b}\sum_{k=1}^{r}\left(X_{ijk} - \bar{X}_{...}\right)^2 = \sum_{i=1}^{a}\sum_{j=1}^{b}\sum_{k=1}^{r}X_{ijk}^2 - \frac{T_{...}^2}{abr} \tag{14-108}$$

因为

$$\sum_{i=1}^{a}\sum_{j=1}^{b}\sum_{k=1}^{r}\left(\bar{X}_{i..} - \bar{X}_{...}\right)\left(\bar{X}_{.j.} - \bar{X}_{...}\right) = 0; \quad \sum_{i=1}^{a}\sum_{j=1}^{b}\sum_{k=1}^{r}\left(\bar{X}_{i..} - \bar{X}_{...}\right)\left(\bar{X}_{ij.} - \bar{X}_{i..} - \bar{X}_{.j.} + \bar{X}_{...}\right) = 0$$

$$\sum_{i=1}^{a}\sum_{j=1}^{b}\sum_{k=1}^{r}\left(\bar{X}_{i..} - \bar{X}_{...}\right)\left(\bar{X}_{ij.} - \bar{X}_{...}\right) = 0; \quad \sum_{i=1}^{a}\sum_{j=1}^{b}\sum_{k=1}^{r}\left(\bar{X}_{.j.} - \bar{X}_{...}\right)\left(\bar{X}_{ij.} - \bar{X}_{i..} - \bar{X}_{.j.} + \bar{X}_{...}\right) = 0$$

$$\sum_{i=1}^{a}\sum_{j=1}^{b}\sum_{k=1}^{r}\left(\bar{X}_{.j.} - \bar{X}_{...}\right)\left(\bar{X}_{ijk} - \bar{X}_{ij.}\right) = 0; \quad \sum_{i=1}^{a}\sum_{j=1}^{b}\sum_{k=1}^{r}\left(\bar{X}_{ijk} - \bar{X}_{ij.}\right)\left(\bar{X}_{ij.} - \bar{X}_{i..} - \bar{X}_{.j.} + \bar{X}_{...}\right) = 0$$

所以

$$SS_T = \sum_{i=1}^{a}\sum_{j=1}^{b}\sum_{k=1}^{r}\left(X_{ijk} - \bar{X}_{...}\right)^2$$

$$= \sum_{i=1}^{a}\sum_{j=1}^{b}\sum_{k=1}^{r}\left[\left(\bar{X}_{i..} - \bar{X}_{...}\right) + \left(\bar{X}_{.j.} - \bar{X}_{...}\right) + \left(\bar{X}_{ij.} - \bar{X}_{i..} - \bar{X}_{.j.} + \bar{X}_{...}\right) + \left(\bar{X}_{ijk} - \bar{X}_{ij.}\right)\right]^2 \tag{14-109}$$

$$= SS_A + SS_B + SS_{A\times B} + SS_e$$

其中：

$$SS_A = \sum_{i=1}^{a}\sum_{j=1}^{b}\sum_{k=1}^{r}\left(\bar{X}_{i..} - \bar{X}_{...}\right)^2 \tag{14-110}$$

$$SS_B = \sum_{i=1}^{a}\sum_{j=1}^{b}\sum_{k=1}^{r}\left(\bar{X}_{.j.} - \bar{X}_{...}\right)^2 \tag{14-111}$$

$$SS_{A\times B} = \sum_{i=1}^{a}\sum_{j=1}^{b}\sum_{k=1}^{r}\left(\bar{X}_{ij.} - \bar{X}_{i..} - \bar{X}_{.j.} + \bar{X}_{...}\right)^2 \tag{14-112}$$

$$SS_e = \sum_{i=1}^{a}\sum_{j=1}^{b}\sum_{k=1}^{r}\left(X_{ijk} - \bar{X}_{ij.}\right)^2 \tag{14-113}$$

式中，SS_A、SS_B、$SS_{A\times B}$、SS_e 分别为 A 的主效应离差平方和、B 的主效应离差平方和、A 与 B 交互效应离差平方和、随机误差离差平方和。

记 $\frac{SS_T}{\sigma^2}$、$\frac{SS_A}{\sigma^2}$、$\frac{SS_B}{\sigma^2}$、$\frac{SS_{A\times B}}{\sigma^2}$、$\frac{SS_e}{\sigma^2}$ 的自由度分别为 f_T、f_A、f_B、$f_{A\times B}$、f_e，则类似于单因素情形可推知 $f_T = abr - 1$、$f_A = a - 1$、$f_B = b - 1$、$f_{A\times B} = (a-1)(b-1)$、$f_e = ab(r-1)$，它们之间满足

$$f_T = f_A + f_B + f_{A\times B} + f_e \tag{14-114}$$

4）假设检验

下面在各种模型下分别讨论假设检验问题。

A 的差异显著性：H_{01}：$\alpha_1 = \alpha_2 = \cdots = \alpha_a = 0$，备择假设为 H_1：α_i 不全相等。

B 的差异显著性：H_{02}：$\beta_1 = \beta_2 = \cdots = \beta_b = 0$，备择假设为 H_1：β_j 不全相等。

$A \times B$ 的差异显著性：H_{03}：$(\alpha\beta)_{11} = (\alpha\beta)_{12} = \cdots = (\alpha\beta)_{ab} = 0$，备择假设为 H_1：$(\alpha\beta)_{ij}$ 不全相等。

与单因素方差分析进行类似讨论，可以证明，当 H_{01}、H_{02}、H_{03} 成立时

$$\begin{cases} F_A = \dfrac{MS_A}{MS_e} \sim F[a-1, ab(r-1)] \\[2mm] F_B = \dfrac{MS_B}{MS_e} \sim F[b-1, ab(r-1)] \\[2mm] F_{A \times B} = \dfrac{MS_{A \times B}}{MS_e} \sim F[(a-1)(b-1), ab(r-1)] \end{cases} \quad (14\text{-}115)$$

对于给定的显著水平 α，若

$$F_A > F_\alpha[a-1, ab(r-1)] \quad (14\text{-}116)$$

则否定 H_{01}，即因素 A 对试验结果的影响显著，否则就接受 H_{01}。

同理，对于给定的显著水平 α，若

$$F_B > F_\alpha[b-1, ab(r-1)] \quad (14\text{-}117)$$

则否定 H_{02}，即因素 B 对试验结果的影响显著，否则就接受 H_{02}。

对于给定的显著水平 α，若

$$F_{A \times B} > F[(a-1)(b-1), ab(r-1)] \quad (14\text{-}118)$$

则否定 H_{03}，即因素 A 与因素 B 的交互作用对试验结果的影响显著，否则就接受 H_{03}。

类似于单因素 p 值检验法，上述三个检验也可以利用统计软件由 p 值法实施；将试验数据代入相应检验统计量 F 得到 F 的实现值 F_0，F 分别为 F_A、F_B、$F_{A \times B}$，F_e 分别为 F_{0A}、F_{0B}、$F_{0A \times B}$，统计软件由下列公式提供 p 值。

$$p = P\{F > F_0\}$$

若 $p < \alpha$，则拒绝 H_{0i} $(i = 1, 2, 3)$；若 $p \geqslant \alpha$，则不拒绝 H_{0i} $(i = 1, 2, 3)$，可以选择接受相应的备择假设。

上述检验过程可归纳为如表 14-25 所示的方差分析表。

5）多重比较

若 F_A 显著，需对 A 的各个水平进行多重比较，统计假设为

$$H_0: \mu_k = \mu, \ H_1: \mu_k \neq \mu_l \ (k \neq l; k, l = 1, 2, \cdots, a)$$

表 14-25 双因素等重复随机试验方差分析表

变差来源	自由度	平方和 SS	均方 MS	F 检验
因素 A	$a-1$	SS_A	MS_A	$F_A = MS_A/MS_e$
因素 B	$b-1$	SS_B	MS_B	$F_B = MS_B/MS_e$
$A \times B$	$(a-1)(b-1)$	$SS_{A \times B}$	$MS_{A \times B}$	$F_{A \times B} = MS_{A \times B}/MS_e$
随机误差	$ab(r-1)$	SS_e	MS_e	
总和	$abr-1$	SS_T		

注：均方表示误差平方和除以相应的自由度。

检验的方法可使用 LSR 法中的 SSR 法或 q 法：

$$\begin{cases} SSR = \dfrac{\overline{x}_{k..} - \overline{x}_{l..}}{S_e} \sim SSR(p, f_e) \\ q = \dfrac{\overline{x}_{k..} - \overline{x}_{l..}}{S_e} \sim q(p, f_e) \end{cases} \quad (14\text{-}119)$$

式中，$S_e = \sqrt{\dfrac{MS_e}{br}}$；$p$ 为 $\overline{x}_{k..}$ 由大到小排序中 $\overline{x}_{k..}$ 与 $\overline{x}_{l..}$ 及其中间的均值个数。对 B 进行多重比较，$S_e = \sqrt{\dfrac{MS_e}{ar}}$；对 $A_i B_j$ 进行多重比较，$S_{eAB} = \sqrt{\dfrac{MS_e}{r}}$。

利用统计软件提供的相应 p 值也可以进行多重比较，从而可以不查附表 6-12～附表 6-14 中的分位数（临界值）表。即若 $p < \alpha$，则拒绝 H_0，即认为相应的两个水平均值差异显著；若 $p \geq \alpha$，则不拒绝 H_0，可以选择接受 H_1，即认为相应的两个水平均值差异不显著。

【例 14-34】施用 A_1、A_2、A_3 三种肥料于 B_1、B_2、B_3 三种土壤，以每个小区产量（单位：kg）为试验指标，每一处理都设 3 个重复，得到小麦产量如表 14-26 所示，试分析肥料、土壤以及它们的交互作用对产量的影响。

表 14-26 三种肥料施于三种土壤的小麦产量

肥料种类（A）	土壤种类（B）			总和 $T_{i..}$	平均 $\overline{X}_{i..}$
	B_1	B_2	B_3		
A_1	21.4	19.6	17.6		
	21.2	18.8	16.6		
	20.1	16.4	17.5		
$T_{1j.}$	62.7	54.8	51.7	169.2	
$\overline{x}_{1j.}$	20.900	18.267	17.233		18.800
A_2	12.0	13.0	13.3		
	14.2	13.7	14.0		
	12.1	12.0	13.9		
$T_{2j.}$	38.3	38.7	41.2	118.2	
$\overline{x}_{2j.}$	12.767	12.900	13.733		13.133

续表

肥料种类（A）		土壤种类（B）			总和 $T_{i..}$	平均 $\bar{X}_{i..}$
		B_1	B_2	B_3		
A_3		12.8	14.2	12.0		
		13.8	13.6	14.6		
		13.7	13.7	14.0		
	$T_{3j.}$	40.3	41.5	40.6	122.4	
	$\bar{x}_{3j.}$	13.433	13.833	13.533		13.600
总和 $T_{.j.}$		141.3	135.0	133.5	$T=409.8$	
平均 $\bar{X}_{.j.}$		15.700	15.000	14.833		$\bar{X}=15.178$

解：这是 $k=3$、$m=3$、$r=3$ 的双因素等重复试验，建立以下统计假设。H_{01}：肥料种类对小麦产量无显著影响；H_{02}：土壤种类对小麦产量无显著影响；H_{03}：肥料种类与土壤种类的交互作用对小麦产量无显著影响。

经计算得其方差分析结果如表 14-27 所示。

表 14-27　例 14-34 的方差分析表

变异来源	df	SS	MS	F	F_α
肥料种类（A）	2	178.107	89.053	97.228**	$F_{0.05}(2,18)=3.55$
土壤种类（B）	2	3.807	1.903	2.078	$F_{0.01}(2,18)=6.01$
交互（$A\times B$）	4	19.547	4.887	5.335**	$F_{0.05}(4,18)=2.93$
误差（e）	18	16.487	0.916		$F_{0.01}(4,18)=4.58$
总和	26	217.947			

方差分析结果表明，肥料种类（A）对小麦产量有极显著的影响，土壤种类（B）对小麦产量的影响不显著，土壤与肥料的交互作用 $A\times B$ 对小麦的产量也有极显著的影响。

由于肥料种类（A）对小麦产量有极显著的影响，下面分别用 LSR 法中的 SSR 法以及 q 法进行水平间的多重比较（表 14-28）。

$$S_e=\sqrt{\frac{MS_e}{br}}=\sqrt{\frac{0.916}{3\times3}}\approx0.319$$

表 14-28　例 14-34 肥料种类间多重比较的 SSR_α、q_α 和相应的 LSR_α

	SSR 法			q 法	
	p=2	p=3		p=2	p=3
$SSR_{0.05}$	2.97	3.12	$q_{0.05}$	2.97	3.61
$SSR_{0.01}$	4.07	4.27	$q_{0.01}$	4.07	4.70
$LSR_{0.05}$	0.947	0.995	$LSR_{0.05}$	0.947	1.152
$LSR_{0.01}$	1.298	1.362	$LSR_{0.01}$	1.298	1.499

多重比较结果见表 14-29。

表 14-29　例 14-34 肥料种类间的多重比较

水平	$\bar{x}_{i.}$	SSR 法		q 法	
		$\bar{x}_{i.} - \bar{x}_{2.}$	$\bar{x}_{i.} - \bar{x}_{3.}$	$\bar{x}_{i.} - \bar{x}_{2.}$	$\bar{x}_{i.} - \bar{x}_{3.}$
A_1	18.800	5.667**	5.200**	5.667**	5.200**
A_2	13.600	0.467		0.467	
A_3	13.133				

在有重复的双因素试验中，当因素的交互作用显著时，对各因素效应的显著性和多重比较进行的检验意义不大，而往往关注的是交互作用的多重比较。下面用 SSR 法给出交互作用的多重比较（表 14-30）。

$$S_{eAB} = \sqrt{\frac{MS_e}{r}} = \sqrt{\frac{0.916}{3}} \approx 0.553$$

表 14-30　例 14-34 交互作用多重比较的 SSR_α 和相应的 LSR_α

	$p=2$	$p=3$	$p=4$	$p=5$	$p=6$	$p=7$	$p=8$	$p=9$
$SSR_{0.05}$	2.97	3.12	3.21	3.27	3.32	3.35	3.37	3.39
$SSR_{0.01}$	4.07	4.27	4.38	4.46	4.53	4.59	4.64	4.68
$LSR_{0.05}$	1.642	1.725	1.775	1.808	1.836	1.852	1.864	1.875
$LSR_{0.01}$	2.251	2.361	2.422	2.466	2.505	2.538	2.566	2.588

例 14-34 各处理均数的多重比较及其结果见表 14-31。

表 14-31　例 14-34 各处理均数的多重比较及其结果

处理	$\bar{x}_{ij.}$	$\bar{x}_{ij.} - 12.76$	$\bar{x}_{ij.} - 12.90$	$\bar{x}_{ij.} - 13.43$	$\bar{x}_{ij.} - 13.53$	$\bar{x}_{ij.} - 13.73$	$\bar{x}_{ij.} - 13.83$	$\bar{x}_{ij.} - 17.23$	$\bar{x}_{ij.} - 18.26$
A_1B_1	20.900	8.133**	8.000**	7.467**	7.367**	7.167**	7.067**	3.667**	2.633**
A_1B_2	18.267	5.500**	5.367**	4.837**	4.737**	4.537**	4.437**	1.037	
A_1B_3	17.233	4.473**	4.333**	3.803**	3.703**	3.503**	3.403**		
A_3B_2	13.833	1.073	0.933	0.403	0.303	0.103			
A_2B_3	13.733	0.973	0.833	0.303	0.203				
A_3B_3	13.533	0.773	0.633	0.103					
A_3B_1	13.433	0.673	0.533						
A_2B_2	12.900	0.133							
A_2B_1	12.767								

处理间的多重比较表明，肥料 A_1 施于三类土壤中的任何一种，都对小麦有很好的增产效果，特别是将肥料 A_1 施于土壤 B_1，则有比施于其他土壤更突出的增产效果。

双因素有重复试验的方差分析中，如果交互作用对试验结果的影响不显著，则其作用可以归于随机误差的影响。此时可以重新进行双因素主效应显著性影响检验。此情况下可以在两因素的水平搭配处只做一次观察，即在双因素等重复试验的方差分析中，在因素水平搭配处重复观察次数取 $r=1$，此时随机误差的自由度即为影响不显著的交互作

用的自由度 $(a-1)(b-1)$。双因素等重复试验的方差分析可以转化为双因素无重复试验的方差分析，其统计原理相当于两个方向上的单因素方差分析，具体介绍如下。

2. 双因素无重复试验的方差分析

1）数据结构

假设双因素无重复试验经过实施得到表 14-32 的试验数据，其中 X_{ij} 为处理 A_iB_j 的观察值 $(i=1,2,\cdots,a;\ j=1,2,\cdots,b)$。表 14-32 对数据进行了初步处理，即对处理 A_i 求和（$T_{i.}$）、求平均（$\overline{X}_{i.}$），对处理 B_j 求和（$T_{.j}$）、求平均（$\overline{X}_{.j}$），对所有处理求总和（$T_{..}$）、求总平均（$\overline{X}_{..}$）。

表 14-32　双因素无重复试验数据表

因素 A	因素 B				和 $T_{i.}$	平均 $\overline{X}_{i.}$
	B_1	B_2	$\cdots$	B_b		
A_1	X_{11}	X_{12}	$\cdots$	X_{1b}	$T_{1.}$	$\overline{X}_{1.}$
A_2	X_{21}	X_{22}	$\cdots$	X_{2b}	$T_{2.}$	$\overline{X}_{2.}$
$\vdots$	$\vdots$	$\vdots$		$\vdots$	$\vdots$	$\vdots$
A_a	X_{a1}	X_{a2}	$\cdots$	X_{ab}	$T_{a.}$	$\overline{X}_{a.}$
和 $T_{.j}$	$T_{.1}$	$T_{.2}$	$\cdots$	$T_{.b}$	$T_{..}$	$\overline{X}_{..}$

$$\begin{cases} T_{i.}=\sum_{j=1}^{b}X_{ij} & \overline{X}_{i.}=\dfrac{T_{i.}}{b} \\[2mm] T_{.j}=\sum_{i=1}^{a}X_{ij} & \overline{X}_{.j}=\dfrac{T_{.j}}{a} \\[2mm] T_{..}=\sum_{i=1}^{a}\sum_{j=1}^{b}X_{ij} & \overline{X}_{..}=\dfrac{T_{..}}{ab} \end{cases} \tag{14-120}$$

2）统计模型

假设处理 A_iB_j 的理论值为 μ_{ij}，随机误差的方差为 σ^2，假定

$$X_{ij}\sim N\left(\mu_{ij},\sigma^2\right) \tag{14-121}$$

且它们之间相互独立，即每个处理就是一个总体，下面对 μ_{ij} 做一些形式变形。

令 $\mu=\dfrac{1}{ab}\sum_{i=1}^{a}\sum_{j=1}^{b}\mu_{ij}$，称为总体均值；$\mu_{i.}=\dfrac{1}{b}\sum_{j=1}^{b}\mu_{ij}$，称为因素 A 的水平 A_i 的均值；

$\mu_{.j}=\dfrac{1}{a}\sum_{i=1}^{a}\mu_{ij}$，称为因素 B 的水平 B_j 的均值；$\alpha_i=\mu_{i.}-\mu$，称为因素 A_i 的主效应，反映 A_i 对试验指标的影响；$\beta_j=\mu_{.j}-\mu$，称为因素 B_j 的主效应，反映 B_j 对试验指标的影响。

在试验中由于 A_iB_j 只有一次观察值，故无法估计其真正的随机误差，因而把交互作用（如果存在的话）与随机误差合并，或者认为没有交互作用，这样 X_{ij} 的统计模型为

$$X_{ij} = \mu + \alpha_i + \beta_j + \varepsilon_{ij} \tag{14-122}$$

式（14-122）中随机误差 ε_{ij} 相互独立 $(i=1,2,\cdots,a;\ j=1,2,\cdots,b)$，且

$$\varepsilon_{ij} \sim N(0,\sigma^2) \tag{14-123}$$

双因素无重复试验如果是完全随机安排，试验数据分析的目的是比较因素 A、B 各个水平对试验指标作用的大小，则 A、B 的各个水平构成一个总体，即参加试验的各个水平及各个处理就是所有水平及处理，方差分析的统计模型为

$$\begin{cases} X_{ij} = \mu + \alpha_i + \beta_j + \varepsilon_{ij} \\ \sum_{i=1}^{a} \alpha_i = \sum_{j=1}^{b} \beta_i = 0 \qquad (i=1,2,\cdots,a;\ j=1,2,\cdots,b) \\ \varepsilon_{ij} 相互独立，且均服从 N(0,\ \sigma^2) \end{cases} \tag{14-124}$$

模型的原假设为

$$\begin{aligned} H_{01}: \alpha_1 = \alpha_2 = \cdots = \alpha_a = 0 \\ H_{02}: \beta_1 = \beta_2 = \cdots = \beta_b = 0 \end{aligned} \tag{14-125}$$

若原假设被拒绝，则需要进行多重比较。

因为双因素无重复试验没有真正意义上的重复，故只能认为试验没有误差，因而把单次测量值作为真实值（理论值）。该试验实际上是把交互作用当作误差，或者说把交互作用与真正意义上的误差合并作为误差处理。

3）离差平方和分解

对于双因素无重复试验而言，方差分析思想认为引起数据总变异的原因为因素 A、B 的主效应和各次试验的随机误差，其大小用总离差平方和 SS_T 来度量，其分解以及自由度的分解和前述双因素等重复试验的方差分析方法类似，故简叙如下。

$$\begin{aligned} SS_T &= \sum_{i=1}^{a}\sum_{j=1}^{b}(X_{ij}-\bar{X}_{..})^2 \\ &= \sum_{i=1}^{a}\sum_{j=1}^{b}\left[(\bar{X}_{i.}-\bar{X}_{..})+(\bar{X}_{.j}-\bar{X}_{..})+(\bar{X}_{ij}-\bar{X}_{i.}-\bar{X}_{.j}+\bar{X}_{..})\right]^2 \\ &= SS_A + SS_B + SS_e \end{aligned} \tag{14-126}$$

其中：

$$SS_A = \sum_{i=1}^{a}\sum_{j=1}^{b}(\bar{X}_{i.}-\bar{X}_{..})^2$$

$$SS_B = \sum_{i=1}^{a}\sum_{j=1}^{b}(\bar{X}_{.j}-\bar{X}_{..})^2$$

$$\mathrm{SS_e} = \sum_{i=1}^{a} \sum_{j=1}^{b} \left(\bar{X}_{ij} - \bar{X}_{i\cdot} - \bar{X}_{\cdot j} + \bar{X}_{\cdot\cdot} \right)^2$$

自由度分解：$f_T = ab-1$、$f_A = a-1$、$f_B = b-1$、$f_e = (a-1)(b-1)$，它们之间满足

$$f_T = f_A + f_B + f_e \tag{14-127}$$

4）假设检验

因素 A、B 和随机误差的均方分别定义为

$$\begin{cases} \mathrm{MS}_A = \dfrac{\mathrm{SS}_A}{f_A} = \dfrac{\mathrm{SS}_A}{a-1} \\[2mm] \mathrm{MS}_B = \dfrac{\mathrm{SS}_B}{f_B} = \dfrac{\mathrm{SS}_A}{b-1} \\[2mm] \mathrm{MS}_e = \dfrac{\mathrm{SS}_e}{f_e} = \dfrac{\mathrm{SS}_e}{(a-1)(b-1)} \end{cases} \tag{14-128}$$

当 H_{01} 成立时：

$$F_A = \frac{\mathrm{MS}_A}{\mathrm{MS}_e} = \frac{\dfrac{\mathrm{SS}_A}{\sigma^2} \Big/ (a-1)}{\dfrac{\mathrm{SS}_e}{\sigma^2} \Big/ (a-1)(b-1)} \sim F\left[a-1, (a-1)(b-1) \right] \tag{14-129}$$

对于给定的显著水平 α，若

$$F_A > F_\alpha \left[a-1, (a-1)(b-1) \right] \tag{14-130}$$

则否定 H_{01}，否则就接受 H_{01}。

同理，当 H_{02} 成立时：

$$F_B = \frac{\mathrm{MS}_B}{\mathrm{MS}_e} = \frac{\dfrac{\mathrm{SS}_B}{\sigma^2} \Big/ (b-1)}{\dfrac{\mathrm{SS}_e}{\sigma^2} \Big/ (a-1)(b-1)} \sim F\left[b-1, (a-1)(b-1) \right] \tag{14-131}$$

若

$$F_B > F_\alpha \left[b-1, (a-1)(b-1) \right] \tag{14-132}$$

则否定 H_{02}，否则就接受 H_{02}。

上述讨论可归纳为如表 14-33 所示的方差分析表。

表 14-33　双因素无重复试验方差分析表

变异来源	自由度 df	平方和 SS	均方 MS	F 检验
因素 A	$a-1$	SS_A	MS_A	$F_A = \mathrm{MS}_A / \mathrm{MS}_e$
因素 B	$b-1$	SS_B	MS_B	$F_B = \mathrm{MS}_B / \mathrm{MS}_e$
随机误差	$(a-1)(b-1)$	SS_e	MS_e	
总和	$ab-1$	SS_T		

如果方差分析结果为因素 A 不显著时，即 H_{01}: $\alpha_1 = \alpha_2 = \cdots = \alpha_a = 0$ 成立，说明 A_i 间没有质的差异，即可认为因素 A 对试验指标无显著影响。当因素 A 显著时，需进一步进行多重比较，即检验假设

$$H_0: \mu_{A_i} = \mu_{A_j}, \quad H_1: \mu_{A_i} \neq \mu_{A_j} \ (i \neq j; \ i, j = 1, 2, \cdots, a)$$

与单因素方差分析的多重比较类似，也有 LSD 法与 LSR 法，此时的重复数为 b。

如果方差分析结果为因素 B 不显著时，即 H_{02}: $\beta_1 = \beta_2 = \cdots = \beta_b = 0$ 成立，说明 B_j 间没有质的差异，即可认为因素 B 对试验指标无显著影响。当因素 B 显著时，需进一步进行多重比较，即检验假设

$$H_0: \mu_{B_i} = \mu_{B_j}, \quad H_1: \mu_{B_i} \neq \mu_{B_j} \ (i \neq j; \ i, j = 1, 2, \cdots, a)$$

类似，也有 LSD 法与 LSR 法，此时的重复数为 a。

需要说明的是，对于双因素无重复试验，当 H_{01} 与 H_{02} 中的一个被接受后，说明该因素对试验指标的影响不显著，其影响在本质上是属于随机误差性质的，因而应去掉该因素转换成关于另一因素的单因素等重复试验（重复数为所去掉因素的水平数）重新进行分析。当两个因素都不显著时，查出相应的 F 值对应的显著水平 α，去掉较大的 α 对应的因素，然后对另一因素进行单因素方差分析。

【例 14-35】有一小麦品种试验，参试品种有 8 个：A_1，A_2，$\cdots$，A_8，其中 A_6 为对照品种，在 3 个地区种植，每个地区小区计产面积为 22.2 m^2，其产量结果列于表 14-34。

表 14-34　例 14-35 小麦品种对比试验的产量结果　　　　　　（单位：kg）

品种 A	地区 B		
	B_1	B_2	B_3
A_1	10.9	11.3	12.2
A_2	10.8	12.3	14.0
A_3	11.1	12.5	10.5
A_4	9.1	10.7	11.1
A_5	11.8	13.9	14.8
A_6	10.1	10.6	11.8
A_7	10.0	11.5	14.1
A_8	9.3	10.4	12.4

解：建立统计假设如下。

H_{01}：品种间产量差异不显著，H_{11}：品种间产量差异显著；

H_{02}：地区间产量差异不显著，H_{12}：地区间产量差异显著。

经计算分析得出结果列于表 14-35。

表 14-35　例 14-35 的方差分析

变异来源	自由度 df	SS	MS	F	F_a
品种间（A）	7	22.227	3.175	4.337**	$F_{0.01}(7,14)=4.28$
区组间（B）	2	19.922	9.961	13.605**	$F_{0.01}(2,14)=6.51$
误差	14	10.251	0.732		
总和	23	52.400			

表 14-35 说明参试品种间差异已达到极显著水平。由于品种对比试验的目的是与对照品种进行比较，因而多重比较可使用 LSD 法。这样两品种均数差的标准差为

$$S_{\bar{x}_{i.}-\bar{x}_{k.}} = \sqrt{\frac{2MS_e}{r}} = \sqrt{\frac{2\times0.732}{3}} = 0.698$$

$$LSD_{0.05} = t_{\frac{0.05}{2}}(14)\sqrt{\frac{2MS_e}{r}} = 2.145\times0.698 = 1.497$$

$$LSD_{0.01} = t_{\frac{0.01}{2}}(14)\sqrt{\frac{2MS_e}{r}} = 2.977\times0.698 = 2.078$$

多重比较结果如表 14-36 所示。

表 14-36　参试品种与对照品种产量的差异显著性

	A_5	A_2	A_7	A_1	A_3	A_6	A_8	A_4
$\bar{x}_{i.}$	13.50	12.37	11.87	11.47	11.37	10.83	10.70	10.30
$\bar{x}_{i.}-\bar{x}_{6.}$(CK)	2.67**	1.54*	1.04	0.64	0.54	0	−0.13	−0.53

分析表明，A_5 与对照有极显著差异，A_2 与对照有显著差异，A_5 相对于对照 A_6 来说，99%的增产区间为 $2.67\pm2.08\,\text{kg}/22.2\text{m}^2$；$A_2$ 相对于对照 A_6 来说，95%的增产区间为 $1.54\pm1.50\,\text{kg}/22.2\text{m}^2$。

14.6　相关与回归分析

14.6.1　相关分析及常用的相关系数

在实际中，人们经常遇到两个或两个以上变量共存于一个客观对象中，这些变量之间相互联系，相互制约，共同规定着客观对象的内在规律和发展方向。掌握变量之间的关系是人们揭示客观对象的规律性、把握客观对象发展方向的重要手段。这就要求人们研究变量之间的关系，掌握处理变量之间关系的工具。一般而言，变量之间的关系大体上可分为两种类型，一类是确定性关系，如圆面积与圆半径 R 之间的关系 $S=\pi R^2$。变量之间确定性关系的数学表达形式就是某一函数。另一类是非确定性关系，在这类关系中最为常见的是相关关系（correlation），也称统计关系，如环境介质中微量元素含量与某

种地方病发病率之间的关系、土壤容量与玉米产量潜力实现程度之间的关系等。通俗地讲，相关关系就是一个或一些变量 X 与另一个或另一些变量 Y 之间有密切关系，但还没有确切到由其中一个可以唯一确定另一个的程度。相关关系是两个或两个以上随机变量之间的平行相依关系。研究变量之间这种相关关系程度的有关统计方法就称为相关分析。

1. 简单相关系数

研究两个数值型变量之间的线性相关关系的统计方法称为简单相关分析。简单相关分析是应用很广泛的一种基本相关分析。实际应用中通过相关系数反映两个变量（指标）的相关性强弱。

1）相关系数与样本相关系数

假定研究的两个变量为随机变量 X、Y，且数学期望 $E(X)$、$E(Y)$，方差 $\mathrm{Var}(X)$、$\mathrm{Var}(Y)$，协方差 $\mathrm{Cov}(X, Y)$ 均存在：

$$\rho_{XY} = \frac{\mathrm{Cov}(X,Y)}{\sqrt{\mathrm{Var}(X)\mathrm{Var}(Y)}} \tag{14-133}$$

式中，ρ_{XY} 称为随机变量 X 与 Y 的相关系数，$|\rho_{XY}| \leq 1$，$|\rho_{XY}|$ 越大，表明随机变量 X 与 Y 的相关程度越强。当 $\rho_{XY} > 0$ 时，称 X 与 Y 正相关；当 $\rho_{XY} < 0$ 时，称 X 与 Y 负相关；当 $\rho_{XY} = 0$ 时，称 X 与 Y 不相关。若 (X,Y) 服从二维正态分布，$\rho_{XY} = 0$ 等价于随机变量 X、Y 相互独立。

随机向量 (X,Y) 的 n 次独立试验或观测结果为 $(X_1,Y_1),(X_2,Y_2),\cdots,(X_n,Y_n)$ 时，称

$$r = \frac{\sum_{i=1}^{n}\left(X_i - \overline{X}\right)\left(Y_i - \overline{Y}\right)}{\sqrt{\sum_{i=1}^{n}\left(X_i - \overline{X}\right)^2 \sum_{i=1}^{n}\left(Y_i - \overline{Y}\right)^2}} \tag{14-134}$$

为 X 与 Y 的样本相关系数，实际应用中 r 作为 ρ_{XY} 的估计量，反映 X 与 Y 的线性相关性强弱。

2）X 与 Y 的线性相关显著性检验

（1）H_0: $\rho_{XY} = 0$ 即 X 与 Y 不相关，H_1: $\rho_{XY} \neq 0$ 即 X 与 Y 线性相关。

（2）若 (X,Y) 服从二维正态分布，且 H_0 为真，则可以证明

$$T = \frac{r\sqrt{n-2}}{\sqrt{1-r^2}} \sim t(n-2) \tag{14-135}$$

对于给定的显著水平 α，有

$$P\left\{|T| \geq t_{\alpha/2}\right\} = \alpha \tag{14-136}$$

式（14-136）等价于

$$P\left\{|r| \geqslant \frac{t_{\alpha/2}}{\sqrt{n-2+t_{\alpha/2}^2(n-2)}}\right\} = \alpha \tag{14-137}$$

应用式（14-137）编制相关系数 $\rho_{XY}=0$ 检验的临界值表，如附表 6-15 所示。设随机向量 (X,Y) 的 n 次独立试验结果的实现值为 $(x_1,y_1),(x_2,y_2),\cdots,(x_n,y_n)$，计算

$$r = \frac{\sum\limits_{i=1}^{n}(x_i-\bar{x})(y_i-\bar{y})}{\sqrt{\sum\limits_{i=1}^{n}(x_i-\bar{x})^2 \sum\limits_{i=1}^{n}(y_i-\bar{y})^2}} \tag{14-138}$$

若 $|r| \geqslant r_\alpha(n-2)$，则拒绝 H_0，即认为 X 与 Y 线性关系显著；否则，不拒绝 H_0。

或者用统计软件计算 p 值，$p = P\{|r| \geqslant |r_0|\}$，$r_0$ 为 r 的实现。若 $p < \alpha$，则拒绝 H_0；若 $p \geqslant \alpha$，则不拒绝 H_0。

【例 14-36】为了研究某地区大气中不同污染物之间是否存在一定的相关关系，研究者对该地区大气中臭氧浓度 X 和二手碳浓度 Y 进行观测，得到观测数据如表 14-37 所示。

表 14-37　地区大气中臭氧浓度和二手碳浓度观测数据　（单位：μg/m³）

X	Y	X	Y
0.066ppm	4.6	0.057ppm	2.5
0.088ppm	11.6	0.100ppm	15.8
0.120ppm	9.5	0.112ppm	8.0
0.05ppm	6.3	0.055ppm	7.0
0.162ppm	13.8	0.154ppm	20.6
0.186ppm	15.4	0.074ppm	16.6
0.111ppm	9.2	0.071ppm	2.8
0.140ppm	17.9	0.110ppm	13.0

在显著水平 $\alpha = 0.05$ 下，检验该地区大气中臭氧浓度和二手碳浓度是否存在线性关系。

解：以 ρ_{XY} 表示该地区大气中臭氧浓度和二手碳浓度的相关系数，则此问题即转化为检验问题

$$H_0: \rho_{XY}=0 ， \quad H_1: \rho_{XY} \neq 0$$

由观测数据计算有关量得

$$L_{xx} = \sum_{i=1}^{n}(x_i-\bar{x})^2 = \sum_{i=1}^{16}x_i^2 - \left(\sum_{i=1}^{16}x_i\right)^2 \Big/ 16 = 0.197 - 1.656^2/16 = 0.026$$

$$L_{yy} = \sum_{i=1}^{n}(y_i-\bar{y})^2 = \sum_{i=1}^{16}y_i^2 - \left(\sum_{i=1}^{16}y_i\right)^2 \Big/ 16 = 2363.960 - 174.6^2/16 = 458.638$$

$$L_{xy} = \sum_{i=1}^{16} x_i y_i - \left(\sum_{i=1}^{16} x_i \right) \left(\sum_{i=1}^{16} y_i \right) \bigg/ 16 = 20.440 - (1.656 \times 174.6)/16 = 2.369$$

从而得

$$r = \frac{L_{xy}}{\sqrt{L_{xx} L_{yy}}} = \frac{2.369}{\sqrt{0.026 \times 458.638}} = 0.686$$

由 $\alpha = 0.05$，查附表 6-15 得相关系数临界值 $r_{0.05}(14) = 0.4973$。

因

$$|r| = 0.686 > 0.4973 = r_{0.05}(14)$$

所以，拒绝原假设 H_0，即认为该地区大气中臭氧浓度和二手碳浓度线性关系显著。

或者用统计软件计算 p 值，$p = P\{|r| \geqslant 0.686\} = 0.0030$，$p < 0.05 = \alpha$，拒绝原假设 H_0。

Pearson 相关系数检验法是根据正态假定下提供的临界值表进行统计推断的。这个相关性指的是 X 与 Y 的线性相关性，如果正态分布的假设不满足，其检验结果显然不可信，甚至可能错误。当 X 与 Y 的简单相关系数绝对值 $|\rho_{XY}|$ 较小时，只是说明 X 与 Y 之间没有线性相关关系，并不能说明当 X 增加时 Y 没有增大或减小的趋势。在 $|\rho_{XY}|$ 接近 0 时，有可能存在只有一个严格单调上升或下降的函数 $g(X)$，使得 $g(X)$ 与 Y 的 Pearson 相关系数接近 1 或–1，即 $g(X)$ 与 Y 之间有线性相关关系。由此可见，Pearson 相关系数能度量 X 与 Y 的线性相关性，不能度量 X 与 Y 的相关性。很自然地，人们希望有这样一个检验统计量，可以用来度量两个变量之间的相关关系，而且用它度量的 X 与 Y 的相关程度得到的度量值等于用它度量 $g(X)$ 与 Y 的相关程度得到的度量值，其中 $g(X)$ 是任意一个严格单调上升的函数。下面引入的 Spearman 秩相关系数和 Kendall-τ 相关系数都可以用来度量变量之间的相关性，并且 X 与 Y 之间这两个相关系数值分别等于 $g(X)$ 与 Y 之间这两个相关系数值，其中 $g(X)$ 是任意一个严格单调上升的函数，而且这里并不严格要求 (X, Y) 是二维正态分布。

2. Spearman 秩相关系数

1）秩相关系数

假设有随机向量 (X, Y) 的 n 次独立试验或观测结果 $(X_1, Y_1), (X_2, Y_2), \cdots, (X_n, Y_n)$ 的实现值为

$$(x_1, y_1), (x_2, y_2), \cdots, (x_n, y_n) \tag{14-139}$$

（1）记 x_i 在 $\{x_1, x_2, \cdots, x_n\}$ 中的秩为 R_i，即 x_i 在 $x_1, x_2, \cdots, x_n$ 由小到大排序中的序号值；y_i 在 $\{y_1, y_2, \cdots, y_n\}$ 中的秩为 $Q_i (i = 1, 2, \cdots, n)$。为了简化讨论，不妨假设在 $x_1, x_2, \cdots, x_n$，以及在 $y_1, y_2, \cdots, y_n$ 中都没有重复观察值。Spearman 秩相关系数的基本思想就是用 R_i 和

Q_i 分别替代 x_i 和 y_i 构造新的数据对：

$$(R_1, Q_1), (R_2, Q_2), \cdots, (R_n, Q_n) \tag{14-140}$$

（2）计算成对数据的 Pearson 相关系数：

$$r_s = \frac{\sum_{i=1}^{n}(R_i - \overline{R})(Q_i - \overline{Q})}{\sqrt{\sum_{i=1}^{n}(R_i - \overline{R})^2 \sum_{i=1}^{n}(Q_i - \overline{Q})^2}} \tag{14-141}$$

式中，$\overline{R} = \sum_{i=1}^{n} R_i / n = (n+1)/2, \overline{Q} = \sum_{i=1}^{n} Q_i / n = (n+1)/2$。

又

$$\sum_{i=1}^{n}(R_i - \overline{R})^2 = \sum_{i=1}^{n}(Q_i - \overline{Q})^2 = n(n^2 - 1)/12$$

则

$$r_s = \frac{12\sum_{i=1}^{n} R_i Q - 3n(n+1)^2}{n(n^2 - 1)} \tag{14-142}$$

当 $x_1, x_2, \cdots, x_n$（$y_1, y_2, \cdots, y_n$）中有相等的实现值时，即有结时，相应的 x_i（y_i）的秩取平均，式（14-141）中 r_s 的定义式需修正，称 r_s 为数据对 [式（14-139）] 的 Spearman 秩相关系数。

显然，当 $g(X)$ 是严格单调上升函数时，$(x_1, y_1), (x_2, y_2), \cdots, (x_n, y_n)$ 与 $(g(X_1), y_1)$, $(g(X_2), y_2), \cdots, (g(X_n), y_n)$ 的秩相关系数相等，所以秩相关系数同时描述两个变量有没有同时上升（下降），或一个上升一个下降。

2）X 与 Y 的相关显著性检验

（1）H_0：X 与 Y 相互独立，H_1：X 与 Y 相关。

（2）当 H_0 为真时，可以证明，秩相关系数 r_s 有渐近正态性。

$n \to \infty$ 时：

$$\sqrt{n-1} r_s \sim N(0, 1)$$

（3）由给定的显著水平 α，有

$$P\{|r_s| \geqslant c_{\alpha(2)}\} = \alpha \tag{14-143}$$

式（14-143）计算 r_s 的实现值 r_{s0}，查附表 6-16 得 $c_{\alpha(2)}$，若 $|r_{s0}| \geqslant c_{\alpha(2)}$，则拒绝 H_0，即 X 与 Y 相关；否则，不拒绝 H_0，即认为 X 与 Y 相互独立。

当 n 比较大，在附表 6-16 中没有秩相关系数检验的临界值时，可以用渐正态性得

到检验的 p 值。$p = P\{|r_s| \geq |r_{s0}|\}$，若 $p < \alpha$，则拒绝 H_0；若 $p \geq \alpha$，则不拒绝 H_0。Spearman 秩相关系数单侧检验与双侧检验类似。

【例 14-37】为研究某两个变量 (X, Y) 是否具有相关关系，测定数据对如表 14-38 所示，检验 X 与 Y 是否相关。

表 14-38　X 与 Y 测定数据表

	X											
	65	79	67	66	89	85	84	73	88	80	86	75
Y	62	66	50	68	88	86	64	62	92	64	81	80

解：（1）H_0：X 与 Y 相互独立，H_1：X 与 Y 相关。

（2）将表 14-38 中的数据定秩后如表 14-39 所示。

表 14-39　X 与 Y 测定值秩计算值表

	X 秩											
	1	6	3	2	12	9	8	4	11	7	10	5
Y 秩	2.5	6	1	7	11	10	4.5	2.5	12	4.5	9	8

计算

$$r_s = \frac{\sum_{i=1}^{n}(R_i - \overline{R})(Q_i - \overline{Q})}{\sqrt{\sum_{i=1}^{n}(R_i - \overline{R})^2 \sum_{i=1}^{n}(Q_i - \overline{Q})^2}} = 0.7727$$

（3）由给定的显著水平 $\alpha = 0.05$，查附表 6-15 $c_{\alpha(2)} = 0.587$。

因 $|r_s| = 0.7727 > 0.587 = c_{\alpha(2)}$，则拒绝 H_0，即 X 与 Y 相关。

3. Kendall-τ 相关系数

1）Kendall-τ 相关系数

Kendall-τ 相关系数检验法是与 Spearman 秩相关系数相似的检验法。设有随机向量 (X, Y)，该方法从两变量是否协同一致的角度出发，检验两变量之间是否存在相关性。假定有 n 对观察值 $(x_1, y_1), (x_2, y_2), \cdots, (x_n, y_n)$，如果乘积 $(x_j - x_i)(y_j - y_i) > 0$ $(\forall j > i,\ i, j = 1, 2, \cdots, n)$，称数对 (x_i, y_i) 与 (x_j, y_j) 满足协同，或者称它们方向一致；反之，如果乘积 $(x_j - x_i)(y_j - y_i) < 0$ $(\forall j > i,\ i, j = 1, 2, \cdots, n)$，称数对 (x_i, y_i) 与 (x_j, y_j) 不协同，表示变化方向相反。协同性测量了前后两个数对的秩的大小变化同向还是反向，若前一对的秩均比后一对的秩小，则说明前后数据对具有同向性；反之，若前一对的秩比后一对的秩大，则说明前后两数对 (x_i, y_i) 与 (x_j, y_j) 反向。全部数据所有可能的数据对共有

$C_n^2 = n(n-1)/2$ 对。如果用 N_c 表示同向数对的数目，N_d 表示反向数对的数目，则 $N_c + N_d = n(n-1)/2$，记

$$\tau = \frac{N_c - N_d}{n(n-1)/2} \tag{14-144}$$

称 τ 为 Kendall-τ 相关系数。

当 $x_1, x_2, \cdots, x_n$（$y_1, y_2, \cdots, y_n$）中有相等的实现值时，即有结时，相应的 x_i（y_i）的秩取平均，式（14-144）中 τ 的定义式需修正，数对个数不多时可以继续利用式（14-144）计算 Kendall-τ 相关系数.

显然，当 $g(X)$ 是严格单调上升函数时，$(x_1, y_1), (x_2, y_2), \cdots, (x_n, y_n)$ 与 $(g(X_1), y_1)$，$(g(X_2), y_2), \cdots, (g(X_n), y_n)$ 的 Kendall-τ 相关系数相等，所以 Kendall-τ 相关系数同时描述两个变量有没有同时上升（下降），或一个上升一个下降。

2）X 与 Y 的相关显著性检验

（1）H_0：X 与 Y 相互独立，H_1：X 与 Y 正相关。

（2）当 H_0 为真时，可以证明，Kendall-τ 相关系数 τ 有渐近正态性。

$n \to \infty$ 时：

$$3\sqrt{\frac{n(n-1)}{2(2n+5)}} \tau \sim N(0,1)$$

（3）由给定的显著水平 α，有

$$P\{\tau \geqslant c_\alpha\} = \alpha \tag{14-145}$$

由式（14-144）可以计算 τ 的实现值 τ_0，查附表 6-17 得 $c_{\alpha(2)}$，若 $\tau_0 \geqslant c_{\alpha(2)}$，则拒绝 H_0，即 X 与 Y 正相关；否则，不拒绝 H_0，即认为 X 与 Y 相互独立。

当 n 比较大，在附表 6-17 中没有 Kendall-τ 相关系数检验的临界值时，可以用渐近正态性得到检验的 p 值。$p = P\{\tau \geqslant \tau_0\}$，若 $p < \alpha$，则拒绝 H_0；若 $p \geqslant \alpha$，则不拒绝 H_0。

上述检验是备择假设为 X 与 Y 正相关的单侧检验，备择假设为 X 与 Y 负相关的单侧检验和备择假设为 X 与 Y 相关的双侧检验与此类似。

【例 14-38】为研究某两个变量 (X, Y) 是否具有相关关系，测定数据对如表 14-40 所示。

表 14-40　X 与 Y 测定数据以及 Y 的秩

	1	2	3	4	5	6	7	8	9	10
X	75	95	85	70	76	68	60	66	80	88
Y	2.62	2.91	2.94	2.11	2.17	1.98	2.04	2.2	2.65	2.69
Y 秩	6	9	10	3	4	1	2	5	7	8

当显著水平 $\alpha = 0.05$ 时，检验 X 与 Y 是否正相关。

解：（1）H_0：X 与 Y 相互独立，H_1：X 与 Y 正相关。

（2）将表 14-40 中的数据定秩后如表 14-41 所示。

表 14-41　X 与 Y 编号及对应秩

	7	8	6	4	1	5	9	3	10	2
X 顺序	1	2	3	4	5	6	7	8	9	10
Y 对应秩	2	5	1	3	6	4	7	10	8	9

计算得

$$N_c = 38, \quad N_d = 7$$

$$\tau = \frac{N_c - N_d}{n(n-1)/2} = \frac{38-7}{10(10-1)/2} \approx 0.6889$$

（3）由给定的显著水平 $\alpha = 0.05$，查附表 6-17 得 $c_{\alpha(2)} = 0.467$。

因 $\tau_0 = 0.6889 > 0.467 = c_{\alpha(2)}$，则拒绝 H_0，即 X 与 Y 正相关。

或者利用统计软件计算 p 值，$p = P\{\tau \geqslant \tau_0\} = 0.004687$，因

$p = 0.004687 < 0.05 = \alpha$，则拒绝 H_0，即 X 与 Y 正相关。

14.6.2　一元线性回归分析

1. 回归分析

1）回归关系

相关关系中，如果 X 容易测定或可人为施加影响，就将 X 看作非随机变量，并记为 x[称为预报因子（predictor）]，这时 x 与 Y[称为预报量（predictand）]之间的关系称为回归（regression）关系。回归关系是相关关系的简化，是变量之间的因果关系。

为了说明回归关系，我们分析毛白杨树高 Y（随机变量）与树龄 x（非随机变量）之间的关系。对于树龄相同（x_i 固定）的树，分别观测三棵（y_i 重复三次），观测数据如表 14-42 所示。从表 14-42 中的观测结果明显可以看出以下规律：首先，随着树龄 x 增大，相应的树高 Y 观测值以平均意义有线性增高的趋势；其次，对于固定的树龄 x_i，树高 Y 的三次观察值 y_{i1}、y_{i2}、y_{i3} 各不相同，说明 x 与 Y 之间有某种关系，但这种关系还不具备由 x 确定唯一的 Y 的能力。一般地，我们所研究的总体中，如果能将具有相同树龄 x_0 的毛白杨树逐个挑选出来，测量其树高，则其树高观测值各不相同，这些不同的树高观测值的全体（所研究的总体的一部分）形成具有一定概率分布的总体，记这个概率分布的密度为 $f(y|x_0)$。显然，随着 x_0 取不同的值，概率分布的密度为 $f(y|x_0)$ 是变化的，如图 14-20 所示。通过这个例子我们得到启发，尽管我们无法由树龄 x 确定该树龄某一棵树的具体树高 y，但我们可以研究同一个树龄 x 所有毛白杨树高的分布密度 $f(y|x)$。若用这个分布的数学期望 $E(Y|x)$ 与相应的树龄 x 对应，研究相同树龄的树高 Y 的均值与树龄 x 的关系，就是回归分析研究问题的方法。

表 14-42　毛白杨树高与树龄的观测数据　　　　　　（单位：m）

树高 y_i	树龄 x_i					
	10	13	15	17	19	21
y_{i1}	14.7	16.9	18.7	20.6	21.8	22.1
y_{i2}	15.4	15.8	19.8	21.4	22.1	23.4
y_{i3}	13.9	17.6	17.8	19.5	20.6	21.9

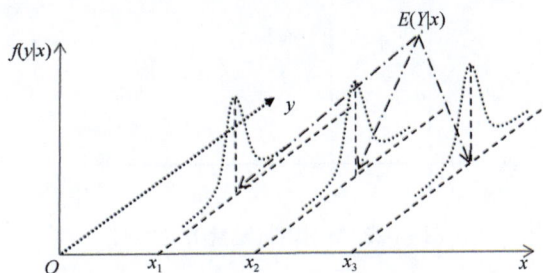

图 14-20　不同 x 概率分布的密度函数 $f(y|x)$

2）回归模型与回归方程

研究毛白杨树高 Y 与树龄 x 之间的关系时，给定树龄 x 值，树高 Y 的概率分布密度函数 $f(y|x)$ 随之确定，从而该概率分布的数学期望 $E(Y|x)$ 也就唯一确定，它是 x 的函数，记为 $g(x)$，并称其为 Y 对 x 的回归函数（regression function），而关系式

$$y = g(x) \tag{14-146}$$

称为 Y 对 x 的回归方程（regression equation）。在 xoy 平面直角坐标系中，式（14-146）是一条曲线，这条曲线称为 Y 对 x 的回归曲线（regression curve），如图 14-21 所示。

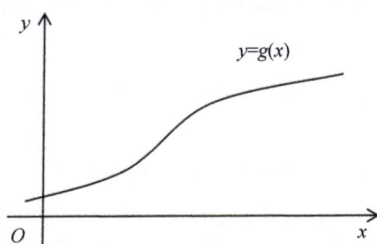

图 14-21　Y 对 x 的回归曲线

回归方程式（14-146）是一个函数关系，其实际上反映了 x 对 Y 的平均值的确定关系。Y 除了受 x 的影响外，还受到其他一些不可控制或未加控制（已知的或未知的）因素影响。因此，在影响随机变量 Y 的各种因素具有可加性的条件下，Y 对 x 的回归关系可用式（14-147）表示：

$$Y = g(x) + \varepsilon \tag{14-147}$$

式中，ε 为随机变量，反映一些不可控制或未加控制（已知的或未知的）因素对随机变

量 Y 的影响，如图 14-22 所示。

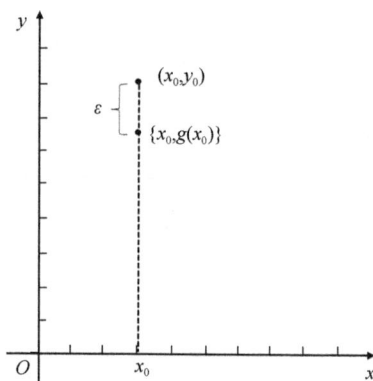

图 14-22 ε 对随机变量 Y 的影响

为了简便，在此假定：对于任意 x，$\varepsilon \sim N\left(0, \sigma^2\right)$ 且相互独立，其中 σ^2 为未知常数，称式（14-147）为 Y 对 x 的回归模型（regression model）。

如果在式（14-147）中，$g(x)$ 是 x 线性函数，则称 x 与 Y 之间具有线性回归关系；如果在式（14-147）中，$g(x)$ 是 x 非线性函数，则称 x 与 Y 之间具有非线性回归关系。

在实际问题中，回归函数的形式一般是未知的，它是 x 的函数，有无数种形式。对于一个实际问题，如何选择变量 x 与 Y 之间的回归函数形式呢？实践中，常用的方法有两种：一种是根据所要研究问题涉及的专业知识进行分析确定；另一种是根据实际观察的数据 $(x_i, y_i)(i = 1, 2, \cdots, n)$，通过散点图寻求回归函数的近似形式。所谓散点图是指在直角坐标系 xoy 中以观察数据的 x_i 为横坐标，以 y_i 为纵坐标所标出来的点状图。以实际观察数据做出散点图后，穿过散点密集区做一条平滑曲线，根据该条平滑曲线寻找适当的函数作为回归函数。在本节，我们主要利用散点图来选择回归函数的形式。

【例 14-39】为了解某一片毛白杨林中毛白杨的树高 Y 随树龄 x 的变化规律，随机在该片树林中抽测 7 棵毛白杨的树高 Y 与树龄 x，测得的数据如下。

	树龄						
	8	10	13	15	17	19	21
树高/m	12.5	14.7	16.9	18.7	20.6	21.8	22.1

这里规定树龄 x 为普通变量，树高 Y 为随机变量。请确定 Y 对 x 的回归函数形式。

解：由观察数据画出其散点图，如图 14-23 所示。图中各点分布在一个很窄的带状区域内，大致在一条直线的两侧，因此，可以假设这片毛白杨树林中，毛白杨树高 Y 对树龄 x 的回归函数是线性的，即 Y 对 x 的回归方程为 $y = \beta_0 + \beta_1 x$。

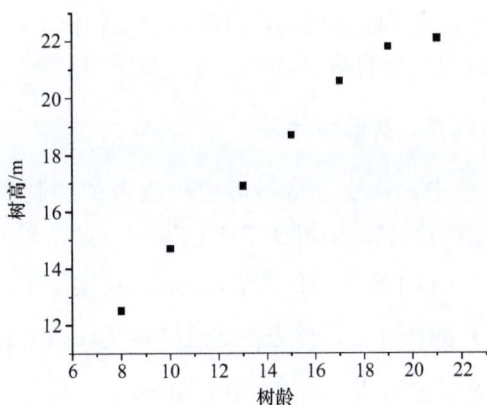

图 14-23　树高 Y 随树龄 x 的变化规律

2. 一元线性回归模型与回归方程

假设 x 为普通变量（可人为控制或容易测定），Y 为随机变量，如果它们满足回归模型[式（14-147）]，回归函数为 $g(x)=\beta_0+\beta_1 x$，其中 β_0、β_1 为未知参数，则称普通变量 x 与随机变量 Y 具有一元线性回归关系。相应的回归模型[式（14-147）]转化为

$$Y=\beta_0+\beta_1 x+\varepsilon \tag{14-148}$$

其中，$\varepsilon \sim N\left(0,\sigma^2\right)$ 且对于不同的 x，相应的 ε 相互独立，σ^2、β_0、β_1 为未知常数，并称 β_0、β_1 为回归系数（regression coefficient）。式（14-148）称为一元线性回归模型。该模型相应的回归方程为

$$y=\beta_0+\beta_1 x \tag{14-149}$$

如果在所研究总体中，对普通变量 x 与随机变量 Y 进行几次独立观测得到样本 (x_1,Y_1)，$(x_2,Y_2),\cdots,(x_n,Y_n)$，那么样本单元应满足式（14-148），即有

$$\begin{cases} Y_i=\beta_0+\beta_1 x_i+\varepsilon \\ \varepsilon_i \sim N\left(0,\sigma^2\right)，且相互独立(i=1,2,\cdots,n) \end{cases} \tag{14-150}$$

这意味着我们的讨论基于 $x_1,x_2,\cdots,x_n$ 为给定数，$Y_1,Y_2,\cdots,Y_n$ 是服从正态分布、满足等方差、相互独立的随机变量。对式（14-148）两边求数学期望及方差得

$$\begin{cases} E\left(Y_i\right)=\beta_0+\beta_1 x_i \\ \mathrm{Var}\left(Y_i\right)=\sigma^2 \end{cases} \tag{14-151}$$

式（14-151）表明，在变量 x 给定，β_0、β_1 已知条件下，可以由回归方程 $y=\beta_0+\beta_1 x$ 精确地计算出 $E(Y)$。

3. 一元线性回归模型的建立与检验

一元线性回归是处理一个预报因子 x（自变量）与一个预报量 Y（因变量）之间的

线性回归关系的方法。一元线性回归模型是最简单的回归模型，讨论这个模型的有关问题有助于我们深刻理解回归分析的基本思想、方法及应用。

1）一元线性回归系数 β_0、β_1 的估计

在一元线性回归模型中，由于 ε 是不可控制或未加控制的随机变量，很难用式（14-148）由普通变量 x 精确地确定随机变量 Y 的取值。通常以回归方程 $y=\beta_0+\beta_1 x$ 确定的 y 作为给定 x 条件下 $E(Y)$ 或 Y 的估计值。然而，在实际中，β_0、β_1 往往是未知的，若想按照这一途径得到 Y 的估计值，首先要通过样本实现 $(x_1,y_1),(x_2,y_2),\cdots,(x_n,y_n)$ 估计参数 β_0、β_1。记参数 β_0、β_1 的估计为 $\hat{\beta}_0$、$\hat{\beta}_1$，并称

$$\hat{y}=\hat{\beta}_0+\hat{\beta}_1 x \tag{14-152}$$

为一元线性回归模型[式（14-148）]的经验线性回归方程，$\hat{\beta}_0$、$\hat{\beta}_1$ 为经验回归系数。实际应用中，常用式（14-152）确定的 $\hat{y}$ 代替回归方程 $y=\beta_0+\beta_1 x$ 确定的 y 作为 $E(Y)$ 或 Y 的估计值。

如何利用样本 $(x_1,Y_1),(x_2,Y_2),\cdots,(x_n,Y_n)$ 的实现 $(x_1,y_1),(x_2,y_2),\cdots,(x_n,y_n)$ 获得回归参数 β_0、β_1 的估计 $\hat{\beta}_0$、$\hat{\beta}_1$ 呢？

事实上，如果 x 与 Y 具有精确的线性函数关系，则式（14-151）的第一个式子中应该没有 ε_i 存在，于是便有

$$Y_i=y_i=\hat{y}_i \quad (i=1,2,\cdots,n)$$

即

$$Y_i-y_i=y_i-\hat{y}_i=0 \quad (i=1,2,\cdots,n)$$

但是，由于 x 与 Y 之间是回归关系，Y 的取值除受 x 的影响外，还受一些随机因素的干扰，同时还有抽样的影响，一般 $y_i\neq\hat{y}_i$，因此，我们只能从样本提供的信息出发，确定一条直线

$$\hat{y}=\hat{\beta}_0+\hat{\beta}_1 x \quad（经验回归方程）$$

使其与所有样本点都比较"接近"。为了刻画这种接近程度，我们引入残差的概念。所谓残差（residual error）是指 Y 在某个 x_i 处的实现 y_i 与经验回归方程所确定的值 $\hat{y}_i=\hat{\beta}_0+\hat{\beta}_1 x_i$ 的偏差。一般用 e_i 表示残差，即 $e_i=y_i-\hat{y}_i(i=1,2,\cdots,n)$。有了残差的概念，可以用残差平方和

$$Q(\hat{\beta}_0,\hat{\beta}_1)=\sum_{i=1}^{n}e_i^2=\sum_{i=1}^{n}\left(y_i-\hat{\beta}_0-\hat{\beta}_1 x_i\right)^2 \tag{14-153}$$

来刻画样本实现与经验回归直线的"接近"程度。建立经验回归直线就是要由样本的实现确定经验回归系数 $\hat{\beta}_0$、$\hat{\beta}_1$ 的取值，使得 $Q(\hat{\beta}_0,\hat{\beta}_1)$ 达到最小。这种确定 $\hat{\beta}_0$、$\hat{\beta}_1$ 的方法称为最小二乘法（least square method）。

对于样本的实现 $(x_1, y_1), (x_2, y_2), \cdots, (x_n, y_n)$，$Q(\hat{\beta}_0, \hat{\beta}_1)$ 是 $\hat{\beta}_0$、$\hat{\beta}_1$ 的二次函数，所以它的最小值总是存在的。由高等数学可知，为使 $Q(\hat{\beta}_0, \hat{\beta}_1)$ 达到最小，$\hat{\beta}_0$、$\hat{\beta}_1$ 应满足方程组

$$\begin{cases} \dfrac{\partial Q(\hat{\beta}_0, \hat{\beta}_1)}{\partial \hat{\beta}_0} = -2\sum_{i=1}^{n}\left(y_i - \hat{\beta}_0 - \hat{\beta}_1 x_i\right) = 0 \\[3mm] \dfrac{\partial Q(\hat{\beta}_0, \hat{\beta}_1)}{\partial \hat{\beta}_1} = -2\sum_{i=1}^{n}\left(y_i - \hat{\beta}_0 - \hat{\beta}_1 x_i\right)x_i = 0 \end{cases} \tag{14-154}$$

式（14-154）称为最小二乘法的正规方程组。

经整理，式（14-154）得

$$\begin{cases} \sum_{i=1}^{n} y_i - n\hat{\beta}_0 - \hat{\beta}_1 \sum_{i=1}^{n} x_i = 0 \\[3mm] \sum_{i=1}^{n} x_i y_i - \hat{\beta}_0 \sum_{i=1}^{n} x_i - \hat{\beta}_1 \sum_{i=1}^{n} x_i^2 = 0 \end{cases} \tag{14-155}$$

解式（14-155）得 β_0、β_1 的估计值 $\hat{\beta}_0$、$\hat{\beta}_1$：

$$\begin{cases} \hat{\beta}_0 = \overline{y} - \hat{\beta}_1 \overline{x} \\[3mm] \hat{\beta}_1 = \dfrac{\sum_{i=1}^{n}\left(x_i - \overline{x}\right)\left(y_i - \overline{y}\right)}{\sum_{i=1}^{n}\left(x_i - \overline{x}\right)^2} \end{cases} \tag{14-156}$$

其中，$\overline{x} = \dfrac{1}{n}\sum_{i=1}^{n} x_i$，$\overline{y} = \dfrac{1}{n}\sum_{i=1}^{n} y_i$，从而得到 β_0、β_1 的估计值：

$$\begin{cases} \hat{\beta}_0 = \overline{Y} - \hat{\beta}_1 \overline{x} \\[3mm] \hat{\beta}_1 = \dfrac{\sum_{i=1}^{n}\left(x_i - \overline{x}\right)\left(Y_i - \overline{Y}\right)}{\sum_{i=1}^{n}\left(x_i - \overline{x}\right)^2} \end{cases} \tag{14-157}$$

为了便于以后统计性质的讨论，我们引入式（14-158）～式（14-160）：

$$L_{xx} = \sum_{i=1}^{n}\left(x_i - \overline{x}\right)^2 = \sum_{i=1}^{n} x_i^2 - \dfrac{\left(\sum_{i=1}^{n} x_i\right)^2}{n} \tag{14-158}$$

$$L_{yy} = \sum_{i=1}^{n}\left(y_i - \overline{y}\right)^2 = \sum_{i=1}^{n} y_i^2 - \dfrac{\left(\sum_{i=1}^{n} y_i\right)^2}{n} \tag{14-159}$$

$$L_{xy} = \sum_{i=1}^{n}\left(x_i - \overline{x}\right)\left(y_i - \overline{y}\right) = \sum_{i=1}^{n} x_i y_i - \frac{\left(\sum_{i=1}^{n} x_i\right)\left(\sum_{i=1}^{n} y_i\right)}{n} \qquad (14\text{-}160)$$

将式（14-158）～式（14-160）代入式（14-156）可得

$$\begin{cases} \hat{\beta}_0 = \overline{y} - \hat{\beta}_1 \overline{x} \\ \hat{\beta}_1 = \dfrac{L_{xy}}{L_{xx}} \end{cases} \qquad (14\text{-}161)$$

下面通过一个例子说明如何利用这些公式确定经验回归方程。

【例 14-40】设从某油松林地随机抽得 10 株油松，测得胸径 x 与树高 Y 如下。

胸径 x/cm	4.2	5.1	5.9	6.5	7.3	7.7	8.1	8.6	9.0	9.7
树高 Y/cm	5.7	4.6	6.4	7.8	7.5	9.3	8.4	9.2	9.5	9.6

试求树高 Y 对胸径 x 的经验回归方程。

解：由图 14-24 不难看出树高 Y 对胸径 x 应选线性回归方程，即经验回归方程应为

$$\hat{y} = \hat{\beta}_0 + \hat{\beta}_1 x$$

$$\sum_{i=1}^{n} x_i = 72.10$$

$$\sum_{i=1}^{n} y_i = 78.00$$

$$\sum_{i=1}^{n} x_i y_i = 588.00$$

$$L_{xx} = \sum_{i=1}^{n}\left(x_i - \overline{x}\right)^2 = 28.11$$

$$L_{xy} = \sum_{i=1}^{n}\left(x_i - \overline{x}\right)\left(y_i - \overline{y}\right) = 25.62$$

由式（14-161）有

$$\hat{\beta}_1 = \frac{L_{xy}}{L_{xx}} = \frac{25.62}{28.11} \approx 0.91$$

$$\hat{\beta}_0 = \overline{y} - \hat{\beta}_1 \overline{x} = 1.2389$$

所以，树高 Y 对胸径 x 的经验回归方程为 $\hat{y} = 1.2389 + 0.91x$。

2）随机误差方差 σ^2 的估计

根据式（14-148）及其相关规定不难看出，参数 σ^2 是给定预报因子 x 的前提下，预报量 Y 的方差，它反映了随机变量 Y 取值受随机因素影响的波动情况。掌握参数 σ^2 的取值对我们理解和应用回归关系模型[式（14-148）]，以及掌握经验回归方程的统计性质具有重大意义。实践中，σ^2 一般是未知的，我们需要利用样本的实现对 σ^2 进行估计。

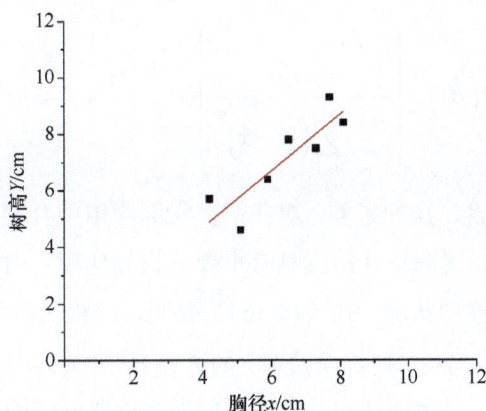

图 14-24　油松树高 Y 与胸径 x 的关系

定理 14-3　在一元线性回归模型[式（14-148）]下：

$$\frac{Q\left(\hat{\beta}_0,\hat{\beta}_1\right)}{\sigma^2}\sim\chi^2\left(n-2\right) \tag{14-162}$$

且 $\hat{\sigma}^2=\dfrac{Q\left(\hat{\beta}_0,\hat{\beta}_1\right)}{n-2}=\dfrac{1}{n-2}\displaystyle\sum_{i=1}^{n}\left(Y_i-\hat{y}_i\right)^2$ 是参数 σ^2 的无偏估计量。

该结论的证明已经超出本书范围，有兴趣的读者可阅读 G.A.F.塞伯所著的《线性回归分析》一书。

4. 最小二乘估计量 $\hat{\beta}_0$、$\hat{\beta}_1$ 的统计性质

利用最小二乘法我们得到了一元线性回归方程[式（14-149）]的估计经验回归方程[式（14-152）]，这一估计的优劣完全取决于回归系数 β_0、β_1 估计值 $\hat{\beta}_0$、$\hat{\beta}_1$ 的统计性质，我们在此仅讨论 $\hat{\beta}_0$、$\hat{\beta}_1$ 的基本统计性质。

定理 14-4　在一元线性回归模型[式（14-148）]下，由最小二乘法确定的经验回归方程[式（14-152）]的经验回归系数 $\hat{\beta}_0$、$\hat{\beta}_1$ 分别是回归方程式（14-149）的回归系数 β_0、β_1 的无偏估计，且

$$\begin{cases} \hat{\beta}_0 \sim N\left[\beta_0,\left(\dfrac{1}{n}+\dfrac{\bar{x}^2}{L_{xx}}\right)\sigma^2\right] \\[3mm] \hat{\beta}_1 \sim N\left(\beta_1,\dfrac{\sigma^2}{L_{xx}}\right) \end{cases} \tag{14-163}$$

由此定理易知

$$D\left(\hat{\beta}_1\right)=\frac{\sigma^2}{\displaystyle\sum_{i=1}^{n}\left(x_i-\bar{x}\right)^2}=\frac{\sigma^2}{L_{xx}} \tag{14-164}$$

$$D\left(\hat{\beta}_0\right) = \left(\frac{1}{n} + \frac{\bar{x}^2}{\sum\limits_{i=1}^{n}\left(x_i - \bar{x}\right)^2}\right)\sigma^2 = \left(\frac{1}{n} + \frac{\bar{x}^2}{L_{xx}}\right)\sigma^2 \qquad (14\text{-}165)$$

最小二乘法估计值 $\hat{\beta}_0$、$\hat{\beta}_1$ 的方差，对我们在实际应用中合理安排试验、建立符合实际情况的经验回归方程、提高估计精度具有重要的指导作用，由概率论可知，方差大小反映了随机变量取值的波动状况。式（14-164）表明，经验回归系数 $\hat{\beta}_1$ 取值的波动状况不仅与回归模型[式（14-148）]随机误差项 ε 的方差 σ^2 有关，而且取决于样本中预报因子 x 值选取的聚散程度。对于同样的一个应用问题，选取同样的回归模型，在建立经验回归方程时，如果样本中预报因子 x 值选取得比较分散，则所得估计值 $\hat{\beta}_1$ 波动较小，从而估计就比较稳定；反之，如果样本中预报因子 x 值选取在一个较小的区域内，则所得估计值 $\hat{\beta}_1$ 波动较大，从而估计的稳定性就比较差。类似地，式（14-165）表明，经验回归系数 $\hat{\beta}_0$ 取值的波动状况不仅与回归模型[式（14-148）]随机误差项 ε 的方差 σ^2 有关，而且取决于样本中预报因子 x 值选取的聚散程度、样本容量 n。对于同样的一个应用问题，选取同样的回归模型，在建立经验回归方程时，如果样本中预报因子 x 值选取得比较分散，样本量 n 选取足够多，则所得估计值 $\hat{\beta}_0$ 波动较小，从而估计就比较稳定；反之，如果样本中预报因子 x 值选取在一个较小的区域内或样本量 n 选取得很少，则所得估计值 $\hat{\beta}_0$ 波动较大，从而估计的稳定性就比较差。这就要求人们在建立经验回归方程时，必须恰当地选择回归模型，科学地安排样本点，合理地选取样本容量。

另外，由此定理也易得

$$E\left(\hat{y}\right) = E\left(\hat{\beta}_0 + \hat{\beta}_1 x\right) = \beta_0 + \beta_1 x = E\left(y\right) \qquad (14\text{-}166)$$

这说明由经验回归方程式（14-152）所得的值 $\hat{y}$ 是 $E(Y)$ 的无偏估计，即 $\hat{y}$ 可作为具有一元线性回归关系变量 x 与 Y 在 x 处 Y 所有可能取值的均值的无偏估计。

定理 14-5 在一元线性回归模型[式（14-148）]下，对于预报因子 x 不同于样本中 $x_1, x_2, \cdots, x_n$ 的取值 x_0，由经验回归方程 $\hat{y}_0 = \hat{\beta}_0 + \hat{\beta}_1 x_0$ 确定的经验回归值 $\hat{y}_0$ 满足

$$\hat{y}_0 \sim N\left\{E\left(Y_0\right), \frac{\sigma^2}{n}\left[1 + \frac{n\left(x_0 - \bar{x}\right)^2}{L_{xx}}\right]\right\} \qquad (14\text{-}167)$$

5. 一元线性回归的显著性检验

对于给定的样本实现 $(x_i, y_i)(i = 1, 2, \cdots, n)$，我们可以利用散点图选择适当的回归方程，采用最小二乘法建立经验回归方程，但从前面的讨论不难看出，即使借助散点图选择的回归方程并没有很好地反映预报因子 x 与预报量 Y 之间真实的回归关系，我们依然可以利用最小二乘法建立经验回归方程，至于所建立的经验回归方程是否揭示了变量 x 与 Y 之间真

正的回归关系，是否具有应用价值，我们并不知道。因此，所建立的经验回归方程应用于实践之前，必须先经过统计检验，以确保其回归的显著性。下面介绍三种常用的检验方法。

1）利用 F 检验法检验线性回归显著性

假设 $(x_i, Y_i)(i = 1, 2, \cdots, n)$ 为样本，预报量 Y 的 n 次观察值之间的差异用 Y_i 与其均值 $\bar{Y}$ 之间的离差平方和表示，并称为总离差平方和，记为 L_{yy}，即有

$$L_{yy} = \sum_{i=1}^{n}\left(Y_i - \bar{Y}\right)^2 \tag{14-168}$$

因为总有关系式 $Y_i - \bar{Y} = \left(Y_i - \hat{y}_i\right) + \left(\hat{y}_i - \bar{Y}\right)$ 成立，于是便有

$$L_{yy} = \sum_{i=1}^{n}\left(Y_i - \bar{Y}\right)^2 = \sum_{i=1}^{n}\left(Y_i - \hat{y}_i\right)^2 + \sum_{i=1}^{n}\left(\hat{y}_i - \bar{Y}\right)^2 + 2\sum_{i=1}^{n}\left(Y_i - \hat{y}_i\right)\left(\hat{y}_i - \bar{Y}\right)$$

由式（14-157）有

$$\begin{aligned}
\sum_{i=1}^{n}\left(Y_i - \hat{y}_i\right)\left(\hat{y}_i - \bar{Y}\right) &= \sum_{i=1}^{n}\left(Y_i - \hat{\beta}_0 - \hat{\beta}_1 x_i\right)\left(\hat{\beta}_0 + \hat{\beta}_1 x_i - \hat{\beta}_0 - \hat{\beta}_1 \bar{x}\right) \\
&= \sum_{i=1}^{n}\left(Y_i - \bar{Y} + \hat{\beta}_1 \bar{x} - \hat{\beta}_1 x_i\right)\hat{\beta}_1\left(x_i - \bar{x}\right) \\
&= \sum_{i=1}^{n}\hat{\beta}_1\left(Y_i - \bar{Y}_i\right)\left(x_i - \bar{x}\right) - \hat{\beta}_1^2\sum_{i=1}^{n}\left(x_i - \bar{x}\right)^2 \\
&= \hat{\beta}_1 L_{xy} - \hat{\beta}_1^2 L_{xx} = \hat{\beta}_1\left(L_{xy} - \hat{\beta}_1 L_{xx}\right) = 0
\end{aligned}$$

于是

$$L_{yy} = \sum_{i=1}^{n}\left(Y_i - \bar{Y}\right)^2 = \sum_{i=1}^{n}\left(Y_i - \hat{y}_i\right)^2 + \sum_{i=1}^{n}\left(\hat{y}_i - \bar{Y}\right)^2 \tag{14-169}$$

记 $U = \sum_{i=1}^{n}\left(\hat{y}_i - \bar{Y}\right)^2$，$Q = \sum_{i=1}^{n}\left(Y_i - \hat{y}_i\right)^2$，称 U 为回归离差平方和，其反映预报因子 x 对预报量 Y 的影响；称 Q 为剩余离差平方和，其反映不可控制或未加控制因素对预报量 Y 的影响。这样便有

$$L_{yy} = U + Q \tag{14-170}$$

式（14-170）说明预报量 Y 的变化由两种原因引起：一种是预报因子 x 的变化引起，体现在回归离差平方和 U 上；另一种是不可控制或未加控制的随机因素干扰引起，体现在剩余离差平方和 Q 上。直观上看，对于给定的样本实现，如果建立的经验回归方程使得回归离差平方和 U 值远远大于剩余离差平方和 Q，在总离差平方和 L_{yy} 占绝对优势时，则说明变量 x 与 Y 之间的回归关系中变量 x 的影响起主导作用，即变量 x 与 Y 之间的线性回归关系是显著的，建立的经验回归直线可应用于实践。

由式（14-152）和式（14-161）易得

$$\begin{cases} U = \hat{\beta}_1 L_{xy} \\ Q = L_{yy} - U \end{cases} \qquad (14\text{-}171)$$

由式（14-161）和式（14-170）可知，只要由样本的实现算出 L_{yy}、L_{xy}、L_{xx} 就可以获得回归离差平方和 U 与剩余离差平方和 Q 的值。

从理论上看，变量 x 与 Y 是否具有线性回归关系、线性回归关系的强弱，完全取决于回归模型[式（14-148）]中 $\beta_1 x$ 对预报量 Y 的作用大小，即取决于回归系数 β_1 的大小，因而提出线性回归显著性的假设为 $H_0: \beta_1 = 0$，$H_1: \beta_1 \neq 0$。

在一元线性回归模型[式（14-148）]下，当 $H_0: \beta_1 = 0$ 成立时，对所有的 i 总有 $Y_i \sim N(\beta_0, \sigma^2)$ 且相互独立，从而由概率论可以证明

$$\frac{L_{yy}}{\sigma^2} \sim \chi^2(n-1)$$

$$\frac{Q}{\sigma^2} \sim \chi^2(n-2)$$

$$\frac{U}{\sigma^2} \sim \chi^2(1)$$

且 $\dfrac{Q}{\sigma^2}$、$\dfrac{U}{\sigma^2}$ 相互独立，所以由 F 分布定义有

$$F = \frac{U}{Q/(n-2)} \sim F(1, n-2) \qquad (14\text{-}172)$$

于是，对于给定的显著水平 α，可找到实数 $F_\alpha(1, n-2)$ 使得

$$P\{F > F_\alpha(1, n-2)\} = \alpha$$

如果由样本的实现 $(x_i, y_i)(i = 1, 2, \cdots, n)$ 计算出的 F 实现值 F_0 满足 $F_0 > F_\alpha(1, n-2)$，则否定 H_0，说明 x 与 Y 之间在显著水平 α 下，具有明显的线性关系；反之，如果 $F_0 \leqslant F_\alpha(1, n-2)$，则肯定 H_0，说明 x 与 Y 之间在显著水平 α 下，不具有明显的线性关系。

实践中常用方差分析表来表达这一检验，如表 14-43 所示。

表 14-43　一元线性回归显著性检验方差分析表

变异来源	离差平方和	自由度	均方差	F 值	临界值	显著性
回归	$U = \sum\limits_{i=1}^{n}(\hat{y}_i - \bar{Y})^2$	1	$S_{回} = U$	$F = \dfrac{S_{回}}{S_{残}}$	$F(1, n-2)$	**
残差	$Q = \sum\limits_{i=1}^{n}(Y_i - \hat{y}_i)^2$	$n-2$	$S_{残} = \dfrac{Q}{n-2}$			*
总和	$L_{yy} = \sum\limits_{i=1}^{n}(Y_i - \bar{Y})^2$	$n-1$				—

**在显著水平 $\alpha = 0.01$ 下否定 H_0；*在显著水平 $\alpha = 0.05$ 下否定 H_0；—在显著水平 $\alpha = 0.1$ 下否定 H_0。

或者利用统计软件提供的 p 值，$p = P\{F \geqslant F_0\}$，若 $p < \alpha$，则拒绝 H_0；若 $p \geqslant \alpha$，则不拒绝 H_0。

2）利用回归系数检验线性回归显著性

在 $y = \beta_0 + \beta_1 x$ 中，x 对 y 的作用大小要看 β_1 的大小，检验的原假设为 $H_0: \beta_1 = 0$，备择假设为 $H_1: \beta_1 \neq 0$。由式（14-162）和式（14-163）可知，在 H_0 成立时，检验的统计量为

$$t = \frac{\hat{\beta}_1}{\sqrt{\hat{\sigma}^2 / L_{xx}}} = \frac{\hat{\beta}_1}{\sqrt{\dfrac{Q}{(n-2)L_{xx}}}} \sim t(n-2) \tag{14-173}$$

其中，$\hat{\beta}_1$ 的标准差为

$$S_{\beta_1} = \sqrt{\frac{Q}{(n-2)L_{xx}}} \tag{14-174}$$

若 H_0 被拒绝，β_1 的 $(1-\alpha) \times 100\%$ 的置信区间为

$$\left[\hat{\beta}_1 - t_\alpha(n-2)S_{\hat{\beta}_1}, \ \hat{\beta}_1 + t_\alpha(n-2)S_{\hat{\beta}_1} \right] \tag{14-175}$$

在直线回归中，回归方程和回归系数检验的原假设都是 $H_0: \beta_1 = 0$。事实上，式（14-172）的 F 检验与式（14-173）的 t 检验是等价的，因为 $t^2(n-2) = F(1, n-2)$，即

$$t^2 = \frac{b^2}{Q/\left[(n-2)L_{xx}\right]} = \frac{b^2 L_{xx}}{Q/(n-2)} = \frac{U}{Q/(n-2)} = F$$

3）利用样本相关系数检验线性回归显著性

设 $(x_i, \ Y_i)(i = 1, 2, \cdots, n)$ 是具有回归关系的变量 x 与 Y 的样本，则称

$$r = \frac{\sum\limits_{i=1}^{n}(x_i - \bar{x})(Y_i - \bar{Y})}{\sqrt{\sum\limits_{i=1}^{n}(x_i - \bar{x})^2 \sum\limits_{i=1}^{n}(Y_i - \bar{Y})^2}} \tag{14-176}$$

为变量 x 与 Y 的样本相关系数（sample correlation coefficient）。

将前面所引入的式（14-158）～式（14-160）代入式（14-176）便有

$$r = \frac{L_{xy}}{\sqrt{L_{xx}L_{yy}}} \tag{14-177}$$

可以验证样本相关系数 r 满足下列关系：

$$\begin{cases} |r| \leqslant 1 \\ r = \hat{\beta}_1 \sqrt{\dfrac{L_{xx}}{L_{yy}}} \\ \dfrac{(n-2)r^2}{1-r^2} = F \end{cases} \qquad (14\text{-}178)$$

由式（14-176）不难发现，样本相关系数 r 反映了变量 x 与 Y 之间线性关系的密切程度，$|r|$ 越接近 1，说明 x 与 Y 之间线性关系越密切，$|r|$ 越接近 0，说明 x 与 Y 之间线性关系越不密切。当 $r > 0$ 时，称变量 x 与 Y 之间正线性相关，当 $r < 0$ 时，称变量 x 与 Y 之间负线性相关。样本相关系数的不同取值，反映了变量 x 与 Y 之间的线性相关性不同，其直观意义如图 14-25 所示。如果 $r = \pm 1$，说明 x 与 Y 具有典型的线性关系，如图 14-25（a）和图 14-25（f）所示。如果 $0 < r < 1$，说明 x 与 Y 具有正的线性相关关系，如图 14-25（b）所示。如果 $-1 < r < 0$，说明 x 与 Y 具有负的线性相关关系，如图 14-25（c）所示。如果 $r = 0$，说明 x 与 Y 不相关（即没有线性关系），其包括两种情况：x 与 Y 没有任何关系，如图 14-25（d）所示；x 与 Y 具有某种非线性关系，如图 14-25（e）所示。

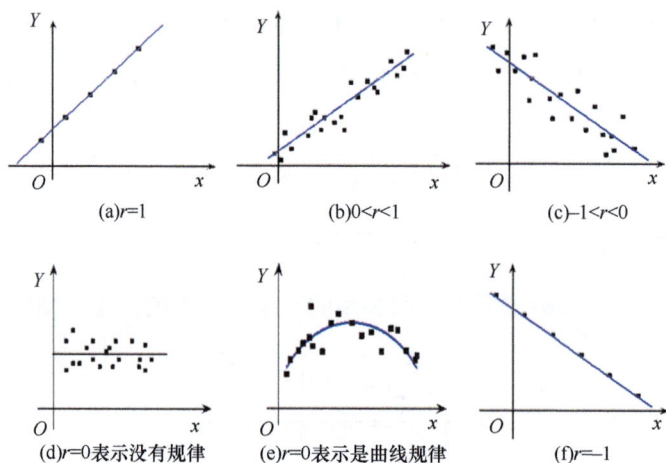

图 14-25　x 与 Y 的相关关系

由于样本相关系数能说明变量 x 与 Y 之间线性相关性的强弱，因此，实践中常利用它对线性回归显著性进行检验。下面讨论利用样本相关系数检验线性回归显著性的原理与一般步骤。

在一元线性回归模型[式（14-148）]下，可以证明 $\dfrac{(n-2)\hat{\sigma}^2}{\sigma^2} \sim \chi^2(n-2)$ 且 $\hat{\sigma}^2$ 与 $\hat{\beta}_0$、$\hat{\beta}_1$ 相互独立，又由式（14-163）可知，如果 $H_0: \beta_1 = 0$ 成立，便有 $\dfrac{\hat{\beta}_1}{\sigma}\sqrt{L_{xx}} \sim N(0,1)$，从而在假定 $H_0: \beta_1 = 0$ 成立的条件下有

$$\frac{\dfrac{\hat{\beta}_1}{\sigma}\sqrt{L_{xx}}}{\sqrt{\dfrac{(n-2)\hat{\sigma}^2}{\sigma^2}\dfrac{1}{n-2}}} = \frac{\hat{\beta}_1}{\sigma}\sqrt{L_{xx}} \sim t(n-2)$$

于是，对于给定的小概率 α，可找到实数 $t_{\frac{\alpha}{2}}(n-2)$ 使得

$$P\left\{\left|\frac{\hat{\beta}_1}{\sigma}\sqrt{L_{xx}}\right| > t_{\frac{\alpha}{2}}(n-2)\right\} = \alpha \tag{14-179}$$

由式（14-157）、式（14-162）有

$$\hat{\beta}_1 = \frac{L_{xy}}{L_{xx}}$$

$$\hat{\sigma} = \sqrt{\frac{1}{(n-2)L_{xx}}\left(L_{yy}L_{xx} - L_{xy}^2\right)}$$

所以，关系式 $\left|\dfrac{\hat{\beta}_1}{\sigma}\sqrt{L_{xx}}\right| > t_{\frac{\alpha}{2}}(n-2)$ 等价于

$$\frac{|L_{xy}|\sqrt{n-2}}{\sqrt{L_{yy}L_{xx} - L_{xy}^2}} > t_{\frac{\alpha}{2}}(n-2)$$

即等价于

$$\frac{L_{xy}^2}{L_{yy}L_{xx} - L_{xy}^2} > \frac{t_{\frac{\alpha}{2}}^2(n-2)}{n-2}$$

经整理得

$$\frac{L_{xy}^2}{L_{yy}L_{xx}} > \frac{t_{\frac{\alpha}{2}}^2(n-2)}{(n-2)+t_{\frac{\alpha}{2}}^2(n-2)}$$

亦即

$$\frac{L_{xy}}{\sqrt{L_{yy}L_{xx}}} > \frac{t_{\frac{\alpha}{2}}(n-2)}{\sqrt{(n-2)+t_{\frac{\alpha}{2}}^2(n-2)}}$$

令 $r_\alpha(n-2) = \dfrac{t_{\frac{\alpha}{2}}(n-2)}{\sqrt{(n-2)+t_{\frac{\alpha}{2}}^2(n-2)}}$，式（14-179）等价于

$$P\left\{|r| > r_\alpha(n-2)\right\} = \alpha \tag{14-180}$$

于是，根据式（14-180）可以实现利用样本相关系数检验一元线性回归方程的显著性。如果由样本的实现计算得到相关系数值 r_0，满足 $|r| > r_\alpha(n-2)$，则拒绝 $H_0: \beta_1 = 0$；反之，满足 $|r| \leqslant r_\alpha(n-2)$，则接受 $H_0: \beta_1 = 0$。

显然，$r_\alpha(n-2)$ 是由样本容量和小概率 α 确定的常数。对于给定的样本容量 n 和小概率 α，可以利用 $r_\alpha(n-2)$ 的关系式编制相关系数检验临界值表，如附表 6-15 所示。

利用样本相关系数检验线性回归显著性的一般步骤如下。

（1）对于给定的样本实现 $(x_i, y_i)(i = 1, 2, \cdots, n)$，计算样本相关系数 r_0。

（2）利用附表 6-15 相关系数检验临界值表，根据样本容量 n，显著水平 α 查临界值 $r_\alpha(n-2)$。

（3）如果 $|r_0| > r_\alpha(n-2)$，说明变量 x 与 Y 之间的线性回归关系在显著水平 α 下显著；反之，如果 $|r_0| \leqslant r_\alpha(n-2)$，说明变量 x 与 Y 之间的线性回归关系在显著水平 α 下不显著。

通常，当 $|r_0|$ 大于显著水平 $\alpha = 0.05$ 对应的临界值而小于显著水平 $\alpha = 0.01$ 对应的临界值时，称 Y 与 x 有显著的线性回归关系；当 $|r_0|$ 大于显著水平 $\alpha = 0.01$ 对应的临界值时，称 Y 与 x 具有极显著的线性回归关系；当 $|r_0|$ 小于显著水平 $\alpha = 0.05$ 对应的临界值时，称 Y 与 x 之间的线性回归关系不显著。

由以上推导过程可知，检验一元线性回归方程的三种方法是等价的，在实际应用中只需选取一种方法进行检验。

6. 预测、控制与残差分析

建立回归方程的重要目的之一是利用它进行预测和控制。回归方程经过回归显著性检验，在回归关系显著的情况下，可以利用经验回归方程 $\hat{Y} = \hat{\beta}_0 + \hat{\beta}_1 x$ 进行预测和控制。值得注意的是，应用经验回归方程进行预测时，预报因子的取值只能在建立经验回归方程所用样本实现的 x 取值范围内，不能将经验回归方程外推应用。

1）预测

A. 在 $x = x_0$ 条件下，对预报量 Y 的均值 $E(Y_0)$ 估计

所谓预测就是在给定预报因子 x 的取值 x_0 的条件下，通过所建立的经验回归方程对预报量 Y 的可能取值 Y_0 进行估计，或对预报量 Y 在 x_0 处的平均值 $E(Y_0)$ 进行预估，并指出预估精度及可靠性的过程。

在一元线性回归模型[式（14-148）]下，当 $x = x_0$（x_0 不同于样本中的 $x_1, x_2, \cdots, x_n$）时有

$$\hat{y}_0 \sim N\left\{E(Y_0), \frac{\sigma^2}{n}\left[1 + \frac{n(x_0 - \bar{x})^2}{L_{xx}}\right]\right\}$$

又有 $\dfrac{(n-2)\hat{\sigma}^2}{\sigma^2} \sim \chi^2(n-2)$，且 $\hat{\sigma}^2$ 与 $\hat{y}_0$ 相互独立，所以有

$$\frac{\hat{y}_0 - E(Y_0)}{\dfrac{\hat{\sigma}}{\sqrt{n}}\sqrt{1 + \dfrac{n(x_0 - \bar{x})^2}{L_{xx}}}} \sim t(n-2) \tag{14-181}$$

根据式（14-181），对于给定的显著水平 α，可找到实数 $t_{\frac{\alpha}{2}}(n-2)$ 使得

$$P\left\{\left|\frac{\hat{y}_0 - E(Y_0)}{\dfrac{\hat{\sigma}}{\sqrt{n}}\sqrt{1 + \dfrac{n(x_0 - \bar{x})^2}{L_{xx}}}}\right| \leqslant t_{\frac{\alpha}{2}}(n-2)\right\} = 1 - \alpha$$

即有

$$P\left\{\left|\hat{y}_0 - E(Y_0)\right| \leqslant t_{\frac{\alpha}{2}}(n-2)\frac{\hat{\sigma}}{\sqrt{n}}\sqrt{1 + \frac{n(x_0 - \bar{x})^2}{L_{xx}}}\right\} = 1 - \alpha \tag{14-182}$$

所以 $E(Y_0)$ 置信度为 $1-\alpha$ 的置信区间为

$$\left[\hat{y}_0 - t_{\frac{\alpha}{2}}(n-2)\frac{\hat{\sigma}}{\sqrt{n}}\sqrt{1 + \frac{n(x_0 - \bar{x})^2}{L_{xx}}}, \hat{y}_0 + t_{\frac{\alpha}{2}}(n-2)\frac{\hat{\sigma}}{\sqrt{n}}\sqrt{1 + \frac{n(x_0 - \bar{x})^2}{L_{xx}}}\right] \tag{14-183}$$

B. 在 $x = x_0$ 条件下，对预报量 Y 的取值 Y_0 估计

这种情况下所讨论的估计与以前参数估计中所谈到的估计有所不同，这里被估计的对象 Y_0 本身也是随机变量。在线性回归模型[式（14-148）]下，对于给定的 x_0（异于样本中预报因子 x 的取值 $x_1,\ x_2, \cdots,\ x_n$）有

$$Y_0 = \beta_0 + \beta_1 x_0 + \varepsilon_0 \tag{14-184}$$

式中，ε_0 为随机误差，且 $\varepsilon_0 \sim N(0, \delta^2)$，它表示除 x_0 以外不可控制或未加控制因素对 Y_0 的干扰。如果 x 与 Y 的线性相关程度很强，σ^2 较小，则以 x_0 控制或预测 Y_0 的能力就较强，利用 $\beta_0 + \beta_1 x_0$ 作为 Y_0 的估计值产生的误差就较小；反之，如果 x 与 Y 的线性相关程度较弱，σ^2 较大，则以 x_0 控制或预测 Y_0 的能力较弱，利用 $\beta_0 + \beta_1 x_0$ 作为 Y_0 的估计值产生的误差就较大。因此，式（14-148）揭示的 x 与 Y 的线性相关程度强弱直接影响由该模型产生的预报量 Y 估计值的精度。同时，由于式（14-148）中的回归系数 β_0、β_1 在实际中总是未知的，那么对于给定 x_0，要用 $\beta_0 + \beta_1 x_0$ 估计 Y_0，首先必须以样本的实现通过最小二乘法确定 β_0、β_1 的估计值 $\hat{\beta}_0$、$\hat{\beta}_1$，然后，利用经验回归方程 $\hat{y}_0 = \hat{\beta}_0 + \hat{\beta}_1 x_0$ 确定的经验回归值 $\hat{y}_0$ 对 Y_0 的取值进行估计。显然，利用 $\hat{y}_0$ 对 Y_0 进行估计，会存在两方面的误差：一是由式（14-148）揭示的 x 与 Y 之间线性相关程度强弱引起的误差；二是

由样本的实现利用最小二乘法确定的 $\hat{\beta}_0$、$\hat{\beta}_1$ 估计 β_0、β_1 产生的误差。下面我们在综合考虑这两种误差的条件下，讨论如何利用经验回归值 $\hat{y}_0$ 对 Y_0 进行估计。

在式（14-148）下，对于给定的预报因子 x 的取值 x_0（异于样本中预报因子 x 的取值 x_1，x_2,…，x_n），预报量 Y 的取值 Y_0 的估计值选为 $\hat{y}_0 = \hat{\beta}_0 + \hat{\beta}_1 x_0$，用 $\hat{e}_0 = Y_0 - \hat{y}_0$ 作为随机误差项 ε_0 的估计，由式（14-163）、式（14-167）可知

$$\hat{e}_0 = Y_0 - \hat{y}_0 \sim N\left(0,\left(1+\frac{1}{n}+\frac{(x_0-\bar{x})^2}{L_{xx}}\right)\sigma^2\right) \tag{14-185}$$

且可以证明 $\hat{e}_0$ 与 $\hat{\sigma}^2$ 相互独立。又有 $\frac{(n-2)\hat{\sigma}^2}{\sigma^2} \sim \chi^2(n-2)$，所以有

$$\frac{Y_0 - \hat{y}_0}{\hat{\sigma}\sqrt{1+\frac{1}{n}+\frac{(x_0-\bar{x})^2}{L_{xx}}}} \sim t(n-2) \tag{14-186}$$

于是，由式（14-186）可知，对于给定的显著水平 α，可找到实数 $t_{\frac{\alpha}{2}}(n-2)$ 使得

$$P\left\{|Y_0 - \hat{y}_0| \le t_{\frac{\alpha}{2}}(n-2)\hat{\sigma}\sqrt{1+\frac{1}{n}+\frac{(x_0-\bar{x})^2}{L_{xx}}}\right\} = 1-\alpha$$

即有

$$P\left\{\hat{y}_0 - t_{\frac{\alpha}{2}}(n-2)\hat{\sigma}\sqrt{1+\frac{1}{n}+\frac{(x_0-\bar{x})^2}{L_{xx}}} \le Y_0 \le \hat{y}_0 + t_{\frac{\alpha}{2}}(n-2)\hat{\sigma}\sqrt{1+\frac{1}{n}+\frac{(x_0-\bar{x})^2}{L_{xx}}}\right\} = 1-\alpha$$

$$\tag{14-187}$$

由式（14-187）可知，预报量 Y 的可能取值以概率 $1-\alpha$ 落入区间

$$\left[\hat{y}_0 - t_{\frac{\alpha}{2}}(n-2)\hat{\sigma}\sqrt{1+\frac{1}{n}+\frac{(x_0-\bar{x})^2}{L_{xx}}}, \hat{y}_0 + t_{\frac{\alpha}{2}}(n-2)\hat{\sigma}\sqrt{1+\frac{1}{n}+\frac{(x_0-\bar{x})^2}{L_{xx}}}\right]$$

将上述区间中的 $x_0,\hat{y}_0$ 分别用 x（异于样本中预报因子 x 的取值 x_1，x_2,…，x_n）、$\hat{y}$ 代替，便得

$$\left[\hat{y} - t_{\frac{\alpha}{2}}(n-2)\hat{\sigma}\sqrt{1+\frac{1}{n}+\frac{(x-\bar{x})^2}{L_{xx}}}, \hat{y} + t_{\frac{\alpha}{2}}(n-2)\hat{\sigma}\sqrt{1+\frac{1}{n}+\frac{(x-\bar{x})^2}{L_{xx}}}\right]$$

这一区间就是建立在式（14-148）的基础上，对于任意 x（异于样本中预报因子 x 的取值 x_1，x_2,…，x_n），预报量 Y 置信度为 $1-\alpha$ 的置信区间的一般形式。将这个一般形式置信区间的上下限作为纵坐标，预报因子作为横坐标作图，如图 14-26 所示。从图 14-26 可以看出，置信区间长度随 x 的变化而变化，在 $x=\bar{x}$ 处置信区间最短，当 x 远离 $\bar{x}$ 时，置信区间逐渐增长，形成"喇叭"形。这说明利用经验回归方程预测预报量 Y，当 x 离 $\bar{x}$

较远时，一般误差较大，特别是利用经验回归方程预报不能外推使用，即预报因子 x 的取值一定要在建立经验回归方程的预报因子取值范围内，否则会使预报产生较大的误差，或导致预报无意义。

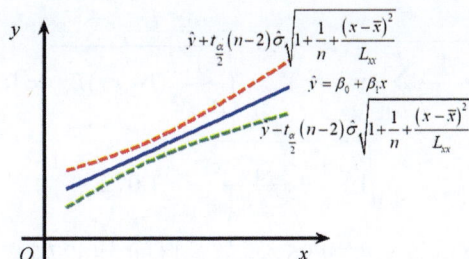

图 14-26　预报量 Y 置信度为 $1-\alpha$ 的置信区间

【例 14-41】在某油松林地中，随机抽取 10 块样地测量其林木平均高与木材蓄积量的资料如下。

林木平均高 x/m	20	22	24	26	28	30	32	34	36	38
木材蓄积量 y/m³	314	376	436	495	585	615	671	733	755	835

（1）试求木材蓄积量 Y 对林木平均高 x 的经验回归方程。

（2）检验线性回归关系的显著性（$\alpha = 0.01$）。

（3）当林木平均高为 $x_0 = 25\text{m}$ 时，以 95%可靠性确定木材蓄积量的置信区间。

解：（1）由样本资料得

$$L_{xx} = \sum_{i=1}^{n} x_i^2 - n\bar{x}^2 = 8740 - 10 \times 841 = 330.00$$

$$L_{xy} = \sum_{i=1}^{n} x_i y_i - n\bar{x}\bar{y} = 178020.00 - 10 \times 29 \times 581.5 = 9385.00$$

$$L_{yy} = \sum_{i=1}^{n} y_i^2 - n\bar{y}^2 = 3650323 - 10 \times 581.5^2 = 268900.500$$

于是 $\hat{\beta}_1 = \dfrac{L_{xy}}{L_{xx}} = \dfrac{9385.00}{330.00} \approx 28.439$

$$\hat{\beta}_0 = \bar{y} - \hat{\beta}_1 \bar{x} = 581.5 - 28.439 \times 29 = -243.231$$

所以，所求经验回归方程为

$$\hat{y} = -243.231 + 28.439x$$

（2）$r = \dfrac{L_{xy}}{\sqrt{L_{xx} L_{yy}}} = \dfrac{9385.00}{\sqrt{330.00 \times 268900.500}} \approx 0.996$

对于 $\alpha = 0.01, f = n - 2 = 8$，查附表 6-15 得 $r_{0.01}(8) = 0.765$，由于 $|r| \approx 0.996 > r_{0.01}(8) = 0.765$，故 Y 对 x 有极显著的线性回归关系。

（3）当 $x_0 = 25\text{m}$ 时：

$$\hat{y}_0 = \hat{\beta}_0 + \hat{\beta}_1 x_0 = -243.231 + 28.439 \times 25.000 = 467.744\text{m}^3$$

又因为 $t_{\frac{0.05}{2}}(8) = 2.306$

$$\hat{\sigma} = \sqrt{\frac{1}{n-2}\sum_{i=1}^{n}(y_i - \hat{y}_i)^2} = \sqrt{\frac{1}{n-2}(1-r^2)L_{yy}} = 16.382$$

$$\sqrt{1 + \frac{1}{n} + \frac{(x_0 - \bar{x})^2}{L_{xx}}} = 1.072$$

所以，木材蓄积量 Y 的置信度为 95% 的置信区间为 [427.247，508.241]。

2）控制

所谓控制就是指利用所建立的经验回归方程通过限制预报因子 x 的取值对预报量 Y 进行控制的过程，即对于给定的区间（y_1，y_2）和置信度 $1-\alpha$，确定预报因子 x 的取值区间（x_1，x_2）使得预报量 Y 满足

$$P\{y_1 \leqslant Y \leqslant y_2\} = 1 - \alpha$$

显然，控制问题是预报的反问题。当预报量 Y 与预报因子 x 具有显著的正相关关系时，对于给定的区间（y_1，y_2）和置信度 $1-\alpha$，要控制预报量 Y 取值满足式（14-183），只要限制预报因子 x 的取值在区间（x_1，x_2）内。

根据式（14-182），对于任意给定的预报因子值 x（异于样本中预报因子 x 的取值 x_1，x_2,…，x_n），预报量 Y 的可能取值满足

$$P\left\{\hat{y} - t_{\frac{\alpha}{2}}(n-2)\hat{\sigma}\sqrt{1 + \frac{1}{n} + \frac{(x-\bar{x})^2}{L_{xx}}} \leqslant Y \leqslant \hat{y} + t_{\frac{\alpha}{2}}(n-2)\hat{\sigma}\sqrt{1 + \frac{1}{n} + \frac{(x-\bar{x})^2}{L_{xx}}}\right\} = 1 - \alpha$$

其中，$\hat{y} = \hat{\beta}_0 + \hat{\beta}_1 x$。于是，要保证预报量 Y 满足式（14-183），预报因子 x 必须满足

$$\begin{cases} \hat{\beta}_0 + \hat{\beta}_1 x - t_{\frac{\alpha}{2}}(n-2)\hat{\sigma}\sqrt{1 + \frac{1}{n} + \frac{(x-\bar{x})^2}{L_{xx}}} \geqslant y_1 \\ \hat{\beta}_0 + \hat{\beta}_1 x + t_{\frac{\alpha}{2}}(n-2)\hat{\sigma}\sqrt{1 + \frac{1}{n} + \frac{(x-\bar{x})^2}{L_{xx}}} \leqslant y_1 \end{cases} \quad (14\text{-}188)$$

解式（14-188）就可以得到预报因子 x 控制范围的上下限 x_1、$x_2(x_1 < x_2)$。如果 $\hat{\beta}_1 > 0$，能使预报量 Y 以概率 $1-\alpha$ 取值于区间 (y_1,y_2) 的预报因子 x 的控制区间 (x_1,x_2)；如果 $\hat{\beta}_1 < 0$，能使预报量 Y 以概率 $1-\alpha$ 取值于区间 (y_1,y_2) 的预报因子 x 的控制区间 (x_1,x_2)。值得注意的是，控制问题只有在 (y_1,y_2) 满足

$$y_2 - y_1 > 2t_{\frac{\alpha}{2}}(n-2)\hat{\sigma}\sqrt{1 + \frac{1}{n} + \frac{(x - \bar{x})^2}{L_{xx}}}$$

时，所求得预报因子的控制区间 (x_1, x_2) 才有意义。

显然，由式（14-188）求预报因子 x 控制区间的上下限 x_1、x_2 并不是一件容易的事情。当样本容量 n 较大时，一般采用如式（14-189）所示的近似算法。

$$\begin{cases} x_1 = \dfrac{1}{\hat{\beta}_1}(y_1 + u_{\frac{\alpha}{2}}\hat{\delta} - \hat{\beta}_0) \\ x_2 = \dfrac{1}{\hat{\beta}_1}(y_2 - u_{\frac{\alpha}{2}}\hat{\delta} - \hat{\beta}_0) \end{cases} \tag{14-189}$$

式中，$u_{\frac{\alpha}{2}}$ 为标准正态分布关于 α 的双侧分位数。

事实上，当样本容量 n 充分大时，式（14-189）可转化为

$$\begin{cases} \hat{\beta}_0 + \hat{\beta}_1 x - u_{\frac{\alpha}{2}}\hat{\delta} \geqslant y_1 \\ \hat{\beta}_0 + \hat{\beta}_1 x + u_{\frac{\alpha}{2}}\hat{\delta} \leqslant y_2 \end{cases} \tag{14-190}$$

求解不等式组（14-190）便得到预报因子 x 的控制区间 (x_1, x_2)。

【例 14-42】某大学实验室做混凝土强度与水泥用量的关系试验，考察水泥用量对 28 天后混凝土抗压强度的影响，试验数据如下。

水泥用量 x/kg	150	160	170	180	190	200	210	220	230	240	250	260
混凝土抗压强度 Y/(kgf[①]/cm²)	56.9	58.3	61.6	64.6	68.1	71.3	74.1	77.4	80.2	82.6	86.4	89.7

由经验知混凝土抗压强度 Y 与水泥用量 x 具有线性回归关系。以这些试验数据确定使混凝土抗压强度 Y 以 0.95 概率在 $(65, 70)$ 范围取值，应怎样控制水泥用量 x 的范围。

解：设混凝土抗压强度 Y 对水泥用量 x 的经验回归方程为

$$\hat{y} = \hat{\beta}_0 + \hat{\beta}_1 x$$

由试验数据计算得

$$\bar{x} = 205, \bar{y} = 72.6, L_{xx} = 14300, L_{yy} = 1323.82, L_{xy} = 4347$$

从而，经验回归系数为

$$\hat{\beta}_1 = \frac{L_{xy}}{L_{xx}} = \frac{4347}{14300} \approx 0.3039 \quad \hat{\beta}_0 = \bar{y} - \hat{\beta}_1\bar{x} = 72.6 - 0.3039 \times 205 = 10.3005$$

所以，混凝土抗压强度 Y 对水泥用量 x 的经验回归方程为

$$\hat{y} = 10.3005 + 0.3039x$$

---

① 1 kgf = 9.80665N。

又由于样本相关系数的实现为 $r_0 = \dfrac{L_{xy}}{\sqrt{L_{xx}L_{yy}}} = \dfrac{4347}{\sqrt{14300 \times 1323.82}} \approx 0.9991$

而显著水平 $\alpha = 0.05$ 时，$r_{0.05}(10) = 0.5760$，$r_0 > r_{0.05}(10)$，说明线性回归关系是显著的。

$$\hat{\sigma} = \sqrt{\frac{1}{n-2}\sum_{i=1}^{n}(y_i - \hat{y}_i)^2} = \sqrt{\frac{L_{yy} - \hat{\beta}_1^2 L_{xx}}{n-2}} = \sqrt{\frac{1323.82 - 0.3039^2 \times 14300}{10}} = 0.477$$

根据 $\alpha = 0.05$，查附表 6-1 标准正态分布双侧分位数表知 $u_{\alpha/2} = u_{0.025} = 1.96$，所以水泥用量 x 控制范围 (x_1, x_2) 应满足

$$\begin{cases} 10.3005 + 0.3039x_1 - 1.96 \times 0.477 \geqslant 65 \\ 10.3005 + 0.3039x_2 + 1.96 \times 0.477 \leqslant 70 \end{cases}$$

解得水泥用量 x 控制范围为 $(183.06, 193.37)$，即混凝土抗压强度 Y 以 0.95 概率在 $(65, 70)$ 范围取值，水泥用量 x 应控制在 $(183.06, 193.37)$ 内。

3）残差分析

前面就一元线性回归模型、经验回归方程的建立和回归显著性检验进行了讨论。在讨论过程中，我们曾对样本数据做了一些基本假定，即样本点相互独立，对于预报因子 x 的不同取值，相应预报量 Y 服从正态分布，且方差相等。然而，实际样本数据是否满足这些基本假定，如何去判断；如果样本数据不满足，又该如何修正模型或对样本数据做什么样的变换才能使它们基本满足一元线性回归分析理论的要求，以便能利用一元线性回归方法建立经验回归方程呢？残差分析就是解决这些问题的一个有力工具。首先介绍残差的概念，所谓残差就是 $e_i = y_i - \hat{y}_i (i = 1, 2, \cdots, n)$，它是预报量 Y 的实际观察值与经验回归所得估计值的差。n 个样本数据产生 n 个残差，它们能提供许多关于基本假设是否成立的有用信息及异常点的信息。利用这些信息分析样本数据的可靠性，考察所采用的样本数据是否满足回归理论的基本要求，就是残差分析（residual analysis）。

A. 残差图及随机误差方差齐性检验

残差图是残差分析中使用的基本工具。所谓残差图就是残差对预报量 Y 或预报因子 x 或数据序数的点图，不同类型的残差图用于分析不同问题。一般来说，如果对时序残差图（残差 e_i 为纵轴，时间或数据序数为横轴的残差图）与图 14-27 相似，可初步得到下面结论：图 14-27（a）表示方差齐性条件不成立，方差随时间或数据序数增加而增大，这时建立回归方程最好使用加权最小二乘法；图 14-27（b）、图 14-27（c）表示所选模型中应包含时间项（线性或非线性）。

如果是对拟合值 $\hat{y}_i$ 的残差图（以残差 e_i 为纵轴，拟合值 $\hat{y}_i$ 为横轴的残差图）与图 14-28 相似，可初步得到以下结论：图 14-28（a）表示模型选择恰当时，拟合值 $\hat{y}_i$ 残差图应有的形状；图 14-28（b）～图 14-28（d）表示方差齐性条件不满足，且方差随 $\hat{y}_i$ 变化；图

14-28（e）、图 14-28（f）表示模型应选非线性的。通过不同类型残差图分析可以初步得到所选模型是否适当，数据是否满足线性回归模型的基本假定，从而寻求对应的处理方法，更进一步的讨论可参阅《近代回归分析：原理方法及应用》（陈希孺和王松桂，1987）。

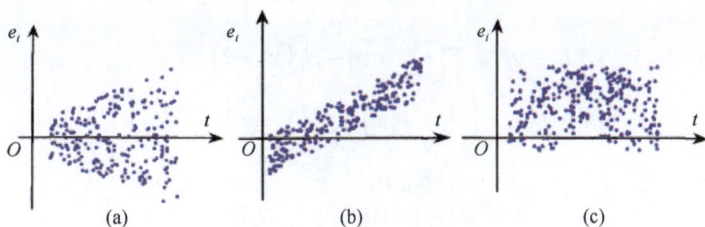

图 14-27　时序残差图

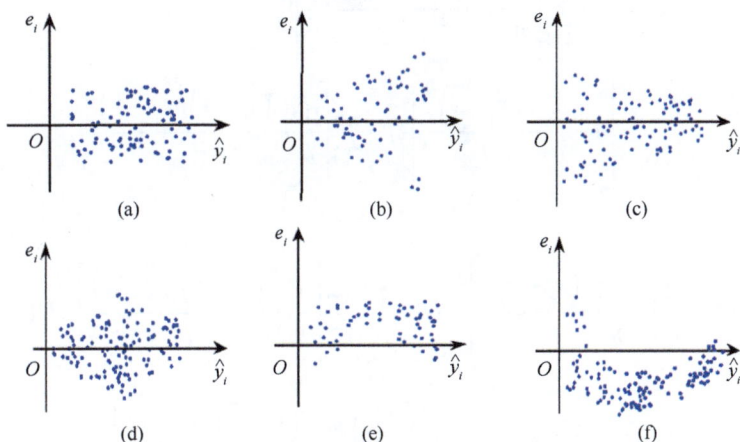

图 14-28　拟合值 $\hat{y}_i$ 的残差图

B. 异常值判定

所谓异常值是指残差中绝对值比其余残差大得多的那些残差值，一般来说，如果某个残差绝对值比所有残差绝对值的平均值大 3～4 倍，那么该值便是异常值。与异常值对应的样本点称为异常点。异常点是与其他样本点完全不同的样本点，其存在会严重影响经验回归方程。因此，当样本数据中出现异常点时，应在建立回归方程过程中特别仔细地考虑，查明其形成的原因，从而采用不同的处理方法。一般情况下，异常点的形成主要有以下两个方面的原因：一是由样本收集阶段调查员的粗心误记引起的，这样的异常点应从样本中删除；二是由客观世界固有规律在特殊情况下产生的，这样的异常点应进一步研究而不要轻易删除。异常点的判定方法较多，这里只介绍建立在简单统计思想基础上的方法。

如果样本 $(x_1, Y_1),(x_2, Y_2),\cdots,(x_n, Y_n)$ 是满足一元线性回归模型基本假定的简单随机样本，$\hat{y}=\hat{\beta}_0+\hat{\beta}_1 x$ 是由该样本利用最小二乘法建立的经验回归方程，那么有

$$E(Y_i)=\beta_0+\beta_1 x_i,\quad D(Y_i)=\sigma^2\ (i=1,2,\cdots,n)$$

于是

$$e_i = Y_i - \hat{y}_i = \left(Y_i - \overline{y}\right) - \hat{\beta}_1\left(x_i - \overline{x}\right)(i = 1, 2, \cdots, n)$$

$$E\left(\overline{Y}\right) = \beta_0 + \beta_1\overline{x}$$

从而

$$E(e_i) = E(Y_i - \hat{y}_i) = E\left[\left(Y_i - \overline{y}\right) - \hat{\beta}_1\left(x_i - \overline{x}\right)\right]$$

$$= \beta_0 + \beta_1 x_i - \left(\beta_0 + \beta_1\overline{x}\right) - \beta_1\left(x_i - \overline{x}\right) = 0(i = 1, 2, \cdots, n)$$

即

$$E(e_i) = 0(i = 1, 2, \cdots, n) \tag{14-191}$$

$$e_i = Y_i - \sum_{k=1}^{n}\left[\frac{1}{n} + \frac{\left(x_i - \overline{x}\right)\left(x_k - \overline{x}\right)}{L_{xx}}\right]Y_k$$

$$\tag{14-192}$$

$$= \left[1 - \frac{1}{n} - \frac{\left(x_i - \overline{x}\right)^2}{L_{xx}}\right]Y_i - \sum_{k \neq i}\left[\frac{1}{n} + \frac{\left(x_i - \overline{x}\right)\left(x_k - \overline{x}\right)}{L_{xx}}\right]Y_k$$

所以

$$D(e_i) = \left[1 - \frac{1}{n} - \frac{\left(x_i - \overline{x}\right)^2}{L_{xx}}\right]^2 D(Y_i) - \sum_{k \neq i}\left[\frac{1}{n} + \frac{\left(x_i - \overline{x}\right)\left(x_k - \overline{x}\right)}{L_{xx}}\right]^2 D(Y_k)$$

$$= \left[1 - \frac{1}{n} - \frac{\left(x_i - \overline{x}\right)^2}{L_{xx}}\right]^2 \sigma^2 - \sum_{k \neq i}\left[\frac{1}{n} + \frac{\left(x_i - \overline{x}\right)\left(x_k - \overline{x}\right)}{L_{xx}}\right]^2 \sigma^2$$

$$= \left\{\left[1 - \frac{1}{n} - \frac{\left(x_i - \overline{x}\right)^2}{L_{xx}}\right]^2 + \sum_{k \neq i}\left[\frac{1}{n} + \frac{\left(x_i - \overline{x}\right)\left(x_k - \overline{x}\right)}{L_{xx}}\right]^2\right\}\sigma^2$$

从而

$$D(e_i) = \left[1 - \frac{1}{n} - \frac{\left(x_i - \overline{x}\right)^2}{L_{xx}}\right]\sigma^2 \ (i = 1, 2, \cdots, n) \tag{14-193}$$

由式（14-193）可以看出 $D(e_i)$ 是 x_i 的函数，它的图像是一条抛物线。由式（14-191）～式（14-193）及线性回归模型的正态分布假定得

$$e_i \sim N\left(0, \left(1 - \frac{1}{n} - \frac{\left(x_i - \overline{x}\right)^2}{L_{xx}}\right)\sigma^2\right)(i = 1, 2, \cdots, n) \tag{14-194}$$

由正态分布性质可知

$$P\left\{-2\sqrt{D(e_i)} < e_i < 2\sqrt{D(e_i)}\right\} \approx 95\%$$

即

$$P\left\{-2\sigma\sqrt{1 - \frac{1}{n} - \frac{(x_i - \bar{x})^2}{L_{xx}}} < y_i - \hat{y}_i < 2\sigma\sqrt{1 - \frac{1}{n} - \frac{(x_i - \bar{x})^2}{L_{xx}}}\right\} \approx 95\%$$

当 n 充分大，而 $\dfrac{(x_i - \bar{x})^2}{L_{xx}}$ 较小时，$\sqrt{1 - \dfrac{1}{n} - \dfrac{(x_i - \bar{x})^2}{L_{xx}}} \approx 1$，所以，近似有

$$P\left\{-2\sigma < y_i - \hat{y}_i < 2\sigma\right\} \approx 95\%$$

这说明当 n 足够大，样本点的 x 值足够分散时，$y_i - \hat{y}_i$ 落在 $\pm 2\sigma$ 的长条形带子中的概率约为 95%，这个结论对判断异常点具有指导意义。检验所有的残差 e_i，看是否落在 $\pm 2\sigma$ 的长条形带以外，进一步检验残差在该带以外的样本点，辨别其是否为异常点。

在实际中，由于 σ^2 未知，一般以 $\hat{\sigma}^2 = \dfrac{1}{n-2}\sum\limits_{i=1}^{n}(y_i - \hat{y}_i)^2$ 近似代替 σ^2 进行判断。

14.6.3　可线性化的一元非线性回归

实际中遇到的预报量 Y 与预报因子 x 的回归关系，在许多情况下，往往并不总是形如 $y = \beta_0 + \beta_1 x$ 的线性回归方程，而是借助一些特殊的曲线拟合。例如，木材材积 V 对胸径 D 的回归关系、树高 Y 对树龄 T 的回归关系等均属于这种情况。在这些曲线中有些形如

$$Y = \beta_0 + \beta_1 e^x$$
$$Y = \beta_0 + \beta_1 x^2$$

等，对预报因子 x 不是线性的，但预报量 Y 对参数 β_0、β_1 而言是线性的，属于统计理论的线性模型范围内。对于这样的回归关系，我们可采用适当的变量代换将其转化为关于预报因子的线性回归问题去解决。另外，还有一些曲线形如

$$Y = \frac{1}{\beta_0 + \beta_1 x}$$

$$Y = \beta_0 x^{\beta_1}$$

等。这时，预报量 Y 与预报因子 x 和参数 β_0、β_1 的关系均不是线性关系，已不再属于统计理论的线性模型范围，但也可以经过适当形式变换转化为线性回归能解决的问题。我们在实际中称上述两类问题均为可线性化的非线性回归问题，对于这类问题一般的解法步骤如下。

（1）寻找变换将原始回归方程线性化，并对原始样本实现施行线性化所用的变量进行变换，使得变换后样本实现符合线性回归方程。

（2）利用变换后的样本实现，以熟知的最小二乘法求出线性回归方程的参数估计值得到线性的经验回归方程。

（3）对建立线性经验回归方程施行（1）中寻找到变换的逆变换，将线性化经验回归方程转化为原始回归方程的经验回归方程。

（4）对建立的经验回归方程进行回归显著性检验，应用经验回归方程解决实际问题。

值得注意的是，运用该方法建立的经验回归曲线，对经验回归曲线的系数的性质会有一定影响，如不具有无偏性等。

1. 常用的可线性化的非线性回归函数类型

从上述讨论可以看出，实际中解决可线性化的非线性回归问题，必须首先知道预报量 Y 与预报因子 x 之间的内在关系类型，即回归函数具体形式，可以通过问题所涉及的专业知识确定。如果专业知识不能提供这方面的信息，可借助样本实现做散点图，通过散点图选择适当的回归函数具体形式。下面介绍几种实际中常用的可线性化的非线性回归函数类型及其线性化方法。

1）幂函数

幂函数的数学形式：

$$y = \beta_0 x^{\beta_1}$$

幂函数的图像如图 14-29 所示。

其线性化方法：

令 $y' = \ln y$，$x' = \ln x$，$\beta_0' = \ln \beta_0$，$\beta_1' = \beta_1$，便得

$$y' = \beta_0' + \beta_1' x$$

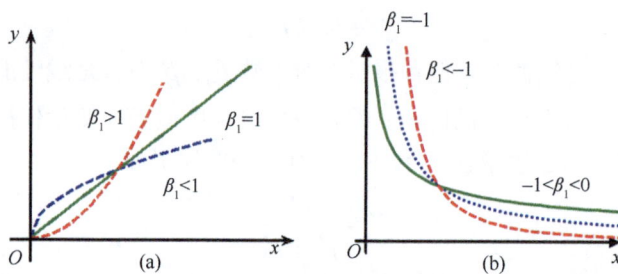

图 14-29 幂函数

2）指数函数

指数函数的数学形式：

$$y = \beta_0 e^{\frac{\beta_1}{x}}$$

指数函数的图像如图 14-30 所示。

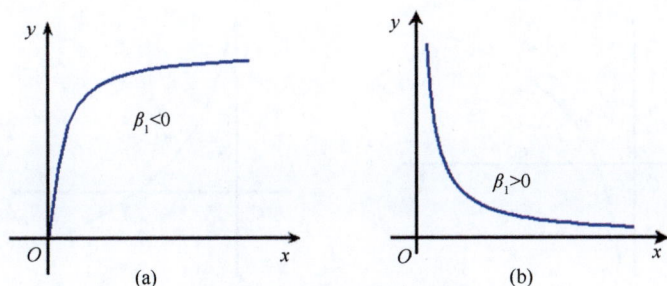

图 14-30　指数函数

其线性化方法：

令 $y' = \ln y$，$x' = \dfrac{1}{x}$，$\beta_0' = \ln \beta_0$，$\beta_1' = \beta_1$，于是便得

$$y' = \beta_0' + \beta_1' x$$

3）"S" 形曲线

"S" 形曲线函数的数学形式：

$$y = \frac{1}{\beta_0 + \beta_1 \mathrm{e}^{-x}}$$

"S" 形曲线函数的图像如图 14-31 所示。

其线性化方法：

令 $y' = \dfrac{1}{y}$，$x' = \mathrm{e}^{-x}$，$\beta_0' = \beta_0$，$\beta_1' = \beta_1$，于是便得

$$y' = \beta_0' + \beta_1' x$$

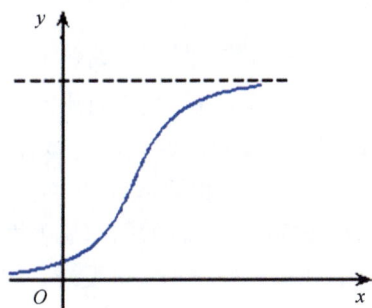

图 14-31　"S" 形曲线函数

4）对数函数

对数函数的数学形式：

$$y = \beta_0 + \beta_1 \lg x$$

对数函数的图像如图 14-32 所示。

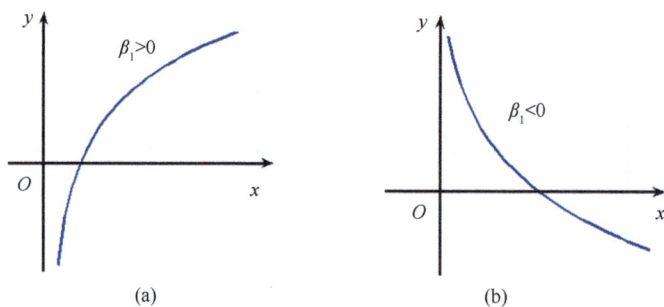

图 14-32 对数函数

其线性化方法：

令 $y' = y$, $x' = \lg x$，于是便得

$$y' = \beta'_0 + \beta'_1 x$$

2. 相关指数及可线性化的非线性回归显著性判断

对于可线性化的非线性回归显著性判断，我们可用相关指数来衡量。

假设预报量 Y 与预报因子 x 之间为非线性回归关系，$(x_1, y_1),(x_2, y_2),\cdots,(x_n, y_n)$ 为样本值，$\hat{y} = f(x)$ 是由该样本值建立的经验回归曲线，则

$$R^2 = 1 - \frac{\sum_{i=1}^{n}\left(y_i - \hat{y}_i\right)^2}{\sum_{i=1}^{n}\left(y_i - \overline{y}\right)^2} \tag{14-195}$$

式中，$\overline{y} = \dfrac{1}{n}\sum_{i=1}^{n} y_i$，$\hat{y}_i = f\left(x_i\right)(i = 1,2,\cdots,n)$；$R^2$ 为相关指数。

由式（14-195）不难看出，相关指数就是回归离差平方和在总离差平方和内所占比率。因此，$0 \leqslant R^2 \leqslant 1$ 恒成立。R^2 越接近 1，相应曲线回归越显著，说明经验回归曲线的回归效果越好，所以 R^2 可以用于衡量经验回归曲线显著性的指标。

由于非线性回归问题的复杂性，利用相关指数 R^2 判断经验回归方程的回归显著性并不像利用样本相关系数 r 判断线性回归方程的回归显著性一样有临界值可供比较（至少现在没有）。因此，在实际中，我们一般根据实际要求，结合 R^2 接近 1 的程度来判断。在非线性回归问题中，由于经验回归曲线是通过样本的实现线性化，建立线性经验回归方程，然后再利用线性化变换转化得到的经验回归曲线，因而所建立的经验回归曲线不一定最佳。在实践中，我们常用几个与散点图所反映趋势不同的回归函数形式来进行拟合，然后比较它们的相关指数，以求得相对较优者。

【例 14-43】在某林场随机抽取 100 株云杉，调查胸径及树高，按龄级分组整理得到云杉平均胸径 D 与平均树高 H 样本实现如下。

平均胸径 D/cm	15	20	25	30	35	40	45	50
平均树高 H/cm	13.5	17.1	20.0	22.1	24.0	25.6	27.0	28.3

试求：（1）平均树高 H 与平均胸径 D 的幂函数回归方程 $H = \beta_0 D^{\beta_1}$；

（2）在平均胸径 $D = 28$ cm 时，平均树高 H 的预报值。

解：（1）令 $y = \ln H$，$x = \ln D$，$\beta_0' = \ln \beta_0$，$\beta_1' = \beta_1$，

于是便得

$$y' = \beta_0' + \beta_1' x$$

将原始样本数据进行对数变换得

x	2.7081	2.9957	3.2189	3.4012	3.5553	3.6889	3.8067	3.9120
y	2.6027	2.8391	2.9957	3.0956	3.1780	3.2426	3.2958	3.3429

$$L_{xy} = \sum_{i=1}^{n} x_i y_i - n\overline{x}\,\overline{y} = 84.6093 - 8 \times 3.4109 \times 3.0741 = 0.7257$$

$$L_{xx} = \sum_{i=1}^{n} x_i^2 - n\overline{x}^2 = 94.2804 - 8 \times 11.6342 = 1.2068$$

$$L_{yy} = \sum_{i=1}^{n} y_i^2 - n\overline{y}^2 = 76.0435 - 8 \times 9.4501 = 0.4427$$

$$\beta_1' = \frac{L_{xy}}{L_{xx}} = 0.6013$$

$$\beta_0' = 1.0231$$

由此得线性化后的经验线性回归方程为

$$\hat{y} = 1.0231 + 0.6013x$$

所以，所求回归方程为 $\hat{H} = 2.7818 D^{0.6013}$

又因幂函数回归残差如下。

平均胸径 D	15	20	25	30	35	40	45	50
残差 e_i	−0.7	0.3	0.7	0.6	0.4	0	−0.4	−0.9

$$\sum_{i=1}^{n} \left(H_i - \hat{H}_i\right)^2 = 2.5600 \qquad \sum_{i=1}^{n} \left(H_i - \overline{H}\right)^2 = 181.6000$$

相关指数 $R^2 = 1 - \dfrac{\sum\limits_{i=1}^{n} \left(H_i - \hat{H}_i\right)^2}{\sum\limits_{i=1}^{n} \left(H_i - \overline{H}\right)^2} \approx 0.9859$

由于 R^2 非常接近 1，所以经验幂函数回归是比较好的。

（2）当平均胸径 D=28cm 时，$\hat{H} = 2.7818 \times 28^{0.6013} \approx 20.6301\text{m}$，即平均树高预报值为 20.6301m。

14.6.4　多元线性回归

本章前几节讨论了预报量 Y 与一个预报因子 x 有回归关系的一元回归问题，但在许多实际问题中，特别是现代科学领域内，预报量 Y 往往与多个预报因子 $x_1, x_2, \cdots, x_p$ 有关，如林木材积与林木胸径、树高、形数有关；树种抗火性与树木理化指标、生态学及生物学指标有关等。因此，我们还需进一步讨论预报量 Y 与多个（p 个）预报因子 $x_1, x_2, \cdots, x_p$ 间的回归问题，研究这类问题的方法称为多元回归分析。在多元回归问题中最基本且最重要的是多元线性回归，这里我们仅讨论这种情况。

1.　一元线性回归分析的矩阵表示

多元线性回归讨论的思想方法与一元线性回归基本相同，只是其涉及更复杂的计算和细致的分析。为了使多元线性回归讨论更容易理解，我们先将前面已讨论过的一元线性回归用矩阵形式表示如下。

$$令 \ Y = \begin{pmatrix} y_1 \\ y_2 \\ \vdots \\ y_n \end{pmatrix}, \quad X = \begin{pmatrix} 1 & x_1 \\ 1 & x_2 \\ \vdots & \vdots \\ 1 & x_n \end{pmatrix}, \quad \varepsilon = \begin{pmatrix} \varepsilon_1 \\ \varepsilon_2 \\ \vdots \\ \varepsilon_n \end{pmatrix}, \quad \beta = \begin{pmatrix} \beta_0 \\ \beta_1 \end{pmatrix},$$

于是，式（14-150）可以表示为

$$\begin{cases} Y = X\beta + \varepsilon \\ \varepsilon \sim N\left(0, \sigma^2 I_n\right) \end{cases} \tag{14-196}$$

式中，$0 = \begin{pmatrix} 0 \\ 0 \\ \vdots \\ 0 \end{pmatrix}$（零向量），$I_n = \begin{pmatrix} 1 & 0 & \cdots & 0 \\ 0 & 1 & \cdots & 0 \\ \vdots & \vdots & & \vdots \\ 0 & 0 & \cdots & 1 \end{pmatrix}$（单位矩阵）。

从而，回归系数向量 β 的最小二乘估计量是求 $\hat{\beta}$ 使得

$$Q\left(\hat{\beta}\right) = \min_{\beta} \left(Y - X\beta\right)' \left(Y - X\beta\right) \tag{14-197}$$

由微积分有

$$\begin{aligned} \frac{\partial Q(\beta)}{\partial \beta}\Big|_{\hat{\beta}} &= \frac{\partial}{\partial \beta}\left[\left(Y - X\beta\right)'\left(Y - X\beta\right)\right]\Big|_{\hat{\beta}} \\ &= \frac{\partial}{\partial \beta}\left(Y'Y - 2Y'X\beta + \beta'X'X\beta\right)\Big|_{\hat{\beta}} \\ &= -2X'Y + 2X'X\hat{\beta} \end{aligned}$$

令

$$-2X'Y + 2X'X\hat{\beta} = \begin{pmatrix} 0 \\ 0 \end{pmatrix}$$

整理得

$$X'X\hat{\beta} = X'Y \tag{14-198}$$

如果 $X'X$ 可逆，则解得回归系数向量 β 的最小二乘估计 $\hat{\beta}$ 为

$$\hat{\beta} = (X'X)^{-1} X'Y \tag{14-199}$$

称式（14-198）为正规方程，容易证明式（14-197）确能使式（14-196）成立。

由式（14-195）易得

$$E(Y) = E(X\beta) + E(\varepsilon) = X\beta \tag{14-200}$$

$$D(Y) = D(X\beta + \varepsilon) = \mathrm{Var}(\varepsilon) = \sigma^2 I_n \tag{14-201}$$

于是，便有

$$E(\hat{\beta}) = E\left[(X'X)^{-1} X'Y\right] = (X'X)^{-1} X'X\beta = \beta \tag{14-202}$$

这说明 $\hat{\beta}$ 是 β 的无偏估计量。

$$\begin{aligned} D(\hat{\beta}) &= \left[(X'X)^{-1} X'\right] D(Y) \left[(X'X)^{-1} X'\right]' \\ &= (X'X)^{-1} X'\sigma^2 I_n X(X'X)^{-1} \\ &= \sigma^2 (X'X)^{-1} \end{aligned} \tag{14-203}$$

这说明 $\hat{\beta}$ 的方差矩阵 $D(\hat{\beta})$ 不但与 σ^2 有关，而且与数据矩阵 X 有关，数据矩阵 X 是由样本决定的。

2. 多元线性回归模型

假设预报量 Y 受 $x_1, x_2, \cdots, x_p$ 共 p 个预报因子的影响，它们之间满足

$$\begin{cases} Y = \beta_0 + \beta_1 x_1 + \cdots + \beta_p x_p + \varepsilon \\ \varepsilon \sim N(0, \sigma^2) \end{cases} \tag{14-204}$$

式中，$\beta_0, \beta_1, \cdots, \beta_p$ 和 σ^2 为未知参数；ε 为与预报因子 $x_1, x_2, \cdots, x_p$ 无关的随机误差，且对预报因子 $x_1, x_2, \cdots, x_p$ 的不同取值，相应的 ε 相互独立。式（14-204）称为多元线性回归模型，未知参数 $\beta_1, \beta_2, \cdots, \beta_p$ 称为回归系数。

令

$$y = \beta_0 + \beta_1 x_1 + \beta_2 x_2 + \cdots + \beta_p x_p \tag{14-205}$$

式（14-205）称为多元线性回归模型[式（14-204）]的多元线性回归方程。

假定从满足多元线性回归模型[式（14-204）]的总体中，抽取样本容量为 n 的随机样

本，记其为 $(x_{11}, x_{12}, \cdots, x_{1p}, Y_1), \cdots, (x_{i1}, x_{i2}, \cdots, x_{ip}, Y_i), \cdots, (x_{n1}, x_{n2}, \cdots, x_{np}, Y_n)$，样本的实现为 $(x_{11}, x_{12}, \cdots, x_{1p}, y_1), (x_{21}, x_{22}, \cdots, x_{2p}, y_2), \cdots, (x_{n1}, x_{n2}, \cdots, x_{np}, y_n)$，将其简记为 $(x_{i1}, x_{i2}, \cdots, x_{ip}, y_i)$ $(i = 1, 2, \cdots, n)$。

显然，它们均应满足式（14-204），即有

$$\begin{cases} y_1 = \beta_0 + \beta_1 x_{11} + \beta_2 x_{12} + \cdots + \beta_p x_{1p} + \varepsilon_1 \\ y_2 = \beta_0 + \beta_1 x_{21} + \beta_2 x_{22} + \cdots + \beta_p x_{2p} + \varepsilon_2 \\ \qquad\qquad\qquad\qquad\vdots \\ y_n = \beta_0 + \beta_1 x_{n1} + \beta_2 x_{n2} + \cdots + \beta_p x_{np} + \varepsilon_n \end{cases} \tag{14-206}$$

其中，$\varepsilon_i \sim N(0, \sigma^2)(i = 1, 2, \cdots, n)$ 且相互独立。

令

$$X = \begin{pmatrix} 1 & x_{11} & x_{12} & \cdots & x_{1p} \\ 1 & x_{21} & x_{22} & \cdots & x_{2p} \\ \vdots & \vdots & \vdots & & \vdots \\ 1 & x_{n1} & x_{n2} & \cdots & x_{np} \end{pmatrix} \quad Y = \begin{pmatrix} y_1 \\ y_2 \\ \vdots \\ y_n \end{pmatrix} \quad \beta = \begin{pmatrix} \beta_0 \\ \beta_1 \\ \vdots \\ \beta_p \end{pmatrix} \quad \varepsilon = \begin{pmatrix} \varepsilon_1 \\ \varepsilon_2 \\ \vdots \\ \varepsilon_n \end{pmatrix}$$

则式（14-206）可写成矩阵表达式

$$\begin{cases} Y = X\beta + \varepsilon \\ \varepsilon \sim N(0, \sigma^2 I_n) \end{cases} \tag{14-207}$$

式中，X 为 $n \times (p+1)$ 矩阵，称为回归设计矩阵（样本矩阵）；β 为 $(p+1)$ 维列向量，称为回归系数向量；ε 为 n 维列向量，称为随机误差向量；Y 为 n 维列向量，称为预报量观测向量；0 为 n 维零列向量；I_n 为 $n \times n$ 单位矩阵。

因为矩阵 X 的元素 x_{ij} 是由样本实现决定的，在抽样时可以由我们选取，所以一般在实际中，我们适当进行选取，以保证 X 矩阵满秩，即 $\mathrm{rank}(X) = p + 1$，这样有利于数学计算。多元线性回归分析需要解决下列问题。

（1）对回归系数向量 β 及误差方差 σ^2 进行估计，从而建立经验回归方程：

$$\hat{Y} = \hat{\beta}_0 + \hat{\beta}_1 x_1 + \hat{\beta}_2 x_2 + \cdots + \hat{\beta}_p x_p$$

（2）对建立的经验回归方程进行回归显著性检验，确定回归显著性。

（3）对回归模型中的变量进行筛选，以便建立较优的经验线性回归方程。

（4）由建立的经验回归方程进行预测或控制。

这里我们只对问题（1）、（2）、（4）进行初步讨论，对问题（3）有兴趣的同学可阅读方开泰等（1988）编著的《实用回归分析》一书。

3. 经验回归方程的建立

多元线性回归模型[式（14-204）]中回归系数向量 β 是未知的。实践中，要根据预

报量 Y 与预报因子 $x_1, x_2, \cdots, x_p$ 样本的实现构成的观测向量 Y 及设计矩阵 X 来求出 β 的估计向量 $\hat{\beta}$，并称由估计向量 $\hat{\beta}$ 确定的关系式

$$\hat{y} = \hat{\beta}_0 + \hat{\beta}_1 x_1 + \hat{\beta}_2 x_2 + \cdots + \hat{\beta}_p x_p \tag{14-208}$$

为多元线性回归模型[式（14-204）]的经验线性回归方程。$\hat{\beta} = \left(\hat{\beta}_0, \hat{\beta}_1, \cdots, \hat{\beta}_p\right)'$ 的确定类似于一元线性回归最小二乘法的矩阵表达，即求 $\hat{\beta}$ 使得

$$Q\left(\hat{\beta}\right) = \min_{\beta} (Y - X\beta)'(Y - X\beta) \tag{14-209}$$

由微积分有 $\dfrac{\partial Q(\beta)}{\partial \beta}\bigg|_{\hat{\beta}} = \dfrac{\partial}{\partial \beta}(Y - X\beta)'(Y - X\beta)\big|_{\hat{\beta}}$

$$= -2X'Y + 2X'X\hat{\beta}$$

令

$$-2X'Y + 2X'X\hat{\beta} = 0$$

整理得

$$X'X\hat{\beta} = X'Y \tag{14-210}$$

如果 $X'X$ 满秩，即 $X'X$ 可逆，则有

$$\hat{\beta} = (X'X)^{-1} X'Y \tag{14-211}$$

这样确定的 $\hat{\beta}$ 就是回归系数向量 β 的最小二乘估计。实际中，我们往往并不是由式（14-211）通过求矩阵 $X'X$ 的逆来求 $\hat{\beta}$，而是将式（14-210）中 $X'X$ 及 $X'Y$ 用它们的元素表示，获得下列方程组：

$$\begin{cases} n\hat{\beta}_0 + \left(\sum_{i=1}^{n} x_{i1}\right)\hat{\beta}_1 + \left(\sum_{i=1}^{n} x_{i2}\right)\hat{\beta}_2 + \cdots + \left(\sum_{i=1}^{n} x_{ip}\right)\hat{\beta}_p = \sum_{i=1}^{n} y_i \\ \left(\sum_{i=1}^{n} x_{i1}\right)\hat{\beta}_0 + \left(\sum_{i=1}^{n} x_{i1}^2\right)\hat{\beta}_1 + \left(\sum_{i=1}^{n} x_{i1}x_{i2}\right)\hat{\beta}_2 + \cdots + \left(\sum_{i=1}^{n} x_{i1}x_{ip}\right)\hat{\beta}_p = \sum_{i=1}^{n} x_{i1}y_i \\ \qquad\qquad\qquad\qquad\qquad\vdots \\ \left(\sum_{i=1}^{n} x_{ip}\right)\hat{\beta}_0 + \left(\sum_{i=1}^{n} x_{i1}x_{ip}\right)\hat{\beta}_1 + \left(\sum_{i=1}^{n} x_{i2}x_{ip}\right)\hat{\beta}_2 + \cdots + \left(\sum_{i=1}^{n} x_{ip}^2\right)\hat{\beta}_p = \sum_{i=1}^{n} x_{ip}y_i \end{cases} \tag{14-212}$$

通过解式（14-212），求 $\hat{\beta} = \left(\hat{\beta}_0, \hat{\beta}_1, \cdots, \hat{\beta}_p\right)'$。式（14-212）有 $p+1$ 个未知量 $p+1$ 个方程，第一个方程两边同除以 n 可化为

$$\hat{\beta}_0 = \bar{y} - \hat{\beta}_1 \bar{x}_1 - \hat{\beta}_2 \bar{x}_2 - \cdots - \hat{\beta}_p \bar{x}_p \tag{14-213}$$

式中，$\bar{y} = \dfrac{1}{n}\sum_{i=1}^{n} y_i$，$\bar{x} = \sum_{j=1}^{p} x_{ij}$ $(j = 1, 2, \cdots, p)$。将式（14-213）代入式（14-214）的第 2，

3，…，p 个方程，经整理得

$$\begin{cases} l_{11}\hat{\beta}_1 + l_{12}\hat{\beta}_2 + \cdots + l_{1p}\hat{\beta}_p = l_{10} \\ l_{21}\hat{\beta}_1 + l_{22}\hat{\beta}_2 + \cdots + l_{2p}\hat{\beta}_p = l_{20} \\ \vdots \\ l_{p1}\hat{\beta}_1 + l_{p2}\hat{\beta}_2 + \cdots + l_{pp}\hat{\beta}_p = l_{p0} \end{cases} \quad （14\text{-}214）$$

其中

$$l_{jk} = \sum_{i=1}^{n}\left(x_{ij} - \bar{x}_j\right)\left(x_{ik} - \bar{x}_k\right) = \sum_{i=1}^{n} x_{ij}x_{ik} - n\bar{x}_j\bar{x}_k \ (j,k = 1,2,\cdots,p)$$

$$l_{j0} = \sum_{i=1}^{n}\left(x_{ij} - \bar{x}_j\right)\left(y_i - \bar{y}\right) = \sum_{i=1}^{n} x_{ij}y_i - n\bar{x}_j\bar{y} \ (j = 1,2,\cdots,p)$$

由样本的实现计算 l_{jk}、l_{j0}，建立式（14-214），解该式便可得 $\hat{\beta}_1, \hat{\beta}_1, \cdots, \hat{\beta}_p$，然后将它们代入式（14-213）求得 $\hat{\beta}_0$，从而求得回归系数向量 β 的估计向量 $\hat{\beta}$，从而可建立经验回归方程

$$\hat{Y} = \hat{\beta}_0 + \hat{\beta}_1 x_1 + \hat{\beta}_2 x_2 + \cdots + \hat{\beta}_p x_p$$

为了寻求式（14-214）的公式解，令 $l_{00} = \sum_{i=1}^{n}\left(y_i - \bar{y}\right)^2$

$$L = \begin{pmatrix} l_{00} & l_{01} & l_{02} & \cdots & l_{0p} \\ l_{10} & l_{11} & l_{12} & \cdots & l_{1p} \\ & & \vdots & & \vdots \\ l_{p0} & l_{p1} & l_{p2} & \cdots & l_{pp} \end{pmatrix} \quad （14\text{-}215）$$

L 是 $(p+1)\times(p+1)$ 矩阵，以 L_{ij} 记矩阵 L 元素 $l_{ij}\,(i,j = 0,1,2,\cdots,p)$ 的代数余子式，由 Cramer 法则，式（14-214）公式解为

$$\hat{\beta}_1 = \frac{L_{10}}{L_{00}}, \ \hat{\beta}_2 = \frac{L_{20}}{L_{00}}, \ \cdots, \ \hat{\beta}_p = \frac{L_{p0}}{L_{00}} \quad （14\text{-}216）$$

在矩阵 L 中，由于 $l_{jk} = l_{kj}\,(i,j = 0,1,2,\cdots,p)$，所以建立式（14-214）实际只要计算 $\dfrac{p(p+1)}{2} + p$ 个元素，便可使该问题的计算大大简化。

【例 14-44】 为研究某地区土壤内所含植物可给态磷 Y 与土壤内所含无机磷浓度 x_1、溶于 K_2CO_3 溶液且能被溴化物水解的有机磷浓度 x_2 和溶于 K_2CO_3 溶液但不能被溴化物水解的有机磷浓度 x_3 间的关系，在该地区随机抽取 18 块地进行调查，观测数据如表 14-44 所示，试求 Y 对 x_1、x_2、x_3 的线性经验回归方程。

表 14-44 土壤含磷量及可给态磷

样地编号	土壤含磷量/ppm			可给态磷 Y	样地编号	土壤含磷量/ppm			可给态磷 Y
	x_1	x_2	x_3			x_1	x_2	x_3	
1	0.4	52	158	64	10	12.6	58	112	51
2	0.4	23	163	60	11	10.9	37	111	76
3	0.1	19	37	71	12	23.1	46	114	96
4	0.6	34	157	61	13	23.1	50	134	77
5	0.7	24	59	54	14	21.6	44	73	93
6	1.7	65	123	77	15	23.1	56	168	95
7	9.4	44	46	81	16	1.9	36	143	54
8	10.1	31	117	93	17	26.8	58	202	168
9	11.6	29	173	93	18	29.9	51	124	99

解：经计算得

$$\overline{x_1}=11.944 \quad \overline{x_2}=42.111 \quad \overline{x_3}=123 \quad \overline{y}=81.278$$
$$l_{11}=1752.96 \quad l_{12}=1085.61 \quad l_{13}=1200.00$$
$$l_{21}=1085.61 \quad l_{22}=3355.78 \quad l_{23}=3364.00$$
$$l_{31}=1200.00 \quad l_{32}=3364.00 \quad l_{33}=35572.00$$
$$l_{10}=3231.48 \quad l_{20}=2216.44 \quad l_{30}=7593.00$$

代入式（14-214）得

$$1752.96\hat{\beta}_1+1085.61\hat{\beta}_2+1200.00\hat{\beta}_3=3231.48$$
$$1085.61\hat{\beta}_1+3355.78\hat{\beta}_2+3364.00\hat{\beta}_3=2216.44$$
$$1200.00\hat{\beta}_1+3364.00\hat{\beta}_2+35572.00\hat{\beta}_3=7593.00$$

解方程组得

$$\hat{\beta}_1=1.7846 \quad \hat{\beta}_2=-0.0834 \quad \hat{\beta}_3=0.1611$$

代入式（14-213）得

$$\hat{\beta}_0=\overline{y}-\hat{\beta}_1\overline{x_1}-\hat{\beta}_2\overline{x_2}-\hat{\beta}_3\overline{x_3}=43.67$$

所以，线性经验回归方程为：$\hat{y}=43.67+1.7846x_1-0.0834x_2+0.1611x_3$

4. 多元线性回归系数向量最小二乘估计的统计性质

在矩阵 XX' 可逆的情况下，式（14-211）给出了多元线性回归模型[式（14-204）]的经验回归方程的回归系数向量 β 的最小二乘估计 $\hat{\beta}$，不难证明 $\hat{\beta}$ 是 β 的无偏估计且 $\hat{\beta}$ 的方差为

$$D(\hat{\beta})=\sigma^2(X'X)^{-1} \tag{14-217}$$

事实上，由式（14-207）有

$$E(Y)=E(X\beta+\varepsilon)=E(X\beta)+E(\varepsilon)=X\beta+O=X\beta$$

$$D(Y) = \text{Var}(X\beta + \varepsilon) = D(\varepsilon) = \sigma^2 I_n$$

所以

$$E(\hat{\beta}) = E\left[(X'X)^{-1} X'Y\right] = (X'X)^{-1} X'E(Y) = \beta$$

这说明 $\hat{\beta}$ 是 β 的无偏估计。

$$\begin{aligned}
D(\hat{\beta}) &= D\left[(X'X)^{-1} X'Y\right] = (X'X)^{-1} X'D(Y)(X'X)^{-1} \\
&= (X'X)^{-1} X'\sigma^2 I_n X(X'X)^{-1} = \sigma^2\left[(X'X)^{-1}(X'X)(X'X)^{-1}\right] \\
&= \sigma^2 (X'X)^{-1}
\end{aligned}$$

式（14-217）说明估计向量 $\hat{\beta}$ 方差与回归模型[式（14-204）]的随机误差项的方差 σ^2 和设计矩阵 X 有关。对于估计向量 $\hat{\beta}$ 为保证估计的稳定性，实践中，希望 $\hat{\beta}$ 方差越小越好。当回归模型给定后，σ^2 就给定了。为使 $\hat{\beta}$ 方差较小，必须在试验阶段精心设计矩阵。

5. 多元线性回归方程的显著性检验

在实际问题中，我们事先并不知道预报量 Y 与预报因子 $x_1, x_2, \cdots, x_p$ 之间是否满足线性回归模型[式（14-204）]。一般情况下，我们的习惯做法是先依据样本资料按照最小二乘法建立经验回归方程，然后再对回归方程进行显著性检验。

1）利用 F 检验法进行线性回归方程显著性检验

多元线性回归显著性的检验可以在多元线性回归基本假定条件下，进行下面的统计假设检验来完成

$$H_0: \beta_i = 0 (i = 1, 2, \cdots, p), H_1: \text{至少有一个} \beta_i \neq 0 (i = 1, 2, \cdots, p) \qquad (14\text{-}218)$$

如果 H_0 成立，说明多元线性回归模型[式（14-204）]从总体上来说不适合表达预报量 Y 与预报因子 $x_1, x_2, \cdots, x_p$ 之间的回归关系。

为了对统计假设[式（14-218）]进行检验，我们通过分解预报量 Y 的观察值的总离差平方和 L_{yy} 来建立检验统计量。

$$L_{yy} = \sum_{i=1}^{n}(Y_i - \bar{Y})^2 \qquad (14\text{-}219)$$

显然，L_{yy} 的实现就是关系式 $l_{00} = \sum_{i=1}^{n}(y_i - \bar{y})^2$ 所计算的数。类似于一元线性回归，多元线性回归总离差平方和 L_{yy} 可分解为

$$L_{yy} = U + Q \qquad (14\text{-}220)$$

其中：

$$U = \sum_{i=1}^{n} \left(\hat{Y}_i - \overline{Y} \right)^2 \qquad (14\text{-}221)$$

$$Q = \sum_{i=1}^{n} \left(Y_i - \hat{Y}_i \right)^2 \qquad (14\text{-}222)$$

式中，U 称为回归离差平方和，反映预报因子 $x_1, x_2, \cdots, x_p$ 对预报量 Y 的作用；Q 称为回归残差平方和，反映不可控制或未加控制的因素对预报量的作用。

在多元线性回归模型[式（14-204）]条件下，如果式（14-218）中 H_0 成立，可以证明 $\dfrac{U}{\sigma^2} \sim \chi^2(p)$，$\dfrac{Q}{\sigma^2} \sim \chi^2(n-p-1)$ 且 U 与 Q 相互独立，所以，由 F 分布定义有

$$F = \frac{U/p}{Q/(n-p-1)} \sim F(p, n-p-1) \qquad (14\text{-}223)$$

于是，对于给定的显著水平 α，可找到数 $F_\alpha(p, n-p-1)$，使得

$$P\left\{ F > F_\alpha(p, n-p-1) \right\} = \alpha$$

成立。如果由样本的实现计算得 F 值满足 $F > F_\alpha(p, n-p-1)$，则否定 H_0，认为在显著水平 α 下，预报量 Y 对预报因子 $x_1, x_2, \cdots, x_p$ 有显著的多元线性回归关系；反之，则接受 H_0，认为在显著水平 α 下，预报量 Y 对预报因子 $x_1, x_2, \cdots, x_p$ 没有明显的多元线性回归关系。

下面我们讨论回归离差平方和 U，回归残差平方和 Q 的计算问题。

由式（14-208）和式（14-213）有

$$\hat{Y}_i - \overline{Y} = \hat{\beta}_1(x_{i1} - \overline{x}_1) + \hat{\beta}_2(x_{i2} - \overline{x}_2) + \cdots + \hat{\beta}_p(x_{ip} - \overline{x}_p)\ (i=1,2,\cdots,n)$$

于是

$$U = \sum_{i=1}^{n} \left(\hat{Y}_i - \overline{Y} \right)^2 = \sum_{i=1}^{n} \left[\hat{\beta}_1(x_{i1} - \overline{x}_1) + \hat{\beta}_2(x_{i2} - \overline{x}_2) + \cdots + \hat{\beta}_p(x_{ip} - \overline{x}_p) \right]^2$$

$$= \sum_{i=1}^{n} \left((\hat{\beta}_1, \hat{\beta}_2, \cdots, \hat{\beta}_p) \begin{pmatrix} x_{i1} - \overline{x}_1 \\ x_{i2} - \overline{x}_2 \\ \vdots \\ x_{ip} - \overline{x}_p \end{pmatrix} \left((x_{i1} - \overline{x}_1), (x_{i2} - \overline{x}_2), \cdots, (x_{ip} - \overline{x}_p) \right) \begin{pmatrix} \hat{\beta}_1 \\ \hat{\beta}_2 \\ \vdots \\ \hat{\beta}_p \end{pmatrix} \right)$$

$$= (\hat{\beta}_1, \hat{\beta}_2, \cdots, \hat{\beta}_p) \begin{pmatrix} x_{11} - \overline{x}_1 & x_{21} - \overline{x}_1 & \cdots & x_{n1} - \overline{x}_1 \\ x_{12} - \overline{x}_2 & x_{22} - \overline{x}_2 & \cdots & x_{n2} - \overline{x}_2 \\ \vdots & \vdots & & \vdots \\ x_{1p} - \overline{x}_p & x_{2p} - \overline{x}_p & \cdots & x_{np} - \overline{x}_p \end{pmatrix} \begin{pmatrix} x_{11} - \overline{x}_1 & \cdots & x_{1p} - \overline{x}_p \\ x_{21} - \overline{x}_1 & \cdots & x_{np} - \overline{x}_2 \\ \vdots & & \vdots \\ x_{n1} - \overline{x}_1 & \cdots & x_{np} - \overline{x}_p \end{pmatrix} \begin{pmatrix} \hat{\beta}_1 \\ \hat{\beta}_2 \\ \vdots \\ \hat{\beta}_p \end{pmatrix}$$

$$= \left(\hat{\beta}_1, \hat{\beta}_2, \cdots, \hat{\beta}_p \right) \begin{pmatrix} l_{11} & l_{12} & \cdots & l_{1p} \\ l_{21} & l_{22} & \cdots & l_{2p} \\ \vdots & \vdots & & \vdots \\ l_{p1} & l_{p2} & \cdots & l_{pp} \end{pmatrix} \begin{pmatrix} \hat{\beta}_1 \\ \hat{\beta}_2 \\ \vdots \\ \hat{\beta}_p \end{pmatrix}$$

又由式（14-214）知有

$$\begin{pmatrix} l_{11} & l_{12} & \cdots & l_{1p} \\ l_{21} & l_{22} & \cdots & l_{2p} \\ \vdots & \vdots & & \vdots \\ l_{p1} & l_{p2} & \cdots & l_{pp} \end{pmatrix} \begin{pmatrix} \hat{\beta}_1 \\ \hat{\beta}_2 \\ \vdots \\ \hat{\beta}_p \end{pmatrix} = \begin{pmatrix} l_{10} \\ l_{20} \\ \vdots \\ l_{p0} \end{pmatrix}$$

所以，多元线性回归离差平方和 U 满足

$$U = \sum_{i=1}^{n} \left(\hat{Y}_i - \bar{Y} \right)^2 = \left(\hat{\beta}_1, \hat{\beta}_2, \cdots, \hat{\beta}_p \right) \begin{pmatrix} l_{10} \\ l_{20} \\ \vdots \\ l_{p0} \end{pmatrix} = \hat{\beta}_1 l_{10} + \hat{\beta}_2 l_{20} + \cdots + \hat{\beta}_p l_{p0} \qquad （14\text{-}224）$$

从而有

$$Q = L_{yy} - U = L_{yy} - \hat{\beta}_1 l_{10} - \hat{\beta}_2 l_{20} - \cdots - \hat{\beta}_p l_{p0} \qquad （14\text{-}225）$$

在实际中，这一检验过程用方差分析表 14-45 表示。

表 14-45　多元线性回归显著性检验方差分析表

变异来源	离差平方和	自由度	均方差	F 值	临界值	显著性
回归	$U = \hat{\beta}_1 l_{10} + \hat{\beta}_2 l_{20} + \cdots + \hat{\beta}_p l_{p0}$	p	$\dfrac{U}{p}$			**
残差	$Q = L_{yy} - U$	$n-p-1$	$\dfrac{Q}{n-p-1}$	$F = \dfrac{\dfrac{U}{p}}{\dfrac{Q}{n-p-1}}$	$F_\alpha(p, n-p-1)$	*
总和	$L_{yy} = \sum_{i=1}^{n} \left(Y_i - \bar{Y} \right)^2$	$n-1$				—

** $F_{0.01} \leqslant F$；* $F_{0.05} < F < F_{0.01}$；— $F < F_{0.05}$。

【例 14-45】在例 14-44 的基础上，当 $\alpha = 0.01$ 时，检验回归显著性。

解：根据例 14-44 计算有

$$\hat{\beta}_1 = 1.7846 \qquad \hat{\beta}_2 = -0.0834 \qquad \hat{\beta}_3 = 0.1611$$

$$l_{10} = 3231.48 \qquad l_{20} = 2216.44 \qquad l_{30} = 7593.00$$

所以

$$U = \hat{\beta}_1 l_{10} + \hat{\beta}_2 l_{20} + \hat{\beta}_3 l_{30} = 6805.280$$

$$L_{yy} = l_{00} = \sum_{i=1}^{n} \left(y_i - \bar{y} \right)^2 = 12389.611$$

$$Q = L_{yy} - U = 5584.331$$

方差分析结果如表 14-46 所示，说明从整体上来看 Y 对 x_1, x_2, x_3 回归关系极显著。

表 14-46　例 14-45 的方差分析表

变异来源	离差平方和	自由度	均方差	F 值	临界值	显著性
回归	6805.280	3	2268.427	5.687	5.56	**
残差	5584.311	14	398.881			
总和	12389.611	17				

2）利用复相关系数进行多元线性回归显著性检验

多元线性回归显著性检验除利用方差分析方法进行外，还可利用复相关系数（multiple correlation coefficient）进行。

假设预报量 Y 的样本为 $Y_i (i = 1, 2, \cdots, n)$，相应多元线性经验回归方程确定的预报值为 $\hat{Y}_i (i = 1, 2, \cdots, n)$，$L_{yy} = \sum_{i=1}^{n} (Y_i - \bar{Y})^2$，$Q = \sum_{i=1}^{n} (Y_i - \hat{Y}_i)^2$，则称

$$R = \sqrt{1 - \frac{Q}{L_{yy}}} \tag{14-226}$$

为样本复相关系数，它是预报量 Y 总离差平方和中，回归离差平方和所占比例的平方根，反映预报因子 $x_1, x_2, \cdots, x_p$ 对预报量 Y 作用的大小，可以用于刻画多元线性回归方程的显著性，即可用于检验多元线性回归方程的显著性。

事实上，$R^2 = 1 - \dfrac{Q}{L_{yy}}$，又由式（14-220）易得

$$R^2 = \frac{U}{U + Q} (0 \leqslant R \leqslant 1)$$

即有

$$U = \frac{R^2 Q}{1 - R^2} \tag{14-227}$$

将式（14-227）代入式（14-223）得

$$F = \frac{U/p}{Q/(n-p-1)} = \frac{\left[R^2 Q / (1 - R^2) \right]/p}{Q/(n-p-1)} = \frac{R^2/p}{(1 - R^2)/(n-p-1)}$$

所以

$$R = \sqrt{\frac{pF}{(n-p-1) + pF}} \tag{14-228}$$

由式（14-228）可以看出，复相关系数 R 完全由 F 值确定，它可以用于检验回归显著性，即 H_0。对于给定显著水平 α，我们可以利用

$$R_\alpha\left(p,n-p-1\right)=\sqrt{\frac{pF_\alpha\left(p,n-p-1\right)}{(n-p-1)+pF_\alpha\left(p,n-p-1\right)}}$$

计算出样本复相关系数检验 H_0 的临界值 $R_\alpha\left(p,n-p-1\right)$。本书中将 $p=2\sim5$ 的情况（实际中五元以上线性回归较少用）编入附表 6-18。实际中，有了附表 6-18 后，为了检验二元至五元线性回归方程的回归显著性，我们可以利用样本资料计算复相关系数，然后由显著性水平 α 查附表 6-18 得 $R_\alpha\left(p,n-p-1\right)$。如果 $R\geqslant R_\alpha\left(p,n-p-1\right)$，则说明在显著水平 α 上多元线性回归显著。

【例 14-46】在例 14-44 的基础上，利用复相关系数 R 检验回归显著性。

解：因为 $L_{yy}=12389.611$，$Q=5584.311$，所以 $R=\sqrt{1-\frac{Q}{L_{yy}}}=\sqrt{1-\frac{5584.311}{12389.611}}\approx0.741$

又因为 $\alpha=0.01$，$p=3$，$n-p-1=18-3-1=14$，查附表 6-18 得 $R_{0.01}(3,14)=0.737$。

由于 $R\approx0.741>0.737=R_{0.01}(3,14)$，所以三元线性回归极显著。

多元线性回归模型[式（14-204）]并不意味每个预报因子 $x_1,x_2,\cdots,x_p$ 对 Y 的影响都是同等重要的，可能有的预报因子有重要作用，而有的预报因子的作用并不那么重要。从整体上看回归方程显著，并不意味着每个预报因子 $x_j(j=1,2,\cdots,p)$ 对预报量 Y 的影响都显著。我们在实际中总是想剔除对预报量没有明显影响的预报因子，使建立的经验线性回归方程具有较简单的形式，这就需要利用每个预报因子 $x_j(j=1,2,\cdots,p)$ 对预报量 Y 的作用进行考察。如果某个预报因子 x_j 对 Y 的作用不显著，那么在式（14-204）中，其相应的回归系数 β_j 就应取 0。因此，检验预报因子 x_j 对 Y 的作用是否显著，就等价于检验统计假设

$$H_0:\ \beta_j=0,\ H_1:\ \beta_j\neq0 \tag{14-229}$$

下面我们讨论检验式（14-229）。由式（14-204）、式（14-211）、式（14-217）易知

$$\hat{\beta}\sim N\left(\beta,\sigma^2\left(X'X\right)^{-1}\right)$$

如果将矩阵 $\left(X'X\right)^{-1}$ 对角线上第 j 个元素用 c_{jj} 表示便有

$$\hat{\beta}_j\sim N\left(\beta_j,c_{jj}\sigma^2\right)$$

即

$$\frac{\hat{\beta}_j-\beta_j}{\sqrt{c_{jj}\sigma^2}}\sim N\left(0,1\right)$$

同时，可以证明 $\dfrac{Q}{\sigma^2}=\chi^2\left(n-p-1\right)$，且 $\hat{\beta}_j$ 与 Q 相互独立。

令

$$T = \frac{\hat{\beta}_j - \beta_j}{\sqrt{c_{jj}\sigma^2}} \Bigg/ \sqrt{\frac{Q}{\sigma^2}\frac{1}{n-p-1}} = \frac{\hat{\beta}_j - \beta_j}{\sqrt{c_{jj}}} \Bigg/ \sqrt{\frac{Q}{n-p-1}} \qquad (14\text{-}230)$$

则

$$T = \frac{\left(\hat{\beta}_j - \beta_j\right)\Big/\sqrt{c_{jj}}}{\sqrt{Q/(n-p-1)}} \sim t(n-p-1)$$

如果式（14-229）的 H_0 成立，则有

$$T = \frac{\hat{\beta}_j \Big/ \sqrt{c_{jj}}}{\sqrt{Q/(n-p-1)}} \sim t(n-p-1) \qquad (14\text{-}231)$$

对于给定的显著水平 α，可找到 $t_{\frac{\alpha}{2}}(n-p-1)$ 使得

$$P\left\{|T| > t_{\frac{\alpha}{2}}(n-p-1)\right\} = \alpha$$

因此，如果 $|T| > t_{\frac{\alpha}{2}}(n-p-1)$，则否定式（14-229）中的 H_0，说明 x_j 对 Y 的影响显著；反之，$|T| \leqslant t_{\frac{\alpha}{2}}(n-p-1)$，则肯定式（14-229）中的 H_0，说明 x_j 对 Y 的影响不显著。

当检验结果说明 x_j 对 Y 的影响不显著时，则应考虑从回归模型中将 x_j 剔除，用新的预报因子组重建经验回归方程。如果同时有几个预报因子经检验都不显著，则先剔除 $|T|$ 值最小的一个预报因子，然后用新的预报因子组重建经验回归方程，并再进行回归显著性及预报因子显著性检验，剔除不显著的预报因子，依次重复，每次只剔除一个预报因子，直到保留的预报因子都显著为止，这就是逐步回归（感兴趣的读者可参阅有关参考书的逐步回归）。

这里指出，使用式（14-228）定义复相关系数 R 时要注意，当没有纯误差时，总能适当地增加预报因子使 R 增大，直至其变为 1，但并不说明所加的预报因子都需要。特别是当观测次数比潜在预报因子大得多时，增加预报因子个数总会增大 R 值，但不一定会增大经验回归方程的预报精度。使用式（14-231）计算 T 值，并利用其对回归系数进行显著性检验时，式（14-231）中 c_{jj} 为矩阵 $(X'X)^{-1}$ 的第 j 行第 j 列元素，其中 $j = 1, 2, \cdots, p$。

14.6.5　多元非线性回归

随着回归分析方法实际运用的深入，多元非线性回归越来越受到人们的重视。对于多元非线性回归问题，本书仅对其常用而简单的形式做简要介绍。

1）回归函数为 $y = \beta_0 x_1^{\beta_1} x_2^{\beta_2} \cdots x_p^{\beta_p}$ 的形式

这类回归问题在生产和科研实践中常会遇到，对这类回归问题可借助多元线性回归方法解决，为此，可对回归函数两端取对数，则有

$$\lg y = \lg \beta_0 + \beta_1 \lg x_1 + \cdots + \beta_p \lg x_p$$

令 $y' = \lg y, \beta_0' = \beta_0, \beta_1' = \beta_1, \cdots, \beta_p' = \beta_p, x_1' = \lg x_1, x_2' = \lg x_2, \cdots, x_p' = \lg x_p$，于是有

$$y' = \beta_0' + \beta_1' x_1' + \cdots + \beta_p' x_p' \qquad (14\text{-}232)$$

这时问题转化为式（14-232）表示的多元统计回归问题。实际中，只要先对观测值进行对数变换，然后按式（14-232）建立经验线性回归方程，再对经验线性回归方程的系数进行反对数变换，从而得出 $y = \beta_0 x_1^{\beta_1} x_2^{\beta_2} \cdots x_p^{\beta_p}$ 的经验回归方程。

2）回归函数为 $y = \beta_0 + \beta_1 x + \beta_2 x^2 + \cdots + \beta_p x^p$ 形式

这类回归函数称为多项式回归函数，比它更广泛的形式称为多元多项式回归函数。这类回归也可利用变换转化为多元线性回归方程。

令 $x_1' = x, x_2' = x^2, \cdots, x_p' = x^p, y' = y$，于是有

$$y' = \beta_0 + \beta_1 x_1' + \cdots + \beta_p x_p' \qquad (14\text{-}233)$$

这时利用多元线性回归解法，求得式（14-233）的经验多元线性回归方程，然后将经验多元线性回归方程中的预报量 y_i' 用 $\hat{y}$ 代替，预报因子 $x_i' (i = 1, 2, \cdots, p)$ 用 $x^i (i = 1, 2, \cdots, p)$ 代替，便得到 $y = \beta_0 + \beta_1 x + \beta_2 x^2 + \cdots + \beta_p x^p$ 的经验回归方程。

对于更一般的多元非线性回归问题，常常需要利用计算机，借助特殊算法建立经验回归方程。

参 考 文 献

陈希孺. 2000. 概率论与数理统计. 北京: 科学出版社.

陈希孺, 倪国熙. 1988. 数理统计学教程. 上海: 上海科学技术出版社.

陈希孺, 王松桂. 1984. 近代实用回归分析. 南宁: 广西人民出版社.

陈希孺, 王松桂. 1987. 近代回归分析: 原理方法及应用. 合肥: 安徽教育出版社.

方开泰, 全辉, 陈庆云. 1988. 实用回归分析. 北京: 科学出版社.

郭满才, 徐钊. 2020. 概率论与数理统计. 北京: 高等教育出版社.

何晓群, 刘文卿. 2007. 应用回归分析(2版). 北京: 中国人民大学出版社.

金勇进, 邵军. 2009. 缺失数据的统计处理. 北京: 中国统计出版社.

邵崇斌, 徐钊. 2007. 概率论与数理统计. 北京: 中国农业出版社.

申建波, 毛达如. 2011. 植物营养研究方法(3版). 北京: 中国农业大学出版社.

宋世德, 郭满才. 2007. 数学实验(2版). 北京: 中国农业出版社.

孙山泽. 2000. 非参数统计讲义. 北京: 北京大学出版社.
陶澍. 1994. 应用数理统计方法. 北京: 中国环境科学出版社.
王静龙, 梁小筠. 2006. 非参数统计分析. 北京: 高等教育出版社.
王星. 2009. 非参数统计. 北京: 清华大学出版社.
王学仁, 温忠笎. 1989. 应用回归分析. 重庆: 重庆大学出版社.
徐钊. 2016. 应用数理统计. 杨凌: 西北农林科技大学出版社.
袁志发, 贠海燕. 2007. 试验设计与分析(2 版). 北京: 中国农业出版社.
袁志发, 周静芋. 2000. 试验设计与分析. 北京: 高等教育出版社.
William G C. 1977. Sampling Techniques. 3rd Edition. Chichester: John Wiley & Sons.

附 录

附录 1 野外调查单元土地利用现状分类

一级类		二级类		含义
编码	名称	编码	名称	
01	耕地			指种植农作物的土地，包括熟地，新开发、复垦、整理地，休闲地（含轮歇地、轮作地）；以种植农作物（含蔬菜）为主，间有零星果树、桑树或其他树木的土地；平均每年能保证收获一季的已垦滩地和海涂。耕地中包括南方宽度＜1.0m、北方宽度＜2.0m固定的沟、渠、路和地坎（埂），临时种植药材、草皮、花卉、苗木等的耕地，以及其他临时改变用途的耕地
		011	水田	指用于种植水稻、莲藕等水生农作物的耕地，包括实行水生、旱生农作物轮种的耕地
		012	水浇地	指有水源保证和灌溉设施，在一般年景能正常灌溉，种植旱生农作物的耕地，包括种植蔬菜等的非工厂化的大棚用地
		013	旱地	指无灌溉设施，主要靠天然降水种植旱生农作物的耕地，包括没有灌溉设施仅靠引洪淤灌的耕地
02	园地			指种植以采集果、叶、根、茎、汁等为主的集约经营的多年生木本和草本作物，覆盖度大于50%或每亩株数大于合理株数70%的土地，包括用于育苗的土地
		021	果园	指种植果树的园地
		022	茶园	指种植茶树的园地
		023	其他园地	指种植桑树、橡胶、可可、咖啡、油棕、胡椒、药材等其他多年生作物的园地
03	林地			指生长乔木、竹类、灌木的土地，及沿海生长红树林的土地，包括迹地，不包括居民点内部的绿化林木用地，铁路、公路征地范围内的林木，以及河流、沟渠的护堤林
		031	有林地	指树木郁闭度≥0.2的乔木林地，包括红树林地和竹林地
		032	灌木林地	指灌木覆盖度≥40%的林地
		033	其他林地	包括疏林地（指树木郁闭度≥0.1、＜0.2的林地）、未成林地、迹地、苗圃等林地
04	草地			指主要生长草本植物的土地
		041	天然牧草地	指以天然草本植物为主，用于放牧或割草的草地
		042	人工牧草地	指人工种植牧草的草地
		043	其他草地	指树木郁闭度＜0.1，表层为土质，主要生长草本植物，不用于畜牧业的草地
05	居民点及工矿用地	051	城镇居民点	指城镇用于生活居住的各类房屋用地及其附属设施用地，包括普通住宅、公寓、别墅等用地
		052	农村居民点	指农村用于生活居住的宅基地
		053	独立工矿用地	指主要用于工业生产、物资存放场所的土地
		054	商服及公共用地	指主要用于商业、服务业以及机关团体、新闻出版、科教文卫、风景名胜、公共设施等的土地
		055	特殊用地	指用于军事设施、涉外、宗教、监教、殡葬等的土地
		056	在建生产项目用地	指正在进行建设活动的生产用地，包括公路、铁路、电力、水利工程、非金属矿、煤炭、石油、天然气、城建、加工制造业等不同行业类型的土地

续表

一级类		二级类		含义
编码	名称	编码	名称	
06	交通运输用地			指用于运输通行的地面线路、场站等的土地，包括民用机场、港口、码头、地面运输管道和各种道路用地
07	水域及水利设施用地			指河流水面、湖泊水面、水库水面、坑塘水面、沿海滩涂、内陆滩涂、沟渠、水工建筑用地、冰川及永久积雪等用地，不包括滞洪区和已垦滩涂中的耕地、园地、林地、居民点、道路等用地
08	其他土地			指上述地类以外的其他类型的土地，包括盐碱地、沼泽地、沙地、裸地等
		081	盐碱地	指土壤里面所含的盐分影响到作物正常生长的土地
		082	沼泽地	指长期受积水浸泡，水草茂密的土地
		083	沙地	指表层为沙覆盖、基本无植被的土地，包括沙漠，不包括水系中的沙滩
		084	裸土	表层为土壤，且地表植被覆盖度小于5%的土地；或砾石覆盖度小于70%的土地
		085	裸岩石（砾）地	表层为岩石或石砾，其覆盖度大于70%的土地

注：本表参考《土地利用现状分类》（GB/T 21010—2007）和1984年制定的《土地利用现状调查技术规程》，以《土地利用现状分类》（GB/T 21010—2007）为主制作完成。

附录 2　野外调查单元水土保持措施分类

一级分类		二级分类		三级分类		含义描述
代码	名称	代码	名称	代码	名称	
01	生物措施	0101	造林	010101	人工乔木林	采取人工种植乔木林措施，以防治水土流失
				010102	人工灌木林	采取人工种植灌木林措施，以防治水土流失
				010103	人工混交林	采取人工种植两个或两个以上树种组成的森林措施，以防治水土流失
				010104	飞播乔木林	采取飞机播种方式种植乔木林措施，以防治水土流失
				010105	飞播灌木林	采取飞机播种方式种植灌木林措施，以防治水土流失
				010106	飞播混交林	采取飞机播种方式种植两个或两个以上树种组成的森林措施，以防治水土流失
				010107	经果林	采取人工种植经济果树林措施，以防治水土流失
				010108	农田防护林	主林带走向应垂直于主风向，或呈30°～45°的偏角。主林带与副林带垂直，如因地形地物限制，主、副林带可以有一定交角。主林带宽8～12m，副林带宽4～6m；在地少人多地区，主林带宽5～6m，副林带宽3～4m。林带的间距应按乔木主要树种壮龄时期平均高度的15～20倍计算。主林带和副林带交叉处只在一侧留出20m宽缺口，便于交通
				010109	四旁林	指在非林地中村旁、宅旁、路旁、水旁栽植的树木
		0102	种草	010201	人工种草	采取人工种草措施，以防治水土流失
				010202	飞播种草	采取飞机播种种草措施，以防治水土流失
				010203	草水路	为防止沿坡面的沟道冲刷而采用的种草护沟措施。草水路用于沟道改道或阶地沟道出口，沿坡面向下，处理径流进入水系或其他出口；可以利用天然的排水沟或草间水沟；一般用在坡度小于11°的坡面
		0103	封育	010301	封山育乔木林	原始植被遭到破坏后，通过围栏封禁，严禁人畜进入，经长期恢复为乔木林
				010302	封山育灌木林	原始植被遭到破坏后，通过围栏封禁，严禁人畜进入，经长期恢复为灌木林
				010303	封坡育草	由过度放牧等导致草场退化，通过围栏封禁，严禁牲畜进入和采取改良措施
				010304	生态恢复乔木林	原始植被遭到破坏后，通过政策、法规及其他管理办法等，限制人畜进入，经长期恢复为乔木林
				010305	生态恢复灌木林	原始植被遭到破坏后，通过政策、法规及其他管理办法等，限制人畜进入，经长期恢复为灌木林
				010306	生态恢复草地	由过度放牧等导致草场退化，通过政策、法规及其他管理办法等，限制牲畜进入，经长期恢复为草地
		0104	轮牧			不同年份或不同季节进行轮流放牧，使草场恢复的措施
02	工程措施	0201	梯田	020101	土坎水平梯田	田面宽度，陡坡区一般为5～15m，缓坡区一般为20～40m；田边蓄水埂高0.3～0.5m，顶宽0.3～0.5m，内外坡比约1:1。黄土高原水平梯田的修建多就地取材，以黄土修建地埂
				020102	石坎水平梯田	长江流域以南地区，多为土石山区或石质山区，坡耕地土层中多夹石砾、石块。修筑梯田时就地取材修筑石坎梯田。修筑石坎的材料可分为条石、块石、卵石、片石、土石混合。石坎外坡坡度一般为1:0.75；内坡接近垂直，顶宽0.3～0.5m

一级分类		二级分类		三级分类		含义描述
代码	名称	代码	名称	代码	名称	
02	工程措施	0201	梯田	020103	坡式梯田	在较为平缓的坡地上沿等高线构筑挡水拦泥土埂，埂间仍维持原有坡面不动，借雨水冲刷和逐年翻耕，使埂间坡面渐渐变平，最终成为水平梯田。埂顶宽 30～40cm，埂高 50～60cm，外坡 1∶0.5，内坡 1∶1。根据地面坡度情况，一般是地面坡度越陡，沟埂间距越小；地面坡度越缓，沟埂间距越大。根据地区降雨情况，一般雨量和强度大的地区沟埂间距较小，雨量和强度小的地区沟埂间距较大
				020104	隔坡梯田	根据拦蓄利用径流的要求，在坡面上修建的每一个水平梯田，其上方都留出一定面积的原坡面不修，坡面产生的径流拦蓄于下方的水平田面上，这种平、坡相间的复式梯田布置形式，称为隔坡梯田。隔坡梯田适应的地面坡度为 15°～25°，水平田宽一般为 5～10m，坡度缓的可宽些，坡度陡的可窄些。以水平田面宽度为 1，则斜坡部分的宽度比例可为 1∶3～1∶1（或者更大）
				020105	窄梯田	同水平梯田，但田面宽度小于 5m，大于 1.5m
				020106	软埝	在小于 8°的缓坡上，横坡每隔一定距离，做一条埝，埝的两坡坡度很缓。时间久了，通过软埝，可以把坡地变成梯田
		0202	水平阶（反坡梯田）	020201	水平阶（反坡梯田）	适用于 15°～25°的陡坡，阶面宽 1.0～1.5m，具有 3°～5°反坡，也称反坡梯田。上下两阶间的水平距离，以设计的造林行距为准。要求在暴雨中各水平阶间斜坡径流，在阶面上能全部或大部容纳入渗，以此确定阶面宽度、反坡坡度，调整阶间距离
		0203	水平沟	020301	水平沟	适用于 15°～25°的陡坡。沟口上宽 0.6～1.0m，沟底宽 0.3～0.5m，沟深 0.4～0.6m，沟由半挖半填做成，内侧挖出的生土用在外侧作为埂。树苗植于沟底外侧。根据设计的造林行距和坡面暴雨径流情况，确定上下两沟的间距和沟的具体尺寸
		0204	竹节沟	020401	竹节沟	坡面或道路旁，修筑深宽各 0.5～1m 的沟，每隔 2～5m 留一土挡，分段开挖似"竹节"，具有留蓄雨水、减缓径流、积留表土的作用
		0205	鱼鳞坑	020501	鱼鳞坑	坑平面呈半圆形，长径 0.8～1.5m，短径 0.5～0.8m；坑深 0.3～0.5m，坑内取土在下沿做成弧状土埂，高 0.2～0.3m（中部较高，两端较低）。各坑在坡面基本上沿等高线布设，上下两行坑口呈"品"形错开排列。坑的两端，开挖宽深各 0.2～0.3m、倒"八"形的截水沟
		0206	大型果树坑	020601	大型果树坑	在土层极薄的土石山区或丘陵区种植果树时，需在坡面开挖大型果树坑，深 0.8～1.0m，圆形直径 0.8～1.0m，方形各边长 0.8～1.0m，取出坑内石砾或生土，将附近表土填入坑内
		0207	坡面小型蓄排工程	020701	坡面小型蓄排工程	坡面上开挖沟槽，拦截上方来水，如四川等地的边沟、背沟，主要包括截水沟、排水沟、蓄水池和沉沙池等设施
		0208	地下管一道	020801	地下管一道	在东北地区称为鼠道，沿坡面在地下铺设渗水排水管，同时采用专用鼠道犁犁出孔道进行排涝，减少水土流失
		0209	路旁、沟底小型蓄引工程	020901	水窖	是一种地下埋藏式蓄水工程，主要设在村旁、路旁、有足够地表径流来源的地方。窖址应有深厚坚实的土层，距沟头、沟边 20m 以上，距大树根 10m 以上。在土质地区和岩石地区都有应用，在土质地区的水窖多为圆形断面，可分为圆柱形、瓶形、烧杯形、坛形等，其防渗材料可采用水泥砂浆抹面、黏土或现浇混凝土；岩石地区水窖一般为矩形宽浅式，多采用浆砌石砌筑
				020902	涝池	主要修于路旁，用于拦蓄道路径流，防止道路冲刷与沟头前进，同时可供饮牲口和洗涤之用

一级分类		二级分类		三级分类		含义描述
代码	名称	代码	名称	代码	名称	
02	工程措施	0210	沟头防护	021001	蓄水型沟头防护	主要是用来制止坡面暴雨径流由沟头进入沟道或使之有控制地进入沟道,制止沟头前进。当沟头以上坡面来水量不大,沟头防护工程可以全部拦蓄时,采用蓄水型沟头防护
				021002	排水型沟头防护	主要是用来制止坡面暴雨径流由沟头进入沟道或使之有控制地进入沟道,制止沟头前进。当沟头以上坡面来水量较大,蓄水型沟头防护工程不能完全拦蓄,或由于地形、土质限制,不能采用蓄水型沟头防护时,应采用排水型沟头防护
		0211	谷坊			主要修建在沟底比降较大(5%~10%或更大)、沟底下切剧烈发展的沟段。其主要任务是巩固并抬高沟床,防止沟底下切,稳定沟坡,防止沟岸扩张(沟坡崩塌、滑塌、泻溜等)。谷坊分土谷坊、石谷坊、植物谷坊三类
				021101	土谷坊	由填土夯实筑成,适宜于土质丘陵区。土谷坊一般高3~5m
				021102	石谷坊	由浆砌或干砌石块建成,适于石质山区或土石山区。干砌石谷坊一般高1.5m左右,浆砌石谷坊一般高3.5m左右
				021103	植物谷坊	多由柳桩打入沟底,织梢编篱,内填石块而成,统称柳谷坊。柳谷坊一般高1.0m左右
		0212	淤地坝			是指在沟壑中筑坝拦泥,巩固并抬高侵蚀基准面,减轻沟蚀,减少入河泥沙,变害为利,充分利用水沙资源的一项水土保持治沟工程措施
				021201	小型淤地坝	一般坝高5~15m,库容1万~10万m³,淤地面积0.2~2hm²,修在小支沟或较大支沟的中上游,单坝集水面积1km²以下,建筑物一般为土坝与溢洪道或土坝与泄水洞"两大件"
				021202	中型淤地坝	一般坝高15~25m,库容10万~50万m³,淤地面积2~7hm²,修在较大支沟下游或主沟的中上游,单坝集水面积1~3km²,建筑物少数为土坝、溢洪道、泄水洞"三大件",多数为土坝与溢洪道或土坝与泄水洞"两大件"
				021203	大型淤地坝	一般坝高25m以上,库容50万~500万m³,淤地面积7hm²以上,修在主沟的中、下游或较大支沟下游,单坝集水面积3~5km²或更多,建筑物一般是土坝、溢洪道、泄水洞"三大件"齐全
		0213	引洪漫地	021301	引洪漫地	指在暴雨期间引用坡面、道路、沟壑与河流的洪水、淤漫耕地或荒滩的工程
		0214	引水拉沙造地	021401	引水拉沙造地	在有水源条件的风沙区,通过引水渠、蓄水池、冲水壕、围埝、排水口等设施,采用引水或抽水的办法冲刷沙丘,淤出耕地,同时起到水土保持作用
		0215	沙障固沙	021501	带状沙障	沙障在地面呈带状分布,带的走向垂直于主风向
				021502	网状沙障	沙障在地面呈方格状(或网状)分布,主要用于风向不稳定,除主风向外,还有较强侧向风的地方
		0216	工程护路	021601	工程护路	在道路开挖面和堆砌面建设工程,保护道路,防治水土流失
03	耕作措施	0301	等高耕作	030101	高等耕作	在坡耕地上顺等高线(或与等高线呈1%~2%的比降)进行耕作
		0302	等高沟垄种植	030201	等高沟垄种植	在坡耕地上顺等高线(或与等高线呈1%~2%的比降)进行耕作,形成沟垄相间的地面,以容蓄雨水,减轻水土流失。播种时起垄,由牲畜带犁完成。在地块下边空一犁宽地面不犁,从第二犁位置开始,顺等高线犁出第一条犁沟,向下翻土,形成第一道垄,垄顶至沟底深约20~30cm,将种子、肥料撒在犁沟内
		0303	垄作区田	030301	垄作区田	在传统垄作基础上,按一定距离在垄沟内修筑小土挡,成为区田

续表

一级分类		二级分类		三级分类		含义描述
代码	名称	代码	名称	代码	名称	
03	耕作措施	0304	掏钵（穴状）种植	030401	掏钵（穴状）种植	适用于干旱、半干旱地区。在坡耕地上沿等高线用锄挖穴（掏钵），穴距 30~50cm，以作物行距为上下两行穴间行距（一般为 60~80cm），穴的直径 20~50cm，深约 20~40cm，上下两行穴的位置呈"品"字形错开。挖穴取出的生土在穴下方作成小土埂，再将穴底挖松，从第二穴位置上取出 10cm 表土至于第一穴，施入底肥，播下种子
		0305	抗旱丰产沟	030501	抗旱丰产沟	适用于土层深厚的干旱、半干旱地区。顺等高线方向开挖，宽、深、间距均为 30cm，沟内保留熟土，地埂由生土培成
		0306	休闲地水平犁沟	030601	休闲地水平犁沟	在坡耕地内，从上到下，每隔 2~3m 沿等高线或与等高线保持 1%~2%的比降，作一道水平犁沟。犁时向下方翻土，使犁沟下方形成一道土垄，以拦蓄雨水。为加大沟垄容蓄能力，可在同一位置翻犁两次，加大沟深和垄高
		0307	中耕培垄	030701	中耕培垄	中耕时，在每棵作物根部培土堆，高 10cm 左右，并把这些土堆子串连起来，形成一个一个的小土堆，以拦蓄雨水
		0308	草田轮作	030801	草田轮作	适用于人多地少的农区或半农半牧区，特别是对原来有轮歇、撂荒习惯的地区。主要指作物与牧草的轮作
		0309	间作与套种	030901	间作与套种	要求两种（或两种以上）不同作物同时或先后种植在同一地块内，增加对地面的覆盖程度和延长对地面的覆盖时间，减少土壤流失。间作，两种不同作物同时播种。套种，在同一地块内，前季作物生长的后期，在其行间或株间播种或移栽后季作物
		0310	横坡带状间作	031001	横坡带状间作	基本上沿等高线，或与等高线保持 1%~2%的比降，条带宽度一般 5~10m，两种作物可取等宽或分别采取不同宽度，陡坡地条带宽度小些，缓坡地条带宽度大些
		0311	休闲地绿肥	031101	休闲地绿肥	作物收获前，在作物行间顺等高线地面播种绿肥植物，作物收获后，绿肥植物加快生长，迅速覆盖地面
		0312	留茬少耕	031201	留茬少耕	在传统耕作基础上，尽量减少整地次数和减少土层翻动，将作物秸秆残茬覆盖在地表的措施，作物种植之后残茬覆盖度至少达到 30%
		0313	免耕	031301	免耕	作物播种前不单独进行耕作，直接在前茬地上播种，在作物生育期间不使用农机具进行中耕松土的耕作方法。一般留茬在 50%~100%就认定为免耕
		0314	轮作	031401	轮作	在同一块田地上，有顺序地在季节间或年间轮换种植不同的作物或复种组合的一种种植方式

注：本表参照《中国水土保持措施分类》（刘宝元等，2013）编写。

附录 3　植被郁闭度和覆盖度参考图片

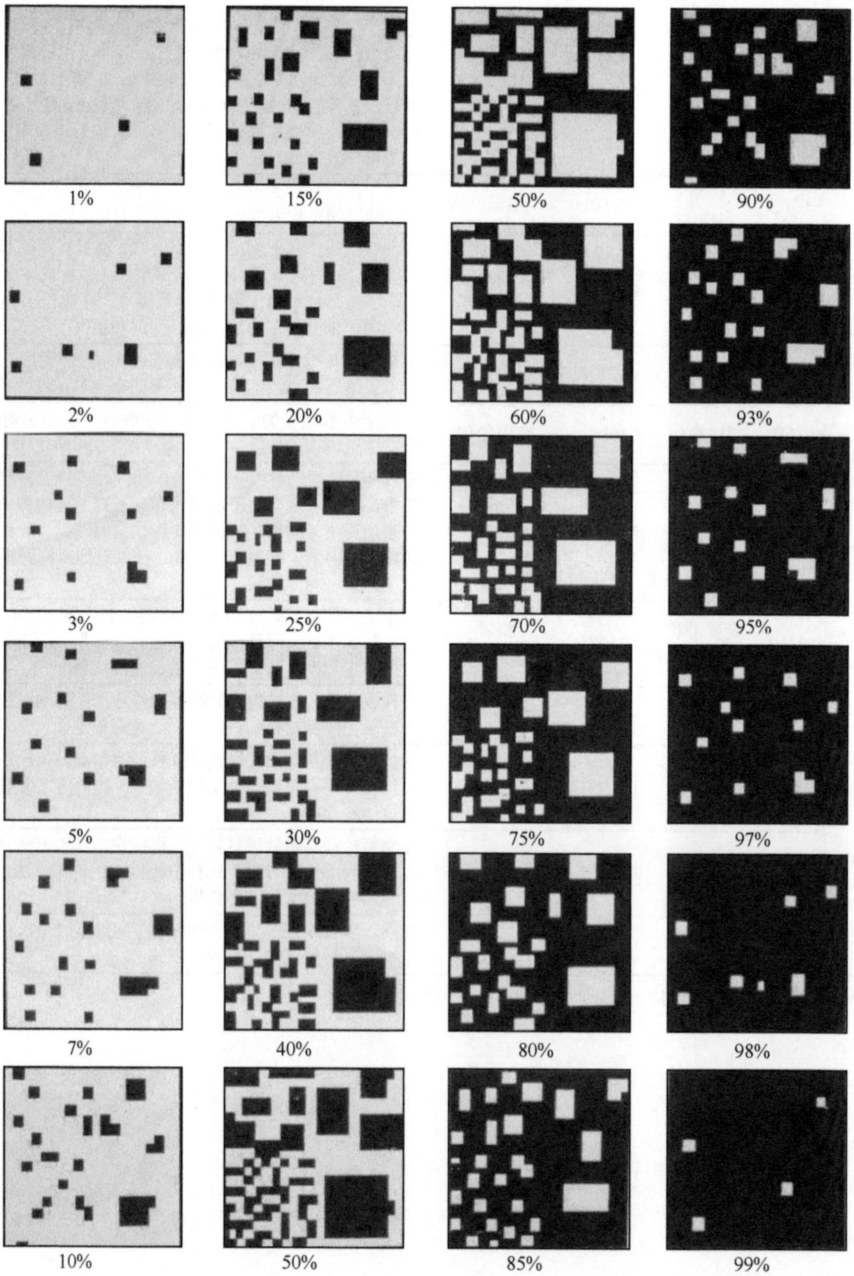

附图 3-1　郁闭度/覆盖度目估参考

558

附图 3-2　玉米覆盖度目估参考（含枯枝落叶）

附图 3-3　大豆覆盖度目估参考（含枯枝落叶）

附图 3-4　天然林地郁闭度目估参考

附图 3-5　灌木林地覆盖度目估参考（含枯枝落叶）

附图 3-6　天然草地覆盖度目估参考（含枯枝落叶）

附图 3-7　人工草地覆盖度目估参考（含枯枝落叶）

附录 4　土地利用分类

一级类		二级类		含义
编码	名称	编码	名称	
1	耕地			指种植农作物的土地，包括熟地，新开发、复垦、整理地，休闲地（含轮歇地、休耕地）；以种植农作物（含蔬菜）为主，间有零星果树、桑树或其他树木的土地；平均每年能保证收获一季的已垦滩地和海涂。耕地包括固定的沟、渠、路和地坎（埂），临时种植药材、草皮、花卉、苗木等的耕地，临时种植果树、茶树和树木且耕作层未破坏的耕地，以及其他临时改变用途的耕地
		11	水田	指用于种植水稻、莲藕等水生农作物的耕地，包括实行水生、旱生农作物轮种的耕地
		12	水浇地	指有水源保证和灌溉设施，在一般年景能正常灌溉，种植旱生农作物的耕地，包括种植蔬菜等的非工厂化的大棚用地
		13	旱地	指无灌溉设施，主要靠天然降水种植旱生农作物的耕地，包括没有灌溉设施仅靠引洪淤灌的耕地
2	园地			指种植以采集果、叶、根、茎、汁等为主的集约经营的多年生木本和草本作物，覆盖度大于 50%或每亩株数大于合理株数 70%的土地，包括用于育苗的土地
		21	果园	指种植果树的园地
		22	茶园	指种植茶树的园地
		23	其他园地	指种植桑树、橡胶、可可、咖啡、油棕、胡椒、药材等其他多年生作物的园地
3	林地			指生长乔木、竹类、灌木的土地，及沿海生长红树林的土地，包括迹地，不包括居民点内部的绿化林木用地，铁路、公路征地范围内的林木，以及河流、沟渠的护堤林
		31	有林地	指树木郁闭度≥0.2 的乔木林地，包括红树林地和竹林地
		32	灌木林地	指灌木覆盖度≥40%的林地
		33	其他林地	包括疏林地（指树木郁闭度≥0.1、<0.2 的林地）、未成林地、迹地、苗圃等林地
4	草地			指主要生长草本植物的土地
		41	天然牧草地	指以天然草本植物为主，用于放牧或割草的草地
		42	人工牧草地	指人工种植牧草的草地
		43	其他草地	指树木郁闭度<0.1，表层为土质，主要生长草本植物，不用于畜牧业的草地
5	建设用地			
		51	城镇建设用地	指城镇用于生活居住的各类房屋及其附属设施用地、商业、服务业、机关团体、新闻出版、科教文卫、公用设施及与这些用地相连或邻近的工业生产、储藏等用地
		52	农村建设用地	指农村用于生活居住的宅基地、村中道路、商店、养殖设施、空地、其他公用设施等
		53	采矿用地	指采矿、采石、采沙（砂）场、砖瓦窑等地面生产用地、排土（石）及尾矿堆放地等
		54	其他建设用地	指孤立于城镇或村庄的工业生产、物资存放场所、盐田用地；独立于城镇、村庄的军事设施、涉外、宗教、监教、殡葬、风景名胜等用地；独立存在的设施农业用地等
6	交通运输用地			指用于运输通行的地面线路、场站等的土地，包括民用机场、汽车客货运场站、港口、码头、地面运输管道和各种道路及轨道交通用地
		61	农村道路	在农村范围内，南方宽度≥1.0m、≤8m，北方宽度≥2.0m、≤8m，用于村间、田间交通运输，并在国家公路网络体系之外，以服务于农村农业生产为主要用途的道路（含机耕道）
		62	其他交通用地	除"农村道路"以外的所有交通运输用地

一级类		二级类		含义
编码	名称	编码	名称	
7	水域及水利设施用地			指陆地水域、滩涂、沟渠、沼泽、水工建筑物、冰川及永久积雪等用地，不包括滞洪区和已垦滩涂中的耕地、园地、林地、居民点、道路等用地
		71	河湖库塘	河流、湖泊、水库、坑塘及各种滩涂、水工建筑
		72	沼泽地	指经常积水或渍水，一般生长湿生植物的土地，包括草本沼泽、苔藓沼泽、内陆盐沼、森林沼泽、灌丛沼泽和沼泽草地等
		73	冰川及永久积雪	指表层被积雪常年覆盖的土地
8	其他土地			指上述地类以外的其他类型的土地
		81	盐碱地	指表层盐碱聚集，生长天然耐盐植物的土地
		82	沙地	指表层为沙覆盖、基本无植被（地表植被覆盖度小于 5%）的土地，包括沙漠，不包括滩涂中的沙地
		83	裸土地	植被覆盖度小于 5%的土质土地
		84	裸岩石砾地	地表砾石覆盖大于 70%或裸岩覆盖度大于 70%的土地

注：本表根据不同土地利用类型对水土流失的影响特征，参考《土地利用现状分类》（GB/T 21010—2017）制定。

附录 5　水土保持措施分类

一级分类		二级分类		含义描述	备注
代码	名称	代码	名称		
1	生物措施	101	造林	采取人工或飞播方式种植的乔木林、灌木林、混交林、植物篱、经果林等；四旁林、农田防护林等；生产建设项目扰动土地采取的生物护坡措施	园地对应三级措施类型"经果林"，代码为"1011"；在东北、西北地区，可根据需要增加三级措施类型"农田防护林"，代码"1012"；可根据需要增加植物篱、草水路、四旁林和植物护坡等三级措施类型，代码分别为"1013""1014""1015"和"1016"
		102	种草	采取人工或飞机播种方式种草、草水路等，以防治水土流失；生产建设项目扰动土地采取的种草措施	
		103	封育	原始植被遭到破坏后，通过围栏封禁，严禁人畜进入，经长期恢复为乔木林、灌木林、草场等	
		104	生态恢复	原始植被遭到破坏后，通过政策、法规及其他管理办法等，采取限制或轮牧方法限制人畜进入，经长期恢复为乔木林、灌木林、草地等	
2	工程措施	201	梯田	为防治水土流失，通过人工或推土机等建造的土坎水平梯田、石坎水平梯田、坡式梯田、隔坡梯田、窄梯田、软埝等	根据地域特征和工作需要，可增加三级分类"土坎水平梯田""石坎水平梯田""坡式梯田""隔坡梯田""窄梯田""软埝"，代码分别为"20101""20102""20103""20104""20105""20106"
		202	地埂	指在坡耕地上沿等高线培修的土埂，以截短坡长，调蓄径流	
		203	水平阶（反坡梯田）	适用于 15°～25°的陡坡，阶面宽 1.0～1.5m，具有 3°～5°反坡，也称反坡梯田。上下两阶间的水平距离，以设计的造林行距为准。要求在暴雨中各水平阶间斜坡径流，在阶面上能全部或大部容纳入渗，以此确定阶面宽度、反坡坡度、调整阶间距离	
		204	水平沟	适用于 15°～25°的陡坡。沟口上宽 0.6～1.0m，沟底宽 0.3～0.5m，沟深 0.4～0.6m，沟由半挖半填做成，内侧挖出的生土用在外侧作为埂。树苗植于沟底外侧。根据设计的造林行距和坡面暴雨径流情况，确定上下两沟的间距和沟的具体尺寸	
		205	竹节沟	坡面或道路旁修筑深宽各 0.5～1m 的沟，每隔 2～5m 留一土挡，分段开挖似"竹节"，具有留蓄雨水、减缓径流、积留表土的作用	
		206	鱼鳞坑	坑平面呈半圆形，长径 0.8～1.5m，短径 0.5～0.8m；坑深 0.3～0.5m，坑内取土在下沿做成弧状土埂，高 0.2～0.3m（中部较高，两端较低）。各坑在坡面基本上沿等高线布设，上下两行坑口呈"品"形错开排列。坑的两端，开挖宽深各 0.2～0.3m，倒"八"形的截水沟	
		207	大型果树坑	在土层极薄的土石山区或丘陵区种植果树时，需在坡面开挖大型果树坑，深 0.8～1.0m，圆形直径 0.8～1.0m，方形各边长 0.8～1.0m，取出坑内石砾或生土，将附近表土填入坑内	

一级分类		二级分类		含义描述	备注
代码	名称	代码	名称		
2	工程措施	208	坡面小型蓄排工程	指防治坡面水土流失的截水沟、排水沟、蓄水池、沉沙池等工程	
		209	路旁、沟底小型蓄引工程	主要包括涝池、水窖等，设在村旁、路旁、有足够地表径流来源的地方。涝池主要修于路旁，用于拦蓄道路径流，防止道路冲刷与沟头前进；同时可供饮牲口和洗涤之用；窖址应有深厚坚实的土层，距沟头、沟边 20m 以上，距大树根 10m 以上。在土质地区和岩石地区都有应用，在土质地区的水窖多为圆形断面，可分为圆柱形、瓶形、烧杯形、坛形等，其防渗材料可采用水泥砂浆抹面、黏土或现浇混凝土；岩石地区水窖一般为矩形宽浅式，多采用浆砌石砌筑	
		210	沟头防护	主要指沟头蓄水型或排水型防护工程，用来制止坡面暴雨径流，制止沟头前进	
		211	谷坊	主要修建在沟底比降较大（5%～10%或更大）、沟底下切剧烈发展的沟段。其主要任务是巩固并抬高沟床，制止沟底下切，稳定沟坡，防止沟岸扩张（沟坡崩塌、滑塌、泻溜等）。谷坊分土谷坊、石谷坊、植物谷坊三类	
		212	淤地坝	是指在沟壑中筑坝拦泥，巩固并抬高侵蚀基准面，减轻沟蚀，减少入河泥沙，变害为利，充分利用水沙资源的一项水土保持治沟工程措施，包括小型淤地坝（一般坝高 5～15m，库容 1 万～10 万 m³，淤地面积 0.2～2hm²）、中型淤地坝（一般坝高 15～25m，库容 10 万～50 万 m³，淤地面积 2～7hm²）、大型淤地坝（一般坝高 25m 以上，库容 50 万～500 万 m³，淤地面积 7hm² 以上）三种规模	在黄土高原地区，可增加三级分类"小型淤地坝""中型淤地坝""大型淤地坝"，代码分别为"20111""20112""20113"
		213	引洪漫地	指在暴雨期间引用坡面、道路、沟壑与河流的洪水、淤漫耕地或荒滩的工程	
		214	引水拉沙造地	有水源条件的风沙区采用引水或抽水拉沙造地	
		215	沙障固沙	沙障是用柴草、活性沙生植物的枝茎或其他材料平铺或直立于风蚀沙丘地面，以增加地面糙度，削弱近地层风速，固定地面沙粒，减缓和防止沙丘流动，一般有带状和网状 2 种沙障	
		216	工程护路	在道路开挖面或堆砌面建设工程，保护道路，防治水土流失	

附录 6　常用分布表

附表 6-1　标准正态分布表

$$\Phi(u) = \frac{1}{\sqrt{2\pi}} \int_{-\infty}^{u} e^{-\frac{x^2}{2}} dx (u \geqslant 0)$$

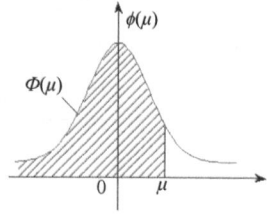

u	0.00	0.01	0.02	0.03	0.04	0.05	0.06	0.07	0.08	0.09
0.0	0.5000	0.5040	0.5080	0.5120	0.5160	0.5199	0.5239	0.5279	0.5319	0.5359
0.1	0.5398	0.5438	0.5478	0.5517	0.5557	0.5596	0.5636	0.5675	0.5714	0.5753
0.2	0.5793	0.5832	0.5871	0.5910	0.5948	0.5987	0.6026	0.6064	0.6103	0.6141
0.3	0.6179	0.6217	0.6255	0.6293	0.6331	0.6368	0.6406	0.6443	0.6480	0.6517
0.4	0.6554	0.6591	0.6628	0.6664	0.6700	0.6736	0.6772	0.6808	0.6844	0.6879
0.5	0.6915	0.6950.	0.6985	0.7019	0.7054	0.7088	0.7123	0.7157	0.7190	0.7224
0.6	0.7257	0.7291	0.7324	0.7357	0.7389	0.7422	0.7454	0.7486	0.7517	0.7549
0.7	0.7580	0.7611	0.7642	0.7673	0.7703	0.7734	0.7764	0.7794	0.7823	0.7852
0.8	0.7881	0.7910	0.7939	0.7967	0.7995	0.8023	0.8051	0.8078	0.8106	0.8133
0.9	0.8159	0.8186	0.8212	0.8238	0.8264	0.8289	0.8315	0.8340	0.8365	0.8389
1.0	0.8413	0.8438	0.8461	0.8485	0.8508	0.8531	0.8554	0.8577	0.8599	0.8621
1.1	0.8643	0.8665	0.8686	0.8708	0.8729	0.8749	0.8770	0.8790	0.8810	0.8830
1.2	0.8849	0.8869	0.8888	0.8907	0.8925	0.8944	0.8962	0.8980	0.8997	0.90147
1.3	0.90320	0.90490	0.90658	0.90824	0.90988	0.91149	0.91309	0.91466	0.91621	0.91774
1.4	0.91924	0.92073	0.92220	0.92364	0.92507	0.92647	0.92785	0.92922	0.93056	0.93189
1.5	0.93319	0.93448	0.93574	0.93699	0.93822	0.93943	0.94062	0.94179	0.94295	0.94408
1.6	0.94520	0.94630	0.94738	0.94845	0.94950	0.95053	0.95154	0.95254	0.95352	0.95449
1.7	0.95543	0.95637	0.95728	0.95818	0.95907	0.95994	0.96080	0.96164	0.96246	0.96327
1.8	0.96407	0.96485	0.96562	0.96638	0.96712	0.96784	0.96856	0.96926	0.96995	0.97062
1.9	0.97128	0.97193	0.97257	0.97320	0.97381	0.97441	0.97500	0.97558	0.97615	0.97670
2.0	0.97725	0.97778	0.97831	0.97882	0.97932	0.97982	0.98030	0.98077	0.98124	0.98169
2.1	0.98214	0.98257	0.98300	0.98341	0.98382	0.98422	0.98461	0.98500	0.98537	0.98574
2.2	0.98610	0.98645	0.98679	0.98713	0.98745	0.98778	0.98809	0.98840	0.98870	0.98899
2.3	0.98928	0.98956	0.98983	$0.9^2$0097	$0.9^2$0358	$0.9^2$0613	$0.9^2$0863	$0.9^2$1106	$0.9^2$1344	$0.9^2$1576
2.4	$0.9^2$1802	$0.9^2$2024	$0.9^2$2240	$0.9^2$2451	$0.9^2$2656	$0.9^2$2857	$0.9^2$3053	$0.9^2$3244	$0.9^2$3431	$0.9^2$3613
2.5	$0.9^2$3790	$0.9^2$3963	$0.9^2$4132	$0.9^2$4297	$0.9^2$4457	$0.9^2$4614	$0.9^2$4766	$0.9^2$4915	$0.9^2$5060	$0.9^2$5201
2.6	$0.9^2$5339	$0.9^2$5473	$0.9^2$5604	$0.9^2$5731	$0.9^2$5855	$0.9^2$5975	$0.9^2$6093	$0.9^2$6207	$0.9^2$6319	$0.9^2$6427
2.7	$0.9^2$6533	$0.9^2$6636	$0.9^2$6736	$0.9^2$6838	$0.9^2$6928	$0.9^2$7020	$0.9^2$7110	$0.9^2$7197	$0.9^2$7282	$0.9^2$7365
2.8	$0.9^2$7445	$0.9^2$7523	$0.9^2$7599	$0.9^2$7673	$0.9^2$7744	$0.9^2$7814	$0.9^2$7882	$0.9^2$7948	$0.9^2$8012	$0.9^2$8074
2.9	$0.9^2$8134	$0.9^2$8193	$0.9^2$8250	$0.9^2$8305	$0.9^2$8359	$0.9^2$8411	$0.9^2$8462	$0.9^2$8511	$0.9^2$8559	$0.9^2$8605
3.0	$0.9^2$8650	$0.9^2$8694	$0.9^2$8736	$0.9^2$8777	$0.9^2$8817	$0.9^2$8856	$0.9^2$8893	$0.9^2$8930	$0.9^2$8965	$0.9^2$8999
3.1	$0.9^3$0324	$0.9^3$0646	$0.9^3$0957	$0.9^3$1260	$0.9^3$1553	$0.9^3$1836	$0.9^3$2112	$0.9^3$2378	$0.9^3$2636	$0.9^3$2886
3.2	$0.9^3$3129	$0.9^3$3363	$0.9^3$3590	$0.9^3$3810	$0.9^3$4024	$0.9^3$4230	$0.9^3$4429	$0.9^3$4623	$0.9^3$4810	$0.9^3$4991
3.3	$0.9^3$5166	$0.9^3$5335	$0.9^3$5499	$0.9^3$5658	$0.9^3$5811	$0.9^3$5959	$0.9^3$6103	$0.9^3$6242	$0.9^3$6376	$0.9^3$6505
3.4	$0.9^3$6631	$0.9^3$6752	$0.9^3$6869	$0.9^3$6982	$0.9^3$7091	$0.9^3$7197	$0.9^3$7299	$0.9^3$7398	$0.9^3$7493	$0.9^3$7585
3.5	$0.9^3$7674	$0.9^3$7759	$0.9^3$7842	$0.9^3$7922	$0.9^3$7999	$0.9^3$8074	$0.9^3$8146	$0.9^3$8215	$0.9^3$8282	$0.9^3$8347
3.6	$0.9^3$8409	$0.9^3$8469	$0.9^3$8527	$0.9^3$8583	$0.9^3$8637	$0.9^3$8689	$0.9^3$8739	$0.9^3$8787	$0.9^3$8834	$0.9^3$8879
3.7	$0.9^3$8922	$0.9^3$8964	$0.9^4$0039	$0.9^4$0426	$0.9^4$0799	$0.9^4$1158	$0.9^4$1504	$0.9^4$1838	$0.9^4$2159	$0.9^4$2468
3.8	$0.9^4$2765	$0.9^4$3052	$0.9^4$3327	$0.9^4$3593	$0.9^4$3848	$0.9^4$4094	$0.9^4$4331	$0.9^4$4558	$0.9^4$4777	$0.9^4$4988
3.9	$0.9^4$5190	$0.9^4$5385	$0.9^4$5573	$0.9^4$5753	$0.9^4$5926	$0.9^4$6092	$0.9^4$6253	$0.9^4$6406	$0.9^4$6554	$0.9^4$6696
4.0	$0.9^4$6833	$0.9^4$6964	$0.9^4$7090	$0.9^4$7211	$0.9^4$7327	$0.9^4$7439	$0.9^4$7546	$0.9^4$7649	$0.9^4$7748	$0.9^4$7843
4.1	$0.9^4$7934	$0.9^4$8022	$0.9^4$8106	$0.9^4$8186	$0.9^4$8263	$0.9^4$8338	$0.9^4$8409	$0.9^4$8477	$0.9^4$8542	$0.9^4$8605
4.2	$0.9^4$8665	$0.9^4$8723	$0.9^4$8778	$0.9^4$8832	$0.9^4$8882	$0.9^4$8931	$0.9^4$8978	$0.9^5$0226	$0.9^5$0655	$0.9^5$1066
4.3	$0.9^5$1460	$0.9^5$1837	$0.9^5$2199	$0.9^5$2545	$0.9^5$2876	$0.9^5$3193	$0.9^5$3497	$0.9^5$3788	$0.9^5$4066	$0.9^5$4332
4.4	$0.9^5$4587	$0.9^5$4831	$0.9^5$5065	$0.9^5$5288	$0.9^5$5502	$0.9^5$5706	$0.9^5$5902	$0.9^5$6089	$0.9^5$6268	$0.9^5$6439

u	0.00	0.01	0.02	0.03	0.04	0.05	0.06	0.07	0.08	0.09
4.5	$0.9^5$6602	$0.9^5$6759	$0.9^5$6908	$0.9^5$7051	$0.9^5$7187	$0.9^5$7318	$0.9^5$7442	$0.9^5$7561	$0.9^5$7675	$0.9^5$7784
4.6	$0.9^5$7888	$0.9^5$7987	$0.9^5$8081	$0.9^5$8172	$0.9^5$8258	$0.9^5$8340	$0.9^5$8419	$0.9^5$8494	$0.9^5$8566	$0.9^5$8634
4.7	$0.9^5$8699	$0.9^5$8761	$0.9^5$8821	$0.9^5$8877	$0.9^5$8931	$0.9^5$8983	$0.9^6$0320	$0.9^6$0789	$0.9^6$1235	$0.9^6$1661
4.8	$0.9^6$2067	$0.9^6$2453	$0.9^6$2822	$0.9^6$3173	$0.9^6$3508	$0.9^6$3827	$0.9^6$4131	$0.9^6$4420	$0.9^6$4696	$0.9^6$4958
4.9	$0.9^6$5208	$0.9^6$5446	$0.9^6$5673	$0.9^6$5889	$0.9^6$6094	$0.9^6$6289	$0.9^6$6475	$0.9^6$6652	$0.9^6$6821	$0.9^6$6981

注：第 1 行表示 u 的小数点后几位，如要查 $\Phi(2.33)$，在表中第 1 列找到 2.3，第 1 行找到 0.03，对应行列交叉处为 $0.9^2$0097（9^2 的含义为 2 个 9，其余类似），该值就是 $\Phi(2.33)$ 的值，表示正态分布小于 2.33 的概率为 0.990097。

附表 6-2　标准正态分布的双侧分位数（$u_{\frac{\alpha}{2}}$）表

$$\alpha = 1 - \frac{1}{\sqrt{2\pi}} \int_{-u_{\frac{\alpha}{2}}}^{u_{\frac{\alpha}{2}}} e^{-\frac{u^2}{2}} du$$

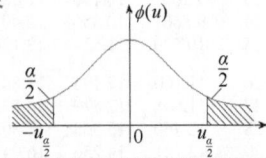

α	0.00	0.01	0.02	0.03	0.04	0.05	0.06	0.07	0.08	0.09
0.0	∞	2.575829	2.326348	2.170090	2.053749	1.959964	1.880794	1.811911	1.750686	1.695398
0.1	1.644854	1.598193	1.554774	1.514102	1.475791	1.439531	1.405072	1.372204	1.340755	1.310579
0.2	1.281552	1.253565	1.226528	1.200359	1.174987	1.150349	1.126391	1.103063	1.080319	1.058122
0.3	1.036433	1.015222	0.994458	0.974114	0.954165	0.934589	0.915365	0.896473	0.877896	0.859617
0.4	0.841621	0.823894	0.806421	0.789192	0.772193	0.755415	0.738847	0.722479	0.706303	0.690309
0.5	0.674490	0.658838	0.643345	0.628006	0.612813	0.597760	0.582841	0.568051	0.553385	0.538836
0.6	0.524401	0.510073	0.495850	0.481727	0.467699	0.453762	0.439913	0.426148	0.412463	0.398855
0.7	0.385320	0.371856	0.358459	0.345125	0.331853	0.318639	0.305481	0.292375	0.279319	0.266311
0.8	0.253347	0.240426	0.227545	0.214702	0.201893	0.189113	0.176374	0.163658	0.150969	0.138304
0.9	0.125661	0.113039	0.100434	0.087845	0.075270	0.625707	0.050154	0.037608	0.025069	0.012533

α	0.001	0.0001	0.00001	0.000001	0.0000001	0.00000001
$u_{\frac{\alpha}{2}}$	3.29053	3.89059	4.41717	4.89164	5.32672	5.73073

注：最后两行是 $\alpha=0.001$，0.0001，…，0.00000001 时的双侧分位数，对精度要求极高的实验中（如航天质量管理）会用到。

附表 6-3　χ^2 分布的上侧分位数（χ_α^2）表

$$P\{\chi^2 > \chi_\alpha^2\} = \alpha$$

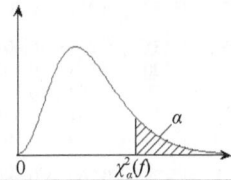

f	\multicolumn{12}{c}{α}
	0.995	0.99	0.975	0.95	0.90	0.80	0.20	0.10	0.05	0.025	0.01	0.001
1	—	$0.0^3$157	0.001	$0.0^2$393	0.0158	0.0642	1.642	2.706	3.841	5.024	6.635	10.828
2	0.010	0.0201	0.051	0.103	0.211	0.446	3.219	4.605	5.991	7.378	9.210	13.816
3	0.072	0.115	0.216	0.352	0.584	1.005	4.642	6.251	7.815	9.348	11.345	16.266
4	0.207	0.297	0.484	0.711	1.064	1.649	5.989	7.779	9.488	11.143	12.277	18.467
5	0.412	0.554	0.831	1.145	1.610	2.343	7.289	9.236	11.070	12.833	13.068	20.515
6	0.676	0.0872	1.237	1.635	2.204	3.070	8.558	10.645	11.592	14.449	16.812	22.458
7	0.989	1.239	1.690	2.167	2.833	3.822	9.803	12.017	14.067	16.013	18.475	24.322
8	1.344	1.646	2.180	2.733	3.490	4.594	11.030	13.362	15.507	17.535	20.090	26.125
9	1.735	2.088	2.700	3.325	4.168	5.380	12.242	14.684	16.919	19.023	21.666	27.877
10	2.156	2.558	3.247	3.940	4.865	6.179	13.442	15.987	18.307	24.483	23.209	29.588
11	2.603	3.053	3.816	4.575	5.578	6.989	14.631	17.275	19.675	21.920	24.725	31.264
12	3.074	3.571	4.404	5.226	6.304	7.807	15.812	18.549	21.026	23.337	26.217	32.909
13	3.565	4.107	5.009	5.892	7.042	8.634	16.985	19.812	22.362	24.736	27.688	34.528
14	4.075	4.660	5.629	6.571	7.790	9.467	18.151	21.064	23.685	26.119	29.141	36.123
15	4.601	5.229	6.262	7.261	8.547	10.307	19.311	22.307	24.996	27.488	30.578	37.697

f	α											
	0.995	0.99	0.975	0.95	0.90	0.80	0.20	0.10	0.05	0.025	0.01	0.001
16	5.142	5.812	6.908	7.962	9.312	11.152	20.465	23.542	26.296	28.845	32.000	39.252
17	5.697	6.408	7.564	8.672	10.085	12.002	21.615	24.769	27.587	30.191	33.409	40.790
18	6.265	7.015	8.231	9.390	10.865	12.857	22.760	25.989	28.869	31.526	34.805	42.312
19	6.844	7.633	8.907	10.117	11.651	13.716	23.900	27.204	30.144	32.852	36.191	43.820
20	7.434	8.260	9.591	10.851	12.443	14.578	25.038	28.412	31.410	34.170	37.566	45.315
21	8.034	8.897	10.283	11.591	13.240	15.445	26.171	29.615	32.671	36.479	38.932	46.797
22	8.643	9.542	10.982	12.338	14.041	16.314	27.301	30.813	33.924	36.781	40.289	48.268
23	9.260	10.196	11.689	13.091	14.848	17.187	28.429	32.007	35.172	38.076	41.638	49.728
24	9.886	10.856	12.401	13.848	15.659	18.062	29.553	33.196	36.415	39.364	42.980	51.179
25	10.520	11.524	13.120	14.611	16.473	18.940	30.675	34.382	37.652	40.646	44.314	52.618
26	11.160	12.198	13.844	15.379	17.292	19.820	31.795	35.563	38.885	41.923	45.642	54.052
27	11.808	12.879	14.573	16.151	18.114	20.703	32.912	36.741	40.113	43.194	46.963	55.476
28	12.460	13.565	15.308	16.928	18.939	21.588	34.027	37.916	41.337	44.461	48.278	56.893
29	13.121	14.256	16.047	17.708	19.768	22.475	35.139	39.087	42.557	45.722	49.588	58.301
30	13.787	14.953	16.791	18.493	20.599	23.364	36.250	40.256	43.773	46.979	50.892	59.703

附表 6-4　t 分布的双侧分位数（$t_{\frac{\alpha}{2}}$）表

$$P\left\{|t| > t_{\frac{\alpha}{2}}\right\} = \alpha$$

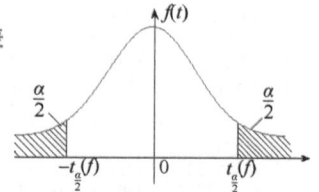

f	α											
	0.9	0.8	0.7	0.6	0.5	0.4	0.3	0.2	0.1	0.05	0.02	0.01	0.001
1	0.158	0.325	0.510	0.727	1.000	1.376	1.963	3.078	6.314	12.706	31.821	63.657	636.619
2	0.142	0.289	0.445	0.617	0.816	1.061	1.386	1.886	2.920	4.303	6.965	9.925	31.689
3	0.137	0.277	0.424	0.584	0.765	0.978	1.250	1.638	2.353	3.182	4.541	5.841	12.924
4	0.134	0.271	0.414	0.569	0.741	0.941	1.190	1.533	2.132	2.776	3.747	4.604	8.610
5	0.132	0.267	0.408	0.559	0.727	0.920	1.156	1.476	2.015	2.571	3.365	4.032	6.859
6	0.131	0.265	0.404	0.553	0.718	0.906	1.134	1.440	1.943	2.447	3.143	3.707	5.959
7	0.130	0.263	0.402	0.549	0.711	0.896	1.119	1.415	1.895	2.365	2.998	3.499	5.405
8	0.130	0.262	0.399	0.546	0.706	0.889	1.108	1.397	1.860	2.306	2.896	3.355	5.041
9	0.129	0.261	0.398	0.543	0.703	0.883	1.100	1.383	1.833	2.262	2.821	3.250	4.781
10	0.129	0.260	0.397	0.542	0.700	0.879	1.093	1.372	1.812	2.228	2.764	3.169	4.587
11	0.129	0.260	0.396	0.540	0.697	0.876	1.088	1.363	1.796	2.201	2.718	3.106	4.437
12	0.128	0.259	0.395	0.539	0.695	0.873	1.083	1.356	1.782	2.179	2.681	3.055	4.318
13	0.128	0.259	0.394	0.538	0.694	0.870	1.079	1.350	1.771	2.160	2.650	3.012	4.221
14	0.128	0.258	0.393	0.537	0.692	0.868	1.076	1.345	1.761	2.145	2.624	2.977	4.140
15	0.128	0.258	0.393	0.536	0.691	0.866	1.074	1.341	1.753	2.131	2.602	2.947	4.073
16	0128.	0.258	0.392	0.535	0.690	0.865	1.071	1.337	1.746	2.120	2.583	2.921	4.015
17	0.128	0.257	0.392	0.534	0.689	0.863	1.069	1.333	1.740	2.110	2.567	2.898	3.965
18	0.127	0.257	0.392	0.534	0.688	0.862	1.067	1.330	1.734	2.101	2.552	2.878	3.922
19	0.127	0.257	0.391	0.533	0.688	0.861	1.066	1.328	1.729	2.093	2.539	2.861	3.883
20	0.127	0.257	0.391	0.533	0.687	0.860	1.064	1.325	1.725	2.086	2.528	2.845	3.850
21	0.127	0.257	0.391	0.532	0.686	0.859	1.063	1.323	1.721	2.080	2.518	2.881	3.819
22	0.127	0.256	0.390	0.532	0.686	0.858	1.061	1.321	1.717	2.074	2.508	2.819	3.792
23	0.127	0.256	0.390	0.532	0.685	0.858	1.060	1.319	1.714	2.069	2.500	2.807	3.767
24	0.127	0.256	0.390	0.531	0.685	0.857	1.059	1.318	1.711	2.064	2.492	2.797	3.745
25	0.127	0.256	0.390	0.531	0.684	0.856	1.058	1.316	1.708	2.060	2.485	2.787	3.725

f	α												
	0.9	0.8	0.7	0.6	0.5	0.4	0.3	0.2	0.1	0.05	0.02	0.01	0.001
26	0.127	0.256	0.390	0.531	0.684	0.856	1.058	1.315	1.706	2.056	2.479	2.779	3.707
27	0.127	0.256	0.389	0.531	0.684	0.855	1.057	1.314	1.703	2.052	2.473	2.771	3.690
28	0.127	0.256	0.389	0.530	0.683	0.855	1.056	1.313	1.701	2.048	2.467	2.763	3.674
29	0.127	0.256	0.389	0.530	0.683	0.854	1.055	1.311	1.699	2.045	2.462	2.756	3.659
30	0.127	0.256	0.389	0.530	0.683	0.854	1.055	1.310	1.697	2.042	2.457	2.750	3.646
40	0.126	0255	0.388	0.529	0.681	0.851	1.050	1.303	1.684	2.021	2.423	2.704	3.551
60	0.126	0.254	0.387	0.527	0.679	0.848	1.046	1.296	1.671	2.000	2.390	2.660	3.460
120	0.126	0.254	0.386	0.526	0.677	0.845	1.041	1.289	1.658	1.980	2.358	2.617	3.373
∞	0.126	0.253	0.385	0.524	0.674	0.842	1.036	1.282	1.645	1.960	2.326	2.576	3.291

附表 6-5　F 检验的临界值（F_α）表（上侧分位数）（α=0.10）

$$P\{F > F_\alpha\} = \alpha$$

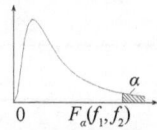

f_2	f_1																	
	1	2	3	4	5	6	7	8	9	10	15	20	30	50	100	200	500	∞
1	39.9	49.5	53.6	55.8	57.2	58.2	58.9	59.4	59.9	60.2	61.2	61.7	62.3	62.7	63.0	63.2	63.3	63.3
2	8.53	9.00	9.16	9.24	9.29	9.33	9.35	9.37	9.38	9.39	9.42	9.44	9.46	9.47	9.48	9.49	9.49	9.49
3	5.24	5.46	5.39	5.34	5.31	5.28	5.27	5.25	5.24	5.23	5.20	5.18	5.17	5.15	5.14	5.14	5.14	5.13
4	4.54	4.32	4.19	4.11	4.05	4.01	3.98	3.95	3.94	3.92	3.87	3.84	3.82	3.80	3.78	3.77	3.76	3.76
5	4.06	3.78	3.62	3.52	3.45	3.40	3.37	3.34	3.32	3.30	3.24	3.21	3.17	3.15	3.13	3.12	3.11	3.10
6	3.78	3.46	3.29	3.18	3.11	3.05	3.01	2.98	2.96	2.94	2.87	2.84	2.80	2.77	2.75	2.73	2.73	2.72
7	3.59	3.26	3.07	2.96	2.88	2.83	2.78	2.75	2.72	2.70	2.63	2.59	2.56	2.52	2.50	2.48	2.48	2.47
8	3.46	3.11	2.92	2.81	2.73	2.67	2.62	2.59	2.56	2.54	2.46	2.42	2.38	2.35	2.32	2.31	2.30	2.29
9	3.36	3.01	2.81	2.69	2.61	2.55	2.51	2.47	2.44	2.42	2.34	2.30	2.25	2.22	2.19	2.17	2.17	2.16
10	3.28	2.92	2.73	2.61	2.52	2.46	2.41	2.38	2.35	2.32	2.24	2.20	2.16	2.12	2.09	2.07	2.06	2.06
11	3.23	2.86	2.66	2.54	2.45	2.39	2.34	2.30	2.27	2.25	2.17	2.12	2.08	2.04	2.00	1.99	1.98	1.97
12	3.18	2.81	2.61	2.48	2.39	2.33	2.28	2.24	2.21	2.19	2.10	2.06	2.01	1.97	1.94	1.92	1.91	1.90
13	3.14	2.76	2.56	2.43	2.35	2.28	2.23	2.20	2.16	2.14	2.05	2.01	1.96	1.92	1.88	1.86	1.85	1.85
14	3.10	2.73	2.52	2.39	2.31	2.24	2.19	2.15	2.12	2.10	2.01	1.96	1.91	1.87	1.83	1.82	1.80	1.80
15	3.07	2.70	2.49	2.36	2.27	2.21	2.16	2.12	2.09	2.06	1.97	1.92	1.87	1.83	1.79	1.77	1.76	1.76
16	3.05	2.67	2.46	2.33	2.24	2.18	2.13	2.09	2.06	2.03	1.94	1.89	1.84	1.79	1.76	1.74	1.73	1.72
17	3.03	2.64	2.44	2.31	2.22	2.15	2.10	2.06	2.03	2.00	1.91	1.86	1.81	1.76	1.73	1.71	1.69	1.69
18	3.01	2.62	2.42	2.29	2.20	2.13	2.08	2.04	2.00	1.98	1.89	1.84	1.78	1.74	1.70	1.68	1.67	1.66
19	2.99	2.61	2.40	2.27	2.18	2.11	2.06	2.02	1.98	1.96	1.86	1.81	1.76	1.71	1.67	1.65	1.64	1.63
20	2.97	2.59	2.38	2.25	2.16	2.09	2.04	2.00	1.96	1.94	1.84	1.79	1.74	1.69	1.65	1.63	1.62	1.61
22	2.95	2.56	2.35	2.22	2.13	2.06	2.01	1.97	1.93	1.90	1.81	1.76	1.70	1.65	1.61	1.59	1.58	1.57
24	2.93	2.54	2.33	2.19	2.10	2.04	1.98	1.94	1.91	1.88	1.78	1.73	1.67	1.62	1.58	1.56	1.54	1.53
26	2.91	2.52	2.31	2.17	2.08	2.01	1.96	1.92	1.88	1.86	1.76	1.71	1.65	1.59	1.55	1.53	1.51	1.50
28	2.89	2.50	2.29	2.16	2.06	2.00	1.94	1.90	1.87	1.84	1.74	1.69	1.63	1.57	1.53	1.50	1.49	1.48
30	2.88	2.49	2.28	2.14	2.05	1.98	1.93	1.88	1.85	1.82	1.72	1.67	1.61	1.55	1.51	1.48	1.47	1.46

f_2	f_1																	
	1	2	3	4	5	6	7	8	9	10	15	20	30	50	100	200	500	∞
40	2.84	2.44	2.23	2.09	2.00	1.98	1.87	1.83	1.79	1.76	1.66	1.61	1.54	1.48	1.43	1.14	1.39	1.38
50	2.81	2.41	2.20	2.06	1.97	1.90	1.84	1.80	1.76	1.73	1.63	1.57	1.50	1.44	1.39	1.36	1.34	1.33
60	2.79	2.39	2.18	2.04	1.95	1.87	1.82	1.77	1.74	1.71	1.60	1.54	1.48	1.41	1.36	1.33	1.31	1.29
80	2.77	2.37	2.15	2.02	1.92	1.85	1.79	1.75	1.71	1.68	1.57	1.51	1.44	1.38	1.32	1.28	1.26	1.24
100	2.76	2.36	2.14	2.00	1.91	1.83	1.78	1.73	1.70	1.66	1.56	1.49	1.42	1.35	1.29	1.26	1.23	1.21
200	2.73	2.33	2.11	1.97	1.88	1.80	1.75	1.70	1.66	1.63	1.52	1.56	1.38	1.31	1.24	1.20	1.17	1.14
500	2.72	2.31	2.10	1.96	1.86	1.79	1.73	1.68	1.64	1.61	1.50	1.44	1.36	1.28	1.21	1.16	1.12	1.09
∞	2.71	2.30	2.03	1.94	1.85	1.77	1.72	1.67	1.63	1.60	1.49	1.42	1.34	1.26	1.18	1.13	1.08	1.00

附表6-6　F检验的临界值（F_α）表（上侧分位数）（$\alpha=0.05$）

f_2	f_1														
	1	2	3	4	5	6	7	8	9	10	12	14	16	18	20
1	161	200	216	225	230	234	237	239	241	242	244	246	246	247	248
2	18.5	19.0	19.2	19.2	19.3	19.3	19.4	19.4	19.4	19.4	19.4	19.4	19.4	19.4	19.4
3	10.1	9.55	9.28	9.12	9.01	8.94	8.89	8.85	8.81	8.79	8.74	8.71	8.69	8.67	8.66
4	7.71	6.94	6.59	6.39	6.26	6.16	6.09	6.04	6.00	5.96	5.91	5.87	5.84	5.82	5.80
5	6.61	5.79	5.41	5.19	5.05	4.95	4.88	4.82	4.77	4.74	4.68	4.64	4.60	4.58	4.56
6	5.99	5.14	4.76	4.53	4.39	4.28	4.21	4.15	4.10	4.06	4.00	3.96	3.92	3.90	3.87
7	5.59	4.74	4.35	4.12	3.97	3.87	3.79	3.73	3.68	3.64	3.57	3.53	3.49	3.47	3.44
8	5.32	4.46	4.07	3.84	3.69	3.58	3.50	3.44	3.39	3.35	3.28	3.24	3.20	3.17	3.15
9	5.12	4.26	3.86	3.63	3.48	3.37	3.29	3.23	3.18	3.14	3.07	3.03	2.99	2.96	2.94
10	4.96	4.10	3.71	3.48	3.33	3.22	3.14	3.07	3.02	2.98	2.90	2.86	2.83	2.80	2.77
11	4.84	3.98	3.59	3.26	3.20	3.09	3.01	2.95	2.90	2.85	2.79	2.74	2.70	2.67	2.65
12	4.75	3.89	3.49	3.26	3.11	3.00	2.91	2.85	2.80	2.75	2.69	2.64	2.60	2.57	2.54
13	4.67	3.81	3.41	3.18	3.03	3.92	2.83	2.77	2.71	2.67	2.60	2.55	2.51	2.48	2.46
14	4.60	3.74	3.34	3.11	2.96	2.85	2.76	2.70	2.65	2.60	2.53	2.48	2.44	2.41	2.39
15	4.54	3.68	3.29	3.06	2.90	2.79	2.71	2.64	2.59	2.54	2.48	2.42	2.38	2.35	2.33
16	4.49	3.63	3.24	3.01	2.85	2.74	2.66	2.59	2.54	2.49	2.42	2.37	2.33	2.30	2.28
17	4.45	3.59	3.20	2.96	2.81	2.70	2.61	2.55	2.49	2.45	2.38	2.33	2.29	2.26	2.23
18	4.41	3.55	3.16	2.93	2.77	2.66	2.58	2.51	2.46	2.41	2.34	2.29	2.25	2.22	2.19
19	4.38	3.52	3.13	2.90	2.74	2.63	2.54	2.48	2.42	2.88	2.31	2.26	2.21	2.18	2.06
20	4.35	3.49	3.10	2.87	2.71	2.60	2.51	2.45	2.39	2.35	2.28	2.22	2.18	2.15	2.12
21	4.32	3.47	3.07	2.84	2.68	2.57	2.49	2.42	2.37	2.32	2.25	2.20	2.16	2.12	2.10
22	4.30	3.44	3.05	2.82	2.66	2.55	2.46	2.40	2.34	2.30	2.23	2.17	2.13	2.10	2.07
23	4.28	3.42	3.03	2.80	2.64	2.53	2.44	2.37	2.32	2.27	2.20	2.15	2.11	2.107	2.05
24	4.26	3.40	3.01	2.78	2.62	2.51	2.42	2.36	2.30	2.25	2.18	2.13	2.09	2.05	2.03
25	4.24	3.39	2.99	2.76	2.60	2.49	2.40	2.34	2.28	2.24	2.16	2.11	2.07	2.04	2.01
26	4.23	3.37	2.98	2.74	2.59	2.47	2.39	2.32	2.27	2.22	2.15	2.09	2.05	2.02	1.99

续表

f_2	f_1														
	1	2	3	4	5	6	7	8	9	10	12	14	16	18	20
27	4.21	3.35	2.96	2.73	2.57	2.46	2.37	2.31	2.25	2.20	2.13	2.08	2.04	2.00	1.97
28	4.20	3.34	2.95	2.71	2.56	2.45	2.36	2.29	2.24	2.19	2.12	2.06	2.02	1.99	1.96
29	4.18	3.33	2.93	2.70	2.55	2.43	2.35	2.28	2.22	2.18	2.10	2.05	2.01	1.97	1.94
30	4.17	3.32	2.92	2.69	2.53	2.42	2.33	2.27	2.21	2.16	2.09	2.14	1.99	1.96	1.93
32	4.15	3.29	2.90	2.67	2.51	2.40	2.31	2.24	2.19	2.14	2.07	2.01	1.97	1.94	1.91
34	4.13	3.28	2.88	2.65	2.49	2.38	2.29	2.23	2.17	2.12	2.05	1.99	1.95	1.92	1.89
36	4.11	3.26	2.87	2.63	2.48	2.36	2.28	2.21	2.15	2.11	2.03	1.98	1.93	1.90	1.87
38	4.10	3.24	2.85	2.62	2.46	2.35	2.26	2.19	2.14	2.09	2.02	1.96	1.92	1.88	1.85
40	4.08	3.23	2.84	2.61	2.45	2.34	2.25	2.18	2.12	2.08	2.00	1.95	1.90	1.87	1.84
42	4.07	3.22	2.83	2.59	2.44	2.32	2.24	2.17	2.11	2.06	1.99	1.93	1.89	1.86	1.83
44	4.06	3.21	2.82	2.58	2.43	2.31	2.23	2.16	2.10	2.05	1.98	1.92	1.88	1.84	1.81
46	4.05	3.20	2.81	2.57	2.42	2.30	2.22	2.15	2.09	2.04	1.97	1.91	1.87	1.83	1.80
48	4.04	3.19	2.80	2.57	2.41	2.29	2.21	2.14	2.08	2.03	1.96	1.90	1.86	1.82	1.79
50	4.03	3.18	2.79	2.56	2.40	2.29	2.20	2.13	2.07	2.03	1.95	1.89	1.85	1.81	1.78
60	4.00	3.15	2.76	2.53	2.37	2.25	2.17	2.10	2.04	1.99	1.92	1.86	1.82	1.78	1.75
80	3.96	3.11	2.72	2.49	2.33	2.21	2.13	2.06	2.00	1.95	1.88	1.82	1.77	1.73	1.70
100	3.94	3.09	2.70	2.46	2.31	2.19	2.10	2.03	1.97	1.93	1.85	1.79	1.75	1.71	1.68
125	3.92	3.07	2.68	2.44	2.29	2.17	2.08	2.01	1.96	1.91	1.83	1.77	1.72	1.69	1.65
150	3.90	3.06	2.66	2.43	2.27	2.16	2.07	2.00	1.94	1.89	1.82	1.76	1.71	1.67	1.64
200	3.89	3.04	2.65	2.42	2.26	2.14	2.06	1.98	1.93	1.88	1.80	1.74	1.69	1.66	1.62
300	3.87	3.03	2.63	2.40	2.24	2.13	2.04	1.97	1.91	1.86	1.78	1.72	1.68	1.64	1.61
500	3.86	3.01	2.62	2.39	2.23	2.12	2.03	1.96	1.90	1.85	1.77	1.71	1.66	1.62	1.59
1000	3.85	3.00	2.61	2.38	2.22	2.11	2.02	1.95	1.89	1.84	1.76	1.70	1.65	1.61	1.58
∞	3.84	3.00	2.60	2.37	2.21	2.10	2.01	1.94	1.88	1.83	1.75	1.69	1.64	1.60	1.57

f_2	f_1														
	22	24	26	28	30	35	40	45	50	60	80	100	200	500	∞
1	249	249	249	250	250	251	251	251	252	252	252	253	254	254	254
2	19.5	19.5	19.5	19.5	19.5	19.5	19.5	19.5	19.5	19.5	19.5	19.5	19.5	19.5	19.5
3	8.65	8.64	8.53	8.62	8.62	8.60	8.59	8.59	8.58	8.57	8.59	8.55	8.54	8.53	8.53
4	5.79	5.77	5.76	5.75	5.75	5.73	5.72	5.71	5.70	5.69	5.67	5.66	5.65	5.64	5.63
5	4.54	4.53	4.52	4.50	4.50	4.48	4.46	4.45	4.44	4.43	4.41	4.41	4.39	4.37	4.37
6	3.86	3.84	3.83	3.82	3.81	3.79	3.77	3.76	3.75	3.74	3.72	3.71	3.69	3.68	3.67
7	3.43	3.41	3.40	3.39	3.38	3.36	3.34	3.33	3.32	3.30	3.29	3.27	3.25	3.24	3.23
8	3.13	3.12	3.10	3.09	3.08	3.06	3.04	3.03	3.02	3.01	2.99	2.97	2.95	2.94	2.93
9	2.92	2.90	2.89	2.87	2.86	2.84	2.83	2.81	2.80	2.79	2.77	2.76	2.73	2.72	2.71
10	2.75	2.74	2.72	2.71	2.70	2.68	2.66	2.65	2.64	2.62	2.60	2.59	2.56	2.55	2.54
11	2.63	2.61	2.59	2.58	2.57	2.55	2.53	2.52	2.51	2.49	2.47	2.46	2.43	2.42	2.40
12	2.52	2.51	2.49	2.48	2.47	2.44	2.43	2.41	2.40	2.38	2.36	2.35	2.32	2.31	2.30

f_2	f_1														
	22	24	26	28	30	35	40	45	50	60	80	100	200	500	∞
13	2.44	2.42	2.41	2.39	2.38	2.36	2.34	2.33	2.31	2.30	2.27	2.26	2.23	2.22	2.21
14	2.37	2.35	2.33	2.32	2.31	2.28	2.27	2.25	2.24	2.22	2.20	2.19	2.16	2.14	2.13
15	2.31	2.29	2.27	2.26	2.25	2.22	2.20	2.19	2.18	2.16	2.14	2.12	2.10	2.08	2.07
16	2.25	2.24	2.22	2.21	2.19	2.17	2.15	2.14	2.12	2.11	2.08	2.07	2.04	2.02	2.01
17	2.21	2.19	2.17	2.16	2.15	2.12	2.10	2.09	2.08	2.06	2.03	2.02	1.99	1.97	1.96
18	2.17	2.15	2.13	2.12	2.11	2.08	2.06	2.05	2.04	2.02	1.99	1.98	1.95	1.93	1.92
19	2.13	2.11	2.10	2.08	2.07	2.05	2.03	2.01	2.00	1.98	1.96	1.94	1.91	1.89	1.88
20	2.18	2.08	2.07	2.05	2.04	2.01	1.99	1.98	1.97	1.95	1.92	1.91	1.88	1.86	1.84
21	2.07	2.05	2.04	2.02	2.01	1.98	1.96	1.95	1.94	1.92	1.89	1.88	1.84	1.82	1.81
22	2.05	2.03	2.01	2.00	1.98	1.96	1.94	1.92	1.91	1.89	1.86	1.85	1.82	1.80	1.78
23	2.02	2.00	1.99	1.97	1.96	1.93	1.91	1.90	1.88	1.86	1.84	1.82	1.79	1.77	1.76
24	2.00	1.98	1.97	1.95	1.94	1.91	1.89	1.88	1.86	1.84	1.82	1.80	1.77	1.75	1.73
25	1.98	1.96	1.95	1.93	1.92	1.89	1.87	1.86	1.84	1.82	1.80	1.78	1.75	1.73	1.71
26	1.97	1.95	1.93	1.91	1.90	1.87	1.85	1.84	1.82	1.80	1.78	1.76	1.73	1.71	1.69
27	1.95	1.93	1.91	1.90	1.88	1.86	1.84	1.82	1.81	1.79	1.76	1.74	1.71	1.69	1.67
28	1.93	1.91	1.90	1.88	1.87	1.84	1.82	1.80	1.79	1.77	1.74	1.73	1.69	1.67	1.65
29	1.92	1.90	1.88	1.87	1.85	1.83	1.81	1.79	1.77	1.75	1.73	1.71	1.67	1.65	1.64
30	1.91	1.89	1.87	1.85	1.84	1.81	1.79	1.77	1.76	1.74	1.71	1.70	1.66	1.64	1.62
32	1.88	1.86	1.85	1.83	1.82	1.79	1.77	1.75	1.74	1.71	1.69	1.67	1.63	1.61	1.59
34	1.86	1.84	1.82	1.80	1.80	1.77	1.75	1.73	1.71	1.69	1.66	1.65	1.61	1.59	1.57
36	1.85	1.82	1.81	1.79	1.78	1.75	1.73	1.71	1.69	1.67	1.64	1.62	1.59	1.56	1.55
38	1.83	1.81	1.79	1.77	1.76	1.73	1.71	1.69	1.68	1.65	1.62	1.61	1.57	1.54	1.53
40	1.81	1.79	1.77	1.76	1.74	1.72	1.69	1.67	1.66	1.64	1.61	1.59	1.55	1.53	1.51
42	1.80	1.78	1.76	1.74	1.73	1.70	1.68	1.66	1.65	1.62	1.59	1.57	1.53	1.51	1.49
44	1.79	1.77	1.75	1.73	1.72	1.69	1.67	1.65	1.63	1.61	1.58	1.56	1.52	1.49	1.48
46	1.78	1.76	1.74	1.72	1.71	1.68	1.65	1.64	1.62	1.60	1.57	1.55	1.51	1.48	1.46
48	1.77	1.75	1.73	1.71	1.70	1.67	1.64	1.62	1.61	1.59	1.55	1.54	1.49	1.47	1.45
50	1.76	1.74	1.72	1.70	1.69	1.66	1.63	1.61	1.60	1.58	1.54	1.52	1.48	1.46	1.44
60	1.72	1.70	1.68	1.66	1.65	1.62	1.59	1.57	1.56	1.53	1.50	1.48	1.44	1.41	1.39
80	1.68	1.65	1.63	1.62	1.60	1.57	1.54	1.50	1.51	1.48	1.45	1.43	1.38	1.35	1.32
100	1.65	1.63	1.61	1.59	1.57	1.54	1.52	1.49	1.48	1.45	1.41	1.39	1.34	1.31	1.28
125	1.63	1.60	1.58	1.57	1.55	1.52	1.49	1.47	1.45	1.42	1.39	1.36	1.31	1.27	1.25
150	1.61	1.59	1.57	1.55	1.53	1.50	1.48	1.45	1.44	1.41	1.37	1.34	1.29	1.25	1.22
200	1.60	1.57	1.55	1.53	1.52	1.48	1.46	1.43	1.41	1.39	1.35	1.32	1.26	1.22	1.19
300	1.58	1.55	1.53	1.51	1.50	1.46	1.43	1.41	1.39	1.36	1.32	1.30	1.23	1.19	1.15
500	1.56	1.54	1.52	1.50	1.48	1.45	1.42	1.40	1.38	1.34	1.30	1.28	1.21	1.16	1.11
1000	1.55	1.53	1.51	1.49	1.47	1.44	1.41	1.38	1.36	1.33	1.29	1.26	1.19	1.13	1.08
∞	1.45	1.52	1.50	1.48	1.46	1.42	1.39	1.37	1.35	1.32	1.27	1.24	1.17	1.11	1.00

附表 6-7　F 检验的临界值（F_a）表（上侧分位数）（$\alpha=0.025$）

f_2	f_1																		
	1	2	3	4	5	6	7	8	9	10	12	15	20	24	30	40	60	120	∞
1	647.8	799.5	864.2	899.6	921.8	937.1	948.2	956.7	963.3	368.3	976.7	984.9	993.1	997.2	1001	1006	1010	1014	1018
2	38.51	39.00	39.17	39.25	39.30	39.33	39.36	39.37	39.39	39.40	39.41	39.43	39.45	39.46	39.43	39.47	39.48	30.49	39.50
3	17.44	16.04	15.44	15.10	14.88	14.73	14.62	14.54	14.47	14.42	14.34	14.25	14.17	14.12	14.08	14.04	13.99	13.95	13.90
4	12.22	10.65	9.98	9.60	9.36	9.20	9.07	8.98	8.90	8.84	8.75	8.66	8.56	8.51	8.46	8.41	8.36	8.31	8.26
5	10.01	8.43	7.76	7.39	7.15	6.98	6.85	6.76	6.68	6.62	6.52	6.43	6.33	6.28	6.23	6.18	6.12	6.07	6.02
6	8.81	7.26	6.60	6.23	5.99	5.82	5.70	5.60	5.52	5.46	5.37	5.27	5.17	5.12	5.07	5.01	4.96	4.90	4.85
7	8.07	6.54	5.89	5.52	5.29	5.12	4.99	4.90	4.82	4.76	4.67	4.57	4.47	4.42	4.36	4.31	4.25	4.20	4.14
8	7.57	6.06	5.42	5.05	4.82	4.65	4.53	4.43	4.36	4.30	4.20	4.10	4.00	3.95	3.89	3.84	3.78	3.73	3.67
9	7.21	5.71	5.08	4.72	4.48	4.23	4.20	4.10	4.03	3.96	3.87	3.77	3.67	3.61	3.56	3.51	3.45	3.39	3.33
10	6.94	5.46	4.83	4.47	4.24	4.07	3.95	3.85	3.78	3.72	3.62	3.52	3.42	3.37	3.31	3.26	3.20	3.14	3.08
11	6.72	5.26	4.63	4.28	4.04	3.88	3.76	3.66	3.59	3.53	3.43	3.33	3.23	3.17	3.12	3.06	3.00	2.94	2.88
12	6.55	5.10	4.47	4.12	3.89	3.73	3.61	3.51	3.44	3.37	3.28	3.18	3.07	3.02	2.96	2.91	2.85	2.79	2.72
13	6.41	4.97	4.35	4.00	3.77	3.60	3.48	3.39	3.31	3.25	3.15	3.05	2.95	2.89	2.84	2.78	2.72	2.66	2.60
14	6.30	4.86	4.24	3.89	3.66	3.50	3.38	3.29	3.21	3.15	3.05	2.95.	2.84	2.79	2.73	2.67	2.61	2.55	2.49
15	6.20	4.77	4.15	3.80	3.58	3.41	3.29	3.20	3.12	3.06	2.96	2.86	2.76	2.70	2.64	2.59	2.52	2.46	2.40
16	6.12	4.69	4.08	3.73	3.50	.334	3.22	3.12	3.05	2.99	2.89	2.79	2.68	2.63	2.57	2.51	2.45	2.38	2.32
17	6.04	4.62	4.01	3.66	3.44	3.28	3.16	3.06	2.98	2.92	2.82	2.72	2.62	2.56	2.50	2.44	2.38	2.32	2.25
18	5.98	4.56	3.95	3.61	3.38	3.22	3.10	3.01	2.93	2.87	2.77	2.67	2.56	2.50	2.44	2.38	2.32	2.26	2.19
19	5.92	4.51	3.90	3.56	3.33	3.17	3.05	2.96	2.88	2.82	2.72	2.62	2.51	2.45	2.39	2.33	2.27	2.20	2.13
20	5.87	4.46	3.86	3.51	3.29	3.13	3.01	2.84	2.77	2.68	2.57	2.46	2.41	2.35	2.29	2.29	2.22	2.16	2.09
21	5.83	4.42	3.82	3.48	3.25	3.09	2.97	2.80	2.73	2.64	2.53	2.42	2.37	2.31	2.25	2.25	2.18	2.11	2.04
22	5.79	4.38	3.78	3.44	3.22	3.05	2.93	2.76	2.70	2.60	2.50	2.39	2.33	2.27	2.21	2.21	2.14	2.08	2.00
23	5.75	4.35	3.75	3.41	3.18	3.02	2.90	2.73	2.67	2.57	2.47	2.36	2.30	2.24	2.18	2.18	2.11	2.04	1.97
24	5.72	4.32	3.72	3.38	3.15	2.99	2.87	2.70	2.64	2.54	2.44	2.33	2.27	2.21	2.15	2.15	2.08	2.01	1.64
25	5.69	4.29	3.69	3.35	3.13	2.97	2.85	2.68	2.61	2.51	2.41	2.30	2.24	2.18	2.12	2.12	2.05	1.98	1.91
26	5.66	4.27	3.67	3.33	3.10	2.94	2.82	2.65	2.59	2.49	2.39	2.28	2.22	2.16	2.09	2.09	2.03	1.95	1.88
27	5.63	4.24	3.65	3.31	3.08	2.92	2.80	2.63	2.57	2.47	2.36	2.25	2.19	2.13	2.07	2.07	2.00	1.93	1.85
28	5.61	4.22	3.63	3.29	3.06	2.90	2.78	2.61	2.55	2.45	2.34	2.23	2.17	2.11	2.05	2.05	1.98	1.91	1.83
29	5.59	4.20	3.61	3.27	3.04	2.88	2.76	2.59	2.53	2.43	2.32	2.21	2.15	2.09	2.03	2.03	2.96	1.89	1.81
30	5.57	4.18	3.59	3.25	3.03	2.87	2.75	2.57	2.51	2.41	2.31	2.20	2.14	2.07	2.01	2.01	1.94	1.87	1.79
40	5.42	4.05	3.46	3.13	2.90	2.74	2.62	2.45	2.39	2.29	2.18	2.07	2.01	1.94	1.88	1.99	1.80	1.72	1.64
60	5.29	3.93	3.34	3.01	2.79	2.63	2.51	2.33	2.27	2.17	2.06	1.94	1.88	1.82	1.74	1.74	1.67	1.58	1.48
120	5.15	3.80	3.23	2.89	2.67	2.52	2.39	2.22	2.16	2.05	1.94	1.82	1.76	1.69	1.61	1.61	1.53	1.43	1.31
∞	5.02	3.69	3.12	2.79	2.57	2.41	2.29	2.11	2.05	1.94	1.83	1.71	1.64	1.57	1.48	1.48	1.39	1.27	1.00

附表 6-8　F 检验的临界值（F_a）表（上侧分位数）（a=0.01）

f_2	f_1														
	1	2	3	4	5	6	7	8	9	10	12	14	16	18	20
1	405	500	540	563	576	586	593	598	602	606	611	6.14	617	619	621
2	98.5	99.0	99.2	99.2	99.3	99.3	99.4	99.4	99.4	99.4	99.4	99.4	99.4	99.4	99.4
3	34.1	30.8	29.5	28.7	28.2	27.9	27.7	27.5	27.3	27.2	27.1	26.9	26.8	26.8	26.7
4	21.2	18.0	16.7	16.0	15.5	15.2	15.0	14.8	14.7	14.5	14.4	14.2	14.2	14.1	14.0
5	16.3	13.3	12.1	11.4	11.0	10.7	10.5	10.3	10.2	10.1	9.89	9.77	9.68	9.61	9.55
6	13.7	10.9	9.78	9.15	8.75	8.47	8.26	8.10	7.98	7.87	7.72	7.60	7.52	7.45	7.40
7	12.2	9.55	8.45	7.85	7.46	7.19	6.99	6.84	6.72	6.62	6.47	6.36	6.27	6.21	6.16
8	11.3	8.65	7.59	7.01	6.63	6.37	6.18	6.03	5.91	5.81	5.67	5.56	5.48	5.41	5.36
9	10.6	8.02	6.99	6.42	6.06	5.80	5.61	5.47	5.35	5.26	5.11	5.00	4.92	4.86	4.81
10	10.0	7.56	6.55	5.99	5.64	5.39	5.20	5.06	4.94	4.85	4.71	4.60	4.52	4.46	4.41
11	9.65	7.21	6.22	5.67	5.32	5.07	4.89	4.74	4.63	4.54	4.40	4.29	4.21	4.15	4.10
12	9.33	6.93	5.95	5.41	5.06	4.82	4.64	4.50	4.39	4.30	4.16	4.05	3.97	3.91	3.86
13	9.07	6.70	5.74	5.21	4.86	4.62	4.44	4.30	4.19	4.10	3.96	3.86	3.78	3.71	3.66
14	8.86	6.51	5.56	5.04	4.70	4.46	4.28	4.14	4.03	3.94	3.80	3.70	3.62	3.56	3.51
15	8.68	6.36	5.42	4.89	4.56	4.32	4.14	4.00	3.89	3.80	3.67	3.56	3.49	3.42	3.37
16	8.53	6.23	5.29	4.77	4.44	4.20	4.03	3.89	3.78	3.69	3.55	3.45	3.37	3.31	3.26
17	8.40	6.11	5.18	4.67	4.34	4.10	3.93	3.79	3.68	3.59	3.46	3.35	3.27	3.21	3.16
18	8.29	6.01	5.09	4.58	4.25	4.01	3.84	6.71	3.60	3.51	3.37	3.27	3.19	3.13	3.08
19	8.18	5.93	5.01	4.50	4.17	3.94	3.77	3.63	3.52	3.43	3.30	3.19	3.12	3.05	3.00
20	8.10	5.85	4.94	4.43	4.10	3.87	3.70	3.56	3.46	3.37	3.23	3.13	3.05	2.99	2.94
21	8.02	5.78	4.87	4.37	4.04	3.81	3.64	3.51	3.40	3.31	3.17	3.07	2.99	2.93	2.88
22	7.95	5.72	4.82	4.31	3.99	3.76	3.59	3.45	3.35	3.26	3.12	3.02	2.94	2.88	2.83
23	7.88	5.66	4.76	4.26	3.94	3.71	3.54	3.41	3.30	3.21	3.07	2.97	2.89	2.83	2.78
24	7.82	5.61	4.72	4.22	3.90	3.67	3.50	3.36	3.26	3.17	3.03	2.93	2.85	2.79	2.74
25	7.77	5.57	4.68	4.18	3.86	3.63	3.46	3.32	3.22	3.13	2.99	2.89	2.81	2.75	2.70
26	7.72	5.53	4.64	4.14	3.82	3.59	3.42	3.29	3.18	3.09	2.96	2.86	2.78	2.72	2.66
27	7.68	5.49	4.60	4.11	3.78	3.56	3.39	3.26	3.15	3.06	2.93	2.82	2.75	2.68	2.63
28	7.64	5.45	4.57	4.07	3.75	3.53	3.36	3.23	3.12	3.03	2.90	2.79	2.72	2.65	2.60
29	7.60	5.42	4.54	4.04	3.73	3.50	3.33	3.20	3.09	3.00	2.87	2.77	2.69	2.62	2.57
30	7.56	5.39	4.51	4.02	3.70	3.47	3.30	3.17	3.07	2.98	2.84	2.74	2.66	2.60	2.55
32	7.50	5.34	4.46	3.97	3.65	3.43	3.26	3.13	3.02	2.93	2.80	2.70	2.62	2.55	2.50
34	7.44	5.29	4.42	3.93	3.61	3.39	3.22	3.09	2.98	2.89	2.76	2.66	2.58	2.51	2.46
36	7.40	5.25	4.38	3.89	3.57	3.35	3.18	3.05	2.95	2.86	2.72	2.62	2.54	2.48	2.43
38	7.35	5.21	4.34	3.86	3.54	3.32	3.15	3.02	2.92	2.83	2.69	2.59	2.51	2.45	2.40
40	7.31	5.18	4.31	3.83	3.51	3.29	3.12	2.99	2.89	2.80	2.66	2.56	2.48	2.42	2.37
42	7.28	5.15	4.29	3.80	3.49	3.27	3.10	2.97	2.86	2.78	2.64	2.54	2.46	2.40	2.34
44	7.25	5.12	4.26	3.78	3.47	3.24	3.08	2.95	2.84	2.75	2.62	2.52	2.44	2.37	2.32
46	7.22	5.10	4.24	3.76	3.44	3.22	3.06	2.93	2.82	2.73	2.60	2.50	2.42	2.35	2.30

续表

f_2	f_1														
	1	2	3	4	5	6	7	8	9	10	12	14	16	18	20
48	7.20	5.08	4.22	3.74	3.43	3.20	3.04	2.91	2.80	2.72	2.58	2.48	2.40	2.33	2.28
50	7.17	5.06	4.20	3.72	4.41	3.19	3.02	2.89	2.79	2.70	2.56	2.46	2.38	2.32	2.27
60	7.08	4.98	4.13	3.65	3.34	3.12	2.95	2.82	2.72	2.63	2.50	2.39	2.31	2.25	2.20
80	6.96	4.88	4.04	3.56	3.26	3.04	2.87	2.74	2.64	2.55	2.42	2.31	2.23	2.17	2.12
100	6.90	4.82	3.98	3.51	3.21	2.99	2.82	2.69	2.59	2.50	2.37	2.26	2.19	2.12	2.07
125	6.84	4.78	3.94	3.47	3.17	2.95	2.79	2.66	2.55	2.47	2.33	2.23	2.15	2.08	2.03
150	6.81	4.75	3.92	3.45	3.14	2.92	2.76	2.63	2.53	2.44	2.31	2.20	2.12	2.06	2.00
200	6.76	4.71	3.88	3.41	3.11	2.89	2.73	2.60	2.50	2.41	2.27	2.17	2.09	2.02	1.97
300	6.72	4.68	3.85	3.38	3.08	2.86	2.70	2.57	2.47	2.38	2.24	2.14	2.06	1.99	1.94
500	6.69	4.65	3.82	3.36	3.05	2.84	2.68	2.55	2.44	2.36	2.22	2.12	2.04	1.97	1.92
1000	6.66	4.63	3.80	3.34	3.04	2.82	2.66	2.53	2.43	2.34	2.20	2.10	2.02	1.95	1.90
∞	6.63	4.61	3.78	3.32	3.02	2.80	2.64	2.51	2.41	2.32	2.18	2.08	2.00	1.93	1.88

f_2	f_1														
	22	24	26	28	30	35	40	45	50	60	80	100	200	500	∞
1	622	623	624	625	626	628	629	630	630	631	633	633	635	636	637
2	99.5	99.5	99.5	99.5	99.5	99.5	99.5	99.5	99.5	99.5	99.5	99.5	99.5	99.5	99.5
3	26.6	26.6	26.6	26.5	26.5	26.5	26.4	26.4	26.4	26.3	26.2	26.3	26.2	26.1	26.1
4	14.0	13.9	13.9	13.9	13.8	13.8	13.7	13.7	13.7	13.7	13.6	13.6	13.5	13.5	13.5
5	9.51	9.47	9.43	9.40	9.38	9.33	9.29	9.26	9.24	9.20	9.16	9.13	9.08	9.04	9.02
6	7.35	7.31	7.28	7.25	7.23	7.18	7.14	7.11	7.09	7.06	7.01	6.99	6.93	6.90	6.88
7	6.11	6.07	6.04	6.02	5.99	5.94	5.91	5.88	5.86	5.82	5.78	5.75	5.70	5.67	5.65
8	5.32	5.28	5.25	5.22	5.90	5.15	5.12	5.00	5.07	5.03	4.99	4.96	4.91	4.88	4.86
9	4.77	4.73	4.70	4.67	4.65	4.60	4.57	4.54	4.52	4.48	4.44	4.42	4.36	4.33	4.31
10	4.36	4.33	4.30	4.27	4.25	4.20	4.17	4.14	4.12	4.08	4.04	4.01	3.96	3.93	3.91
11	4.06	4.02	3.99	3.96	3.94	3.89	3.86	3.83	3.81	3.78	3.73	3.71	3.66	3.62	3.60
12	3.82	3.78	3.75	3.72	3.70	3.65	3.62	3.59	3.57	3.54	3.49	3.47	3.41	3.38	3.36
13	3.62	3.59	3.56	3.53	3.51	3.46	3.43	3.40	3.38	3.34	3.30	3.27	3.22	3.19	3.17
14	3.46	3.43	3.40	3.37	3.35	3.30	3.27	3.24	3.22	3.18	3.14	3.11	3.06	3.03	3.00
15	3.33	3.29	3.26	3.24	3.21	3.17	3.13	3.10	3.08	3.05	3.00	2.98	2.92	2.89	2.87
16	3.22	3.18	3.15	3.12	3.10	3.05	3.02	2.99	2.97	2.93	2.89	2.86	2.81	2.78	2.75
17	3.12	3.08	3.05	3.03	3.00	2.96	2.92	2.89	2.87	2.83	2.79	2.76	2.71	2.68	2.65
18	3.03	3.00	2.97	2.94	2.92	2.87	2.84	2.81	2.73	2.75	2.70	2.68	2.62	2.59	2.57
19	2.96	2.92	2.89	2.87	2.84	2.80	2.76	2.73	2.71	2.67	2.63	2.60	2.55	2.51	2.49
20	2.90	2.86	2.83	2.80	2.78	2.73	2.69	2.67	2.64	2.61	2.56	2.54	2.48	2.44	2.42
21	2.84	2.80	2.77	2.74	2.72	2.67	2.64	2.61	2.58	2.55	2.50	2.48	2.42	2.38	2.36
22	2.78	2.75	2.72	2.69	2.67	2.62	2.58	2.55	2.53	2.50	2.45	2.42	2.36	2.33	2.31
23	2.74	2.70	2.67	2.64	2.62	2.57	2.54	2.51	2.48	2.45	2.40	2.37	2.32	2.28	2.26
24	2.70	2.66	2.63	2.60	2.58	2.53	2.49	2.46	2.44	2.40	2.36	2.33	2.27	2.24	2.21

f_2	f_1														
	22	24	26	28	30	35	40	45	50	60	80	100	200	500	∞
25	2.66	2.62	2.59	2.56	2.54	2.49	2.45	2.42	2.40	2.36	2.32	2.29	2.23	2.19	2.17
26	2.62	2.58	2.55	2.53	2.50	2.45	2.42	2.39	2.36	2.33	2.28	2.25	2.19	2.16	2.13
27	2.59	2.55	2.52	2.49	2.47	2.42	2.38	2.35	2.33	2.29	2.25	2.22	2.16	2.12	2.10
28	2.56	2.52	2.49	2.46	2.44	2.39	2.35	2.32	2.30	2.26	2.22	2.19	2.13	2.09	2.06
29	2.53	2.49	2.46	2.44	2.41	2.36	2.33	2.30	2.27	2.23	2.19	2.16	2.10	2.06	2.03
30	2.51	2.47	2.44	2.41	2.39	2.34	2.30	2.27	2.25	2.21	2.16	2.13	2.07	2.03	2.01
32	2.46	2.42	2.39	2.36	2.34	2.29	2.25	2.22	2.20	2.16	2.11	2.08	2.02	1.98	1.96
34	2.42	2.38	2.35	2.32	2.30	2.25	2.21	2.18	2.16	2.12	2.07	2.04	1.98	1.94	1.91
36	2.38	2.35	2.32	2.29	2.26	2.21	2.17	2.14	2.12	2.08	2.03	2.00	1.94	1.90	1.87
38	2.35	2.32	2.28	2.26	2.23	2.18	2.14	2.11	2.09	2.05	2.00	1.97	1.90	1.86	1.84
40	2.33	2.29	2.26	2.23	2.20	2.15	2.11	2.08	2.06	2.02	1.97	1.94	1.87	1.83	1.80
42	2.30	2.26	2.23	2.20	2.18	2.13	2.09	2.06	2.03	1.99	1.94	1.91	1.85	1.80	1.78
44	2.28	2.24	2.21	2.18	2.15	2.10	2.06	2.03	2.01	1.97	1.92	1.89	1.82	1.78	1.75
46	2.26	2.22	2.19	2.16	2.13	2.08	2.04	2.01	1.99	1.95	1.90	1.86	1.80	1.75	1.73
48	2.24	2.20	2.17	2.14	2.12	2.06	2.02	1.99	1.97	1.93	1.88	1.84	1.78	1.73	1.70
50	2.22	2.18	2.15	2.12	2.10	2.05	2.01	1.97	1.95	1.91	1.86	1.82	1.76	1.71	1.68
60	2.15	2.18	2.08	2.05	2.03	1.98	1.94	1.90	1.88	1.84	1.78	1.75	1.68	1.63	1.60
80	2.07	2.03	2.00	1.97	1.94	1.89	1.85	1.81	1.79	1.75	1.69	1.66	1.58	1.53	1.49
100	2.02	1.98	1.94	1.92	1.89	1.84	1.80	1.76	1.73	1.69	1.63	1.60	1.52	1.47	1.43
125	1.98	1.94	1.91	1.88	1.85	1.80	1.76	1.72	1.69	1.65	1.59	1.55	1.47	1.41	1.37
150	1.96	1.92	1.88	1.85	1.83	1.77	1.73	1.69	1.66	1.62	1.56	1.52	1.43	1.38	1.33
200	1.93	1.89	1.85	1.82	1.79	1.74	1.69	1.66	1.63	1.58	1.52	1.48	1.39	1.88	1.28
300	1.89	1.85	1.82	1.79	1.76	1.71	1.66	1.62	1.59	1.55	1.48	1.44	1.35	1.28	1.22
500	1.87	1.83	1.79	1.76	1.74	1.68	1.63	1.60	1.56	1.52	1.45	1.41	1.31	1.23	1.16
1000	1.85	1.81	1.77	1.74	1.72	1.66	1.61	1.57	1.54	1.50	1.43	1.38	1.28	1.19	1.11
∞	1.83	1.79	1.76	1.72	1.70	1.64	1.59	1.55	1.52	1.47	1.40	1.36	1.25	1.15	1.00

附表 6-9　异常值 Grubbs 检验临界值表

n	α				
	0.100	0.050	0.025	0.010	0.005
3	1.148	1.153	1.115	1.155	1.155
4	1.425	1.463	1.481	1.492	1.496
5	1.602	1.672	1.715	1.749	1.764
6	1.729	1.822	1.887	1.944	1.973
7	1.828	1.938	2.020	2.097	2.139
8	1.909	2.032	2.126	2.221	2.274
9	1.977	2.110	2.215	2.323	2.387
10	2.036	2.176	2.290	2.410	2.482
11	2.088	2.234	2.355	2.485	2.564

续表

n	α				
	0.100	0.050	0.025	0.010	0.005
12	2.134	2.285	2.412	2.550	2.636
13	2.175	2.331	2.462	2.607	2.699
14	2.213	2.371	2.507	2.659	2.755
15	2.247	2.409	2.549	2.705	2.806
16	2.279	2.443	2.585	2.747	2.852
17	2.309	2.475	2.620	2.785	2.894
18	2.335	2.504	2.651	2.821	2.932
19	2.361	2.532	2.681	2.854	2.968
20	2.385	2.557	2.709	2.884	3.001
21	2.408	2.580	2.733	2.912	3.031
22	2.429	2.603	2.758	2.939	3.060
23	2.448	2.624	2.781	2.963	3.087
24	2.467	2.644	2.802	2.987	3.112
25	2.486	2.663	2.822	3.009	3.135
26	2.502	2.681	2.841	3.029	3.157
27	2.519	2.698	2.859	3.049	3.178
28	2.534	2.714	2.876	3.068	3.199
29	2.549	2.730	2.893	3.085	3.218
30	2.563	2.745	2.908	3.103	3.236
31	2.577	2.759	2.924	3.119	3.253
32	2.591	2.773	2.938	3.135	3.270
33	2.604	2.786	2.952	3.150	3.286
34	2.616	2.799	2.965	3.164	3.301
35	2.628	2.811	2.979	3.178	3.316
36	2.639	2.823	2.991	3.191	3.330
37	2.650	2.835	3.003	3.204	3.343
38	2.661	2.846	3.014	3.216	3.356
39	2.671	2.857	3.025	3.228	3.369
40	2.682	2.866	3.036	3.240	3.381
50	2.768	2.956	3.128	3.336	3.483
60	2.837	3.025	3.199	3.411	3.560
70	2.893	3.082	3.257	3.471	3.622
80	2.940	3.130	3.305	3.521	3.673
90	2.981	3.171	3.347	3.563	3.716
100	3.017	3.207	3.383	3.600	3.754
110	3.049	3.239	3.415	3.632	3.787
120	3.078	3.267	3.444	3.662	3.817
130	3.104	3.294	3.470	3.688	3.843
140	3.129	3.318	3.493	3.712	3.867

附表 6-10　异常值 t 检验临界值表

n	α		n	α		n	α	
	0.01	0.05		0.01	0.05		0.01	0.05
4	11.46	4.96	13	3.23	2.29	22	2.91	2.14
5	6.53	3.56	14	3.17	2.26	23	2.9	2.13
6	5.04	3.04	15	3.12	2.24	24	2.88	2.12
7	4.36	2.78	16	3.08	2.22	25	2.86	2.11
8	3.96	2.62	17	3.04	2.2	26	2.85	2.1
9	3.71	2.51	18	3.01	2.18	27	2.84	2.1
10	3.54	2.43	19	2.98	2.17	28	2.83	2.09
11	3.41	2.37	20	2.95	2.16	29	2.82	2.09
12	3.31	2.33	21	2.93	2.15	30	2.81	2.08

附表 6-11　异常值 Dixon 检验临界值与检验系数计算式表

n	$D_{\alpha[n]}$		D_S 计算式	
	$\alpha = 0.01$	$\alpha = 0.05$	x_1 可疑	x_n 可疑
3	0.988	0.941		
4	0.889	0.765		
5	0.78	0.642	$\dfrac{x_2 - x_1}{x_n - x_1}$	$\dfrac{x_n - x_{n-1}}{x_n - x_1}$
6	0.698	0.56		
7	0.637	0.507		
8	0.683	0.554		
9	0.635	0.512	$\dfrac{x_2 - x_1}{x_{n-1} - x_1}$	$\dfrac{x_n - x_{n-1}}{x_n - x_2}$
10	0.597	0.477		
11	0.697	0.576		
12	0.642	0.546	$\dfrac{x_3 - x_1}{x_{n-1} - x_1}$	$\dfrac{x_n - x_{n-2}}{x_n - x_2}$
13	0.615	0.521		
14	0.641	0.546		
15	0.616	0.525		
16	0.595	0.507		
17	0.577	0.49		
18	0.561	0.475		
19	0.547	0.462	$\dfrac{x_3 - x_1}{x_{n-2} - x_1}$	$\dfrac{x_n - x_{n-2}}{x_n - x_3}$
20	0.535	0.45		
21	0.524	0.44		
22	0.514	0.43		
23	0.505	0.421		
24	0.497	0.413		
25	0.489	0.406		

附表 6-12　多重比较中的 q 表（$\alpha=0.05$）

f	检验极差的平均数个数 p								
	2	3	4	5	6	7	8	9	10
1	17.97	26.98	32.82	37.08	40.41	43.12	45.40	47.36	49.07
2	6.08	8.33	9.80	10.88	11.74	12.44	13.03	13.54	13.99
3	4.50	5.91	6.82	7.50	8.04	8.48	8.85	9.18	9.46
4	3.93	5.04	5.76	6.29	6.71	4.05	7.35	7.60	7.83
5	3.64	4.60	5.22	5.67	6.03	6.33	6.58	6.80	6.99
6	3.46	4.34	4.90	5.30	5.63	5.90	6.12	6.32	6.49
7	3.34	4.16	4.68	5.06	5.36	5.61	5.82	6.00	6.16
8	3.26	4.04	4.53	4.89	5.17	5.40	5.60	5.77	5.92
9	3.20	3.95	4.41	4.76	5.02	5.24	5.43	5.59	5.74
10	3.15	3.88	4.33	4.65	4.91	5.12	5.30	5.46	5.60
11	3.11	3.82	4.26	4.57	4.82	5.03	5.20	5.35	5.49
12	3.08	3.77	4.20	4.51	4.75	4.95	5.12	5.27	5.39
13	3.06	3.73	4.15	4.45	4.69	4.88	5.05	5.19	5.32
14	3.03	3.70	4.11	4.41	4.64	4.83	4.99	5.13	5.25
15	3.01	3.67	4.08	4.37	4.59	4.78	4.94	5.08	5.20
16	3.00	3.65	4.05	4.33	4.56	4.74	4.90	5.03	5.15
17	2.98	3.63	4.02	4.30	4.52	4.70	4.86	4.99	5.11
18	2.97	3.61	4.00	4.28	4.49	4.67	4.82	4.96	5.07
19	2.96	3.59	3.98	4.25	4.47	4.65	4.79	4.92	5.04
20	2.95	3.58	3.96	4.23	4.45	4.62	4.77	4.90	5.01
24	2.92	3.53	3.90	4.17	4.37	4.54	4.68	4.81	4.92
30	2.89	3.49	3.85	4.10	4.30	4.46	4.60	4.72	4.82
40	2.86	3.44	3.79	4.04	4.23	4.39	4.52	4.63	4.73
60	2.83	3.40	3.74	3.98	4.16	4.31	4.44	4.55	4.65
120	2.80.	3.36	3.68	3.92	4.10	4.24	4.36	4.47	4.56
∞	2.77	3.31	3.63	3.86	4.03	4.17	4.29	4.39	4.47

f	检验极差的平均数个数 p								
	11	12	13	14	15	16	17	18	19	20
1	50.59	51.96	53.20	54.33	55.36	56.32	57.22	58.04	58.83	59.56
2	14.39	14.75	15.08	15.38	15.65	15.91	16.14	16.37	16.57	16.77
3	9.72	9.95	10.15	10.35	10.52	10.69	10.84	10.98	11.11	11.24
4	8.03	8.21	8.37	8.52	8.66	8.79	8.91	9.03	9.13	9.23
5	7.17	7.32	7.47	7.60	7.72	7.83	7.93	8.03	8.12	8.21
6	6.65	6.79	6.92	7.03	7.14	7.24	7.34	7.43	7.51	7.59
7	6.30	6.43	6.55	6.66	6.76	6.85	6.94	7.02	7.10	7.17
8	6.05	6.18	6.29	6.39	6.48	6.57	6.65	6.73	6.80	6.87

f	检验极差的平均数个数 p									
	11	12	13	14	15	16	17	18	19	20
9	5.87	5.98	6.09	6.19	6.28	6.36	6.44	6.51	6.58	6.64
10	5.72	5.83	5.93	6.03	6.11	6.19	6.27	6.34	6.40	6.47
11	5.61	5.71	5.81	5.90	5.98	6.06	6.13	6.20	6.27	6.33
12	5.51	5.61	5.71	5.80	5.88	5.95	6.02	6.09	6.15	6.21
13	5.43	5.53	5.63	5.71	5.79	5.86	5.93	5.99	6.05	6.11
14	5.36	5.46	5.55	5.64	5.71	5.79	5.85	5.91	5.97	6.03
15	5.31	5.40	5.49	5.57	5.65	5.72	5.78	5.85	5.90	5.96
16	5.26	5.35	5.44	5.52	5.59	5.66	5.73	5.79	5.84	5.90
17	5.21	5.31	5.39	5.47	5.54	5.61	5.67	5.73	5.79	5.84
18	5.17	5.27	5.35	5.43	5.50	5.57	5.63	5.69	5.74	5.79
19	5.14	5.23	5.31	5.39	5.46	5.53	5.59	5.65	5.70	5.75
20	5.11	5.20	5.28	5.36	5.43	5.49	5.55	5.61	5.66	5.71
24	5.01	5.10	5.18	5.25	5.32	5.38	5.44	5.49	5.55	5.59
30	4.92	5.00	5.08	5.15	5.21	5.27	5.33	5.38	5.43	5.47
40	4.82	4.90	4.98	5.04	5.11	5.16	5.22	5.27	5.31	5.36
60	4.73	4.81	4.88	4.94	5.00	5.06	5.11	5.15	5.20	5.24
120	4.64	4.71	4.78	4.84	4.90	4.95	5.00	5.04	5.09	5.13
∞	4.55	4.62	4.68	4.74	4.80	4.85	4.89	4.93	4.97	5.01

附表 6-13　多重比较中的 q 表（$\alpha=0.01$）

f	检验极差的平均数个数 p								
	2	3	4	5	6	7	8	9	10
1	90.03	135.0	164.3	185.6	202.2	215.8	227.2	237.0	245.6
2	14.04	19.02	22.29	24.72	26.63	28.20	29.53	30.68	31.69
3	8.26	10.62	12.17	13.33	14.24	15.00	15.64	16.20	16.69
4	6.51	8.12	9.17	9.96	10.58	11.10	11.55	11.93	12.27
5	5.70	6.98	7.80	8.42	8.91	9.32	9.67	9.97	10.24
6	5.24	6.33	7.03	7.56	7.97	8.32	8.61	8.87	9.10
7	4.95	5.92	6.54	7.01	7.37	7.68	7.94	8.17	8.37
8	4.75	5.64	6.20	6.62	6.96	7.24	7.47	7.68	7.86
9	4.60	5.43	5.96	6.35	6.66	6.91	7.13	7.33	7.49
10	4.48	5.27	5.77	6.14	6.43	6.67	6.87	7.05	7.21
11	4.39	5.15	5.62	5.97	6.25	6.48	6.67	6.84	6.99
12	4.32	5.05	5.50	5.84	6.10	6.32	6.51	6.67	6.81
13	4.26	4.96	5.40	5.73	5.98	6.19	6.37	6.53	6.67
14	4.21	4.89	5.32	5.63	5.88	6.08	6.26	6.41	6.54
15	4.17	4.84	5.25	5.56	5.80	5.99	6.16	6.31	6.44
16	4.13	4.79	5.19	5.49	5.72	5.92	6.08	6.22	6.35

f	检验极差的平均数个数 p								
	2	3	4	5	6	7	8	9	10
17	4.10	4.74	5.14	5.43	5.66	5.85	6.01	6.15	6.27
18	4.07	4.70	5.09	5.38	5.60	5.79	5.94	6.08	6.20
19	4.05	4.67	5.05	5.33	5.55	5.73	5.89	6.02	6.14
20	4.02	4.64	5.02	5.29	5.51	5.69	5.84	5.97	6.09
24	3.96	4.55	4.91	5.17	5.37	5.54	5.69	5.81	5.92
30	3.89	4.45	4.80	5.05	5.24	5.40	5.54	5.65	5.76
40	3.82	4.37	4.70	4.93	5.11	5.26	5.39	5.50	5.60
60	3.76	4.28	4.59	4.82	4.99	5.13	5.25	5.36	5.45
120	3.70	4.20	4.50	4.71	4.87	5.01	5.12	5.21	5.30
∞	3.64	4.12	4.40	4.60	4.76	4.88	4.99	5.08	5.16

f	检验极差的平均数个数 p								
	11	12	13	14	15	16	17	18	19	20
1	253.2	260.0	266.2	271.8	277.0	281.8	286.3	290.4	294.3	298.0
2	32.59	33.40	34.13	34.81	35.43	36.00	36.53	37.03	37.50	27.95
3	17.13	17.53	17.89	18.22	18.52	18.81	19.07	19.32	19.55	19.77
4	12.57	12.84	13.09	13.32	13.53	13.73	13.91	14.08	14.24	14.40
5	10.48	10.70	10.89	11.08	11.24	11.40	11.55	11.68	11.81	11.93
6	9.30	9.48	9.65	9.81	9.95	10.08	10.21	10.32	10.43	10.54
7	8.55	8.71	8.86	9.00	9.12	9.24	9.35	9.46	9.55	9.65
8	8.03	8.18	8.31	8.44	8.55	8.66	8.76	8.85	8.94	9.03
9	7.65	7.78	7.91	8.03	8.13	8.23	8.33	8.41	8.49	8.57
10	7.36	7.49	7.60	7.71	7.81	7.91	7.99	8.08	8.15	8.23
11	7.13	7.25	7.36	7.46	7.56	7.65	7.73	7.81	7.88	7.95
12	6.94	7.06	7.17	7.26	7.36	7.44	7.52	7.59	7.66	7.73
13	6.79	6.90	7.01	7.10	7.19	7.27	7.35	7.42	7.48	7.55
14	6.66	6.77	6.87	6.96	7.05	7.13	7.20	7.27	7.33	7.39
15	6.56	6.66	6.76	6.84	6.93	7.00	7.07	7.14	7.20	7.26
16	6.46	6.56	6.66	6.74	6.82	6.90	6.97	7.03	7.09	7.15
17	6.38	6.48	6.57	6.66	6.73	6.81	6.87	6.94	7.00	7.05
18	6.31	6.41	6.50	6.58	6.65	6.73	6.79	6.85	6.91	6.97
19	6.25	6.34	6.43	6.51	6.58	6.65	6.72	6.78	6.34	6.89
20	6.19	6.28	6.37	6.45	6.52	6.59	6.65	6.71	6.77	6.82
24	6.02	6.11	6.19	6.26	6.33	6.39	6.45	6.51	6.56	6.61
30	5.85	5.93	6.01	6.08	6.14	6.20	6.26	6.31	6.36	6.41
40	5.69	5.76	5.83	5.90	5.96	6.02	6.07	6.12	6.16	6.21
60	5.53	5.60	5.67	5.73	5.78	5.84	5.89	5.93	5.97	6.01
120	5.37	5.44	5.50	5.56	5.61	5.66	5.71	5.75	5.79	5.83
∞	5.23	5.29	5.35	5.40	5.45	5.49	5.54	5.57	5.61	5.65

附表 6-14　Duncan's 新复极差测验 5% 和 1% SSR 值表

自由度 (f)	显著水平 α	检验极差的平均数个体（k）													
		2	3	4	5	6	7	8	9	10	12	14	16	18	20
1	0.05	18.0	18.0	18.0	18.0	18.0	18.0	18.0	18.0	18.0	18.0	18.0	18.0	18.0	18.0
	0.01	90.0	90.0	90.0	90.0	90.0	90.0	90.0	90.0	90.0	90.0	90.0	90.0	90.0	90.0
2	0.05	6.09	6.09	6.09	6.09	6.09	6.09	6.09	6.09	6.09	6.09	6.09	6.09	6.09	6.09
	0.01	14.0	14.0	14.0	14.0	14.0	14.0	14.0	14.0	14.0	14.0	14.0	14.0	14.0	14.0
3	0.05	4.5	4.5	4.5	4.5	4.5	4.5	4.5	4.5	4.5	4.5	4.5	4.5	4.5	4.5
	0.01	8.26	8.5	8.6	8.7	8.8	8.9	8.9	9.0	9.0	9.0	9.1	9.2	9.3	9.3
4	0.05	3.93	4.01	4.02	4.02	4.02	4.02	4.02	4.02	4.02	4.02	4.02	4.02	4.02	4.02
	0.01	6.51	6.8	6.9	7.0	7.1	7.1	7.2	7.2	7.3	7.3	7.4	7.4	7.5	7.5
5	0.05	3.64	3.74	3.79	3.83	3.83	3.83	3.83	3.83	3.83	3.83	3.83	3.83	3.83	3.83
	0.01	5.70	5.96	6.11	6.18	6.26	6.33	6.40	6.44	6.5	6.6	6.6	6.7	6.7	6.8
6	0.05	3.46	3.58	3.64	3.68	3.68	3.68	3.68	3.68	3.68	3.68	3.68	3.68	3.68	3.68
	0.01	5.24	5.51	5.65	5.73	5.81	5.88	5.95	6.0	6.0	6.1	6.2	6.2	6.3	6.3
7	0.05	3.35	3.47	3.54	3.58	3.60	3.61	3.61	3.61	3.61	3.61	3.61	3.61	3.61	3.61
	0.01	4.95	5.22	5.37	5.45	5.53	5.61	5.69	5.73	5.8	5.8	5.9	5.9	6.0	6.0
8	0.05	3.26	3.39	3.47	3.52	3.55	3.56	3.56	3.56	3.56	3.56	3.56	3.56	3.56	3.56
	0.01	4.47	5.00	5.14	5.23	5.32	5.40	5.47	5.51	5.5	5.6	5.7	5.7	5.8	5.8
9	0.05	3.20	3.34	3.41	3.47	3.50	3.52	3.52	3.52	3.52	3.52	3.52	3.52	3.52	3.52
	0.01	4.60	4.86	4.99	5.08	5.17	5.25	5.32	5.36	5.4	5.5	5.5	5.6	5.7	5.7
10	0.05	3.15	3.30	3.37	3.43	3.46	3.47	3.47	3.47	3.47	3.47	3.47	3.47	3.47	3.47
	0.01	4.48	4.73	4.88	4.96	5.06	5.13	5.20	5.24	5.28	5.36	5.42	5.48	5.54	5.55
11	0.05	3.11	3.27	3.35	3.39	3.43	3.44	3.45	3.46	3.46	3.46	3.46	3.46	3.46	3.46
	0.01	4.39	4.63	4.77	4.86	4.94	5.01	5.06	5.12	5.15	5.24	5.28	5.34	5.38	5.39
12	0.05	3.08	3.23	3.33	3.36	3.40	3.42	3.44	3.44	3.46	3.46	3.46	3.46	3.47	3.48
	0.01	4.32	4.55	4.68	4.76	4.84	4.92	4.96	5.02	5.07	5.13	5.17	5.22	5.24	5.26
13	0.05	3.06	3.21	3.30	3.35	3.38	3.41	3.42	3.44	3.45	3.45	3.46	3.46	3.47	3.47
	0.01	4.26	4.48	4.62	4.69	4.74	4.84	4.88	4.94	4.98	5.08	5.08	5.13	5.14	5.15
14	0.05	3.03	3.18	3.27	3.33	3.37	3.39	3.41	3.42	3.44	3.45	3.46	3.46	3.47	3.47
	0.01	4.21	4.42	4.55	4.63	4.70	4.78	4.83	4.87	4.91	4.96	5.00	5.04	5.06	5.07
15	0.05	3.01	3.16	3.25	3.31	3.36	3.38	3.40	3.42	3.43	3.44	3.45	3.46	3.47	3.47
	0.01	4.17	4.37	4.50	4.58	4.64	4.72	4.77	4.81	4.84	4.90	4.94	4.97	4.99	5.00
16	0.05	3.00	3.15	3.23	3.30	3.34	3.37	3.39	3.41	3.43	3.44	3.45	3.46	3.47	3.47
	0.01	4.13	4.34	4.45	4.54	4.60	4.70	4.72	4.76	4.79	4.84	4.88	4.91	4.93	4.94
17	0.05	2.98	3.13	3.22	3.28	3.33	3.36	3.38	3.40	3.42	3.44	3.45	3.46	3.47	3.47
	0.01	4.10	4.30	4.41	4.50	4.56	4.63	4.68	4.72	4.75	4.80	4.83	4.86	4.88	4.89
18	0.05	2.97	3.12	3.21	3.27	3.32	3.35	3.37	3.39	3.41	3.43	3.45	3.46	3.47	3.47
	0.01	4.07	4.27	4.38	4.46	4.53	4.59	4.64	4.68	4.71	4.76	4.79	4.82	4.84	4.85

续表

自由度 (f)	显著水平 α	检验极差的平均数个体（k）													
		2	3	4	5	6	7	8	9	10	12	14	16	18	20
19	0.05	2.96	3.11	3.19	3.26	3.31	3.35	3.37	3.39	3.41	3.43	3.44	3.46	3.47	3.47
	0.01	4.05	4.24	4.35	4.43	4.50	4.56	4.61	4.64	4.67	4.72	4.76	4.76	4.81	4.82
20	0.05	2.95	3.10	3.18	3.25	3.30	3.34	3.36	3.38	3.40	3.43	3.44	3.46	3.46	3.47
	0.01	4.02	4.22	4.33	4.40	4.47	4.53	4.58	4.61	4.65	4.69	4.73	4.76	4.78	4.79
22	0.05	2.93	3.08	3.17	3.24	3.29	3.32	3.35	3.37	3.39	3.42	3.44	3.45	3.46	3.47
	0.01	3.99	4.17	4.28	4.36	4.42	4.48	4.53	4.57	4.60	4.65	4.68	4.71	4.74	4.75
24	0.05	2.92	3.07	3.15	3.22	3.28	3.31	3.34	3.37	3.38	3.41	3.44	3.45	3.46	3.47
	0.01	3.96	4.14	4.24	4.33	4.39	4.44	4.49	4.53	4.57	4.62	4.64	4.67	4.70	4.72

附表 6-15　检验相关系数 $\rho=0$ 的临界值（r_α）表

$$P\{|r|>r_\alpha\}=\alpha$$

f	α				
	0.10	0.05	0.02	0.01	0.001
1	0.98769	0.99692	0.999507	0.999877	0.9999988
2	0.90000	0.95000	0.98000	0.99000	0.99900
3	0.8054	0.8783	0.93433	0.95873	0.99116
4	0.7293	0.8114	0.8822	0.91720	0.97406
5	0.6694	0.7545	0.8329	0.8745	0.95074
6	0.6215	0.7067	0.7887	0.8343	0.92493
7	0.5822	0.6664	0.7498	0.7977	0.8982
8	0.5494	0.6319	0.7155	0.7646	0.8721
9	0.5214	0.6021	0.6851	0.7348	0.8471
10	0.4973	0.5760	0.6581	0.7079	0.8233
11	0.4762	0.5529	0.6339	0.6835	0.8010
12	0.4575	0.5324	0.6120	0.6614	0.7800
13	0.4409	0.5139	0.5923	0.6411	0.7603
14	0.4259	0.4973	0.5742	0.6226	0.7420
15	0.4124	0.4821	0.5577	0.6055	0.7246
16	0.4000	0.4683	0.5425	0.5897	0.7084
17	0.3887	0.4555	0.5285	0.5751	0.6932
18	0.3783	0.4438	0.5155	0.5614	0.6787
19	0.3687	0.4329	0.5034	0.5487	0.6652
20	0.3598	0.4227	0.4921	0.5368	0.6524
25	0.3233	0.3809	0.4451	0.4869	0.5974
30	0.2960	0.3494	0.4093	0.4487	0.5541
35	0.2746	0.3246	0.3810	0.4182	0.5189
40	0.2573	0.3044	0.3578	0.3932	0.4896
45	0.2428	0.2875	0.3384	0.3721	0.4648

f	α				
	0.10	0.05	0.02	0.01	0.001
50	0.2306	0.2732	0.3218	0.3541	0.4433
60	0.2108	0.2500	0.2948	0.3248	0.4078
70	0.1954	0.2319	0.2737	0.3017	0.3799
80	0.1829	0.2172	0.2565	0.2830	0.3568
90	0.1726	0.2050	0.2422	0.2673	0.3375
100	0.1638	0.1946	0.2301	0.2540	0.3211

附表 6-16　Spearman 秩相关系数 r_s 的临界值（r_a）表

$\alpha(2)$	0.200	0.100	0.050	$\alpha(2)$	0.200	0.100	0.050
$\alpha(1)$	0.100	0.050	0.025	$\alpha(1)$	0.100	0.050	0.025
n				n			
4	1.000	1.000		32	0.232	0.296	0.35
5	0.800	0.900	1.000	33	0.229	0.291	0.345
6	0.657	0.829	0.886	34	0.225	0.287	0.34
7	0.571	0.714	0.786	35	0.222	0.283	0.335
8	0.524	0.643	0.738	36	0.219	0.279	0.33
9	0.483	0.600	0.700	37	0.216	0.271	0.325
10	0.455	0.456	0.648	38	0.212	0.271	0.321
11	0.427	0.536	0.618	39	0.21	0.267	0.317
12	0.406	0.503	0.587	40	0.207	0.264	0.313
13	0.385	0.484	0.560	41	0.204	0.261	0.309
14	0.367	0.464	0.538	42	0.202	0.257	0.305
15	0.354	0.446	0.521	43	0.199	0.254	0.301
16	0.341	0.429	0.503	44	0.197	0.251	0.298
17	0.328	0.414	0.485	45	0.194	0.248	0.294
18	0.317	0.401	0.472	46	0.192	0.246	0.291
19	0.309	0.391	0.46	47	0.190	0.243	0.288
20	0.299	0.380	0.447	48	0.188	0.24	0.285
21	0.292	0.370	0.435	49	0.186	0.238	0.282
22	0.284	0.361	0.425	50	0.184	0.235	0.279
23	0.278	0.353	0.415	51	0.182	0.233	0.276
24	0.271	0.344	0.406	52	0.18	0.231	0.274
25	0.265	0.337	0.398	53	0.179	0.228	0.271
26	0.259	0.331	0.39	54	0.177	0.226	0.268
27	0.255	0.324	0.382	55	0.175	0.224	0.266
28	0.25	0.317	0.375	56	0.174	0.222	0.264
29	0.245	0.312	0.368	57	0.172	0.22	0.261
30	0.240	0.306	0.362	58	0.171	0.218	0.259
31	0.236	0.301	0.356	59	0.169	0.216	0.257

$\alpha(2)$	0.200	0.100	0.050	$\alpha(2)$	0.200	0.100	0.050
$\alpha(1)$	0.100	0.050	0.025	$\alpha(1)$	0.100	0.050	0.025
n				n			
60	0.168	0.214	0.255	80	0.145	0.185	0.22
61	0.166	0.213	0.252	81	0.144	0.184	0.219
62	0.165	0.211	0.25	82	0.143	0.183	0.217
63	0.163	0.209	0.248	83	0.142	0.182	0.216
64	0.162	0.207	0.246	84	0.141	0.181	0.215
65	0.161	0.206	0.244	85	0.140	0.180	0.213
66	0.160	0.204	0.243	86	0.139	0.179	0.212
67	0.158	0.203	0.241	87	0.139	0.177	0.211
68	0.157	0.201	0.239	88	0.138	0.176	0.21
69	0.156	0.200	0.237	89	0.137	0.175	0.209
70	0.155	0.198	0.235	90	0.136	0.174	0.207
71	0.154	0.197	0.234	91	0.135	0.173	0.206
72	0.153	0.195	0.232	92	0.135	0.173	0.205
73	0.152	0.194	0.23	93	0.134	0.172	0.204
74	0.151	0.193	0.229	94	0.133	0.171	0.203
75	0.15	0.191	0.227	95	0.133	0.170	0.202
76	0.149	0.190	0.226	96	0.132	0.169	0.201
77	0.148	0.189	0.224	97	0.131	0.168	0.200
78	0.147	0.188	0.223	98	0.130	0.167	0.199
79	0.146	0.186	0.221	99	0.13	0.166	0.198

注：$P\{r_s \geqslant r_\alpha\} = \alpha(1)$（单侧检验）或 $P\{|r_s| > r_\alpha\} = \alpha(2)$（双侧检验）。

附表6-17　Kendall秩相关系系数 τ 的临界值（k_α）表

n	α		
	0.025	0.05	0.10
5	1.000	0.800	0.800
6	0.867	0.733	0.600
7	0.714	0.619	0.524
8	0.643	0.571	0.429
9	0.556	0.500	0.389
10	0.511	0.467	0.378
11	0.491	0.418	0.345
12	0.455	0.394	0.303
13	0.436	0.359	0.308
14	0.407	0.363	0.275
15	0.39	0.333	0.276
16	0.383	0.317	0.250

续表

n	α		
	0.025	0.05	0.10
17	0.368	0.309	0.250
18	0.346	0.294	0.242
19	0.333	0.287	0.228
20	0.326	0.274	0.221
21	0.314	0.267	0.210
22	0.304	0.264	0.203
23	0.296	0.257	0.202
24	0.290	0.246	0.196
25	0.287	0.240	0.193
26	0.280	0.237	0.188
27	0.271	0.231	0.179
28	0.265	0.228	0.180
29	0.261	0.222	0.172
30	0.255	0.218	0.172
31	0.252	0.213	0.166
32	0.246	0.21	0.165
33	0.242	0.205	0.163
34	0.237	0.201	0.159
35	0.234	0.197	0.156
36	0.232	0.194	0.152
37	0.228	0.192	0.150
38	0.223	0.189	0.149
39	0.22	0.188	0.147
40	0.218	0.185	0.144

注：$P\{\tau \geqslant k_\alpha\} = \alpha$（单侧检验的临界值）。

附表 6-18   多元线性回归复相关系数检验的临界值（R_α）表

	np1	p					np1	p			
		2	3	4	5			2	3	4	5
	10	0.671	0.726	0.763	0.790		19	0.520	0.575	0.616	0.647
	11	0.648	0.703	0.742	0.770		20	0.509	0.563	0.604	0.636
	12	0.627	0.683	0.722	0.751		21	0.498	0.552	0.592	0.624
	13	0.608	0.664	0.703	0.734		22	0.488	0.542	0.582	0.614
α=0.05	14	0.590	0.646	0.686	0.717	α=0.05	23	0.479	0.532	0.572	0.604
	15	0.574	0.630	0.670	0.701		24	0.470	0.523	0.563	0.594
	16	0.559	0.615	0.655	0.686		25	0.462	0.514	0.553	0.585
	17	0.545	0.601	0.641	0.673		26	0.454	0.506	0.545	0.577
	18	0.532	0.587	0.628	0.659		27	0.446	0.497	0.537	0.568

np1		p			np1		p		
	2	3	4	5		2	3	4	5
α=0.05 28	0.439	0.490	0.528	0.560	19	0.620	0.665	0.697	0.732
29	0.432	0.482	0.521	0.553	20	0.608	0.652	0.685	0.711
30	0.426	0.475	0.514	0.545	21	0.596	0.641	0.674	0.700
32	0.413	0.462	0.500	0.531	22	0.585	0.630	0.663	0.690
34	0.402	0.450	0.488	0.518	23	0.574	0.619	0.652	0.679
36	0.392	0.439	0.476	0.506	24	0.564	0.609	0.643	0.670
38	0.382	0.429	0.465	0.495	25	0.555	0.600	0.633	0.660
40	0.373	0.419	0.455	0.484	26	0.546	0.591	0.626	0.651
42	0.365	0.410	0.445	0.474	27	0.538	0.582	0.615	0.642
44	0.357	0.402	0.436	0.465	28	0.529	0.573	0.606	0.633
46	0.349	0.394	0.427	0.456	29	0.522	0.565	0.598	0.626
48	0.343	0.386	0.420	0.448	α=0.01 30	0.514	0.558	0.591	0.618
50	0.336	0.379	0.412	0.440	32	0.500	0.543	0.576	0.603
60	0.308	0.348	0.380	0.406	34	0.487	0.530	0.562	0.589
10	0.776	0.814	0.840	0.859	36	0.475	0.517	0.549	0.576
11	0.753	0.793	0.821	0.841	38	0.464	0.505	0.438	0.564
12	0.732	0.773	0.802	0.824	40	0.454	0.494	0.526	0.552
13	0.712	0.755	0.785	0.807	42	0.444	0.484	0.515	0.542
α=0.01 14	0.694	0.737	0.768	0.792	44	0.435	0.474	0.506	0.532
15	0.677	0.721	0.752	0.777	46	0.426	0.465	0.496	0.522
16	0.662	0.706	0.737	0.762	48	0.418	0.457	0.487	0.513
17	0.647	0.691	0.724	0.749	50	0.410	0.449	0.479	0.504
18	0.633	0.677	0.710	0.736	60	0.377	0.414	0.442	0.467

注：n 为样本数；p 为预报因子数；α 为显著水平。